剑 桥 科 学 史

第五卷

近代物理科学与数学科学

　　这一卷是关于从 19 世纪初到 20 世纪结束这段时间的物理科学与数学科学的叙述性和阐释性的历史。撰稿者们在其各自的专业领域中均为世界级的带头学者。通过利用科学史研究中最新的方法和成果，他们采用思想史、社会史和文化研究的研究方式，为物理科学和数学科学在公众文化、学科组织和认知内容方面的发展提供了非同寻常、内容广泛和全面的洞见。本卷所研究的科学学科，包括物理学、天文学、化学、数学，以及这些学科向地球科学、环境科学、计算科学和生物医学科学方面的延伸。作者们考察了科学的传播和科学的发展，分析了在日常的科学实践中仪器、语言和图像的作用，仔细研究了科学"革命"的主题，并考察了科学与文学、宗教和意识形态之间的相互作用。

　　玛丽·乔·奈，是俄勒冈州科瓦利斯(Corvallis)的俄勒冈州立大学的历史学与人文学教授，科学史学会前任会长。因其在化学史研究中的杰出成就，在 1999 年她获得了美国化学学会的德克斯特奖(Dexter Award)。她也是许多著作的作者或编者，最新著作有《从化学哲学到理论化学：关于物质的动力学和关于学科的动力学(1800～1950)》(*From Chemical Philosophy to Theoretical Chemistry: Dynamics of Matter and Dynamics of Disciplines, 1800 - 1950*, 1993)，以及《在大科学之前：近代化学和物理学的追求(1800～1940)》(*Before Big Science: The Pursuit of Modern Chemistry and Physics, 1800 - 1940*, 1996)。

第五卷译校者

主 译

刘 兵 江晓原 杨 舰

译校者

（以姓氏笔画为序）

王 颖 王延锋 孔庆典 卢卫红 付云东 刘 立 刘 兵
刘丹鹤 刘晓雪 江晓原 苏俊斌 李正伟 杨 舰 吴 燕
张成岗 张珊珊 陈养正 陈前辉 陈超群 郑方磊 黄 慧
章梅芳 屠聪艳 蒋劲松 鲁旭东

　　刘兵,1958 年生,1982 年毕业于北京大学物理系,1985 年毕业于中国科学院研究生院。现为清华大学社会科学学院科学技术与社会研究所教授,博士生导师,中国科协-清华大学科学技术传播与普及研究中心主任,上海交通大学等国内 10 余所高校的兼职教授或名誉教授。任中国自然辩证法研究会常务理事,中国自然辩证法研究会科学与艺术专业委员会(筹)主任,中国妇女研究会理事,中国科学技术史学会综合研究专业委员会副主任、物理学史专业委员会副主任,中国科学学与科技政策研究会科学社会学专业委员会副主任,中国图书评论学会副会长。主要研究领域为科学史、科学文化传播,具体研究方向涉及物理学史、科学编史学、科学传播、科学教育、科学与艺术、科学与性别等。出版有《克丽奥眼中的科学》等 12 种专著,《刘兵自选集》等 8 种个人文集,《超导史话》等 6 种科普著作,《正直者的困境》等 7 种译著,主编《科学大师传记丛书》等多套丛书,发表学术论文 260 余篇,其他报刊文章 400 余篇。

　　江晓原,1955 年生,上海交通大学特聘教授,博士生导师,科学史与科学文化研究院院长。曾任上海交通大学人文学院首任院长、中国科学技术史学会副理事长。1982年毕业于南京大学天文系天体物理专业,1988 年毕业于中国科学院自然科学史研究所,是中国第一个天文学史专业博士。1994 年在中国科学院被破格晋升为教授,曾在中国科学院上海天文台工作 15 年。1999 年春调入上海交通大学,创建中国第一个科学史系并任首任系主任。已在国内外出版专著、文集、译著、主编丛书等 70 余种,在国内外著名学术刊物上发表论文 140 余篇。此外还长期在京沪等地报纸和杂志上开设个人专栏,发表了大量书评、影评、随笔、文化评论等。科研成果及学术思想在国内外受到高度评价并引起广泛反响,新华社曾三次为他播发全球通稿。

杨舰,清华大学社会科学学院科学技术与社会研究所教授,副所长。主要从事中国近现代科技史及中日比较科技史研究。著有《近代中国における物理学者集团の形成》《历史上的科学名著》《科学技术史二十一讲》等。

剑 桥 科 学 史

总主编
戴维·C.林德博格
罗纳德·L.南博斯

第一卷
《古代科学》(*Ancient Science*)
亚历山大·琼斯和利巴·沙亚·陶布主编

第二卷
《中世纪科学》(*Medieval Science*)
戴维·C.林德博格和迈克尔·H.尚克主编

第三卷
《现代早期科学》(*Early Modern Science*)
凯瑟琳·帕克和洛兰·达斯顿主编

第四卷
《18世纪科学》(*Eighteenth-Century Science*)
罗伊·波特主编

第五卷
《近代物理科学与数学科学》(*The Modern Physical and Mathematical Sciences*)
玛丽·乔·奈主编

第六卷
《现代生物科学和地球科学》(*The Modern Biological and Earth Sciences*)
彼得·J.鲍勒和约翰·V.皮克斯通主编

第七卷
《现代社会科学》(*The Modern Social Sciences*)
西奥多·M.波特和多萝西·罗斯主编

第八卷
《国家和国际与境下的现代科学》(*Modern Science in National and International Context*)
戴维·N.利文斯通和罗纳德·L.南博斯主编

戴维·C.林德博格是威斯康星－麦迪逊大学科学史希尔戴尔讲座荣誉教授。他撰写和主编过12本关于中世纪科学史和近代早期科学史的著作,其中包括《西方科学的起源》(*The Beginnings of Western Science*, 1992)。之前,他和罗纳德·L.南博斯共同编辑了《上帝和自然:基督教遭遇科学的历史论文集》(*God and Nature: Historical Essays on the Encounter between Christianity and Science*, 1986),以及《科学与基督教相遇之时》(*When Science and Christianity Meet*, 2003)。作为美国艺术与科学院的院士,他获得了科学史学会的萨顿奖章,同时他也是该学会的前任会长(1994~1995)。

罗纳德·L.南博斯是美国威斯康星－麦迪逊大学科学史和医学史希尔戴尔和W.科尔曼讲座教授,自1974年以来一直在该校任教。他是美国科学史和医学史方面的专家,已撰写或编辑了至少24部著作,其中包括《创世论者》(*The Creationists*, 1992)和《达尔文主义进入美国》(*Darwinism Comes to America*, 1998)。他是美国艺术与科学院的院士和科学史杂志中的旗舰刊物《爱西斯》(*Isis*)的前任主编,并且曾担任美国教会史学会会长(1999~2000)和科学史学会会长(2000~2001)。

国家出版基金项目
NATIONAL PUBLICATION FOUNDATION

剑 桥 科 学 史

第五卷

近代物理科学与数学科学

（第 2 版）

主编

［美］玛丽·乔·奈（Mary Jo Nye）

刘 兵 江晓原 杨 舰 主译

中原出版传媒集团
中原传媒股份公司

大象出版社

·郑州·

图书在版编目（CIP）数据

近代物理科学与数学科学 /（美）奈（Nye,M.J.）
主编；刘兵，江晓原，杨舰主译. — 2 版. — 郑州：
大象出版社，2021. 6
（剑桥科学史；第五卷）
ISBN 978−7−5711−1047−5

Ⅰ. ①近…　Ⅱ. ①奈…②刘…③江…④杨…　Ⅲ.
①物理学史−世界−近代②数学史−世界　Ⅳ. ①O4−091
②O11

中国版本图书馆 CIP 数据核字（2021）第 089638 号

版权声明

著作权合同登记号：图字 16−2004−37

剑桥科学史·第五卷
近代物理科学与数学科学
JINDAI WULI KEXUE YU SHUXUE KEXUE
［美］玛丽·乔·奈　主编
刘　兵　江晓原　杨　舰　主译

出 版 人　汪林中
责任编辑　刘东蓬　杨　倩
责任校对　裴红燕　李婧慧　牛志远　安德华　马　宁
书籍设计　美　霖

出版发行　大象出版社（郑州市郑东新区祥盛街 27 号　邮政编码 450016）
　　　　　发行科　0371−63863551　总编室　0371−65597936
网　　址　www.daxiang.cn
印　　刷　洛阳和众印刷有限公司
经　　销　各地新华书店经销
开　　本　787 mm×1092 mm　1/16
印　　张　39.75
字　　数　1090 千字
版　　次　2021 年 6 月第 2 版　2021 年 6 月第 1 次印刷
定　　价　398.00 元
若发现印、装质量问题，影响阅读，请与承印厂联系调换。
印厂地址　洛阳市高新区丰华路三号
邮政编码　471003　　电话　0379−64606268

目　录

第四部分　20 世纪原子与分子科学　　　　　　289

插 图 目 录

撰稿人简介

威廉·艾斯普瑞是华盛顿计算研究学会的执行主任。他对数学史和计算史的研究，包括《约翰·冯·诺伊曼与现代计算的起源》(*John von Neumann and the Origins of Modern Computing*, 1990)和《计算机：信息机器的历史》(*Computer: A History of the Information Machine*, 1996)。后一著作为他与马丁·坎贝尔-凯利(Martin Campbell-Kelly)合著。

贝尔纳黛特·邦索德-樊尚是巴黎第十大学的科学史与科学哲学教授。她著有众多的化学史论文。其近来的著作包括《拉瓦锡：一次革命的回忆录》(*Lavoisier, mémoires d'une révolution*, 1993)、《化学史》(*A History of Chemistry*, 1996, 英文版，与伊莎贝尔·斯腾格尔斯[Isabelle Stengers]合著)，以及《混合的颂词：新材料与旧哲学》(*Eloge du mixte, matériaux nouveauxet philosophie ancienne*, 1998)。

南希·卡特赖特是伦敦经济学院哲学、逻辑与科学方法系和加州大学圣迭哥分校哲学系的教授，她还指导着伦敦经济自然科学与社会科学中心。她的著作涉及物理学中理论的作用、因果性、奥托·纽拉特(Otto Neurath)的哲学与政治学，以及科学描述的限度。

哈索克·张是伦敦大学学院科学技术研究系(前科学史与科学哲学系)的科学哲学讲师。他于1993年在斯坦福大学获得博士学位，发表有关于近代物理学的哲学与历史的各种文章。他近来的研究兴趣是物理科学，特别是18世纪和19世纪的物理学的历史与哲学研究。

奥利维耶·达里戈尔是巴黎国家科学研究中心(Centre National de la Recherche Scientifique)的研究人员。除了若干关于电动力学、量子理论和量子场论的历史的文章之外，他还是《从c数到q数：量子理论史中的经典类比》(*From c-Numbers to q-Numbers: The Classical Analogy in the History of Quantum Theory*, 1992)和《从安培到爱因斯坦的电动力学》(*Electrodynamics from Ampère to Einstein*, 2000)这两本书的作者。

罗纳德·E. 德尔是俄勒冈州立大学历史系和地球科学系的助理教授。他的研究专长是地球的历史和 20 世纪环境科学史,以及冷战时期科学的国际关系。他是《美国的太阳系天文学:共同体、赞助者与跨学科研究(1920~1960)》(*Solar System Astronomy in America: Communities, Patronage and Interdisciplinary Research, 1920 – 1960*, 1996)一书的作者。

迈克尔·埃克特是固体物理学史国际计划的前参与者,现在从事对 20 世纪初理论物理学在德国的出现的研究。他是慕尼黑大学自然科学史研究所阿诺德·索末菲(Arnold Sommerfeld)科学通信的编者。

约安·艾斯伯格在加利福尼亚州格兰杜拉市的柑橘学院(Citrus College)教授天文学。她以关于亚瑟·斯坦利·爱丁顿(Arthur Stanley Eddington)及 20 世纪初的恒星模型的学位论文在哈佛大学获得博士学位。目前,她正在撰写一部宇宙学和星系演化研究者比阿特丽斯·廷斯利(Beatrice Tinsley)的传记。

詹姆斯·罗杰·弗莱明是缅因州科比学院(Colby College)科学、技术与社会项目的副教授和主任。他的研究兴趣包括地球物理学和环境科学的历史,特别是气象学和气候学的历史。他的著作包括《气候变迁的历史透视》(*Historical Perspectives on Climate Change*, 1998)和《美国的气象学(1800~1870)》(*Meteorology in America, 1800 – 1870*, 1990;平装本,2000)。

古川安于 1983 年在俄克拉荷马大学获得科学史博士学位,现为东京电机大学(Tokyo Denki University)的科学史教授,及日本化学史学会的刊物 *Kagakushi* 的编辑。他是《科学的社会史》(*Kagaku no shakai-shi*, 1989)和《发明高分子科学:施陶丁格、卡罗瑟斯与大分子化学的出现》(*Inventing Polymer Science: Staudinger, Carothers, and the Emergence of Macromolecular Chemistry*, 1998)的作者。

帕梅拉·戈森是得克萨斯－达拉斯大学的艺术与人文教授,教授文学中的跨学科课程和科学史。她目前是得克萨斯－达拉斯大学的本科生医学与科学人文计划的主任,这是她所开发的课程。她是《文学与科学百科全书》(*An Encyclopedia of Literature and Science*, 出版中)的编者,也是《托马斯·哈代的新宇宙:天文学与他的主要及次要小说中的宇宙女英雄》(*Thomas Hardy's Novel Universe: Astronomy and the Cosmic Heroines of His Major and Minor Fiction*, 出版中)的作者。她拥有威斯康星－麦迪逊大学的英语和科学史的双博士学位。

弗雷德里克·格雷戈里是佛罗里达大学的科学史教授,科学史学会前任会长。他是《失落的自然？自然科学和 19 世纪德国的神学传统》(*Nature Lost? Natural Science and the German Theological Traditions of the Nineteenth Century*, 1992)的作者,他的研究主要涉及 18～19 世纪的德国科学,以及科学史与宗教。

弗雷德里克·劳伦斯·霍姆斯是耶鲁大学医学院医学史分部的负责人,科学史学会的前会长。他的著作涉及安东尼·拉瓦锡与 18 世纪的化学、克劳德·贝尔纳与 19 世纪的生理学、汉斯·克雷布斯与中介代谢,以及在分子生物学形成中梅塞尔森-斯塔尔实验的作用。

洪性旭在多伦多大学的科学史与科学哲学研究所教授物理学史。他目前在研究光谱史、19 世纪电磁理论史和电气工程史。他是《无线:从马可尼的黑箱到三极管》(*Wireless*:*From Marconi's Black-Box to the Audion*,2001)一书的作者。

杰夫·休斯是曼彻斯特大学科学、技术与医学史中心的科学技术史讲师。他的研究专注于 1890～1949 年间放射性与核物理学的社会与文化史,尤其关注实验与理论的文化。他正在完成关于同位素的出现,以及关于核物理学的兴起的著作,并计划写作关于原子核的历史的著作。

布鲁斯·J. 亨特在奥斯汀的得克萨斯大学历史系从事教学工作。他著有《麦克斯韦学派》(*The Maxwellians*,1991)。他目前的工作涉及英国维多利亚时代电报与电气科学的关系。

保罗·约瑟夫森撰写过关于大科学与技术的著作,最新的书是《红色的原子》(*Red Atom*,1999)。他目前正在撰写关于 20 世纪俄国、挪威、巴西和美国的技术与资源管理的著作。他在迈阿密州沃特维尔的科比学院(Colby College)从事教学工作。

贝蒂安·霍尔茨曼·凯维勒斯关于科学和医学图书的评论,经常刊于《洛杉矶时报》(*Los Angeles Times*),并在美国全国公共电台的"科学星期五"节目播出。她的著作包括《雌性物种:动物王国的性与生存》(*Females of the Species*:*Sex and Survival in the Animal Kingdom*,1986)以及《裸至骨骼:20 世纪的医学图像》(*Naked to the Bone*:*Medical Imaging in the Twentieth Century*,1997)。目前她正在研究女性宇航员的历史。

戴维·M. 奈特获得了化学学位,在牛津撰写了关于在 19 世纪的英国化学元素问题的博士学位论文。1964 年,他被任命为达勒姆大学的科学史讲师,1991 年晋升为教授。1982～1988 年,他是《英国科学史杂志》(*British Journal for the History of Science*)的编辑,1994～1996 年,任英国科学史学会会长。

XXII

黑尔格·克拉格是丹麦奥尔胡斯大学科学史系的成员。他致力于现代物理学、化学、宇宙学和技术的历史,也对科学哲学和科学编史学感兴趣。他最新的著作是《宇宙学与论战:两种宇宙理论的历史发展》(*Cosmology and Controversy*:*The Historical Development of Two Theories of the Universe*,1996)和《量子世代:20 世纪物理学史》(*Quantum*

Generations：*A History of Physics in the Twentieth Century*，1999）。

杰斯珀·吕岑是哥本哈根大学数学科学学院数学系副教授。他是《约瑟夫·刘维尔（1809~1882）：纯数学与应用数学大师》（*Joseph Liouville, 1809 – 1882*：*Master of Pure and Applied Mathematics*，1990）的作者，并写有大量数学史论文，包括对于海因里希·赫兹、几何学和物理学的研究。

阿瑟·I. 米勒是伦敦大学学院的科学史与科学哲学教授。目前他正在探索艺术和科学史的创造性思维。他写有关于狭义相对论的历史的大量著作，其最新的著作是《爱因斯坦与毕加索：空间、时间与动人心魄之美》（*Einstein, Picasso*：*Space, Time and the Beauty That Causes Havoc*，2001）。

玛丽·乔·奈是俄勒冈州立大学的人文学教授和历史学教授，曾任科学史学会会长。他的研究兴趣是现代化学与物理学的历史，并且关注政治和建制的与境，以及观念史。他最新的著作是《在大科学之前：对于近代化学和物理学的追求（1800~1940）》（*Before Big Science*：*The Pursuit of Modern Chemistry and Physics, 1800 – 1940*，1996，1999 年出版平装本）。

内奥米·奥雷斯克斯是加州大学圣迭哥分校的历史学副教授，著有《对大陆漂移的拒斥：美国地球科学的理论与方法》（*The Rejection of Continental Drift*：*Theory and Method in American Earth Science*，1999）。她目前正在撰写冷战时期的海洋学史，题为《基础科学的军事根源：冷战及以后时期的美国海洋学史》（*The Military Roots of Basic Science*：*American Oceanography in the Cold War and Beyond*）。

西奥多·M. 波特是加州大学洛杉矶分校历史系的科学史教授。他的著作包括《统计思维的兴起（1820~1900）》（*The Rise of Statistical Thinking, 1820 – 1900*，1986）和《信任数字：在科学和公众生活中对客观性的追求》（*Trust in Numbers*：*The Pursuit of Objectivity in Science and Public Life*，1995）。他目前正在撰写一本关于卡尔·皮尔逊与科学的敏感性的著作，并与多萝西·罗斯合作主编《剑桥科学史》关于社会科学的第七卷。

斯塔西斯·普西洛斯是希腊雅典的科学哲学与科学史系讲师。他在伦敦大学国王学院获得科学哲学博士学位。1998 年之前，他任伦敦经济学院的英国学术博士后研究员。他的著作《科学实在论：科学怎样追踪真理》（*Scientific Realism*：*How Science Tracks Truth*）出版于 1999 年。他曾发表关于科学哲学的大量论文，目前正在撰写一本关于因果性和解释的导论性著作。

琼·L. 理查兹是《数学想象》（*Mathematical Visions*，1988）一书（系对于 19 世纪末

英格兰的非欧几何学的研究）的作者，也是自传《反思的角度：逻辑学与母爱》（*Angles of Reflection: Logic and a Mother's Love*, 2000）的作者。她目前正在撰写一部奥古斯塔斯－摩根和索菲亚－摩根的传记，并从事对 1826～1864 年间英格兰逻辑学研究的考察。她是布朗大学历史系的副教授。

艾伦·J. 罗克是凯斯西储大学的亨利·埃尔德里奇·伯恩（Henry Eldridge Bourne）讲席教授，他的专长是 19 世纪欧洲化学史。他最新的著作是《平静的革命：赫尔曼·科尔比与有机化学科学》（*The Quiet Revolution: Hermann Kolbe and the Science of Organic Chemistry*, 1993），以及《让科学民族化：阿道夫·沃尔兹与法国化学之战》（*Nationalizing Science: Adolphe Wurtz and the Battle for French Chemistry*, 2001）。

亚历克斯·罗兰是杜克大学的历史学教授，他在那里教授军事史和技术史。他最新的研究主题是 20 世纪 80 年代和 90 年代军事对美国计算机发展的支持。

玛格丽特·W. 罗西特是康奈尔大学科学史玛丽·昂德希尔·诺尔（Marie Underhill Noll）教席教授，也是《爱西斯》（*Isis*）的编辑。她发表有大量关于美国科学史妇女史的著作，包括相继出版的多卷本《美国妇女科学家》（*Women Scientists in America*, 1982, 1995）。

戴维·E. 罗在俄克拉荷马大学获得数学博士学位以及在纽约城市大学获得历史学博士学位之后，任教于美因兹的约翰尼斯·古腾堡大学数学系。他的研究和发表物的重点，是菲利克斯·克莱因（Felix Klein）、大卫·希尔伯特的数学工作和文化环境，而他最新的历史研究，则是关于阿尔伯特·爱因斯坦的。

汉斯－维尔纳·许特在基尔的基督教阿尔布来希特大学（Christian Albrechts University）研究化学，并获得物理化学博士学位。他曾就职于联合利华公司（Unilever）研究部，从 1979 年起，成为柏林工业大学（Technical University）的精密科学与技术史教授。他有兴趣的主要领域是 19 世纪早期化学史、科学与宗教史，以及炼金术。1997 年，他的《伊尔哈得·米切里希：普鲁士化学王子》（*Eilhard Mitscherlich: Prince of Prussian Chemistry*）一书的英译本出版。他最新的著作是《寻找魔法石：炼金术的历史》（*Auf der Suche nach dem Stein der Weisen: Die Geschichte der Alchemie*, 2000）。

西尔万·S. 施韦伯尔是布兰迪斯大学的物理学教授和里查德·科雷特（Richard Koret）思想史教席教授，也是哈佛大学历史系副教授。他目前的历史研究包括概率概念在生物科学和物理科学中的引入，以及汉斯·A. 贝特的科学传记。他最新的著作是《量子电动力学及其创建者：戴森、费曼、施温格与朝永振一郎》（*QED and the Men Who Made It: Dyson, Feynman, Schwinger, and Tomonaga*, 1994）和《在炸弹的阴影下：奥本海默、贝特与科学家的道德责任》（*In the Shadow of the Bomb: Oppenheimer, Bethe, and the Moral Responsibility of the Scientist*, 2000）。

特里·希恩是巴黎国家科学研究中心的研究主任。他曾是《科学社会学年鉴》（*Sociology of Sciences Yearbook*）的编者和撰稿人,在 19 世纪和 20 世纪法国技术与工程教育方面有大量著述。他即将出版的最新著作是《法国研究技术的建立:大电磁铁的景观(1900~1975)》（*Building French Research-Technology：The Bellevue Giant Electromagnet, 1900 – 1975*）。

安娜·西蒙斯,1993 年,因其对 20 世纪 30 年代量子化学在美国的起源和发展的研究,在马里兰大学帕克分校获得科学史与科学哲学专业方向的历史学博士学位。目前她是里斯本大学物理系的助理教授,在那里教授科学史。她的贡献包括关于量子化学史以及科学在葡萄牙的历史的论文。她曾是欧洲共同体普罗米修斯计划（Project Prometheus,一项关于欧洲外围国家对科学革命的观念之接受的研究）葡萄牙团队的带头人。

克罗斯比·史密斯是坎特伯雷的肯特大学的科学史教授,科学史与科学文化研究中心主任。他与诺顿·怀斯（M. Norton Wise）合著有《能量与帝国:开尔文勋爵传记研究》（*Energy and Empire：A Biographical Study of Lord Kelvin*, 1989）,与约翰·阿加（John Agar）合编有《为科学创造空间》（*Making Space for Science*, 1998）。他是《能量的科学:英国维多利亚时期能量物理学的文化史》（*Science of Energy：A Cultural History of Energy Physics in Victorian Britain*, 1998）一书的作者,并因此书获得了 2000 年科学史学会的普菲策奖（Pfizer Prize）。他目前的研究兴趣是 19 世纪末和 20 世纪能量主题（特别是关于亨利·亚当斯）的文化史。

罗伯特·W. 史密斯是艾伯塔大学历史与古典学系的主任,1990 年,获得科学史学会的沃森·戴维斯奖（Watson Davis Prize）。1992~1993 年,他是国立人文研究中心的沃尔特·海因斯·佩奇研究员（Walter Hines Page Fellow）,1997 年为迪布纳科学史访问学者（Dibner Visiting Historian of Science）。其最新的著作,是他与罗杰·劳尼厄斯（Roger Launius）及约翰·洛格斯登（John Logsdon）合编的《40 年后对苏联人造卫星的再思考》（*Reconsidering Sputnik：Forty Years after the Soviet Satellite*, 2000）。

（刘兵　译）

总主编前言

1993年,亚历克斯·霍尔兹曼,剑桥大学出版社的前任科学史编辑,请求我们提供一份科学史编写计划,这部科学史将列入近一个世纪以前从阿克顿勋爵出版十四卷本的《剑桥近代史》(*Cambridge Modern History*, 1902~1912)开始的著名剑桥史系列。因为深信有必要出版一部综合的科学史并相信时机良好,我们接受了这一请求。

虽然对我们称之为"科学"的事业发展的思考可以追溯到古代,但是直到完全进入20世纪,作为专门的学术领域的科学史学科才出现。1912年,一位比其他任何个人对科学史的制度化贡献都多的科学家和史学家、比利时的乔治·萨顿(1884~1956),开始出版《爱西斯》(*Isis*),这是一份有关科学史及其文化影响的国际评论杂志。12年后,他帮助创建了科学史学会,该学会在20世纪末已吸收了大约4000个个人会员和机构成员。1941年,威斯康星大学建立了科学史系,这也是世界范围内出现的众多类似计划中的第一个。

自萨顿时代以来,科学史学家已经写出了有一座小型图书馆规模的专论和文集,但他们一般都回避撰写和编纂通史。一定程度上受剑桥史系列的鼓舞,萨顿本人计划编写一部八卷本的科学史著作,但他仅完成了开头两卷,结束于基督教的诞生(1952,1959)。他的三卷本的鸿篇巨制《科学史导论》(*Introduction to the History of Science*,1927~1948),与其说是历史叙述,不如说是参考书目的汇集,并且未超出中世纪的范围。距《剑桥科学史》(*The Cambridge History of Science*)最近的科学史著作,是由勒内·塔顿主编的三卷(四本)的《科学通史》(*Histoire générale des sciences*, 1957~1964),其英译本标题为 *General History of the Sciences*(1963~1964)。由于该书编纂恰在20世纪末科学史的繁荣期前,塔顿的这套书很快就过时了。20世纪90年代罗伊·波特开始主编那本非常实用的《丰塔纳科学史》(*Fontana History of Science*)(在美国出版时名为《诺顿科学史》),该书分为几卷,但每卷只针对单一学科,并且都由一位作者撰写。

《剑桥科学史》共分八卷,前四卷按照从古代到18世纪的年代顺序安排,后四卷按主题编写,涵盖了19世纪和20世纪。来自欧洲和北美的一些杰出学者组成的丛书编纂委员会,分工主编了这八卷:

第一卷:《古代科学》(*Ancient Science*),主编:亚历山大·琼斯,多伦多大学;利巴·沙亚·陶布。

第二卷:《中世纪科学》(*Medieval Science*),主编:戴维·C. 林德博格和迈克尔·H. 尚克,威斯康星-麦迪逊大学。

第三卷:《现代早期科学》(*Early Modern Science*),主编:凯瑟琳·帕克,哈佛大学;洛兰·达斯顿,马克斯·普朗克科学史研究所,柏林。

第四卷:《18世纪科学》(*Eighteenth-Century Science*),主编:罗伊·波特,已故,伦敦大学学院维康信托医学史中心。

第五卷:《近代物理科学与数学科学》(*The Modern Physical and Mathematical Sciences*),主编:玛丽·乔·奈,俄勒冈州立大学。

第六卷:《现代生物科学和地球科学》(*The Modern Biological and Earth Sciences*),主编:彼得·J. 鲍勒,贝尔法斯特女王大学;约翰·V. 皮克斯通,曼彻斯特大学。

第七卷:《现代社会科学》(*The Modern Social Sciences*),主编:西奥多·M. 波特,加利福尼亚大学洛杉矶分校;多萝西·罗斯,约翰斯·霍普金斯大学。

第八卷:《国家和国际与境下的现代科学》(*Modern Science in National and International Context*),主编:戴维·N. 利文斯通,贝尔法斯特女王大学;罗纳德·L. 南博斯,威斯康星-麦迪逊大学。

我们共同的目标是提供一个权威的、紧跟时代发展的关于科学的记述(从最早的美索不达米亚和埃及文字社会到21世纪初期),使即便是非专业的读者也感到它富有吸引力。《剑桥科学史》的论文由来自有人居住的每一块大陆的顶级专家写成,"勘定关于自然与社会的系统研究,不管这些研究被称作什么("科学"一词直到19世纪初期才获得了它们现在拥有的含义)"。这些撰稿者反思了科学史不断扩展的方法和论题的领域,探讨了非西方的和西方的科学、应用科学和纯科学、大众科学和精英科学、科学实践和科学理论、文化背景和思想内容,以及科学知识的传播、接受和生产。乔治·萨顿不大会认可这种合作编写科学史的努力,而我们希望我们已经写出了他所希望的科学史。

戴维·C. 林德博格

罗纳德·L. 南博斯

致　　谢 *XXiX*

　　在撰写这一卷时,我,以及各位撰稿者,都要感谢来自第五卷的顾问委员会的各位阅读者的批评与评论,他们每个人都阅读了这一卷早期版本的部分章节。我要感谢以下这些阅读者:William H. Brock(伊斯特本市,英国[Eastbourne, U. K.])、Geoffrey Cantor(利兹大学[University of Leeds])、Elisabeth Crawford(国家科学研究中心[Centre National de la Recherche Scientifique])、Joseph W. Dauben(纽约城市大学[City University of New York])、Lillian Hoddeson(伊利诺伊大学[University of Illinois])和Karl Hufbauer(西雅图,华盛顿[Seattle, Washington])。此外,我要感谢作为咨询顾问的阅读者,他们就其专业领域中的章节提供帮助和建议。他们是Ronald E. Doel(俄勒冈州立大学[Oregon State University])、Dominique Pestre(亚历山大·科瓦雷中心[Centre Alexandre Koyré, Paris])、Alan J. Rocke(凯斯西储大学[Case Western Reserve University])以及David E. Rowe(美因兹的约翰尼斯·古腾堡大学[Johannes Gutenberg-Universität Mainz])。

　　我感谢David C. Lindberg和Ronald L. Numbers邀请我做《剑桥科学史·第五卷·近代物理科学与数学科学》的主编,我要感谢David C. Lindberg对草稿的仔细阅读和评论并使之成为定稿。剑桥大学出版社的一位审稿人对更早些时候的手稿版本的改进和修订提出了宝贵的建议。相继作为剑桥大学出版社《剑桥科学史》计划的编辑的Alex Holzman和Mary Child,既有工作热情又有专业上的精深。Mike C. Green、Helen Wheeler和Phyllis L. Berk为第五卷提供了高水平且经验丰富的编辑监控。

　　J. Christopher Jolly和Kevin Stoller给予了宝贵的帮助。我感谢俄勒冈州立大学霍宁人文基金的Thomas Hart和Mary Jones对研究工作的持续支持。此卷最后一部分工作是在2000~2001学年完成的,那时我是麻省理工学院迪布纳科学史研究所的资深研究员。Robert A. Nye一如继往地给予了精神上和思想上的支持和建议。最后,我要感谢各位撰稿人,感谢他们在使此卷得以完成的过程中的努力工作、耐心和出色的幽默感。

玛丽·乔·奈

(刘兵　译)

导论　近代物理科学与数学科学[*]

玛丽·乔·奈

从启蒙运动到 20 世纪中期这一近代历史时期,通常被称为一个科学时代,一个进步时代,或者用奥古斯特·孔德的话来说,这是一个实证主义的时代。[1]

《剑桥科学史》(*The Cambridge History of Science*)的第五卷,主要是关于 19 世纪和 20 世纪这段时间的历史,在这段时间,数学家和科学家们抱有一种乐观态度,目标是为了获得一种理性的、严格的科学理解(它是准确的、可靠的和普适的),而确立概念基础和经验知识。这些科学家们批评、扩充并改造了他们已掌握的知识,他们期望其后继者们也能够如此。现在大部分数学家和科学家仍然坚持这些传统目标和期望,以及现代科学所认同的这种乐观态度。[2]

通过对比方法,20 世纪晚期的一些作家和评论家将 20 世纪这些走下坡路的年代描述为后现代和后实证主义时代。他们之所以这样描述,一方面是因为他们认为将历史描述为基于科学方法和价值观的进步和改进,并没有一种可接受的宏大叙事。另一方面,他们认为在认识与文化方面应严肃地对待主观性与相对主义,因此破坏了将科学知识作为可靠与有特权的知识的断言。[3]

科学史学家们通过在学科、方法、主题和解释方面极大地扩展他们的研究工具,从而着手解决这些 20 世纪晚期的问题。大部分科学史学家开始相信,并没有一种统一的、基于有关科学的"逻辑"或"方法"之假定的科学史。一些历史学家得出结论:不再有关于科学的宏大叙事("那种科学史[the history of science]")存在的余地,甚至不再有单一科学学科(如"化学史")的历史。结果,科学史方面的大量近期论著突出关注

---

[*] 　为方便读者查找,脚注中的参考文献保留了原文,紧随在译名后的括号中。在不影响读者理解的情况下,省略了原文章名的双引号,用正体表示;书名、期刊名,用斜体表示。

[1] 　参见,例如 David M. Knight,《科学的时代:19 世纪的科学世界观》(*The Age of Science：The Scientific World View in the Nineteenth Century*, New York：Basil Blackwell, 1986)。孔德的 6 卷本《实证哲学教程》(*Cours de philosophie positive*)于 1830～1842 年出版;要找删节版,可参见 Auguste Comte,《孔德的实证哲学》(*The Positive Philosophy of Auguste Comte*, London：G. Bell & Sons, 1896),Harriet Martineau 译。

[2] 　对于统一性和完备性的乐观看法,参见 Steven Weinberg,《终极理论之梦》(*Dreams of a Final Theory*, New York：Pantheon, 1992),以及 Roger Penrose,《皇帝新脑》(*The Emperor's New Mind*, New York：Oxford University Press, 1994)。对于完备性之可能的反对,参见 Nancy Cartwright,《斑驳世界:关于科学边界的论文集》(*The Dappled World：Essays on the Perimeter of Science*, Cambridge：Cambridge University Press, 1999)。

[3] 　对于一般讨论,参见 Stephen Toulmin,《世界都市:现代性的隐蔽议事日程》(*Cosmopolis：The Hidden Agenda of Modernity*, New York：Free Press, 1990)。关于"后现代性",经典的文本是 Jean Francois Lyotard,《后现代状态》(*The Post-Modern Condition*, Minneapolis：University of Minnesota Press, 1984),Geoff Bennington 和 Brian Massumi 译。

的,是关于科学实践、科学争论和在非常局域的时间与空间中的科学学科的历史。[4]

此外,一些宏大叙事也在坚持,例如像20世纪90年代出版的非常成功的诺顿科学史丛书(每本都是一位作者),包括《诺顿化学史》(*The Norton History of Chemistry*)和《诺顿环境科学史》(*The Norton History of Environmental Sciences*)。[5] 其他一些综合性历史的例子,包括对于20世纪物理学的研究,像黑尔格·克拉格的20世纪物理学史和约瑟夫·S.弗吕东关于化学和生物学相互影响的生物化学与分子生物学的历史。[6]

《剑桥科学史》第五卷各章说明了多种研究和解释策略,这些策略在整体上表明了在科学史与对于来自思想史、社会史和文化研究的解释和洞察力的科学元勘(science studies)之间富于成果的互补性。

应注意到,在本卷的任一章中,都把传记类型的历史排除在外,没有重点描述历史学传记流派,尽管某些个人通常会显得很突出,这也不令人惊讶。在这些人物中,就包括像威廉·惠威尔、赫尔曼·冯·亥姆霍兹、威廉·汤姆森(开尔文勋爵)和阿尔伯特·爱因斯坦。此外,所有各章也没有特别专注于一个国家,因为《剑桥科学史》书系的第八卷详细叙述了在国家和国际与境下的现代科学。[7] 在本卷中,大部分作者对于他们的主题所提供的,在很大程度上是西方的叙事,这就向读者暗示了21世纪的科学史学家们对非西方文化中的现代科学家和科学论著仍有众多可写作的内容。[8]

一些共同的主题和解释框架贯穿于本卷,我们将在以下详述。在所有的主导主题中,最显著的主题或许是历史学家们持续专注于托马斯·S.库恩对于日常科学与科学革命的特征描述。历史学家根据逐步演进或突变的革命来解释科学传统和科学变革

---

〔4〕 对于科学史与科学元勘中的假定和方法论的概述,参见 Jan Golinski,《制造自然知识:建构主义与科学史》(*Making Natural Knowledge: Constructivism and the History of Science*, Cambridge: Cambridge University Press, 1998)。

〔5〕 William H. Brock,《诺顿化学史》(*The Norton History of Chemistry*, New York: W. W. Norton, 1992);Peter J. Bowler,《诺顿环境科学史》(*The Norton History of Environmental Sciences*, New York: W. W. Norton, 1993);Donald Cardwell,《诺顿技术史》(*The Norton History of Technology*, New York: W. W. Norton, 1995);John North,《诺顿天文学与宇宙学史》(*The Norton History of Astronomy and Cosmology*, New York: W. W. Norton, 1995);Ivor Grattan-Guinness,《诺顿数学科学史》(*The Norton History of the Mathematical Sciences*, New York: W. W. Norton, 1998);Roy Porter,《人类最大的获益:人类医学史》(*The Greatest Benefit to Mankind: Medical History of Humanity*, New York: W. W. Norton, 1998);以及 Lewis Pyenson 和 Susan Sheets-Pyenson,《自然的仆人:科学研究机构、企业与鉴赏力之历史》(*Servants of Nature: A History of Scientific Institutions, Enterprises, and Sensibilities*, New York: W. W. Norton, 1999)。

〔6〕 Helge Kragh,《量子世代:20世纪物理学史》(*Quantum Generations: A History of Physics in the Twentieth Century*, Princeton, N. J.: Princeton University Press, 1999),以及 Joseph S. Fruton,《蛋白质、酶和基因:化学与生物学的相互作用》(*Proteins, Enzymes, Genes: The Interplay of Chemistry and Biology*, New Haven, Conn.: Yale University Press, 1999)。

〔7〕 Ronald L. Numbers 与 David Livingstone 编,《剑桥科学史》(*The Cambridge History of Science*)之第八卷:《国家和国际与境下的现代科学》(*Modern Science in National and International Contexts*, Cambridge: Cambridge University Press, forthcoming)。

〔8〕 参见,例如 Lewis Pyenson,《文明使命:精密科学与法国海外扩张(1830～1940)》(*Civilizing Missions: Exact Sciences and French Overseas Expansion, 1830 - 1940*, Baltimore: Johns Hopkins University Press, 1993),Zaheer Baber,《帝国科学:科学知识、文明与印度殖民统治》(*The Science of Empire: Scientific Knowledge, Civilization, and Colonial Rule in India*, Albany: State University of New York Press, 1996)。

的选择,仍然在科学史的解释框架中处于核心地位。[9]

第一部分 1800 年以后物理科学的公共文化

本卷的第一部分关注的是现代物理科学和数学科学的公共文化,并着重强调了欧洲和北美国家,直到 20 世纪早期,这些国家的物理科学才在很大程度上被建制化。

南希·卡特赖特、斯塔西斯·普西洛斯和哈索克·张说明了现代哲学作家和科学实践者希望通过定义和使用"科学方法"实现的各种期望,无论这些"科学方法"在规范和实际运作方面是归纳的还是演绎的、是经验主义的或是唯理论的、是实在论的还是约定主义的、是有理论负载的还是测量依赖的。就像是弗雷德里克·格雷戈里在宗教与科学交汇方面的讨论,合著者注意到对于许多科学家(例如,1900 年前后的阿尔伯特·爱因斯坦或 2000 年前后的史蒂文·温伯格)来说,关于世界的数学结构的毕达哥拉斯式的信仰的重要性,或者是温伯格所宣称的与"一些事物像我们知道的其他事物一样真实"那些种类定律的重要性。[10]

像戴维·M.奈特在他的关于科学家及其公众的论文中一样,格雷戈里描述了一个 19 世纪的欧洲世界,在这个世界中宗教与科学在日益世俗化面前被认为是相互协调的。在科学知识分子当中,威廉·惠威尔几乎独自站在宗教立场上反对世界多重性(the plurality of worlds)的假设。詹姆斯·克拉克·麦克斯韦、威廉·汤姆森和詹姆斯·汤姆森兄弟、路易·巴斯德和马克斯·普朗克都发现,一旦科学唯物主义的极端叙述被消除了,科学与宗教就是相互支持的。格雷戈里注意到一个似乎矛盾的论点,即科学家与神学家都相信自然现象背后都存在着基础性原理,但在如何适当说明这些原理方面又总是无法一致。

格雷戈里还注意到在对科学家团体的成员资格方面都存在着性别歧视的问题上,宗教与科学之间的联系。这一主题在玛格丽特·W.罗西特关于女性被排除在科学教育和科学组织之外的历史中有所叙述。与男性相比,尽管涉足物理科学领域的女性寥寥无几,但玛丽·居里确是**所有**最有名的科学家之一。在日本、美国、英国和德国之外,目前女性物理学家在其他国家的比例相对较高。但这个事实并不是说明在一些国家,女性所获得机会的程度就像是大学教育者的被性别式地无产阶级化(gendered

〔9〕 Thomas S. Kuhn,《科学革命的结构》(*The Structure of Scientific Revolutions*, Chicago: University of Chicago Press, 1962)。对于 Kuhn 著作的大量文献,参见 Nancy J. Nersessian 编,《托马斯·S.库恩》(*Thomas S. Kuhn*),《构形》特刊(special issue of *Configurations*),6, no. 1(1998 年冬)。关于"革命",参见 I. Bernard Cohen,《科学中的革命》(*Revolution in Science*, Cambridge, Mass.: Harvard University Press, 1985)。关于割裂与转变方面的争论(以及反对连续性和转变),参见 Michel Foucault,《知识考古学》(*The Archaeology of Knowledge*, New York: Pantheon, 1972; 1st French ed., 1969),A. M. Sheridan Smith 译。

〔10〕 引述自 Lan Hacking,《什么的社会建构?》(*The Social Construction of What?*, Cambridge, Mass.: Harvard University Press, 1999),第 88 页,摘自 Steven Weinberg,《索卡尔事件》(Sokal's Hoax),《纽约书评》(*New York Review of Books*),1996 年 8 月 8 日,第 11 页~第 15 页,引文在第 14 页。

proletarianization)那样高。

罗西特提到的一些女性科学家也出现在奈特对科学普及化的讨论当中,这并不是因为女性在公共场所的演讲,例如英国皇家学院(the Royal Institution)的"星期五之夜"讲堂,而是因为她们正在写作越来越多受到读者广泛喜爱并取得商业成功的书籍,例如简·马尔塞的《化学的对话》(*Conversations on Chemistry*,1807)和玛丽·萨默维尔的《物理科学的联系》(*Connexion of the Physical Sciences*,1834)。

同帕梅拉·戈森一样,奈特也注意到化学科学的特别普及性适合19世纪早期的想象力,这种普及性在随后几十年被地质学所超越。19世纪初,光、热、电、磁以及新元素(化学的所有部分)的发现,引起了极大关注。在19世纪末,"辉光""阴魂敲桌子向人传话"(table rapping)以及可以用来看穿人体的X射线引起了更大的关注。

在20世纪,我们开始熟悉科学与人文这"两种文化"之分化的观点。奈特与戈森使我们注意到许多创作文学作品和诗歌的科学家(其中包括戴维、麦克斯韦、C. P. 斯诺、普里莫·莱维、卡尔·萨根和罗阿尔德·霍夫德),以及一些研究科学的小说家和诗人——他们将科学元素融入到他们的作品中(像玛丽·雪莱、纳撒尼尔·霍桑、埃德加·爱伦·坡、亚历山大·S. 普希金、奥诺雷·德·巴尔扎克、埃米尔·左拉、詹姆斯·乔伊斯、弗吉尼亚·伍尔夫和弗拉基米尔·纳博科夫)。曾受过科学教育的小说家H. G. 韦尔斯反复出现在本卷的各章之中。从乔纳森·斯威夫特、威廉·布莱克再到布莱希特·贝托尔特和弗里德里希·迪伦马特,这些科学家及其作品出现在公共文化的文学和艺术产品之中。

第二部分 科学学科的建设:场所、设备和交流

如果自然哲学、自然神学、化学哲学和博物学是18世纪和19世纪早期兴起的知识渊博者的探究领域,那么科学专业性在19世纪已扩展到学科边界,并且在学校、学会和官僚机构出现了职业"科学家"(该英语术语由威廉·惠威尔于1833年创造)。学科建设的复杂性在过去几十年引起了科学史学家的极大关注,正如研究学派和研究传统的建设一样。

在各个科学学科之中,数学至少从孔德时代就已被认为是一种基础性的科学。正如戴维·E. 罗指出,许多数学家和数学史家从没有怀疑过数学知识的累积性及其对柏拉图式永久真理领域的反映。但数学也是一种智力和社会行为,并产生知识,有时它通过明显的革命性突破产生知识,就像是格奥尔格·康托尔的集合论,但它也通过持续的大学讲座笔记、范式性的课本和研究刊物的普通创作方式产生知识。正如罗指出,其结果一直是"大量的废弃材料"、变革、再发现,以及对长久抛弃的方法和概念的改造。

罗特别坚持科研讨论会以及口头知识传授在现代数学史上的重要性,这种传统于

19世纪早期就在小型的德国大学城镇扎根了。这些活动带来了有着智力取向并忠于特定导师的非正式团体的产生。国家差别也存在,例如像在英国的混合数学(mixed mathematics)的特色传统。

国家差别是特里·希恩研究德国、法国、英国和美国的科学、工程教育、研究能力与工业绩效之间关系的核心。希恩采用一种非无可争议的立场,认为这些国家的经济成功**一直**有所不同,而且它**可能**与科学教育的目标和结构**相互联系**。然而,罗强调德国出现的新人文主义学识特别反对后拿破仑时代德国人所称的法国"学校学习(school learning)",希恩强调德国科学教育和研究与德国工业需要之间的成功结合,到19世纪末尤其是在机械学、化学和电学领域。

学科建设的核心不仅仅是学科的场地和空间,而且是一系列的工具和交流方式,从而定义并划分出一种知识领域。罗伯特·W.史密斯对天文仪器的分析,注意到了在种类和规模方面的惊人变化,它们在天文学史中留下了标记,从朱塞佩·皮亚齐使用地平经纬仪于1801年发现一颗小行星开始,一直到1990年哈勃太空望远镜问世。史密斯明确指出,光学和射电望远镜的改进通常是出于自身的目标,而不是作为解决理论问题的方法。在19世纪,天文学对历史学家所描述的精密测量的迷念(obsession with precision measurement)做出了相应的贡献。

与20世纪其他科学学科一样,天文学的花费与赞助在二战后变得力度更大。像核物理学家一样,天文学家发现他们在新型的组织中工作,例如国际大学联合会(the international university consortium),他们与工程师、机械师、物理学家和化学家们一起合作。像小型组织一样,在大型组织之中,科学家的交流模式对学科认同和差别以及原初工作的实现变得至关重要。

贝尔纳黛特·邦索德-樊尚论述了在现代化学中交流模式和科学语言的建构,而阿瑟·I.米勒在现代物理学中强调了图像与表示法的变化,说明了语言与图像如何作为手段和工具来表达理论、做出预言和发现,以及建立团体认同。

然而,一些语言和图像在目的和内容上随着时间会出现很大变化,但其他一些语言和图像则保持不变。一群法国化学家于1787年为新的反燃素化学令人瞩目地创造了一种合成的(artificial)和带有理论负载的语言,正如邦索德指出,这种双名名称将是化学分解操作的一种镜像。该形式主义和操作主义方案很快取得了成功,尽管存在着外国化学家对法语的反对以及药剂师和技工对这些理论名称的反对,因为他们更习惯于使用历史性和说明性的名称。后来的化学命名方案在设计上被证明更加合乎常规和务实,因为它们更具有国际性和共识性。

米勒关于物理学中的视觉图像史类似于科学家当中的一种争议和折中。在这种历史中,米勒区分了来源于直觉的视觉图像(直观性)和来源于感知的视觉图像(感知)。在巴勃罗·毕加索和乔治·布拉克以及随后马克·罗斯科所发展的平行的艺术形式的启发下,米勒详述了日益抽象的视觉化,这种抽象的视觉化先由爱因斯坦和维尔纳·海森堡采用,随后由理查德·费曼采用。然而,米勒指出,费曼的图形有着本体论的实在论内容。"所有现代科学家",米勒说,"都是科学实在论者"。

第三部分　化学与物理学:20 世纪早期的问题

本卷的第三部分、第四部分和第五部分转向 19 世纪和 20 世纪科学研究的特定学科领域,宽松地采用了化学和物理学,原子和分子科学,数学、天文学和宇宙学之间的重叠类别,并注意到这些类别有时会得到专业学科(化学)和专家(化学家)的认同,有时则不会。作者们采用了相当不同的历史方法:思想史或社会史、国家传统或地方实践、渐变或突变。

弗雷德里克·劳伦斯·霍姆斯质疑一个长期存在的主张,它由科学家们自己创立,即 19 世纪的实验主义者,例如亥姆霍兹和埃米尔·杜波依斯－雷蒙,在 19 世纪 40 年代提出了生机论假设,从而为将物理和化学定律简化论地应用于生命过程提供了"转折点"。另一方面,霍姆斯则论证说,与以前的科学家相比,19 世纪的科学家只是具有更强有力的概念和方法来探索和说明消化、呼吸、神经感觉和其他"生命"过程而已。更早期的研究人员追求类似的目标,但没有令人相对满意的方法可以采用。

史学家和科学家通常提到与约翰·道尔顿的原子论相关的一场化学革命,汉斯－维尔纳·许特注意到,关于化学家称为"化学原子"(对应于化学元素)与自然哲学家和物理学家视为"物理原子"(对应于不可分的微粒)之间关系的讨论,一直贯穿于 19 世纪而且没有得到解决。计算相对原子量、定义原子量比较标准、通过化学符号和系统表(systematic tables)的方法对简单和复杂物质及其反应的定义,所有这些任务对于 19 世纪化学家来说,都是持续的挑战。

什么构成了分子式、分类或理论的化学事实或确证?许特引用了尤斯图斯·冯·李比希的观点:"理论是同时期观点的表述……只有事实才是真实的。"艾伦·J. 罗克注意到奥古斯特·凯库勒的评论,硫与氧都分别相当于两个氢原子,这是一个"事实",而不是一个"约定"。J. J. 贝尔塞柳斯区分了化学分子的"成分式"和"推理式",前者基于实验室分析,而后者基于理论。这些化学家们了解科学认识论。但是他们并没有很快就接纳一种新的理论。罗克发现,在 1858 年超过 40 岁的所有活跃的有机化学家几乎都忽略了凯库勒的结构理论,而年轻一代的有机化学家却接受了结构理论。[11] 到 19 世纪 70 年代,结构理论不仅为学术性的化学提供了构架,而且为逐渐扩大的德国化学工业提供了构架。

科学创新与工业发展之间的互利关系在克罗斯比·史密斯的能量研究与布鲁

---

[11]　参见 Max Planck 在其《科学自传及其他文章》(*Scientific Autobiography and Other Papers*, New York: Philosophical Library, 1949)中对于这几代人的评论,F. Gaynor 译,第 33 页。

斯·J.亨特对电科学的分析中得到了更加充分的发展。洪性旭也讨论了理论概念、实验室效果和技术产品之间的互相影响。

洪性旭对于将19世纪光和辐射理论的普通历史作为一场革命的故事提出了疑问。许多关于光之波动理论与粒子理论相对抗的记述,将菲涅耳赢得1819年科学院奖(Academy of Sciences prize)归因于其符合实验数据的研究报告,而当时拉普拉斯派的物理学家在政治和社会上则处于衰落地位。通过利用杰德·Z.布齐沃德的分析,洪性旭承认菲涅耳的计算符合数据,但是他指出,授奖评判委员会在当时并没有看到菲涅耳的工作中的物理假设的重大意义,而这会阻止他们在对光的研究中继续采用射线(放射)分析的方法。在这个事例中,正如在热、光和化学(紫外线)辐射谱方面的理论和实验历史中,在没有关键实验的情况下,洪性旭在精密测量的作用中看到了一个"长期混乱"以及逐渐认同的过程。

克罗斯比·史密斯提出了"同时发现"这一问题,并对库恩关于"能量在本质上是将会被发现的事物"的假设提出了疑问。同时,史密斯说明了库恩所专注的一些用来构建范式的方法。对于史密斯,正是英国北部(苏格兰)的工程和长老制文化使詹姆斯·汤姆森和威廉·汤姆森决定研究有用功的损耗问题,并达到物理科学改革的目的,他们采用一种能量及其转化的自然哲学代替了超距作用和机械可逆性的语言和假设。史密斯分析,正是在这个目的下,麦克斯韦加入了汤姆森兄弟的阵营,最为突出的就是由他编著的《电磁通论》(Treatise on Electricity and Magnetism,1873)。

相对于长老制来说,亨特更关注于技术,并且与克罗斯比·史密斯观点一致,认为威廉·汤姆森的电气工程科学方法的成功帮助赛勒斯·菲尔德完成了于1865~1866年铺设跨大西洋电报电缆的冒险。亨特解释了19世纪80年代奥利弗·亥维赛与海因里希·赫兹对麦克斯韦电磁理论的重要完善,并说明了欧洲大陆电磁学超距作用方法与麦克斯韦场的概念之间的差别。H.A.洛伦兹的理论说明了这两者之间的重要联系,即微小电荷在导体中可以自由移动,但在绝缘体中却被限制在特定位置。因此,亨特论证说,阿尔伯特·米切尔森反常地未能发现以太效应,可以被视为对物质之电的构成的肯定。在1905年,爱因斯坦独立地为运动物体的电动力学开创了新的基础。

克罗斯比·史密斯的方法提供了情境主义和构建主义方法的很好示例,该方法通过聚焦于科学实践者来分析科学史,这些实践者在局部情境之中为特定受众构建知识概念,并获取或建立可信性和可靠性的名声。史密斯的方法在对科学的文化研究中非常适合。该方法得到了史密斯那章中一段摘录的支持,该摘录摘自约瑟夫·拉莫尔为开尔文勋爵所写的讣告,在该讣告中,拉莫尔写道,能量"……提供了以科学精确性测量的……功率作为商业资产的……工业价值观标准……创造了无机进化学说并改变了我们关于物质界的概念"。

第四部分　20 世纪原子与分子科学

在 20 世纪早期,相对论、量子论与核理论根本上都与物质和辐射的书本理论相背离。尽管历史学家们从没有否认爱因斯坦对相对论的革命性贡献,但是早期量子论的历史叙述不同于就马克斯·普朗克的 1900 年论文在突破古典物理学的作用的评价。库恩提供了详细的历史论据,说明是爱因斯坦而不是普朗克认识到普朗克最初对放射物理学和物理热力学进行统一之并不成功的尝试的物理含义。

在奥利维耶·达里戈尔对早期量子物理学历史的分析当中,尼尔斯·玻尔是当时最激进的物理学家。他迅速接受了爱因斯坦的光量子在原子之轨道电子的辐射发射和吸收的适用性。在 20 世纪 20 年代早期,玻尔乐于采用能量守恒的统计解释。在 1927 年,他抛弃了形象化的电子轨道和波辐射场,而赞同作为描述同一种事物的两种方法的粒子和波的图景的互补性(或称不相容性)。

依据玻尔的观点,因果性、不确定性和非决定论是事物的本性。相反,海森堡将非决定论归因于仪器的操作。而最不激进的爱因斯坦则相信非决定论是由当前知识的不充分状况所造成的。在 20 世纪 20 年代末期的魏玛共和国,对于量子力学是不是一种反理性和反唯物主义意识形态的构答反应(constructed response)的问题,正如保罗·福曼所论证的,达里戈尔支持将争论视为电子和辐射理论核心的历史学家,这些争论可以充分证明从决定论到非决定论以及从形象化世界到现象世界的激进转变是合理的。新物理学的一些最强有力的支持者来自非魏玛政治文化,包括玻尔和保罗·狄拉克。[12]

如果量子物理学史在过去几十年被修改,那么放射能与核子物理史也同样如此。杰夫·休斯所描述的“原子弹编史学”在现代物理学历史中仍旧占有重要位置。它现在通过对位于不同地点(巴黎、柏林、蒙特利尔、维也纳和沃尔芬比特尔[Wolfenbüttel])的早期放射能研究中心的详细研究得到了补充。[13] 用于实验室和医疗市场的镭的生产、对人员在放射性实验室技术和协议方面的培训、测量标准和单位的协商、用于计算放射性和核事件仪器的改进,以及刊物和讨论会的设立,经由对学科领域的确立,构建了近期编史方法。

如果“原子弹编史”已可理解地成为核物理中的焦点,那么西尔万·S. 施韦伯所描述的以越来越大的能量寻找越来越小的核子实体的“内界(inward bound)”认知编史

[12] Paul Forman,《魏玛文化、因果关系和量子理论(1918 ～ 1927):由敌对智能环境中的德国物理学家和数学家改写》(Weimar Culture Causality and Quantum Theory, 1918 - 1927: Adaptation by German Physicists and Mathematicians to a Hostile Intellectual Environment),《物理科学的历史研究》(*Historical Studies in the Physical Sciences*),3(1971),第 1 页~第 116 页。

[13] 尤其是柏林与威廉皇帝研究所(Kaiser Wilhelm Institute),参见 Ruth L. Sime,《利塞·迈特纳:在物理学中的一生》(*Lise Meitner: A Life in Physics*, Berkeley: University of California Press, 1996)。

学同样如此。施韦伯尔没有采用库恩的方法（将重正化理论［renormalization theory］或对称破缺理论［broken-symmetry theory］作为"革命"）或类似盖里森的方法（研究实验、理论、工具以及它们边缘区域的亚文化），而是采用了思想史叙述，强调了粒子物理学历史中的累积和持续但仍然新颖的发展。

　　自相矛盾的是，就像在"原子"的历史中一样，在此历史中，"粒子"在特性上日益变得现象学化，这在标准模型中的场方程组或 S 矩阵理论中有所描述，包括从没有被观察到的带有分数电荷的"夸克"。施韦伯尔断定标准模型"是人类智力伟大成功的一种"，但这并不是最终理论。

　　在区分物理学和化学方面，人们常说现代化学家们将注意力集中于分子和原子。在说明量子化学和化学物理学之间的关系方面，安娜·西蒙斯解释道："了解原子为什么以及如何结合并构成分子是一个固有的化学问题，但它也是一个多体问题。"

　　量子化学作为一门学科不仅有着社会根源，也有着认知根源，并且它的概念起源与瓦尔特·海特勒和弗里茨·伦敦将海森堡的共振理论于 1927 年应用于氢原子以及莱纳斯·泡令和约翰·斯莱特通过"杂化"电子轨道对碳原子键的独立描述（1931 年）有着极大的关系。

　　西蒙斯发现了各个国家将量子力学应用于化学的不同风格，例如美国的实用主义和德国的基础主义。然而，她还发现价键理论和分子轨道理论这两种竞争的方法论超越了国界，因此国家风格并不是整个叙述。价键理论的早期成功说明了模型构造、形象化和近似方法对于化学家的重要性，也说明具有超凡魅力的人格的力量（泡令）。稍后成功的分子轨道理论同样地根源于人格个性与修辞技巧（查尔斯·库尔森），但也根源于快速计算和分子光谱学的新手段。

　　迈克尔·埃克特同样论证了等离子物理和固体物理更多地通过集成，而不是与其他领域的区分来获得学科认同。20 世纪 30 年代，在莱比锡的海森堡的研究所（Heisenberg's institute）、麻省理工学院（MIT）斯莱特的系里或位于布里斯托尔的内维尔·莫脱的研究所中，已经可以看到固体科学的基本要素。"等离子"研究同样源于工业研究实验室，例如通用电气公司（General Electric）中欧文·朗缪尔的实验室。

　　二战给热核聚变和半导体电子学研究带来了充分确立的问题和研究共同体。二战后，聚变研讨会由英国哈韦尔（Harwell）的乔治·佩吉特·汤姆森、洛斯阿拉莫斯（Los Alamos）的爱德华·特勒以及苏联阿尔扎马斯－16（Arzamas-16）的安德烈·萨哈罗夫和伊格·塔姆领导。工业、政府和大学在战后鼓励对这些领域的研究。在 1951 年，有 121 位军事人员、41 位大学科学家和 139 位工业研究员在贝尔实验室（Bell Laboratories）参加了一项关于晶体管物理学和技术的课程。如果说洛斯阿拉莫斯与核原子是冷战的象征，那么硅谷和硅片则是 20 世纪末的象征。

　　在"固体科学"的早期领导者中，有物理化学家和有机化学家，他们在 20 世纪 20 年代和 30 年代为高分子（macromolecular）与聚合物科学（polymer science）创建了基本原理。染料工业利益集团(I. G. Farben)的赫尔曼·马克与库尔特·H.迈尔是其中最杰出的代表。分子可能是非常大的思想遭到许多有机化学家的反对,但是在20世纪30年代,杜邦化工公司(Dupont Chemicals)的华莱士·H.卡罗瑟斯合成了数万分子量的纤维,并且马克提出,大分子可能有着卷曲、螺旋的形状并具有弹性,从而说明了固态下的不同物理属性。

古川安在第22章中注意到高分子科学家与同时代蛋白质研究者之间缺少交流,这种缺陷就像是在分子生物学历史中,细菌学家与遗传学者之间的交流缺口一样。施陶丁格的学生鲁道夫·辛格配制了聚合物质DNA,估计其分子量处于50万与100万之间,并且亲自交给伦敦大学国王学院(King's College)的莫里斯·威尔金斯一份样品。罗莎琳德·富兰克林正是使用了这个样品为她的具有革命意义的DNA的X射线衍射图准备了所谓的B型DNA。[14]

第五部分　18世纪以后的数学、天文学和宇宙学

处于物理理论许多发展核心位置的是表示与研究的数学方法。然而,数学却并不仅仅是物理理论的侍女,其本身也是一门科学。琼·L.理查兹与杰斯珀·吕岑都强调数学的连续性、转变性和多样化。对于19世纪晚期的发展,他们采用了不连续性与革命性的术语用于描述该段时期的发展过程,正如吕岑所述,几何学与数学分析从客观空间的长期直觉预想中被解放出来。

理查兹强调了几何学因摆脱关注实践应用而获得的日益增加的自由,这种发展于19世纪30年代出现在德国的研究性大学。作为对比,吕岑强调了在数学分析中严密性要求与应用(声学、流体力学、电学以及稍后的量子力学)要求之间的持续相互影响。"严密"是欧几里得几何学公理以及A. L.柯西的数学分析基础的特点,分析及其函数的应用被推向对真实世界的越来越可靠的表现。

一个显著的应用事例则是麦克斯韦将人口研究的统计方法挪用到对分子群体的研究。西奥多·M.波特说明了不但应用于死亡率研究而且应用于分子运动研究的统计被用来证明似乎是随机的事件也存在着秩序。然而与之相悖的却是,统计物理学在获得第一次发展后的10年间,逐渐削弱了人们对宇宙机械定律的有秩序决定论和必要性的信心。麦克斯韦和波尔茨曼是自然哲学家而不是数学家,对于他们来说,这些统计模式和机械模式非常有用,尽管他们并没有使人们同意这些就是自然世界的完美反映。

---

[14]　参见 Robert Olby,《双螺旋之路:DNA的发现》(*The Path to the Double Helix: The Discovery of DNA*, London: Macmillan, 1974),Maclyn McCarty,《转变因素:发现基因由DNA构成》(*The Transforming Principle: Discovering That Genes Are Made of DNA*, New York: W. W. Norton, 1985)。

　　在研究分子和原子的过程中,光谱学变成一种日益重要的工具。在 19 世纪,从方位天文学到描述性天文学,约安·艾斯伯格将光谱学置于天文学多样化的中心位置。通过光谱学,星体成为实验室科学的研究对象,如同原子和分子一样。孔德在 19 世纪早期写道,星体的物理与化学性质以及温度是永远不可知的,他对遥远星体的观点如同他对看不见的原子的观点一样,都是错误的。

　　天文学的发展,正像罗伯特·W.史密斯在第二部分已讨论的那样,在很大程度上由望远镜的改进以及摄影术的发明所推动。对太阳和恒星能量以及它们过去和将来的演变进行解释的尝试,不仅植根于物理学家的引力和热力学理论之中,而且扎根于博物学的分类特性的体系之中。随着照相分光与更大型的望远镜为累积大量星体信息提供了更加快速的方法,一种工厂分工制度从 19 世纪 80 年代到 20 世纪 20 年代开始出现在天文台,最著名的是哈佛大学天文台(Harvard Observatory),在该天文台,爱德华·皮克林雇用了女性的感光板分析员和计算员。劳动力的性别化(罗西特在第一部分已讨论)导致了一些未预料到的结果,例如安妮·江普·坎农、安东尼娅·莫里、塞西莉亚·佩恩和亨丽埃塔·勒维特(黑尔格·克拉格也提到过),她们开始从她们所分类的星体和光谱线中得出理论结论。

　　太阳与星体具有可检测的生命次序,这一假设从弗里德里克·威廉·赫舍尔的时代开始就很普遍,并且它与 19 世纪末期关于生物学和热力学演化的概念相一致。克拉格论证说,宇宙不是静止而是膨胀的概念是一种新颖的思想,并且很快被 20 世纪 30 年代的天文学家所接受。一个更加新颖的理论是爱因斯坦的广义相对论,它创建了一门新的科学。尽管爱因斯坦自己采用线性时间和"球形"空间的宇宙论,即一种静止宇宙,但膨胀宇宙在 20 世纪 30 年代之所以很容易被接纳,是因为它安全地立足于爱因斯坦的场方程。

　　谈及膨胀宇宙的"发现",我们遇到了困难,正如我们在定义"发现"时经常遇到的情况一样。与普朗克类似,埃德温·哈勃是一个勉强的革命者,如果他是革命性的,那么他应该在 1929 年强调星系红移的实验性质,而不是立即赞成膨胀宇宙。在 1922 年,亚历山大·A.弗里德曼开创了一般数学宇宙论,包括静止、循环和膨胀宇宙等特例。乔治·勒迈特于 1927 年特别辩称说,物理宇宙是膨胀的。因此,克拉格提出做出"发现"的是勒迈特而不是哈勃,这样才是合理的。

　　如果很难对发现进行准确说明,克罗斯比·史密斯与达里戈尔同样强调这一点,那么问题的最终解决方案将会同样如此。(用盖里森的言语即是"实验如何结束?")[15] 在 20 世纪 30 年代和 40 年代,基于"原始原子"假设的种种计算,天体物理学

[15]　参见 Peter Galison,《实验如何结束》(*How Experiments End*, Chicago:University of Chicago Press, 1987)以及《图像与逻辑:微观物理学的物质文化》(*Image and Logic:A Material Culture of Microphysics*, Chicago:University of Chicago Press, 1997)。

家推断宇宙年龄要小于星体的年龄。这个问题尽管在数十年后得到了令天文学团体满意的解决，但在 1994 年对哈勃望远镜的数据处理之后，这个问题再次出现。

克拉格写道，宇宙学缺少一种学科的统一性，而且对于宇宙学，在社会的、建制的和技术的组成方面并没有进行充分的研究。在他们关于地球化学和物理学的那一章中，内奥米·奥雷斯克斯与罗纳德·E. 德尔采用了这些作为地球科学的参考点，并注意到在地球科学中，有着物理学传统与博物学传统之间的竞争。到 20 世纪中期，地球物理学传统超过了博物学地质学传统，尽管地质学家在与物理学家的争议中是正确的：地球的年龄要远长久于开尔文所推测的地球年龄，地球经历了大陆漂移，尽管物理学家否认似乎可信的机制的存在。

奥雷斯克斯与德尔不仅将这些变化植根于有影响的科学家的论识论旧习惯之中，例如查尔斯·范海斯将地质学归纳为物理学与化学定律，而且还植根于变化的赞助模式。洛克菲勒基金会（Rockefeller Foundation）为地球物理学而不为地质学提供资金；石油公司对化学分析更加感兴趣，而不仅仅关心岩石与地层的外貌；飞机、火箭、潜水艇以及雷达等方面的新型军事技术需要了解地球物理学、气象学以及海洋学方面的知识，从而达到良好性能与保护目的。

第六部分 20 世纪末的问题和希望

正如奥雷斯克斯、德尔和亚历克斯·罗兰所提到，对于地震学的科学技术的一个主要推动，并不是来自对地震研究的需要或是理解地球内部的需要，而是来自探测地下核爆炸的军事和政治需要。在奥雷斯克斯和德尔那章中的一个次要主题对于罗兰那章来说则是主要主题，即科学、技术和战争之间的关系。罗兰那章，如同第六部分的其他章一样，明确提出了科学与技术问题是国家事务与商业策略，并对公众的社会安全有着直接的意义。

二战是一个转折点。与战前相比，战后的胜利者们有着完全不同的武器库。罗兰辩论说，更值得引人注目的是，军事力量上的传统保守主义一直反对采用新技术，而二战改变了这种行为。美国、苏联、法国、英国、中国、印度以及其他一些国家的政府认为有必要进行永久军事准备，因而需要大量经费用于军事目的的研发，以及保卫国家安全的永久保密协议。保密不仅应用于核能与核武器，而且也影响了光学、计算机、微电子学、合成材料、超导电性和生物技术。大学以及私人企业经常成为军事承包商。在 1995 年的财政年度，根据罗兰的报告，美国麻省理工学院与约翰斯·霍普金斯大学（Johns Hopkins University）位居美国前 50 位国防承包商之列（以美元数额计算）。对于基础研究和社会需要的项目，例如城市更新和环境退化的改进，他建议应对这些开发的成本做一次评估。

如果战时需要对科学研究行为有着重要影响，国家价值观与意识形态也是同样如此。二战后,历史学家关注"极权主义"对科学与科学家的影响是很正常的(在斯大林统治下的苏联和希特勒的国家社会主义德国)。[16] 最近的历史著作(包括保罗·约瑟夫森的著作)扩大了对意识形态的关注,包括了冷战与麦卡锡时期的民主主义与多元主义的美国以及其他国家。

意识形态的宣称是很难分类的。福曼辩论说,因果性的量子力学在德国被反魏玛的知识分子所欢迎,然而"雅利安"科学的传播者(菲利普·莱纳德与约翰内斯·施塔克是其中最有名的两位),站在新物理学在现实世界上并没有充分根据的立场上,反对量子力学与相对论。苏联的"机械论者"派别同样反对新物理学,并将其视为"唯心主义"而非"唯物主义",尽管鲍里斯·格森与"德波林"派别的其他成员努力使新物理学符合辩证唯物主义。格森于 1937 年死于苏联的大清洗,在这次大清洗中大约有 1000 万人死去。

与劳伦·R.格雷厄姆、杰西卡·王和一些其他历史学家一样,约瑟夫森得出结论说,无论是什么样的政体,大部分科学家都努力避免政治义务并尽全力追求他们的工作。[17] 但也不能认为科学家一定会倾向于民主政体及其所包括的政治观点。实际上,约瑟夫森论证说,大部分德国科学家不信任魏玛政权并欢迎纳粹党人掌权。有充分的历史证据可以表明,很少有非犹太德国科学家抗议犹太同事被驱逐。[18]

对于二战期间由科学技术推动的所有知识与社会变革之中,或许最令人吃惊的就是威廉·艾斯普瑞所描述的"计算机革命",对于使用"革命"这一术语,并没有任何异议。计算机科学与计算机文化史的焦点已从机器先驱——例如像查尔斯·巴比奇的差分机(作为一种存储程序计算机而发挥作用)——转到了对军事、商业和科学策略的研究,从而改进、设计、行销和利用计算机。在 20 世纪末,学术性的"计算机科学"与"信息科学"课程因为工程、数学、认知科学与人工智能项目的集成在大学中创建,与此同时,工程学的声誉日隆。

快速而精准的计算机不仅被应用到建模、计算先前难以处理的理论化学和等离子物理方面的问题、导弹制导与卫星轨道,而且被应用于医学成像和全球气候模拟,贝蒂安·霍尔茨曼·凯维勒斯与詹姆斯·罗杰·弗莱明在本卷的结束章中对此都有所描述。凯维勒斯关于 20 世纪 70 年代计算机与医学仪器相遇的描述是不同学科(太阳天文学、神经学、工程学、生物化学、核物理学以及固体物理学)因其个体的兴趣集中于同

[16]　David A. Hollinger,《在二战期间与二战之后的美国,科学成为一种文化斗争的武器》(Science as a Weapon in *Kulturkämpfe* in the United States during and after World War Ⅱ),第 155 页～第 174 页,载于《科学、犹太人与世俗文化:20 世纪中期美国思想史研究》(*Science, Jews, and Secular Culture: Studies in Mid-Twentieth-Century American Intellectual History*, Princeton, N. J.: Princeton University Press, 1996)。

[17]　Loren R. Graham,《在科学技术方面,我们从俄国经验中学到了什么?》(*What Have We Learned about Science and Technology from the Russian Experience?*, Stanford, Calif.: Stanford University Press, 1998),Jessica Wang,《焦虑时代的美国科学:科学家、反共与冷战》(*American Science in an Age of Anxiety: Scientists, Anticommunism, and the Cold War*, Durham: University of North Carolina Press, 1999)。

[18]　Ute Deichmann,《犹太化学家与生物化学家被驱逐出纳粹德国学术界》(The Expulsion of Jewish Chemists and Biochemists from Academia in Nazi Germany),《科学展望》(*Perspectives on Science*),7(1999),第 1 页～第 86 页。

一点而相互集成的另一个事例,在此处就是指医学应用。1979 年生理学或医学的诺贝尔奖由一位核物理学家与一位电气工程师共同分享,其中后者的工作得到了英国健康与社会保障部门(British Department of Health and Social Security)以及百代唱片公司(EMI)从披头士唱片所赢利的资金的支持。

小规模的研究也能够带来不可预料的突破,例如计算机断层扫描(CT)。相反,对于地球气候变化的研究,在 17 世纪和 18 世纪只是进行小规模的记录,但到了 20 世纪 70 年代,则采用大规模的计算机处理项目,例如兰德公司(RAND Corporation)用于环境安全的气候动力学项目,依靠对地轨道卫星提供的信息,这些卫星用于监控核武器实验与全球天气系统的双重目的。

如弗莱明所述,科学与公众对气候变化的关注已经有很长时间,并且人们确信地球正在日益变暖。托马斯·杰斐逊将气候日益变暖归因于伐木与农业耕种的增加。在 20 世纪 50 年代,G. S. 卡伦德通过其研究得出这样的结论:大气中来自化石燃料的二氧化碳在过去 50 年使地球温度上升了 0.25 度。然而,到 20 世纪 70 年代早期,随着苏联谷物丰收的失败,公众的忧虑则集中于地球是否正在变冷的问题。

具有特殊历史兴趣的,则是这些关注的文化意义。杰斐逊认为,农业在更暖和的气候条件下可以得到扩大和改进。1900 年前后的瑞典人斯万特·阿列纽斯认为,冰河向我们提醒了地球寒冷与未开化的历史。地球表面温度的适度上升是一件好事情。但是,到 1939 年,卡伦德注意到人类在通过化石燃料肆意制造二氧化碳方面是不受欢迎的"地球改变者"。一些市民和科学家们开始定义"为了公共利益的科学",他们提倡促进为了人类,而且在更大程度上为了地球多样的生物物种的利益服务的科学。

或许比物理与数学科学中的任何其他研究项目都多,关于全球环境科学的假定、问题、方法、赞助与应用展示了 20 世纪末知识追求独特的物质、对象与资源的规模和复杂性。与此同时,对现代性与现代科学的批评通常被统一到以全球环境和人文关注为定位的社会运动与伦理运动之中。[19]

本卷历史广泛深入地说明了现代时期研究物理与数学科学历史的目标和策略。与科学实践一样,历史实践是一个依靠概念再定位与再解释的过程,也是新的研究工具的发明以及新的事实的发现。本卷会将读者的兴趣引向现代物理学史与数学史方面大多数已知的内容,以及今后仍需要做的事情。

(王颖　译　刘兵　校)

[19]　参见 Toulmin,《世界都市:现代性的隐蔽议事日程》(注释 3),第 186 页。

第一部分

1800 年以后物理科学的公共文化

1

科学方法论：
物理－数学科学的模式

南希·卡特赖特　斯塔西斯·普西洛斯　哈索克·张

科学方法分为两大类：归纳法和演绎法，其中归纳法主要指从已知的个别的或特殊的事实出发概括得出理论的方法，而演绎法则是从第一性原理(first principles)中得出推论的方法。在这种粗略的分类背后，存在着深刻的哲学意义上的对立。第一性原理之于演绎法的中心地位普遍被接受为亚里士多德形容的那样"首先是为自然所知"，而非"首先为我们自身所知"。第一性原理比由归纳法而得出的规律具有更基础的本体论地位吗？在某种意义上，它们"更为真实"或"更为实在"？或者与之完全相反，第一性原理根本不是真理，至少对于人类的科学而言，因为它们总是为人类认识所不能及的？

演绎论者倾向于接受第一种观点。其中一些人之所以接受第一种观点，是因为他们认为第一性原理是精确且永恒的真理，表达了隐藏在变动不居的现象背后的结构；另一些人则认为第一性原理是普遍性的断言，它们将大量不同的现象整合在统一的体系中，它们拥有作为基本真理之象征的统一性的力量。[1] 将经验视作科学对认识世界所持有的手段的经验主义者们，则对这种第一性原理表示怀疑，尤其是当它们极其抽象而且与直接经验相距甚远的时候。他们一般坚持将归纳法作为能保证科学中的真理性内容的守门人。

演绎论者对上述的怀疑作出了回应，他们认为我们通过这种归纳法而获得的主张极少可能保证其精确性和完备性，而这却都是我们对精确科学所要求的；而且那些能为经验直接检验的概念也是模糊而不明确的。因为我们所需要的知识是用数学表述和理论概念明确表达出来的形式化的理论，而这些都不是从经验中得来的。那些坚持固有知识(implicit knowledge)之中心地位的人，那些论证实验、模型有其自身的生命而仅与形式化的理论有比较松散的联系的人，或者说那些在成功控制自然中追求科学实用性而非对自然作出精确性表述的人，看上去更赞成归纳法是通向科学真理的指导方法。

---

[1]　为了捍卫统一性的重要性，可以参见 P. Kitcher，《解释统一性》(Explanatory Unification)，《科学哲学》(*Philosophy of Science*)，48(1981)，第 507 页～第 531 页。

归纳主义和演绎主义的旗帜,也是在经验论和唯理论这两类关于科学知识之来源的伟大传统学说之间的区分标志。从归纳主义者的观点出发,第一性原理的麻烦在于其普遍带有的表述方式。当代物理－数学科学中的第一性原理,一般是用新引进的概念组织成抽象的数学结构来表述的,而这些新引进的概念的主要特征,也是通过其自身的数学化特征及其与其他理论概念之间的关系而得以表现的。如果这些都是通过经验获得的表述方式,归纳主义者就会毫不犹豫地接受一组可以演绎出各种已知现象的第一性原理。在此情况下,归纳法和演绎法恰好是两条相反的路径。然而当表述方式为经验所不及时,我们又是否应该接受这些表述呢? 经验论者会说,我们根本不能接受这些表述。但唯理论者则坚持认为,人们的思维和推理能力可以为此提供独立的理由。正像勒内·笛卡儿宣称的那样,我们清晰明辨的观念才是通向真理的可靠之路;或者像阿尔伯特·爱因斯坦和一些 20 世纪晚期的数学物理学家们(mathematical physicists)极力主张的,特殊种类的数学理论所表现出来的简单性、精确性以及对称性,给了他们立于真理之上的支点。

这些更深刻的问题横亘在演绎主义和归纳主义之间,始终是考察物理－数学科学之本质的核心。这些问题可以通过以下五个标题下的内容来分组:1. 数学、科学和自然;2. 实在论、统一性与完备性;3. 实证主义;4. 从证据到理论;5. 实验传统。在哲学领域,人们经常会发现,这些对于当前的争论十分重要的主要论据有着悠久的传统,而且就此而言,就使科学理论化与使其他论题理论化相比,更是如此。因而,对当代物理－数学科学进行科学方法方面思考的说明,也必须包含大量的旧有学说的讨论。

数学、科学和自然

数学表述是怎样与物理－数学科学相互关联的? 对此,有以下三种不同的回答。
亚里士多德哲学[2]

数学对于数量和其他一些属性的研究出现在感知对象中。数学真理是与这些可以感知的数量、属性相一致的,而这些数量和属性又受制于物理学原理。因而,亚里士多德能够就此解释一种科学证明如何应用到另一种科学:前一种科学的定理严格地就是第二种科学所研究的东西。例如,光学中的三角形是可感知的对象,因为它有颜色和运动等特性。然而,在几何学中,我们(通过抽取[aphairesis]或抽象的过程)从思考中把可感知的东西取走,将三角形只看作是"作为三角形自身"的东西。以这种方式考虑的三角形仍然是在我们面前(而且不需要在心目中)的可感知的对象,但它是我们思维的一个对象。

这种学说使亚里士多德主义者成为了一个归纳论者。在数学科学的第一性原理

---

[2] 参见亚里士多德,《形而上学》(Metaphysics μ - 3)。

中所描述的属性也严格地同样存在于可感知的世界中。然而,这种学说明显限制了这些原理的范围。宇宙中究竟存在多少个真实的三角形? 我们的数学是如何在根本无物存在的领域中应用的(例如在对彩虹的研究中)? 同样的问题也产生于科学原理本身。物理学理论经常是相关于可感世界中并不存在的对象,诸如质点、点电荷等。然而这些正是我们用来研究行星轨道和电路的理论。对此,简单的回答就是:可感知的物体和真实质点或三角形"足够接近",以致并不构成什么问题。但是什么才算是达到了足够接近的程度,以及修正是如何做出并得以证明的呢? 这些都是目前方法论学者关于"理想化"和"非理想化"争论中的焦点问题。[3]

毕达哥拉斯主义

按照早期的毕达哥拉斯主义,很多现代物理学家和哲学家们(爱因斯坦就是一个显著的例子)主张自然在"本质上"是数学的。现象背后隐藏着结构和数量关系。它们都受到了数学原理的支配,在我们目前的说法中,又加上了在物理 - 数学科学中我们所进一步发展了的那种经验化的原理的制约。有些人认为,这些隐藏着的结构比人类感知中所呈现出来的东西"更为真实"。这不仅是因为我们假定了这些结构、原理是造成我们所看到的周围的世界的原因,而且更为重要的还在于,这些结构、原理预设了一种必然性和秩序,而这也是许多人认为实在所应该具有的特征。现代物理学中某些高度抽象化的原理,被认为与数学原理共同具有这种特殊的思想中的必然性。

毕达哥拉斯主义很自然地伴随着唯理论。首先,如果一个原理有某种特殊的数学属性(例如一个原理是协变的,或它展示出某种特定的抽象对称性),这就给了我们一个理由去相信它是超越于任何经验证据之上的。其次,很多原理并不关涉在任何合理意义上可测量的数量。例如,很多现代物理学研究的物理量其值并不是定义在真实的时间 - 空间点上,而是定义在一个高维空间(hyperspaces)中的。毕达哥拉斯主义者们倾向于将这些高维空间也视为真实的存在。毕达哥拉斯主义者们典型的表现在于,他们会讨论那些被定义为与数学研究对象相关的属性,好像这些属性是与真实存在相符合的,甚至在很难认定由数学对象所表述的可测量的相关属性特征时,也会对其进行讨论。(例如,在量子力学中,当代表一个可观测量的算符是可逆时,这个可观测量有什么特征?)目前在测量的形式化的理论研究中,发展出对于以数学表示为一方和可测量的数值及其物理特征为另一方之间的关系的精确特征描述,提供了一个严格的框架,在此框架中可以表述和争论这些更多出自直觉的问题。[4]

工具主义和约定论

法国哲学家、历史学家和物理学家皮埃尔·迪昂(1861~1916)反对毕达哥拉斯主

[3] 参见《理想化》(*Idealization* Ⅰ - Ⅷ),载于 J. Brzezinski 和 L. Nowak 等编,《波兹南科学哲学与人文学科研究》(*Poznan Studies in the Philosophy of the Sciences and the Humanities*, Amsterdam: Rodopi, 1990 - 7)。

[4] 例如可见 D. H. Krantz、R. D. Luce、P. Suppes 和 A. Tversky,《测量的基础》(*Foundations of Measurement*, New York: Academic Press, 1971)。

义,他认为自然完全是定性的。迪昂教导我们说,就像在日常生活中一样,我们每天在实验室里遇到的不过是或多或少的热气。[5] 数量化的术语如"温度"(一般通过工具而得以应用),只不过是对气体及其相互作用的定性化事实之集合的**符号性**表述。这种观点使迪昂成为了一个工具主义者,这体现在其对描述世界的数学方法及物理－数学科学中的理论原理的作用的认识上。他认为它们的作用与其说是一种字面的描述,还不如说是一种为了系统化及预测服务的有效工具。为了获得认可或者为了运用物理学的理论原理,这些方法很明显地就不能是归纳的。迪昂提倡用被广泛认可的假说－演绎法来取而代之。然而他还特别指出,这种方法本身就证实假说而言是无济于事的,它事实上是促成工具主义学说的因素(参见"从证据到理论"这一节)。由此可见,迪昂的观点仍处于有关数学在科学中的作用之争论的焦点上。

除了迪昂的纯粹工具主义,还有另一种观点,这就是与其同时期的亨利·庞加莱(1854~1912)的约定论,其关于几何学基础的工作,提出了"物理空间是欧式几何的吗"这一问题。庞加莱认为这一问题是无意义的:只要人们能为自己的物理理论做出合理的证明,每个人都可以使物理空间具有自己想要的**任何一种**几何性质。为了显示这一点,他先描述了这样一个可能性世界,其中的几何学在根本上是欧式几何的,但是由于一种奇怪的物理学的存在,居住在这个世界中的人便得出结论,他们世界中的几何学是非欧式的。于是在对这个世界的描述中,就有了在经验上等价的两种理论:一是欧式几何及奇异的物理学,另一个就是非欧几何和平常的物理学。无论居于这个世界之上的人选择哪种几何学,都不是受其经验发现的支配。这样的结果就是庞加莱所称的欧式几何"约定"的公理。

庞加莱的约定论也包括了力学的原理。[6] 这些原理都不能独立地用经验来证明,而且他还认为,这些原理也不是实验事实的概括,它们所适用的理想化系统在自然中是找不到的。而且这些原理也不能接受严格的检验,因为它们通常是通过某种纠正的策略使自己免于被驳倒,就像欧式几何的情形一样。

所以,庞加莱的约定保持了真理性,但其真理既不是先验的也不是后验的。那么,它们是否为真仅仅是通过定义吗?庞加莱反复强调,正是经验"暗示"或"作为其基础",或是"产生"了力学的原理,尽管经验从未最终确立这些原理。然而,正像迪昂,而不像亚里士多德主义者和毕达哥拉斯主义者,对于庞加莱和其他约定论者来说,几何学和物理学原理都是用于对自然的符号性表述,而不是在字面意义上真实的描述。(参见下一节)

[5] P. Duhem,《物理学理论的目的和结构》(*Aim and Structure of Physical Theory*, New York: Atheneum, 1962)。
[6] 参见 H. Poincaré,《科学与假设》(*La Science et L'Hypothese*, Paris: Flammarion, 1902)。

实在论、统一性与完备性

　　在我们今天被最为热烈地争论的论题当中有这样一些问题。促发这些争论的动力之一,来自近来科学史及科学知识社会学试图将科学置于其自身所处的物质和政治框架中的工作。这种工作提醒我们,科学是一项社会事业,因而也会像其他一些人类的奋斗一样,要利用同样的资源,要受到同样一些影响。目前关于知识生产的社会本质的议题,总体上并没有对于物理－数学科学构成特殊的挑战,包括那些直接面对任何一项知识追求的事业的科学,因而这里将不对此进行专门的探讨。

　　对于多数人来说,物理－数学科学中的知识断言确实也在以下基础上面对着特殊的挑战:(1)所描述的实体一般都是不可观察的。(2)相关的属性可能是不可测量的。(3)数学表述是抽象的,往往缺乏视觉上的、切实的相关性,因而很多人对开尔文勋爵和詹姆斯·克拉克·麦克斯韦提出质疑,认为我们不能确信自己对数学表述的理解。[7] (4)通常,理论似乎仅仅在作为对数学对象而不是作为对我们周围的具体事物作出描述时,才会看上去比较恰当。这些挑战处于“实在论的争论”的核心位置。

　　在**实在论**的说明中,理论的主旨,就是要讲述一个在字面上真实的故事:世界是怎样的。这样的话,它描述的,就是一个充斥着大量不可观察的实体及数量关系的世界。工具主义的观点则并不是要表面地看待这个故事,而把目标指向将所有可观察的现象都放到理论中,这通常被理解为一种不可解释的、抽象的、逻辑－数学的框架。目前,另一种观点也获得了立足之地。[8] 人们可以与实在论者一道,确切地看待理论所讲的故事:理论表述了世界可能是怎样的。然而,人们也可以同时把对这个故事的真理性的评判悬置起来。对此立场的主要论证就是:对于理论的成功运用来说,对此理论故事之真理性的信仰并非是不可或缺的。人们可以只是相信理论在经验层面上恰当,或者就是说,它能够拯救所有可观察的现象。不过应该指出,这里的“在经验层面上恰当”是在一种很强的意义上讲的;如果我们按照理论行动的话,我们似乎必定会期望,理论不仅在对已经发生的事情的描述上,而且对在我们可以制定的各种方针之下将要发生的事情的描述上也是正确的。

　　实在论者辩论说,对于理论之预言性的成功最好的解释,就是这个理论是真实的。按照**最佳解释推论**,当遇到一组现象时,人们应该在潜在的理论解释中有所侧重,并且接受其中的最佳者作为正确的理论,这里的“最佳”是由一些优势特征来规定的。这些

〔7〕 参见 C. Smith 和 M. N. Wise,《能量与帝国:开尔文勋爵的传记研究》(*Energy and Empire: A Biographical Study of Lord Kelvin*, Cambridge: Cambridge University Press, 1989),以及 J. C. Maxwell,《在不列颠协会数学和物理学分会上的讲话》(Address to the Mathematical and Physical Section of the British Association),载于 W. D. Niven 编,《詹姆斯·克拉克·麦克斯韦科学论文集》(*The Scientific Papers of James Clerk Maxwell*),2:215－29;《电磁通论》(*Treatise on Electricity and Magnetism*),第2卷,第5章。
〔8〕 尤其见 B. C. van Fraassen,《科学形象》(*The Scientific Image*, Oxford: Clarendon Press, 1980)。

优势特征涉及的范围通常很广泛,从简单性、普遍性和成效性,到一些非常具体的内容,诸如规范不变性(被认为是对当代场论来说非常重要的特征),或满足马赫原理(对于时空理论的),或某种对称性的展现(现在被认为是基本粒子理论必不可少的基本要素)都被包括在内。

实在论的反对者则求助于物理学史。在物理学史中充满了这样的内容:一些理论曾经被接受为真理,但后来却发现是错误的而被放弃。[9] 例如,像 19 世纪在电磁学和光学中的以太说、热学中的热质说、圆周惯性理论以及水晶天球天文学理论。如果科学史是一片失败的最佳理论的废墟的话,那么当下的最佳理论本身也许就会在某个时候走向这片废墟。

实在论者为此先后提出了两条辩护途径。一方面,过去被放弃的理论的清单也许根本就数目不多或并不十分具有代表性。例如,如果我们更为严苛地考量过去经验上的成功案例(比如我们坚持认为理论应该产生新的预见),那么,过去那么多被放弃的理论曾确实成功的说法就不再那么显而易见了。就这一例子而言,科学史毕竟没有提供足够的理由来说明,我们当代的满足这些严格的标准的理论将会遭受被放弃的命运。

另一方面,实在论者可以指出在理论中的哪些内容没有被放弃。例如,尽管在解释上有剧烈的变革,但后继的理论通常还保有它所取代的先前理论中的很大部分的数学结构。这就使得实在论者的立场在很大程度上与第一节提到的毕达哥拉斯主义产生了共鸣。按照"结构实在论"的观点,尽管理论在表述实体及特征时会出错,但理论仍能够成功地表述世界的**数学结构**。[10] 目前结构实在论面临的挑战,就是要捍卫**实体是如何被构建的**和**实体是什么**之间的差别。总体上说,现在的实在论者所做的努力,就是以各种方法来辨识在被否弃的科学理论中对其曾经的成功起到本质性作用的内容,并使之与其他"无价值"的部分相区别,同时还要证明这些对理论的成功曾有本质性贡献的要素也在同一领域中的后继理论中被保留下来。目标就是要准确地找到科学实在论者所从事的最合理的东西。

与此紧密相关但是又有所区别的是:实在论是对于科学的**统一性**(或可统一性)的质疑,也是对物理学的**完备性**的质疑。人们通常认为,如果物理学理论是真实的,那它们必须确定物质宇宙中所有其他特征的表现。因此,只有一切都可约化为物理时,科学的统一性才是有保障的。与之相反的观点则坚持认为,物理学中的基础理论也许是真实的或近乎真实的,然而并不是**完备的**:它们在各自的领域中精确描述出各种数量

〔9〕 参见 L. Laudan,《反驳收敛的实在论》(A Confutation of Convergent Realism),《科学哲学》,48(1981),第 19 页～第 49 页。

〔10〕 参见 J. Worrall,《结构实在论:两种世界中最好的?》(Structural Realism:The Best of Both Worlds?),《辩证法》(Dialectica),43(1989),第 99 页～第 124 页;P. Kitcher,《科学的进步》(The Advancement of Science,Oxford:Oxford University Press,1993);S. Psillos,《科学实在论和"悲观的归纳法"》(Scientific Realism and the "Pessimistic Induction"),《科学哲学》,63(1996),第 306 页～第 314 页。

关系和结构，但是它们却不能确定在其他学科领域（也包括物理学的其他分支）中这些数量关系和结构特征的表现。[11] 关于"在原则上"这种或那种的还原是否可能，过去十多年里，一直有一种强有力的趋势，即强调对**多元论**和实践中的跨学科合作的需求。[12]

实证主义

各种实证主义都坚持认为：对于在科学中的实践和被接受的主张，实证的知识是决定性的。由此，这些学说在以下两个问题上出现了分歧：(a)什么是实证的知识？以及(b)什么是决定性的原则？我们这里将主要就维也纳小组（Vienna Circle）进行讨论，因为目前英美有关科学之思考的大部分实证主义遗产，都是从维也纳小组那里传承而来。[13] 维也纳小组针对上面两个问题的回答，提供了两种决定性的特殊形式。

维也纳小组的成员自 1925 年就一直聚集在维也纳，直至 1935 年纳粹的迫害使这个小组解体。他们的观点受到了新物理学，尤其是爱因斯坦相对论的影响。这个小组的许多成员，特别是奥托·诺伊拉特（1882~1945）、埃德加·齐尔塞尔（1891~1944）还有鲁道夫·卡纳普（1891~1970）都表现出政治上的积极性（第三位略有逊色），他们都持有坚定的社会主义观念。总体而言，他们认为他们的社会主义信念与其所倡导的哲学的科学模式是密切相关的。（例如诺伊拉特就信奉以科学的方式来解释的马克思主义的唯物主义版本。）

什么是实证的知识？实证的知识就是可以真正被认识的知识，而"可以真正被认识的东西"就是在真实世界中所发生的事。但是我们又将如何表述那些在真实世界中发生的事呢？20 世纪 90 年代的物理主义和哲学自然主义与早期的实证主义者一样都面临着这一问题。物理主义坚持认为：所有对世界的真实描述，都是由与事物对应的物理学的描述来决定的——其关注的主要目标是社会群体的精神状态、情感特征和行为准则。而物理主义的同盟者哲学自然主义则强调，哲学并没有特定的主题，只是研

[11] 典型的反对观点可以参见 P. Oppenheim 和 H. Putnam，《作为工作假设的科学之统一性》(Unity of Science as a Working Hypothesis)，载于 H. Feigl、M. Scriven 和 G. Maxwell 等编，《概念、理论和身心问题》(Concepts, Theories and the Mind-Body Problem, Minneapolis：University of Minnesota Press, 1958)，第 3 页~第 36 页；J. Fodor，《专门科学，或作为工作假设的科学之不统一性》(Special Sciences, or the Disunity of Science as a Working Hypothesis)，《综合》(Synthese)，28(1974)，第 77 页~第 115 页。要了解当代对统一性的驳诉，见 J. Dupré，《事物的无序：科学之不统一性的形而上学基础》(The Disorder of Things: Metaphysical Foudations of the Disunity of Science, Cambridge, Mass.：Harvard University Press, 1993)；要了解反对完备性的观点，见 N. Cartwright，《斑驳的世界》(The Dappled World, Cambridge：Cambridge University Press, 1999)。

[12] 参见 S. D. Mitchell、L. Daston、G. Gigerenzer、N. Sesardic 和 P. Sloep，《跨学科的原因和方式》(The Why's and How's of Interdisciplinarity)，载于 P. Weingart 等编，《生而为人：生物学和社会科学之间》(Human by Nature: Between Biology and the Social Sciences, Mahwah, N. J.：Erlbaum Press, 1997)，第 103 页~第 150 页，和 S. D. Mitchell，《多元一体化》(Integrative Pluralism)，《生物学和哲学》(Biology and Philosophy)，即将出版。

[13] 要了解关于逻辑实证主义的总体阐述，见 T. Uebel 编，《重新发现曾被遗忘的维也纳小组：奥地利就奥托·诺伊拉特和维也纳小组的研究》(Rediscovering the Forgotten Vienna Circle: Austrian Studies on Otto Neurath and the Vienna Circle, Dordrecht：Kluwer, 1991)。

究科学已经研究了的东西。但什么才构成了物理表述,或说是什么构成了科学更为恰当的主题呢?

维也纳小组的实证主义采取了双重立场:一个是唯物主义的"形而上学",一个是"证实主义的(verificationist)"认识论。他们的唯物主义,或是指所有的存在东西就都是物理学研究的对象("物理学的主义[physicsism]"),或是指存在的东西都是出现在时间和空间中的("物理主义[physicalism]")。他们的实证主义是指:能够被经验所证实的东西才是真实的东西。站在这样的立场上,他们的目标是要把宗教和黑格尔的唯心主义从实证知识的领域中排除出去。因为宗教信仰的神秘主义特征及其道德律令,因为黑格尔唯心主义在哲学上的抽象晦涩及其纯粹观念,以及它对人类历史的目的论说明,而且又因为这二者都不太尊重物理–数学科学,所以宗教和黑格尔的唯心主义都受到了抨击。

当实证主义者以回答"什么才能真正被认识"的问题为目标时,就会采取上面这两种立场。核心的认识论问题就是:知识应被视为个人的还是公众的。传统的经验主义认为:所有人们能真正确定的事物都是与自身经验相关的事实。因而,恩斯特·马赫(1838~1916)就以《感觉分析》(*The Analysis of Sensations*)为标题来捍卫对于物理学的实证主义解释。在约翰·洛克、乔治·贝克莱及大卫·休谟之后,这本书也这样认为:能被有意义地讲出的概念应该建立在感官经验之外。众所周知,休谟(1711~1776)就是用这条限定暗地削弱了因果关系的概念。因果关系的概念即指一事物引起另一事物的发生,它不同于那些仅仅作为事物间有规律的联系。很多现代的实证主义者仍然延续了这样的观点。他们坚持认为在物理学中没有因果性存在的位置。这不仅是因为因果性不是我们可观察的经验中的一部分,而且也是因为"理论优先"的假定,即假定"物理知识就等于物理方程"(这种假定就将事物是如何运作的知识排除出去),也假定物理方程记录的只是关联。近来,对物理学中因果性的关注逐渐凸显出来,这一方面是由于约翰·S.贝尔对爱因斯坦–波多尔斯基–罗森实验(Einstein-Podolsky-Rosen experiment)的研究提出了在量子力学中非局域因果影响的可能性,另一方面也是因为近来对物理学如何干预世界这一问题之兴趣的再度复兴。[14]

知识个人观的一方认为:我们的个体经验是我们所能确定的非分析知识的唯一看似合理的候选者;而且如果我们在我们能够理性地确认的事物中没有发现科学的断言,那么我们就根本没有什么关于知识的真实断言。现代整个知识体系,包括物理学和其他精密科学在内,也许就是一个虚构的怪物(chimera)。与此相反的观点认为:知识必定是公众的、合作的事业,其中多数人必须为之贡献出自己的力量,单个的人只能

[14] J. S. Bell,《量子力学中的可言说与不可言说》(*Speakable and Unspeakable in the Quantum Mechanics*, Cambridge: Cambridge University Press, 1987);M. S. Morgan and M. C. Morrison 编,《作为中间人的模型》(*Models as Mediators*, Cambridge: Cambridge University Press, 1999)。

拥有知识的一小部分。这种观点更接近于我们所看到的实践中的科学,这是 20 世纪 80 年代和 90 年代知识社会学研究的重要原则之一。知识公众观也依赖与之同一立场的私人语言的论证(private-language argument),确立了私人知识的观念没有任何意义的观点。[15]

从证据到理论

是什么原则能允许我们从较低级的知识中进一步演绎出高级的知识? 鲁道夫·卡纳普首先提出了一个构造(Aufbau)的概念,这是一种从某给定的在方法论上实证的基础上建构新知识的方式,而不管这个基础是私人的还是公众的。[16] 但是很多人都相信,科学知识已经远远不止是在实证基础上对给定内容的再组装。后来卡纳普又提出了一个证实理论,以此来说明如何以及在何种程度上论据能够使得更进一步的科学假说成为可能,人们仍在努力寻找一种切实可行的证实理论。[17] 然而问题就在于要找到能确定概率的某个东西。卡纳普认为,在证据和假说之间的概率关系是一种逻辑关系,因而是"归纳逻辑"。从卡纳普以来直到现在,归纳逻辑的问题之一就是它们需要用一种形式化语言来表达证据和假说。一些人把这种对形式化的要求视为归纳逻辑的优势所在,因为知识断言必须要精确明晰才能被视作真正是科学的。然而,有些人也宣称这就为科学的表述力量设置了不适当的限制;另外,这样出现的概率分配也倾向于对语言的选择是高度敏感的。

假说 - 演绎法是一个主要的证实方法。科学的断言就是作为假说提出的,从假说中演绎出经验结论,经验结论可以与实验的结果相比较。显然,这就要求对证据和假说的表述必须要足够的形式化,这样才会使演绎成为可能。反驳这种假说 - 演绎法最为有力的就是所谓的"迪昂 - 奎因难题"(Duhem-Quine problem):科学理论本身从不蕴涵可检验的经验结果,只有当它与一个(通常是精巧的)辅助假设网络相联系时,才会有这种可能。如果经验结果并没有被证实,其中的一个前提就必须被否弃,但是事件本身的逻辑并不能判定是理论还是辅助假说出了问题。

然而,即使理论 T 得出的经验结论被证实了,这就能为 T 提供支持吗? 从 E 和"T 蕴涵 E"中推导出 T 就已经犯了一个关于证实结论的错误。这个难题就是人们熟知的"证据不足以说明理论的问题":T 决定 E 并不意味着只有 T 决定 E;任意数量与 T 相反的假设也可能决定 E。这样就把矛头直指实在论者所宣称的"推导出的最佳解释就

[15] L. Wittgenstein,《哲学研究》(*Philosophical Investigations*, 3d ed. , New York:Macmillan, 1958);也可见 S. A. Kripke, 《维特根斯坦关于规则和私人语言》(*Wittgenstein on Rules and Private Language*, Oxford: Blackwell, 1982)。

[16] R. Carnap,《世界的逻辑结构》(*Der Logische Aufbau der Welt*, Berlin:Weltkreis, 1928),此书被译作《世界逻辑结构》(*The Logical Structure of the world*, Berkeley:University of California Press, 1967)。

[17] R. Carnap,《概率的逻辑基础》(*Logical Foundations of Probability*, Chicago:University of Chicago Press, 1950)。

是合理的"观点。如果我们需要说的全部就是"T 解释 E"等于"T 蕴涵 E",那么理论解释证据的能力在逻辑上并不能提供任何理由让我们相信这一理论就优于无限数目的其他(最不确知的、最不明晰的)理论,因为它们也是这么做的。证据不足的问题就是卡尔·波普尔(1902~1994)坚持其观点的理由,波普尔的观点就是认为理论从来都不能被证实,只能被证伪。[18] 但是迪昂 - 奎因难题仍然保留下来,因为它在证伪和证实单个假说的尝试中发挥了同样的作用。

31　　　假说 - 演绎法的基本假设(即理论应该由其可检验的结论来评判),在当代物理学中似乎不再那么神圣了。高等理论中的很多新发展,更多的是用其所展示出来的数学精确性,而不是用其所蕴涵的实证结论来证明其合理性的。弦论就是 20 世纪 90 年代的一个重要例子,一些物理学家和哲学家提出:数学是物理学的一个新的实验室场所。[19] 然而这仍然还只是一个口号,不具有先进的方法论或认识论的地位。另外一些同样知名的哲学家和物理学家反对这种对经验主义最弱要求的戏剧性背离。目前兴盛的物理学共同体追求的是以数学为基础的理论发展模式,这样的共同体的存在难道就能提供在场的(on-the-ground)证据去驳倒那些支持经验主义的认识论和本体论论证吗? 或者说,实证主义的论证是不是就表明了新理论在被采纳之前必须要对实证性的知识做出实在的贡献? 此时,争论还在僵持中。

　　当代还有两个更为主要的证实理论。第一个是自展法(bootstrapping),第二个就是贝叶斯条件概率法(Bayesian conditionalization)。自展法是这样的,从表面上看,它最接近于当代物理学中发生的事情。[20] 在自展中,先前被接受的旧知识在证实中的作用非常突出。对于新假说的推理,被重构为来自证据加上背景信息的演绎。因而,对于"为什么作为假说证据的被引用数据有价值"这个问题,就有了一个不证自明的答案——因为,就像我们都知道的,这些数据逻辑上蕴涵了假说。这种方法依靠的是我们要把必不可少的背景信息作为已知的东西的意愿,也依赖于我们为这样做而进行的辩护。在自展证实中通常所用的这些种类的前提得到了多么充分的辩护? 对于一个谨慎的归纳主义者,他希望尽可能紧密地与事实相伴,在这个问题上也会是慎重的,因为前提往往也包含了比要被证实的假说更有力、也普遍得多的假设。例如,为了在一个计划能提供更高精度的实验中得到某个"特定"电子的电荷,我们就要假定所有的电子都具有相同的电荷。

　　在贝叶斯主义者对证实的说明上,在一个理论假说之证据与这个假说本身之间的概率关系,不被看作是卡纳普所说的逻辑关系,倒像是一种主观预测。然而,概率公理

[18]　Karl R. Popper,《科学发现的逻辑》(*The Logic of Scientific Discovery*, London: Hutchinson, 1959)。
[19]　参见 P. Galison 的论文《镜象对称:人、物体及价值观》(Mirror Symmetry: Persons, Objects, Values),收录于 N. Wise 编,《发展中的解释:对复杂性科学的历史反思》(*Growing Explanations: Historical Reflections on the Sciences of Complexity*),编纂中。
[20]　C. Glymour,《理论和证据》(*Theory and Evidence*, Princeton, N. J.: Princeton University Press, 1980)。

对预测有着严格的限制。着眼于某一证据 e,假说 H 的概率就由下面的贝叶斯定理给出:

$$prob(H/e) = \frac{prob(e/H)\,prob(H)}{prob(e)}$$

　　贝叶斯主义者把在一个假说 H 中的相信程度作为对其概率的主观估计(*prob*(*H*))。但是他们坚持认为,依照贝叶斯公式,它应随着证据的累积而被修正。近年来,贝叶斯方法已经被扩展到覆盖了众多论题,如迪昂－奎因难题,证据不足问题,以及为什么与何时实验应被重复的问题。[21]

　　尽管贝叶斯主义不仅在哲学家中,而且在统计学家那里已被普遍接受,但一些特殊的贝叶斯主义的建议和一般性的方法却都是备受争议的。[22] 对其最普通的批判,就是说它把太多的东西留给了主观性:对假说作出新的概率评估仍依赖于最初的主观评估,既依赖于对假说的先在的信任程度(*prob*(*H*)),又依赖于假说提供的证据的可能性(*prob*(*e/H*))。实在论者则特别倾向于寻求一些方法,支持一个证据证实一个假说的程度是一个客观的问题。

实验传统

　　现在常有对科学史和科学哲学中的"理论主导(theory-dominated)"方法的抱怨。理论主导根源于一种长期存在的假定,它在物理－数学科学发展史中的各个时期都受到了推崇,而且自第二次世界大战以来就得到了广泛传播,它主要坚持的是:科学的最终目的就是要产生出令人满意的理论。这种假定的一个推论,即观察和实验的主要目的就是要证实或检验理论。这样,中心的问题就变成了观察可以如何充分地为理论奠定基础。所有观察都是"负载理论的",这种学说在 20 世纪 60 年代和 70 年代期间发展起来,它表明观察只有在一定的理论框定下才能进行,只有在理论证实下才能被接受,这样观察的地位就进一步被弱化了。[23]

　　与这种观点相对,更新近的研究主张"实验有其自身独立的生命",借用了现在著名的口号。[24] (在本章中,我们将关注实验而不是普遍意义上的观察,因为当我们明确地考虑到了实验的情况,涉及在观察者那方对其进行有意识的计划设计,这样大量有意思的观点就会更清晰地显现出来。)首先,很多人主张实验的目的并不局限于检验理

[21]　C. Howson 和 P. Urbach,《科学推理:贝叶斯方法》(*Scientific Reasoning: The Bayesian Approach*, La Salle, Ill.: Open Court, 1989)。

[22]　参见 C. Glymour,《为什么我不是一个贝叶斯主义者》(Why I Am Not a Bayesian),载于《理论与证据》(*Theory and Evidence*, Princeton, N. J.: Princeton University Press, 1980),第 63 页~第 93 页,还有 D. Mayo,《错误与实验知识的增长》(*Error and the Growth of Experimental Knowledge*, Chicago: University of Chicago Press, 1996)。

[23]　参见 N. R. Hanson,《发现的模式》(*Patterns of Discovery*, Cambridge: Cambridge University Press, 1958);T. S. Kuhn,《科学革命的结构》(*The Structure of Scientific Revolutions*, Chicago: University of Chicago Press, 1962; 2d ed., 1970); P. K. Feyerabend,《反对方法》(*Against Method*, London: New Left Books, 1975)。

[24]　I. Hacking,《表征和干预》(*Representing and Intervening*, Cambridge: Cambridge University Press, 1983),第 150 页。

论。实验本身也许就是目的,或者更可能的是,它服务于其他目的而不是服务于理论科学,例如,从为公众娱乐到为技术控制服务;其中产生这些目的的背景可能和帝国统治一样宏大,或和酿酒一样直接。[25]

无论人们怎么考虑实验的目的,都要解决一个关于有效性的问题。我们如何确保我们的观察是有效的? 或者,至少我们应如何判断我们的观察是怎样的有效? 与有效性相关的概念显然依赖于那些正在观察并且运用观察之人的目的,但其最小公分母可能是真理或正确性的弱化含义。这种关于有效性的概念与激进的相对主义是相反的,但是它并不包含任何对与理论相关的实在论的承诺。

尽责的实践者们一直以来都非常清楚,要想获得高质量的观察是极其困难的。在定量化科学的与境中,观察意味着测量。只要用到了仪器,关于其设计及运行过程中的正确性的问题就产生了——这对于那些试图改进测量技术的人来说是一件有些棘手,但是却再明白不过的事情。

在观察中获得有效性的策略可以分为两大类:理论主导和与理论无关。理论主导的策略就是力图为测量方法提供理论上的辩护。例如,在生理学实验室中,我们相信能够正确记录神经冲动的情况,是因为我们相信这些电子仪器设备的设计所依赖的物理学原理。然而,这只能将问题淡出视野,就像迪昂所明确承认的那样。[26] 任何一个有责任感的研究者都必须要问,那些为测量方法辩护的理论原则本身又是如何被证明是正确的? 是通过另外的测量吗? 又是什么表明了**这些**测量是有效的?

这些忧虑促使人们去寻求另一个能获得观察的有效性的策略,即与理论无关的策略。很多实证主义哲学家退回到"感觉‑数据(sense-data)",但是甚至连感觉‑数据也要被视为不足以为信的。目前,要想逃避最基本的意义上的理论负载看来是不太可能的,因为在描述观察中所用到的任何概念都附带了理论暗示和理论期望(因此这些概念本身也是可修正的)。更近一些时候,很多方法论者都试图将有效性建立在独立证实的基础上:运用不同的方法,要得出同一个结果是不太可能的巧合,除非这个结果是对实在的准确反映。尽管这种论证方式在直觉上令人信服,而且在实验的实践中也被广泛地反映出来,但是它却始终无法超越实用主义,就像关于"通过不同的显微镜观察的不可见结构的实在应是相同的"之最近争论没有确定结果所出色地展示的那样。[27]

在这一节中,我们接下来要考察的是来自物理学史中试图消除理论依赖的两个似

[25] 为了说明实验的不同目的和用途,见 D. Gooding、T. Pinch 和 S. Schaffer 编,《实验的用途》(*The Uses of Experiment*, Cambridge: Cambridge University Press, 1989),还有 M. N. Wise 编,《精确的价值观》(*The Values of Precision*, Princeton, N. J. : Priceton University Press, 1995)。

[26] P. Duhem,《物理学理论的目的和构造》(*Aim and Structure of Physical Theory*, New York: Atheneum, 1962),第二部分,第 6 章。

[27] I. Hacking,《我们通过显微镜看到什么了吗?》(*Do We See Through a Microscope?*),载于 P. M. Churchland 和 C. A. Hooker 编,《科学的形象》(*Images of Science*, Chicago: University of Chicago Press, 1985),第 132 页~第 152 页。还可参见本卷中 B. C. van Fraassen 对 Hacking 的回应,第 297 页~第 300 页。

乎更为可行的方法,其 ·是由维克托·勒尼奥(1810～1878)提出的,另一个是由珀西·布里奇曼(1882～1961)提出的。尽管今天实际上勒尼奥已经被人们遗忘了,也许是因为他确实没有做出重大的理论贡献,但是在 19 世纪 40 年代即其事业的高峰时期,人们还是很容易将其视作全欧洲最出色的实验物理学家的。他的声望和权威建立于他在很多物理学领域中(尤其是热现象研究领域中)实现的极端精确性上。在他诸多成果中,我们发现很少有明显的哲学化的痕迹,但是他的方法中一些重要方面却在其具体实践中有迹可循。

对于勒尼奥来说,对真理的探索变成为“用精确的数据取代理论家们的公理”。[28] 例如,在他之前的其他人已经在假设人们认识到了一些物质的热膨胀模式(通常被假设为均衡的)的基础上制出了温度计。这些都要求助于各种理论的辩护,诸如基本的量热法(布鲁克·泰勒、约瑟夫·布莱克、让－安德烈·德鲁克、阿代尔·克劳福德)或各种热量理论的观点(约翰·道尔顿、皮埃尔－西蒙·拉普拉斯)。勒尼奥否弃了这样的实践,认为要证实关于物质的热现象的理论是不可能的,除非人们已有了一个足以为信的温度计。

然而,勒尼奥是如何设计一个温度计而不用设定任何关于物质热现象的先在知识的呢? 他使用了“可比性”的评判标准,也就是说如果某一类型的仪器被相信是正确的话,那么这个评判标准要求所有同类型的仪器设备在同一给定的情景下应具有相同的读数值。勒尼奥把可比性视为正确性的一个必要条件,但不是充分条件。这一认识使勒尼奥最终对能否保证测量方法的正确性持悲观的态度,这与近来那些独立证实的提倡者恰恰相反。然而,对勒尼奥作出更为实用主义的、积极的解读也是可能的,尽管可比性不能保证正确性,但是它确实对实验结果提供了稳定性。勒尼奥对任何基于理论的东西之稳定性都持不太信任的态度,而且他还身体力行地做了大量的工作,去向人们展示那些被认为是支配气体变化方式的简单而普遍的规律仅仅是近似的。[29]

珀西·布里奇曼是一位美国科学家出身的哲学家、实验高压物理学的先驱,他与勒尼奥一样都表现出了想要从测量的基础中消除理论的倾向。而且布里奇曼在关键路线上,比勒尼奥更为激进。人们所称的布里奇曼的“操作主义”完全取消了有效性的难题,用测量操作来定义概念:“一般而言,我们使用任何概念,都不过是指一组操作;**概念同义于相应的一组操作。**”[30] 如此一来,至少在原则上,任何宣称测量方法是正确的断言就都变成了只在同义反复式的意义上为真。

---

[28] J. B. Dumas, *Discours et éloges académiques*, Paris: Gauthier-Villars, 1885, 2: 194.

[29] V. Regnault,《试验的关系……为了确定进入到蒸汽机的计算中的主要定律和数字数据》(Relations des expériences... pour déterminer les principales lois et les données numériques qui entrent dans le calcul des machines à vapeur),《法兰西研究院皇家科学院论文集》(*Mémoires de l'Académie Royale des Sciences de l'Institut de France*),21 (1847),第 1 页～第 748 页;见第 165 页对相似性条件的陈述。

[30] P. W. Bridgman,《现代物理学的逻辑》(*The Logic of Modern Physics*, New York: Macmillan, 1927),第 5 页;原文强调。

布里奇曼的思想受到了两个重要影响的激励。一个就是他对爱因斯坦的狭义相对论作出的方法论解释,这使他明白了如果我们不参照具体的测量操作对概念作出具体的规定和详细说明的话,我们就会陷入到错误和无意义的议论中去。通过为其测定详细规定一个精确的操作过程,爱因斯坦给出了远距离同时性(distant simultaneity)的精确定义,它变得清晰了,那就是处于彼此相对运动中的不同观察者会对哪些事件与哪个事件是同时发生的有不同的观点。布里奇曼认为如果物理学家能从一开始就采取操作的态度的话,他们就不会陷入到这样的错误中去。

另一个对布里奇曼的哲学的构成有影响的,是他在高压物理学领域获得了诺贝尔奖的工作,这使他更加认识到科学家在新现象面前是如何茫然无措。他创造了估计高达 40 万大气压并对其进行实验,在这一高压环境下所有已知的测量方法和众多已知的规律都不再适用,正是这个经历支持了他总体性的断言,这就是:"概念……在实验尚未触及的领域是不明确且无意义的。"[31]

对布里奇曼关于测量的观点的评价有着众多分歧,但是公正地说,人们还是普遍接受了他所坚持的测量时要对所涉及的具体操作进行尽可能地详细规定的观点。另一方面,人们通常认为,试图从科学中消除所有的非操作性概念的努力(诸如在心理学领域极端的行为主义)还是没有成功,因为人们很容易同意理论概念是有用且有意义的观点。[32] 但是将操作主义作为一种有意义的理论对其进行拒斥,也意味着对布里奇曼解决实验方法的有效性问题的激进策略的拒斥,而这依然是另一个面对争论的话题。

（刘晓雪　译　刘兵　校）

---

[31] 同上书,第 7 页。
[32] C. G. Hempel,《自然科学的哲学》(*Philosophy of Natural Science*, Englewood Cliffs, N. J. : Prentice Hall, 1966),第 7 章。

2

19 世纪和 20 世纪物理科学与西方宗教的交汇

弗雷德里克·格雷戈里

当我们考虑 19 世纪甚至随后的年代中科学与宗教的话题时,我们自然首先想到的是曾经吸引了公众注意力的关于进化论的争论。然而,在许多重要方面,物理科学的发展继续汇聚着各种宗教信仰的人们的兴趣。确实,越是接近 20 世纪的尾声,科学和宗教的互动就越是为涉及物理科学的话题所支配,无论是对于非基督教宗教还是对于基督教的种种形式,这些话题都越发显得重要。就 19 世纪而言,多数论题是很早以前就被引入的争论的新版本。因为,这些重新思索常常被物理科学的新发展所推动,迫使有宗教信仰的人们进入一种反应的状态,人们不断增长的印象是,宗教日益被置于防御地位。由于种种原因,两大领域之间的这种关系的形式,在 20 世纪的进程中发生了很大的变化,直到基督时代第三个千年(millennium)的拂晓,科学与宗教的交汇目前正在被崭新的神学视角和物理科学的新发展两者所昭示。

宗教与物理科学之间的交汇,主要涉及有关物质和物质世界的起源、发展、宿命(destiny)与意义的问题。在我们所研究的这个时期的开始,物质的起源本身并没有被人们视为一个科学的问题。然而,宇宙的演化,或者说它如何获得现在的轮廓及其居住者,是一个被新型望远镜的观测,甚至更多地是由 18 世纪牛顿式的物理科学家们令人印象深刻的成就所讲述的论题。启蒙对古老的宗教问题甚至对宗教理性本身也带来了新的哲学审查。结果,19 世纪的开端给关于人类在宇宙中的独特性以及物理自然(physical nature)的终极命运问题带来了新的答案,这些话题将在这一章的头两节中进行讨论。毫不奇怪,有关物质及其属性解释效力的旧问题的重新露面,似乎要迫使我们在科学和宗教之间做出选择。这一对峙的各方面在这里被以关于唯物主义之意义的独立的一节来处理。在科学中和宗教中的发展在今天产生重新结合之前,需要花费又一个世纪的时间。这些交汇的一个缩写年表构成了这一文章的最后两节。

世界的多元性

到了 19 世纪的初期,地球之外的行星由智慧生物所居住的想法,已经变成了科学教科书讲授以及教堂传道的教条。很久之前,人们就提出并处理一个相关的神学问题:人类之外的生物存在的可能性如何影响对于道成肉身以及救赎教义的理解? 出现的答案是,虽然外星生物不可能像亚当那样有罪——因为他们不是亚当的后裔,基督的死亡对他们的救赎还是有效的,不需要基督去另一个世界再次死亡。[1] 到了18世纪的后半叶,神学家们大多数都同意,他方世界生命的存在可以增加关于上帝伟大的自然证言,而杰出的世俗思想家们,诸如哲学家伊曼纽尔·康德(1724~1804)、天文学家威廉·赫舍尔(1738~1822)和物理学家/天文学家皮埃尔-西蒙·拉普拉斯(1749~1827),都有理由加入到许多其他人的行列中去,这些人断言他们相信其他世界中生命的存在。[2]

　　科学与宗教在有关世界的多元性方面所达到愉快的和谐一致,随着托马斯·佩因(1737~1809)《理性的年代》(Age of Reason)一书在1796年的出版完全失去了。在此之前的几年,佩因在法国大革命最激烈的阶段在法国写作此书。他对基督教激烈批判的主要的根源,实际上是他无法接受一个人同时持有多元主义,即相信存在许多有生物居住的世界以及基督教的观点。[3] 事实上,佩因接受存在其他有生物居住的世界的观点。他不能容忍的是这样一种"狂想":地球上的救赎计划竟然是宇宙万物的某种例证。对于佩因来说,接受宇宙中其他地方的生命,使得存在唯一救赎手段的基督教断言变得荒谬可笑。

　　在其对有关外星人争论的权威性历史研究中,迈克尔·克罗将效仿佩因对基督教猛烈攻击的激烈辩论写成编年史。迄今为止,大多数拒斥佩因的结论的反应,支持将外星人当作上帝伟大的证明的更新论证,这证实了历史学家约翰·布鲁克关于自然神学在面临19世纪科学和思想新发展的挑战时具有反弹活力的观点。[4] 19世纪中叶发生的转折点是威廉·惠威尔(1794~1866)匿名出版的《世界的多元性》(the Plurality of Worlds)。在这本1853年出版的书中,惠威尔这位矿物学家、哲学家和剑桥的英国国教牧师以及大学最杰出的人物,推翻了他早期对于世界多元性的接受,因为他开始相信,这事实上不可能与基督教相一致。惠威尔作为此书作者身份的秘密并没有保守太长时间。他的评论者在《伦敦日报》(London Daily News)上表示了惊讶:任何一个人,更不用说三一学院的主管,竟然会试图恢复"早已被打破的人类超越宇宙中一切其他生物的神话"。[5]

[1]　这种对问题的解决方案首先是由法国神学家 William Vorilong 提出的,他死于1463年。参见 Michael J. Crowe,《外星生命的争论(1750～1900):从康德到罗威尔之世界多元性的观念》(The Extraterrestrial Life Debate, 1750 - 1900: The Idea of a Plurality of Worlds from Kant to Lowell, Cambridge: Cambridge University Press, 1986),第8页~第9页。

[2]　同上书,第161页。

[3]　Marjorie Nicolson,《托马斯·佩因、爱德华·内尔斯与皮奥齐夫人的旁注》(Thomas Paine, Edward Nares, and Mrs. Piozzi's Marginalia),《亨廷顿图书馆简报》(Huntington Library Bulletin),10(1936),第107页。

[4]　John Brooke,《科学和宗教:某些历史的角度》(Science and Religion: Some Historical Perspectives, Cambridge: Cambridge University Press, 1991),第6章。

[5]　Crowe,《外星生命的争论(1750～1900):从康德到罗威尔之世界多元性的观念》,第267页,第282页。

虽然其他人把拒斥宇宙中他方世界生命当作目光短浅的唯我论,而惠威尔却认真地看待佩因 50 多年前所提出的二分法(dichotomy)。他的结论是选择佩因认为荒谬的选言判断,也就是说,惠威尔完全地拒斥"天文学家关于[地球]只不过是千百万个相似的居住环境之一的断言"。[6] 为了反对已经在物理 – 神学的英国传统中牢固确立的多元论,惠威尔选择主要以一种科学的和哲学的模式来打造自己的论证。但是它的动力却来自宗教。出于永恒的智慧和恩宠,上帝受难并死去从而使得人类可以得到拯救;不可能有一个以上这样的关于上帝之仁慈的伟大戏剧;只可能存在一个救世主。想象在其他世界中存在类似的东西,对于惠威尔来说是令人生厌的。

在接受佩因的选言判断(dichotomy of choices)时,惠威尔是在反对自然神学家们对待那位著名的自然神论者时所采用的策略。苏格兰牧师托马斯·查尔默斯以及其他人对佩因的反应,是否认他们必须在多元论和基督教之间进行选择,因为二者可以被说明是相互兼容的。事实上,惠威尔虽然迫使大家像他那样面对这一论题,却并没有能够说服大多数人接受他的观点。当惠威尔的书在 19 世纪 50 年代所引发的这些热烈争论的尘埃落定之后,多元主义仍然是科学家和神学家的共识。[7]

当这个世纪蜿蜒而下时,越来越多的单个天体被排除在作为可能生命的合适居所之外,一种有限的多元主义取代了前几十年中更加狂热的版本。1877 年意大利天文学家乔瓦尼·斯基亚帕雷利,在测试一个新望远镜观察行星表面的能力时,将他在火星表面上能够看到的暗淡线条描述为沟渠(canali)。这就开启了关于火星上"运河"的辩论,这场辩论一直延续到 20 世纪第二个十年,并吸引了国际公众的注意力。在此争论结束之前,一位观察者——他在 1895 年 1 月 2 日的《旧金山纪事报》(*San Francisco Chronicle*)上被报道为一位不可知论者,因此在宗教上是不带偏见的——宣称在一幅布满运河的火星地图上发现了希伯来字母,它们构成了代表上帝(the Almighty)的那个字。[8]

宗教和科学的相互纠缠一直是,而且仍然是对宇宙间生命问题思索的典型特征。正如《旧金山纪事报》引文所显示的那样,尤其是从 19 世纪初开始,多元主义的争论就好像是"一场在黑夜中的战斗,参战者分不清敌友,直到近距离战斗开始"。[9] 科学与宗教之间的这种纠缠不清,对于职业的科学家和神学家之间的盟约来说是真实存在的,尤其是当这一话题溢出到了公众想象力的范围就更是显而易见的。在 21 世纪的开始,人们谈到科学主张时已经断定这样的结论,即多元主义已经成为一个现代神话

---

[6] 转引自 Crowe,《外星生命的争论(1750 ~ 1900):从康德到罗威尔之世界多元性的观念》,第 285 页,原文出自《论世界的多元性》(*Of the Plurality of Worlds*)。

[7] 同上书,第 351 页~第 352 页。

[8] 引自 William Sheehan,《火星:观测和发现的历史》(*The Planet Mars:A History of Observation and Discovery*,Tucson:University of Arizona Press,1996),第 88 页~第 90 页。Ronald Doel 观察到火星运河争论在 20 世纪初对于美国天文学家来说开始变成有问题的了,因为它威胁到要将他们在外星生命论题上分裂开来。参见《美国太阳系天文学》(*Solar System Astronomy in America*,Cambridge:Cambridge University Press,1996),第 13 页~第 14 页。

[9] Crowe,《外星生命的争论(1750 ~ 1900):从康德到罗威尔之世界多元性的观念》,第 558 页。

或者一种另类宗教,普通公民也愿意接受一个令人震惊的证实,即他们放弃生命,而寄希望于外星生命将会提供保证最终宗教满足的手段。[10]

世界的末日

除了考虑到人类的终极宿命,有信仰的人们也常常会探究宇宙本身的命运。对于世界将会如何终结的信念,到 1800 年也发生了值得注意的改变。至少从 17 世纪中叶开始,自然哲学家们开始反对通常持有的假定,即末日的时刻马上就要来临,以及(作为结果)自然正在按《诗篇》作者(the Psalmist)已经预见它将要发展的方式不断恶化。[11] 取而代之的是显示出这样的观点:自然是一个受到法则束缚的体系。人们继续假定宇宙,正如艾萨克·牛顿(1642~1727)曾注意到的,服从于它神圣的管理者偶尔的修正,但大体上,它还是可以被视为一架稳定的机器。某些大胆的心灵甚至受到诱惑去猜想,太阳系可能是上帝以后续的或者间接监督的某些方式产生,而非直接的干预所创造的。这种倾向在 18 世纪兴盛起来,以至于人们乐意去考虑一种自然的宇宙进化论(cosmogony),一种由自然法则所支配的宇宙的创造活动。[12] 这就给 19 世纪留下了需要处理的问题,即所有关于上帝和自然关系的推论。例如,人们如何能够解决对创造和演化活动的自然主义说明(这牵涉到明显的不可逆过程),和把自然作为一种力学上可逆机器的科学表征之间的内在张力?

当 19 世纪刚开始时,人们也许没有预料到的是,专门研究热力学这门新兴科学的物理学家们所将要扮演的角色。自然受到自然法则的束缚观念日益为人们所接受暗示着,在科学家的心灵中,未来不会受到像在《圣经》中所预言伴随着哈米吉多顿(armageddon,《圣经》中所说的善恶决战的战场,原文见《新约·启示录》16 章 16 节——译者注)的战斗那样一场最终物理结局的威胁。[13] 但是,如果科学家和神学家要把世界作为一种永远按照规律运转的完美机器来考虑(对于多数人来说规律仍然是由上帝施加于世界的)的话,这种观点如何能与对末日的描述("天必有大响声废去,有形质的都要被烈火销化,地和其上的物都要烧尽了。")相协调一致呢?[14]

[10] 同上书,第 645 页,注释 22。
[11] 《诗篇》102 章 26 节:"天地都要如外衣渐渐旧了。"这种解释的功能是与亚里士多德异教教义相冲突的,后者世界被视为永恒的。至于文艺复兴对物理世界逐渐恶化的说明,参见《自然的衰亡》(The Decay of Nature),第 2 章,收录在 Richard Foster Jones,《古代人与现代人:科学运动在 17 世纪英格兰的兴起》(Ancients and Moderns: A Study of the Rise of the Scientific Movement in Seventeenth Century England,Berkeley: University of California Press,1965)。
[12] 参见 Ronald L. Numbers,《经由自然法则的创造:美国思想中拉普拉斯的星云假说》(Creation by Natural Law: Laplace's Nebular Hypothesis in American Thought,Seattle: University of Washington Press,1977)。
[13] 《启示录》16 章 18 节、20 节。(18 节:又有闪电、声音、雷震、大地震,自从地上有人以来,没有这样大、这样厉害的地震。20 节:各海岛都逃避了,众山也不见了。)《旧约》涉及最初创造的毁灭与《新约》最后部分类似。比较《以赛亚》65 章 17 节(《圣经》原文是:"看哪,我造新天新地,从前的事不再被记起,也不再追想。"——译者)和《启示录》21 章 1 节(《圣经》原文是:"我又看见一个新天新地,因为已经过去的天地已经过去了,海也不再有了。"——译者)
[14] 《彼得后书》3 章 10 节。

拉普拉斯式的稳定和永恒宇宙的观点,因此就与传统的宗教教义背道而驰。它显然也与 17 世纪以来自然哲学家的科学信念相冲突。因为从西蒙·斯泰芬(1548~1620)和伽利略·加利莱伊(1564~1642)以来,自然哲学家已经发展了大量反对永动机可能性的论证,他们不可避免地迟早必须要将这一信念与所谓天体的永恒稳定性相协调。[15] 至少由于两个原因,对需要调和的确认被推迟到 19 世纪中叶。首先,虽然拉普拉斯的宇宙是这样一个体系,在其中被观察到的不可逆物理过程仅仅是以表面的而非永恒的方式展示出来,这位法国科学家关于由自然法则来创世的观点,给人的印象是一种**发展**。的确,拉普拉斯的假说要经历漫长的历程,才能为生物学上后来的各种进化论论断铺平道路。永恒运动的讨论,传统上是在关涉完全机械的语境下进行的,而不是一个牵涉到生长或者发展的语境。[16] 其次,拉普拉斯没有将上帝从一个对自然进行监督的角色中完全消除掉。他定位上帝对世界的关注不在于个别行星的层次上,而在于更为普遍的法则,它们支配所有可能设想的行星的排列。尽管拉普拉斯本人没有假定上帝一定想要使得太阳系永远持续下去,他的《世界的体系》(*System of the World*)给人的印象是,诸行星构成了稳定的排列。[17] 上帝直接参与到自然中的想法在大多数普遍法则的设计中都能发现,换句话说,有这样一种隐含的意思,上帝本来也可以以相反的方式来做的。一方面,这可以向科学家们保证宇宙事实上是被神圣地主宰着的,但是另一方面,它可能推迟这样的问题,即为何天体的永恒运动没有迫使人们承认永恒运动事实上是可能的。

作为研究一种“力”变为另一种(例如,化学力变为电力,电力变为热力)的形形色色转换过程的结果,19 世纪许多重要人物开始考虑在宇宙中总的做功能力是不是守恒的。在 19 世纪 20 年代为热力学做出基础性贡献的过程中,萨迪·卡诺(1796~1832)假定当热“力”被用来产生机械效应时,它是守恒的,也就是说,没有什么热力转化**为**机械运动。到了 19 世纪 40 年代一些物理学家猜想,虽然自然力的总量没有净损失,但是当机械运动产生时,热力事实上并不守恒,也就是说,热力**变成了**机械力——存在着热力的机械等价物。然而,与此问题相分离的另一个问题,一个特别相关于诸天体的永恒运转的问题是:是否存在一个物理学的语境,其中“力”可能被创造出来?

在 19 世纪 40 年代,后来最终被称为能量守恒的定律正在形成,至少有一位对此发

---

[15] 参见 Arthur W. J. G. Ord-Hume,《永动机:一种迷念的历史》(*Perpetual Motion: The History of an Obsession*, New York: St. Martin's Press, 1977),第 32 页及其后。

[16] 这不是暗示对于生命的机械解释在 19 世纪初期完全缺乏,也不是说它们没有成为由永恒稳定宇宙所带来问题的最终解决方案的核心内容。参见我的《“自然是一个有机的整体”:J. F. 弗里斯对康德有机论哲学的改造》(“Nature is an Organized Whole”: J. F. Fries's Reformulation of Kant's Philosophy of Organism),载于 S. Poggi and M. Bossi 编,《科学中的浪漫主义》(*Romanticism in Science*, Amsterdam: Kluwer, 1994),第 91 页~第 101 页。至于在关于永动机的辩论中涉及将太阳系理解为有机体的资料,见 Kenneth Caneva,《罗伯特·迈尔与能量守恒》(*Robert Mayer and the Conservation of Energy*, Princeton, N. J.: Princeton University Press, 1993),第 146 页。

[17] “至高无上的智慧难道不能,牛顿认为是干预,使得[行星的排列]依赖于一种更加普遍的现象吗? ……一个人能够甚至证实行星体系的保持构成了大自然创造者的观点的一部分吗?”——引自拉普拉斯的《世界的体系》(*System of the World*),Numbers,《经由自然法则的创造:美国思想中拉普拉斯的星云假说》,第 126 页。

现有贡献者,尤利乌斯·罗伯特·迈尔(1814~1878),首先想到虽然力的毁灭是不可能的,天体的永恒运动却指示力实际上是被上帝所创造的。在力是**既不**可以创造**也不**可以毁灭的共识形成之后——这是物理学家威廉·汤姆森(1824~1907)使之与上帝的永恒性相联系的特性,产生了这样一种认识,即汤姆森开始称呼为"能量"的东西却是可能遭受他称之为"耗散"影响的。耗散掉的能量继续存在,但是却不再能够用来做功。通过鲁道夫·克劳修斯(1822~1888)以及其他人的工作,物理学家意识到既然这种耗散不可避免地伴随着热向其他能量形式的转换,宇宙中耗散掉的能量的总数就会逐渐增加。这在逻辑上就规定了一个看起来是悲剧性的结论,早在 1854 年哥尼斯堡的一次公开讲演中,赫尔曼·冯·亥姆霍兹(1821~1894)就对此作出最强有力的阐明:如果在宇宙中存在一个固定总量的能量,如果无法做功能量的比例不断增长,那么将会有这么一天,所有的能量都无法利用,再也不能做功。[18] 从物理学中可以得到一个论证:**存在**一个正在到来的最终结局,即使它在遥远的未来,即使它将会是一声叹息,而非《圣经》预言所暗示的一声突然巨响。

在热力学中所做出的这些发现的神学寓意,与当时一些地质学家所得出的结论正好相反。从 19 世纪 30 年代开始,著名科学家查尔斯·赖尔(1797~1875)一直在教导人们,对于欧洲地质层的证据仔细阅读,会支持这样的地质学结论,不仅地球非常古老,而且地质过程是在稳定的环境而非演化的环境中发生的。换句话说,人们要是在时间中被远远地传送回去,是能够认出地质区域的,因为它受制于区域性和临时性的而非普遍性的和永久性的变化。赖尔的结论后来被查尔斯·达尔文(1809~1882)的支持者们用来证明通过自然选择的进化所需要的巨大的时间尺度。地质学证据,虽然与末日论的神学问题无关,却被列举出来支持进化论式的发展的概念,这种概念对于起源之传统的宗教解释提出了挑战。

诸如汤姆森这样的物理学家痛恨这样的断言,即地质变化在终极意义上是没有方向的,因为尽管在 19 世纪中叶几十年里热力学的理论工作打下了深深的烙印,但赖尔的观点却坚持了下来。汤姆森公开地质疑赖尔的观点,甚至反对由自然选择而进化的理论。基于热力学,计算地球从无法居住的熔化物质冷却到生命兴盛于其上的固体地壳的速度,1892 年成为开尔文勋爵的汤姆森下结论说,从地球冷却到足以让最早期生命得以生存以来,过去的时间不足以允许经由自然选择的进化。从一开始,他估计为 1 亿年,后来开尔文不断修订他的计算,直到他 1897 年最后公开就此问题发言,他愿意给予达尔文和进化论者将近 2400 万年的时间。虽然他的苏格兰新教并不要求他反对进化论,但他不能接受对偶然性的依赖,而这是自然选择所要求的。上帝控制着汤姆森的宇宙,包括它正在衰落的事实。汤姆森的研究者克罗斯比·史密斯注意到,汤姆

[18] 参见《论自然力的相互作用》(On the Interaction of Natural Forces),载于 H. von Helmholtz,《通俗科学讲座》(*Popular Scientific Lectures*, New York: Dover Publications, Inc., 1962),第 59 页~第 90 页,引文在第 73 页~第 74 页。

森对物质和能量的理解"总是在头脑中保持这些概念与更广泛的神学维度的关系,贯穿于这一体系的漫长和困难的建构过程中"。[19]

唯物主义的含义

然而,末世论不是新近建立的热力学定律所影响的唯一的神学领域。也许,最具有争议的是尝试将这些定律与这样的问题联系在一起,即建立在物质的机械的相互作用上的解释是否足以穷尽自然的秘密,包括那些相伴随的有机的和心理的过程。生命和心灵是否服从于那些已经成为物理学的基础性的真理的物质和能量守恒的定律?在一篇 1861 年向皇家研究院(the Royal Institution)所做的报告中,亥姆霍兹对于它们服从于这些定律毫不怀疑,1874 年物理学家约翰·廷德耳(1820~1893)在一场著名的不列颠协会(the British Association)的主席讲演中附和上述观点,并将这些伤感的情绪带给更多的听众。约翰·廷德耳的唯物主义活动甚至通过让祈祷成为科学测试的对象,使其暴露于公众的嘲笑之下。[20]

其他人也流露了一种在宗教和科学关系上更加含糊的立场。神学家路德维希·费尔巴哈(1804~1872)将历史上基督教教义的起源解释为出自人类需求的投影,基于这种观点,通俗化的科学唯物主义者路德维希·比希纳(1824~1899)敦促其读者勇敢地面对科学对于传统宗教信仰的消极后果。然而,比希纳和其他科学唯物主义者依然坚持他们的信念,认为宇宙表现出一种终极目的,它整合了人类的各种目标而不是被限制于其中。在达尔文关于通过自然选择而进化的书出版之后,亥姆霍兹的同胞恩斯特·黑克尔(1834~1919)求助于能量守恒的统一能力来支持一元论宗教,在这种一元论宗教中,诸如像意志自由、灵魂不朽、存在个人的神性之类落伍过时的教义被抛弃。黑克尔取而代之的是信仰"实体的法则",他认为这种法则将物质和能量的各种单个的守恒原则合并为一种规则,向他清楚地表达了自然中固有的宗教意义。

当然,不是所有人都同意完全放弃传统的教义而顺从热力学新定律的指令。在英国,许多杰出人物,包括汤姆森、詹姆斯·克拉克·麦克斯韦(1831~1879)、汤姆森的兄长詹姆斯(1822~1892)以及其他人,都讨论一个具有自由意志的心灵是否可能支配

[19]　Crobie Smith,《自然哲学和热力学:威廉·汤姆森与"热的动力学理论"》(Natural Philosophy and Thermodynamics: William Thomson and the "Dynamical Theory of Heat"),《英国科学史杂志》(British Journal for the History of Science),9 (1976),第 315 页。也可参见 Joe D. Burchfield,《开尔文勋爵与地球的年龄》(Lord Kelvin and the Age of the Earth, Chicago: University of Chicago Press, 1990),第 72 页~第 73 页。

[20]　Stephen Brush,《祈祷测试》(The Prayer Test),《美国科学家》(American Scientist),62 (1974),第 561 页~第 563 页。亥姆霍兹的讲演是《论力的守恒法则在有机自然上的应用》(On the Application of the Law of Conservation of Force to Organic Nature),《皇家研究院学报》(Proceedings of the Royal Institution),3 (1858~1862),第 347 页~第 357 页。廷德耳所谓贝尔法斯特(Belfast)讲演刊登在《不列颠协会关于科学进步的报告》(British Association for the Advancement of Science Report),44 (1874),第 lxvii 页~第 xcvii 页,也以《科学的进步》(Advancement of Science, New York: A. K. Butts, 1874)单独发表。

自然的各种能量,甚至于达到逆转耗散效应的程度。[21] 某些天主教神学家拒斥生理学的尤其是心理学的体系已经显示出服从能量守恒定律这样的断言。他们争辩说,人类灵魂事实上能够作用于物质,不是通过机械的相互作用,而是以一种只能通过综合科学的和宗教的解释来把握的方式进行。肉体和心灵同等重要,相互依存。人们既不能允许将灵魂还原为物质或能量,也不能否认灵魂可以影响肉体。[22]

　　化学科学产生了自己的反唯物主义的传统宗教信仰的英勇捍卫者,一个叫作路易·巴斯德的人。从历史的角度看,对物质相互作用的研究一直都与宗教所关注的有关炼金术的讨论以及有关原子论的争论相交汇。在 19 世纪,一种更加公开可见的相互作用出现在有关自然发生(spontaneous generation)的问题上,这个主题既包括对地球上生命从无生命物质中起源(自然发生说[abiogenesis])的讨论,也包括对微生物从有机物中自发产生(异变说[heterogenesis])的讨论。

　　对于宗教上遵循正统的人来说,地球上生命的起源无疑是像《圣经·创世记》上所描述的那样,来自上帝直接的创造行动。在宗教上有更为自由化观点的人和许多科学家,则认为这个问题涉及了复杂得多的决断。虽然很少有人断言生命起源的发生与上帝的意图和控制无关,但确实有人把生命起源的事件包括在拉普拉斯理解的由自然规律决定的创造活动之中。例如,认为生命起源本身是一个更大的发展过程的一部分,像星云假说所描绘的那样,这样的观点就吸引了 19 世纪初法国的 J.-B. 拉马克(1744~1829)和德国的 G. H. 舒伯特(1780~1860),而在 19 世纪 40 年代又被英国的罗伯特·钱伯斯(1802~1871)所接受。然而,这些人在活着的时候没有一个被所在国家认为是科学主流的代表人物,结果是他们对于接受自然发生说没有什么贡献。[23]

　　在 19 世纪中叶之后,争论的焦点集中在所谓的微生物从有机物中产生的问题上。这里情况变得越发混乱了。例如,19 世纪 50 年代反宗教的德国科学唯物主义者一点也不喜欢这样的局面,即他们与名誉扫地的自然哲学家(Naturphilosoph)舒伯特在关于自然发生说的问题上站在同一立场上。在异变说方面,从卡尔·福格特(1817~1895)对其可能性的怀疑,到路德维希·比希纳确信它将会被证明是真实的,他们自己内部

─────

[21]　参看对这一问题进一步发展的出色研究,包括麦克斯韦对汤姆森称呼什么为魔(demon)的介绍,载于 Crosbie Smith 和 M. Norton Wise,《能量与帝国:开尔文勋爵的传记研究》(*Energy and Empire: A Biographical Study of Lord Kelvin*, Cambridge: Cambridge University Press, 1989),第 612 页~第 633 页。

[22]　Erwin Hiebert,《热力学在宗教上的使用与误用》(The Uses and Abuses of Thermodynamics in Religion),《代达罗斯》(*Daedalus*),95(1966),第 1063 页及其后。另外一种研究精神问题的不同进路是由物理学家 Oliver Lodge 以及其他参与对精神现象进行科学研究的人士所采取的。参见 John D. Root,《科学、宗教与精神研究:奥利弗·洛奇的一元论思想》(Science, Religion, and Psychical Research: The Monistic Thought of Oliver Lodge),《哈佛神学评论》(*Harvard Theological Review*),71(1978),第 245 页~第 263 页。

[23]　关于对拉马克的猜测性的进化论中偶发的自然发生的接受,参见 1809 年的《动物学哲学》(*Zoological Philosophy*, New York: Hafner, 1963),Hugh Elliot 译,第 236 页~第 237 页;载于舒伯特的《自然哲学》(*Naturphilosophie*),参见 *Ansichten von der Nachtseite der Naturwissenschaft*, 4th ed., Dresden: Arnoldische Buchhandlung, 1840,第 115 页;载于钱伯斯的进化论沉思录,参见 1844 年的《创世之博物学的遗迹》(*Vestiges of the Natural History of Creation*, New York: Humanities Press, 1969),第 58 页。

也观点不一。[24] 在法国,费利克斯·普歇论证异变说能够通过实验得到证明,并且它可以与基督教的传统观点相调和。不过,对于在路易·拿破仑统治下的保守的法国公众,自然发生、进化论以及泛神论的唯物主义都是在第二共和国中必须要抵制的德国的罪恶,他们就像是在更早的查理十世的复辟王朝时期的那一代人。有一位英雄,就是与艾蒂安·若弗鲁瓦·圣伊莱尔辩论的乔治·居维叶。在 19 世纪 60 年代,法国科学院(Académie des Sciences)任命了两个委员会来检查自然发生,两个委员会都得出结论,说备受尊崇的化学家路易·巴斯德(1822~1895)已经决定性地证明了普歇宣称在实验中产生了异形生殖是错误的。巴斯德有意识地将与唯物主义相对峙的角色指派给自然发生说的论题,成功地证明实验科学能够令人信服地被用来支持宗教。[25]

从对峙到和平共处再到重新结盟

巴斯德对唯物主义的公开批评不过是整个 19 世纪的进程中日益增长的趋势的一个标志,那就是由科学家们篡夺更早之前由教士所享有的社会角色——在自然中所包含的意义和人类存在意义之间进行协调。然而,看起来是,每有一个像巴斯德和开尔文那样支持传统宗教观点的人,就有两个像廷德耳和比希纳那样宣布需要放弃旧观点的人。如果科学家现在被确认为自然的权威,那就表明,曾经流行的神学论证,诸如那些在自然神学中曾经被卓有成效地利用的论证,已经失去了其说服人的力量。科学的新权威对于一个更大的世俗化进程是一种贡献因素,这一进程对于一切宗教说服的传统信念都产生了影响。[26] 到 19 世纪后半叶,宗教和科学事业旧有的松散联盟,让位给了关于宗教和科学关系的一系列错综复杂的看法。

两种不同的进路表现了人们采取的不同立场。那些利用第一种进路的人假定,科学和宗教共享相同的领域以及处理分歧的方式是清晰的。在这种进路中,当在科学与宗教的论断之间发生分歧时,的确存在着几种不同的解决分歧的方式。例如,正统派强硬路线的代表继续坚持,当出现冲突时科学解释必须完全要给宗教教义让路。头脑更加自由化的人则相信,双方都需要妥协,如果科学和神学的含义都得到更好的理解时,协调是有可能的。最后,更加极端的科学自然主义者们处理分歧的方式是,如果在

[24] 参见 Frederick Gregory,《19 世纪德国的科学唯物主义》(*Scientific Materialism in Nineteenth Century Germany*, Dordrecht: Reidel, 1977),第 169 页~第 175 页。

[25] 参见 Gerald L. Geison,《路易·巴斯德的私人科学》(*The Private Science of Louis Pasteur*, Princeton, N. J.: Princeton University Press, 1995),第 5 章。Geoffrey Cantor 对 Michael Faraday 所做的印象深刻的研究提供了一种不同的范例说明,科学是如何调和一位受到高度尊重实验主义者,同时也是宗教上保守人士的个人和公共生活的。Cantor 对 Faraday 同时献身于自然科学和严格遵守《圣经》教导的桑德曼教派(Sandemanian sect)进行的分析,参见 Geoffrey Cantor,《迈克尔·法拉第:桑德曼教派教徒和科学家:19 世纪科学和宗教的研究》(*Michael Faraday: Sandemanian and Scientist: A Study of Science and Religion in the Nineteenth Century*, New York: St. Martin's Press, 1991)。

[26] 这种倾向在法国第三共和国尤其明显,当时天主教会的领袖们鼓励保留其信仰的天主教科学家的工作,引发了普遍的反教权主义。参见 Harry Paul,《偶然性的边缘:法国天主教对于从达尔文到迪昂的科学变迁的反应》(*The Edge of Contingency: French Catholic Reaction to Scientific Change from Darwin to Duhem*, Gainesville: University Presses of Florida, 1979),第 181 页及其后。

两者之间出现矛盾的话,要坚持神学教义服从于科学的结果。所有这三组人都同意,只有一个真理需要去发现。争议在于谁正确地识别了获得真理的道路。[27]

其他人更倾向于第二种进路,它源自18世纪末康德思想,到了19世纪下半叶由于德国神学家而复活。在这种进路中,对于自然的唯一真理的追求被作为形而上学的目标而放弃,因为它被认为是不可能达到的。自然科学被重新描述为一种严格的功利主义的事业,其任务是人类为了利用而控制世界。虽然给予了科学以自由,让科学以其所希望的方式来解释自然,但这种解释不能提供任何形而上学的理解,因为它们的意图在别处。但是如果科学必须要清除掉形而上学论断,那么神学也必须同样如此。否则科学和神学都不能得到自然的真理。对宗教的理解同样必须重新界定,宗教必须要被限制在道德的领域中。这一进路为在新世纪里的存在主义思想家们蓬勃发展的共同体所共享,在这条进路中科学和宗教被假定为不在共同基础上交汇。在上帝和自然之间的亲密关系的所有常见的说法都消失了。[28]

19世纪下半叶,在外行和某些科学家中,对于自然的基本物理学法则的知识接近完成的不断增长的信心,与上面所描述的新康德派对科学和宗教的解释发生了冲突。[29] 这一信心支持传统的观点,即所谓柏拉图的理想,"一切真正的问题都有一个而且只有一个真正的答案"。[30] 但是诸如卡尔·巴尔特和鲁道夫·布尔特曼这样的神学家,把新康德派对于科学和宗教关系的描述当作他们自己存在体系的基础来信奉,他们并不是在新世纪唯一质疑柏拉图理想的人。19世纪末在物理学中的发展导致了相对论和量子力学在20世纪初的形成,两者导致科学家承认,对于实在的理论表征是远比从前辈们那里继承要复杂得多的事业。从拉普拉斯以来关于占统治地位的世界之决定论的机械观点消失了。取而代之的是一种不确定的世界,其中对自然的多数基本实体探索的一切尝试都会伴随着佯谬(paradox)。结果至少是在许多物理学家和神学家中产生了一种崭新的热情,在和平共处的努力中去追求各自分离的目标。[31] 科学家

[27] 参见 Frederick Gregory,《沦丧的自然? 19 世纪自然科学和德国神学传统》(Nature Lost? Natural Science and the German Theological Traditions of the Nineteenth Century, Cambridge, Mass.: Harvard University Press, 1992),第 3 章~第 5 章。

[28] 同上书,第 6 章~第 7 章。当法国物理学家 Pierre Duhem 同样强调科学命题不涉及客观存在,因此无法与形而上学教义相交汇时,他对天主教的信奉使他与德国的新康德派有所区别。关于 Duhem,可见 Harry Paul,《偶然性的边缘:法国天主教对于从达尔文到迪昂的科学变迁的反应》,第 5 章。

[29] Herrmann 批评神学家们坐等自然科学家们在他们作出新的信仰声明之前完成他们的工作。参见《沦丧的自然? 19 世纪自然科学和德国神学传统》,第 244 页。关于某些科学家中相关情绪的讨论,参见 Lawrence Badash,《19 世纪科学的完成》(The Completeness of Nineteenth-Century Science),《爱西斯》(Isis),63(1972),第 48 页~第 58 页。

[30] Isaiah Berlin,《人类的扭曲木材:观念史的篇章》(The Crooked Timber of Humanity: Chapters in the History of Ideas, New York: Knopf, 1991),Henry Hardy 编,第 5 章。

[31] 参见 Ueli Hasler,《被统治的自然:19 世纪神学对市民阶级自然观的适应》(Beherrschte Natur: Die Anpassung der Theologie an die bürgerliche Naturauffassung im 19. Jahrhundert, Bern: Peter Lang, 1982),第 295 页。也可参见 Keith Yandell,《20 世纪新教神学和自然科学》(Protestant Theology and Natural Science in the Twentieth Century),载于 David Lindberg 和 Ronald Numbers 编,《上帝和自然》(God and Nature, Berkeley: University of California Press, 1986),第 448 页~第 471 页。

和神学家这种彼此的距离持续刻画出他们关系的特征,一直到 20 世纪中叶之后。[32]

如果 20 世纪所带来的在物理学和神学中的思想发展腐蚀了两个学科的实践者旧 *18*
有的自信的话,学术共同体之外发生的事件也是同样如此。两次世界大战的发生,以
及紧接着而来的全球核威胁,以它们自己的方式对这种新式的不确定感做出了贡献,
其后果带来了对于现代性本身基础的质疑的开放性。从托马斯・S. 库恩对于科学(主
要是物理科学)历史的新著作开始,产生了这样一种召唤,即要将科学中历史发展的**与
境**与这些发展的内容的认识至少置于一个平等的立脚点。库恩将自己与那些几乎仅
仅使其历史研究关注社会和文化与境的人分离开来,尽管如此,在库恩成就的衍生物
中进入到公众争论的,是这样一个论断,即历史学家和科学家必须修改其信念——在
历史上两个学科所共有的,这种信念就是:他们的学科是发现真理的事业。用一位分
析库恩影响的学者的话来说,人类必须学会忍受在不知道真理和无论如何必须追求真
理之间的张力。[33]

自从库恩有启发性的著作特别地对有关科学和宗教的讨论产生影响以来,后现代
的观点开始兴盛,因为后现代思想家们代表性地对于追求真理都持批判态度。理查
德・罗蒂攻击他视为过去三个世纪以来的假定,即人们经由哲学探索可以至少在理论
上"触及本源"。罗蒂批评要给来自各种不同话语领域的真理论断提供普遍相关的包
罗万象元理论的尝试,这种批评被称为"反基础主义"。[34] 按照罗蒂的观点,人们完全
不应该再提出关于真理本质的问题,因为人类没有能力走到其信念之外并到达某种可
以作为合法性基础的地方。在这种有害的相对主义视角上,面对只有权力才是唯一有
趣味的问题这样一种"怎么都行"的心态,关于科学和宗教权利的探索失去了一切意
义。从历史的角度讲,科学家和神学家都相信基础的存在,虽然他们对于如何描述它
的性质存在着分歧。然而,在他们或是整合或是回应后现代批评的努力中,科学和宗
教的代表们发现,他们共享追求真理具有可能性的决心,这使他们更有可能成为盟友
而非敌人。结果是彼此之间以一种更大的意愿相互结合。 *49*

[32] 两个领域中的实践者正式盟约的缺乏,可能是关于科学家的个人宗教信仰某些统计测量结果,至少在美国,显示从
　　1916 年到 1996 年之间没有可感知的变化的原因之一。参见 Edward J. Larson 和 Larry Whitman,《科学家依然保持着
　　信仰》(Scientists Are Still Keeping the Faith),《自然》(Nature),386(1997),第 435 页~第 436 页。然而,在流行和公
　　众文化中,科学和宗教关系的几个论题是由原子时代的开端所推动的。参见 James Gibert,《拯救文化:科学时代中
　　的美国宗教》(Redeeming Culure: American Religion in an Age of Science, Chicago: University of Chicago Press, 1997)。
[33] 参见 David A. Hollinger,《在美国的范围内:观念的历史学与编史学研究》(In the American Province: Studies in the
　　History and Historiography of Ideas, Bloomington: Indiana University Press, 1985),第 128 页。
[34] Richard Rorty,《哲学与自然之镜》(Philosophy and the Mirror of Nature, Princeton, N. J.: Princeton University Press,
　　1979),第 5 页~第 6 页。至于 Rorty 的观点概括为"反基础主义",参见 Karen L. Carr,《虚无主义的平庸化:20 世纪
　　对无意义性的反应》(The Banalization of Nihilism: Twentieth Centuy Responses to Meaninglessness, Albany: State University
　　of New York Press, 1992),第 88 页。

当下人们关心的问题

对罗马天主教思想在 20 世纪发展的匆匆一瞥,就可以看出在科学和宗教之间新的盟约的一个案例。教皇庇护十二世在 1950 年的教皇通谕《人类的发生》(Humani generis)中,承认人类的肉体可能是进化发展的产物,这开启了长达半个世纪的天主教思想内部的重新思考。在教皇保罗六世的领导下,教会在 1965 年确认"人类文化尤其是科学的合法自主性",而教皇约翰·保罗二世通过自己参与到对进化论的问题的讨论,以及通过他对教会处罚伽利略事件的 13 年研究,继续在这种新的方向上前进。这位教皇在 1992 年宣布,教会在伽利略不服从其指令而被判刑的事情上犯了错误,这只不过是他和其他天主教思想家对教会在宗教和科学之间关系上的地位进行重新估价的诸多开创性活动之一。[35]

与此同时,职业的科学家和新教的神学家在 20 世纪的前半叶享受了和平共处,这可能是由于新物理学的发展和上帝在自然中找不到的这种巴尔特式的观点在神学家中占据主导地位两方面所致。盟约之重订是因为后一种观点受到了挑战。1961 年神学家兰登·吉尔基论证说,巴尔特式的新正统运动的核心存在着内在的矛盾。巴尔特坚持上帝"完全在别处"。虽然在这一语境下正统的语言是恰当的,巴尔特隐含地假定一种经典的观点,认为自然是封闭的、因果连续的,结果在正统的语言与自由的宇宙学之间造成矛盾。[36]

从这以后,一直存在着复兴上帝与自然之间的关系的复苏的兴趣,这种关系在新正统运动中被切断甚至错误地对待了。在这些最近的尝试中,有一种显而易见的意愿,就是要放弃经典的机械世界观,支持动态世界观,在这种世界观中老的隐喻被认为完全不再适用了。许多较新的进路的特点是,以人格化行动者的隐喻来描绘神的行动。在某些体系中,上帝被表征为外在于自然,在另一些体系中,新的生物学和女性的类比强调一种与世界的更加亲密的关系。然而,事实上在所有的体系中,因物理学中量子理论的兴起而提出的挑战处于神学结论再形成的核心。毫不奇怪,这一受到特别

[35]　教皇通谕《人类的发生》(Humani generis)相关段落在 36 段。通谕重印于《罗马教皇通谕》(The Papal Encyclicals, Ann Arbor, Mich.：The Pierian Press, 1990),4:175ff。至于 Paul VI 颁布关于在现代世界中教会的教牧章程的相关段落,见 Gaudium et spes, Washington, D.C.：U.S. Catholic Conference, 1965, par.59。John Paul II 在罗马 1985 年举办的会议上关于《进化论和基督教思想》(Evolution and Christian Thought) 的讲演,和会议上其他天主教参加者的贡献一起发表于 Robert Spaemann、Reinhard Löw 和 Peter Koslowski 编,《进化论与基督教》(Evolutionismus und Christentum, Weinheim：Acta humaniora, VCH, 1986)。对于 John Paul II 改判的思想,见 Robert John Russell、William R. Stoeger 和 George V. Coyne 编,《约翰·保罗二世论科学和宗教：关于来自罗马的新观点的反思》(John Paul II on Science and Religion：Reflections on the New View from Rome, Notre Dame, Ind.：University of Notre Dame Press, 1990)。

[36]　参见 Robert John Russell,《导论》(Introduction),R. J. Russell、Nancey Murphy 和 C. J. Isham 编,《量子力学与自然法则：从科学视角看神的行动》(Quantum Cosmology and the Laws of Nature：Scientific Perspectives on Divine Action, Notre Dame, Ind.：University of Notre Dame Press, 1993),第 7 页。Gilkey 的文章是《宇宙学、本体论和圣经语言的艰辛工作》(Cosmology, Ontology, and the Travail of Biblical Language),《宗教杂志》(Journal of Religion),41(1961),第 194 页~第 205 页。

关注的领域牵涉到理论物理学中有关宇宙论的工作。

物理科学家自己提出了关于科学和宗教的经典争论之一的两个重新陈述,即对宇宙设计论的争论。限于篇幅,我们不再讨论最近关于生物化学复杂性之不可简化性的争论,这里只讨论所谓的人择原理(anthropic principle)。[37] 正如其名称所暗示的那样,这一原理诉诸来自物理世界的证据,据称在宇宙形成的时候,人类的存在已经事先被预见了。这种推理将现代的论证形式与自然神学早已确立的传统中一条重要的线索联系起来。至少从 17 世纪开始,自然神学家就已经提出这种论断了。[38]

20 世纪初期,某些物理学家就注意到某些大数在自然界中重复地出现,它们产生于包括原子和宇宙的一些常数的无量纲的比率(dimensionless ratios)。紧随着阿瑟·斯担利·埃丁顿、保罗·A. M. 狄拉克、罗伯特·迪克以及其他人对这一主题所做的各自独立的贡献,尤其是牵涉到万有引力常数和宇宙年龄的一些结论出现了,这些结论尝试大略说明宇宙发展方式的暗示。[39] 例如,假如万有引力常数的值比现在更大或更小的话,那么宇宙或者在氢元素之外的元素形成之前就已经停止膨胀,或者它会像气体一样膨胀而不会创造出各个星系。无论是哪一种情况,都不可能产生出观察者来追问,为何万有引力常数具有这种(对他们来说)恰好适当的值。1961 年,迪克下结论说,宇宙似乎"在某种程度上受到了限定,也即由在人类的新世纪中需要满足的生物学要求的限定"。[40] 更晚近的研究已经产生了十几个巧合的物理学和宇宙学数量,其值大小似乎是由生命要求所圈定的。理论物理学家约翰·惠勒将人择原理进行概括,说成是"处于世界的整个机器和设计中心的一个赋予生命的因子"。[41]

值得注意的是,正是因为人们求助在人择原理中所体现的最终原因,因而人们不必要自己承诺相信超越性的设计宇宙的上帝的存在。然而,按照一位批评者的观点,诉诸人择原理不过是古老的设计论证的世俗化版本。物理学家海因茨·帕格尔斯坚持认为,某些无神论者科学家因为不愿意求助宗教解释,他们发现人择原理是他们最接近上帝的方式。不管对此论证的辩护者们会说些什么,按照帕格尔斯的观点,他们是由宗教的理由所激励的。他们应该乐意公开地接纳其他对人择原理更加诚实的

[37] 生物化学家 Michael Behe,虽然不是正统的创造论者,却坚持一种令人印象深刻的论证,即在生物活体中起作用的生物化学机制不可还原的复杂性,不可能是我们像我们所知道的进化过程所产生的。参见《达尔文的黑箱:对进化论的生物化学挑战》(*Darwin's Black Box: The Biochemical Challenge to Evolution*, New York: Free Press, 1996)。

[38] 例如,在 John Ray 的自然神学中贯彻始终地表现出,用不断重复的方式来说明物理宇宙是被安排得为人类目的服务的。参见《上帝在创造工作中所表现出来的智慧》(*The Wisdom of God Manifested in the Works of the Creation*, New York: Arno Press, 1977),第 66 页。这是 1717 年第 7 版的影印本。第 1 版出版于 1691 年。

[39] 对此书的讨论可以在这一主题的权威性著作中找到,见 John D. Barrow 和 Frank J. Tipler,《人择宇宙学原理》(*The Anthropic Cosmological Principle*, Oxford: Clarendon Press, 1986),第 224 页~第 255 页。

[40] Robert Dicke,《狄拉克的宇宙学与马赫原理》(Dirac's Cosmology and Mach's Principle),《自然》,192(1961),第 440 页。Dirac 原信的题目是《宇宙常数》(The Cosmological Constants),也能在《自然》,139(1937),第 323 页找到。

[41] John Wheeler,《前言》(Fortword),载于 Barrow and Tipler,《人择宇宙学原理》,第 vii 页。在 1979 年 Freeman Dyson 说:"我越是分析宇宙及其结构细节,我就能发现宇宙在某种意义上一定早已知道我们要来的更多证据。"引自 Dyson 的《扰乱宇宙》(*Disturbing the Universe*),见 John Polkinghorne,《物理学家的信仰:一位自下而上思想者的反思》(*The faith of a Physicist: Reflections of a Bottom-Up Thinker*, Princeton, N. J.: Princeton University Press, 1994),第 76 页。

支持者们的信仰之无据（leap of faith），并且说，"宇宙似乎是为我们的生存定做的原因，是因为它就是定做出来的"。[42]

然而，同样是这些批评者们，把万有引力常数的值视为完全是偶然的，没有任何"解释的"价值，无论怎么样他们都经常为其立场的一个可能含意感到不舒服，即如果没有理由使得常数具有现在的值的话，那么就可能存在其他的宇宙，在那里它具有不同的值，并且在那里没有发展出我们所知道的生命。当这些批评者们不假思索地拒斥任何关于其他宇宙的讨论时，这个主题在量子力学所谓多世界解释中也同样突然出现了，他们可以表现出对于一套关于科学的封闭信念的坚持，这些信念以一种像任何其他人狭隘地思考宗教解释的教条的方式被解释。[43]

在要结束这个概述时，有必要提及一个评价，即基于宗教思考的现代物理学，更多地是面向普通听众而非专业的科学家和神学家。作为研究的出发点，针对在历史上和目前的物理学中，尤其是在理论物理学中，女性的相对缺席这一现象，某些人试图通过在西方的科学和宗教的使命中确立一种共同的联系来解释这一情形。[44]虽然这一论证依赖于一直受到反对的那种包罗万象的历史概括，但不可否认的是，这种基于社会性别的对科学和宗教的分析与后现代西方文化的价值观之间存在着共鸣。

这一进路的核心是作为普遍论题基础的两个论断。首先，被断言的是男人所获得的主导性在基督教中并非完全必要。男性独身教士只是在教会历史上第二个千年中才成功地获得主导权，作为一种父权制的理想最终战胜与之相竞争的雌雄同体的理想（androgynous ideal）。其次，支持者断言科学革命中机械论世界观兴起的一个副产品就是手段的实用性，已经确立的教阶秩序能够借此抵抗威胁它的改革力量。他们论证说，在文艺复兴和宗教改革时期，异端的普遍爆发的一个侧面是，一种虔诚地建立起来的巫术传统的兴起，虽然它和亚里士多德学派的科学一样持有机论的自然观，但却想寻求通过教会实践中无法接受的手段来认识神的思想。科学革命时代的人以机械论的观点，通过反对有机论的自然观，尽管表现出向现存的教会权力挑战的表象，却起到了巩固一种新式的男性教阶秩序的作用。把自然视为自我发展的自主机体的观点受

[42] Heinz Pagels，正如 Martin Gardner 所引用的，《弱人择原理、强人择原理、共享人择原理与最终人择原理》（WAP, SAP, PAP, & FAP），《纽约图书评论》（New York Review of Books, 3 May 1986），第 22 页。对于他们来说，Barrow 和 Tipler 似乎满足于拒斥传统的有神论，其中上帝被视为完全与物理宇宙分开的，而支持泛神论，其教义是物理宇宙在上帝之中，但是上帝比宇宙更多。（参见《人择宇宙学原理》，第 107 页。）他们讨论的许多体系，似乎大多从法国耶稣会士神学家 Pierre Teilhard de Chardin 的思想中汲取（参见第 195 页～第 205 页，第 675 页～第 657 页）。关于 Barrow 和 Tipler 对外星智慧生命的拒绝，参见第 9 章。
[43] 参见 B. S. DeWitt 和 N. Graham 编，《量子力学的多世界解释》（The Many-Worlds Interpretation of Quantum Mechanics, Princeton, N. J.：Princeton University Press, 1973）。
[44] 对非西方宗教和科学日益增长的兴趣在 21 世纪之交非常明显。对于学者们的一个挑战是完成一本类似 Gary B. Ferngren、Edward J. Larson 和 Darrell W. Amundsen 编，《西方传统中的科学和宗教史百科全书》（The History of Science and Religion in the Western Tradition：An Encyclopedia, New York：Garland, 2000）的书。

到怀疑,取而代之的是由固定不变的机械规律的给予者——上帝所控制和统治的自然。[45]

这两种断言,即男性神职的权力是晚近加在基督教上的附加物,以及自然作为机械是为业已建立的秩序的创造性防御起作用的,都是一种更加一般的概括论题的基础。其论证思路是,在借助于新的具有各种规律的机械论科学来取缔后宗教改革的混乱秩序的时候,作为早先宗教体制的标志的男性主导结构变成了新科学的组成部分。更进一步,尽管有相反的印象,科学继续保留宗教使命的象征符号,自从 10 世纪以来一直是这样的情形,无论什么时候人类假定要从事神圣的活动,都继续保留着男人的特权地位。

无论在什么地方人们遭遇到寻求自然在数学上的对称与和谐的古代毕达哥拉斯主义者,这种现代的"宗教"使命的最清楚的表达都能够被确认。这种毕达哥拉斯主义宗教被早期机械论者转化为一种对基督教上帝的心灵的寻求。这种寻求从 17 世纪以来一直被在自然中找到更加实用的数学关系的关注所调和,但是它并没有消失。事实上,在哪里宗教的使命以其纯真的形式被保留下来,例如像在理论物理学中对万有理论(Theory of Everything)的寻求,在那里能找到的女科学家就都会更少。既然科学的本性"是由社会从科学那里**想要得到**什么,社会决定它**需要**科学解释什么,以及最后社会决定**接受**什么作为有效的解释所决定的",如果我们除去从其内部已经感染了太长时间的过时的宗教病毒的话,那么科学的意义就会更加具有社会意义上的责任。[46]

过去两个世纪中,在几乎所有的物理学和宗教相互作用的案例中,所展示出来的观点多样性都源于形形色色的假定,这些假定被参与者**带向**各种论题。然而,总是存在一个基本的问题,其答案在过去是并且对于将来探究物理科学和宗教的论题仍然是决定性的:"在运动中,究竟是人还是物质是终极的形而上学范畴? 实际上,并没有第三者。"[47]

(蒋劲松 译 刘兵 校)

[45] 参看 Margaret Wertheim,《毕达哥拉斯的长裤:上帝、物理学和性别之战》(*Pythagoras's Trousers*: *God*, *Physics*, *and the Gender Wars*, New York: Times Books, 1995),第 4 章;David F. Noble,《没有女性的世界:西方科学的基督教教士文化》(*A World Without Women*: *The Christian Clerical Culture of Western Science*, New York: Knopf, 1993),第 9 章。

[46] Wertheim,《毕达哥拉斯的长裤:上帝、物理学和性别之战》,第 33 页。虽然她明显地赞同对于科学的文化分析,但是在涉及科学的地方,Wertheim 并不赞成某些后现代主义者的极端相对主义。参见第 198 页。

[47] Erazim Kohak,《灰烬与星星:自然的道德感的哲学探索》(*The Embers and the Stars*: *A Philosophical Inquiry into the Moral Sense of Nature*, Chicago: University of Chicago Press, 1984),第 126 页。

3

一个被扭曲的故事：
19 世纪和 20 世纪物理科学中的女性

玛格丽特·W. 罗西特

在 20 世纪 70 年代之前,妇女对物理科学之贡献的历史不合情理地被忽视了,然而,在最近 20 年来,却成为大量研究的主题。最为人所知的女性物理科学家是来自中欧的三个"伟大的特例"(great exceptions),她们是索尼娅·科瓦列夫斯基、玛丽·居里和利塞·迈特纳,但近些年来其他妇女、其他国家和地区也开始受到关注,而且将来可能有更多的妇女、国家和地区被关注到。这些领域里大多数妇女的一般情况,毫无例外地都是这样一种模式:受到隔离和随之而来的克服障碍的努力。

先　例

1800 年之前,物理科学领域有少数自学和由私人教师辅导的"知识妇女"。其中包括自称为英国"自然哲学家"的玛格丽特·卡文迪什(1623~1673),她撰写著作,并于 17 世纪 60 年代访问过伦敦皇家学会(Royal Society of London),但没能当选为该学会的会员;德国天文学家玛丽亚·温克尔曼·基尔希(1670~1720),她在 18 世纪初在当时新成立的柏林科学院(Berlin Academy of Sciences)工作;法国妇女埃米莉·迪·沙特莱(1706~1749),在 1749 年因生产而过早去世之前,曾将牛顿的《原理》(*Principia*)翻译成法文;意大利的波伦亚大学(University of Bologna)著名的物理学教授劳拉·巴茜(1711~1778);波伦亚大学的数学家玛丽亚·阿格尼西(1718~1799);俄罗斯帝国科学院(Imperial Academy of Sciences in Russia)的主任叶卡捷琳娜·罗曼诺芙娜·达什科娃(1743~1810)和在化学革命(Chemical Revolution)中帮助丈夫安托万撰写著作的玛丽·安妮·拉瓦锡（1758～1836）。[1]

　　大约在 1800 年前后的英国，妇女在物理科学领域的零散贡献越来越多，且贵族气　　*55* 越来越少。当时，简·马尔塞（1769～1858）开始撰写她著名的通俗教材《化学的对话》（*Conversations on Chemistry*）系列。卡洛琳·赫舍尔（1750～1848）则在天文学方面给予她哥哥威廉很多辅助，且独立确定了 8 颗彗星。[2] 在法国，索菲·热尔曼（1776～1831）在她父亲的图书馆中阅读物理学书籍，以"Henri LeBlanc"的笔名秘密给仅接受男性的"理工学院"（Ecole Polytechnique）呈交了笔试材料，她还与卡尔·弗里德里希·高斯通过信。1831 年苏格兰妇女玛丽·萨默维尔（1780～1872）将拉普拉斯的《星云假说》（*Mécanique céleste*）翻译成英文。在 19 世纪 40 年代，楠塔基特岛（Nantucket）的天文学家玛丽亚·米切尔（1818～1889）发现了一颗彗星。[3]

　　19 世纪后期随着高等教育向妇女的开放，更多的妇女开始学习物理科学。但因为高等教育对她们的入学和参与仍有一定的限制，物理学领域的全职职业仍只向极少数妇女开放。这些职业往往比那些易于接近的博物学领域的职业门槛更高。到了 19 世纪晚期，在物理学领域谋求一份职位，需要常常只有从国外大学才能获得的高学历证书；要有科学出版物，通常还会要求长时间待在偏僻的实验室。实际上，为一般的物理学科学史所称赞的实验室的兴起这件事情，也可以被认为是形成了对妇女的一种新的排斥标准，它创造了一种新的男性静修所或保护地，在这些地方，妇女只有经过特别允许才能进入。

[1]　Lisa T. Sarasohn，《完全颠倒的科学：女性主义与玛格丽特·卡文迪什的自然哲学》（A Science Turned Upside Down：Feminism and the Natural Philosophy of Margaret Cavendish），载于《亨廷顿图书馆季刊》（*Huntington Library Quarterly*），47（1984），第 289 页～第 307 页；Londa Schiebinger，《玛丽亚·温克尔曼在柏林科学院，科学中妇女的转折点》（Maria Winkelman at the Berlin Academy，A Turning Point for Women in Science），载于《爱西斯》（*Isis*），78（1987），第 174 页～第 200 页；Mary Terrall，《埃米莉·迪·沙特莱与科学的性别化》（Emilie du Chatelet and the Gendering of Science），载于《科学史》（*History of Science*），33（1995），第 283 页～第 310 页；Paula Findlen，《在意大利启蒙时代作为职业的科学，劳拉·巴茜的策略》（Science as a Career in Enlightenment Italy，The Strategies of Laura Bassi），载于《爱西斯》，84（1993），第 441 页～第 469 页；Paula Findlen，《翻译新科学：妇女与启蒙时代意大利的知识流通》（Translating the New Science：Women and the Circulation of Knowledge in Enlightenment Italy），载于《构形》（*Configurations*），2（1995），第 167 页～第 206 页；A. Woronzoff-Dashkoff，《E. R. 达什科娃公主：美国哲学协会的第一个妇女成员》（Princess E. R. Dashkova：First Woman Member of the American Philosophical Society），载于《美国哲学协会学报》（*Proceedings of the American Philosophical Society*），140（1996），第 406 页～第 417 页。其他的文章可见于 Marilyn Bailey Ogilvie，《科学中的妇女：19 世纪以来的古人：带有评注书目的人物传记辞典》（*Women in Science：Antiquity Through the Nineteenth Century：A Biographical Dictionary with Annotated Bibliography*，Cambridge，Mass.：MIT Press，1986；1990）。她的《妇女与科学：一份带有评注的书目》（*Women and Science：An Annotated Bibliography*，New York：Garland，1996）也是不可缺少的参考。
[2]　Susan Lindee，《简·马尔塞的〈化学的对话〉的美国生涯（1806～1853）》（The American Career of Jane Marcet's *Conversations on Chemistry*，1806 - 1853），载于《爱西斯》，82（1991），第 8 页～第 23 页；Marilyn Bailey Ogilvie，《卡洛琳·赫舍尔的天文学贡献》（Caroline Herschel's Contributions to Astronomy），载于《科学年鉴》（*Annals of Science*），32（1975），第 149 页～第 161 页。
[3]　Louis L. Bucciarelli 和 Nancy Dworsky，《索菲·热尔曼：弹性理论历史上的一篇论文》（*Sophie Germain：An Essay in the History of the Theory of Elasticity*，Dordrecht：Reidel，1980）；Elizabeth C. Patterson，《玛丽·萨默维尔和科学的培植（1815～1840）》（*Mary Somerville and the Cultivation of Science*，1815 - 1840，The Hague：Nijhoff，1983）；Sally Gregory Kohlstedt，《玛丽亚·米切尔与科学中妇女的进步》（Maria Mitchell and the Advancement of Women in Science），载于 Pnina G. Abir-Am 和 Dorinda Outram 编，《不安定的职业与隐私生活：科学中的妇女（1789～1979）》（*Uneasy Careers and Intimate Lives：Women in Science，1789 - 1979*，New Brunswick，N. J.：Rutgers University Press，1987），第 129 页～第146 页。

伟大的特例

在 19 世纪和 20 世纪物理科学领域妇女的历史中,占主导地位的是三位伟大的特殊妇女的职业生涯与传奇故事。她们三人在主流的欧洲数学和科学领域里扮演了重要角色,她们分别是:俄国女数学家桑雅·卡巴列夫斯基(1850~1891),她是第一个(1874 年在本人缺席的情况下于哥廷根大学[University of Göttingen])获得博士学位的妇女,也是欧洲第一个获得教授职位(1889 年于斯德哥尔摩大学)的妇女;玛丽·居里(1867~1934),波兰裔法国籍物理化学家,她发现了镭并两度获得诺贝尔奖;利塞·迈特纳(1878~1968),奥地利物理学家,她与奥托·哈恩以及弗里茨·施特拉斯曼一起参与了核裂变的发现工作,但却没能与哈恩一起获得 1944 年的诺贝尔化学奖,晚年被流放到瑞典。[4]

为上述三位著名人物书写的传记都强调了传主的唯一性和特殊性。看起来,她们每个人都是由于一些不可言明的原因,在很少有其他妇女能崛起并获得成就的时候取得了成功。关于她们的著作告诉我们,这些妇女相互之间,或者她们与其他任何的妇女运动之间,几乎没有任何关联,但事实上,她们确实从其他妇女的开放性工作中获益,其他人也可能得益于她们的"开创性的工作"。一般来说,是她们的工作使其杰出,从而足以赢得对个人的偏宠,或者说是赢得了豁免或成为例外,她们并不是要建立相互之间的联系和同盟以实现持久的体制上的改变。她们勉强通过,但却使这一模式保持原样。

要求某位给在一个或多个国家和领域的妇女写传记的作者,能将其传主与其他领域和国家的妇女联系在一起,这也许不太公平。但这就带来了悖论。我们知道,桑雅·卡巴列夫斯基在 19 世纪 80 年代的整个欧洲都十分有名,而在关于玛丽·居里的著作中却无任何地方表明,在 19 世纪 80 年代被沙俄统治的波兰长大的玛丽曾听说过她,更不用说是以她为典范来塑造自己的职业生涯了,尽管玛丽·居里很可能的确就是那么做的。[5]

[4] 这里有几篇关于卡巴列夫斯基的传记;最近的是 Ann Hibner Koblitz,《生命的汇集:索菲亚·卡巴列夫斯卡娅:科学家、作家和革命者》(A Convergence of Lives: Sofia Kovalevskaia: Scientist, Writer, Revolutionary, New Brunswick, N. J.: Rutgers University Press, 1993; rev. ed.)。关于居里的最新的传记是 Susan Quinn,《玛丽·居里》(Marie Curie, New York: Simon & Schuster, 1994),1997 年,Lawrence Badash 在《爱西斯》上对此做了评论。另见 Ruth Sime,《利塞·迈特纳:物理学中的一生》(Lise Meitner: A Life in Physics, Berkeley: University of California Press, 1996);Elvira Scheich,《科学、政治与道德:利塞·迈特纳与伊丽莎白·席曼的关系》(Science, Politics, and Morality: The Relationship of Lise Meitner and Elisabeth Schiemann),《奥西里斯》(Osiris),12(1997),第 143 页~第 168 页。关于上文提到的以及其他未提到的女物理学家的科学工作的更多细节,可以参考 Marilyn Ogilvie 和 Joy Harvey 编,2 卷本《科学中的妇女传记辞典,从古代到 20 世纪中叶的先驱》(The Biographical Dictionary of Women in Science, Pioneering Lives from Ancient Times to the mid-20th century, New York: Routledge, 2000),以及 Nina Byers 保留的网页文章《妇女的物理学贡献》(Contributions of Women to Physics),网址在 http://www.physics.ucla.edu/~ cwp。

[5] Quinn,《玛丽·居里》。

　　关于这些特殊的妇女的写作,绝大多数是采取一种英雄模式或围绕某个中心话题(例如爱情故事)来展开的。关于居里夫人的研究便仍以有限的原始材料为基础,而且深受夏娃·居里写于 20 世纪 30 年代末的那本关于其母亲的感伤传记的影响。这本传记十分畅销,后来还被拍成战时电影(wartime movie)。[6] 但其他一些学者,尤其是海伦娜·佩恰尔和 J. L. 戴维斯,正在研究居里夫人的科学工作及其研究学派。[7]

　　到目前为止最令人满意的是露丝·赛姆所写的利塞·迈特纳的传记,赛姆详细叙述了迈特纳在合适的时间和地点怎样进行了众多准备的工作和智力投入(甚至有某种间谍行为的感觉)。[8] 尽管有些事情看起来是巧合,把它们放在一起来看,便能发现它们其实是周密的计划。妇女在科学领域要想拥有成功的职业生涯,不仅要靠运气,更需要采取许多战略性的计划去了解哪里能获得机会,怎样能避免走入死胡同、陷入无望的斗争和遇到不可逾越的障碍。

　　这些妇女能获得有关她们最好机遇的准确信息,她们设法发现这些资源(有钱的父母、做家庭教师挣钱或与学生"假"结婚)并取得成功,而这在当时,即使是更为自由的男学生也很少会这么努力去争取。作为女儿,这些妇女同样也被期望着在家里照顾年迈的父母,而这些"特例"妇女们却能设法使自己从这种孝道义务中解放出来,并建立了新型的家庭关系。

　　离开故乡和家庭,迁居外地,主要原因是为了寻找世界级的名师,被这些妇女精明地选中者,作为科学领域内部的人,能帮助她们逾越很多障碍,研究有趣的问题,逃脱众多琐碎规则和排外政策的干扰,成为某种特例;如果不是如此,她们很容易被这些规则和政策击败。卡巴列夫斯基与她的挂名丈夫弗拉基米尔离开俄国前去德国,追随卡尔·魏尔施特拉斯学习数学,魏尔施特拉斯对她十分热情,且帮助了她后来的工作,斯德哥尔摩(Stockholm)的约斯塔·米塔格 – 莱弗勒也帮助了她。玛丽·居里也曾到过巴黎学习物理,当时德国的大学在物理研究方面更为领先,但绝大多数仍不对妇女开放。在巴黎,她很明智地结识了皮埃尔·居里,并与他结了婚,与他一起做她的镭研究。利塞·迈特纳在奥地利大学允许妇女入学的最初几年,就师从维也纳的路德维希·波尔茨曼,后又受到马克斯·普朗克的鼓励,经埃米尔·费歇尔的同意,与奥托·哈恩一起在柏林外的威廉皇帝化学研究所(Kaiser Wilhelm Institute for chemistry)工作,条件是要出入边门而且不让别人看见。后来,迈特纳成为该研究所物理学部的负责

〔6〕　Eve Curie,《居里夫人》(Madame Curie, Garden City, N. Y. : Doubleday, Doran, 1938),Vincent Sheean 译;以及电影《居里夫人》(Madame Curie),由 Greer Garson 和 Walter Pidgeon 主演(1943)。

〔7〕　Helena M. Pycior,《发挥合作的优势,避免其缺陷:玛丽·居里科学地位的崛起》(Reaping the Benefits of Collaboration While Avoiding Its Pitfalls: Marie Curie's Rise to Scientific Prominence),载于《科学的社会研究》(Social Studies of Science),23(1993),第 301 页～第 323 页;Helena M. Pycior,《皮埃尔·居里和"他著名的合作者居里夫人"》(Pierre Curie and "His Eminent Collaborator Mme. Curie"),载于 Helena Pycior、Nance Slack 和 Pnina Abir-Am 编,《科学领域中有创造性的夫妇》(Creative Couples in the Sciences, New Brunswick, N. J. : Rutgers University Press, 1996),第 39 页～第 56 页;以及 J. L. Davis,《玛丽·居里的巴黎学院研究所(1907 ～ 1914)》(The Research School of Marie Curie in the Paris Faculty, 1907 – 1914),载于《科学年鉴》,52(1995),第 321 页～第 355 页。

〔8〕　Sime,《利塞·迈特纳:物理学中的一生》。

人。这些妇女都显示了她们惊人的,甚至是传奇般的毅力和决心。

虽然国外妇女常常能获得那些本地妇女(她们也期望在本国获得一份工作)所不能获得的受教育机会,但是如果她们留下来并在该国工作的话,她们的处境也可能而且确实变得很艰难。其时关于性别方面的轻率言论便在新闻媒体上流传,如玛丽·居里1911年在巴黎便遭遇到了这种情形。如果正赶上经济萧条及(或)右翼活动盛行,这种情形便会变得更加糟糕。如20世纪30年代的德国、奥地利、西班牙和其他地方发生的情形那样,那些犹太人尤其容易受到伤害,他们可能成为新闻媒体和政府的攻击目标,有的甚至立即被迫四处流亡,许多人的命运正是如此。

尽管她们公然反抗那些陈规旧习,且成为了独一无二的备受怀念的人物,这些科学界的"特例"妇女们仍没有改变陈规旧习和规范制度,正是这些陈规旧习和规范制度(我们马上就要讲到)将绝大多数妇女排斥在她们所处时代乃至整个历史的视野之外。[9]

知名度略逊一筹的妇女

除上述"特例"妇女之外,还有许多其他女性物理科学家,她们与前者可能才干相当,却不如她们有名气。在这些妇女当中包括法国化学家伊雷娜·约里奥 - 居里(1897～1956),她是玛丽和皮埃尔·居里的女儿,她与丈夫弗雷德里克(1900～1958)因发现人工放射性而一起获得了1935年的诺贝尔化学奖;德裔美国籍物理学家玛丽亚·戈佩特 - 迈耶(1906～1972),因其在原子的自旋比率中幻数方面的工作而与另外两位学者一起分享了1963年的诺贝尔物理学奖;英国晶体学家与生物化学家多萝西·克劳福特·霍奇金(1910～1994),她因确定了一系列复杂的生物分子的结构而独自获得了1964年的诺贝尔奖。[10] 还有其他一些学者也应该获得此奖,例如英国核酸晶体学家罗莎琳德·富兰克林(1920～1958),发现苯环为扁平结构的晶体学家凯瑟琳·朗丝黛耳(1903～1971),以及1957年证明了宇称不守恒的华裔美国籍物理学家

[9] Margaret Rossiter,《科学中的马太效应》(The Matilda Effect in Science),《科学的社会研究》,23(1993),第325页～第341页。

[10] Margaret Rossiter,《"但她是一个公开的共产主义者!"美国化学学会中的居里事件(1953 ～ 1955)》("But She's an Avowed Communist!" L'Affaire Curie at the American Chemical Society, 1953 – 55),载于《化学史期刊》(Bulletin for the History of Chemistry), no. 20(1997),第33页～第41页;Bernadette Bensaude-Vincent,《诺贝尔家庭中的明星科学家:伊雷娜和弗雷德里克·约里奥 - 居里》(Star Scientists in a Nobelist Family: Irène and Frédéric Joliot-Curie),见于Helena Pycior、Nancy Slack和Pnina Abir-Am 编,《科学领域中有创造性的夫妇》,第2章。另见 Karen E. Johnson,《玛丽亚·戈佩特 - 迈耶:原子、分子和核壳》(Maria Goeppert Mayer: Atoms, Molecules and Nuclear Shells),载于《今日物理》(Physics Today),39, no. 9(1986年9月),第44页～第49页;Joan Dash,《自己的人生》(A Life of One's Own, New York: Harper and Row, 1973),以及 Peter Farago,《多萝西·克劳福特·霍奇金访谈》(Interview with Dorothy Crowfoot Hodgkin),载于《化学教育杂志》(Journal of Chemical Education),54(1977),第214页～第216页。

吴健雄(1912～1997)。[11] 其他值得注意的人还有天文学家安妮·江普·坎农(1863～
1941),亨丽埃塔·勒维特(1868～1921),以及出生于英国的塞西莉亚·佩恩(1900～
1979),她们都在哈佛学院天文台(Harvard College Observatory)工作。[12] 除此之外,还

有写信给开尔文勋爵的德国家庭主妇阿格尼斯·珀克尔斯(1862～1935),这封关于肥
皂泡的信帮助推动了薄膜研究;以及俄国第一个获得化学博士学位的妇女朱利亚·莱
蒙托娃(1846～1919)、德国物理学家伊达·诺达克(1896～1978)、加拿大的哈丽雅
特·布鲁克斯(1876～1933)、瑞士化学家耶特鲁德·沃克尔(1878～1968)和埃丽卡·
克雷默(1900～)。[13]

　　这些知名度稍逊一筹的妇女之所以值得研究的原因,在于她们的科学生涯能使我
们了解更多的日常科学,以及科学界给予大多数妇女的机遇和阻拦妇女的门槛。另
外,这些妇女的存在,常常引起争议,超越了当时人们的宽容程度,到 20 世纪 20 年代
时,给妇女的大学中的职位增加了一点点,这种数字上的上升很快便引起了社会上强
烈的反应,造成了激烈的反对,尤其在德国更是被大肆渲染,在西班牙和奥地利反应也
很明显。因各种恐惧和愤恨而火上浇油的法西斯组织奋起夺权,驱赶很多这样的妇
女,常常是犹太妇女,她们刚在大学的物理科学院系有了立足之地。数学家艾米·诺
特尔和希尔达·盖林格·冯·米泽斯就被流放,法国化学史家埃莱娜·梅斯热在去往
奥斯维辛的路上便永远消失了。纳粹的残酷不同于其他人,在他们那里,没有任何例
外,尤其是对那些在其他情况下可以给予例外的妇女更是没有例外。[14]

[11]　Anne Sayre,《罗莎琳德·富兰克林与 DNA》(Rosalind Franklin & DNA, New York:W. W. Norton, 1975);Maureen M.
　　　Julian,《凯瑟琳·朗丝黛耳夫人》(Dame Kathleen Lonsdale),载于《物理教师》(Physics Teacher),19(1981),第 159
　　　页～第165 页;N. Benczer-Koller,《吴健雄的个人记忆》(Personal Memories of Chien-Shiung Wu),载于《物理学与社
　　　会》(Physics and Society),26,no. 3(1997 年 7 月),第 1 页～第 3 页。
[12]　John Lankford,《美国天文学、共同体、职业生涯与权力(1859 ～ 1940)》(American Astronomy, Community, Careers, and
　　　Power,1859 - 1940, Chicago:University of Chicago Press, 1997),第 53 页;《塞西莉亚·佩恩 - 加波施金:自传》
　　　(Cecilia Payne-Gaposchkin:An Autobiography, Cambridge:Cambridge University Press, 1984)。
[13]　M. Elizabeth Derrick,《阿格尼斯·珀克尔斯(1862 ～ 1935)》(Agnes Pockels, 1862 - 1935),载于《化学教育杂志》,
　　　59(1982),第 1030 页～第 1031 页;Charlene Steinberg,《朱利亚·莱蒙托娃(1846 ～ 1919)》(Yulya Vsevolodovna
　　　Lermontova, 1846 - 1919),载于《化学教育杂志》,60(1983),第 757 页～第 758 页;Fathi Habashi,《伊达·诺达克》
　　　(Ida Noddack, 1896 - 1978),《加拿大金属研究所学报》C[anadian] I[nstitute] of M[etals] Bulletin 78, no. 887(May
　　　1985 年 5 月),第 90 页～第 93 页;Ralph E. Oesper,《耶特鲁德·沃克尔》(Gertrud Woker),载于《化学教育杂志》,
　　　30(1953),第 435 页~第 437 页;Marelene F. Rayner-Canham 和 Geoffrey W. Rayner-Canham,《哈丽雅特·布鲁克斯:
　　　核科学家的先驱》(Harriet Brooks:Pioneer Nuclear Scientist, Montreal:McGill-Queen's University Press, 1992);Jane A.
　　　Miller,《埃丽卡·克雷默(1900 ～)》(Erika Cremer, 1900 ~),载于 Louise S. Grinstein, Rose K. Rose 和 Miriam H.
　　　Rafailovich 编,《化学和物理学中的妇女:一份个人著书目录的原始资料》(Women in Chemistry and Physics:A
　　　Biobibliographic Sourcebook, Westport, Conn.:Greenwood Press, 1993),第 128 页～第 135 页。这些公开发表的著书目
　　　录是一种新的有用的参考文献类型。
[14]　Noether 和 Joan L. Richards,《希尔达·盖林格》(Hilda Geiringer),载于 Barbara Sicherman 和 Carol Hurd Green 编,《著
　　　名美国近现代妇女传记辞典》(Notable American Women:The Modern Period, A Biographical Dictionary, Cambridge,
　　　Mass.:Harvard University Press, 1980),第 267 页～第 268 页;Suzanne Delorme,《梅斯热,埃莱娜》(Metzger, Hélène),
　　　载于《科学传记辞典(九)》(Dictionary of Scientific Biography, IX),第 340 页。

普通妇女——为出路而战

妇女在科学中的历史,尤其是物理科学中的妇女史,因为集中关注少数几个例外于其时社会主流规范的著名妇女,从而显得很不平衡。(这种情况在科学中男性的历史上也存在,它过分强调诺贝尔奖获得者的工作。这种在论述什么是规则或规范之前,就讨论少数例外于它们的特例的做法,在逻辑和教育方法上都是不合理的。)这种聚焦或强调少数特例或准特例的做法,在妇女科学史中尤其不合适,因为它忽视且因此而弱化或排除了关于排斥、边缘化、不充分的就业或失业、不被充分认可、败坏风俗、自杀行为等更为一般的模式。但要去改变这种失衡又很难,因为对这些普通的无名妇女,我们知之甚少。因而,在更为扭曲的情况里(这可能会使古怪的英国数学家刘易斯·卡洛尔感到高兴,他描写过仙境中的爱丽斯),例外在某种程度上却成为了规范,因为我们很少能听到普通人的声音,她们被从历史中抹去了。[15] 正是这种歪曲,导致了今天人们对于妇女在物理科学中的地位之认识的失衡。

聚焦于少数很少遇到困难的特例这种做法,尤其忽视了那些想成为科学家或甚至仅仅是为了学习科学的妇女为争取高学历而面临的长期斗争。12 世纪中叶,在欧洲开始建立大学,但直到 1865 年美国的瓦萨学院(Vassar College)建校之前,一直没有任何高等教育机构接纳妇女学习。因此,尽管劳拉·巴茜在 18 世纪中叶的波伦亚大学有一席之地,普通妇女仍被排斥在大学教育之外长达近 7 个世纪之久。

只有伴随着高等教育面向妇女开放(最早在 19 世纪中期的美国,接着是在 19 世纪 80 年代的英国,然后是 19 世纪 90 年代的法国,最后是 1897 年的奥地利和 1908 年的德国),妇女才能更多地参与科学。几十年来,西方国家的教育和就业机遇十分不均衡,导致一些想寻找更多机遇的妇女常常只有背井离乡,远走海外。她们中的一些人在国外只待几年,另一些人则一生都在国外。到 20 世纪 30 年代,妇女教育、就业方面取得了很大的进步,以至于妇女更为引人注目的存在引起了如上文所述的,尤其是针对犹太妇女的那种激烈反对。她们中的一些人被驱逐出境,无法还乡,只能在另外的国家寻求庇护,还有一些人的遭遇比这更惨。第二次世界大战之后,情况有了更大的改观,许多前殖民地国家和新兴的社会主义国家,如中国和东欧的一些国家,把妇女的文化与教育问题放到了优先考虑的位置。

许多关于"科学中"妇女的写作,实际上讲述的是她们如何获得科学机构入场券的故事。因为不同的个人对科学中妇女的看法也会多种多样,绝大多数科研机构无论是

---

[15]　除了排斥性的障碍之外,妇女科学家还承受着更高的期待带来的压力。(参见 Margaret W. Rossiter,《美国妇女科学家:直到 1940 年的斗争与策略》[*Women Scientists in America: Struggles and Strategies to* 1940 , Baltimore: Johns Hopkins University Press, 1982],第 64 页)。

故意地（在成文的政策中或在非成文的传统中），还是无意地，都会排斥妇女，他们可以说没有先例，因为在此之前没有妇女曾申请加入，或者在机构成立之时也没有妇女参加。这种机构设置的障碍对于后来希图在其中寻求职位的首批妇女来说，将是极大的限制。在一些情况下，这将是一次长期的消耗能量的斗争，而这些能量在更为平等的社会里，可以用来进行其他的冒险事业。在 19 世纪和 20 世纪完成和传授了如此之多世界性科学成就的英国和德国，在允许妇女进入教育和科学机构方面曾经（现在也是）尤其严格。

　　妇女进入古老的英国大学，经历了一个逐渐发展的缓慢过程，这个过程从允许参加考试（包括剑桥大学的自然科学荣誉学位考试[natural sciences Tripos at Cambridge]）、成立独立的女子学院，到授予文凭和真正的学位，一直到妇女最终获准进入传统的大学。[16] 在美国，这种运动开始于 19 世纪 30 年代，当时成立了许多妇女讨论班，后来其中一部分讨论班发展成为大学。

女子学院——妇女自己的世界

　　主要在美国和英国，分开设立的独立女子学院，以及附属于男子大学的并行的女子学院，在妇女物理科学家的培养，尤其是她们的就业方面发挥了十分重要的作用。例如，天文学家玛丽亚·米切尔在 19 世纪 60 年代就职于瓦萨学院时，成为美国第一个女性科学教授。在她的学生当中，有作为家政经济学（home economics）创始人之一的化学家埃伦·理查兹（1842～1911），有作为米切尔在瓦萨学院天文学方面接班人的玛丽·惠特尼（1847～1921），还有从物理学家转向成为著名心理学家的克里斯蒂娜·拉德－富兰克林（1847～1930）。这些女子学院拥有一些曾经（而且现在仍然）在化学领域十分强大的科学院系。例如，霍利奥克山学院（Mount Holyoke College）便一直保留到了新千年，成为美国最大规模的女化学博士培育基地；新奥尔良的苏菲·纽科姆学院（Sophie Newcomb College）在化学方面也很强，而布赖恩莫尔学院（Bryn Mawr College），则是唯一拥有研究生院的独立的女子学院，能授予物理科学博士学位，它同时还培养了一批著名的女地质学者；韦尔斯利学院（Wellesley College）则在天文学、数学和物理学几个领域都占有重要地位。在美国女子学院里有长期就职经历的女性中，较为著名的人物有瓦萨学院的物理学家弗朗西丝·威克，韦尔斯利学院的萨拉·怀廷（1847～1927）和黑德维希·科恩（1887～1965），纽科姆学院的罗丝·穆尼和杜克大学女子学院（Duke University's women's college）的赫莎·施波纳－弗兰克（1895～1968），

[16] Roy MacLeod 和 Russell Moseley，《父亲与女儿：反思妇女、科学和维多利亚时期的剑桥》（Fathers and Daughters：Reflections of Women, Science, and Victorian Cambridge），载于《教育史》（History of Education），8（1979），第 321 页～第 333 页；Carol Dyhouse，《无性别差异？英国大学中的妇女（1870 ～ 1939）》（No Distinction of Sex? Women in British Universities1870 - 1939, London：UCL Press, 1995）。

以及霍利奥克山学院的化学家埃玛·佩里·卡尔(1880~1972)、玛丽·谢里尔(1888~
1968)、露西·皮克特(1904~)和最近的安娜·简·哈里森(1912~1998)。[17]

在英国,也有少数重要的女子学院。多萝西·克劳福特·霍奇金就在牛津大学的
萨默维尔学院(Somerville College)长期从事晶体学的工作,她的一个化学专业的学生
玛格丽特·撒切尔随后的工作有了很大的变化。罗莎琳德·富兰克林曾是剑桥大学
的纽纳姆学院(Newnham College)化学专业的毕业生。

在其他地方,美国传教士在伊斯坦布尔、贝鲁特以及印度设立了女子学院,但这类
学院在德国却从未流行起来,在那里,独立设立的女子教育机构被认为是劣等的。不
过,在法国,玛丽·居里曾在塞夫勒(Sèvres)的女子师范学校执教过一段时间。[18]

在某种程度上,这些女子学院为刚刚发展起来的"妇女职业"(就像我们将看到的
那样)培养了人才,但在它们的女毕业生中,有很大比例的先驱者,从过去到现在,在大
多数的物理科学领域之中,其先驱者人数与从那些规模远大于它们的"男女合校"的大
学培养出来的人数大致相当,而在"男女合校"的大学里,实际上很少有专门为女子开
设的物理科学专业。例如,美国乔治亚州的艾格尼斯·斯科特学院(Agnes Scott
College),到1980年为止,共培养了15名女性研究生,她们后来获得化学博士学位,而
规模比它大得多的麻省理工学院(Massachusetts Institute of Technology)也只培养了同样
数量的女化学博士,在那里相对来说,很少有妇女完成化学专业的学习。[19]

然而,大约在1970年前后,由于一些女子学院的董事们投票同意招收男学生,美
国女子学院的作用在近几十年来有所削弱。与此同时,许多以前只收男生的大学(如
加州理工学院[Caltech]、普林斯顿大学[Princeton]、阿姆赫斯特大学[Amherst]、耶稣
会士机构[Jesuit institutions],海、陆军事院校以及其他一些院校)中的董事们,也开始
首次同意招收女生。然而,单一性别教育仍不会立即消失。美国当前在小学、初中和
高中层次的教育范围内,又兴起了一批女子学校,而且广为人知的是它们能在非传统
领域,包括物理科学领域,提供给妇女以更好的教育。

[17] Marie-Ann Maushart,"Um mich nicht zu vergessen:"Hertha Sponer – Ein Frauenleben für die Physik im 20. Jahrhundert,
Bassum:Verlag für Geschichte der Naturwissenschaften und der Technik,1997;Carol Shmurak,《埃玛·佩里·卡尔:生命
的跨度》(Emma Perry Carr:The Spectrum of a Life),《炼金术史和化学史学会期刊》(Ambix),41(1994),第75页~第
86页;Carol Shmurak,《科学的城堡:霍利奥克山学院与化学专业妇女的培养(1837~1941)》("Castle of Science":
Mount Holyoke College and the Preparation of Women in Chemistry,1837 – 1941),载于《教育史季刊》(History of
Education Quarterly),32(1992),第315页~第342页。
[18] James C. Albisetti,《欧洲人眼中的美国女子学院(1865~1914)》(American Women's Colleges Through European Eyes,
1865 – 1914),载于《教育史季刊》,32(1992年冬季),第439页~第458页;Jo Burr Margadant,《教授夫人:第三共
和国的妇女教育者》(Madame le Professeur:Women Educators in the Third Republic,Princeton,N. J.:Princeton
University Press,1990)。核物理学家Salwa Nassar(Berkeley PhD,1944)担任美国贝鲁特大学(University of Beirut)物
理系的主任,1966年成为贝鲁特女子学院(Beirut College for Women)的校长(《我们从论文中所了解的》[We See
by the Papers],《史密斯学院女校友季刊》[Smith College Alumnae Quarterly],57[1965~1966],第163页)。
[19] Alfred E. Hall,《化学博士学位的学位起源:1920~1980》(Baccalaureate Origins of Doctorate Recipients in Chemistry:
1920 – 1980),载于《化学教育杂志》,62(1985),第406页~第408页。

毕业后的工作、(男性) 导师与实验室的使用

　　瑞士因其教育机构,尤其是苏黎世大学(University of Zurich),在 1848 年革命之后吸纳了大量从德国驱逐出来的自由教职人员,而使得它在培育科学和医学领域的妇女人才方面发挥了非常重要的作用。从 19 世纪 60 年代开始,他们就招收了大量的女学生,而当时其他的欧洲大学是不可能这么做的。苏黎世大学早期培养的学生当中很少有瑞士人,她们大多来自俄国、法国、德国、英国和美国。[20] 因在联邦高等工业学院(Eidgenössische Technische Hochschule)成为阿尔伯特·爱因斯坦的学生和他的第一任妻子而出名的塞尔维亚妇女米列娃·马里奇(1875~1948),1900 年左右也曾在苏黎世大学待过。[21]

　　自 19 世纪末以来,在物理科学领域中,某些实验室里的工作开始日显重要,尽管开初之时,这里全是男人的天下。主管世界著名实验室的一些教授开始招收妇女,一小部分女学生和女学者开始与他们一起从事科研。例如,19 世纪 80 年代以来,就有很多女物理学家在著名的剑桥大学卡文迪许实验室(Cavendish laboratory at Cambridge University)工作过。在这些妇女当中,有后来与该实验室主任 J. J. 汤姆森结婚的罗丝·佩吉特,有被欧内斯特·卢瑟福在担任实验室主任时邀请加入工作的加拿大学者哈丽雅特·布鲁克斯,还有第一个获得剑桥大学博士学位的美国妇女凯瑟琳·布劳基特(1898~1979),她在 20 世纪 20 年代成为欧文·朗缪尔在通用电气公司(General Electric)的合作者,还有 20 世纪 40 年代末澳大利亚的女性琼·弗里曼。[22]

　　一些导师欢迎女学生,愿意与她们一起工作,并对她们随后的职业生涯给予帮助和支持。如居里夫人的镭研究所(Radium Institute)便欢迎东欧妇女加入,生理化学家拉斐特·B. 门德尔(1872~1937)于 20 世纪 20 年代到 30 年代在耶鲁大学培养了 48

[20]　Ann Hibner Koblitz,《科学、妇女和俄国知识分子:19 世纪 60 年代的一代》(Science, Women, and the Russian Intelligentsia: The Generation of the 1860s),载于《爱西斯》,79(1988),第 208 页~第 226 页。另见 Thomas N. Bonner,《世界末日:妇女在医学领域寻求受教育权》(To the Ends of the Earth: Women's Search for Education in Medicine, Cambridge, Mass: Havard University Press, 1993)。

[21]　Gerald Holton,《爱情、物理学和其他感情:阿尔伯特·爱因斯坦和米列娃·马里奇的情书》(Of Love, Physics and Other Passions: The Letters of Albert [Einstein] and Mileva [Marić]),载于《今日物理》,47(1994 年 8 月),第 23 页~第 29 页,和(1994 年 9 月),第 37 页~第 43 页;J. Renn 和 R. Schulman 编,《阿尔伯特·爱因斯坦与米列娃·马里奇的情书集》(Albert Einstein/Mileva Marić: The Love Letters, Princeton University Press, 1992)。

[22]　Paula Gould,《妇女与 19 世纪末剑桥的大学物理文化》(Women and the Culture of University Physics in Late Ninteenth-Century Cambridge),载于《英国科学史杂志》(British Journal for the History of Science),30(1997),第 127 页~第 149 页;Marelene F. Rayner-Canham 和 Geoffrey W. Rayner-Canham,《哈丽雅特·布鲁克斯:核科学家的先驱》;Kathleen A. Davis,《凯瑟琳·布劳基特和薄膜》(Katharine Blodgett and Thin Films),载于《化学教育杂志》,61(1984),第 437 页~第 439 页;Joan Freeman,《物理学的激情:一位女物理学家的故事》(A Passion for Physics: The Story of a Woman Physicist, Bristol, England: Adam Hilger, 1991)。

名女博士。[23]

和平与战争时期的"男性"工作和"女性"工作

64   一般而言,在被认为是"男性工作"的领域里,很少能看到妇女。这些领域有常常得到国防预算支持和充满军事特性的主流大学院系与大型工业实验室等。但是,有两类"女性工作"领域却占据了主导地位。[24] 被认为适合于妇女的常常是低水平、从属性的、无发展潜力的、不起眼儿的、单调的职业和服务性角色,如各种类型的技术助手、化学图书管理员、化学专业秘书、计算人员、程序员和天文数据计算者等。在这些职位中,有些妇女做得很出色。其中很有名的有:哈佛学院天文台(Harvard College Observatory)的安妮·江普·坎农和英国的乔瑟琳·贝尔·伯内尔(1943~   ),她们参与了脉冲星的发现工作,该项工作使安东尼·休伊什与马丁·赖尔获得了1974年诺贝尔物理学奖。[25]

    一些被认为适合于女性从事的有些不同的工作常常离男性很远,尤其在一些稍微偏离主流的领域或学科里更是如此,如在女子学院讲授科学课程,作为女子学院的院长,或在"家政经济学"领域工作等。其中,"家政经济学"是19世纪末在美国为女化学家而发展起来的营养学和家政科学(domestic science)的一个分支。[26] 与上文提到的那些技术助手不同,在这些女性工作领域,一些妇女能身居高位。这种以性别区分为基础的模式也扩展到了其他国家,女性物理科学家,如澳大利亚的雷切尔·梅金森,便曾受聘于"纺织物理学"(textile physics)领域。[27]

    也有一些女性物理科学家在政府部门工作,如澳大利亚的国家科学与工业研究组织(Commonwealth Scientific and Industrial Research Organization),美国政府的各种代理

[23] Marelene F. Rayner-Canham 和 Geoffrey W. Rayner-Canham 编著,《献身科学:放射性领域的妇女先驱》(A Devotion to Their Science: Pioneer Women of Radioactivity, Philadelphia: Chemical Heritage Foundation; and Montreal: McGill-Queen's University Press, 1997);Margaret Rossiter,《门德尔导师:耶鲁大学生物化学的女博士(1898~1937)》(Mendel the Mentor: Yale Women Doctorates in Biochemistry, 1898 - 1937),载于《化学教育杂志》,71(1994),第215页~第219页。

[24] Ellen Gleditsch(1879~1968)在1929年成为奥斯陆大学(University of Oslo)的第一位女教授。参见Anne-Marie Weidler Kubanek,《埃伦·格莱迪奇(1879~1968),核化学家》(Ellen Gleditsch [1879 - 1968], Nuclear Chemist),载于 Benjamin F. Shearer 和 Barbara Shearer 编,《物理科学中的著名妇女》(Notable Women in the Physical Sciences, Westport, Conn.: Greenwood Press, 1997),第127页~第131页。这是一本包含96位妇女信息的很有用的传记著作。关于1956~1958年美国物理科学的一些分支学科工作的妇女的比例数据,可以查阅 Margaret Rossiter,《何种科学? 何种妇女?》(Which Science? Which women?),载于《奥西里斯》,12(1998),第169页~第185页。

[25] Margaret Rossiter,《妇女在科学中的工作(1880~1910)》(Women's Work in Science, 1880 - 1910),载于《爱西斯》,71(1980),第381页~第398页;另见 Margaret Rossiter,《化学图书管理专家:美国的一种"女性工作"》(Chemical Librarianship: A Kind of "Women's Work" in America),《炼金术史和化学史学会期刊》,43(1996年3月),第46页~第58页。关于 Jocelyn Bell 的文献,可以查阅 Sharon Bertsch McGrayne,《科学领域获得诺贝尔奖的妇女:她们的生活、抗争和重大发现》(Nobel Prize Women in Science: Their Lives, Struggles, and Momentous Discoveries, Secaucus, N. J.: Carol Publishing, 1993),该文献中还提供了其他几位接近于可以获得诺贝尔奖的妇女的情况。

[26] 参见 Sarah Stage 和 Virginia Vincenti 编,《20世纪妇女与家政经济学再思考》(Rethinking Women and Home Economics in the Twentieth Century, Ithaca, N.Y.: Cornell University Press, 1997)。

[27] Nessy Allen,《纺织物理学和羊毛工业:一位澳大利亚妇女科学家的贡献》(Textile Physics and the Wool Industry: An Australian Woman Scientist's Contribution),载于《农业史》(Agricultural History),67(1993),第67页~第77页。

机构,如美国地质调查局(U. S. Geological Survey)和国家标准局(National Bureau of Standards),加拿大的地质调查局(Geological Survey)与国家天文台(Dominion Observatory)。[28] 历史上,这些机构付给妇女的工资要低于男性,它们拒绝聘用已婚妇女,也几乎不提供给她们晋升的机会。但近几十年来,情况有所改观。20 世纪 70 年代早期,英裔美国籍天文学家 E. 玛格丽特·伯比奇(1919~)曾短暂地担任过英国皇家格林尼治天文台(Royal Greenwich Observatory)的皇家天文学家(Astronomer Royal)。

正是第一次世界大战对人力的迫切需要,才给加拿大、澳大利亚、英国、德国和其他国家的化学、工程领域的妇女提供了就业机会。玛丽·居里、利塞·迈特纳和其他的物理科学家作为 X 射线技术人员(当时是一项新工作),在战争期间显示了其自身的价值。另一个极端是,德国化学家克拉拉·伊默瓦(1870~1915)却自杀身亡,她当时是弗里茨·哈贝尔的妻子,自杀原因可能是为了反对她的丈夫研发毒气。[29]

在第二次世界大战中,几位移民的女物理学家,如玛丽亚·戈佩特–迈耶和利昂娜·伍兹·马歇尔·莉比(1919~1986)参与了美国的原子弹计划,而另一些女科学家则在大学里填补了男性教授的职位,或"暂时坐在位子上(kept the seat warm)"等待男性的最终归来。利塞·迈特纳作为核裂变的发现者之一,是少数几个拒绝到洛斯阿拉莫斯(Los Alamos)参加原子弹工作的物理学家之一。其他坚持反战的政治观点的科学家,有英国的晶体学家多萝西·克劳福特·霍奇金和凯瑟琳·朗丝黛耳。后者是教友派信徒(Quaker),她作为和平主义者和 20 世纪 50 年代和 60 年代核试验的反对者而获得了名望。相反,法国妇女伊雷娜·约里奥–居里在 20 世纪 40 年代和 50 年代是共产主义的赞成者,且帮助培养了一些中国物理学家,而这些中国物理学家后来制造了中国的氢弹。为此,她在美国不受欢迎,尽管她获得过诺贝尔化学奖,却仍然未被接纳为美国化学学会(American Chemical Society)的会员。[30]

科学的婚姻与家庭

因为女科学家往往嫁给男科学家,便形成了一个"同族通婚(endogamy)"的现象,或者说在同一个部族内部通婚。最为有名的便是两对居里夫妇(玛丽和皮埃尔,伊雷娜和弗雷德里克·约里奥)。其他比较有名的,还有美国化学家埃伦与罗伯特·理查兹,爱尔兰和英国天文学家玛格丽特(1848~1915)与威廉·哈金斯,英国数学家格雷

---

[28] 例如,参见 Nessy Allen,《科学成就:两位澳大利亚女化学家的职业生涯》(Achievement in Science: The Careers of Two Australian Women Chemists),载于《澳大利亚科学史记录》(Historical Records of Australian Science),10(1994 年 12 月),第 129 页~第 141 页。

[29] Gerit von Leitner, Der Fall Clara Immerwahr: Leben für eine humane Wissenschaft, Munich: Beck, 1993;Haber 的第二任妻子 Charlotte 出版了一本自传《与弗里茨·哈贝尔在一起的日子》(My Life with Fritz Haber, 1970)。

[30] Gill Hudson,《可想象的私生子:20 世纪 30 年代的性别、科学与和平主义》(Unfathering the Thinkable: Gender, Science and Pacificism in the 1930s),载于 Marina Benjamin 编,《科学与感性:性别与科学探索(1780 ~ 1945)》(Science and Sensibility: Gender and Scientific Enquiry, 1780 - 1945, Oxford: Blackwell, 1991)。参见脚注 10。

丝·奇泽姆(1868～1944)和威尔·杨,捷克裔美国籍生物化学家格蒂(1896～1957)和
卡尔·科里,德裔美国籍物理学家玛丽亚和美国化学家约瑟夫·迈耶,华裔美国籍物
理学家吴健雄和袁家骝,这里提到的还只是很少的一部分。[31]

　　除了居里与伊雷娜·居里之间的母女关系之外,还有父女的关系组合,如化学家
爱德华和弗吉尼亚·巴托;母子组合如天文学家玛丽亚·温克尔曼·基尔希(1670～
1720)和克里斯托夫·基尔希;兄妹组合如英国天文学家威廉和卡洛琳·赫舍尔、以色
列化学家哈伊姆和安娜·魏茨曼(?～1963);姐妹组合如英裔爱尔兰籍天文学普及者
埃伦(1840～1906)与阿格尼斯·克拉克(1842～1907)、美国天文学家安东尼娅(1866～
1952)和古生物学家卡洛塔·莫里(1874～1938)、美裔法国籍神经解剖学家奥古斯
塔·德热里纳－克隆普克(1859～1927)和天文学家多罗西娅·克隆普克·罗伯茨
(1861～1942)。[32]

不被充分承认

　　从一开始,很多科学团体,像1662年的伦敦皇家学会,便长期拒绝接受女性作为
其成员。妇女们经过几十年的斗争,直到20世纪40年代末才使得皇家学会的态度有
所缓和,接纳了包括晶体学家凯瑟琳·朗丝黛耳在内的三位杰出女性。[33] 其他年轻一
些、更专门化一些的科学团体的情况就多种多样了。如埃伦·理查兹和其他少数妇女
便出席了美国化学学会1876年的成立大会;夏洛特·安加斯·斯科特(1858～1931)
在1894年美国数学学会(American Mathematical Society)的第一次会议上当选为理事会
的成员;萨拉·怀廷(1847～1927)是1899年美国物理学会(American Physical Society)
的创办者。然而,即使妇女们被这些团体接受为成员,她们想成为社团的领导人物却
需要很长的时间(其中,化学领域用了一个世纪之久,数学领域则更长)。在这里,不同
国家间的差别很大。在英国,伦敦化学学会(Chemical Society of London)是属于落后者
之列。[34] 美国和法国的国家科学院的进程也十分缓慢。第一批当选为成立于1863年
的美国国家科学院(U. S. National Academy of Sciences)院士的女性物理科学家,是物

[31] 其中几位的情况载于 Helena Pycior 等编,《科学领域中有创造性的夫妇》。在 Margaret W. Rossiter 的《美国妇女科学家:直到1940年的斗争与策略》第143页,以及《美国妇女科学家:在积极行动之前(1940～1972)》(Women Scientists in America: Before Affirmative Action, 1940－1972, Baltimore: Johns Hopkins University Press, 1995),第115页～第120页,都有美国科学家夫妇的列表。列表中提到的夫妇都是异性恋者。

[32] Meyer W. Weisgal,《安娜·魏茨曼教授》(Prof. Anna Weizmann),载于《自然》(Nature),198(1963),第737页;其他人的情况,参见 Ogilvie 和 Harvey 编,《科学中的妇女传记辞典,从古代到20世纪中叶的先驱》。

[33] Joan Mason,《伦敦皇家学会第一个女性成员的接受》(The Admission of the First Women to the Royal Society of London),载于《伦敦皇家学会记录与档案》(Notes and Records of the Royal Society of London),46(1992),第279页～第300页。关于 Lonsdale,参见脚注11;关于 Stephenson,参见 Robert E. Kohler,《常规科学中的创新:细菌生理学》(Innovation in Normal Science: Bacterial Physiology),载于《爱西斯》,76(1985),第162页～第181页。

[34] 关于妇女进入伦敦化学学会的情况,可参考 Joan Mason,《四十年的斗争》(A Forty Years' War),载于《英国化学》(Chemistry in Britain),27(1991),第233页～第238页。

理学家玛丽亚·戈佩特－迈耶（1956 年）和吴健雄（1958 年）。法国国家科学院（Académie des Sciences）直到 1979 年接受物理学家伊冯娜·肖凯－布吕阿为院士之前，一直没有女院士。[35]

多年来，女性物理科学家也许一直更多地活跃于地方性和区域性科学团体中，而非国家级或国际性的科学团体中，但前者又往往较少得到研究。[36] 在 18 世纪，一些社会场所，如沙龙或咖啡厅等都有益于妇女参与科学讨论，但更近一段时间，即使是地方组织，如校园俱乐部等，却长期坚定地只接受男性成员。这种情况对女学生或女教员很不利，因为很多"非正式的交流"便是在啤酒馆、男子俱乐部、其他充满香烟味的屋子，以及如纽约市化学家俱乐部（Chemists' Club in New York City）的酒吧那样的场所里进行的。[37]

两个美国组织针对妇女在科学团体中不被承认的一般状况，采取了对应的措施，即单独为妇女设立奖项，如美国天文学会（American Astronomical Society）所设的安妮·江普·坎农奖、美国化学学会设立的加文奖章。坎农奖始于 20 世纪 30 年代早期，当时安妮·江普·坎农从快要解体的"帮助科学中妇女的协会"（Association to Aid Women in Science）获得了一项奖励。因不同意该协会领导认为科学中的妇女问题已经解决的观点，坎农向美国天文学会捐赠了 1000 美元用以设立妇女奖。该奖一直都是每三到五年评发一次，直到 20 世纪 70 年代早期，当时的英裔美国籍天文学家 E. 玛格丽特·伯比奇认为专为妇女设立奖项是对妇女的一种歧视，因而拒绝接受该奖，而引发了争论。为此，美国还成立了一个专门委员会来调查此事，该委员会建议用这笔资金为年轻的女天文学家设立一项奖学金，该奖学金由美国大学妇女协会（American Association of University Women）来管理。[38]

类似地，加文奖章的设立也始于 20 世纪 30 年代末，当时基金会官员弗朗西斯·P. 加文在电梯中说的"从未有过女化学家"的话被人无意中听到。一位愤怒的妇女纠正了加文的观点，事后他签字同意为杰出妇女设立特殊的美国化学学会奖，该奖项由美国格雷斯（W. R. Grace）公司赞助，每年由美国化学学会发放一次。[39]

[35]　Jim Ritter，《法国科学院首次接受妇女正式会员》（French Academy Elects First Woman to Full Membership），载于《自然》，282（1980 年 1 月），第 238 页。

[36]　1930 年，Icie Macy Hoobler 作为妇女首次领导了美国化学学会的一个分支机构。参见 Icie Gertrude Macy Hoobleer，《无界的地平线：一位女科学家先驱的肖像》（Boundless Horizons：Portrait of a Pioneer Woman Scientist，Smithtown，N. Y.：Exposition Press，1982）。

[37]　参见 Margaret W. Rossiter 的《美国妇女科学家：直到 1940 年的斗争与策略》第 4 章、第 10 章和 11 章，以及她的《美国妇女科学家：在积极行动之前（1940 ～ 1972）》第 14 章。

[38]　Margaret W. Rossiter，《美国妇女科学家：直到 1940 年的斗争与策略》，第 307 页～第 308 页，和《美国妇女科学家：在积极行动之前（1940 ～ 1972）》，第 352 页～第 353 页；以及 E. Margaret Burbidge，《天空的观察者》（Watcher of the Skies），载于《天文学与天体物理学年度评论》（Annual Reviews of Astronomy and Astrophysics），32（1994），第 1 页～第 36 页。

[39]　Rossiter，《美国妇女科学家：直到 1940 年的斗争与策略》，第 308 页，和《美国妇女科学家：在积极行动之前（1940 ～ 1972）》，第 342 页～第 345 页；Molly Gleiser，《获得加文奖的妇女》（The Garvan Women），载于《化学教育杂志》，62（1985），第 1065 页～第 1068 页。

二战之后与"妇女解放运动"

二战之后,有两个方面的发展影响了女科学家的机遇。在很多国家,包括成为独立国家的印度、越南和以色列,有文化的妇女比例以及妇女的受教育水平都有了惊人的提高。其他国家,尤其是在由共产党政府接管的东欧国家,给予妇女更多的教育,也给予她们比以前所具有的更高的社会地位。其他政府也把妇女的文化素养与计算能力放到优先考虑的位置。对此尽管很少有人研究,但这段时间却无疑是妇女接受更高等教育的黄金时代。[40]

然而,女性物理科学家,如澳大利亚物理学家琼·弗里曼和日本的汤浅年子(1909~1980),以及新西兰的天文学家比阿特丽斯·廷斯利(1941~1981)等仍感到有必要离开自己的祖国,前往英国、美国和法国谋求更好的教育与就业机会。因为在法国师从约里奥-居里夫妇的汤浅于20世纪40年代回国所能做的唯一工作,便是到女子学院任教;又因为当时的美国占领军禁止日本从事核研究,汤浅只好返回法国,将她的一生奉献给了国家科学研究中心(Centre National de la Recherche Scientifique)。[41]

作为美国与"共产主义阵营"之间冷战的结果,二战后在物理科学方面的资金投入有了急速提高。在许多国家,妇女在不同的科学领域中都找到了新的就业机会。[42]

1969年到1972年期间,美国"妇女解放运动"的一个分支进入了科学领域。在薇拉·基斯佳科夫斯基(1928~)的带领下,美国物理学会成立了一个妇女委员会,玛丽·格雷(1939~)是独立的女数学家协会的创始人之一,至今这两个组织仍然存在。20世纪80年代,形形色色的经过宣传的科学与工程学中的妇女(Women in Science and Engineering)计划与"新血液"计划在英国引起了媒体的注意,20世纪90年代澳大利亚与德国也开始关注它们。自1992年以来,欧盟开始向那些即将到其他欧洲国家学习的科学家提供以玛丽·居里(她从波兰到了法国)命名的奖学金。[43]

尽管如刚开始时所述,对于物理科学领域中的妇女的研究绝大部分聚焦于美国和

---

[40] John Turkevich,《苏联男科学家、苏联国家科学院的院士和通讯院士》(*Soviet Men [sic] of Science, Academicians and Corresponding Members of the Academy of Sciences of the USSR*, Princeton, N. J.: D. Van Nostrand, 1963),其中包括气象学家 Ekaterina Blinova,化学家 Rakhil Freidlina 和 Aleksandra Novoselova,以及流体动力学家(和 Sonya Kovalevsky 的传记作者)Pelageya Kochina。关于苏联的女天文学家,参见 A. G. Masevich 和 A. K. Terentieva, Zhenshchiny-astronomy, *Istoriko-Astronomischeskie Issledovaniia*, 23(1991),第90页~第111页。

[41] Joan Freeman,《物理学的激情:一位女物理学家的故事》;Edward Hill,《我的女儿比阿特丽斯:天文学家比阿特丽斯·廷斯利博士的个人回忆录》(*My Daughter Beatrice: A Personal Memoir of Dr. Beatrice Tinsley, Astronomer*, New York: American Physical Society, 1986);Eri Yagi、Hisako Matsuda 和 Kyomi Narita,《汤浅年子(1909~1980)和她在东京御茶水女子大学工作的性质》(Toshiko Yuasa [1909 - 1980], And the Nature of her Archives at Ochanomizu University in Tokyo),《科学史》(*Historia Scientarum*),7(1997),第153页~第163页。

[42] 关于美国的情况,参见 Margaret W. Rossiter,《美国妇女科学家:在积极行动之前(1940~1972)》。

[43] David Dickson,《法国提供4500美元奖学金寻求更多的妇女科学家》(France Seeking More Female Scientists with Offer of $4500 Scholarships),载于《高等教育编年史》(*Chronicle of Higher Education*),1985年9月25日;Allison Abbott,《欧洲贫困地区找寻研究者》(Europe's Poorer Regions Woo Researchers),载于《自然》,388(1997),第701页。玛丽·居里奖学金协会(The Marie Curie Fellowship Association)以前和现在的会员拥有一个网址为:www.mariecurie.org。

西欧(也如绝大多数的科学史所做的那样),1991 年发表的一些数据仍帮助扩展了对其他地区女性物理科学家的学术关注。1991 年加拿大约克大学(York University)的物理学家 W. 约翰·梅高提供了 1988 年女物理学家在世界范围内的分布情况的数据。自那以后,这份数据便被广泛引用。[44] 他的研究惊人地表明匈牙利物理学大学教师中妇女所占比例高达 47%,其次是葡萄牙(34%)、菲律宾(31%)、苏联(30%)、泰国(24%)、意大利(23%)、土耳其(23%)、法国(23%)、中国(21%)、巴西(18%)、波兰(17%)和西班牙(16%)。东德为 8%,高于日本的 6%,英国与西德的 4%,和美国的 3%。梅高的数据会将更多的学术兴趣吸引到这些国家的女性物理科学家的历史上来,她们虽然鲜为人知,但却比那些假定为更开明的西欧与美国的女性物理科学家有更好的生活和更成功的职业生涯。[45] 造成如此大的国别差异的诸多原因,是历史性的因素。如 20 世纪 30 年代,"土耳其之父"基马尔(Kemal Ataturk)的现代化运动,对大量的科学人才的培养,要求在初中教育中同时招收男女生(如在意大利和土耳其),这也取决于普遍的为科学职业提供地位上与经济方面的补偿。[46] 例如,在拉丁美洲和菲律宾,虽然私人公司雇佣男性并给他们很高的报酬,但大学却必须要雇佣妇女。[47]

　　国际比较有助于深化对物理科学的社会性别分析,因为一旦表明许多国家的情况差异很大,便能很容易地推翻以西方为主的关于什么是"适合男人的"和妇女的做法如何"不同"的本质主义的争论了。超越仅仅对"伟大特例"的研究,深入探讨由国际比较提供的其他许多对父权制作出的反应,将为我们打开期待已久的、引人入胜的新视野,看到世界妇女在物理科学领域中的历史面貌。

70

[44] W. John Megaw,《世界物理学科的性别分布》(Gender Distribution in the World's Physics Departments),载于国家研究理事会(National Research Council),《科学与工程领域的妇女:20 世纪 90 年代增加她们的人数》(*Women in Science and Engineering: Increasing Their Numbers in the 1990s*, Washinton, D. C. , 1991),第 31 页;《科学》(*Science*)杂志专号,263(1994 年 3 月 11 日);Mary Fehrs 和 Roman Czujko,《物理学领域的妇女:反对排斥》(Women in Physics: Reversing the Exclusion),载于《今日物理》,45(1992),第 33 页～第 40 页;《世界差异与趋同》(Global Gaps and Trends),载于《世界科学报道(1996)》(*World Science Report*, 1996, Paris: UNESCO Publications, 1996),第 312 页。

[45] 关于初始者,参见 Carmen Magallon, Mujeres en Las Ciencias Fisico-Quimicas en Espana: El Instituto Nacional de Ciencias y el Instituto Nacional de Fisica y Quimica [1910 - 1936], *Llull*, 20(1997),第 529 页～第 574 页;Monique Couture-Cherki,《法国物理学领域的妇女》(Women in [French] Physics),载于 Hilary Rose 和 Steven Rose,《科学的激进主义:自然科学的意识形态》(*The Radicalisation of Science: Ideology of the Natural Science*, New York: Holmes & Meier, 1976),第 3 章。关于东德的情况,参见 H. Tscherisch、E. Malz 和 K. Gaede, Sag mir, wo die Frauen sind!,《乌拉尼亚》(*Urania*),28, no. 3(1965 年 3 月),第 178 页～第 189 页;关于澳大利亚的情况,参见 Ann Moyal,《不可见的参与者:澳大利亚的女科学家(1830～1950)》(Invisible Participants: Women Scientists in Australia, 1830 - 1950),载于《普罗米修斯》(*Prometheus*),11, no. 2(1993 年 12 月),第 175 页～第 187 页。

[46] Chiara Nappi,《美国和欧洲的科学与数学教育》(On Mathematics and Science Education in the U. S. and Europe),载于《今日物理》,43, no. 5(1990),第 77 页～第 78 页;Albert Menard 和 Ali Uzun,《为物理学的成功而培养妇女:土耳其的教训》(Educating Women for Success in Physics: Lessons from Turkey),载于《美国物理学杂志》(*American Journal of Physics*),61, no. 7(1993 年 7 月),第 611 页～第 615 页。

[47] Marites D. Vitug,《菲律宾共和国:日益增加的对父权制的斗争》(The Philippines: Fighting the Patriarchy in Growing Numbers),载于《科学》,263(1994),第 1492 页。

社会性别成见的兴起与打上性别烙印的课程设置

在 17 世纪和 18 世纪,数学与物理学尚未打上性别的烙印,贝尔纳·德·丰特内勒的经典著作《关于世界多重性的对话》(*Conversations on the Plurality of Worlds*,1686)的主角侯爵夫人(Marquise),便是一位聪明、智慧且吸引人的女士;弗朗切斯科·阿尔加洛蒂的《为女士而写的牛顿学说》(*Newtonianism for the Ladies*,1737)一书是专门为妇女读者而写的。还有一本很有意思的《女士日记》(*The Ladies' Diary*)杂志,在英国几乎发行了整个 18 世纪,尽管它的撰稿人中只有 10% 为妇女。这些出版物都提供了娱乐、初等科学和数学方面的通俗教育。[48]

但是,到 19 世纪 20 年代,物理科学中的性别烙印便十分常见了,算术、物理、化学,以及(在相对较弱的程度上)天文学,都被认为是男性气质的。[49] 近来的研究表明,19 世纪美国的私立学校对男女生同样地教授数学和科学,但大约到了 1900 年左右,当美国公立学校中的女生人数超过男生人数时,智商测试与兴趣测试方面的效率专家便被引进学校,以将学生的培养限制在他(或她)的适当的未来发展上。因为妇女被认为不可能充分利用先进的高中数学知识,于是相应的内容就从提供给她们的课程设置中去除掉了。社会的实际情况(如问道:"像你这么漂亮的姑娘怎么会在物理班学习呢?")也阻碍了很多聪明的妇女接受高中物理学教育,而是引导她们学习拉丁文、生物学或家政经济学。大学的课程设置情况也与此类似,女生被引导着认为,如果她们学习人文科学或社会科学或生物科学,将会比她们学习物理科学更幸福或更能取得成功一些。[50]

从此以后,整个教育研究领域开始关注的问题便成为:为什么学生要选择她们主修的专业,或者为什么在大学四年中,她们学习物理科学的最初意图不断地被削弱等。甚至当美国政府因国家科学人才短缺而在物理科学专业方面提供了很多奖学金时,相对来说,流向妇女的资金也极少。与其说是成见在起作用,倒不如说是在几乎所有物理科学教室里都在主动地停止招生。

尽管女性主义哲学家在分析物理科学中的社会性别构成时,不是很成功,但此时仍有少数学者已经或正在尝试着去做。人类学家沙伦·特拉维克于 20 世纪 80 年代

[48]　Bernard de Fontenelle,《关于世界多重性的对话》(*Conversations on the Plurality of Worlds*,Berkeley:University of California Press,1990),由 Nina Gelbart 撰写导言;Teri Perl,《女士日记或妇女年鉴(1704～1841)》(The Ladies' Diary or Woman's Almanack,1704 – 1841),载于《数学史》(*Historia Mathematica*),6(1979),第 36 页～第 53 页;Ruth 和 Peter Wallis,《女性喜爱数学者》(Female Philomaths),载于《数学史》,7(1980),第 57 页～第 64 页。

[49]　Patricia Cline Cohen,《计算者:早期美国计算能力的发展》(*A Calculating People:The Spread of Numeracy in Early America*,Chicago:University of Chicago Press,1983)。

[50]　Kim Tolley,《妇女的科学与绅士的杰作:美国中学男女生科学课程设置的比较研究(1794～1850)》(Science for Ladies,Classics for Gentlemen:A Comparative Analysis of Scientific Subjects in the Curricula of Boys' and Girls' Secondary Schools in the United States,1794 – 1850),载于《教育史季刊》,36(1996),第 129 页～第 153 页。

出版了关于加利福尼亚的斯坦福线性加速器实验室（Stanford linear Accelerator in California）与日本的国家高能物理实验室（Ko-Enerugie butsurigaku Kenkyusho）的民族志研究,该研究描述了在工作场所中存在的大量的社会性别偏见,以及（而且更为重要是）两个国家的工作人员的头脑中的偏见,尽管偏见本身是以不同的形式表现出来的。[51]

在一般的物理科学史中,妇女在物理科学领域中的经历都以多种形式被正面描述着:尽管女性物理科学家相对来说很少（不像生物学和社会科学中那样）,但她们中也有少数像玛丽·居里那样的人是**所有**科学家中最有名望的。回到 17 世纪和 18 世纪时,当科学,尤其包括物理科学,正在努力地为界定自身及其方法和范围而斗争时,妇女便被故意排斥在此努力之外。她们似乎代表了一切那些"科学"（不管它是什么科学）宣称自己所不是的东西:科学是将自身描述为理性、客观和逻辑的。到了 19 世纪,当许多科学机构建立起来,体现了早期的这些男性态度时,妇女们才发现几乎在所有的国家和所有的大学里她们都必须奋起斗争才能获得参与权。即使是胜利者也仍被边缘化或被少数化到那些冷僻的职业领域。只有那三位伟大的特例人物才达到了最高的层次,并做出了重要的科学和数学发现,这些发现已经经受了一系列要将它们从历史记录中企图抹去的考验。

争取出路的斗争是漫长的,但却是充分成功的,以至于新一批的年轻妇女参与了第一次世界大战,随后在 20 世纪 30 年代和 40 年代时,引起了纳粹的注意、愤怒和兽行。从那以后,伴随着许多国家的妇女解放运动,妇女在物理科学领域中带来了很大的进步。近来,她们在社会主义国家和拉丁语系国家所做的工作,在数量上和比例上一直都是最好的。但在那些地方,她们的前进道路也遇到了所谓的"玻璃天花板"（glass ceiling）或限制。在过去 25 年时间里,她们为在美国取得如在生物学、地质学和其他科学中同等数量的进步所做努力的失败,也是引起我们关注物理科学中妇女问题的原因之一。[52]

（章梅芳　译　刘兵　校）

[51]　Sharon Traweek,《射线时代与人生:高能物理学家的世界》（*Beamtimes and Lifetimes: The World of High Energy Physicists*, Cambridge, Mass.: Harvard University Press, 1988）。另见 Robyn Arianrhod,《物理学与数学、事实与语言:女性主义者的困境》（Physics and Mathematics, Reality and Language: Dilemmas for Feminists）,载于 Cheris Kramarae 和 Dale Spender 编,《知识爆炸:女性主义学术的兴起》（*The Knowledge Explosion: Generations of Feminist Scholarship*, New York: Teachers College Press, 1992）,第 2 章。
[52]　Mary Fehrs 和 Roman Czujko,《物理学领域的妇女:反对排斥》。

4

科学家与他们的公众：
19 世纪的科学普及

戴维·M.奈特

　　1799 年,在各种地方性的文学和哲学团体出现后不久,伦敦成立了皇家研究院(Royal Institution) ;1851 年,在萨克森－科堡(Saxe-Coburg) 王室的艾伯特亲王的支持下,大博览会(Great Exhibition) 吸引了众人到伦敦来参观,而所得收入为各学院和博物馆购买了南肯辛顿(South Kensington) 的土地;1900 年,巴黎博览会(Paris Exposition) 迎来了科学与技术进步的新世纪。尽管有很多赫赫有名的批评家,但事实证明,科学奇迹在整个 19 世纪吸引了贵族官员、工人以及各色人等,使他们成为听众。这是非常幸运的,因为在这样一个充满相互竞争的信仰和利益、充斥着市场和工业资本的世界中,科学工作者需要激发支持者们的热情。科学普及起源于欧洲,后来又在美国、加拿大、澳大利亚、印度及其他殖民地国家和日本继续发展起来。[1]

　　我们关注的将是不列颠,作为世界上第一个工业国家,它具有独特的地位。在不列颠,价格低廉的书籍和其他出版物很早就出现了,科学讲座也是知识界生活的一个特色。教育的专业化在不列颠出现得比较晚,甚至到了 19 世纪末,大学毕业生仍在很大程度上具有着一种共同的文化。大不列颠包括两个国家,即英格兰和苏格兰,其教育史迥然不同;而爱尔兰则是另外一种情况了。苏格兰这个国家自加尔文宗教改革以来一直高度重视教育,在教区学校和高校中教育收费也非常低。在整个 18 世纪和 19 世纪,苏格兰一直是面向英格兰、欧洲大陆和北美洲的人才输出国。以圣公会为国教的英格兰视教育为一种特权,但英格兰人同时也担心太多教育会使得很多人相对于就业需要资历偏高,因而可能造成失业。随着工业革命中的经济扩张,这种担忧逐渐改变,而到了 1850 年,教会已经在向大多数儿童提供基础教育。而且与此同时,这里还存在最少干预的放任政策(laissez-faire)的强有力传统。

　　直到 1870 年,国家义务教育才被引进,这比大多数其他西欧国家落后了约 100 年。几乎与此同时,地方大学开始出现,其最大促成因素就是 1870 年的法国－普鲁士

---

[1]　D. Kumar,《科学文化与殖民地文明》(The Culture of Science and Colonial Culture) ,《英国科学史杂志》(*British Journal for the History of Science*) (后面均简写为 *BJHS*) ,29(1996) ,第 195 页～第 209 页。

战争(Franco-Prussian War)。在这次战争中,受过良好教育的普鲁士人击败了在军事力量上似乎更为强大的法国。到了那个时候,拥有宗教考试并将非圣公会教徒都排除在外,而且具有"通识教育"理想的古老大学牛津和剑桥却始终占有统治地位,尽管来自世俗的伦敦大学(University of London,它于 19 世纪 30 年代正式得到特许)的挑战已经在慢慢地增加。到了 19 世纪末,大不列颠各大学才得到国家投资。

爱尔兰并不是严格意义上的殖民地,在整个 19 世纪它与英格兰和苏格兰一起同为联合王国组成部分;但同印度一样,它的很多问题上都表明它被用作社会实验的实验室,特别引人注意的就是"女王大学(Queen's University)",它在不同城市有合法的学院,而且(因为天主教和新教之间关系紧张)也安排世俗的课程。重视科学普及是爱尔兰的特色,活跃的都柏林则最引人注目,但基础教育,特别是贫穷地区的基础教育却很薄弱。在受压迫和面对饥荒的年代,很多爱尔兰人搬迁到大不列颠、北美洲和澳大利亚,与受过较好教育的苏格兰人相比,做的是相对低下的工作。从整体来看,不列颠人的经验独一无二,却很有代表性。

1800 年,在英语中"科学"这个词包含了所有有条理的知识,而"艺术"则包括了加工制造和工程在内。"科学家"这个词是 19 世纪 30 年代由剑桥的博学者威廉·惠威尔(1794～1866)所杜撰的,不过在约半个世纪时间里,这个词并没得到广泛使用。后来,它指的就是一类专家和一种职业,而到 20 世纪早期,科学普及仍然被轻视,在以研究或许还包括正规教学为取向的科学共同体中,往往得不到承认。[2] 科普写作过去(现在也是一样)甚至被科学权威评价为比教科书要更低等,其作者通常是专职作家,而不是杰出的科学家。19 世纪则完全不同,那时科学家的声誉(如汉弗里·戴维[1778～1829]、迈克尔·法拉第[1791～1867]、托马斯·亨利·赫胥黎[1825～1895]、尤斯图斯·冯·李比希[1803～1873]和赫尔曼·冯·亥姆霍兹[1821～1894]),都是通过在公共讲座或文章中得出见解的能力而得到提升的。[3]

74

让科学变得可爱

1789 年的法国大革命不仅被认为与青年有关,也被认为与科学有关,因为它把每个人从王道和宗教的权术中解放出来。恐怖活动、安托万－洛朗·拉瓦锡(1743～1794)的被处死、战争以及拿破仑的上台,导致了左翼梦想的破裂,特别是在不列颠;而科学与改革的积极提倡者约瑟夫·普里斯特利(1733～1804)发现自己在 18 世纪 90

[2] D. M. Knight 和 H. Kragh 编,《化学家的形成》(*The Making of the Chemist*, Cambridge: Cambridge University Press, 1998);有关教科书和受欢迎的书目,参见 A. Lundgren 和 B. Bensaude-Vincent 编,《化学传播》(*Communicating Chemistry*, Canton, Mass.: Science History Publications, 2000)。

[3] D. M. Knight,《理解科学》(Getting Science Across), *BJHS*, 29(1996),第 129 页～第 138 页。

年代的复辟中被流放到美国。[4] 1800 年左右,在科学上处于世界领先地位的是法国,技术上领先的则是不列颠,正如法国人为了赢得战争而需要科学家的努力一样(例如指导人们把教堂的大钟浇铸成大炮),不列颠在这些饥饿的年代里,工业及农业的发展对于满足科学进步的时机似乎已经成熟。

1799 年,美国托利党人本杰明·汤普森(1753~1814),因其为巴伐利亚州的服务而被授予拉姆福德伯爵,成功地让约瑟夫·班克斯爵士(1743~1820)和其他显贵们支持他要皇家研究院促使在伦敦发展科学的建议。[5] 在时尚的阿尔伯马尔大街(Albemarle Street)上,有吸引贵族们的兴趣并激发他们热情的讲座,有一个实验室,也有为了教育工匠们而设立的与机械展览相关的课堂。1802 年 1 月,戴维因他的化学课中精彩的入门讲座而出名。拉姆福德伯爵在那一年动身去了法国,因为那个短暂的《亚眠和约》(Peace of Amiens)。没有了他,皇家研究院便不再对工匠(以及那些希望为他们的机器和加工程序保密的制造商们)感兴趣,而是变成了向杰出的男女人士进行传播的高级大众讲座的中心,这些会员的会费则支持了研究实验室的工作。在整个这一世纪中,这里同其他地方一样,其演示者都是男性,而听众则男女都有。

戴维有时使用的华丽语言很合听众的口味:科学往往依赖于不平等的财产分配,但其应用将给所有不列颠居民都带来巨大好处。[6] 这并不等同于炼金术幻想者的虚幻梦想,他的听众都能期盼到光明的日子,而他们已经开始迎接这个黎明了,因为科学家(怀着敬畏的心情)深入到地球内部,探索海底,以满足他们的愿望。戴维通过他关于制革法、肥料、地理学、电化学和酸性的研究报告而吸引听众;他在都柏林演讲时,甚至有了演讲门票的黑市出现。这种情形经过了多年才发生了变化。法拉第开始为儿童举办圣诞节演讲,在伦敦社交季(London season)(冬、春)的周五晚上,一些杰出的科学家也应邀就他们自己的研究作公开演讲,并辅以有点做作的演示实验。但研究院仍然保持着戴维当初创建的形式,这有助于保证科学被视为高级文化的一个组成部分。

继普里斯特利和拉瓦锡之后,化学承诺既能激发聪明才智又具有实用性。这些说法出自简·马尔塞(1769~1858)的著作《关于化学的对话》(Conversations on Chemistry,1807)中,这本书是写给那些希望能够获得比她们从诸如戴维的演讲中得到更多知识的女孩的。在同一时期,塞缪尔·帕克斯(1761~1825)在其《化学问答集》(Chemical Catechism)中也体现了这种看法,这本著作则是写给那些在内心中希望同作者一样在今后将从事化学职业的男孩的。帕克斯广泛运用注释,其中一些差不多就是赞美造物

[4] B. Bensaude-Vincent 和 F. Abbri 编,《欧洲背景中的拉瓦锡》(Lavoisier in European Context, Canton, Mass.: Science History Publications, 1995)。
[5] M. Berman,《社会变迁与科学组织》(Social Change and Scientific Organization, London: Heinemann, 1978),第 1 页~第 32 页。
[6] D. M. Knight,《汉弗里·戴维》(Humphry Davy, Cambridge: Cambridge University Press, 2d ed. 1998),第 42 页~第 56 页。

主上帝的智慧和善良；他是虔诚的一位论派人士（Unitarian）（即认为上帝只有一位，并否认基督神性的一位论派人士——译者注），特别在不列颠和美国，自然神学在大众科学中都是非常重要的组成部分。[7] 这两本著作在 20 年的时间里都很畅销，不断重印。

心智的征程

在 1807 年时，书籍仍属奢侈品。它们都是手工印刷而且价格昂贵，都是用纸包装，或者准备薄薄的木板让（像年轻的法拉第那样的）装订商装订。用铜板雕版印制的插图要额外付费。不过，当时还采用了在黄杨树的坚硬端上的木板雕版，如托马斯·比伊克（1753~1828）的通俗的博物学里的雕版，这就降低了图画的成本，而且还能（同铜版印刷不一样）放在文本中。木板雕版比较耐用，在相当长的时间里，模子，也称为凸印版（clichés），就是用它们制成的。要做更大的图画时，先用蜡笔把画画在石头上，打湿，并蘸多脂墨水，这样的平版画要比雕版的便宜不少。自从 19 世纪 20 年代以来，蒸汽印刷、铅版、木浆纸（化学漂白过的）和有装饰布的活封面都降低了书籍成本，插图质量也好多了，容易面向大众市场。

尽管（特别是在落后的英格兰）很多人仍然目不识丁，但是对阅读物的需求一直在增长，大众科学也吸引了那些受过基础教育的人。机械协会（mechanics' institutes）在工业城镇和一些城市中发展了起来，并给那些被皇家研究院所抛弃的工匠们和他们的仿效者们提供演讲和图书馆。年轻人，如当时还是学徒的法拉第，或本杰明·布罗迪（1783~1862）（在伦敦出身名门的医学学生，后来成为皇家学会［Royal Society］主席），都参加了各类不太正式的自我发展的学会，在这些地方，科学处于优先地位。[8]

在众多的精英当中，剑桥哲学学会（Cambridge Philosophical Society）把那些对数学和科学感兴趣的人聚集在传统上比较保守的教会大学中。但是在这些地方，妇女和时尚是没有地位的，不过，随处可以看到思想或聪明才智的发展，特别是在巴黎以及后来的德国和伦敦的医学界，对科学的兴趣伴随着对"权力集团（Establishment）"的轻视，伴随着一种未来的精英领导阶层的观点。[9] 1832 年在不列颠部分成功并于 1848 年在整个欧洲试行的国会改革，连带着这种纲领，也伴随着对统计数据越来越多的收集和利用。一些发明，如戴维为矿工研制的安全灯，促使人们把科学想象成为在大城市中具有天才的男性所从事的东西。[10] 但是关于科学的保守形象也还存在，特别是与自然

［7］ F. Kurzer，《塞缪尔·帕克斯：化学家、作家、改革家》（Samuel Parkes：Chemist, Author, Reformer），《科学年鉴》（Annals of Science），54（1997），第 431 页~第 462 页。
［8］ F. A. J. L. James 编，《迈克尔·法拉第书信》（The Correspondence of Michael Faraday：London：Institution of Electrical Engineers，1991 - ），letters 3 - 29。
［9］ A. Desmond，《关于进化的政治》（The Politics of Evolution，Chicago：University of Chicago Press，1989）；T. L. Alborn，《归纳法的事务》（The Business of Induction），《科学史》（History of Science），34（1996），第 91 页~第 121 页。
［10］ J. Golinski，《作为公共文化的科学》（Science as Public Culture，Cambridge：Cambridge University Press，1992），第 188 页~第 235 页。

神学关联中,在 19 世纪,要过分强调宗教的重要性会很困难(特别是在盎格鲁 – 撒克逊世界中),到 19 世纪 20 年代和 30 年代,又再次出现了一种非常激进的、替代性的现代性的观点。

通通读完

在 18 世纪,洛伦茨·克雷尔(1745～1816)利用其刊物《化学年报》(*Chemische Annalen*)帮助了德国化学共同体的形成,而拉瓦锡则通过他创办的《化学年刊》(*Annales de Chimie*)传播其创新成果。[11] 这些发表物的读者对象是科学工作者。但在不列颠,《哲学杂志》(*Philosophical Magazine*)和《尼克尔森杂志》(*Nicholson's Journal*)为争夺那些对科学感兴趣的人或从事科学的人的更广泛的市场而展开了竞争。他们的饶舌的语调,加上他们的评论和译文、八开本的版式以及成本低廉、内容繁多的纸张,与皇家学会出版的严肃得令人生畏的多卷本出版物形成了鲜明的对比;这些出版物同多数大众科学读物一样,是站在商业的立场。其他期刊在爱丁堡和格拉斯哥出版,多数最终被《哲学杂志》兼并,《哲学杂志》也为本杰明·西利曼(1779～1864)的《美国科学杂志》(*American Journal of Science*)树立了榜样。在博物学中,既有出色的《林奈学会会刊》(*Transactions of the Linnean Society*),又有诸如《博物学杂志》(*Magazine of Natural History*)这样的大众出版物,其编辑鼓励发表不同意见,发表文章时,并不拘泥于同行评议或审阅人形式要求。在一些情况下,如 1824 年的《化学家》(*The Chemist*),就是明显地要吸引那些被排斥在上流社会之外的读者;它在第一期的编者按中嘲笑了戴维的做作,并推荐便宜设备,还付费给撰稿者,这样,编者就能决定该选哪些题目了。一点儿都不奇怪,这样具有理想主义的期刊很快就衰落了。

77图书也非常关键。"有用知识推广学会"(The Society for the Diffusion of Useful Knowledge)于 19 世纪 20 年代期间开始其出版工作,引起宿敌基督教知识促进学会(Society for the Promotion of Christian Knowledge)的震惊。19 世纪 30 年代,狄奥尼修斯·拉德纳(1793～1859)编辑了一套小册子,即《袖珍百科全书》(*The Cabinet Cyclopedia*)。小册子包括约翰·赫舍尔(1792～1871)写的《初论》(*Preliminary Discourse*),这位伟大的多面手兼自然哲学家在书中论述了科学方法,他还曾经编著了《论天文学》(*Treatise on Astronomy*),以及其他关于不同科学的技巧精湛的书籍。这套《袖珍百科全书》还包括有威廉·斯温森(1809～1883)对生物学的有趣论述,他提倡以圆圈的形式对生物有机体进行五类划分的分类体系(Quinarian System)。最成功的信息出版商中有钱伯斯兄弟——爱丁堡的威廉和罗伯特。1844 年,罗伯特(1802～1871)

---

[11] M. P. Crosland,《拉瓦锡的影子》(*In the Shadow of Lavoisier*, London: British Society for the History of Science, Monograph 9, 1994)。

匿名发表了《万物博物学的遗迹》(*Vestiges of the Natural History of Creation*)，因其进化论的观点(从银河系到人类)而声名狼藉，受到广泛攻击，也被广泛阅读。[12]

水晶宫

在成立于 18 世纪的大英博物馆(British Museum)里，既有出色的历史上的人工制造品，也有博物学标本，但它并不是很欢迎一般公众的参观，也没有安排正规的教育项目。相比之下，在发生革命的巴黎，博物学博物馆(Museum of Natural History)却是一个大型研究中心和演讲重地。展览和博物馆是 19 世纪早期的一个特色，但是展览经常突发奇思异想，有一些异想天开的特点，而博物馆则非常专业，比如像在伦敦皇家外科学院(Royal College of Surgeons)中的博物馆就是这样。各学会举办"学术座谈会"，并向其成员和客人(包括女士们)开放，并同时展示一些物品、实验或吸引人的实验设备；这些再次成为高级文化的一部分。

当欧洲从处于饥饿状态中的 40 年代(hungry forties)中走出，革命的危险随经济增长而继续增加，1851 年伦敦世博会(Great Exhibition of the Works of all Nations)的计划开始进行。其最惊人的特色在于水晶宫的建筑。这是一个巨大的玻璃房子(里面种有大树)，坐落在海德公园(Hyde Park)。它是由一位园艺家的儿子约瑟夫·帕克斯顿(1801~1865)在 9 天之内设计成的，当时原来的众多计划遭到拒绝，而距开放日期只剩 9 个月时，最后这个设计按时完成，成为铁路时代的奇迹。它是用从远方的工厂运来的标准化的组件在现场准确地组装而成。这个取得重大成功的展览吸引了整个不列颠和海外人士观看最新的工业和美术创作，迄今为止，这是唯一获利的展览，它突出显示了技术的进步。

尽管不列颠成了声名显赫的头号工业大国，但反应敏锐的评论家(包括主要组织者亨利·科尔[1808~1882]和莱昂·普莱费尔[1818~1898])已经看到在批量生产和可互换部件中体现出的"美国体制(American System)"和法国工业设计则是这种杰出地位很快就要结束的信号，因而他们迫切地需要有更好的科学和技术教育。南肯辛顿，以及可与之相比的其他大城市(如柏林)的相应地区，已发展成为正规教育中心和理性娱乐活动中心了——博物馆中的公众科学。[13]

在省级城市也成立了科学、艺术与博物学博物馆，博物馆有时候也致力于收集图册和雕像，而且它们的建立常常伴随着逍遥学派的科学促进协会(Association for the Advancement of Science)的参观。节日和展览要依靠宣传和刺激因素，但是博物馆拥有

78

[12] R. Chambers，《遗迹》(*Vestiges*, Chicago：University of Chicago Press, 1995)，J. Secord 编。

[13] S. Forgan 和 G. Gooday，《建构南肯辛顿》(Constructing South Kensington)，*BJHS*, 29(1996)，第 435 页～第 468 页；John R. Davis，《大博览会》(*The Great Exhibition*, Stroud, England：Sutton Publishing, 1999)。

固定的收藏,其领导者所面临的困难任务是:要在随机来访者和儿童的需求与那些研究人员需求之间保持一种平衡。

博物学总要涉及重要的标本收藏。对于物理科学博物馆来说,问题更尖锐,因为设备或机器展品随时间流逝越发显示其历史重要性——但很难适合于那种令人兴奋的展示,也不适合于让观众动手参与的展示。[14] 甚至如英格兰这样严守安息日主义的国家中,博物馆也在星期日开放,参观博物馆在 19 世纪早期是一项重要的并逐步改善的休闲活动。从建筑形制上来看,它们已经类似于经典的专门供奉缪斯的庙宇或哥特式大教堂,展示了传统秩序或精神渴望。19 世纪的科学家就是启蒙运动和浪漫主义运动的继承者,而且一种泛神论或自然崇拜很容易接近他们。博物馆可以附设有图书馆,以及致力于植物和动物分类的植物园和动物园,并让动植物"适应"这里的环境,如把美利奴羊运到澳大利亚,把橡胶树运到马来西亚,把奎宁运到印度等。[15] 尽管我们现在有时对科学的这些好处可能有些不以为然,但那时它们则被标榜为对世界做出了伟大改进。

教会的科学

词汇"科学家"是在 1833 年英国科学促进协会(British Association for the Advancement of Science)的剑桥会议中讨论得到的。在反思他同塞缪尔·威尔伯福斯(1805~1873)在 1860 年的牛津会议上的争论时,赫胥黎宣称,假使教会科学委员会(Council of the Church Scientific)也被这样称呼("科学家"——译者注)的话,那么就会被谴责为信奉达尔文思想的异端。他记得在有一次学者和教授参加的会议上,就如同主教和修道士参加 1869~1870 年间梵蒂冈委员会(Vatican Council)会议一样;他比喻说,由一位知识分子在福音传道者会议上给外行公众作演讲,如同英国科学促进协会的成员一样。他的比喻非常令人吃惊,因为科学的发展确实非常类似宗教的发展。[16] 主席和理事会成员都加入到了那些作为科学的观点之代表者的学术界之中,同时也与政府与媒体相接触。

英国科学促进协会主要不是在著名的古老大学城里举行活动,而是在不列颠岛周围,甚至在加拿大、南非和澳大利亚举行活动。[17] 它并不是第一个逍遥学派的团体;其原型来自德国,那时的德国只不过由大大小小的邦国聚集在一起,这种状况一直持续

[14] N. Jardine、J. Secord 和 E. C. Spary,《博物学文化》(Cultures of Natural History,Cambridge:Cambridge University Press,1996),pt. Ⅲ;A. Wheeler,《英国博物馆的早期动物学收藏》(Zoological Collections in the Early British Museum),《博物学档案》(Archives of Natural History),24(1997),第 89 页~第 126 页。

[15] H. Ritvo,《鸭嘴兽与美人鱼》(The Platypus and the Mermaid,Cambridge,Mass.:Harvard University Press,1997),第 1 页~第 50 页。

[16] A. Desmond,《赫胥黎:进化论的主教》(Huxley:Evolution's High Priest,London:Michael Joseph,1997);P. White,《赫胥黎传》(Huxley,Cambridge:Cambridge University Press,forthcoming)。

[17] J. Morrell 和 A. Thackray,《科学绅士》(Gentleman of Science,Oxford:Clarendon Press,1981)。

到 1870 年成立帝国,在某种意义上甚至于还要在此之后。19 世纪 20 年代,洛伦茨·奥肯(1779~1851)组织了博物学家的年会,每年在不同的邦国举行;毕竟那时的德国没有如巴黎或伦敦那样的国家首府。经过最初的不安顿后,各国政府开始欢迎科学家,在文化上展开了竞争(在高校和歌剧院等地),也举办那些向市民开展科普的会议。

外国人也备受欢迎,一些从不列颠回来的人印象非常深刻,因为他们看到有机会把科学从伦敦人那软弱的手里夺过来,并让它牢牢控制在地方上的人和非国教派者(Dissenter)的手中。有时外省业余爱好者,如詹姆斯·焦耳(1818~1889),成功地让那些精英来聆听他的有关热力学的工作,尽管这种事情并不会总发生。但开始于 1831 年的约克郡的那些会议,表明了其非常受欢迎并吸引了众多的男女老少。为了吸引公众,城市之间展开了激烈竞争,纷纷主办市民招待会、建立博物馆或其他科学机构;地方上的天文学会、博物学学会或其他科学机构也适时地得到发展。人们能实实在在地看到法拉第和赫胥黎本人,倾听他们的声音,而不只是阅读他们的作品;有时演讲人可能会情绪激昂而出现很好看的争论,这些争论表明科学并非如培根的辩护者所以为的那样,它不是仅仅根据事实进行推理的不带感情的活动。科学促进协会反过来成了美国、法国和澳大利亚的协会的模型。[18]

尽管望远镜的投资庞大,但是神圣的天文学还是拥有众多业余爱好者;对于工人阶层来说,博物学的优点就是成本低,有利于社会交流,可以在活动中呼吸新鲜空气。实地调查旅行和在公众酒吧内召开的会议,与对标本的鉴定一并进行,在这种情况下其成员有时会变得非常专业。[19] 在这两个领域,知识的发展与大众科学间的鸿沟变得模糊:大型天文台受到其长期研究项目的局限,而任何一位认真的观察者都能用望远镜看到一些新的行星进入其视野,有时甚至会看到彗星。1820 年,皇家天文学会(Royal Astronomical Society)成立,它最早关注的就是物理科学。这个学会兴盛起来,把具有广泛兴趣的人们聚集到一起。

深入空间和时间

到 18 世纪末,没有人对亚里士多德和柏拉图的地心说的世界图景坚信不移了;曾经令帕斯卡感到恐惧的宏大的空间已经被人们所接受。巨大的反射望远镜,如威廉·赫舍尔(1738~1822)在温莎(Windsor)制作的望远镜,罗斯勋爵(1800~1867)在爱尔

〔18〕 S. G. Kohlstedt,《美国科学共同体的形成》(The Formation of the American Scientific Community, Urbana：University of Illinois Press, 1976)；R. MacLeod 编,《科学联邦》(The Commonwealth of Science, Oxford：Oxford University Press, 1988)；R. W. Home 编,《形成中的澳大利亚科学》(Australian Science in the Making, Cambridge：Cambridge University Press, 1988)。
〔19〕 A. Secord,《植物工艺》(Artisan Botany),载于 Jardine,《博物学文化》,第 378 页~第 393 页。

兰制作的 6 英尺(约 1.83 米)的反射镜,以及后来美国的巨型望远镜,都能够用来观测太空,显示出螺旋状星云,从而使得我们的星球越发显得渺小。我们在一些科学普及读物中可以看到这一点:拉德纳系列中关于赫舍尔的《天文学》(*Astronomy*)的部分是可靠的非数学读物,尽管图片和引文使其有点单调。另一方面,J. P. 尼科尔(1804~1859)在 1850 年出版的名为《天堂建筑》(*The Architecture of the Heavens*)的巨著,黑底印刷,记录着罗斯的发现和苏格兰画家戴维·斯科特的讽喻性插图。都柏林的罗伯特·鲍尔(1830~1919)在 1886 年出版的《天堂故事》(*Story of the Heavens*)中也有引人注目的插图;而理查德·普罗克特(1837~1888)的写作,特别是他在 1868 年出版的《用望远镜观察 30 分钟》(*Half-hours with a Telescope*),更是美妙清晰,销量也极好。普罗克特离开不列颠,移民美国,而其作品在大西洋两岸广受欢迎。他,以及早期的托马斯·迪克(1774~1857)在其 1840 年出版的《群星璀璨》(*Sidereal Heavens*)中,讨论了有人居住的世界的多元性。

有一种观点认为,即使宇宙广阔无边,上帝也仍然只将人类置于地球之上,但在这个世纪中叶这一观念显得非常荒唐。惠威尔是唯一反对这一观点的人,他很早就批评过皮埃尔-西蒙·拉普拉斯(1749~1827),因为拉普拉斯认为"推理"绝对正确,不需要上帝。惠威尔担心(如在《万物博物学的遗迹》中)多元论的支持者可能会否定人类的特殊地位(而这种特殊地位在基督教中至关重要),并接受进化论的描述,因为进化论认为,无论何时何地,只要时机成熟,生命就会起源于无机物。

1874 年,英国科学促进协会在贝尔法斯特(Belfast)召开会议,约翰·廷德耳(1820~1893)时任主席,他不仅有机会详述科学及其可能性,还提出了一种世界观,这种世界观基于原子理论、发光以太及达尔文理论,而在上述理论中达尔文学说可以解释一切。这激起了公愤:他打算从神职人员那里夺得整个宇宙的企图,在贝尔法斯特和其他地方讲道坛上遭到了指责。从唯物主义的世界观来看,《贝尔法斯特宣言》(Belfast Address)很是雄辩,它被广泛阅读并被评论,但却不受保守的物理学家如开尔文勋爵(1824~1907)和麦克斯韦的欢迎,他们对廷德耳夸张的大众化的说法表示不屑。

天文观察在经度和纬度的确定上至关重要,因为地球的辽阔空间正在被人们所正式地、科学地探索着。对于詹姆斯·库克(1728~1779)、加洛·德拉·彼鲁兹(1741~1788)、P. S. 帕拉斯(1741~1811)、马修·弗林德斯(1774~1814)、梅里韦瑟·刘易斯(1774~1809)和威廉·克拉克(1770~1838)以及其他很多人的航海和旅行的介绍,都很振奋人心,销量也不错;而他们从航海旅行中带回来的物品,也扩展了博物学和民族志的收藏。法国、不列颠、俄国和美国以及其他国家的科学机构也鼓励远征,所以地图上那些一直空白的领域也逐渐被填满,对海岸线和江口作了绘图,并且地磁数据也被收集和绘制。人们将地图集既视为高水平的科学产物,也视为大众科学读物。亚历山大·冯·洪堡(1769~1859)引进了主题地图,它们可以用来(比如在描绘他的拉丁美洲之行时)表示等温线。

洪堡的书受到了那些足不出户的神游旅行者的广泛欢迎,这些人很欣赏他热情激扬的散文和科学上的精确度,这些书也成为年轻的查尔斯·达尔文(1809～1882)的榜样。[20] 达尔文乘皇家海军舰艇"贝格尔"号的航海,是一系列大型国际项目中的一个,其科学成果将向那些渴望了解这些事物的公众开放。这样的报道导致在 19 世纪达到高峰时期的传教活动,并通过有意安排或有时几乎是偶然地导致了殖民化,因为欧洲国家的海军或陆军军官被授予权力去安抚和统治那些他们认为不能自己管理自己的人。[21] 居民和这些殖民地的原材料引起了他们的新主人——即各国政府的兴趣,而欧洲的老百姓在兴奋的同时,也常常因为在遥远的地方以他们名义造成的不公正而愤怒。关于殖民问题总是充满了争议。

关于久远的时间也具有争议。[22] 当杰出的外科医生詹姆斯·帕金森(1755～1824)1804 年出版 3 卷本《过去世界的有机残留物》(*Organic Remains of a Former World*)时,卷首插页为诺亚方舟、彩虹以及一些(那些因为没有赶上船而灭绝的)生物化石,但这样的卷首插页已经过时。他后来的几本著作考虑到了乔治·居维叶(1769～1832)的研究,居维叶已经在蒙马特尔法(Montmartre)山脚下发现了一系列的动物群,说明一次洪水并不能解释动物灭绝的原因。这种时间的尺度要比 17 世纪爱尔兰大主教厄谢尔所说的长得多(在厄谢尔的时间尺度中,世界始于公元前 4004 年),这是必需的;这些发现,以及对如此特别的生物化石的重新建构,是众多令人兴奋之事的一个重要来源。

众多作者分别采取拘泥字义、不拘泥字义以及我们可以称之为不可知论的原则,实际上英国科学促进协会的功能之一,就是通过把地质学家视为科学家来保护他们免受那些被认为是无知的人的攻击。伦敦地质学会(Geological Society of London)因其争论而著名,而其他学会则尽力避免争端或关起大门说话。地质学也依赖于视觉语言:威廉·巴克兰的《论水桥》(*Bridgewater Treatise*,1836),说明上帝的仁慈和智慧,此书就有描绘恐龙足迹的图片和漂亮的彩色折叠版图,以便利用不同的地质年代及其独具特色的物种来讲述地球的历史。[23] 对于灭绝了的动植物的阐述最开始是对其离奇魔力的说明,例如像"原始的恐龙在它们的领地互相打斗",这激发了艾尔弗雷德·丁尼生(1809～1892)的想象力。

由此久远的时间就变得熟悉起来,但实际上考虑百万年,就如考虑百万千米一样,都不是容易的事。而且人类的祖先是一个爆炸性的话题:我们仅仅是动物而已吗? 是否有些人要比其他人更像猿? 我们的尊严和德行受到了威胁;全身长毛、弯曲行走、咕噜咕噜说话、为生存而挣扎的祖先,并没有让赫胥黎感到不安,他的著作《人在自然中

[20] J. Browne,《查尔斯·达尔文:航海》(*Charles Darwin*:*Voyaging*, London:Cape, 1995),第 236 页～第 243 页。
[21] M. T. Bravo,《民族志的偶遇》(*Ethnological Encounters*),载于 Jardine,《博物学文化》,第 338 页～第 357 页。
[22] M. J. S. Rudwick,《来自久远时间的景象》(*Scenes From Deep Time*, Chicago:University of Chicago Press, 1992)。
[23] N. A. Rupke,《地质年代的早期图景中的"历史终结"》("The End of History" in the Early Pictures of Geological Time),《科学史》,36(1998),第 61 页～第 90 页。

的地位》(*Man's Place in Nature*,1862)是科学普及的一项巨大成就——但是很多人为此感到不舒服。[24]

赫胥黎发现自己就久远的时间问题卷入了同开尔文的争议之中。达尔文学说的信仰者们假定认为他们能从河流三角洲的变化和近几百年形成的裸露的海岸线推测出岩石在上亿年的形成中的上升和风化。开尔文则提醒人们要记得热力学的法则。他计算了太阳的年龄,假定认为它由质量最好的煤炭组成,并从流星的撞击和引力坍塌中获得能量。利用最可接受的假设,可算出其年龄大约为一亿年。然后他计算了地球的年龄,假定它慢慢冷却,并运用了约瑟夫·B. J. 傅立叶(1768~1830)关于热流的数学,因而得到另一个可以相比较的数字;令物理学家们高兴的是,他们发现两种推理方式能够相互协调。开尔文也非常高兴地提醒他那些傲慢的同事(如赫胥黎):物理学家会计算。开尔文的演讲最初是在 19 世纪 60 年代发表的,1894 年又重新发表在他的《大众讲座和演说》(*Popular Lectures and Addresses*)中。达尔文学说的信仰者只能回答说,自然选择的速度必须比他们所想象的要更快,要不然就是计算出了差错。由于辐射的发展,当后者被证明是正确时,地球物理学被延误了有一代人之久。

跨越边缘

化石记录的重新建构是一门值得尊重的科学,达尔文的进化论也是这样值得尊重的科学,尽管它遭到抵制。但是整个 19 世纪,就像在此前和此后一样,有一些自称为科学的东西经常会吸引公众的极大注意力,却从来没有获得过科学(scientia)的那种具有魔力的地位。实际上,大众科学就有这样的特点,尽管专家们努力想把它们排除在外,而让公众仅仅对他们自己所关心的问题感兴趣。18 世纪末,安东·梅斯梅尔(1734~1815)利用将磁体在面前掠过而让人精神恍惚,动物磁性说,或催眠术(mesmerism)成为激烈争论的焦点,并先后在维也纳和巴黎引起了人们极大的兴趣。法国科学院(French Academy of Sciences)委员会委员,包括本杰明·富兰克林(1706~1790)在内,认为这些问题并不涉及磁性,因而消解了所有这些现象,但催眠师却继续不知羞耻地在整个 19 世纪坚持其观点。

电和磁也是 19 世纪早期具有大众特色的代用药。已定治疗方案从来就没有非常有效过(鸦片、奎宁化合物和酒精等曾被认为是医生的武器),而且不论正统医生可能怎么说,致命的疾病总会需要非常的疗法。[25] 所以很多人(如达尔文)被吸引去做水疗和顺势疗法,其原理就是,微小剂量的东西能引起一种病的也能够治愈这种病。19

[24] A. P. Barr 编,《托马斯·亨利·赫胥黎在科学与文学中的地位》(*Thomas Henry Huxley's Place in Science and Letters*, Athens:University of Georgia Press, 1997)。

[25] E. Shorter,《第一关注》(Primary Care),载于 R. Porter 编,《剑桥插图医学史》(*The Cambridge Illustrated History of Medicine*, Cambridge:Cambridge University Press, 1996),第 118 页~第 153 页。

世纪最初数十年,出现了另外一种新的科学,即头骨学,或称颅相学,这是一种对头上肿块的研究。它也是开始于德国,由弗朗茨·约瑟夫·加尔(1758~1828)开创,并很快传到法国,而其跟随者 J. G. 施普尔茨海姆(1776~1832)则把它带到了不列颠。其关键思想是,婴儿的头骨非常柔软,其形状如同下面的大脑。与之相应,因心灵的弱点和优势体现在头盖骨的凹凸上,从中就有可能读出其人的特性。特别是在爱丁堡,那里具有浓厚的医学院和教育传统,这门科学流行开来,并建立了学会和期刊。[26]

创立者希望颅相学能很快出现在医学课程中,但一位凶手的脑内却被发现有一仁爱心的很大肿块,结果对大多数人而言,这门科学成了一种会客厅里的游戏。不过其著作被广泛阅读的教育学家乔治·库姆(1788~1858)却认为,这门科学对于教师评估学生的能力具有本质的重要性;它也用来传授给艺术家并在机械协会广受欢迎——"肿块"语言进入语言,但这门科学却从来就没有进入过神殿。

更神秘的是,卡尔·冯·赖兴巴赫男爵(1788~1869)发现"非常敏感的"人——通常是妇女,特别是孕妇。这些征兆也可以在用磁体和水晶球中看到。他是一位受过训练的并在从事实际研究的化学家,同时也是位陨星专家,其著作由威廉·格雷戈里(1803~1858)翻译成英文。威廉·格雷戈里则是爱丁堡的化学家,也是李比希的著作翻译者,我们可以认为李比希代表着主流科学。一种神奇的被称为 odyle 的物质,被认为在宇宙系统显现和运行中发挥着重要作用。

在 19 世纪,轻信会受人耻笑,如在查尔斯·麦凯(1814~1889)在《超凡的大众谬误》(*Extraordinary Popular Delusions*)中(1841 年第 1 版,1852 年新版)就是如此;但到了 19 世纪 50 年代,一种新的疯狂,即招魂术(spiritualism)从美洲传到了欧洲。在半黑状态下,桌子摇晃,占卜板拼出信息,而神媒可能飘然升空或发出通灵物占据死人的身体。神媒通常是女性,在降神会(在维多利亚时期的英格兰或新英格兰通常很难见到)上常常是手舞足蹈。这些现象吸引了各种科学人士(在智力上和情感上)的兴趣,特别是在不列颠,而且通常是在有人丧亡后。威廉·克鲁克斯(1832~1919)从不同的试验中得出结论认为,自然界的新奇力量被揭示出来,但他呈交给皇家学会期刊的文章在一片斥责声中被拒收,他不得不把它发表在一个比较大众化的期刊上。[27]

1882 年,心理学研究学会(Society for Psychical Research)在亨利·西奇威克(1838~1900)的支持下成立,令人惊讶的是,他是一位出身名门的剑桥哲学家。[28] 他还是一位非常著名却并不情愿的不可知论者,他因为不能继续同意正统的基督教的观

[26] R. Cooter,《公众科学的文化意义》(*The Cultural Meaning of Popular Science*, Cambridge:Cambridge University Press, 1984);L. J. Harris,《一位年轻人对一门"非常规"科学的评价:查尔斯·坦尼森的"颅相学"》(A Young Man's Critique of an "Outré" Science:Charles Tennyson's "Phrenology"),《医学与相关科学史杂志》(*Journal for the History of Medicine & Allied Sciences*),52(1997),第 485 页~第 497 页。

[27] H. Gay,《无形资源:威廉·克鲁克斯与他的支持者们》(Invisible Resource:William Crookes and his Circle of Support), *BJHS*,29(1996),第 311 页~第 336 页。

[28] J. Oppenheim,《另一个世界》(*The Other World*, Cambridge:Cambridge University Press, 1985);D. M. Knight,《浪漫时代的科学》(*Science in the Romantic Era*, Aldershot, England:Ashgate Variorum, 1998),第 317 页~第 324 页。

点而辞职,并希望,如果死而复生能得到证明的话,那么宗教就将有一个非常牢固的基础。学会成员包括两位后来成为皇家学会主席的人,即克鲁克斯和约瑟夫·约翰·汤姆森(1856~1940),以及两位首相,即 J. H. 格拉德斯通(1809~1898)和阿瑟·鲍尔弗(1848~1930),还有威廉·詹姆斯(1842~1910)和一些主教、教授。我们得说,1900 年左右,心理学研究被认为是值得尊重的科学;当然,幻觉、臆想和意外发生的神秘事情正在被持经验论立场的男人和女人们探索着。

人们能看到他们亲人的幻觉,这看起来好像并不全是偶然,而他们的亲人那时恰恰正濒临死亡,而有时心灵感应似乎确实是存在的。毕竟当时人们正在研究无线电波、阴极射线和 X 射线;世界要比廷德耳在贝尔法斯特所想象的要复杂得多。心理学研究是一个并不深奥的领域,普通人的常识可能要比受过训练的科学家的那种有学识的无知更合理一些,所以它比较大众化。对于幻觉和幽灵的解释让我们很好地了解我们祖先的生活、惊险旅行和他们的突然死亡,以及他们对于那些说法可信以及不可信的人的态度。正如外星人的奇谈怪事一样,在我们这个时代,再生以及治愈奇迹,比起智力上要求严格的正统科学和医学更引人入胜,在 19 世纪,各种边缘科学要求天才们也对之予以关注。

第二种文化?

戴维,以及后来的法拉第、赫胥黎和皇家研究院的廷德耳,都把科学作为高级文化的一部分,在这种高级文化中,天才的想象力受到实验的限制,就像诗人受韵律和押韵的限制一样。它并不神秘;科学是受过"培训的""有条理的"常识,正如赫胥黎的名言所说的那样,这两个形容词都很重要。戴维写诗,在他那个时代受到众人的赞扬,正如伊拉斯谟·达尔文在 18 世纪末一样,戴维的诗文感情横溢,非常浪漫,而不是说教。19 世纪早期,没有专业的科学,也就没有"文化",也就没有受过同样教育和具有价值的科学共同体与文学文化相抗衡——后一种抗衡是 C. P. 斯诺(1905~1980)在他那颇具争议的关于"两种文化"的讲座中提出的,其目标是指向在 20 世纪 50 年代发生的关于教育的争论。

对于马修·阿诺德(1822~1888)来说,维多利亚时代的贵族是些"野蛮人",他们狩猎、决斗,而那些从事工业和商业的人则是自鸣得意的"俗人",对于文化活动没有兴趣,除非那些文化是土生土长因而是安全的。当工业革命开辟了社会流动新途径时,那些不熟悉文学、音乐、绘画和雕刻但却继承了财富的人,从科学(特别是从天文学和博物学)中寻求超越纯粹商业活动的东西。斯诺发现,20 世纪中期,科学家在音乐而不是文学或视觉艺术中找到安慰。如果这在那时或者今天是真实情况的话,那在 19 世纪可不是这样。亥姆霍兹写了一本名著,叫《对音调的感受》(*Sensations of Tone*),是关于音乐中的物理学的,这本书让音乐家能看得懂,并成为经典;他还研究并写作了关于颜色及关于我们对于颜色的知觉的普及著作。[29] 如戴维这样的化学家在从事古代和现代的颜料的研究,而如约翰·赫舍尔和麦克斯韦这样的物理学家则在写诗。

在 19 世纪的一些诗作中科学也是地位突出的,最有名的是丁尼生的《悼念集》(*In Memoriam*),这给了我们浮想联篇的诗句:"在齿与爪中的自然之红"(nature red in tooth and claw),以及关于地质时代令人难以忘怀的诗句。丁尼生是从阅读查尔斯·赖尔的著作和《万物博物学的遗迹》中获得的知识——部分是作为预兆,他的读者在读这些诗的过程中将会体会到当时的科学思维。[30] 赫胥黎把《悼念集》视为科学方法的样板,并且也钦佩丁尼生的其他作品。

科学同样也可以在妇女的作品中见到,如在玛丽·雪莱(1797～1851)的《弗兰肯斯坦》(*Frankenstein*)和乔治·埃利奥特(玛丽安娜·埃文斯[1819～1880])的《米德尔马契》(*Middlemarch*)中,后一作者还曾经从德语翻译了戴维·施特劳斯和路德维希·费尔巴哈的理性主义作品。玛丽·沃德(汉弗里夫人)(1851～1920)的关于宗教疑惑的畅销小说《罗伯特·艾尔斯梅尔》(*Robert Elsmere*,1888),在其中主人公放弃推销肥皂,因而肯定是一个非常有文化的美洲人,令人惊讶的是其中还包含有少量的科学内容。主人公信念的被破坏主要是因为对历史的怀疑而不是因为对于奇迹的关注,但科学却是其背景。伴随着格拉德斯通对它的评论,这本书带来了一阵巨大的狂热。[31]

在 19 世纪人们的智力生活中,评论也占有突出的地位。[32] 实际上,它们一直是以人文类为主的期刊,直到众多的历史、文学和哲学出版物像科学期刊一样在 19 世纪末出现。在欧洲大陆,18 世纪的评论使得一种语言中的思想在其他语言中同样可以被理解。在不列颠,《每月评论》(*Monthly Review*)中包括有书评,这些书评一般都是对书中内容作出转述或者作冗长的引用,其目的是表现出作者的风格和结论,而批评性评价一般并不太重要。《爱丁堡评论》(*Edinburgh Review*)改变了一切:它按照辉格观点所写,其文章包括二三十页内容的言辞锋利的评论,所评的书包括科学著作、专论、教科书甚至期刊。这就是我们所称的随笔式评论,是为那些见闻广博的非专业读者而写;有时评论家可能会离题,所以书评就成了新思想的开始,如亨利·霍兰(1788～1873)在 1847 年在竞争对手期刊《评论季刊》(*Quarterly Review*)中讨论了"现代化学"。《评论季刊》属于托利派;《威斯敏斯特评论》(*Westminster*)属于激进派;而《北大不列颠评论》(*North British*)则代表了苏格兰的自由基督教长老会。

不论他们的政治或宗教立场如何(两者一般在不列颠通常是一体化的),这些季刊一般会在每一期中至少刊登一篇与科学或技术有关的文章。作者都是匿名的,所以编

[29] D. Cahan 编,《赫尔曼·冯·亥姆霍兹》(*Hermann von Helmholtz*, Berkeley: University of California Press, 1993)。

[30] A. J. Meadows,《丁尼生与 19 世纪的科学》(Tennyson and Nineteenth-Century Science),《皇家学会记录与档案》(*Notes and Records of the Royal Society*),46(1993),第 111 页～第 118 页。

[31] J. Sutherland,《汉弗里·沃德夫人》(*Mrs Humphry Ward*, Oxford: Oxford University Press, 1990)。

[32] J. Shattuck 和 M. Wolff 编,《维多利亚定期新闻:抽样与探通术》(*The Victorian Periodical Press: Samplings and Soundings*, Leicester, England: Leicester University Press, 1982)。

辑们可以对它做修改(尽管用蓝笔圈画一个著名作者的文章有一定风险),即使作者的身份已是公开的秘密时,评论家仍能在一个较小的知识圈内说出自己的观点(如塞缪尔·威尔伯福斯关于达尔文的短评)。他们是高级文化的代言人,在涉及文学和宗教时,经常以批评腔调表达他们的观点(例如对威廉·华兹华斯和约翰·济慈臭名昭著的攻击),但在涉及科学时却通常表现出尊重,意识到自己的责任是传播最新的思想而不用专业术语和不苟求细节。

　　问题是,这在 19 世纪 70 年代足够了吗? 1877 年以来,在其月刊《19 世纪》(*Nineteenth Century*)中,詹姆斯·诺尔斯(1831~1908)用实名发表文章展开了生动的争论;他因而把赫胥黎和格拉德斯通带到了关于科学的公开冲突中。[33] 1864 年,克鲁克斯在创办《科学季刊》(*Quarterly Journal of Science*)中扮演了重要角色。这份刊物也是要办成评论性的,它致力于科学问题,在它创办的时候,专业化意味着那些积极从事一种科学的人就没有必要理解其他领域中的人的工作。所以这些人就如同那些在科学共同体之外的人一样,需要有最新的大众写作。但是这个在 1879 年作为月刊发行的期刊,后来被一些周刊所取代,如克鲁克斯的《化学新闻》(*Chemical News*)和由 J. 诺曼·洛克耶(1836~1920)所编辑的《自然》(*Nature*),这份杂志给伦敦出版商麦克米兰(Macmillan)带来的是声誉,而不是金钱。到了本世纪末,人们已经可以谈论一种科学的"文化"了。

高人一等的谈话作风

　　大众科学的教科书和著作由那些知名的研究者所写,如赫胥黎、廷德耳和开尔文,但是,逐渐地,这样的写作被认为是要有其特殊技巧的一类特殊的活动了。赫胥黎在大众讲座中希望能够传授"科学方法",除此之外,他认为,对待任何教条的或形而上学的东西都应该具有不可知论的态度。[34] 在他之后,科学主义(即认为只有经验的科学解释才独一无二为真的观点)获得了稳固地位,特别是在科普作家中。而那些挑剔的杰出科学家不喜欢这样,他们当时和以后经常保留或寻求宗教信仰和形而上学的兴趣。所以鲍尔弗·斯图尔特(1828~1887)和彼得·格思里·泰特(1831~1901)在他们的《看不见的宇宙》(*Unseen Universe*)中普及热力学,这也是一部关于宗教护教学的著作,而鲍尔弗的哲学作品是想要确立这样一种看法,即科学同其他事物一样,也是有信仰基础的。

　　达尔文的表弟弗朗西斯·高尔顿(1822~1911)研究了事业和科学家(和其他杰出

---

[33] P. Metcalf,《詹姆斯·诺尔斯》(*James Knowles*, Oxford: Clarendon Press, 1980),第 274 页~第 351 页。

[34] B. Lightman,《不可知论的起源》(*The Origins of Agnosticism*, Baltimore: Johns Hopkins University Press, 1987),第 7 页~第 15 页。

人士）之间的关系，这对于是"自然成长还是培养"的长期争论有所贡献。他作为"科学的自然主义"的坚定支持者，还调查了祈祷是否灵验，他对贵族和经常在教堂受到祈祷的皇室家族的寿命进行了比较，结果在其间并没有差别存在。一些科普作家，如法国的儒勒·凡尔纳（1828～1905），则恢复了科学小说的式样，展现出以技术进步为目标的高度冒险的图景。

随着死亡率的降低，公众对科学的信仰一直上升，科学医药最终真正有效，宗教则好像是保守而且过时的。公众转而关注期刊，包括《大众科学月刊》（*Popular Science Monthly*）、《科学美国人》（*Scientific American*）、《英国机械》（*English Mechanic*）和《科学漫谈》（*Science Gossip*）。[35] 公众的自我改善和对自然的兴趣现在也表现在面向技术爱好者的杂志中，并有广告作宣传。处处都充满了乐观主义。

不过热力学正在传播另外一种信息：太阳不能永远燃烧下去，而地球也正在慢慢冷却。根据开尔文的计算，数千万年之后，地球上的生命将不复存在，人类所有成就也终将成为灰烬。[36] 这个思想被 H. G. 韦尔斯（1866～1946）在他的小说《时间机器》（*The Time Machine*）中所引用。在这部小说中，一直前行的时间旅行者发现，人类演化成两个物种（一个是来自衰落的贵族，另外一个物种来自凶恶的无产阶级），之后所有智慧生命都从这个逐渐冷却的地球上消失。对于科学技术的深切悲观也同样充斥于托马斯·哈代（1840～1928）的小说中。

所以，恶化和退化所带来的困惑同公众心中的科学结盟，给人们带来了对社会中的无序是否像物理世界那样正在不可避免地增大的忧虑。达尔文学说的发展也并不一定就是指向进步的，对于切萨雷·隆布罗索（1836～1909）及其众多支持者来说，罪犯和没有智慧的人都代表了返祖。所有文明带来的结果都可能在返祖中丧失。高尔顿是优生学鼻祖，他希望能通过确保聪明人比那些蠢人和穷人有更多家族成员来获得优良物种。[37] 这样的思想，在 20 世纪初是共同的观点，并被民主和独裁的政府所利用，把不适应的消灭掉：大众科学能带来政策。

神迹奇事

到 1800 年，报纸已经出现很长一段时间了，但是成本低廉纸张和蒸汽印刷的出现，和报纸曾面对的"知识赋税"的提升，意味着不列颠早就有了批量销售的报纸。铁路系统的建设和与其一起发展起来的电报意味着刊登最新国际内容的国家报纸比以

[35] R. Barton，《科学之目的与普及之目的》（The Purposes of Science and the Purposes of Popularization），《科学年鉴》，55（1998），第 1 页～第 33 页。

[36] C. Smith 和 N. Wise，《能量与帝国》（*Energy and Empire*，Cambridge：Cambridge University Press，1989），第 524 页～第 645 页。

[37] J. Pickstone，《医学，社会与政权》（Medicine，Society and the State），载于 Porter，《剑桥插图医学史》，第 304 页～第 341 页。

前更重要。报纸总喜欢刊登故事,尽管它们也打算刊登单调乏味的信息。有时科学提供了振奋人心的消息,而最著名的一个丑闻是:约翰·赫舍尔在1833~1838年到南非去观察南半球天空的星星,而一家纽约的报纸却报道说他曾经看见过月球居民。

这样的做法增加了销量。不过通常情况下,报纸得依赖如英国科学促进协会的会议或大型展览这样的活动来获得有新闻价值的材料。即使这样,赫胥黎和塞缪尔·威尔伯福斯主教1860年在牛津的争论也并没有得到适当报道,因为争论发生在星期六下午,那时英国科学促进协会的重要会议已经结束,记者也回家了。对于讲座,新建筑开放的描述,真实或想象的医学进步以及科学专家的讣告占据了报纸中的重要位置。赫胥黎关于《物种起源》(*Origin of Species*)的评论发表在伦敦的《泰晤士报》(*Times*)上,它是这本书出名的一个重要因素。法拉第写给《泰晤士报》的信中揭露桌灵转(table turning)是另外一个著名里程碑。通常情况下,报纸越流行,科学内容就越少。军备武器和创新、装甲战船、后装式枪、火药棉,以及其他爆炸性事件及时上了新闻,污水污染和化学工业以及解释活体解剖的报道也非常多。关于科学的大众故事并不总是正面的。

除了报纸之外,还有杂志。《笨拙》(*Punch*)利用它欢快的编辑内容和漫画描绘了科学的一些方面,特别是达尔文理论和我们与猴子的关系。《名利场》(*Vanity Fair*)中的杰出人物漫画(包括重要科学人物)在过去和现在都多次获奖;这些漫画比普里斯特利、班克斯、戴维和1800年左右其他人的那些漫画都要更友善些。木板雕版、平版印刷术和摄影术(经常结合在一起)意味着这些画越来越引人注目;本世纪初报纸和杂志的文本特性被生动的外观所替代。而科学因其重要性,有时也因其美感而出现在其中。[38]

18世纪90年代的科学是无害的,也许还是有用的,它的形象因为投射的记忆,因为与革命相关而失去了光泽。到1900年,它就变得令人敬畏了,并在教育和经济生活中发挥了重要作用,因为技术等同于应用科学的看法被公众科学的读者所接受。1900年的巴黎博览会上,现在提供能量因而被证明具有根本重要性的电,在当时是新鲜事物。[39] 人们再次掀起创新高潮,希望科学能迎来一个和平与进步的新世纪。科学的奇迹同过去一样存在(甚至在有异国情调的村庄里的部落居民中),明确地给这个拥挤喧嚣的世界带来了变革的场景。这是一个辉煌的场面,19世纪是一个科学的世纪,20世纪更是一个科学的世纪。正如我们知道的那样,首先是"泰坦尼克"号的灾难揭示了自大的危险,然后是在1914年至1918年间第一次世界大战(也被称为"化学家的战争")中飞机和毒气的研制,这都既证明了科学令人担忧的力量,也证明了社会对它的需要。

(李正伟 译 刘兵 校)

[38] L. P. Williams,《科学的过去:19世纪》(*Album of Science: the Nineteenth Century*, New York: Scribner's, 1978)。

[39] R. Brain,《走向公正》(*Going to the Fair*, Cambridge: Whipple Museum, 1993);R. Fox,《托马斯·爱迪生在巴黎的商业活动》(Thomas Edison's Parisian Campaign),《科学年鉴》,53(1996),第157页~第193页。

5

文学与现代物理科学

帕梅拉·戈森

理查德·费曼(1918~1988)对他在普林斯顿大学作为研究生学习物理的时候与诗歌密切结缘的故事总是津津乐道。在参加"某人"对诗歌中结构与情感因素分析的讨论会上,费曼被研究生院院长选中作为当场回答问题的学生,院长非常自信地认为,这种场面能激起学生的强烈反应。面对文学研究学者的提问:"这同数学中是一样的吗……?"费曼被要求把这个问题与理论物理学联系起来。他告诉我们说,他是这样回答的:

> "是的,它们的联系非常紧密。在理论物理学中,词句类似于数学公式,诗歌的结构关系就类似于理论上的珠光宝气同某人的关系"——我做了一个完美对比,从而蒙混过关。演讲者的眼睛也因为喜悦而**闪烁光芒**。
>
> 然后我说:"对于我来说,不论你**如何评论诗歌**,我都能找到办法来把它同**任何学科做类比**,就如我把它同理论物理学来做类比一样。但我不认为这样的类比有什么意义。"[1]

同费曼的回忆录中的其他逸事一样,这个故事在其被杜撰和重讲时,被构造成了不断重复出现的那种有关聪明和高人一等的做派的主题,这也显示了他的一些心理和个性之构成的特点。他曾经打算让发言者的笑容僵在脸上,可是他从这笑容中看到一种狡猾的施虐欲,而这也是费曼后来在作为精心设计的恶作剧的扮演者时所享受的,有一些竟然还产生了很重要的后果。他对不知名的诗歌研究学者的极度贬低(如果他是一位物理学家,他的名字是否更能被人记住?),可能说明了费曼对于"奇特的"艺术

---

[1] Richard P. Feynman,《"别闹了,费曼先生!"》("*Surely You're Joking, Mr. Feynman!*", New York: Bantam, 1989),第 53 页。

这个文学与科学研究的标准参考工具是 Walter Schatzberg 等编,《文学与科学的关系:学术性注释书目》(*The Relations of Literature and Science: An Annotated Bibliography of Scholarship*, 1880 – 1980, New York: Modern Language Association, 1987)。自从 1993 年以来,每年的参考书目都发表在《构形:文学、科学与技术杂志》(*Configurations: A Journal of Literature, Science and Technology*)。Pamela Gossin 编,《文学与科学百科全书》(*Encyclopedia of Literature and Science*, forthcoming, Greenwood Press)包括了 700 个有关文学与科学的关系的条目,大约有五分之一会涉及文学与物理学的关系。我在此感谢由 George and Eliza Gardner Howard Foundation(Brown University)给予了科学史研究基金资助,这是对我的工作的支持。

事业的不安顿的程度，他毫不怀疑地认为这样的艺术事业缺少一些男性色彩，所以不如机械方面的本领和蓝领的职业更令人羡慕和有价值。尽管费曼知道发言者热切地想要在人义和科学事业之间找到一个共同基础，但从他的评论可以看出他反对这个目标。他对文学知识和诗歌解释的主观主义和肤浅的任意性表现出的总体上的蔑视，更直接地回应了那些没有表示意见和期望的听众，他希望打动他们——那些到会的科学家。

不过，费曼对人文学科的好奇程度已经足以使他参加文学讨论了。在研究院以及以后的生活中，他有意识地寻找机会去探索陌生的科学领域，以及哲学、音乐和艺术领域。他的很多故事表现了他关心自己对艺术的否定态度，这就为他为什么要从事艺术以及为什么要讲述他想要测试其有效性并重建它们的方法提供了可能的解释。不论他年轻时如何对待作为知识的人文领域，文学和艺术的表达对于他自己的创造性事业都非常重要，包括他对人类的行为异常广泛的调查，和他为了概述并交流他自己对于自然的理解而探索可替代数学的方法。具有讽刺意味的是，他宣称文学与科学之间具有抽象的类比毫无意义，但在 5 页之后，费曼运用了对他自己和包法利夫人的丈夫之间的实际类比，说明某事例的重要性：在那个实验中，他热情但非常业余的科学研究方法失效了，他也从这次失败中吸取了教训。* 实际上，在他的整个回忆录中，费曼自觉地描述了类比的建立对他就物理自身的分析方法的重要性。他也承认，类比在他备受欢迎的演讲和著名的教学中，是非常本质而且有力的一部分。

在很多方面，费曼的个人经历是人文学者和科学家之间不稳定的文化关系巨大复合体的象征——公众和专家之间的紧张关系不时被面对面的对抗所打破；是对知识进程、实践和表达中所有共同性质的个人承认和折中探索。费曼的自我教育给一类"文化"的成员克服个人的、社会的和职业的偏见，并发展对于"其他的"文化赏识提供了重要模式。作为一位高明的讲故事的人（在 storyteller 这个词的各种意义上），费曼认识到，有创意的艺术、音乐、文学和科学都参与到讲述宇宙之故事的共同努力中。不论其实践者们是在哪个学科领域，他们都是在从事调查、记录并传播他们对于自然现象的观察和发现的实践者；他们都具有至关重要的运用他们自己选择的语言来做实验的需要，无论其选择的是艺术的、诗歌的或者是数学的语言。正如以下叙述所表明的那样，费曼绝对不是唯一试图探索文学与现代物理科学之间相互关系的人。

两种文化：桥梁，壕沟以及其他

实际上，今天对于文学与科学之间关系的任何一种讨论，都需要反映"两种文化"的概念所产生的影响的浪潮。也许因为起源于早在柏拉图的《理想国》（*Republic*）这样

---

* 　此事见《"别闹了，费曼先生！"》，第二部分，第 3 节。——译者

的文本中所记录的态度,关于文学和科学作为认知途径和表达方式的相对优点和价值的哲学争论,在西方知识传统中摇摆不定,而且经常与同样有力量的有关两者在实质上是统一的概念相联系着。然而,在现代早期,文艺复兴时期的男女文学家和科学家还是能区分出他们在智力追求中的想象的以及真实的因素之间的区别。艾萨克·牛顿个人是远离诗歌的,但牛顿式的科学需要缪斯女神。英国浪漫诗人提议为反对科学而干杯,但同时也学习那些自然调查者(那时还没有"科学家")研究的天文学、化学和生理学,而且对那些自然调查者很友好。19 世纪末他们著名的交流中,马修·阿诺德和 T. H. 赫胥黎曾就经典文学和知识文化体系的历史价值和对于当代教育的好处展开争论,并与现代的、科学的、数学的以及机械的知识进行比较。在后原子时代,他们的激烈争论又在雅各布·布罗诺夫斯基、C. P. 斯诺、F. R. 利维斯、迈克尔·尤德金、奥尔德斯·赫胥黎以及其他人的演讲和文章中爆发。

很多情况下,两种文化的构成都戏剧性地出现在有创意的文学和物理科学两者之间。教育学者相信在两个领域中成功所必需的技能和天赋如此不可通约,所以他们开发了单独的课程来教授那些精通一个领域的学生另一个领域的东西("面向诗人的物理学""面向物理学家的诗歌")。实际上,诗人和物理学家都被认为位于文学和科学连续体的遥远两端,以至于核爆炸也只能暂时把它们融合在一起。在那瞬间令人战栗的高温中,《薄伽梵歌》(Bhagavad-Gita)在 J. 罗伯特·奥本海默的脑海中闪现。之后,物理科学一直直接地被包含在两种文化的争论中。斯诺和利维斯曾就热力学第二定律和莎士比亚的著作对于知识和文化的贡献是否一样重要的问题展开争论。[2] 布罗诺夫斯基迫切希望,对于艺术与科学的实践来说至关重要的人类价值观,伴随着目标的重新一致,必定重新升起于长崎(Nagasaki)的尘埃之中。[3] 作为在两种文化领域间有跨学科理解力的改革战士,布罗诺夫斯基和斯诺在阵线的两方同样勇敢地战斗。他们不仅仅是卓有成效的科学家、随笔作家以及科学普及者,而且还是出色的小说家、诗人、戏剧家和文学评论家。他们能够在 20 世纪中叶在两种文化之间游走并连接起两者,这一事实提供了活生生的证据,说明在人文和科学之间的互相理解赏识和参与是有可能的。不过,他们在这样做时表面上的轻松,会使他们低估其他人在试图追随他们时将会遇到的困难。

20 世纪的最后 25 年时间里,文学学者、理论学者、历史学家、哲学家和科学社会学家以及科学家,都在雄心勃勃地致力于"沟通"科学与人文之间的"鸿沟"的事业。其结果是,那些探求人文与科学之间联系的结合点的跨领域学者群有了指数式的增加。

〔2〕 C. P. Snow,《两种文化与科学革命》(The Two Cultures and the Scientific Revolution),载于《遭遇》(Encounter),12,no. 6(1959),第 17 页～第 24 页;及 13,no. 1(1959),第 22 页～第 27 页(repr. Cambridge:Cambridge University Press,1959)。关于历史文化的观点和斯诺的再版文章,也可以参见《两种文化》(The Two Cultures, Cambridge:Cambridge University Press, 1993)(Canto edition with introduction by Stefan Collini);F. R. Leavis,《两种文化:斯诺的重要性》(Two Cultures:The Significance of C. P. Snow, New York:Pantheon, 1963)。
〔3〕 J. Bronowski,《科学与人类价值》(Science and Human Values, New York:Harper and Row, 1956)。

众多跨学科课程和项目在重要的研究型大学、工科院校以及文科校园里建立。文学与科学学会(Society for Literature and Science,简称 SLS,1985)成立了,成立这样一个学会的主要动机是,深感有必要发展出在人文和科学之间的宏大的统一理论体系。在 SLS 内外,通过理论把人文与科学联系起来的这些努力,一般需要用一个领域的理论来分析另一领域。这些工作包括发展"科学的"文学批评的试验;以及运用文学理论和文学批评于科学的实践、方法和方法论;通过对科学文本的修辞和叙述结构及其受众的特殊关注,考虑科学共同体的"文学"成果;把科学作为书写或语言学产品,并将其包括到对"文学"结构的扩展中。[4]

尽管文学和科学的相互关系的历史悠久,而且有发展"一种文化"的后学科概念之意义重大的走向,但是,文学与科学共同体之间深刻的、似乎无法解决的分歧不断出现,并在 20 世纪 90 年代的科学—文化"战争"中被进一步扩展。面对针对科学的文化批评,一些科学家表达了对于文学理论家、作家和艺术家对科学概念不准确的使用和令人误解的挪用的不满,并指出科学共同体内的那些人过去是,现在也应该是他们自己工作最好的文化解释者和评论者。[5] 尽管"和平"会议对于与会的地方学术团体具有积极的互相教育的影响,但是在艾伦·索卡尔和安德鲁·罗斯之间以及在沙伦·特拉维克和悉尼·佩尔科维茨之间有争议而且非常公开的交流,还是进一步提出了严肃的问题,即"跨学科"是否应该被称作失败的试验。[6]

对于很多跨专业的旅行者来说,经典寓言中的象牙和牛角之门,仍然是文学与科学之整合研究的标志。[7] 对于另一些人,现在就和过去一样,二元对立的航海标志和学科边界看起来好像只不过是不太相关的古怪遗物。不论是深深地参与到对人文和科学的个人化的综合中,还是从跨学科的合作中取得丰富的成果,他们都将目光敏锐地指出远处辽阔的水域。

[4] 例如 Roger Seamon,《诗歌的自我背叛:现代科学评论的自我解构》(Poetics Against Itself: On the Self-Destruction of Modern Scientific Criticism),PMLA,104(1989),第 294 页～第 305 页;Stuart Peterfreund 编,《文学与科学:理论与实践》(Literature and Science: Theory and Practice, Boston: Northeastern University Press, 1990);George Levine 编,《科学与文学中的文化评论》(One Culture: Essays in Science and Literature, Madison: University of Wisconsin Press, 1987);Joseph W. Slade 和 Judith Yaross Lee 编,《超越两种文化:论科学、技术与文学》(Beyond the Two Cultures: Essays on Science, Technology, and Literature, Ames: Iowa State University Press, 1990);Frederick Amrine 编,《作为表达方式的文学与科学》(Literature and Science as Modes of Expression, Dordrecht: Kluwer, 1989);Charles Bazerman,《书写知识的形成:科学中实验论文的类型和活动》(Shaping Written Knowledge: The Genre and Activity of the Experimental Article in Science, Madison: University of Wisconsin Press, 1988);David Locke,《作为书写的科学》(Science as Writing, New Haven, Conn.: Yale University Press, 1992)。
[5] Paul Gross 和 Norman Leavitt,《高级迷信:学术左派及其与科学之争》(Higher Superstition: The Academic Left and Its Quarrels with Science, Baltimore: Johns Hopkins University Press, 1994);John Brockman,《第三种文化:超越科学革命》(Third Culture: Beyond the Scientific Revolution, New York: Simon and Schuster, 1995)。
[6] 《科学大战》(Science Wars),《社会文本》(Social Text)的特刊,46 - 7(1996),第 1 页～第 252 页;Sharon Traweek 的政策演讲和与 Sidney Perkowitz 之间的个人交流,发生在 1996 年秋天在佐治亚洲亚特兰大召开的 SLS 会议中。1997 年 7 月 26 日到 28 日在南汉普顿召开了"和平"会议;与加州理工学院贝克曼研究所的 Jay Labinger 进行了个人交流。也可参见《物理世界》(Physics World)(Sept. 1997),9。
[7] 在经典神话中,指梦幻或者真实的预测价值的实现要分别通过的、感觉不到的两扇门(见荷马史诗《奥德赛》[Odyssey],Book XIX)。

历史上文学与牛顿科学的相互关系

多数科学史学家都意识到了艾萨克·牛顿和牛顿的科学在当代文学中引起反应的程度,不论是积极的还是消极的反应,它们有时候甚至会同时出现在同一位文学作家的作品中。亚历山大·蒲柏(1688~1744)在一首绝世的两行诗中,把牛顿等同于上帝,但几年以后,又把他与这个世界的最终社会和道德没落联系起来(《群愚史诗》[*The Dunciad*])。在詹姆斯·汤姆森或物理神学诗人的每一首令人赞叹的颂诗中,都有来自乔纳森·斯威夫特或其他哲人的讽刺批评。对于18世纪初文学对牛顿主义的两种极端分化的态度的共识,总体上对后来两种文化精神状态的发展,特别是对于在文学和物理科学之间的对立可能是有影响的。实际上,牛顿个人对于抛弃诗歌艺术的影响程度不应被低估(不管他的评论当时是不是即兴的)。当下一代自然哲学家试图仿效他对于自然的数学描述时,在文化王国中他们认为牛顿曾开辟本体论道路的地方,也做了同样的事。当然,他们无法模仿他们永远都不可能了解的牛顿本人。最近如玛格丽特·雅各布、贝蒂·乔·蒂特·多布斯、肯尼斯·克内斯佩尔和罗伯特·马克雷等学者对于"另一个"牛顿的研究,已经开始说明在其认知中,文本注释的、历史的、文学的、隐喻的和自然哲学的方法是如何整合在他的思想和工作中的。

同时代对于牛顿和牛顿科学的文学描述也并不支持刚开始出现的"两种文化论"的假说。18世纪下半叶,牛顿的思想既影响了他的后辈们对自然和超自然的科学看法,也影响了他们对于这两种现象的文学观。塞缪尔·约翰逊和威廉·布莱克提供了一个具有说服力的研究,这一研究与紧随其后的后牛顿时代截然不同。长久以来,无情嘲笑和极度神化都不曾被认为代表了文学对牛顿科学的态度。他们对文学、科学知识与实践所做的复杂的个人综合,分别为19世纪和20世纪中物理科学的文学和文化的思考提供了标准的道德回应模型和有力的诗歌替代物的模型。

正如理查德·B.施瓦茨在《塞缪尔·约翰逊与新科学》(*Samuel Johnson and the New Science*,1971)中所认为的,约翰逊(1709~1784)并不像早期的智者和讽刺作家那样也具有反科学的观点。施瓦茨仔细地收集并汇编了约翰逊个人感兴趣的和关于"古代的"和"现代的"自然哲学读物,包括牛顿对于物质、真空(vacuity)和充满物质的空间(plenum)的概念化表述,他证明约翰逊一直鼓励着对自然的探索,尽管仅仅是在关于人类行为的较大的道德框架之内。虽然约翰逊在《漫谈者》(*Rambler*)、《冒险家》(*Adventurer*)和《懒散者》(*Idler*)等杂志中的通俗散文描述了古玩癖、收藏家以及计划者(讽刺作家嘲笑的典型靶子),但是他却根据他们对于人类的直接或潜在的用处来判定他们的活动,并根据行为者对上帝所给予的时间和才能的充分利用程度,以及其行动所带来的救世(salvation)的程度来判断其活动。对自然界琐碎之物挥金如土的收集者、皇家学会的成就和其允诺、布尔哈夫的医学实践和化学实验、斯蒂芬·格雷的电学研究、牛顿和本特利之间的通信,以及威廉·赫舍尔的观测天文学和对望远镜的改进,所有这一切,都给约翰逊以机会来协调道德和自然哲学,并让他将其读者引导到积极地进行智力探索的正直生活中去。

　　远远不是针对牛顿主义作出回应,约翰逊在他的文学风格和道德观点中包含了牛顿主义之方法的实质内容。他的散文中,反映他对于适度的怀疑主义、仔细的观察以及对其有关人类行为的理论进行经验检验的利用。在弗朗西斯·培根、托马斯·斯普拉特以及其他人的科学文章的影响下,他具有教养的文学风格强调了可恢复的历史和关于其论题的可证实的信息,并避免了重复的传奇、谣言和猜测。

　　我们不知道威廉·布莱克(1757~1827)在多大程度上对牛顿科学的知识有直接掌握,但是学者们相信,他非常精通同时代观测天文学的知识细节,包括 18 世纪新发现的小群恒星,也包括如他自己这样的技工的本土技术和工业革命更加广泛的(技术的和社会的)影响。[8] 以象征和比喻的方式,布莱克认为,牛顿的唯物主义、机械主义以及理性主义的世界观,要为工业蔓延的最坏的结果负责——人类正在成为他们自己制造的机器(“黑暗邪恶的工厂”)。对于布莱克来说,牛顿定律、秩序和数学描述的“成功”,把世界禁锢于一个人对它的看法中,把无限的复杂性化简为牛顿有限度的观察和推理的能力。在梦幻长诗《瓦拉》(Vala)、《耶路撒冷》(Jerusalem)、《先知书》(Book of Urizen)、《弥尔顿》(Milton)、《天堂和地狱的联姻》(The Marriage of Heaven and Hell)及其他诗歌中,布莱克缔造了一个诗歌的宇宙,在这个宇宙中,物质世界与精神世界,理性的描述与想象的描述对立地存在。不过对于布莱克来说,对立是“真正的友谊”,正是“对立”的张力产生了进步和活力。在这个意义上,他把自己视为牛顿必不可少的对立者,向牛顿体系和这一体系对于空间、时间、变化、运动、物质的定义以及有关他自身的理解提出了挑战。

　　在短诗《嘲笑吧,嘲笑吧,伏尔泰,卢梭》(Mock on, Mock on, Voltaire, Rousseau)中,布莱克概括了他反对理性唯物主义的“作用－反作用”世界的哲学。按照布莱克的观点,微粒物质似乎是以物理实体的形式出现,是因为观察者把他们自己限制在了物理视觉内。由神示的想象而启发,“每一粒沙都会成为一颗宝石”,“德谟克里特的原子/牛顿的光粒子/都是红海岸边的沙子/在那里,犹太人的帐篷是如此耀眼”,都象征着可以赎罪的诺言并揭示了自然的精神实在,而他认为恢复这些就是他先知般的责任。布莱克在他的长诗和短诗里都创造了自己的象征体系和表达的诗歌形式,并通过把艺术与技术结合起来,加入到他曾经为指责牛顿而建立的体系中。不过重要的是,布莱克的旋涡式宇宙的建构不受几何约束,以他的观点,正是几何约束毁灭了牛顿的

〔8〕　Donald Ault,《视觉的物理学:布莱克对牛顿的回应》(Visionary Physics: Blake's Response to Newton, Chicago: University of Chicago Press, 1974);Jacob Bronowski,《布莱克与革命时代》(William Blake and the Age of Revolution, New York: Harper and Row, 1965)。

宇宙。

约翰逊和布莱克仅仅是后牛顿时代众多具有创造性的作家中的两位,他们经历了在物理科学中的新思想和发现,这些内容是他们的文化中的主要部分,而不是与这种文化对立的实体。尽管文学史上一直有这样做的有力的先例:把像约翰逊或布莱克这些文学作家贴上"支持科学"或"反科学"的标签,但这种做法就他们对当时的科学事业究竟是如何作出回应的问题几乎没有说出什么见解。另外,在内史论的科学史和思想史传统中,学者们愿意用"文学中的科学"的方法来分析文本,这也进一步加强了把他们两人视为个别文化现象的看法。众多这样的研究过去经常着重于辨识对科学的文学解释之"精确"还是"不精确",并评估这些描述与其原始科学语境和含义之间的直接相关程度。尽管这样的评价对追溯在文化中科学的通俗传播极其有用,但是,正如我们通过下一节对现代物理学和文学的讨论中所进一步看到的,现在引人入胜的是细节,是关于文学作家如何以及为什么以不同方式理解、解释并描述了科学概念和发现的细节。

1800 年之后的文学和物理科学:形式与内容

对于第一次探索文学与科学之间相互关系的科学史家和学习科学史的学生来说,那众多复杂的相关原始文本可能显得让人生畏。不过回想起文学与物理科学在很多相同文本中都分享着很多同样的历史,这会让人稍感安慰。事实上,至少两千年来,诗歌一直是物理世界的一种被选择的描写方式,特别是在描写天文学、占星学、气象学和宇宙学中更是如此。对于研究古代、中世纪和早期近代科学的历史学家来说,哲学韵文以及抒情诗和史诗一直是非常重要的(即使不是最权威的)文本。直到今天,化学、数学、天文学及物理学中的概念和发现,都在继续通过各种形式的有创意的写作而在大众的层面传播。

科普作品或者写大自然的作品中的诗歌、戏剧、小说,短篇小说以及散文,科学传记和自传、专业科学文章和教科书、期刊以及日记,都是文学的形式(在明确的传统意义上),这些都可以作为研究现代物理学中的人文与文化关系的丰富资源。不太传统的"文本"包括电影、电视、博物馆展览、设备、实验、实验室期刊、口头传说、流行音乐、插图小说(连环漫画册)、计算机程序和游戏、网站、美术展览、舞蹈,以及其他形式的表演艺术。关于在科学家与有创意的作家之间的学术交流这一两种文化的华丽文辞可能从 19 世纪初到进入 20 世纪末就已经越来越具有说服力,很多形式的文学和大众文化都展示了对科学之含义的创造性思考,但因其深度和广度却遮掩了两种文化的概念。

尽管一些科学和文化勇士的语言是相互对立的,但多数文学对现代科学的提及并非不负责任地随意而为,20 世纪的多数文学学者和有创意的作家**现在**都意识到,爱因斯坦的相对论是不能用包罗万象的短语"一切都是相对的"所合理概括的。大多数把物理科学结合到他们的写作中的文学匠人,都积极寻求并至少实现了对于他们所用到的天文学、物理学、化学、数学或混沌科学的概念在通俗层次上的理解,这是值得敬佩的。有很多人在科学上受过广泛教育和培训;而其他人本来就是职业科学家。不过有创意的写作过程的最终作品,也反映了美学的、哲学的、社会的、精神的以及情感的需求和选择。从最小的细节到最一般的抽象定律,从夸克到弦理论、科学典故、比喻、类比和象征都渗透到了他们那个时代的文学中,其范围经常不仅仅限于严格的科学定义、涵义、年表。由于很难在涉及科学的技术方面满足文学的需求和表述,这种困难向作家们提出挑战,也使他们得到启发,用不同方法解决了在"美与真"之间的张力。习惯的手法和受众期望的不同,导致在文本类型上的不同,因此,像在吉恩·罗登贝瑞的科幻传奇中的空间科学,是不能按照同一精确标准来判断的,因为这些标准可能更适于汤姆·克兰西的历史小说中的军事技术内容。

为了开始建构科学与长期以来发展起来的文学形式、主题、意象、用语,以及修辞之间相互关系的有用理解,来自原始材料的第一手经验是必不可少的。我们假设这一卷内容的众多读者对于 19 世纪和 20 世纪有创意的文学可能没有广泛的先在知识,以下两节内容将简要地概述一下文学文本,特别是涉及化学、天文学、宇宙学和物理学的文学文本。

文学与化学

令人惊奇的是(特别是令那些写文学和达尔文主义或进化论专论的作者们),J. A. V. 查普尔把化学视为最能激起 19 世纪英国大众的想象力的科学。[9] 对光、热、电、磁性质的发现和对新元素的认定,以及安托万 – 洛朗·拉瓦锡、约翰·道尔顿、阿雷桑德罗·伏打、路易吉·伽伐尼、汉弗里·戴维、迈克尔·法拉第和威廉·汤姆森(开尔文勋爵)等的理论与实验工作,所有这一切,都激发了人们对自然力及对于人类用数学方法描述、理解和控制自然力的能力的兴趣。诗人和小说家在其著作主题、结构划分以及哲学和社会主题中应用了各种各样的化学概念。在其中最突出的题目,包括关于自然现象之间相互一致的宇宙网络的思想、化学变化和催化剂,以及亲和力、吸引 – 排斥、能量、作用力以及活性的概念。文学作家把他们的想象和比喻建筑在他们关于被观察的现象的知识的基础上,如雷暴、云的形成、风和彩虹,以及同样生动的理论概念如热寂、沼气理论、能量转换和能量守恒定律以及辐射。

生命与非生命之间通过有机化学和无机化学建立的联系,对 19 世纪作家特别具

[9] J. A. V. Chapple,《19 世纪的科学与文学》(*Science and Literature in the Nineteenth Century*, London: Macmillan, 1986),特别是第 20 页～第 45 页。

有诱惑力。玛丽·雪莱把她关于实验化学、流电学和生机论之细节和含义的知识运用到了小说《弗兰肯斯坦》(*Frankenstein*)中。电、磁、化学作用、化合物，以及天文发现和理论，都给 P. B. 雪莱的诗歌提供了信息。塞缪尔·泰勒·柯勒律治试图从诗歌与哲学的角度将化学、物理学、天文学以及宇宙学综合起来。戴维和詹姆斯·克拉克·麦克斯韦还将他们的实验工作试图用诗歌表达。尽管他们的诗歌没有被证明同他们的科学那样不朽，但他们的很多概念、发现和哲学思想却在文学比喻中呈现出了自己的生命力。特别是，麦克斯韦的工作和他的"妖"出现在如此众多作者的作品中，如保罗·瓦莱里、斯特凡娜·马拉梅和托马斯·平琼。也许对于有机"网络"这一主题的最复杂的运用，是在乔治·艾略特的小说中，她把它的含意延伸到心理学的、社会学的以及国家的框架中。美国文学中，纳撒尼尔·霍桑、赫尔曼·梅尔维尔、詹姆斯·费尼莫尔·库珀和埃德加·爱伦·坡以不同方式利用炼金术、化学、冶金术、笛卡儿主义、牛顿学说、拉普拉斯宇宙学、磁学、电学实验，以及相关的生机论和催眠术的概念。在 W. B. 叶芝、歌德、诺瓦利斯和 E. T. A. 霍夫曼的写作中，对化学科学的文学考察也表现得非常明显。

文学与天文学、宇宙学和物理学

对牛顿天文学和物理学的数学证明，就像新望远镜做出的发现和赫舍尔兄妹的理论一样，使 19 世纪的作家们极为着迷。诗歌和小说包括了从广泛的天文学现象和概念中得到的暗示和比喻，这些现象包括太阳系的稳定性、彗星、星云和星云假说、各种恒星和聚星系统、太空的空间、星际距离和自行运动、望远镜观察到的距离与时间的关系、南半球中的"新"夜空、世界的多重性、地外文明、熵以及太阳的生命圈等。作家们根据其对天文学的兴趣，把这样一些主题当作下面这些问题的论据，如上帝的设计、在自然规律的确立和维持中超自然的作用、人与自然的关系、天文学家作为宇宙史和创世之解释者的角色，特别涉及宇宙学、进化论和地质学。

威廉·华兹华斯、沃尔特·惠特曼和埃米莉·狄更生，都记录了诗人对观测天文学的回应(《星的守望者》[Star-Gazers]，《当我听到渊博的天文学家说》[When I Heard the Learn'd Astronomer]，《牧夫座 α 星》[Arcturus])。柯勒律治、P. B. 雪莱和拉尔夫·沃尔多·爱默生对牛顿天文学和宇宙学作了更为广泛的回应。惠威尔的学生艾尔弗雷德·丁尼生对天文学有着强烈的业余爱好，他把他对于宇宙学和进化论的理解综合在了《纪念集》(*In Memoriam*)中。托马斯·哈代写了很多诗歌来纪念他的直接观测，而他的主要小说中的场景安排、计时和预示方法在很大程度上都依赖天文现象。他的《塔上的两个人》(*Two on a Tower*)是当时最具"天文"气息的小说，它设定天文学家为主角,而彗星、月食、银河系与变星都是小说情节的素材、主题和类比。[10] 在对 19 世纪天文学所作的与历史和美学相违背的回应中,阿尔杰农·斯温伯恩吸纳了希腊原子论和卢克莱修的学说,把声音和感觉、诗歌和宇宙学联系起来("Hertha"和"Anactoria")。在《星星之下的冥思》(Meditation Under Stars)中,乔治·梅瑞狄斯研究了人类生命与无机的星系共同化学起源。诗人弗朗西斯·汤普森在信仰和仁慈的力量与行星动力之间作了一个复杂的类比(《死去的天文学家》[A Dead Astronomer])。诸多作家如何塞·马蒂、亚历山大·普希金、奥诺雷·德·巴尔扎克、司汤达、夏尔·波德莱尔、阿蒂尔·兰波和埃米尔·左拉,在他们的诗歌和幻想小说中,研究了人类环境和社会领域内宇宙理论的含义和物理定律(热力学、机遇、复杂性)的作用。

作为重新发展起来的新类型,19 世纪的科幻小说在结合当代科学与社会评论(马克·吐温的《在亚瑟王朝廷中的康涅狄克州北方佬》[A Connecticut Yankee in King Arthur's Court]、儒勒·凡尔纳的《从地球到月球》[From Earth to the Moon]、H. G. 韦尔斯的《月球上最早的人》[First Men in the Moon])方面越显复杂。韦尔斯的著作特意运用了过去和现在的技术细节(《彗星决战的日子》[In the Days of the Comet]中的开普勒定律;《时间机器》[The Time Machine]中的热寂和进化论)。埃德温·A. 阿博特的《平地》(Flatland)利用幻想手法描述了几何学和数学,这非常罕见。在 19 世纪末(fin de siécle),对于空间和时间旅行的乐观态度与对物理学定律——特别是熵的主题(约瑟夫·康拉德的《黑暗之心》[Heart of Darkness])——的凄凉描述正好相反。实际上,关于物理科学的乌托邦和反乌托邦可能性的文学研究,在至少今后的 100 年里仍将是科幻作家们所主要关注的内容(叶夫根尼·扎米亚京、阿尔卡季·斯特鲁加茨基、鲍里斯·斯特鲁加茨基、艾萨克·阿西莫夫、阿瑟·克拉克和乌尔苏拉·勒吉恩)。

20 世纪初,小说家和戏剧作家发展了一种实验文学的形式,这种形式模仿了爱因斯坦的时间和空间概念,主体与观察者之间的关系,不确定性、非决定性以及复杂性(詹姆斯·乔伊斯的《尤利西斯》[Ulysses]、《芬尼根守灵夜》[Finnegans Wake],弗吉尼亚·伍尔夫的《到灯塔去》[To the Light-house]、《海浪》[The Waves],弗拉基米尔·纳博科夫的《屈从邪恶》[Bend Sinister]、《埃达》[Ada];实际上还包括塞缪尔·贝克特的任何一部作品)。[11] 豪尔赫·路易斯·博尔赫斯、胡利奥·科塔萨尔、翁贝托·艾柯、伊塔洛·卡尔维诺和平琼又在对熵、非欧几里得几何、相对论、量子力学及信息论等的结构应用和描述应用中做了重大创新,就如同罗伯特·库弗、佩内洛普·菲茨杰拉德、唐德利洛和艾伦·莱特曼所做的一样。类似地,20 世纪的诗人也在形式和内容上从天

[10] Pamela Gossin,《托马斯·哈代的新宇宙:天文学与其重要和非重要小说中的喜剧女主角》(Thomas Hardy's Novel Universe: Astronomy, and the Comic Heroines of His Minor and Major Fiction, Aldershot, England: Ashgate Publishing, forthcoming 2002)。

[11] Alan J. Friedman 和 Carol C. Donley,《像缪斯和神话式人物的爱因斯坦》(Einstein As Myth and Muse, Cambridge: Cambridge University Press, 1985),第 67 页～第 109 页。

文学、空间科学、熵、相对论、原子能和量子物理学中获取了灵感(玛丽·巴纳德的《时间与白虎》[*Time and the White Tigress*],黛安娜·阿克曼的《行星群:宇宙田园》[*The Planets*:*A Cosmic Pastoral*],T. S. 艾略特的《荒原》[*The Waste Land*],威廉·卡洛斯·威廉斯的《达佛戴尔斯的圣弗兰西斯·爱因斯坦》[St. Francis Einstein of the Daffodils]、《佩特森》[*Paterson*],约翰·厄普代克的《宇宙的烦恼》[Cosmic Gall],罗宾逊·杰弗斯的《星际旋涡》[Star-Swirls],埃内斯托·卡德纳尔的《宇宙颂》[*Cosmic Canticle*])。

物理科学史中的重要角色在 21 世纪戏剧中发挥了重要作用,如布莱希特·贝托尔特的《伽利略传》(*Life of Galileo*)以及弗里德里希·迪伦马特的《物理学家》(*The Physicists*),在历史小说中也一样,如约翰·班维尔和阿瑟·凯斯特勒所写的那些。《马森和迪克逊》(*Mason and Dixon*,1997)是历史小说与魔幻现实主义的独特结合,在这里,平琼为天文学史叙事的创造提供了极有深远意义的观点,探索了作者感知和表达的可能性和局限性、历史特征,情节与时空的关系,以及年表和其他度量技术的性质和应用。在 20 世纪关于物理科学的文学作品中,经常反复出现的主题包括:辐射、放射性和 X 射线技术(H. G. 韦尔斯、卡雷尔·卡佩克、拉塞尔·赫班和托马斯·曼);原子能发现之后的社会上的性别(gender)关系(玛格丽特·阿特伍德、乌尔苏拉·勒吉恩);数学、博弈论、控制论、人工智能、虚拟现实以及信息技术(唐德利洛、加里·芬克、理查德·鲍尔斯、玛吉·皮尔西、威廉·吉布森、尼尔·斯蒂芬森)。

对于与跨学科研究或课堂教学目的相关之文本的初步确认,关于科学的诗歌选集和文学作品收藏集是非常有用的。不过,在使用这些材料的时候应该小心谨慎,因为它们会给人一种误导性的印象:文学对于科学的所有或者绝大多数的应用都是平实无奇的,明显地参考并描述了"真实的"或至少是实际的科学概念或实践,仅仅是为科学而科学。[12] 有创意的作家在其文本中创造了精致的科学寓意和富于含义的象征体系。他们运用了深层的、结构性的科学隐喻和扩展了的观念,经常创造出巨大幻想或诗一样的境界,在其中,他们测试并研究科学的力量和意义。辨识并分析文学作品中的科学,对于建构和理解文学与物理科学的相互关系,总是可以被证明是非常有价值的,学习文学和科学的学生很快就会发现,通过从事跨学科的批评解释性的研究,会有许多可谈的东西。

103

[12] Walter Gratzer 编,《科学有文学相伴》(*A Literary Companion to Science*,New York:W. W. Norton,1990);Bonnie Bilyeu Gordon 编,《未吟唱过的歌曲:诗中的科学》(*Songs from Unsung Worlds*:*Science in Poetry*,Boston:Birkhäuser,1985);John Heath-Stubbs 和 Phillips Salman 编,《科学诗篇》(*Poems of Science*,New York:Penguin,1984)。

跨学科的角度和学识

　　跨学科的学识研究的内容是有创意的文学与天文学、物理学、数学和化学之间的相互关系,它主要由细节的、地域性的探索构成,这种探索对一般的已得到公认的(积极或消极地建构的)主要叙事的建构、巩固、变革或替代,并没有显著贡献。很多在文学和科学领域内的工作,实际上都把这种漫无目标的、混乱的、学究气的生产力之有条理的无序(orderly disorder)赞美为在任何新兴的知识事业(intellectual enterprise)中固有的新的创造力量的标志。实际上,它们已经尝试特意地、创造性地、主动避免传统的历史概括的过程和后果,往最好里说,认为它们是不可靠的、解释性的;往最坏里说,则是伪造的,具有约束作用。在试图抵制建构整体性历史的内容(和被它们所建构)时,这样的学者已经摆脱了传统的编史学和批判的形式,而宁可写出非叙述性的、非线性的文学作品来描述他们的领域(如百科全书、词典、概论、小组讨论会以及多卷的个人文集,而不是专著)。

　　结果是,那些对文学与现代物理科学之间的相互关系整体性的按年代顺序所作的广泛总结是很少见的。[13] 然而,很多跨学科研究又确实提供了关于文学与物理科学的某一方面或某一分支的关系的历史见解,或是对某一特殊文学类型中所表述的科学的历史见解。在《从浮士德到核战争狂人》(*From Faust to Strangelove*,1994)中,通过着重关注科学实践者这一形象,罗斯利恩·海恩斯能够追溯若干世纪中文学和文化描述以及变化的形式及意义。马莎·A. 特纳研究了 200 年里小说写作中出现的机械论概念,从简·奥斯汀到多丽丝·莱辛。[14] A. J. 梅多斯的《苍天在上》(*The High Firmament*,1969)总结了从 15 世纪一直到 20 世纪早期天文学在文学中的出现,而且特别关注文学中对天文学想象的运用。本章的作者研究的是从科学革命至今,文学作家和天文学家之间跨学科的互相影响,并特别关注了他们对于“革命性的”天文学发展和美感的看法,以及在其哲学和宇宙学中的妇女代表人物。[15] 在《宇宙工程师:硬科幻研

---

[13] 最著名的例外就是 Noojin Walker 和 Martha Gulton 的《两次相遇:物理科学与诗歌》(*The Twain Meet:The Physical Science and Poetry*, American University Studies, Series XIX:General Literature, 23, New York:Lang, 1989),提供了广泛的按年代顺序所做的总结。

[14] Martha A. Turner,《机械论与小说:叙述中的科学》(*Mechanism and the Novel:Science in the Narrative Process*, Cambridge:Cambridge University Press, 1993)。

[15] Pamela Gossin,《“面向恒星的所有达娜厄女神”:宇宙中 19 世纪的妇女代表人物》(“All Danaë to the Stars”:Nineteenth-Century Representations of Women in the Cosmos),载于《维多利亚时代研究》(*Victorian Studies*),40,no. 1(Autumn 1996),第 65 页~第 96 页;《活着的诗学,宇宙的扮演者:在〈行星群:宇宙田园〉中黛安娜·阿克曼的天文学普及》(*Living Poetics, Enacting the Cosmos:Diane Ackerman's Popularization of Astronomy in The Planets:A Cosmic Pastoral*),载于《妇女研究》(*Womens'Studies*),26(1997),第 605 页~第 638 页;《科学革命中的诗歌分析:天文学与多恩,斯威夫特与哈代的文学想象》(*Poetic Resolutions of Scientific Revolutions:Astronomy and the Literary Imaginations of Donne, Swift and Hardy*, PhD diss., University of Wisconsin – Madison, 1989)。也可参见《文学与天文学》(*Literature and Astronomy*),第 307 页~第 314 页,载于 John Lankford 编,《天文学史:百科全书》(*History of Astronomy:An Encyclopedia*, New York:Garland, 1996),及《文学与科学革命》(*Literature and the Scientific Revolution*),载于 Wilbur Applebaum 编,《科学革命:百科全书》(*The Scientific Revolution:An Encyclopedia*, New York:Garland, 2000)。

究》(*Cosmic Engineers：A Study of Hard Science Fiction*,1996)中,加里·韦斯特法尔追溯了科幻小说的一个分支的发展,以及其内部的科学"派别"的重要作用。

其他学者对单一国家与境下的或某一具体时间段里的文学和科学做了专门研究,如斯大林之后的苏联科学和幻想小说、德国文学和哲学中对于量子理论的接受、与牛顿和爱因斯坦科学相关的法国文学。[16] 罗伯特·肖勒尼克编辑的学术文章从历史和文学角度分析了三个半世纪中的美国作家,从爱德华·泰勒的帕拉切尔苏斯式的(Paraceisian)的医学诗歌,经历了马克·吐温、哈特·克莱恩和约翰·多斯帕索斯对科学技术的积极和消极作用的独特回应,到对美国当代幻想小说中对控制论和湍流的探究。这些多卷本作品的整体影响,说明了在美国从科学革命到现在这一段时间以来文学与科学之间动态的相互关系。[17]

可以预料,到目前为止,19 世纪英国的文学与科学可能已经产生了比其他任何时间和地方更多的二级学科。[18] 通过对丁尼生、乔治·艾略特、梅瑞狄斯和哈代的案例研究,特丝·科斯莱特发现了这个时代"科学运动"的突出特点,并展示了科学与文学是如何参与创造维多利亚时代关于科学真理、定律和(与自然的)有机的密切关系的观念。[19] J. A. V. 查普尔调查了文学与 19 世纪各个真实存在的科学重大主题发展的关系,这些科学包括天文学、物理学、化学、气象学、博物学的不同分支,以及生命科学、心理学、人类学、人种学(民族志)、哲学和神学。[20] 彼得·艾伦·戴尔研究了作为对那个时代的哲学、美学、文学和文化的浪漫主义的回应的科学实证主义和文学现实主义。[21] 乔纳森·史密斯分析了培根的归纳法优越论对 19 世纪浪漫诗歌和化学、地质

105

[16] Rosalind Marshi,《斯大林以来的苏联小说:科学,政治学与文学》(*Soviet Fiction Since Stalin：Science, Politics and Literature*, London：Croom Helm, 1986);Elisabeth Emter,《文学与量子理论:德语文学和哲学著作中对现代物理学的接受》(*Literature and Quantum Theory：The Reception of Modern Physics in Literary and Philosophical Works in the German Language*, 1925 - 70, Berlin：de Gruyter, 1995);Ruth T. Murdoch,《牛顿与法国的缪斯》(*Newton and the French Muse*),《思想史期刊》(*Journal of the History of Ideas*),29,no. 3(June 1958),第 323 页~第 334 页;Kenneth S. White,《爱因斯坦与现代法语戏剧:一个类比》(*Einstein and Modern French Drama：An Analogy*, Washington, D. C.：University Press of America, 1983)。

[17] Robert J. Scholnick 编,《美国文学与科学》(*American Literature and Science*, Lexington：University of Kentucky Press, 1992);Joseph Tabbi,《后现代高峰:技术与从信件邮寄者到计算机朋客的美国作品》(*Postmodern Sublime：Technology and American Writing from Mailer to Cyberpunk*, Ithaca, N. Y.：Cornell University Press, 1995);John Limon,《小说在科学时代中的地位:美语写作专业史》(*The Place of Fiction in the Time of Science：A Disciplinary History of American Writing*, Cambridge：Cambridge University Press, 1990);Lisa Steinman,《美国制造:科学,技术与美国现代主义诗人》(*Made in America：Science, Technology and American Modernist Poets*, New Haven, Conn.：Yale University Press, 1987);Ronald E. Martin,《美国文学与武力世界》(*American Literature and the Universe of Force*, Durham, N. C.：Duke University Press, 1981)。

[18] James Paradis 和 Thomas Postlewait 编,《维多利亚时代的科学及价值观:文学观点》(*Victorian Science and Victorian Values：Literary Perspectives*, New Brunswick, N. J.：Rutgers University Press, 1985);Patrick Brantlinger 编,《能量与熵:维多利亚时代英国的科学与文化》(*Energy and Entropy：Science and Culture in Victorian Britain*, Bloomington：Indiana University Press, 1989);Gillian Beer,《开放的领域:文化遭遇战中的科学》(*Open Fields：Science in Cultural Encounter*, Oxford：Clarendon Press, 1996),chaps. 10 - 14。

[19] Tess Cosslett,《"科学运动"与维多利亚时代的文学》(*The "Scientific Movement" and Victorian Literature*, New York：St. Martin's Press, 1982)。

[20] Chapple,《19 世纪的科学与文学》。

[21] Peter Allan Dale,《追求科学文化:维多利亚时代的科学,艺术与社会》(*In Pursuit of a Scientific Culture：Science, Art and Society in the Victorian Age*, Madison：University of Wisconsin Press, 1989)。

学均变论叙述、几何学，以及文学作品中"科学的"发现的方法的影响。[22]　在文学与科学领域中，也出现了对极大量19世纪人物的长篇案例研究，包括雪莱夫妇、威廉·华兹华斯、歌德、梭罗、爱默生、赫尔曼·梅尔维尔、乔治·艾略特、丁尼生、凡尔纳、惠特曼和吐温，这里还只是提到了少数人。特雷弗·勒韦尔对柯勒律治和戴维的研究——《在自然中体会诗歌》（*Poetry Realized in Nature*，1981）是一个出色的例子，因其将对历史背景的研究和对原始论文、笔记、诗歌的仔细阅读结合在一起，来阐明文学和科学在个人的、社会的、哲学的和国际的层次上的相互关系。

　　在20世纪的文本中，"文学"与"科学"含义如此之多，以至于大多数跨学科研究的学者认为，在做这种研究时，有必要认真定义并限制其研究主题。一些人这样做的方法是提供对文学和科学的严密的解释性分析，限定于单个作家的著作（如西奥多·德莱塞、G. M. 霍普金斯、詹姆斯·乔伊斯和塞缪尔·贝克特）。另一些人着重于各种不同的具体发展，如量子物理学或"量子诗学"。[23]　跨学科的批评研究也富于成果地指向以下领域：修辞结构和反核小说的策略；关于"现代"炼金术、赫尔墨斯主义和神秘主义的文学作品；文学与信息技术之间的相互关系；文学和文化中的爱因斯坦相对论；文学与科学领域的模型；混沌科学与当代幻想小说、诗歌和文学理论之间的相互关系。[24]

科学史中的文学与现代物理科学

　　往往有这样一个普遍共识，即文学与科学研究无一例外地由受过文学理论和文学评论训练的学者做出，而前面所述的有限讨论则不应该加强这一共识。尽管 SLS 及其期刊《构形》（*Configurations*）毫无疑问地给"文学与科学"赋予了学科的形式和结构（而且多数 SLS 的成员确实是在文学与语言研究领域中教学并发表文章），但是科学史本

[22] Jonathan Smith，《事实与感觉：培根科学与19世纪的文学想象》（*Fact and Feeling：Baconian Science and the Nineteenth-Century Literary Imagination*，Madison：University of Wisconsin Press，1994）。

[23] Susan Strehle，《量子宇宙中的小说》（*Fiction in the Quantum Universe*，Chapel Hill：University of North Carolina Press，1992）；Robert Nadeau，《关于自然的新书文选：现代小说中的物理学与形而上学》（*Readings from the New Book on Nature：Physics and Metaphysics in the Modern Novel*，Amherst：University of Massachusetts Press，1981）；Daniel Albright，《量子诗学：叶芝，庞德，埃利奥特与现代主义科学》（*Quantum Poetics：Yeats，Pound，Eliot，and the Science of Modernism*，Cambridge：Cambridge University Press，1997）。

[24] Patrick Mannix，《反核科幻的修辞：小说和电影中的说服技巧》（*The Rhetoric of Antinuclear Fiction：Persuasive Strategies in Novels and Films*，Lewisburg，Pa.：Bucknell University Press，1992）；Timothy Materer，《现代炼金术：诗与超自然》（*Modernist Alchemy：Poetry and the Occult*，Ithaca，N. Y.：Cornell University Press，1995）；William R. Paulson，《文化噪音：信息世界中的文学文本》（*The Noise of Culture：Literary Texts in a World of Information*，Ithaca，N. Y.：Cornell University Press，1988）；Alan J. Friedman 和 Carol C. Donley，《像缪斯和神话式人物的爱因斯坦》；N. Katherine Hayles，《宇宙网络：20世纪的科学领域模型与文学策略》（*The Cosmic Web：Scientific Field Models and Literary Strategies in the Twentieth Century*，Ithaca，N. Y.：Cornell University Press，1984）；Hayles，《混沌边界：当代文学与科学中有序之无序》（*Chaos Bound：Orderly Disorder in Contemporary Literature and Science*，Ithaca，N. Y.：Cornell University Press，1990）；Hayles 编，《混沌与秩序：文学与科学中的复杂性动力学》（*Chaos and Order：Complex Dynamics in Literature and Science*，Chicago：University of Chicago Press，1990）；Alexander Argyros，《受祝福的对秩序的狂热：解构，发展与混沌》（*A Blessed Rage for Order：Deconstruction，Evolution and Chaos*，Ann Arbor：University of Michigan Press，1991）。

身是研究文学与现代物理科学之间相互关系的一个主要模式,并发挥主要作用。科学史家很久以前就表达了对其事业的跨学科性的自豪,而这需要至少将两个专业领域中的方法、方法论体系及其内容深层次地结合起来才行。尽管可能有些引人注意的个人原因和专业原因来解释为什么以下这些做法没有把他们的学说推销出去,这些做法即通过整合多重的含义,注重运用修辞风格、留心读者以及他们对之进行解释和分析的主要文本的语言结构,但很多科学史家一直就是在研究"文学与科学"(不过他们中有些人一生都不知道这一点)。

实际上,自从 20 世纪初期科学史的地位首次确立以后,"文学与科学"与对于科学的以及在科学内部的"文化影响"都已经正式地作为专业领域并入科学史之中了。在很大程度上由于《〈爱西斯〉积累文献目录》(*Isis Cumulative Bibliography*)的资深编辑约翰·诺伊的机智敏感,每年他总能提醒科学史家关注自身领域的"人文关系"。特别是,物理科学史家一直兴趣盎然地追溯物理学与化学所涉及的文学、艺术和广泛的文化背景,并经常把其发现发表在专业期刊上,如《天文学史期刊》(*Journal for the History of Astronomy*)以及大众期刊《太空与望远镜》(*Sky and Telescope*)和《星际时代》(*Star-Date*),而最近又有了《HASTRO》,这是关于天文学史主题的电子讨论群组程序。有些文学作家科学素养很高,他们在其作品中运用了微妙的科学形象和主题,著名学者如托马斯·库恩、玛丽·博厄斯和杰拉尔德·霍尔顿等人的科学史长篇研究,就从这些文学作家个人的评论性传记和解释性分析获得信息。著名物理科学史家欧文·金格里奇偶尔也曾发表过"跨学科"研究成果,研究对象则是有天文学内容的文学作品。[25]现代物理科学史在传统上最经常利用创造性的文学作品作为主要信息资源的一个分文学科就是科学普及。最近,研究化学与物理学的修辞结构和社会建构的科学史家,已经成功地运用了首先从"文学与科学"领域中发展起来的方法论。

随着文学与科学研究的理论趋势逐渐超越了后结构主义的观点,跨学科的研究学者正在以全新的兴趣从历史角度研究科学与文化之间的相互关系,并正在理解、意识到在历史方法和实践中存在的理论。有着丰富历史内容的评论文章开始关注文化的影响(包括文学作品和文学实践),通过语言和比喻的影响,或是通过积极参与它的普及和文化建构的方式来塑造了科学的发展(例如可参见詹姆斯·J. 博诺、戴维·洛克和 N. 凯瑟琳·海莱斯的近期研究)。这样的研究往往会分析在与第三方面的关系中的文学与科学,例如对于松散的共同体的形成与它们的语言实践、修辞方法、社会性别问题、种族和阶级以及社会和政治权力等问题的兴趣。在这样的阐述中,历史背景与

---

[25] Owen Gingerich,《学科交叉点:天文学与英国的三位早期诗人》(Transdisciplinary Intersections: Astronomy and Three Early English Poets),载于 A. White 编,《教与学的新方向:跨领域教学》(*New Directions for Teaching and Learning: Interdisciplinary Teaching*, no. 8, San Francisco: Jossey-Bass, Dec. 1981),第 67 页~第 75 页,和《火星的卫星:预测与发现》(The Satellites of Mars: Prediction and Discovery),《天文学史期刊》(*Journal of the History of Astronomy*),1 (1970),第 109 页~第 115 页(同《格列佛游记》[*Gulliver's Travels*]有关系)。

方法体系在发挥越来越关键的作用,其重要程度,可以看成是跨学科的研究学者正转向"历史",把历史当作处在文学与科学之间(或更一般的说法就是在两种文化之间)的有希望的中介术语。因为受过编史学理论、文本分析的教育和训练,具有在智力的、历史的、哲学的以及社会的与境下科学发展的知识和概念,科学史家在理想的位置上参与并引导着这样的讨论。

文学与现代物理科学:新形式和方向

随着我们进入21世纪,印刷文献(包括专业学术著作)的传统形式很可能将在媒体中占的比例越来越少,而文学与科学之间的关系是由媒体表达的。像伊丽莎白·索科洛、西夫·塞德林、理查德·肯尼和拉斐尔·卡塔拉这样的诗人,将继续创造新的形式和结构,以包含并展现他们对科学的理解。物理学家和化学家(例如像法伊·艾津贝格-塞洛夫、罗阿尔德·霍夫曼、尼卡诺尔·帕拉、卡尔·杰拉西)将效仿他们(以前的和现在的)的同事,来发表有关他们自己的科学工作和观点的独特的自传、回忆录、诗歌和小说。从事文学和科学研究的学者们,也对富于创造性的分析和解释形式越来越有兴趣,并认为这是他们所需要的东西。当我们被要求进一步适应时刻变化的课堂教学需求,适应公众教育的新机会,以及适应学术性书籍市场的日益萎缩时,我们发现自己可能被鼓励着尝试利用新的文学形式和艺术形式来描述和表达,这些形式包括把物理科学概念放在历史和文化与境下来描述的科学教材、"通俗的"科学史、想象力丰富的科学传记、科学的历史小说、电视纪录片、电影剧本、电影、教育用的 CD 和 DVD、科学的视觉图像、虚拟现实模拟、互动网站等。埃罗尔·莫里斯在其《时间简史》的电影版本中独具匠心地对"时间箭头"的电影摄影术的运用;罗伯特·卡尼杰尔把无穷级数改编为对拉马努詹的工作和生活的标准描述;达瓦·索贝尔在《伽利略的女儿》(*Galileo's Daughter*)中采用历史小说和科学回忆的混合叙述,这些例子中,每种尝试都树立了令人兴奋的将两种文化结合起来并从两个方面让我们接受教育的新方法。

正如本章开场白中对理查德·费曼的讨论所表明的那样,对今后的文学与现代物理科学研究来说,一些最引人注目的"文本",可能是那些以个人的方式掌握了学科间和跨学科学识的个人。毫无疑问,费曼的同行中有人并不考虑他对文学、艺术和音乐的兴趣,认为就像是他频繁地出现在脱衣舞夜总会一样,令人尴尬地与物理毫不相干。而对另一些人来说,这样的研究表现出了对其内心思考的外在显示,提供给人们一种洞见,来了解他热情洋溢、思想解放、不受禁锢的创造性、顽皮有趣的风格追求如何使他能够提出其著名的图示法和具有独一无二的解决物理问题的能力。杰出人物如费曼、斯诺、布罗诺夫斯基、霍夫曼、平琼等人可能成为内容丰富的案例研究对象,用来考察两种文化的整合;不过诺贝尔奖的殊荣却并不需要培养这样的兴趣。通过研究由实验室研究人员、工作室的艺术家、具有创造力的作家、学者以及任课教师们带来的跨学科的平静生活,我们可以发现,对他们的个人实验和互相合作的分析,将会对认识这些个人如何通过跨文化的方式教育自己和同事把艺术、文学与科学整合起来的方法,得出意想不到的独特见解。

　　我们现在不知道还要过多少年才能指望认知科学家或神经科学家能自信地告诉我们说,我们在多大程度上天生具有跨学科的遗传天赋,并且/或者有能力通过将生活与周围的世界以折中方式相结合来促进我们的"二元文化"大脑结构的成长。不过我们已经到了这样的时刻,即我们能重新勾画我们对于这种思维的叙述性描述,而不再认为它们是相对于那种武断地建构出来的一元文化标准的例外反常,并能够欣赏它们为自己而表现出的一体化思维过程。通过对创造性艺术、文学、人文与科学之认知的、个人的和人际参与的持续研究,我们就能发现让它们共同发挥重要的文化功能的新方式。

　　　　　　　　　　　　　　　　　　（李正伟　译　刘兵　校）

第二部分

科学学科的建设：场所、设备和交流

6

数学学派、团体和网络

戴维·E. 罗

长久以来,数学知识一直被认为本质上是稳定的,因此它植根于一种理念世界而受历史力量影响甚微。这种普遍观点深刻地影响了数学编史学。直到近期,数学编史学才将注意力主要集中在内史及相关的认识论等问题上。权威的历史阐释一向非常重视数学研究的最终成果:定理、问题的解决方法以及在回答一个完全形成的问题前必须解决的技术难题。这种编撰数学史的方式不可避免地呈现给我们一幅逐渐累积的数学知识画面,却很少告诉我们怎样获得、精炼、条理化并交流这方面的知识。此外,预设的数学知识的永恒性及稳定性规避了一些明显问题,例如谁获得知识,是通过何种方式获得的。这样的问题很少在数学史研究中提出来,它们被看成数学家关于优先权的争论,仅仅将其作为"谁首先发现它"这样的事情。这些研究表明数学的真理性存在于独立于人类活动之外的柏拉图的理念王国,并表明那些曾被认识到且已印刷出版的数学发现,此后可以随意运用。

如果这种较为普遍的关于数学认识论地位的观点实质上是正确的,那么可以推知数学知识及导致获取数学知识的活动就应与自然科学的其他学科知识截然不同。然而,最近的研究正在削弱这个数学史上曾被认为是毋庸置疑的法则。与此同时,数学家和哲学家一样受历史变迁的影响,越来越意识到,数学知识依赖于大量情境因素,这些因素曾强烈地影响着与之相联系的含意和重要意义。然而,实现对数学知识情境化的理解,意味着要考虑产生这样的知识的各种各样的**活动**,这是一种需要把注意力从最终成果中转移出来的方法,如"大师们的杰作",从而弄懂"数学经验"较广阔的领域的含义。正如琼·理查兹所观察的,数学史家一贯对很多流派持抵制态度,而且忽略了近几十年来科学史家着迷的大多数问题。[1] 一条巨大的鸿沟继续把传统的"内在主义的"数学史家和那些像理查兹那样的数学史家分开,后者的研究直指在特定文化背

---

[1] Joan L. Richards,《数学的历史和"人类精神":一个批判性的重估》(The History of Mathematics and "L'esprit humain": A Critical Reappraisal),载于 Arnold Thackray 编,《科学史中的知识建构》(Constructing Knowledge in the History of Science),《奥西里斯》(Osiris),10(1995),第 122 页~第 135 页。一个重要的例外是 Herbert Mehrtens,《现代语言数学》(Moderne-Sprache-Mathematik, Frankfurt:Suhrkamp, 1990),一场有争议的数学现代性的全球研究——尤其集中于德国数学界的基本紧张状态。

景中数学家应怎样和为何使其工作具有特定意义。另一方面,行动者参与的、切实可行的途径(重视数学观念及其具体情境)是在分隔数学观念和它们的具体情境之间的鸿沟上架起一座桥梁。这个途径可以有多种形式和方式,但都有一个共同前提,即数学家产生的知识类型深深地依赖于文化、政治和制度等因素,而这些因素塑造了他们工作的诸种环境。

教科书和情境

　　哲学家伊姆雷·拉卡托什在他的名著《证明与反驳》(*Proofs and Refutations*)中为标准概念提供了一种选择,即全部数学知识只是通过发现过程的累积而积聚起来的。[2] 历史学家一直没有试图采用拉卡托什模式的全部,然而,即便其理性重建过程不怎么样,但它的辩证风格却被证明是有吸引力的。同样原因,采用托马斯·S.库恩的观点解释研究趋向显著改变的可能性,在数学哲学家和数学历史学家之间一直存在争论,不过这些争论没有产生一致意见。这种方式的鼓吹者试图论证:与标准累积图像相反,数学史上**确实**发生过革命性变化和主要范式的变迁。因此,道本周指出,经典集论的案例颠覆了真实分析的基础,为现代代数学、拓扑学和作为最近数学革命的随机理论奠定了基础。通过列举奥古斯丁-路易·柯西(1789～1859)重建微积分概念基础的例子,朱迪思·格拉比内做了同样论证;而艾弗·格拉顿-吉尼斯根据回旋(convolutions)而不是革命(revolution)理论,描绘了后革命时期法国活跃的数学活动,他认为:"回旋"这个术语能更好地表达社会的、知识的和制度力量间复杂的相互作用。[3]

　　大多数关于数学革命的争论已从相当狭窄的学科历史的立场接近这个主题。这种方式的倡导者或许会充分地论证,如果能够根据库恩相互竞争的范式思想来思考科学观念,那么为什么不能像对待19世纪非欧几何的出现那样来对待这种不稳定局面呢?然而,不能忽视的是,库恩模式分析中的其他方面却很少被注意到。在数学家及其同盟者和批评者的历史角色的作用被明确理解之前,必须仔细审视研究趋向。把他们的研究工作和观念情境化意味着,除了别的,还要确定吸引当时研究兴趣的那些主流研究领域:他们希望解决的问题的类型、解决这些问题的技巧、数学家赋予不同研究领域的声望、本土环境中数学研究的地位和从事高层数学研究的较大科学团体。总之,正如在一定时期具有典型性的实际研究实践中所看到的,大量与"标准数学"相关

〔2〕　Imre Lakatos,《证明与反驳》(*Proofs and Refutations*, Cambridge:Cambridge University Press, 1976),John Worrall 和 Elie Zahar 编。

〔3〕　Joseph W. Dauben,《概念革命和数学史:知识增长的两个研究》(Conceptual Revolutions and the History of Mathematics:Two Studies in the Growth of Knowledge),载于 Donald Gillies 编,《数学革命》(*Revolutions in Mathematics*, Oxford:Clarendon Press, 1992),第49页～第71页,Judith V. Grabiner,《数学原理依赖于时间?》(Is Mathematical Truth Time-Dependent?),载于 Thomas Tymoczko 编,《数学哲学的新方向》(*New Directions in the Philosophy of Mathematics*, Boston:Birkhäuser, 1985),第201页～第214页;Ivor Grattan-Guinness,《法国数学中的回旋》(*Convolutions in French Mathematics*,1800－1840, Science Networks, vols.2－4, Basel:Birkhäuser, 1990)。

的主题,需要进行彻底考察。[4] 或许,那时更仔细地考察数学"革命"问题的时机就成熟了。

这并不意味着,形成数学活动的条件比数学活动产生的知识更具优先性。相反,传达数学研究成果的具体形式已向历史学家提出了持续挑战。持久的知识传统已将注意力传统式地集中于范例文本,例如欧几里得的《几何原本》(*Elements*),牛顿的《原理》(*Principia*)。牛顿之后,综合性著作不断出现,但是除了皮埃尔－西蒙·拉普拉斯(1749~1827)的《天体力学》之外,如此综合的处理方式更多地限制在其内部范围。这样,卡尔·弗里德里希·高斯(1777~1855)的《算术研究》(*Disquisitiones arithmeticae*,1801)给出了关于数论的第一个广义表达,而卡米耶·约当(1838~1922)的《置换和代数方程专论》(*Traité des substitutions et les équations algébriques*,1870)为群论做出了同样贡献。

任何数学研究领域都不能在缺少公认的范式教科书情况下,长久存在下去,这些教科书提炼了对于此学科至关重要的基础研究成果和技术。莱昂哈德·欧拉的《无穷小分析引论》(*Introductio in analysin infinitorum*,1748)为那些想了解什么是 18 世纪微积分标准版本的人提供了范例。整个 19 世纪,新的学术流派伴随着那个时代急剧膨胀的教育目标产生了。法国教科书为整个世纪制定了标准,大多数教科书从理工学院和高等数学研究机构提供的课程讲义发展而来。奥古斯丁－路易·柯西的《分析教程》(*Cours d'analyse*,1821)在一系列以微积分为同一书名的法国教科书中,给出了第一个基于有限概念的现代表述。在美国,西尔韦斯特·弗朗索瓦·拉克鲁瓦(1765~1843)的《微分学与积分学专论》(*Traité du calcul différentiel et du calcul intégral*)在西点(West Point)被引入,替换了很多初级英国课本。当 E. E. 库默尔(1810~1893)和卡尔·魏尔施特拉斯(1815~1897)1860 年创立柏林研究会(Berlin Seminar)时,他们为其图书馆所购置的第一批书中,除了欧拉的拉丁文的微积分课本外,其余都是法文的。[5]

然而,在德国,大多数学生仅花很少时间学习已出版的课本,因为他们参加的课程教学已反映了授课教授的思想。19 世纪,那种一个灰胡须学者站在讲台上照本宣科,听众努力保持清醒的传统讲座方式(Vor-Lesungen)已消逝了。尽管新时代的讲座(Vorlesungen)一般都以课本为基础,但都是以保证自由思考和口头表述的方式进行的。一些老师将他们写的教科书内容记在脑子里,而另一些则始终即席演讲。但无论他们各自的讲课方式多么不同,现代讲座代表了一种新的教学形式,这种形式强调了数学中口头交流的重要性。它也导致出现数学教科书的一种新类型:(通常)权威的讲座笔记(时常)建立在著名大学数学教授授课的基础上,这一传统始于卡尔·G. J. 雅

116

---

〔4〕关于以模型研究为例说明在拓扑学方面如何能实现这种做法,见 Moritz Epple,《结点理论的建立:环境和构建一个现代数学理论》(*Die Entstehung der Knotentheorie: Kontexte und Konstruktionen einer modernen mathematischen Theorie*, Braunschweig: Vieweg, 1999)。

〔5〕Kurt-R. Biermann,《柏林大学的数学及其讲师(1810 ~ 1933)》(*Die Mathematik und ihre Dozenten an der Berliner Universität*,*1810 - 1933*, Berlin: Akademie Verlag, 1988),第 106 页。

可比(1804~1851)。因而,为了学习魏尔施特拉斯的分析,人们可以去柏林在拥挤的演讲厅里做笔记,也可以试着借别人的专家演讲的记录稿(Ausarbeitung)。像阿道夫·赫维茨和里夏德·库朗(1888~1972)教科书的印刷版本只是很久以后才出现。对自然界的更为系统的专门研究仍起着重要作用,但专业研究期刊的重要性日益增长与鼓励教学和学术研究紧密联系的制度创新相结合,削弱了曾占统治地位的标准专著。这个趋势在哥廷根达到鼎盛,在那里,从 1895 年至 1914 年,费利克斯·克莱因(1849~1925)和达维德·希尔伯特(1862~1943)的讲座课程吸引着世界各地的天才学生。

117　　　希尔伯特强烈的个性给哥廷根的氛围留下了深深的印迹。在那个数学、天文学和物理学有着前所未有的相互影响的时代,数学家和天文学家、物理学家交往甚密。然而,希尔伯特也通过他的文字作品产生了巨大影响。作为两个划时代教科书的作者,他开创了一个现代数学模式,并最终在 20 世纪的研究和教育中的许多方面占据了主导地位。希尔伯特 1897 年出版的《代数数域的理论》(*Zahlbericht*)吸收并拓展了始于高斯、具有德国传统的数论的许多主要成果。仅仅两年后,他出版了《几何基础》(*Grundlagen der Geometrie*),此后这本小册子 12 次再版。通过重新定义欧几里得几何学的公理基础,希尔伯特不仅为几何学而且为总体的数学基础建立了一个新范例。30年后,受艾米·诺特尔(1882~1935)和埃米尔·阿尔廷(1898~1962)著作的鼓舞,B. L. 范德韦登(1903~1993)基于代数结构思想的《现代代数学》(*Moderne Algebra*,1931)第一次全面阐述了代数学。正如利奥·科里指出的,范德韦登的课本是一个世纪里最具雄心的事业的一个样板:尼古拉·布尔巴基——一个数学家集体的笔名(主要是法国)——试图发展一种数学结构理论足以为现代数学的主体提供一个主体框架。[6]

　　　然而,即使这种大约在1950年至1980年期间,给欧洲和美国数学留下深深印迹的卓越努力最终也大都失去了昔日光环。从那时起,数学家们做了前所未有的努力以便与广大听众交流他们著作的精髓。许多数学家越来越依赖解释性文章和非正式的口头演讲来表达他们的成果,许多人已毫不犹豫地传播新定理、新成果而只用含糊提示来正式地证实其主张。这种新趋势反映了数学家日益增长的对新演讲风格与方式的渴望,这使他们能比较容易地传播其思想,而不必受布尔巴基风格决定的、由传统印刷文化强加的结构的束缚。从 20 世纪 80 年代开始,一些数学家甚至开始公开质疑,严厉的风气和形式化演讲这种典型的现代风格特征在计算机图形时代是否有意义。这种进退两难局面的历史渊源非常深远。

---

〔6〕　Leo Corry,《现代代数学和数学结构的起源》(*Modern Algebra and the Rise of Mathematical Structures*, Science Networks,16, Boston: Birkhäuser, 1996)。

研究成果和交流的转换方式

从外部看来,细心的观察者就会注意到这种显著变化,它已影响了上两个世纪数学家实践其技艺的方式。早在电子时代和信息高速公路时代到来之前,数学家运用的占主导的交流方式就已发生了深刻变化,这种变化反过来不仅对数学研究行为,而且也对整个事业的特征产生了强烈反响。一言以蔽之,这种变化意味着书面霸权的丧失以及一种新研究方式的出现,在这种新研究方式中,数学理念和规范主要以口头方式传达。作为这一过程的主要伴随物,数学实践越来越被理解为团队努力,而不是一小部分天才在绝对封闭的环境下从事的活动。若放在近代早期背景下看,这一从书面到口头的数学交流模式的显著变化——在最近的、人们熟悉的电子革命之前——至少部分地表现为影响科学体制、网络和讲课的更广阔变迁的自然产物。

在主要由皇家赞助的早期科学院时代,从牛顿、莱布尼茨、欧拉到拉格朗日(1736~1813),甚至后来的高斯——那个时代的这些主要科学家几乎都是依据他们写在纸上的符号来理解其从事的数学研究并进行交流的。由通信者如 H. 奥尔登堡和 M. 梅森传递的书信来往成为传播未公开出版的研究成果的主要工具。甚至从事教学的第一流人物,其教学几乎不能表现最新的数学研究成果,当然,他们也不指望那么做。著名数学家写信给他们的同辈——一小部分精英。作为 17、18 世纪科学院和科学学会的研究员,欧洲数学家和自然哲学家来往密切。然而,这一时期末,像约翰·海因里希·兰贝特这样的博学者已寥寥无几,因为技术需求强烈需要人们精通欧拉和拉格朗日的著作。还有,只有小部分数学家可以理解高等数学。为了学习更多的基础知识,人们通常必须挑选老师,比如莱布尼茨在巴黎找到了惠更斯,欧拉在巴塞尔求教于约翰·伯努利。整个 19 世纪,数学导师一直是剑桥大学数学教育的核心与灵魂,甚至回到一种更早的、更加个性化的方式。

1800 年之后,在法国大革命的觉醒中,欧洲大陆的数学经历了急速变化,这场革命引发了深刻的政治和社会变革,进而重塑了欧洲科学和高等教育机构。基于对科学、技术知识的掌握,社会进步的启蒙思想鼓舞了这一时期的教育改革,导致在拿破仑时期巴黎的科学活动释放出空前活力。如拉扎尔·卡诺、M. J. A. 孔多塞、加斯帕尔·蒙日(1746~1818)、约瑟夫·B. J. 傅立叶(1768~1830),甚至年迈的 J. L. 拉格朗日这样一些数学家在整个过程中都扮演了重要角色。如果说像卡诺和蒙日这样的名流在危险时期参与了革命事业,而大多数数学家后来则都致力于科学研究而不是政治事业。随着他亲近的皇帝的倒台,蒙日也失去了其权势,而拉普拉斯却成功地从每一个政权那里获得支持。只有坚定的波旁皇族(Bourborn)支持者柯西——那个世纪最多产的作家,发现新的路易·菲利普政权如此令人厌恶而被迫离开了法国。教学和研究在很大程度上仍是截然不同的活动,但那些曾与世隔绝的院士们则被推向了一个新角

118

119

色：为国家培养技术精英，这项任务促进了他们清楚地传递数学思想的能力。

在德国的一些地方，尤其是普鲁士，出现了一股抵抗与法国启蒙传统关联的理性主义和实用主义的强烈冲动。很大程度上，现代研究机构是普鲁士应对法国挑战的一种未料想到的副产品。吸收新教著作的道德规范和责任意识对普鲁士军队和市民生活如此重要，以至学术作为一个职业获得了深刻的、类似宗教的意义。具有讽刺意味的是，这种反应与新人文主义对待学术的方式是一致的，它被证实对现代研究学派的形成有高度的借鉴性——与贯穿 18 世纪在许多欧洲大学一直占主导地位的"学院学习"形成鲜明对比。与浪漫主义传统相反，基于对古希腊和拉丁作家作品而复兴的新人文主义价值观，从 1810 年柏林大学建立至 1871 年第二帝国出现一直渗透于德国学习中。[7]

德国科学家很少面对必须向神学和政治权力机构证明其工作正当性的问题。在他们活动的狭小范围内，学者们有至高权威，而为了换取这种象征性的自由身份，他们必须对国家要无条件地、积极地效忠。这些就是将德国教授与尊贵的国王、皇帝结合在一起的默认协议的条款。作为回报，教授们享有有限的学术自由和学术自治的特权，他们的这种社会地位同样也使得他们能跟军官和贵族交谈。如果说法国的著名数学家们胸怀培养新的技术统治者的责任，那么德国的教授们则主要是培养未来有相当高社会威望的高中老师（Gymnasien teachers）。的确，一些一流的德国数学家，包括库默尔和魏尔施特拉斯，都以高中老师身份开始其职业生涯，但许多其他从未梦想过大学生涯的数学家们则在一流学术杂志上发表了高水平著作。

120

即使相距甚远，数学家也常常能找到许多交流甚至合作方式。但是，**热切的**合作努力通常会产生一种直接的、不受干扰的交流环境，这种氛围恰好自然地产生于与世隔绝的、小型的德国大学城的环境。的确，德国分散的大学体系与盛行于普鲁士教育改革中的科学（Wissenschaft）民族精神相结合，为新的"研究规则"创设了前提条件，而这种"研究规则"为现代研究学派提供了基本宗旨。[8] 在 19 世纪的大部分时间里，这些学派在局部环境中有代表性地工作着。随着时间的推移，小型研究群体开始在更加复杂的、有组织的网络中交流，因而刺激并改变了局部环境中的活动。合作努力和合写论文在整个 19 世纪仍很稀少，而 1900 年后则日益普遍了。20 世纪中期，多人合写的论文及致谢多人的论文至少是与单个作者的论文数量相当的。这种合作研究预设了合适的工作条件，尤其是大量具有相似背景和共同兴趣的研究人员。一个研究工作

〔7〕　见 Lewis Pyenson，《新人文主义和威廉时代德国对纯粹数学的坚持》（*Neohumanism and the Persistence of Pure Mathematics in Wilhelmian Germany*，Philadelphia：American Philosophical Society，1983）。

〔8〕　前提条件请见 Steven R. Turner，《普鲁士大学和研究的概念》（The Prussian Universities and the Concept of Research），《德国文学社会史的国际档案文件》（*Internationales Archiv für Sozialgeschichte der deutschen Literatur*），5（1980），第 68 页～第 93 页。对历史发展趋势的回顾，见 John Servos，《研究学派和他们的历史》（Research Schools and their Histories），Gerald L. Geison 和 Frederic L. Holmes 编，《研究学派：历史的重估》（*Research Schools：Historical Reappraisals*），《奥西里斯》，8（1993），第 3 页～第 15 页。

团队可以由同辈构成,但往往其中一个担任领导,最典型的是由学术导师领导、年轻成员组成的团队。这种安排——现代的数学研究学派——在 19 世纪和 20 世纪以多种形式保留了下来。

德国数学研究学派

独特的数学研究学派与传统出现于 19 世纪,20 世纪迅速扩散,并与科学研究专业化的普遍趋势相伴随。近来,自然科学史家已把相当多的注意力集中在研究学派的结构和功能上,详细研究了相当数量的案例,以探索其微观结构特征。[9] 同时,他们已试图理解这种由研究学派产生的局部获得的知识是如何成为"普遍"知识的,这是一个包含分析在广阔的科学网络和科学界中获得共识和支持的各种各样的机制的过程。另一方面,数学学派的相似研究已经越来越少,毫无疑问这种情况部分地是由于这样一个流行信念,即"真实的"数学知识从一开始就是普遍的,因此,并不急需争取"皈依者"。如前所说,这种作为一门本质上纯客观学科的数学的标准图景阻碍了所有试图以历史观点理解数学实践的尝试。过去的两个世纪里,作为在复杂的、变动的数学活动图景中一个相对静止的因素,研究学派为历史学家提供了一个更好地理解数学家**如何从事其工作**的便利范畴,而不是仅仅关注这些活动的最终成果——数学文本。然而,数学"研究计划"中必须加入"谨慎"这个词,因为这已经超出了学派的局部环境,这一倾向容易混淆关于学派和应该坚持的知识的重要概念性区别。

与研讨会或数学学会这种由条例或成文规章支配的组织不同,数学研究学派是在没有任何正式机构的安排下而自发产生的。由于这一事业的自愿性,因此决定学派的成员资格,甚至学派是否存在都很成问题。显然,学派领袖必须是该领域中公认的权威,并且有能力向学生传授专业知识与技术。此外,还有其他条件,如有义务指导博士学位论文和博士后研究。然而,这种指导作用可以采取学派领导工作方式的任何一种形式。最后一种情况存在于教授和学生之间及学生和学生之间一种默认的相互协议,进而形成一个以教授的研究兴趣为基础的共生学习环境和工作环境。然而,不像实验研究学派,典型的数学学派的首要目的既不是提出并发展一个专门研究计划,也不是致力于解决一个问题或延伸一个理论。这仅仅是服从于真实结果的潜在方式,这种方式将产生有才能的新研究人员。因为一个数学学派的力量,主要依靠年轻成员的素质,这种素质是由他们后来作为成熟的、有创造力的数学家所取得的成就来衡量的。

"学派"这个称呼,传统上被数学家用来描述各种各样由个体组成的研究群体,这

---

[9] 例如,见 Gerald L. Geison 和 Frederic L. Holmes 编的《研究学派:历史的重估》中的文章,《奥西里斯》,8(1993),第 227 页~第 238 页。

些群体成员有着共同的研究兴趣或共同的学科研究方向,它强调了知识分子之间的亲密关系,并且暗示了学派成员共有的、松散的知识背景。例如,人们经常说,黎曼几何或魏尔施特拉斯函数论的研究者是相互竞争的学派,尽管事实上伯恩哈德·格奥尔格·黎曼(1826~1866)向来只收少量学生,而魏尔施特拉斯则是其当时主要学派的公认的领导者(甚至人们认为,法国的一流分析家夏尔·埃尔米特[1822~1901]曾说过"魏尔施特拉斯为生命而奔跑")。显然,黎曼和魏尔施特拉斯的活动领域和影响力根本不同,这意味着,在这里和在别的地方一样,区分两个相互竞争的数学**传统**比区分两个不同学派更容易,尤其是就复杂的方法论问题而言更是如此。

由于学派领导的个性和工作风格在形成学派特点的过程中起了非常重要的作用,因此很难确认一个通用模式。19 世纪德国的数学研究学派一个典型的,但绝不是普遍的例子是,学派成员表现出强烈的忠诚感。如果说奉承行为和奴颜婢膝的态度在普鲁士社会很普遍的话,那么一些数学学派的门徒所表现的极端形式,明显地构成一种特殊形式的精神依恋,下面的三个例子就例证了这一点:如果没有弗里德里希·里歇洛,雅可比最器重的学生、助手,后来的继承人,起到该学派继续蓬勃发展的保持者的作用,雅可比的哥尼斯堡学派(Jacobi's Königsberg school)就不会赢得持久声誉。罗伯特·弗里克(费利克斯·克莱因的学生,门徒,后来的外甥),把他最多产的岁月都用来写四部大型书籍(Klein-Fricke,《椭圆模型函数理论》[*Theorie der elliptischen Modulfunktionen*] 和 Fricke-Klein,《自动函数理论》[*Theorie der automorphen Funktionen*]),这项工作扩充并精炼了他老师的早期工作。弗里德里希·恩格尔,作为克莱因的朋友——索弗斯·李(1842~1899)的数学传记作家,去了挪威,随后又用了10 年时间撰写李的三卷本《群体转变理论》(*Theorie der Transformationsgruppen*),李逝世后,他又用了 20 年将李的著作整理成七卷。为使他们所代表的学派名声更为显赫,这三个门徒奉献了他们大部分的职业生涯。但当他们老师们的名字被现在每个受过良好教育的数学家所熟知时,这些虔诚的学生已被彻底遗忘了。

在 19 世纪的德国,与雅可比、A. 克勒布施(1833~1872)、魏尔施特拉斯、克莱因相关的著名学派存在互相交流,从而形成了更大的交流网络和影响范围。另一方面,那些不太成功的学派的一个共性是,在一个相当狭窄的领域里从事研究,因为这样的工作往往无法吸引除了一个小群体研究人员之外的兴趣。一旦一个研究学派的领导者退出历史舞台,该研究学派就很容易地宣布消亡。组织的影响力通常意味着与运作的单一基地的长期关系,而且,几乎毫无例外,数学研究学派从来就没有在无稳定领导的情况下,获得蓬勃发展。更多的成功者也与其他研究中心有着密切联系,因而,他们的学生可以在这些中心获得工作机会,也可以在研究团体内形成支撑网络。离散效应的危险由于那些转向其他机构的学派成员对其先辈的忠诚性而减弱了。因此,研究学派最终整合成更复杂的网络,有的学派在国家级团体内运作,有的则包括国际性研究机构,或与海外有着某种联系。

其他国家的传统

整个 19 世纪上半叶,数学家网络与昔日天文学家和物理学家之间形成的网络相互交迭。这些学术联系被像拉普拉斯和高斯这样的上一辈研究者所发展,但年轻一代的研究者如雅可比和柯西等也对数学物理学保持着强烈的兴趣。[10] 在法国科学团体中,数学家长期以来就享有崇高的地位。拿破仑一世时期,数学家第一次被作为教育家看待。蒙日的远见卓识深刻影响了新成立的理工学院开设的课程。该学院工程学的优秀学生学到了大量数学知识,他们特别重视分析以及蒙日的专长——画法几何学。蒙日的教学天赋丝毫不逊于其研究才能,他培育并启发了一代研究者——J. 阿谢特、让·维克多·彭赛利、M. 夏斯莱等,他们与约瑟夫·迪耶·热尔戈纳(1771~1859)一起为 19 世纪几何学的复兴奠定了基础。艾蒂安·马吕、夏尔·迪潘和 P. O. 博内承继了蒙日物理主义学派的研究,对几何光学和微分几何做出了重要贡献。同时,法国分析传统自拉格朗日,经阿德里安 – 马里·勒让德(1752~1833)、拉普拉斯到 S. D. 泊松(1781~1840)、傅立叶、柯西,其主导性地位更加稳固。毫不惊奇,巴黎的数学自成一体直到 19 世纪 30 年代;不幸的是,这种排他性有时会严重地忽视成长中的天才,两个最引人注目的例子是埃瓦里斯特·伽罗瓦(1811~1832)和挪威的尼尔斯·亨里克·阿贝尔(1802~1829)。

然而,随着约瑟夫·利乌维尔和夏尔·埃尔米特揭开了柯西的面纱,对"局外人"工作的一种更开放的态度出现了。[11] 他们二人与年迈的勒让德一起给予椭圆函数新理论和由雅可比、阿贝尔创建的高等超越数以热情支持。由于它与数论和代数之间的密切联系,这个理论很快成为不仅分析领域而且几乎所有纯数学研究领域的核心。著名的雅可比反演(Jacobi inversion)问题提出了一个重要的时代性挑战,并促进了魏尔施特拉斯和黎曼对这一问题做出了重要成就,而几乎同时,二人又因此获得了很高荣誉。因此,19 世纪中期,法国和德国的领头数学团体的研究趋向开始转向数学领域中的"纯"理论研究。到 1900 年,高等师范学院(the Ecole Normale Supérieure)取代了理工学院(the Ecole Polytechnique)成为法国新一代数学精英的主要培养基地,如加斯东·达布(1842~1917)、亨利·庞加莱(1854~1912)和埃米尔·皮卡尔(1856~1941)及其他精英。但是,法国的教育系统仍以操作和精通技术为主,这主要是由于人们一直认为,数学创造力是天赋的,而非后天教育或培训所形成的。因此,即使在庞加莱和皮卡尔定期举办高级讲座课程的巴黎,学生也没有发现任何能与作为通向世界数学研

121

---

[10] 关于拉普拉斯的物理研究项目,见 Robert Fox,《拉普拉斯物理学的起源和衰亡》(The Rise and Fall of Laplacian Physics),《物理科学的历史研究》(*Historical Studies in the Physical Sciences*),4(1974),第 89 页~第 136 页。

[11] 见 Jesper Lützen,《约瑟夫·利乌维尔(1809 ~ 1882)》(*Joseph Liouville, 1809 – 1882*, Studies in the History of Mathematics and Physical Sciences, 15, New York: Springer-Verlag, 1990)。

究桥梁的德式研讨班相比的课程。

很像拿破仑战败促使德国知识界迎来了鼎盛期一样,意大利从奥地利的统治中独立出来,及随后的意大利复兴运动(Risorgimento)使数学研究领域遍地开花。[12] 复兴的一个标志性事件是,1858 年弗朗切斯科·布廖斯基(1824~1897)创建了《纯粹与应用数学年鉴》(Annali di matematica pura et applicata)。19 世纪末,意大利数学家已被公认为几何学绝大多数领域的世界领先者。1873 年后,作为罗马工学院院长,路易吉·克里摩拿(1830~1903)成为意大利优势期几何学研究的核心人物,在黎曼的双有理几何学研究中,克里摩拿变换成为一个主要工具。在意大利传统中,黎曼的双有理几何学最终超过了透视几何学。在都灵,科拉多·塞格雷(1863~1924)创立了一个代数几何学派,它建立在早期尤利乌斯·普吕克和克莱因的研究基础之上,并拓展了克勒布施学派的研究。

在微分几何领域,路易吉·比安基(1856~1928)的三卷本里的《微分几何教程》(Lezioni di geometria differenziale, 1902~1909)为达布的四卷本里程碑式著作《表面普适理论教程》(Leçons sur la théorie générale des surfaces, 1887~1896)提供了有价值的延续。基于黎曼几何学另一遗产的二次微分形式,该理论首次由德国人 E. B. 克里斯托弗尔和 R. 利普席茨作了详尽的阐释,还有 E. 贝尔特拉米的微分参数理论,以及 1884 年帕多瓦的格雷戈里奥·里奇-库尔巴斯特罗(1853~1925)创立的所谓绝对微分学。开始时,绝对微分被认为是抽象的符号论,因而占主导的微分几何学避开了这一领域。后来,里奇和他的学生图利奥·莱维-奇维塔(1873~1941)详尽阐述了绝对微分学在弹性论和流体力学上的运用,并发展成为现代张量微积分学。1916 年前,只有几个专家对张量微积分感兴趣,1916 年爱因斯坦对张量微积分进行了详细评述,并拉开他首次对广义相对论进行广泛详尽阐释的序幕。[13]

当法国、德国和意大利的大规模机构改革为创建三个有活力的国家研究团体提供有利的前提条件时,英国却在整个 19 世纪与这些发展步调不一致。1812 年,由乔治·皮科克、查尔斯·巴比奇和约翰·赫舍尔领导的剑桥分析学会(Cambridge Analytical Society)尝试着去改革微积分教育,这一改革是通过规避牛顿的流数理论,而支持很久以来在欧洲大陆赢得了优势的莱布尼茨符号系统。这场运动虽然取得了一定的成功,但几乎没有带来任何根本性的变化,甚至在剑桥大学这唯一提供真正的数学教育的英国大学也是如此。维多利亚时代,旧式荣誉学位考试制度,即数学学位应考者在导师家接受技术培训,在英国以外的人看来非常古怪。[14] 整个 19 世纪,英国的业余爱好传

[12] 见 Simonetta Di Sieno 等编,《统一后的意大利数学》(La Matematica Italiana dopo L'Unita, Milan: Marcosy Marcos, 1998)。
[13] Karin Reich,《张量算法发展:从绝对微分算法到相对论》(Die Entwicklung des Tensorkalküls: Vom absoluten Differentialkalkül zur Relativitätstheorie, Science Networks, vol. 11, Basel: Birkhäuser, 1992)。
[14] Joan L. Richards,《数学远景:维多利亚女王时代英国的几何学研究》(Mathematical Visions: The Pursuit of Geometry in Victorian England, Boston: Academic Press, 1988)。

统一直渗透于许多学科研究中，数学一直是自然哲学的侍女。成立于 1865 年的伦敦数学学会（London Mathematical Society），就像一个绅士俱乐部的临时集会。剑桥大学的数学研究一直处于停滞状态，直到世纪之交之后一段时间，G. H. 哈代（1877～1947）、J. E. 利特尔伍德（1885～1977）和几何学家 H. F. 贝克加入数学研究队伍。

然而，还是有几位非常富有创新精神的数学家，包括阿瑟·凯莱（1821～1895）和詹姆斯·约瑟夫·西尔维斯特（1814～1897）从这一陈旧体制下脱颖而出，他们都对代数和几何学做出了重要贡献。代数不变定理从射影几何学获得了推动力，爱尔兰几何学家乔治·萨蒙（1819～1904）第一次在他的教科书中对这一理论进行了详细分析。他的研究在德国得到认可，这可以从 20 世纪后 40 年萨蒙－菲德勒教科书的多次再版看出。在凯莱的热情帮助下，并从最近出版的关于代数曲线和平面的研究中得到素材，威廉·菲德勒丰富了这些专著以后的版本。凯莱、西尔维斯特和萨蒙主要以间接的文字传递，而不是直接的口头演讲对后来产生影响。而同时代的英国自然哲学家，尤其是爱尔兰的天文数学家威廉·罗恩·哈密顿（1805～1865）、苏格兰的物理学家威廉·汤姆森（1824～1907）、彼得·格思里·泰特（1831～1901）和詹姆斯·克拉克·麦克斯韦（1831～1879）对数学产生了更为深刻、持久的影响。这些著名的、具有英国风格的辩论者和物理学家的主要人物为 J. W. 斯特拉特（雷利勋爵）、阿瑟·舒斯特、罗伯特·斯塔韦尔·鲍尔（1840～1913）、约翰·佩里、J. H. 坡印廷、霍勒斯·兰姆和阿瑟·斯坦利·埃丁顿。[15] 然而，像凯莱和西尔维斯特一样，这些占统治地位的应用风格的倡导者没有一个成为任何一个研究学派的带头人。

整个 19 世纪，英国人建立起了自己独特的、混合的研究传统。每一本现代微积分教科书都包括乔治·格林（1793～1841）和乔治·加布里埃尔·斯托克斯（1891～1903）某个版本的定理，及理论物理学最重要的研究成果。然而 1900 年前，当向量分析占支配地位时，很少有学生熟悉这些已成为数学课程核心的定理。直到第一次世界大战爆发，所谓的"直接方法"的优点才引起传统学者的激烈争论，一部分人反对这些方法而支持过去的笛卡儿坐标，另一部分人则提倡多元体系。泰特热情地支持威廉·罗恩·哈密顿的四元法，这一体系受到一小部分倾向于 H. G. 格拉斯曼（1809～1877）方法的德国数学家的质疑。当数学家们正为此争论不休时，两位物理学家确定了一种更加适合他们的方法，比四元法更简便。19 世纪 90 年代，乔赛亚·W. 吉布斯（1839～1903）和奥利弗·亥维赛（1850～1925）通过进一步加工向量分析法发现了他们所要寻找的东西。[16] 随后出现的向量场概念植根于汤姆森、泰特和麦克斯韦的热动力学和电动力学的物理推测中。在 H. 赫兹以实验直接证实了麦克斯韦的理论及亥维赛以向量

〔15〕 见 P. M. Harman 编，《争论派和物理学家》（*Wranglers and Physicists*，Manchester：Manchester University Press，1985）中的文章。

〔16〕 Michael J. Crowe，《矢量分析的历史》（*A History of Vector Analysis*，Notre Dame，Ind.：University of Notre Dame Press，1967）。

形式完美地阐释了麦克斯韦四元法后,由于与同类方法相比显而易见的优势,场物理学及向量分析很快在欧洲大陆普及。

　　威廉时代晚期,德国大学的国际影响达到了顶峰,并对美国年轻一代数学家产生了深刻影响。19 世纪 80 年代末到 90 年代初,他们所推崇的导师费利克斯·克莱因吸引了美国大量有天赋的青年,数量比同期欧洲数学家招收学生的总数还多。[17] 费利克斯·克莱因的学生在三所后来主导美国数学的大学——芝加哥大学、哈佛大学和普林斯顿大学——率先成功地设立了可行的研究生计划。

　　在 1892 年成立的芝加哥大学,克莱因以前的两个德国学生奥斯卡·博尔查(1877~1942)和海因里希·马施克(1853~1908),加入了伊莱基姆·黑斯廷斯·穆尔(1862~1932)的研究团体。世纪之交,这个三人小组很快成为国内居于统治地位的学派。尽管芝加哥的数学家没有取得任何重大突破,但他们的研究接近于那个时代一些最有活力的研究。尤其是穆尔,对新的研究趋势有非常敏锐的眼光,芝加哥的优秀学生很快发现他们正处于现代数学研究的前沿。部分学生在他们各自的研究机构中不仅改变了人们审视数学的方式,还改变了研究方式。的确,19 世纪 20 年代至 30 年代期间,芝加哥学派毕业的五个明星学生成为了数学领域的权威人物,他们是乔治·D. 伯克霍夫(1884~1944),他加强了哈佛大学的地位,使之成为分析学和数学物理学方面的领导核心;奥斯瓦尔德·维布伦(1880~1960),他是普林斯顿大学几何学和拓扑学繁荣的领头人;伦纳德·迪克森(1874~1954)和吉尔伯特·埃姆斯·布利斯(1876~1951)继承了导师在芝加哥大学的优秀传统;罗伯特·李·穆尔(1881~1974)在得克萨斯州创立了一个拓扑学研究院,培养了几代学术后裔。

哥廷根的现代数学团体

　　1900 年,英国、法国、德国、意大利和美国形成了很多独立的、拥有独立组织的数学研究团体,从那以后,研究学派和数学学会在俄罗斯、波兰、瑞典等国家也相继出现。通过访问、参加讨论会及国际学术会议,这些团体和地方研究中心的成员加强了联系,建成了新的权力和势力网络。这种发展逐渐导致了数学家之间研究与交流的传统模式的改变。这一转变有着复杂的背景——技术的、社会的、政治的、教育的,这些因素几乎以各种方式影响了科学研究的各个方面。同时,作为数学知识的生产者和继承者,数学家的社会地位和作用也发生了根本变化。高等教育改革与新制度的建立相伴而生,后者为专业教师传授数学知识的多种形式提供了保障。与这门学科有着传统联

[17]　Karen H. Parshall 和 David E. Rowe,《美国数学研究机构的出现》(*The Emergence of the American Mathematical Research Community, 1876 - 1900: J. J. Sylvester, Felix Klein, and E. H. Moore*, Providence, R. I.: American Mathematical Society, 1994),第 175 页~第 228 页。

系的天文学、测量学和机械学都得以保留下来,但 1900 年后,随着专业研究兴趣的迅速分化而发生了变化。

在 1900 年和一战爆发期间,这些新生力量在哥廷根大胆地展现了自己,克莱因和希尔伯特领导着一个新的数学研究中心,这一中心深刻地改变了以往的研究规范。[18]

尽管是一种多方面的研究事业,但由于希尔伯特的研究团体充满活力,哥廷根实验因而具有重要影响力,突破了传统的数学研究模式。希尔伯特是作为一名代数学家开始其研究生涯的,当时他的研究兴趣为代数的数论。1900 年后,他的兴趣发生了根本转变,从那以后,他和他的学生开始关注分析领域内的各种课题(积分方程、变量微积分等),这些工作与希尔伯特感兴趣的数学物理学密切相关。与此同时,在日益扩大的国际交流网络中,哥廷根逐渐成为一个活动中心。克莱因雄心勃勃,想把哥廷根创建成数学领域的小宇宙,为数学家提供一个进入主要研究领域的平台。1895 年后,为了实现这一目标,他组织编写《科学院数学百科全书》(*EncyKlopädie der mathematischen Wissenschaften*),这个庞大的工程招募了来自意大利、英国、法国和美国数学研究的领头人物。这个工程的主要核心和一点儿也不秘密的议程表包括了清楚地阐述数学在那些极大程度上依赖成熟的数学技术的学科中的作用。在理论物理学方面,克莱因得到了一些优秀研究人员如阿诺尔德·佐默费尔德、保罗·埃伦费斯特、H. A. 洛伦兹和沃尔夫冈·泡利的支持。更广为人知的渊源可以追溯到希尔伯特的学生及其弟子在纯粹数学方面产生的影响的踪迹。从这些方面看,克莱因和希尔伯特的哥廷根数学团体完全是一个分水岭现象,其参与者经历了以日益加强的社会联系、合作和残酷竞争为特征的新工作环境。

一战破坏了法国和德国数学家之间本来就很脆弱的联系,关系破裂加剧的前兆是 1920 年斯特拉斯堡举行的、将德国排除在外的、延期的第五届国际学术会议。到 1928 年博洛尼亚(意大利城市)会议时,几乎无人再想继续联合抵制德国,但德国学者内部却产生了是否要参会的分歧。路德维希·比贝尔巴赫(1886~1982)在荷兰拓扑学家和直觉主义者 L. E. J. 布劳威尔(1881~1966)的支持下,试图发起一场反抵制运动,这一抵制最后以希尔伯特决定率领一支德国代表队去参加会议而宣告失败。[19] 这些冲突预示了在纳粹时期比贝尔巴赫作为"雅利安数学"的主要代言人的行为。半个世纪或更长时间,德国大学吸引着来自世界各地的数学天才。但希特勒的上台促使大批人才逃往国外。一些人暂时避难于苏联,另外一些人逃到英国,大部分人则逃离恐怖统治而幸运地移居美国。

[18] David E. Rowe,《克莱因、希尔伯特和哥廷根的数学传统》(Klein, Hilbert, and the Göttingen Mathematical Tradition),载于 Kathryn M. Olesko 编,《德国的科学:制度和知识问题的交叉》(*Science in Germany: The Intersection of Institutional and Intellectual Issues*),《奥西里斯》,5(1989),第 189 页~第 213 页。
[19] 关于布劳威尔,见 Dirk van Dalen,《神秘主义者、几何学者和直觉主义者:L. E. J. 布劳威尔的一生》(*Mystic, Geometer, and Intuitionist: The Life of L. E. J. Brouwer*, vol. 1, Oxford: Clarendon Press, 1999)。

冷战及冷战后的纯粹数学和应用数学研究

在 20 世纪 30 年代,大批欧洲数学家移居美国,由此产生的研究兴趣的变化影响了美国的移民数学家和本土数学家。[20] 二战爆发前,以芝加哥、哈佛及普林斯顿为领导的纯粹数学研究在北美占据绝对统治地位,然而,应用数学从战时研究中获得了相当大的动力。两个首要的研究基地由曾在哥廷根工作的人成立:里夏德·库朗(1888~1972)在纽约大学首创了数学研究所,西奥多·冯·卡门在加州理工学院创建了空气动力学研究所。在 R. G. 理查森的领导下,布朗大学成为另一个主要的应用研究中心。数学家们在阿伯丁试验场进行了弹道性能测试;一些人在麻省理工学院放射性实验室致力于雷达系统研究;其他一些人如斯坦尼斯瓦夫·乌拉姆参加了 J. 罗伯特·奥本海默在洛斯阿拉莫斯的研究队伍,麻省理工学院的万尼瓦尔·布什在美国海军科学研究与研制办公室的创立中发挥了重要作用,此外,应用数学研究小组也于 1942 年在沃伦·韦弗的领导下成立。就像 一战期间一样,二战期间,美国数学界很多人热衷于与战争相关的研究。但不像他们的前辈在 1919 年后实际上都走回头路致力于钻研纯粹数学研究那样,很多美国科学家在二战后仍对应用数学研究保持着极大热情,当然,很多研究都是政府资助的。[21]

当欧洲的研究条件发生恶性变化时,苏联迎来了第二个数学研究"高峰"。[22] 俄罗斯第一个有活力的研究院于 1900 年由德米特里·叶戈罗夫(1869~1931)创建于莫斯科,并由他的主攻实函数理论的学生 N. N. 卢津(1883~1950)进一步发展壮大。A. Ya. 欣钦和 M. Ya. 苏斯林在他的领导下,对实分析理论及这一时期出现的傅立叶级数革新做出了重要贡献。苏联的分析学派紧紧跟随以法国为先驱的研究,包括埃米尔·博雷尔(1871~1956)和亨利·勒贝格(1875~1941),他们在康托尔集合论(Cantorian set theory)的基础上创立了现代测量理论和积分理论。卢津所起的作用可以与伊莱基姆·黑斯廷斯·穆尔在美国的作用相比,他培养了大批极有才智的学生,有两个人远远地超过了他们的老师:A. N. 柯尔莫哥洛夫(1903~1987)是概率论和动力系统的先驱者;保罗·S. 亚历山德罗夫(1896~1982)对代数拓扑学做出了重要贡献。柯尔莫哥洛夫学派有两个主要研究方向:随机指数和动力系统,这两个方向主导着学派领导人的研究。现代随机理论始于 20 世纪 30 年代柯尔莫哥洛夫对概率论的

---

[20] 见 Reinhard Siegmund-Schultze,《希特勒时代数学家的大迁移》(*Mathematiker auf der Flucht vor Hitler*, Dokumente zur Geschichte der Mathematik, Band 10, Braunschweig: Vieweg 1998)。

[21] 见 Amy Dahan Dalmedico,《20 世纪的数学》(Mathematics in the Twentieth Century)，载于 John Krige 和 Dominique Pestre 编,《20 世纪的科学》(*Science in the Twentieth Century*, Paris: Harwood Academic Publishers, 1997),第 651 页~第 667 页。

[22] 见 Loren Graham,《俄罗斯和苏联的科学》(*Science in Russia and the Soviet Union*, Cambridge: Cambridge University Press, 1993)。

公理化研究;20 世纪 40 年代,他运用统计方法研究湍流;20 世纪 50 年代,他开始研究现在著名的摄动哈密顿函数系统(后来被称为 KAM 理论)——动力系统理论的基础之一。与柯尔莫哥洛夫学派相关的著名学者有 Y. 马宁、V. I. 阿诺尔德和 S. P. 诺维科夫。数学研究人员像运动明星或国际象棋冠军一样在苏联享有优越地位,他们从早期就被一个开发其才能的体系所培育着。从 1936 年开始,数学奥林匹克竞赛每年举行一次,这是一种鉴别优胜者有可能是下一代数学精英的竞争形式。

冷战及随之而起的美国和苏联的空间军备竞赛意味着大量的军费开支和对科学技术研究项目的过度支持。新的组织,如国家科学基金会也紧随着这些政治事件而成立,这为专业的数学家提供了无数机会。麻省理工学院的诺贝特·维纳(1894~1964)是对政府机构侵害数学研究提出批评的少数美国学术带头人之一。史蒂夫·海姆斯比较了维纳和约翰·冯·诺伊曼(1903~1957)的态度,约翰·冯·诺伊曼是一位优秀的匈牙利移民,他与美国的军事领导紧密合作进行研究,后来成为美国原子能委员会的一员。[23] 在冯·诺伊曼的影响下,美国的数学研究进入电子计算机时代。

20 世纪 60 年代和 70 年代,随着"新数学"运动遍及美国教育界以及研究生院每年授予的博士学位几乎达到一千个,这使人们对纯粹数学的兴趣复苏了。这是一个铸造"出版或者毁灭"标语的时代,这一标语是迈克尔·斯皮瓦克为其低成本的数学出版社取的名字。年轻一代推动了新风格的发展;受布尔巴基和抽象结构的激励,一大堆新成果产生了,许多成果解决的是极其深奥的、只有提出者才能理解的问题。极具讽刺意味的是,布尔巴基运动的那些发起人属于那些认识到他们的思想应归功于大部分已被遗忘的上个世纪的成就的少数人。

在 20 世纪 80 年代和 90 年代,高压政治逐渐消退,冷战时期不同国家的界限的消失,新团体和旧团体加强了联系。国际学术会议真正成为国际性事务,与会者有来自东亚、南美和非洲的数学家。苏联的新移民浪潮充实了北美的研究团体,它的成员来自不同民族,这种种族融合现象形成了 20 世纪晚期的文化特征。同许多当代社会的组成部分相似,数学研究也受到了电子革命的深刻影响,导致了世界数学家之间交流与合作的广大范围内新网络的形成。剧变时期,传统数学学派的重要性(因为过去许多教学和研究活动都以传统数学学派为中心),现在看来不一定在未来就那么重要了。

如果最近的事件挑战了简略概述,那么这些事件至少揭示了像其他学科一样,数学研究的趋势和方式能够而且确实经历了快速变化。20 世纪 60 年代和 70 年代,范畴理论、点集拓扑理论及突变理论都非常盛行;20 世纪 90 年代,它们几乎全都从历史舞台上消失了,因为分形和电脑绘图已成为数学家的爱好。的确,最近几十年,专业化和出版新成果的迫切性产生了大量信息。但人们经常反复提起的是,已知数学研究成果的压倒性优势是最近才出现的(大概在 1950 年后),这仅仅强化了一种错觉,即最近这一阶段的繁荣的趋势是一种稳定上升的曲线。根据数学文化的广义含义,人们似乎更有理由认为,新成果的大量出现仅仅是与现代生活的其他现象并行发生的另一现象:瞬间(无法意料)淘汰。

从其优点看,易解决性和可复得性问题以不同形式呈现。就像在人类的其他努力中一样,大量数学研究成果包含许多陈旧材料,这些材料不会对当代数学家或任何其他人有任何实际用途,也不会引起他们的兴趣。对现代数学研究者来说,像《数学评论》(*Mathematical Reviews*)和《数学文摘》(*Zentralblatt*)之类的参考文献对于从已出版的著作中获得最新成果而言,已成为必不可少的工具了。但这并不意味着,这类资源会构成那些厌烦翻阅这类书的训练有素的数学家可以重新获得当代数学知识的主体。从实用的观点看,后现代时期的专业数学家的整体文化是获得其前辈研究成果和思想的相当有限的途径。如果数学的历史能够证明什么,那就是像被发现时一样,数学成果很容易被遗忘。有时,旧成果会被重新发现,但当这种现象发生时,新成果的思想很少跟原来的一模一样。这种重新发现和传递的过程几乎总是伴随着或多或少的微妙转变,它可能极大地改变下一代人或不同文化赋予它的发现的含义。

(张珊珊　译　杨舰　陈养正　校)

7

工业、研究与教育的关系

特里·希恩

本章探讨自 1850 年以来的一个半世纪里,科学与技术的研究能力及教育变迁对工业的影响,分析了工业进步中取得卓越成效的四个国家:英国、法国、德国和美国。需要着重指出的是,对于这四个国家的每一个而言,经济增长经常围绕着教育与研究这两个对比系统而进行组织。

时至今日,大多数学者认为,作为一个普通现象的教育,本身并不是工业增长的线性的、直接的决定性因素。举例来说,弗里茨·林格指出,尽管 19 世纪及 20 世纪初,德国和法国的教育大体平衡,例如一代人中受教育人数的比例,但两个国家的经济发展状况却极为不同。[1] 彼得·隆格伦对法国和德国工程团体的规模及其培训特征进行了比较,也得出了相似结论。[2] 罗伯特·福克斯和安娜·瓜尼尼对一战前数十年的欧洲六国与美国的教育和工业状况进行了对比研究,证明尽管这些国家的工业增长率大相径庭,但它们在教育政策与实践方面却没有太大差别。[3]

今天看来,研究与工业之间直接的、线性的关系的观点是值得怀疑的。例如,就在一战前后的几十年间,很少法国公司具备研究能力,教育系统内的应用研究也很缺乏,甚少例外。尽管步伐缓慢,但法国工业仍然稳步地前进,这大体上是因为采取了替代 性的获取创新技术的措施,诸如获取专利、授权及集中发展低技术产业。[4] 很大程度上,法国工业能力是衍生的,常常依赖从海外引进技术。[5]

在我看来,尽管工业成就与研究或教育相匹配的情况十分罕见,然而经济发展却

〔1〕 Fritz K. Ringer,《现代欧洲的教育和社会》(*Education and Society in Modern Europe*, Bloomington: Indiana University Press, 1979),第 230 页~第 231 页,第 237 页。
〔2〕 Peter Lundgreen,《法国的科学与技术组织:德国视角》(The Organization of Science and Technology in France: A German Perspective),载于 Robert Fox 和 George Weisz 编,《法国的科学与技术组织(1808 ~ 1914)》(*The Organization of Science and Technology in France,1808 – 1914*, Cambridge: Cambridge University Press, 1980),第 327 页~第 330 页。
〔3〕 Robert Fox 和 Anna Guagnini,《教育、技术和工业成就(1850 ~ 1939)》(*Education, Technology and Industrial Performance, 1850 – 1939*, Cambridge: Cambridge University Press, 1993),第 5 页。
〔4〕 Terry Shinn,《法国工业研究的起源(1880 ~ 1940)》(The Genesis of French Industrial Research 1880 – 1940),载于《社会科学信息》(*Social Science Information*),19,no. 3(1981),第 607 页~第 640 页。
〔5〕 Robert Fox,《法国视角:教育、创新、法国电气工业的成就(1880 ~ 1914)》(France in Perspective: Education, Innovation, and Performance in the French Electrical Industry, 1880 – 1914),载于 Fox 和 Guagnini,《教育、技术和工业成就(1850 ~ 1939)》,第 201 页~第 226 页,特别是第 212 页~第 214 页。

与研究/教育这两种因素紧密联系。只有当它们在特定模式中相互作用时,它们的潜力才能促进工业创新的出现。进一步而言,为了求得实效性,研究必须置于特殊结构属性之内,以便工业能够受益,同样的理念也适于科学与技术教育。这种历史机制(包括积极的、促进的和消极的、阻碍的)将被提出。

德国:一个多相融合的范式

学者认为,19 世纪最后的三分之一时间里,资本主义工业生产关系发生了巨大变化,实际上,这就是"知识资本化"的出现。[6] 系统的、正规的学习与资本、设备、劳动力、投资一起成为工业进程的关键性因素。19 世纪中叶前,技术培训很大程度上采取了学徒制的形式。工业新产品的创造向来依赖机遇,而且这种新产品的创造经常来源于工业的外部因素。随着知识资本化,科技能力获得了正规学习的外衣,它在公司内部起着中心作用。与此相适应,兴起了与以前截然不同的教育,它向人们提供所需的概念、技术信息和技巧。同样地,工业创新也不再是那些与世隔绝的、私人发明家的任务。应用研究在企业内部的地位日渐提高,政府和学术界也赞助与应用科学和工程相关的探索。总之,德国是第一个迈向知识资本化的国家,相应地也建立了一系列教育基地和研究机构。

在一战前的半个世纪里,德国工业蹒跚前进。但 20 世纪中叶,德国一下子跃居英国和法国之前。德国充当了第二次工业革命的先锋,并由此创造了一个又一个的经济增长的历史奇迹。但确切地说,德国的这一巨大成功在多大程度上依赖与教育和研究相关的因素呢?著名的理工大学(Technische Hochschulen)常被描绘为德国在 19 世纪末、20 世纪初教育服务于工业的关键,以及教育 - 工业关系成功的典范。[7] 1870 年至 1910 年,新增了 3 所学校——亚琛(Aachen)、但泽(Danzig)和布雷斯劳(Breslau),而在此之前,普鲁士和其他一些邦国(länder)(柏林、卡尔斯鲁厄[Karlsruhe]、慕尼黑、德累斯顿[Dresden]、斯图加特[Stuttgart]、汉诺威[Hanover]、布伦瑞克[Braunschweig]和达姆施塔特[Darmstadt])已建立了 8 个机构。它们向数万名具有工业头脑的人提供科学、工程、应用研究的教育。1900 年左右,理工大学的教学内容已分成四个方面:(1)从工业活动中演绎出技术规律;(2)从自然法则中演绎出技术规律;(3)改造某些抽象计算技巧以适用于工业需要;(4)对适用于工业的原料和生产流程的系统研究。

仅在 1900 年至 1914 年间,1 万多名合格的毕业生从理工大学毕业,他们像潮水般拥向已经饱和的劳务市场。男性毕业生成为与化学、电学(后来是电子)、光学和机械

[6] H. Braverman,《劳动与垄断资本:20 世纪工作的衰退》(*Labor and Monopoly Capital: The Degradation of Work in the Twentieth Century*, New York: Monthly Review Press, 1974)。
[7] Lundgreen,《法国的科学与技术组织:德国视角》;Ringer,《现代欧洲的教育和社会》,第 21 页~第 54 页。

相关领域的制造业公司的工程师,很多人跃升到高级管理职位,一些人成了企业的董事。理工大学提供5～7年的培训,1899年之后,学生可选择攻读博士学位。授予博士学位的权利是经过与国立大学20年苦苦斗争后获得的。德国大学享有了对博士教育的毫无异议的垄断权,直到19世纪末。理工大学的胜利非常重要,它象征着工程技术和技术学习获得了高身份,并且在飞速现代化的德国社会组织中,他们被默许进入工业部门的关键位置。

历史学家指出,19世纪末德国出现的备受称赞的、与工业成功不可分离的理工大学,是更加广泛的教育改革和文化变迁的一部分。传统人文教育(bildung)构成了德国第一位的、几乎不受任何挑战的教育模式,直到19世纪中叶。经典学习是有教养的、传统的资产阶级的特征,这种学习通常是在那些非常高级的中学(Gymnasien)和大学中获得的。人文教育独自赋予(这些学习者)社会合法性。然而,1850年之后,一种"现代"学习方式开始渗入德国教育体系。更加注重实用的和实际的课程,诸如科学、技术和现代语言的实科中学(Realgymnasien)开始挑战人文主义中学,理工大学正是从这些实科中学招收了大量学生。19世纪最后的数十年中,现代中学的学生数量远远超过了传统预科学校,并且与现代技术和产业流相关的就业机会在数量和声望上都有巨大增长。因而在19世纪最后的三分之一时间中,与科学和技术相关的知识跟昔日人文知识一样占据教育体系的顶峰。工业技术成为获得一定社会和政治合法性的途径。[8]

然而,近来的编史学对理工大学与19世纪晚期德国工业所取得的成就之间的因果性提出了质疑。沃尔夫冈·柯尼希主张,1900年以前,作为工业先锋的不是高技术知识,而是中等技术才能。因此,理工大学并不像人们通常认为的那样,在德国经济增长中起着中心的作用。它们的主要任务是与传统大学竞争,并力图在教育体系中占据重要位置。为了达到目标,与在实用的、工业的领域进行教学和研究相比,理工大学有必要在相关学术界展示自己的能力。只有在1900年后,当理工大学成功地挑战了传统大学,它们才将其全部注意力转向实际的工业发展并取得了显著成就。[9]

柯尼希坚持认为,1890年前,并非理工大学,而是各式各样的、甚至水平较低的技术教育机构——中等技术学校(Technische Mittelschulen)推动了德国经济的增长,这一学校群体尤其是在19世纪七八十年代繁荣昌盛。整个19世纪,这一学校群体主要由无数地方性的小型培训机构组成,并在很多邦国盛行。不像理工大学,在这一关键时期,中等技术学校迎合了工业具体的和特殊的需求。柯尼希主张,这些学校的毕业生(通常并非理工大学的)成为传统机械领域和科技密集的化学和电力领域的主要创新者。这些学校在一些特殊的实践主题方面提供全日制指导,课程学习时间为12～18个

〔8〕 Ringer,《现代欧洲的教育和社会》,第73页～第76页。

〔9〕 Wolfgang König,《德国的技术教育和工业成就:异质融合的胜利》(Technical Education and Industrial Performance in Germany: A Triumph of Heterogeneity), 载于 Fox 和 Guanini,《教育、技术和工业成就(1850～1939)》,第65页～第87页。

月,之后毕业生立刻进入工业领域工作。他们被称为高级技工,很多人成为行业工程师。他们的价值在于,他们具有将实用知识和技能结合起来的特殊能力。值得注意的是,柯尼希的结论可以说是对林格论点的补充,在林格看来,高级职校(Oberrealschulen)及其类似学校(高等基础教育)是德国现代化进程的保障。[10]

然而,19 世纪末有一种共识,即理工大学给工业的持续增长提供了大量的科学和技术知识,并且直到两次世界大战之间的年代,理工大学一直起着这种作用。德国高等技术学习的地理分布变化相对较小。时至今日,理工大学仍然通过向企业输送经过高级培训的工程师来为其提供先进的和传统的技术。这些学校群体必须由 20 世纪 60年代崛起的技术大学加入其中。技术大学像理工大学一样起着认知的和职业的作用,它们构成了德国大学应对不能再招到更多有天赋的学生这一情况的战略反应。20 世纪 60 年代也崛起了另一类型的技术机构——应用科技大学(Fachhochschulen)。[11] 这种学校替代了以前的中等技术学校,提供了一个比较长的培训周期,与理工大学的 6年或 7 年相比,其周期为 4 年。德国技术教育体系继续发展且有自己的特色,不仅仅是多相融合的特色,而且不同机构之间的相对界限也存在很大弹性。因此,这种低水平的应用科技大学的学生转向具有较高身份的理工大学或大学是有可能的,且不费大的周折。总之,这种富有弹性的横向结构加强了多相性,而这种可重新定义的分级结构则保证了多相性的长久性。这样做的结果是,19 世纪中期以来,德国工业一直拥有从技术教育机构中汲取的巨大的多样性。这种多样性带来了重要的产业绩效,如公司在面对日新月异的技术和不断变换的经济机遇时,能招募到新员工。[12]

但是,19 世纪和 20 世纪的德国工业能力并不仅仅建立于科学和技术培训之上,现代经济体制中的知识资本化也要求通过研究而创新。德国是现代大学/工业研究与知识紧密联系的先驱,就个人而言,这可以追溯到尤斯图斯·冯·李比希(1803~1873)。甚至在 19 世纪上半叶,德国堪称在农业化学和医药学方面获得了特殊的产业绩效,这是由于德国学术界与企业研究的联合。许多历史学家令人信服地指出,在过去的 150年里,德国化学取得的无以伦比的成就,大部分要归功于内源应用科学与外源应用科学的结合。[13] 早在 1890 年,拜尔就是一个全职的工业化学研究师,他拥有一个隶属于某个大公司复杂的官僚主义机构的、设施良好的实验室。[14] 从 19 世纪中期开始,耶

[10] Ringer,《现代欧洲的教育和社会》,第 21 页~第 64 页。

[11] B. B. Burn,《学位:持久力、结构、信誉与移植》(Degrees:Duration, Structures, Credit, and Transfet),载于 Burton R. Clark 和 Guy Neave 编,《高等教育百科全书》(The Encyclopedia of Higher Education, Oxford:Pergamon Press, 1992), 3:1579 – 87。

[12] Max Planck Institute,《在精英教育和大众教育之间:联邦德国的教育》(Between Elite and Mass Education:Education in the Federal Republic of Germany, Albany:State University of New York Press, 1992),Raymond Meyer 和 Adriane Heinrichs-Goodwin 译,第 1 卷,第 1 章。

[13] Ludwig F. Haber,《化学工业(1900 ~ 1930):国际增长和技术的变化》(The Chemical Industry:1900 – 1930:International Growth and Technological Change, Oxford:Clarendon Press, 1971)。

[14] Georg Meyer-Thurow,《发明的产业化:一个德国化学工业的案例研究》(The Industrialization of Invention:A Case Study from the German Chemical Industry),《爱西斯》(Isis),73(1982),第 363 页~第 381 页。

拿蔡司公司(Zeiss Jena)的光学器件在大量内部研究的基础上批量生产,并且受益于德国的大学和理工大学已取得的研究成果。德国电力和电子工程部门的情况与此相似。

帝国的工业成就也间接受益于这种研究。帝国物理技术研究所(Physikalisch-Technische Reichsanstalt)的第二研究室专于技术研究,并以两种战略模式给企业提供支持。[15] 那里进行的研究为德国技术标准盛行于激烈竞争的世界铺平了道路。同样重要的是,第二研究室也承担着仪器仪表领域的研究。[16]

法国：一种同质性范式

与德国相比,法国工业发展相对缓慢并缺乏周期性。整个 19 世纪,法国经济年增长率为 1% 左右,而其邻居(德国)则要比其额外多出 50%,有时增长率超过 6%。20 世纪大部分时间,德国经济也一直领先于法国。[17] 法国经济增长较缓慢可归结为一系列因素,如银行政策、存款方式和原材料问题,同时与思维方式、意识形态和文化倾向等也存在一定的关联性。显然,这些因素明显影响了法国的发展,但法国发展缓慢同样与特殊结构的教育制度以及与应用研究相关的特殊体系有关。法国的高等科学和技术教育体系无疑是经济高度发达国家中最为支离破碎、层次分明、等级森严的。企业和教育的僵化结构,长期产生了令人窘迫的而且常常是无法穿越的界限。直到最近,公共研究机构才开始重视企业。这种状况被存在于两方面之间的分裂历史性地支撑着：一方面是与反实用主义的、高深的理论科学和深奥玄妙的数学结合在一起的社会和政治正统性;另一方面是与经济问题紧密相联的那些地位低下得多的、零散的、经验主义的和手工的技术。

法国高等科学与技术教育体系包括四个绝然不同的层次：传统高等专业学校、大专、国家工程机构(历史上与科学机构紧密相联)和新式高等专业学校。然而每一类学校均彼此隔离,拥有自己的教育特色及为工业服务的特定潜力。对于技术性学生来说,不允许横向的和纵向的流动。此外,法国历史上没有出现教育的或制度的混合模式。

传统高等专业学校始建于 18 世纪,诸如矿业学院(Ecole des Mines)、桥梁与公路学院(Ecole des Ponts-et-Chaussées)、炮兵学院(Ecole d'Artillerie)、军事工程学院(Ecole

[15]　David Cahan,《帝国的研究所：物理技术研究所(1871 ~ 1918)》(An Institute for an Empire： The Physikalisch-Technische Reichsanstalt,1871 - 1918, Cambridge： Cambridge University Press, 1989)。
[16]　Terry Shinn,《技术研究的矩阵：德国起源(1860 ~ 1900)》(The Research-Technology Matrix： German Origins, 1860 - 1900),载于 Bernward Joerges 和 Terry Shinn 编,《科学、国家和工业中的仪器设备》(Instrumentation between Science, State and Industry, Dordrecht： Kluwer, 2001),第 29 页~第 48 页。
[17]　Rondo E. Cameron,《法国的经济增长和停滞(1815 ~ 1914)》(Economic Growth and Stagnation in France, 1815 - 1914),《当代历史杂志》(Journal of Modern History),30(1958),第 1 页~第 13 页。

de Génie Militaire），最后是于 1789 年革命期间建立的理工学院（Ecole Polytechnique）。这些学校的明确功能，就是确保法国的国家优势和权力。尽管这些学校培养工程师，但与德国、英国和美家的工程师并不是一个含义。毕业生是国家利益的捍卫者，他们要么成为高阶军官，要么成为高等公务员。公务员是所在区域基础设施建设、矿产资源开发及类似工作的规划者和监督者。传统高等专业学校的毕业生因此成了"社会工程师"，而不是产业人员和经济增长的直接参与者。[18] 这与他们的数学分析训练相一致，是希腊和拉丁的一种狭隘的演绎认识论。确实，直到 20 世纪，现代科学诸如机械学、电力学及类似课程才渗入到技术学校，由此这种研究也具有了优先性。

然而，法国的发展需要技术人员充实到新生的工业中去。19 世纪早期，实用技术教育随着工艺技术学院（Ecoles des Arts et Métiers）的成立而出现了，这是法国大专体系的关键性因素。[19] 这些学校最初是由拿破仑为孤儿和军人之子建立的，它们主要在诸如木工、金属加工、钳工、机械等领域提供短期培训。然而，很快，这类机构如雨后春笋般成长起来，课程也变得更为高深，学生主要来自小资产阶级和中产阶级下层。这种教育培训发展成为一个包括初等教学和基础科学的两年计划，学习的是一些实用性内容。19 世纪末，招生需要通过全国性的选拔考试进行。除了极个别例外情况，毕业生都进入工业领域，并成为技工、工头和工程师，也有一些跃升到企业管理职位，但这种情况极少。在 19 世纪和 20 世纪的大部分时间内，工艺技术学院的毕业生成了法国企业的中层技术干部主体。

然而，大专毕业生和他们的工作被证明对法国的工业成就至关重要，但他们的贡献也是有限的。这些学校创立于机械时代，研究机构向诸如化学、电力和电子等新技术部门的转向速度非常缓慢。此外，工艺技术学院也未能将它们的项目与研究结合起来，也没有将工程视为科学。学校的教学方法和毕业生都注重实际，而不注重探索，创新从未成为其实践或思维的一个因素。由于这些学校的卑微地位，直到第一次世界大战前夕，它们才被允许授予毕业生工业工程师（ingénieur industriel）头衔。这是一个重大的胜利，因为它标志着此类教育群体通过努力，正式拥有了与非工业的（反工业?）传统高等学校一样的学位授予权。尽管工业的教育和工业的科学一直缺乏理工学院和深奥的数学及高深的科学赋予的巨大正统优势，然而检验社会地位和影响力的因素却慢慢偏向于技术。尽管如此，与 1899 年德国的理工大学的胜利相比，这一成绩却是苍白的。理工大学在为工业知识争得学术地位的同时亦为其与企业的联合准备了更为有效的途径。

相对而言，较低水平技术学习的第二次潮流崛起于 1875 年至 1900 年之间——共

[18] Terry Shinn，《科学知识与社会力量：理工学院（1789 ~ 1914）》（*Savoir scientifique et pouvoir social*；*L'école polytechnique*，*1789 - 1914*，Paris：Presse de la fondation nationale des sciences politiques，1980）。

[19] Charles R. Day，《法国工艺技术学院技术教育（19 ~ 20 世纪）》（*Les Écoles d'Arts et Métiers L'enseignement technique en France*，*XIXe - XXe siècle*，Paris：Belin，1991）。

和国科学的黎明期。1871 年,当第二帝国向普鲁士屈服,第三共和国成立之时,知识分子和大学教授在获胜的共和派中起到了重要作用。继任的政府重新调整了科学机构,为研究人员提供了新大楼、舒适的实验室、大量的工作人员,也招收了数量空前的学生,研究繁荣起来了。工业第一次被授权可以向科学研究机构投资,而科学研究机构也被允许参与当地工业活动。正是在这种背景下,大学/工业的紧密联系出现了。[20]

在不到 25 年的时间内,受到激励的院系建立了将近 36 个应用科学研究所。它们的功能是双重的:(1)支持地方工业以解决紧迫的技术问题,通常也从事应用科学方面的学术研究;(2)为地方中产阶级下层(他们对扩大在地方企业的就业极感兴趣)子弟提供为期一到两年的相当于技师水平的培训。研究所包括了多种技术领域,诸如发酵、酿酒、食品、涂料和油漆、摄影术和测光法、电力与电动机械、无机化学和有机化学,等等。重要的是,与技校相关的科学院系的诞生和发展正处于深度经济衰退的背景中。在大约 1875 年至 1902 年这段严酷的日子里,一贯平稳的法国经济经受了考验。如果从纯经济的视角看,这一时期工业对技工劳力、新产品和新流程的需求是很低的。尽管如此,工业却积极参与到新技术研究所的兴起过程中。为什么呢? 可能政治因素起的作用比经济因素更大。在这种情况下,学习、工业和研究之间的结构性整合也许向来就是表面的和短暂的,而非真实的和重要的。

在 1875 年到 1914 年 8 月一战爆发这段时间内,这些研究所培养了数以千计的技工。在工业方面,它们为制造业提供了低水平的骨干。更重要的是,这些毕业生成了法国第二次工业革命的中流砥柱。但很快三个严重的问题就削弱了这些机构的作用:(1)1914 年一战前夕,越来越多的企业开始疏远学院及其应用科学研究所,对其工业投资也下降了。(2)战争刚一结束,除了斯特拉斯堡,法国的学院崩溃,研究所是第一群被解散或缩减的。20 世纪 20 年代和 30 年代,这些机构不过像以前的影子而已,几乎没有毕业生,不再有研究,对商业也无兴趣。[21] (3)大约从 1900 年到 20 世纪 30 年代,法国出现了大量非常小的、私有的工程技术学校及无数与工程技术相对应的课程。20 世纪 20 年代末,工程技术市场已经充斥了大量接受(很多是贫乏的)各种培训的人,并且这很快引起了工程技术职业的严重危机。[22] 谁是真正的工程师? 哪些机构有权授予这一称号?

学校与毕业生之间相互斗争。1934 年,国家委员会召开会议规范这一职业。19

[20] Mary Jo Nye,《各省的科学:科学团体和法国各省的领导者(1870 ~ 1930)》(*Science in the Provinces: Scientific Communities and Provincial Leadership in France, 1870 - 1930*, Berkeley: University of California Press, 1986); Terry Shinn,《法国的科学分科体系(1808 ~ 1914):数学和物理科学中制度的变化和研究潜力》(The French Science Faculty System, 1808 - 1914: Institutional Change and Research Potential in Mathematics and the Physical Sciences),《物理科学的历史研究》(*Historical Studies in the Physical Sciences*),10(1979),第 271 页~第 332 页。

[21] Dominique Pestre,《法国的物理学与物理学家(1918 ~ 1940)》(*Physique et physiciens en France1918 - 1940*, Paris: Editions des Archives Contemporaines, 1984),第 1 章和第 2 章。

[22] André Grelon,《紧缺的工程师:两次大战间的头衔与职业》(*Les ingénieurs de la crise: Titre et profession entre les deux guerres*, Paris: Editions de l'Ecole des Hautes Études en Sciences Sociales, 1986)。

世纪 70 年代和 80 年代,教育飞速发展,但这种活跃的活动并不能适应工业增长和工业对技术专家的需求。这又一次说明技术教育和技术资格认证并不与经济增长同步发展这样的重要问题。于是法国技术界趋于内敛,而不是向外转向企业界。与之相比,德国工程师由"德国工程师协会"(Verein Deutscher Ingenieure)鉴定自己。这个协会一方面需要与教育机构协商,另一方面要与企业协商,这样才能强化技术职业的地位,形成具有凝聚力的国家技术与工业体系。法国虽然存在许多专业工程技术协会,但通常规模很小、四处分散且力量薄弱。对工程师的鉴定通常将重点放在培育他的学校上。在鉴定者的逻辑中,第一位的是他们的母校(alma mater),技术职业次之,最后才是企业。

　　最后,一战前 30 年成立的新式高等专业学校(包括高等理化学校[Ecole Supérieure de Physique et de Chimie]、高等电力学校[Ecoles Supérieure d'Électricité]和高等航空学校[Ecole Supérieure d'Aéronautique]),是德国理工学院在法国的对等物。这些学校均由著名的科学家和工程师创立,他们的学术和专业发展轨迹包括学术贡献和与工业的密切联系。在它们成立之后的几十年里,新式高等专业学校提供诸如初等数学、应用科学和工程技术方面的培训。然而,不久课程就变得更加深奥和复杂起来。高等应用数学、纯粹科学、应用科学及工程技术这些课程都被教授。这种学习的显著的数学化吸引了来自上层社会的学生,也提高了学校在正规的国家教育体系中的地位。[23]

　　从一开始,新式高等专业学校就致力于研究,而且 1945 年后,研究日渐成为教学计划的核心。以高等理化学校为例,居里夫妇在学校里进行了放射性的开创性工作,这与放射性的工业应用紧密相连。形成这一群体的三个学校,在 1945 年以后的绝大部分时间中,成为某些工业成就的研究和高级工程技术的中心,这些工业成就的主要领域包括电力和电子学、航空学、合成化学,以及与经典宏观物理相联系的技术部门诸如流体力学。但没有必要去夸大这些机构在工程技术和研究领域的贡献。

　　直到 20 世纪 60 年代和 70 年代为止,在工业内部的研究的公开发表还极为罕见,而拥有研究能力的公司则更为稀少。法国工业很独特,它对科学的态度非常冷淡甚或抱有敌意。在 20 世纪 20 年代对超过 20 家的法国技术领先的公司进行的调查显示,只有四分之一的企业具有研究能力。其他一些公司依赖购买专利和创新许可。[24] 19 世纪 90 年代,几家公司成立了小型的、临时的研究实验室,但很快便废置不用了。到二战后,法国才兴起了支持工业研究的真正风潮,并且正是在这一时刻,新式高等专业学校才加强了高级工程技术和实验研究方向的混合状态。

　　为了弥补应用研究的诸多不足,政府进行了干预。第一次世界大战迫使法国调整

[23]　Terry Shinn,《基础性科学中的工业科学:物理与化学高等学校的变化》(Des sciences industrielles aux sciences fondamentales: La mutation de l'Ecole supérieure de physique et de chimie),《法国社会科学评论》(Revue française de Sociologie),22,no. 2(1981),第 167 页~第 182 页。
[24]　Shinn,《法国工业研究的起源(1880～1940)》。

现有研究,资助国防新项目。尽管是出于实用的目的,但这一项目也未能在战争中幸存下来。就像已经指出的那样,1918 年后,法国的科学院系大都崩溃了,国家的研究潜力也随之消亡了。政府意识到这一问题已经太晚了,在 20 世纪 20 年代末期才有所关注。整个 20 世纪 30 年代,出于对加强国家赢得战争的技术潜能和对纯粹科学的需要,导致政府成立了一系列研究机构。这些机构获得的资助很少,然而,它们的确向有前途的年轻科学家提供奖学金并向实验室提供一些资助。这些机构强调工业知识和基础研究的结合。1938 年,国家应用科学研究中心(Centre National de la Recherche Scientifique Appliquée)成立,对外表达的目的是支持法国企业界,并帮助准备与德国的最后决战。1939 年,它被国家研究中心(Centre National de la Recherche Scientifique)所取代,时至今日,国家研究中心依然是法国第一位的研究机构。二战后,其他一些国家研究机构得以复兴或建立,诸如原子能委员会(Commissariat à l'Energie Atomique)、国家医药卫生研究院(Institut National de la Santé et de la Recherche Médicale) ,等等。国家的目标总是技术知识和纯粹科学知识。尽管这样,技术、应用科学和工程科学还是被边缘化了,与技术教育缺乏融合,与企业也不相关。尽管基础性科学研究繁荣了,但直到 20 世纪 70 年代,法国在多个经济领域都没有能够形成系统的、多元的,能够增强工业生产力的创新规划。[25]

英国：一个不确定的例子

在本章所涉及的四个国家中,英国的研究与技术教育无疑是最难用历史观点确定的一个例子。模糊性和不确定性与三个方面的考虑相关:(1)18 世纪大部分时间和 19 世纪早期,英国与机械相关的产业(纺织、采矿、铁路等)的辉煌成就,向一些分析家表明,英国在这些领域拥有适合的技术教育计划,并且或许具有一定的研究能力;(2)19 世纪晚期和 20 世纪,英国在技术培训和研究方面展示了相当数量和种类的创新,这经常被视为成功的证据;(3)因为英国和美国在文化上和工业上的密切联系,常有人推论,由于英国从美国获得创新源泉,因此英国的副本应该像它的美国系统一样有效率。

弗里茨·林格指出,20 世纪早期,英国仅仅拥有完整的普通小学和初中的学校体系。1902 年的《教育法案》(Education Act of 1902)确立了面对社会各阶层的义务教育,并提供了从经典到现代技术及短效的实用培训等一系列课程。英国第一次堪称拥有这一有质量的教育体系,超过了传统上培育社会和政治精英的并为一些人开辟了通向牛津和剑桥之路的"九所非常杰出的古典公立学校"。[26] 事实上,在 1836 年向社会提供科学和现代课程教育指导的伦敦大学学院成立之前,牛津和剑桥在当时构成了英

[25]　Fox,《法国视角》,第 212 页。
[26]　Ringer,《现代欧洲的教育和社会》,第 208 页～第 210 页。

国唯一的大学体系。尽管综合性学校也许不完全是实现有效研究和技术培训计划的先决条件,但是其好处巨大。德国和法国引入强大的和层次性的公立教育体制大约比英国早50年,这就几乎肯定给予这两个国家以优势,至少是一般素养,由此,技术素养方面也具有了优势。

林格指出,直到1963年《技术教育法案》(Technical Education Act)颁布时,英国才制定了一整套连续的高等技术教育体系。《技术教育法案》将初等教育与高等教育结合起来,允许学生在各种高级培训体系内流动,并通过对技术教育和工业教育合理性的检测,在正规高等培训体系内部建立起一些重要的差异化领域。[27] 事实上,直到二战后,英国的高校规模才开始与其他国家一样扩大。19世纪80年代和90年代,新成立了少数几所大学,包括伯明翰青年大学、利兹大学和布里斯托尔大学。在两次世界大战期间,只成立了一所新大学,即1926年成立的里丁大学(Reading)。与此相对照,1945年后,英国高等教育迅猛发展。以前的5所大学的学院发展成为大学,即诺丁汉大学、南安普顿大学、赫尔大学、埃克塞特大学和莱斯特大学。同时,又成立了7所全新的大学:苏塞克斯大学(Sussex)、约克大学、东英吉利亚大学(East Anglia)、兰丌斯特大学(Lancaster)、埃塞克斯大学(Essex)、肯特大学(Kent)和沃威克大学(Warwick)。1963年被认为是具有象征意义的一年,那一年,英国与工业相关的教育系统化、一体化了,技术学习获得了全社会承认并合法化,如同1899年德国的理工大学和1934年法国的工程技术界的地位一样。但与其他工业发达国家相比,英国的成效相对较晚。

145

19世纪20年代后,与其他国家相比,英国拥有大量设在地方工业基地的机械研究所。曼彻斯特的学校最为出名,对其研究也最多。[28] 19世纪,数以千计的技师来自这些学校。但实质上,这些机械研究所到底是什么? 首先,据文献记载,这些学校招收来自社会底层的学生,他们所受的初级教育水平较为低下。其次,培训课程常常是随机的,诸如一些算术、设计、与发动机和机械相关的课程等。尽管不同学院的培训水平差异颇大,但总体水平都相当低。也许更为重要的是,进入机械研究所的大多数学生,都没有完成整个计划课程。[29] 有些学生只学几个月或一年。其他一些学生只参加夜校,然后就从学校的登记簿上消失了。这种无组织的、间歇性的培训与德法两国在机械领域形成了鲜明对比。法国工艺技术学院包括连续两年的全职培训,而德国的中等技术学校招收的学生,一般都具有良好的基础教育背景,然后给学生提供额外的12~18个月的全职培训。一战前夕,在机械领域,英国的工作经历与学徒制远比正规学习更为盛行。但1900年以后,工业技术和正规的技术学习开始获得社会地位。

[27] 同上书,第220页。
[28] Colin Divall,《基础科学 vs 设计:雇主与英国大学的工程研究》(Fundamental Science versus Design: Employers and Engineering Studies in British Universities, 1935 – 1976),《密涅瓦》(Minerva),29(1991),第167页~第194页。
[29] Anna Guagnini,《世界的分化:英国机械工程师培训中的学术指导和业务能力(1850～1914)》(Worlds Apart: Academic Instruction and Professional Qualifications in the Training of Mechanical Engineers in England, 1850 – 1914),载于 Fox 和 Guagnini,《教育、技术和工业成就(1850～1939)》,第16页~第41页。

工业化学领域(即独立的、学术性的、与工业相关的科学)出现得也相对较晚,一些特殊领域甚至晚于第二次世界大战。英国在工业化学领域大大落后于德国,当时法国在这方面的发展也已经颇为专业。但英国的情况被证明极为复杂,其特点是大量的试验性工程以及混杂不堪,有时甚至自相矛盾的趋势。

1845 年皇家化学学院(Royal College of Chemistry)成立于伦敦,但其发出的指令却在化学分析和描述性数据之间模棱两可。据 R. 巴德和 G. K. 罗伯茨介绍,19 世纪 50 年代至 80 年代,纯粹化学和实用化学之间发生了斗争,最后以有利于前者的方式平息下来。[30] 在这一时期,英国科学学院代表着抽象知识,而理工学院则代表着实用化学。1882 年,肯辛顿师范学校(Kensington Normal School)成立,两派代表之间的斗争才得以解决。尽管肯辛顿师范学校讲授应用化学,但应用化学的地位要低于纯粹化学。尽管历史学家接受应用化学地位低下这一事实,但就其在学术界的地位及学术与工业的关系方面却一直存在分歧。

一些历史学家指出了英国应用化学的多面性和化学教学中的矛盾。尽管纯粹化学在大学占主导地位,但教师们对应用学习和研究的态度与对工业的态度常常不一致,因此很难界定。比如像利兹大学这样的一些学校,提供基础化学教育,有一些教师明确表示应用化学对毕业生很重要,因为他们可能成为师范和理工学院的教师,这些学校的职责是为社会培训工业人员。显然,尽管大学并未给应用学习一个合法地位,但由于毕业生参加工作时需要实用知识,因此也开放了实用知识教学。学术远离实用这一种理念在英国之所以得到保护,是因为在雇主眼中,能够证明雇员合格的并不是大学颁发的化学专业文凭,而是一个专业机构——化学研究所颁发的证书。最后,直到 1911 年,无论大学体制还是专业的化学研究所都不愿为工业化学制定标准。最终,一个工业团体——化学工艺学家协会(Association of Chemical Technologists)努力地实现了它的意愿。这里,参与者、同业者和机构所组成的风景是色彩斑驳的,常常是散乱的而纠结的——错综复杂的局面! 没有体系,没有整合。[31] 创新似乎始终是不确定的,缺乏广度及促使其与其他项目结合的措施。[32]

未解决的不确定性,工业、研究、教育三者间不协调的问题,在应用化学领域一直持续到 20 世纪 30 年代及之后。1939 年,整个英国只需要 400 名正在接受化学工程技

116

[30] R. Bud 和 G. K. Roberts,《科学 vs 实践:维多利亚时期英国的化学》(*Science versus Practice*:*Chemistry in Victorian Britain*,Manchester:Manchester University Press,1984)。

[31] J. F. Donnelly,《应用科学的表现:19 世纪末英国的学术和化学工业》(Representations of Applied Science:Academics and Chemical Industry in Late Nineteenth-Century England),《科学的社会研究》(*Social Studies of Science*),16(1986),第 195 页~第 234 页。

[32] Michael Sanderson,《大学和英国工业(1850 ~ 1970)》(*The Universities and British Industry*,*1850 - 1970*,London:Routledge and Kegan Paul,1972)。

术培训的学生。[33] 而同年在美国,仅麻省理工学院的化学工程技术学科招收的学生就超过了这个数字。但两国的基本差别不在于规模,而在于工业、研究和学习的组织结构。发展中的英国化学工程技术界,竭力去向企业和学术界阐释培养专业才能的重要性。这就必须使工业界掌握化学工艺规程,它比传统的应用化学具有多得多的获利潜力。这也必须说服学术界转变,至少部分地转变传统工业化学的教育。虽然在二战前后,学术界和企业界就有个别人支持化学工程技术,但支持时断时续。没有驱动力将同业者或者社会集团联合起来。企业与教育也是彼此隔离,有时甚至相互疏远。就目前的情况看,专业的应用化学团体的创造性渐渐地将企业与大学这两股力量联合起来了。这并不是说化学工程技术就没有主动性。它的创造性也是丰富的。困难在于,这些努力有时成功有时不成功,经常是短期的,并且鲜有合作。

尽管在研究领域,在技术、工程和科学教育界等,创新性较多,但所得甚少。每个项目,虽然本身富有创见,但常常缺乏综合眼光。即便有这样的眼光,但实践上却是脆弱的和支离破碎的。然而,英国不确定性的根本原因是,没有实现"延伸",即让一个分支系统超出其狭小的根基,超越并与其他系统相互配合。

美国:一个多态性的事例

德国是最先实行全面知识资本化的国家,美国紧随其后。一战前,美国工业的大多数成就取决于以下两个方面:一方面取决于以内源的与外源的研究形式出现的理性的创新组织;另一方面则取决于工业对技术学习和科学学习日益增长的需求与美国大学"适当定位"之间强大且稳定的一致。实际上,现存的及新出现的知识的有意识的、细心的合作乃是美国资本主义经济和社会秩序的一个至关重要的因素。技术知识,像原来的劳动力一样,成为投资、剩余价值、利润和剥削的一个实体。

19 世纪晚期和 20 世纪初期,美国工业、研究和教育关系的编史学可以归为三类:(1)一些历史学家主张,美国的公司资本主义早就具有塑造技术职业的认知焦点和制定规范标准的组织能力和权力,并具有决定美国大学的知识政策、职业政策和实践的远见卓识和巨大影响。从这种观点看,公司需要、逻辑和结构成功地支配了大学和职业活动。(2)美国大学的局面长期以来都特别错综复杂,尤其当谈到工程技术、应用科学和基础科学之间的平衡的时候。尽管有时工程技术和应用科学相当风行,但并不享有支配权。重视基础科学的政府、慈善机构和独立自主的潮流经常抵制应用学习和研究的逻辑和影响力。(3)以工程技术协会和科学协会为形式的技术行业嫉妒美国大学

[33] Colin Divall,《设计和生产的教育:专业组织、雇主与英国大学的化学工程技术研究(1922 ~ 1976)》(Education for Design and Production: Professional Organization, Employers, and the Study of Chemical Engineering in British Universities, 1922 - 1976),《技术和文化》(Technology and Culture),35(1994),第 258 页~第 288 页,特别是第 265 页~第 266 页。

的自治及其取得美国社会关键位置的潜能,因而它们既有效地与培训并认证它们人员的大学协商合作,又与离开它们人员的专业技能就不能运行的工业协商合作。根据以上阐述,专业化需求比工业更有效地促成了大学与商业的运作。尽管在很多层次和第一印象上,这三类编史文献的确表现出分歧甚至自相矛盾,但内森·罗森堡和理查德·纳尔逊提出了一种综合观点,这种观点至少提供了一种调和标准。

在 1890 年至 1920 年间,很多美国大型化学公司和电力公司转变为巨大的综合性公司,其内部组织日益官僚化、合理化。这一特征也延伸到劳动力、设备、原材料的获得、投资、管理、制造业和市场等领域。科技知识的组织也服从这种逻辑,必然地,创新的组织也合理化了。发明不再依赖机遇,而是处于企业的控制和约束之下。[34] 根据戴维·诺布尔的观点,这种学习的官僚化、不断增长的体制化的能力及企业内部的整合研究能力共同造就了一个后果,即美国企业界对高等科学与技术教育和 20 世纪早期技术职业行为的支配权。[35] 这种趋势表现为,一些大公司,如通用电气公司(1900年)、西屋电气公司(1903 年)、美国电话电报公司(1913 年)、贝尔电话公司(1913年)、杜邦公司(1911 年)、伊斯特曼－柯达公司(1912 年)、固特异公司(1908 年)、通用汽车公司(1911 年)、美国钢铁公司(1920 年)、煤炭联盟公司(1921 年)等也建立了大型的、组织良好的研究实验室。[36] 其目的是双重的:第一,通过开发新产品或更有效的生产方法与其他公司竞争;第二,对新产品或新工艺方法申请专利,但不将它们投放市场,因此阻止了后来的竞争者获利。到 20 世纪 20 年代,每个实验室都有数百名研究人员。合作研究现象在两次世界大战期间持续扩张,根据 1937 年进行的一次商业调查,发现超过 1600 家企业拥有研究单位。但这些实验室需要的科学和工程技术人员来自哪里呢? 更为专业的制造业的技工又来自哪里呢?

美国南北战争以前的美国大学认为,它们的主要任务是培养学生的哲学素养、道德正义感和公民责任感,它们为国家培养社会精英和政治精英。课程在一定程度上包括了自然哲学的内容,但其教学主旨是"大学文科教育",而非传授技术或实验。[37] 然而,19 世纪早期的美国,对实验科学、工程和技术的漠不关心并非遍布全国的。19 世纪前半期,两所赫德森谷学院(Hudson Valley institutions)、西点军校(West Point Academy)和伦斯勒理工学院(Rensselaer Polytechnic Institute)在工程和技术方面都有所

149

[34] Alfred D. Chandler,《看得见的手:美国商业中的管理革命》(*The Visible Hand: The Managerial Revolution in American Business*, Cambridge, Mass: Belknap Press, 1977)。

[35] David Noble,《构想的美国:科学、技术和公司资本主义的发展》(*America by Design: Science, Technology and the Rise of Corporate Capitalism*, New York: Knopf, 1977),第 vi 页和第 xxii 页～第 xxxi 页。

[36] 同上书,第 110 页～第 116 页;Leonard S. Reich,《美国工业研究的成果:通用电器公司和贝尔实验室的科学和商业(1876～1926)》(*The Making of American Industrial Research: Science and Business at GE and Bell, 1876 - 1926*, Cambridge: Cambridge University Press, 1985)。

[37] Arthur Donovan,《教育、工业和美国大学》(Education, Industry, and the American University),载于 Fox 和 Guagnini,《教育、技术和工业成就(1850～1939)》,第 255 页～第 276 页;Paul Lucier,《商业利益和科学的无私利性:对南北战争之前美国地质学者的咨询》(Commercial Interests and Scientific Disinterestedness: Consulting Geologists in Antebellum America),《爱西斯》(*Isis*),86(1995),第 245 页～第 267 页。

专长。1862 年,麻省理工学院(MIT)建立,随后,耶鲁大学成立了工程系。[38] 1862 年的《土地授权法案》(Land Grant Act)直接提出,州政府资助新成立的州立大学的应用科学和教学——首先是农业领域,然后迅速扩展到机械、化学和电力技术等领域。19世纪末,美国已拥有 82 所工程技术学校。然而这依然不能满足企业界对科学家和工程师的需求。

因此,商业界率先提出了两种战略。19 世纪 90 年代,企业界办起了公司学校,但在随后的 10 年里有所缩减。由此他们试图培训自己的技术人员。像通用电气公司和贝尔电话公司这样的大公司为新员工提供科学和工程技术培训,并为年长的员工提供先进课程。这还有另一个好处。通过公司学校这种形式,公司能够培养出自己的企业文化,因而在解决技术问题的同时也解决了某些管理问题。然而此项计划是短暂的,因为公司不能拓展必修课程范围。商业界很快承认,工业培训最好在美国大学和学院内进行。[39] 1893 年,商业界、一些学院和工程技术团体,为了把大学教育工作者推向适当方向,成立了工程技术教育促进协会(Society for the Promotion of Engineering Education)。协会的目的包括三个方面:(1)促进大学文科教育。(2)以科学课程的名义四处游说,将其改编为适应工程技术的课程而不是纯粹知识。(3)确保工程技术培训用以处理当前工业问题。然而,其目的并不仅仅在于将美国大学转变为对不断变化的企业需求保持敏感性的应用学习机构,大学也成为了工业研究实验室的附属品。很快,公司意识到并不是所有的研究应该或能够在公司内部进行。大学拥有专门的技术和设备,这些技术和设备也应用于企业的创新。根据这种观点,虽然技术教育促进协会包括一些职业工程技术团体,但这些团体只不过是向教育工作者施加压力的、被动的中介实体而已。实际上,协会肯定是一个公司压力集团,其目的在于将美国的高等科学和技术学习转向企业特殊用途。因此,20 世纪,美国的大学基本上是研究型大学,更大程度上是一个应用研究型大学。[40]

麻省理工学院的发展经常被用来证明技术和应用研究是如何做到普遍的。一战前夕,一名年轻的很有天赋的化学家 A. A. 诺伊斯成为麻省理工学院的化学教授。他很快晋升为系主任,他的实验和理论研究成果享誉美国内外。四年后,另一位年轻的化学家 W. 沃克尔进入了麻省理工学院化学系,他的专长为应用化学。诺伊斯的研究领域是基础研究,而沃克尔的研究领域完全是工业科学。因为企业界对化学工程师的需求,沃克尔很快在商业界和麻省理工学院内广受追随。1914~1918 年的战争引发了

[38]　Henry Etzkowitz,《企业源于科学:基于科学的区域经济发展的起源》(Enterprises from Science:The Origins of Science-based Regional Economic Development),《密涅瓦》,31(1993),第 326 页~第 360 页。

[39]　Noble,《构想的美国》,第 212 页~第 219 页;Donovan,《教育、工业和美国大学》。

[40]　Roger L. Geiger,《发展知识:美国研究型大学的增长(1900 ~ 1940)》(To Advance Knowledge:The Growth of American Research Universities,1900 - 1940,New York:Oxford University Press,1986)。作者同上,《相关知识的研究:二战后美国的研究型大学》(Research a Relevant Knowledge:The American Research Universities since World War II,Oxford:Oxford University Press,1993)。

对技术的需求,更进一步加强了他的影响力。[41] 战争刚刚结束,诺伊斯与沃克尔的研究范式之争加剧。当沃克尔提出组建一个新的、单独的应用化学机构时,诺伊斯以辞职相威胁。他坚持说,任何一所大学,如果应用科学完全超越基础研究和学习,则是极其不完善的,也根本不配称之为"大学"。麻省理工学院接受了诺伊斯的辞呈。诺伊斯就去了加利福尼亚理工学院(Caltech),并在那里建立了化学系。

麻省理工学院公司技术战胜基础科学为另一次重大发展设置了背景。20 世纪 30 年代,波士顿地区经济衰退,不仅仅是因为经济萧条,更主要的是因为资本的结构性流失。公司倒闭,失业率上升。然而,二战一结束,当地的金融家、企业家与麻省理工学院的管理人员和科学家紧密合作,力图建立一种新的知识型企业以扭转当前的危险局面。一种合股企业的形式被提出,合作双方是大学的专项科学知识与当地商人的企业知识。在这一指导思想下,1946 年建立了以麻省理工学院为基地的美国研究与发展公司(American Research and Development Corporation)。其目的是向地区集团(商人或科学家)征求技术上和经济上可行的项目,帮助组织风险投资,并提供一定限度的种子基金(seed money)。麻省理工学院美国研发公司,通过将知识与资本项目相结合服务于企业。这是现代风险资本制度的源头。

还有一种观点。虽然一部分美国大学的研究与教学无可争议地与企业结合在一起,但是约翰·泽福斯坚持认为,任何声称企业利益完全驱动大学活动的说法都是错误的,因为这种观念忽视了美国知识体系的主要特征。在解释企业的要求被证明是无条件地满足的问题上,泽福斯对 20 世纪早期几十年化学工程技术在麻省理工学院出现的研究提供了细微的差别。的确如此,沃克尔和应用化学占领了麻省理工学院化学系的大片地盘,而诺伊斯被迫出走。然而,这并不意味着在这所大学里终止了基础科学的研究和教育。为了平衡企业的影响,大学管理者开始寻求非商业的资助。特别是一些慈善机构,诸如洛克菲勒基金(Rockefeller Foundation),政府机构,如国家研究委员会(National Research Council),均与大学取得联系并投资基础科学研究。(由于在大萧条时期,企业对麻省理工学院的投入大幅下降,这就是至关重要的了。)因此,一个决心致力于企业应用研究的机构必须选择一种多元战略,使得它既能与企业的联合成功,又能在基础知识领域取得成功。[42]

需要补充的是,工程技术和科学职业团体的工作被一些学者视为美国工业/研究/教育三角关系中一个额外的关键因素,它有时构成对工业支配权的一种压制。19 世纪,美国各类工程师协会追求自主行动,这些行动并非总是与企业目标相协调的——所谓的"工程师的反抗"。[43] 美国物理学会(American Physical Society)是另外

151

[41] Etzkowitz,《企业源于科学》。
[42] John W. Servos,《科学的工业关系:麻省理工学院的化学工程技术(1900 ~ 1939)》(The Industrial Relations of Science: Chemical Engineering at MIT, 1900 - 1939),《爱西斯》,71(1980),第 531 页~第 549 页。
[43] Edwin Layton, Jr.,《工程师的反抗:社会责任和美国工程技术专业》(The Revolt of the Engineers: Social Responsibility and the American Engineering Profession, Baltimore: Johns Hopkins Unibersity Press, 1986)。

一个例子。20 世纪,学会人员从几百人扩大到超过 1 万人。一些人受雇于企业,而多数则坚守在学术阵地。在某些时候,企业和大学的需求与美国物理学会常常专横地保护它自认为是其职业的特权和独立学术研究的理想之间发生分歧。[44] 由此,就存在一些有决定性意义的历史事例,在这些例子中,专业自治体的逻辑对抗企业,而非发挥或起着商业政策执行的代理人的作用,也不起公司与教育之间的传递机构的作用。[45]

152　　　　最后,如前所述,内森·罗森堡和理查德·纳尔逊在一篇富有思想的文章中提出了一种看法,此种看法有助于协调在分析美国工业成就、研究能力和技术教育演变过程中产生的分歧。罗森堡和纳尔逊承认,从 19 世纪末以来,美国科学与学术生活就受到关注实用的影响。但两位作者立刻指出,朝向实用的美国主要的文化倾向并不必然表示教育和研究都是应用性的、为企业服务而组织的。他们认为,事实上,在美国文化里,并不存在应用培训学习和反应用学习的二分法。共识支持实用。相关的分歧存在于短期研究和长期研究之间。短期研究要么在公司环境中进行,要么在学术界进行,但均与商业界相关。如罗森堡和纳尔逊所说,长期研究并不在企业之内,而在学术界内进行。长期研究的从事者并不反对其最终成果的实用化,而是恰恰相反。然而,长期科学研究的学术界从事者,需要具有特殊的知识能力和社会环境,他们拥有一整套的预期目标和价值体系(且通常也需要特殊资源),这一切在学术界之外无法利用。因此,罗森堡和纳尔逊主张对智力劳动进行划分,然而区分的标准并非在实用与不实用间选择,而是在长期研究的时间尺度和策略与对企业当前需求的短期响应间选择。[46]

西西弗斯的石头

在短短一章中,细致区分是不可能的,只是尽力描述工业/研究/教育三者关系的一些突出特点。尽管这里列举了一些文献,但往往挂一漏万。此篇文章使用了四个分析参数:不确定性、多相融合性、同质性和多态性。这些分析因素均有可靠的历史学和社会学背景作支撑,因而,在评估经济转变过程方面要比其他方法——如经济规模,教

[44] Daniel Kevles,《物理学家:现代美国科学团体的历史》(*The Physicists: The History of a Scientific Community in Modern America*, New York: Knopf, 1978)。
[45] Donovan,《教育、工业和美国大学》。
[46] Nathan Rosenberg 和 Richard Nelson,《大学和工业中的技术进步》(Universities and Technical Advance in Industry),《研究政策》(*Research Policy*),23(1994),第 323 页~第 347 页。

育/研究体系,集中化程度或者计划的相对重要性等——更有效。[47]

或许任何工业/研究/教育系统最重要的方面在于面对多变的内部与外部优先权、 *158*
需求和社会政治选择时的不稳定性。经济绩效、教育体系的容量、创新水平和研究的
适应性也符合布朗运动规律。成就仍然是不稳定的。西西弗斯的石头总是被向上推
以对抗重力。尽管某些结构在一些特殊背景下可能比其他的更有效,但没有现成公式
能使这项工作更容易。多元主义、独创性和适应性出现于这里提出的很多历史案例
中,与经济发展呈正相关。但这里的多元主义并不是自由主义的同义词,而是恰恰相
反。结构多元主义为了生存和发展要求一定的社会和政治框架。这种框架是真正的
多元秩序的必要条件,而这种秩序又是现代经济能力的先决条件。

(刘丹鹤 译 杨舰 陈养正 校)

---

[47] R. R. Nelson,《国家创新系统:比较分析》(*National Innovation Systems: A Comparative Analysis*, New York: Oxford University Press, 1993);Henry Etzkowitz 和 Loet Leÿdesdorf 编,《大学和全球知识经济:大学 - 工业 - 政府的三重螺旋关系》(*Universities and the Global Knowledge Economy: a Triple Helix of University-Industry-Government Relations*, London: Pinter, 1997);M. Gibbons、C. Limoges、H. Novotny、S. Schwartzmann、P. Scott 和 M. Trow,《新的知识产品:当代社会的科学和研究的动力》(*The New Production of Knowledge: The Dynamics of Science and Research in Contemporary Societies*, London: Sage, 1994)。

8

重铸天文学:
19 世纪和 20 世纪的仪器及应用

罗伯特·W. 史密斯

从 1800 年到 20 世纪末的岁月中,天文学发生了根本性转变。从本质上而言,天文学过去一直是位置科学,因为天文学家竭力回答天体存在于何处,而非它究竟为何物。就天文学所问问题的性质,天文学家人数,获得的公共和私人资助的水平,所用仪器的尺寸和精度,以及超出可见光波长狭窄观察孔的观测范围的延伸等而言,天文学在这个时期在很多方面更像一个范围更宽广、规模更巨大的企业。

本章着眼于 1800 年至 2000 年间观测天文学经历的变化,这些变化构成了天文学重建的一些核心内容:19 世纪初期位置天文学的变革,天体物理学的崛起(正如本卷中其他地方所谈论的那样,很少专注于对太阳系的研究),为现代化仪器提供新机会的资助方式的变化。在所有这些领域,天文望远镜的历史是主导,因为天文望远镜是最近 4 个世纪观测天文学中的关键仪器。我们也要考虑,天文望远镜的改进通常不与回答特定理论问题相关,而更应被视为自身具有价值的目标,这一目标进而导致新颖结果。同样值得指出的是,在研究的前沿,我们更关注西方天文学。因此,我不会对起初应用于演示(比如行星仪)或主要用于娱乐的仪器的发展讲述非常有趣的问题。

位置天文学

1801 年 1 月 1 日傍晚,朱塞佩·皮亚齐(1749~1826)将观测仪器放入巴勒莫皇宫内的圣宁法(Santa Ninfa)塔中,观测金牛星座所在的星空。朱塞佩·皮亚齐是想确定法国天文学家尼古拉-路易·德·拉卡耶神甫(1713~1762)在一个星表中列出的一颗暗淡恒星的位置。对于那些对太阳系成员的运动感兴趣的人而言,星群提供了一个背景,在此背景下,太阳系成员的运动可被追踪,并可以根据牛顿万有引力定律加以解释。在皮亚齐看来,拉卡耶的恒星是准确参照系的又一补充。皮亚齐和其他天文学家通过观测天体穿越子午线的路线,确定了它们的天球坐标。职业的和业余的天文学家都开发了很多子午仪。19 世纪初,他们逐渐采用了德国制造的经纬仪(即他们所说的子午圈)。在由赤纬(由测量仪器的刻度盘确定)和赤经(由精确的计时器确定)组成的天球坐标系内的测量得以进行。此后,天文学家便专注于位置天文学研究。

1801 年 1 月 1 日夜间,皮亚齐偶然发现了一个天体,和邻近的恒星相比,它不是固定待在原地的。它会是什么呢? 是彗星吗? 但它并没有显示彗星模糊的外貌。因此,皮亚齐把它命名为"星状彗星"。实际上,后来证明,皮亚齐对于第一颗被后来天文学家称为小行星(asteroid 或 minor planet)的天体的偶然发现是一个重大发现,它们是对太阳系天体种类的重要补充,这一发现引起了天文学界巨大兴趣。

皮亚齐在对小行星的观测中采用了他那个时代最重要的仪器——一台由伟大的伦敦仪器制造者杰西·拉姆斯登(1735~1800)制造的地平经纬仪。经过两次失败的努力后,这台地平经纬仪最终于 1789 年制成。按照与拉姆斯登的"大经纬仪(Great Theodolite)"类似的方式把由 10 根圆锥形轮辐支撑的直径为 5 英尺(约 1.52 米)的地平经圈划分为 6′(角度的弧分),同样 3 英尺(约 0.91 米)的方位圈也被划分为 6′。方位圈由一台精确到角度弧秒的测微显微镜读取;2 台测微显微镜被用来读取地平经圈。[1] 这台仪器大概可以说是当时制作的最精致的地平经纬仪,是同类中第一个被用于认真的科学研究的,它是 18 世纪技术史上最杰出的成就之一。[2] 它也标志着被完全划分刻度并拥有望远镜瞄准具的一系列巨大的天文台经纬仪的开端。[3]

逐渐增多地采用经纬仪来确定天体位置是 19 世纪初天文学实践的一个重要变化。此外,由于各种令人瞩目的技术进步及相应的新的处理方法的采用,19 世纪前 50 年,位置天文学的观测误差得以改善。弗里德里希·威廉·贝塞尔(1784~1846)是这种新位置天文学的主要代表人物。1806 年,他在位于利林塔尔(Lilienthal)的 J. H. 施勒特尔(1745~1816)的装备完善的私人天文台做助手,但是正是他在哥尼斯堡(Königsberg)天文台做主任和教授的 36 年,使他在 19 世纪的天文学史上留下了自己的足迹。1810 年,贝塞尔来到哥尼斯堡,3 年后天文台完工。正如他所说,此天文台简直就是一座"新的科学神殿"。他和家人住在顶层。第一层用于天文学,具有十字形的设计,主要仪器被安放于半圆形后殿,后来上面又加了圆屋顶,这些进一步说明了它与教堂的相似性。[4]

凯瑟琳·奥勒斯科强调,尽管贝塞尔在结束了商业学徒身份之后拒绝了一份经商工作,但是他"仍保持着商业头脑","他在每一笔交易中都会计算每一份价值,即使是

156

〔1〕 关于 18 世纪末和 19 世纪初的经纬仪,见 William Pearson,《实用天文学介绍》(*An Introduction to Practical Astronomy*, London: Longman and Green, 1829);J. A. Bennett,《刻度盘:天文、航海、测量仪器的历史》(*The Divided Circle: A History of Instruments for Astronomy, Navigation and Surveying*, Oxgord: Phaidon-Christies's, 1987);Allan Chapman,《划分圆周:天文学中精确角度测量的发展(1500 ～ 1850)》(*Dividing the Circle: The Development of Critical Angular Measurement in Astronomy1500 - 1850*, New York: Horwood, 1990)。
〔2〕 Allan Chapman,《天文学革命》(The Astronomical Revolution),载于 John Fauvel、Raymond Flood 和 Robin Wilson 编,《麦比乌斯与他的团队:德国 19 世纪的数学和天文学》(*Möbius and his Band: Mathematics and Astronomy in Nineteenth-Century Germany*, Oxford: Oxford University Press, 1993),第 34 页~第 77 页,引文在第 46 页。
〔3〕 Bennet,《刻度盘:天文、航海、测量仪器的历史》,第 128 页。
〔4〕 Kathryn M. Olesko,《作为一种行业学科的物理学:哥尼斯堡物理研讨班的实践》(*Physics as a Calling: Discipline and Practice in the Königsberg Seminar for Physics*, Ithaca, N.Y.: Cornell University Press, 1991),第 26 页~第 31 页。

对太空的测量,也是如此"。[5] 实际上,贝塞尔和德国实用天文学学派的其他成员通过对观测、计算及科学仪器的精度苛求,使科学上了一个新的台阶。贝塞尔和他的同事肯定,需要核准的不仅是仪器,还必须使观测者合乎标准,不同观测者之间的差别要被考虑在内(当我们稍后论述第一次测定恒星视差时,我们就会明白这些方法的好处在哪里)。[6] 这套新方法很快就在德国 19 世纪初建成和修缮的其他天文台被确立了。[7]

德国也成为日益重要仪器的生产者。18 世纪晚期,英国仪器制造商如拉姆斯登的优势毋庸置疑。但在 19 世纪的头 25 年中,光学仪器制造的领导地位从伦敦的光学仪器制造者传递给了德国实用天文学学派,以约瑟夫·冯·乌茨施奈德(1763~1840)和约瑟夫·夫琅和费(1787~1826)的慕尼黑光学商店为杰出代表。

玻璃制造方面一个长期存在的问题是,如何使大块的均匀玻璃不含细沟。18 世纪 80 年代,一位名叫皮埃尔‐路易·吉南(1748~1824)的瑞士工匠开始用火石玻璃做试验。尽管 18 世纪 90 年代末取得了重大进展,但最大的进展是 1805 年,他开始用耐火泥棒而不是通常的木棒搅动液态玻璃。这不仅提高了他制备的玻璃质量,也使他能够制造更大的玻璃。同年,吉南带着严密保守的制造玻璃的秘密从瑞士来到了慕尼黑,但 1814 年他最终又回到瑞士。夫琅和费曾和吉南一起工作过 5 年,因此夫琅和费的光学技术和理论的卓越经验中又加入了实际的玻璃制造的技巧和知识。他自己也致力于取得不同类型玻璃的光学常数更好的测定数值,关于光学常数的知识是设计不同天文仪器的关键。例如,这些更加精确的常数对夫琅和费改进消色差天文望远镜就非常重要。[8]

也许,夫琅和费最重要的望远镜是完成于 1824 年的 9.6 英寸(约 24.38 厘米)的折射望远镜,是为俄国立窝尼亚(Livonia)省的多尔帕特(Dorpat)天文台制造的(见图 8.1)。多年以来它一直是世界上最大的折射望远镜,它拥有一个非常好的"消球差的"物镜和一个"赤道仪底座",而后者正是夫琅和费天文望远镜的特色。[9] 多尔帕特折射望远镜所采用的底座意味着,当天文望远镜在使用时,它的重量可均匀地平衡到赤道仪的轴上,因此望远镜筒可以容易地移动到合适位置。极轴就以恒星日的速率旋转。夫琅和费还利用一个由计时器装置控制的落锤(falling weight)来驱动极轴(它将成为大的折射望远镜的标准特征)。在这种仪器的帮助下,F. G. W. 施特鲁韦(1793~1864)除了别的东西,还观察了从天极到-15°赤纬的整片天空,结果他观察到了大约 120,000 颗恒星。

[5] Olesko,《作为一种行业学科的物理学:哥尼斯堡物理研讨班的实践》,第 26 页。
[6] Simon Schaffer,《天文学家标记时间:学科和个人在观察上的误差》(Astronomers Mark Time: Discipline and the Personal Equation),《背景中的科学》(Science in Context),2(1998),第 115 页~第 145 页。
[7] Chapman,《天文学革命》,提供了一个对研究 19 世纪德国天文学有益的观点。同样有帮助的是 Robert Grant,《物理天文学历史》(A History of Physical Astronomy . . . , London: Henry G. Bohn, 1852)。
[8] 关于 Fraunhofer 自己的出版物,见 Eugen C. J. Lommel 编,《约瑟夫·夫琅和费的著作全集》(Joseph Fraunhofer's gesammelte Schriften, Munich: Verlag der K. Akademie, 1888)。
[9] Henry C. King,《望远镜的历史》(The History of the Telescope, London: Charles Griffin, 1955),第 180 页~第 184 页。

图 8.1　多尔帕特天文台的折射望远镜,夫琅和费的杰作(承蒙天文学研究所图书馆惠允)

　　1830 年施特鲁韦被任命为一个新建天文台的主任,它位于圣彼得堡南部附近的一个名叫普尔科沃的小村。在施特鲁韦的管理下,这个天文台采用了德国的仪器设备和研究方法。1839 年,该天文台正式开放,一直到 19 世纪末,它都被视为世界上最完整、最重要的天文台。M. E. W. 威廉斯提出了对该天文台的一个绝妙分析,他认为,此天文台是建筑设计和天文功能结合的典范。威廉斯强调,普尔科沃天文台为精细设计提供了新标准,即配备有生活设施、大型图书馆,提供固定的和便捷的仪器设备以及天文学家从事计算的空间。[10]

　　施特鲁韦不是唯一偏爱德国仪器的人。例如,德国制造商被广泛认为是量日仪最好的制造商。因此,当 1842 年牛津大学天文台订购这类望远镜时,将订单给了汉堡的雷普索尔德。这种最早的量日仪建造于 18 世纪,并通过将两个物镜所成的像重合的

〔10〕　Mari E. W. Williams,《实际空间的天文观测:普尔科沃天文台一瞥》(Astronomical Observatories as Practical Space: The Cast of Pulkowa),载于 Frank A. J. L. James 编,《实验室的发展:实验在工业文明中的地位论文集》(The Development of the Laboratory: Essays on the Place of Experiment in Industrial Civilization, Basingstoke, England: Macmillan Press Scientific and Medical, 1989),第 118 页～第 136 页。也可参见 A. H. Batten,《坚定和有事业心的性格:威廉·施特鲁韦和奥托·施特鲁韦的一生》(Resolute and Undertaking Characters: The Lives of Wilhelm and Otto Struve, Dordrecht: Reidel, 1988),和 A. N. Dadaev,《普尔科沃天文台》(Pulkovo Observatory, NASA Technical Memorandum - 75083, Washington, D. C., 1978),Kevin Kresciunas 译,引自 Pulkova Kaya Observtoricheskaia, Leningrad: NAUKA, 1972。

方法来测量圆盘状太阳的直径。后来经过修改,量日仪成为一种强大的确定两星之间角距的工具,并且贝塞尔利用夫琅和费制造的量日仪解决了天文学长久存在的、最重要的一个难题:确定恒星的视差。然而需要强调的是,虽然贝塞尔的量日仪对于他的成功起到了非常重要的作用,但已经证明的是,在测量到 61 Cygni 星的距离时起决定性作用的是贝塞尔在简化其观测资料(如精确解释大气折射)时所表现出来的数学技能。[11] 当约翰·赫舍尔(1792~1871)授予贝塞尔英国皇家天文学学会的金质勋章时,他说,这是"实用天文学所见证过的最伟大、最显赫的胜利"。[12]

159

19 世纪初期,人们赋予精密天文学巨大热情和声誉。但并不是所有实践者都清楚地知道他们的工作目标。就功利的和实用的导航、测量、地理学及更精确的参照系的建立而言,对天文学来说,这些都是现成的正当理由。然而,J. A. 贝内特对这些功利性的基本理由的界限提出了挑战。他认为:

> 官方天文台尤其是那些由国家、地方政府或大学建造的天文台,在很大程度上是象征性的。给人以深刻印象的天文台建筑物说明了人们对科学之最高形式的启蒙的兴趣。这些天文台内配备了最新型的精密仪器,工作人员专心于子午线观测的长期计划。总的来说,这些练习并没有明确的理论目标,而且观测资料通常不发表,即使发表了也未使用。[13]

根据贝内特的解释,位置天文学不仅受功利目标驱动,而且受官方天文台是"稳定的、完整的、有秩序的、永恒的象征"这一观念驱动,还受从产生精确星表中获得的道德利益驱动。[14]

然而,并非所有天文台都以严格的方式运作。比如,巴黎天文台由于管理松懈、多年未处理的观测数据堆积如山而声名狼藉。直到 1854 年,专制的和非常苛刻的 U. J. J. 勒威耶被认命为主任,这种状况才得以改变。[15] 同勒威耶到来之前的巴黎天文台相比,乔治·比德尔·艾里(1801~1892)领导的格林尼治皇家天文台例证了 19 世纪中期英国的效率观。在那里,艾里采用了德国人的方法并加以扩展,以至很多历史学家认为,该天文台以类似于工厂一样的精确度运作,包括严格的人员等级和严密的工

160

[11] Mari E. W. Williams,《测量恒星视差的尝试:从胡克到贝塞尔》(Attempts to Measure Annual Stellar Parallax: Hooke to Bessel, University of London, 1981),未出版的博士论文。

[12] John Herschel,《皇家天文学会月度评论》(Monthly Notices of the Royal Astronomical Society),5(1841),89。

[13] Bennett,《刻度盘:天文、航海、测量仪器的历史》,第 165 页。另见 J. A. Bennett,《在欧洲的英式象限仪:实用天文学仪器和共识的增长》(The English Quadrant in Europe: Instruments and the Growth of Consensus in Practical Astronomy),《天文学史期刊》(Journal for the History of Astronomy),23(1992),第 1 页~第 14 页。

[14] Bennett,《在欧洲的英式象限仪:实用天文学仪器和共识的增长》,第 2 页。

[15] P. Levert、F. Lamotte 和 M. Lantier,《文雅的玻璃工艺师、博学的专家、国家的光荣、好争吵的性格》(Urbain Le Verrier, savant universel, gloire nationale, personnalite contentine, Coutances, France: OCEP, 1977)。

作分工。观测机械化,观测者自身也要经过像星星一样多的仔细审查。[16]

不同的目标

至少对一位天文学家来讲,18 世纪晚期和 19 世纪天文学家的理想是狭窄的。威廉·赫舍尔(1728~1822)致力于阐述另一个大胆的想法,这种想法以他界定的"太空自然史"为中心,在此,他把自己描述为一个寻找"标本"的天体植物学家。为寻求更多的光,赫舍尔制造了一系列反射望远镜,然而具有讽刺意味的是,他最著名的作品,也是人们普遍认为是他最不成功的作品之一,那就是 1789 年完成的 40 英尺(约 12.19 米)大、花费 4000 多英镑的巨型反射望远镜。

尽管赫舍尔以"太空自然史"为重要成就并由此获得了尊敬,但 1822 年他去世之际,天文学与位置天文学通常是同义的,不管是职业天文学家还是业余天文学家所从事的天文学。当一位严肃的天文学家将天文望远镜转向天空时,通常人们认为是折射望远镜,因为折射望远镜被认为比反射望远镜更可靠,且更适于位置天文学的需要。然而赫舍尔为大反射望远镜的潜力做了广告宣传,其他人也试着效仿。如爱尔兰贵族罗斯勋爵三世(1800~1867),于 19 世纪 20 年代开始使用反射望远镜做实验。赫舍尔曾留下了一些天文望远镜制造工艺的细节,但这些东西很难理解,他对他的光学技术从不声张(赫舍尔卖了很多天文望远镜,并把一些技术作为商业机密),因此在很多地方,罗斯必须重新思考创新。

1840 年完成 36 英寸(约 91.44 厘米)的反射望远镜后,罗斯转向了一个更大胆的项目,一台史无前例的直径为 72 英寸(182.88 厘米)的镜面、重约 4 吨的反射天文望远镜。[17] 这架后来被命名为"帕森斯镇的庞然大物(Leviathan of Parsonstown)"的巨型天文望远镜完成于 1845 年(见图 8.2),尽管它操作时很不方便,且放置在爱尔兰中部常多云的天空下,但在它的帮助下,罗斯和他的观测同事很快获得了重大发现:一些星云具有螺旋结构。其他重大天文发现很少。

利物浦的酿(啤)酒商、望远镜制造者威廉·拉塞尔(1799~1880)制造出了比罗斯的望远镜小的仪器,但在一些方面他的努力标志着未来的发展方向,而且作为天文工具,他的天文望远镜更成功。他建造了两个相当大的反射望远镜:一个 24 英寸(约 60.96 厘米),另一个 48 英寸(约 121.92 厘米)。两个都安装了赤道仪底座,在一个多

---

[16] 关于 Airy 的格林尼治文献导读,见 Robert W. Smith,《国家天文台的变换:19 世纪的格林尼治》(National Observatory Transformed: Greenwich in the Nineteenth Century),《天文学史期刊》,22(1991),第 5 页~第 20 页。最重要的著作是 A. J. Meadows,《格林尼治天文台·第二卷·近期历史(1836~1975)》[Greenwich Observatory. Vol. 2: Recent History (1836 - 1975), London: Taylor and Francis, 1975],以及 Schaffer 的《天文学家标记时间:学科和个人在观察上的误差》。

[17] 关于罗斯的反射天文望远镜,见 J. A. Bennett,《爱尔兰的教堂、州和天文学:阿玛天文台的 200 年》(Church, State, and Astronomy in Ireland: 200 Years of Armagh Observatory, Armagh: Queen's University of Belfast, 1900),和 King,《望远镜的历史》,第 206 页~第 217 页。

世纪里,这成为大反射望远镜的标准。[18] 对罗斯和拉塞尔来讲,设计大型反射望远镜必须包括"尝试法"方案,并且通常可以促进其建造的是这样的逻辑推理:开发一项技术并看看利用这项技术能做什么,而不是制作一件仪器对回答具体理论问题的迫切需要作出回应。[19]

图 8.2　帕森斯镇的庞然大物。可以看到望远镜的镜筒被悬挂在两个由石块砌成的支墩上(承蒙伦敦科学博物馆主任和管理员惠允)

与罗斯和赫舍尔一样,拉塞尔也在他的反射望远镜中使用了镜用合金(speculum metal)镜(以下简称"合金镜"),但这种技术的时代正走向末路。它最后的杰作以托马斯·格拉布(1800~1878)和霍华德·格拉布(1841~1931)1868 年在都柏林格拉布工作室完成的 48 英寸的墨尔本天文望远镜为代表。由皇家学会设立的一个委员会也在

[18]　关于拉塞尔,见 Robert W. Smith 和 Richard Baum,《威廉·拉塞尔和海王星的轨道:一个仪器失效的案例研究》(William Lassell and the Ring of Neptune: A Case Study in Instrumental Failure),《天文学史期刊》,42(1984),第 1 页~第 17 页,和 Allan Chapman,《威廉·拉塞尔:维多利亚时代天文学工作者、赞助者和"伟大的业余爱好者"》(William Lassell (1799 - 1880): Practitioner, Patron, and "Grand Amateur" of Victorian Astronomy),《天文学回顾》(Vistas in Astronomy),32(1988),第 341 页~第 370 页。关于大反射望远镜及其在英国和爱尔兰的应用,见 J. A. Bennett,《巨型反射望远镜(1770 ~ 1870)》(The Giant Reflector, 1770 - 1870),载于 Eric Forbes 编,《科学进步对人类的意义》(Human Implications of Scientific Advance, Edinburgh: Edinburgh University Press, 1978),第 553 页~第 558 页,引文在第 557 页。
[19]　Robert W. Smith,《原始力量:19 世纪镜用合金反射远镜》(Raw Power: Nineteenth Century Speculum Metal Reflecting Telescopes),载于 Norris Hetherington 编,《宇宙学:历史的、文学的、哲学的、宗教的和科学的视角》(Cosmology: Historical, Literary, Philosophical, Religious, and Scientific Perspectives, New York: Garland, 1993),第 289 页~第 299 页。

设计中发挥了很大作用，但完工的反射望远镜没有达到预期目标。[20]

委员会争论的一个问题是，是否提倡玻璃上镀银的主镜。由于太冒险，他们拒绝了这种选择而倾向于更安全的合金镜。第一批镀银的玻璃天文镜，实际上是由 K. A. 冯·施泰因海尔（1801~1870）和法国物理学家莱昂·傅科（1819~1868）于 1856 年制备的。这种镜子的一个主要优点是比等效的合金镜轻，因此给支撑系统带来的问题比较少。同时玻璃盘比合金镜更容易塑造和抛光。尽管镀银层在潮湿的空气中会很快失去光泽，但更换这样的涂层比重造和重新抛光合金镜更简单。[21] 事实上，大反射望远镜的前景是由镀银的玻璃镜决定的，但直到镀银工艺能应用到大镜子为止（一些不可缺少的昂贵仪器必须采用银镜除外），折射望远镜仍是职业天文学家的选择。因为他们认为折射镜在稳定性、坚硬性和可靠性方面要超过那些潜能巨大但经常笨拙的、令人迷惑的、特殊的大反射望远镜。[22]

19 世纪后期，随着天体物理学，尤其是测量天体光谱的天文分光镜（结合解释光谱观测结果的理论）以及记录肉眼看不到的天体和天体特征的感光照相盘的出现和发展，大反射望远镜得到了广泛应用。[23] 但是天体物理学家（正如他们后来被称谓的）除了需要加于天文望远镜之上的分光镜外，还需要更多设备。后来，一位先驱回忆起 19 世纪 60 年代的天体物理学：

> 那时天文台第一次呈现出实验室外形。产生有毒气体的原电池被放置于窗外；一个大的导电线圈装置于有轮平台上，以便与莱顿瓶电池组一起追踪望远镜目镜端的位置；本生灯炉架、真空管及化学制品瓶特别是装有纯金属样本的化学制品瓶靠墙排成一列。[24]

这种天文台非常不像关注位置天文学的传统天文台，对"天体物理学"（这一术语由约翰·卡尔·弗里德里希·策尔纳[1834~1882]于 1865 年提出）企业，许多职业天文学家持矛盾态度，另一些人则持敌视态度。然而很多国家很快就建造了天体物理学的天文台，把天体物理学包含在现存天文学研究机构的活动中。第一座用于天体物理研究目的的国家天文台于 1874 年在德国波茨坦建成，由皇帝威廉一世命令建造。[25] 其

---

[20] Bennett，《爱尔兰教堂、州和天文学》，第 130 页~第 134 页，及《关于大墨尔本反射望远镜的通信……》（*Correspondence Concerning the Great Melbourne Reflector...* , London：Royal Society, 1871）。

[21] King，《望远镜的历史》，第 262 页。

[22] Albert Van Helden，《望远镜的建造（1850~1900）》（Telescope Building, 1850 – 1900），载于 Owen Gingerich 编，《天体物理学与 1950 年以前 20 世纪的天文学》（*Astrophysics and Twentieth-Century Astronomy to 1950*, Part A. Vol. 4 of *The General of Astronomy*, Cambridge：Cambridge University Press, 1984），第 40 页~第 85 页。

[23] 关于天体物理学的兴起，参见 D. B. Herrmann，《从赫舍尔到赫茨普龙的天文学史》（*Geschichte der Astronomie von Herschel bis Hertzsprung*, Berlin：VEB Deutscher Verlag der Wissenschaften, 1975）以及 J. Eisberg 在本章中引用的文献。

[24] William Huggins，《新天文学：个人回顾》（The New Astronomy：A Personal Retrospect），载于《19 世纪》（*The Nineteenth Century*），91（1987），第 907 页~第 929 页，引文在第 913 页。

[25] D. B. Herrmann，《波茨坦天体物理学天文台的历史背景（1865~1874）》（Zur Vorgeschichte des Astrophysikalischen Observatorium Potsdam［1865 bis 1874］），《天文学新闻》（*Astronomischen Nachrichten*），296（1975），第 245 页~第 259 页。早期的天体物理学大都致力于对太阳的研究。到目前为止，对 19 世纪和 20 世纪太阳研究最好的总结和分析是 Karl Hufbauer，《探索太阳：伽利略以来的太阳科学》（*Exploring the Sun*：*Solar Science since Galileo*, Baltimore：Johns Hopkins University Press, 1991）。

他国立天文台很快在法国的默东(Meudon)和英国伦敦的南肯星顿(South Kensington)建立起来。

由于照相技术的采用改变了19世纪末、20世纪初的天体物理学研究和天文学,很多天体物理学的从业者也都不可避免地变成了熟练的摄影师。取代了必须依赖视觉观测结果,天文学家能够永久地记录来自光源的光,并在闲暇时检查照相盘。最初几张天文照片是采用达盖尔银版法拍摄的,19世纪40年代,太阳、月亮和太阳光谱照片都成功地拍摄了。1850年,第一张恒星照片在哈佛大学天文台被成功地拍摄。随着1851年火棉胶湿版工艺的发明,更多感光盘得以生产,不过这些感光盘只有大约10分钟的有效曝光时间。19世纪70年代到80年代,湿盘逐步被干盘所取代,因为干盘的曝光时间几乎能无限延长,人类从此进入了天文学摄影时代。[26]

照相术使大范围的恒星光谱观测计划成为可能。就像19世纪的位置天文学家搜集了大量有关恒星位置的数据一样,19世纪末20世纪初期,一些天体物理学家采用照相方法收集了大量光谱数据。我们意识到,工厂式方法对于格林尼治皇家天文台运行的重要性。加利福尼亚州的利克(Lick)天文台采用了相似方法收集了很多恒星的视向速度数据。[27]但正是马萨诸塞州剑桥的哈佛天文台的E. C.皮克林(1846~1919),通过收集和分析成千上万颗恒星的光线,在劳动分工(这种分工常有性别区分)和严格等级制度方面将艾里的方法发展到了新水平。[28]

164　　　到了大约1910年,天体物理学已发展到拥有清晰的公式化研究方法、大量期刊、确定的研究计划和可靠的制度支持的阶段。尽管与传统天文学相比,天体物理学领域相对狭小,但天体物理学的机构化,在美国这个受位置天文学影响比欧洲小的国家获得了巨大进步。20世纪初,美国作为主要经济强国崛起,也表现在大型仪器制造和使用方面其重要性的日益提高。这些仪器也是美国天体物理学家取得成功的最明显标志,他们从新财团获得可靠的研究资金支持。[29]

众所周知,乔治·埃勒里·海耳(1868~1938)是大型天体物理计划最得力的提倡者和"推销者",由于他有能力出色地与慈善基金和有财富的个人交往,引导他们投资一系列巨型天文望远镜,他也是美国天文学家管理天文台,设计、制造和操作大型仪器

[26]　John Lankford,《摄影对天文学的影响》(The Impact of Photography on Astronomy),载于 Owen Gingerich 编,《天体物理学与1950年以前20世纪的天文学》,以及该书中所引用的参考文献。

[27]　Donald E. Osterbrock、John R. Gustafson 和 W. J. Shiloh Unruh,《伸向天空的眼睛:利克天文台的第一个百年》(*Eye on the Sky : Lick Observatory's Frist Century*, Berkeley: University of California Press, 1988)。

[28]　Howard Plotkin,《爱德华·C. 皮克林》(Edward C. Pickering),《天文学史期刊》,2(1990),第47页~第58页;B. Z. Jones 和 L. G. Boyd,《哈佛大学天文台:最初的四任台长(1839～1919)》(*The Harvard College Observatory : The First Four Directorships, 1839 - 1919*, Cambridge, Mass.: Belknap Press of Harvard University Press, 1971)。关于美国天文学总体发展的一部非常重要的著作是 John Lankford,《美国的天文学:团体、事业和力量(1895～1940)》(*American Astronomy : Community, Careers, and Power1895 - 1940*, Chicago: University of Chicago Press, 1997)。

[29]　Howard S. Miller,《用于研究的美元:19世纪美国的科学及其赞助人》(*Dollars For Research : Science and Its Patrons in Nineteenth Century America*, Seattle: University of Washington Press, 1970)。

的方式转变的关键人物。[30] 芝加哥大学耶基斯(Yerkes)天文台 40 英寸(101.6 厘米)折射望远镜于 1897 年制造完成,由于缺乏芝加哥大学本应有的支持,海耳变得很沮丧。1904 年,他离开芝加哥来到了加利福尼亚州,并着手为新成立的、资金充裕的华盛顿卡内基研究所建立威尔逊山太阳天文台(Mount Wilson Solar Observatory)(1920 年更名为威尔逊山天文台[Mount Wilson Observatory]),这是改变美国科学前景的一个基础。在海耳的领导下,威尔逊山天文台在很多方面成为合作研究(后来被称为"跨学科"研究)的具体表现,这种研究是他及许多同时代科学家都坚信的。通过在帕萨迪纳(Pasadena)附近建立一座物理实验室和许多机械加工车间,他把物理学家带入了天文台。正如阿尔伯特·范赫尔登在对 20 世纪前 50 年中天文望远镜建造的出色评论中指出的那样,海耳做了很多事情,以解决新仪器资金筹集、仪器的有效维修保养、配备天文台员工等问题,而这些问题曾一直困扰着过去的天文学家。威尔逊山天文台成为了世界上主要的天体物理学天文台。20 世纪 20 年代末,美国已成为观测天体物理学的强国。[31]

此外,20 世纪 10 年代末,大型反射天文望远镜已经发生了转型。它不再像 19 世纪中期的望远镜那样,虽然能收集充足的光线,但使用起来极不方便,还存在光学上的缺陷。比如,早期笨重的合金镜,已被较轻的、镀银的玻璃镜代替(后来改为镀铝,进一步改善了它的性能)。反射望远镜在摄影研究上也比折射望远镜具有明显优势,因为它们不受色差影响。

1917 年,当时世界上最大的反射镜——100 英寸(254 厘米)的虎克反射望远镜在威尔逊山制造成功时,大反射望远镜已成为强大的、可靠的研究工具。比如正是利用 100 英寸反射望远镜,埃德温·哈勃(1889~1953)在米尔顿·赫马森(1891~1927)的帮助下,于 20 世纪 20 年代和 30 年代对银河系做了极为重要的研究。[32] 实际上到了 20 世纪 20 年代末,折射望远镜已经基本上转向一些专业活动,例如双星和恒星视差的测量,而不再是领先的天文台(pacesetting observatories)中挑大梁的设备。耶基斯天文台 40 英寸的巨型折射望远镜,被广泛地认为达到了实践极限。要使物镜超过这种尺寸,就会引起许多实际问题,特别是如此大的物镜的物理支撑问题,及通过物镜的光的巨大损耗问题。

然而大的反射望远镜也不是没有问题,例如 100 英寸望远镜所用的玻璃就制约了抛光及其使用的准确性。随温度变化只伸缩微小量的新型玻璃的采用对进一步改进

[30]　Helen Wright,《宇宙探索者:乔治·埃勒里·海耳传记》(Explorer of the Universe: A Biography of George Ellery Hale, New York: Dutton, 1966);Donald E. Osterbrock,《乞丐与王子:里奇、海耳和巨型美国望远镜》(Pauper and Prince: Ritchey, Hale, and Big American Telescopes, Tucson: University of Atizona Press, 1993)。不过应该注意,他的思想经常超越了美国天文台的其他领导者。

[31]　Albert Van Helden,《建造望远镜(1900~1950)》(Building Telescopes, 1900 - 1950),载于 Owen Gingerich 编,《天体物理学与1950年以前20世纪天文学》,第 134 页~第 152 页,引文在第 138 页。

[32]　Robert W. Smith,《膨胀的宇宙:天文学的"大争论"(1900~1931)》(The Expanding Universe: Astronomy's "Great Debate"1900 - 1931, Cambridge: Cambridge University Press, 1982)。

反射望远镜是非常关键的。1928 年海耳为之取得了洛克菲勒基金会资助的 200 英寸（508 厘米）的巨型反射望远镜用上了派热克斯镜（pyrex mirror，耐热玻璃镜）。这种镜子的制备被证明在解决阻碍大型天文望远镜发展的各种技术问题中具有重要地位，因此，为生产这种玻璃而进行的研究，其反响已远远超出了放置 200 英寸大反射望远镜的帕洛马山（Mount Palomar）。[33]

揭示电磁波频谱的秘密

20 世纪初的数十年中，大型反射望远镜在美国已经成熟，并在私人资助下，广为应用。随着对非可见电磁波频谱天文观测的巨大发展，观测天文学的另一个主要进步出现。这一转变主要由政府资金资助。20 世纪 30 年代初期，天文测量精确到了 3×10^{-7} 米到 10×10^{-7} 米的波长范围，但到 20 世纪 60 年代初期，观测范围已从 10^{-12} 米扩展到 10 米之外，这是一个巨大的、完全未预想到的宇宙观测"窗口"的扩大。这种快速的变化在很人程度上归因于受到二战刺激和促进的发展，这场战争在三个方面对天文学产生了深刻影响：（1）资金的巨大增加，政府对物理科学前所未有的资助；（2）新技术；（3）新型天文学家。

从所有这些因素中受益的且战前无人知晓的是天文学的一个分支——射电天文学。在 20 世纪 30 年代初期之前，天文学家几乎只能获取电磁波频谱中可见光波段的观测信息，但对宇宙无线电波的探测扩展了原有探测宇宙之窗的狭小范围。尽管先辈们在 1900 年左右就曾尝试探测来自太阳的无线电波，但直到 1932 年，新泽西州贝尔电话实验室一位名叫卡尔·央斯基（1905～1950）的无线电物理学家，才偶然发现了来自银河（Milky Way）的无线电波。这一发现在后来被称为光学天文学家的专家中并没有引起多大轰动（当时光学天文学家这个术语并不存在，只是后来随着射电天文学的发展，才开始使用）。但 20 世纪 30 年代中期，由于具有应用于战争装备的潜力，雷达技术因而得到广泛研究。受战争的巨大推动，雷达技术得到了进一步发展，进而推动了电子学的进步。战争造就了许多熟练掌握电子技术的人，其中有一些后来成为了天文学家，从而使天文学家团体超出了以前光学天文学家的狭窄范围。[34] 一些天文学家为了能充分利用这些新技术，也在努力研制新型的光学探测器。[35]

主流天文学之外的研究者对射电天文学的建立起了非常关键的作用，这个新领域

[33] Van Helden，《建造望远镜（1900～1950）》，第 147 页～第 148 页。
[34] Woodruff T. Sullivan 编，《射电天文学的早期阶段：对央斯基发现后 50 年的反思》（*The Early Years of Radio Astronomy*：*Reflections Fifty Years After Jansky's Discovery*，Cambridge：Cambridge University Press，1984），和《射电天文学的杰作》（*Classics in Radio Astronomy*，Dordrecht：Reidel，1982）。
[35] David DeVorkin，《天文学中的电子学：光电管和光电倍增管在点光源天体现象研究中的早期应用》（Electronics in Astronomy：Early Application of the Photoelectric Cell and Photomultiplier for Studies of Point-Source Celestial Phenomena），*Proceedings of the IEEE*，73（1985），第 1205 页～第 1220 页。

主要从无线电物理学家和电子工程师的合作中发展起来的,来自天文学家的帮助却很少。[36] 英国物理学家伯纳德·洛维耳(1913～)是射电天文学从业者的重要人物之一。战前作为物理学家而接受培训的他,战争期间主要研究雷达技术。这种经历不仅使他掌握了最初应用于流星(meteors)的雷达研究、而后应用于射电天文学的技术,而且使他更精通"科学政治",知晓大规模的科学企业获得资助的方法。战争结束后,洛维耳很快构思了这样一个想法——建造一个巨大的、可操纵的"盘(碟形卫星天线)"用来收集来自天体的无线电波。但是无线电波的波长比可见光的波长大很多倍。对于与光学望远镜具有相同解像力(resolving power)的射电望远镜来讲,它必须比光学望远镜大很多倍。洛维耳的目标是一个直径大约 76 米的盘,这个尺寸对设计有很高的要求。洛维耳也预计,制造这样一个射电望远镜的成本,远远高于他的学校——英国曼彻斯特大学单独提供的资助。因此,就像大家知道的那样,这个"马克"1 号(Mark I)射电望远镜不但需要丰厚的政府资金,而且需要大量科学家和工程师的参与。[37] 甚至直径 76 米的盘,比如说对于波长为 1 米的无线电波,只能产生大约 1°的解像力,相当于裸眼分辨能力的 5%,这个值太大,以至于对确定哪个光学目标对应哪个无线电源没有多大帮助。

　　为了克服这一障碍,澳大利亚悉尼和英国剑桥的射电天文学研究小组开始设计"干涉仪",来自无线电源的辐射线在这个仪器中被间距很宽的天线检测,然后结合在一起。实际上,发展功能更加强大的干涉仪,已成为射电天文学家的中心目标,从而导致了 1981 年"极大天线阵列(Very Large Array)"的完成。极大天线阵列是一个位于新墨西哥州沙漠中 27 根天线连接的网络,这个项目由联邦政府支持才得以完成。在许多方面,通过对计算机整合的很多个体天线获得的数据的研究而得到的结果,与通过单一的、更大天线获取的结果几乎一样,但成本或工程技术方面的挑战却大不一样。例如,极大天线阵列具有 22 英里(约 35.4 千米)宽的天线的分辨率。由于射电天文学家要把相距甚远,有时甚至不同洲际的射电望远镜连接起来,因此开发了更大的基线,并通过原子钟的使用提供极其精确的测量结果。[38]

167

---

[36] Woodruff T. Sullivan,《早期射电天文学》(Early Radio Astronomy),载于 Owen Gingerich 编,《天体物理学与 1950 年以前 20 世纪天文学》,第 190 页～第 198 页,引文在第 190 页。

[37] Bernard Lovell,《乔德雷尔·班克的故事》(The Story of Jodrell Bank, New York: Oxford University Press, 1968),和《乔德雷尔·班克望远镜》(The Jodrell Bank Telescopes, New York: Oxford University Press, 1985)。另见 Jon Agar,《制作一份大餐:作为稳定大厦的乔德雷尔·班克"马克"1 号射电望远镜的构建》(Making a Meal of the Big Dish: The Construction of the Jodrell Bank Mark I Radio Telescope as a Stable Edifice),《英国科学史杂志》(British Journal for the History of Science),27(1994),第 3 页～第 21 页,及《科学与奇观:乔德雷尔·班克在战后英国文化中的作用》(Science and Spectacle: The Work of Jodrell Bank in Post-War British Culture, Amsterdam: Harwood, 1998)。

[38] 另外还需要说的是,尽管射电天文学的初级阶段已引起了相当关注,历史学家仍需要深入解决更近期的发展。这些著作中最具创新性的也许是 David Edge 和 Michael Mulkay,《天文学的演变:射电天文学在英国的出现》(Astronomy Transformed: The Emergence of Radio Astronomy in Britain, New York: Wiley, 1976)。

进入太空

168

地球大气层以上的天文学由于火箭和卫星的使用而获得了发展,这不仅打开了更多电磁波频谱区域,而且为希望获取比地面仪器捕获的更精确的天体图像和频谱的光学天文学家提供了美好前景。同射电天文学一样,太空天文学的发展在很多方面源于各种技术、科学和社会的发展,而所有这些都归因于二战。最值得注意的是,德国制造的 V - 2 火箭提供了一个有力的证明:由火箭的结构和导航需要足够的强效以便能将天文仪器提升到大气层之上而带来的许许多多复杂的工程问题,在很大程度上得到了解决。[39]

战后,美国和苏联(在较小程度上)利用德国专家推动他们自己的火箭计划。随着冷战的开始,尤其是建造能携带核弹头的洲际弹道导弹的驱动,研究在两方面扩大了:导弹研究本身以及对这种导弹穿越外层空间飞行的介质研究也更加深入。正如戴维·德沃尔金指出的那样,科学家密切参与了导弹这两个方面的研究。在研究中,他们经常将科学仪器置于火箭中,比如在紫外线波长范围内观察太阳系。由于大气的屏蔽效应,这种观测在地面上不可能完成。[40]

1957 年,苏联"卫星"1 号(*Sputnik I*)的发射,标志着苏联和美国的冷战扩展到太空,太空天文学成为美国和苏联争夺国际权威的斗争武器。这导致成千上万元甚至上亿元被投入到大气层以外天文学的研究。太空天文学在字面意思上和在象征意义上都被广泛使用。

在美国,大多数天体研究计划都是由 NASA(国家航空航天局)管理。尽管至少刚开始时,人们对空间研究项目缺乏信心,这些计划不时受到进行地面观测的天文学家的敌视,他们认为将钱投入这些计划不如花在地面的天文望远镜上,但这些计划开发了多种技术,包括从气球到被推送到太阳系其他天体的宇宙飞船。[41]

一个新的天文学领域是 X 射线天文学。X 射线会被空气吸收,因此那些想从事 X 射线天文学研究的人必须把他们的仪器运送到地球大气层之外。X 射线天文学研究始于 20 世纪 50 年代早期,由赫伯特·弗里德曼(1916~2000)领导的研究小组开展,
169
这个小组位于华盛顿特区的海军研究实验室。起初,这个小组通常将盖革计数器置于

[39]　Michael J. Neufeld,《火箭与纳粹德国:佩内明德和弹道导弹时代的到来》(*The Rocket and the Reich: Peenemünde and the Coming of the Ballistic Missile Era*, New York: Free Press, 1995)。

[40]　David DeVorkin,《科学的巨大力量:二战后美军是如何创建美国空间科学的》(*Science with a Vengeance: How the U. S. Military Created the U. S. Space Sciences after World War II*, New York: Spring-Verlag, 1992)。关于太空时代太阳的研究,尤其强调所采用的设备,请参见 Hufbauer,《探索太阳》,第 211 页～第 305 页。

[41]　这是 Homer E. Newell 所著的《超越大气层:空间科学的初级阶段》(*Beyond the Atmosphere: Early Years of Space Science*, Washington, D. C. : NASA, 1980)前面一部分的主题。另见 Robert W. Smith,《太空望远镜:NASA、科学、技术与政治的研究》(*The Space Telescope: A Study of NASA, Science, Technology, and Politics*, Cambridge: Cambridge University Press, 1993),平装版,第 44 页～第 47 页。

火箭中,检测探测器由于地球引力而最终沿弧形轨道回到大气层之前短短几分钟的可观测时间内太阳所放射的 X 射线。但到了 20 世纪 60 年代,X 射线天文学研究成为国际性事业,欧洲、苏联和美国活跃着很多研究小组。在很多方面,随着 1970 年第一颗专门用于 X 射线天文学的"自由"号(*Uhuru*)卫星的发射,X 射线天文学日趋成熟。由于卫星上天,X 射线天文学家不再受由火箭飞行而产生的几分钟观测时间的限制。

1963 年,波士顿附近一家名为美国科学和工程技术公司的一个研究小组的负责人——意大利出生的里卡尔多·贾科尼(1931~   ),已构想出了这种 X 射线卫星的计划。由于其成员于 1961 年和 1962 年曾在美国国防部工作过,曾测量过核武器的高空爆炸,所以这个研究小组已经熟练地掌握了配置有 X 射线仪器的卫星发射技术。因此,正如常常在太空天文学中出现的那样,一个科学项目,像"自由"号,很大程度上要归功于为了国家安全而开发的仪器和技术。"自由"号是美国科学和工程技术公司的研究小组设计的,用来扫描太空并生成 X 射线源的一览表,同时详细地检测单个射线源。在短短 2 年里,卫星共探测到 339 种 X 射线源。后继的卫星也继续尝试着描绘 X 射线波长范围内的太空。[42]

20 世纪 60 年代,NASA 的太空飞行任务也大力推动太阳系的研究,特别引人入胜的是宇宙飞船向月球的飞行和飞近其他行星的探测。[43] 美国和苏联都在探索宇宙飞船在行星上着陆的问题。第一次成功着陆是 1970 年苏联的"金星"7 号(*Venera* 7)在金星的着陆。尽管金星大气层和表面非常热且环境恶劣,但是"金星"7 号还是通过无线电发回了 23 分钟有价值的数据。这艘飞船的同一类型,即后来的"金星"13 号(*Venera* 13)于 1982 年在金星上软着陆,传回了一张彩色图片,并且获取了它下降过程中的一些数据。1975 年中期,美国向火星发射了两艘宇宙飞船,分别是"海盗"1 号(*Viking* 1)和"海盗"2 号(*Viking* 2)。由于每艘都带有"着陆器"和"轨道飞行器",因此可称为双飞船。着陆器用于在火星表面着陆,轨道飞行器用来绕火星轨道运行并发回包括表面图像的数据。第一个着陆器于 1976 年 7 月 20 日降落在火星的金色平原(Chryse Plain),随后,第二个着陆器在距离"海盗"1 号几千千米但距火星北极很近的乌托邦平原(Utopian Plain)着陆。每个着陆器除了传回大约 4500 张行星表面的照片,

170

[42] 关于 X 射线天文学的早期研究,参见 Richard F. Hirsh,《不可见宇宙的一瞥:X 射线天文学的出现》(*Glimpsing an Invisible Universe*: *The Emergence of X-ray Astronomy*, Cambridge: Cambridge University Press, 1983),以及 Wallace Tucker 和 Riccardo Giaconni,《X 射线宇宙》(*The X-Ray Universe*, Cambridge, Mass.: Harvard University Press, 1985)。另一部关于 NRL(海军研究实验室)小组的著作是《具有军事背景的基础研究:海军研究实验室与远紫外天文学及 X 射线天文学的建立》(Basic Research with a Military Context: The Naval Research Laboratory and the Foundations of Extreme Ultraviolet and X-Ray Astronomy, unpublished PhD diss., Johns Hopkins University,1987)。

[43] 20 世纪后半叶有关行星天文学与行星科学的历史学术著作,尤其是美国以外的,非常少。可以参考 William E. Burrows,《探索太空:太阳系及太阳系之外的航行》(*Exploring Space*: *Voyages in the Solar System and Beyond*, New York: Random House, 1990);Ronald E. Doel,《美国的太阳系天文学:团体、赞助和跨学科研究(1920 ~ 1960)》(*Solar System Astronomy in America*: *Communities, Patronage, and Interdisciplinary Research*,1920 - 1960, Cambridge: Cambridge University Press, 1996);以及 Joseph N. Tatarewicz,《空间技术和行星天文学》(*Space Technology and Planetary Astronomy*, Bloomington: Indiana University Press, 1990)。

还做了一些实验。其中一个着陆器包括一个伸缩自由的悬臂。通过地面控制,这个悬臂可以被伸出用以铲起并收集火星上的物质样本。然后这些样本被悬臂运到这个着陆器的多个实验包中以便通过许多技术对它们加以分析。

"海盗"号着陆器实验的一个目的是寻找生命。虽然结果不太明确,但研究"海盗"号数据科学家的结论是,他们没有找到存在生命的证据,至少在紧靠着陆器1号和着陆器2号附近没有找到。[44] 然而"海盗"号宇宙飞船提供的数据已经改变了行星科学家对火星的看法,不仅是关于火星的生命问题,还包括火星的化学成分、地质成分、轨道特征、大气和气候等方面。"海盗"号太空行动也是许多大规模空间科学行动的一个例子,大规模空间科学行动需要成百(如果不是上千)科学家和工程师参与确定科学目标、设计仪器、获取和分析最终数据这个复杂的过程中来。就这种"大科学"的太空行动来说,科学家编成了很多组,因此,尽管有与个体研究者相关的科学奖励体系,即使可能,认定一个或多个天文学家、行星科学家作为负责人也很困难。

"海盗"号是美国的一个太空行动,尽管最初美国和苏联在空间科学方面居主导地位,但20世纪70年代,其他国家也日益发挥了作用。接下来的10年,欧洲航天局(European Space Agency)拥有了一个很重要的空间科学项目。20世纪80年代,日本也建造和发射了空间飞船。因此,1985年和1986年,哈雷彗星按照它的规律返回太阳系的内部区域时,遇到了欧洲航天局、苏联和日本的宇宙飞船组成的小型舰队,而不是美国的。[45]

极大科学

耗资巨大又雄心勃勃的空间计划促进了国际合作。哈勃太空望远镜就是由NASA主持,欧洲航天局作为合作者而共同开发的一个项目。作为轨道观测台,它的中心是一个主镜直径为2.4米的反射天文望远镜,1900年发射升空的哈勃太空望远镜耗资20多亿美元,由数以千计的人员参与设计研制。因此,它是有史以来建造的最昂贵的科学仪器,更不用说最昂贵的望远镜了。正如该作者在其他地方所详细论述的,它和它的建造计划都是科学的、技术的、社会的、制度的、经济的和政治的等多种力量的产物。[46]

对于这种规模的天文事业来说,唯一可能的资金来源是政府款项,并且为了使哈勃太空望远镜付诸实现,必定付出了巨大努力也使它在政治上切实可行,而不只是在技术和科学上切实可行。例如1974年至1977年间,在两位杰出的普林斯顿天文学家约翰·巴赫卡尔(1934~)和小莱曼·施皮策(1914~1997,被普遍认为是哈勃太空望

[44] 可以参考 E. C. Ezell 和 L. Ezell,《关于火星:红色行星探索(1958~1978)》(On Mars: Exploration of the Red Planet, 1958 - 1978, Washington D. C.: Scientific and Technical Information Branch, NASA, 1984),以及 William E. Burrows,《探索太空:太阳系及太阳系之外的航行》。

[45] John M. Logsdon,《失踪的哈雷彗星:大科学中的政治》(Missing Halley's Comet: The Politics of Big Science),《爱西斯》(Isis),80(1989),第254页~第280页。

[46] 这是 Smith 的《太空望远镜》的中心主题。

图 8.3　哈勃太空望远镜在"企业"号航天飞机的有效载荷舱内（承蒙 NASA 惠允）

远镜的主要支持者）的领导下，数百名天文学家与一批同盟者通过多次游说活动，使美国国会和白宫相信哈勃太空望远镜的价值（见图 8.3）。哈勃太空望远镜获得政治上的许可，意味着对一个科学团体的动员，而不只是按照乔治·埃勒里·海耳的方式依靠几个有权势的中间人与有钱人和慷慨解囊者协商。一台由国家或国际资助的耗资数千万或者数亿乃至数十亿美元的大型仪器的建造，不只是这么一个问题，例如从白宫和国会获得"是"或"否"的决定，那么如果回答为"是"，就建造选定的仪器。获得政治许可，对于技术选择、工程方法、制造者选择、仪器运行和运行仪器的基地选址以及所要解决的科学问题，都会产生深刻影响。最大的科学仪器可以重新组成天文学企业的制度化机构，其自身也可以"根据与社会普遍联系的财政、政治和思想等"加以重组。[47]

　　哈勃太空望远镜的运行由"大学联盟"负责。这些管理机构是随着二战后联邦政

172

[47]　James Capshew 和 Karen Rader，《大科学：现今的价值》（Big Science：Price to the Present），《奥西里斯》（Osiris），2nd ser.，7（1992），第 3 页～第 25 页，引文在第 16 页。

府在科学研究与发展中作用的巨大扩张而出现的。大学联盟成为一种将"国有"实验室和天文台概念转变成工作机构的手段,国有即指使用联邦政府资金修建并向所有合格科学家开放。与战前最大的天文望远镜仅由极少数天文学家使用的情形不同,联邦政府的投资有助于使天文学"民主化",并使一些最强大的仪器(像哈勃太空望远镜和极大天线阵列等)开放使用。然而私人资助对地面光学天文学的发展继续发挥着重要作用,尤其是在美国。由凯克基金会(Keck Foundation)投资的大约2亿美元,用于在夏威夷冒纳凯阿峰(Mauna Kea)顶上建造两个大型望远镜,就是一个典型的例子。当然,太空天文学的出现,并没有减慢地面大型的、新颖的天文望远镜的建造速度。

　　哈勃太空望远镜在许多新仪器中都是很典型的,虽然有赞助商需要新仪器所能解决的科学问题的详细报告,建造者通常会被这个更普遍的意识所驱使,即建造一种在某一方面或某些方面比其他同类仪器功能更强大的仪器,将会导致新的发现。20世纪末期,仪器已被视为发现的引擎。如果没有始终更加强大的仪器的稳定供给,研究计划就会萎缩。

　　对诸如太空望远镜或地面天文台的大规模的天文学项目的研究也强调了这样一个事实:随着20世纪天文学计划的发展,劳动分工越来越细,大型天文学仪器的建造和运行需要不同类型专家的参与,例如软件工程师、热力工程师、计算机科学家、数据分析家,而对于太空天文学和行星科学的太空行动来说,还需要宇宙飞船驾驶员和宇航员,这已经是十分平常的事情了。劳动分工的日益细化,很大程度上是由规模日益增大的研究项目所驱动(这里的"大"是根据仪器的物理尺寸、参与的人数、管理的复杂性及成本等标准而言)。这对于19世纪大部分时期内,所有事务都由职业天文学家完成的方式而言,是一种基础性转变。即使天文学家参与了仪器设计,仪器一般也要从制造商那里购买,并且天文学家要对仪器的使用负责。

　　20世纪末的优势在于,除了从事观测天文学的人员范围扩大外,天文学的研究范围比19世纪早期扩大了许多,这不仅体现在天文学家所思考的宇宙问题上,而且还体现在他们收集和采用的用以支持其观点的信息的种类上。这种变化可能包含了两个主要因素或驱动力,这两个因素对增大获得资助的机会至关重要:(1)20世纪头20年或30年,天体物理学大规模制度化(相对地,位置天文学在这期间衰落了);(2)观测天文学从电磁波频谱的光学波段到一系列新波段的迅猛发展。首先,私人投资很重要;其次,政府扶植居主导地位。

　　正视这些变化,我们可以看出,观测天文学经历的独特发展轨迹,不能只归因于来自科学内在需求的某些坚持不懈的工作。更确切地说,19世纪和20世纪观测天文学的历史,是由更广泛的科学计划(观测天文学是这些计划的一部分)及从事观测天文学研究的团体所塑造的。

（刘丹鹤　译　杨舰　陈养正　校）

9

化学的语言

贝尔纳黛特·邦索德-樊尚

　　语言在形成某一学科的特性方面起着关键的作用。如果我们把"学科"这个词按照其普通的教育意义来理解,那么对于基本词汇的有效掌握就是从一门学科毕业的前提。当学科被视为从业者共同体时,它们也具有一种共同语言的特征,包括深奥的术语、推论的模式和隐喻(比拟)。[1] 正如很多研究强调的,在研究学派中,语言共同体的势力要更强大一些。[2] 共享一种语言不仅仅是理解一种特殊的行话。除了科学术语的编码化意义和参考范围之外,一个科学共同体总是具有一系列默认的规则,当正式的语言编码不受重视的时候,这些规则保证了相互的理解。[3] 默认不仅包括了对术语和符号的理解,还包括对比喻、图表和各种说明图案的运用。语言在建构一门科学学科过程中的第三种重要功能是,通过对事物按其学科领域进行命名和分类,形成和构筑了一个特殊的世界观。后面这个功能在化学中具有特殊意义。

　　根据奥古斯特·孔德的说法,理性的命名方法是化学对实证哲学或科学方法建构的贡献。[4] 虽然在植物学中已经对一种系统的命名做出了初步的尝试,18 世纪晚期的化学家还是决定再造一种基于命名法的人造语言,而这个决定在现代化学的诞生中起着关键的作用。

　　亚当给圣经《创世记》中所有的动物命名。如果人们面临不同的存在物,命名是一个必不可少的活动。化学家平常要应对许多不同物质的个体特性。18 世纪晚期,由于物质的数量出现了惊人的增长,加上出现了经改进的分析方法,化学家越来越需要建立一套稳定和系统的名称,以便于交流和教学。

〔1〕　Mary Jo Nye,《从化学哲学到理论化学》(*From Chemical Philosophy to Theoretical Chemistry*,Berkeley:University of California Press,1993),第 19 页～第 24 页。

〔2〕　Gerald L. Geison 和 Frederic L. Holmes 编,《研究流派:历史的重新评价》(*Research Schools:Historical Reappraisals*),《奥西里斯》(*Osiris*),8(1993)。尤其参看 R. Steven Turner,《视觉研究:亥姆霍兹对黑林》(Vision Studies:Helmholtz versus Hering:80 - 103),第 90 页～第 93 页。

〔3〕　K. M. Olesko,《默契认知和学派形成》(Tacit Knowledge and School Formation),载于《研究流派:历史的重新评价》,8(1993),第 16 页～第 49 页。

〔4〕　Auguste Comete,《实证哲学教程》(*Cours de philosophy positive*,vol. 2,Paris,1830 - 42;reedition,Hermann,1975),vol. 1,第 456 页,第 584 页～第 585 页。

19 世纪晚期,无数的有机化合物被人们合成出来,这个不断扩大的群体——既是化学家创造力的成果,同时也成为他们可怕的负担——要求在出版物中加上主题索引,例如贝尔斯坦的《有机化学手册》(*Handbuch der organischen Chemie*)或《化学文摘》(*Chemical Abstracts*)。现在,化学家已经不得不为将近 600 万种物质命名了。主要问题是,对名称的需求总是先于为名称制定规则,化学家不得不想出各种策略来应对这种挑战。

尽管实践化学家都特别关注他们的语言,并且对使用着的名称背后的故事很感兴趣,然而很少有化学史家敢于在这个领域中涉足。[5] 莫里斯·克罗斯兰经典的《化学语言的历史研究》(*Historical Studies in the Language of Chemistry*),1962 年首次出版,仍旧保留着化学革命时期建立的命名法的主要内容。[6] 非常奇怪,化学命名法后来的变革并没有吸引很多学者的注意。我们之所以知道这些变革,要感谢那些积极参与变革的化学家。[7] 他们的历史记载强调了个体的作用和达成共识的困难。所以,关于命名的困难仍然无所不在,过去的仍旧只是属于化学家的记忆,而没有被正式载入史册。还有一点很奇怪,除了 30 年前弗朗索瓦·达高涅著作中的一卷,化学语言事实上还没有被哲学家研究过,可在过去的几十年中语言哲学却曾是一种时尚。[8]

本章并不在于试图重建过去两个世纪中化学语言演变的整个进程,而只是把重点放在可被视为至关紧要的时刻的三个关键性事件上,在这些紧要的时刻作出的决定形成了现今的化学语言。就化学语言而言,19 世纪比 1800 年要早到几十年。第一个生动的场面发生在 1787 年的巴黎,在那里,所谓的现代化学语言提交到皇家科学院。第

[5] 参看,例如 Roald Hoffmann 和 Vivian Torrence,《想象的化学:对科学的反思》(*Chemistry Imagined*: *Reflections on Science*, Washington, D. C.: Smithsonian Institution Press, 1993),以及 Primo Levi,《化学家的语言》(The Chemists' Language,Ⅰ and Ⅱ),引自《其他人的行业》(*L'Altrui Mestiere*, Giulio Einaudi Editore, 1985, Eng. trans.),载于《其他人的行业》(*Other People's Trades*, New York: Summit Books, 1989)。

[6] Maurice P. Crosland,《化学语言的历史研究》(*Historical Studies in the Language of Chemistry*, 2d. ed., New York: Heinemann, 1978)。对在法国启蒙文化框架内化学语言的文本分析,参看 Wilda Anderson,《在图书馆和实验室之间:18 世纪法国的化学语言》(*Between the Library and the Laboratory*: *The Language of Chemistry in 18th-Century France*, Baltimore: Johns Hopkins University Press, 1984)。

[7] Pieter Eduard Verkade,《有机化学命名史》(*A History of the Nomenclature of Organic Chemistry*, Dordrecht: Reidel, 1985);R. S. Cahn 和 O. C. Dermer,《化学命名法介绍》(*An Introduction to Chemical Nomenclature*, 5th ed., London: Butterworth Scientific, 1979);Alex Nickon 和 Ernest Silversmith,《有机化学:命名规则、现代创造的术语及其起源》(*Organic Chemistry*: *The Name Game*, *Modern Coined Terms and their Origins*, New York: Pergamon Press, 1987);James G. Traynham,《有机物命名法:1892 年以及后来若干年日内瓦会议》(Organic Nomenclature: The Geneva Conference 1892 and the Following Years),载于 M. Volkan Kisakürek 编,《有机化学:其语言和发展现状》(*Organic Chemistry*: *Its Language and the State of the Art*, Basel: Verlag Helvetica Chimica Acta, 1993),第 1 页~第 8 页;Kurt L. Loening,《有机物命名法:日内瓦会议和第二个 50 年:一些个人的观察发现》(Organic Nomenclature: The Geneva Conference and the Second Fifty Years: Some Personal Observations),载于 M. Volkan Kisakürek 编,《有机化学》,第 33 页~第 46 页;Vladimir Prelog,《我的命名法年代》(My Nomenclature Years),载于 M. Volkan Kisakürek 编,《有机化学》,第 47 页~第 54 页。然而,这里不得不提及两个历史学家和两个化学家之间的一个有效的协作,很不幸,这种协作没有能够继续:W. H. Brock、K. A. Jensen、C. K. Jorgensen 以及 G. B. Kauffman,《化学术语"Ligand"的起源和传播》(The Origin and Dissemination of the Term "Ligand" in Chemistry),《炼金术史和化学史学会期刊》(*Ambix*),21(1981),第 171 页~第 183 页。

[8] François Dagognet,《化学表格与化学语言》(*Tableaux et langages de la chimie*, Paris: Vrin, 1969)。另外请参看一个接近化学命名法的记号法:Renée Mestrelet-Guerre,《语言交流与符号学:化学符号系统的符号学研究》(*Communication linguistique et sémiologie*: *Etude sémiologique des systèmes de signes chimiques*, PhD diss., Universitat Autonoma de Barcelona, 1980)。

176

二个生动的场面发生在 1860 年 9 月的卡尔斯鲁厄（Karlsruhe），当时首次组织了一个化学家的国际会议，以商讨术语和化学公式。第三个关键的场面将把我们带到 1930 年的列日（Liège，比利时城市——校者注），当时国际理论化学与应用化学联合会（Union internationale de chimie pure et appliquée，缩写为 UICPA）指定的有机化学命名委员会（Commission on Nomenclature of Organic Chemistry）举行了集会，并投票表决通过了有机化合物的命名规则。

以上三个事件描述了化学家群体在澄清化学语言和推动学术交流方面所作的努力。然而，这三次变革在不同的背景下发生，表现出了化学界对于这个问题不同的策略，这些策略反过来又折射了每一时期化学学科的发展状态。

1787 年：一面设计未来的“自然之镜”

1787 年 1 月，既是律师也是有名化学家的路易－伯纳德·吉东·德莫尔沃（1737～1816），从第戎（法国东部城市）来到了巴黎皇家科学院。当时那里正在进行着一场燃素说者与非燃素说者的辩论。他来时，辩论已进行到中间。自从吉东负责为《方法百科全书》（Encyclopédie méthodique）编辑化学词典并与国外的化学家保持着通信联系以来，他极其热切地建议逐步形成世界通用的系统性化学语言。整个 18 世纪，化学家对化学语言的不满与日俱增。他们希望自己能摆脱具有神话色彩的化学名称的炼金术传统。他们抱怨，不同的名称被用于同一个物质，或者相反，一个名称同时指称多个物质。当时整个欧洲化学家之间的交流很多，与之并行的翻译活动也非常热火，交流的频繁使上面提到的这个缺点格外突出。皮埃尔－约瑟夫·马凯（1718～1784）和托尔贝恩·贝里曼（1735～1784）在系统化物质名称，尤其是新近确定的物质命名方面曾经做过小小的尝试，如气体，或者新近分类的物质，如盐类和矿物质类。[9]

1782 年，吉东开创了一个更大胆的项目，这个项目的目的是重建整个化学命名

177

---

[9]　Torbern Bergman，《关于自然矿物系统的思考》（Meditationes de systemate fossilium naturali），载于《乌普萨拉皇家科学学会新学报》（Nova Acta Regiae Societatum Scientarum Upsaliensis），4（1784），第 63 页～第 128 页；参看 M. Beretta，《物质的启蒙：从阿格里科拉到拉瓦锡的化学定义》（The Enlightenment of Matter: The Definition of Chemistry from Agricola to Lavoisier, Canton, Mass. : Science History Publications, 1993），第 147 页～第 149 页；另外请参看 W. A. Smeaton，《P. J. 马凯、T. O. 贝里曼和 L. B. 吉东·德莫尔沃对化学命名法改革的贡献》（The Contributions of P. J. Macquer, T. O. Bergman and L. B. Guyton de Morveau to the Reform of Chemical Nomenclature），《科学年鉴》（Annals of Science），10（1954），第 97 页～第 106 页，以及 M. P. Crosland，《化学语言的历史研究（1962）》，第 144 页～第 167 页。

法。[10] 他的这个项目像卡尔·林奈创立的植物学命名法一样,建立在命名应该揭示"事物的本质"这一前提之上,然而吉东选择了希腊语源而不是拉丁语源(大概是由于他对耶稣会士语言的强烈反对)。吉东总的原则是:用简单的名称命名单质,用复合的名称命名化合物,以表示其组成。如果某个化合物的成分不能确定,吉东建议,可以选用一个任意的无意义的短语来表示。这是一项雄心勃勃的事业。它旨在结束前几个世纪化学物质的使用者们建立起来的传统语言,为化学造一套新的语言,这说到底也是一场革命。然而,吉东的目标不是很高。为了继续早期的尝试,他的改革很清楚地将目标定在了达到欧洲化学家中多数人意见的一致上。

然而,6 个月后,这个项目被深深地改变了。1787 年初,当吉东向巴黎皇家科学院提交他的项目时,他发现从事化学的人在一场关于燃素说的论战中产生了分歧。他遇到了安托万-洛朗·拉瓦锡(1743～1794)、克洛德-路易·贝托莱(1748～1822),以及安托万-弗朗索瓦·德·富克罗瓦(1755～1809),他们三个都是反对燃素理论的。他们说服了吉东,并使之成了新学说的信奉者,他们劝他修订项目,以符合新的学说。几个星期之内,这四个人就改变了吉东原来的新语言大纲,并使之成了反对燃素说的武器。[11]"燃素"一词被根除了,同时像"氢"(产生水的物质)和"氧"(产生酸的物质)这些词语也反映了拉瓦锡的新理论。根据孔狄亚克的语言哲学,拉瓦锡也为新语言提供了哲学上的合法性。[12] 他提出这样的假定:单词、事实和观点就好比一个事物的三张不同面孔,一门好的语言就是一门好的科学。语言学的习惯和化学的传统都只意味着错误和偏见。相对来说,一种语言从单质演变到化合物却可以使化学家沿着真理的轨迹前行。拉瓦锡和他的合作伙伴倡导的分析语言不仅是一个"系统",更是一种"方法",同时亦折射了自然本身。事实上,自然与实验室中化学过程的产物可被视为一体,任何一个化合物的名称都是其分解作用的镜像。

像其他命名法一样,这种命名法依赖固有分类。取代传统博物学家们的属、种和个体的分类学范畴,化学家们的分类被组织得像具有字母表的语言,33 种单质就是字母表中的字母,并且这些单质被分成四个部分:(1)"属于所有自然三界的单质"(包括热量、氧、光、氢和氮);(2)"非金属的、可氧化的、酸性单质";(3)"金属的、可氧化的、

[10] Louis-Bernard Guyton de Morveau,《对化学命名的回顾,完善系统和达成规则的必要性》(Mémoire sur les dénominations chimiques, la nécessité d'en perfectionner le système et les règles pour y parvenir),《对物理学、博物学和艺术的观察》(Observations sur la Physique, sur l'histoire naturelle et sur les arts, 19 Mai 1782),第 370 页～第 382 页。1782 年在第戎也作为单册出版,参看 Georges Bouchard,《吉东·德莫尔沃,化学家与传统派》(Guyton de Morveau, chimiste et conventionnel, Paris: Librairie académique Perrin, 1938)。1787 年,一位比利时化学家建立了一套可选择的更传统的命名法,但是没有被人们接受。参看 B. Van Tiggelen,《方法与比利时:源于卡雷尔·范博乔特的命名法实例》(La Méthode et les Belgiques: l'exemple de la nomenclature originale de Karel van Bochaute),载于 B. Bensaude-Vincent 和 F. Abbri 编,《欧洲环境下的拉瓦锡:为化学协商一种语言》(Lavoisier in European Context: Negotiating a Language for Chemistry, Canton, Mass.: Science History Publications, 1995),第 43 页～第 78 页。

[11] L. B. Guyton de Morveau、A. L. Lavoisier、C. L. Berthollet 以及 A. F. de Fourcroy,《化学命名法》(Méthode de nomenclature chimique, 1787; reprint, Philadelphia: American Chemical Society, 1987);所有的引用语参考 1994 年版本,包括介绍和注释(Seuil, Paris),除非另有说明,皆由作者翻译。

[12] Lavoisier,《对改革和完善化学命名法的必要性的回顾》(Mémoire sur la nécessité de réformer et de perfectionner la nomenclature de la chimie),载于 Lavoisier 等,《化学命名法》,第 1 页～第 25 页。

酸性单质";以及(4)"土类的、能成盐的单质"。这种分类法是在普遍原理的旧观念和把元素作为化合物的基本单元这一定义之间的一个折中。单质仅仅构成了概括整个系统的一览表中的第一栏。[13] 表格是表现一个事物时受欢迎的方式,按照福柯的说法,它将"古典时代"的知识汇聚到了一起。[14] 然而,陈列在 1787 年的法国科学院中的表格和拉瓦锡发表于《化学元素》(*Elements of Chemistry*)一书中第二部分的表格同那以前 18 世纪化学家使用的"关系表"是不同的。[15] 亲和力表浓缩了需要成千上万的实验才能获得的知识。拉瓦锡的表格融合了经验知识,但更重要的是它旨在像一门语言一样来使物质世界有序化,这是一种以孔狄亚克的《逻辑》(*Logic*)为模型的分析语言。这门语言的语法来源于化合物的二元论。这个理论含蓄地假设:化合物是由两种元素构成,或者由两种起元素作用的自由基而构成的。

虽然拉瓦锡称新语言反映了自然,但是很多同时代人却提出了反对意见。那些人认为,这些术语(如用 oxygen 表示氧气)充斥了理论,而不是对已牢固确立的事实单纯的表达。全欧洲的化学家都参与了对这一改革的讨论,并力图对一系列名称加以改进。很多关于 oxygen 的选择方案被提了出来,因为此时拉瓦锡的酸理论还没有被接受。至于 azote(a-zoon,意思是"不适于动物",表示氮气)的情形也如此,因为有很多其他气体也不适合动物生存。也正因为如此,英国化学家宁可采纳 nitrogen 而不采纳 azote。法国的化学家们通过动员拉瓦锡夫人,领导了一场强大的说服运动,包括开展翻译和举办聚餐等活动。法国化学家还于 1789 年创办了自己的刊物《化学年刊》(*Annales de chimie*)。结果,由于人们在翻译富克罗瓦、沙普塔尔、拉瓦锡和贝托莱等人的教科书方面所做的大量工作,终于使得法国的命名法在 1800 年被广泛地采纳。采纳就意味着语言适应的多种不同的策略。一些化学家抱怨法国在该领域的霸权,因为从原则上说来,这本该是世界性的。德国的化学家,像波兰人一样,选择了把法国–希腊的术语翻译成德文(例如,Sauerstoff 代表 oxygen,Wasserstoff 代表 hydrogen),然而,英国和西班牙的化学家仅仅改变了术语的拼写和词尾。

命名法的不断成功与后来图解符号的放弃形成了对比,这些符号是被提议用来取代那些仍在亲和力表中使用的老的炼金术符号。拉瓦锡的两个年轻的门徒——皮埃尔–奥古斯特·阿代(1753~1834)和让–亨利·哈森弗拉茨(1755~1827)——发明了"字符"系统,这个系统遵循着命名法的分析逻辑并提供了代表物质成分的图像符号。可为什么这些在当初竟没有受到重视呢? 显然,拉瓦锡更关心的是如何把语言改

179

[13] 第二栏包括单一物体与热量的化合物(即使之处于气态);第三栏是包括质与氧气的化合物;第四栏是单质与氧气加上热量的化合物;第五栏包括氧化的单质与根(即中性盐)的结合;第六栏是关于"以自然状态结合的单质"的一个小的分类(See Fourcroy, *Méthode de nomenclature*, pp.75 – 100)。

[14] Michel Foucault,《关于物的演说》(*Les mots et les choses*, Paris:Gallimard, 1968),第 86 页~第 91 页。

[15] Lissa Roberts,《设置表格:18 世纪与表格结构改变相关的化学规律的发展》(Setting the Tables:The Disciplinary Development of Eighteenth-Century Chemistry as Related to the Changing Structure of Its Tables),载于 Peter Dear 编,《科学论点的文学结构》(*The Literary Structure of Scientific Argument*, Philadelphia:University of Pennsylvania Press, 1991),第 99 页~第 132 页。

变得符合他的理论,而不是如何促成一个填充亲和力表的方便的符号体系。正如弗朗索瓦·达高涅指出的那样,以代数解析化学反应为基础的"新化学"促成了一种"语言结构"系统的建立,而不是化学反应的几何图示。[16]

因为命名法的革新在化学革命中起了关键的作用,它经常被描述为革命过程中的一大成果。然而,对这场革新在更广的化学史视角上进行重新审视却很重要,应该把它视为一个长期课题——它动员了整个 18 世纪期间的化学共同体,对当前而言更重要的是承认它对化学学科所产生的巨大影响。显示化合物的构成比例的描述性名称有助于记忆。此外,拉瓦锡在他的《化学元素》一书中指出,分析语言引导学习化学的学生从单质一直学习到化合物,便利了化学教学。

不管怎样,这门由理论化学家造就的语言,加速了化学家和染工、玻璃工和制造者的分离,而后面这些人继承了工匠传统的传统术语。当然,化合物的成分名称(例如"硫酸铁"和"亚硫酸铁")以及后来由此导出的结构式,为以测定无机化合物和有机化合物的自然状态及成分比例为主的化学家提供了意义深远的信息。不过,这些名称剥夺了药剂师关于药品特性的知识,这些特性包含在许多传统术语中。因而,新的命名法有助于使药剂学成为化学的从属学科,或者更广泛地说,有助于把化学技术重新定义为应用化学。[17]

由这四位法国化学家构建的化学的语言是拉瓦锡倡导及合法化新的化学实践的努力的组成部分。由化学平衡反应式所支配的分析程序使以定性数据为基础的实验结果不可信,并且取而代之。然而,现象上的特征,如气、色、味或者外形,是命名法不予考虑的。例如,染工用的"铅白"和"普鲁士蓝",用化学的语言分别叫做"氧化铅"和"氰化铁";"臭气"被重新命名为"硫化氢气体"。新的语言不仅忽略了化学家的感官认识,还排除了化学物质所有的地理起源和它们的发现者,而使其发现的历史完全丧失了。

事实上,如果我们考察一下以后的几十年,新语言的法则从未被严格地应用。到 19 世纪早期,人们才向旁边的道路迈出决定性的第一步。当时,继分解出氯以后,汉弗里·戴维(1778~1829)确定了一些物质——如盐酸——尽管其成分中没有氧,也能呈现酸性特征。氧应该重新命名,但习惯却接管了系统性的需要。随着时间的流逝,许多元素通过电解可以被分离出来,气味和颜色又重新成为命名法考虑的因素。例如,氯、溴和碘由希腊术语 chloros(意思是绿色)、bromos(意思是发出臭味)和 iodes(意思是紫罗兰色)构成。然而,值得注意的是,并非所有可感觉到的性质都被重新接受。尽

[16]　Dagognet,《化学表格与化学语言》,第 45 页~第 52 页。

[17]　A. C. Déré,《法国医学团体所接受的命名法改革》(La réception de la nomenclature réformée par le corps médical français),载于 B. Bensaude-Vincent 和 F. Abbri 编,《欧洲环境下的拉瓦锡:为化学协商一种语言》,第 207 页~第 224 页,以及 J. Simon,《同一性的炼丹术:药剂学和化学革命(1777 ~ 1809)》(The Alchemy of Identity: Pharmacy and the Chemical Revolution 1777 - 1809 , PhD diss., Pittsburgh University, 1997)。

管后来一些元素由颜色（铊）、气味（溴）和国家（镓）命名，但是没有元素再用味觉来命名。

具有神话含义的命名重又盛行。Morphine（吗啡）这个术语是 1828 年佩利哥按照希腊梦神（god Morpheus）的名字杜撰的。地理学的要素也再度体现出来，如术语 benzene（苯），它使我们想起了某种生长在苏门答腊岛和爪哇的树的皮所产生的树脂，当地居民称之为 Styrax benzoin（安息香）；古塔胶（gutta-percha），一种在电报的发展中起了至关重要作用的橡胶，是在 1845 年根据马来语为 getha percha 树来命名的。19 世纪的国家主义思潮也影响到了化学的语言，如法国化学家发现的"镓"和门捷列夫预言的另一个元素"锗"，之后的"钪"和"钋"也随之命名。甚至连曾经被禁止使用的拉丁文也随着字母符号回来了——拉丁名称的词首大写字母，这是由贝尔塞柳斯（1779～1848）于 1813 年首先开始用的。[18] 于是，系统性目标，它支配了人造化学语言的创造，实际上仅保留了一个理想，一个与日常语言实践相抵触的理想。

1860 年：平息化学共同体争论的会议

1860 年 9 月初，来自全欧洲（其中一名来自墨西哥）的 140 名化学家在巴登（Baden）大公国的首府举行了历时三天的会议。这个特别的会议——首届国际化学家大会——是由三位教授发起的：他们是年轻的根特大学教授弗里德里希－奥古斯特·凯库勒（1829～1896）、巴黎大学的夏尔·阿道夫·维尔茨（1817～1884）和卡尔斯鲁厄理工学院的卡尔·韦尔齐恩。会议主要研讨的是化学教学和交流。像 1787 年那样，化学家们对化学语言中的混乱怨声载道。然而，本次会议的分歧主要在于分子式而非名称。于是，论争的焦点开始从命名法转向了图形表示法。

凯库勒在其《有机化学教科书》（*Lehrbuch der Organischen Chemie*）中指出，乙酸有 19 种不同的分子式。一个常见物质的分子式有很多种写法，以"水"为例，分子式 HO——约翰·道尔顿（1766～1844）首创——到了 1860 年仍被使用，这个分子式中，把氢的原子量视为 1（H=1），那么氧的原子量是 8。然而，一些化学家接受了贝尔塞柳斯的符号，他们在 O=100 的基础上测定了原子量，即 H=6.24，C=75，N=88。贝尔塞柳斯把水写成 H O。H̶（有横线的 H）表示氢的一个双原子，也就是说，一对相同元素构成的原子组合在一起。贝尔塞柳斯简单地把盐酸写成 H̶C̶l̶，因为盐酸是由一对氢原子和一对氯原子构成的。氨写成 NH^3，因为是由氢的三个双原子和一对氮原子构成的。19 世纪 40 年代，由格梅林、李比希和迪马提出的以当量为基础的符号 HO 曾经流行一时。

---

[18] 是贝尔塞柳斯拒绝了道尔顿使用的象形文字符号，并且引入了字母表的字母、指数、点和条。比例由上标的数字或符号来表示。关于符号的引入而起的争论，参看 T. L. Alborn，《符号的协商：化学符号和英国社会（1831～1835）》（Negotiating Notation: Chemical Symbols and British Society, 1831－35），《科学年鉴》，46（1989），第 437 页～第 460 页，以及 Nye，《从化学哲学到理论化学》，第 91 页～第 102 页。

182 19 世纪 50 年代,夏尔·热拉尔(1816~1856),同时考虑到了体积和质量,提出加倍当量,并建议 O = 16,C = 12。他说,水是由两个氢原子加上一个氧原子构成的,并且如果一个氢原子占用一倍的体积,那么一个单位的水占两倍的体积。类似地,HCl,盐酸,是由一个氢原子(或者一倍体积)和一个氯原子构成的,并占用两倍体积。氨水,NH^3,由一个氮原子(或者一倍体积)和三个氢原子组成的,并占用两倍体积。热拉尔注意到,在很多有机化合物的化学反应中,我们从来不是获得一个水的当量,而是两个。碳酸的构成数量是 H^4O^2 和 C^2O^4。因此,维尔茨在他 1853 年出版的论文集中把水写成 H^4O^2。然而,热拉尔强烈建议减半有机物的分子式,因为它们双倍显示了真正的当量(热拉尔依旧写为当量而不写为分子)。这个建议反对许多有机化合物的二元论的解释而支持化合物的"一元论的"观点,这个观点是以置换反应为基础的,例如,一个氢原子由一个氯原子置换。

一种新型的图解主义随着一元论的观点的出现而流行起来。首先,奥古斯特·洛朗(1808~1853)提出了他的置换理论。该理论以他的分子结构之构想为基础。该构想认为分子是由其内部诸多原子严密排列而成的体系。[19] 洛朗主张采用分子空间结构的图形表示法,类似于结晶学家们用来表示晶体的几何结构的图形。其次,由奥古斯特·W. 霍夫曼(1818~1892)和亚历山大·W. 威廉森(1824~1904)首先提出再由热拉尔加以扩展的类型论,为有机化合物的分类提供了基础。以氢、水和氨水的类型为模型的竖式分子式曾经十分流行:

$$\left.\begin{matrix}H\\H\end{matrix}\right\} \quad O\left\{\begin{matrix}H\\H\end{matrix}\right. \quad N\left\{\begin{matrix}H\\H\\H\end{matrix}\right.$$

例如,酸的分子式是源于水的类型通过置换氢基(原子团)得到的。

183 毫无疑问,在分子式与概念上的混乱,导致了卡尔斯鲁厄会议的召开,它体现了人们在建立有机化合物结构理论中的尖锐对立。大会组织者在发给那些可能与会者的信中,是这样提到有关化学语言的争论及其理论问题的:"尊敬的同行们:近年来,化学取得了很大进展,同时在理论上也出现了一些不同意见和分歧。为此我们召集一次会议,旨在从未来科学的进步着眼,去探讨一些至关重要的问题。就解决这些问题而言,本次会议将不仅是及时的,也是十分有用的。"[20]

[19] Laurent 的原子核模型引导他向一个复杂的有机化合物的命名法前进。不管怎样,他的命名规则为 1892 年的日内瓦提议奠定了基础。关于 Laurent 死后发表在《化学方法》(*Méthode de chimie*, Paris, 1854)上对有机化合物的试验性命名法的内容,参看 M. Blondel-Mégrelis,《谈谈事物——奥古斯特·洛朗和化学方法》(*Dire les choses*, *Auguste Laurent et la méthode chimique*, Paris: Vrin, 1996)。

[20] 1892 年 J. Greenberg 译,《1860 年 9 月 3、4、5 日在卡尔斯鲁厄召开的国际化学家大会会议备忘录》(*Compte-rendu des séances du congrés international de chimistes réuni à Karlsruhe le3,4,5 septembre 1860*),载于 Mary Jo Nye,《原子问题,从卡尔斯鲁厄会议到第一次索尔韦会议(1860~1911)》(*The Question of the Atom*, *from the Karlsruhe Congress to the First Solvay Conference*,*1860 - 1911*, Los Angeles: Tomash, 1984),第 6 页。另外请参看 B. Bensaude-Vincent,《卡尔斯鲁厄,1860 年 9 月:原子大会》(*Karlsruhe*, septembre 1860:l'atome en congrés),《国际关系》(*Relations internationales*, Les Congrès scientifiques internationaux),62(1990),第 149 页~第 169 页。

会议列出了三项议题:

● 重要的化学概念的定义,诸如:原子,分子,当量,原子量,碱性的,等等。

● 当量和分子式的提出和检验。

● 化学符号的建立和命名法的统一。

分子式和符号的统一取决于基本化学概念的理论上的一致吗? 如果会议的组织者指望用投票的方式去决定一个物质的原子结构,那么会议未能就这些问题的认识达成一致并不奇怪。不过斯坦尼斯拉·坎尼扎罗(1826~1910)总算使很多与会者相信并接受了阿伏伽德罗关于原子和分子存在差别的观点,并且也使他们接受了坎尼扎罗修订过的热拉尔分子式。

卡尔斯鲁厄会议通常被视为化学原子论史上的一个至关重要的事件,因为在这次会上,基于阿伏伽德罗法提出的原子和分子在现代意义上的差异观点赢得了人们的认同。[21] 这种主流看法,正如历史将 1787 年的改革作为化学革命的一个方面,强调了语言对理论假说的依赖关系。

不过,原子的存在并不是卡尔斯鲁厄会议亟待解决的问题,它在新近的学识中才被明确地确定下来。[22] 原子论的坚定的倡导者们,像热拉尔、凯库勒甚至维尔茨等人,从未声称物质"确实"由原子和分子构成。热拉尔的类型分子式并不意味着分子结构就是如此这般,而仅仅是"一种关系,按照这种关系,在双方的分解中,某些元素或者元素群从一个主体到另一个主体中互相替代或者相互运送"。[23] 因此,热拉尔并不认为在他的类型分子式中的孤立的基是真正的可分离的实体。而因发现苯环而被称为"结构化学之父"的凯库勒也不愿给结构赋予任何本体论的意义:

> 原子是否存在的问题从化学的观点来说,没有多大意义:关于它的争论更大 *181* 程度上属于形而上学……从哲学的观点来看,我可以毫不犹豫地说,我不相信原子真的存在,我接受"原子"这个词语,只是这种不可分割的粒子的含义……然而,作为一名化学家,我尊重原子的假说,不仅是因为这在化学中是明智的,更因为是绝对必要的。[24]

卡尔斯鲁厄不是一场现实主义的原子论者和实证主义或唯心主义的当量论者之间的争斗。事实上,几乎没有一个当量论者回复卡尔斯鲁厄的邀请。再则,艾伦·J.

[21] Mary Jo Nye,《原子问题,从卡尔斯鲁厄会议到第一次索尔韦会议(1860 ~ 1911)》,第 xiii 页~第 xxxi 页。

[22] Alan J. Rocke,《从道尔顿到坎尼扎罗:19 世纪的化学原子论》(*From Dalton to Cannizzaro: Chemical Atomism in the Nineteenth Century*, Columbus: Ohio State University Press, 1984),第 287 页~第 311 页,以及《国家化科学:阿道夫·维尔茨和法国化学的战役》(*Nationalizing Science: Adolphe Wurtz and the Battle for French Chemistry*, Cambridge, Mass.: MIT Press, 2001)。

[23] Gerhardt,《有机化学论文》(*Traité de chimie organique*, vol. 4, Paris: Firmin-Didot, 1854 - 6),第 568 页~第 569 页。

[24] A. Kekulé,《关于化学哲学的一些问题》(On Some Points of Chemical Philosophy),引自《实验室》(*The Laboratory*),1 (1867 年 7 月 27 日);重印于 R. Anschütz,《奥古斯特·凯库勒》(*August Kekulé*, 2 vols., Berlin: Verlag Chemie, 1929)。

罗克令人信服地论证,论战差不多在 1860 年就已经见了分晓。[25] 确切地说,卡尔斯鲁厄是一个超越不同理论约束而在分子式上达成共识的一种尝试。就连原子和分子论的倡导者坎尼扎罗也没有指望通过本次会议去达成任何"转变",他在演讲结论中非常明显地提到了这一点:

> 如果我们不能在接受新体系的基本原则方面达成完全一致的意见,那么我们至少也要避免提出我们都能确定的毫无意义的相反观点。实际上,我们可以通过每天赢得更多的支持者,来给热拉尔体系设置障碍。这一体系已被当今年轻化学家中的大多数人接受了,这些人在科学发展中扮演着最积极的角色。由此我们需要的是更严格地从自己做起,去建立起一些约定,以避免使用相同符号表达不同含义所导致的混乱。以目前惯行的做法而言,我们可以采取字母上画横线的方法来表示双倍原子量。[26]

上述文字旨在使理论同语言分离开来,它典型地描绘了一个依从习俗者对语言的认识,并与拉瓦锡对"自然"的参考形成了鲜明的对比。在这一点上,可以说卡尔斯鲁厄标示了化学中那种依从习俗观念的一个顶峰。这种认识当初不论是在原子论者还是当量论者当中都十分普遍。因而会议上人们只是多少有些任意地而非有规则地保留了那些常用术语。这种外交式的妥协,被纳入会议的结束语中:"经过与会议主席商议,会议希望把使用画线的符号的方法介绍到化学科学中,这些符号代表原子量是过去假定的两倍。"[27] 然而,坎尼扎罗的演讲却促进了向热拉尔系统的转化,并且,也成为周期系统的起源因素之一,所以是化学革命中非常关键的一部分。德米特里·伊万诺维奇·门捷列夫和尤利乌斯·洛塔尔·迈尔经常称坎尼扎罗的演讲和他的《化学哲学课程概述》(*Sunto d'un corso di filosofia chimica*, 1858)是导致周期律被发现的关键因素,也是产生后来著名的有序安排"宇宙的构成基料"的系统的关键因素。[28]

另外值得一提的是,甚至洛朗和坎尼扎罗,这两位化学原子是物质真实的信奉者,也从未将名称和分子式赋予任何真实的实体。上面我们谈到的名称和事物之间、分子

185

[25] Alan J. Rocke,《19 世纪 50 年代的无声革命:科学理论的社会和经验来源》(The Quiet Revolution of the 1850s: Social and Empirical Sources of Scientific Theory),载于 S. H. Mauskopf 编,《当代化学科学》(*Chemical Sciences in the Modern World*, Philadelphia: University of Pennsylvania Press, 1993),第 87 页~第 118 页;《无声革命:赫尔曼·科尔贝和有机化学科学》(*The Quiet Revolution: Hermann Kolbe and the Science of Organic Chemistry*, Berkeley: University of California Press, 1993)。

[26] J. Greenberg 译,《1860 年 9 月 3、4、5 日在卡尔斯鲁厄召开的国际化学家大会会议报告》,载于 Mary Jo Nye,《原子问题,从卡尔斯鲁厄会议到第一次索尔韦会议(1860 ~ 1911)》,第 28 页。

[27] 同上文。

[28] 参看 W. van Spronsen,《化学元素的周期系统:第一个百年史》(*The Periodic System of the Chemical Elements: A History of the First Hundred Years*, Amsterdam: Elsevier, 1969),以及 B. Bensaude-Vincent,《门捷列夫的化学元素周期系统》(Mendeleev's Periodic System of the Chemical Elements),《英国科学史杂志》(*British Journal for the History of Science*), 19 (1986),第 3 页~第 17 页。

式和所指真实之间的距离正好是化学语言的一个主要特点。[29] 根据凯库勒的观点,这是化学一个与众不同的特点。尽管气体动力学理论把分子想象为在烧瓶中四处活动的真实的微小球体,化学家所谓的分子——被定义为组成化合物的物质的最小单位——或许并不作为一个可分离的实体而存在。当化学家开始描绘分子中把原子结合在一起的键时,正是 J. H. 范特荷甫(1852~1911)提出了一个碳原子的四面体形式的三维视图,这个描绘绝非意指分子实体的图像。空间分子式、类型分子式和结构分子式对于化学家来说是所有工具中最重要的。它们首先是化学反应的分类工具,帮助化学家发现类似的东西;它们还是预言新物质的工具,引导新化合物的合成,尤其是染色分子。[30] 分子式不仅可以预见还可以帮助制造真实的物质。类似地,霍夫曼采用的球-杆分子模型是为教学目的而建立的。这种模型并非天真地表示原子像彩色的球,它其实是实用的宏观类比或想象以帮助处理通常被认为是无法触及的实体(真实存在的东西)。依从习俗者的态度在法国达到了顶点——法国是当量论的最后堡垒。法国化学的建立,经常被描绘成由实证主义教条束缚的顽固和保守思想造就的。这可以在马塞兰·贝特洛身上找到一个缩影,他直到去世时也没有接受原子论者的符号系统。[31] 事实上,正如玛丽·乔·奈指出的,贝特洛认为,进退两难的境地绝对没有给化学进步带来活力,而选择只是某种"嗜好的问题"。[32] 到了 19 世纪 80 年代,因为一名教授使用了当量论的系统,然而爱德华·格里莫教原子论的符号,选择作为一个问题在理工学院就一跃而为焦点。于是,理事会的理事们把这种可选择的情况视为"纯粹教育学的问题",与数学中坐标系统的选择是类似的。[33]

186

1930 年:用实效的规则来制约混乱

1787 年,语言的改革在短短的 6 个月内获得了成功,这个工作是一个由四位化学家组成的小组完成的,他们都是法国科学家。1860 年,一群人在卡尔斯鲁厄会面,作出

[29] M. G. Kim,《化学语言的层次》(The Layers of Chemical Language),《科学史》(History of Science),30(1992),第 69 页~第 96 页,第 397 页~第 437 页;《构建符号的空间:科学院的化学分子》(Constructing Symbolic Spaces:Chemical Molecules in the Acédémie des Science),《炼金术史和化学史学会期刊》,43(1996),第 1 页~第 31 页;M. Blondel-Mégrelis,《谈谈事物——奥古斯特·洛朗和化学方法》,第 266 页~第 273 页。

[30] 以 August Wilhelm Hofmann 为例,建立了他的类型化学式研究项目。参看 Christoph Meinel,《奥古斯特·威廉·霍夫曼——"当代化学大师"》(August Wilhelm Hofmann - "Reigning Chemist-in-Chief"),《应用化学》(Angewandte Chemie, international edition),31(1992),第 1265 页~第 1398 页。

[31] 例如可以参看 Jean Jacques,《马塞兰·贝特洛:一篇神话的剖析》(Marcellin Berthelot:Autopsie d'un mythe, Paris:Belin, 1987),第 195 页~第 208 页。Berthelot 和 Jungfleisch 在他们的《化学论著》(Traité de chimie, Paris, 1898 - 1904)的第四版中最终接受了原子的符号。

[32] Mary Jo Nye,《贝特洛的反原子论:爱好的问题?》(Berthelot's Anti-atomism:A Matter of Taste?),载于《科学年鉴》,38(1981),第 586 页~第 590 页。

[33] Edouard Grimaux,《化学理论与化学符号》(Théorie et notation chimiques, Paris, 1883),以及 Catherine Kounelis,《化学的幸运和不幸:1880 年的改革》(Heurs et malheurs de la chimie:La réforme des années 1880),载于 B. Belhoste、A. Dahan-Dalmedico 和 A. Picon 编,《理工学院的培训(1794 ~ 1994)》(La Formation polytechnicienne1794 - 1994, Paris:Dunod, 1994),第 245 页~第 264 页。

一个超国界决定,确定了最有利于化学教育和交流的语言。1930 年,一个常设委员会制定了旨在标准化有机化合物命名法的几十条规则。这场命名法的改革不再是一个特别的历史事件。确切地说,它是化学语言修订过程的一个延续,也是构成完整的"常规科学"的一个必要部分。化学的语言不再是一个由少数有动机的人所掌控的某一国或跨国的问题,[34]它是一个国际性的事业,是 19 世纪后期科学国际化进程中的一部分。命名法委员会最初由化学学会联合会进行协调,成为 1919 年创建的 UICPA 中的一个常设机构。这个联合会以法语为正式语言,而且排斥德国,因为一战后的协约国决定联合抵制德国科学。二战后,这个国际联盟重建为国际理论化学和应用化学联合会(International Union of Pure and Applied Chemistry,缩写为 IUPAC),英语为正式语言。这个命名法委员会不仅仅是科学国际化的简单副产品,正如许多研究中强调的,尽管对国际间协调的关切从来没有完全消除不同国家间的敌对状态,但是这个委员会仍然具有推进这种协调的作用。[35]

最早的改革尝试开始于 1889 年在巴黎召开的首届国际化学会议之后。会议指定了一个专题小组,由夏尔·弗里德尔(1832~1899)领导,负责准备一系列提议。这些提议将于 1892 年 4 月在日内瓦召开的关于化学命名的国际化学会议上投票表决通过。为什么要组织一个旨在解决语言问题的专项活动?自从卡尔斯鲁厄会议以来,一些非常积极的个人尝试系统化有机化合物命名法,例如,威廉森在分子式中引进了圆括号,把不变的基团括在其中——如 $Ca(CO_3)$——并建议给所有的盐类加后缀 ic。[36]霍夫曼提出了碳氢化合物的系统化名称,即按照元音次序排列的后缀来表示饱和度:ane,ene,ine,one,une。[37]化学语言中再次出现了极大的混乱。19 世纪晚期开始兴盛的大量的科学杂志各执一词。

日内瓦命名法的目的主要是对术语进行标准化,并确保一个化合物总是在目录或词典的单一标题下出现。命名法委员会认为已经有足够的合法性为每一个有机化合物提出正式的名称。正式名称以分子结构为基础,并像分子式那样显示物质的结构。名称以分子中最长的碳链为基础,以后缀指明官能团,而以前缀表示可取代的原子。日内瓦化学家群体接受了 62 个决议,但这些决议只考虑了无环化合物。虽然正式名

[34] Christoph Meinel,《19 世纪化学中的国家主义与国际主义》(Nationalismus und Internationalismus in der Chemie des 19 Jahrhunderts),载于 P. Dilg 编,《制药史前景:鲁道夫·施米茨文集》(Perspektiven der Pharmaziegeschichte: Festschrift für Rudolf Schmitz, Graz: Akademische Druck-u. Verlagsanstalt 1983),第 225 页~第 242 页。

[35] B. Schroeder-Gudehus,《科学大会与科学院的国际合作的政治》(Les congrès scientifiques et la politique de coopération internationale des académies des sciences),《国际关系》(Relations internationales),62(1990),第 135 页~第 148 页;E. Crawford,《科学领域的国家主义和国际主义(1880 ~ 1939)》(Nationalism and Internationalism in Science, 1880 - 1939, Cambridge: Cambridge University Press, 1992);A. Rasmussen,《科学国际(1890 ~ 1914)》(L'internationale scientifique, 1890 - 1914, PhD diss., Ecole des Hautes Etudes en Sciences Sociales, Paris, 1995)。

[36] W. H. Brock,《A. 威廉森》,载于《科学传记词典(十四)》(Dictionary of Scientific Biography, XIV),第 394 页~第 396 页。

[37] A. W. Hofmann,《英国皇家学会学报》(Proceedings of the Royal Society),15(1866):57,James Traynham 曾引用,载于 M. Volkan Kisakürek 编,《有机化学:其语言和发展现状》,第 2 页。

称在现代的课本里常被提到,因为它们提供了管理原则,但实际上这些名称从来没有被运用过。尽管如此,日内瓦会议在化学家的脑海中还是一件具有开创意义的事件。如果我只是以广泛铭记的事件来标志化学命名法的演变,那么日内瓦会议无疑是非常合适的。列日会议虽然不是那么著名,然而在新的命名法制度的确定方面却更具典型性。

1930 年,在列日召开的会议和日内瓦会议对比在很多方面都有差别。[38] 它是化学语言精心缔造过程的一个终结。来自 1911 年建立的国际化学学会联合会(International Association of Chemical Societies)的首次推动被战争所破坏,而后由 UICPA 恢复。当时建立了两个常设委员会:无机化学命名法委员会,任命荷兰化学家 W. P. 约里森为主席;有机化学命名法委员会也指定了一个荷兰化学家 A. F. 霍勒曼为主席。主席的人选都属于较小的语言区,很清楚,其目的是建立通用的、不体现任何一个国家的霸权的语言。

1922 年,两个委员会都组建了工作组(Working Party),来自许多不同的语言区的代表投入到制定规则的准备工作中。被邀请加入工作组的不仅有教授,还有杂志社的编辑。经过几次定期的会议(1924 年,1927 年,1928 年和 1929 年)以后,负责有机化学的工作组发布了几份报告,让大家在列日会议最后投票表决之前提出批评和修改意见。负责无机化学的工作组在发布最后的规则前也举行了几次集会,1938 年,这个工作组在罗马召开的第十届 UICPA 会议上发布了最后的规则。命名的新制度就这样在漫长的协商过程中确立起来了,这个新制度不仅考虑到了新造的术语要与化学家在采用正式术语前所习惯的一套相类似,还在作出决议前征求了大多数人的意见。[39] 弗里德尔主持的日内瓦会议是由"法国精神和法国逻辑"掌握着支配权,然而,列日会议产生的命名规则是根据美国化学家的建议整理而成的,尤其是 A. M. 帕特森,他与《化学文摘》(Chemical Abstracts)直接相关。[40] 德国人虽然开始的时候受到联合抵制,但经过磋商,最后还是被邀请参加了列日会议。[41]

列日会议产生的命名法模式与日内瓦会议产生的命名法模式是相当不同的:没有产生更多的正式名称。在列日会议上一致通过的委员会报告,除个别修正外符合贝尔斯坦的《有机化学手册》和《化学文摘》的语言学习惯。第一条规则是:"力求对已经被普遍接受的术语做最小程度的改变。"然而,列日会议放宽了日内瓦命名法的范围,建立了一些命名"在官能上复杂的化合物"的规则,也就是说,那些化合物具有一种以上的官能类型。最后的表决允许正式的日内瓦名称与列日命名法并用。于是,系统化的

188

[38] 对于这个会议更详细的叙述可参阅 Verkade,《有机化学命名史》,第 119 页~第 178 页。
[39] Verkade,《有机化学命名史》,第 127 页。
[40] 同上书,第 8 页。
[41] 关于一战后,协约国对德国、匈牙利和奥地利的抵制,参看 B. Schroeder-Gudehus,《科学与和平》(Les Scientifiques et la paix,Montreal:Les presses de l'université de Montréal,1978),第 131 页~第 160 页。

理想为更注重实效的策略让开了道路。在日常的化学实践中,不管是在课本中还是在杂志上,不管是在教室还是在工厂,适应性和容许性被视为帮助标准语言获得最广泛接受的最有效的方法。

自从列日会议以来,这种注重实效的态度在所有后继修订活动中占主导地位——在卢塞恩(Lucerne,瑞士中部城市,卢塞恩州首府——校者注)(1936 年),在罗马(1938 年),以及二战后在巴黎(1957 年)。现行的命名法并不像 1787 年改革者梦想的那样系统化。一些通俗的名称——与化合物的结构无关——与遵循命名规则的系统化的名称共存。实际上,在有机化学和无机化学中,大多数名称都是半通俗的,也就是说,是逸事和章程的混合物。[42]

189

朝向实用主义的智慧

结论中强调三个要点。"化学像语言一样,是建构起来的。"这个断言,解释了法国精神分析学者雅克·拉康的关于无意识的观点,是后继语言改革的主要特点。自从1787 年以来,人们默认为,用化学方法得到的化合物的组成就像从字母表产生的单词和短语一样,是从以元素为单位的"字母表"中产生的,根据复杂的语法,它们的组合允许不限定数量的复合词的逐步形成。无论基础单位是什么形式——元素、自由基、官能团、原子、离子、分子——但语言学的隐喻仍然赋予了当代的化学家很多灵感。例如皮埃尔·拉斯洛将他的化学观点集中纳入《关于物的演说》(*La parole des choses* [The speech of things])的文章中。[43]

这里描述的三个画面表明,化学语言的建立和标准化应该确实有助于化学共同体以各种途径加强交流。虽然最早的系统化命名法是在一个特殊的文化环境里精心完成的,但是,在极具国家主义利益的论战的中期,它迅速地达到了一个准普遍性的状态。普遍性的建立首先是通过反燃素说学者的团结达到的,这帮助克服了命名法建立者之间观点的分歧,其次是通过一场积极的翻译活动和语言适应的运动达到的,这对于向全世界传播地方性语言和人工语言起了很大的帮助作用。

尽管一个地方性的共同体在革命前的法国创造了一种通用的语言,但在卡尔斯鲁厄会议上召集一个国际性的化学共同体首次正式集会,通过三天的会议,就他们的语言符号和分子式的规则达成一致意见。从普遍性到国际性,化学语言也遵循着全球对

---

[42] IUPAC,《无机化学命名法》(*Nomenclature of Inorganic Chemistry*, 2d ed., London: Butterworths Scientific Publications, 1970);IUPAC,《有机化学命名法》(*Nomenclature of Organic Chemistry*, the so-called Blue Book, London: Pergamon Press, 1979);B. P. Black、W. H. Powell 和 W. C. Fernelius,《无机化学的命名、法则和实践》(*Inorganic Chemical Nomenclature*, *Principles and Practice*, Washington D. C.: American Chemical Society, 1990);P. Fresenius 和 K. Görlitzer,《有机化学的命名法》(*Organic Chemical Nomenclature*, Chichester, England: Hellis Harwood, 1989)。关于更近期的分子式的索引方法的发展,参看 W. H. Brock,《丰塔纳/诺顿化学史》(*The Fontana/Norton History of Chemistry*, New York: W. W. Norton, 1993),第 453 页~第 454 页。

[43] Pierre Laszlo,《关于物的演说》(*La parole des choses*, Paris: Hermann, 1995)。

于建立通用语言课题的转变的态度。人工语言的建构在 19 世纪晚期已经被人们抛弃,然而,大多数的努力集中在以已存的自然语言为基础的国际性语言的建构上,如世界语。[44] 但是为时不久,这些课题就依次被放弃了,人们转向于更有实效的态度。在列日会议上,IUPAC 建立的工作组的常务组员组成了一个国际团体。到了 20 世纪 30 年代,国际化学共同体的结构已经非常强大,以至于现行术语体系中的错误和缺陷都可以被容忍。当然,适应性现在加强了团体精神,因为它在懂得这一点的化学专家之间产生了一种默契。

最后,本篇快速的概括评述例证了两个可供选择的策略来控制语言。一个是立法的态度,这一点由 1787 年希望在空白基础上建立一种新的人工语言和系统语言的奠基人给出了很好的说明,1892 年又试图规范正式的名称。相比之下,卡尔斯鲁厄会议和列日会议则说明了依从习俗者的态度,他们更多地具有怀疑精神、注重实效的精神,更尊重惯例。这个策略直到 20 世纪末一直处于支配地位,而且展现了对从过去继承下来的化学传统的态度的深度改变。克拉伦斯·史密斯是列日命名法工作组的一员,他在 1936 年指出:"或许我们可以抛弃所有已有的名称,重新开始,创造一个命名法的逻辑系统并不是一个太困难的任务。然而我们必须承受我们的化学前辈的过失。"[45] 这个"化学上的至理名言"来自当化合物极其复杂而又要保持名称的系统性时人们面临的与日俱增的困难,与 1787 年的革命态度形成了强烈对照。这种观点能流行多久?下个世纪,化学发生根本变化的需求和产生更系统化的语言的需要可能会再次抬头。

(陈超群　译　杨舰　陈养正　校)

---

[44] 参看 Anne Rasmussen,《科学的一种国际语言研究》(A la recherche d'une langue internationale de la science, 1880 – 1914),载于 Roger Chartier 和 Pietro Corsi 编,《欧洲的科学和语言》(Sciences et langues en Europe, Paris:Centre Alexandre Koyré, EHESS, 1996),第 139 页～第 155 页。

[45] Clarence Smith,《化学学会杂志》(Journal of the Chemical Society, 1936),第 1067 页,James G. Traynham 曾引用,《有机命名法》(Organic Nomenclature),载于 M. Volkan Kisakürek 编,《有机化学:其语言和发展现状》,第 6 页。

10

20 世纪物理学的意象和表象

阿瑟·I. 米勒

　　科学家总是非常希望用可视图像来进行思考,尤其是今天,我们有新的令人兴奋的使信息光学显示的可能性。我们可以在气泡室的照片上"看到"基本粒子,但是,这些图像的深层结构是什么? 现代科学的一个根本的问题总是追问如何用数学的方法表述自然,不管是可视的还是不可视的,以及如何理解这些表象的含义。这个探索线对普通感官直觉和科学的直觉间的关系、科学创造力的特性和科学研究中隐喻所起的作用给出了新的解释。[1]

　　我们不仅仅通过知觉来理解和表述我们周围的世界,还通过知觉和认识之间复杂的相互影响来理解和表述我们周围的世界。表述现象意味着用文字或者可视图像"再现"它们,或者是两种方法的结合。但是,事实上我们"再现"的是什么呢? 我们应该使用何种可视意象来表述现象呢? 我们会担心可视意象会造成误导吗?

　　我们先来考虑一下图 10.1,这幅图展现了亚里士多德学派物理学提供的关于炮弹轨迹的可视图像。这幅画是由具有亚里士多德学派物理学基本常识的人依据直觉描绘出来的。然而,伽利略·加利莱伊(1564~1642)认为,特殊的运动不应该被强加到自然之上;相反,它们应当产生于理论的数学——自然之书应该是这样解读的。图 10.2 为伽利略亲自所画,表现的是对桌子上的一个物体水平地施以推动力后物体抛物线性下落的情景,它包含了伽利略的新物理学中不被世人作为基本常识的公理——

即在真空中,如果忽略物体的质量,所有的物体以同样的加速度下落。然而,在伽利

---

〔1〕　近年来,关于在科学中使用可视意象的探究已经成为一个正在发展的领域。除了其他人研究物理学中的这一课题外,我还要提到 Peter Galison,《图像和逻辑:微观物理学的物质文化》(*Image and Logic: A Material Culture of Microphysics*, Chicago: University of Chicago Press, 1997); Gerald Holton,《爱因斯坦、历史和其他激情》(*Einstein, History and Other Passions*, Woodbury, N. Y. : AIP Press, 1995); David Kaiser,《线条画维实论:费曼图的常规、具体化和持久性(1948~1964)》(Stick Figure Realism: Conventions, Reification, and the Persistence of Feynman Diagrams, 1948 - 1964),《表象》(*Representations*), 70(2000),第 49 页~第 86 页; Sylvan S. Schweber,《QED 及其创始人:费曼、施温格和朝勇振一郎》(*QED and the Men Who Made It: Feynman, Schwinger, and Tomonaga*, Princeton, N. J. : Princeton University Press, 1994)。本人出版物中的选文,以及关于意象研究的冗长的参考书目,收在 Arthur I. Miller,《科学思维的意象:创造 20 世纪的物理学》(*Imagery in Scientific Thought: Creating 20th Century Physics*, Cambridge, Mass. : MIT Press, 1986)以及《天才的洞察力:科学和艺术中的意象和创造力》(*Insights of Genius: Imagery and Creativity in Science and Art*, Cambridge, Mass. : MIT Press, 2000)。

图 10.1　亚里士多德学派关于炮弹轨迹的表象。它说明了亚里士多德学派的概念,轨道实质上由两个分离的运动构成,一个是非自然运动(从地面离开),一个自然运动(朝向地面)。在此图中,非自然运动与自然运动之间的过渡是一个圆弧(From G. Rivius, *Architechtur*, *Mathematischen*, *Kunst*, 1547)

时代,没有人能够制造一个真空,所以这个观念在亚里士多德学派物理学中是荒谬可笑的。毕竟,任何一个被观察到的运动都是连续的。如果物体碰巧遇到空间中空气抽空的一部分,那么它的运动轨道就会变得不确定。因为这种现象一直没有人观察到,所以,人们认为真空是不存在的。

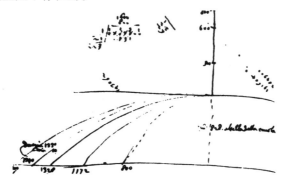

图 10.2　伽利略于 1608 年画的图画,一个物体的抛物线性下落。这幅图可以被理解为他以实验的方式来证实速度的水平分量的恒定,以及垂直分量和水平分量的分解给出了在这种情况下被水平抛出的一个物体的抛物线轨迹。伽利略便开始根据这些线来思考真空中的自由下落(Biblioteca Nazionale Centrale, Florence.)

伽利略带给我们的启示是,理解自然需要抽象——超越直觉世界到达其他可能的世界,例如一个真空的世界。从图 10.1 和图 10.2 体现出来的足以令人瞠目结舌的差异,我们可以清楚地看到伽利略的抽象的惊人程度。图 10.1 是一张安静的风景画,而伽利略展现的是一条由数学形式体系演绎出来的曲线,并且把距离作为时间的函数画在一个二维轴上。

在伽利略－牛顿体系的物理学中,我们对什么是常识性直觉这个概念产生了变化,并上升到一个更高的水平。尽管通过新的途径我们可以"看到"物体运动轨道,然而这个想象的轨道是服从我们的感性知觉的。在这样的背景下,让我们把视角转向 20 世纪,在那里,违反直觉的现象将超出人类的想象,然而对科学家来说,这些现象却像伽利略的物理学那样,逐渐地成为常识。

20 世纪

20 世纪的开端对科学来说是乐观的。三个里程碑式的科学发现推翻了世纪末的阴影:X 射线(1895 年)、放射性(1896 年)和电子(1897 年)。科学家满怀着热情奔向了新世纪,探索这些新的宝藏。尽管大多数科学家猜想这些新的结果可能是由不可直接观测到的实体引发的,但是它们的表象模式仍旧建立在实际上观察到的现象上。于是,电子被描绘成带有电荷的弹子球。这种表象模式延伸到了亚原子世界,并且竟然足以达到当时科学探索中经验数据的水平。"一事成功百事顺",因此没有必要对表象进行彻底的改变。在这方面,科学家在某种意义上是走在艺术家后面的,当时艺术家已经在对大自然的抽象表象进行实验。

在进入 20 世纪时,表象对抽象是艺术家和科学家一个非常感兴趣的话题。在科学界,维也纳科学－哲学家恩斯特·马赫(1838~1916)的实证主义曾经流行一时。根据马赫的观点,态度严肃的科学家必须把可还原的实验数据最后归于知觉。于是马赫认为,原子仅仅是或许对计算有帮助的辅助的假说。虽然电子的发现使一些科学家开始对实证主义产生了怀疑,但他们中多数还是强烈支持实证主义。因此,电子的表象模式仍旧稳固地依附于感性知觉世界。

但至少在艺术中有一个案例——在艺术上出现了比喻表达法和透视画法的反向运动,这两种艺术手法从文艺复兴时期就开始出现,后来在保罗·塞尚(1839~1906)的后期印象派中有鲜明的表现。艺术中抽象的倾向在 20 世纪的头十年得到了延续,并在 20 世纪持续了相当长的一段时间,而且主要归功于巴勃洛·毕加索(1881~1973)的努力。在科学领域,向抽象的推移将首先是一种可视化的削弱。更确切地说,那就是为了探索超越感性知觉的现象,而使用我们实际上目击了从现象中抽象出的可视意象,这似乎有点讽刺意味。阿尔伯特·爱因斯坦(1879~1955)是这场运动的催化剂。

阿尔伯特·爱因斯坦:思维实验

爱因斯坦创新思想的关键部分是在生动的可视意象中建立的思维实验。当他于

1895～1896 年进入瑞士的预备学校时,便意识到了自己对这种思维模式的偏爱,这种思维模式强调可视化思维的力量。1895 年,这个早熟的 16 岁男孩用大胆的新方法构建了 19 世纪物理学的关键问题。

在思维实验中,科学家用"心眼"来想象从当时流行的物理条件抽象出来的物理现象,就像他们处身于一个理想化的状态中一样。最初,所有的实验都是思维实验。例如,伽利略想象当没有风的阻力时物体从正在移动的船的桅杆上自由下落时的情景。用这种方法,他最终可以设想物体在真空中下落的情形。但是伽利略的思维实验和后来大多数科学家的一样,因为与以往的假说不一致,引起各种争论。例如,我们刚才提到的伽利略的思维实验,"检验"了其忽略物体的质量时所有的物体在真空中以同样的加速度下落的假说。爱因斯坦的思维实验是不同的:他的实验是没有计划的,是一种通向科学发现的洞察力。现在我的脑海中呈现出他在 1895 年和 1907 年的两个伟大的思维实验。

在学习了电磁理论的基础上,年轻的爱因斯坦用"心眼"构思,如果捕获光波的一个点,那将会怎样。[2] 根据牛顿动力学以及与其相关的直觉知识,这是不可能发生的。在这种情况下,当他抓住光波中一点的时候,思维实验者测量出来的光的速率应该减速。但是,得出的结论违背了相对论的原理,因为通过对光的不同的速率的测量,思维实验者能够察觉他(她)是否处于一个惯性的参照系中。

尽管爱因斯坦最初不知道问题出在哪里,但到了 1905 年,他给出推论,根据思维实验者的"直觉",光的速率应当不依赖于任何光源和观察者之间的相对运动——因为任何对相对论原理的违反都将是违反直觉的。[3] 因此,相对论原理应该被提升到公理的尊贵地位,这意味着,光的速率不依赖于光源和观察者之间任何相对的运动。所以,无论思维实验者的实验室能获得多大的速率,标准的光速将维持不变。这一结果与伽利略－牛顿体系的直觉完全相反,但它确实出现了,因为时间是一个相对值。正像伽利略－牛顿物理体系的结论成为了直觉,爱因斯坦的相对论也获得了同样的结果。

195

总而言之,爱因斯坦把相对论原理提升为公理的行为是一个大胆创新,因为到了 1905 年,他意识到,他在 1895 年的思维实验包含了所有可能的以太漂移实验。那些真正做了实验的科学家的失败也是非常伟大的,因为他们测量到了光速是不变的。物理学家提供了假说来解释人们期望的结果和观察到的结果之间戏剧性的差异。爱因斯坦断言,这些美丽的现代化实验,实际上注定是要失败的。[4]

爱因斯坦的另一个关键的思维实验始于 1907 年,当时,爱因斯坦在伯尔尼的瑞士

〔2〕 Albert Einstein,《自传笔记》(Autobiographical Notes),载于 P. A. Schilpp 编,《阿尔伯特·爱因斯坦:哲学家－科学家》(*Albert Einstein*:*Philosopher-Scientist*, Evanston, Ill.:Open Court, 1949),第 2 页～第 94 页。
〔3〕 Einstein,《自传笔记》,第 53 页。
〔4〕 详见 Arthur I. Miller,《阿尔伯特·爱因斯坦的狭义相对论:产生(1905 年)和早期解释(1905～1911)》(*Albert Einstein's Special Theory of Relativity*:*Emergence* (1905) *and Early Interpretation* (1905 – 1911), New York:Springer-Verlag, 1998)。

联邦专利局工作。这个实验构成了广义相对论的基本部分——等效原理。这一次,思维实验者跳下了房顶并同时落下一块石头。他发觉这块石头下落时对他来说是相对静止的,因为他们都受地球引力的作用而下落。因此,就像他邻近没有重力一样。爱因斯坦的伟大发现是,通过以惯性力替换地球引力场,造成量值同等而方向相反的加速度,思维实验者可以判断出他自身与那块石头是相对静止的——这就是 1907 年的等效原理,是 1915 年广义相对论的基础。[5]

可视图像的类型

　　尽管有着在直觉和常识上令人震惊的变化,狭义相对论和广义相对论都建立在从我们实际上能够目击的现象中抽象出来的可视意象的基础上。整个 20 世纪的头十年,科学家们设想一直会是这种情形。但是到了 1905 年,地平线上已经出现了一朵乌云,当时,在爱因斯坦每年创造的奇迹中出现了另一篇值得纪念的论文,他提出,为了研究某些过程,也可以把光假定为一种粒子,或者他命名的光量子。[6] 几乎其他任何一个科学家都认为这完全是天方夜谭,毕竟当时并没有一个完美可行的光波理论用令人满意的方法解释干涉等现象。比较令人满意的是,大家都用可视模型来描述光波之间如何相互干涉,而且这个模型是从可以观察到的水波的干涉现象中抽象出来的。物理学家们悲叹,除了这种可视模型,没有其他可视模型更可能来描绘光量子了。

　　另一个刚刚冒头的令人震惊的发展线索出现在爱因斯坦在 1909 年写的一篇关于辐射的论文《关于我们对辐射的存在和构造的直觉的发展》(On the development of our intuition [Anschauung] of the existence and constitution of radiation)中。在这篇论文中,他进一步揭示了光的波粒二象性,根据这个观点,光可以同时既是波又是粒子。[7] 爱因斯坦强调了两点:第一,根据相对论,光可以不依赖任何媒介而存在。这是相当违反直觉的,因为我们说到光波,在我们脑海中就有某种"波动"的东西,就像没有水就不可能有水波。19 世纪物理学的以太在当时就被假设为光波的媒介。第二,光可以以粒子的模式存在,但是这一点不能构建可视的意象来解释干涉现象。所有这些都与我们的直觉(Anschauung)产生了冲突。因为德国的术语学在 20 世纪物理学中起到了一个非常重要的作用,下面我们来讨论一下。

　　现代物理学把可视意象与直觉联系了起来,在某种程度上是通过德语的丰富的哲

〔5〕　Arthur I. Miller,《爱因斯坦迈向广义相对论的第一步:思维实验和公理体系》(Einstein's First Steps towards General Relativity: Gedanken Experiments and Axiomatics),《物理学展望》(Physics in Perspective),1(1999),第 85 页~第 104 页。

〔6〕　Albert Einstein,《关于与光相关的启发式观点的产生和转变》(Über einen Erzeugung und Verwandlung des Lichtes betreffenden heuristischen Gesichtpunkt),《物理学年刊》(Annalen der Physik),17(1905),第 132 页~第 148 页。

〔7〕　Albert Einstein,《论我们关于辐射的性质和构成观念的发展》(Entwicklung unserer Anschauungen über das Wesen und die Konstitution der Strahlung),《物理学杂志》(Physikalische Zeitschrift),10(1909),第 817 页~第 825 页。

学词典获得的。这个转变是因为相对论物理学和原子物理学已经明确地公式化了,而这个工作几乎全部是由受过德国科学－文化环境教育的科学家来完成的。在德国教育体系中,哲学是知识的一个完整的部分,尤其是伊曼纽尔·康德(1724～1804)的哲学。康德建立起了一套复杂的哲学系统,其目的是把牛顿体系的物理学放置在一个坚实的认知基础上。

1781 年,在其不朽的著作《纯粹理性批判》(The Critique of Pure Reason)中,康德首次向世人展示了他的哲学系统。在这部著作中,康德谨慎地把直觉从知觉中分离出来了。[8] 他的最终目的是把高级认知从单纯的感官感知过程中区分出来。在德语中,直觉这个词是 Anschauung,这个词可以被译成"可视化(visualization)"。对康德来说,直觉或者可视化可以从我们实际上已经目击的现象中抽象出来。所以,相对论的可视图像都是可视化,从而相对论成为新科学的直觉,并取代牛顿体系的直觉(牛顿体系的直觉也曾经取代了亚里士多德体系的直觉)。

如果我们考察一下爱因斯坦在 1895 年关于光波的思维实验,可视意象是一种可视化,因为没有任何人真正"看见"过光波。甚至,光波是光的可视表象,这是从与水波相关的现象中抽象出来的。这个可视化受到了数学表象的影响,数学表象产生于对光学方程式的解法,所以数学表象叫作波动方程并不出人意外。

另一方面,我们可以试着用一种更具体有形的方法研究物理现象。例如,在磁铁棒上方放一张纸,然后在纸上洒上铁屑,这就直接证明了磁力线。下一步是把由铁屑形成的粗糙的磁力线图样抽象出充满整个空间的连续的线条,并且可以在电磁理论的方程式中通过某种符号按数学方法描述出来。后一个意象就是可视化(Anschauung)。康德称前者为"可视性(visualizability)"或者 Anschaulichkeit。例如,在 19 世纪和 20 世纪之交,关于磁力线的可视化的性质在德国物理学和工程学共同体中的争论是很激烈的。[9]

在康德的术语学中,可视性是那种迅速给人感知或者是在可视化中很容易让人理解的东西:可视性并没有可视化那样抽象。严格来说,可视性是事物本身的特性,然而一个事物的可视化却源于人们对事物的认知活动。在康德哲学中,可视性的可视意象比可视化的图像要差一个等级。[10] Anschauung 也可以被译成"直觉(intuition)",意思是通过认识和知觉的综合而获得的对现象的直觉。与 Anschauung 和 Anschaulichkeit 这两个词的哲学的－科学的意义相一致,我将把形容词 anschaulich 的意义翻译为"直觉的(intuitive)"。把这些形式体系转化为德国语言环境中的科学家能够理解的方式,也就是说,对于一个事物或现象的可视化是通过认知和数学的结合得到的。

〔8〕　Immanuel Kant,《纯粹理性批判》(The Critique of Pure Reason , New York: St. Martin's Press, 1929),N. K. Smith 译。
〔9〕　Arthur I. Miller,《单极感应:科学和技术相互作用的一个实例研究》(Unipolar Induction: A Case Study of the Interaction between Science and Technology),《科学年鉴》(Annals of Science),38(1981),第 155 页～第 189 页。
〔10〕　Miller,《天才的洞察力》,第 2 章。

在经典物理学中,可视化和可视性意义相同,因为没有理由相信哪一种实验方式可以在同一系统中改变系统的性质。到现在为止,一直都如此。但是科学家提出这也可以运用到从来没有被看见的事物本身,从一开始就可以,如电子。尼尔斯·玻尔(1885~1962)的原子理论就是一个事例,我们现在开始讨论这个问题。

1913~1925 年的原子物理学:可视化的丧失

1913 年,欧内斯特·卢瑟福(1871~1937)在 1909~1911 年的实验中发现了原子核,玻尔利用这个结果把原子想象成极小的太阳系(参看图 10.3)这一颇令人满意的可视化图像,提出了原子理论。这是一个大胆的理论,尤其违背了诸如物体运行轨道具有连贯性和可视化此类历史悠久的经典物理学概念:当原子内部的电子在允许的轨道内进行不可见的跳跃时,玻尔的原子在不连续的爆发中发出辐射。原子中的电子像常露齿嘻嘻地笑的猫那样一会儿消失一会儿又出现。但是在玻尔的理论中保留的基本的经典物理学的部分是可视意象,它被强加于这一理论之上是由于原子理论使用了经典天体力学的符号,只是适当地改变了一下。例如,使用轨道的半径之类的符号是被迫接受了太阳系的可视化。

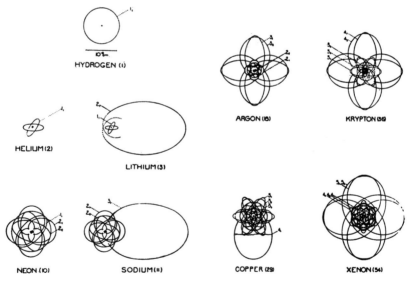

图 10.3　根据尼尔斯·玻尔的 1913 年的原子理论作出的原子表象(H. Kramers, *The Atom and the Bohr Theory of Its Structure* [London: Glyndendal, 1923].)

这个从宏观世界到微观世界的外推概念的方法并不新奇。科学创造力的主要方面是科学家通过与已经被理解的理论相联系而创造新东西的能力。这是隐喻的目的,

是科学研究中一个非常重要的方面。[11]　交感隐喻十分接近在科学研究中常用的推理。基本上,交感隐喻如下所示:

$$\{x\}\ \textit{acts as if it were a}\ \{y\}$$

其中,隐喻的结构——as if——把第一主体 x 联系到第二主体 y。x 和 y 外面的大括号代表特性集合。集合 $\{y\}$ 和第一主体之间的联系通常是不明显的,甚至可能没有联系。这是高度创造力所在,因为在某种环境下,科学家利用隐喻来创造类似的东西。

尽管我在解释,很明显,玻尔正使用下列交感型的视觉隐喻:

原子像一个极小的太阳系那样运转。

隐喻的工具——as if——代表了从第二主体(经典天体力学以及与其配套的可视意象,所有这些都随着玻尔的理论的公理进行了相应的改变)发出的一个映射或者转换,目的是为了探究还没有被完全理解的第一主体(原子)。

如果更深入地考察一下为何隐喻在科学创造力和科学自身的内涵变得如此重要,让我们稍微深入地探究一下玻尔的隐喻的"深层结构(deep structure)"。第一主体在这里是关键。科学家们探究"原子"这个术语的本质,为此,他们使用逐次近似法。于是,在 1913 年,术语"原子"在那时代表玻尔的原子,这是科学家利用经典物理学中近似的结构,并经过适当修正而得出的。

下一步是利用科学的理论探究超越我们的感官世界。爱因斯坦通过狭义相对论和广义相对论做到了这一点,把这些现象用时空的相对性和特殊的弯曲时空几何学展现出来。狭义相对论的结论建立在考虑非常高速率且有限速率的光产生的效应的基础上,而不是像牛顿物理学那样假定光速是无限的,光速似乎是可感知的事物。玻尔开玩笑似的把这种作用归于非常小却非零值的普朗克常数(另一个基本的自然常数)。正像把光的速率设为无限是在狭义相对论和牛顿物理学之间建起了一座桥梁一样,设置普朗克常数为零也沟通了量子论和经典领域,其中不存在光的波粒二象性。这些受限制的陈述被称为"对应原理",或者"对应极限情况"。

总之,隐喻是一种工具,通过这种工具,有时辅以对应原理,科学家可以达到不同的可能世界。由于我们的目的是了解第一主体的本质,即我们正在讨论的原子,所以当我们从一个理论过渡到另一个理论时,第一主体仍然是确定的。在科学哲学中,这以科学唯实论而著称:由理论假设的不可见的实体**不依赖于**理论本身而存在。相反的观点是科学唯名论,这个观点认为,不可见的实体或者那些不可直接观测到的实体并不存在。所有的现代科学家都是科学唯实论者。不管怎么样,就像我们所论述的,直接观测所包含的意义基本上是不清楚的,因为直接使用知觉,我们从未观察到任何事物。我们每天的观察活动都是如此,等式——理解=感知+认识——甚至是我们日常生活的关键。

---

[11]　Miller,《天才的洞察力》,第 7 章。

1923~1925 年,隐喻的转变援救了玻尔的理论。因为到了 1923 年有更多的数据显示,原子不能**像**一个微型的太阳系那样对光有反应。人们放弃了可视意象,数学成为引导人们理解原子的手段。术语"图像"被转换成玻尔的理论中新的数学框架,其中,原子中的电子根据以下不具可视意象的隐喻来描述:

> 原子运转起来像是其中每一个电子被一个附着在弹簧上的"置换"电子的集合所替换。

附着在弹簧上的物体的物理学非常有名。这里没有可视意象,因为玻尔的理论要求每一个真实的原子中的电子都被与可能的原子跃迁相等数量的"置换"电子所取代,而这个数量是无限的。通过玻尔的对应原理,就有可能将弹簧上的置换电子的数学形式体系和玻尔理论的基本公理联结起来,并能在数据上产生某种一致的结果。

1925~1926 年的原子物理学:可视化对可视性

到了 1925 年初,玻尔的理论完全崩溃了,原子物理学被埋在了废墟中。当时大多数物理学家还没有成长起来,而维尔纳·海森堡(1901~1976)却在 1925 年 6 月用公式表述了现代原子物理学,称之为量子力学。海森堡的量子力学的基础是不可见的电子,这些电子的特性产生于非标准的数学,其中的动量和位置等变量没有进行一般的交换。海森堡的发现的基本线索来源于对 1923 年玻尔的置换电子这一隐喻的聪明处理。海森堡宣称,他的理论仅仅包含可测量的量,这是玻尔的圈子里的物理学家从 1923 年就有意为之的,因为这样就避免了对空间和时间的描述。原子中的电子被它在跃迁的过程中发出的辐射所"描述",这通过光谱线测量出来。

然而,或许正如我们所预期的,海森堡对这种情况并不满意。1926 年,他写道,当前的理论"在不可能有直接的可以用直觉的[anschaulich]几何学阐释的不利条件下"努力挣扎,其中最关键的一点是探究"符号的量子几何学如何转变为直觉的经典几何学的方式"。[12] 总的来说,人们对海森堡新理论的称赞被其理论中可视意象的缺乏冲淡了。然而,怎样才能重新获得可视意象呢?

1926 年,在旧的玻尔的理论中不可解的问题一个接一个地被解决了。然而,困扰着像玻尔和海森堡那样的物理学家们的问题是,不仅计算的中间步骤没有被很好地理解,而且更基本地,原子这个实体本身也具有深不可测的反直觉性。另外,除 1905 年和 1909 年爱因斯坦提出的光的波粒二象性之外,法国物理学家路易·德布罗意(1892~1987)提出,电子也有双重性。[13] 于是,就像光表现为粒子这一特殊状态,物理

---

[12] Max Born、Werner Heisenberg 和 Pasqual Jordan,《关于量子力学(二)》(Zur Quantenmechanik. Ⅱ),《物理学杂志》(Zeitschrift für Physik),35(1926),第 557 页~第 615 页。

[13] Louis de Broglie,《量子论的研究》(Recherches sur la théorie des quanta),《物理学年刊》(Annles de physique),3(1925),第 3 页~第 14 页。

学家不得不把电子想象成波。

1926 年,埃尔温·薛定谔(1887~1961)提供了一种恢复可视意象的方法。他提出了波动力学,其中原子实体被描述成带电的波,并从我们熟悉的数学微分方程中得出了其特性,并且他宣称,这还避免了海森堡的量子力学中内在的不连续性,如量子在允许的能量状态中跃动。薛定谔非常清晰地阐述了他为何决定用公式表示波动力学:

> 我的理论的灵感来自德布罗意……与爱因斯坦简短而不完整的评论……海森堡为我所知,但是我的理论与此没有丝毫起源关系。当然,我知道他的理论,但是我感到很泄气,几乎是讨厌,因为其超越代数学(transcendental algebra)方法对我来说非常难以理解,并且他的理论很缺乏可视性[Anschaulichkeit]。[14]

与他一贯的观点一致,根据经典的概念外推到原子领域具有可信性,薛定谔将Anschaulichkeit 和 Anschauung 一视同仁。他在论文中接着写道,他不支持把物理学的理论建立在"知识的理论"上,它使我们"压抑直觉[Anschauung]"。尽管物体没有时空的描述也可能存在,薛定谔仍然坚持"从哲学的观点来看",原子的反应过程不在这一类。他的原子物理学观点为使用经典物理学的可视意象提供了可能性,也就是说,应对 Anschauung 相应地进行重新解释。他继续进行波动力学和量子力学之间的等价的证明,以便得出他思考的逻辑结论:当谈及原子理论时,人们"只用一个理论就足够了"。

老一代的物理学家,如爱因斯坦和 H. A. 洛伦兹(1853~1928),非常赞同薛定谔的理论。1926 年 5 月 27 日,洛伦兹写信给薛定谔,对其后来的波动力学表示赞同:"如果我必须从你的波动力学和(量子)力学中选择一个,我倾向于前者,因为它具有更显著的可视性[Anschaulichkeit]。"[15]

202

海森堡私下对于薛定谔的工作及其受到的科学共同体的狂热吹捧感到非常愤怒。海森堡在 1926 年 6 月 8 日写信给他的同事沃尔夫冈·泡利(1900~1958),信中写道:"我对薛定谔的理论中物理学部分多一分思考,我就越对其厌恶。薛定谔所写的关于他的理论的可视性的内容……我认为都是废话。"[16]

很明显,这个争论是利害重大的,因为这个问题完全是对物质实体本身的直觉的理解,充满了可视意象。

海森堡回忆那时的心理状态是极其烦躁。在出版物中,海森堡反对薛定谔的**令人**

[14] Erwin Schrödinger,《关于海森堡－玻恩－约尔丹量子力学关系的思考》(Über das Verhältnis der Heisenberg-Born-Jordanschen Quantenmechanik zu der meinen),《物理学年刊》,70(1926),第 734 页~第 756 页。除非另有说明,皆由作者翻译。另外请参看 A. I. Miller,《艺术作品、美学和薛定谔的波动方程》(Erotica, Aesthetics, and Schrödinger's Wave Equation),载于 Graham Farmeloe 编,《"必定美丽":20 世纪的伟大方程》("*It Must Be Beautiful*": *Great Equations of the Twentieth Century*, London:Granta, 2002),即将出版。

[15] K. Prizbaum 编,《关于波动力学的来往信函:薛定谔、普朗克、爱因斯坦和洛伦兹》(*Letters on Wave Mechanics*: *Schrödinger*, *Planck*, *Einstein*, *Lorentz*, New York:Philosophical Library, 1967),M. J. Klein 译。

[16] Wolfgang Pauli,《与玻尔、爱因斯坦和海森堡的科学通信》(*Wissenschaftlicher Briefwechsel mit Bohr*, *Einstein*, *Heisenberg*, *u. a. I*:*1919 - 1929*, Berlin:Springer, 1979),A. Hermann、K. von Meyenn 和 V. F. Weisskopf 编。

难忘的关于量子论的"直觉[anschaulich]方法",他指出这一方法先前曾导致了大家的困惑。[17] 海森堡提议对任何有关"直觉问题[Anschauungsfrage]"的讨论进行限制。[18]

在 1926 年 9 月的一份论文中,海森堡开始集中精力解决他确定的中心问题:

> 电子和原子与日常经验的实物一类的物质实体没有丝毫相似之处……对于像电子和原子这类特殊的物质实体的类型的探究,正好是原子物理学的主题,同时也是量子力学的主题。[19]

于是,原子物理学面临的基本问题是物质实体本身的概念。使情况复杂化的是物理学家必须使用日常语言,附带着它的知觉包袱,来描述原子现象,然而,当时所认识到的原子现象不仅超越了知觉,而且其实体也是极度违反直觉的。

总的来说,尽管到 1925 年年初原子物理学是一片混乱,然而到了 1926 年年中,出现了两个截然不同的理论:海森堡的理论以不可见的粒子为基础,并且依靠一种很难理解的、不常用的数学表达;薛定谔的理论主张可视化并且建立在更为常用的数学基础上。然而,一个令人苦恼的问题出现了:没有一个人真正理解任何一种公式的意义。尽管薛定谔宣称已经证实了波动力学和量子力学之间的等价性,但海森堡和玻尔表示不同意,因为他们认为这些是薛定谔为了解释其理论而下的错误论断。海森堡和薛定谔唯一能达成一致的是接近哲学的物理学基本问题,并集中于直觉和可视意象的概念上。

1927 年的原子物理学:重新定义可视性

海森堡在 1926 年 11 月 23 日写信给泡利,讲述他和玻尔之间激烈的辩论,最后归结到以下问题:"我们搞不清楚词语'波'和'微粒'到底是什么含义。"[20] 语言上的困难对于量子论来说并不新鲜。它们和光的波粒二象性一起浮现出来,其中波和粒子的特性通过普朗克常数发生了联系。但是将能量(这意味着定位)与频率(这意味着不能定位)等同起来,就像是将苹果和鱼等同起来。一个事物怎能像人们猜测的光和后来的电子那样,能在同一时间内既连续又不连续呢?通过思维实验,玻尔和海森堡努力解决此类问题,还有诸如光量子如何产生干涉等其他问题。

1927 年年初,海森堡写了一篇思想史上的经典论文《关于量子论的运动学和力学

---

[17]　量子物理学的历史档案:1963 年 2 月 22 日,托马斯·S. 库恩邀海森堡会面;档案来自坐落在美国物理研究院(College Park, Md.)的玻尔图书馆。

[18]　Werner Heisenberg,《量子力学的多体问题与共振》(Mehrkörperproblem und Resonanz in der Quantenmechanik),《物理学杂志》,38(1926),第 411 页~第 426 页。

[19]　Werner Heisenberg,《量子力学》(Zur Quantenmechanik),《自然科学》(Die Naturwissenschaften),14(1926),第 889 页~第 994 页。

[20]　Pauli,《与玻尔、爱因斯坦和海森堡的科学通信》。

的直觉[anschauliche]内容》,在这篇论文中,他提出了走出这片沼泽的方法。[21] 很清楚,他的题目强调了直觉性概念的重要性。很快,海森堡便投入到对语言的分析中:"这篇正在考虑的论文将对一些词语给出准确的定义,如(电子的)速率、能量等。"根据海森堡的观点,从量子力学的特殊数学(其中动量和位置一般不交换)来看,"我们已经有很好的理由来怀疑对'位置'、'动量'这些词语的不严格运用"。海森堡对于因把语言从感官世界中外推至原子领域中而产生的矛盾(the paradoxes)的解决方法,就是使量子力学的数学成为指南,因为它产生了一些不确定关系及其他结果。量子力学的数学定义了"我们如何直觉地[anschaulich]理解一个理论",它与原子活动的可视化是分离的。

　　在这篇论文的一些段落中,海森堡继续论证了薛定谔对其理论的某些物理学阐释的不正确性——薛定谔认为他的理论可以恢复旧有的可视化或 Anschauung,例如原子跃迁的不连续性同样也在波动力学中存在,并且论证在经典物理学的意义上,将薛定谔的理论中的波视为可以描述的粒子是不正确的。甚至,薛定谔的理论中的波对于某些现象的出现具有或然性。

　　玻尔非常不赞成海森堡的论文的观点,有两个主要的理由:海森堡的注意力都集中在粒子上,排除了波,因此只考虑了一半的量子力学情形;并且,海森堡似乎完全放弃了可视意象。

　　玻尔提出了另一种方法,他称为互补原理。这是对海森堡对可视性的思考的一般化(普遍化)。[22] 玻尔没有选择一种高于另一种的模式,而是把两者都作为可接受的内容采纳了。玻尔的理由是,波和粒子表面上相互矛盾的情形是因为我们仅仅把"粒子"和"波"理解为来自人类感性知觉世界的物体或现象。玻尔发现,我们对这种现象的理解的线索就隐含在普朗克常数中,因为它连接了粒子和波的概念。普朗克常数是个非常小却不为零的值,这个值意味着我们不能依赖我们的感性知觉来理解原子现象。

　　根据互补原理,光与物质的波和粒子的特性是互补的,因为对于描述原子实体的性质来说两者都是必要的。但它们是相互排斥的,因为在任何实验中只能显示其中一种现象。如果做实验来测量粒子的属性,那么原子实体就表现得像粒子。预测能力对任何可维持下去的物理理论都是重要的,并且在经典物理学中被连接到在空间和时间中的描述上,也就是说,连接到可视意象上,那么这个预测能力如何呢? 互补原理替换了预测,也替换了因果关系,它们都是能量和动量守恒定律的基本作用。玻尔告诉人们,只要你愿意,你可以画图,但是要记住它们是未经实验的表象。通过这种方式,玻

[21]　Werner Heisenberg,《关于量子论的运动学和力学的直觉内容》(Über den anschaulichen Inhalt der Quantentheoretischen Kinematik und Mechanik),《物理学杂志》,43(1927),第 172 页～第 198 页。

[22]　Niels Bohr,《量子假说和原子论的新近发展》(The Quantum Postulate and the Recent Development of Atomic Theory),《自然》(Nature)(增刊),(1928 年 4 月 14 日),第 580 页～第 590 页。

尔巧妙解决了可视意象问题。但是这并没有让海森堡满意。

总之,海森堡提出,量子力学的数学已经决定了此理论的"直觉内容",也决定了原子领域中可视性的概念。这是很重要的一步,因为在原子领域,可视化和可视性是互相排斥的。可视化是一种依赖于认识的行为,所以,可视化就是海森堡所说的"一般直觉[Anschauung]",这不能被扩展到原子领域。可视性涉及基本粒子的内在属性,这或许对我们的知觉是不开放的,数学是解决此问题的关键。不确定关系在这里阐释得非常精彩。原子物理学颠倒了最初康德定义的 Anschauung 和 Anschaulichkeit 的次序,而且再次改变了"直觉的[anschaulich]"一词的概念。

然而,从 1927 年到 1932 年,海森堡拒绝了任何有关原子现象的意象——也就是说,对于海森堡和其他量子物理学家,在原子领域,可视性尚未具备唯一的描写的或视觉的构成要素。1932 年,通过核物理领域的工作,海森堡找到了一种方法,可以形成量子物理学中的可视性的新的可视意象。从 1932 年之后,海森堡把术语 Anschaulichkeit 作为量子力学的可视意象。例如,1938 年他写道,诸如光速和普朗克常数等基本常数,标明了"直觉的[anschaulich]概念在运用中所设的极限值",因此也意味着直觉概念的转变。[23] 为了研究这场彻底的改变及其分支,让我们把目光转向海森堡在 1932 年的核力理论。

核物理:一条新的可视性线索

现在让我们试想一下一个概念既不能被通过实验实证来介绍,甚至也不能在现有的术语中讨论的情形。在这种情况下,词语借用(catachresis)的功能可以由隐喻来实现,隐喻给出这个术语的参考(或定义),科学哲学家称这个术语为自然类型的术语,因为它是自然结构的一部分。[24] 术语**核力**是一个自然类型的术语。这是在 1932 年被提出来的,这个词表示中性中子和带正电的质子之间的吸引力。但是,在经典物理学中,只存在两种吸引力:重力和电磁力。因此,术语核力形成了一个极端的非经典的情况,适合它的语言不存在——关于语言,我指的是理论物理的语言。即使是一般的语言在这里也是有问题的,例如在"异性相吸同性相斥"这句话中。海森堡另一个伟大的科学发现是对核力的恰当的比喻。

作为核理论的一个线索,海森堡回忆了他众多令人眼花缭乱的有关量子力学的发现之一。为了解释氦原子的某些特性,这个体系抵制了旧的玻尔理论的解决方案,

[23]　Werner Heisenberg,《关于基本粒子理论出现的一般范围》(Über die in der Theorie der Elementarteilchen auftretende universelle Länge),《物理学年刊》,32(1938),第 20 页～第 33 页;译文载于 Arthur I. Miller,《早期量子电动力学》(Early Quantum Electrodynamics, Cambridge:Cambridge University Press, 1994)。

[24]　Richard Boyd,《隐喻和理论变化:隐喻"隐喻"什么?》(Metaphor and Theory Change:What Is "Metaphor" a Metaphor For?),载于 Andrew Ortony 编,《隐喻和思维》(Metaphor and Thought, 2d ed., Cambridge:Cambridge University Press, 1993)。

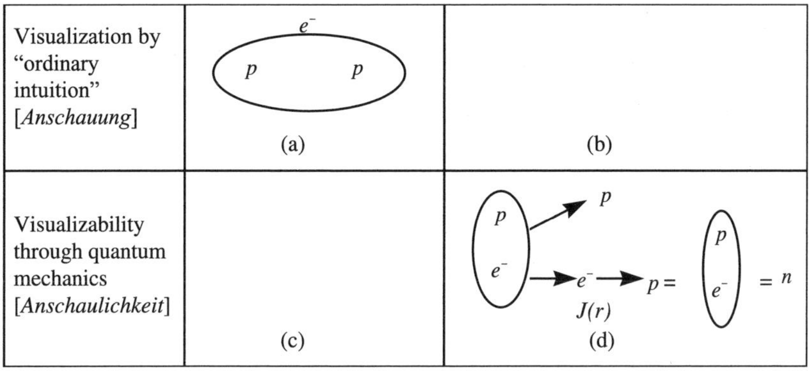

Visualization by "ordinary intuition" [*Anschauung*]	(a)	(b)
Visualizability through quantum mechanics [*Anschaulichkeit*]	(c)	(d)

图 10.4　可视化与可视性之间的区别。方格(a)描述了类似太阳系的 H_2^+ 离子,这是强加在玻尔的原子论的数学上的可视意象,两个 p 代表质子,电子(e^-)绕着它们旋转。但是玻尔的理论不能使这个实体产生规范的定态。方格(c)是空的,因为量子力学不能给出互换力的可视图像。方格(b)是空的,因为经典物理学不能产生核互换力的可视化。方格(d)是海森堡的核力的描述,这产生于他的核理论的数学,n 是个中子,被假定是质子-电子的束缚态,e^- 是传递核力的电子(Source:Arthur I. Miller, *Insights of Genius*:*Imagery and Creativity in Science and Art*〔Cambridge,Mass.:MIT Press, 2000〕, p. 241.)

他在 1926 年假定原子的两个电子之间存在一种力,这种力由这两个电子难以分辨的性质决定。在所谓的互换力下,难以分辨的电子高速交换它们的位置。这个情形很明显是不可视的。

氦原子互换力的成功启发了物理学家把这一点扩展到分子物理学。旧的玻尔理论的另一个致命伤是其特殊的爱好,例如 H_2^+ 离子,如图 10.4(a)所示。根据量子力学,H_2^+ 离子的互换力通过两个质子间高速交换着(每秒 10^{12} 次)的电子起作用。显然这个过程是不可视的,所以图 10.4(c)的部分是空的。

1932 年,海森堡决定把这种互换力通过形式类推用于核,他写道:

> 如果把一个中子和一个质子以某种与核尺度相当的间距放置,那么——与 H_2^+ 相似——将会出现负电荷的移动……量 $J(r)$〔在图 10.4(d)中〕相当于互换或更确切地说〔中子衰变产生的电子〕移动。借助于无旋电子的照片,移动可以变得更加直观〔anschaulich〕。[25]

如果海森堡试图可视化由其核理论的数学产生的核互换力,那么其图像看上去就会很像图 10.4(d)。海森堡假设,在原子核中,中子是一个合成的物体,包括一个电子和一个质子。他没有为无旋核电子所困扰,因为在这一点上,海森堡和玻尔乐意接受

[25]　Werner Heisenberg,《关于原子核的构造(一)》(Über den Bau der Atomkerne. I),《物理学杂志》,77(1932),第 1 页~第 11 页。

这样的观点:量子力学在原子核中是无效的。

因此,对于海森堡来说,从 H_2^+ 离子开始的单纯的**类推**,在原子核的情况中成为一个更普通的可视的隐喻,这个我们可以引用 1932 年他的论文来解释:

核力表现得就像一个互换过的粒子。

第二主体(互换过的粒子)为第一主体(核力)提供了参考。在海森堡的核互换力中,中子和质子不仅仅交换位置。在这里运动的隐喻是必不可少的,因为具有引力的核力是由无旋核电子传递的。尽管海森堡的核理论没有与光核的结合能数据吻合,但他对于根据量子力学的数学计算公式得出的类推和隐喻的运用被视为在小于原子的微观世界中扩展直觉概念的关键。

到了 1934 年 11 月,海森堡的由不规范电子传递核力的概念被抛弃了,这一点归功于日本物理学家汤川秀树(1907~1981)的工作。[26] 汤川秀树回到了海森堡于 1932 年所提出的理论的数学公式,并且用适合互换的规范粒子替换了函数形式的 $J(r)$,这种粒子最后被称为介子。令人震惊的结果是作为第二主体的基础的实体——互换过的粒子   被证实也适用于第   主体,并且互换过的粒子被证实在物质上是真实的。与此同时,由于粒子的互换而产生的中性粒子和带电粒子之间的引力的规范术语也建立起来了。

由海森堡和汤川秀树的核物理学开始的复杂的研究网络在 1948 年有了引人注目的进展,两大相当不同的量子电动力学理论也同时产生,量子电动力学是电子和光如何相互作用的理论。[27] 尤利安·施温格尔(1918~1994)和朝永振一郎(1906~1979)的版本在数学上非常精彩,但是很难用;而理查德·P. 费曼(1918~1989)的版本以图表的描述为基础,但是这种描述所依据的某些数学法则并不严格。[28] 1949 年,弗里曼·J. 戴森(1923~)证实了两个公式的等价,后来几乎每一位物理学家都转而使用费曼的可视的方法。这就是可视表象对物理学家的重要性。

费曼的公式以可视性的可视意象为基础,而不是可视化。其中的区别可以通过对比两个电子之间库仑相互作用的不同表象来理解(参看图 10.5)。

图 10.5(a)的可视意象是从我们实际看见的现象中抽象出来的:电子被描绘成可辨识的带电荷的弹子球。这个意象被**强加**于经典电磁理论,后来被认为在原子领域中使用是错误的,在原子领域中电子同时是波和粒子。

图 10.5(b)是关于两个电子之间的排斥力的费曼图,这种排斥力是由一个光量子传递的。舍末而求本,就是如果没有产生它的量子力学的数学计算公式,我们就不知

---

[26] Hideki Yukawa,《基本粒子的相互作用(一)》(On the Interaction of Elementary Particles. I),《日本物理数学学会学报》(Proceedings of the Physico-Mathematical Society of Japan),3(1935),第 48 页~第 57 页。

[27] Arthur I. Miller,《早期量子电动力学:一本参考资料》(Early Quantum Electrodynamics:A Source Book,Cambridge:Cambridge University Press,1994)。

[28] Schweber,《QED 及其创始人》。

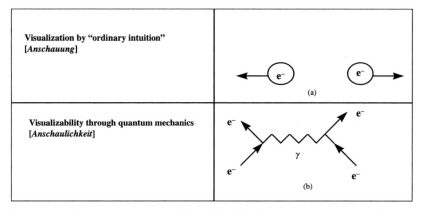

图 10.5　库仑力的可视化。(a)初等物理教科书中的库仑力。(b)费曼图,它是库仑力适当的表象,通过互换一个光量子(γ),两个电子互相作用(Source: Arthur I. Miller, *Insights of Genius: Imagery and Creativity in Science and Art* [Cambridge, Mass.: MIT Press, 2000], p. 248)

道如何画出图 10.5(b)。这是可视性(visulizability)。所以,我们可以假定量子力学的数学使我们有可能对于小于原子的世界窥见一斑,那里的实体可以同时是连续的和不连续的。费曼图用现实的手法表示基本粒子之间的相互作用——也就是说,这些图中存在本体论的内容。我们画这些图的时候必须使用常用的图形和底色的差异,就是因为我们感觉的种种限制。通过图形和底色,我表示出轮廓清晰的结构与用来衬托的次要的背景之间基本的区别。今天的物理学家用费曼图来达到可视化。

物理学家再次表述

209

在这个结合点上,我们可以把很多我们已经说过的有关更一般的表象概念下的直觉和可视化连接起来。鉴于把原子看成一个微型的太阳系的表象已经维持不下去[参看图 10.6(a)],图 10.6(b)中更抽象的能级的表象仍然在原子物理学中保持着。1925年,图 10.6(b)中材料的另一种表象出现在图 10.6(c)中,海森堡和亨德里克·克喇末(1894～1954)称其为"项图",它产生于玻尔的原子理论的数学在垂死前的挣扎中。[29]

我们讨论了海森堡是如何迈向核物理理论的第一步的,其中包含了原子现象的可视表象的萌芽[参见图 10.4(d)]。对这一工作的评价中最重要的是直觉与可视意象相结合的概念。这需要物理学家区分可视化和可视性。海森堡早期的关于核物理学的研究成果,假定粒子传递力,这在费曼图中最终完成,这些研究成果出现于 1948 年[参看图 10.5(b)]。海森堡事后诸葛亮地写道"项图如今很像费曼图",因为它们是

[29]　Hendrik A. Kramers 和 Werner Heisenberg,《关于原子辐射的散射》(Über die Streuung von Strahlung durch Atome),《物理学杂志》,31(1925),第 223 页～第 257 页。

由为处理旧的玻尔的理论内的现象而产生的数学提出的。[30] 图10.6(d)是一个费曼图,这个图代替了图10.6(c)的项图。

费曼图提供了一种方法,它把自然主义的表象的概念转变成另一个概念,这个概念能够使我们窥探到一个世界,它超越了伽利略－牛顿学说和相对论物理学的直觉。它们为原子物理学提供了恰当的可视性,对于原子物理学,我们只能用常用的图形和底色的差异来描绘。目前,这些图是窥探不可视世界最抽象的方法。1950年,海森堡欣然接受了费曼图,并把它们作为新的量子论的"直觉[anschaulich]内容"。[31] 对海森堡来说,理论又一次决定了什么是直觉的,或者可视的。

数据的深层结构

与伽利略的物理理论导向抛射运动的"深层结构"的方式相似,费曼图提供了一个超越表面现象的世界——基本粒子世界——的深层结构。它们通过有效的数据提供了一种自然的表象,如气泡室照片。

留心看一下图10.7(a)所示的著名的气泡室照片,这张照片显示了两个基本粒子的散射现象:从一个电子中射出一个 μ 介子反中微子。这是一个重大的发现,成功地证实了所谓电弱理论,这统一了弱力和电磁力,并且在1968年,由史蒂文·温伯格(1932～)和阿卜杜斯·萨拉姆(1926～1996)明确地用公式表达了出来。[32] 电弱理论的理论基础的关键与图10.5(b)所示的费曼图所给出的两个电子相互作用的方式是相似的。以隐喻的方式把这个过程论证为第二主体,温伯格和萨拉姆能够构造图10.7(b)所示的费曼图,他们就使用这个图预言了后来在图10.7(a)中发现并图示的事件。[33] 这是一个很好的证据,它证明了图10.7(b)所示的费曼图是对粒子物理学的**真实**世界的深层结构的一瞥。我们在此附加一句,假设的媒介 Z^0 是后来才发现的。

总的来说,这是另一个实例,在这个实例中,可视表象对科学发现和对物质实体的理解是至关重要的,除了它们在计算目的上的有用性之外。把图10.8所示的电子之间的库仑排斥和电弱理论的"数据"并置是非常有意思的。图10.8(a)是我们设想的大自然给予我们的数据。实际上,这是一个对于库仑力未经实验的有基本常识的表象。图10.8(c)是来自气泡室的实际数据,具有很多层次,已经与"处于自然状态的"原始的照相制版术不一样了。图10.8(b)和图10.8(d)是那些数据的深层结构。

---

[30]　量子物理学的历史档案:1963年2月13日,托马斯·S.库恩邀海森堡会面。

[31]　Werner Heisenberg,《关于基本粒子的量子论》(Zur Quantentheorie der Elementarteilchen),《自然研究杂志》(*Zeitschrift für Naturforschung*),5(1950),第251页~第259页。

[32]　Arthur I. Miller and Frederik W. Bullock,《中性粒子流和科学思想史》(Neutral Currents and the History of Scientific Ideas),《现代物理学的历史和哲学研究》(*Studies in History and Philosophy of Modern Physics*),6(1994),第895页~第931页。

[33]　Miller,《天才的洞察力》,第7章。

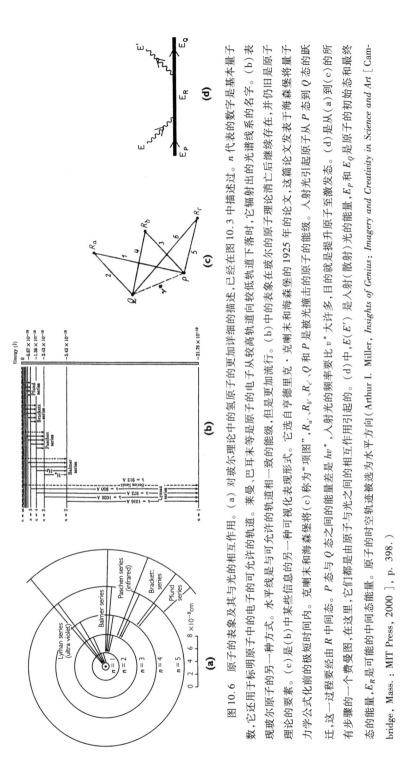

图 10.6　原子的表象及其与光的相互作用。（a）对玻尔理论中的氢原子的更加详细的描述，已经在图 10.3 中描述过。n 代表的数字是基本量子数，它还用于标明原子中的电子的可允许的轨道。莱曼、巴耳末等是原子从较高轨道向较低轨道下落时，它辐射出的光谱线系的名字。（b）表现玻尔原子的另一种方式。水平线与是可允许的轨道相一致的能级，但是更加流行。（b）中的表象与玻尔的原子理论消亡后继续存在，并仍旧是原子理论的要素。（c）是（b）中某些信息的另一种可视化表现形式。它选自于德耳布·克喇末和海森堡的 1925 年的论文，这篇论文发表于海森堡将量子力学公式化前的极短时间内。克喇末和海森堡将（c）称为"项图"，R_a、R_b、R_c、Q 和 P 是被光瞳击中的原子的能级。入射光引起原子从 P 态到 Q 态的跃迁。这一过程主要经由 R 态到同态。P 态与 Q 态之间的能量差是 $h v^*$，入射光的频率要比 v^* 大许多，目的就是提升原子至激发态。（d）是从（a）到（c）的所有步骤的一个费曼图，在这里，它们都是由原子与光之间的相互作用引起的（Arthur I. Miller, *Insights of Genius; Imagery and Creativity in Science and Art* [Cambridge, Mass. ; MIT Press, 2000], p. 398.）。（d）中，$E(E')$ 是入射（散射）光的能量，E_P 和 E_Q 是原子的初始态和最终态的能量，E_R 是可能的中间态能量。原子的时空轨迹被选为水平方向。

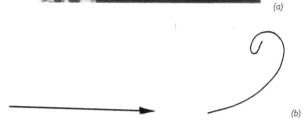

(a)

(b)

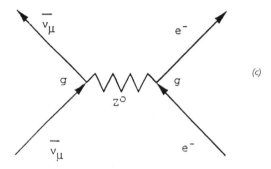

(c)

图 10.7　气泡室和"深层结构"。(a)μ 介子反中微子
($\bar{\nu}_\mu$)从电子(e^-)中散射的第一幅气泡室照片。(b)是根据电
弱理论得到的(a)的"深层结构"。取代了两个电子通过互换
一个光量子相互作用[图 10.5(b)],根据电弱理论,反中微子
($\bar{\nu}_\mu$)和电子(e^-)通过互换一个 Z^0 粒子相互作用,g 是计算电
弱力的电荷(耦合常数)(Arthur I. Miller, *Insights of Genius*：
Imagery and Creativity in Science and Art［Cambridge，Mass.：
MIT Press，2000］，p. 407.)

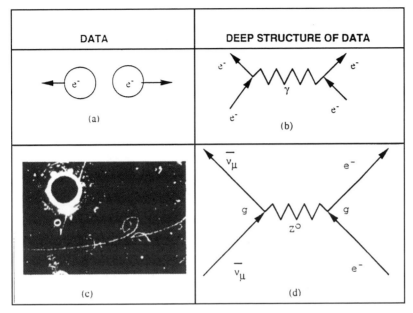

图 10.8　数据图像和它们的"深层结构"。数据显示在（a）和（c）中。（a）中两个电子被图示成两个带同性电荷的宏观的球体，因为同性相斥，它们做分离移动。箭头指示了它们彼此后退的方向。（b）是对这个过程的一瞥。（d）的费曼图给出了（c）中气泡室照片的深层结构

可视意象和科学思想史

　　我们已经探究了可视思维对于玻尔、爱因斯坦、费曼、海森堡、薛定谔、萨拉姆和温伯格的重要性。这些事例包含了有关科学研究中的可视意象和创新性的科学思维的结论：（1）在科学创造力中，可视意象具有起因的作用（爱因斯坦的思维实验）；（2）可视意象对于科学发展来说通常是非常重要的（玻尔、爱因斯坦、费曼、海森堡、薛定谔、萨拉姆和温伯格）；（3）科学理论产生的可视意象可以传递真值（费曼图）。结论（1）到（3）大大有益于论证可视意象不是附带现象，它对科学研究非常重要。因此，它们起到了支持从认知科学获得的结果的作用，这些结果表明可视思维的重要性。[34]

　　让我们在我们现有知识的基础上对这一点进行更深一些的探究。量子物理学的发展是一个非常有意义的事例，因为它展现了随着科学的发展，可视意象发生了引人注目的转换。转换发生的基本前提是传统概念到非传统概念的转换。玻尔的最初的

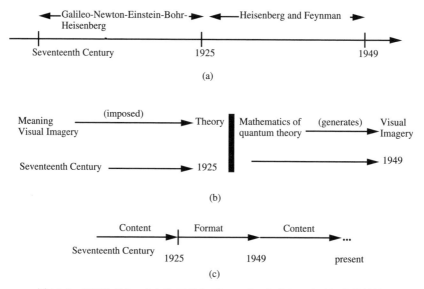

图 10.9　原子的表象。(a)从 17 世纪到 1925 年,在建立理论时概念的转换过程中的主要人物,以及从 1925 年到 1949 年,这一过程中的主要人物。(b)表示了从可视意象及其含义被强加于物理学理论(17 世纪直到 1925 年)到量子物理学的数学的主要的转变,产生了与其含义相应的物理学的意象。(c)这是从内容到形式到内容的转换(Source：Arthur I. Miller, *Insights of Genius：Imagery and Creativity in Science and Art*〔Cambridge, Mass.：MIT Press, 2000〕, p. 322.)

理论中的太阳系意象被强加于经典力学的基础上。玻尔的理论的这个发展阶段关系到一个可视表象的内容,即正在表述什么。

从 1923 年开始,把原子比喻为太阳系的可视意象被人们放弃了,这样就有利于允许有用的数学公式本身来**表示**原子。这个阶段集中在一个表象的**形式**上,或者是一个表象的编码上。数学在其中起了引导作用,并导向了海森堡在 1925 年的突破。不久以后,在 1927 年,人们开始寻求一个新的原子世界的表象,这在费曼图中完成了。图 10.9 描述了可视意象的这个转换过程。

尽管意象及其含义被强加给了量子物理学之前的物理理论,1925 年以后还是出现了一些倒退。量子论把一个新的"看到"自然的方法展现在科学家面前。海森堡开始阐明用测不准原理来观察世界的新模式,然而玻尔的互补原理从一个更宽的视角接近了问题,这个视角包括了对知觉的分析。主要的问题被证明是波粒二象性,它致使诸如位置、动量、粒子和波等这些术语含糊不清。图 10.9(c)中内容－形式－内容转换的结果是本体论的状态,这与费曼图相一致,费曼图是新的可视意象,新的直观形象(Anschaulichkeit)。

可视表象已经被科学的发现改变了,它进而改变了科学理论。它们使我们有机会对不可见世界管窥一斑,其中的实体同时是波和粒子,于是不可能被可视化。这个领域中的实体是非实质化的,我们已经理解了这个概念。

像科学家一样,艺术家也在探测我们可视世界和不可视世界的秘密。无巧不成书,在艺术领域中也出现了一个类似的非实质化的趋势,与科学中的趋势不谋而合。20 世纪早期,在某种程度上,艺术家在抽象化和背离经典表象趋势方面甚至比科学家还要超前。

立体派的兴起就是一个很有意义的事例,因为它在目的上是有计划性的,它的目标是由一些坚定的艺术家完成的,例如毕加索和乔治·布拉克(1882～1963)。其目的正如毕加索所说,是逐渐地减少几何学外形。[35] 然而,尽管立体派是很抽象的,我们还是能够识别人身体的各个部分以及其他一些物体。毕加索从来没有渡过卢比孔河达到抽象表现主义。

本章的核心观点是,20 世纪初,艺术和科学都越来越向抽象发展。为什么会出现这种现象? 在先锋派文化的影响下我们应该怎么做? 这是我这篇文章不能回答的问题。然而,与我们讨论的问题相关的是,直到 1948 年,物理学表象才转换成更抽象的可视性(abstract vishalizability)及其相应的非实质化。另一方面,俄罗斯艺术家瓦西里·康定斯基和荷兰艺术家皮特·蒙德里安作为立体派的一个分支,于 20 世纪 20 年代就是走的这种发展路子。保守起见,我们可以说,一幅费曼图中的可视表象对于科学的可视意象来说是一个发展,类似于从乔托的前辈们的艺术到马克·罗思科的现代抽象表现主义的跳跃,罗思科的画布巧妙地展现了大块色条的震荡,一条流动着进入另一条,也就是完全非实质化。以上就是从 19 世纪后期和 20 世纪早期开始的可视表象增强了抽象性的一些主要情况。

215

（陈超群　译　杨舰　陈养正　校）

---

[35] 参看 Arthur I. Miller,《爱因斯坦、毕加索:空间、时间和造成破坏的美》(*Einstein，Picasso：Space，Time，and the Beauty That Causes Havoc*, New York：Basic Books, 2001)。

第三部分

化学与物理学：20 世纪早期的问题

11

生命科学中的物理科学

弗雷德里克·劳伦斯·霍姆斯

物理科学和生命科学之间的历史关联,通常体现于有关生命过程之特性的全部概念中。因此在古代,原子论者所持的机械论观点与亚里士多德的生物学的目的论原理相对照,前者被亚历山大港的解剖学者埃拉西斯特拉图斯表述在生理学思想中,后者得到了近古时代的盖仑的支持。在近代早期,亚里士多德的框架与"生命的机械论观点"相对照。在亚里士多德的框架内,威廉·哈维(1578~1657)发现了血液循环;"生命的机械论观点"是由勒内·笛卡儿(1596~1650)在新"机械论哲学"中提出的。亚里士多德的框架还与生命的化学概念相对照,后一概念和打破传统的文艺复兴时期的医学家帕拉塞尔苏斯(1493~1541)密切相关。[1]

就 19 世纪而言,这个世纪早期的生理学者所持的"活力论者"的观点与 19 世纪 40 年代出现的"还原论者"的观点(持此观点的生理学者致力于将生理学还原为物理学与化学)之间的裂痕,一直被认为是物理科学和生物科学之间关系的一个明显转折点。还原论者主要是德国生理学家,他们的观点与最著名的法国生理学家克洛德·贝尔纳(1813~1878)的观点相对照,虽然克洛德·贝尔纳也反对活力论,但是他相信,生命不仅仅是物理与化学的表现形式,在这一点上仍需要研究。

不可否认,这些生命概念曾经具有,并且依然具有广泛的哲学和历史意义,但在这里我想把重点转移到这样的论据上,即这些观点并不决定建立在物理科学中的解释和研究方法应用于生命科学的步伐和本质。无论是主张生命过程和自然界中无机领域之间的一致性,还是坚持它们之间的差异,那些研究生命本质的人们一直承认生命中的一些基本现象也存在于其他的自然事件中,例如物质运动和转化。研究者解释这些过程时总是依赖同时期物理世界其他部分的思想和研究所提供的概念。由于亚里士多德认为天体运动和生物运动同样是有序与有目的的,他的目的论观点没有在生命和无生命世界之间进行区分。对于亚里士多德来说,总体上有序安排陆地上的变化的原

---

[1] "生命科学"是 20 世纪末期出现的一个术语,用以指研究生命有机体方面的许多学科的总和。这个短语在这篇文章所讨论的历史时期并不普遍,但在这里可以用来避免更多明显的时代的错误。有关 20 世纪的生命科学的历史,可参看 Garland Allen,《20 世纪的生命科学》(*Life Science in the Twentieth Century*, New York:Wiley, 1975)。

则(形式和物质,四种元素以及它们的转化的规则),同样可以用于解释诸如动物的生殖和吸收营养等过程。[2]

由于两门新科学(力学和化学)的出现,17 世纪期间物理科学和生命科学之间的关系发生了根本的变化,这两门新科学提供了新的方法和概念,这些方法和概念都得自于无机体的研究,这些研究为理解植物、动物以及人类的健康和疾病提供了新的原始资料。根据历史惯例,这两种资源分别被对这个问题持有相反世界观的两个群体所应用。在 1901 年首次出版的《生理学史系列讲座》(*Lectures on the History of Physiology*)中,生理学家迈克尔·福斯特(1836~1907)这样写道:

> 严格意义上的生理学派,即维萨里(Vesalius)和哈维(Harvey)学派,分裂为两个学派:一是主张用物理学原理和数学原理解释生物体的所有现象和治疗所有疾病的那些人的学派,即数学医学学派或物理医学学派;二是主张把所有同样现象解释为仅仅是化学变化过程的学派,即化学医学学派。

福斯特的划分一直被新近的对那个时期的处理方式重复着,他给那两个学派总结的意识形态的特征也一直附着在这些处理方式上。因此,理查德·威斯特福在 1971 年写道:"机械论医学并非由于生物学研究的需要而产生;它更多地是由于机械论哲学的侵入所建立的傀儡政权……我们只能惊奇于机械论的解释被视为适合于生物学的实际情况,而事实上机械论医学并没有做出任何重要发现。"[3]

17～18 世纪物理科学在生物学中的应用

最著名的机械论医学学者是乔瓦尼·阿方索·博雷利(1608~1679)。1608 年他生于意大利,是伽利略的崇拜者。在他的研究生涯晚期他转向研究动物运动之前,博雷利就已经对天体力学做出了重大贡献。博雷利关于动物运动这方面的大部头作品——《论动物的运动》(*De Motu Animalium*),在他去世三年后,即 1683 年出版。在《导言》里,博雷利表明在他之前没有人"使用机械论的方式"解释过动物运动的生理学难题。这一开篇,连同书中第一部分关于"动物外部运动"的论述,主要是运用机械原理把肌肉和骨骼的运动作为一个杠杆系统来分析,这些似乎确定了他作为"机械论医学学者"的声誉。然而,当我们认真阅读了第二部分"动物内部运动和它们的直接原因"以后,情况变得更加复杂起来。博雷利引证了解剖学证据,包括他的年轻的合作者

---

[2] Aristotle,《动物各部分》(*Parts of Animals*, Cambridge, Mass.: Harvard University Press, 1955),A. L. Peck 译,第 73 页。

[3] Michael Foster,《16、17 以及 18 世纪生理学史讲座》(*Lectures on the History of Physiology during the Sixteenth, Seventeenth, and Eighteenth Centuries*, Cambridge: Cambridge University Press, 1924),第 55 页;Richard S. Westfall,《现代科学的构建:机械和机械学》(*The Construction of Modern Science: Mechanisms and Mechanics*, New York: Wiley, 1971),第 104 页。更细致的解释,参看 Mirko D. Grmek,《第一次生物学革命》(*La première révolution biologique*, Paris: Payot, 1990),第 115 页~第 139 页。

马尔切洛·马尔皮吉(1628～1694)在显微镜下的发现;罗伯特·玻意耳(1627～1691)以及其他人关于血液的化学分析;哈维的血液循环的发现以及让·佩凯(1622～1674)的乳糜管的发现,还有其他的机械论论据。他给出了关于血液循环、呼吸作用、消化和营养吸收的传统过程以及从管道腺体的最近发现中新归纳出的分泌的过程的全面解释。[4]

和17世纪常见的"机械论哲学"风格一样,博雷利常常用这些组成体液的粒子的形状与运动来描述内部过程。但是这次,他对诸如酸碱反应的化学现象也以相似的术语进行了重新解释。博雷利在《论动物的运动》一书中提出的肌肉收缩机制,很好地阐述了在其生理学中的物理学、化学以及机械学推论的相互影响。他把肌肉的实际缩短归因于一系列长菱形小腔的膨胀,这些长菱形小腔被假设为构成了一段单个肌肉纤维,这些单个肌肉纤维在解剖学上显示为组成了肌肉。按照机械学的观点,他阐述了当这些小腔膨胀的时候它们是怎么收缩的。但是,由于膨胀的缘故,他拒绝了一些理论,比如笛卡儿的理论,因为这种理论要求物质通过神经或者血液进入肌肉这样的运动。这些有关身体的机械论学说都不能解释肌肉的瞬间收缩或者其后的迅速松弛。博雷利写道:"如果化学作用没有证明类似的作用在任何地方都被自然界所实现,那么我们就会认为要理解这些瞬间的肌肉膨胀和收缩作用是不可能的。"酸溶液和碱盐的化合反应导致快速沸腾和沉淀。血液中"有丰富的碱盐"。博雷利提出的机械论认为来自血液的碱盐与一种含酒精成分的汁液化合在一起。当意志发出的刺激到达肌肉中的神经末梢时,它就会释放出这种汁液。这种化合物"因而能够几乎瞬间在肌肉纤维中引起沸腾和泡腾"。[5]

我之所以用这么多文字讲述这个例子,是因为它代表了17世纪的新物理学在生理学解释中的早期应用。博雷利不是一个教条主义者,也并非试图按照物理学和数学原理来解释所有现象。他使用所有关于人体的经验知识和他可资利用的解释性资料。他敏锐地判断出适合物理学解释的领域和物理变化过程与化学变化过程的界限。他的机械论在20世纪的读者看来是"推测性的",而不足以解释"生物学实际情况"的复杂性,这并不是由于轻率的推理,也不是由于"机械论医学"对生理学的侵入,而是由于他所掌握的物理知识和化学知识(他可以用于解决生理学难题)和其后的世纪研究这些问题的那些人可以利用的知识之间存在着差异。

在17世纪以及18世纪早期,物理科学在生命过程研究中的最有效的应用是那些涉及血液循环的力学的应用。随着威廉·哈维发现血液循环现象,心脏的可见运动以

[4] Thomas Settle,《博雷利,乔瓦尼·阿方索》(Borelli, Giovanni Alfonso),《科学传记词典(二)》(*Dictionary of Scientific Biography*, II),第306页～第314页;Giovanni Alfonso Borelli,《论动物的运动》(*On the Movement of Animals*, Berlin:Springer Verlag, 1989),Paul Maquet 译。

[5] Borelli,《论动物的运动》,第205页～第242页。关于博雷利肌肉收缩理论的来源和背景,参看 Leonard G. Wilson,《威廉·克鲁恩的肌肉收缩理论》(William Croone's Theory of Muscular Contraction),《伦敦皇家学会记录及档案》(*Notes and Records of the Royal Society of London*),16(1961),第158页～第178页。

及血液流经动脉和静脉的运动提供了一个很好的机会,将生理学过程隶属于新的力学科学的运动学原理和动力学原理。把血液循环视为这样一个系统的第一步是由让·佩凯于 1653 年在巴黎迈出的,他是乳糜管以及乳糜通过乳糜管流向腔静脉的发现者。利用来自气压实验的空气重量和压力这些新概念,佩凯论证了血液得以循环是因为受到心脏收缩产生的推力以及血管在空气压力下的收缩。[6]

在英国,理查德·洛厄(1631~1691)在 1669 年发表了一个关于心脏运动的分析,这个分析建立在比哈维更详细的对于心室肌肉观察的基础之上。他还提出了一个新的关于血液循环速度的计算方法,根据这种计算方法,"在一个小时之内大量的血液从心脏排出,这个过程并不是一次或者两次,而是很多次"。博雷利也分析了心脏肌肉的运动,并且通过与机械模型相比较得出这样的结论:心脏通过紧缩心室的侧壁而推动血液。通过与下巴咀嚼肌能举起的重量相比,博雷利估计心脏肌肉所发出的力"可以超过 3000 磅(约 1361 千克)"。他还更实际地解释了血液是怎样可以"持续不断地流过动物体内",即使心脏的收缩是不连续的。因为动脉本身是被它们的环状纤维的收缩以及身体其他肌肉的收缩压缩的,即使在心脏的舒张期,血液也能在动脉中继续流动。[7]

1717 年,詹姆斯·基尔(1673~1719)根据牛顿的《原理》(*Principia*),把液体流速和达到的高度联系起来,计算了"推动血液时心脏的力"。通过测量狗被切开的动脉在 10 秒内流出的血量,他估计了血液的流速。他的结论是"心脏的力与 5 盎司(约 142 克)重量相当",接着他评论说,"这和博雷利测定的力相比差别是多么大"。通过计算得出动脉各分支的截面积的增长,基尔指出血液从主动脉流向毛细血管时它的速度会大大降低。[8]

这些关于血液循环的分析是成功的,不是说它们是确定的,而是说它们所涉及的现象符合观察和实验,并符合新的力学能够提供的数学分析形式。这些分析特别容易符合某些人(比如基尔)坚信的"现在知道动物体本身就是一个纯粹的机器"的说法。这种方法的狭窄的应用范围可以在用机械的方式解释分泌物的努力中得到更好的说明。17 世纪的机械论者,如笛卡儿和博雷利,把分泌腺体比作筛子,血液流经腺体时,那些大小和形状与腺体中的小孔相符的粒子就被选择性地从血液中分离。基尔看到了这些模式的不足,并根据血液中粒子间的牛顿短程引力概念提出了一种替代模式。然而,这两种解释都不能和可观察到的解剖或分泌腺体的机能一一对应起来,而且这

[6] John Pecquet,《新解剖学实验》(*New Anatomical Experiments*, London:T. W., 1653),第 91 页~第 140 页。
[7] Richard Lower,《关于心脏的运动及其运送的血液和乳糜的颜色》(*Tractatus de Corde Item de Motu & Colore Sanguinis et Chyli in eum Transit*),K. J. Franklin 译,载于 R. T. Gunther 编,《牛津早期科学》(*Early Science in Oxford*, vol. 9, London:Dawsons, 1932),第 1 章~第 3 章;Borelli,《论动物的运动》,第 242 页~第 273 页。
[8] James Keill,《关于动物有机体某些部分的论文集》(*Essays on Several Parts of the Animal Oeconomy*, 2nd ed., London:George Strahan, 1717),第 64 页~第 94 页。

些推测只能导致 18 世纪的活力论者对过分简单的机械论的解释的反对。[9]

博雷利和其他人为估计心脏和动脉中血液的力所付出的努力的最幸运的结果,是他们的这项工作引起了一个英国乡村教区牧师斯蒂芬·黑尔斯(1677~1761)的注意, 224 并促使他去从事 18 世纪最多产的实验研究之一。黑尔斯在 1728 年写道,这些"具有独创性的人们"所得到的成果,"每个人都与其他人差别甚远,正如他们和真理差别甚远一样,因为他们缺乏足量的数据进行论证"。黑尔斯相信"动物体液按照水力学定律和流体静力学定律流动",他"通过一系列恰当的实验对它们运动的特性进行了探索"。避开他的前辈们所使用的间接方法,他采用了最直接(正如他自己所认识到的,不为人接受)的可能的方法来测定动脉中血液的力。他捆绑住一匹马,把一只竖直的长玻璃管插入马的腿部动脉,观察玻璃管中血液上升的高度。在多种条件下,他在不同动物身上做了这个实验。黑尔斯观察到力"非常不同,不仅是在不同种类动物的身上,而且在同种动物身上也不一样……这个力在持续地变化"。[10]

黑尔斯对不同情况(在血液循环的不同部位和不同条件下)的研究使他对基尔关于支动脉中血液速度降低的分析有了进一步的发展;他发展了博雷利的动脉的弹性把心脏的间歇性搏动转换为更细小的毛细血管中的血液的"速度的几乎均匀平稳的进程"的观点;测量了"血液在经过毛细动脉时遇到的"阻力,这解释了"动脉和静脉之间血液的力的巨大差异";研究了血液黏度对它的运动的影响。通过使他的实验符合"水力学定律和流体静力学定律",黑尔斯不仅证明了半个世纪以来把力学应用于"动物有机体"的努力的正确,他同时还就"植物静力学"做了相似的实验,这样他为物理科学在生命科学中的作用提供了一个模型,其影响一直持续到 19 世纪。[11]

18 世纪的化学和消化

直到将近 18 世纪末,化学科学才得以在生命科学中持续产生了一些实验成果。从 17 世纪早期开始,对植物以及动物的物质分析是化学家们的主要成果。这些分析成果,连同明确定义了酸、碱和中性的盐的化学的出现,使得生理学家能够形成关于消化、营养吸收、分泌以及排泄过程的化学图像。例如,赫尔曼·布尔哈夫(1668~1738)于 18 世纪早期在他的演讲中描述了这个过程:作为营养物的植物中的"弱酸性"物质 225 逐步转换为"弱碱性"的最终产物,这个观点在整个 18 世纪常常被重复。但是这些图像不能被转变为一种先进研究项目的基础。在 1752 年勒内-安托万·莱奥姆尔

[9] 同上书,第 iii 页;René Descartes,《关于人的论述》(*Treatise of Man*, Cambridge, Mass.: Harvard University Press, 1972),Thomas Steele Hall 译,第 17 页;Borelli,《论动物的运动》,第 345 页~第 348 页,第 356 页~第 357 页;Keill, 《关于动物有机体某些部分的论文集》,第 95 页~第 202 页。
[10] Stephen Hales,《静力学论文集:含血液静力学》(*Statical Essays*: *Containing Haemastaticks*, 1733; reprint, New York: Hafner, 1964),第 xlv 页~第 xlvi 页,第 1 页~第 37 页。
[11] 同上书,第 22 页~第 23 页,第 37 页~第 186 页。

（1683～1757）发表的关于消化实验的文章里，着重说明了化学解释的一般可能性和特殊局限性。

像黑尔斯一样，莱奥姆尔设计了新的实验方法来解决最先由博雷利提出的问题。在博雷利看来，具有肌肉型胃的鸟类和膜状胃的动物的消化特性是不同的。前者胃的内壁就像石磨一样磨碎食物。他照例对胃产生的这种力颇感兴趣，但他没有办法直接测量它，而是从人类的下巴以同样机能咬开坚硬食物时产生的力来"推测"它。另一方面，具有膜状胃的动物"用某种非常强大的酵素消化肉和骨头，就像腐蚀性的水（比如酸）腐蚀和溶化金属一样"。[12]

80 年以后，医生和科学家仍在消化是由"研磨"还是溶剂的作用造成的，或者是二者共同造成的这个问题上存在着分歧。莱奥姆尔用近代早期生命科学中最令人着迷的实验性研究之一来解决这个难题。他给鸟喂入空的金属试管，从鸟的排泄物来看，试管变平或者变形了，以此证明鸟类的胃都有砂囊来粉碎坚硬的食物。通过用钳子使同样的试管变平，他就能估测出胃所产生的力。运用众所周知的一只猛禽会吐出它吞咽的不可消化的物质这一知识，莱奥姆尔把肉片和其他食物放入空管，末端用纱布环绕封住，以便液体流入。取出时，试管里的肉已经部分或者全部变成半流质的状态。这个实验为具有薄壁胃的鸟类用溶剂来消化食物提供了决定性证据。他问道："这种溶剂是否可以与化学提供给我们的溶剂相比呢？"通过把海绵装入空管收集的胃液，他仅仅能证实胃液尝起来是咸的而且可使"蓝纸"变红——也就是说它具有酸性。最终，他也未能给消化提供一个比博雷利给出的消化和酸腐蚀金属作用之间类比的更好的化学描述。[13]

18 世纪后期，多产的意大利实验家拉扎罗·斯帕兰让尼（1729～1799）大大拓展了莱奥姆尔关于消化的实验。他从先辈们的失败中吸取教训，成功地用胃中产生的胃液在体外消化食物。但在这个过程的化学特征表述方面，斯帕兰让尼并不比莱奥姆尔得到更多进展。他和其他几位 18 世纪 70 年代和 80 年代专注于这个问题的研究者甚至不能在胃液是酸性还是中性上达成共识。[14]

18 世纪的实验家们不能界定消化的化学性质，这是特别明显的，因为在所有的生命过程中，消化看起来最适合进行化学分析。它发生在一个容器里，可以看到过程。当食物经过胃和肠，并被吸入乳糜管时，它的颜色和稠度经过了可见的变化。早在古代，盖仑就已经通过切开活的动物的胃和肠，观察到了这些所容之物的移动。尽管有这些有利条件，18 世纪的化学分析也未能分辨出特殊的物质和变化，超越莱奥姆尔所

[12] Borelli，《论动物的运动》，第 402 页～第 403 页。
[13] R.-A. de Réaumur，《论鸟类的消化》（Sur la digestion des oiseaux），《皇家科学院备忘录》（Mémoires de l'Académie Royale des Science，1752，pub. 1756），第 266 页～第 307 页，第 461 页～第 495 页。
[14] Lazzaro Spallanzani，《动物自然史论文集》（Dissertations Relative to Natural History of Animals，vol. 1，London：J. Murray，1784）。关于这些成果的当代论述，参看 M. Macquart，《论反刍动物的胃液》（Sur le suc gastric des animaux ruminans），《皇家科学院备忘录》（1786，pub. 1790），第 355 页～第 378 页。

作的简单类比来界定消化的化学过程可能是什么。这并不是说在它探索消化的更深层的含义的过程中,化学是无能为力的或无效的。法国化学家 L. C. H. 马卡尔在 1786 年对几种动物的胃液进行了对比分析,运用萃取和试剂的系统技能,由此他可以鉴定并给出诸如血液、几种盐类和磷酸中"淋巴物质"的数量比例。马卡尔声称,如果他们尚不能回答"胃通过何种机能进行这种必要准备",即为动物体的维持和修复提供养料,只是因为"我们只是刚刚开始把我们的注意力"集中到这个问题上。在博雷利提出这个问题以来的整个 18 世纪,它一直进展得缓慢,但是在之后的 50 年里,它进展得极快。[15]

19 世纪消化和血液循环的研究

前面分析过的物理科学在生命科学中的作用表明,这种作用被普遍认为已经确立的时代——即 19 世纪——并未脱离早期的基础,而是建立于其上的。19 世纪物理和化学在生命研究中成功应用的标志,不是生理学家或医生对待物理原理的新态度,而是物理科学中适于探索生命现象的更有力的概念和方法的出现。这个论点可以在下述对 19 世纪血液循环的力学研究和消化的化学研究中得到说明。

1823 年,巴黎科学院(Académic des Sciences of Paris)宣称 1825 年的"物理学奖(prix de physique)",将会颁发给"通过一系列的化学或生理学实验"查明消化过程的人。选择这个奖项的理由如下: *227*

> 直到现在,化学分析程序的不完美不允许我们获得关于消化过程中胃和肠里所发生的现象的准确概念。观察和实验,甚至是最小心得到的,只是仅仅得到了这个与我们直接相关的学科的表面知识。
>
> 今天,动物和植物的物质的分析程序已经更加精确,如果给予适当的注意,我们有希望获得关于消化的重要观点。[16]

值得一提的是,这份声明并没有提及新化学所产生的新程序,只是提到了早期"不完美的"程序已经具有了较好的精确性。事实上,我们讨论的分析方法并不是最近的"化学革命"突变的产物,而是自 18 世纪中期以来,萃取、分离以及描述动物和植物的物质特征这些方法逐渐发展而来的结果。在这份声明发表的前 10 年间,瑞典化学家 J. J. 贝尔塞柳斯(1779~1848)成为这些方法的一流实践家。

申请这个奖项(其实并没有颁给任何人)的最主要的研究者来自德国。在海德堡,解剖学家和生理学家弗里德里希·蒂德曼(1781~1861)和化学家利奥波德·格梅林

[15] Galen,《论自然本能》(On the Natural Faculties, Cambridge, Mass: Harvard University Press, 1952), Arthur John Brock 译,第 241 页~第 243 页;Macquart,《论反刍动物的胃液》,第 361 页~第 378 页。
[16] 引自 Friedrich Tiedemann 和 Leopold Gmelin,《关于消化作用的实验》(Die Verdauung nach Versuchen, vol. 1, Heidelberg: Karl Groos, 1826),第 1 页~第 2 页。除非另有说明,皆由作者翻译。

（1788～1853）一起，在1820年就已经开始了对消化以及相关过程的扩大范围的研究。到他们的研究方向与这个奖项要求实验必须能推广到所有四种脊椎动物相一致时，蒂德曼和格梅林已经致力于这个里程碑式的研究项目5年了。在他们能够确定和消化相关的化学变化之前，他们需要分析每一种消化液：唾液、胃液、胰液以及胆汁。为了研究消化的变化，他们给动物喂食"简单的营养物质"——白蛋白、酪蛋白、纤维蛋白和淀粉。为了确定消化过程中可能沿消化道出现或消失的物质，他们在喂食后的一定时间间隔取走胃和肠里的物质，把它们按照一个标准程序用溶剂萃取并用试剂处理。

228　　明晰的结果并不容易得到。在化学属性上非常相似的简单的营养物质"通过加入化学试剂并和消化液混在一起以后，它们就不像在消化道中的不同部位那么容易辨认了"。蒂德曼和格梅林获得的最普遍的结果是，食物在胃里被分解。正如他们所承认的，在他们之前很多人都已经得出这个结论。只是对于淀粉，他们进行的有效的鉴定化验证明，在消化过程中它转变为糖——这可能是在动物有机体内被证实的第一个明确的化学反应。他们把自己的研究视为对长期传统的延续，因为他们借鉴了包括远至17世纪的前辈们的研究工作。比如，他们引用莱奥姆尔和斯帕兰让尼的证据，胃的蠕动并不是消化必不可少的。尽管没有一般性的结论，但是他们的大量工作已经比以前所有实验和分析做得好得多，同时，这也是消化的研究历史的一个全盛时期和新阶段的起点。那些在下个10年间扩展这些实验和分析的人很快发现了更多的新结果。蒂德曼和格梅林证明未受刺激的空胃是中性的，受过刺激的胃分泌物中含有游离酸，从而结束了胃液是中性的还是酸性的争论。[17]

　　个别的研究者仍然对这种特殊的、分泌的酸持怀疑态度，但是到了19世纪30年代早期，情况变得清晰起来，无论是酸还是有机物对于胃液的作用都是非常重要的。在柏林的约翰内斯·米勒（1801～1858）领导的解剖学博物馆里，他的助手特奥多尔·施万（1810～1882）已经利用标准试剂来检测有机物质，从而将它从所有已知的动物物质中清楚地分辨出来，不过他还不能把它分离出来。而且，从普通化学中形成的新概念也很快应用到生命科学中。在乙醇向乙醚的转变中，这是被有机化学家频繁研究的一种化学反应，硫酸促进了这个反应但是没有被消耗。艾尔哈德·密切利希（1794～1863）把这些不进入反应产物的试剂的作用称为"接触"作用。利用这种想法，施万提出是否有机体的消化原理也有这种"接触"作用参与。尽管他不能确定这种不被消耗的成分，但是他确实发现它是以如此小的量来参加反应的，这肯定是一个接触过程。施万将它与乙醇"酵素（ferments）"相比较，发现它们有相似的作用，乙醇"酵素"以微不足道的数量参与而产生大量乙醇，他定义了"酵素"这个总类。消化酵素被他称为

[17]　同上书，第4页，第295页～第296页，第146页～第147页。

"胃液素"。[18]

　　从施万发现胃液素开始,我们可以追踪从整个19世纪直到20世纪的对胃液素消化作用的连续的研究。而且,他对酵素的重新定义扩展到一类在增长中的发酵作用,这些发酵作用在19世纪中期被视为许多生命进程的基本要素。到了20世纪,当爱德华·比希纳(1860~1917)证明的无细胞乙醇发酵解决了发酵是否需要活的有机体的长期争论,而且酵素已经被重新命名为酶(enzymes)时,这些研究进一步被扩展为生物化学的主要基础之一。[19]

　　正如19世纪早期更精确的化学方法能使生理学家比18世纪的前辈们更深入地洞察到消化中的化学反应,更加严格的物理测量标准和流体力学理论和实验的发展能使他们改进斯蒂芬·黑尔斯关于血液循环机制的论述。通过测量液体流过直径非常小的管道时所受的阻力,英格兰的自然哲学家托马斯·杨(1773~1829)在1808年作出结论:接近毛细血管大小的导管里的摩擦系数远大于主动脉大小的导管里的摩擦系数。杨于是给8年前黑尔斯坚持的观点提供了一个新证据。杨也依赖了黑尔斯对于血管里力和运动的测量。[20]

　　在法国,让·莱昂纳尔·马里·泊肃叶(1797~1869)设计了一个新的仪器,他称之为血压计,用来更精确地测量血液循环系统各个部位的血压。U形管被注满水银,两个直臂中较短的那个的水平延长部分直接塞到动脉或静脉之中。泊肃叶发现动脉血压在距离心脏不同远近的动脉中都相等,他把这个意外的结果归因于动脉血管壁的弹性。他的仪器和测量结果开创了一个关于血液循环动力学的大规模的定量实验时期。[21]

　　在1827年,解剖学家恩斯特·海因里希·韦伯(1795~1878)将他通过一些研究学习到的波动的知识应用于对动脉脉搏的性质的再试验,这些关于有玻璃边的槽中水的运动的研究是和他弟弟——物理学家威廉·韦伯(1804~1891)——一起完成的。直到那时为止,生理学家们一直认为心脏的收缩传递给血液的推动力同时扩张了各条动脉血管,并认为动脉中血液的流动和动脉的扩张不可分。然而,根据流体力学实验,

[18]　Theodor Schwann,《关于消化过程的实质》(Ueber das Wesen des Verdauungsprocesses),《解剖学档案》(Archiv für Anatomie, 1836),第90页~第138页。关于Mitscherlich,参看Hans Werner Schütt,《艾尔哈德·密切利希:普鲁士化学王子》(Eilhard Mitscherlich: Prince of Prussian Chemistry, [Philadelphia]: American Chemical Society and Chemical Heritage Foundation, 1997),William E. Russey译,第147页~第158页。

[19]　对于这些发展的概观,参看Joseph S. Fruton,《分子和生命》(Molecules and Life, New York: Wiley-Interscience, 1972),第22页~第85页。

[20]　Thomas Young,《水力研究,关于血液运动的一次专门安排的克鲁恩讲座的辅助内容》(Hydraulic Investigations, Subservient to an Intended Croonian Lecture on the Motion of the Blood),《皇家学会哲学会刊》(Philosophical Transactions of the Royal Society, 1808),第164页~第186页;Thomas Young,《关于心脏和动脉的功能的克鲁恩讲座》(The Croonian Lecture, on the Functions of the Heart and Arteries),《皇家学会哲学会刊》(1809),第1页~第31页。

[21]　J. -L. -M. Poiseuille,《关于主动脉力量来源的研究》(Recherches sur la force du coeur aortique),《生理学杂志》(Journal de Physiologie),8(1828),第272页~第305页;Poiseuille,《动脉血液循环中的动脉作用探索》(Recherches sur l'action des artères dans la circulation artérielle),《生理学杂志》,9(1829),第44页~第52页;Poiseuille,《血管中血液运动原因的探索》(Recherches sur les causes du mouvement du sang dans les veines),《生理学杂志》,10(1830),第277页~第295页。

韦伯可以分辨血液里的快速波动(它沿着动脉流动的时候引起了脉搏)和血液本身流经动脉时慢得多的运动。这个新观点改变了血液循环的力学机制的研究。19 世纪 40 年代,两个德国生理学家——阿尔弗雷德·福尔克曼和卡尔·菲罗特——从事心脏、动脉和静脉中血液运动和压力的研究。卡尔·路德维希(1816~1895)于 1847 年发明了一个仪器使他能够记录转筒上血压的迅速变化,从此关于血液循环的流体力学的研究的现代时期成功开启。从那时起到现在,如此被证实的基础研究成果一直继续被扩大。[22]

呼吸研究的转变

19 世纪源自物理科学的概念和方法在生理机能研究中的应用与前面两个世纪生理机能研究之间的联系在上述两种情况中最明显,这是因为血液循环和胃的消化作用这两种机能从 17 世纪以来最容易被认为是更加一般的力学现象和化学现象的特殊的表现形式。当我们致力研究其他机能时,例如呼吸和动物电,这些联系变得非常微妙。呼吸和动物电的性质和重要性绝大部分是被化学和物理学中的转变揭示的,这种转变也只是在 18 世纪晚期才开始。

盖仑早在 2 世纪就提出一个问题:"呼吸的用处是什么?"他试图回答这个问题,把呼吸比作火焰。17 世纪,罗伯特·玻意耳领导的一个小组强化了呼吸和燃烧之间的类比,他们用一个动物和一支燃烧的蜡烛在盛水的密闭容器里同样消耗了空气的一小部分来说明。他们的一个成员——约翰·梅奥(约 1641~约 1679)——提出了一个容易被理解的呼吸理论,根据这种理论,动物消耗大气中的"硝基空气"粒子。然而,到 18 世纪中期,这个理论和硝基空气粒子一起淡出了人们的讨论。[23]

231

18 世纪 60 年代"气体化学"的出现为理解呼吸现象提供了一个新的方法。约瑟夫·布莱克(1728~1799)——"固定空气"的发现者——证明呼吸和燃烧都产生那样的物质。约瑟夫·普里斯特利(1733~1804)声称呼吸产生燃素。但是先前所有关于

[22] Ernst Heinrich Weber 和 Wilhelm Weber,《建立在实验基础上的波动理论》(*Wellenlehre auf Experimente gegründet*, Leipzig: Fleischer, 1825);Ernst Heinrich Weber,《弗里德里希·希尔德布兰特的人之解剖手册》(*Friedrich Hildebrandt's Handbuch der Anatomie des Menschen*, vol. 3, Braunschweig: Schulbuchhandlung, 1831),第 69 页~第 70 页;Ernst Heinrich Weber,《关于血液循环理论尤其是脉搏理论的应用》(Ueber die Anwendung der Wellenlehre auf die Lehre vom Kreislauf des Blutes und insbesondere auf die Pulslehre),《关于莱比锡皇家科学专业讨论会的报告》(*Berichte über die Verhandlungen der Königlichen Sächsschen Gesellschaft der Wissenschaften zu Leipzig*, 1850),第 164 页~第 166 页;Carl Ludwig,《呼吸运动对主动脉系统血液流动的影响的知识》(Beiträge zur Kenntniss-des Einflusses der Respirationsbewegungen auf den Blutlauf im Aortensystems),《解剖学档案》(1847),第 242 页~第 302 页。

[23] Galen,《论呼吸的用处》(On the Use of Breathing),载于 David J. Furley 与 J. S. Wilkie 编,《盖仑论呼吸和动脉》(*Galen on Respiration and the Arteries*, Princeton, N. J.: Princeton University Press, 1984),第 81 页~第 133 页。有关这些发展的描述,参看 Leonard G. Wilson,《17 世纪古代呼吸概念的转变》(The Tranformation of Ancient Concepts of Respiration in the Seventeenth Century),《爱西斯》(*Isis*),51(1959),第 161 页~第 172 页;Robert G. Frank,《哈维与牛津的生理家们》(*Harvey and the Oxford Physiologists*, Berkeley: University of California Press, 1980);Diana Long Hall,《动物为什么呼吸?》(*Why do Animals Breathe*?, New York: Arno Press, 1981)。

这方面的观点都被安托万·拉瓦锡(1743~1794)提出的与燃烧理论密切相关的呼吸理论所代替,燃烧理论发动了化学革命。[24]

1774年,拉瓦锡证明磷和硫在燃烧时重量增加,金属在被锻烧时重量也增加,他用大气中的空气或者其某些成分的"固定"来解释这两个过程。由于他仍然不能识别大气的成分,借助于呼吸作用他将它们定义为"可以呼吸的"部分和"不可以呼吸的"部分。到1777年他确认了可以呼吸的部分,一年后他将其命名为"氧气",于是他能够推断呼吸是碳和氧化合形成固定空气。正如燃烧产生热,呼吸释放"动物热能"。[25]

拉瓦锡与数学家皮埃尔-西蒙·拉普拉斯(1749~1827)合作,于1782年设计了冰量热计,他们可以用它测量物理变化或化学变化中释放的热量。利用这个仪器,1783年他们证明,在产生的固定空气相同的情况下,一只豚鼠在给定时间里融化的冰的数量和燃烧木炭融化的接近。他们认为这个结果证实了呼吸是碳的缓慢燃烧。不久以后他们发现木炭既包含易燃空气也包含固定空气,并且发现水由易燃空气和氧气组成。1785年,拉瓦锡修改了他的呼吸理论,认为呼吸过程应包括碳和易燃空气的燃烧,后者产生水。

1789年,拉瓦锡开始做一系列关于呼吸的实验,有一个年轻人阿尔芒·塞甘(1767~1835)辅助他。他们发现豚鼠在消化的时候比节食的时候呼吸快,还发现当塞甘做可以测量的体力活动时,比如把重物提到某个高度,他的呼吸明显加快,拉瓦锡不仅巩固而且扩展了他的呼吸理论的范围。他现在把呼吸燃烧视为动物热量和做功之源。此外,他把呼吸燃烧视为有机体和它周围环境进行全面物质交换的体系中不可或缺的部分。如果动物要保持物质平衡,消耗的碳和氢(拉瓦锡和他的合作者在化学术语改革中对易燃空气命名的一个新名字)在消化过程中一定会被归还。他写道:

> 动物机器主要被三种类型的调节器控制:呼吸,它消耗碳和氢,并产生热量;消化,通过分泌乳糜的器官补充在肺里消失的乳糜;出汗,根据必须应对的或多或少的热量增加或减少。

拉瓦锡的成熟的呼吸理论仍然遗留了许多无法回答的问题,最显著的是:动物在体内什么位置燃烧氢和碳,含有燃烧过的碳和氢的物质是什么性质,以及碳和氢的燃烧与静脉血变成动脉血时颜色的变化之间的关系如何。这些问题花费了几代实验家

[24] 在众多的关于拉瓦锡的呼吸理论及其对后来的研究之影响的讨论中,尤其参看 Everett Mendelsohn,《热和生命:动物热理论的发展》(*Heat and Life: The Development of the Theory of Animal Heat*, Cambridge, Mass.: Harvard University Press, 1964),第134页~第183页;Charles A. Culotta,《呼吸与拉瓦锡传统:理论与修正(1777~1850)》(Respiration and the Lavoisier Tradition: Theory and Modification, 1777~1850),载于《美国哲学协会会刊》(*Transactions of the American Philosophical Society*, n. s.),62(1972),第1页~第41页;François Duchesneau,《斯帕兰让尼与呼吸生理学》(Spallanzani et la physiologie de la respiration: Revision théorique),载于 Walter Bernardi 和 Antonella La Vergata 编,《18世纪拉扎罗·斯帕兰让尼的生物学》(*Lazzaro Spallanzani e la Biologia del Settecento*, Florence: Olschki, 1982),第44页~第65页;Richard L. Kremer,《生命热力学和实验生理学:1770~1880》(*The Thermodynamics of Life and Experimental Physiology: 1770-1880*, New York: Garland, 1990)。

[25] 这段和下面一段是对拉瓦锡的理论发展步骤的详细论述的摘要,详细论述参看 Frederic Lawrence Holmes,《拉瓦锡与生命的化学》(*Lavoisier and the Chemistry of Life*, Madison: University of Wisconsin Press, 1985)。

的努力。他们试图找到比拉瓦锡和拉普拉斯关于动物产生的热量等同于碳氢燃烧产生的热量的解释更有说服力的解释。尽管存在着这些不确定因素,拉瓦锡的呼吸理论还是深远地改变了物理科学和生命科学之间的关系。这是第一次有机体的物质交换能从一个观点上被理解,这个观点在特定的化学过程和物理过程的框架内整合了消化、吸收、呼吸以及动物热能的产生等传统的生理机能。

　　拉瓦锡也首创性地进行了动物和植物的物质的初步分析。半个世纪以后,当他的方法能精确测定组成有机化合物的碳、氢、氧以及氮的量时,并且当组成食物的化合物中的三个基本的种类——碳水化合物、脂肪以及后来被命名的蛋白质——和动物体被分辨开的时候,才有可能对食物的同化作用——食物分解以提供热量和机械功、呼吸的气体交换以及排泄的物质之间的关系给出更复杂的详细描述。19 世纪 40 年代,当时最著名的两个有机化学家,巴黎的让－巴蒂斯·杜马(1800~1884)和德国的尤斯图斯·冯·李比希(1803~1873),描述了这些存在部分疑问的过程,但是这刺激了研究的更进一步发展。更持久的是拉瓦锡的呼吸理论所允许的一种联系,那就是 19 世纪 40 年代生理学和 19 世纪出现的一个有深远意义的物理学定律——能量守恒定律——之间的联系。

　　赫尔曼·冯·亥姆霍兹(1821~1894)在 1847 年第一次给出了上述定律的严格的数学公式,在他的著名论著《论力的守恒》(*Die Erhaltung der Kraft*)的最后简洁地总结了能量守恒定律在活的有机体内的应用。他写道:

> 动物吸收氧气和植物制造的复杂的可氧化的化合物,燃烧后又把它们中的大部分作为碳酸和水释放出来,还有一部分还原为较简单的化合物,所以消耗掉一定量的化学势力(chemical potential force),并且产生热和机械力。由于后者表示为和热相关的小量的功,力守恒的问题几乎简化成作为营养物的物质的燃烧和转化产生的热量与动物释放的热量是否相等的问题。[26]

　　根据已有的实验,亥姆霍兹作出了这样的结论:这个问题的“近似的”答案为“是”。几乎经历了半个世纪的实验以后,这个断言可以被精确地表述。其间,能量守恒定律在植物和动物之间的交换的应用,已经变成把生命比作自然的普通物理规律的最有力的论据之一。[27]

生理学和动物电

　　这里仅对 19 世纪所认为的“动物电”现象进行简洁的论述。这种现象在实验和理

[26] H. Helmholtz,《关于力的守恒:一篇物理学论文》(*Über die Erhaltung der Kraft*: *eine physikalische Abhandlung*, Berlin: Re imer, 1847),第 70 页。

[27] Frederic L. Holmes 为 Justus Liebig 的《动物化学》(*Animal Chemistry*, New York: Johnson Reprint, 1964)所作的《导言》(Introduction),William Gregory 译,第 i 页~第 cxvi 页。

论上的解释涉及电的充电、放电、相互吸引和排斥以及传导,这些构成了 18 世纪物理学的主要内容。研究发现有几种鱼,包括电鳐(torpedo)和一种鳗,能进行类似电击那样的放电,一些自然哲学家把这类生物归为"动物小瓶(animal phials)",或者活莱顿瓶。电对植物的生长或结果的种种影响,以及放电对人体的明显的影响,激发了这样的猜想:电流组成了神经液,或者甚至组成了生命的基本要素。对某些观察者来说,电学超越了力学与化学的狭窄范围,增加了对生命现象进行解释的可能性。1792 年,路易吉・伽伐尼(1737～1798)偶然发现了青蛙腿在闪电放电的影响下抽搐,他用两种金属的组合物轻触已经分离的神经和肌肉,能重现这种现象。他是这样解释这些结果的:假定肌肉中包含储存的电,类似莱顿瓶中的电,并假定这种电释放出来就导致了肌肉收缩。[28]

　　比较老的科学史书籍把伽伐尼对他观察到的这种效应所作的解释看成是错误的,这种错误后来被亚历山德罗・伏打纠正。他证明电流是由于电路中的两种金属之间的电位差造成的。在这个基础上,伏打设计了一个电堆,它由一系列这两种金属重复组成,中间用潮湿的纸隔开,这个电堆不用青蛙就可以产生电流。近来,科学史家记载伏打和伽伐尼都没有赢得这场争论,因为他们俩都是部分地正确。一些"伽伐尼"现象是由"伏打"电堆产生的电引起的,但是另外一些观察结果,例如用一根神经被切开的末端去接触它所附着的肌肉形成一个回路而引起的肌肉收缩现象,却没有金属的参与。不过,20 年之后,科学家们重复和扩展伽伐尼的观察结果的积极的实验热情减退了,也许是由于无法得到具有决定性的新的研究成果的缘故吧。然而,伏打电池产生的"伽伐尼"电流成为研究神经系统的一种重要的工具。[29]

　　1822 年,弗朗索瓦・马让迪(1783～1855)发现脊神经的后根是感觉神经,前根是运动神经,他通过在脊髓的椎骨的出口点切断这些神经,记录这些功能的损失,首先区别了这些神经。在他关于这个主题的另一篇文章里,他增加了一个反面的证据:当他刺激从脊髓上分离出来的神经的时候,上述功能得到重现。像早期的生理学家所做的那样,他捏、拉和刺这些神经来刺激它们。但是他进一步说:"仍然有另外一种类型的检验方法,脊髓根能够对这种检验作出反应;那就是伽伐尼电流(galvanism)。"他用连

[28]　关于这一研究活动最全面的历史论述是 J. L. Heilbron 的《17 与 18 世纪的电学》(*Electricity in the 17th and 18th Centuries*, Berkeley: University of California Press, 1979)。还可参看 Philip C. Ritterbush,《给生物学的建议:18 世纪博物学家的思索》(*Overtures to Biology: The Speculations of Eighteenth Century Naturalists*, New Haven, Conn.: Yale University Press, 1964),第 15 页～第 56 页。

[29]　Ritterbush,《给生物学的建议》,第 52 页～第 56 页,完全重复了老观点。有关伏打对电池的发现,见 Giuliano Pancaldi,《电和生命:伏打走向电池之路》(*Electricity and Life: Volta's Path to the Battery*),《物理科学和生物科学的历史研究》(*Historical Studies in the Physical and Biological Sciences*),21(1990),第 123 页～第 160 页;Marcello Pera,《概念模糊的青蛙:伽伐尼与伏打关于动物电的辩论》(*The Ambiguous Frog: The Galvani-Volta Controversy on Animal Electricity*, Princeton, N. J.: Princeton University Press, 1992),Jonathan Mandelbaum 译;J. L. Heilbron,《博洛尼亚对伽伐尼电流的贡献》(The Contributions of Bologna to Galvanism),《物理科学和生物科学的历史研究》,22(1991),第 57 页～第 82 页;Maria Trumpler,《质疑自然:德国的伽伐尼电流实验研究(1791 ～ 1810)》(Questioning Nature: Experimental Investigations of Galvanism in Germany, 1791–1810, unpublished PhD diss., Yale University, 1992)。

在伏打电池组上的电极轻触脊神经,脊神经就有电流通过,他证实随之而来的前根的收缩比后根的收缩强得多。电刺激很快被证明比旧的方法更加有效和可控,这种方法曾经在数不清的实验中起着主要的作用。继马让迪的发现之后,他以及其他的生理学家绘制出周围神经系统的感觉神经和运动神经。[30]

电流能够刺激神经脉冲的传递,使脉冲的本身是带电的这一猜想重新流行起来。约翰内斯·米勒在他的权威著作《人体生理学手册》(*Handbuch der Physiologie des Menschen*)中,通过列举那些用以刺激神经脉冲的电流的性质和脉冲沿着神经传导的性质之间的差异来反对这种观点。[31]

物理科学的进一步发展又一次对这种生物学问题产生了冲击。电磁现象的发现提供了一个新的方法,它可以探测到很小的电流。电流计很快被引进到生理学实验中。在19世纪40年代,埃米尔·杜波伊斯-雷蒙(1818~1896)使用一个极端灵敏的电流计,检测到当青蛙神经受到刺激时,仪器的表针发生了"反向摆动"。他解释说这就是沿着神经的电荷变化的传播构成神经脉冲的证据。1850年,也是借助电流计的帮助,亥姆霍兹测定了神经脉冲的传播速度,这种传播过程到那时为止一直被认为是瞬间的或者至少太快了以至于不能被观测到。[32]

1847年,亥姆霍兹、杜波伊斯-雷蒙、恩斯特·布吕克(1819~1892)以及卡尔·路德维希(1816~1895)在柏林相遇,据说在那里他们已经就一个项目达成共识,这个项目的目标是把生理学还原为物理学和化学。第二年,在《关于动物电的研究》(*Untersuchungen über thierische Elektricität*)一书的序言里,杜波伊斯-雷蒙声明了他的科学信条,这已被历史学家们视为"1847年团体"的"宣言"。在声明里他把生理学的最终目标确定为将生命过程还原为在引力与斥力的影响下物质基本粒子之间的相互作用。在序言里他还驳斥了认为生命力与物理力或者化学力无关的观点。[33]

杜波伊斯-雷蒙关于把生理学还原为物理学与化学这一主张加上他对于生命活力的攻击,形成了一个一般的历史印象,即在现时要使物理科学在生命过程的实验研究中获得成功运用,就需要推翻此前已经阻碍了进步的普及的活力论。然而,30年前,

[30] François Magendie,《关于脊椎神经根的功能的实验》(Expériences sur les fonctions des racines des nerfs rachidiens),《实验生理学与病理学杂志》(Journal de Physiologie expérimentale et pathologique),2(1822),第276页~第279页;Magendie,《关于由脊索发出的神经的功能的实验》(Expériences sur les fonctions des nerfs qui naissent de la moelle épinière),《实验生理学与病理学杂志》,第366页~第371页。

[31] Johannes Müller,《人体生理学手册》(Handbuch der Physiologie des Menschen,3rd ed.,vol. 1,Koblenz:Hölscher,1838),第645页~第647页。

[32] Emil Du Bois-Reymond,《关于动物电的研究》(Untersuchungen über thierische Elektricität,vol. 1,Berlin:Reimer,1848);H. Helmholtz,《关于动物肌肉痉挛的时间测量和神经脉冲传播速度的测量》(Messungen über den zeitlichen Verlauf der Zuckung animalischer Muskeln und die Fortpflanzungsschwindigkeit der Reizung in den Nerven),《解剖学档案》(1850),第276页~第364页;Kathryn M. Olesko和Frederic L. Holmes,《实验、量化以及发现:亥姆霍兹的早期生理学研究(1843~1850)》(Experiment, Quantification, and Discovery:Helmholtz's Early Physiological Researches, 1843 - 1850),载于David Cahan编,《亥姆霍兹与19世纪科学的基础》(Hermann von Helmholtz and the Foundations of Nineteenth Century Science,Berkeley:University of California Press, 1993),第50页~第108页。

[33] Du Bois-Reymond,《关于动物电的研究》,第xlix页~第L页。

保罗·克兰菲尔德指出"1847年团体"的成员决不能履行杜波伊斯－雷蒙关于把一个生理学进程还原为分子机制的准则。他们做得非常有效的是将物理方法和化学方法应用于研究以及将物理定律和化学定律应用于解释那些仍然属于生物学的现象。这种说法表明，他们只是扩大了两个世纪以来逐步确立的基础。几乎没有证据显示，任何把来源于物理科学的理论和研究方法加以应用的新机会，由于活力论的反对而被有效地拖延。相反地，以上事实不仅表明这些理论和方法一经获得就在生命科学中得到了采用，而且在燃烧和电方面，生命科学已经深深地卷入物理学和化学本身的前进之中了。[34]

（卢卫红　译　刘兵　陈养正　校）

[34]　Paul F. Cranefield,《1847 年的有机物理学与今天的生物物理学》(The Organic Physics of 1847 and Biophysics of Today) ,《医学史杂志》(*Journal of the History of Medicine*) ,12(1957) ,第 407 页～第 423 页。

12

化学原子论与化学分类

汉斯－维尔纳·许特

在过去的几十年里,关于 19 世纪化学的编史学变得越来越复杂,同时也变得越来越有意思。阿龙·J. 伊德的著作《现代化学的发展》(*The Development of Modern Chemistry*, 1964),当然还有詹姆斯·R. 帕廷顿的四卷本的《化学史》(*A History of Chemistry*, 1961~1970),为化学史研究奠定了坚实的"内史论"基础。在此基础上,更新的编史学大厦兴建起来,它将化学描述成与当时的文化潮流与智力活动的潮流有密切互动关系的一种努力。[1] 玛丽·乔·奈从 19 世纪化学的学科特性的问题出发,并将"分散的学派分析、学科分析、研究传统分析纳入一个综合分析矩阵",老练地勾勒出了这一化学大厦的框架的轮廓。[2] 正如她的书中所表明的,新的问题移到了最前面,其中一个是有关化学及其分支学科(如生物化学、立体化学、物理化学)的学科发展的问题,以及有关一般意义上的科学学派和科学策略是如何形成的问题。最后但并非不

重要的,是有关化学的形而上学背景的问题,以及有关化学家们的内部讨论的问题。就此而论,有两个问题具有突出的重要性:一、在化学中,"化学的(chemical)"一词到底指的是什么?也就是说,如何把化学与相邻的学科区分开来?二、化学是怎样确定其科学经历的目标的?

[1] 欲进一步了解新近的综合性"化学史"著作中关于 19 世纪化学史的内容,参看 William H. Brock,《丰塔纳化学史》(*The Fontana History of Chemistry*, London: Fontana Press, 1992),第 128 页~第 664 页;另见 John Hudson,《化学史》(*The History of Chemistry*, London: Macmillan, 1992),第 77 页~第 243 页,这书相当简明;还可见 David M. Knight,《化学中的观念:科学史》(*Ideas in Chemistry: A History of the Science*, Cambridge: Athlone, 1992),这本书更简明,更像论文集。也可参看 Bernadette Bensaude-Vincent 和 Isabelle Stengers,《化学史》(*Histoire de la chimie*, Paris: Edition la Découverte, 1993)。新近的德文文献中,没有关于此类化学通史的书。关于化学史的原始文献资料,主要有 Henry M. Leicester 和 Herbert M. Klickstein 编,《化学原始资料汇编》(*A Source Book in Chemistry*, 4th ed., Cambridge Mass.: Harvard University Press, 1968),及 David M. Knight 编,《经典科学论文:化学卷》(*Classical Scientific Papers: Chemistry*, 2 vols., New York: American Elsevier, 1968, 1970)。关于有简单介绍的化学史原始资料文献目录,参看 Sieghard Neufeldt,《化学大事年表(1800~1980)》(*Chronologie der Chemie, 1800 - 1980*, Weinheim: Verlag Chemie, 1987)。查阅 Graebe(叙述了 18 世纪末到 1880 年有机化学的发展)和 Walden(叙述了 1880 年到 20 世纪 30 年代有机化学的发展)的有机化学史著作,对化学史研究总是会有帮助的,两本书都是典型的内史论著作:Carl Graebe,《有机化学史》(*Geschichte der organischen Chemie*, Berlin: Springer, 1920; repr. 1971);Paul Walden,《1880 年以来的有机化学史》(*Geschichte der organischen Chemie seit 1880*, Berlin: Springer, 1941; repr. 1972)。

[2] Mary Jo Nye,《从化学哲学到理论化学》(*From Chemical Philosophy to Theoretical Chemistry*, Berkeley: University of California Press, 1993),第 19 页。

化学原子对物理原子

有人可能会很有理由地说，化学区别于它的近亲物理学，关键在于它们对物质的基本单位的看法不同。在化学中，物质的基本单位对于它们的重量表现出某种可测量的关系，它们还拥有某些特性，借此可以解释化学反应的特异性（这就是"化学原子论"的观点）。这种观点听上去让人感到有些蹊跷，因为我们通常认为，无论在什么学科中，原子都是相同的实体。从德谟克里特（约公元前 410 年）直到 19 世纪的前几十年，原子一直被认为是小得不可分的物质团，当形成化合物时，或是由于各自的形状，或是通过"亲和力"，这些物质团联结在一起。在 18 世纪，一些科学家如艾蒂安·日夫鲁瓦（1672～1731）利用选择性亲和力以及定性地判断物质亲和力的强弱的观点，对物质进行拓扑学分类。[3] 但是，真正把原子论与化学以一种全新的方式联系起来的是约翰·道尔顿（1766～1844），在其名著《化学哲学新体系》（*A New System of Chemical Philosophy*，three parts，two volumes，1808～1810，1827）一书中，他把化学元素定义为由相对于其他元素原子量的相同相对原子量的原子组成的物质。作为他的理论的推论，道尔顿提出，如果同一个化合物存在不同的相对原子量，那么这些原子量的比一定是个小整数（倍比定律）。[4]

在此基础上，化学原子论可以解释在化合物中化学元素各自原子量的规律性。正如艾伦·J. 罗克在完全就此论题所写的第一部全面进行研究的专著中所定义的："每个元素皆有独一无二的'原子量'，这是一种通过化学手段不可再分的单位，它以小的整数倍与其他元素的类似单位进行结合。"[5]

在整个 19 世纪，化学家们在原子及其本体论含义，在亲和力、化合价等问题上有很多困难，这是化学史家们众所周知的，但是，只有罗克详细地阐述了一种方法是如何将化学家与物理学家区别开来的，化学家是用这种方法努力解决原子的概念问题的。有些科学家（其中包括化学家）相信，原子这种实体是不可分的粒子，用任何方式都不可能把它劈开。其他一些科学家（其中也包括化学家）认为，原子不过是一个方便的概念。道尔顿是一位唯实论者，他认为他关于原子量及原子不可分的假设，是很有可能的。但是，与此同时，道尔顿同样可以被称为"化学原子论者"，就像科学家威廉·海

〔3〕　Ursula Klein，《化合物与亲和力，在 17 ～ 18 世纪之交现代化学奠定基础》（*Verbindung und Affinität，Die Grundlegung der neuzeitlichen Chemie an der Wende von* 17. *zum* 18. *Jahrhundert*，Basel：Birkhäuser，1994），第 250 页～第 286 页。

〔4〕　论及道尔顿的经典专著是 Arnold Thackray，《原子与力：论牛顿的物质理论与化学的发展》（*Atoms and Powers：An Essay on Newtonian Matter-Theory and the Development of Chemistry*，Cambridge，Mass.：Harvard University Press，1970）；另见 D. S. L. Cardwell 编，《约翰·道尔顿与科学的进步》（*John Dalton and the Progress of Science*，Manchester：Manchester University Press，1986）。

〔5〕　Alan J. Rocke，《19 世纪的化学原子论》（*Chemical Atomism in the Nineteenth Century*，Columbus：Ohio State University Press，1984），第 12 页。关于 19 世纪后期的原始文献，参看 Mary Jo Nye，《原子问题：从卡尔斯鲁厄大会到第一次索尔韦会议（1860 ～ 1911）》（*The Question of the Atom：From the Karlsruhe Congress to the First Solvay Conference，1860 – 1911*，Los Angeles：Tomash Publishers，1984）。

德·沃拉斯顿(1766~1828)那样。沃拉斯顿认为,计算分子式的唯一经验基础只能是当量,而将当量转换为原子量只不过是一种惯例。通过化学方法可以确信,物理学家的原子与化学家的原子的区别就在于:化学原子是"某物加某物"。一些非连续的性质如选择性亲和力和多价,是无法用物理原子论中的质量、动量、引力等概念来解释的。

　　在整个 19 世纪,拒绝参与原子的本体论问题辩论的物理学家和化学家不乏其人。但是,在 19 世纪下半叶,许多反原子论者或者说反本体论者,至少也认可了原子－分子假说具有启发意义。传统的观点也不是武断的。在整个 19 世纪,尽管像亲和力或化学原子这样一些概念并没有得到解释,但由于实验事实,化学家们还是不得不接受它们,因为化学是一门卓越的实验科学或实验室科学。正如弗雷德里克·L. 霍姆斯恰当地指出的那样:"(化学的)观点渗透到了研究之中,而研究又产生新的观点。"[6] 从化学计量学得来的经验数据,需要一个解释性的基础,以使其具有预见价值,化学原子论正好能提供这样一个基础。因此,19 世纪化学家们的目的不是去解释物质和亲和力本身,而是努力打造一个理论工具,以便处理从实验室中获得的大量经验数据,使之不仅能够解释已知物质的化学行为,而且能够预言新的物质。

原子与气体

　　19 世纪 40 年代以后,由鲁道夫·克劳修斯(1822~1888)、詹姆斯·克拉克·麦克斯韦(1831~1879)、路德维希·波尔茨曼(1844~1906)等人提出来的气体动力学说不仅确认了化学原子论的某些假说,而且拉近了化学原子与物理原子的距离。该理论认为,热是微粒碰撞的结果,而不是一种没有重量的物质即所谓的热质产生的效应。即使一些科学家对原子持怀疑的态度,但是他们也能够成功地解决这样一些问题,诸如为什么许多有机反应必须花较长的时间才能完成?为什么在不完全反应中,所有参与反应的物质会达到一种平衡?马塞兰·贝特洛(1827~1907)就是这样的一位科学家,他试图把化学研究的基础确立为合成(synthesis)而不是分析(analysis)。[7] 这些科学家的研究工作,把关于运动粒子的物理理论与这些粒子的化学行为之间的联系建立起来了。到 19 世纪末,一些科学家,如 J. H. 范特荷甫(1852~1911)、斯万特·阿列纽斯(1859~1927)、约翰内斯·迪德里克·范德瓦耳斯(1837~1923),证明气体定律同样也适用于溶液,至此,原子－分子假说在一定程度上得到了认可。

〔6〕　Frederic L. Holmes,《拉瓦锡与生命的化学:探索科学创造力》(*Lavoisier and the Chemistry of Life*: *An Exploration of Scientific Creativity*, Madison: University of Wisconsin Press, 1985),第 xvi 页。还有一些其他例子支持这一点,参看 Nye,《从化学哲学到理论化学》,第 52 页。

〔7〕　Jutta Berger,《亲和力与反应:论 19 世纪化学中反应动力学的起源》(*Affinität und Reaktion*: *Über die Entstehung der Reaktionskinetik in der Chemie des 19. Jahrhunderts*, Berlin: Verlag für Wissenschaffs-u Regionalgeschichte, 2000),第 126 页~第 155 页;Mary Jo Nye,《贝特洛的反原子论:"是品味问题"?》(Bertholet's Anti-Atomism: A "Matter of Taste"?),《科学年鉴》(*Annals of Science*),38(1981),第 585 页~第 590 页。

　　1860 年,著名的第一届国际化学家大会在德国卡尔斯鲁厄举行。与会者讨论了
"当量"、"原子"、"分子"的定义问题,关于化学原子论的未来存在着严重的分歧。斯
坦尼斯拉·坎尼扎罗(1826~1910)认为,把原子区分为化学原子和物理原子,是没有
任何意义的;而弗里德里希-奥古斯特·凯库勒则认为,对化学家来说,原子和分子的
概念只能从化学定律中推导出来。许多化学家认为,除了质量以外,任何其他从物理
假说中推导出来的原子的性质,都不能用来解释其化学行为。因此,在一些物理学家
如皮埃尔·迪昂(1861~1916)看来,化学这门学科的性质,更接近于动物学和植物学,
而不是更接近于物理学,或者说至少是不同于牛顿式的自然哲学。在 19 世纪 30 年
代,让-巴蒂斯·杜马(1800~1884)曾大力宣传这种观点。在 19 世纪后期,法国科学
家如贝特洛附和了这种观点。然而,应该指出的是,化学博物学不是对化学家认为类
似的物质的单纯计算。它建立在这样的理论之上,这些理论试图"用形式和功能这些
生物学的语言,而不是用物质、运动和力这些机械论的语言,来解释化学分子的活
动"。[8]

　　到了 19 世纪末期,情况发生了变化:热力学、动力学和先进的电化学拉近了物理
学和化学之间的距离。另外,约瑟夫·约翰·汤姆森(1856~1940)等物理学家首次尝
试从原子的内在结构来推导周期表所表达出来的周期性变化的化学性质,这些工作被
证明是富有成效的。电离、阴极射线、光谱学以及最后的但并非不重要的放射性衰变
等现象,为 20 世纪的原子理论铺平了道路。电离现象表明,离子的行为非常不同于原
子;阴极射线表明,原子可以释放出物质粒子;光谱学揭示,化学元素具有内在振动的
能力。随着一个新的研究项目消除了反原子论者的怀疑态度,化学原子和物理原子之
间的区别就过时了。20 世纪初,克里斯托弗·英戈尔德(1893~1970)等人对化学反应
的机制进行了研究,提出了一种以化学反应类型为依据的新分类法,可以视为化学世
界观与物理世界观终于实现了统一。[9]

　　然而,即使到了 19 世纪末,运动中的亚微观粒子的想法也并不是没有争议的,无
论是在物理学家一方,还是在化学家一方,争议皆是存在的。物理学家如恩斯特·马
赫(1838~1916),化学家如威廉·奥斯特瓦尔德(1853~1932),从实证主义者的观点
出发都强调亚微观粒子的存在从实验上无法得到证明,他们还强调化学反应的热力学
只能用能量的新陈代谢概念来处理。在奥斯特瓦尔德看来,热力学比原子论要优越,
这是因为,热力学第二定律可以解释不可逆过程,而运动中的原子的概念却无法解释
过去与现在的差别。

〔8〕 Mary Jo Nye,《大科学之前:现代化学和物理学的探索(1800 ~ 1940)》(*Before Big Science: The Pursuit of Modern Chemistry and Physics*,*1800 - 1940*, London: Twayne Publishers, Prentice Hall Int. , 1996),第 121 页。
〔9〕 Kenneth T. Leffek,《克里斯托弗·英戈尔德爵士:有机化学的先知》(*Sir Christopher Ingold: A Major Prophet of Organic Chemistry*, Victoria, B. C. : Nova Lion Press, 1996)。

计算原子量

从上面的叙述可以看出,在 19 世纪末期,关于原子论的问题,无论是否化学的,仍然没有解决。然而,所有的化学家都认同这样一个基本原理,即化学元素都有其特定的重量。但是,从认识论的观点看,重量不能被认为是恒定不变的。[10] 无论是当量抑或是原子量,其数值都不仅依赖于实验数据,而且还取决于若干假设的前提条件和假设的规则。

在 19 世纪上半叶,人们争论的一个问题是,如何测定与化合物中其他元素重量相关的原子量或当量。有些化学家如沃拉斯顿认为,这种相对重量与在最简单的化合物中的标准重量是相等的。问题是:究竟什么是最简单的化合物?

道尔顿假定,最简单的二元化合物仅仅包含两种元素,每种元素一个原子。其他一些人试图从与标准体积的气体发生化学反应的具有一定蒸汽密度的气体体积的数值来推导出重量。这里的问题在于,很难证明在相同的外部条件下,相同体积的不同气体包含相同数量的粒子。1808 年约瑟夫 - 路易·盖 - 吕萨克(1778~1850)发现的气体体积定律似乎暗示了上述观点。盖 - 吕萨克对待原子论的态度与他的导师克劳德 - 路易·贝托莱(1748~1822)的很接近,他避免从他的纯实验发现中得出任何结论。贝托莱不仅拒绝简比定律,而且试图绕开原子论的"流沙",他倾向于根据元素与某种参照物质(例如氧)的亲和力大小,来对元素进行分类。盖 - 吕萨克与贝托莱的看法是一致的,认为道尔顿的整个理论都建立在一个武断的规则上,即简单性原则。

然而,在 19 世纪 20 年代,虽然人们还不清楚化学原子是否真如气体体积定律所认为的那样是不可分的,但是,以 J. J. 贝尔塞柳斯(1778~1848)为首的大多数化学家,都随意地运用"原子"这个概念。当时人们也不清楚,原子或与之有关的概念如"分子构成物"到底是什么意思。在奥古斯特·洛朗(1807~1853)看来,所谓化学原子,是指单一物体的最小数量,这些单一物体在化合反应中是必需的。

另外,在进行化学反应时,气体体积的行为仍然是悬而未决的问题。即使人们承认相同体积的气体包含相同数量的粒子(道尔顿对此持否定的态度),人们还是不清楚,盖 - 吕萨克定律是仅仅与元素有关呢,还是与化合物也有关;人们也不清楚,化学反应产生出来的气体体积是否也服从这个定律。关于盖 - 吕萨克定律到底意味着什么的争论,直到卡尔斯鲁厄大会时才了结。在那次大会上,坎尼扎罗说服与会者(其中有几位是在大会结束后才读到坎尼扎罗的小册子的),如果人们接受阿梅德奥·阿伏

---

[10] 向测定不变量迈出重要一步的是让·皮兰(1870～1942),他与西奥多·斯韦德贝里一起于 1908 年发现了一种在雌黄粒子的布朗运动中测定阿伏伽德罗常数的方法,参看 Mary Jo Nye,《分子实体:对让·皮兰的科学工作的看法》(*Molecular Reality: A Perspective on the Scientific Work of Jean Perrin*, London: Macdonald, 1972),第 97 页～第 142 页。

伽德罗(1776~1856)的假说,那么一切问题就迎刃而解了。1811 年,阿伏伽德罗提出,一般来说,单质气体由双原子分子组成。[11] 但是,关于原子之可分性的推测,以及由**相同元素的多个原子**构成的化合物的猜想,看上去是如此的荒谬,以至于许多化学家把他们的努力从对物理原子的猜想,转移到对实验数据的系统化。这是因为,那时人们运用各种方法(如测定蒸汽密度和比热的方法)来测定基本原子(如硫的原子等)取得的结果都不相同。

即使是分析化学的大师贝尔塞柳斯也忽略了阿伏伽德罗的假说。贝尔塞柳斯在测定原子量时,他转而依赖关于盐的酸性部分和碱性部分中氧的成分的若干规则的结合;至于单一气体,他依赖盖-吕萨克定律;依赖艾尔哈德·密切利希(1794~1863)关于化学化合物的同形性(isomorphism)的规则,这些化合物拥有相同的推理分子式(1818~1819);还依赖皮埃尔·路易·杜隆(1785~1838)和亚历克西·泰蕾兹·珀蒂(1791~1820)提出的规则,该规则说明:许多重元素的原子热——它是克原子和比热的乘积——与它们的原子量呈反比关系(1819 年)。[12]

另外还要补充的是,贝尔塞柳斯也没有采纳威廉·蒲劳脱(1785~1850)于 1815 年至 1816 年提出的一个看上去很有吸引力的假说。蒲劳脱假设一种"初原质(proto hyle)",它是构成所有元素的一种基本的物质团。正因为如此,元素的原子量应该是这种物质团的重量的整数倍。蒲劳脱试探性地认为氢原子与这种基本的物质团是一致的。[13] 跟贝尔塞柳斯一样,有些化学家如让·塞尔韦·斯塔斯(1813~1891),通过分析,拒绝了蒲劳脱的假说,而托马斯·汤姆森(1773~1852)和杜马等化学家却支持蒲劳脱的假说。

243

化学分类的早期尝试

贝尔塞柳斯不仅为原子量的测定提供了最令人信服的分析数据,而且在化学物质的分类方面也起着关键作用。在分类方面的尝试是化学论述中的焦点问题。就化学原子论和化学分类而言,化学论述的辉煌与不幸体现在化学家拥有联系事实和原因的通则和定律,但他们却没有明确的确定原因的方法。正如金美京通过深入分析表明的,当时的化学论述可以分为三个不同的层次,第一个层次是**自然哲学**层次,主要是关于物质与引力的理论以及计算;第二个层次是**严格意义上的化学**,涉及物质、亲和力、合成物和实验;最后,正如上文所论及的那样,第三个层次是**博物学**,研究关系和观测

[11] 1814 年,André-Marie Ampère(1775～1836)依据晶体学上的考虑,提出了一个类似的假说。

[12] Hans-Werner Schütt,《艾尔哈德·密切利希:普鲁士化学王国的王子》(*Eilhard Mitscsherlich: Prince of Prussian Chemistry*, Washington, D. C.: American Chemical Society, Chemical Heritage Foundation, 1997),第 97 页~第 109 页。

[13] William H. Brock,《从初原质到质子:威廉·蒲劳脱及物质的性质(1785～1985)》(*From Protyle to Proton: William Prout and the Nature of Matter1785 - 1985*, Bristol: Adam Hilger, 1985)。

结论。[14]

　　所有关于化学分类的尝试,都建立在化学计量学这个平台之上。化学计量学这个概念以及当量定律是耶雷米亚斯·本亚明·里希特(1762~1807)在1792年至1794年期间,在一本充满"毕达哥拉斯式"假设的著作中首次提出来的,[15]此后贝尔塞柳斯和其他人发展了化学计量学。1813年,贝尔塞柳斯提出了一套化学符号体系,用于化学计量学语言的速记。这个符号体系实质上就是一种化学分类系统,能够显示具有类似现象的原子团,还能够表示原子团之间的相互作用。总体来说,这个符号体系与我们今天所用的是一样的。[16]

　　贝尔塞柳斯提出的字母组合(combination of letters),当然并不代表自然界中真实存在着的实体,它们仅仅类似于后来化学理论中的括号和短线。但是,这些字母确实反映出自然界中的某些东西:它们是次序的一种工具。1832年,贝尔塞柳斯提出了两种类型的分子式,:一种是所谓的"经验分子式",它反映的仅仅是分析的定量结果;另一种是所谓的"推理分子式",它反映的是分子的"电化学部分"。推理分子式特别能够反映出化学语言与理论之间紧密的相互依赖关系。比如,如果某人知道了一种结晶化合物正确的推理分子式,他还有一个同晶型的物质(虽然有同样的晶体形式,但在化学上是不同的物质),而且该物质含有一个未知原子量的元素,他就可以从推理分子式预测出一个单位该化合物是由多少个单位这种未知元素组成的。

　　贝尔塞柳斯是从他的电化学二元论推导出推理分子式这个概念的。当时,电化学二元论可以作为所有化学分类的工具。甚至在伏打电堆发明(1800年)之前,约翰·威廉·里特尔(1776~1810)在1798年就已发现,不同的金属就它们的电效应以及它们与氧的亲和力而言,表现出同样的次序。1807年,汉弗里·戴维(1778~1829)通过"电化学分解",制得了钾元素和钠元素;在1818年至1819年,贝尔塞柳斯将安托万·拉瓦锡(1743~1794)提出的化学二元论与戴维的电化学思想联系起来,形成了一个综合性的化学化合物理论。该理论认为,所有的"酸"都是非金属与氧结合的二元化合物。这个观点存在了一段时间,直到所有化学家都接受了这样一个事实,即存在着不含氧的酸。这个事实意味着,酸可以归类为氢化合物。[17]

　　贝尔塞柳斯试图将他的分类法原则推广到有机化合物上去。在这种背景下,有人一定会补充说,什么可以被认为是"有机的"并不总是清晰的。在19世纪上半叶,有机

[14]　Mi Gyung Kim,《化学语言的层次》(The Layers of Chemical Language),I:《物体的组成对物质的结构》(Constitution of Bodies v. Structure of Matter),II:《有机化学实践中稳定的原子与分子》(Stabilising Atoms and Molecules in the Practice of Organic Chemistry),《科学史》(History of Science),30(1992),第96页~第437页。

[15]　Jeremias Benjamin Richter,《化学计量学抑或化学元素测量的艺术》(Anfangsgründe der Stöchyometrie oder Messkunst chymischer Elemente, 2 vols. in 3 parts, Breslau and Hirschberg, 1792 - 4; repr. Hildesheim: Olms, 1968)。

[16]　Maurice P. Crosland,《化学语言的历史研究》(Hitorical Studies in the Language of Chemistry, London: Heinemann, 1962),第265页~第281页。

[17]　Justus Liebig,《论有机酸的组成》(Über die Constitution der organischen Säuren),《药学年刊》(Annalen der Pharmacie),26(1838),第1页~第31页。

物的划分标准似乎是有机物质中有"活力(vis vitalis)"存在着。在这样的方案中,一些相对的单质(不属于复杂化合物系列,仅仅是动物器官的排泄物),不被认为是真正有机的或含有"活力"。因此,贝尔塞柳斯把尿素描述成含有一种介于有机物与无机物之间的合成物。[18] 今天,在化学课程的历史介绍中,还可以发现这样的观点:弗里德里希·韦勒(1800~1882)于1828年合成了尿素,从而否定了活力论。这个传说是奥古斯特·W. 霍夫曼(1818~1892)在1882年悼念韦勒逝世时的讣告中提出来的,后来在1944年被道格拉斯·麦凯驳倒了。[19] 关于活力论的争论在1828年之后根本就没有停止,活力论经过了百年的时间,缓缓地被逐出了化学,都是归功于化学的新发展(其中包括催化作用的确认,在实验室用元素合成有机化合物)。

245

真正的化学划界标准在于有机物总是包含氢元素和碳元素,它们有时就化学计量学而言是很大的数目。在19世纪早期,化学家为了对有机化合物进行分类,并使日益增多的已知的富碳物质系统化,他们依赖化学"标准行为",或者依赖在所研究的化合物中特定单一成分的循环出现。比如脂肪,卡尔·威廉·舍勒(1742~1786)在18世纪,以及米歇尔-欧仁·谢弗勒尔(1786~1889)在19世纪二三十年代,声称脂肪中含有一种被舍勒称为"油与脂肪的甜素"的物质——也就是甘油,还含有能够发生酸性反应和形成盐的化合物——也就是脂肪酸。

为了把有机化学中的分类建立在一个更为坚实的理论基础之上,为了协调无机物与有机物的分类,贝尔塞柳斯假设,有机物包含碳化合物"基团",其行为就跟无机化合物中元素的行为一样。盖-吕萨克发现氰基(1815年),特别是尤斯图斯·冯·李比希(1803~1873)和韦勒发现苯甲酰基——该基被证明是许多有机化合物中的一个稳定的亚组(1832年),这些发现促使贝尔塞柳斯将他的理论进一步细化。

类型与结构

有机基团的假说,在化学的"黑暗森林"中开辟了一条道路(韦勒语),但是,该假说在某些元素为什么以及如何结合而形成元素类物质方面不具有解释功能。

---

[18]　Jöns Jacob Berzelius,《化学教程》(*Lehrbuch der Chemie*, 10 vols. Dresden: Arnoldische Buchhandlung, vol. 1 1833, vol. 2 1833, vol. 3 1834, vol. 4 1835, vol. 5 1835, vol. 6 1837, vol 7 1838, vol. 8 1839, vol. 9 1840, vol. 10 1841), Friedrich Wöhler 译,9:434。

[19]　Douglas McKie,《韦勒"人工合成"尿素与活力论之摒弃:化学传奇》(Wöhler's "Synthetic" Urea and the Rejection of Vatalism: A Chemical Legend),《自然》(*Nature*),153(1944),第608页~第610页;参看 John H. Brooke,《韦勒的尿素及其生命力? ——来自化学家的判断》(Wöhler's Urea, and Its Vital Force? - A Verdict from the Chemist),《炼金术史和化学史学会期刊》(*Ambix*),15(1968),第84页~第114页;重印于 John H. Brooke,《关于物质的思考:化学哲学的历史之研究》(*Thinking about Matter: Studies in the History of Chemical Philosophy*, Great Yarmouth, Norfolk, England: Variorum, 1995),第5章;Hans-Werner Schütt,《尿素的合成与活力论》(Die Synthese des Harnstoffs und der Vitalismus),载于 Hans Poser 和 Hans-Werner Schütt 编,《实在论与科学:对与物质组成有关的科学的哲学和历史研究》(*Ontologie und Wissenschaft: Philosophische und wissenschaftshistorische Untersuchungen zur Frage der Objecktkonstitution*, Berlin: TUB Publikationen, 1984),第199页~第214页。韦勒的合成实际上是一个重排(Rearrangement)反应。到1824年,韦勒已经合成出了草酸(oxalic acid),但一点也没有引起轰动。

　　19世纪化学的类型和结构的冗长故事,我们在这里不可能详细重述。但是,我们必须提及,1834年以后,一种违反了电化学二元论假说的新的化学现象导致整个分类体系发生了修正。这一年杜马发现,在氯仿中,电正性的氢原子可以被电负性的氯原子或其他卤素原子置换。

　　化学置换反应允许杜马传播一种利用**化学类型**和**分子类型**的自然分类。化学类型表现出相同的基本化学性质,它们可以被组合成类;分子类型像化学类型一样,具有相同的当量数值,但是不表现出相同的基本化学性质,它们可以被划分为族。在这个分类体系中,指导性的要素是各成分之间的内在关系,而不是它们的电化学特性。

　　1835年至1836年,杜马的前任助手洛朗提出了一个理论,根据该理论,像萘及其卤代衍生物这样的化学性质相似的物质,可以被认为是一个族。这类物质包含着碳氢化合物及其置换产物,前者是"基本基",后者是"衍生基"。在这样的背景中,术语"基"就不是在二元论的意义上来使用了,而是从"一元类型"(unitary types)的意义上来使用的。这就为处于(假定的)同形族(isomorphous groups)中的有机物质的分类提供了 种方法。同形族物质具有同样的碳骨架,它们有自己的反应性(reactivity)方式,同时对于根本上的化学变更有一定的抵抗性。因为特定物质的分子结构可以从它的晶体形状中得到反映,所以,洛朗的方法就将化学的描述与晶体结构学的描述联系起来了。

　　夏尔·热拉尔(1816~1856)在洛朗的概念上添加了一个"残基"理论。该理论宣称,当两个复杂分子结合时,它们会消除一个简单的分子如水分子,与此同时,两者结合在一起。以这种方式看,置换反应的产物是单一的分子(unitary molecules),而不是由靠静电力联系起来的两个部分组成。[20]

　　1853年,为了对所有有机化合物作出一个通用的分类,热拉尔提出了分子的四种基本类型。1846年,洛朗已经提出过化合物的"水类型",它们类似于水;亚历山大·W. 威廉森(1824~1904)曾应用这种概念来解释醇类与(对称的和非对称的)醚类之间的关系。大约在1850年前后,夏尔·阿道夫·维尔茨(1817~1884)和霍夫曼的研究工作,导致"氨类型"概念的提出。热拉尔又加上了"氢和氯化氢类型",并提出了"同周期系列"(homologous series)"的概念,以此来解释为什么在物质的某些族中,化学性质会出现微小的、序列性的变动。后来,威廉·奥德林(1829~1921)又提出了第五种类型,即"甲烷及其衍生物类型",1853年他将水类型扩展到"双倍和三倍类型"。

　　在热拉尔看来,这些类型是具有启发性的分类方法,并不具有结构上的重要性,这是因为热拉尔认为,分子排列的最终本质之谜是永远不可能被揭开的。但是,正是他

[20]　John H. Brooke,《洛朗、热拉尔与化学哲学》(Laurent, Gerhardt and the Philosophy of Chemistry),《物理科学的历史研究》(Historical Studies in the Physical Sciences),6(1975),第405页~第429页(重印于Brook,《关于物质的思考》,第7章)。

的类型理论最终"变成碳化合物的结构理论"。[21]

洛朗和热拉尔的观点面临着严重的质疑,部分是由于个人方面的原因。从认识论的情况看,争论的双方都有其化学理论支撑,即使如此,这场争论之尖刻也是令人惊异的。李比希在一篇攻击洛朗的理论的文章中写道:"我们的理论是当代观点的表达;从这个方面讲,只有事实是真实的,而对于事实相互之间的关系的解释,只能算是或多或少地接近真理。"[22]

其实这也是洛朗的观点,但是,人们很难在白热化的争论中"从本体论的角度去看待"自己提出的观点或反驳他人的观点。诚然,人们不知道决定物质的化学特性的"明确的"原因,但这并不意味着不能存在倾向于选择一种分类而不是另一种分类的合理的论据。比如,威廉森假定存在水类型的单价碱的酸酐(monobasic acid anhydrides),类似于醚类;热拉尔在实验室制备出了乙酸酐,这强有力地证明,水类型是存在的。但是,当化学家必须决定到底是哪种类型中的哪个氢被其他分子的碎片所置换时就会发现,根据类型来对化合物进行分类经常被证明是武断的做法。

另外,即使是在 19 世纪 40 年代,还有一个基本问题尚未被解决,那就是化学属性上相似的化合物之具有密切的关系,是由分子中独特的部分决定的,还是由整个分子中的原子排列决定的呢? 赫尔曼·科尔贝(1818~1884)认为他的分子式是对分子实体的反映。为了扩展贝尔塞柳斯的基团理论,他把化学分子及其分子的组分拆解为更微小的具有等级次序的碎片。[23] 在 19 世纪 50 年代,一些化学家如凯库勒把研究的焦点集中到研究单个原子及其在分子中的位置。1854 年,凯库勒给出了一个例子以表明分类学假设的预见能力能导致新的发现,这些新的发现反过来又能扩展其原来分类的范围。凯库勒用五硫化二磷(phosphorus pentasulfide)处理乙酸酐,发现硫醇(mercaptans)虽然不含有氧,但也属于水类型。没有哪个特定的原子在实质上是决定性的或不可缺少的,故分子中的原子不存在等次(hierarchy),这样的认识是朝着化学结构理论迈出的一大步。

化学结构理论产生的一个前提条件是人们对亲和力问题的新的关注。亲和力被重新关注与研究焦点集中于分子中单个原子相关。通过有机金属化合物来研究基团,引起爱德华·弗兰克兰(1825~1899)对其中一方的金属的化合能力的关注和对另一方的此有机反应的共同参与物的关注。1852 年,弗兰克兰假设,诸多元素具有不同的但总是确定的化合能力。[24] 与此同时,他表明,在金属有机化合物与金属无机化合物

[21] Brock,《丰塔纳化学史》,第 237 页。关于结构化学之路的一个精彩的介绍,参看 O. Theodor Benfey,《从生命力到结构式》(*From Vital Force to Structural Formulas*,Philadelphia:Houghton Mifflin,1964)。

[22] Justus Liebig,《关于洛朗的有机化合理论》(Über Laurent's Theorie der organischen Verbindungen),《药学年刊》,25 (1838),第 1 页~第 31 页,引文在第 1 页。

[23] Alan J. Rocke,《安静的革命:赫尔曼·科尔贝与有机化学》(*The Quiet Revolution:Hermann Kolbe and the Science of Organic Chemistry*,Berkeley:University of California Press,1993),第 243 页~第 264 页。

[24] Colin A. Russell,《爱德华·弗兰克兰:维多利亚时代英格兰的化学、争论与阴谋》(*Edward Frankland:Chemistry, Controversy and Conspiracy in Victorian England*,Cambridge:Cambridge University Press,1996),第 118 页~第 146 页。

之间存在着严密的相似之处。现在当量变成了原子量与化合价之比。[25] 在 1857 年至 1858 年,凯库勒和阿奇博尔德·斯科特·库珀(1831~1891)在缺少任何物理学理论的支持下,各自独立地提出,所有关于结构的理论,必须建立在这样一个假设上,即碳原子是四价的,碳原子之间以链的方式联结起来。[26] 亚历山大·M. 布特列罗夫(1828~1886)普及了"化学结构"这一术语,使之成为分子性质的基础。但是,只要人们对分子的内在动力机制及反应机制还没有搞清楚,那么,人们所设想的分子"结构",就不能被认为是实体(reality)的真正映象。

同分异构体与立体化学

结构理论在同分异构现象领域证明了它的价值。该理论不仅具有预测价值,比如能够预测出一级、二级和三级(primary, secondary and tertiary)醇(伯醇、仲醇和叔醇),而且能够限定给定物质的可以预期的同分异构体的数量。比如,类型理论允许有这样的同分异构体,其中的氢原子由于其在类型中所处的位置不同而拥有不同的功能;但是,结构理论则能论证这样的问题,比如不存在两种不同的氢类型的乙烷,即(C_2H_5,H)和(CH_3,CH_3)。这个例子及其他例子证明,所有的化合价都是相等的。

芳香族化合物的问题曾是对结构理论的最严峻的挑战,结果变成了它的最大成功。1864 年,凯库勒揭开了这样一个谜:为什么双取代苯正好有三个同分异构体? 其关键就在于,苯的 6 个碳原子形成了一个闭环。从此,人们可以对芳香族这个庞大而独特的家族中的所有物质,作出正确的分类。[27]

然而,有些化合物表现出奇怪的行为,即使是结构化学也难以对其作出合理的解释。酒石酸及其"近亲"就是一例。光学异构体问题以及与同分异构现象相关的同形性问题,都有待于从化学的角度和晶体学的角度作出合理的解释。1848 年,路易·巴斯德(1822~1895)发现了对映异构现象(enantiomorphism),即镜像同分异构体现象;1860 年巴斯德提出,所有的旋光分子必定是非对称的。[28] 有人可能猜测,是否由于化学家们普遍不愿意介入关于原子实体在空间中具有固定的位置的讨论才阻碍了进一步的发展。这种局面直到 1874 年范特荷甫提出中央碳原子的四个键位于四面体的顶

[25] Colin A. Russell,《化合价的历史》(The History of Valency, Leicester：Leicester University Press, 1971),第 34 页~第 43 页。

[26] 参看 O. Theodor Benfey 编,《化学化合反应理论中的经典著作》(Classics in the Theory of Chemical Combination, Classics series vol. 1, New York：Dover Publication, 1963);另见 Alan J. Rocke 在本卷中的论文。

[27] Alan J. Rocke,《凯库勒苯环理论早期发展过程中的假说与实验》(Hypothesis and Experiment in the Early Development of Kekulé's Benzene Theory),《科学年鉴》,42(1985),第 355 页~第 381 页;Hans-Werner Schütt,《化学中"芳香族"概念的演变》(Der Wandel des Begriffs "aromatisch" in der Chemie),载于 Friedrich Rapp 和 Hans-Werner Schütt 编,《经验科学中概念的演变与知识的进步》(Begriffswandel und Erkenntnisfortschritt in den Erfahrungswissenschaften, Berlin：Technische Universität Berlin, 1987),第 255 页~第 272 页。

[28] Hans-Werner Schütt,《路易·巴斯德与葡萄酸之谜》(Louis Pasteur und das Rätsel der Traubensäure),《德意志博物馆科学年刊(1989)》(Deutsches Museum Wissenschaftliches Jahrbuch 1989, Munich：R. Oldenbourg, 1990),第 175 页~第 188 页。

点这个观点后,才得以改变。[29] 以路易·巴斯德的对映异构现象的发现作为出发点,约瑟夫－阿希尔·勒贝尔(1847～1930)几乎与范特荷甫同时提出了同样的观点。[30] 非对称碳原子的概念,也为人们探索拥有双键和三键的化合物的立体几何学提供了思路。这极大地促进了化学分类的发展,因为它能帮助化学家"在理论上理解"他们正在做的东西是什么。比如,业已证明,在碳水化合物的预测和分类研究中,立体化学的思路是不可或缺的。

立体化学也能对为什么双键比单键更具有活性的问题给出近似的答案。1885 年阿道夫·冯·贝耶尔(1835～1917)提出了张力理论(strain theory),根据该理论,双键的稳定性与张力是有关系的,当它们偏离了其通常的四面体结构中 $109°28'$ 这个角度的方向时,碳原子的化合价会受到张力的影响。另一个问题是,为什么苯作为环己烯(cyclohexene)类似物会表现得比环戊烯(cyclopentene)更为稳定? 乌尔里希·萨克塞(1854～1911)对此给出了一个尝试性的解答。1890 年他提出了一个假说,即因为苯环的 6 个碳原子总在努力保持其四面体结构,所以这个环不可能是平面的。苯有两种同分异构体即"船形"和"椅形",这个假说朝着构像分析(conformational analysis)迈出了第一步。

应该承认的是,结构理论、晶体学以及立体化学,并没有解决化学分类中的所有问题。一个悬而未决的问题是互变异构现象(tautomerism)。关于这种现象的一个最好的例子是 1866 年人们所研究的乙酰乙酸酯。互变异构现象表明,分子中的原子可以自由地交换其位置。立体化学甚至在无机化学领域取得了巨大的成功。在元素如磷元素被认为具有可变的化合价这个观点(凯库勒对此是反对的)变得明朗之后,这种思想,即复杂无机化合物中的原子的立体几何的排列可以从其化学行为和光学同分异构现象中推论出来,也就有了基础。在这个方面,阿尔弗雷德·维尔纳(1866～1919)提出的配位化学(coordination chemistry)是一个关键,该理论是他 1893 年以后提出来的。

在结构理论和立体化学的帮助下,通过分析和合成(analysis and synthesis)来阐明化合物的结构,变成了 19 世纪下半叶化学领域中的口号,无论是在无机化学领域还是在有机化学领域都是如此。在这样的背景下,关于萜烯类(terpenes)的化学(贝特洛、威廉·亨利·小珀金[1860～1929]、奥托·瓦拉赫[1847～1931]等人),关于碳水化合物的化学(埃米尔·费歇尔[1852～1919]等人),以及关于杂环化合物如靛蓝的化学(贝耶尔等人),无论如何是必须要提及的。

250

[29] 参看 Trevor H. Levere,《排列与结构:特性与区别》(Arrangement and Structure:A Distinction and a Difference),载于 O. Bertrand Ramsay 编,《范特荷甫和勒贝尔百周年纪念文集》(*Van't Hoff-Le Bel Centennial*, Washington, D. C.:American Chemical Society, 1975),第 18 页~第 32 页。

[30] 参看 H. A. M. Snelders,《勒贝尔与范特荷甫立体化学思想之比较(1874)》(J. A. Le Bel's Stereochemical Ideas Compared with Those of J. H. van't Hoff, 1874),载于《范特荷甫和勒贝尔百周年纪念文集》,第 66 页~第 73 页;O. Bertrand Ramsay,《立体化学》(*Stereochemistry*, London:Heyden, 1981),第 81 页~第 97 页。

分子式与模型

在这里,关于分子式和模型,我想要说几句。因为在结构化学及立体化学的发展中,二者都起着重要的作用。正如在类型论中所显示的那样,功能的相似以及推测的功能的相似,都可以被分子式很好地证实。但是,这些分子式,并非被设计成为原子的"真实"空间排列提供参照。然而,当结构化学家如布特列罗夫在 1861 年强调说,一个分子中原子的特定排列是决定分子化学性质的原因时,这种看法发生了变化。在 19世纪 60 年代,人们开始使用图示分子式。在这类分子式中,人们用直线表示化合价,由亚历山大·克拉姆·布朗(1838～1922)等人 *传播开来。这些分子式还能够使某些同分异构的关系形象化。

19 世纪初以来人们就开始使用的模型,由于它们不能用二维印刷方式恰当地加以表达,所以比分子式更成问题。但另一方面,模型可以表明粒子在空间中的可能排列。道尔顿曾经建造了用以表示原子的球形集成物的木制模型,以便论证其化学理论的某些推论,比如围绕着元素 A 的一个中心原子的元素 B 的各原子的相对位置。沃拉斯顿和密切利希用模型表示晶体的形状,而且,正是在晶体学的传统中,借助假想的碳氢化合物的模型,洛朗论证了分子的结构具有举足轻重的作用;也正是由于这个原因,在发生置换反应中没有根本改变其碳骨架的物质,在反应后仍然能够保持着其绝大部分的化学性质。一些重要的化学手册采用了洛朗的"理论上的模型",这就使得化学家们熟悉了所谓的最小结构变化的原理(principle of minimum structural change)。大约在 1845年,利奥波德·格梅林(1788～1853)也用模型来说明同分异构现象。[31] 在 19 世纪 50年代和 60 年代,凯库勒、布朗、霍夫曼和弗兰克兰建造了用于教学的模型。但是,这些模型并不是旨在表示分子中原子的"真实"空间排列,因为那时人们还不清楚,在分子内部原子是否确实存在着静态的构造。1867 年詹姆斯·杜瓦(1842～1923)根据碳原子具有四面体结构的概念,提出了一个模型,因为该模型没有任何启发性和预见性的价值,所以没有受到重视。但是,1874 年以后,范特荷甫借助于模型,揭示了苹果酸盐具有的特定的旋光能力并非异常,正如之前人们所猜测的那样。[32]

251

范特荷甫的例子表明,模型与用它们来刻画的原子和分子之间的关系,并不是形式类推(formal analogy)中的一种。即使是那些对原子持不可知论的态度的化学家,在阐释化学模型时,也不可避免地暗示着,如果原子真的处于空间中的某处,那它们的存

---

*　　原文为 1938 ～ 1922,有误,改之。——译者注

[31]　载于他的《化学手册》(Handbuch der Chemie, 4th ed., 6 vols., Heidelberg, 1843 - 55)。

[32]　H. A. M. Snelders,《对范特荷甫的 1874 年立体化学思想的实践批判与理论批判》(Practical and Theoretical Objections to J. H. van't Hoff's 1874 Stereochemical Ideas),载于《范特荷甫和勒贝尔百周年纪念文集》,第 55 页～第 65 页。

在就被证实了。范特荷甫谈论过"质点",而他的最早支持者之一约翰内斯·维斯利策努斯(1835～1902),则在 1887 年发表了《论有机分子中原子的空间排列……》的长篇大作。[33] 因为用原子的"质点"的构造可以解释大量的化学现象,所以,原子变得越来越"真实"了,这时人们已经不再理会原子是否可以再分的问题了。

周期系与化学中的标准化

化学中的所有分类的基础,是周期系(periodic system)。对这样一种系统的探寻,可以追溯到物理神学的时代。那时人们尝试对化学物质进行分类,以便表明上帝"依照数量、尺寸和重量"(The Wisdom of Solomon 11,21)排列一切事物。到 19 世纪中期,已发现的元素数量已经上升到 60 个左右,对元素分类的尝试也在增加,相当多的化学家试图给这些元素排序。[34] 这里仅列出几位:1817 年以来,约翰·沃尔夫冈·德贝赖纳(1780～1849)发现了几个实例,三种在化学性质上相关的元素钙、锶、钡的当量按等差数列递增。随之,其他化学家也进行了类似的尝试。1857 年,奥德林将人们的注意力吸引至碳、氮、氧和氟系列元素,因为他指出从碳到氟,重量呈现规律性的增加,而化合价的数量则呈现规律性的减少,从碳的四价到氟的一价。他还试图建立一个完整的周期系。1862 年,亚历山大·埃米尔·贝吉耶·德尚库图瓦(1820～1886)按照原子量的大小,把所有已知的元素排列在他描绘于圆柱体上的一条螺旋线上。他发现,每隔16 个单位,一个元素就会出现在与它通常紧密相关的另一个元素之上。1869 年,约翰·亚历山大·雷娜·纽兰兹(1837～1898)提出,一般而言,如果元素按照重量的大小排列,那些每相隔 8 个位置的元素具有化学性质上的关联(八度规律)。古斯塔夫 *252* 斯·德特勒夫·欣里希(1836～1923)在这方面的工作也值得一提,他提出了另一种方法,在阿基米德螺旋线(Archimedean spiral)上对化学元素进行排列。

"真正的"、完整的元素周期表的提出,应归功于尤利乌斯·洛塔尔·迈尔(1830～1895)和德米特里·伊万诺维奇·门捷列夫(1834～1907)。前者于 1868 年和 1870 年发表了关于周期表的建议,而后者于 1869 年独立提出他的周期表。值得一提的是,他们都是在撰写关于化学理论基础的著作时,提出他们的想法的。撰写化学理论基础的著作,不可避免地写到对现有经验信息进行分类的原则。他们两位都参加了卡尔斯鲁

[33] Peter J. Ramberg,《评论:约翰内斯·维斯利策努斯、原子论与化学哲学》(Commentary: Johannes Wislicenus, Atomism, and the Philosophy of Chemistry),《化学史期刊》(Bulletin for the History of Chemistry),15/16(1994),第 45 页～第 51 页;参看注释 39。

[34] Johannes W. van Spronsen,《化学元素周期系:第一个百年史》(The Periodic System of Chemical Elements: A History of the First Hundred Years, Amsterdam: Elsevier, 1969),特别是第 97 页～第 146 页。Heinz Cassebaum 和 George B. Kauffman,《寻找化学元素周期系的发现者》(The Periodic System of the Chemical Elements: The Search for its Discoverer),《爱西斯》(Isis),62(1971),第 314 页～第 327 页;Don C. Rawson,《发现的过程:门捷列夫与周期律》(The Process of Discovery: Mendeleev and the Periodic Law),《科学年鉴》,31(1974),第 181 页～第 204 页;Bernadette Bensaude-Vincent,《门捷列夫的化学元素周期系》(Mendeleev's Periodic System of Chemical Elements),《英国科学史杂志》(British Journal for the History of Science),19(1968),第 3 页～第 17 页。

厄大会;他们都信奉阿伏伽德罗的假说,认为该假说是正确计算原子量的工具;他们都提出过"自然系统(natural systems)"概念,在该系统中,他们的分类学体系不仅依赖于对什么东西在化学上同属一类的"训练有素的感觉",而且依赖于成套独立的可测量的实验数据,如原子体积、原子量、同形性的各方面、杜隆和珀蒂规则(the rule of Dulong and Petit)或化合价等。迈尔于 1870 年发表了与原子量相关的原子体积曲线,门捷列夫于 1869 年则强调化合价数的重要性:"按照原子量大小对元素所做的排序,对应于它们所谓的化合价。"[35]

门捷列夫提出的周期表被证明是极富成效的;这不仅在于他宣称存在着一些那时尚未发现的元素(迈尔也做过这样的判断),而且在于他从它们在元素周期表中的位置推论出了那些未被发现的元素的许多性质,如它们的原子量、比重、原子体积、沸点,以及可预期化合物的比重。因此,门捷列夫的元素周期表不仅可以作为一个分类学的体系,而且可以作为一种具有预见价值的理论。门捷列夫周期表的第一个成功是,保罗-埃米尔·勒科克·德布瓦博德朗(1838~1912)于 1875 年发现了元素镓,它对应于周期表的类铝元素;接踵而来的是 1879 年类硼(eka-boron)元素钪的发现,1886 年类硅元素锗的发现。发现者以他们各自的国家的名字命名新发现的元素(在梵语中,eka 是"一"的意思)。

然而,门捷列夫的化学元素分类体系也存在着一些其他问题,特别是在过渡元素族和稀土元素族这些具有密切相关的化学性质的元素中。1894 年雷利勋爵(约翰·威廉·斯特拉特[1842~1919])和威廉·拉姆齐(1852~1916)发现惰性气体元素,这使得元素周期表在 1900 年增加了新的一族即零族,它位于周期表中卤族与碱金属族之间。

门捷列夫的研究项目不仅给无机分析化学的发展注入了新的推进剂,而且还导致人们再次讨论蒲劳脱的假说,导致人们向化学的标准化迈出步伐。[36] 一些化学家如迈尔和维斯利策努斯声称,"元素的化学性质与原子量之间的关系之周期性",意味着这些元素的原子是由更小的粒子以某种系统的方式组成的。[37] 简单地说,这些粒子被设想成是由"初原质"组成的。迈尔假设,如果组成物质的这些最小的粒子真的就是氢原子的话,那么通过假定这些最小的粒子周围存在着有重量的以太,人们就可以解释其他元素的原子量之所以不是氢元素原子量的整数倍的原因。门捷列夫试图不介入纯假说,因此他一直对蒲劳脱的假说持怀疑态度。

[35] 《俄罗斯化学学会杂志》(*J. Russ. Chem. Soc.*),99(1896),第 60 页~第 77 页,被帕廷顿提及(vol. 4, p. 894)。

[36] Britta Görs,《德语地区化学与原子论(1860 ~ 1910)》(Chemie und Atomismus im deutschsprachigen Raum, 1860 - 1910),《德国化学家学会化学史专业委员会通讯》(*Mitteilungen der Fachgruppe Geschichte der Chemie der Gesellschaft Deutscher Chemiker*),13(1997),第 100 页~第 114 页。

[37] Johannes Wislicenus,《原子的空间定位:对 W. 洛森问题的回应》(Über die Lage der Atome im Raume:Antwort auf W. Lossens Frage),《德国化学学会报告》(*Berichte der Deutschen Chemischen Gesellschaft*),21(1888),第 581 页~第 585 页,引文在第 581 页之后。

　　重新测定原子量导致人们讨论原子量如何标准化的问题,因为标准原子量和标准物质可以使化学计算变得非常容易。在 19 世纪 60 年代早期,霍夫曼就提出,化学家应该把所有气体的体积及重量与 1 升重为 0.896 克的氢气联系起来。

　　19 世纪晚期的化学中的大多数的混乱状态,都是因为没有任何一个为所有化学家共同接受的参考原子量而产生的。在卡尔斯鲁厄大会上,与会者提出,在化学化合物的计算中,应该采用原子量的数据而不是原子当量的数据,这个建议被化学界广泛接受。但是,O = 16——而不是 H = 1,或 O = 1,或 O = 10,或 O = 100——作为标准原子量的提议遭到了许多化学家的抵制,他们倾向于继续以 H = 1 作为参考原子量。[38] 这就意味着,氧的原子量必须定为 15.96,正如斯塔斯所测定的那样。关于标准原子量,化学家在 1895~1906 年期间进行了长期的争论,并在那些国家级委员会和国际性委员会的会议上进行了数次投票表决,最终确定把 O = 16 作为参考基准。

　　如前所述,关于原子量的争论,正好与寻找新的元素以填充元素周期表中的空缺发生在同一时期。虽然人们寻找到的新元素与元素周期表的预期是一致的,但是人们仍然无法揭开这样一个谜,即在几种情况下某些元素的原子量与根据其在周期表中的位置而预期的化学性质不相符合。为了合理地解释这些元素的性质,碘(原子量为126.8)和碲(127.6)就必须交换它们在元素周期表中的位置,镍(58.69)和钴(58.95)、氩和钾、钍和镁、钕和镨也有类似的问题。所有这些都表明,最重要的化学分类体系所依赖的分类学标准是有缺陷的。某些化学元素在周期表中的"错位"之谜,直到 1913 年研究放射性元素时才得到解决。那时,亨利·格温·莫塞莱(1887~1915)发现,光谱中某个元素的波长最短的 X 射线的相对位置与该元素的原子序数之间存在着恒定的关系。这种关系反过来能指出该元素在元素周期系中的正确位置。大约与此同时,弗雷德里克·索迪(1877~1956)和卡西米尔·法扬斯(1887~1975)引入了同位素的概念。

　　现在清楚了,一个特定元素的化学特性是不能从其重量正确推导出来的。这正是当年道尔顿及 19 世纪所有化学家所持的观点,这与他们是原子论者还是反原子论者无关,也与他们是根据原子量还是根据原子当量作出来这样的判断无关。事实证明,不仅元素周期表中的元素分类,而且,或多或少,**所有的**化学分类都建立在一个错误的假设上。然而,所有那些分类也依赖好运气,因为原子量与原子序数之间通常存在着相关性。

[38]　Mary Jo Nye,《19 世纪原子的争论与"中立假说"的两难困境》(The Nineteenth-Century Atomic Debates and the Dilemma of the "Indifferent Hypothesis"),《科学的历史与哲学研究》(*Studies in the History and Philosophy of Science*),7(1976),第 245 页~第 268 页。

两种类型的化学键

　　到 19 世纪末,不仅有机化学的"黑暗森林"被改造成了公园景观,而且无机化学的"黑暗森林"也被改造成了公园景观。在两个公园之间的鸿沟之上架起了桥梁。1916年,吉尔伯特·牛顿·刘易斯(1857~1946)和瓦尔特·科塞尔(1888~1956)各自独立地阐明:键合有两种方式,要么产生于电子的转移,要么产生于电子的共享,前者形成电价(electrovalency),后者形成共价。从价的观点看,在无机化学中,电价占主导地位;在有机化学中,共价占主导地位。由于在纯粹的电子转移和纯粹的共享之间存在着中间状态,因此人们不能说,无机化学完全有别于有机化学。

　　随着原子的结构与其化学行为之间存在着相互关系这样一个全新概念的形成,化学原子论与物理原子论这两个在整个 19 世纪沿着不同的路径发展的理论,终于在复杂原子(complex atom)这个作为 20 世纪量子物理学和量子化学共同关注的焦点的概念中再次融合了。

　　　　　　　　　　　　　　　　　　　　　　　(刘立　译　刘兵　陈养正　校)

13

化学结构理论及其应用

艾伦·J. 罗克

化学结构理论是在 19 世纪五六十年代发展起来的,是欧洲许多著名化学家共同努力的产物。[1] 至 19 世纪 60 年代后期,化学结构理论被认为是一个成熟而且威力强大的概念框架,该理论不仅能够让人们洞悉那个处在肉眼不可见的微小世界中的分子的结构细节,而且能够为人们对这些分子进行技术上的操作提供启示性的指导,为重要的精细化学品工业的建立提供了援助。在此后的几十年里,直到 19 世纪末,化学结构理论不断完善,其效力不断增强。无论从哪个方面看,化学结构理论都是化学科学中占统治地位的学说,不但主导着化学这门科学中的学术研究,而且主导着工业研究。因此,化学结构理论兴起的历史,构成了基础科学历史的重要组成部分,也构成了人们把科学观点付诸工业应用的这部分历史的重要组成部分。

早期结构论者的观点

早在前苏格拉底时代,人们就猜测,那些看得见摸得着的物体是由人们不可感知的粒子以某种几何结构的方式组成的。物质结构的思想源远流长,本文采取一个权宜的做法:从化学原子论的兴起开始讲起。我们这样做也是有道理的,这是因为物质结构的思想是以现代化学(即后拉瓦锡时代的化学)意义上的原子为前提的。化学原子论的创始人是约翰·道尔顿(1766~1844),这个事实启示我们:在化学原子概念提出之后,道尔顿以及其他一些人就开始思考原子如何构成分子(当时叫作"复合原子")的问题。早在 1808 年——道尔顿的观点在此前后就开始为化学共同体所共知——威廉·海德·沃拉斯顿就"倾向于认为……我们必须掌握在立体空间范围的所有三个维

[1] 关于化学结构理论兴起的概述,见 G. V. Bykov,《经典化学结构理论史》(*Istoriia klassicheskoi teorii khimicheskogo stroeniia*, Moscow, Akademiia Nauk, 1960);O. T. Benfey,《从生命力到结构式》(*From Vital force to Structural Formulas*, Boston: Houghton Mifflin, 1964);J. R. Partington,《化学史》(*A History of Chemistry*, vol. 4, London: Macmillan, 1964);C. A. Russell,《化合价的历史》(*The History of Valency*, Leicester, England: Leicester University Press, 1971);A. J. Rocke,《静悄悄的革命:赫尔曼·科尔贝与有机化学科学》(*The Quiet Revolution: Hermann Kolbe and the Science of Organic Chemistry*, Berkeley: University of California Press, 1993)。

度中,［基本的原子］相对排列的几何学概念"。四年之后,汉弗里·戴维也提出了类似的建议。[2]

这些都不过是猜测罢了。真正使得结构论者的假设变得更为引人注目的是,人们发现了同分异构现象及类似的现象,如同素异形现象和同质多晶型现象,这是原子论历史的早期阶段。有人便设想,比如不同种类的糖,虽然它们在元素的构成上是一样的,但是它们性质不同,这可能是因为这些糖分子虽然含有同样数目和种类的原子,但是这些原子的排列方式却是不同的。1815 年,瑞典化学家 J. J. 贝尔塞柳斯(1779~1848)写道:

> 我们不妨提出这样的观点,即有机原子(亦即分子)有着某种机械结构……正是因为它们有着这样的结构,所以我们可以解释为什么同样的元素而且元素之间的比例(按百分比表示)几乎没有区别,可以组成不同的化合物。现在我终于接受了这样一种观点,即对于由有机原子构成的产物的各种可能性的研究,是一个非常重要的问题,而且有助于改进化学分析。[3]

事实上,在 19 世纪头 10 年里,人们已经发现了若干后来被称为同分异构体的例子,而且,这还仅仅是个开始。1826 年,约瑟夫‐路易·盖‐吕萨克(1778~1850)发现了与酒石酸的结构完全相同的一种酸——外消旋酸(racemic acid);同年,盖‐吕萨克的德国学生,吉森(Giessen)的化学家尤斯图斯·冯·李比希(1803~1873),证实了一个事实,即雷酸和氰酸具有相同的经验分子式;两年后,李比希的新朋友弗里德里希·韦勒(1800~1882)发现尿素和氰酸铵(ammonium cyanate)具有同样的组成。化合物具有同样的组成,但具有不同性质,这种现象是确凿无疑的。1830 年,贝尔塞柳斯对这种现象进行了讨论,他创造了"同分异构"这个术语来描述这种现象,并从结构上对同分异构现象进行了解释。[4]

〔2〕 Wollaston,《论超酸盐与亚酸盐》(On Super-Acid and Sub-Acid Salts),《皇家学会哲学会刊》(*Philosophical Transactions of the Royal Society*),98(1808),第 96 页～第 102 页;Davy,《化学哲学基础》(*Elements of Chemical Philosophy*,London,1812),第 181 页～第 182 页,第 488 页～第 489 页;W. V. Farrar,《道尔顿与结构化学》(Dalton and Structural Chemistry),载于 D. Cardwell 编,《约翰·道尔顿与科学的进步》(*John Dalton and the Progress of Science*,Manchester:Manchester University Press, 1968),第 290 页～第 299 页。

〔3〕 Berzelius,《测定有机自然界中元素化合的明确比例的实验》(Experiments to Determine the Definite Proportions in which the Elements of Organic Nature are Combined),《哲学年鉴》(*Annals of Philosophy*),5(1815),第 260 页～第 275 页,引文在第 274 页。但是,贝尔塞柳斯对同分异构现象的电化学解释持有不太严谨的态度,参看 Farrar,《道尔顿与结构化学》,尤其要参看 John Brooke,《贝尔塞柳斯、二元假说与有机化学的兴起》(Berzelius, the Dualistic Hypothesis, and the Rise of Organic Chemistry),载于 E. Melhado 和 T. Frängsmyr 编,《浪漫时代的启蒙科学》(*Enlightenment Science in the Romantic Era*,Cambridge:Cambridge University Press, 1992),第 180 页～第 221 页。

〔4〕 Berzelius,《论酒石酸和超酒石酸的组成》(Ueber die Zusammensetzung der Weinsäure und Traubensäure),《物理学年刊》(*Annalen der Physik*),2d ser.,19(1830),第 305 页～第 335 页。关于同分异构现象的早期历史,参看 John Brooke,《韦勒的尿素及其生命力? ——来自化学家的判断》(Wöhler's Urea, and its Vital Force? – A Verdict from the Chemists),《炼金术史和化学史学会期刊》(*Ambix*),15(1968),第 84 页～第 114 页,另见 A. J. Rocke,《19 世纪化学原子论》(*Chemical Atomism in the Nineteenth Century*,Columbus:Ohio State University Press, 1984),第 167 页～第 174 页。

电化学二元论与有机基

257

在当时,贝尔塞柳斯是有机化学领域的著名理论家,他在该领域享有泰斗的地位已经将近 20 年之久了。他强烈地倾向于电化学模型,这是因为,在那一时期,电解是他开展化学研究的一个最重要的手段,就连他最早的一些研究工作也是通过电解进行的。化学组分之所以会迁移到电解电池的正负两极,是因为它们具有与电极相反的库仑电荷。做出这种设想在逻辑上是很自然的。同样,这些组分在电解**之前**,也就是说,在稳定分子被电力拆开之前就具有这些电荷,这样的假设也是合理的;最后,分子各部分中相反的极性是分子作为一个整体稳定存在的**原因**,做出这样的判断也是明智的。以此为主要内容的电化学二元论,在无机化学领域获得了巨大的成功,因此人们有理由采用同样的思路来研究有机化合物,因为有机盐也会发生电解反应。

贝尔塞柳斯进一步论证说,电化学二元论对有机化学领域中的同分异构现象可以给出现成的解释。[5] 毕竟,那些具有相同的整体化学式的化合物可能含有不同的**近似**组分;比如化学式 A_4B_4,可以表征两种不同的物质,它们分别具有更高分辨率的化学式 $A_2B_2 \cdot A_2B_2$ 和 $AB_3 \cdot A_3B$。贝尔塞柳斯因此提出了"经验式"和"推理式"(即理论性的)的概念,以示区分,前者总结的是经验的元素分析,后者是把化学家头脑中关于分子中原子是如何聚合的观点再现出来。即使在缺乏同分异构体的情况下,推理式也是很有意思的,因为它们能够反映一些细节的东西。比如人们可以思考谷物酒精,其经验式为 C_2H_6O(现代化学家也是这么表示的),那么,它是否最好被表示为 $C_2H_4 \cdot H_2O$,或 $C_2H_6 \cdot O$,或 $C_2H_5O \cdot H$,或 $C_2H_5 \cdot OH$,或其他别的形式。[6] 这些推理式可以从化学反应中推导出来。比如,这些有更高分辨率的化学式中的第一个可以得到这样一个事实的支持,即人们可以使乙醇脱水;最后一个似乎也是合理的,因为乙醇与任何酸发生缩合反应,向最终产物酯贡献出乙基要素。

对上述问题的思考,直接激发人们去研究有机化合物中的"构造"(按贝尔塞柳斯的说法,是推理的结构)这一课题,数位著名化学家在 19 世纪 30 年代早期即开始了这方面的探索。在 1832 年的一项经典的合作中,李比希和韦勒发现,苦杏仁油是一种氢 *258* 化物,其实体化学成分为 $C_{14}H_{10}O_2$(这是用"四量[four-volume]"式子表示的,当时人们都习惯采用这种方式)。他们称其为苯甲酰(benzoyl)"基",这是因为他们发现这种成

---

〔5〕 关于贝尔塞柳斯与有机化学,参看 Melhado and Frängsmyr 编,《浪漫时代的启蒙科学》;Melhado,《J. J. 贝尔塞柳斯:化学体系的出现》(*Jacob Berzelius: The Emergence of His Chemical System*, Madison: University of Wisconsin Press, 1981);另见 John H. Brooke,《对物质的思考:化学哲学史的研究》(*Thinking about Matter: Studies in the History of Chemical Philosophy*, Brookfield, Vt.: Ashgate, 1995)中的第 V、Ⅵ、Ⅶ、Ⅷ部分。

〔6〕 Berzelius,《论酒石酸和超酒石酸的组成》;另见《物理科学进展年刊》(*Jahresbericht über die Fortschritte der physischen Wissenschaften*),11(1832),第 44 页~第 48 页;12(1833),第 63 页~第 64 页;以及 13(1834),第 186 页~第 188 页。贝尔塞柳斯的化学式与复制在这里的现代化学式,相差无几,且无实质上的差别;他所使用的词语也与现代只是稍有不同。

分可以按本来的样子进入许多种类的物质当中去（包括安息香胶［benzoin］和安息香酸［benzoic acid］，这是当时的名字）。[7] 在此后的若干年里，乙基、甲基、醋酸基、二甲申基以及其他有机基都被发现了。基被认为是有机分子中不可或缺的电正性部分（electropositive），它在构成上所起的作用就像元素在无机界中起的作用一样。在贝尔塞柳斯、李比希、韦勒、罗伯特·本生等化学家的努力下，"电化学的－二元论的－基"（electrochemical-dualist-radical）研究项目得以形成，这个项目在研究有机分子的组成方面颇具潜力，在 19 世纪 30 年代中期人们认为这个项目是很有前途的。

　　然而，这个研究项目从来就没有达到过人们对它所寄予的期望，即使是最乐观的早期也没有做到这一点。从一开始，这个项目就受到三个问题的困扰。第一个问题是，人们始终不能确定到底哪些原子团可以算作"基"。比如，李比希的竞争对手、法国著名化学家让－巴蒂斯·杜马（1800～1884）认为，酒精容易发生脱水反应生成乙烯（ethylene），这说明乙烯（贝尔塞柳斯称其为"内醚［etherin］"）应该被视为酒精的组分基（constituent radical），而不是李比希所说的乙基（ethyl）。第二个问题是人们始终不能确定原子量和分子式到底用什么作为标准。如何表示人们所处理的实体？如果这个问题不能达成共识，那么，就很难推断出分子的组成。比如乙醇分子，贝尔塞柳斯认为它有 9 个原子，李比希认为它有 18 个原子，杜马认为它有 22 个原子。到底孰是孰非？人们可以公正地说，这些化学式的各种变体只是符号惯例，没有实质的差异（substantive distinctions）；在酒精的元素组成上，所有人的观点都是一致的，只是在被用到的原子量问题上有分歧，贝尔塞柳斯、李比希和杜马各自的表示法都是可以互相转换的。然而，更为具体的也是更为致命的问题是，人们在分子的数量值（molecular magnitudes）上存在着分歧。比如，贝尔塞柳斯认为，乙醚是两个乙醇分子的叠加，减去 H_2O 这个组分；而李比希和杜马则认为，乙醚是从乙醇分子中除去水分子而形成的。[8]

　　第三个问题来自人们发现氯可以取代有机化合物中的氢。早在 1815 年，盖－吕萨克的研究就表明，氯可以取代氢氰酸（prussic acid 或者 hydrocyanic acid）中的氢；他评论说："两个性质迥异的物体，在与氰基（cyanogen）的化合中起着完全相同的作用，这是一个很值得关注的问题。"[9] 这的确很值得关注，因为在电化学中，氯和氢位于电负性尺度上的相反的两端。5 年后，迈克尔·法拉第发现氯可以取代荷兰油（Dutch oil）（即氯乙烯［ethylene chloride］）中的氢；在 19 世纪 20 年代末，盖－吕萨克和杜马发现油和蜡同样可以被氯化。在 19 世纪三四十年代，氯变成了有机化学家最重要的试剂，

［7］ Wöhler 和 Liebig，《苯甲酸基研究》（Untersuchungen über das Radikal der Benzoesäure），《药学年刊》（Annalen der Pharmacie），3（1832）第 249 页～第 287 页。

［8］ 贝尔塞柳斯的化学式可以与现代的化学式对应；李比希倾向于"四量"有机化学式，他在化学式中所使用的原子的数量是贝尔塞柳斯的两倍（或者，原子量减半）；杜马倾向于"四量"化学式，但是他所使用的碳原子的原子量是贝尔塞柳斯和李比希所采用的一半。欲知详情，参看 Partington，《化学史》，第 8 章～第 10 章，或参看 Rocke，《19 世纪化学原子论》，第 6 章。

［9］ Gay-Lussac，《氢氰酸研究》（Recherches sur l'acide prussique），《化学年刊》（Annales de chimie），95（1815），第 136 页～第 231 页，引文在第 155 页和第 210 页。除非另有说明，皆由作者翻译。

在法国尤其如此。氯化有机物的存在,对电化学二元论来说,是反常的现象,因为那些被改变过的物质,其性质几乎没有发生变化。高电负性的氯在化学反应中扮演着和高电正性的氢一样的角色;电化学结构不再能起到预测化学性质的作用了。[10]

从历史的角度来看,这一发展与拉瓦锡关于酸性的酸素理论(oxygen theory)被一种全新的关于酸的氢理论取代这件事有某种关联。盖－吕萨克的氢氰酸(即一种氢酸)发生氯化反应,类似于他的德国学生后来关于苯甲酰的工作。跟盖－吕萨克的氰基一样,李比希的以及韦勒的苯甲酰基(benzoyl radical)可以没有区别地与氢发生反应(生成苯甲醛[benzaldehyde]),或与氯发生反应(生成苯甲酰氯[benzoyl chloride])。6年后,即1838年,李比希把这些思想发展为完整的氢－酸理论,这个理论与法国正在形成中的反二元论化学理论有诸多共同之处。李比希认为,酸并不是被氧化了的基,而是含有可以被取代的氢的物质。[11]

化学类型论

氯的取代现象加上萌芽中的氢酸理论(该理论假设,酸中的氢可以被金属所取代),合起来在整体上对抗电化学模型,并对贝尔塞柳斯关于同分异构现象的解释产生了质疑。或许,一些化学家开始认为,物质的性质取决于分子中原子的物理排列比取决于原子或基的电化学特性的程度大得多。在19世纪30年代中期,年轻的化学家奥古斯特·洛朗(1807~1853)受盖－吕萨克特别是杜马工作的启发,提出了"沠生基(derived radical)"的理论,该理论后来被改称为"环晶核(nucleus)"理论。洛朗把化学分子描述成一个微小的晶体,在那里影响化合物性质的最重要因素不是原子的特性,而是这些原子在阵列中的位置。洛朗的思想不仅来源于有机化学,也来源于晶体学。[12]

260

刚开始时杜马对他学生的观点持反对的态度。但是,当1838年他发现被氯化的醋酸具有与未被氯化的醋酸相同的基本性质之后,他也放弃了电化学二元论,并依据取代反应,去探寻一种更为整体的、更统一的观点。根据杜马的新的"类型"理论(这个

---

[10] 近来关于有机基和氯取代反应的历史研究,主要有两类,一类是从认知的角度看,另一类是从修辞学和社会学的角度看。前者包括 John Brooke 的论文,见注3和4,以及 Ursula Klein,《19世纪化学:实验、理论工具及认识论特色》(*Nineteenth-Century Chemistry: Its Experiments, Paper-Tools, and Epistemological Characteristics*, Berlin: Max-Planck-Institute für Wissenschaftsgeschichte, 1997)。后者包括 Mi Gyung Kim,《化学语言的层次(Ⅱ)》(The Layers of Chemical Language Ⅱ),《科学史》(*History of Science*),30(1992),第397页~第437页;Kim,《建构符号空间》(Constructing Symbolic Spaces),《炼金术史和化学史学会期刊》,43(1996),第1页~第31页。

[11] Liebig,《论有机酸的组成》(Über die Constitution der organischen Säuren),《药学年刊》,26(1838),第113页~第189页。

[12] 关于洛朗以及他借用的晶体学传统,参看 S. Kapoor,《洛朗有机分类的起源》(The Origin of Laurent's Organic Classification),《爱西斯》(*Isis*),60(1969),第477页~第527页,特别是 Seymour Mauskopf,《晶体与化合物:19世纪法国科学中的分子结构与组成》(*Crystals and Compounds: Molecular Structure and Composition in Nineteenth Century French Science*, Philadelphia: American Philosophical Society, 1976)。

词语明显是从乔治·居维叶的生物学观点那里借用来的),必须把那些通过化学反应而紧密联系起来的有机化合物视为建立在同一"类型"上的,这个"类型"是由同样数量的原子以同样的方式结合起来的。只要原子排列保持不变,一个原子被别的什么原子所取代,不管它们的电化学性质有多么显著的差别,都不会改变其类型,因而也不会改变物质的基本性质。[13]

杜马和李比希都是各自所在国家化学共同体的学术带头人,都很年轻,他们之间既有着密切的合作,也存在着激烈的竞争。如果不是李比希对盖－吕萨克以及贝尔塞柳斯所发明的分析有机化合物中碳和氢含量的方法进行了全新的改进(1831年),这里所叙述的大部分科学工作是不可能出现的。李比希的改进是一项创新,它立即使得化学分析过程变得更快捷、更简单和更精确了。杜马以及其他人都迅速地采用了李比希的方法。就杜马而言,他发明了测定蒸气密度(1826年)和有机氮(1833年)的方法,这些工作同样具有很大的影响力。杜马在巴黎还努力借鉴李比希组织研究工作和教学工作的成功经验,这种经验是把日常的实验室教学指导与集体研究结合起来。但是,杜马收效不大。[14]

李比希积极从事那些能推进类型理论的研究工作,而且,他跟杜马一样,逐渐远离了贝尔塞柳斯的二元论的基的正统观念。但是,李比希对化学理论总在变化以及令人沮丧的争论这些情况,感到颇为失望,而且最终产生了厌倦。1840年,李比希决定退出理论研究领域,转入应用化学。与此同时,杜马也有类似的变化。事实上,在这个时期,整个欧洲科学家都对原子、分子、基以及结构论者的假说,表现出一种更为实证主义的倾向。

抵制这种倾向的人寥寥无几,洛朗是其中之一。[15] 洛朗对二元论的基的概念持反感态度;夏尔·热拉尔(1816～1856)是他的一位也持同样反感态度的伙伴,虽然他一直否认原子排列在认识论上的可接近性。洛朗和热拉尔都是才华横溢的化学家,然而他们不懂得名利场上的游戏规则(或者拒绝这么做)。他们公开与杜马以及巴黎其他的化学领袖们对抗,结果受到排挤,他们只能到外省去谋求发展了(洛朗到了波尔多,热拉尔到了蒙比利埃)。[16] 与此同时,二元论的有机化学似乎还有一定的市场。19世纪40年代中期以来,身处英格兰的爱德华·弗兰克兰(1825～1899),以及身处德国马

[13] J. B. Dumas,《取代定律与类型论研究》(Mémoire sur la loi des substitutions et la théorie des types),《报告》(Comptes Rendus),10(1840),第149页～第178页;S. Kapoor,《杜马与有机分类》(Dumas and Organic Classification),《炼金术史和化学史学会期刊》,16(1969),第1页～第65页。

[14] Leo Klosterman,《19世纪的一个化学学派:让－巴蒂斯·杜马与他的研究成员》(A Research School of Chemistry in the Nineteenth Century: Jean-Baptiste Dumas and His Research Students),《科学年鉴》(Annals of Science),42(1985),第1页～第80页。

[15] Marya Novitsky,《奥古斯特·洛朗与化合价的前史》(Auguste Laurent and the Prehistory of Valence, Chur, Switzerland: Harwood, 1992);Clara deMilt,《奥古斯特·洛朗——现代有机化学之父》(Auguste Laurent, Founder of Modern Organic Chemistry),《化学》(Chymia),4(1953),第85页～第114页。

[16] E. Grimaux 和 C. Gerhardt, Jr.,《夏尔·热拉尔:生平、工作及其通信》(Charles Gerhardt: Sa vie, son oeuvre, sa correspondance, Paris: Masson, 1900)。

尔堡和不伦瑞克的赫尔曼·科尔贝(1818～1884)(他们都是李比希、韦勒和本生的学生),耐心地"搜索(stalked)"着有机基,并成功地离析出了多种有机基。[17]

然而,洛朗和热拉尔不是把弗兰克兰－科尔贝反应解释为基萃取,而是解释为取代反应;把那些被公认离析出来的基,解释为二聚物(dimers)。例如,科尔贝认为,通过电解乙酸,分裂和离析出来了"甲基(methyl)",但是,洛朗和热拉尔则解释为用第二个甲基取代羧基(Carboxyl)(在原位置上,而且以初始的状态),形成了二甲基(dimethyl)(乙烷)。分子的数量值的问题再次成为关键的议题,因为最根本的争论在于生成物的分子数量与反应物的分子数量相比较的结果。在 19 世纪 40 年代后期,争论的任何一方都拿不出确凿的证据;双方阵营都讨论着诸如一致和类似之类的标准。

1850 年情况发生了突然的变化。亚历山大·W. 威廉森(1824～1904)那时刚就职于伦敦大学学院,他宣称发明了一种合成乙醚的精巧的新方法;该方法不仅可以用于制造传统的乙醚,而且还可以通过事先选择生成物分子的两种主要成分,然后将它们联结起来,设计出人们所希望的各种新型醚类化合物。[18] 该反应为关于分子数量值的争论提供了解决的办法。威廉森创造了一种全新的非对称乙醚(在该分子中,两个基不是一样的),它仅仅与乙醚的较大的分子式——贝尔塞柳斯关于乙醚的老分子式,后来也被洛朗支持——相吻合。李比希和杜马倾向于用那个较小的分子式表示乙醚,这种分子式要求反应生成物是两种不同的对称乙醚之混合物。威廉森 19 世纪 40 年代后期曾在巴黎求学,在那里他改信了洛朗和热拉尔的观点。他们两位是法国人,比威廉森年长。现在威廉森运用纯化学的方式,成功地发现了可以支持洛朗和热拉尔理论的重要证据。[19]

这项研究工作产生了深远的影响。在后来的 5 年里,威廉森的"非对称合成论据"多次被应用到不同的分子系统,比如,威廉森自己一再将其应用到不同的分子系统,热拉尔将其应用到有机酸酐,夏尔·阿道夫·维尔茨(1817～1884)将其应用到有机基本身。整个化学界都看到了这一论据的公正性,就这样洛朗和热拉尔的观点最终占了上风(不幸的是,正当此时,他们两位却英年早逝,洛朗死于 1853 年,热拉尔 3 年后也离开了人世)。

与这一进展相关联的是一种新的类型论的兴起。维尔茨和奥古斯特·W. 霍夫曼(1818～1892)——一位德国化学家,当时定居在伦敦——在 1849～1851 年间对新型的有机碱进行了探索,他们的研究表明:氨中的氢被有机基取代,可以形成一级、次级和

[17] Russell,《化合价的历史》;Rocke,《静悄悄的革命:赫尔曼·科尔贝与有机化学科学》。关于二元论与类型论的冲突,参看 J. Brooke,《洛朗、热拉尔与化学哲学》(Laurent, Gerhardt, and the Philosophy of Chemistry),《物理科学的历史研究》(Historical Studies in the Physical Sciences),6(1975),第 405 页～第 429 页。

[18] Williamson,《醚化的理论》(Theory of Etherification),《哲学杂志》(Philosophical Magazine),3d ser.,37(1850),第 350 页～第 356 页。

[19] J. Harris 和 W. Brock,《从吉森到高尔街:关于亚历山大·威廉森传》(From Giessen to Gower Street: Towards a Biography of Alexander Williamson),《科学年鉴》,31(1974),第 95 页～第 130 页。

三级胺,这属于洛朗/热拉尔型的取代反应。几乎与此同时,威廉森的乙醚合成表明,水的两个氢发生着类似的取代反应。于是,在 19 世纪 50 年代,有机物就被解释为简单无机物的氢被有机基取代后而形成的化合物。就这样,"新的类型论"诞生了,这是热拉尔及其战友们孜孜以求的结果。这种类型论最终导致了化合价和结构理论的出现。

化合价和结构理论的出现

19 世纪 40 年代末期,弗兰克兰对全新的有机金属化合物进行了开创性的研究,其结果是,他适应了之后便采纳了新的类型理论观点。新的类型理论主要是由热拉尔、维尔茨、霍夫曼、威廉森等人所倡导的。在 1852 年那篇经典论文中,弗兰克兰根据有机金属化合物的化学反应提出:金属原子与其他原子或基(radical)的化合能力有一个最高的限度,他举出了许多事例说明这种限度是存在的。[20] 这是人类第一次清晰地阐述化合价现象。其他一些化学家也提出了类似的观点。例如,在 1851 年,威廉森宣布,其他原子或原子团(group)与氧原子发生物质联系(material connection)的数目正好是两个,这就可以为"我们理性推测出来的含氧化合物中组分原子的排列方式,提供一个真实的图像"。[21]

青年化学家弗里德里希-奥古斯特·凯库勒(1829~1896),由于受到威廉森的影响,于 1854 年提出:硫和氧都是"二盐基的",即等同于两个氢原子。他说,这并不是一个符号惯例的问题,而是"一个实实在在的事实"。同一年,威廉森的一个同事威廉·奥德林,探讨了多种金属和非金属元素原子的"可以替代的,或可代表的,或取代的数值"的问题。正如奥德林所暗示的那样,化合价在本质上有助于类型论而不利于二元论,这是因为化合价的恒定性说明取代反应的发生与电化学性质无关。1855 年,维尔茨宣称,氮具有"三盐基"的特性。即使是对取代论者(substitutionist)的类型理论持坚定的批判态度的化学家赫尔曼·科尔贝,由于受到他的朋友弗兰克兰的影响并在一定程度上与之合作,在 19 世纪 50 年代后期提出了类型理论的图式化(type-theoretical schematization),这个图式化是针对所有从二氧化碳的取代反应中得到的有机化合物而

263

---

[20] Frankland,《论含有金属的有机物体的一个新系列》(On a New Series of Organic Bodies Containing Metals),《皇家学会哲学会刊》,142(1852),第 417 页~第 444 页。Colin Russell,《爱德华·弗兰克兰:维多利亚时代英格兰的化学、争论与阴谋》。

[21] Williamson,《论盐的组成》(On the Constitution of Salts),《化学学报》(Chemical Gazette),9(1851),第 334 页~第 339 页;参看 Harris 和 Brock,《从吉森到高尔街:关于亚历山大·威廉森传》。

言的。[22]

化合价现象对揭示分子的内部结构很有帮助,到19世纪50年代后期,化学家在这个主题上的研究取得了成功和共识,这有助于扭转反结构主义论者的实证论的倾向,该倾向在此前的20年是很突出的。但是,直到1857年,化合价思想还没有被系统地应用到对碳的研究,关于烃基中原子是如何排列的细节,还几乎不为人知。但是,人们的注意力开始转到这个问题上来了,19世纪50年代中期奥德林、维尔茨、弗兰克兰发表的论文都证明了这一点。

可能是受到维尔茨的1855年那篇论文的直接影响,凯库勒做出一个重大的突破,他在1857年秋季和1858年春季发表的两篇论文,清晰地阐述了化学结构理论的基本要点。[23]（在凯库勒第二篇论文发表后的一个月内,阿奇博尔德·斯科特·库珀也发表了他自己的结构理论,该理论跟凯库勒的理论大体相同,但完全是独立的发现。与凯库勒的研究工作相比,库珀的理论没有产生什么影响,而且库珀这位曾经与维尔茨一道学习过的苏格兰化学家,在他提出化学结构理论之后不久,便销声匿迹了。）凯库勒在他的第二篇文章中宣称,"回到元素本身"是可能的,就是说,要深入到原子的层次上来认识有机分子,要揭示原子与原子之间是如何联系起来的。要这么做,就必须把碳视为"四原子的"（即四价的）元素,并把碳原子视为能够使用化合价来**彼此**结合;因此,可以把有机化合物描绘成由若干"骨架"组成,而这个"骨架"中的脊椎是由碳原子组成的一个"链条"。杂环原子（Heteroatom）如氧和氮,在乙醇、酸、胺等分子中起着连接的作用,而氢原子则填充在所有未用到的原子化合价上。[24]

一年之后（1859年6月）,凯库勒发表了其成名之作《有机化学教程》（*Lehrbuch der organischen Chemie*）的第一部分,其中包括一段简史,讲述了在过去30年里有机化学理论的发展,还包括他的结构理论论文的修订版。[25] 这本教材是一个非常有效的宣传工具,对于传播新的化学思想起到了无与伦比的作用。那一时期领先的化学理论家——

264

[22] Kekulé,《论被硫化的酸的一个新系列》（On a New Series of Sulphuretted Acid）,《皇家学会学报》（*Proceedings of the Royal Society*）,7（1854）,第37页～第40页;Odling,《论酸和盐的组成》（On the Constitution of Acids and Salts）,《化学学会会刊》（*Journal of the Chemical Society*）,7（1854）,第1页～第22页。Wurtz,《关于甘油组成的理论》（Théorie des combinations glycériques）,《化学年刊》（*Annales de Chimie*）,3d ser.,43（1855）,第492页～第496页;Kolbe,《论有机物与无机物的自然关系》（Ueber den natürlichen Zusammenhang der organischen mit den unorganischen Verbindungen）,《化学年刊》（*Annalen der Chemie*）,113（1860）,第292页～第332页。关于历史讨论,参看Partington,《化学史》;Russell,《化合价的历史》;Rocke,《静悄悄的革命:赫尔曼·科尔贝与有机化学科学》。

[23] 我的论文《亚原子假说与结构理论的起源》（Subatomic Speculations and the Origin of Structure Theory）论证了维尔茨对凯库勒的影响,《炼金术史和化学史学会期刊》,30（1983）,第1页～第18页。

[24] Kekulé,《论化合物的组成和异构及论碳原子的化学性质》（Ueber die Constitution und die Metamorphosen der chemischen Verbindungen und über die chemische Natur des Kohlenstoffs）,《化学年刊》,106（1858）,第129页～第159页;Couper,《论新的化学理论》（Sur une nouvelle théorie chimique）,《报告》,46（1858）,第1157页～第1160页;关于凯库勒的论述,他的学生Richard Anschütz的工作从来就没有被真正替代过《奥古斯特·凯库勒》（*August Kekulé*,2 vols.,Berlin:Verlag Chemie,1929）;另见O. T. Benfey编,《凯库勒百周年纪念文集》（*Kekulé Centennial*,Washington,D. C.:American Chemical Society,1966）,以及拙著《静悄悄的革命:赫尔曼·科尔贝与有机化学科学》一书。

[25] Kekulé,《有机化学教程》（*Lehrbuch der organischen Chemie*,2 vols.,Erlangen:Enke,1861 - 6）。尽管扉页上印的是第一卷,但是本卷的第一分册已于1859年6月出版。

如弗兰克兰、威廉森、霍夫曼、维尔茨,英国的亚历山大·克拉姆·布朗和亨利·罗斯科,德国人埃米尔·埃伦迈尔和阿道夫·冯·贝耶尔,及其他许多人——都深深地受到了这本书的影响;而年长一代的化学家——如李比希、韦勒、本生和杜马——对此却无动于衷,正像他们过去 20 年里对所有的化学结构理论都不闻不问一样。事实上,在 1858 年时,年龄在 40 岁左右或者小于 40 岁的有机化学家都很活跃,他们不久都变成了结构化学家,而几乎所有年龄超过 40 岁的化学家都对化学结构理论视而不见,充耳不闻。

新理论在其早期形成过程中的一个最热心的倡导者是俄国化学家亚历山大·M.布特列罗夫(1828~1886)。那时俄国科学家第一次有了出国旅行的机会,布特列罗夫抓住这一机会,于 1857~1858 年间停留在西欧,当时他已是一个成熟的化学家。布特列罗夫在海德堡两次访问凯库勒;他有几个月是在巴黎维尔茨的实验室里,与库珀共同工作。受库珀和凯库勒的思想的影响,布特列罗夫成为最早的又是最优秀的化学合成物结构化学家。1861 年布特列罗夫第二次赴西方旅行时,他在德国施派尔(Speyer)召开的德国科学家和医生大会(Naturforscherversammlung)上,发表了一篇重要的论文《论化合物的化学结构》(On the Chemical Structure of Compounds)。在这篇论文中,布特列罗夫力劝同行们要坚定不移地应用新思想,采纳他发明的词汇"化学结构(chemical structure)",并从新学说中清除热拉尔类型论遗留的残余。布特列罗夫后来抱怨说,他的一些观点在西欧没有受到足够的重视,这种抱怨是正当的。斯大林时代和赫鲁晓夫时代的苏联历史学家以及一些西方历史学家都认为,化学结构理论是 1861 年布特列罗夫首次明确提出来的,但是,他的这一地位总是受到挑战。[26]

上面所说的这一切足以表明,化学结构理论的出现是一个复杂的过程;它的形成经历了若干阶段,许多化学家都在其中发挥了作用,如贝尔塞柳斯、李比希、杜马、热拉尔、洛朗、弗兰克兰、科尔贝、威廉森、奥德林、维尔茨、布特列罗夫、库珀以及凯库勒。正因为如此,关于化学结构理论的优先权的争论一直不绝于耳,直到现在也没有定论。我认为,化学结构理论中的关键假设,即碳原子的自我联结,是 1858 年 5 月凯库勒首先清晰地阐明的。很多化学家难以接受这一观点。当时占主导地位的两个宏观物理模型,即库仑力模型和万有引力模型,似乎都不是使这一现象形象化的合理方法;关于原子之间相互吸引的原因,化学家的理论要么是被贬为彻头彻尾的推测,要么被认为是武断。

但是,不管怎么说,物理学还是通过其他方式,对化学结构理论的发展起到了推动

[26] A. J. Rocke,《凯库勒、布特列罗夫与化学结构理论的编史学》(Kekulé, Butlerov and the Historiography of the Theory of Chemical Structure),《英国科学史杂志》(British Journal for the History of Science),14(1981),第 27 页～第 57 页;G. V. Bykov 作出了深刻而有益的回应,见《化学结构理论的编史学》(K istorigrafii teorii khimicheskogo stroeniia),《统计学技术史期刊》(Voprosy istorii estestvoznaniia i tekhniki),4(1982),第 121 页～第 130 页,这是这位优秀的历史学家生前发表的最后一篇文章。另见 Nathan Brooks,《亚历山大·布特列罗夫与俄国科学的职业化》(Alexander Butlerov and the Professionalization of Science in Russia),《俄罗斯评论》(Russian Review),57(1998),第 10 页～第 24 页。

作用。气体动力学几乎是与结构理论同时提出来的,它对阿梅德奥·阿伏伽德罗的假说是一个有力的支持。阿伏伽德罗认为,元素分子是由两个或更多的相同原子组成的;这一观点在阿伏伽德罗生前,没有得到人们的承认,但是在其死后,这一观点在物理学家中得到了普遍承认(约 1856~1859 年)。这就提供了一个确凿的先例,它使得碳—碳结合的观点在化学家之间变得更有吸引力。直到 1860 年在卡尔斯鲁厄(Karlsruhe)举办国际化学家大会时,动力学理论把改进了的(热拉尔的)原子量、分子式以及新的化学结构理论漂亮地结合在一起。这次大会是凯库勒、维尔茨、卡尔·韦尔齐恩的主意。尽管这次大会的结果对改革者来说还不是非常满意,但是他们所取得的成功比当初预期的要好得多。

结构思想的进一步发展

尽管一些改革者充满着乐观的情绪,但是结构理论的发展仍然举步维艰。即使对那些接受了结构理论基本原则的人来说,结构理论中尚有大量细节和方法问题有待解决。比如,化合价一定是恒定不变的吗? 如果是这样的话,那么,如何解释石蜡和其他"非饱和"有机化合物的结构? 为什么有些预期的化合物(如甲醛)从未找到? 碳的四个化合价在化学的意义上是不是等价的? 它们在空间上是如何排列的? 有机结构式所表达的是不是分子真实的空间排列? 从化学反应来推论化合物的结构细节,需要确立哪些原则? 如此等等。[27]

就石蜡而言,在 19 世纪 60 年代早期,凯库勒、埃伦迈尔、布特列罗夫、维尔茨、克拉姆·布朗及其他化学家就提出了许多结构主义的概念。[28] 到 19 世纪 60 年代中期,人们形成了一个试探性的一致意见,即碳原子之间是双键(doubled bonds),这样才能最合理地解释石蜡的明显减少的总体化合价(total valence);双键的高反应性(reactivity)表明,氢的"饱和"状态是一种优先的状态。这一时期其他实证经验表明,碳的四个化合价(当时通常被称为"亲和力单位"或"亲和力")在化学上是等价的。羧基、酯、羟基(Hydroxy)等官能团(functional groups)的本质,日益变得清晰起来。维尔茨、马塞兰·贝特洛及其他一些化学家,探索了多官能团有机化合物。当然,还有许多问题悬而未决,其中一个是"绝对同分异构现象(absolute isomerism)",这种现象被定义为用当时的结构理论观点**无法**解释的任何同分异构现象。

弗里德里希-奥古斯特·凯库勒阐述的苯分子理论,是 19 世纪 60 年代结构理论

266

---

[27] Russell 的《化合价的历史》对后期的发展提供了精彩的说明。

[28] A. A. Baker,《有机化学中的不饱和现象》(*Unsaturation in Organic Chemistry*, Boston: Houghton Mifflin, 1968); Russell,《化合价的历史》。

的最高成就。[29] 这个事件的神奇之处,不在于确定经验式为 C_6H_6 的分子的结构(因为其他人已提出多种可能的结构)有多么困难,也不在于凯库勒提出的六边"环状"结构与我们今天使用的结构是完全一致的。更确切地说,它的神奇之处在于当时提出的这种结构经受住了经验证据的考验,还在于该结构对今后的研究工作具有指导意义。当化学结构理论第一次被提出来的时候,有关芳香族物质的经验研究还是很稀少的,在19 世纪 50 年代,凯库勒及其他很多化学家都尽量回避关于苯分子或苯基是如何构成的问题。到 1864 年初(据凯库勒后来回忆说,这正是他个人提出苯环假说的时间),这一领域的研究已经相当成熟了。例如,到了这一年(而不是更早些时候),人们已经搞清楚了,芳香族物质中的碳原子至少有 6 个;人们还搞清楚了,苯环晶核只能发生取代反应,而不能发生加成(addition)反应。到那一年(而不是更早),人们还逐渐搞清楚了,苯分子中的一个氢原子被**一个**基取代后形成的芳香族分子式,**只有一个**同分异构体,但是如果有**两个**基取代苯分子中的氢原子,则会导致不多不少**三种**不同的同分异构体。如何解释这些令人困惑的现象呢?

凯库勒于 1865 年 1 月用法文发表了一篇简短的论文,他当时是根特(Ghent)大学的教授,该文提出,苯是由 6 个碳原子组成的闭合链,其中单键和双键相互交替。后来凯库勒在 1866 年用德文发表的详尽的论文中,以及在同年出版的他那部化学教材的第六分册中,更详细地阐述了他的学说,其中包括理论论证实验中已观察到的异构体的数量。[30] 凯库勒的苯环理论从一开始就非常成功,这可以从科学团体对它的接受情况,从它展示出来的科学性,以及从它的技术应用等方面获得证明。早在 1865 年 4 月,凯库勒就在给他以往的学生贝耶尔的信中写道:"[我的]研究计划多得很,可谓无穷无尽,要知道,芳香族化合物的理论是取之不尽的宝藏。现在,德国青年学生需要博士论文题目,他们可以在这个宝藏里找到大量这样的题目。"[31]

这真是先见之明。从 19 世纪 60 年代到 70 年代,欧洲的学术性化学突飞猛进,日新月异。发展最快的国家是德国,在化学领域发展最快的是有机化学,特别是关于芳香族衍生物的研究。在德国的大地上,一座座大型宽敞的实验室拔地而起,争夺顶级明星科学家的竞争不断升温,学生们像潮水一样涌入大学和工业技术学院(Technische Hochschulen),毕业生的就业市场急剧扩大。毫无疑问,导致这些增长的一个重要原因

[29] 以下讨论取自我的论文《凯库勒苯环理论早期发展过程中的假说与实验》(Hypothesis and Experiment in the Early Development of Kekulé's Benzene Theory),《科学年鉴》,42(1985),第 355 页~第 381 页;《凯库勒的苯环理论与科学理论的评价》(Kekulé's Benzene Theory and the Appraisal of Scientific Theories),载于 A. Donovan、L. Laudan 和 R. Laudan 编,《审视科学:科学变化的经验研究》(Scrutinizing Science: Empirical Studies of Scientific Change, Boston: Kluwer, 1988),第 145 页~第 161 页;有些材料来自拙著《静悄悄的革命:赫尔曼·科尔贝与有机化学科学》第 12 章。

[30] Kekulé,《论芳香物的组成》(Sur la constitution des substances aromatiques),《化学学会会刊》(Bulletin de la Société Chimique),2d ser.,3(1865),第 98 页~第 110 页;《芳香物研究》(Untersuchungen über aromaticsche Verbindungen),《化学年刊》,137(1866),第 129 页~第 196 页;《有机化学教程》,vol. 2(1866),第 493 页~第 744 页。

[31] 凯库勒给贝耶尔的信,1865 年 4 月 10 日,August-Kekulé-Sammlung, Institut für Organische Chemie, Technische Hochschule, Darmstadt;转引自 Rocke,《凯库勒苯环理论早期发展过程中的假说与实验》,第 370 页。

是化学结构理论的非凡的知识力量。在任何场合下,这种相关性都是成立的,因为结构理论最为活跃的国家就是德国。李比希所倡导的实验室教学和集体研究相结合的教育,终于结出了丰硕的果实;当学科的主题适合于这种教学风格和研究风格时,尤其如此。[32]

在巴黎,夏尔·阿道夫·维尔茨领导着一个富有成效的有机结构化学小组,但是,从总体上讲,化学结构理论在法国并没有兴旺起来,这其中有着复杂的政治因素和知识因素,这个问题还有待进一步研究。由于多种因素的影响,我们不难理解有机化学在法国总的来说处于停滞不前的状态。但是到19世纪行将结束时,化学结构理论在法国的发展出现好转。[33] 在英国,爱德华·弗兰克兰领导着一个最重要的结构化学实验室。弗兰克兰是皇家研究院(Royal Institution)院长法拉第的继任人,另外他还是英国皇家化学学院(Royal College of Chemistry)院长霍夫曼的继任人。另外,在英国较为重要的化学结构论者还有爱丁堡的克拉姆·布朗(他发明了用字母和短线表示的结构式,这个表示法很快为化学家们所接受);此外还有曼切斯特的亨利·罗斯科;稍后还出现了亨利·阿姆斯特朗、威廉·亨利·小珀金等化学结构论者。在俄国,布特列罗夫先在喀山(Kazan)之后在圣彼得堡建立了出色的结构化学学派。

结构"有机化学家(organiker)"们所从事的课题,有两个典型的例子,一个是研究芳香族系列中的位置同分异构现象(positional isomerism),另一个是立体化学。如果凯库勒的理论是正确的,那么按照该理论,苯应该有三个系列的双衍生物(diderivatives);但是,哪个系列代表(1,2)化合物,哪个系列代表(1,3)化合物,哪个系列代表(1,4)化合物? 最早致力于研究芳香族领域中位置同分异构体(positional isomers)工作的是威廉·克尔纳和贝耶尔。克尔纳在1864年至1867年间与凯库勒并肩工作;此外,还有贝耶尔在柏林进行的测定。卡尔·格雷贝在贝耶尔的实验室工作,他把测定同分异构体位置的工作向前推进了一大步。他采用了多种研究路径来研究结构分配。然而,这项工作异常困难。后来维克托·迈尔的一项可谓经典的工作结束了这种混乱局面。迈尔是一个年轻有为的化学家,他试验成功了一类新的化学反应,该反应能够将所有已知的双衍生物与这样一种情形联系起来。在这种情形中,三个同分异构的二羧酸(dicarboxylic acids)位置的确定是可靠的(secure)。1874年克尔纳设计了一种普遍适用的方法。这样,芳香族的位置同分异构体中的"绝对同分异构现象",就被经典结构

[32] Jeffrey Johnson,《德意志帝国时代的学术化学》(Academic Chemistry in Imperial Germany),《爱西斯》,76(1985),第500页~第524页,及《化学中的等级制度与创造力(1871 ~ 1914)》(Hierarchy and Creativity in Chemistry, 1871 - 1914),《奥西里斯》(Osiris),2d ser.,5(1989),第214页~第240页;Frederick L. Holmes,《李比希实验室中教学与科研的互补性》(The Complementarity of Teaching and Research in Liebig's Laboratory),《奥西里斯》,2d ser.,5(1989),第121页~第164页。

[33] Robert Fox,《法国科学事业与赞助科研》(Scientific Enterprise and the Patronage of Research in France),《密涅瓦》(Minerva),11(1973),第442页~第473页;Mary J. Nye,《贝特洛的反原子论:嗜好的问题?》,《科学年鉴》,31(1981),第585页~第590页,以及《地方省份中的科学》(Science in the Provinces, Berkeley: University of California Press, 1986)。

理论所包容了。[34]

　　立体化学的起源要归功于荷兰的一个年轻的化学家,他的名字叫 J. H. 范特荷甫。他曾与维尔茨和凯库勒一道求学。立体化学的起源还独立地归功于一个法国人,即约瑟夫－阿希尔·勒贝尔,他是维尔茨的学生。1874 年,范特荷甫在一份 12 页的小册子中概述了立体化学的理论,次年他又用法文详细阐述了他的理论。长期以来,人们认为碳的四个价键在化学属性上是相当的。范特荷甫的观点是,如果它们在三维空间中被认为具有**空间上的**等价性(指向四面体的四个顶点),那么,绝对同分异构现象的许多例子就可以从结构上去理解——尤其是某些物质使通过该化合物溶液的偏振光的平面发生旋转的奇特性质。这样一来,旋光性这种为人所熟悉的经验效应就成功地与分子结构中几何不对称性联系起来了。范特荷甫的想法得到了很多化学家的支持,尤其是得到了著名结构化学家约翰内斯·维斯利策努斯的支持。维斯利策努斯在此后的 10 年中,致力于把立体化学的想法应用于那些含有双键的化合物。"立体化学"这个名词是由维克托·迈尔创立的,在 19 世纪 80 年代到 90 年代,他是世界上最富有实验技巧的实践家之一。1884 年他成为哥廷根大学韦勒教授的继任人,1889 年他又成为海德堡大学本生教授的继任人。[35]

　　对位置芳香族同分异构现象和立体同分异构现象进行的这些实例研究,足以表明结构化学具有多么强大的威力。虽然结构化学已经在很大程度上取得了成功,但是有一些反对者仍然顽固地坚持原来的观点,赫尔曼·科尔贝就是一个典型的例子。科尔贝是他那个时代最优秀的有机化学家之一,但是,对于人们宣称可以揭示分子结构的细节这一观点,他持强烈的怀疑态度。他的这种态度有其合理性,至少在早期,那些比科尔贝年长的资深化学家如李比希、韦勒、本生及其他许多人,全都持这种态度。科尔贝运用他自己创立的化合价理论的类型论形式(是对旧的基的理论进行调整后得到的),对后来结构化学的早期发展做出了重要的贡献。后来结构化学理论的发展变得越来越复杂了(例如上述的那些例子),科尔贝的理论就无能为力了。科尔贝强烈地抵制化学结构理论,甚至抵制化学结构理论中最显著的成就——凯库勒的苯环。科尔贝本人也创立了关于苯的理论,但是没有一个人接受它,甚至连他的学生也不接受它。1874 年科尔贝终于承认了这样一个事实,即在苯的结构问题上,"绝大多数化学家"更喜欢凯库勒的观点。至此,德国的有机化学(并且,逐步地,整个欧洲的有机化学)就变得完全结构化了。[36]

[34]　W. Schüett,《古列尔莫·克尔纳及其对苯异构衍生物化学的贡献》(Guglielmo Koerner und sein Beitrag zur Chemie isomerer Benzolderivate),《物理》(Physis),17(1995),第 113 页～第 125 页。

[35]　关于该主题的概述,参看 O. B. Ramsay,《立体化学》(Stereochemistry,London:Heyden,1981),以及 Ramsay 编,《范特荷甫－勒贝尔百周年纪念文集》。关于 Wislicenus,参看 Peter Ramberg,《阿瑟·迈克尔对立体化学的批判》(Arthur Michael's Critique of Stereochemistry),《物理科学的历史研究》,22(1995),第 89 页～第 138 页,以及《约翰内斯·维斯利策努斯,原子论与化学哲学》(Johannes Wislicenus,Atomism,and the Philosophy of Chemistry),《化学史期刊》,15/16(1994),第 45 页～第 54 页。

[36]　Rocke,《静悄悄的革命:赫尔曼·科尔贝与有机化学科学》。

结构理论的应用

近年来,人们对19世纪精细化学工业及其与学术性化学的关系,已做了许多高质量的历史研究。[37] 这里无须赘述,做一个简要的考察就足够了。19世纪上半叶的化学工业,主要是制造大批量的无机物,如苏打、硫酸、明矾,以及少量有机物,如肥皂和蜡。所有这些化工产品的制造方法,都是从生产实践经验中得来的。虽然有一些研究得出相反的观点,但是可以肯定地说,19世纪上半叶的高级化学理论与化工企业家的事务,其实没有多大的联系。[38]

后来,渐渐地,化学家们发明了许多合成技巧,借此可以把小分子变成有机物,并可以把天然的有机物在实验室中合成出来。这方面的先驱包括科尔贝、弗兰克兰、霍夫曼、维尔茨、贝特洛、凯库勒、埃伦迈尔、布特列罗夫、贝耶尔、格雷贝。有机合成领域最急剧的变革,发生在19世纪50年代、60年代和70年代。结构化学理论的兴起和发展(其历史已如前所述),有力地推进了这一变革。[39]

关于新的有机结构化学知识的应用,首先体现在合成染料方面。纺织工业是工业化早期的主导产业,化学工艺给衣服生产提供了不可或缺的添加剂。染料工业有着悠久的历史并且非常成熟,但是染料的创新还有着巨大的空间,比如扩大染料颜色的范围、增加着色度、降低价格等。合成有机化学染料的兴起,跟煤焦油的研究有着密切的联系。当时,煤焦油是制造焦炭过程中的废弃物。霍夫曼早在1843年,那时他还是李比希的学生,就对煤焦油进行了化验。这项研究是霍夫曼第一项重大的科学课题。两年后,霍夫曼被聘为设在伦敦的新的英国皇家化学学院的首任院长。他在那里取得了

270

[37] Anthony Travis,《彩虹制造者》(The Rainbow Makers, Bethlehem, Pa.: Lehigh University Press, 1993);W. J. Hornix,《A. W. 霍夫曼与合成染料工业》(A. W. Hofmann and the Dyestuffs Industry),载于 C. Meinel 和 H. Scholz 编,《科学与产业联盟》(Die Allianz von Wissenschaft und Industry, Weinheim: VCH Verlag, 1992),第151页~第165页;J. A. Johnson,《霍夫曼在德国化学中重建学术－产业联盟中的作用》(Hofmann's Role in Reshaping the Academic-Industrial Alliance in German Chemistry),载于《科学与产业联盟》,第167页~第182页;A. S. Travis、W. J. Hornix 和 R. Bud 编,《有机化学与高技术(1850 ~ 1950)》(Organic Chemistry and High Technology, 1850 - 1950, special issue of British Journal for the History of Science, March 1992);Walter Wetzel,《德国自然科学与化学工业》(Naturwissenschaft und chemische Industrie in Deutschland, Stuttgart: Steiner, 1991);R. Fox,《科学、工业与米卢斯的社会秩序》(Science, Industry, and the Social Order in Mulhouse),《英国科学史杂志》,17(1984),第127页~第168页;G. Meyer-Thurow,《发明的工业化:德国化学工业实例研究》(The Industrialization of Invention: A Case Study from the German Chemical Industry),《爱西斯》,73(1982),第363页~第381页;F. Leprieur 和 P. Papon,《合成染料:19世纪法国学术化学与化学工业》(Synthetic Dyestuffs: The Relations between Academic Chemistry and the Chemical Industry in Nineteenth-Century France),《密涅瓦》,17(1979),第197页~第224页;Y. Rabkin,《化学与石油:其关系的起源》(La chimie et le pétrole: Les débuts d'une liaison),《科学史评论》(Revue d'Histoire des Sciences),30(1977),第303页~第336页;J. J. Beer,《德国合成染料工业的兴起》(The Emergence of the German Dye Industry, Urbana: University of Illinois Press, 1959);及 L. F. Haber,《19世纪化学工业》(The Chemical Industry During the Nineteenth Century, Oxford: Clarendon Press, 1958)。
[38] R. Bud 和 G. Roberts,《科学对实践:英国维多利亚时代的化学》(Science versus Practice: Chemistry in Victorian Britain, Manchester: Manchester University Press, 1984)。
[39] John Brooke,《有机合成与化学的统一:重新评价》(Organic Synthesis and the Unification of Chemistry: A Reappraisal),《英国科学史杂志》,5(1971),第363页~第392页;C. Russell,《有机化学合成作用的变化》(The Changing Role of Synthesis in Organic Chemistry),《炼金术史和化学史学会期刊》,34(1987),第169页~第180页。

教学和科研工作的双丰收。他继续对从煤焦油和石油中提取出来的物质进行化学研究,尤其致力于对含氮有机物的研究。[40]

1856 年,霍夫曼的一个名叫威廉·亨利·小珀金的学生,通过氧化非纯净的苯胺(这是一种从煤焦油中直接提取出来的物质),制备了一种新的紫色物质,它具有作染料的优异特性。小珀金发明这个合成方法,是靠简单的试错法得来的。小珀金发明了这种新的化合物,但是对于它的化学组成是什么,他一无所知,毕竟那时化学结构理论尚未提出来。小珀金给这种材料申请了专利,并且他不顾霍夫曼的反对,创建了一个工厂来生产这种染料,1858 年工厂投入生产。小珀金把这种染料取名为"Mauve",即苯胺紫。该染料一上市,便吸引了巴黎时装的权威。小珀金因而成为巨富,煤焦油染料工业从此诞生。[41]

1858 年,霍夫曼发现苯胺与四氯化碳反应,可以生成一种深红色染料。后来,这种染料在法国被 F. E. 韦尔甘开发出来,他把技术工艺出售给了里昂的勒纳尔·弗雷尔公司(Renard Frères firm)。自 1859 年以来,法国和英国一些新的公司以霍夫曼不久后称之为"庞大的比例(colossal proportions)"销售这种被命名为"洋红(magenta)"或"品红(fuchsine)"的红色染料。苯胺紫的生产很快萎缩下去了,但是品红在市场上却长盛不衰。霍夫曼在 1862 年和 1863 年对品红进行了科学研究,这项研究导致了烷基化(alkylated)衍生物的生产,它能为许多基本染料提供各种不同的色调(shades)。霍夫曼就这些"由苯胺制得的红色染料(rosaniline)"申请了专利,后来这些染料被人们称为"霍夫曼紫罗兰(Hofmann violets)"。霍夫曼的一个以前的学生爱德华·尼科尔森,在辛普森、莫尔和尼科尔森伦敦公司(London firm of Simpson, Maule, Nicholson)制造这些染料。在 19 世纪 60 年代早期,欧洲煤焦油染料工业发展迅速,好戏连台。在合成染料工业持续发展的 10 年,法国企业和英国企业是领头羊。

271

对天然产物茜素的人工合成,是一个重要的转折点。茜素原本是从茜草植物中提取出来的一种鲜艳的红色染料,具有很高的商业价值,其地位仅次于靛蓝。茜素的人工合成是卡尔·格雷贝和卡尔·利伯曼在 1868~1869 年间在贝耶尔位于柏林的职业学院(Berlin Gewerbeakademie)的实验室里完成的。这一事件使煤焦油染料工业发生了重要的变革。第一,茜素的人工合成表明,合成染料这一新型工业的领先地位,正在逐渐从法国和英国转移到德国;第二,这是用化学方法合成出来的第一个重要的天然染料;第三,许多未来成为大企业的染料工厂都是靠茜素发家的;最后,这个事件表明,经验驱动的产品创新正在走向以化学理论为基础的产品创新。结构化学特别是凯库勒的苯环理论,被证明对促进合成染料工业的发展壮大是不可或缺的。

[40] 关于霍夫曼的新近的有用的概略,见 Meinel 和 Scholz 编,《科学与产业联盟》。
[41] 苦味酸的生产,开始于 19 世纪 40 年代中期,它是第一个煤焦油染料。但是,第一个被大规模制造和销售的有机合成染料却是小珀金的苯胺紫。见 Travis,《彩虹制造者》,第 40 页~第 43 页。

　　在后来的几十年里,煤焦油染料贸易领导着精细化学工业的其他部门向前发展,如制药化学、食品化学和农业化学、光化学、医药用品化学等。工业研究实验室开始出现了,在那里,聘用的受过训练的化学家不仅担任化学工程师,而且从事基础研究。就这样,分子结构化学在现代工业研究的诞生中发挥着举足轻重的作用。

(刘立　译　刘兵　陈养正　校)

14

辐射理论与实验：从托马斯·杨到 X 射线

洪性旭

在这一章中,我们将要考察相异同时又相关的四个主题。其中,第一个主题是在光的微粒说与波动说之间的争论;第二个主题是新型辐射的发现,比如在 19 世纪初新发现的热(红外线)辐射与化学(紫外)射线以及随后逐渐形成的共识的出现,即热、光、化学射线组成了相同的连续光谱;第三个主题是光谱学的发展与光谱分析;最后一个主题是光的电磁理论的出现和随后在实验室里产生电磁波,以及 19 世纪末 X 射线的发现。

这里所作的说明是以当前有关 19 世纪的物理学史,特别是光学与辐射史的学识为基础的。但是由于对这些专题的历史研究的现状并非同质的,因此我将会从不同的历史学与编史学的角度去探讨这些专题。第一个主题所强调的编史学问题是对光学革命的解释,参照的是托马斯·库恩的科学革命的方案。对于还没有被历史学家透彻地考察的第二个与第三个主题,则强调在新射线的发现和连续光谱思想形成过程中,理论、实验与仪器的相互影响。第四个主题讨论的是众所周知的麦克斯韦关于光的电磁理论,对该主题的说明集中在理论概念向实验结果的转化,以及实验结果向技术制品的转化。

光的波动说的兴起

从 17 世纪晚期开始,光的微粒说和光的"介质"理论之间就一直在相互竞争。介质理论把光视为在弥漫的以太中的一种扰动;粒子说则把光视为粒子,认为这些粒子遵循着牛顿力学的规律。光的微粒说起源于牛顿杰出的光学著作,特别是在 1704 年的《光学》(*Opticks*)一书中,他在那部作品中用光粒子和力来解释折射和可能的散射现象。介质理论植根于笛卡儿把光视为一束(瞬间传播的)脉冲的观念。克里斯蒂安·惠更斯(1629~1695)提出了一个新颖的原理——被称为惠更斯原理,根据这一原理,波前上的各点都是发射子波的波源,这些子波的包络形成新的(有限传播的)波前。惠更斯还运用波动理论的几何学思考方法来解释冰洲石呈现出的被称为双折射的奇怪效应。他在一些特殊的实例中得到了双折射的规律,并以实验证实了这些实例,但是对他的规律的一般意义上的证实则超出了 18 世纪实验物理学的范围。[1]

把 18 世纪的光学著作独断地分为微粒说与波动说是辉格史观的。格奥尔格·康托尔曾提出一种三分法:把光视为物质粒子之发射的发射理论;把光视为类似假定中流质的平移运动的流动理论;以及把光视为弥漫在以太中的脉冲的振动运动的振动理论。康托尔把 18 世纪的振动理论与奥古斯丁·菲涅耳(1788~1827)的波动理论作了区分。后者以高度发展的数学为特征,利用干涉理论对惠更斯原理进行补充,使其能够用数学方法对实验结果进行预测。相比而言,虽然莱昂哈德·欧拉(1707~1783)第一次引入周期概念来表征脉冲,但其振动理论仍然是定性的。尽管托马斯·杨(1773~1829)在干涉原理的基础上首先提出一种光的波动理论,但他并没有运用惠更斯原理,因此没有完全超出先前振动观念的范围。由于这个原因,康托尔认为,杨是 18 世纪振动理论的顶点,而非 19 世纪光的波动说的开端。[2]

在 18 世纪末和 19 世纪初,法国的光学中微粒说居于优势。皮埃尔－西蒙·拉普拉斯(1749~1827)是一个坚定地信仰牛顿学说的人,他以数学方式分析了光与空气粒子的相互作用,解释了大气折射。在 1802 年,英国自然哲学家威廉·海德·沃拉斯顿(1766~1828)肯定了惠更斯对双折射的解释。这给拉普拉斯和他的追随者提出了挑战。拉普拉斯的门徒艾蒂安·马吕(1775~1812)根据微粒说成功地解释了双折射。马吕还发现并且解释了偏振和部分反射。另外一位微粒说的理论家让－巴蒂斯·毕奥(1774~1862)解释了一个新现象——色偏振。[3] 由托马斯·杨提出的英国的光的波动说在巴黎是受到忽视的。微粒说在巴黎的成功也是短暂的。实际上并不知名的外省工程师奥占斯丁·菲涅耳以数学和弗朗索瓦·阿拉戈(1786~1853)的支持为武器,在 1815 年使光的波动理论得以复兴。1819 年他因衍射理论得到了一个科学院的奖项。尽管五个评奖委员中的三个——拉普拉斯、毕奥、西梅翁－德尼·泊松(1781~1840)——或者是微粒论者,或者是热心的拉普拉斯学派成员,或者两者都是,但他们仍然把奖项给了菲涅耳。这个惊人的事件常常被视为甚至连微粒说理论家都认为菲

271

〔1〕 光的"介质"理论在 Casper Hakfoort 的《欧拉时代的光学:光的性质的概念(1700 ~ 1795)》(*Optics in the Age of Euler:Conceptions of the Nature of Light*,*1700 － 1795*,Cambridge:Cambridge University Press, 1995)一书得到了很好的验证。关于双折射的历史,见 Jed Z. Buchwald,《从惠更斯到马吕的双折射的实验研究》(Experimental Investigations of Double Refraction from Huygens to Malus),载于《精密科学史档案》(*Archive for History of Exact Science*),21(1980),第 311 页~第 373 页。

〔2〕 Geoffrey Cantor,《牛顿之后的光学:不列颠和爱尔兰的光理论(1704 ~ 1840)》(*Optics after Newton:Theories of Light in Britain and Ireland*,*1704 － 1840*,Manchester:Manchester University Press, 1983)。

〔3〕 关于拉普拉斯学派的背景,见 M. Crosland,《阿尔库尔学会》(*The Society of Arcueil*,London:Heinemann, 1967);Robert Fox,《拉普拉斯学派物理学的兴衰》(*The Rise and Fall of Laplacian Physics*),载于《物理科学的历史研究》(*Historical Studies in the Physical Sciences*),4(1974),第 81 页~第 136 页;Eugene Frankel,《双折射微粒说的探究:马吕、拉普拉斯与 1808 年大奖赛》(The Search for a Corpuscular Theory of Double Refraction:Malus, Laplace and the Prize Competition of 1808),《人马座》(*Centaurus*),18(1974),第 223 页~第 245 页。

涅耳的理论优于微粒说的证据。[4]

这里所略述的关于光的波动说和微粒说争论的历史及其编史学研究,长期以来是以威廉·惠威尔(1794~1866)对于两种理论最早的描述为前提的。在这部有影响的《归纳科学的历史》(*History of the Inductive Sciences*,1837)里,惠威尔说:

> 当我们着眼于光的微粒论的历史时,可以清楚看出一个错误理论由生至灭的自然过程。这样的一个理论在某种程度上可以解释一些人们最初看到的现象;但是每一种新的事实都需要新的假设去修补理论;随着观察继续进行,这些不连贯的假设越来越多,直到它们彻底颠覆了最初的框架。这就是光的物质微粒假设的历史……另一方面,在波动理论中一切都趋向简单一致……它不仅是一个新的物理假设,而且从原有的众原则之中导出了与观察显示相匹配的结果。它说明、解释并且简单化了最为纠缠不清的事例;修正了已知的规律和事实;预言并揭示了未知的现象与规律。[5]

既然认为光也是一种波,因此对像惠威尔这样的新一代波动学说的坚决支持者而言,从某种意义上说,这场争论的结果从一开始就已经预先决定了。

在 19 世纪 10 年代,甚至是在 19 世纪 20 年代初期,人们一致公认微粒理论相当成功地解释了光学现象,由此,一场更为剧烈复杂的争论爆发了。在这个时期,尤金·弗兰克尔已经详细地描述了光的微粒说的优点和成功之处。[6] 总的来说,微粒说用来解释偏振及相关现象时更为成功,而波动说则更适合用于解释衍射现象的各个方面。拉普拉斯学派认为偏振现象比衍射现象更为重要,因为他们认为衍射是由于光和物质性实体相互作用而产生的二级现象。在 19 世纪 20 年代初期,菲涅耳提出了横波的概念用于解释偏振现象。但是,为了自圆其说,他又不得不接受这样一种前提条件:即以太必须像固体一样具有高度弹性,但这种假设连菲涅耳自己也很难接受。这种弹性的固体以太模型后来被奥古斯丁－路易·柯西(1789~1857)、詹姆斯·麦卡拉(1809~1847)和乔治·格林(1793~1841)进一步完善发挥,不过这种模型会不时地给波动理论家们提出许多难以对付的问题。[7]

按照弗兰克尔的话说,要想适当地评价波动理论取代微粒理论的价值,就必须知

---

[4] 在菲涅耳的光的波动说成功之后,托马斯·杨辩说:他早已植下了这棵树,而菲涅耳只不过摘下了树上的苹果。然而,菲涅耳只是大体上同意杨在波动概念上有优势,而否认杨对他有什么影响。见 Edgar W. Morse,《托马斯·杨》(Thomas Yang),《科学传记辞典(十四)》(*Dictionary of Scientific Biography*, XIV),第 568 页。

[5] William Whewell,《从最早时期至今的归纳科学的历史》(*History of Inductive Sciences from the Earliest to the Present Time*, 3 vols. London: John W. Parker, 1837),第 2 卷:第 464 页~第 466 页。

[6] Eugene Frankel,《粒子光学和光的波动说:有关物理学领域内一场剧烈变革的科学和政治学》(Corpuscular Optics and the Wave Theory of Light: The Science and Politics of a Revolution in Physics),《科学的社会研究》(*Social Studies of Science*),6(1976),第 141 页~第 184 页。

[7] 有关菲涅耳的横波和后来的以太模型,见 Frank A. J. L. James,《光的波动说在物理学上的阐释》(The Physical Interpretation of the Wave Theory of Light),《英国科学史杂志》(*British Journal for the History of Science*),17(1984),第 47 页~第 60 页。David B. Wilson,《乔治·加布里埃尔为恒星光行差和传光以太理论添薪加柴》(George Gabriel Stokes on Stellar Aberration and the Luminiferous Ether),《英国科学史杂志》,6(1972),第 57 页~第 72 页。Jed Z. Buchwald,《光学和点状以太理论》(Optics and the Theory of the Punctiform Ether),《精密科学史档案》,21(1980),第 245 页~第 278 页。

道这种转变发生所依赖的广阔背景。在这个时期,拉普拉斯学派的"短程力"项目和这个项目的反对者们之间引发了一系列的冲突,范围几乎涉及了物理科学的每一个领域,包括热学、电学、化学。弗兰克尔从他的研究中获得了两个意义重大的启发:第一,那些现存科学知识中的异常点往往是被那些远离主要科学事业中心的人们发现的。在巴黎的拉普拉斯学派虽然试图去完善微粒说,却发现不了任何的异常点,而远离拉普拉斯理论巨大影响的菲涅耳却能够提出一个全新的设想。第二,弗兰克尔提出,社会背景和政治背景不仅影响到对光的两种不同理论之间争论的解决,而且与这场争论的根源紧密相关。他指出以上两点结论可以用来补充托马斯·库恩提出的关于科学革命开展方式的方案。[8]

　　尽管弗兰克尔对争论所处的社会背景和政治背景的思考具有很大的启发性,但有一个问题却是他既未提出也未能回答的,即在 19 世纪初,为什么微粒说能够被人们广泛认可? 换句话说,马吕是如何得出他的"正弦平方法则"的? 或者毕奥又是如何明确地表示出色偏振方程的? 对此,波动说理论家们以及后来的历史学家们,包括弗兰克尔在内,一直设想他们的公式都是"经验主义的",即他们的公式是从实验数据中以某种方式直接得出的。但另一方面,据说菲涅耳的公式,例如他对干涉的积分公式,是直接建立在理论基础上的。针对这种传统的思考方式,正如惠威尔自己早前所说:虽然微粒说能够相当成功地解释许多现象,"随着观测继续进行,这些不连贯的附加部分越来越多,直到它们彻底颠覆了最初的框架"。[9]

　　通过对微粒说者的光学中不为人知的理论及其含义进行艰苦卓绝的重新构建,杰德·Z. 布赫瓦尔德令人信服地表明,这个简单的故事是远远不够准确的。根据拉普拉斯学派的范式,作用在运动粒子上的力可以解释微观现象甚至某些宏观现象,但布赫瓦尔德论证了拉普拉斯学派的范式不能用来很好地解释光学现象。此外,虽然短程力原理能够(部分地)解释折射的现象,或以间接方式解释双折射现象,但是,它却不能很好地解释部分反射、偏振以及色偏振等这些在 19 世纪 10 年代和 20 年代被广泛讨论的物理现象。以毕奥和马吕为代表的微粒说理论家们已经不再使用牛顿力学来解释这些现象,正如后来的波动理论家们很少使用以太学说来解释干涉图样一样——换句话说,几乎根本不使用。

　　然而,还是有一些理论是能发挥作用的。布赫瓦尔德认为:微粒说理论家们的核心原理在于他们的假设——和有选择的实践——光的射线作为物理实体和客观实体而存在,就这点而论,它们能被计数。为了解释偏振现象,每条射线都被假设为垂直于其中心轴线且是不对称的。但是如果仅仅讨论某一条射线是否产生偏振,则是根本没有

---

〔8〕 Frankel,《粒子光学和光的波动说》(Corpuscular Optics and the Wave Theory of Light);Thomas S. Kuhn,《科学革命的结构》(*The Structure of Scientific Revolutions*, Chicago: University of Chicago Press, 1962)。
〔9〕 见脚注〔5〕。

意义的,因为每条射线一直都是和它当初一样不对称的。准确地说,偏振是指一组射线(或一个光束)以同一方向排列而组成的结构。计算有多少射线以同一方向排列(这实际上是一种"射线统计学"),构成了微粒说理论家们的事实上的实践。偏振、部分反射和色偏振就是在此基础上得到解释的。另一方面,对波动说理论家们而言,一条光的射线被认为是用来连接光源和波前上一点的几何线条。所以,它不是一种物理实体而是一种数学线条,因此它不能用于计算。比较而言,射线被判定为是或不是偏振的,在于它的不对称性被指定为被射线相交的波前上某点的方向。[10]

　　因此,对于光的波动说和微粒说之间的争论,既不该有一方对另一方突然的胜利(以菲涅耳获得 1819 年的奖项为代表),也不该出现后者向前者平稳而顺利地转变。这是一个既困难又被延长了的混淆和曲解的过程——简而言之,它具有部分的不可比性。[11] 例如,布赫瓦尔德认为,菲涅耳之所以在 1819 年获得奖项,是因为他的数学公式完美地符合了实验数据,同时看起来又没有包括任何有关光的本质的、足以威胁到当时已经确立了地位的射线统计学的重要的物理学假说。换句话说,虽然菲涅耳的漂亮公式对光的微粒说原理提出了许多怀疑,但是并未相应地对射线理论的基本原理产生多大的影响。在争论的初始阶段,微粒说的支持者们很难理解像菲涅耳这样的波动说理论家不采用射线统计学仪器竟能利用"光的射线"。当菲涅耳变成一个完全的羽翼丰满的波动说理论者后,他就开始批评毕奥在后来的射线光学中矛盾地使用牛顿理论中的力。然而,毕奥认为,射线统计学能够与牛顿理论在力和粒子两方面的假说区别开来,因此菲涅耳的评论仍然没有论及它。[12]

新型辐射和连续光谱概念

　　在整个 18 世纪,光谱一直被认为是某种可以被肉眼看见且具有色彩的东西。在1800 年,弗雷德里克·威廉·赫舍尔(1738~1822)发现了一种肉眼无法看见的射线。他偶然注意到,在望远镜中使用不同颜色的玻璃镜片会有不同的热效应。这种现象引导他进一步深入测试色彩光谱中各个不同部分的发热作用。仅仅凭借一块棱镜和一

[10] Jed Z. Buchwald,《光的波动理论的兴起:19 世纪早期的光学理论和实验》(The Rise of the Wave Theory of Light: Optical Theory and Experiment in the Early Nineteenth Century, Chicago: University of Chicago Press, 1989)。他的有关偏振现象中射线概念的观点很好地体现在以下文章中,Jed Z. Buchwald,《偏振现象的发现》(The Invention of Polarization),载于 R. P. W. Visser、H. J. M. Bos、L. C. Palm 以及 H. A. M. Snelders 编,《科学史的新趋势》(New Trends in the History of Science, Amsterdam: Rodopi, 1989),第 3 页~第 22 页。

[11] 例如可参看 John Worrall,《菲涅尔、泊松与白点:在科学理论被接受过程中成功预测的作用》(Fresnel, Poisson, and the White Spot: The Role of Successful Predictions in the Acceptance of Scientific Theories),载于 D. Gooding、T. Pinch 和 S. Schaffer 编,《实验的用处》(the Use of Experiment, Cambridge: Cambridge University Press, 1989),第 135 页~第 157 页。

[12] Buchwald,《光的波动说的兴起》(The Rise of the Wave Theory of Light),第 237 页~第 251 页。关于不可比性的问题的更深一步的分析在以下文章中,Jed Z. Buchwald,《光的种类和光的波动说》(Kinds and the Wave Theory of Light),《科学的历史与哲学研究》(Studies in History and Philosophy of Science),23(1992),第 39 页~第 74 页。

支温度计,他发现太阳光谱中在可见光不存在的红外区热效应反而提高,而紫外区则没有这种现象。他把那些引起这种效应的射线命名为"热"射线或者"热质"射线。在此基础上,他进一步证明这些新射线能够被反射和折射。这就产生了一个问题,即射线和光的同一性问题。赫舍尔发现虽然无色的玻璃对可见光具有完美的通透性,却会吸收 70% 的热射线。他进行了几种不同的实验,其中包括他认为是"关键性"的实验,即比较了同种颜色的玻璃对红光范围内红色光可见光谱和热射线不可见光谱的两种吸收效果。实验结果总是表明光和热射线不同。赫舍尔既坚持热质说,又坚持光的微粒说,所以他推断存在两种相互独立的光谱。可见光对应于"光的光谱",而不可视射线则对应于"热的光谱"。在他看来,这两者之间的唯一共同点在于两种射线都是可折射的,不过程度不一样。[13]

278

　　赫舍尔对于不可见热射线的发现从一开始就经常被质疑。苏格兰自然哲学家约翰·莱斯利论证说,赫舍尔当时发现的在太阳光谱之外的发热效应,是由于实验台的反射光导致了室内温度升高引起的。莱斯利公布了他亲自小心翼翼做的实验,并未发现任何证据证明在光谱的红外区存在不可见热射线。也有少数科学家——例如德国的 C. E. 温施——证实了莱斯利的实验。而另一方面,托马斯·杨以及其他一些科学家却证实了赫舍尔的结果。导致他们之间的分歧的根源其实在于做实验时所使用的棱镜不同。德国人约翰·威廉·里特尔(1776~1810)指出,赫舍尔和温施使用的是不同的棱镜,而且温施的结果对于他所使用的棱镜类型来说也是正确的。托马斯·J. 塞贝克(1770~1831)早在 1806 年(直到 1820 年才公布)就已经论证了使用具有不同色散能力的棱镜会得出不同的实验结果,因为这相当于使用具有不同吸收效果的材料做实验。同时,塞贝克也证明了在太阳光谱之外存在一种发热效应,证实了赫舍尔的结果。当 1820 年塞贝克的研究被公布时,人们已广泛接受了在太阳光谱之外存在着不可见射线的观点。[14]

　　其间,在 1801 年,里特尔发现了太阳光谱紫色端之外的不可见射线在化学上的作用。作为德国自然哲学的拥护者,里特尔坚信自然界中的反向性必然能够展示出在紫外光谱区存在着与热射线相对应的冷射线,他正是在此基础上开展研究并最终发现了他所称的"还原射线"。在 1777 年,卡尔·威廉·舍勒(1742~1786)发现,一张涂了氯化银的纸片在紫光条件下比在其他颜色光线条件下能更迅速地变黑。而里特尔早就

[13] 赫舍尔对热射线的发现在许多有关红外线分光学的历史著作和科学著作中早就被提到。例如,参看 D. J. Lovell,《赫舍尔在解释热辐射现象时的两难窘境》(Herschel's Dilemma in the Interpretation of Thermal Radiation),《爱西斯》(*Isis*),59(1968),第 46 页~第 60 页;E. Scott Barr,《红外线光谱区早期发展的历史研究》(Historical Survey of the Early Development of the Infrared Spectral Region),《美国物理学杂志》(*American Journal of Physics*),28(1986),第 42 页~第 54 页。

[14] 发表于 1938 年,赫舍尔和莱斯利之间的争论连同塞贝克对这个问题的贡献都在同年间的以下文章中被详细地分析了,E. S. Cornell,《从赫舍尔到梅洛尼的辐射热光谱理论——赫舍尔以及与他同时代的人们的成果》(The Radiant Heat Spectrum from Herschel to Melloni – The Work of Herschel and his Contemporaries),《科学年鉴》(*Annals of Science*),3(1938),第 119 页~第 137 页。

注意到了舍勒的实验,于是他便使用涂了氯化银的纸片作为检测不可见辐射的工具,他成功地演示了试纸最大程度的变黑发生在紫外射线区。在里特尔得出这个发现的三年后,托马斯·杨也通过使用涂了氯化银的试纸得到了紫外线的一种干涉图样。此后,随着摄影术的不断改进,用于检测紫外线的实验工具也不断发展。[15]

其他一些仪器的发展对后来连续光谱概念的提出也是必不可少的。当赫舍尔发现不可见辐射时,他用的是人们当时还在普遍使用的水银温度计,而后来水银温度计则被1829年意大利的莱奥波尔多·诺比利(1784~1835)发明的有更高灵敏度的热电堆所取代。另一项重要进展的发生则伴随着对红外辐射透明的物质的发现(正如玻璃对于可见光几乎完全透明一样)。意大利的马切多尼奥·梅洛尼(1798~1854)发现岩盐远比玻璃更容易被红外辐射所透射,或者用他自己的话来说就是更具有"透热性"。这使得他可以用岩盐来制造棱镜。有了这些棱镜,再加上改进后的热电堆,人们就更容易控制和操作红外线了。[16]

继赫舍尔的发现和里特尔的发现之后,三种不同的射线得以确认,即热射线、光射线、化学射线。争论依然存在,争论的焦点在于,热射线和化学射线是不是可见光谱向不可见光谱领域延伸的结果,抑或它们根本就是和光射线完全不同的射线。正如我们所知晓的,赫舍尔基于他的实验,认为热射线和光射线这两种射线虽然在性质上有相似之处,但却是截然不同的两种东西。在1813年至1814年,法国物理学家毕奥·克洛德-路易·贝托莱(1748~1822)和J. A. C. 沙普塔尔讨论并对比了上述两种假设,得出了与赫舍尔相反的结论。他们认为热射线、光射线和化学射线这三种射线其实是同一种射线,它们之间的区别仅仅在于折射性不同。1812年汉弗里·戴维(1778~1829)也拒绝接受赫舍尔关于热射线不同于光射线的观点。1832年,安德烈-马里·安培(1775~1836)以光的波动理论为基础,主张辐射热与光没有什么区别。然而,对后来的红外辐射研究做出了巨大贡献的梅洛尼,却在19世纪30年代论证,既然光和热在不同物质材料中具有不同的吸收率,那么它们必然是两种性质截然不同的物质,或者是同一种物质的两种**性质截然不同**的变体。到19世纪30年代,不可见射线的身份仍然不能得到确定。

[15] 关于里特尔的化学射线的发现和自然哲学(Naturphilosophie)的联系,见 Kenneth L. Caneva,《物理学和自然哲学:一次探究》(Physics and Naturphilosophie: A Reconnaissance),《科学史》(History of Science),35(1997),第35页~第106页,尤其是第42页~第48页。要想对里特尔有全面的了解,见 Stuart W. Strickland,《给科学划界:约翰·威廉·里特尔和恒星人的物理学》(Circumscribing Science: Johann Wilhelm Ritter and the Physics of Sidereal Man, PhD diss., Harvard University, 1992)。Walter D. Wetzels,《约翰·威廉·里特尔:德国的浪漫物理学》(Johann Wilhelm Ritter: Romantic Physics in Germany),载于 Andrew Cunningham 和 Nicholas Jardine 编,《浪漫主义和科学》(Romanticism and the Sciences, Cambridge: Cambridge University Press, 1990),第199页~第212页。

[16] 关于梅洛尼对诺比利的热电堆的改进,见 Edvige Schettino,《一种新型的红外线辐射测量仪器——马切多尼奥·梅洛尼的热电堆》(A New Instrument for Infrared Radiation Measurements: The Thermopile of Macedonio Melloni),《科学年鉴》,46(1989),第511页~第517页。关于梅洛尼对红外线辐射研究的贡献,见 E. S. Cornell,《从赫舍尔到梅洛尼的辐射热光谱系列之二——梅洛尼以及与他同时代人们的研究工作》(The Radiant Heat Spectrum from Herschel to Melloni - II: The Work of Melloni and his Contemporaries),《科学年鉴》,3(1938),第402页~第416页。

几个因素促使形成了这一观点:热射线、光射线和化学射线属于一个完全相同的光谱,区别只在于波长——这种一致性的看法在 19 世纪 50 年代占据了统治地位。罗伯特·詹姆斯·麦克雷仔细地研究了这一论点,指出这种一致性看法的形成是一个长期的过程,其中理论因素、实验因素和仪器因素相互交织。[17] 没有任何一个单独的实验是决定性的。理论因素——比如像热力学第一定律的明确表达,按照这个定律,热被认为等同于机械能——有助于科学家们以全新的方式来看待射线的热效应。技术因素和仪器因素——像岩盐作为一种透热性材料的发现,以及精确的热电偶的发明——都是至关重要的。

光的波动理论的兴起和传播对这个过程做出了积极的贡献,比如波长的概念开始变得富有意义而实用。托马斯·杨曾经在 1802 年说过,"光和热的区别,看起来很可能仅仅在于它们的波动或振动频率"。[18] 托马斯·杨的推测被后来的试验所支持并扩展。例如詹姆斯·福布斯(1809~1868)在 1836 年证明了热射线的圆偏振现象并测量了它们的波长。而梅洛尼的情况甚至更引人注目。虽然他一贯坚信热射线和光射线这两种射线不同,但是当他在 1842 年改为相信光的波动理论之后,便认为热射线、光射线和化学射线在性质上是一样的,它们唯一实在的区别只在于波长。一旦光的波动说被人们接受,这些射线在反射、折射、偏振、部分可透过性以及干涉等现象上的相似性的实验证实将被重新阐释(1800 年赫舍尔就已经对其中一部分给以证实)。从这个意义上来说,赫舍尔已经为后来的科学家们提供了一整套用以研究新的射线的工具。

光谱学和光谱分析的发展

光谱学的发展是以威廉·海德·沃拉斯顿在 1802 年发现在太阳光谱中有几条暗线为开端的,当时他还以为是实验仪器异常的结果。而将这种异常现象转变成自然现象并最终转变成一种极其有影响力的工具的人,却是当时制造用于望远镜和棱镜的玻璃的约瑟夫·夫琅和费(1787~1826)。通过利用各种资源,比如当地一个多明我会修道院的精巧工匠们,他能够制造出各种极好的棱镜和消色差的透镜。依靠这些棱镜和透镜,他在太阳光谱中发现了超过 500 条纤细的暗线。夫琅和费当即利用这些线条来校准新的透镜和棱镜,因为这些暗线是很好的基准点,可以用于识别那些迄今尚模糊不清的各种色彩之间的界线。利用这些暗线,他可以测量玻璃的折射率以用于制造消色差的透镜。然而,他却没能在理论上做更进一步的研究。例如,他虽然指出了从一盏灯的光谱中获得的两条非常相近的黄线,和在太阳光谱中的两条暗线(他称其为

[17]　Robert James McRae,《热和光的连续光谱概念的起源》(The Origin of the Conception of the Continuous Spectrum of Heat and Light, PhD diss. , University of Wisconsin, 1969)。
[18]　Thomas Young,《关于光和色彩的理论研究》(On the Theory of Light and Colors),《哲学会刊》(Philosophical Transactions),92(1802),第 12 页~第 48 页,引文在第 47 页。

"D")的位置非常符合,但是他却没有对这种巧合的原因做出推测。19 世纪 30 年代,伴随着光的波动说和微粒说之间的冲突,出现了一场新的激烈的争论。围绕着光谱中的暗线是由什么引起的这个问题,争论在戴维·布儒斯特(1781～1868)、乔治·比德尔·艾里(1801～1892)和约翰·赫舍尔(1792～1871)之间展开。但是夫琅和费却和这些事情关系甚微。[19]

一些科学家提出,线状光谱可能和那些能够辐射光或吸收光的物质中的原子或分子的结构有关系。在 1827 年,约翰·赫舍尔在解释暗线或亮线的时候提出,一个物体吸收一种特定射线的能力是和它加热时不能释放该种特定射线的性质相关联的。莱昂·博科(1819～1868)和乔治·加布里埃尔·斯托克斯(1819～1903)分别在 1849 年和 1852 年推测出了暗线和亮线的机制。威廉·斯旺在 1852 年将 D 线归因于媒介中或光源中含有钠元素。然而,直到古斯塔夫·基希霍夫(1824～1887)应罗伯特·本生(1811～1899)的要求,才在 1859 年提出了辐射光谱和吸收光谱具有同一性的规律。这一规律是在同样的物质条件下得出的,即对辐射光的物质和吸收光的物质的光谱学研究已经很普遍了。几乎就在同时,英国的鲍尔弗·斯图尔特(1828～1887)也提出了一个相似的观点。基希霍夫和斯图尔特两个人的观点的区别在于这样一个事实,基希霍夫的主张是建立在热力学的一般原则和严格证明的基础之上,而斯图尔特提出的概念却来源于皮埃尔·普雷沃的较前者陈旧而且并不严格的交换理论。两者的优先权之争不单单只在他们个人之间,而且还在他们的追随者之间爆发,直到 19 世纪末。从某种意义上说,他们的成就分别代表了德国和英国两种科学风格的特征。[20]

在基希霍夫之前,光谱线就已经在物理理论的背景下被讨论过。波动说理论家们关注的是光谱线的起源,因为微粒说理论家们声称波动说理论不能合理解释物质对于光的特殊频率的吸收现象。为了解释这些吸收线,波动说理论家们(如约翰·赫舍尔)类比音叉的机制,发展出了一个精致的谐振模型。然而,赫舍尔却没有将光谱线和物质的化学特性相联系。[21] 在基希霍夫提出辐射光谱和吸收光谱具有同一性的规律后,辐射线和吸收线很快就被用来检测化学特性。在分光镜中就体现了这种原理。基希霍夫和本生在 1860 年制造出了第一个分光镜,"光谱学"一词或光谱分析,在 19 世纪

[19] 关于夫琅和费,见 Myles W. Jackson,《对消色差镜头制造中的不透光性问题的阐释——约瑟夫·夫琅和费将修道院的建筑和空地当作了实验室》(Illuminating the Opacity of Achromatic Lens Production: Joseph Fraunhofer's Use of Monastic Architecture and Space as a Laboratory),载于 Peter Galison 和 Emily Thompson 编,《科学的建筑》(Architecture of Science, Cambridge, Mass.: MIT Press, 1999);Jackson,《信仰的光谱——约瑟夫·夫琅和费和精密光学镜头的制造工艺》(Spectrum of Belief: Joseph von Fraunhofer and the Craft of Precision Optics, Cambridge, Mass.: MIT Press, 2000)。

[20] 对基希霍夫和斯图尔特之间的优先权之争的研究,详见 Daniel M. Siegel,《鲍尔弗·斯图尔特和古斯塔夫·罗伯特·基希霍夫——通向"基希霍夫辐射定律"的两个相互独立的路径》(Balfour Stewart and Gustav Robert Kirchhoff: Two Independent Approaches to 'Kirchhoff's Radiation Law'),《爱西斯》,67(1976),第 565 页～第 600 页。

[21] M. A. Sutton 在《约翰·赫舍尔爵士和光谱学在英国的发展》(Sir John Herschel and the Development of Spectroscopy in Britain)一文中强调了赫舍尔在光谱学概念发展中的重要作用,载于《英国科学史杂志》,7(1974),第 42 页～第 60 页,这种观点遭到了弗兰克·詹姆斯的批判,他认为这是一个"维多利亚时期的神话",见 Frank A. J. L. James,《维多利亚时期神话的编造——光谱学史学研究》(The Creation of a Victorian Myth: The Historiography of Spectroscopy),《科学史》,23(1985),第 1 页～第 22 页。

60 年代晚期就开始被广泛使用。各种分光镜纷纷被制造出来,例如在 19 世纪 60 年代中期,威廉·哈金斯(1824~1910)将分光技术用于一架恒星望远镜中,以分析恒星的光谱线。这开创了天文光谱学的先河,从此使得天文学成为一种实验室科学。[22]

　　科学家们是如何理解光谱线的起源的呢? 最初,人们普遍认为,呈带状的光谱代表了一个分子的效应,而线状光谱则代表了一个原子的效应。其实这种信念并不是毫无争议的。J. 诺曼·洛克耶(1836~1920)在当时已经注意到了在特定条件下线状光谱中发生的变化,于是在 1873 年他提出了一个方案,其中包括"原子的分离",这个方案是建立在这样一种看法之上,即一个原子由一组更基本的组分构成。按照洛克耶的看法,线状光谱就是由这些更基本的组分所导致的。洛克耶的设想之所以并未引起他同时代人们的足够重视,主要是由于原子长期以来一直被认为是不可进一步分割的。在这些年里,对各种不同光谱的波长进行了更准确的测定,1868 年 A. J. 埃斯特朗(1814~1874)发表了他通过衍射光栅对大约 1000 种太阳光谱线所做的测定分析的结果。他的波长数据由此取代了基希霍夫此前那些武断的数据,并从此被确立为一种标准,直至亨利·A. 罗兰(1848~1901)通过使用改进后的光栅建立一个新的标准。[23]

　　19 世纪 70 年代和 80 年代,一些科学家试图从所给定物质的各种线状光谱中找出数学上的规律性。1871 年,爱尔兰物理学家 G. J. 斯托尼(1826~1911)认为氢的光谱是因为最初的波被介质分割成几个不同部分而形成的。他提出这种分割可以通过利用傅立叶的定理并将定理中出现的谐波和观察到的光谱线进行匹配来分析。他注意到了三条氢光谱线:4102.37 埃、4862.11 埃和 6563.93 埃,并发现它们的比率接近 20、27 和 32。1881 年,阿瑟·舒斯特(1851~1934)声称斯托尼的比率不应该被视为一种数学上的规律,并且他对谐波假设表示了强烈的疑问。然而舒斯特却不能提出一个似乎可信的可供选择的理论。1884 年,一个实际上在当时毫无名气的瑞士数学家约翰·K. 巴耳末(1825~1898)分析了四条氢(光谱)线,并把这些现在以他名字命名的级数用公式表示出来:

$$\lambda_n = \left[\frac{n^2}{(n^2 - 2^2)} \right] \lambda_0$$

　　这里的 $\lambda_0 = 3645.6$ 埃　　$n = 3, 4, 5, \cdots$

283

[22] 关于早期光谱学的历史情况,见 J. A. Bennett,《一种著名的色彩现象——有关分光镜的早期历史》(*The Celebrated Phaenomena of Colours：The Early History of the Spectroscope*, Cambridge：Whipple Museum of the History of Science, 1984)。关于恒星的光谱学,见 Simon Schaffer,《实验终结之处——维多利亚时期天文学的桌面试验》(*Where Experiment End：Tabletop Trials in Victorian Astronomy*),载于 Jed Z. Buchwald 编,《科学实践——从事物理学研究的理论与叙事》(*Scientific Practice：Theories and Stories of Doing Physics*, Chicago：University of Chicago Press, 1995),第 257 页~第 299 页。

[23] 关于洛克耶,见 A. J. Meadows,《科学和论战——诺曼·洛克耶爵士的传记》(*Science and Controversy：A Biography of Sir Norman Lockyer*, London：Macmillan, 1972)。对罗兰的光栅的研究,详见 Klaus Hentschel,《1890 年左右罗兰和朱厄尔在巴尔的摩对太阳的夫琅和费谱线红移的发现》(The Discovery of the Redshift of Solar Fraunhofer Lines by Rowland and Jewell in Baltimore around 1890),《物理科学的历史研究》(*Historical Studies in the Physical Sciences*),23(1993),第 219 页~第 277 页。

巴耳末级数和斯托尼曾经提出的简单的谐波比率毫无相似之处。虽然巴耳末的公式绝妙地把这四条已知的氢光谱联系起来，并被证实对新发现的氢的紫外线光谱和红外线光谱也同样十分有效，但是这个公式带来的问题却比解决的问题更多，因为科学家们无法就对这一规律性的任何解释达成一致意见。后来，尼尔斯·玻尔的氢原子的量子模型可以得出巴耳末级数。在这个量子模型中，辐射的发出被认为是由于一个电子从一个高能级跃迁到一个低能级而引起的。[24]

不可见射线的分光术相较于可见射线的分光术要困难得多。要想描绘红外光线的光谱，拥有高度灵敏的检测仪器是至关重要的。1847 年，当 A. 斐索（1819～1896）和傅科使对红外线干涉的描述被接受时，他们使用了一支通过显微镜读数的微型酒精温度计，并证实在不同点的温度随着干涉图样中的强度的交替而变化。用来替代温度计的高灵敏度检测仪器直到 19 世纪 80 年代才被发明出来。1881 年，美国的塞缪尔·P. 兰利（1834～1906）发明了一种新的检测仪器——辐射热测定器。这种仪器利用了金属电阻大小对温度的依赖性，能够检测出小到 0.00001℃ 的细微变化，从而使兰利能够描绘出红外线光谱并达到了前所未有的精确度。

作为紫外线辐射的研究中第一个重要的进展，斯托克斯（早在 1862 年就已经发现了石英对紫外线辐射的透明性）使用磷酸盐荧光屏幕和石英棱镜研究了各种不同弧光和闪光的紫外线光谱。因此他将紫外线光谱向下扩展至 2000 埃，并描绘出了这个范围的光谱线。从那时起直到 1890 年，人们再没有发现小于 2000 埃的光谱线，大多数科学家倾向于相信这即是这个范围的天然底限。而维克多·舒曼（1841～1913）却不这么认为，他认为这种表面上的底限取决于所使用的材料的吸收作用。于是，他努力去寻找能够对紫外射线具有更高透明性的替代材料。他注意到在大多数实验中基本上使用了三种吸收器：石英棱镜、空气以及摄影感光板。因此他将整套仪器置于一个真空的环境下，用萤石（他认为它对短波更透明）代替石英，同时使用了一个带有极少量凝胶体的摄影感光板。1893 年，他成功地将紫外线光谱扩展至 2000 埃以下，但是他却不能准确地测定这个新范围的波长，因为就此领域而言，当时根本就没有可以引用的标准。后来西奥多·莱曼（1874～1954）在 1917 年探索到紫外线光谱低至 500 埃，并发现舒曼的研究早就已经达到 2000～1200 埃的程度。[25]

[24] 有关 19 世纪对光谱线的规律性研究，参见 William McGucken，《19 世纪的光谱学：对光谱理解的发展（1802～1897）》（Nineteenth-Century Spectroscopy: Development of the Understanding of Spectra, 1802 - 1897, Baltimore: Johns Hopkins University Press, 1969）。同时可参见 Leo Banet，《巴耳末的手稿及其级数的建构》（Balmer's Manuscripts and the Construction of His Series），《美国物理学杂志》，28（1970），第 821 页～第 828 页；J. MacLean，《论光谱中的谐波比率》（On Harmonic Ratios in Spectra），《科学年鉴》，28（1972），第 121 页～第 137 页。

[25] F. Fraunberger，《维克多·舒曼》（Victor Schumann），载于《科学传记辞典（十二）》（Dictionary of Scientific Biography, XII），第 235 页～第 236 页；Ralph A. Sawyer，《西奥多·莱曼》（Theodore Lyman），《科学传记辞典（八）》（Dictionary of Scientific Biography, VIII），第 578 页～第 579 页。

光的电磁理论和 X 射线的发现

现在让我们回到 19 世纪 60 年代,在那时,光的波动说已经确立很久了。詹姆斯·克拉克·麦克斯韦(1831~1879)在 1861 年提出了光本身就是一种电磁扰动,这种观点是建立在一个精巧的"空转轮"电磁以太模型之上的。麦克斯韦的观点并没有削弱那时已经建立的波动说的重要地位,因为他提出的电磁扰动具备了波动说所有的标准特征,甚至更多。在 1865 年,麦克斯韦将他提出的光的电磁理论公式化为一个严密的数学形式,并且没有依赖他的备受争论的以太机制。麦克斯韦的理论暗示了电流的静电单位与电磁单位的比率应该等于光速。尽管麦克斯韦的观点在 19 世纪 60 年代和 70 年代一直存在争议,但是到了 19 世纪 70 年代后期,他的主张开始被人们更加广泛地接受了,尽管一致性本身并不能对像威廉·汤姆森(开尔文勋爵,1824~1907)这样的不接受麦克斯韦理论体系的人显示出说服力。[26]

麦克斯韦自己从未试图去制造或检测比光波更长的电磁波。麦克斯韦似乎对制造和检测除了光以外的电磁波的兴趣,要远远小于去揭示光的电磁特性的兴趣。然而麦克斯韦的光的电磁理论很自然地就提出我们或许能够制造出这样一些扰动来产生能够真正被称为电磁波的东西。因此光谱将被扩展至远远低于红外线并达到以厘米甚至是米为单位的波长。在 19 世纪 80 年代早期,像曾经对这种可能性持怀疑态度的乔治·F. 菲茨杰拉德(1851~1901)和约瑟夫·约翰·汤姆森(1856~1940)这样的麦克斯韦理论的信仰者,提出了几种通过单纯的电学的方法来产生这种波的途径。特别是菲茨杰拉德,他曾详细说明了通过电容器放电在闭合的电路中产生快速的电流振荡这样一种可以产生电磁波的合适方法,并且还计算了由此产生的电磁波的波长,但是他却不知道怎样去探测这些波。在 1887 年和 1888 年,奥利弗·洛奇(1851~1940)对莱顿瓶放电做了实验,但是他既没有制造出也没有检测出任何足以传播的波。[27]

海因里希·赫兹(1857~1894)在 1887 年观察到从一对金属线圈上(这种线圈被称为里斯线圈)产生的感应火花会显示一种十分奇怪的效应,他曾经通过赫尔曼·冯·亥姆霍兹(1821~1894)受到了德国的韦伯提出的电动力学和麦克斯韦学派电动力学的双重影响。在德国的电动力学中,电荷和电流被认为是真实存在的,因此电势是以有限的速度传播的,而麦克斯韦学派的电动力学则否定了超距作用并且认为电磁

[26] 关于麦克斯韦的光的电磁理论,见 Daniel M. Siegel,《麦克斯韦电磁理论的创新——分子涡旋、位移电流和光》(*Innovation in Maxwell's Electromagnetic Theory*: *Molecular Vortices*, *Displacement Current*, *and Light*, Cambridge: Cambridge University Press, 1991)。对于电流的静电单位与电磁单位之比值的测量的研究,详见 Simon Schaffer,《精确的测量是一种英国科学》(Accurate Measurements is an English Science),载于 M. Norton Wise 编,《精确的价值观》(*The Values of Precision*, Princeton, N. J.: Princeton University Press, 1995),第 135 页~第 172 页。
[27] Bruce J. Hunt,《信仰麦克斯韦理论的人们》(*The Maxwellians*, Ithaca, N. Y.: Cornell University Press, 1991),第 33 页~第 47 页,第 146 页~第 151 页。

场是真实存在的。起初赫兹试图去消除这种火花但是没有成功,然后,他又试图去控制、操纵这种效应。他装配了一个火花检测仪,这种检测仪最后成为一种探测电力传播的工具。他在实验室做各种实验并最终发现电磁波,既非麦克斯韦的理论也非亥姆霍兹的理论完全引导的结果。他的那些实验室中的设备和他关于这些仪器的理论之间的相互协调,使得前面提到的这种奇特效应最终能够稳定下来。经过广泛的研究,赫兹最终宣告他已经制造出并检测到了麦克斯韦提出的电磁波。他所使用的用于产生初生火花的感应线圈和电容器成为一种产生电磁波的振荡器,而他的以火花为基础的谐振器则成为第一个电磁波检测仪。赫兹测量出这些电磁波的波长是 66 厘米。[28]

286　　　赫兹发现了我们现在所称的微波谱,从而将辐射的研究扩展至一个全新的领域。然而,由于电磁波是由一种快速电流振荡(比如电容器的放电)而产生的,所以产生这种新的光谱的方法和原来那些用于产生红外线辐射的方法完全不相同。在赫兹的实验之后,英国的洛奇、意大利的 A. 里吉和加尔各答的 J. 钱德拉·博斯(1858～1937)开始去攻克更短的波长。为了这种实验的顺利进行,球形的振荡器取代了赫兹的线形振荡器。在检测器方面,由 E. 布朗利发明并经由洛奇改进后的粉末检波器取代了赫兹所使用的火花间隙谐振器。利用这些条件,博斯成功地产生出以厘米为波长单位的波。此后,有关微波的衍射、折射、偏振以及干涉等各种现象的实验也纷纷开展起来。在此需要着重指出的是,由于当时的电路系统的物理特性,产生的电磁波都被大大地衰减了。这种衰减产生了令人困惑的结果,比如多重的谐振,它曾经在 19 世纪 90 年代和 20 世纪初引起了许多争论。

　　　赫兹的波在实践上的应用起初并不明显。1895 年和 1896 年,古列尔莫·马可尼(1874～1937)将赫兹的波应用于电报,从而开创了一个全新的领域。有关马可尼,最为著名的是他对物理学主流的挑战:他努力尝试去增加波长而不是去减少波长。他竖起了一根高高的垂直的天线,并将放电电路的一端接在天线上,而另一端则接到地面上。这种天线和地面的连接明显地增加了放电电路的电容量,这种方法既增加了波长又增加了可以储存在系统中的能量。当他在 1901 年成功地实现了首次无线电报传输时,发报机具有 20 千瓦的功率,估算的波长约有 1000 米。长波是当时唯一能够将能量和信息传递结合起来的方式。[29]

　　　在马可尼首次成功地证明了赫兹波电报的商业可行性后不久,威廉·康拉德·伦琴(1845～1923)在用阴极射线做实验的过程中发现了 X 射线。他注意到在距阴极射

〔28〕 Jed Z. Buchwald,《科学效应的形成——海因里希·赫兹和电波》(*The Creation of Scientific Effects*:*Heinrich Hertz and Electric Waves*,Chicago:University of Chicago Press,1994)。
〔29〕 关于赫兹波在电报技术中应用的早期历史,见 Hugh G. J. Aitken,《共振与火花——无线电技术的起源》(*Syntony and Spark*:*The Origins of Radio*,New York:Wiley,1976);Sungook Hong,《马可尼和信仰麦克斯韦理论的人们——再谈无线电报技术的起源》(Marconi and the Maxwellians:The Origins of Wireless Telegraphy Revisited),《技术和文化》(*Technology and Culture*),35(1994),第 717 页～第 749 页;Hong,《无线技术——从马可尼的黑箱到三极管》(*Wireless*:*From Marconi's Black-Box to the Audion*,Cambridge,Mass.:MIT Press,2001)。

线管 2 米处放置的氰亚铂酸钡荧屏上出现了发磷光的现象。当他研究这种现象时,他发现一种射线,这种射线具有令人震惊的穿透能力,能穿透普通的物质。虽然那张拍摄他自己的手的 X 射线图片在全世界范围内轰动一时,但是这种新的射线的性质却在相当长一段时间内没有得到合理的阐释。这种新射线和阴极射线不同,因为它们在磁场中不弯曲;它们又和勒纳射线(Lenard rays)不同,因为后者被认为只存在于阴极射线管外一个短距离的范围内,而这种新射线却可以在空气中进行长距离传播。各种实验似乎表明,这种新射线既非带电的物质,也非不带电的粒子。在这个时期,有人假设 X 射线是一种非常短的波(甚至比紫外线更短),但是由于 X 射线并不存在折射、干涉、衍射和偏振等现象,所以又使得这一假设十分难以被人接受,相应地,波长测量也不可能进行。

　　在各种不同的假设中,有一种占主导地位的观点认为,X 射线是由电子和在阴极射线电子管中的金属板或玻璃发生碰撞而产生的横向的脉冲。十分有趣的是,我们可以注意到 X 射线的粒子性特征就是从这种脉冲模式中得出的。1912 年和 1913 年,德国的马克斯·冯·劳厄(1879～1960)和其他一些科学家,以及英国的布喇格父子(the Braggs)发现了 X 射线的衍射与干涉现象,从而使 X 射线是一种具有极短波长的波的这种说法被大多数人认同。于是先前提出的 X 射线的粒子性特征开始被用来证明和巩固普通光的粒子性特征,自进入 20 世纪之后,光的粒子性开始被发现。针对 X 射线的衍射现象,具有点阵结构的水晶被用作光栅,从而能够精确地测量出 X 射线的波长,同时,这也开创了 X 射线晶体学研究的全新领域。在 20 世纪 10 年代,亨利·格温·莫塞莱(1887～1915)也同样对 X 射线光谱学的发展做出了重要的贡献。[30]

光学的理论、实验和仪器

　　在 19 世纪,辐射光谱的研究从可见光的有限范围转变成近乎无限的范围,不仅包括了和光的范围相近的不可见射线(包括红外线和紫外线),而且包括了波长长得多的电磁波和波长短得多的 X 射线。同样,放射物理学的研究也从当初的出于纯粹好奇转变成一种重要的商业性活动。在这些转变过程中,我们可以发现理论、实验和仪器的相互影响和相互作用。

　　在马吕和菲涅耳的光学研究中,人们可以看到精确测量和数学理论之紧密结合的

[30]　有关 X 射线的发现,见 Alexi Assmus,《X 射线的早期历史》(Early History of X-Rays),《光束线》(Beam Line),25 (Summer 1995),第 10 页～第 24 页。关于脉冲模型的历史的研究,详见 Bruce R. Wheaton,《脉冲 X 射线和辐射强度——类推的双重性》(Impulse X-Rays and Radiant Intensity: the Double Edge of Analogy),载《物理科学的历史研究》,11(1981),第 367 页～第 390 页;Wheaton,《虎与鲨——波粒二象性的经验主义根基》(The Tiger and the Shark: Empirical Roots of Wave-Particle Dualism, Cambridge: Cambridge University Press, 1983)。关于莫塞莱,见 John L. Heilbron,《H. G. J. 莫塞莱——一个英国物理学家的生活和书信(1887～1915)》(H. G. J. Moseley: The life and the Letters of an English Physicist, 1887 - 1915, Berkeley: University of California Press, 1974)。

出现,并最终得出了经得起实验检验的公式。这种现象成为 19 世纪"物理学"的特征。以赫舍尔发现红外线和后来人们对此的争论为例,由于科学家们在实验中所使用的棱镜和温度计不同,从而导致了他们很难达成一致的看法。在 1800 年,赫舍尔本人就十分确信存在不可见的热射线,但是,基于他那个"关键性的"实验,他放弃了这些不可见射线和可见光具有同种性质的可能性。在 19 世纪 30 年代,梅洛尼也是在同样的根据上做出了和赫舍尔相同的判断。而后来人们之所以能够接受包括红外线、可见光和紫外线的连续光谱的概念,也正是依赖于新的、全面的理论和那些引人注目的实验,以及许许多多更加可靠的仪器这样三个方面的结合。正是光的波动说和不可见射线的干涉效应的确立,以及透热的棱镜和精准的温度计的结合,使大多数物理学家最终相信并接受了连续光谱的理论。

我们同样也可以从光谱学的发展过程中或者是麦克斯韦提出的光的电磁理论中,发现理论、实验和仪器三者之间的相互作用和相互影响。麦克斯韦的理论得出了许多经得起实验检验的公式,其中之一就是电量的静电单位与电磁单位的比率应该等于光速。麦克斯韦认为关于这个特性的实验证据对其整个理论具有关键性作用,但这些实验证据却不能够使得那些对麦克斯韦的理论持怀疑态度的人们消除疑虑。一些信仰麦克斯韦理论的人们试图通过快速的振荡产生出电磁波,但是他们却不知道怎么去检测这些电磁波。赫兹则通过新的方法利用那些以前用来制造火花的旧有装置(里斯线圈)制造出了可以被检测到的电磁波。虽然电磁波在被人们用人工方法制造出来之前就早已存在,然而,却是赫兹使得这些电磁波成为物理学家的实验室中研究的课题和工具。

(张成岗　译　刘兵　陈养正　校)

15

力、能量与热力学

克罗斯比·史密斯

综观 19 世纪的科学史，约翰·西奥多·默茨在他权威的《19 世纪欧洲思想史》（1904～1912）中得出了这样的结论："19 世纪下半叶最主要的成就之一是最具精确性和概括性的能量概念的发现。"[1]无独有偶，继承剑桥大学卢卡斯数学教授席位（牛顿曾任职的席位）的约瑟夫·拉莫尔爵士，在 1908 年向伦敦皇家学会呈递的开尔文勋爵（1824～1907）的讣告中也说，能量说"不仅仅为工业价值提供了标准，使得作为商业资产的机械动力能以科学的精确性被测量，而且在能量的持续损耗方面，也创造了无机物的演化学说，改变了我们关于物质世界的观念"。[2] 这些大胆的断言是在欧洲物理科学辉煌时代结束时提出的，在英国和德国工业化的背景下，这个辉煌时代见证了新的能量物理学对早期欧洲大陆（尤其是法国）超距力学的代替。

本章追踪了特殊的 19 世纪能量科学和热力学的构建。通常认为，现代能量物理学的历史研究的开端是，托马斯·S. 库恩关于将能量守恒作为科学"同时发现"实例的论文。库恩的基本观点是，1830 年至 1850 年间，12 个欧洲科学界和工程学界的人士彼此独立研究，"都各自领会到了能量的概念和能量守恒的精髓部分"。库恩于是根据 12 个研究者对于实验转化过程、发动机性能和自然的统一性的不同程度的共有的专注来说明"同时发现"这一现象。库恩的批评者确认了原来的名单上的人在多大程度上背离了这些专注，但普遍没有为"同时发现"提出一个替代说法。[3]

根据社会构造论者对科学的记述，我挑战了库恩的假设——能量守恒的基本原则**实际上**就在那里将**被发现**，我使用的是情境主义方法论，由此科学从业者在具体的局

[1] J. T. Merz，《19 世纪欧洲思想史》（*A History of European Thought in the Nineteenth Century*，4 vols，Edinburgh：Blackwood，1904 - 12），第 2 卷：第 95 页～第 96 页。

[2] Joseph Larmor，《开尔文勋爵》（Lord Kelvin），《皇家学会学报》（*Proceedings of the Royal Society*），81（1908），第 iii 页～第 lxxvi 页，引文在第 xxix 页。

[3] T. S. Kuhn，《能量守恒：同时发现的一个实例》（Energy Conservation as an Example of Simultaneous Discovery），载于 M. Clagett 编，《科学史上的关键问题》（*Critical Problems in the History of Science*，Madison：University of Wisconsin Press，1959），第 321 页～第 356 页。关于批评，例如参看 P. M. Heimann，《力的转化与能量守恒》（Conversion of Forces and the Conservation of Energy），载于《人马座》（*Centaurus*），18（1974），第 147 页～第 161 页；《亥姆霍兹与康德：〈论力的守恒〉的形而上学基础》（Helmholtz and Kant：The Metaphysical Foundations of *Ueber die Erhaltung der Kraft*），载于《科学史与科学哲学研究》（*Studies in History and Philosophy of Science*），5（1974），第 205 页～第 238 页。

部情境中构建诸如"能量"等概念,而且涉及的是特定的支持者。通过把"力""能量""热力学"等术语作为历史参与者范畴并通过关注促进"能量科学"的苏格兰自然哲学家这一相互影响而又自觉的群体,我提供的对能量和热力学的记述避免了早期模型的非历史主义(ahistoricism),诸如"同时发现"。

热的机械值

19 世纪 30 年代,英国科学促进会(British Association for the Advancement of Science,缩略为 BAAS)的成立是英国的科学绅士们在工业变革和社会不稳定时期改革自然科学知识生成的组织与实践的一个主要尝试。BAAS 的第一代改革者长期敬佩以拉普拉斯的《天体力学》(*Mécanique céleste*)为代表的法国数学物理学取得的杰出成就。但同时,他们也越来越对拉普拉斯学说的基础表示不满,因为它假定,真空中的点原子之间的作用是解释包括从光到电、从天文学到分子凝聚力的所有自然现象的基准和框架。该协会第二代更为年轻也更为激进的改革者与《剑桥数学期刊》(*Cambridge Mathematical Journal*)联合,他们迷恋于约瑟夫·B. J. 傅立叶的宏观的、非假设的流体运动方程,它们与拉普拉斯及其门徒如西梅翁-德尼·泊松的微观的、假设性的超距物理学相对。至 1840 年,以格拉斯哥为基地的年轻的威廉·汤姆森(后来的开尔文勋爵)已致力于傅立叶开创的事业,并开始了他终生与拉普拉斯学说对抗的学术生涯。由于法拉第自创的电学说也与超距学说抵触,[4]因此,在很短的时间内,汤姆森就同倍受尊敬的迈克尔·法拉第(1791~1867)达成合作共识。

291 　　1840 年,BAAS 在格拉斯哥举行年会,威廉·汤姆森和他的哥哥詹姆斯代表工程学学者成为会议的积极支持者。格拉斯哥与传奇人物詹姆斯·瓦特的联系,以及最近克莱德(Clyde)作为跨海峡和海洋蒸汽船建造的主要基地的发展更大大提升了这个小地方的地位。不久,詹姆斯·汤姆森就着手进行工程学的一系列入门研究,这使他最终加入了著名的曼彻斯特工程师威廉·费尔贝恩的泰晤士钢铁造船工厂。在那儿,詹姆斯如饥似渴地学习了有关远程蒸汽动力航海的系统的理论知识和实践知识。1844 年 8 月,他曾写信给他的弟弟(他的弟弟正在接受成为剑桥数学家的培训,这时已接近尾声),询问他是否认识某人,询问是否这个人曾借助于大量热从强烈的状态(如蒸汽机汽缸的高温)向扩散状态(如冷凝器的低温)的"落差"解释了有关机械效应(或所做的

[4] Jack Morrell 和 Arnold Thackray,《科学绅士:早期的英国科学促进会》(*Gentlemen of Science: Early Years of the British Association for the Advancement of Science*, Oxford: Clarendon Press, 1981);Robert Fox,《拉普拉斯物理学的兴衰》(The Rise and Fall of Laplacian Physics), 载于《物理科学的历史研究》(*Historical Studies in the Physical Sciences*),4(1974), 第 89 页~第 136 页;Crosbie Smith 和 M. Norton Wise,《能量与帝国:开尔文勋爵的传记研究》(*Energy and Empire: A Biographical Study of Lord Kelvin*, Cambridge: Cambridge University Press, 1989),第 149 页~第 168 页,第 203 页~第 228 页。福克斯的《拉普拉斯物理学的兴衰》为 19 世纪早期的法国力学物理学提供了一个引人注目的历史模型。

工)的热动力,这与水车中一些水从高处流向低处的下落情况相似。[5]

第二年春季在巴黎时,威廉针对相关问题专门查找了埃米尔·克拉佩龙的论文集(1834年),但却没有找到萨迪·卡诺(法国著名工程师拉扎尔·卡诺之子)的一篇鲜为人知的论文(1824年)的原始资料的摹本。与此同时,威廉也开始根据放出和吸收的机械效应(犹如水车或热力发动机做的功或吸收的功)思考电学领域(尤其是两个带电的球形导体的数学理论,它们的复杂性已使得泊松试图找出一种普遍的数学解决方法的努力功亏一篑)数学理论问题的解决办法。由此,他认识到,电现象与蒸汽现象的测量问题都能够以独立的、机械的并且首先是工程学的语言来讨论。它与拉普拉斯和泊松的超距方法的差异是明显的。[6]

在汤姆森担任格拉斯哥大学自然哲学教授第一任期间(1846~1847),他重新发现了一台空气发动机模型,这台模型在19世纪20年代后期由其设计者罗伯特·斯特林在大学教室内展示,但早已被灰尘和油污堵塞了。由于汤姆森已经和他的哥哥一起于1846年12月加入了格拉斯哥哲学学会(Glasgow Philosophical Society),第二年4月,他就向学会陈述了发动机引发的问题,当时那台发动机被认为是卡诺-克拉佩龙对热动力解释的物质表现。他的观点是,如果发动机的上面部分由水流保持在水的凝固点,下面部分在一盆水中也保持在凝固点,那么这台发动机就会在没有任何机械效应消耗的情况下运转(除了要克服摩擦力),因为不存在温度差。但结果将是热从水盆传递到水流,最后盆内全部的水将逐渐凝固成冰。[7]

这样的观点引起两个基本疑问。第一,这种结构将导致在没有做功的情况下产生好像无限量的冰。第二,冰的融化需要热,而这种热可能却要被用来做有用功。他向詹姆斯·福布斯解释第二个疑问:"动力怎能以这种方式(将热从高温传向低温)损耗呢?这看起来很神秘。或许动力只是在流体的摩擦中损耗了(如在水中系着砝码的铅锤线),因此,好像既没有任何热量产生,也不会发生任何物理变化。"[8]

在BAAS牛津会议结束之际,托马斯出席了这届会议。尽管由于一系列的电学前沿论文,汤姆森已享誉剑桥和其他数学圈,但他还是第一次作为自然哲学教授出席BAAS。这也是他与詹姆斯·焦耳(1818~1889)的第一次会面。自1843年以来,焦耳

〔5〕 Smith和Wise,《能量与帝国:开尔文勋爵的传记研究》,第52页~第55页,第288页~第292页。

〔6〕 Sadi Carnot,《关于火的动力的深思:现存科学手稿的关键版本》(Reflexions on the Motive Power of Fire: A Critical Edition with the Surviving Scientific Manuscripts, Manchester: Manchester University Press, 1986),Robert Fox翻译并编辑;M. Norton Wise和Crosbie Smith,《开尔文勋爵时期英国的测量法、功与工业》(Measurement, Work and Industry in Lord Kelvin's Britain),载于《物理科学和生物科学的历史研究》(Historical Studies in the Physical and Biological Sciences),17(1986),第147页~第173页,尤其是第152页~第159页;Smith和Wise,《能量与帝国:开尔文勋爵的传记研究》,第240页~第250页。

〔7〕 Smith和Wise,《能量与帝国:开尔文勋爵的传记研究》,第296页~第298页;Crosbie Smith,《能量科学:维多利亚时代英国能量物理学的文化史》(The Science of Energy: A Cultural History of Energy Physics in Victorian Britain, Chicago: University of Chicago Press, 1998),第47页~第50页。

〔8〕 威廉·汤姆森致J. D. 福布斯,1847年3月1日(Forbes Papers, St. Andrews University Library);Smith and Wise,《能量与帝国:开尔文勋爵的传记研究》,第294页;Smith,《能量科学:维多利亚时代英国能量物理学的文化史》,第48页。

一直认为,依据精确的机械等值关系,功和热可以相互转换。[9]

焦耳早期的著作主要关注用于产生动力的电磁发动机带来的各种可能性,发表在威廉·斯特金的《电学年刊》(Annals of Electricity)上,其读者群是从事实践的电工。事实上,《电学年刊》非常关注"用作推进机械的电磁发动机的产生与发展"。与詹姆斯·汤姆森关注卡诺‐克拉佩龙理论不同,焦耳已进入了一个竞争理论和实践的真正的战场,这里,实验哲学家的精英,如法拉第和查尔斯·惠斯通都在与以新科学的电击和电闪光谋生的实践电学家竞争。怀着对进入绅士阶层、精英阶层的渴望,焦耳开始效仿法拉第而不是斯特金,因为他试图使自己成为一名实验哲学家,而不是创造性的发明家。[10]

最初对实用的电磁发动机的关注为焦耳提供了有关发动机性能的工程测量标准(通称"经济功"),也就是以一磅(约 453.6 克)的燃料如煤(蒸汽发动机)或锌(电磁发动机)将负载(数磅重)举起一英尺(约 0.3048 米)的高度。由于焦耳意识到了后一种发动机与前一种发动机相比的严重缺陷,他就把研究重点转移到了电磁发动机的电阻来源上了。他独立证实了导电电线中的热效应与电阻和电流乘积的平方间的正比关系,1842 年至 1843 年间,为追求经济性能,他又将注意力转移到了其他的电阻来源上,包括电池和电磁体的"电阻"。这个研究框架使他逐渐成为能对各种"天才绅士"发明的电磁发动机的缺点发表看法的重要的哲学权威。[11]

1843 年早期,焦耳就告诉他 12 个月前刚刚成为其会员的曼彻斯特文学和哲学学会(Manchester Literary and Philosophical Society),在一条电路中,无论电流设备如何安装,"电路的总体热质(the whole of the caloric)都可以由总体的化学变化说明"。也就是说,他在使自己和听众相信,他已经对电路的每一部分产生或吸收的热(包括电池的化学物质的"潜热")进行了追踪研究,并发现能量的得失是完全守衡的。但是在没有功获得或失去的情况下,这一结论就与热质说或热素说完全一致,据此,热只是简单地从电路的一个部分传送到另一部分,而不会产生或消耗净热。[12]

几个月后,焦耳出席了 BAAS 的科克(Cork,英国)会议,并写了《论磁电热效应并论热的机械值》(On the Calorific Effects of Magneto-electricity, and on the Mechanical Value of Heat)的论文报告了实验装置,该装置引入了产生和需求机械功的方法。这种方法的核心特点是将一块小型电磁体浸入水中,并放置在一块强大的磁石两极之间。

〔9〕 Smith 和 Wise,《能量与帝国:开尔文勋爵的传记研究》,第 302 页~第 303 页;Smith,《能量科学:维多利亚时代英国能量物理学的文化史》,第 78 页~第 79 页。

〔10〕 Smith,《能量科学:维多利亚时代英国能量物理学的文化史》,第 57 页~第 58 页;Iwan Morus,《不同的实验生涯:迈克尔·法拉第与威廉·斯特金》(Different Experimental Lives:Michael Faraday and William Sturgeon),载于《科学史》(History of Science),30(1992),第 1 页~第 28 页。

〔11〕 Smith,《能量科学:维多利亚时代英国能量物理学的文化史》,第 57 页~第 63 页;R. L. Hills,《来自蒸汽的动力:固定式蒸汽发动机的历史》(Power from Steam:A History of the Stationary Steam Engine,Cambridge:Cambridge University Press,1989),第 36 页~第 37 页,第 107 页~第 108 页(关于"功")。

〔12〕 Smith,《能量科学:维多利亚时代英国能量物理学的文化史》,第 64 页;D. S. L. Cardwell,《詹姆斯·焦耳传》(James Joule:A Biography,Manchester:Manchester University Press,1989),第 45 页。

他的主要推论是当电磁体被用作磁电机(发电机)时,电流产生的热就会多于电池中化学变化产生的热。因此,额外的热并不是像热素说所认为的那样仅仅从电路的一部分传送到另一部分。而焦耳此时已深信自然因素(包括热和电)的机械观点,因而他进一步提出了热与获得或失去的机械力之间的恒定比例,即"热的机械值"。[13]

焦耳采纳了 13 次实验的中间结果,并声称"能够使一磅水升高一华氏度($\frac{5}{9}$摄氏度)的热量,相当于(或能够转换为)能够垂直举起 838 磅(约 380.1 千克)重的物体一英尺高的机械力"。他承认,在这些关于热能的机械值的实验结果中,确实存在很大差异(数据上从 587 到 1040 不等),但他表示,这些差距并没有超出"纯粹的实验误差允许的范围"。焦耳的实验结果并不具有很强的说服力,需要一位可信赖的实验者向不安的读者确证,这些误差是纯粹的实验失误造成的,而不是一些根本性错误。[14]

焦耳选择"热的机械值"这一专门术语意义重大。如果我们不仅简单地从数值上,而且从经济的角度理解"值"的意义,那么很容易看出,焦耳的研究是他对自己的电磁发动机不如热发动机节能的原因的持续探究促成的。早期对于"经济功"的关注直接与"热的机械值"相联,也就是说,与从一定量的热中获取的功的总量相联,这些热来自化学的源头或机械的源头。因而,焦耳主要关心的不是在有摩擦的情况功向热的转化——"有用功的浪费",这是汤姆森兄弟最感兴趣的课题——而是在不同类型的发动机中最大程度地把从燃料中产生的热变成有用功。所以,焦耳致力构建一种新的热理论,它不是一套抽象的、纯理论的学说,而是作为理解支配各种电发动机、热发动机运转和节约规则的手段。只有在回顾中我们才能发现,焦耳堪称能量守恒的"发现者"和能量科学的"开拓者"。

尽管焦耳追求科学绅士的身份及相应的信誉,但在 19 世纪 40 年代中期,他并没有获得那个身份。焦耳并没有被皇家学会拒绝他 1840 年关于"i^2r"定律的论文所吓倒,他又呈递了关于机械值的第二篇重要的论文以便在该学会的权威刊物《哲学会刊》上发表,这篇论文运用的数据都是从气体浓缩化和稀薄化得来的。[15] 如果当时论文得以发表,焦耳的绅士梦想就会实现。

"许多哲学家都认为,"焦耳在 1844 年的论文中写道,"蒸汽机的机械动力只是在热从热的物体向冷的物体传递的过程中产生的,在传递过程中没有热损失。"在热传递过程中,热质逐渐形成活势(vis viva)。但焦耳断言:"无论这个理论多么具有独创性,它都与被认可的哲学原理相抵触,因为它的直接结论是,在器械不合理运用的情况下,

[13] J. P. Joule,《论磁电热效应并论热的机械值》(On the Calorific Effects of Magneto-electricity, and on the Mechanical Value of Heat),《哲学杂志》(Philosophical Magazine),23(1843),第 263 页~第 276 页,第 347 页~第 355 页,第 435 页~第 443 页,尤其是第 435 页;Smith,《能量科学:维多利亚时代英国能量物理学的文化史》,第 64 页~第 65 页;Cardwell,《詹姆斯·焦耳传》,第 53 页~第 59 页。

[14] Joule,《论磁电热效应并论热的机械值》,第 441 页;Smith,《能量科学:维多利亚时代英国能量物理学的文化史》,第 66 页。

[15] Smith,《能量科学:维多利亚时代英国能量物理学的文化史》,第 68 页;Cardwell,《詹姆斯·焦耳传》,第 35 页。

活势会被破坏。"焦耳在论文中还批评了克拉佩龙精心设计的一套理论,他指出,这位
法国工程师曾经推断,热在从火的温度降低到锅炉温度时会导致大量的活势损失。在
这一点上,焦耳借用两位著名的皇家学会会员的观点,对此反驳道:"我相信毁灭的力
量只属于上帝。任何理论,当它得出结论时,要求力的湮灭,那么这种理论就是完全错
误的,在这一点上我的看法同罗热和法拉第的观点完全吻合。"既而,他自己的理论就
替代了一台蒸汽发动机汽缸中膨胀的气体包含的热的等效部分向机械动力直接转化
的理论。[16]

    在为皇家学会的《学报》作总结时,学会干事(P. M. 罗热)注意到,焦耳的实验方
法依赖对压缩气体时所做的功产生的热的精确测量。反过来,焦耳则声明,气体膨胀
撞击活塞的结果是损失的热等于所做的功。另一方面,气体膨胀进入真空不做功的观
点依赖还没有或不能探测到温度变化这一有争议的主张。大量的测量结果依赖支持
者对所运用温度计精确性的信任。[17] 正如奥托·西布姆所论证的,焦耳自身精确的温
度计使用技巧能够被设定在家庭酿造业的环境下。[18] 但是,这种个人技巧起初并没有
对焦耳的同辈们产生多大影响。

    1845 年焦耳回到 BAAS,向化学部提交了测定功当量(mechanical equivalent)的另
一种方法。这个仪器是这样构成的:将一个桨轮置于盛满水的罐子中,桨轮由通过滑
轮与可以垂直下降的砝码系在一起的绳子驱动。但是他的结论再一次受到冷落。两
年后,他又向数学和物理部阐述了他的论点,出于商界压力,他被告知要精简内容。在
BAAS 的官方报告上,焦耳的论文大纲被刊登在当时还不是很有声望的化学版。但焦
耳的机械效应在流体摩擦中转变成热的论题吸引了威廉·汤姆森的注意力,因为正是
"消失"或"损耗"的问题一直困扰着汤姆森兄弟。当时在场的其他专家,尤其是法拉
第、乔治·加布里埃尔·斯托克斯对相似的流体实验如汞也提出了建议。不久,汤姆
森自己雇用助手,甚至考虑使用一台蒸汽发动机以一种戏剧性的方式来演示流体摩擦
力的发热效应。最终,焦耳取得了他长期渴望的信誉。[19]

    1848 年,德国物理学家尤利乌斯·罗伯特·迈尔(1814~1878)了解到焦耳热功当
量的文章。为了抓住这个机会让科学界加深对他 19 世纪 40 年代研究成果的印象,迈
尔写信给法国科学院(French Academy of Sciences),声明他在这一领域的优先地位。这
封信发表在《法国科学院院报》(Comptes Rendu,科学院的官方报告)上,并立即遭到了

---

[16] J. P. Joule,《论空气压缩和膨胀产生的温度的变化》(On the Changes of Temperature Produced by the Rarefaction and
      Condensation of Air),《哲学杂志》,26(1844),第 369 页~第 383 页,尤其是第 381 页~第 382 页;Smith,《能量科学:
      维多利亚时代英国能量物理学的文化史》,第 69 页;Cardwell,《詹姆斯·焦耳传》,第 67 页~第 68 页。
[17] Smith,《能量科学:维多利亚时代英国能量物理学的文化史》,第 68 页~第 69 页。
[18] Otto Sibum,《修正热的机械值:英国维多利亚早期精确的仪器和正确的表示》(Reworking the Mechanical Value of
      Heat: Instruments of Precision and Gestures of Accuracy in Early Victorian England),《科学史与科学哲学研究》,26
      (1994),第 73 页~第 106 页。
[19] Smith,《能量科学:维多利亚时代英国能量物理学的文化史》,第 70 页~第 73 页,第 79 页~第 81 页;Cardwell,《詹
      姆斯·焦耳传》,第 87 页。

焦耳的反对。在与其新的拥护者威廉·汤姆森协商后,焦耳的策略是,承认迈尔关于功当量的概念的优先权,但是声明焦耳通过实验确定了它。[20]

迈尔的论文对于同时代的科学家们来说是非正统的、不具说服力的,所以被大多数德国和法国的科学权威拒绝,他的论文也只发表在私人刊物上。在欧洲数学和实验科学的主流学派之外,迈尔的理论得到了普鲁士的同辈赫尔曼·冯·亥姆霍兹(1821~1894)的支持,亥姆霍兹是横跨德国物理学和生理学互补领域的学者。从大约19世纪20年代中期开始,德国的生理学者就强烈反对自然哲学"纯理论的""非科学的"学说及它根据永恒的心灵或"精神"对自然统一性与组织性的解释。在迥然不同的地区背景下,迈尔和亥姆霍兹都运用物理学发起了对"有生命的物质依赖于一种特殊的生命力——精气"观点的猛烈攻击。[21] 但直到19世纪40年代末和之后,当与焦耳的优先权争论产生时,迈尔的著作才被重新解读为能量物理学学说的"开拓性文稿"。

能量科学

从1847年开始,汤姆森承认,焦耳的功转换为热的说法是什么原因使可能已做的有效功似乎损耗了,而这种功却在热传导和流质摩擦过程中"浪费了"这一谜团(被斯特林发动机强调了)的答案。但汤姆森并不相信焦耳的"热原则上可以转化为功"的补充声明,他依然被他自认为"热的不可再生性"深深地困扰着。此外,他也不能接受焦耳拒绝卡诺－克拉佩龙理论,因为热从高温"降到"低温有利于热相互转换。[22]

詹姆斯·汤姆森很快对斯特林发动机带来的第一个疑问给出了提示,因为水结成冰后会膨胀,那么它就可以用来做有用功,换句话说,这样的装置具有被大多数正统的工程师和自然哲学家视为不可能的永动机的功能。为了避免出现这种推论,他预测,凝固点会随着压力的增加而相应降低。他的预测及随后在威廉实验室进行的确证实验有助于帮助汤姆森兄弟相信卡诺－克拉佩龙理论的价值。[23]

一年之内,威廉又给卡诺－克拉佩龙理论加了一个新特征,即绝对温标。在给格

297

[20] Smith,《能量科学:维多利亚时代英国能量物理学的文化史》,第73页~第76页。

[21] Timothy Lenoir,《生命的战略:19世纪德国生物学的目的论和机械学》(*The Strategy of Life*: *Teleology and Mechanics in Nineteenth Century German Biology*, Dordrecht: Reidel, 1982),第103页~第111页;M. Norton Wise,《德国人的力、能和电磁以太的概念(1845~1880)》(*German Concepts of Force, Energy, and the Electromagnetic Ether*: 1845~1880),载于G. N. Cantor和M. J. S. Hodge编,《以太的概念:以太理论史研究(1740~1900)》(*Conceptions of Ether*: *Studies in the History of Ether Theories1740 - 1900*, Cambridge: Cambridge University Press, 1981),第269页~第307页,尤其是第271页~第275页。关于迈尔的论文,参看K. L. Caneva,《罗伯特·迈尔和能量守恒》(*Robert Mayer and the Conservation of Energy*, Princeton, N. J.: Princeton University Press, 1993)。

[22] Smith和Wise,《能量与帝国:开尔文勋爵的传记研究》,第294页,第296页,第310页~第311页;Smith,《能量科学:维多利亚时代英国能量物理学的文化史》,第82页~第86页。

[23] Smith,《能量科学:维多利亚时代英国能量物理学的文化史》,第50页~第51页,第95页~第97页;Crosbie Smith,《"只是在大城镇":威廉·汤姆森的教室信誉的急剧上升》("No Where but in a Great Town": William Thomson's Spiral of Class-room Credibility),载于Crosbie Smith和Jon Agar编,《为科学创造空间:知识形成中的区域主题》(*Making Space for Science*: *Territorial Themes in the Shaping of Knowledge*, Basingstoke, England: Macmillan, 1998),第118页~第146页。

拉斯哥哲学学会和剑桥哲学学会(Cambridge Philosophical Society)递交的报告(1848年)中,威廉解释道,空气温度计标准为我们提供了"一系列武断地编了号的参考点,它们十分接近实际温度测量的要求"。在绝对温度计标准中,"从温度为 T°的物质 A 传递到温度为(T−1)°的物质 B 的一个单位的热会释放相同的机械效应[动力或功],无论 T 值为多少"。它的这一绝对特征源于它的存在"独立于任何具体物质的物理特性"。换句话说,不像依赖于具体气体的空气温度计,他采取瀑布的类比建立了一种独立于工作物质的温度标准。[24]

当汤姆森从他的同事刘易斯·戈登(自 1840 年起为格拉斯哥土木工程和力学教授)那儿获取了一份非常珍贵的卡诺论文副本之后,他向爱丁堡皇家学会(Royal Society of Edinburgh)呈递了《关于卡诺学说的说明》的报告,这份报告是根据焦耳提出的论题而写的,以期在《学报》或《会刊》上发表。汤姆森认为卡诺理论特别有意义的是宣称任何从循环过程中获取的功都只能来自热从高温向低温的传递。以此为出发点,并以对永动机的否定为基础,汤姆森推断,完全可逆的发动机(完美发动机的"卡诺标准")最为有效。他进而认为,在不同温度的蓄热装置之间运作的发动机获得的最大效率是这些温度的一个函数(卡诺函数)。[25]

通过熟读汤姆森的这份说明了解了这些论题,德国理论物理学家鲁道夫·克劳修斯(1822~1888)于 1850 年提出了调和焦耳和卡诺理论的第一个想法。克劳修斯接受一般的热的机械理论(热就是热质),以及焦耳的热功相互转化的论断,但他保留了卡诺理论的一部分,即功的产生需要热从高温向低温传递。因此,按照新理论,开始热能的一部分依照热功当量转化为功,其余的传向低温。为了证明完全可逆的发动机最有效,克劳修斯推断,如果这样的发动机真的存在,"不需要任何力的消耗或者其他变化,从冷的物体向热的物体传递我们乐意的任何量的热是可能的。这就与热的其他关系不一致。因为热经常表现出平衡温差和从较热物体向较冷物体传递的趋势"。[26]

同时,年轻的苏格兰工程师威廉·J. 麦夸恩·兰金(1820~1872)也在以分子旋假说的视角密切关注热的动力问题。兰金的假说远远没有克劳修斯的热是某种热质的理论具体,也没有焦耳最新的在分子水平上将热、电和热质联系起来的审视精确,然而兰金的假说与其竞争者相同的是"热本质上是机械的"观点。由于都与爱丁堡的自然哲学教授詹姆斯·福布斯认识,汤姆森和兰金也就有了联系,1850 年,他们开始评价克

[24] William Thomson,《论绝对温标,以卡诺热动力理论为基础,由勒尼奥关于蒸汽气压和潜热实验结果计算出》(On an Absolute Thermometric Scale, Founded on Carnot's Theory of the Motive Power of Heat, and Calculated from the Results of Regnault's Experiments on the Pressure and Latent Heat of Steam),载于《哲学杂志》,33(1848),第 313 页~第 317 页;Smith,《能量科学:维多利亚时代英国能量物理学的文化史》,第 51 页~第 52 页。Smith 和 Wise,《能量与帝国:开尔文勋爵的传记研究》,第 249 页。

[25] Smith,《能量科学:维多利亚时代英国能量物理学的文化史》,第 86 页~第 95 页;Smith 和 Wise,《能量与帝国:开尔文勋爵的传记研究》,第 323 页~第 324 页。

[26] Rudolf Clausius,《论热的动力以及由此推论的热本身性质的相关规律》(On the Moving Force of Heat, and the Laws Regarding the Nature of Heat itself which are Deducible Therefrom),载于《哲学杂志》,2(1851),第 1 页~第 21 页,第 102 页~第 119 页;Smith,《能量科学:维多利亚时代英国能量物理学的文化史》,第 97 页~第 99 页。

劳修斯对焦耳与卡诺理论的调和,尤其是克劳修斯为热的动力理论提供的新基础。[27]

受这些讨论激发,汤姆森终于在 1851 年年初提出了两个重要命题,第一个,对于焦耳的热和功相互等价的声明;第二个,关于完美的发动机的卡诺标准(克劳修斯修改后)的声明。他之所以最终接受焦耳命题,是因为"机械效应作为热消失"的不可还原性问题的解决。他现在相信,"尽管**对人来说**,功不可挽救地**消失**了,但**并没有在物质世界中消失**"。所以,虽然"在没有只被至高统治者拥有的力的作用下的物质世界,不可能发生能量消失,但能量转变会发生,这就将力的各种来源(可能会变为可用的)从人的控制下不可挽回地移走了"。也就是说,只有上帝才能创造或消灭能量(即能量总量是守恒的),但人类可以充分利用诸如水车或热力发动机中能量的转化。[28]

2.9.9

在汤姆森的个人草稿中,他将这些转变建立在了一个普遍陈述之上,即"物质世界的一切都是进步的"。这一陈述一方面表达了剑桥学术界,如威廉·霍普金斯(汤姆森以前的数学导师)和亚当·塞奇威克(地质学教授)的地质定向主义观点,都反对查尔斯·赖尔的永恒均变论;而另一方面,我们也可以将它解读为,对颠覆性的《万物博物学的遗迹》(*Vestiges of the Natural History of Creation*,1844)中激进进化论的赞同。在 1852 年宣布的声明中,汤姆森选择的是能量的普遍消耗——一种定向主义(因而是"进步的")学说,它反映了当时长老教会的(加尔文教徒)短暂的、可视的造物观点——而不是一直向上前进的宇宙。以热的方式耗散的功对人类来说是无法挽回的,因为否定这一原则就意味着我们可以通过冷却物质世界来无限制地生产机械效应,除了世界上热的总量的消失之外。[29]

这种推论后来在热力学第二定律的规范的开尔文陈述中得到体现,汤姆森于 1851 年首次阐明:"我们不能从物质的任何部分,用冷却到低于其四周物体最冷温度的方法,借助无生命的物质媒介来产生机械效应。"这一陈述为汤姆森提供了完美发动机的卡诺标准的新证明。在解决了能量的可恢复性问题之后,他很快又吸纳了一种热动力学理论,并使它成为焦耳相互等价命题的基础,摒弃了卡诺 - 克拉佩龙将热作为状态函数的观点(也就是说,在任何循环过程中热容的变化都是零)。[30]

1852 年 1 月,威廉·汤姆森第一次发现了亥姆霍兹的"关于机械效应原理令人钦佩的论文",近 5 年前发表的《论力的守恒》(*Über die Erhaltung der Kraft*)。汤姆森不但

[27] Smith,《能量科学:维多利亚时代英国能量物理学的文化史》,第 102 页~第 107 页;Smith 和 Wise,《能量与帝国:开尔文勋爵的传记研究》,第 318 页~第 327 页。
[28] Smith 和 Wise,《能量与帝国:开尔文勋爵的传记研究》,第 327 页~第 332 页;Smith,《能量科学:维多利亚时代英国能量物理学的文化史》,第 110 页。
[29] Crosbie Smith,《地质学家和数学家:物理地质学的兴起》(Geologists and Mathematicians:The Rise of Physical Geology),载于 P. M. Harman 编,《争论者和物理学家:19 世纪剑桥物理学研究》(*Wranglers and Physicists*:*Studies on Cambridge Physics in the Nineteenth Century*, Manchester:Manchester University Press, 1985),第 49 页~第 83 页;James A. Secord,《面纱的背后:罗伯特·钱伯斯与〈万物博物学的遗迹〉》(Behind the Veil:Robert Chambers and *Vestiges*),载于. R. Moore 编,《历史、人类与进化》(*History*, *Humanity and Evolution*, Cambridge:Cambridge University Press, 1989),第 165 页~第 194 页;Smith,《能量科学:维多利亚时代英国能量物理学的文化史》,第 110 页~第 120 页。
[30] Smith 和 Wise,《能量与帝国:开尔文勋爵的传记研究》,第 329 页。

300
不将亥姆霍兹视为对英国优先权的威胁,他反而很快将这位德国生理学家的论文与英国学术研究结合了起来,并以此促使人们相信一个世界范围内的"新能量时代"正在到来。对于亥姆霍兹来说,由于汤姆森对他 1847 年论文的浓厚兴趣和高度评价(德国物理学家对这篇论文有各种不同的反应),他获得了更多的信誉。约翰·廷德耳(1820~1893)1853 年 8 月第一次同亥姆霍兹见面,并于同年翻译了他的论文,译文发表于《科学论文集·自然哲学》(*Scientific Memoirs. Natural Philosophy*)(由廷德耳和出版商威廉·弗朗西斯编纂)。也是在 1853 年,亥姆霍兹到英国参加 BAAS 举办的赫尔会议,并遇到霍普金斯。霍普金斯代表汤姆森发表主席致辞促进了新的热学说的发展。亥姆霍兹很快结识了汤姆森学术圈内的其他人士,主要有斯托克斯和贝尔法斯特化学家托马斯·安德鲁斯,尽管直到 1855 年他才见到汤姆森本人。1853 年他写道,他的《论力的守恒》"在这里(英国)比在德国得到更多认可,也胜过我的其他著作"。[31]

1852 年汤姆森在论文《论自然界机械能损耗的普遍趋势》(On a Universal Tendency in Nature to the Dissipation of Mechanical Energy)的草稿中,根据自己的基本信念改写了亥姆霍兹的观点。乍一看去,两种分析似乎是一致的;但是亥姆霍兹热衷超距引力和斥力的基本物理学与汤姆森偏爱针对物理媒介(如电和磁)的统一体方法却大相径庭。作为力的守恒的 Erhaltung der Kraft,它的量根据活势来测量,它的强度根据超距引力和斥力来表示;现在已被认为是一个独立的"普遍真理"的"机械能守恒",它的量以机械效应测定,其强度根据势梯度(potential gradient)来理解。[32]

汤姆森的《论自然界机械能损耗的普遍趋势》给更多的读者提供了全新的"能量"视角。在这篇为《哲学杂志》(*Philosophical Magazine*)写的短小精练的论文中,"能量"这一术语第一次获得了公众认可,并且能量守衡和消耗的二重原理也被明确给出:"可以肯定的是,造物的力量(Creative Power)能够独自形成或者毁灭机械能,'损耗'指的不是毁灭而是一种能量转换。"现在热动力学理论以及随之而来的整个动力学(运动物质)解释框架已经不存在任何疑问了。而且,能量定律的普遍优先原则提出了新问题,即太阳系及其组成者的起源、发展和今后的命运问题。两年以后,汤姆森在 BAAS 的利物浦会议上说,作为新的能量物理学的实验基础的焦耳的通过流体摩擦将功转换成热的发现"引发了物理科学自牛顿以来的最大变革"。[33]

301
自 19 世纪 50 年代早期开始,这位格拉斯哥教授和他的工程科学的新搭档——威

---

[31] Leo Koenigsberger,《赫尔曼·冯·亥姆霍兹》(*Hermann von Helmholtz*, Oxford: Clarendon Press, 1906), F. A. Welby 译,第 109 页~第 113 页,第 144 页~第 146 页;Smith,《能量科学:维多利亚时代英国能量物理学的文化史》,第 7 章。也可参看 Fabio Bevilacqua,《亥姆霍兹的〈论力的守恒〉》(*Helmholtz's Ueber die Erhaltung der Kraft*),载于 David Cahan 编,《赫尔曼·冯·亥姆霍兹与 19 世纪科学的基础》(*Hermann von Helmholtz and the Foundations of Nineteenth-Century Science*, Berkeley: University of California Press, 1993),第 291 页~第 333 页;Smith,《能量科学:维多利亚时代英国能量物理学的文化史》,第 126 页~第 127 页。

[32] Smith 和 Wise,《能量与帝国:开尔文勋爵的传记研究》,第 384 页。

[33] William Thomson,《论运动、热和光的机械前提》(On the Mechanical Antecedents of Motion, Heat, and Light),《英国科学促进会报告》(*Report of the British Association for the Advancement of Science*),24(1854),第 59 页~第 63 页。

廉·J. 麦夸恩·兰金,开始用诸如"实际能"(1862 年之后称作"动能")和"势能"的术语来代替机械学领域的一些陈旧语言。到 1853 年,兰金已将"机械效应的原理"修正为"能量守恒定律",也即"宇宙中的实际能和势能总量不变"。这种由汤姆森和兰金发展的新型机械学术语表明,他们关注的不仅是避免在物理学和工程学领域说到"力"和"能"时引起的意义不明,更是要为科学思考和科学研究提供一种全新的方式。[34]

几年之内,许多有思想的科学改革者,如苏格兰籍自然哲学家詹姆斯·克拉克·麦克斯韦(1831～1879)、彼得·格思里·泰特(1831～1901)、鲍尔弗·斯图尔特(1828～1887)及工程师弗莱明·詹金(1833～1885)都加入到了汤姆森和兰金的行列。由于同 BAAS 的紧密联系,这个由"北大不列颠"物理学家和工程师组成的非正式组织主要负责"能量科学"——也就是整个物理科学——的建构和发展。自然哲学或物理学被重新定义为关于能量及其相互转化的研究。正如威廉·加尼特(麦克斯韦在卡文迪许时的助手,后来成为他的传记作者)1879 年在《大英百科全书》(第 9 版)中指出的:"对于能量及其转化的知识的完整说明需要物理科学每个分支上的详尽论述,关于自然哲学的仅仅是能量科学。"[35]

至于物质世界,汤姆森和兰金采用了卡诺的理论并树立了完美的热动力发动机的典范,对照这个典范,现有的发动机和将来的发动机都能够被评价。如果反向运行,所有这些发动机都容易出现某种程度的不完全复位。摩擦、溢出和传导都会导致"损耗",这正好说明,任何运作中的发动机都达不到典范的要求。没有哪位工程师会期待建构这样一种完美发动机,但是兰金和他在格拉斯哥的朋友詹姆斯·罗伯特·内皮尔(著名的克莱德造船师和船用发动机制造师之子)共同合作,致力建造一种新的、不同于从前尝试的空气发动机,这个新发动机模式就体现了新的能量定律。通过将指示图的概念修改为"能量图"以表示原动力传递的有用功,兰金对新的热动力理论的发展做出了极大贡献,也改变了汤姆森和兰金自 1854 年创立的热动力科学的风格。[36]

与不完美的原动力问题相伴的,就是关于自然的终极完美的补充问题。19 世纪中叶的苏格兰,早期加尔文教徒关于人与自然堕落状态的观点让位于更加自由的基督教长老会的完美人性的教义,因此,旧的关于自然生而不完善和堕落的观点屈服于自然是完美的世界,只有人类堕落的观点。兰金 1852 年关于自然对能量再集中的思索认为,宇宙在总体上像完全可逆的热动力发动机一样具有全能的功能,因而,把"消耗"仅限于可见部分,并以托马斯·查尔默斯牧师早期的加尔文主义的语言声明,宇宙不会

302

[34] W. J. M. Rankine,《论能量转化的普遍规律》(On the General Law of the Transformation of Energy),《哲学杂志》,5(1853),第 106 页～第 117 页;Smith,《能量科学:维多利亚时代英国能量物理学的文化史》,第 139 页～第 140 页。

[35] William Garnett,《能量》(Energy),《大英百科全书》(第 9 版)(Encyclopaedia Britannica [9th ed.], vol. 8),第 205 页～第 211 页;Smith,《能量科学:维多利亚时代英国能量物理学的文化史》,第 2 页。

[36] Ben Marsden,《格拉斯哥的工程科学·W. J. M. 兰金和空气动力》(Engineering Science in Glasgow. W. J. M. Rankine and the Motive Power of Air)(PhD diss., University of Kent at Canterbury, 1992);《热鼓风与冷鼓风:关于成功的或失败的空气发动机状况的报告与反驳》(Blowing Hot and Cold: Reports and Retorts on the Status of the Air-Engine as Success or Failure, 1830 - 1855),《科学史》,36(1998),第 373 页～第 420 页。

将它自己包含在自我灭亡的种子中。另一方面,汤姆森更愿意指向一个"永远进化、穿越无穷空间"的无限的能量宇宙,在这个宇宙中,"能量损耗"并不被描述为自然不完美,而是被描述为从集中到扩散的不可逆的能量流。斯图尔特和泰特进一步发展了这一观点,将可视的、短暂的宇宙置于一个不可见的宇宙中,在那里,能量损耗规律可能已不再是根本原则了。[37]

但是,无论宇宙的终极状态如何,所有北大不列颠的成员都一致认为,能量流动的定向性(不管在物质世界中被称作"进步"还是"损耗")是这个可视世界的特性,并且它是反对反基督教的唯物主义者和自然主义者的最强大武器。通过直接介入能量物理学史和意义的研究,约翰·廷德耳很快成为能量科学家们讨厌的人。廷德耳对迈尔的高度评价给泰特一个绝好的机会以将这位德国医师讽刺为纯理论的、业余的形而上学的化身,并将他作为来自曼彻斯特的诚信的、绅士的、实验知识生产者的反例。但是廷德耳与其他科学的自然主义者如托马斯·亨利·赫胥黎和赫伯特·斯宾塞的联系使得他尤其危险。无论廷德耳如何宣称他的观点超越了极端的唯物主义观点,但他对教条的基督教的反对及他表面上对贯穿非生命界和生命界的科学决定论的热衷使得他成为　个现成的唯物主义的化身,虽然有些微妙。[38]

对于北大不列颠学术团体尤其是汤姆森和麦克斯韦来说,"唯物主义"的核心观点就是可逆性。在一个纯粹动态系统中,向前和向后运转没有区别。既然如此,那么如果这个可视世界是一个纯粹动态系统,原则上我们的世界就是一个可以朝两个相反方向运行的循环世界。但不可逆性学说致使循环宇宙论走向了毁灭。事实上,不可逆性学说的分支是多样的。在一个层面,汤姆森和他的同盟者利用这个定律来构建对地球和太阳过去很长时期的评价,这些评价在整体上支配着地质学和生物学的理论化,但是它们在个体上逐渐破坏了查尔斯·达尔文的自然选择学说;在另一个层面,正如麦克斯韦指出的,他们将用这个定律补充"起源的学说"。[39]

在对地球过去、现在和未来生命可以利用的机械效应的局限性的论证结束之际,汤姆森考察了这种能量的最主要来源——太阳。他声明,太阳能过于强大,以至于太阳能根本不可能用任何化学方法或纯粹熔融体的冷却提供,他首先认为,太阳的热是由绕着太阳做轨道运行的无数流星提供的,但它们却在地球的轨道内。由于在自身轨道内受到像空气的介质的阻滞,流星以宇宙旋涡的形式日益增多地朝着太阳表层盘旋下降,类似于他哥哥的涡轮机(水平水车)。当流星因为摩擦力的作用而蒸发时,它们

---

[37] 更加详尽的说明,见 Smith,《能量科学:维多利亚时代英国能量物理学的文化史》,尤其是第 15 页~第 30 页,第 110 页~第 120 页,第 307 页~第 314 页。

[38] 同上书,第 170 页~第 191 页,第 253 页~第 255 页。

[39] 引自麦克斯韦 1868 年 4 月 7 日致马克·帕蒂森的信件,载于 P. M. Harman 编,《詹姆斯·克拉克·麦克斯韦的科学信件和论文集》(The Scientific Letters and Papers of James Clerk Maxwell,2 vols. Published, Cambridge: Cambridge University Press, 1990 -),第 2 卷:第 358 页~第 361 页;Smith,《能量科学:维多利亚时代英国能量物理学的文化史》,第 239 页~第 240 页。

就会散发出巨大热能。然而 19 世纪 60 年代早期,他采纳了亥姆霍兹太阳热的观点,即长时期内,太阳体的收缩释放热。另一种观点认为,太阳能是有限的、可计算的,这就使得对于太阳的有限过去和未来持续时间的数量等级的估量成为可能。为回应达尔文"自然选择的进化需要很长时间"的观点,并反对赖尔均变论的地质学说(达尔文理论的基础),汤姆森采纳了傅立叶的传导规律对地球的年龄做了类似估计。大约 1 亿年(后来减少)的有限时间尺度接近对太阳的年龄的估计。但是新的宇宙进化论是自我进化的,它给那些苏格兰教堂里《圣经》的严谨的直译者们没有带来任何安慰(尤其是最近成立的苏格兰自由教会,他们的教士重申对《旧约》和《新约》的传统解读)。[40]

具有相同倾向的北大不列颠团体对自由意志的重要性的关注(因其在机械能组成的宇宙中的定向作用),为麦克斯韦在 1867 年对热力学第二定律的统计解释提供了最重要的背景。将其研究视野聚焦于极微小的创造物拥有自由意志指引分子分类,麦克斯韦解释了第二定律与人类有关的含义,因为人类认识分子运动并发明工具控制它们的能力是有限的。于是,可利用的能就成为了"我们可以将其导向任何意向渠道的能",而业已消耗的能则成为"我们不能随意控制和导向的能"。因此,能量消散的观点不能产生于那些不能够"将任何形式的自然能为自己所用"的生物那里,也不能产生于类似"能够跟踪到每个分子的运动轨迹,并在适当时候抓住它"的麦克斯韦假想的"妖"那里。只有对于人类来说,能量才能经历"必然从可利用状态转向消散状态"的过程。[41]

麦克斯韦"妖"的目的在于举例说明热动力学第二定律的统计特征,因此,麦克斯韦和他的同事强烈反对欧洲大陆的克劳修斯和其他人从纯粹机械原理推论这一规律的尝试。更概括地说,这样的欧洲大陆方法与北大不列颠团体对形象化过程和以实验为基础的概念的强调形成了强烈的对比。麦克斯韦佩服美国人乔赛亚·W. 吉布斯的绘图方法对热动力学的表达,但却谴责路德维希·波尔茨曼用复杂数学表示它。麦克斯韦曾在 1873 年对泰特说:"通过对路德维希·波尔茨曼的研究,我不能理解他。他不理解我,因为我的短处和他的长处过去和现在对我来说都是块绊脚石。"[42]

热力学这一新科学体现在兰金(1859 年)、泰特(1868 年)、麦克斯韦(1871 年)相继出版的教科书中。"能量科学"最为著名的文本当属汤姆森和泰特合著的《自然哲学

[40] Smith 和 Wise,《能量与帝国:开尔文勋爵的传记研究》,第 497 页～第 611 页;J. D. Burchfield,《开尔文勋爵和地球的年龄》(*Lord Kelvin and the Age of the Earth*, London: Macmillan, 1975);Smith,《能量科学:维多利亚时代英国能量物理学的文化史》,尤其是第 110 页～第 125 页,第 140 页～第 149 页。

[41] James Clerk Maxwell,《詹姆斯·克拉克·麦克斯韦科学论文》(*The Scientific Papers of James Clerk Maxwell*, 2 vols., Cambridge: Cambridge University Press, 1890),W. D. Niven 编,第 2 卷:第 646 页;Smith 和 Wise,《能量与帝国:开尔文勋爵的传记研究》,第 623 页;Smith,《能量科学:维多利亚时代英国能量物理学的文化史》,第 240 页～第 241 页,第 247 页～第 252 页。

[42] 引自麦克斯韦约 1873 年 8 月致 P. G. 泰特的信件,载于《詹姆斯·克拉克·麦克斯韦的科学信件和论文集》,第 2 卷:第 915 页～第 916 页;Smith,《能量科学:维多利亚时代英国能量物理学的文化史》,第 255 页～第 267 页。

论》(*Treatise on Natural Philosophy*, 1867）。最开始时,《自然哲学论》旨在讨论自然哲学的所有分支,限于只出版一卷,包括动力学的理论基础。从动力学中推演出静力学,汤姆森和泰特将牛顿第三定律(作用与反作用定律)重新阐释为能量守恒,并将"作用"视为做功比率。创造极值条件的移动对这种以功为基础的物理学是必要的,非点力(point forces),它是动力学的理论基础。整个系统以最经济的方式从一个地方移动到另一个地方的趋势决定了系统各部分的力和运动。在新动力学中,变化后的原则(尤其是最小作用)起了核心作用。[43]

电磁场能量

　　主要是由于汤姆森偏爱实践计划胜过著作计划,《自然哲学论》的出版延迟了,麦克斯韦就有了机会写作补充著作《电磁通论》(*Treatise on Electricity and Magnetism*, 1873）。正如泰特在《自然》(*Nature*)上一篇当时的评论中写道的,麦克斯韦《电磁通论》的主要目标是,"除了告知我们有关电学和磁学的实验事实外,就是彻底推翻了**超距作用**的概念"。19 世纪 40 年代中期,威廉·韦伯曾以超距电荷相互作用为基础建构了一个新的、统一的电学理论。但在 1854 年到他去世的这 25 年内,麦克斯韦为了将韦伯的理论从最强有力的和最有说服力的解释的显赫位置上拉下来,做了不懈努力。[44]

　　确定麦克斯韦反对欧洲大陆超距作用理论并赞成法拉第的"场"理论,仅仅展示了这一历史景象的一部分。受到一种独特的长老教会文化的塑造,麦克斯韦对自然和社会的强烈的基督教观点与他对能量科学的潜心研究不可分割。但能量科学正处于**建构**状态,还远不是已建成的大厦。上述情况制定了文化的和概念的框架,麦克斯韦将在这个框架内树立他自己和他的颇受争议的电磁理论的信誉。最终,他将极度依赖与他的最亲密的科学同事如汤姆森和泰特的私人的批判性讨论,而且他将他的连续的研究修改成适合特定的大众读者。[45]

　　作为三一学院年轻的指导老师,麦克斯韦的第一篇电学论文《论法拉第力线》(On Faraday's Lines of Force, 1856）的读者代表了(自剑桥哲学协会 1819 年成立以来)该学校的数学机构和科学机构,这篇论文的目的是为了引起剑桥大学老一代的数学改革者的兴趣,主要是威廉·惠威尔,惠威尔曾一直提倡涉及分析奥妙的几何推理作为大学"通识教育"的教学核心。这篇成就了麦克斯韦职业生涯的论文具有强烈的剑桥"运动

[43]　Smith 和 Wise,《能量与帝国:开尔文勋爵的传记研究》,第 348 页~第 395 页;M. Norton Wise,《调停机器》(Mediating Machines),《背景中的科学》(*Science in Context*),2(1988),第 77 页~第 113 页。

[44]　P. G. Tait,《克拉克·麦克斯韦的电学和磁学》(Clerk-Maxwell's Electricity and Magnetism),《自然》(*Nature*),7(1878),第 478 页~第 480 页;Smith,《能量科学:维多利亚时代英国能量物理学的文化史》,第 211 页,第 232 页~第 238 页。

[45]　Smith,《能量科学:维多利亚时代英国能量物理学的文化史》,第 211 页。

学的"研究传统(尤以斯托克斯的流体动力学论文、光学论文及霍普金斯的物理地质学论文为代表),这一传统将几何规律的公式化作为数学动力学理论的先决条件。[46]

麦克斯韦的第二篇论文,《论物理力线》(On Physical Lines of Force,1860～1861),面向《哲学杂志》更大范围的读者群。这篇论文在 1861 年到 1862 年间分四个部分发表,《论物理力线》旨在为思索磁力线的**物理**性质(而不仅仅是几何形式)问题扫清道路。尽管在第一部分(磁学)中,麦克斯韦采用的术语是"机械效应"和"所做的功",而不是"能量"这样的语言,但在第二部分(电流)中,他开始引进了兰金的"实际能"和"势能"概念。通过强调他已努力借助于"一个假想的分子旋涡体系"来模仿电磁现象,他向他的对手们提出了巧妙的挑战:"那些在不同的方向上寻找这些事实的解释的人们,或许能将这一理论与电流在物质中自由流动的理论相比较,同假设电流以一种依赖于其速度产生的力实现超距作用,而不受能量守恒定律支配的理论相比较。"韦伯尤其要为他的理论表面上违反能量守恒定律承担责任。[47]

而同时,麦克斯韦也承认被引入来描述电流的惰轮假说(the idle wheel hypothesis)"有点笨拙",并具有"临时性和暂时性"特点。他还强调,他没有将其作为"存在于自然中的关系模式"提出来,而仅仅是一个"可以从机械学中构思的、易于研究的关系模式"。麦克斯韦参与根据连续性机械系统提出一种**可能的**解释,以反对超距作用力模型,他后来向泰特解释道,旋涡理论的"建立是为了表明这些现象可以用机械系统解释。这种机械系统之于真正的机械装置的性质就如同太阳系仪之于太阳系"。[48]

在论文第三部分,麦克斯韦从他拓展了的分子旋涡模型中推论出两个带电物体之间作用力的大小的能量公式,即平方反比定律。将这一"力的规律"与它在静电测量方面的亲密的相似物(库仑定律)相比较,可以建立"电流的静态测量和动态测量之间"的直接联系。之后,麦克斯韦又做出了引人注目的声明,他已经证实,"通过将鲁道夫·科尔劳施、韦伯的电磁实验与 A. 斐索发现的光速比较,空气中磁介质的弹性同传播光的介质的弹性实际是一样的,即使两种同时共存、同等延伸并具有同等弹性的介质不是同一介质"。换句话说,麦克斯韦已推测了在"磁介质"中的横向波动的理论速度。他重申,这个速度,"同[用实验方法测量的]光速是相同的,因此,我们几乎不可避免地得出这样的推论,**光存在于引起电现象和磁现象的同一介质的横向波动中**"。[49]

[46] James Clerk Maxwell,《论法拉第力线》(On Faraday's Lines of Force),《剑桥哲学学会会刊》(*Transactions of the Cambridge Philosophical Society*),10(1856),第 27 页～第 83 页;Smith 和 Wise,《能量与帝国:开尔文勋爵的传记研究》,第 61 页～第 65 页;Smith,《能量科学:维多利亚时代英国能量物理学的文化史》,第 218 页～第 222 页。

[47] James Clerk Maxwell,《论物理力线》(On Physical Lines of force),《剑桥哲学学会会刊》,21(1861),第 161 页～第 175 页,第 281 页～第 291 页,第 338 页～第 348 页;23(1862),第 12 页～第 24 页,第 85 页～第 95 页。Daniel Siegel,《麦克斯韦电磁理论的创新:分子旋涡、位移电流和光》(*Innovation in Maxwell's Electromagnetic Theory:Molecular Vortices, Displacement Current, and Light*,Cambridge:Cambridge University Press,1991),第 35 页～第 41 页。

[48] 引自麦克斯韦 1867 年 12 月 23 日致 P. G. 泰特的信件,载于《詹姆斯·克拉克·麦克斯韦的科学信件和论文集》,第 2 卷:第 176 页～第 181 页。

[49] 麦克斯韦,《论物理力线》,第 20 页～第 24 页;Siegel,《麦克斯韦的电磁理论的创新:分子旋涡、位移电流和光》,第 81 页～第 83 页。

这个激进声明构成了麦克斯韦的"光的电磁理论"的核心。但要说服科学界同人相信他的观点还需要一种比以人工机械装置为基础的更可靠的表达方式。

307

对信誉的关注成为麦克斯韦的论文《电磁场的动力学理论》(A Dynamical Theory of the Electromagnetic Field)的首要动机,该文于 1865 年在皇家学会的《哲学会刊》(*Phil. Trans.*)上发表,是麦克斯韦的第三篇关于电学和磁学的有重大价值的论文。他在 1867 年告诉泰特,这篇论文脱离了"物理线"的类型:它以"拉格朗日动力学方程为基础,但对旋涡的论述并不明白"。麦克斯韦试图再次超越动力学和几何学对于电磁现象的描述,因而转向一种特殊类型的"动力学"理论,这个理论已在剑桥大学卢卡斯教授斯托克斯对于光学研究和流体动力学的研究中得到阐释,其中,具体的机械系统让位于关于运动物质的更加概括性的假设。既然这样,被(当下)著名的光的波动理论及近来的能量宇宙论证明可信的像空气的介质,就成为能量在所有物体之间传送的媒介。[50]

麦克斯韦通过研究电流感应及吸引现象来探讨电磁场,绘出磁场分布图,并试图将研究成果以"电磁场的一般方程"的形式表现出来。而这总共需要 20 个方程式,其中包含 20 种可变量:传导电流、电位移、总电流、磁力、电动势、电磁动量(每种都有 3 个组成成分),自由电流和电位。麦克斯韦想根据这些量来表示他现在命名的"电磁场的固有能量,在每一点上,它部分依赖于磁偏振,部分则依赖于电偏振"。他同时解释,他希望他的读者们把"能量"视为一种字面的、真正的实体,而不仅仅是一个用于动力学解释的概念:

> 当说到场的能量时……我希望读者按照字面意义理解。所有的能都同机械能一样,无论它以运动形式、弹性形式抑或任何其他形式存在。电磁现象的能是机械能。唯一的问题是,它存在于哪里?根据旧理论,它以一种不为人知晓的势能形式或在远距离产生某些作用的力的形式存在于带电体内部、传导电路和磁体中。根据我们的理论,它存在于电磁场、带电体和磁体的周围空间及这些物体内部。能量以两种不同的形式存在,这些形式可以不借助于假说被描述为磁偏振、电偏振,或根据一种非常可能的假说,被描述为同一种介质的运动和张力。[51]

308

经过进一步加工提炼,这种电磁学的能量研究方法可以在《电磁通论》中找到全部概念表达。[52] 但能量科学的焦点既在物理实验室中,又在数学论著中。自从 1845 年参加维克多·勒尼奥实验室实践以来,汤姆森就决心用绝对测量标准或机械测量标准进行物理测量。这是因为,他已经意识到,电仅仅能够根据一些电流通过电位差所做

〔50〕 James Clerk Maxwell,《电磁场的动力学理论》(A Dynamical Theory of the Electromagnetic Field),《哲学会刊》(*Phil. Trans.*),155(1865),第 459 页~第 512 页;Smith,《能量科学:维多利亚时代英国能量物理学的文化史》,第 228 页~第 232 页。

〔51〕 Maxwell,《电磁场的动力学理论》;Maxwell,《詹姆斯·克拉克·麦克斯韦科学论文》,第 1 卷:第 564 页。

〔52〕 James Clerk Maxwell,《电磁通论》(*A Treatise on Electricity and Magnetism*, 2 vols., Oxford: Clarendon Press, 1873);Smith,《能量科学:维多利亚时代英国能量物理学的文化史》,第 232 页~第 238 页。

的功测量,正如一定量的水通过高度差所做的功一样。他的绝对温标利用了热的绝对
测量法的观念,他关于电测量法绝对单位体系的第一个公开承诺与他对威廉·韦伯在
约翰·克里斯蒂安·波根多夫主编的《年刊》(Annalen,1851)上发表的论文《论取决于
绝对标准的电阻测量法》(On the Measurement of Electric Resistance According to an
Absolute Standard)的解读及与他自己的关于《热动力学理论》(Dynamical Theory of
Heat)系列论文是一致的。与建立在电动势和电场强度的绝对测量标准基础上的韦伯
体系相比,汤姆森的方法一直建立在机械效应或功的测量法基础上。因此,他 1851 年
关于这一主题的论文运用了焦耳的功当量来计算电路中所做的功产生的热,进而运用
焦耳早期关于热与电流和电阻平方的关系产生了绝对测量法的电阻表达式。[53]

　　虽未能亲自参加 1861 年召开的 BAAS 曼彻斯特会议,但汤姆森仍全力工作以确保
"关于电阻标准"委员会的组成。最近才结识汤姆森的弗莱明·詹金,代表汤姆森来处
理在实践电学家和自然哲学家之间棘手的谈判。结果是产生了委员会,而且特别偏重
于科学家,最终包括北大不列颠能量团体的大多数成员:汤姆森、詹金、焦耳、鲍尔弗·
斯图尔特和麦克斯韦。在整个 19 世纪 60 年代,汤姆森在指导测量仪器的设计和促进
物理测量法的绝对体系的采用方面一直发挥着带头人的作用。因此,这个体系的所有
单位(包括电阻)都与功的单位有着明确的联系,因而功的单位成为"所有物理测量法
之间的连接环节"。[54]

重建能量物理学

　　截至 19 世纪 80 年代,能量科学迅速从起初的英国发起人的控制下摆脱出来。兰
金和麦克斯韦早已从能量科学的历史舞台上退下。在接下来的 10 年中,詹金、斯图尔
特和焦耳也相继逝世。只有汤姆森和泰特继续保持着他们在英国物理学界的权威地
位。但较之于新一代物理学家——理论物理学家和实验物理学家及物理化学家——汤
姆森开始显得日益保守,成为自然哲学的过去时代的幸存者。

　　相比之下,新一代科学家为了自己的目的开始重新建构能量学说。一个自称"麦
克斯韦派"的英国组织,包括乔治·F. 菲茨杰拉德(1851~1901)、奥利弗·亥维赛
(1850~1925)、奥利弗·洛奇(1851~1940),出于自身目的,根据能量原理重新阐释了
麦克斯韦的《电磁通论》。但正如亥维赛 1895 年讽刺性地说,对他们来说,当他和他的
同事们完成了对麦克斯韦的最初观点的转变后,"麦克斯韦只是半个'麦克斯韦派'"。

[53] Smith 和 Wise,《能量与帝国:开尔文勋爵的传记研究》,第 684 页~第 698 页。

[54] 《英国电阻标准协会指定委员会的临时报告》(Provisional Report of the Committee Appointed by the British Association on Standards of Electrical Resistance),《英国科学促进会报告》(Report of the British Association for the Advancement of Science),31(1862),第 126 页;Smith 和 Wise,《能量与帝国:开尔文勋爵的传记研究》,第 687 页;Bruce Hunt,《欧姆就是艺术所在:英国电报工程师和电流标准的发展》(The Ohm is Where the Art Is:British Telegraph Engineers and the Development of Electrical Standards),《奥西里斯》(Osiris),9(1994),第 48 页~第 63 页。

后来的"麦克斯韦派"越来越多地将能设定在电导体周围的场中了,倾向于将机械模型的建构推向极端,他们也开始将能具体化,而不是仅仅将其视为机械能或做功的能力。[55]

最重要的是,正是物质和能量之间的基础联系(所有能量最终都被视为以所做的功来测量的机械能)成为能量科学家的特点。物质和能量间的持续的联系被德国的"能量科学家学派"的兴起明确地切断了。这一学派标志着对"能量科学"更加激进的背离。在物理化学家威廉·奥斯特瓦尔德(1853~1922)的领导下,能量科学家拒绝原子理论和其他物质理论以支持一个"能量"世界,它从物理学延伸到社会。[56]

19世纪末能量物理学的重建凸显了"能量科学"偶然的特点,因为它仅仅被建立于1850年至1880年期间。它是由主要分布在苏格兰的确定的、非正式的科学研究者团体建立的,且这些科学研究者有以工程学和长老派的信仰为双重特征的共同的文化。一方面,他们重新建构卡诺理论,将其发展成热力学,这就提供了一种可以评价所有实际的热力发动机,尤其是船用发动机的经济性能的理想标准;另一方面,卡诺理论现在被建立在可视自然界的"定向性"趋势这一基础上,这体现了传统的长老教会教义:只有上帝可以"重造"一个堕落的人和堕落的自然。不论被认为是"进步"还是"损耗",定向性成为北大不列颠组织反对大都市的、反基督的唯物主义者和自然主义者的最强大武器。

310

我在本章论证了能量物理学的建构并不是18世纪中期能量守恒定律这一"发现"的必然结果,而是关注物理学改革和迅速增加自身科学信誉的北大不列颠组织的产物。作为通过精心选择的论坛如BAAS对能量原理精心传播的结果,能量支持者成功地重绘了物理学的学科图,也成功地推进了物理科学甚至生命科学大范围的改革。因而,"能量"成为这些科学精英们基本的知识财产,但现在,这个植根于工业文化的概念已超越了相对意义上的地方文化,构成了宣称具有普遍性特征和全面的适销性的科学的核心。

(陈前辉　译　杨舰　陈养正　校)

---

[55] Bruce Hunt,《麦克斯韦派》(*The Maxwellians*, Ithaca, N. Y.: Cornell University Press, 1991)。

[56] 例如,参看 Erwin N. Hiebert,《动能学争论与新热力学》(The Energetics Controversy and the New Thermodynamics),载于 D. H. D. Roller 编,《科技史面面观》(*Perspectives in the History of Science and Technology*, Norman: University of Oklahoma Press, 1971),第67页~第86页。

16

19 世纪的电学理论与实践

布鲁斯·J. 亨特

19 世纪,电学取得了巨大的进展,最终导致麦克斯韦派的场理论的确立和电子的发现;19 世纪同时也见证了电力和通信技术是如何改变现代生活的。这些科学和技术的发展出现在同一时期而且通常是同一地点,并不是一种巧合,也不单纯是一个科学发现在随后的实践中的应用。影响是从两个方向上施加的,若干个重要的科学进步,包括统一的单位体系和麦克斯韦派的场理论本身,都深受电学技术带来的现实需要和机遇的影响。下文我们将讲述,电学理论和实践在整个 19 世纪都是相互交错、紧密相联的。

早期的电流研究

在 19 世纪以前,电学领域仅限于静电学,磁学被认为是截然不同的一门科学。在 18 世纪 80 年代,法国工程师夏尔·库仑通过精细测量建立了电荷的引力和斥力平方反比定律。在拉普拉斯派的研究项目中占据显著地位的、以假想的粒子间的力学定律为基础的静电学,随后开始在法国被确立。然而,形势很快被亚历山德罗·伏打在 1799 年发明的"电堆"搞复杂了,尤其是人们将注意力从电堆本身转移到它所产生的电流上时。[1] 19 世纪电学的大部分历史可以被视为与电流(像伏打的电堆所产生的电流)所带来的疑问和所提供的机遇有关的一系列工作。

1820 年丹麦物理学家 H. C. 奥斯特在一定程度上受自然哲学及其力的统一论的影响,致力于探索磁力与电流之间的关系。他发现将一根磁针放在带电流的导线旁时,磁针会转向垂直于导线的方向。他的这一惊人发现迅速传播开后,研究者们试图努力搞清这一奇特的旋转力以及电和磁之间的混合作用。在法国,安德烈-马里·安

---

[1] Theodore M. Brown,《19 世纪早期法国物理学中的电流》(The Electric Current in Early Nineteenth-Century French Physics),《物理科学的历史研究》(*Historical Studies in the Physical Sciences*),1(1969),第 61 页～第 103 页;关于 19 世纪电学的详史,见 Olivier Darrigol,《从安培到爱因斯坦的电动力学》(*Electrodynamics from Ampère to Einstein*,Oxford:Oxford University Press,2000)。

培（1775~1836）很快发现平行电流相互吸引并提出只要把磁体视为由无数的分子电流构成的，电和磁之间的二元论就可被抛弃。[2] 1826 年他创立了电流元之间的力的平方反比定律，成功地解释了奥斯特效应及许多其他效应。

奥斯特的发现导致了电流计和电磁体的发明，这些发明很快被用在第一部实用的电报机中。1833 年，德国科学家卡尔·弗里德里希·高斯和威廉·韦伯经由一根穿过哥廷根的双股线互换了信号。1837 年，英国企业家 W. F. 库克和物理学家查尔斯·惠斯通申请了第一份商用电报机专利。1844 年，美国人 S. F. B. 莫尔斯和艾尔弗雷德·韦尔将他们自己的电报系统投入使用。[3] 电学进入了实用领域，熟悉电流、线圈、磁体的人员已不再仅仅限于实验室的研究者。

法拉第和韦伯的时代

从 19 世纪 30 年代到 50 年代，电学界的两位领袖人物是迈克尔·法拉第（1791~1867）和威廉·韦伯（1804~1891）。两位都是积极的实验主义者，但他们却走了两条显著不同的科学道路：法拉第比较激进，提出了崭新的电磁场理论；韦伯则相对保守，承担了建立电力定律的任务。他们不同的方法造成了此后两国科学的显著差别——英国形成了场论，德国则盛行超距作用理论——两者在 19 世纪后期的电学领域都占有一席之地。

法拉第的科学生涯是从其为皇家学院的汉弗里·戴维爵士做化学助手开始的。正如戴维·古丁所强调的，法拉第作为一个化学家的职业背景，使他更重视直接经验而不是数学推理，他的忠于《圣经》文本的宗教观点强化了这一点。[4] 他的第一个电学发现是在 1821 年，当时他发现带电流的线会绕磁体的极旋转，这一效应后来成为所有电动机的理论基础。1831 年，在探索实现与奥斯特效应相反效应（即使用磁体产生电流）的实验过程中，他发现在线圈周围快速移动磁体，可以产生一小股电流，这个过程被他称为"电磁感应"。当时他在磁体两极转动线圈就可以得到电流，这一发现后来导致了发电机的发明。

其他的电学研究者非常尊崇法拉第，认为他不仅是电磁感应的发现者，同时也是电容率（介电常数）（1837 年）、磁致旋光效应（1845 年）和许多其他现象的发现者，但

[2] James Hofmann，《安德烈-马里·安培》（André-Marie Ampère，Oxford：Blackwell，1995）；R. A. R. Tricker，《早期电动力学：第一环流定律》（Early Electrodynamics：The First Law of Circulation，Oxford：Pergamon Press，1965）。

[3] 关于早期电报技术的历史尚无满意之作，但可参看 Jeffrey Kieve，《电报：一部社会史和经济史》（The Electric Telegraph：A Social and Economic History，Newton Abbot：David and Charles，1973），以及 Robert Thompson，《给大陆布线：美国的电报工业史（1832~1866）》（Wiring a Continent：The History of the Telegraph Industry in the United States，1832 - 1866，Princeton，N. J.：Princeton University Press，1947）。

[4] David Gooding，《实验和意义的产生》（Experiment and the Making of Meaning，Dordrecht：Kluwer，1990）；Geoffrey Cantor，《迈克尔·法拉第、桑德曼教派和科学家：19 世纪的科学和宗教研究》（Michael Faraday，Sandemanian and Scientist：A Study of Science and Religion in the Nineteenth Century，London：Macmillan，1991）。

是他们却忽视了他的理论观念,至少在一开始是这样。避开了数学上的引力和斥力法则,法拉第用从电荷或磁极伸出的弯曲的力线来描述电磁现象,这些曲线的形状就像把许多铁屑放在磁体周围时所呈现的形状。1840 年到 1850 年间,他把他的观点总结为电磁场理论。这种理论是把空间当成力和活动的场所而不是一无所有和死寂的。法拉第认为,带电物体和带磁物体并不通过虚无的空间直接发生作用,而是通过改变它们周围的场发生作用,所以看起来表现为超距作用的电磁现象,实际上是通过中间媒介的接触作用而发生的。但是当法拉第越来越把他的理论思考建立在场的观念上时,大多数受过良好数学训练的物理学家仅把这一理论视为一种"思维拐杖",去帮助那些无法用更优美、更严格的力学定律来处理问题的人。1845 年,年轻的威廉·汤姆森(1824~1907),即后来的开尔文勋爵,用数学方法显示出法拉第的方法与库仑的"超距作用"定律所得到的结果一致,这一方面保护了传统力学定律,使其不与法拉第的实验发生明显冲突;另一方面也使法拉第的"接触作用"理论得到了更广泛的接受。[5]1855 年,英国皇家天文学家乔治·比德尔·艾里声称,没有一个真正懂得平方反比定律的人"会有少许的犹豫,当他面临的选择一边是简单精确的直接作用,另一边是模糊多变的力线时"。[6]

到了 19 世纪 30 年代韦伯接手时,修改电力法则的任务已不再像库仑当年那么简单。当时需要一个综合的法则,不仅能解释静电学的引力和斥力(库仑定律),而且还要能解释奥斯特电磁效应(安培定律)和法拉第电磁感应现象。韦伯不仅成功地将三者合成了一个简单定律,而且设计了验证这一定律的实验方法。到了 19 世纪 50 年代,他建立起了描述粒子间直接作用力的模型,形成了不可思议的理论大厦。1831 年,韦伯成为哥廷根大学的物理学教授后,和高斯一道建立起了一个用长度、时间、质量来表述磁和电动力学的测量法的"绝对"体系,还改进了他的电测力计(一种精密的可移动线圈装置),用来测量电磁力。1837 年政治上的麻烦使韦伯中断了工作,但在 19 世纪 40 年代他重新开始工作后很快取得了巨大成功。[7]

追随着 G. T. 费希纳,韦伯把电流描述成微小的带正电的和带负电的粒子通过导体向相反方向流动的两股细流。他的任务,正如他所考虑的,就是决定粒子间的作用力。库仑定律不需要修改,但韦伯将安培的电流元定律转换成了一种依赖带电粒子的相对速度的定律,增加了依赖它们之间的相对加速度来解释电磁感应的第三项。1846 年,他发表了一篇长篇论文来展示这一基本力法则(Grundgesetz),并有实验数据支持

〔5〕 William Thomson,《关于电平衡的数学理论》(On the Mathematical Theory of Electricity in Equilibrium, 1845),载于 Thomson,《静电学和磁学论文集(再版)》(Reprint of Papers on Electrostatics and Magnetism, London:Macmillan, 1872),第 15 页~第 37 页。
〔6〕 乔治·比德尔·艾里致约翰·巴洛的信,1855 年 2 月 7 日,引自 L. P. Williams,《迈克尔·法拉第传》(Michael Faraday:A Biography, New York:Basic Books, 1965),第 508 页。
〔7〕 Christa Jungnickel 和 Russell McCormmach,《对自然的理性支配:从欧姆到爱因斯坦的理论物理》(Intellectual Mastery of Nature:Theoretical Physics from Ohm to Einstein, 2 vols., Chicago:University of Chicago Press, 1986),第 1 卷:第 70 页~第 77 页,第 130 页~第 137 页,第 146 页~第 148 页。

它。几乎在同时,哥尼斯堡的弗朗茨·诺伊曼在电流元和势函数的基础上建立了一套相似的法则,但由于韦伯的理论更综合全面,因而在德国赢得了更广泛的支持。然而这一理论仍然保持着令人困扰的推测性。韦伯无法指明他的假想粒子的质量、电荷数和实际大小,甚至也无法直接证明这种粒子的存在。更为糟糕的是,赫尔曼·冯·亥姆霍兹(1821~1894)认为以速度为基础的韦伯力法则违反了能量守恒定律。开始一段时间韦伯还能抵挡得住亥姆霍兹的反对,但到 19 世纪 70 年代时这种反对卷土重来,使物理学家失去了对超距直接作用理论的信心。

电报和电缆

　　19 世纪 40 年代末和 50 年代电报线的快速延伸永久性地改变了一切,包括从新闻传播到世界市场的运行等各个方面。科学也很快受到了影响,因为电报既对电学知识提出了新需求,也对电学知识的获取提供了新途径。对于海底电报来说尤其如此,自从 1851 年第一条电缆成功地横跨英吉利海峡铺设以来,英国的公司在这一领域一直占统治地位。海底电缆比欧洲和美洲大陆的空中电缆呈现出更复杂的电学状态,全力对付海底电报的众多特性的任务赋予了 19 世纪后半期的英国电学独特的风味。

　　一个主要的特性出现在 19 世纪 50 年代早期。当时英国工程师拉蒂默·克拉克注意到原来十分清晰的信号,在经过海底电缆或很长的地下电缆后到其终点处会有轻微的迟滞,变得很模糊。克拉克很快向法拉第说明了这一"延迟"效应,而法拉第又在 1854 年 1 月皇家学院的演讲中使这一现象受到广泛关注。尽管法拉第认识到这一现象对快速传送信号造成威胁,但他还是愉快接受克拉克的这一发现,并把它当作他长期以来持有的(也是长期被忽视的)观点的确证。这一观点是:若线路周围的绝缘体(或"电介质")没有进入静电应变状态,并最终储备了一定数量的电荷,则线路中不会有传导发生。[8] 在普通电线中这一过程十分短暂,以至于没有引起人们的注意;但一条很长的电缆的感应能力很强,静电应变的形成和衰退要花费较长时间,这就出现了克拉克所观察到的延迟现象。

　　法拉第的演讲引发了英国电报工作者的极大兴趣,演讲稿的发表又使人对他的理论观点有了新的关注。它也促使威廉·汤姆森完成了电报传送的数学理论,这一理论指出,电缆的延迟效应随着它的长度的平方而增加——这就是所说的"平方定律"。同一年,汤姆森取得了一系列可能获利的第一个电报专利。这是一个明显的信号,表明

[8]　Michael Faraday,《论电感应——结合电流和静电效应的实例》(On electric induction – associated cases of current and static effects,1854),载于 Faraday,《电学实验研究》(Experimental Researches in Electricity,3 vols.,London: Taylor and Francis,1839 – 55),第 3 卷:第 508 页～第 520 页;Bruce J. Hunt,《迈克尔·法拉第、电缆电报和场理论的兴起》(Michael Faraday,Cable Telegraphy and the Rise of Field Theory),《技术史》(History of Technology),13(1991),第 1 页～第 19 页。

在英国电学和电报业正在进一步结合。[9]

1856 年,电学和电报技术的结合达到了新的水平,原因是美国企业家赛勒斯·菲尔德在英国资本和技术的支持下,打算铺设一条横跨大西洋的长约 2000 英里(约 3219 千米)的电缆。人们担心,如此长的电缆可能会因为延迟效应使得信号传输过慢而无法获得利润。为了消除这种担忧,菲尔德任用了怀尔德曼·怀特豪斯,一位布赖顿的前外科医生,这位前外科医生声称通过实验的方式证明了汤姆森的平方法则只不过是一种"书生之见""无稽之谈",坚持认为延迟效应不会对电报的发送形成真正的阻碍作用。[10] 尽管汤姆森抗议说怀特豪斯错误地应用了他的理论,但他对这项工程却抱有很大的兴趣,并受聘为菲尔德的董事。

菲尔德的工作进行得过于匆忙,电缆的生产很仓促,对电缆也没有进行充分的检验。从 1857 年 8 月到 1858 年 6 月经过 5 次失败的尝试后,1858 年 8 月 5 日,爱尔兰到纽芬兰之间的电缆终于铺设完毕,人们为之欣喜若狂,但这种高兴的气氛却转瞬即逝。怀特豪斯的接收装置不能正常工作,他发送到电缆里的强大电流使原本脆弱的绝缘体更加脆弱。在众人的斥责声中,怀特豪斯很快被解雇了。汤姆森接替了他的工作,用了几周的时间细心地维护电缆,使用较弱的电流,并改用较灵敏的镜式电流计来接收信号。然而电缆已遭到了严重的损坏,到 9 月中旬就完全瘫痪了。[11]

第一个跨大西洋电缆工程的失败促使人们对电学的工业应用进行了苛刻的再评估,也使工程师和实业家确信精确的电气测量对未来海底电缆的成功铺设起着至关重要的作用。无论对新闻界还是对政府的调查委员会来说,怀特豪斯的奇特方法是完全不可信的,而汤姆森的处理方法更科学,因而受到了广泛的赞扬。[12] 到 19 世纪 60 年代中期,电缆产业的需求引发了一场电气测量实践的革命——极大地影响了科学和技术。1883 年,汤姆森在回首往事时评论说:"电阻线圈和欧姆、标准电容和微法拉,在 10 年前已为海底电缆工厂和试验站的电工们所熟知,这比世界上大多数科学实验室常规实行的所谓电气测量要早得多。"[13] 汤姆森本人发起了这场革命,1861 年,他要求英

[9] Crosbie Smith 和 M. Norton Wise,《能量与帝国:开尔文勋爵的传记研究》(Energy and Empire: A Biographical Study of Lord Kelvin, Cambridge: Cambridge University Press, 1989),第 452 页~第 453 页,第 701 页~第 705 页。

[10] Wildman Whitehouse,《平方定律——它能应用于海底电路信号传送?》(The Law of Squares – is it applicable or not to the Transmission of Signals in Submarine Circuits?),《英国科学促进会报告》(British Association Report, 1856),第 21 页~第 23 页;Bruce J. Hunt,《科学家、工程师和怀特德曼·怀特豪斯:早期电缆电报的测量法及可信度》(Scientists, Engineers and Wildman Whitehouse: Measurement and Credibility in Early Cable Telegraphy),《英国科学史杂志》(British Journal for the History of Science),29(1996),第 155 页~第 170 页。

[11] Charles Bright,《海底电报的历史、建造及运行》(Submarine Telegraphs, Their History, Construction, and Working, London: Lockwood, 1898),第 38 页~第 54 页;Silvanus P. Thompson,《威廉·汤姆森(拉格斯的开尔文男爵)传》(The Life of William Thomson, Baron Kelvin of Largs, 2 vols., London: Macmillan, 1911),第 1 卷:第 325 页~第 396 页;Vary T. Coates 和 Bernard S. Finn,《对以往技术的评估:海底电报——1866 年跨大西洋海底电缆》(A Retrospective Technology Assessment: Submarine Telegraphy—The Transatlantic Cable of 1866, San Francisco: San Francisco Press, 1979),第 2 页~第 17 页。

[12] Smith 和 Wise,《能量与帝国:开尔文勋爵的传记研究》,第 674 页~第 679 页。

[13] William Thomson,《电的测量单位》(Electrical Units of Measurement, 1883),载于 Thomson,《大众演讲与致辞》(Popular Lectures and Addresses, 3 vols., London: Macmillan, 1891 - 4),第 1 卷:第 73 页~第 136 页,引文在第 82 页~第 83 页。

国科学促进会(British Association for the Advancement of Science)制定一个科学研究和实验用的电阻标准单位(随后被命名为欧姆)。[14] 克拉克和其他的电缆工程师很快加入进来,英国电气标准联合委员会(British Association Committee on Electrical Standards)开展了大量工作,建立了一套包括欧姆、伏特、安培在内的被沿用至今的单位体系。其中大量的实验工作都被一位年轻的物理学家做过,随后这个人开始在电学领域崭露头角,他就是詹姆斯·克拉克·麦克斯韦。

麦克斯韦

　　詹姆斯·克拉克·麦克斯韦(1831~1879)是 19 世纪物理学领域最为突出的人物之一。尽管麦克斯韦的工作范围很广,从气体动力理论到色视觉,但他最大的贡献是电磁学理论方面。一个规模小却很活跃的"麦克斯韦研究团体",推出了他的著作的数个版本和许多研究他的工作的论文,但由于他死后许多个人独写的论文的遗失,想要探究他的人品性格是很困难的。在众多现代版的传记中,发表于 1882 年的,由刘易斯·坎贝尔和威廉·加尼特合著的《詹姆斯·克拉克·麦克斯韦传》(*Life of James Clerk Maxwell*)是关于麦克斯韦的最好的传记。然而,最近的研究更多地关注他的成果的根源和背景。[15]

　　麦克斯韦出生于爱丁堡,并在那里和苏格兰西南部他的家庭庄园里长大。他先是进入爱丁堡大学学习,后来到剑桥大学深造,并于 1854 年 1 月在数学专业的荣誉学位考试中夺得第二名。在尽力寻找研究课题时,他于 2 月写信给汤姆森说他打算选择电学并询问应该读法拉第的什么作品。[16] 我们不知道他为什么会选择电学,因为当时剑桥大学的课程一直拒绝接纳电学,我们也不知道他为什么会热衷于法拉第的非传统方法,但有一点值得注意,就是在他给汤姆森的信中,我们可以看出,他被法拉第在皇家学院所作的关于电缆延迟效应的报告激起的突然的兴趣。

[14] Bruce J. Hunt,《欧姆是艺术:英国电报工程师和电学标准的发展》(The Ohm is Where the Art is: British Telegraph Engineers and the Development of Electrical Standards),《奥西里斯》(*Osiris*),9(1994),第 48 页~第 63 页。关于德国在这方面的工作,参看 Kathryn M. Olesko,《精确、偏差和一致:德国和英国电阻标准的地方特点》(Precision, Tolerance, and Consensus: Local Cultures in German and British Resistance Standards),载于 Jed Z. Buchwald 编,《19 世纪和 20 世纪早期德国和英国的科学信誉和技术标准》(*Scientific Credibility and Technical Standards in 19th and early 20th century Germany and Britain*, Archimedes: New Studies in the History and Philosophy of Science and Technology, 1, Dordrecht: Kluwer, 1996),第 117 页~第 156 页。

[15] Lewis Campbell 和 William Garnett,《詹姆斯·克拉克·麦克斯韦传》(*The Life of James Clerk Maxwell*, London: Macmillan, 1882)。最佳的简要传记是 C. W. F. Everitt,《詹姆斯·克拉克·麦克斯韦:物理学家和自然哲学家》(*James Clerk Maxwell: Physicist and Natural Philosopher*, New York: Scribners, 1975)。麦克斯韦的著述收集在 W. D. Niven 编,《詹姆斯·克拉克·麦克斯韦科学论文集》(*The Scientific Papers of James Clerk Maxwell*, 2 vols., Cambridge: Cambridge University Press, 1890);以及 P. M. Harman 编,《詹姆斯·克拉克·麦克斯韦的科学信件及论文》(*The Scientific Letters and Papers of James Clerk Maxwell*, 2 vols., Cambridge: Cambridge University Press, 1990 -);也可参看 M. Norton Wise,《麦克斯韦的著作和英国的动力学理论》(The Maxwell literature and British Dynamical Theory),《物理科学的历史研究》,13(1982),第 175 页~第 205 页。

[16] 麦克斯韦致汤姆森的信,1854 年 2 月 20 日,载于 Harman 编,《詹姆斯·克拉克·麦克斯韦的科学信件及论文》,第 1卷:第 237 页~第 238 页。

麦克斯韦电学研究的第一个成果是完成于 1856 年年初的《论法拉第力线》(On Faraday's Lines of Force)。[17] 在这篇论文中,他指出电力线和磁力线与流体中的流线的相似之处,进而把法拉第许多被说成模糊的观点用严格的数学形式表示了出来。1861 年至 1862 年,他又完成了另一篇著名的《论物理力线》(On Physical Lines of Force),构建了一个关于以太的精巧的机械模型,由许多微小的旋涡和惰轮构成。从这一模型出发,麦克斯韦不仅建立了联系主要的电磁量的方程,认为变化的电力可以产生"位移电流",而且还得出了一个惊人的结论(他自己加了强调):"**光存在于引起电现象和磁现象的同一介质的横向波动中。**"[18]

光的电磁理论是物理学中最重要的融合之一,麦克斯韦得出这一结论的推论过程受到了密切关注。历史学家和哲学家尤其对麦克斯韦"物理线"模型的真实性争论不休,这一问题的研究人员大都认同麦克斯韦认为磁场中的急速转动的旋涡是确实存在的,但作为填充空隙的惰轮粒子却不像真正的连接机械装置,可能只是一种实用主义的虚构。[19]

麦克斯韦关于光的电磁理论的最好证据是光速(由 A. 斐索等人测得)同静电单位系统与电磁单位系统的比值(由韦伯和鲁道夫·科尔劳施测得)恰好吻合。对这些单位比值的更好的测量会明确地检验他的理论,为了确保这一点,他于 1862 年加入了英国电气标准联合委员会。在接下来的两年多时间里,时任伦敦国王学院物理学教授的麦克斯韦与电缆工程师弗莱明·詹金密切合作,用汤姆森设计的旋转线圈装置来确定欧姆值的大小。随后他又测量了以欧姆表示的两种单位的比值,除了个别之处不符外,与光速基本一致,这更增强了他对自己理论的信心,尽管汤姆森仍未确信。[20]

1864 年 12 月,麦克斯韦向皇家学会呈交了他的《电磁场的动力学理论》(A Dynamical Theory of the Electromagnetic Field)。在这篇论文中,他不再从一个特定的机械模型(如在《论物理力线》中所说的那样)出发,而是从一种连接系统的通用动力学出发得出了电磁方程组。[21] 以法拉第的电荷和电流仅仅是周围场的状态的附带现象的反映这一观点为基础,麦克斯韦现在表示磁场状态主要取决于"电磁动量"(后被重新命名为矢势[vector potential])的变化,并开始描绘能量在场中是如何分布的。他曾

318

---

[17] J. C. Maxwell,《论法拉第力线》(On Faraday's Lines of Force, 1855 - 6),载于 Niven 编,《詹姆斯·克拉克·麦克斯韦科学论文集》,第 1 卷:第 155 页~第 229 页。

[18] J. C. Maxwell,《论物理力线》(On Physical Lines of Force, 1861 - 2),载于 Niven 编,《詹姆斯·克拉克·麦克斯韦科学论文集》,第 1 卷:第 451 页~第 513 页,引语在第 500 页。

[19] Daniel Siegel,《麦克斯韦电磁理论的创新:分子旋涡、位移电流和光》(Innovation in Maxwell's Electromagnetic Theory: Molecular Vortices, Displacement Current, and Light, Cambridge: Cambridge University Press, 1991);Ole Knudsen,《法拉第效应和物理理论(1845 ~ 1873)》(The Faraday Effect and Physical Theory, 1845 - 1873),《精密科学史档案》(Archive for History of Exact Sciences),15(1976),第 235 页~第 281 页;相反的观点,见 T. K. Simpson,《麦克斯韦论电磁场》(Maxwell on the Electromagnetic Field, New Brunswick, N. J.: Rutgers University Press, 1997),第 140 页。

[20] Simon Schaffer,《精确的测量是一种英国科学》(Accurate Measurement Is an English Science),载于 M. Norton Wise 编,《精确的价值观》(The Values of Precision, Princeton, N. J.: Princeton University Press, 1995),第 135 页~第 172 页。

[21] J. C. Maxwell,《电磁场的动力学理论》(A Dynamical Theory of the Electromagnetic Field, 1865),载于 Niven 编,《詹姆斯·克拉克·麦克斯韦科学论文集》,第 1 卷:第 562 页~第 564 页。

向查尔斯·霍金(他做欧姆实验时的助手)自豪地表示,他已经"使光的电磁理论排除了一切无充分理由的假设",现在已能用纯粹的电磁测量结果来确定光的速度。[22] 麦克斯韦仍相信存在一个机械的以太,只是对以太的具体结构还不清楚,他认为在公式化他的理论时所用的推测越少越好。

1865 年麦克斯韦离开了国王学院,在随后的几年里,他在苏格兰的家园里致力于撰写《电磁通论》(*Treatise on Electricity and Magnetism*,1873)这部巨著。[23] 尽管这部著作思想丰富,但却不很连贯,而且晦涩。这部作品问世后,麦克斯韦担任了剑桥大学实验物理学卡文迪许(Cavendish)教授之职(该职位创立于 1871 年),并建立了新的卡文迪许实验室。在那里,他把建立精确的电学测量法作为主要活动。[24] 当他修订《电磁通论》的新版本时患上了癌症,于 1879 年 11 月 5 日去世,时年 48 岁。那时,他的电磁场理论还没有被人们很好地理解,也没有被广泛地接受。实际上,从某种意义上说,他的理论尚未完成。

电缆、发电机和灯泡

在麦克斯韦的《电磁通论》的前言中,有一段话十分引人注目,他写道:

电磁学在电报上的重要应用……反过来对纯科学起到了作用,通过精确的电气测量带来的商业价值,以及提供给电工使用的设备(这些设备的规模比任何一个普通实验室所用的都大得多)。对电学知识需求的结果和获取电学知识的实验机遇的结果是非常显著的,不但极大地激发了先进电学家的干劲,而且还在实践者中传播了某种程度的精确的知识,这种精确的知识很可能有助于整个工程行业的全面的科学进步。[25]

麦克斯韦无疑考虑到了他在标准委员会时所做的工作,甚至,他也考虑到了汤姆森在铺设第二条跨大西洋电缆(该工程最后于 1866 年完工)时所做的工作。

在经历了 1858 年的大失败后,菲尔德和他的伙伴们用了好几年的时间来重整旗鼓。他们这次注意听取汤姆森的科学建议,定做了较粗的电缆并认真检验。唯一一艘能运载全长电缆的轮船"大东方"号,于 1865 年 7 月从爱尔兰开始铺设电缆,但在铺到 1200 英里(约 1931 千米)处电缆突然折断,使这项工程几乎陷入绝境;后来由于得到曼彻斯特的一位富有的棉商约翰·彭德的支持,菲尔德订购的另一条电缆在第二年夏

---

[22] 麦克斯韦致霍金的信,1864 年 9 月 7 日,载于 Harman 编,《詹姆斯·克拉克·麦克斯韦的科学信件及论文》,第 2 卷:第 164 页。

[23] J. C. Maxwell,《电磁通论》(*Treatise on Electricity and Magnetism*, 2 vols, Oxford: Clarendon Press, 1873)。

[24] Simon Schaffer,《维多利亚后期的测量体系及所用仪器:欧姆的制造厂》(Late Victorian Metrology and Its Instrumentation: A Manufactory of Ohms),载于 Robert Bud 和 Susan Cozzens 编,《无形的联系:工具、制度和科学》(*Invisible Connections: Instruments, Institutions and Science*, Bellingham, Wash.: SPIE, 1992),第 23 页~第 56 页。

[25] Maxwell,《电磁通论》,第 1 卷:第 vii 页~第 viii 页。

天开始铺设。这次一切进行得都很顺利,电缆于 1866 年 7 月 27 日在纽芬兰登陆;随后"大东方"号又把 1865 年折断的电缆连接好并铺设完毕,因而从 1866 年 9 月起,跨大西洋有两条运行电缆。[26]

1866 年的成功使全球掀起了一股铺设电缆热潮。到 1875 年,英国公司(大部分由彭德控制)已经把电缆铺设到了印度、澳大利亚和香港,到 1890 年,电缆已遍及南美洲和非洲的海岸,延伸到了全球。电缆电报成了一项巨大而利润丰厚的产业,同时也是大英帝国的战略屏障之一。在 19 世纪 50 年代至 80 年代,电缆电报也为先进的电学技术提供了主要市场。这一市场为英国所垄断——英国公司在 19 世纪 80 年代拥有所有电缆里程的三分之二并建造和铺设了绝大多数的电缆——这一市场的发育也使得英国的电学格外注重精确测量法和电磁学的传播。

19 世纪 70 年代后期,随着电力工业的兴起,电学知识有了新的市场。伏打电池或使用永久磁铁的磁发电机发出的电流都太弱,花费也太贵,而且用途有限。然而在 1866 年至 1867 年间,好几位发明家偶然发现,把磁发电机发出的电流反馈回环绕着场磁铁的线圈内,从而把它们变成电磁体,当磁发电机被转动得越来越快时,这些电磁体会变得越来越强。[27] 随着自激式发电机在随后 10 年里的不断改进,电力相对来说首次变得丰富而廉价。发电机产生的电流的第一个主要用途是用于弧光灯,但它们太亮了以至于不能用于室内照明。于是托马斯·爱迪生(1847~1931)在 1879 年发明了白炽灯,并建立了发电和输电的电力系统;1882 年,他又在纽约的珍珠街建立了第一个中心发电站。托马斯·P. 休斯详细地讲述了"电力网络"的发展过程。[28]

爱迪生的第一个电力系统使用的是直流电,这种电流在短距离内使用效果很好,但由于在输送过程中损失的能量过多,所以只能供发电站周围几英里内的用户使用。交流电系统则不受这一限制,这种电力系统通过变压器将电流变成高压电,供长途输送;在到达目的地后,再将高压电变为低压电供当地的用户安全使用。在经过一番激烈的"系统之争"后,交流电在 19 世纪 90 年代占了上风。

早期直流电系统相当简单,电线里的电流相当于水管中流动的水。尤其因为采用多相输送,交流电系统更加复杂,并且它易受多种场效应的干扰。电力工业在 19 世纪 80 年代至 90 年代的快速发展需要大量训练有素的电学工程师,尤其是擅长处理交流电的工程师。这一需求一开始就得到了满足,特别是在美国,那里的大学物理系扩大师资规模、增添教学设备,以应对大量拥入的学生。[29] 实际上,物理作为一门学科,在

[26] 关于 1865 年至 1866 年电缆,参看 Bright,《海底电报的历史、建造及运行》,第 78 页~第 105 页;Thompson,《威廉·汤姆森(拉格斯的开尔文男爵)传》,第 1 卷:第 481 页~第 508 页;Coates 和 Finn,《对以往技术的评估:海底电报——1866 年跨大西洋海底电缆》,第 21 页~第 25 页。

[27] Silvanus P. Thompson,《发电机械》(*Dynamo-Electric Machinery*, 4th ed. , London: Spon, 1892),第 6 页~第 21 页。

[28] Thomas P. Hughes,《电力网络:西方社会的电气化(1880 ~ 1930)》(*Networks of Power: Electrification in Western Society*,*1880 - 1930*, Baltimore: Johns Hopkins University Press, 1983)。

[29] Robert Rosenberg,《美国物理学和电气工程的起源》(American Physics and the Origins of Electrical Engineering),《今日物理》(*Physics Today*),36(1983 年 10 月),第 48 页~第 54 页。

19 世纪后半期的发展在很大程度上要归功于电学技术所提供的需求和带来的机遇。

麦克斯韦派

1879 年麦克斯韦去世时,他的电磁学理论还只是众多理论之一,并没有多少优势可言,然而到了 1890 年,它却击败了这一领域内的所有对手,成为物理学中最成功和最基本的理论之一。这一转变主要应归功于一群"麦克斯韦派"的年轻科学家的工作,尤其是乔治·F. 菲茨杰拉德(1851~1901)、奥利弗·洛奇(1851~1940)、奥利弗·亥维赛(1850~1925)和海因里希·赫兹(1857~1894)等人的工作,这些人在 19 世纪 80 年代将麦克斯韦的电磁学理论用更清晰、更简练的形式表达了出来,用实验对这一理论进行了验证,并把这一理论扩展到了麦克斯韦未曾预见到的领域。[30] 在这一过程中,这一理论和已有电学技术的联系比以往任何时候都更密切,特别是通过亥维赛、赫兹和洛奇的工作,新的无线电技术诞生了。

麦克斯韦派的初步形成是在 1878 年。那一年,洛奇和菲茨杰拉德相遇并发现他们都对麦克斯韦的《电磁通论》很感兴趣,尽管他们两人都没有声称对这部著作理解得很好。实际上,菲茨杰拉德最初认为麦克斯韦的理论排除了直接产生电磁波的可能,在 1879 年他劝阻洛奇不要试图用实验的方法产生电磁波。菲茨杰拉德很快认识到了自己的错误,并在 1883 年撰文描述了几米长的电波是如何由一个放电的电容器通过一个小电阻产生的。但他和洛奇都想不出怎样测定如此快速的振荡,因而在 19 世纪 80 年代中期,他们把这一问题搁置了起来。[31]

1883 年年底,剑桥培养的物理学家 J. H. 坡印廷发现,根据麦克斯韦的理论,能量应该沿着电力线和磁力线的垂线在场内传送。坡印廷定理有许多惊人的结论,其中包括电流能量不像人们通常想象的那样在电线内流动,而是在电线周围的看似空洞的空间中传送。菲茨杰拉德和洛奇很快把这一能量传送定理作为理解麦克斯韦理论的关键之一——尽管麦克斯韦本人对此一无所知。1885 年菲茨杰拉德用一个由黄铜轮和橡胶带做成的模型来说明能量在以太中是如何传递的,同时洛奇在他的颇有影响的《电学现代观》(Modern Views of Electricity,1889)中也详细地描述了一个相似的模型的运作方式。[32]

亥维赛,一位古怪的前电报工程师,在他 24 岁那年就"退休"了,从此致力于电学

[30] Jed Z. Buchwald,《从麦克斯韦到微观物理学:19 世纪后 25 年的电磁理论》(From Maxwell to Microphysics: Aspects of Electromagnetic Theory in the Last Quarter of the Nineteenth Century, Chicago: University of Chicago Press, 1985);Bruce J. Hunt,《麦克斯韦派》(The Maxwellians, Ithaca, N. Y.: Cornell University Press, 1991)。

[31] Hunt,《麦克斯韦派》,第 30 页~第 47 页。

[32] G. F. FitzGerald,《论一个用来说明以太性质的模型》(On a Model Illustrating some Properties of the Ether, 1885),载于 FitzGerald,《已故乔治·弗朗西斯·菲茨杰拉德科学著作》(The Scientific Writings of the Late George Francis FitzGerald, Dublin: Hodges and Figgis, 1902),J. Larmor 编,第 142 页~第 156 页;Oliver Lodge,《电学现代观》(Modern Views of Electricity, London: Macmillan, 1889)。

理论研究,亥维赛只比坡印廷晚几个月偶然地独立发现了能流定理。[33] 他也把它视为麦克斯韦理论的核心。事实上,由于深信麦克斯韦使用矢势这一概念模糊了能量在磁场中分布和流动的实际情况,所以他把麦克斯韦在《电磁通论》中给出的一长串方程改写并简化成 4 个矢量方程,这就是现在广为人知的"麦克斯韦方程组":

$$\text{div}\varepsilon E = \rho \qquad \text{curl}H = kE + \varepsilon dE/dt$$
$$\text{div}\mu H = 0 \qquad -\text{curl}E = \mu dH/dt$$

由这些方程可以以一种简单和直接的方式推导出能流公式($S = E \times H$),并能阐明麦克斯韦理论的其他方面。

19 世纪 80 年代中期,亥维赛用他自己新的场方程组以及提炼过的关于电压和电流的线性方程组,来分析电磁波沿导线的传播(这是电报的一个基本问题)。根据亥维赛的看法,信号并不是在线内传送,而是在线周围的空间中传送。1886 年,他从理论上发现,通过给一条线装上额外的电感线圈,例如正确地隔开的线圈,可以从根本上减少甚至消除延迟(或"失真")。[34] 电感负载后来被证明对电话业和电报业有巨大的价值,但在当时,亥维赛的这一发现只是引发了他和英国邮电局电报系统的首席电学工程师 W. H. 普利斯的激烈争论。普利斯公开声明电感线圈不利于电报信号的清晰传送(若不正确应用确实如此),他还采取手段阻碍亥维赛发表不同见解。由于亥维赛在麦克斯韦理论和电磁波的传播方面的重要工作这时还没有引起注意,普利斯当时威胁要阻止这一切的发生。

对于亥维赛而言,在 1888 年年初,英国的洛奇和德国的赫兹的实验突然引发了物理学家对他作品的兴趣时,他觉得这似乎是"一种天意"。[35] 在把大电容中的电荷释放到电线中从而模仿闪电作用的过程中,洛奇发现电磁波信号在周围空间中的传播方式与亥维赛理论上预言的电报信号的传播方式一致,他和亥维赛很快通信并结成了同盟。随后在 1888 年中期,赫兹关于空气中电磁波传播的更为著名的实验传到了英国。曾经在柏林受教于亥姆霍兹的混合版的麦克斯韦理论,赫兹计划用实验来反对韦伯和诺伊曼的超距作用理论。为了将快速电振荡所产生的电火花这种偶然的观测结果深究到底,赫兹在卡尔斯鲁厄报告厅建立了长达数米的干扰波模型并测量了它们的性质。[36]

[33] Hunt,《麦克斯韦派》,第 48 页～第 72 页,第 109 页～第 114 页;Paul J. Nahin,《奥利弗·亥维赛:孤独的圣者》(*Oliver Heaviside: Sage in Solitude*, New York: IEEE Press, 1988)。

[34] James E. Brittain,《负载线圈介绍:乔治·A. 坎贝尔与迈克尔·普平》(The Introduction of the Loading Coil: George A. Campbell and Michael Pupin),《技术和文化》(*Technology and Culture*),11(1970),第 36 页～第 57 页;Hunt,《麦克斯韦派》,第 137 页～第 146 页;Ido Yavetz,《从模糊到谜团:奥利弗·亥维赛的工作(1872～1889)》(*From Obscurity to Enigma: The Work of Oliver Heaviside, 1872 - 1889*, Basel: Birkhäuser, 1995)。

[35] 亥维赛致洛奇的信,1888 年 9 月 24 日,文中引语出自 Hunt,《麦克斯韦派》,第 149 页。

[36] Jed Z. Buchwald,《科学效应的创造:海因里希·赫兹与电波》(*The Creation of Scientific Effects: Heinrich Hertz and Electric Waves*, Chicago: University of Chicago Press, 1994);Heinrich Hertz,《电波》(*Electric Waves*, London: Macmillan, 1893),D. E. Jones 翻译;Joseph Mulligan 编,《海因里希·鲁道夫·赫兹(1857～1894):论文和演讲集》(*Heinrich Rudolf Hertz (1857 - 1894): A Collection of Articles and Addresses*, New York: Garland, 1994)。

赫兹的实验受到了英国麦克斯韦派学者的热烈欢迎,他们把这些实验作为关于他们理论预言的长期寻找的实证。在英国科学促进会 1888 年 9 月的会议上,菲茨杰拉德称赫兹的"精彩"实验最终证明了电磁力是经过媒介而不是直接远距离发生作用的。曾经与这一发现失之交臂的洛奇也像亥维赛一样赞扬了赫兹,同时他也指出,具有讽刺意味的是对麦克斯韦电磁场理论的实验证实是来自德国这一超距作用理论的发源地。[37] 欧洲大陆的物理学家很快接受了麦克斯韦的理论,或者说至少接受了简化的"麦克斯韦方程组",这些方程由赫兹于 1890 年发表,与亥维赛的简化的麦克斯韦方程组十分相似。麦克斯韦派的力量得到了加强,这一学派的理论在 19 世纪 90 年代不但吸收了光学,还吸收了其他许多学科。用洛奇的话来说,就是电学已成为"帝国科学"。[38]

电学在更直接的意义上讲,当然已经是帝国科学:海底电缆构成了大英帝国的"神经系统"。具有讽刺意味的是,正是由于与英国电报业的长期密切关系,麦克斯韦派的理论催产了新技术——无线电技术,而这一技术最终打破了英国对全球长途通信的垄断。赫兹的精力集中在电磁波性质的研究上,而不是如何用电磁波传送信息。1894 年,洛奇无意间完善了用莫尔斯电码的形式传送无线电信号的方法,年轻的意大利人古列尔莫·马可尼(1874~1937)很快把一个相似的电火花隙和金属粉末检波器的结合体改造成了实用的发信号装置。[39] 无线电报在 1900 年后被广泛应用,成为有线电报的补充并最终成为有线电报网络的竞争对手。等幅波传送和真空管放大的出现进一步改变了无线电通信技术,20 世纪 20 年代广播技术的推广使电学和电学技术的相互作用进入了一个更广泛的领域。[40]

电子、以太和相对论

到 1890 年左右麦克斯韦的理论得到广泛传播之时,它已经有了较大的修改。它在以后的岁月将有更多的改变。尽管麦克斯韦派的大部分成员依然承袭麦克斯韦的机械以太的思想,但他们在揭示以太的基本结构方面并不成功。他们也不能精确说明场怎样与物质相联系。麦克斯韦只是简单地把物体视为场的特定区域(具有不同的电常数和磁常数)从而忽略了这一问题,但是不断增加的事实,尤其是磁光学和稀薄气体传导方面的研究,都指向清楚地考虑物质的微观结构这一要求。物质在以太中的运动

[37] Hunt,《麦克斯韦派》,第 153 页~第 154 页,第 160 页~第 161 页。

[38] Lodge,《电学现代观》,第 309 页。

[39] Hugh G. J. Aitken,《谐振和电火花:无线电的起源》(Syntony and Spark:The Origins of Radio,New York:Wiley,1976);Sungook Hong,《马可尼和麦克斯韦派:无线电报起源回顾》(Marconi and the Maxwellians:The Origins of Wireless Telegraphy Revisited),《技术和文化》,35(1994),第 717 页~第 749 页。

[40] Hugh G. J. Aitken,《等幅波:技术与美国无线电(1900~1932)》(The Continuous Wave:Technology and American Radio,1900 - 1932,Princeton,N. J.:Princeton University Press,1985)。

成了更深奥的难题,这最终促使物理学家重新思考一些非常基本的问题。19 世纪 90 年代,对麦克斯韦派的理论来说是成功的年代,但也是经历了方向上重大改变的年代。

典型的麦克斯韦派的观点认为电荷是绝缘体位移中的表面不连续性,电流是导体内电张力的破坏,这些观点对于大多数欧洲大陆的物理学家来说是难以接受的,所以在 19 世纪 90 年代他们中的好几位试图把韦伯的更为具体和广为人知的带电粒子的概念与麦克斯韦派的场理论相结合。第一位也是最成功的一位是荷兰物理学家 H. A. 洛伦兹(1853～1928),他从 1892 年开始发展了这一假说:物质含有大量的微小电荷(后称电子),这些电荷在导体中可自由移动,但在绝缘体中却受束缚而静止不动。洛伦兹的理论不包含令人费解的张力破坏,而这被麦克斯韦派视为真正的传导性;取而代之的是,电流只是电子的流动,宏观电荷只是正电子或负电子在局部的聚集物。1894 年,约瑟夫·拉莫尔在英格兰建立了一套相似的理论,只是他把电子作为旋转的以太中的奇点而不是小的带电体;在德国,埃米尔·维歇特等也建立了他们的电子理论。[41] 人们发现,这些理论不仅很好地解释了电动力学的普通现象,还能解释各种光学现象,甚至还解释了彼得·塞曼在 1896 年发现的光谱线磁分裂现象。

19 世纪 90 年代后期,洛伦兹、拉莫尔和维歇特的理论方案开始逐渐融合,并和越来越多的试验证据紧密结合。约瑟夫·约翰·汤姆森在卡文迪许实验室所做的关于阴极射线的研究工作尤其重要。利用因电灯业发展要求而改进的真空管,汤姆森在 1899 年找到了有力证据:电子(或者至少是带负电的电子)是真实存在的,是物质世界中的可测成分。[42] 随着电子的发现,电学的研究重点转向了物质的微观结构,20 世纪的物理学也是如此。

电子理论在回答物质在以太中运动这一疑难问题的同时,也向其自身提出了新问题。1881 年,美国物理学家阿尔伯特·迈克耳孙设计了一个灵敏的干涉仪,先把一束光分成两束,再把这两束光往不同的方向发射,然后再把反射回来的这两束光重新组合,它应该能够探测到地球在以太中的运动,只是这一结果依赖地球运动速度和光速的比值的平方(v^2/c^2),这个值非常小。但在 1881 年和 1887 年他与 E. W. 莫雷更加仔细地重做的这个实验中,迈克耳孙都没有发现任何运动的迹象,这与光的电磁理论截然相反,也违背了任何假设存在静止以太的理论。[43] 1889 年,菲茨杰拉德提出了一个惊人的解决方案。电磁力受到以太中运动的影响,这是广为人知的;事实上,亥维赛

[41] Buchwald,《从麦克斯韦到微观物理学:19 世纪后 25 年的电磁理论》;Russell McCormmach,《洛伦兹和电磁自然观》(H. A. Lorentz and the Electromagnetic View of Nature),《爱西斯》(Isis),61(1970),第 459 页～第 497 页。

[42] G. P. Thomson,《J. J. 汤姆森:电子的发现者》(J. J. Thomson, Discoverer of the Electron, New York: Doubleday, 1964),第 57 页;也可参看 Edward A. Davis 和 Isobel Falconer,《J. J. 汤姆森与电子的发现》(J. J. Thomson and the Discovery of the Electron, London:Taylor and Francis, 1997)。

[43] Stanley Goldberg 和 Roger Stuewer 编,《美国科学的迈克耳孙时代(1870～1930)》(The Michelson Era in American Science, 1870 - 1930, New York: American Institute of Physics, 1988);Loyd S. Swenson, Jr.,《无形的以太:迈克耳孙 - 莫雷 - 米勒的以太漂移实验史(1880～1930)》(The Ethereal Aether: A History of the Michelson-Morley-Miller Aether-Drift Experiments, 1880 - 1930, Austin: University of Texas Press, 1972)。

从理论上证明了这种运动改变了两电荷之间的力,改变数值的大小取决于 v^2/c^2。在当时菲茨杰拉德认为所有的物质都被相似的力结合在一起,所以在以太中的运动使干涉仪或其他任何物体都改变了大小,这足以抵消迈克耳孙想要发现的结果。洛伦兹也于1892 年独立地提出了相同的观点,后来证明"菲茨杰拉德－洛伦兹收缩"是洛伦兹继提出电子理论之后的又一项重大理论成果。[44]

从某一方面讲,"收缩"假说是电子理论的一个胜利,因为它使迈克耳孙的实验结果从令人迷惑的反常变成了物质是由电子构造的有力证据;[45]但从另一方面讲,这一学说似乎又太简洁了,好像自然有意向我们隐瞒我们在以太中运动的结果。1900 年,法国数学家亨利·庞加莱等人提出了"以太中的运动"到底意味着什么,并认为它之所以没有被观察到并不是因为力的"阴谋",而是更为普遍的运动的相对性原理在发生作用。[46]

后来,当然是阿尔伯特·爱因斯坦(1879~1955),当时的一位名不见经传的瑞士的专利权审查者,在其 1905 年的开创性的《论动体的电动力学》(On the Electrodynamics of Moving Bodies)中,对这一原理进行了成功运用。[47] 在苏黎世的联邦工业大学(Federal Polytechnic in Zurich)的学习结束后,爱因斯坦就密切关注麦克斯韦和洛伦兹的理论及这些理论在运用于运动物体时出现的问题。在专利办公室,他经常检查电动机和发电机的设计,正是这种技术背景使他悟到电磁感应解释中存在的不对称性:若磁体运动,据说会产生一个新的电场,然后会在静止的线圈内产生电流;但如果只是线圈运动,没有电场产生,取代上面的情况,电流就会由于"洛伦兹力"作用于经过磁场的线圈内的电子而产生。然而测出的电流完全依赖磁体和线圈的相对运动。

为了消除他所说的"似乎不应是这些现象所固有的不对称性",爱因斯坦提出了作为出发点的两条基本原理:一是在光学、电动力学和普通力学中,只有相对运动有价值;二是光在真空中的传播速度与在任何惯性移动参考系中都是相同的。要把这些原理结合起来,他首先要解释清几个基本的概念如"时间""长度""同时性"等。一旦他做到了,一切都会有条不紊,不过是以令人惊讶的方式。现在时间和空间奇怪地融合在一起,在一个与之做相对运动的观察者看来,钟表似乎跑得慢了,杆也沿着运动的方

[44] Bruce J. Hunt,《菲茨杰拉德收缩的起源》(The Origins of the FitzGerald Contraction),《英国科学史杂志》,21(1988),第 67 页~第 76 页。

[45] Andrew Warwick,《论菲茨杰拉德－洛伦兹收缩假说在约瑟夫·拉莫尔的物质的电子理论发展中的作用》(On the Role of the FitzGerald-Lorentz Contraction Hypothesis in the Development of Joseph Larmor's Electronic Theory of Matter),《精密科学史档案》,43(1991),第 29 页~第 91 页。

[46] Olivier Darrigol,《相对论的电动力学根源》(The Electrodynamic Roots of Relativity Theory),《物理科学和生物科学的历史研究》(Historical Studies in the Physical and Biological Sciences),26(1996),第 241 页~第 312 页。

[47] Albert Einstein,《论动体的电动力学》(On the Electrodynamics of Moving Bodies, 1905),载于 H. A. Lorentz、A. Einstein、H. Minkowski 和 H. Weyl,《相对论原理》(The Principle of Relativity, 1923; reprint, New York: Dover, 1952),W. Perrett 和 G. B. Jeffery 翻译,第 37 页~第 65 页。David Cassidy,《对狭义相对论的理解》(Understanding the Special Theory of Relativity),《物理科学和生物科学的历史研究》,16(1986),第 177 页~第 195 页,评论了关于爱因斯坦和相对论的大量的历史文献。

向收缩了。"绝对静止"的概念失去了意义,而且作为 19 世纪物理学基础的以太,用爱因斯坦的话说,也变得"多余了"。[48]

爱因斯坦这种处理问题的崭新方法用了不少时间才赢得其他物理学家的支持,但到 1911 年它却迅速地被广泛接受,特别是在德国,它成了一条出路,以摆脱因企图在物质以太基础上建立电动力学而导致的困境。[49] 尽管爱因斯坦的理论扎根于电动力学,但它已超出电动力学的范畴,因而产生了适用于各种物质的相互作用的更为普遍的法则。

在整个 19 世纪的大部分时间里,电学理论一直是物理学最为热门的研究领域之一。在 20 世纪,电学如果不能说停滞,也只能说它主要是作为其他科学和技术领域的基础;除了 20 世纪 40 年代量子电动力学的发展外,电磁理论本身很少再能引发人们对它的更多兴趣。这实际上也说明了麦克斯韦和其他 19 世纪的电学大师们建立的理论是多么牢固:尽管其中的以太被抛弃并被塑造成相对论的形式,但他们的理论被证明在科学和技术领域都是长久有效的。

(付云东　译　刘兵　陈养正　校)

[48] Einstein,《论动体的电动力学》,第 37 页～第 38 页;关于爱因斯坦科学研究工作的技术背景,参看 Peter Galison,《三个实验室》(Three Laboratories),《社会研究》(*Social Research*),64(1997),第 1127 页～第 1155 页,尤其是第 1134 页～第 1136 页。

[49] Arthur I. Miller,《阿尔伯特·爱因斯坦的狭义相对论:出现(1905)及早期传播(1905 ～ 1911)》(*Albert Einstein's Special Theory of Relativity: Emergence (1905) and Early Interpretation (1905 - 1911)*), Reading, Mass. : Addison-Wesley, 1981)。

第四部分

20 世纪原子与分子科学

17

量子理论和原子结构（1900～1927）

奥利维耶·达里戈尔

　　量子力学是一种最具诱惑力的理论,它的实验上的成功与其从先前那些理论的基本直觉中分离出来同样显著。它的历史一直引起人们相当的关注。在 20 世纪 60 年代,三位对量子理论史具有最重要贡献的人——托马斯·库恩、保罗·福曼和约翰·海尔布伦,整理出了量子物理史档案(Archive for the History of Quantum Physics),它包括手稿、信件和对早期量子物理学家的采访。[1] 在同一时期,马丁·克莱因撰写了关于普朗克、爱因斯坦以及早期量子理论的清晰、透彻的论文;马克斯·雅默出版的《量子力学概念的发展》(*The Conceptual Development of Quantum Mechanics*)仍然是当前最好的综合性书籍。[2]

　　正如已经出版的相关书籍所证明的,从那时候起,科学史这门子学科已经有了长足的发展,这些书籍有:贾格迪什·梅赫拉和赫尔穆特·雷兴贝格的五卷汇编本,由爱德华·麦金农、约翰·亨得里和山德罗·彼得鲁乔利所作的哲学角度的研究,布鲁斯·R. 惠顿关于波粒二象性的实验基础的著作,我自己写的有关量子理论史的经典

〔1〕 关于叙述,参看 T. Kuhn、P. Forman 和 L. Allen,《量子物理学的原始资料:详细目录和详细报告》(*Sources of Quantum Physics: An Inventory and Report*, Philadelphia: American Philosophical Society, 1967)。

〔2〕 Martin Klein,《马克斯·普朗克与量子理论的起源》(Max Planck and the Beginning of the Quantum Theory),载于《精密科学史档案》(*Archive for the History of Exact Sciences*),1(1962),第 459 页~第 479 页。《普朗克、熵和量子》(Planck, Entropy, and Quanta),载于《自然哲学家》(*Natural Philosopher*),1(1963),第 83 页~第 108 页;Max Jammer,《量子力学概念的发展》(*The Conceptual Development of Quantum Mechanics*, New York: McGraw Hill, 1966)。

类比的书,以及大量的传记。[3]

这些原始资料恰好相互补充。但是,仍然存在两三个激烈的争论。众所周知,历史学家们争论了普朗克在 1900 年左右有关量子研究工作的性质。虽然克莱因观察到普朗克的研究同经典的电动力学有明显的分歧,但是库恩否认普朗克在爱因斯坦之前提出量子的不连续性。在这里,我同意库恩的观点,尽管这是采纳了阿兰·尼德尔的颇富洞察力的学术论文里的观点,即克莱因和库恩都没有充分认清普朗克的目标。[4]

另外一个有争议的问题是"非因果关系的假设引入量子理论的程度依赖量子物理学家生存的更宽容的文化背景"。福曼在 1971 年提出,魏玛共和国(the Weimar Republic)的反理性意识形态是最根本的原因。他的批评者,包括亨得里在内,论证了他们内心的思考要求他们摒弃因果关系。近年来,这些冲突与根本的内部/外部的划分已经不再那么明显了。根据现今知识,量子概率的发明者们正在讨论受到高度限制的物理学问题,但是用一种具有许多隐含意义的语言,包括魏玛政治、新康德主义哲学

[3] Jagdish Mehra 和 Helmut Rechenberg,《量子理论的历史发展》(The Historical Development of Quantum Theory, 5 vols, New York: Springer-Verlag, 1982 - 7);Edward Mackinnon,《科学解释和原子物理学》(Scientific Explanation and Atomic Physics, Chicago: University of Chicago Press, 1982);John Hendry,《量子力学的创立和玻尔－泡利的对话》(The Creation of Quantum Mechanics and the Bohr-Pauli Dialogue, Dordrecht: Reidel, 1984);Sandro Petruccioli,《原子、隐喻和伴谬:尼尔斯·玻尔和新物理学的结构》(Atoms, Metaphors and Paradoxes: Niels Bohr and the Construction of a New Physics, Cambridge: Cambridge University Press, 1993);Bruce Wheaton,《虎与鲨:波粒二象性的经验主义根基》(The Tiger and the Shark: Empirical Roots of Wave-Particle Dualism, Cambridge: Cambridge University Press, 1983);Olivier Darrigol,《从 c 数到 q 数:量子理论历史中的经典类比》(From c-numbers to q-numbers: The Classical Analogy in the History of Quantum Theory, Berkeley: University of California Press, 1992);John Heilbron,《一个正直的人的窘境:德国科学的代言人马克斯·普朗克》(The Dilemmas of an Upright Man: Max Planck as Spokesman for German Science, Berkeley: University of California Press, 1986);Martin Klein,《保罗·埃伦费斯特,第一卷:一个理论物理学家的造就》(Paul Ehrenfest, vol. 1: The Making of a Theoretical Physicist, Amsterdam: North Holland, 1970);Abraham Pais,《"上帝难以捉摸……":阿尔伯特·爱因斯坦的学术和生平》("Subtle is the Lord . . .": The Science and Life of Albert Einstein, Oxford: Oxford University Press, 1982),和《尼尔斯·玻尔的时代,在物理学、哲学和政体中》(Niels Bohr's Times, in Physics, Philosophy, and Polity, Oxford: Clarendon Press, 1991);Max Dresden,《H. A. 克喇末:在传统和改革之间》(H. A. Kramers: Between Tradition and Revolution, Berlin: Springer, 1987);Michael Eckert,《原子物理学家:索末菲学派的理论物理学史》(Die Atomphysiker: Eine Geschichte der Theoretischen Physik am Beispiel der Sommerfeldschen Schule, Brauchschweig: Wieweg, 1993);David Cassidy,《不确定性:维尔纳·海森堡的生平和学术》(Uncertainty: The Life and Science of Werner Heisenberg, New York: Freeman, 1992);Helge Kragh,《狄拉克:科学传记》(Dirac: A Scientific Biography, Cambridge: Cambridge University Press, 1990);Walter Moore,《埃尔温·薛定谔:生平和思想》(Erwin Schrödinger: Life and Thought, Cambridge: Cambridge University Press, 1987)。
[4] Thomas S. Kuhn,《黑体理论和量子的不连续性(1894 ～ 1912)》(Black-body Theory and the Quantum Discontinuity, 1894 - 1912, New York: Oxford University Press, 1967);Allan A. Needell,《不可逆性与经典动力学的失败:马克斯·普朗克对量子理论所做的工作(1900 ～ 1915)》(Irreversibility and the Failure of Classical Dynamics: Max Planck's Work on the Quantum Theory, 1900 - 1915, PhD diss., University of Michigan, Ann Arbor, 1980)。参看 Klein、A. Shimony 和 T. Pinch,《失去典范,一次评论研讨会》(Paradigm Lost, A Review Symposium),《爱西斯》(Isis),70(1979),第 429 页～第 440 页;Darrigol,《从 c 数到 q 数:量子理论历史中的经典类比》,part A。

和概率思想的形式。[5]

作用量子

最初的量子概念出现于对热力学和电动力学这两个 19 世纪物理学的主要成就之间的边缘问题的研究。这个问题就是众所周知的发生在"黑体"内的电磁辐射的热平衡,具体地讲,"黑体"就是一个内壁温度一定并且吸收一切射入射线的空腔。根据一个由古斯塔夫·基希霍夫于 1859 年在热力学第二定律的基础上证明的定理,黑体的光谱具有一个显著的特性:它是只与温度有关的通用函数。到了 19 世纪 80 年代,路德维希·波尔茨曼和维利·魏因通过电动力学和热力学的结合限定了这一函数的形式。到了 19 世纪 90 年代,在柏林新成立的帝国物理技术研究所(Physikalisch-Technische Reichsanstalt)工作的光谱学家们,为了确定一个高温测量法的绝对标准,对黑体光谱进行了测量。与此同时,柏林的理论家马克斯·普朗克(1858~1947)试图得出一种关于黑体光谱的完善的理论判定。[6]

在柏林师从亥姆霍兹和基希霍夫之后,普朗克既吸收了前者对于通用的、系统化原则的关注和后者对于宏观现象学的喜爱甚于对于原子猜测的喜爱。他把绝对正确性归因于他所偏爱的一门学科(热力学)的原理,并且他贬低了波尔茨曼的动力学理论方法,认为这种方法缺乏创造性成果并且将热力学第二定律限于统计真实性。在普朗克看来,对于热力学的不可逆性的更深入的解释只能在连续介质(比如电磁学中的以太)的动力学中被发现。1895 年,他开始雄心勃勃地开始关于热力学的电磁学基础的探索。他希望作为附带的结果,能推演出一个通用的黑体光谱的形式。[7]

这个项目的进展被证明是颇具争议的,而且是难以理解的。普朗克最初预见不可

[5] Paul Forman,《魏玛文化、因果关系和量子理论(1918 ~ 1927):德国物理学家和数学家对于不友好知识环境的适应》(Weimar Culture, Causality, and Quantum Theory, 1918 – 1927: Adaptation by German Physicists and Mathematicians to a Hostile Intellectual Environment),载于《物理科学和生物科学的历史研究》(Historical Studies in the Physical [and Biological] Sciences),3(1971),第 1 页~第 116 页;John Hendry,《魏玛文化和量子因果关系》(Weimar Culture and Quantum Causality),《科学史》(History of Science),18(1980),第 155 页~第 180 页;Catherine Chevalley,《绘画和色彩》(Le dessin et la couleur),关于玻尔的介绍,《原子物理学和人类知识》(Physique atomique et connaissance humaine, Paris: Gallimard, 1991),第 19 页~第 140 页;《尼尔斯·玻尔和康德哲学的亚特兰蒂斯》(Niels Bohr and the Atlantis of Kantianism),载于 J. Faye 和 H. J. Folse 编,《尼尔斯·玻尔和当代哲学》(Niels Bohr and Contemporary Philosophy, Dordrecht: Kluwer, 1994),第 33 页~第 56 页;Norton Wise,《如何计算总和?关于统计因果关系的文化起源》(How Do Sums Count? On the Cultural Origins of Statistical Causality),载于 L. Kruger 等编,《概率论的革命,第一卷:历史中的思想》(The Probabilistic Revolution, vol. 1: Ideas in History, Cambridge, Mass.: MIT Press, 1987),第 395 页~第 425 页。

[6] 参看 Hans Kangro,《普朗克的辐射定律的历史》(Vorgeschichte des Planckschen Strahlungsgesetzes, Wiesbaden: Steiner, 1970);Kuhn,《黑体理论和量子的不连续性(1894 ~ 1912)》;David Cahan,《帝国的一个研究所:帝国物理技术研究所(1871 ~ 1918)》(An Institute for an Empire: The Physikalisch-Technische Reichsanstalt, 1871 – 1918, Cambridge: Cambridge Univeristy Press, 1989),第 4 章;Max Jammer,《量子力学概念的发展》(The Conceptual Development of Quantum Mechanics, New York: McGraw Hill, 1966),第 1.1 章;Mehra 和 Rechenberg,《量子理论的历史发展》,第 1 卷,第 1.1 章。

[7] 参看 Klein、Kuhn 和 Needell,《不可逆性与经典动力学的失败:马克斯·普朗克对量子理论所做的工作(1900 ~ 1915)》;Darrigol,《从 c 数到 q 数:量子理论历史中的经典类比》,part A。

逆性是在小电共振器发射的波的散射中。很快他就不得不承认波尔茨曼的说法,即不可逆性要求有无序状态的概念。而对于平衡光谱的推导则有更多疑问。普朗克的第一个猜测很快就被发现同光谱的红外末端的新的测定结果相矛盾。到了 1900 年的 10 月,为了寻找一个熵与光谱的高、低频率范围相匹配的最简单的形式,他得出了一个新的同帝国物理技术研究所的数据完美吻合的黑体法则。在这年的年底之前,他宣布了一个对这个法则更根本的证明,这个证明是以波尔茨曼的一个公式为基础,这个公式使一系列全同振荡器集合的熵 S,和它们中的同能量单位(energy-elements)的分布数量 W 的对数成比例。这个推导要成立,就要求能量单位有一个确定的值:h 乘以共振器的频率 v,在这里 h 是一个关于作用的物理特性(the dimension of action)的一般常量。[8]

如果普朗克严格地遵循波尔茨曼的方法,那么他就不能用这种方法来确定能量单位,并且他可能会得出一个荒谬的黑体定律(比如所谓的瑞利－金斯定律,该定律说总辐射能量是无限的)。然而,直到 20 世纪 10 年代,普朗克才接受了波尔茨曼对于不可逆性的统计学解释。其原因过于复杂,这里就不赘述了。他对波尔茨曼的熵公式的非统计学的重新解释允许能量单位 hv 不与共振器的连续动力学矛盾。在对辐射和共振器的平衡的推导中,普朗克需要这种连续性。[9]

普朗克从来没声称将共振器的能量或辐射能量限制为离散值。取而代之,他认为引入新的基本常量 h 是他的主要创新。他还强调,常量 k 和"波尔茨曼公式"$S = k \ln W$ 对于热力学具有普遍的重要意义,并且将会在气体理论和辐射理论之间架起一座重要的桥梁。他的目的是将物理学统一起来,而不是将它搞得乱七八糟。不连续的能量交换的革命性的观点来自阿尔伯特·爱因斯坦(1879~1955)。[10]

量子的不连续性

和普朗克不一样,年轻的爱因斯坦对波尔茨曼的统计热力学留下了深刻的印象,并且试图改进它。他认为一个孤立系统的熵减少是唯一不可能的,并且他接受了在平衡态附近宏观状态波动的可能性。他甚至把熵作为波动的测量标准并希望能在某些系统中观察到这些波动,比如布朗的悬浮系统。

1905 年,爱因斯坦通过普朗克定律的高频极限计算了稀薄热辐射(dilute thermal

[8] M. Planck,《关于魏因光谱方程的改进》(Über eine Verbesserung des Wienschen Spektralgleichung),载于《学术讨论》(Verhandlungen, Deutsche Physikalische Gesellschaft),2(1900),第 202 页~第 204 页,和《论标准光谱能量分布定律的理论》(Zur Theorie des Gesetzes der Energieverteilung im Normalspektrum),载于《学术讨论》,2(1900),第 237 页~第 245 页。参看 Kuhn,《黑体理论和量子的不连续性(1894～1912)》;Klein,《马克斯·普朗克与量子理论的起源》;Needell,《不可逆性与经典动力学的失败:马克斯·普朗克对量子理论所做的工作(1900～1915)》;Darrigol,《从 c 数到 q 数:量子理论历史中的经典类比》,part A。
[9] 参见 Needell,《不可逆性与经典动力学的失败:马克斯·普朗克对量子理论所做的工作(1900～1915)》;Darrigol,《从 c 数到 q 数:量子理论历史中的经典类比》,part A。
[10] 参见 Kuhn,《黑体理论和量子的不连续性(1894～1912)》。

radiation)的熵。于是,波动概率就具有如同所预期的量子 hv 的气态的概率那样的形式,在波动中频率 v 的辐射被限制在有效数量的一小部分之内。通过认真的类比,爱因斯坦假定辐射的发射和吸收总是通过这些量子来完成的,他因此推导出光电效应的频率依赖性。在同一篇论文的开头他含蓄地反对普朗克,他说将统计热力学完全地应用于传统相互作用的物质和辐射导致了一个荒谬的黑体定律。在此后的一年中,为了挽救普朗克的定律,他把普朗克的共振器量子化,与这些共振器通过离散量子吸收和发射光相一致。将这一过程推广到原子在晶体中的振动,爱因斯坦可以解释一个早已为人们所知的异常现象:低温时比热减少。[11]

　　没有一个主要的理论家赞同爱因斯坦的光量子理论。麦克斯韦的场方程组是物理学中经过最彻底验证的部分,而爱因斯坦波动说可以以各种各样的方式进行批评。一少部分高频辐射方面的专家,比如约翰内斯·施塔克(1874~1957)和威廉·亨利·布喇格(1862~1942),是仅有的几个愉快地接受光量子的物理学家:它很容易解释一个奇怪的事实,即无论目标距发射源有多远,由 X 射线电离产生的电子的能量与 X 射线管中电子的能量都具有相同的等级。在此后的几年中,爱因斯坦提供了越来越多的支持光量子理论的有力论据,所有这些论据都是以统计波动为基础的,但是他又对自己不能够同时解释光的波动性而深感遗憾。直到 20 世纪 20 年代初,那些意识到爱因斯坦的深思熟虑的充分威力的极少数理论家宁愿放弃众前提之一的能量守恒也不愿意接受光量子。[12]

　　然而,爱因斯坦的普通电动力学和统计热力学必然导致荒谬的黑体定律的观点逐渐占据了优势。关于这个问题的最高权威,荷兰理论家 H. A. 洛伦兹(1853~1928)在 1908 年承认,统计力学(按照吉布斯的形式)证实了爱因斯坦的结论。如果仅仅针对光的发射而言,甚至连普朗克也终于承认一些不连续性的必要。爱因斯坦的量子观念最成功的方面远远不止他的比热理论。精力充沛的瓦尔特·能斯脱(1864~1941)发现了这个理论同他所珍爱的热力学第三定律(这个定律表明,纯物质的熵在绝对零度

[11] A. Einstein,《关于光的产生和转变的启发式观点》(Über eine die Erzeugung und die Verwandlung des Lichtes betreffenden heuristischen Gesichtspunkts),《物理学年刊》(Annalen der Physik),17(1905),第 132 页~第 148 页;《论光产生与光吸收理论》(Zur Theorie der Lichterzeugung und Lichtabsorption),《物理学年刊》,20(1906),第 199 页~第 206 页;《普朗克的辐射理论和比热理论》(Die Plancksche Theorie der Strahlung und die Theorie der spezificischen Wärme),《物理学年刊》,22(1907),第 180 页~第 190 页。参看 Klein,《爱因斯坦的第一篇关于量子的论文》(Einstein's First Paper on Quanta),《自然哲学家》,2(1963),第 59 页~第 86 页;《爱因斯坦思想中的热力学》(Thermodynamics in Einstein's Thought),《科学》(Science),157(1967),第 509 页~第 516 页;《爱因斯坦、比热和早期的量子理论》(Einstein, Specific Heats, and the Early Quantum Theory),《科学》,148(1965),第 173 页~第 180 页;Darrigol,《早期量子理论中的统计学和组合数学》(Statistics and Combinatorics in Early Quantum Theory),《物理科学和生物科学的历史研究》,19(1988),第 17 页~第 80 页;Kuhn,《黑体理论和量子的不连续性(1894 ~ 1912)》,第 7 章;Jammer,《量子力学概念的发展》,第 1.3 章;Mehra 和 Rechenberg,《量子理论的历史发展》,第 1 卷。

[12] 参看 Klein,《热力学》(Thermodynamics)和《爱因斯坦与波粒二象性》(Einstein and the Wave-Particle Duality),《自然哲学家》,3(1964),第 1 页~第 49 页;Kuhn,《黑体理论和量子的不连续性(1894 ~ 1912)》,第 9 章;Darrigol,《早期量子理论中的统计学和组合数学》;Wheaton,《虎与鲨:波粒二象性的实验基础》;John Stachel,《爱因斯坦和量子:奋斗的 50 年》(Einstein and the Quantum: Fifty Years of Struggle),载于 R. Colodny 编,《从夸克到类星体》(From Quarks to Quasars, Pittsburgh, Pa.: University of Pittsburgh Press, 1983)。

[zero temperature]的时候就会消失,并且将化学平衡常数与热的测量结果联系起来)的联系,并且在爱因斯坦理论的指引下,他开始了一项大范围的研究低温下比热的计划。[13]

在工业化学家恩斯特·索尔韦的发起下,能斯脱还主持了一个1911年在布鲁塞尔举行的关于新量子理论的国际会议。与会的精英们都赞同将量子不连续性引入物理学,尽管在引入这种不连续性的方式上以及将它还原为物理学上已知定律的可能性上还存在着各种各样的观点。[14]

在随后的几年里,粗略地说量子以两种不同的方式被使用着。第一种方式以柏林的物理学家爱因斯坦、普朗克、能斯脱和莱顿大学的教授保罗·埃伦费斯特(1881～1933)为首,它是量子最初应用范围的延伸,并且包括物质的热力学性质和辐射的本质;这种方法通常是纯理论的,但是也受到了热力学测量法和X射线物理学中的实验事实的支持。第二种方式,是以哥本哈根、慕尼黑和哥廷根为社交中心,包括把量子概念应用于单个的原子和分子;它主要依赖来自大量的不同来源的光谱数据,柏林和图宾根是德国最重要的两个数据来源。下面的分析描述了第二种量子物理学的发展过程以及它通过和第一种量子物理学相互交流之后所作的修正。

从早期的原子模型到玻尔的原子

新量子理论的最简单的非热力学应用就是诸多个体分子的旋转以及它们的原子的振动:这些简单运动的量子化很容易就被猜出来,并且得出关于发射光谱的结论。在能斯脱的建议下,丹麦物理学家尼耳斯·比耶鲁姆(1879～1958)开辟了这条硕果累累的道路。有几个美国科学家,尤其是埃德温·肯布尔(1889～1984)和罗伯特·马利肯(1896～1986)将这一理论作为分子结构与光谱之间的联系,并且他们在量子力学诞

[13] 关于向量子不连续性的转变,参看 Kuhn,《黑体理论和量子的不连续性(1894 ～ 1912)》,第8章。关于能斯脱,参看 Erwin N. Hiebert,《能斯脱,赫尔曼·瓦尔特》(Nernst, Hermann Walther),《科学传记辞典》(Dictionary of Scientific Biography),supp. 1(1987),第432页～第453页;Diana Barkan,《瓦尔特·能斯脱和现代物理科学的转变》(Walther Nernst and the Transition to Modern Physical Science, Cambridge: Cambridge University Press, 1999);Klein,《爱因斯坦、比热》(Einstein, Specific Heats),第176页～第180页;Kuhn,《黑体理论和量子的不连续性(1894 ～ 1912)》,第210页～第220页。关于比热方面的一些理论工作,参看 Richard Staley,《马克斯·玻恩和德国物理学界:一个物理学家的教学法》(Max Born and the German Physics Community: The Education of a Physicist, PhD diss., Cambridge University, 1990),第6章。
[14] 参看 Barkan,《巫妖狂欢日:第一届国际索尔韦物理学大会》(The Witches' Sabbath: The First International Solvay Congress in Physics),见《背景中的科学》(Science in Context),6(1993),第59页～第82页;P. Marage 和 G. Wallenborn 编,《索尔韦会议和现代物理学的开端》(Les conseils Solvay et les débuts de la physique moderne, Brussels: Unibersité libre de Bruxelles, 1995)。

生之前得到了一些现代分子光谱学的主要结果。[15]

然而,原子的内部结构是更多的雄心勃勃的原子构建者的主要兴趣所在。从 19 世纪末开始,在光谱、阴极射线和放射性的研究中积累了许多支持合成的原子的证据。越来越多的物理学家认为电子是物质的一般成分,而且一些英国物理学家试图只用电子来构建原子。20 世纪早期最成功的原子构建者是约瑟夫·约翰·汤姆森(1856~1940),他从 1884 年到 1919 年期间担任卡文迪许实验室的主任,并且在 1897 年成为电子的共同发现者。得益于英国人对力学模型的精通,汤姆森试图以同样的模型将包括离子化、化学规律性、光谱以及各种辐射的产生和散射在内的内容广泛的实验数据集成起来。相比之下,德国人通常避免详细的力学图,并且将他们的模型限制到光谱特性的表现上。[16]

汤姆森于 1903 年提出的模型包括一个均匀的、非物质的带有正电荷的球,在这个球中有大量的沿着圆形轨道飞行的电子。电子在这些圆形轨道上的对称排列防止了辐射坍缩。力学稳定性要求对连续环上的电子数目进行限制,通过这一点汤姆森认识到了元素的化学周期性(连续的元素相差一个电子)。到 1906 年,X 射线和 β 射线散射实验促使汤姆森将电子数目减少到原子序数的顺序数。这使得正电荷以及辐射损耗的本质更具争议。而且,没有足够的电子来按照原子的正常结构的微扰来解释所有的光谱线。抢先于玻尔的激发态观点,汤姆森与菲利普·勒纳(1862~1947)和约翰内斯·施塔克(1874~1957)一起承认,各种光谱线系列在电子与电离原子重新结合之时被发射出来。[17]

1911 年,根据 1908 年他在曼彻斯特的同事汉斯·盖革(1882~1945)和欧内斯特·马斯登观察到的 α 射线的大角度散射现象,欧内斯特·卢瑟福(1871~1937)得出了原子的正电荷是集中在一个非常小的“核子”上的结论。忽略所有稳定性的问题,他提出原子是由绕核子旋转的电子组成的。除了来自曼彻斯特的物理学家之外,这个模型最初并没有引起太多的关注。在他们当中有一个年轻的丹麦访问学者尼尔斯·玻尔(1885~1962),他很快将这一新模型与弗雷德里克·索迪(1877~1956)最近提出的阐述核子的最新功能的同位素学说结合起来:原子的化学特性仅仅依赖于核子的电

[15] 参看 Gerald Holton,《论量子物理学研究在美国犹豫的开始》(On the Hesitant Rise of Quantum Physics Research in the United States),载于《科学思想的主题起源:从开普勒到爱因斯坦》(Thematic Origins of Scientific Thought: Kepler to Einstein,2d ed., Cambridge, Mass.: Harvard University Press, 1987),第 147 页~第 187 页;Alexi Assmus,《早期量子理论的分子传统》(The Molecular Tradition in Early Quantum Theory),《物理科学和生物科学的历史研究》,22(1992),第 209 页~第 231 页,以及《分子物理学的美国化》(The Americanization of Molecular Physics),《物理科学和生物科学的历史研究》,23(1992),第 1 页~第 34 页。

[16] 参看 Heilbron,《从电子的发现到量子力学的起源的原子结构问题的历史》(A History of the Problem of Atomic Structure from the Discovery of the Electron to the Beginning of Quantum Mechanics, PhD diss., University of California at Berkeley, 1964),第 3 章。

[17] 参看 Heilbron,《汤姆森,约瑟夫·约翰》(Thomson, Joseph John),载于《科学传记辞典(十三)》(Dictionary of Scientific Biography, XIII),第 362 页~第 372 页;《J. J. 汤姆森和玻尔原子》(J. J. Thomson and the Bohr Atom),《今日物理》(Physics Today),30(1977),第 23 页~第 30 页;《关于原子物理学史的演讲》(Lectures on the History of Atomic Physics),载于 C. Weiner 编,《20 世纪物理学史》(History of Twentieth Century Physics, New York: Academic Press, 1977),第 40 页~第 108 页。

荷,而且放射性是核子的衰变。玻尔还试图改进现有的散射理论(该理论在汤姆森和卢瑟福对散射数据的解释中起着至关重要的作用),因此面临着卢瑟福的原子的力学不稳定性。仿效牛津大学的物理学家约翰·尼科尔森,以普朗克的作用量子为基础,玻尔决定假定一种非力学的稳定性。将各种量子化的电子环形结构的能量进行比较之后,玻尔发现了与门捷列夫的元素表的相似之处,正像汤姆森对他自己的纯力学模型做的一样。[18]

1913 年,玻尔在试图解释巴耳末关于氢光谱的简单公式时得出了他最重要的观点。他假定每个原子或者分子只存在于一系列离散的定态,这种稳定性是普通力学和电动力学无法解释的。辐射的发射和吸收涉及在这些定态之间的突然跃迁。对于氢原子,玻尔进一步假设普通力学适用于围绕核子的电子的运动,而且他通过"量子定则"$T = nh\omega/2$ 选择定态,其中 T 是电子的动能,ω 是旋转频率;他通过"频率定则"$E - E' = h\nu$ 确定在两个能级状态 E 和 E' 之间跃迁的过程中发射的辐射的频率 ν。后一个定则代表了与普通电动力学的根本决裂:射线的频率不再反映发射体的频率。然而玻尔可以证明他的"惊人的"假定与高激发态下的经典辐射光谱相一致。[19]

在一年左右的时间里,由于几个实验的成功,玻尔的理论吸引了相当多的注意力。最引人瞩目的是,玻尔关于爱德华·皮克林的恒星氢系列实际上应该属于 He⁺ 离子的预言被证实了。由玻尔和安东尼厄斯·范登布鲁克证明的核电荷与原子序数的关系启发亨利·格温·莫塞莱(1887~1915)通过 X 射线光谱分析来跟踪化学元素。1914年,索末菲的学生瓦尔特·科塞尔(1888~1956)成功地应用玻尔的定态和频率规则解释了 X 射线的吸收和发射。而且,在 1915 年玻尔用水银原子的量子跃迁解释了詹姆斯·弗兰克(1882~1964)和古斯塔夫·赫兹(1887~1975)关于水银蒸气对电子束的阻止能力的试验。[20]

然而玻尔对他的假设的普遍性并不是十分肯定。他相信这些假设只适用于严格的周期系,而且他预料到频率规则和普通力学对于更加复杂的系统将会失效。这过于悲观了,正如爱因斯坦和索末菲对于玻尔理论的贡献很快显示的那样。

[18] 参看 Heilbron 和 Kuhn,《玻尔原子的起源》(The Genesis of the Bohr Atom),《物理科学和生物科学的历史研究》,1 (1969),第 211 页~第 290 页;Pais,《尼尔斯·玻尔的时代,在物理学、哲学和政体中》,第 8 章。

[19] N. Bohr,《论原子和分子的构成》(On the Constitution of Atoms and Moleculs),《哲学杂志》(Philosophical Magazine), 26(1913),第 1 页~第 25 页,第 476 页~第 502 页,第 857 页~第 875 页。

[20] 参看 Jammer,《量子力学概念的发展》,第 2 章;Mehra 和 Rechenberg,《量子理论的历史发展》,第 1 卷,第 2 章;Pais, 《尼尔斯·玻尔的时代,在物理学、哲学和政体中》,第 8 章;J. Heilbron,《H. G. J. 莫塞莱:一个英国物理学家的生平和信件(1887 ～ 1915)》(H. G. J. Moseley: The Life and Letters of an English Physicist, 1887 - 1915, Berkeley: University of California Press, 1974);Heilbron 和 Kuhn,《玻尔原子的起源》;Heilbron,《科塞尔 - 索末菲理论和环形原子》(The Kossel-Sommerfeld Theory and the Ring Atom),《爱西斯》,58(1967),第 451 页~第 482 页;Wheaton,《虎与鲨:波粒二象性的实验基础》,第 8 部分;Giora Hon,《弗兰克和赫兹对汤森:一项关于两种类型实验误差的研究》 (Franck and Hertz versus Townsend: A Study of Two Types of Experimental Error),《物理科学和生物科学的历史研究》, 20(1989),第 79 页~第 106 页。

爱因斯坦和索末菲与玻尔理论

爱因斯坦对玻尔理论的反应是非常热情的。1916 年他将玻尔理论用于一个关于物质和辐射之间的热力学平衡的新的讨论中。他将三种系数所表征的特定概率(用玻尔的术语来说,就是自发发射、受激发射和吸收)归因于玻尔的量子跃迁。只有当玻尔的频率定则普遍适用时,玻尔原子和辐射之间的动态平衡才会发生;辐射必须遵守普朗克定律;并且只要能量和动量是守恒的,那么它的发射中的波动就只能用光量子来解释。鉴于爱因斯坦主要对后面一点感兴趣,玻尔强调了频率定则的普遍有效性,他很快就将频率定则称为"第二基本假设",第一基本假设是定态的存在。[21]

同一年,慕尼黑的教授阿诺尔德·索末菲(1868~1951)对玻尔理论做出了另一个重要贡献,他是哥廷根大学培养出来的应用数学大师。索末菲用两个量子数(主量子数和角量子数)量子化了相对论的开普勒运动,并且发现了与已知的精细结构相符的氢光谱分裂。在他的指导下,卡尔·史瓦西(1873~1916)和保罗·爱泼斯坦(1883~1966)研究了施塔克效应,该效应是指光谱在电场中的分裂;索末菲和彼得·J. W. 德拜(1884~1966)研究了以彼得·塞曼的名字命名的磁分裂。总的来说,量子定则可以用于所谓的多周期系统,而且可以证明这些法则与保罗·埃伦费斯特为量子系统的慢形变("绝热原理")设定的条件是一致的。频率定则适用于任何跃迁,这与玻尔最初的直觉不符。玻尔很快承认了这些结论,并且很快用新的原理完善了它们,此原理在指导后来在哥本哈根的研究中起到了中心作用。[22]

[21] Einstein,《量子理论的辐射发射和吸收》(Strahlungs-emission und -absorption nach der Quantentheorie),载于《学术讨论》,18(1916),第 47 页～第 62 页,以及《论辐射的量子理论》(Zur Quantentheorie der Strahlung),《物理学杂志》(Physikalische Zeitschrift),第 18 页,第 121 页～第 128 页。参看 Klein,《爱因斯坦和量子物理学的发展》(Einstein and the Development of Quantum Physics),载于 A. P. French 编,《爱因斯坦:一百周年卷》(Einstein: A Centenary Volume,Cambridge, Mass.: Harvard University Press, 1979);Mehra 和 Rechenberg,《量子理论的历史发展》,第 1 卷,第 5.1 章;Darrigol,《从 c 数到 q 数:量子理论历史中的经典类比》,第 118 页～第 120 页。

[22] A. Sommerfeld,《论光谱线的量子理论》(Zur Quantentheorie der Spektrallinien),《物理学年刊》,51(1916),第 1 页～第 94 页,第 125 页～第 167 页;K. Schwarzschild,《论量子假说》(Zur Quantenhypothese),《会议报告》(Sitzungsberichte, Akademie der Wissenschaften zu Berlin, Physikalisch-mathematische Klasse, 1916),第 548 页～第 568 页。参看 Jammer,《量子力学概念的发展》,第 3.1 章;Sigeko Nisio,《1916 年索末菲量子理论的形成》(The Formation of the Sommerfeld Quantum Theory of 1916),《日本关于科学史研究》(Japanese Studies in the History of Science),12(1973),第 39 页～第 78 页;Helge Kragh,《氢的精细结构与物理学界的总体结构(1916～1926)》(The Fine Structure of Hydrogen and the Gross Structure of the Physics Community, 1916 - 1926),《物理科学和生物科学的历史研究》,15(1985),第 67 页～第 125 页;Mehra 和 Rechenberg,《量子理论的历史发展》,第 1 卷,第 2.4 章;Darrigol,《从 c 数到 q 数:量子理论历史中的经典类比》,第 6 章;Ulrich Benz,《阿诺尔德·索末菲:原子时代起点的教师和研究者(1868～1951)》(Arnold Sommerfeld: Lehrerund Forscher an der Schwelle zur Atomzeitalter, 1868 - 1951, Stuttgart: Wissenschaftliche Verlagsgesellschaft, 1975);Eckert,《原子物理学家:索末菲学派的理论物理学史》;Klein,《保罗·埃伦费斯特,第一卷:一个理论物理学家的造就》。

玻尔的对应原理与慕尼黑模型

　　为了与观测光谱取得一致,索末菲引入了特别的"选择定则",它只允许量子状态之间的确定的跃迁。例如,在塞曼效应中,磁量子数只能按照 0、+1 或 −1 变化。玻尔注意到这个定则反映了经典光谱与量子光谱之间的一个相似点:微扰运动的三个频率(ω_0、$\omega_0+\omega_L$、$\omega_0-\omega_L$,如果 ω_0 是原始频率,ω_L 是拉莫尔频率)对应于磁量子数的几种可能的变化。更普遍地,玻尔假定定态中的运动的谐波与该状态下的跃迁有密切的联系。原子运动与辐射之间的这种关系就是"对应原理",玻尔将之视为构建量子理论的重要的探索工具。[23]

　　当然,这一原理最直接的应用是选择定则的推导。但是其应用远远不止这一方面。玻尔和他精干的荷兰助手亨德里克·克喇末(1894～1952)给出了光谱线强度的近似值;他们粗略地描述了微扰多周期系统的理论;他们获得了高一级原子光谱的一般特性;他们讨论了原子的结构。在最后一个应用中,对应原理可以用于为一个特定原子的构成选择可能的历史记录,这个原子由裸核通过连续电子的辐射俘获构成。玻尔在从已知的可见光光谱和 X 射线光谱到原子结构的推导方面使用的是归纳法;在从可能的运动的先前讨论到原子结构的推导方面使用的是演绎法。在这份更加雄心勃勃的记录中,玻尔依赖同氦原子的类比,氦原子是亨德里克·克喇末能够进行所需计算的唯一的一种原子。在 1921 年公布的元素分类的最终结果取得了很大的影响,而且第二年玻尔凭借这一成果获得了诺贝尔奖。同样是在 1921 年,玻尔在哥本哈根创建了一个理论物理研究所。他因此而确保了传播他的方法和开展国际合作(特别是同索末菲的学生的合作)的渠道。[24]

　　在那个时期,索末菲和他的追随者正在使用不同的但是同样强有力的方法来研究原子理论。当一个系统不是多周期的(氦已经不是多周期的了),玻尔试图通过精妙地使用对应原理来推测其电子运动的主要特征。相比之下,索末菲、他的天才学生维尔

---

[23] Bohr,《关于线状光谱的量子理论,第一部分:广义理论;第二部分:氢光谱》(On the Quantum Theory of Line Spectra, Part Ⅰ: On the General Theory; Part Ⅱ: On the Hydrogen Spectrum),《数学物理通报》(*Matematisk-fysiske Meddelser*, Det Kongelige Danske Videnskabernes Selskab),4(1918),第 1 页～第 36 页,第 36 页～第 100 页。参看 Jammer,《量子力学概念的发展》,第 3.2 章;Mehra 和 Rechenberg,《量子理论的历史发展》,第 1 卷,第 2.5 章;Darrigol,《从 c 数到 q 数:量子理论历史中的经典类比》,第 6 章;Klaus Meyer-Abich,《相似性、独特性和互补性:关于尼尔斯·玻尔对量子理论思想史贡献的研究》(*Korrespondenz, Individualität und Komplementarität: Eine Studie zur Geistgeschichte der Quantentheorie in den Beiträgen Niels Bohrs*, Wiesbaden: Franz Steiner, 1965);Petruccioli,《原子、隐喻和佯谬:尼尔斯·玻尔和新物理学的结构》。

[24] 参看 Heilbron,《从电子的发现到量子力学的起源的原子结构问题的历史》,第 6.5 章;Helge Kragh,《尼尔斯·玻尔的第二原子理论》(Niels Bohr's Second Atomic Theory),《物理科学和生物科学的历史研究》,10(1979),第 123 页～第 186 页;Darrigol,《从 c 数到 q 数:量子理论历史中的经典类比》,第 7 章;Dresden,《H. A. 克喇末:在传统和改革之间》。关于哥本哈根研究所,参看 Pais,《尼尔斯·玻尔的时代,在物理学、哲学和政体中》,第 9 章,以及 A. Kozhevnikov,《尼尔斯·玻尔和哥本哈根的物理学网络》(Niels Bohr and the Copenhagen Network in Physics),即将发表。

纳·海森堡(1901~1976)和沃尔夫冈·泡利(1900~1958)以及富有想象力的图宾根大学的教授阿尔弗雷德·朗代(1888~1976)用更简单的已知量子定则可适用的多周期系统来代替轨道原子。例如,一个碱性原子被简化为一个坚硬的核加上外部的电子。当简化模型不适用时,可以给量子定则一些自由,例如,用半整数量子数代替整数量子数;或者从量子数的纯现象学后撤,寻找与观测到的光谱相一致的最简单的光谱术语分类。这些策略能够很好地适用于氦光谱,而且适用于玻尔较少提及的反常塞曼效应。它们是清晰的而且容易传播,而玻尔的精妙的运动的谐波**只能直接**从在哥本哈根的玻尔那里学到。而且,索末菲杰出的讲课技巧以及他的参考书《原子结构和光谱线》(*Atombau und Spektrallinien*)都促进了他的方法的传播。[25]

危机和量子力学

1922 年,哥廷根大学的教授马克斯·玻恩(1882~1970)在泡利和海森堡的帮助下,使用复杂的天体力学来完善玻尔 - 克喇末的微扰理论。原则上他们能够使用这种方法计算任何原子并检验玻尔的关于原子运动的谐波的直觉。到 1923 年的时候,对氦原子的情况严格的分析结果与玻尔和克喇末的描述截然相反,并且因此而威胁到玻尔对化学周期的解释。这一危机因为玻尔和泡利无法理解反常塞曼效应的慕尼黑理论而变得更加严重。根据阿尔弗雷德·朗代和海森堡模型针对这一效应的改进版本以及 X 射线光谱的双谱线结构,泡利得出结论:原子中电子的角量子数本质上就是不确定的。[26]

这样就使得可以达到的量子状态变成了原来的两倍,泡利注意到这与埃德蒙·斯托纳新得出的原子中电子群的总数是一致的,并且他推断出"不相容原理":在一个特定的原子中两个电子不能占据相同的量子态。泡利和索末菲用这一结果来反对玻尔所宣称的化学周期可以用对应原理推断出来的说法。泡利进一步论证,为了支持一种新的、非可视运动学,必须放弃电子轨道的概念。几个月后,他反对拉尔夫·克勒尼希(1904~1995)借助自旋电子作出的角量子数不确定的个人解释。乔治·于伦贝克(1900~1988)和萨穆埃尔·古德斯米特(1902~1978)在 1925 年年底独立得出了相同

342

[25] 参看 Jammer,《量子力学概念的发展》,第 3.3 章;Forman,《阿尔弗雷德·朗代和反常塞曼效应(1919 ~ 1921)》(Alfred Landé and the Anomalous Zeeman Effect, 1919 - 1921),《物理科学和生物科学的历史研究》,2:第 153 页~第 261 页;Cassidy,《海森堡的第一个原子核模型》(Heisenberg's First Core Model of the Atom),《物理科学和生物科学的历史研究》,10(1979),第 187 页~第 224 页。关于索末菲学派,参看 Eckert,《原子物理学家:索末菲学派的理论物理学史》。

[26] 关于氦,参看 Mehra 和 Rechenberg,《量子理论的历史发展》,第 1 卷,第 4.2 章;Darrigol,《从 c 数到 q 数:量子理论历史中的经典类比》,第 175 页~第 179 页。关于反常塞曼效应和相关难题,参看 Jammer,《量子力学概念的发展》,第 3.3 章,第 3.4 章;Forman,《双谱线难题和 1924 年前后的原子物理学》(The Doublet Riddle and the Atomic Physics circa 1924),《爱西斯》,59(1968),第 156 页~第 174 页;Daniel Serwer,《非力学的势力:泡利、海森堡和对力学原子的拒绝》(Unmechanischer Zwang: Pauli, Heisenberg, and the Rejection of the Mechanical Atom),《物理科学和生物科学的历史研究》,8(1977),第 189 页~第 256 页。

的观点,并且更加幸运地得到了埃伦费斯特的赞同和支持。[27]

我们重新回到 1923 年。面对哥廷根的关于氦的计算结果,玻尔承认普通力学无法描述定态下电子之间的相互作用,甚至是近似的描述也做不到。但是他坚持认为对应原理应该指导量子理论的构建。为了获得进一步的启发,他转向研究辐射的佯谬,在那个方面关于爱因斯坦光量子的近期"证据"已经变得相当明显了。根据莫里斯·德布罗意(1875~1960)的观点,用来回避光电效应中光量子理论的通常借口无法对 X 射线的情况进行解释,在那种情况下目标原子显得简单而且独特。更令人吃惊的是,在 1923 年阿瑟·康普顿(1892~1962)根据光量子碰撞解释了被半自由电子散射的 X 射线频率的角相关。[28]

但是,玻尔仍然拒绝承认光量子。在约翰·克拉克·斯莱特(1900~1976)和克喇末的帮助下,他在不放弃麦克斯韦的自由辐射方程组的前提下设法解释了辐射的不连续性和连续性这两种面貌。其基本想法是脱离开辐射的发射和吸收的原子的量子跃迁。在玻尔 – 克喇末 – 斯莱特(BKS)图中,逗留在定态的原子不断地与电磁场相互作用,这与电子运动和辐射之间的密切"对应"的观点相一致。这种相互作用依赖光谱频率"相等"于电子运动的谐波时的"虚振荡"。而场本身是虚的,因为它不携带任何能量。唯一可以观测到的场的作用就是控制量子跃迁的概率。能量只在统计上守恒。[29]

BKS 理论只是昙花一现。在 1925 年春天,瓦尔特·博特(1891~1957)和盖革获得了在独特的康普顿过程中能量守恒的证据。甚至在此之前,泡利的批评以及在玻尔自己的碰撞过程的观点的扩展中所遇到的困难已经使他很烦恼了。他现在决定消除量子理论所有可视的要素,包括轨道、波场和光量子,而且他建议进一步探索经典理论和量子理论之间的"象征类比"。借助于量子理论的说法,玻尔表明了一种将精选的经典关系转换成公式的形式方法,这些公式包括使人不再联想电子轨道的量子概念,比如量子态、量子数、跃迁概率和光谱频率。[30]

这种方法最早是从克喇末在 1924 年提出的一个新的频散公式开始的。它很快就被玻恩和海森堡扩展,他们希望从中找到未来量子力学的线索。虽然这种方法最初是以 BKS 图和虚振荡器的形式解释的,但是这个过程只要求对应原理的形式核心:傅立

[27] 在 Hendry 的著作《量子力学的创立和玻尔 – 泡利的对话》中,他讨论了泡利相对论背景和哲学观点;B. L. van der Waerden,《不相容原理和自旋》(Exclusion Principle and Spin),载于 M. Fierz 和 V. Weisskopf 编,《20 世纪的理论物理学》(Theoretical Physics in the Twentieth Centrury, New York: Interscience, 1960),第 199 页~第 244 页;Heilbron,《不相容原理的起源》(The Origins of the Exclusion Principle),《物理科学和生物科学的历史研究》,13(1983),第 261 页~第 310 页。

[28] 参看 Wheaton,《虎与鲨:波粒二象性的实验基础》,part IV; Roger Stuewer,《康普顿效应:物理学的转折点》(The Compton Effect: Turning Point in Physics, Canton, Mass.: Science History Publications, 1975)。

[29] Bohr、Kramers 和 Slater,《辐射的量子理论》(The Quantum Theory of Radiation),《哲学杂志》,47(1924),第 785 页~第 822 页。参看 Klein,《玻尔 – 爱因斯坦对话的第一阶段》(The First Phase of the Bohr-Einstein Dialogue),《物理科学和生物科学的历史研究》,2(1970),第 1 页~第 39 页;Klaus Stolzenburg,关于玻尔的介绍,L. Rosenfeld 和 E. Rudinger 编,《全集》(Collected Works, 10 vols., Amsterdam: North Holland, 1972 – 1999),vol. 5(1984),第 1 页~第 96 页;Dresden,《H. A. 克喇末:在传统和改革之间》,第 6 章,第 8 章;Jammer,《量子力学概念的发展》,第 4.3 章;Hendry,《量子力学的创立和玻尔 – 泡利的对话》,第 5 章;Darrigol,《从 c 数到 q 数:量子理论历史中的经典类比》,第 9 章。

[30] 玻尔写给玻恩的信,1925 年 5 月 1 日,载于 Bohr,《全集》,第 5 卷,第 310 页~第 311 页。

叶分量和量子跃迁之间的联系。在 1925 年初夏,海森堡认识到经典的运动方程组本身可以用傅立叶分量的形式来表述,并且可以转换成量子振幅的一套完整方程组系统,而量子振幅的平方就是光谱强度。这样,新的量子力学的基本原理就诞生了。[31]

哥廷根大学的数学物理学家玻恩和帕斯夸尔·约尔丹(1902~1980)很快也加入到海森堡的研究中。到 1925 年年底的时候,得益于先进矩阵计算方法和泡利解决了氢原子的问题,这三个人已经使得最初的方案普遍适用了。在同一时期,一个年轻的剑桥理论家,保罗·A. M. 狄拉克(1902~1984)采用更巧妙的数学方法得到了类似的结果。由于对非交换代数以及它们的几何解释非常熟悉,狄拉克着重研究海森堡的非交换积并且发现了新的量子定则($pq-qp=h/2\pi i$)在哈密顿力学的泊松括号中有一个经典对应物。与他在哥廷根的竞争者不同,狄拉克系统地充分利用这个类比来发展量子力学,而那些人则坚持新理论的新颖性和自给自足性。狄拉克还原创性地引入了"q数"抽象代数,是根据这个理论的需要而逐步提出的。在他的理论中,矩阵是最后才有的,是在鉴定一些代数关系的物理含义时用到的。[32]

海森堡、狄拉克和哥廷根大学的理论家说服了其他的物理学家,长期探寻的原子力学已经找到了。[33] 然而,使用他们的无限矩阵或 q 数,他们并没有获得多于旧的量子理论所给予的。甚至氢问题似乎仍然是一个严峻的挑战。在他们还没有对数学系统进行改进之前,他们意识到了一个新的、并存的力学。

344

量子气体、辐射和波动力学

波动力学是由另一种量子理论产生的,该理论关注统计热力学和辐射性质。在原子理论中,主要的探索原则是其与普通电动力学的类比;在量子统计理论中,主要的探索原则是物质和辐射之间的类比。普朗克最早的关于辐射的理论是依赖与波尔茨曼

[31]　H. Kramers,《散射量子理论》(The Quantum Theory of Dispersion),《自然》(*Nature*),114(1924),第 310 页~第 311 页;W. Heisenberg,《量子理论的运动学观点的改变和力学关系》(Über die quantentheoretische Umdeutung kinematischer und mechanischer Beziehungen),《物理杂志》(*Zeitschrift für Physik*),33(1925),第 879 页~第 893 页。参看 Jammer,《量子力学概念的发展》,第 5.1 章;Mehra 和 Rechenberg,《量子理论的历史发展》,第 2 卷,第 3.5 章;Dresden,《H. A. 克喇末:在传统和改革之间》,第 8 章;Darrigol,《从 c 数到 q 数:量子理论历史中的经典类比》,第 9 章~第 10 章;Hiroyuki Konno,《克喇末的负散射、虚振荡器模型和对应原理》(Kramers'Negative Dispersion, the Virtual Oscillator Model, and the Correspondence Principle),《人马座》(*Centaurus*),36(1993),第 117 页~第 166 页;Cassidy,《不确定性:维尔纳·海森堡的生平和学术》。

[32]　Born、Heisenberg 和 Jordan,《论量子力学 Ⅱ》(Zur Quantenmechanik Ⅱ),《物理杂志》,35(1926),第 557 页~第 615 页;P. Dirac,《量子力学的基本方程式》(The Fundamental Equations of Quantum Mechanics),《学报》(*Proceedings*, Royal Society of London, Series A),109(1925),第 642 页~第 643 页。参看 Jammer,《量子力学概念的发展》,第 5.2 章;Mehra 和 Rechenberg,《量子理论的历史发展》,第 3 卷,第 1 章~第 3 章,以及第 4 卷,第 1 部分;Kragh,《狄拉克:科学传记》(*Driac: A Scientific Biography*, Cambridge: Cambridge University Press, 1990);Darrigol,《从 c 数到 q 数:量子理论历史中的经典类比》,part C;R. H. Dalitz 和 R. Peierls,《保罗·阿德里安·莫里斯·狄拉克(1902～1984)》(Paul Adrien Maurice Dirac, 1902－1984),《英国皇家学会会员的传记回忆录》(*Biographical Memoirs of Fellows of the Royal Society*),32(1986),第 138 页~第 185 页。

[33]　参看 Alexei Khozhevnikov 和 Olga Nobik,《对早期量子力学中联系动力学的信息的分析(1925～1927)》(*Analysis of Information Ties Dynamics in Early Quantum Mechanics, 1925－1927*, Moscow: Academia Nauk, 1978);Mehra 和 Rechenberg,《量子理论的历史发展》,第 4 卷,第 2 部分。

气体理论的类比,而爱因斯坦的光量子理论则更大胆地使用了相同的类比;比热量子理论建立在一个逆向的类比之上,即从普朗克的辐射器到固体的振动的类比。

1911 年到 1912 年,奥托·扎克尔和胡戈·泰科德将这一方法推广到气体,并且将他们的"化学常数"(气体的化学反应所依赖的熵中附加的常数)作为普朗克量子的函数。普朗克很赞同在气体和辐射理论之间建立起来的新桥梁以及越来越多的关于熵函数的确定性。1916 年,他归纳了气体分子的量子化(将相空间分成量子单元)以获得与索末菲的定则等同的量子定则,同时也得出了气体"简并"理论。根据能斯脱定理,肯定存在理想气体的简并的低温行为,伴随着比热的逐渐消失。尽管观察到这种现象的希望比较渺茫,但是大多数量子理论家都认为它应该是任何气体的相容理论的一个组成部分。[34]

少数光量子的勉强的支持者探寻逆向的类比,即从气体到辐射的类比。有点缺乏经验,他们试图从光量子气态平衡中推导出普朗克的辐射定律。这些尝试中最成功的一个出自一位不出名的印度物理学家萨蒂延德拉·纳特·玻色(1894~1974)。他的成果是在 1924 年公布的,并且得到了爱因斯坦的支持。玻色按照一种特殊的统计规律将光量子分布在所有量子单元中,他似乎一直将这种统计法误认为是波尔兹曼的。爱因斯坦没有进行更多的证明就接受了这种新方法,还将它置换为普通的气体分子,并且得出了一种新的简并理论,该理论现在被称为玻色-爱因斯坦理论。像往常一样,爱因斯坦研究了相应的密度波动,并发现除了通常的微粒项之外还有一个波状项。他立刻意识到了与莫里斯·德布罗意弟弟的推测的关联。[35]

作为他兄长的实验室的家庭内的理论家,路易·德布罗意(1892~1987)掌握了量子理论的两种变体(原子的和统计的)的双重知识。莫里斯的 X 射线光谱学同时涉及原子的结构和辐射的本质。对于后面一个问题,路易受到了他兄长的支持 X 射线和辐射的大体上的双重性的观点的影响。在 1922 年提出的普朗克定律的微粒推导中,路易赋予光量子一个非常微小的质量,使得光/物质的类比变得更加完美。这使他仔细考虑将振动现象与相对论粒子联系起来的方法。1923 年他提供了一个在适当的频率 $m_0 c^2/h$(m_0 是静止质量)时微粒内部振荡并且在一个平面单色波上滑动的协变图;如果

[34] 参见 Darrigol,《早期量子理论中的统计学和组合数学,Ⅱ:不可分辨性和整体论的早期征兆》(Statistics and Combinatorics in Early Quantum Theory,Ⅱ:Early Symptoms of Indistinguishability and Holism),《物理科学和生物科学的历史研究》,21(1991),第 237 页~第 298 页;A. Desalvo,《从化学常量到量子统计学:通向量子力学的热力学途径》(From the Chemical Constant to Quantum Statistics:A Thermodynamical Route to Quantum Mechanics),《物理学》(Physis),29(1992),第 465 页~第 538 页。

[35] S. N. Bose,《普朗克定律和光量子假说》(Plancks Gesetz und Lichtquantenhypothese),《物理杂志》,26(1924),第 178 页~第 181 页,以及 Einstein,《单原子理想气体的量子理论》(Quantentheorie des einatomigen idealen Gases),《会议报告》(1924),第 261 页~第 267 页。参看 Jammer,《量子力学概念的发展》,第 248 页~第 249 页;Mehra 和 Rechenberg,《量子理论的历史发展》,第 1 卷,第 5.3 章;Darrigol,《早期量子理论中的统计学和组合数学,Ⅱ》。

波速 V 和微粒的速度 v 满足 $Vv=c^2$,则内部振荡与波同步。[36]

　　德布罗意非常大胆地假设这种虚构的、超光速的波还与物质微粒有联系,并且提出电子束应该有可能被衍射。这真是个使人兴奋的想法,这个推测给他提供了一种对于玻尔‐索末菲量子定则的解释,作为围绕核子的电子和相关联的波动的全局同步性先决条件。它还为量子气体和热辐射提供了一个新的基础:波系统的统计学,它支持相关联的微粒改变数量。[37]

　　德布罗意的物质波得到了爱因斯坦的推广,并且吸引了很多物理学家的注意力。在这些物理学家中,有一个来自哥廷根的瓦尔特·埃尔泽塞尔(1904~1991),他注意到了它与卡尔·拉姆绍尔(1879~1955)观察到的反常的低能电子散射的联系。[38] 最重要的是,一直对气体简并很感兴趣的奥地利的理论家埃尔温·薛定谔(1887~1961)阅读了德布罗意的论文。薛定谔用一个量子化的德布罗意波系统的自然统计学证明了玻色‐爱因斯坦统计学的正确,并且将量子定则的德布罗意推导普遍化。在1926年年初,不再考虑德布罗意波的相对论状态,薛定谔偶然发现了一个波动方程,它的单值解对应于氢原子的能量谱。于是,他希望用驻波系统来表示所有的原子,并且用波包来表示电子的微粒状态。[39]

　　接下来的几个月里,他意识到这种对波的力学的解释是行不通的,因为几个电子的波函数属于更抽象的构形空间,还因为波包的不可避免的传播。但是,他坚持认为波动正确地表示了原子的电磁特性。

[36] 参看 Jammer,《量子力学概念的发展》,第5.3章;F. Kubli,《路易·德布罗意和物质波的发现》(Louis de Broglie und die Entdeckung der Materiewellen),《精密科学史档案》,7(1970),第26页~第68页;Mehra 和 Rechenberg,《量子理论的历史发展》,第1卷,第5.4章;Wheaton,《虎与鲨:量子二象性的实验基础》,第5部分;Darrigol,《路易·德布罗意早期工作的奇异性和完整性》(Strangeness and Soundness in Louis de Broglie's Early Works),《物理学》,30(1993),第303页~第372页;Mary Jo Nye,《贵族文化和对科学的追求:德布罗意兄弟在现代法兰西》(Aristocratic Culture and the Pursuit of Science:The de Broglies in Modern France),《爱西斯》,88(1997),第397页~第421页。

[37] L. de Broglie,《波和量子》(Ondes et quanta),《会议周刊》(Comptes-rendus Hebdomadaires des Séances,Académie des Sciences),177(1923),第507页~第510页;《光量子的衍射与干涉》(Quanta de lumière,diffraction et interférences),《会议周刊》,第548页~第550页;《量子、气体的动力理论和费马定理》(Les quanta,la théorie cinétique des gaz et le principe de Fermat),《会议周刊》,第630页~第632页;《量子理论研究》(Recherches sur la théorie des quanta,Paris:Masson,1924)。

[38] 参看 Jammer,《量子力学概念的发展》,第249页~第251页;Mehra 和 Rechenberg,《量子理论的历史发展》,第1卷,第624页~第626页;H. A. Medicus,《物质波的50年》(Fifty Years of Matter Waves),《今日物理》,27(1974),第38页~第47页;Arturo Russo,《贝尔实验室的基础研究:电子衍射的发现》(Fundamental Research at Bell Laboratories:The Discovery of Electron Diffraction),《物理科学和生物科学的历史研究》,12(1981),第117页~第160页。

[39] E. Schrödinger,《作为特征值问题的量子化》(Quantisierung als Eigenwertproblem),《物理学年刊》,79(1926),第361页~第376页,第489页~第527页,第734页~第756页;《物理学年刊》,80(1926),第437页~第490页,第109页~第139页。参看 Jammer,《量子力学概念的发展》,第5.3章;Paul Hanle,《埃尔温·薛定谔时代的到来:他的理想气体的量子统计学》(The Coming of Age of Erwin Schrödinger:His Quantum Statistics of Ideal Gases),《精密科学史档案》,17(1977),第165页~第192页;V. V. Raman and P. Forman,《为什么是薛定谔发展了德布罗意的思想》(Why Was It Schrödinger Who Developed de Broglie's Ideas),《物理科学和生物科学的历史研究》,1(1969),第291页~第314页;Darrigol,《薛定谔的统计物理学与一些相关主题》(Schrödinger's Statistical Physics and Some Related Themes),载于 M. Bitbol 和 O. Darrgil 编,《埃尔温·薛定谔:哲学和量子力学的诞生》(Erwin Schrödinger:Philosophy and the Birth of Quantum Mechanics,Gif-sur-Yvette:Frontières,1992),第237页~第276页;Linda Wessels,《薛定谔通向波动力学的路线》(Schrödinger's Route to Wave-Mechanics),《科学历史与哲学研究》(Studies in History and Philosophy of Science),10(1979),第311页~第340页;Kragh,《埃尔温·薛定谔和波动方程:最关键的阶段》(Erwin Schrödinger and the Wave Equation:The Crucial Phase),《人马座》,26(1982),第154页~第197页;Mehra 和 Rechenberg,《量子理论的历史发展》,第5卷。

最终的综合

薛定谔的方程引起了量子物理学家的轰动,但愿是因为他们接受的训练更适合去解波动方程而不是将无限矩阵对角线化。在两三个月的时间里,出现了许多证据表明波动力学与矩阵力学在形式上是等价的。在第一个适应阶段,海森堡和狄拉克保持他们的量子力学的总体框架,但使用薛定谔的方程来帮助求解矩阵或 q 数方程组。很快他们就解决了氦原子的问题,推导了两种量子统计学(费米 – 狄拉克统计学和玻色 – 爱因斯坦统计学),发明了微扰理论(和薛定谔所做的相同),并且计算了爱因斯坦的跃迁概率。[40]

347 马克斯·玻恩更倾向于寻找薛定谔波的物理含义,他根据散射波分析了电子碰撞。在这个过程中,他引入了波函数的统计学解释的第一批雏形,并且表达了在原子领域决定论不再适用的观点。许多物理学家已经赞同在旧量子理论的量子跃迁期间因果关系无效。也许,魏玛共和国的反理性意识形态使得德国的物理学家容易允许非因果关系的进入。但是,对丁这根本性的一步的内部争论是十分激烈的,而且最激烈的争论往往来自不属于魏玛文化的物理学家,例如玻尔和保罗·狄拉克。[41]

即使这两种新力学的支持者很容易借鉴对方的数学工具,他们在量子现象更深层的特性上的分歧还是很大的。对于哥廷根的物理学家,量子的不连续性是最根本的,而原子处理过程的形象化必须被明确地抛弃。对于薛定谔,不连续性只是一种表面现象,原子物理学必须被简化到更直观的波的连续运动上。波和量子阵营的对立是十分激烈的,之所以如此是因为在量子力学的发现中所占的份额是利害攸关的问题。然而,在 1926 年到 1927 年的冬天出现了可靠的综合。[42]

[40] Heisenberg,《关于带有双电子的原子系统的光谱》(Über die Spektra von Atomsystemen mit zwei Elektronen),《物理杂志》,29(1926),第 499 页~第 518 页;Dirac,《论量子力学理论》(On the Theory of Quantum Mechanics),《学报》,112(1926),第 661 页~第 677 页;M. Born,《论振动过程的量子理论》(Zur Quantentheorie der Stossvorgänge),《物理杂志》,37(1926),第 863 页~第 867 页;《振动的量子力学》(Quantenmechaniker Stossvorgänge),《物理杂志》,38(1926),第 803 页~第 827 页。参看 Jammer,《量子力学概念的发展》,第 6.1 章,第 8.1 章;Mehra 和 Rechenberg,《量子理论的历史发展》,第 3 卷,第 5.6 章。

[41] Hiroyuki Konno,《玻恩概率解释的历史根源》(The Historical Roots of Born's Probability Interpretation),《日本关于科学史研究》(Japanese Studies in History of Science),17(1978),第 129 页~第 145 页;Mara Beller,《玻恩的概率解释:"变迁中的概念"的案例研究》(Born's Probabilistic Interpretation:A Case Study of "Concepts in Flux"),《科学史与科学哲学研究》,21(1990),第 563 页~第 588 页;Im Gyeong Soon,《形式化量子力学的实验约束:哥廷根的关于碰撞过程的玻恩量子理论的出现(1924~1927)》(Experimental Constraints on Formal Quantum Mechanics:The Emergence of Born's Quantum Theory of Collision Processes in Göttingen,1924 – 1927),《精密科学史档案》,90(1996),第 73 页~第 101 页。关于非因果关系,参看 Forman,《魏玛文化、因果关系和量子理论(1918~1927):德国物理学家和数学家对于不友好知识环境的适应》;Hendry,《魏玛文化和量子因果关系》;Wise,《如何计算总和?关于统计因果关系的文化起源》;Yemima Ben-Menahem,《与因果关系的抗争:薛定谔案例》(Struggling with Causality:Schrödinger's Case),《科学史与科学哲学研究》,20(1989),第 307 页~第 334 页。

[42] 参看 Beller,《薛定谔之前的矩阵理论:哲学、问题和后果》(Matrix Theory Before Schrödinger:Philosophy,Problems,Consequences),《爱西斯》,74(1983),第 469 页~第 491 页;Jammer,《量子力学概念的发展》,第 6.2 章(变换论),第 6.3 章(冯·诺伊曼);Mehra 和 Rechenberg,《量子理论的历史发展》,第 4 卷,第 1 部分。关于狄拉克,参看 Kragh,《狄拉克:科学传记》,第 2 章;Darrigol,《从 c 数到 q 数:量子理论历史中的经典类比》,第 13 章。

通过对量子力学方程组的变换特性的全面研究,狄拉克和约尔丹得出了一些普遍的解释规则,这些规则似乎可以回答与原子系统的实验行为相关的所有可能的问题。后来哥廷根的数学家约翰·冯·诺伊曼(1903~1957)和赫尔曼·外尔(1885~1955)的精心发展巩固了这一理论,但是除了态矢这个概念之外几乎没有引入任何与物理有关的内容。狄拉克-约尔丹解释与现代量子力学的形式非常相似,将波函数简化为用于计算可测量的量的概率的符号工具,并且暗示将明确限定的值同时归结于共轭变量(例如位置和动量)是不可能的。尽管这些限制从数学的角度看起来是必要的,但是它们的直观含义仍然是不清楚的。[43]

348

1927年年初,海森堡论证了共轭变量的理论上的不确定恰恰对应于测量的干扰作用,正像简单的思维实验作出的判断。例如,借助于电子通过 γ 射线显微镜所成的像来确定其位置,他认为 γ 辐射的量子是造成共轭动量不确定的原因。玻尔立即发现了这个推理中的缺陷。更根本的是,他谴责这种工具主义者的观点和给予粒子图这种特权。按照他的观点,要理解维尔纳·海森堡显微镜下的 γ 射线的行为,波和粒子都是必需的。电子的波动特性不能不被提及,这是克林顿·戴维森(1881~1958)和莱斯特·革末最近在贝尔实验室中通过晶体衍射证明的。[44]

根据玻尔的观点,不确定关系的真正基础是波图和粒子图的相互不兼容性:按照一个众所周知的傅立叶变换特性,宽度为 Δx 的波包的波数传播 Δk_x 至少等于 $1/\Delta x$;因此,相关联的动量 $p_x = hk_x/2\pi$ 满足不确定关系 $\Delta x \Delta p_x \gtrsim h$。这种二重性排斥在测量过程中发生的不连续的相互作用的控制,并且暗示了将同时测量共轭变量的设备的物理不相容性。玻尔认为量子对象的各种性质是"互补的":其中每一种性质都代表了该对象行为的一种可能的预测,但是它们决不可能同时被确定出来。[45]

1927年9月在科摩的演讲中,玻尔首先对互补性进行了一般性的认识论的介绍,然后提出了这一解决量子理论中各种佯谬的办法。他断言在实验报告中经典概念的必要性,但是他宣告了在量子领域经典型描述的失败。他论证道,量子假定暗示当试图在时间和空间中确定一个对象的位置时,此对象处于不可控制的微扰状态,因此对时空配位的经典需求就成为了对因果关系需求的补充。[46]

[43] Dirac,《量子动力学的物理解释》(*The Physical Interpretation of Quantum Dynamics*),《学报》,113(1927),第621页~第641页;P. Jordan,《论量子力学的新基础》(Über eine neue Begründung der Quantenmechanik),《物理杂志》,40(1927),第809页~第838页,和44(1927),第1页~第25页。

[44] Heisenberg,《关于量子理论运动学和量子理论力学的直觉概念》(Über den anschaulichen Inhalt der quantentheoretischen Kinematik und Mechanik),《物理杂志》,43(1927),第172页~第198页;Bohr,《量子假设和原子理论近期的发展》(The Quantum Postulate and the Recent Development of Atomic Theory),《自然》,121(1928),第580页~第590页。参看 Jammer,《量子力学概念的发展》,第7章;MacKinnon,《科学解释和原子物理学》;Henry Folse,《尼尔斯·玻尔的哲学:互补性结构》(*The Philosophy of Niels Bohr: The Framework of Complementarity*,Amsterdam: North Holland,1985);Dugald Murdoch,《尼尔斯·玻尔的物理学中的哲学》(*Niels Bohr's Philosophy of Physics*,Cambridge:Cambridge University Press,1987);Beller,《玻尔的互补性的产生:背景和对话》(The Birth of Bohr's Complementarity:The Context and the Dialogues),《科学史与科学哲学研究》,23(1992),第147页~第180页。

[45] Bohr,《量子假设和原子理论近期的发展》。

[46] 同上书。

玻尔的难以理解的话语并没有说服一些量子理论的创始人,尤其是普朗克、爱因斯坦和薛定谔。尽管它看起来很奇怪,但是新一代的物理学家认为这种量子力学是一种基本上始终如一的理论。他们很快在原子结构、化学、磁学和物质的固态等应用上获得了不断的成功。在经历了长期的合作与竞争的努力之后,爱因斯坦在 1905 年宣告的物理学危机最终以令大多数物理学家满意的结果解决了。[47]

349

然而如果认为量子力学在 1927 年就确定了最终的不再改变的形式那就是误解了。尽管其基本原理和数学结构保持不变,但是其公式表达和符号已经有了很大的发展。前面提到的如赫尔曼·外尔这些数学家的贡献带来了希尔伯特空间和群论的严密和有效。狄拉克的演讲和《量子力学原理》(*Principles of Quantum Mechanics*)带来了物理学的清晰性和操作的高效性。同样,量子力学的应用使得其公式表达以及解析和近似的规范方法多样化了。在应用于原子核和相对论场理论的情况下,量子力学的普遍有效性曾经一度受到质疑。该理论的哥本哈根解释也偶尔受到挑战,例如戴维·博姆 1952 年提出的隐变量理论。许多测量过程的理论也被提了出来。我们已经比较清楚地理解了量子和经典行为的关系,而且我们有更精确的方法来刻画量子世界的奇异性,例如,在违背约翰·S. 贝尔的不等式时表现出非定域性。量子力学仍然是令物理学家、哲学家和科学史学家充满好奇的学科。[48]

（张珊珊　译　杨舰　陈养正　校）

[47] 关于玻尔哲学的起源,参看 Jan Faye,《尼尔斯·玻尔:他的继承物和遗留物》(*Niels Bohr, His Heritage and Legacy*, Dordrecht: Kluwer, 1991);Wise,《如何计算总和? 关于统计因果关系的文化起源》;Chevalley,《绘画和色彩》。关于量子力学的传播,参看 Jammer,《量子力学概念的发展》,第 8 章;Mehra 和 Rechenberg,《量子理论的历史发展》,第 4 卷,第 2 部分,以及第 5 卷,第 4 章。

[48] 参看 Jammer,《量子力学概念的发展》,第 8 章,第 9 章,以及《量子力学的哲学原理》(*The Philosophy of Quantum Mechanics*, New York: Wiley, 1974);Michael Eckert 和 Silvan Schweber 对本卷的贡献分别见第 21 章和第 19 章。

18

放射学与核物理学

杰夫·休斯

任何物理学的分支都没有像放射学和核物理学一样对 20 世纪的世界产生如此巨大的影响。自 19 世纪后期放射学诞生以来,它便促成了迄今毫无疑问的物质属性的发现和大量新元素的发现。其创立者设计了一种新颖的理解物质结构和属性的方式,他们的成就逐渐获得了广泛的接受。由于它对物质内部电子结构的强调和它通过亚原子及相互作用对原子和分子属性的解释,放射学改变了物理学和化学。它的衍生科学——核物理学和宇宙放射物理学巩固并延伸了物质的还原方法,最终导致了高能物理学,这种物理探寻方式成为 20 世纪后期科学的特征:规模大而又昂贵的机械用来产生更小的粒子以支持关于物质基本结构的更为复杂、更为综合的理论。

然而,核物理学的巨大意义远远超出了实验室,甚至科学本身。20 世纪 30 年代,核物理学仅仅被用于少数有限领域。二战期间,由于它提供了核武器发展的科学基础而获得迅速发展。冷战期间,核武器和高热核武器成为美、苏两个超级大国的不稳定军事抗衡的关键性筹码。与此同时,民用核工业、核医学及许多其他核应用业的迅速发展,使得核现象成为公众关注的问题。核物理学家享受着巨大的科学荣誉,并由于他们的科学在核时代的特殊情境又使得他们掌握着大量资源。但从 20 世纪 60 年代到 80 年代,由于公众对核灾难、核工业排放的大量放射性废物及其他有害物质的恐惧心理的增加,核物理学丧失了原有光环,进而对核物理学研究者的研究经费及公众信誉和职业地位都产生了巨大影响。

核原子的阴影笼罩了刚刚逝去的近一个世纪。具有讽刺意味的是,就是这一明显的原因使得放射学和核物理学的历史性研究变得复杂了。在二战之后的几年里,科学家和科学史学家回顾战前时期,以便解释这一学科的发展,它优先强调在核武器的制造中将变得重要的那些要素。因此,从战后的视角看,放射学本身的一系列发现——放射能的衰败理论、半衰期思想、核子、同位素、中子、核子的流体下落模型、人工嬗变和基本的核子裂变导致了一个线性的、目的论的、内部论顺序的发展理论及相关的巨大实验性发现,正是这些发现使得核历史形成并赋予其意义。以外部史论为补充,它将学科大致描述为默顿国际主义和思想自由的理想范本;以强大的线性传记、自传、回忆录和不加批判的通俗历史为辅助,以核科学持久的科学魅力和公众魅力为支持,这种规范性说明支配着1940年至1980年放射学的编史学和核物理学。并且,在科学家中像在历史学家中一样,它取得了显著的一致性,因此,在基本原理的解释和"原子弹编史学"上几乎没有历史性争论。

然而,最近,历史学家已开始根据材料以及建立、维持和推进学科发展的社会实践来重新思考放射学和核物理学的历史了。为避免早期历史学中目的论判断和评价,学者们已越来越关注于手段、物质材料、概念工具和在这些探索领域的新事实的创造中被充分利用的证据标准。他们试图去理解这些领域和其他领域及它们内部边界是如何设定和加强并且如何随时间而变化的。他们努力去理解包括在原子可靠知识的思考和维护中的多样个体与集体之间动态的内部联系。放射学和核物理学的产物成形于个体与机构设置的动态的学科网络中,由复杂的地方环境塑造,但被共享的物质实践和概念实践结合在一起了。[1] 放射学和核物理学远远超出了理论发展的历史,正在浮现的历史学将其放置在学术界、工业和现代国家的交叉点。不是把他们看作具有不证自明的巨大意义,它将其研究者看作积极将自己的工作证明给其他人,将他们的集体努力证明给其他科学家和更广泛的组织。只是到了现在,核时代才被看作一个偶然的成就,而不是科学活动的必然结果。[2]

镭的放射性与镭的"政治经济分析"

放射学源于巴黎物理学家安托万·亨利·贝克勒耳(1852~1908),他对于威廉·康拉德·伦琴于1895年发现的磷光与X射线关系的探索促使他在1896年观察到,含铀矿物能够产生使照相底片变暗,使验电器放电的放射性。尽管由于贝克勒耳辐射(绝大多数研究者将其看作磷光的一种)与X射线和19世纪90年代发现的其他类型的放射性辐射相比明显要弱,对于这一研究的兴趣因而减弱并消失,但随后还是出现了一系列铀的放射性研究。

玛丽·居里(1867~1934)和她的丈夫皮埃尔·居里(1859~1906)于1897年继续了贝克勒耳的工作。运用皮埃尔设计的压电方法,这对夫妇表明了铀辐射致使空气介质具有导电性质,并创立了定量研究这种新辐射的方法。这一工作也促使钍的放射性

[1] 规范性"内"史的范本,参看 L. M. Brown 和 H. Rechenberg,《核力概念的根源》(*The Origin of the Concept of Nuclear Forces*, Bristol, England: Institute of Physics Publishing, 1996); M. Mladjenovic,《早期核物理学的历史(1896~1931)》(*The History of Early Nuclear Physics, 1896－1931*, Singapore: World Scientific, 1992)。有关"外"史,参看 C. Weiner,《科学变革的机构设置:核物理学历史的若干事件》(Institutional Settings for Scientific Change: Episodes from the History of Nuclear Physics),载于 A. Thackray 和 E. Mendelsohn 编,《科学与价值:传统与变迁模式》(*Science and Values: Patterns of Tradition and Change*, New York: Humanities Press, 1974),第187页~第212页;C. Weiner 编,《核物理史探索》(*Exploring the History of Nuclear Physics*, New York: American Institute of Physics, 1972)。
[2] 关于这些问题的介绍,参看 J. Golinski,《制造自然知识:建构主义与科学的历史》(*Making Natural Knowledge: Constructivism and the History of Science*, Cambridge: Cambridge University Press, 1998)。

的发现。含铀矿石、沥青比铀本身更具放射性这一发现促使新的元素钋和镭从沥青中分离出来(1898 年),玛丽·居里将具有特定重元素("活性物质")特征的新现象的稳定性命名为"放射性"(来自拉丁语射线)。玛丽·居里本人在接下来的几年内致力于生产新物质使它们达成切实可见的量,以便分光镜研究能够鉴别它们是否为新元素,其他研究者开始探索新"放射性元素"的属性及其辐射。[3]

通过将不同的物理技巧与化学技巧结合起来,欧洲和美国的少数研究者于 1898 年至 1902 年对新的放射性物质的属性进行了系统研究,他们是:巴黎的居里夫妇,蒙特利尔麦吉尔大学的欧内斯特·卢瑟福(1871~1937)和索迪·弗雷德里克(1877~1956),沃尔芬比特尔的朱利叶斯·埃尔斯特(1854~1920)和汉斯·盖特尔(1855~1923),维也纳的斯特凡·迈尔(1872~1949)和埃贡·冯·施魏德勒(1873~1948)。正如劳伦斯·巴达什和撒迪厄斯·特伦已经证实的,这项工作力图通过这些新物质在电、磁领域的行为和用验电器和静电计测定的电磁感应来定义新物质发射的放射性。它也提供了研究新物质和它们内部相互关系的分析化学的工具。其成果包括α射线、β射线和γ射线及其他放射性元素如钢的发现。对于一些新的放射性物质的气态放射性的发现和对于元素衰变的内部顺序的思考使卢瑟福和索迪发现了放射性的衰变理论(1902 年)。这一理论认为,放射性元素由于具有放射性的半衰期特征,因而可以从一种元素变为另一种元素,由此,这一理论作为讨论的学术焦点对巩固新的学科做出了贡献。尽管许多化学家在几年内强烈反对这一新理论,将其与斯万特·阿列纽斯(1859~1927)和其他人倡导的离子理论联系起来,但那些从事过放射性研究的学者迅速接受了这一理论并将其作为令人信服的有组织性的原理。[4]

这一小而组织严密的研究者群体在此领域中通过各种渠道获取原材料,常常是来自居里夫妇。由于玛丽·居里既渴望推进又想控制这个她和她丈夫都是领导者的领域,她迅速研究一种镭的工业提取程序,将其转让给化学生产研究中心协会,并通过其合作者安德烈·德比尔纳(1874~1949)来保持对产品的生产和分配的严密监督。在德国,1903 年,布赫勒尔公司的布伦瑞克化学公司(Braunschweig chemical company Buchler & Co.)的弗里德里希·奥斯卡·吉塞尔(1852~1927)和汉诺威附近的利斯特的欧根·德·黑恩也开始生产并销售放射性原材料。由于原材料容易获得,镭市场应运而生,在这一市场上,研究者尽可能多地获取活性物质,以便能够获得新的、更多的确定结果。正是由于通过这一商业运作可以获得镭的溴化物,例如,索迪和伦敦化学

[3] Lawrence Badash,《居里夫妇之前的放射性》(Radioactivity Before the Curies),《美国物理学杂志》(American Journal of Physics),33(1965),第 128 页~第 135 页;《镭、放射性以及科学发现的普及》(Radium, Radioactivity, and the Popularity of Scientific Discovery),《美国哲学协会学报》(Proceedings of the American Philosophical Society),122(1978),第 145 页~第 154 页,以及《钍的放射性的发现》(The Discovery of Thorium's Radioactivity),《化学教育杂志》(Journal of Chemical Education),43(1996),第 219 页~第 220 页;R. Pflaum,《伟大的谜团:玛丽·居里和她的世界》(Grand Obsession: Marie Curie and Her World, New York: Doubleday,1989)。
[4] T. J. Trenn,《自分裂原子:卢瑟福 - 索迪合作的历史》(The Self-Splitting Atom: A History of the Rutherford-Soddy Collaboration, London: Taylor and Francis, 1977)。

家威廉·拉姆齐(1852~1916)才能够借助分光镜表明,镭放射可以使自身放射衰变为
氦。在镭经济体系内部,产生确定的、可靠的结果的能力被认为是更依赖于试验者配
置的放射物质的数量和质量以及他们的实验技巧。[5]

　　镭的热反应特征的证实、1903 年诺贝尔物理学奖颁给贝克勒耳和居里夫妇使放射
性研究成为一个新的热门领域,这既表现为医学应用——1903 年至 1904 年间大量医
疗导向的镭研究所的成立,也表现为根据原子核能释放对热反应的阐释(大量讽刺性
评论和乌托邦设想的根源)。由于公众兴趣和科学兴趣的高涨,主要是受不断增加的
医学需要的驱动,镭市场繁荣了。通俗书籍,如威廉·汉普森的《镭的分析》(*Radium
Explained*,1905),其中大多数涉及用少量镭化盐就可以进行的实验问题,这使得放射
学赢得了广泛的读者。由于公众关注的不断增加,因此,希望致力于此领域相关研究
的人越来越多。放射物质的来源和技巧在少数实验室的相对集中使得许多放射性研
究的新人内部具有高度流动性,也加强了早已形成的严密的、有组织的研究团体的实
力。值得注意的是,巴黎和蒙特利尔迅速成为培训放射性研究技巧的中心基地,如年
轻的德国化学家奥托·哈恩(1879~1968)就曾到加拿大师从卢瑟福学习这一新的科
学。在这一领域不断增加的研究者队伍中,女性占有异乎寻常的比例,向历史学家表
明了,这一领域相对的边缘化和"看门者"的大度。[6]

　　从教育学角度看,玛丽·居里的不朽论文《放射性通论》(*Radioactivité*,1903)(在
这一领域首次对实验数据进行系统研究)确立了这个新兴学科,而索迪的《从衰变理论
视角对放射性的研究》(*Radioactivity from the Standpoint of the Disintegration Theory*,
1904),卢瑟福的《放射性研究》(*Radioactivity*,1905)都试图确立衰变理论的合法性。
截至 1907 年,这一理论在专家中获得了广泛接受,主要是因为它提供了关于多种放射
性元素连续衰变的一致解释和对这一系列衰变进行化学反思的框架。随着研究者和
研究数量的增加,专业期刊也开始划定这个新兴学科的边界了。然而,那些边界却与
规范历史学假定的十分不同。尽管放射性研究者在已创立的国家科学期刊能够大量
发表文章,如英国的《哲学杂志》(*Philosophical Magazine*),法国科学院的《学报》
(*Comptes Rendus*),他们还是不断地作为编辑和投稿者参与新期刊,如《镭》(*Le
Radium*,1903),《放射学与电子学年鉴》(*Jahrbuch der Radioaktivität und Elektronik*,
1904)和短命的英文期刊《离子:关于电子学、核子物理学、离子学、放射学和空间化
学》(*Ion*:*A Journal of Electronics*,*Atomistics*,*Ionology*,*Radioactivity and Raumchemistry*,

〔5〕 S. Boudia 和 X. Roque 编,《科学、医学和工业:居里和约里奥·居里实验室》(Science, Medicine and Industry: The
　　 Curie and Joliot-Curie Laboratories),《历史和技术》(*History and Technology*)专刊,13(1997),第 241 页~第 354 页;L.
　　 Badash,《美国的放射性:科学的成长和衰微》(*Radioactivity in America*:*Growth and Decay of a Science*, Baltimore: Johns
　　 Hopkins University Press, 1979),第 135 页~第 136 页。

〔6〕 W. Hampson,《镭的分析:对于镭与自然世界、科学思想和人类生活关系的通俗解释》(*Radium Explained*:*A Popular
　　 Account of the Relations of Radium to the Natural World*, *to Scientific Thought*, *and to Human Life*, London: T. C. & E. C.
　　 Jack, 1905);M. F. Rayner-Canham 和 W. Rayner-Canham 编,《对科学的热爱:放射学领域的女性先锋》(*A Devotion to
　　 Their Science*:*Pioneer Women of Radioactivity*, Montreal: McGill-Queen's University Press, 1997)。

1908）。这一方面表明，同时代人将其视为介于正统物理学和化学之间的领域，另一方面，它又被作为一种新的与电子、离子、物理和空间化学相关的分析实践。

通俗讲稿跟书籍一样是确立放射学身份及其产物意义和合法性的关键性工具。大多数主要研究者对他们的学科而言，是热心的改信仰者，他们经常在通俗杂志和刊物上发表非技术性的、解释性的文章。然而有一些研究者如居里则坚守其实验数据，并对理论解释持谨慎态度，其他的如索迪则一贯地强调放射学的潜在的宇宙论意义。尽管索迪关于原子能可能具有的应用的乌托邦设想绝不代表所有研究者的观点，但他们中很多人确实都参与了这一主题，并在这一主题上吸引公众，以此相互受益。事实上，索迪的《对镭的解释》（*The Interpretation of Radium*，1909）是 H. G. 韦尔斯的敌托邦科幻故事《世界自由》（*The World Set Free*，1914）（犹如他的《托诺·邦盖》[*Tono-Bungay*，1909]一样）灵感的来源，《托诺·邦盖》是对放射性想象的广泛的文化评价。有的历史学家将此证据看作核文化存在的证据，对核科学的一系列的通俗理解提供了后来接受核现象（包括核武器）的文化基础。然而另一些则认为，这种观点就像它由以产生并支持的规范性解释一样是非历史的，它回顾性地使一系列后来才出现的社会和自然范畴具体化了。[7]

建制化、集中化和专业化：学科的产生（1905～1914）

1905～1910 年间，随着研究者和放射材料集中在几个研究中心，主要是巴黎、蒙特利尔、柏林和维也纳，放射学独特的学科地形学产生了。放射学研究者来自各种不同的背景，他们在这个新兴学科内的自我定位方式和他们选择发展放射学的实践方式和学术方式大多依赖于他们早先的知识背景和实践训练。因此，受训于剑桥大学离子物理学的卢瑟福运用理论还原法进行研究，而居里和她的后继者则是强烈的实证主义传统的继承者，更突出地运用化学研究，远离理论抽象。在几个地方，化学家和物理学家的合作是十分重要的，如卢瑟福和索迪在蒙特利尔的合作，或者奥托·哈恩与物理学家利塞·迈特纳（1878～1968）在柏林的威廉皇帝化学研究所的合作。

放射地理学的巨大变化发生在 1907 年卢瑟福返回英国曼彻斯特大学任教授之时。拥有大量好的、可以自己支配的资源，卢瑟福为学生和访问学者建立了一个规模相当大的研究学院。他和他的同事为放射学研究者建制了一套规范的训练制度，并且内化于沃尔特·马科尔（1879～1945）和汉斯·盖革（1882～1945）有影响力的教科书

356

[7] S. Weart，《核恐惧：想象的历史》（*Nuclear Fear：A History of Images*，Cambridge，Mass.：Harvard University Press，1988）；K. Willis，《英国核文化的起源（1895～1939）》（The Origins of British Nuclear Culture，1895－1939），《英国研究杂志》（*Journal of British Studies*），34（1995），第 58 页～第 89 页；R. Ward，《原子弹的前因后果：对原子弹的文学审视》（Before and After the Bomb：Some Literary Speculations on the Use of the Atomic Bomb），《炼金术史和化学史学会期刊》（*Ambix*），44（1997），第 85 页～第 95 页。

《放射性的实际测量法》(*Practical Measurements in Radioactivity*, 1912)中。1908年卢瑟福因为α粒子的研究而获得了诺贝尔化学奖,这既确证了他在放射学研究领域的领袖地位,又清楚地表明学科之外的一流科学家是如何将它与业已形成的、规范化的学科范畴联系在一起的。当卢瑟福通过斯特凡·迈尔从维也纳科学院获得了大量放射性原材料时,曼彻斯特研究小组就获得了大量新的研究结果,包括卢瑟福和罗伊兹运用电离氦原子对α粒子的光谱学确证。

在他们寻求物理主义的还原式的理解时,曼彻斯特团体也致力于原子内部力的探索和研究。在卢瑟福的实验室中,盖革和欧内斯特·马斯登(1889~1970)进行的一系列实验结果的基础上,在实验中高能α粒子被用于轰击多种物质,撞击结果可以由在硫化锌荧光屏上出现的闪烁来观察和分析,卢瑟福提出了一种不同于他的导师约瑟夫·约翰·汤姆森(1856~1940)的"葡萄干布丁"模型的新原子模型。在卢瑟福模型中(1910~1911),原子的大多数质量集中在中心带电部分,或**原子核**。[8]

后来的评论家曾试图假设,一方面,卢瑟福清晰地表达了他的原子核模型,另一方面,这一模型有了即时影响。但实际上,只有在经过了初始阶段的模糊后,原子核才被认为是带正电的,共同构成原子的电子被认为是在距离原子核一定距离的空间内进行准行星轨道运行,从而保持整个原子的中性。同样地,新的假设在1911年的索尔韦会议上也没有被提及,只有在两年之后的第二次会议上才主要由卢瑟福本人提议做了一个粗略的讨论。即使在新改版的标志着学科成熟的教科书——卢瑟福的《放射性物质和它们的放射性》(*Radioactive Substances and their Radiations*, 1913),斯特凡·迈尔和埃贡·冯·施威德勒的《放射学》(*Radioaktivität*, 1916)中,原子核模型也只是被作为几种可供参考和选择的模型的一种而被提及。显而易见,在那段时间内,根本没有对原子核模型的一致认同和确证;实际上,在接下来的几年内,核模型仍在增加,直至20世纪20年代,主要是由尼尔斯·玻尔(1885~1962)和阿诺尔德·索末菲(1868~1951)通过对原子核模型的数学化处理,原子核模型才得到了大家的认可,其他人则致力于"解释"光谱现象。[9]

与此同时,其他地方的研究仍沿着化学和物理学两条路线进行。1910年,一个新的镭研究所在维也纳成立。由斯特凡·迈尔领导,这个研究所支持多种研究,包括由维克托·赫斯(1883~1964)的大气放射性研究,该研究揭示了空气具有穿透性射线(后来被称为"宇宙射线")。此时,即便说放射学还不是一门基础稳固的学科,但它已成为一门介于物理学与化学之间,与医学、地质学、海洋学和气象学密切相关的、被认

357

〔8〕 W. Makower 和 Hans Geiger,《放射性的实际测量法》(*Practical Measurements in Radioactivity*, London: Longmans, Green, 1912);D. Wilson,《卢瑟福:素朴的天才》(*Rutherford: Simple Genius*, London: Hodder & Stoughton, 1983),第216页~第405页;J. L. Heilbron,《α粒子与β粒子的散射与卢瑟福原子》(The Scattering of α and β Particles and Rutherford's Atom),《精密科学史档案》(*Archive for History of Exact Sciences*),4 (1968), 第247页~第307页。

〔9〕 J. Mehra,《索尔韦物理学会议:物理学自1911年发展面面观》(*The Solvay Conferences on Physics: Aspects of the Development of Physics since 1911*, Dordrecht: Reidel, 1975)。

可的、成熟的学科了。相对大量的放射性物质对研究做出巨大贡献表明,只有获得充足原料的研究所才能够留住高效研究者,如卢瑟福在曼彻斯特的研究所、居里在巴黎的研究所、哈恩－迈特纳在柏林的研究所、迈尔在维也纳的研究所、拉姆齐在伦敦的研究所、索迪在格拉斯哥的研究所是主要的研究中心。这一学科内部的网络通过大量的国际专家会议得到加强,在这些会议上,专家之间达成了共识,学术团体内部成员的非正式的合作关系得到发展。虽然正如许多后来的评论家们所认为的,这远非一个良好的国际性开端的例子,但是大量的这种类型的会议对于在放射学研究者内部创造共同的物质文化和认知世界是必要的,尤其是测量标准和单位的商议促进了不同实验室与跨国界的实验室之间进行与放射学相关的商业的、医学的、学术方面的活动。[10]

学术上而言,1911 年的索尔韦会议为居里和卢瑟福走上另一个新兴的国际学术舞台即数学理论物理学提供了支持,也使得放射学在由瓦尔特·能斯脱(1864～1941)和其他人创立的关于电子、离子、量子的理论的、非连续的微观粒子物理学的核心位置有了一席之地。尽管这一结合表明了放射学和欧洲的数学物理学这一纯理论领域之间达成了共识,但它也提出了 20 世纪早期新的物质科学中"实验"与"理论"之间的关系这一重要的历史性问题。科学家与历史学家一样曾经将数学理论看作现代物理学的精粹和突出特征,但是,对于放射学而言,这远非不证自明的。当涉及化学方法和物理学方法在实验放射学上的区分时,显而易见的是,许多概念性实践对于"从理论上"理解原子现象是有作用的,从放射性的衰变序列工作的定性建模特征,经过原子核模型公式化中运用的低水平的数学审视,到由数学训练者进行的复杂处理,如汤姆森原子模型所依据的高等数学。对于许多放射学研究者而言,理论以不同的形式,或者作为组织原则,或者作为新实验的提示性源泉,抑或作为其合法性的依据,都是实验的十分有效的助手,而不是一种认识论上占优势的解释方案。[11]

由于建制化和学科稳定,放射学从 1910 年至 1914 年是繁荣期。主要的研究中心取得的巨大成就包括放射性物质及其射线的物理和化学性质研究,通过半衰期的测量对衰变序列的持续思考,在放射性衰变中一种元素向另一种元素的转变的清晰的规律性研究("位移规律"),放射性元素的 X 射线光谱研究,查尔斯·托马斯·雷斯·威尔逊(1869～1959)通过云室观察离子射线的轨迹及同位素概念的介绍。其他地方,大量的陆地和大气放射性研究对于成长中学科的发展起了巨大作用,放射性在医学领域的应用性研究仍在有条不紊地进行。

当然,所有这些没有一个表明,这一领域是没有争论的。在这一领域,许多研究中

〔10〕 E. Crawford,《科学中的民族主义与国际主义(1880～1939):对于诺贝尔全部获奖者的四个分析》(*Nationalism and Internationalism in Science, 1880 - 1939: Four Studies of the Nobel Population*, Cambridge: Cambridge University Press, 1992.)

〔11〕 J. Hughes,《"激烈的现代主义者":变化中的核科学理论的文化(1920～1930)》("Modernists With a Vengeance": Changing Cultures of Theory in Nuclear Science, 1920 - 1930),《现代物理学的历史和哲学研究》(*Studies in History and Philosophy of Modern Physics*),29(1998),第 339 页～第 367 页。

的实验现象都是有局限的,每一个新的观察声明和推测性的主张都被仔细审察,对于研究者的资历要经过仔细评定,尤其是由像卢瑟福这样的自己有着强大的理论功底的人评定。在各个实验室之间竞争日益加剧的研究前沿,私人关系、职业关系和好恶形成了学科的政治学。例如,尽管居里有时因她的独裁和专断态度而受到批评,但是,拉姆齐的傲慢,他跟卢瑟福在对英国镭原料控制权上的争论,他的未经证实的断言即将铜"转化"从而产生锂,以及他在 1916 年的逝世,使得他被排除在 20 世纪 20 年代及后来人们建造的放射学的历史记录之外。[12]

截至 1914 年,许多放射性现象得到实验性说明和理论阐释。这一学科在几个大学和研究所得以建制,同时拥有了人数适中的研究者,也拥有了研究器材、教科书、期刊和以再生产为目的的培训课程。作为这一学科理论基础和商业基础的标准在国家机构中被建立。通过国际会议、访问、互换学生,国际联系达到了一个很高的水平,虽然这一学科已不稳定地在化学与物理学的边缘徘徊,但它的研究者已不知疲倦地在通俗文章和演讲中推进它。然而,伴随着 1914 年战争的爆发,主要的放射学研究所之间的智力交流、社会交流及学生流动戛然而止,许多研究者被征召入伍服这种或那种军役。放射学研究(如同所有其他的民用科学一样)急剧消减,计划 1916 年在维也纳召开的国际会议也取消了。然而,也有证据表明,在 1914 年战争爆发欧洲研究者陷入僵局中时,也有专业的和私人的力量坚持将放射学研究团体集中在一起,即使在战争白热化之时,柏林的詹姆斯·查德威克(1891~1974),维也纳的罗伯特·劳森(1890~1960)分别从盖革和梅益尔那里获得了财政的和原料的支持。同样值得注目的是,在第一次世界大战中,不同于放射学已经形成的在医学上的应用和放射性物质在发光表盘和各种光学仪器上的应用,几乎无人注意放射学在军事上的可能应用。[13]

战争期间,也开展了一些有限研究,例如在柏林,利塞·迈特纳完成了哈恩开始的一系列实验,最终于 1918 年发现了镤;1917 年在曼彻斯特,在为英国海军部进行指定的战争研究工作的间隙,卢瑟福和他的助手威廉·凯从一系列困难的实验中得出了令人吃惊的证据,这一证据明显地表明,氮的原子核经由高能α粒子能够衰变并产生多个氢原子核——1920 年卢瑟福将其命名为"质子"。在哥本哈根,玻尔创立了一套全新的三种独立的放射性现象的综合体系:具有明显紧密联系的放射性物质(即后来被索笛命名为"同位素"的现象);卡文迪许实验室的结果表明,氖一般情况下以两种形式存在,要将这两种形式分离十分困难;原子的原子核模型。玻尔的综合研究表明,单独的化学元素能够以大量的同种元素的不同形式存在,这种不同可以用原子内部核子的排列构成和结构的不同得以解释。这一综合应该对战后的物质理论和物理与化学的关

---

[12] T. J. Trenn,《嬗变的辩护:拉姆齐的推测和卢瑟福实验》(The Justification of Transmutation:Speculations of Ramsay and Experiments of Rutherford),《炼金术史和化学史学会期刊》,21(1974),第 53 页~第 77 页。

[13] C. H. Viol 和 G. D. Kammer,《镭在战争中的应用》(The Application of Radium in Warfare),《美国电化学学会会刊》(Transactions of the American Electrochemical Society),32(1917),第 381 页~第 388 页。

系都产生了深远影响,并且借助还原论的优势,自然科学在 20 世纪中叶也获得了更大范围的发展。

"一种朦胧的怪异?"放射学的重组 (1919～1925)

经历了破坏性的浩劫之战(在这场战争中,科学和技术显示了它们在加强国家的破坏性力量方面的能力),放射学研究慢慢复苏。一份英语的技术性期刊在 1919 年总结了这一学科的情形:

> 1896 年发现的放射学在战争中逐渐苍老了,但很难说战争使得这一事件没有得到重视,尽管战争像干预其他的哲学、社会科学研究一样,也干预了放射学研究。放射学即便在其萌芽期也从没有真正流行过。很少有放射性现象得到大众的关注和喜好……即使是最显著、最令人震惊的现象——电子闪烁镜发出的可见的火花也仅仅是一次由一个人看到而已……但是这一新研究领域的研究人员迅速增加,规则、秩序在明显的混乱中制定了,人们发现放射性现象跟天文学事件一起规律性地出现。目前,放射性现象已被普遍接受,但却是一个朦胧的怪异而不可能像其他事情一样在技术性和普遍性物质中起着一定作用。[14]

当 1918 年放射学研究者的学术网络开始重建时,由战争导致的政治和经济变化意味着每个实验室的工作条件和单个实验室的关系都有了深刻变化。除了将德国从国际科学圈内排除出去之外(直到 1926 年才恢复),放射学团体内成员之间直接的个人交流和科学交流在休战之后立即恢复了,例如卢瑟福与斯特凡·迈尔加强联系,能够协商镭的购买问题了,在此之前,维也纳科学院贷款给他以便给予贫困的镭研究所以财政支持。法国采取了相对的孤立主义态度。在疲于战争的巴黎,最大成就是居里1919 年成立的有长期计划的镭研究所(Institut du Radium)。他们主要研究放射性的化学状态,居里实验室在 20 世纪 20 年代逐渐吸纳了越来越多的研究者,其中包括居里的女儿伊雷娜(1897～1956),她迅速掌握了放射化学的技巧。尽管玛丽·居里也在其他方面发展,但居里实验室接下来 10 年的大多数研究包括放射性元素的化学性质研究、准备与处理放射性元素的方法研究,还包括监测法国的放射性标准、负责法国放射性物质的商业生产。[15]

在德国和奥地利,艰苦的经济状况几乎让科学研究处于接近停滞不前的瘫痪状态。在维也纳,梅益尔试图推进放射学研究的努力起色甚小;在柏林,在松散的合作基础上,哈恩和迈特纳逐渐恢复了他们的研究工作。虽然只有少数学生和访问研究员,但他们的实验室继续对这一学科的物理和化学研究贡献着他们的力量。在附近的帝

[14]《放射性》(Radioactivity),《电学家》(The Electrician),107(1919),第 673 页～第 674 页,引文在第 673 页。
[15] Pflaum,《伟大的谜团:玛丽·居里和她的世界》。

国物理技术研究所里,盖革和一批又一批学生和合作者(其中包括瓦尔特·博特[1891~1957])对德国的放射学标准进行了监测,并发展出一套仪器研究方案,尤其是探察和测量放射性现象的电子仪器方法。但整体而言,在这些被战争践踏和摧残的欧洲国家,放射学研究的数量很少,需要数年时间才能恢复到战前水平。

在英国,虽然放射学研究的分类和性质发生了巨大变化,但科学工作的条件相比之下好多了。1916年威廉·拉姆齐的逝世使伦敦的放射学研究一度进入停滞阶段,而他的合作者都转移到新的研究领域。1919年索迪荣获牛津大学无机化学教授之职,这让很多人都期待在他的带领下,放射学将得到巨大发展,尤其是当索迪从捷克斯洛伐克获得了大量含镭物质之后。尽管他仍在继续着自己的研究工作并支持少数合作者,但制度上的困难使他很难组建一个可以同战前的曼彻斯特和战后的剑桥(1919年卢瑟福接替汤姆森成为剑桥实验物理学教授)相媲美的科研团队。20世纪20年代,卢瑟福和他的不断壮大的同事团体和做研究的学生一道,汇集了大量精英大学应有的研究资源,以期建立一套对原子核的结构和特性进行研究的综合方案,以及一系列对放射性物质发射的射线和它们对物质的影响的更为传统的研究。

在核物理学的规范历史上,人们通常认为,20世纪20年代早期的卡文迪许实验室对于卢瑟福的中子(原子核中一个不带电的成分)存在的预言十分重要。但卢瑟福的这一"预言"只是1920年他在皇家学会发表的一系列关于"原子中核子的组成成分"常规讲演中多个推测性判断中的一个。更为重要的,历史学家们现在争辩道,这段时期内,卡文迪许实验室应该研发出众多的工具和技术,但都被那些试图进入核研究领域的人士广为复制。例如卢瑟福有关核子的推理就得到弗朗西斯·威廉·阿斯顿(1877~1945)的研究的支持,阿斯顿发明的最新的质谱仪为索迪的轻元素中存在同位素(就和重元素一样)的观点提供了有力证据(索迪和阿斯顿先后于1921年和1922年获得诺贝尔化学奖,同时,在相同的斯德哥尔摩典礼上,爱因斯坦和玻尔获得了诺贝尔物理学奖,这一巧合是非常具有启示性的)。类似地,20世纪20年代早期,帕特里克·梅纳德·斯图尔特·布莱克特(1897~1974)和其助手在卡文迪许实验室,由于采用了威尔逊云室取得了非凡结果,因此,威尔逊云室是研究核裂变过程和步骤的强有力证据的来源。整体来说,玻尔的三重综合理论,卢瑟福和查德威克正在进行的核裂变实验,以及质谱仪和云室提供的大量的影像证据为原子核结构的容易理解的新图像奠定了基础,20世纪20年代,卢瑟福曾不遗余力地(获得了空前成功)向其他科学家和公众宣扬这种原子核结构。[16]

[16] R. H. Stuewer,《卢瑟福卫星模式的核结构》(Rutherford's Satellite Model of the Nucleus),《物理科学的历史研究》(Historical Studies in the Physical Sciences),16(1986),第321页~第352页。

工具、技巧与规范：争论（1924～1932）

争论在学科形成中的作用经常被低估。从 1919 年至 1923 年，卢瑟福与查德威克分别在原子核结构上进行研究。然而，1923 年，剑桥在核裂变实验方面的统治地位受到了维也纳镭研究所的两个研究者的挑战，他们是汉斯·彼得松（1888～1966）和杰拉尔德·基尔施（1890～1956）。表面上运用"相同的"实验方法，但维也纳研究者系统地重复并延伸剑桥的实验。正如罗格·施蒂韦尔表明的，彼得松和基尔施挑战的不仅仅是卡文迪许实验室研究者的实验结果，还包括卢瑟福的原子核理论。在接下来的 5 年内，维也纳研究者顽强地进行反对剑桥结论的研究工作，为达到此目的，他们还发明了最新的原子核研究技巧。双方都不能为确定自己实验结果的"正确性"建立一个独立基础，都宣称自己的方法和解释的合理性，至 1927 年，双方已经陷入僵局，因为他们都用一个相当精巧而具说服力的例子质疑和反驳对方的实验和概念性的声明，这种现象被哈里·柯林斯称为"实验者的倒推"。[17]

这种对峙局面因为相似的另外两人的论争而恶化，他们是剑桥的查尔斯·埃利斯（1895～1980）和柏林的迈特纳，二人对β射线光谱的性质及其解释持不同看法，而在论辩过程中，诸如实验技巧和阐释方法之类的问题又再次被提出，这对卢瑟福的原子核模式也有重大意义。卢瑟福试图将这些相互诋毁的争论包容在放射学团体内部个人的交流形式中。但放射学的科研声明及与此相反的声明都以期刊的形式发表，因此这种争论唯一的好处就是吸引了更多的科学界公众的注意。当关于β射线的论争最终以迈特纳的理论险胜而结束时，1927 年 12 月，查德威克访问维也纳的放射学研究中心时，剑桥和维也纳之争走到了尽头。在进行了一系列受控实验后，他基本上能够指出维也纳和剑桥在闪烁计数实验中的不同方案的根本区别所在。历史学家们曾将此看作两派对峙结束的一个决定性事件，剑桥略占优势。但是，有足够的证据表明，在随后的几年内，维也纳的研究者们仍在坚持他们自己的主张，对抗卡文迪许实验室，他们采用更为先进的技术尤其是粒子计数的电子仪器方法进行研究。对历史的回顾性评论认为，这一论争对 20 世纪 20 年代核科学"停滞不前"负有责任。现在看来很明显，这一争论绝没有阻止核物理学的发展，相反争论及其结果促进了这一学科的形成。[18]

为回应 20 世纪 20 年代的那场论争，剑桥大学的放射学研究团体在 1928 年夏天主

〔17〕 R. H. Stuewer，《人为蜕变与剑桥-维也纳争论》（Artificial Disintegration and the Cambridge-Vienna Controversy），载于 P. Achinstein 和 O. Hannaway 编，《现代物理学中的观察、实验和假说》（Observation，Experiment and Hypothesis in Modern Physical Science，Cambridge，Mass.：MIT Press，1985），第 239 页～第 307 页；H. M. Collins，《改变秩序：科学实践中的复制与归纳》（Changing Order：Replication and Induction in Scientific Practice，London：Sage，1985）。

〔18〕 C. Jensen，《β光谱及其解析的历史（1911～1934）》（A History of the Beta Spectrum and its Interpretation，1911－1934，Basel：Birkhäuser，2000）；J. Hughes，《放射学家：共识同体、论争和核物理学的兴起》（The Radioactivists：Community，Controversy and the Rise of Nuclear Physics，PhD diss.，Cambridge University，1993）。

办了一次会议,专门讨论放射学领域的各种问题。这一领域的大多数著名科学家都被邀请出席会议,作为会议讨论的一个结果,一些研究团队和个人调整了他们的研究方向,转向颇具竞争力的人为蜕变实验。这样,他们也能够开发出更新的技术。自 1926 年开始,一些实验室的研究员们(较为著名的包括正在德国基尔大学同奥托·克伦佩雷尔[1899~]、瓦尔特·米勒[1905~1979]合作的盖革,仍在帝国物理技术研究所工作的盖革以前的学生博特,以及就职于卡文迪许实验室的埃利尔·温-威廉斯[1903~1978]),都已经在致力于开发新型的切实可行的电子探测器和计数器以期为裂变实验研究提供可以选择的更为可靠的工具基础。随着蓬勃发展的无线电行业内可靠而便宜的电子组件的发展,以及 20 世纪 20 年代末期年轻的无线电爱好者们掌握的先进技术,使得研发出实验室专用的稳定的电子计数器设备成为可能。1928 年,盖革和穆勒推出了一种可以在不同情况下计量粒子的电子计数器。为制作并校准可靠的放大器和复杂的计数环,他们花费了很大精力,至 1930 年,电子粒子计数器就在一些实验室中广泛投入使用,主要用于衰变实验,这些实验室主要分布在剑桥、柏林、巴黎(居里实验室和德布罗意实验室)、维也纳、霍尔、基尔和吉森,另外还有很多实验室也在开发这一技术。[19]

积极参与衰变实验的实验室的大幅度增加从根本上为放射学研究注入了新的活力,在提供了一系列新型工具的同时也提出了一系列新问题。这种转变也因同时出现的实验主义者与数学理论家的关系的一系列变化而加固了。20 世纪 20 年代见证了理论原子物理学尤其是集中在哥本哈根的玻尔理论物理学研究所的卓越进步。在洛克菲勒基金和其他慈善机构的支持下,新一代学生也将他们的注意力转向原子理论,并形成了一个小而高度流动的国际研究团体。自 1926 年起,维尔纳·海森堡(1901~1976)和埃尔温·薛定谔(1887~1961)阐述了波动力学,并于 1928 年由乔治·伽莫夫(1904~1968)和其他人应用于原子核研究,为更好地理解核现象提供了新资源。尤其令人注目的是,核能级、量子隧道效应和共振核穿透的发展让实验主义者们将焦点集中在对各种异常现象的研究上,他们运用的是迅速增加的并且他们已经掌握的各种新的电气技术。伴随着实验主义者们信任危机的出现,他们同时运用了波动力学,这使得这门新兴的数学学科和其研究者合法化了,并重新确立了实验室研究员与日趋增加的数学理论学家团体的关系,在两者之间建立了新的、相互增强的对话。[20]

新的阐释策略与定义这一新的核研究团体的新型技术的结合使得对大范围核物理学新现象的解析成为可能,其中有些还被具体化为实验目标。例如,正是由于 1930

[19] T. J. Trenn,《1928 年的盖革-米勒计数器》(The Geiger-Müller Counter of 1928),《科学年鉴》(Annals of Science),43(1986),第 111 页~第 135 页.

[20] R. H. Stuewer,《伽莫夫的α衰变理论》(Gamow's Theory of Alpha Decay),载于 E. Ullmann-Margalit 编,《科学万花筒》(The Kaleidoscope of Science, Dordrecht: D. Reidel, 1986),第 147 页~第 186 页;Hughes,《"激烈的现代主义者":变化中的核科学理论的文化(1920~1930)》。

年一系列关于轻核子核能级的实验,博特才观察到在钋的α粒子轰击铍元素时产生的一种异常的、穿透性的 γ 射线。这些实验很快由巴黎的约里奥夫妇和其他研究员重新 *365* 开始,最终产生了查德威克在 1932 年 2 月对**中子**存在的证实这一结果。当时大约有 6 个或更多实验室配备了原料、设备仪器和技术以重复查德威克的实验,由此中子很快在巴黎、柏林和其他地方被相继发现和确认,查德威克的阐释也被广泛接受。而且,由科学和大众新闻(在由科学新闻记者 J. G. 克劳瑟领导的、一个由一些卡文迪许研究员组成的社会和政治团体中)进行广泛的宣传,这一现象后来很快被具体化为"中子的发现",并促使新的核物理学成为现代科学中最为活跃的分支。

查德威克的中子被迅速接受这一现象被认为是不证自明的,所以一个文献解释了为什么博特和约里奥夫妇**没能**为他们的研究找到"正确的"阐释。然而,值得提及的是,实验主义者和理论学家一样都认可了查德威克的中子发现,因为它有助于挽救约里奥夫妇的解释所违背的能量守恒定理,他们也就这种假定的新粒子的性质和特点进行了激烈争论。实际上,**因为**中子是从几种不同的角度被理解的,所以它被接受和认可的过程很快,中子的发现为实验主义者和数理学家都提供了丰富的、新的研究目标。从广义上说,中子有助于巩固和强化对原子核问题感兴趣的机构组成的新网络,因此,截至 1932 年夏,位于伯克利、柏林、剑桥、哥本哈根、霍尔、伦敦、纽约、巴黎、罗马、维也纳、华盛顿以及其他很多地方的实验室和研究机构都已经或正在配备云室、电子计数器、真空管放大器、钋以及其他一些核科学的常用器械,以参与被视作当时最具研究潜力、最多产的物理学研究,即中子实验研究。[21]

与此同时,其他新形式的工具和实验也变得越来越重要。第二条发展路线同实验主义者对波动力学的运用密切相关。伽莫夫的研究增加了快速质子穿过轻核的可能性,并有可能带来衰变。长期局限于使用从自然存在的放射性物质得到的快速粒子的卡文迪许实验室研究员,将伽莫夫的计算结果作为一种支持,将现有电子加速器研究计划转向质子加速的研究。1932 年 5 月,欧内斯特·沃尔顿(1903~1995)和约翰·考克饶夫(1897~1967)运用电力加速的质子实现了锂核裂变。考克劳夫特曾是一位电气工程师,他同曼彻斯特的大都市人﹣维克斯电气公司(Metropolitan-Vickers)的联系对 *366* 于获得加速器研究所需的器械和材料是十分关键的。一直以来,历史学家将关注点集中于核物理学的理论发展史,而忽略了工业在核物理学发展过程中的作用。正如无线电业对于改变实验室工作实践的电气计数法的发展所起的关键作用一样,电气工程工业在大型粒子加速器的建造(这一变革在 20 世纪 30 年代又重新界定了实验室的规模

[21] J. Six,《中子的发现(1920 ~ 1936)》(*La découverte du neutron, 1920 - 1936*, Paris: Editions du CNRS, 1987); R. H. Stuewer,《30 年代早期的质能和中子》(Mass-Energy and the Neutron in the Early Thirties),《背景中的科学》(*Science in Context*), 6(1993),第 195 页~第 238 页; J. Hughes,《法国关联:约里奥﹣居里夫妇和巴黎的核研究(1925 ~ 1933)》(The French Connection: The Joliot-Curies and Nuclear Research in Paris, 1925 - 1933),《历史和技术》(*History and Technology*),13(1997),第 325 页~第 343 页。

和范围)过程中也功不可没。事实上,工业的作用并不仅仅在于提供材料,更重要的是,它使得以往被很多人视为边缘的话题,开始吸引历史学家的注意力了。[22]

类似的发展也在其他地方进行着。在加利福尼亚的伯克利,欧内斯特·劳伦斯(1901~1958)和他的学生一起建立了一个更大的回旋加速器——用电磁场来加速粒子在轻度螺旋轨道上运行的速度。在麻省理工大学及后来的普林斯顿大学,罗伯特·J. 范德格拉夫(1901~1967)建造了静电粒子加速器。1931 年,哈罗德·C. 尤里(1893~1981)和其他科研人员对氢的重同位素的证实及一定数量的"重水"的生产使另一种新粒子"氘核"进入实验者们的实验工具箱中。随着对粒子能和实验条件可控性的增加,20 世纪 30 年代,很多实验室投资兴建了一个或多个加速器,并展开了一场追逐更高能级机器和"原子粉碎"研究体制的竞争,这场竞争一直持续到 20 世纪末期。

投资类似加速器的项目也增添了新困难,慈善家和个人捐助商经常强调这些大型机器潜在的**医学**用途,这就又重建了放射学早期就存在的与医学的联系。这些新型机器也带来了如何在更大范围内组织科学的问题,这包括物理学家和工程师之间的劳动分工,科研工作的等级组织和时间安排及新形式的实验室空间和实践的创建。当历史学家在此已发现了作为战后物理学特征的"大科学"的源头时,他们也仅仅是刚刚开始探讨这些新形式的组织对于物理学家的实践和价值以及对于物理学和物理学编年史形成的影响。[23]

367

1932 年,卡尔·D. 安德森(1905~1991)在云室照片中发现了正电子("positron"),这一成果为研究地球上空大气的穿透射线(后来被罗伯特·密利根[1868~1953]称作"宇宙射线")的特性开辟了更多空间。很多实验者现在都开始使用电子计数器、磁场和云室来研究、描述宇宙射线和自然界的"基本粒子"。核裂变实验也在快速地进行着。早在 1934 年,约里奥·居里夫妇就声称他们已在 α 轰击实验中生产了一种新型的、发射正电子的同位素(即"人造放射物"),为实验研究开辟了更广阔的空间。实验室中子的生产和控制使得中子能够在核裂变实验中充当射弹。例如,紧随约里奥夫妇的工作,一个在恩里科·费密(1901~1954)带领下的研究团体就将中子作为射弹生产了一系列的新型同位素,甚至包括他们认为是超铀元素的元素。意大利

[22] J. Hughes,《橡皮泥和电子管:工业、器械及核物理学的兴起》(Plasticine and Valves: Industry, Instrumentation and the Emergence of Nuclear Physics),载于 J. P. Gaudillère 和 I. Löwy 编,《看不见的工业家:科学知识的制造和建构》(The Invisible Industrialist: Manufactures and the Construction of Scientific Knowledge, London: Macmillan, 1998),第 58 页~第 101 页。

[23] J. L. Heilbron 和 R. W. Seidel,《劳伦斯和他的实验室:劳伦斯·伯克利实验室的历史》(Lawrence and His Laboratory: A History of the Lawrence Berkeley Laboratory, vol. 1, Berkeley: University of California Press, 1989); F. Aaserud,《科学的改航:尼尔斯·玻尔、慈善业和核物理学的兴起》(Redirecting Science: Niels Bohr, Philanthropy, and the Rise of Nuclear Physics, Cambridge: Cambridge University Press, 1990); P. Galison 和 B. Helvy,《大科学:大规模研究的成长》(Big Science: The Growth of Large-Scale Research, Stanford, Calif.: Stanford University Press, 1992); P. Galison,《图像与逻辑:微观物理学的物质文化史》(Image and Logic: A Material Culture of Microphysics, Chicago: University of Chicago Press, 1997); J. Hughes,《1932:核物理学的"神奇年"?》(1932: Une "annus mirabilis" pour la physique nucléaire?),《研究》(La Recherche), 309(May 1998),第 66 页~第 70 页。

研究员也意识到了慢中子(从石蜡中过滤出来的中子)在产生核反应中的功效,紧接着是大量新兴的关于"嬗变"的实验研究(被卢瑟福称为"较新的炼金术"),每一轮实验成果和声明都要经过分布于各大实验室联合作业的物理学家和化学家的多次重复、检验和扩展。[24]

　　在 1932 年至 1935 年间,理论研究也迅速发展。对理论家们来说,正如对实验者一样,20 世纪 30 年代早期发现的新粒子和研究手段、程序为新研究提供了重要机遇,而基于质子－中子的原子核模式的新理论在海森堡和其他物理学家的推动下迅速发展。尽管历史学家们还在质疑中子在挑战流行的质子－电子原子核模型方面立竿见影的效果,但对于 20 世纪 30 年代早期新实验结果的理论回应的多样性反映了实验主义者的多样性,因为理论学家试图弄清大量刚刚萌芽的实验数据的意义。费密以沃尔夫冈·泡利(1900～1958)1930 年在原子核反应过程中为保持能量守恒而假定的中微子观点为基础,于 1934 年提出了一种后来被广为接受的β衰变理论,这一理论采纳了物质粒子的创生与消亡理念。20 世纪 30 年代中期,玻尔和其他科学家们一道发展了伽莫夫早期的原子核的液滴模型,最终提出了混合原子核的观点,这一观点同时说明了原子核组分和实验室观测到的核反应与核激发数量不断增加的现象。这一模型在接下来的 20 年支配了核理论。[25]

从"放射学"到"核物理学":学科的转变 (1932～1940)

368

　　从 1928 年到 1933 年,实验和理论实践的多样化使得更多新团体进入了核研究领域。与那些自 20 世纪初就涉足这一学科的研究者不同,这些新加入者并不完全认可放射学的研究传统,相反,他们将自己从事的领域定义为"核物理学"。1931 年,在一次由费密的见习研究团体主办的罗马会议上,讨论的中心是"Il Fisica Nucleare(核物理学)",这暗示了正在出现的对学科身份的认证。类似的情况也在后来诸多国际会议和论坛上出现,最有影响力的当数 1933 年以"原子核的结构和特性(The Structure and Properties of Atomic Nuclei)"为主题的索尔韦会议,及 1934 年在伦敦召开的"核物理学"会议,这两次会议都旨在为建立核物理学争取更多空间,同时,20 世纪 30 年代一系列诺贝尔物理学奖桂冠的摘取者依次是:海森堡(1932 年),查德威克(1935 年),费密(1938 年),劳伦斯(1939 年),这表明了,这一领域在科学共同体的某些方面正发挥着

[24] E. Rutherford,《较新的炼金术》(*The Newer Alchemy*, Cambridge:Cambridge University Press, 1937)。

[25] R. H. Stuewer,《核电子假设》(The Nuclear Electron Hypothesis),载于 W. R. Shea 编,《奥托·哈恩与核物理学的兴起》(*Otto Hahn and the Rise of Nuclear Physics*, Amsterdam:Reidel, 1983),第 19 页～第 67 页;L. M. Brown 和 H. Rechenberg,《20 世纪 30 年代核力的场理论:费密的场理论》(Field Theories of Nuclear Forces in the 1930s:The Fermi Field Theory),《物理科学的历史研究》,25(1994),第 1 页～第 24 页;R. H. Stuewer,《液滴模型的起源及核裂变的解释》(The Origin of the Liquid-Drop Model and the Interpretation of Nuclear Fission),《科学展望》(*Perspectives on Science*), 2(1994),第 76 页～第 129 页。

越来越重要的作用。1930 年由卢瑟福、查德威克和埃利斯联合发表了一篇著名的专论《放射性物质的放射性》(*Radiations from Radioactive Substances*);30 年代中期,放射学的新生代们开始出版发行核物理学方面的教科书。1936 年至 1937 年期间,汉斯·贝特(1906~　)、罗伯特·巴彻(1905~　)和斯担利·利文斯顿(1905~1986)相继在《现代物理学评论》(*Reviews of Modern Physics*)上发表了一系列至关重要的文章,这些文章综合了目前原子核研究方面所有的理论和实验成果。这篇文章长达 500 页,分三部分概括了原子核的特性,核力、α 射线、β 射线和 γ 射线,中子和氘核,重核的统计理论,核力距(nuclear moments),作为多体问题的核作用,散射,实验方法和数据。直到 50 年代,"贝特圣经"依然被视为核物理学标准的参考著作。[26]

　　这一学科的社会地理学和学术地理学也在经历着巨大变化。哥本哈根的玻尔研究所和哥廷根大学的马克斯·波恩研究所都是传播波动力学的新数学物理学的重要中心,20 世纪 20 年代末,美国大学越来越强调核物理学,这使得大量的欧洲核科学家尤其是理论学家来到美国。20 世纪 30 年代中后期,由于大批犹太科学家从德国和意大利的法西斯体制逃离到苏联、英国,尤其是美国,这种转移被加强了。这一犹太科学家逃离现象有助于建立或巩固一些研究所的核物理研究,并进一步将开始于 20 世纪30 年代的学科地理上的转变具体化。同时,核物理学的研究课题本身就是多义的,它包含单个核子的特性研究,嬗变过程(用中子和人工加速的粒子)研究,可以形成形态各异却紧密相关的实验群的宇宙射线研究,理论家们试图将射线研究的产物(如 1937年发现的介子)整合在一个现象学和数学的框架内。[27]

　　尽管 20 世纪 30 年代末期核物理学的建制迅速发展,并且愈来愈多的研究机构认识到,有必要参与这一学科的最"现代"的分支,但直到最近,历史学家们才开始探究这一现代主义的规则及这一时期不同实验传统的界限、实验和理论的界限的变换方式。很明显,他们将焦点转移到了 1938 年 12 月核裂变的发现及其影响上了。柏林的哈恩、迈特纳、弗里茨·施特拉斯曼(1902~1980)已经与巴黎、罗马的研究团队在中子引发核嬗变的研究上展开了竞争。1938 年,迈特纳从纳粹分子手中逃离之后,这一团队继续进行的研究,包括同年 12 月哈恩与施特拉斯曼关于他们已经通过慢中子轰击铀产生钡的宣告,很快就完全相同了。这一实验消息由玻尔在美国物理学家中传播,致使几个具备相应设备条件的研究所在 1939 年初就迅速重做了这个实验。流亡的迈特

[26]　N. Feather,《核物理学导论》(*An Introduction to Nuclear Physics*,Cambridge:Cambridge University Press,1936);F. Rasetti,《核物理学基础》(*Elements of Nuclear Physics*,London:Blackie,1937);H. A. Bethe 和 R. F. Bacher,《核物理学:A. 核静态》(Nuclear Physics:A. Stationary States of Nuclei),《现代物理学评论》(*Reviews of Modern Physics*),8(1936),第 82 页~第 229 页;H. A. Bethe,《核物理学:B. 核动力学,理论方面》(Nuclear Physics:B. Nuclear Dynamics,Theoretical),《现代物理学评论》,9(1937),第 69 页~第 244 页;M. S. Livingston 和 H. A. Bethe,《核物理学:C. 核动力学,实验方面》(Nuclear Physics:C. Nuclear Dynamics,Experimental),《现代物理学评论》,9(1937),第 245 页~第 390 页。

[27]　P. K. Hoch,《20 世纪 30 年代对中欧流亡物理学家的收留:苏联、英国和美国》(The Reception of Central European Refugee Physicists of the 1930s:U. S. S. R.,U. K.,U. S. A.),《科学年鉴》,40(1983),第 217 页~第 246 页。

纳和奥托·弗里施(1904～1979)当时正在探讨一种铀嬗变的理论,创造了"裂变"这一术语来描述这一过程。对于裂变过程的细致探索也在相继进行,这包括确定被释放的中子数及自持"链式反应"的可能性研究。[28]

战争导致的欧洲科学家的流动使得原计划于 1939 年召开的索尔韦粒子物理学会议被迫取消。更重要的是,纳粹分子极有可能将核裂变用于军事用途,这在科学家尤其是流亡的犹太物理学家中产生了很大恐慌。这种情形从根本上促成了英国和美国核物理学的战时研究。那些具备相关技术的研究员都被政府招募以从事国家支持的核裂变物理学和化学研究计划(应该指出的是,许多 20 世纪 30 年代从事核物理学研究的研究者由于具备专业的电子学技术而实际上转移到了雷达和解码技术的发展中了)。二战的爆发及在德国、俄国、日本、英国和美国设立的开发裂变的军事应用可能性的国家研究计划,见证了被国家支持的核物理学极大规模的注册人数。最后,美国建造的、无可争议地被称为自金字塔建造以来最大的人工工程和一个预算超过 20 亿美元的秘密的"国中之国"——曼哈顿工程区,成功地研发了 1945 年 8 月在广岛和长崎投放的核武器。

370

这里我们没有必要详细讨论战时项目,有许多关于这一主题的文献记载,详细记录了美国、英国、德国、俄国和其他地方核武器的研究情况。在核裂变武器生产的核物理学基础方面,战时项目提供了大量关于原子核特性、行为及放射性元素的化学和冶金学资料(包括钚和其他核反应堆里产生的超铀元素)。它们也导致了新型工具的快速发展、大规模制造及核电子学(原子核物理学)领域的迅猛发展(这一领域在战后极大地促进了民用和军用核工业、医学物理学、理论核物理的发展)。它们改变了核物理学家的期望值,即通过对科学研究和技术研究的正确组织,许多期望都是可能实现的。而且,最终使核物理学和核物理学家们成了公众关注的焦点,给予他们及其历史以新的、强有力的肯定和认同。[29]

核物理学与粒子物理学:战后的分化 (1945～1960)

在战争中形成的核物理学家具有新的威望和权力。当历史学家还在无休止地争论核武器应用的进程和动机以及它们在冷战起源和发展中的作用时,几乎没有历史学

[28] W. R. Shea 编,《奥托·哈恩与核物理学的兴起》(Dordrecht: Reidel, 1983);L. Badash、E. Hodes 和 A. Tiddens,《核裂变:对 1939 年发现的反应》(Nuclear Fission: Reaction to the Discovery in 1939),《美国哲学协会学报》,130(1986),第 196 页~第 231 页。

[29] L. Hoddeson、P. W. Henriksen、R. A. Meade 和 C. Westfall,《评论汇编:奥本海默时代洛斯阿拉莫斯实验室的技术史(1943～1945)》(Critical Assembly: A Technical History of Los Alamos during the Oppenheimer Years, 1943 - 1945, Cambridge: Cambridge University Press, 1993);M. Gowing,《英国与原子能(1939～1945)》(Britain and Atomic Energy, 1939 - 1945, London: Macmillan, 1964);M. Walker,《德国的国家社会主义和对核能的探求(1939～1949)》(German National Socialism and the Quest for Nuclear Power, 1939 - 1949, Cambridge: Cambridge University Press, 1989);D. Holloway,《斯大林与原子弹:苏联与原子能(1939～1956)》(Stalin and the Bomb: The Soviet Union and Atomic Energy, 1939 - 1956, New Haven, Conn.: Yale University Press, 1994)。

家考虑正统的"核物理学史"在战后的建立和战后核物理学的自身发展。取而代之,物理学家和历史学家都过度关注作为主流的高能物理学或粒子物理学的发展,而战前的放射学和核物理学经常被认为是它们的直系先辈。然而,正如放射学和核物理学的区别一样,战后不同的学术子领域和研究人员界限的变化对于理解核科学自 1945 年以来的演变是非常关键的。

371

　　正如 1939 年、1945 年的核物理学也是一个有众多内涵的术语,包括粒子研究和组成物质基本结构的力的研究。所以,散射、衰变、核反应研究、中子物理学、加速器物理学、场论、宇宙射线,以及核武器、反应堆、同位素(运用于许多新兴工业和医学)的新物理学,都属于广义核物理学范畴。随着大量新设置的政府的和军事的研究机构的出现,这些机构致力于核科学(一般包括日益不同的经典放射学、核化学与核医学)尤其是工业、医学和军事应用方面,核物理学的机构地理学也在战争中和战后相应地扩展。伴随着对核物理学家越来越多的需求,学术性的核物理学研究机构也迅速增加,会议和其他形式的集会骤增,这有助于重组核物理学研究者的国内和国际团体。

　　战后的核物理学家试图采用战争中获得的一些技术和组织经验来解决 1939 年以来遗留下来的难度系数颇大的问题,这也是公众对他们的期望。二战中电学的快速发展及其与工业联系的加强促进了新的、更加精密的仪器设备的发展,这些仪器既有探测器也有加速器,它们成为核物理学家的全部设备的核心部分。与此同时,宇宙射线研究仍在继续,运用的仍是传统的、小范围内的云室和感光板。即使这样,从二战及工业与政治的新的关联中学到的经验也对此产生了深远影响,例如新型的、感光性能更强的照相材料同摄影业和大规模的分析实践的组合,产生了非常奇特的现象,如 1948 年发现的 π 介子为实验主义者和理论学家提供了更多研究课题。[30]

　　跟随着 π 介子及其他 20 世纪 50 年代早期通过加速器产生的宇宙射线粒子,粒子物理学与大型加速器的联系越来越紧密,而与核物理学在学术上和组织上越来越分离。随着相位稳定定律(1945 年)及后来交互梯度聚焦定律的相继发现,人们开始研发作为雄心勃勃的简化论的科学计划技术基础的更高能量级别、更为复杂、更为多样的机器。正如彼得·盖里森所说,大型气泡室和机构的工业模式已开始取代云室和照相感光乳剂,而电子探测器规模增加,并与气泡室争夺知识权威和资金。最终,这一耗资不断增加的体制导致了大型区域的、国家的甚至国际实验室的出现和扩张,如美国的布鲁克海文国家实验室(Brookhaven facility in the United States)和日内瓦的欧洲原子

372

核研究中心(Centre Européen pour la Recherche Nucléaire,CERN),它们一起构建了被称作"高能物理学"的新兴学科。因而,它越来越明显地区别于原子核结构的研究,后者还更深入地在更有限的能量范围内发现了核力(其中最具代表性的,例如从几兆电子伏[MeV]到 200～300MeV,这是产生 π 介子的临界值)。这一转变在理论家身上有所

---

[30]　Galison,《图像与逻辑:微观物理学的物质文化史》,第 160 页～第 218 页。

体现,那些试图将"原子核的特性作为一个结构性整体理解"的理论家和那些寻求"对物质的越来越精确的终极分析"的理论家的区分已很明显了,后者最终发展成基本粒子物理学家。[31]

当粒子物理学家在探讨核子基本成分时,20 世纪 50 年代和 60 年代的核物理学家则试图理解核子的集体行为——"对原子核物质的感觉"。[32] 实验主义者们采用相对的低能加速器及越来越精良的探测仪器(如闪烁计数器、高精度半导体探测仪等)来研究质子、氘核、中子散射效应、核力距、核自旋取向、核自旋、核能级、剥离反应和重离子诱导反应。通过核反应堆,研究者可以运用磁性β分光计和富含中子的同位素研究不同核子的衰变模式、其他核子的特性,以及原子核的集体模型相较于单粒子模型的功过(尤其是根据 1948 年玛丽亚·戈佩特 - 迈耶[1906~1972]和汉斯·丹尼尔·詹森[1907~1973]提出的原子核结构的独立粒子的"壳"模型)。但是历史学家们并没有对此进行深入而细致的探讨,他们被更具"魅力"和被公众更加注意的粒子物理学和高能物理学的发展吸引了。

在很多方面,在高能物理学家的大型研究机构发展起来的研究组织形式和合作形式成为居间能量核物理学的新兴领域的核物理学家学习和效仿的模板。例如,就像在高能物理学领域一样,对于大机器、计算机化、组织形式的不断复杂化、核物理学研究费用增加的大量争论也促进了核物理学区域的、国家的、跨国研究机构的发展。然而,从最近的发展态势看,高能物理学已开始沿用 20 世纪 80 年代低能物理学中形成的倾向于低成本、减少科学界声望的模式,例如,在英国,拨给粒子和核物理学的经费占国家科研预算的比例从 1966 年的 46.1% 降到 1986 年的 21.5%,而在美国 1993 年超级超导对撞机(Superconducting Super Collider)的正式取消被有的人视为高能物理学上演的最后一出戏。这些令人震惊的、也许决定性的变化对于我们理解核物理学史和 20 世纪物理学的简化论的工程的历史无疑具有重大意义。[33]

20 世纪末,科学史学家才开始重新评价它的一个正在定义中的特征:核科学。核物理学的编史学长期被核物理学家垄断,直到最近,作为主线的放射学和核物理学的权威的科学家的历史才逐渐被科学史家所接受,当然,他们在很多情况下也仅仅是重复处理已有的"标准"描述的细节。随着新一代史学家的出现(他们与物理学和物理学家的价值有着不那么紧密的关联),以及恰当的历史问题和情境方法的采用,核物理学

[31] 同上书,第 313 页~第 552 页;A. Hermann、J. Krige、U. Mersits and D. Pestre,《CERN 的历史,第 1 卷:欧洲核研究组织的创建》(History of CERN, vol. 1: Launching the European Organization for Nuclear Research, Amsterdam: North Holland, 1987),第 3 页~第 52 页,尤其是第 9 页。

[32] S. S. Schweber,《从"元素"粒子到"基本"粒子》(From "Elementary" to "Fundamental" Particles),载于 J. Krige 和 D. Pestre 编,《20 世纪的科学》(Science in the Twentieth Century, Amsterdam: Harwood Academic Publishers, 1998),第 599 页~第 616 页,引文在第 607 页。

[33] W. E. Burcham,《英国的核物理学(1911～1986)》(Nuclear Physics in the United Kingdom, 1911 - 1986),《物理学发展报告》(Reports on Progress in Physics),52(1989),第 823 页~第 879 页;D. Kevles,《物理学家:现代美国科学共同体的历史》(The Physicists: The History of a Scientific Community in Modern America, 2d ed. Cambridge, Mass.: Harvard University Press, 1995),第 ix 页~第 xlii 页。

历史应该采取的写作方式及核物理学史与其当前的学术和社会成果情况之间的关系都成为公开讨论的话题。

在直到 1939 年的这一段时期，一个趋势已越来越明显，即放射学和核物理学其实并非不证自明的或必然的学科，其研究界限和目标也并非是自然预定的。通过对实验和理论实践、机构政治学和学科政治学的变迁的研究，历史学家正开始理解"理论"和"实验"之间相互作用的社会维度和认识维度，而这又都有助于科学家对亚原子世界的探寻。但他们还只是开始理解工业、医药、军事、性别、媒体和公众在构建放射学和核物理学的作用，以及从科学的整体角度理解它们发展的动力学。尽管有关二战期间核物理学发展的文献相当多，或者至少是与核武器生产相关的那些元素的文献相当多，但与更具明显文化特征的同源学科——粒子物理学或高能物理学相比，战后核物理学历史则几乎完全没有被探究过。目前为止，很少有编史学的努力被投入到理解战后核物理学的规范史的建构中，理解它的线性的、目的论的叙述，更为重要的是，理解它对核武器产生的绝对自然主义的辩护。然而，这些主题是否会受到历史学家的注意还有待观察。核物理学史曾一度占据了整个物理学史甚至可能是更大范围的科学史的制高点，但现在，它的声望却在下降，越来越少的研究生愿意从事这一领域的研究，这方面的论文也越来越少。

为克服核物理学明显的衰退，必须重写放射学史、核物理学史，必须**以历史的观点**来探索还原论思想的意识形态，还原论在 20 世纪科学的更广泛的文化中一直都有强大的影响力。很多问题依然在战前的核科学史中被探讨，而战后的核科学史几乎无人问津。因此，依然存在需要建立的种种联系，与核时代政治的、外交的和文化的历史学家（这些历史学家忙于重新评价核武器史和核政治史）的联系，与一种新框架的联系，这种新框架被定义为要对核科学的社会方面和技术方面进行综合的历史理解。值此影响深远的思想动荡之时，放射学和核物理学的历史是一个有待深入研究的领域。也许只有现在，因为科学共同体处于核冷战结束后的自我调整期，并且因为公众想要理解这个核时代诞生的世纪，这种研究才能很好地进行。

（黄慧　译　杨舰　校）

19

量子场论（QFT）：
从 QED（量子电动力学）到标准模型

西尔万·S. 施韦伯尔

　　直至 20 世纪 80 年代，20 世纪物理学的发展通常被描述为"探幽入微"的经历——从原子到原子核、电子，再到核子、介子，然后是夸克——并关注于其概念进展上。典型的表述是始于马克斯·普朗克（1858~1947）的量子论假说，爱因斯坦（1879~1955）的狭义相对论，并以 20 世纪 70 年代的强相互作用、弱相互作用的标准模型为其顶峰。理论理解占据了最重要的地位，而还原论和统一的承诺则被视为解释这一计划成功的主要因素。库恩的科学**知识**增长的模型以革命性的范式转变支持理论的首要地位，并支持实验、工具是依附于理论并由理论决定的观点。

　　在伊恩·哈金、彼得·盖里森、布鲁尔·拉图尔、西蒙·谢弗及其他历史学家、哲学家和科学社会学家重新分析与重新评估实验的实践与角色之后，情况发生了改变。20 世纪物理学知识的增长是一个错综复杂的历程已经澄清。物理学的进步受诸多因素驱动和巩固，包括偶然因素。再者，将社会因素、社会学因素、政治因素与技术因素、知识因素区分开来是十分困难的。[1]

　　1997 年，在彼得·盖里森出版的《图形与逻辑》（*Image and Logic*）这部重要而有影响的书中，他提供了一个理解 20 世纪物理学的框架。盖里森提出了一个令人信服的主张，他将实验、仪器、计算模型和理论视为语言上和实践上不同但又彼此联系、协调的准自治的亚文化群。实验实践、理论实践和仪器实践并非完全同步——每个部分都 有自己的时段，且它们间的相互间关联也由于他者所处历史情形的变化而变化。事实上，实验实践的连续性贯穿了理论中断和仪器中断。[2]

　　《图形与逻辑》是一部"介观历史"大纲——因其所记录的历史介于宏观的、普遍化

---

[1]　参看 A. Pais，《边界之内：关于物理世界中的物质和力》（*Inward Bound：Of Matter and Forces in the Physical World*，Oxford：Clarendon Press，1986）；T. Yu Cao，《20 世纪场论的概念发展》（*Conceptual Developments of 20th-Century Field Theories*，Cambridge：Cambridge University Press，1997）；Paul Davies 编，《新物理学》（*The New Physics*，Cambridge：Cambridge University Press，1989）；R. E. Marshak，《现代粒子物理学的概念基础》（*Conceptual Foundations of Modern Particle Physics*，Singapore：World Scientific，1993）。

[2]　Peter Galison，《图形与逻辑：微观物理学的物质文化》（*Image and Logic：A Material Culture of Microphysics*，Chicago：University of Chicago Press，1997）；另见 Galison，《实验如何终结》（*How Experiments End*，Chicago：University of Chicago Press，1997）。

历史与微观的、极其细微的历史之间。盖里森建议将观念、物体和实践的运动视为**局部**协调的运动——既有社会的又有认识论的——并且通过混杂语言和克里奥尔语言的建立，它们的相互联系和结合成为可能。他将这种分立而相互关联的物理学亚文化看成被这种中间语(interlanguage)所约束和固化的。这些建议很有吸引力而且颇具价值。然而，如同我在本章里受限于表达形式的选择，大多数后面的叙述直接处于观念的历史中。读者可从安德鲁·皮克林、赫拉德特·霍夫特、莉莲·霍德森以及其他人的近期作品中得到更多的介观说明。[3]

我不想将量子场论从QED(量子电动力学)到QCD(量子色动力学)的历史表述放在一个预设的模式——无论是托马斯·库恩还是伊姆雷·拉卡托什的模式。我关心的是讲述一个经历。有人可以简单地把这段历史投进拉卡托斯的研究纲领模式中——以S矩阵和场论为两个相互竞争的模式。[4]类似地，也有人可以从中挖掘出历史事例论证库恩范式的两个观念：即成功范式(从科学危机中显现出来并在随后的常规科学时期为解决问题设定标准的研究主体)；作为一系列共享价值观的范式(核心工作者所共享的方法和标准，这些核心人物决定什么是有趣的问题，什么是解决方案，并决定哪些人应该被接纳到这个学科及应该教给他们什么)。

更有甚者，有人可以很容易地给出库恩革命的例证。提出于1947年至1949年间，并以弗里曼·J.戴森(1923～)的工作达到顶峰的重正化理论，确实是一场这样的革命；20世纪60年代杰弗里·戈德斯通(1933～)和南部阳一郎(1921～)提出的对称性破缺则是另一场革命。有人或许能够硬把量子场论放进库恩理论的模式里。但我认为，这将丢失很多东西，特别是，失去一种累积性的、连续性的而又新颖的发展方式的视角。对我而言，库恩后期对"专门词汇"的强调(可学习的语言、运算法则、定律及一个特定群体的科学工作者的事实)构成了一条理解高能物理学的知识增长的更有效途径。

我相信，同样有益的是伊恩·哈金关于科学推理风格的见解："某种推理风格使得相应的命题成为可能，但推理风格并不决定命题的真理价值。"[5]一种风格决定何者为

〔3〕L. M. Brown 和 Lillian Hoddeson,《粒子物理学的诞生》(The Birth of Particle Physics, Cambridge：Cambridge University Press, 1983)；Laurie M. Brown、Max Dresden 和 Lillian Hoddeson 编,《π介子到夸克：20世纪50年代的粒子物理学》(Pions to Quarks：Particle Physics in the 1950s, Cambridge：Cambridge University Press, 1989)；L. M. Brown 和 H. Rechenberg,《量子场论、核力和宇宙射线(1934～1938)》(Quantum Field Theories, Nuclear Forces, and the Cosmic Rays, 1934 - 1938),《美国物理学杂志》(American Journal of Physics), 59(1991), 第595页～第605页；Gerard't Hooft,《寻找终极构件块》(In Seach of the Ultimate Building Blocks, Cambridge：Cambridge University Press, 1997)；Andrew Pickering,《建构夸克：粒子物理学的社会学史》(Constructing Quarks：A Sociological History of Particle Physics, Edinburgh：Edinburgh University Press, 1984)；Michael Riordan,《寻找夸克：现代物理学的真实故事》(The Hunting of the Quark：A True Story of Modern Physics, New York：Simon and Schuster, 1987)。
〔4〕Steven Weinberg,《终极理论的梦想：寻找自然的基础法则》(Dreams of a Final Theory：The Search for the Fundamental Laws of Nature, New York：Pantheon, 1992)；J. T. Cushing,《现代物理学的理论建构与选择：S矩阵》(Theory Construction and Selection in Modern Physics：The S Matrix, Cambridge：Cambridge University Press, 1990)。
〔5〕Ian Hacking,《科学推理的风格》(Styles of Scientific Reasoning), 载于 John Rajchman 和 Cornell West 编,《后分析哲学》(Post-Analytic Philosophy, New York：Columbia University Press, 1986), 第145页～第165页。

真或假。类似地，它指出什么具有证据地位。推理风格趋向于缓慢发展，且比范式流传更为广泛。而且，它们并非某单一学科母体（matrix）的专有特性。因此，费曼非相对论量子力学的时空方法形成了一种新的科学推理风格：所有物理测量结果和物理相互作用可被看作散射过程。我相信哈金的推理风格的见解抓住了量子场论历史的某些重要方面。

对称的使用是推理风格的另外一例。这些推理风格对粒子物理学和凝聚态物理学同样有用的事实（实际上还融合了这些领域）表明了推理风格的（非线性）附加属性。既然一种推理风格能容纳许多不同范式，那么人们能够在它的发展中辨识库恩理论的革命事件就不足为奇了。对这些革命的描绘是关于场论历史有用的指导方针和时期划分。但我相信，鉴别不同的推理风格是叙述那段历史的明智的历史学家的重要任务。[6]

20 世纪 30 年代的量子场论

正如奥利维耶·达里戈尔在第 17 章指出的那样，从 20 世纪 30 年代到 70 年代中期，理论基本粒子物理学的历史可以被描述为在由保罗·A. M. 狄拉克（1902～1984）所概括的粒子观点与帕斯夸尔·约尔丹（1902～1980）所概括的场论观点之间摇摆。[7] 20 世纪 30 年代量子场论的发展使得**场**方法比**粒子**方法具有更丰富的潜力和可能性的情形变得明朗起来。所有这些进展的出发点是从电磁场的量子论，特别是从量子发射与吸收概念的中心性获得的洞察力。

恩里科·费密（1901～1954）的 β 衰变理论是 20 世纪 30 年代场理论发展的一个重要里程碑。自 1915 年起，人们已经认识到，原子核是放射过程的场所，包括原子核喷射电子的 β 辐射过程。因而，相信电子存在于原子核中就很自然了。在 1914 年，欧内斯特·卢瑟福（1871～1937）已经设想氢原子核是正电子（他称之为 H 粒子），并且他猜测，原子核是由 H 粒子和电子组成。20 世纪 20 年代，人们普遍接受的原子核模型是由两种那时知道的基本粒子——质子和电子组成的。卢瑟福在其 1920 年贝克演讲中提出，一个质子和一个电子可结合而产生一个中性粒子，他相信这种中性粒子是重元素的必要组分。然而，如果原子核被设想成由质子和电子组成的话，泡利法则就使得某些原子核如 N^{14} 的旋转难以理解。类似地，如果原子核里包括电子，它们的磁矩

---

[6] 至于其他更详细的解释，参看 Silvan S. Schweber，《从"基本的"粒子到"基础的"粒子》（From "Elementary" to "Fundamental" Particles），载于 John Krige 和 Dominique Pestre 编，《20 世纪的科学》（Science in the Twentieth Century, Amsterdam：Harwood, 1997），第 599 页～第 616 页；Schweber，《QED 和制造它的人》（QED and the Men Who Made It, Princeton, N. J.：Princeton University Press, 1994）。

[7] 参看 Helge Kragh，《狄拉克：科学传记》（Dirac：A Scientific Biography, Cambridge：Cambridge University Press, 1990）；Steven Weinberg，《量子场论》（The Quantum Theory of Fields, 2 vols., Cambridge：Cambridge University Press, 1995 – 6）。

（由原子的精细结构所决定）就应当比实验测定的数值大得多,而实测值比原子的力矩还小三个数量级。对 β 衰变的理解充斥着混乱与困难。

β 衰变过程(在其中放射性原子核发射一个电子[β 射线]并将其电荷从 Z 提高到 Z+1)在 20 世纪的第一个 10 年里已被广泛研究。如果这个过程被设想为双体衰变,也就是,如果原子核的衰变经历 $A^Z \longrightarrow A^{Z+1} + e^-$ 的过程,那么能量和动量守恒要求电子有一个确定的能量。然而,1914 年,詹姆斯·查德威克已经发现,被射出的电子有一个连续的能谱——一直到最大能量。在电子能量最大时,能量守恒有效——在实验中达到了测量的精确性。

20 世纪 20 年代末,没有对连续 β 能谱的令人满意的解释,有些物理学家特别是尼尔斯·玻尔,准备放弃 β 衰变过程中的能量守恒。1930 年 12 月,沃尔夫冈·泡利(1900~1958),在一封向放射线会议的参与者致辞的信中建议,以"一个铤而走险的补偿"来挽救能量守恒,他建议说:

> 原子核里有带电的中性粒子,我希望将其称为中子(后来费密将其更名为中微子),它有 1/2 的旋转并遵守不相容法则……β 衰变时发射中微子与电子的设想使连续的 β 能谱变得可理解,以这样的方式可见,中微子和电子的能量总和不变。[8]

费密认真地对待泡利假说,并于 1933 年提出他的 β 衰变理论。它标志着"基本"过程概念化的一次变化。在论文的导言中,费密指出,β 衰变理论最简单的模型认为,β 衰变前,电子**并不**以现有方式存在于原子核中:

> 但可以说,它们在被发射的非常时刻获得了自身存在;光量子也是如此,在一次量子跃迁中原子所发射的光子,决不能被看成发射前就存在于原子里面的。根据这个理论,既然存在这些光子产生或湮灭的过程,那么电子和中微子的数量总和就不必守恒(犹如放射理论中的光量子总数)。[9]

费密的理论清楚展现了量子场理论描述的力量。

对于核物理来说,1932 年是神奇的一年。卡文迪许实验室的詹姆斯·查德威克(1891~1974)发现中子迅速引发了这样一种观点,即质量数为 A 的原子核是由 Z 个质子和(A−Z)个中子构成的复合系统。曾被设想为中性的、具有 1/2 旋转,并具有与质子大概相当质量的中子,使得应用量子力学解释原子核的结构成为可能,以核子与核子的近距(静态)双体作用为基础,这项工作很快由海森堡的一系列文章完成。

在中子和正电子发现之后,物质被认为由两个系列的实体构成:电子和中微子(以及它们的反粒子)与中子和质子(以及它们的反粒子)。两组带电的成员具有电磁相互

[8] Wolfgang Pauli,给"研究放射性的亲爱的女士们和先生们"的信,1930 年 12 月 4 日,载于 K. von Meyenn,《沃尔夫冈·泡利:科学通信》(*Wolfgang Pauli: Wissenschaftlicher Briefwechsel*, vol. 2, New York: Springer-Verlag, 1979)。

[9] Enrico Fermi,《β 射线理论的尝试》(Versuch einer Theorie der β-Strahlen. I),《物理学杂志》(*Zeitschrift für Physik*),88 (1934),第 161 页~第 171 页。

作用。电子和中微子与质子和中子通过费密相互作用来相互影响,中微子与质子通过核力来"强有力地"相互作用。中子和质子被认为非常相似,但也不同。它们拥有不同的电荷和电磁相互作用,但其相互作用的方式与它们的"强"(原子核)相互作用非常相似。

　　由于中子和质子被认为有着一种叫同位旋的新的"内部"量子属性,核力对所涉核子的中性变成了正式表述。中子与质子的区别仅仅在于它们的"同位"旋 Z 分量的值。海森堡提出的核子的同位旋属性是两类最终被用于粒子分类的内部量子数的第一个实例,这两类是:(1)(保守或近似保守)附加量子数,像电荷数、奇异数、重子数和轻子数;(2)"非阿贝尔的"量子数,例如同位旋,标记了粒子家族。[10]

　　1935 年,汤川秀树(1907~1981)发表了一篇论文,提出用一个场理论模型解释核力。根据汤川秀树的理论,中子 - 质子力通过中子和质子间交换一种标量粒子来传递,并以那些标量粒子(叫作介子)的质量来调整,从而为核力造就一个合理范围。汤川秀树顺利地写出了 QED(量子电动力学)已知的内容,就是,带电粒子之间的电磁力可以被看作产生于"虚"光子的交换中——之所以称为"虚"是因为这些光子并不遵循 $E = h\nu$ 的关系,这个关系式对于自由光子有效。光子没有质量意味着电磁力的范围是无限的。根据汤川秀树的理论,被交换的量子是有质量的,而作为结果的相互作用的范围 R 与量子质量 μ 存在 $R = h/\mu c$ 的关系。这种量子交换与相互作用间的联系是所有量子场论的普遍特征。

　　在加州理工学院(Caltech)的宇宙射线物理学家卡尔 · D. 安德森(1905~1991)和赛斯 · 尼特迈耶尔(1907~1989)给出宇宙射线中的穿透性成分的新型粒子存在的证据之后不久,J. 罗伯特 · 奥本海默(1904~1967)与罗伯特 · 塞尔珀(1909~1996)于 1937 年在《物理学评论》(Physical Review)发表了一篇简短备忘录,指出新发现的粒子质量规定了一个长度,如汤川秀树所建议的,他们将这个长度与核力的范围联系起来。奥本海默与塞尔珀的备忘录对美国物理学家关注汤川秀树、埃内斯特 · 斯蒂克尔贝格(1905~1984)以及格雷戈尔 · 文策尔(1898~1978)已经推进的核力介子理论起了很大作用。这种"重电子"的存在(正负粒子中都存在)被柯里 · 斯特里特(1906~1981)和爱德华 · C. 史蒂文森(1907~　)在云室里的直接观察所证实,他们还根据对它产生的电离测量结果及它在磁场中轨迹的曲率测定了它的质量(150~220 电子质量)。它的生命周期被估算为约 10^{-6} 秒。到 1939 年,汉斯 · 贝特(1906~　)断言:"把这些宇宙射线粒子与汤川秀树核力理论中的粒子视为一致是很自然的。"[11]

　　QED、费密的 β 衰变理论和汤川秀树的核力理论建立了一个模型,所有后续发展

[10]　1953 年,Gell-Mann、Nakano 和 Nijishima 独立地提议物质的该属性叫"奇异"。不与带电算子交换的算子的量子数叫作"非阿贝尔的"。见 M. Gell-Mann 和 Y. Ne'eman,《八重法》(The Eightfold Way,New York:Benjamin,1964)。

[11]　Hans Bethe,《核力的介子理论》(The Meson Theory of Nuclear Forces),《物理学评论》(Physical Review),57(1940),第 260 页~第 272 页。

均建立在这个模型之上。[12] 这种模型假定了新的"非永久"粒子来说明相互作用并设想相对论的 QFT 是一个自然框架,并以这个框架尝试描述越来越近的距离或越来越高的能量的现象。由此导致人们根据成员递减的物质的基本成分的族序列来描述自然。

到 20 世纪 30 年代末,量子场论的形式论已经被相当充分地理解了。然而,人们承认所有相对论的 QFT 都被发散困难困扰着,它们出现在最低等级之外的微扰计算之中。整个 20 世纪 30 年代,这些问题都阻碍了 QFT 的进步,并且该领域多数研究者由于这些发散困难的存在而怀疑 QFT 的正确性。20 世纪 30 年代,人们也提出了大量解决这些问题的建议,但全部以失败告终。[13]

这一学科的带头人(玻尔、泡利、海森堡、狄拉克和奥本海默)的悲观主义对这种缺乏进展的局面负有部分责任。他们已经目睹了经典时空观念的颠覆,而且在原子现象的描述中,有责任拒绝经典决定论观念。他们已经带来了量子力学的革命,而且他们相信,只有更深远的观念革命才能解决量子场论中的发散问题。

海森堡在 1938 年注意到,狭义相对论革命和量子力学革命都涉及最基本的**空间**参数:光速 c 和普朗克常数 h,它们描绘着经典物理学领域。他提出,下次革命将与基本的长度单位的引进相关,这个基本单位将描绘场和局部相互作用概念应用其中的领域。

海森堡在 20 世纪 40 年代初发展的 S 矩阵理论是将这种方法付诸实施的一次尝试。他观测到,所有实验都可以看作散射实验。在初始结构里,系统被调制在一种确定状态。然后系统演化,最终结构在经历了一段超过相互作用时间的较长时间后被观察到。S 矩阵是联系初始态和最终态的算子,这个算子使散射截面及其他可观察量能够得以计算。海森堡再次提出,唯有实验上可确定量的变量才能够进入理论描述,以此他翻开了量子场论发展的新篇章。[14]

从 π 介子到标准模型: 粒子物理学的概念发展

现代粒子物理学可以说起步于第二次世界大战的结束。和平和冷战宣告了一个能量和强度不断增长的新加速器时代,这种加速器能够人工产生存在于亚核世界里的粒子。与此同时,开发出了建造复杂性和灵敏度不断增加的粒子探测器的专门技术,这种技术能够记录高能亚核对撞的痕迹。挑战、机遇和资源吸引了专业人员,全球范

[12] L. M. Brown,《汤川秀树如何建构介子理论》(How Yukawa Arrived at the Meson Theory),《理论物理的进展》(Progress of Theoretical Physics),suppl. 85(1985),第 13 页~第 19 页;Olivier Darrigol,《量子化物质波的起源》(The Origin of Quantized Matter Waves),《物理科学的历史研究》(Historical Studies in the Physical Sciences),16:2(1986),第 198 页~第 253 页。
[13] Steven Weinberg,《寻找统一性:量子场论历史注释》(The Search for Unity:Notes for a History of Quantum Field Theory),《代达罗斯》(Daedalus, Fall, 1977);Pais,《边界之内:关于物理世界中的物质和力》。
[14] 参看 Cushing,《现代物理学的理论建构与选择:S 矩阵》。

围内"高能"物理学家的数量从二战之后的几百名增加到 20 世纪 90 年代初的 8000 多名。

通过留意 20 世纪 30 年代的实验和理论研究，约翰·惠勒（1911～　）在 1945 年秋总结了基本粒子物理学的情形，这使得鉴别 4 种基本相互作用成为可能。这 4 种基本相互作用是：(a)引力作用，(b)电磁作用，(c)核（强）力，(d)弱‑衰变相互作用。惠勒相信，有趣而激动人心的研究领域是对电磁相互作用、强相互作用和弱相互作用的研究，且这些研究确实变成了高能物理学的传统领域。[15]

1947 年两个重要的发展造就了粒子物理学的进一步进化。两个都是激烈讨论的结果，随后的实验发现就提交到谢尔特岛会议（Shelter Island Conference）。这是国家科学院（National Academy of Science）赞助的三次会议中的第一次，为了讨论物理学的基本问题，此次会议集中了对战时武器研究有重要贡献的美国年轻的理论家。这些会议是开始于 1950 年每两年召集一次的高能物理学家（实验家和理论家）罗切斯特会议的先驱。

1947 年，在谢尔特岛会议上，马尔塞洛·孔韦尔西（1917～　）、埃托雷·潘奇尼（1915～1981）和奥雷斯特·皮奇奥尼（1915～　）根据在海平面观测到的介子衰变而获得的奇异结果，使得罗伯特·马沙克（1916～1992）提出了"两种介子"假说。他提出存在两类介子。较重的一种是 π 介子，相当于负责核力的汤川秀树介子，大量分布于高层大气中，由宇宙射线粒子与大气原子的核对撞产生。较轻的一种——海面观测到的 μ 介子，是 π 介子的衰变产物并与物质轻微地相互作用。日本的坂田昌一（1911～1970）早有类似观点。

一年内，塞西尔·鲍威尔（1903～1969），运用在高空气球上的核感光乳剂，通过展示 π —→μ 衰变证实了"两种介子"假说。20 世纪 50 年代初，生成 π 介子的加速器激增，由此产生的大量实验数据导致了 π 介子特征属性的迅速确定，这些属性表现为三个方面：带正电、带负电和中性。

"两种介子"假说也提出，包含两个不同类型物质的粒子列表必须得到修正。存在不参与强核力作用的粒子如电子、μ 介子、中微子，这些叫作轻子（lepton）。还存在有强相互作用的粒子如中子、质子、π 介子，被称为强子（hadron）。

1949 年 1 月，杰克·施泰因贝格尔（1921～　）给出了 μ 介子衰变为三种轻粒子的证据：

$$\mu^{+} \longrightarrow e^{+} + \upsilon + \upsilon$$

之后不久，吉安皮德罗·普皮（1917～　）、奥斯卡·克莱因（1894～1977）、雅伊梅·蒂奥姆诺（1924～　）、惠勒、李政道（1926～　）、马歇尔·罗森布鲁斯（1930～　）

---

[15]　John A. Wheeler，《基本粒子研究的问题和前景》（Problems and Prospects in Elementary Particle Research），《美国哲学协会学报》（Proceedings of the American Philosophical Society），90（1946），第 36 页～第 52 页。

和杨振宁（1922～　）指出，犹如普通 β 衰变的情况那样，这个过程可以用一种"类费密"相互作用来描述。此外，他们指出，描述这种相互作用的耦合常数与发生在核 β 衰变中的耦合常数具有相同数量级。因此，1947 年前的时期可以刻画为**经典 β 衰变**，而战后时期则开始了**广义费密相互作用**的现代时期。

　　二战后期，另一个重要发展是理论上的进展。这些进展源自试图对经验数据与相对论的狄拉克方程预言（氢原子的分层结构和电子磁矩引起的数值）之间的分歧进行定量解释的努力。这些偏差已被威利斯·兰姆（1913～　），还有伊西多·拉比（1898～1988）及其哥伦比亚的同事所做的可靠且精确的分子束实验所观察到，结果发表在谢尔特岛会议上。这次会议后不久，贝特揭示出兰姆位移（氢原子 2s 和 2p 能级偏离狄拉克方程得出的计算值）是量子电动力学的起源，其结果可以采用由亨德里克·克喇末（1894～1952）提出的"质量重正化"的著名概念进行计算。

　　出现在拉格朗日定义 QED 中的质量参数 m_0 和电荷参数 e_0，并非电子的观测电荷和质量。将电子的观测质量 m 引入这个理论，因为对应于以动能 p 运动的电子的物理态的能量等于 $(p^2+m^2)^{1/2}$ 的要求。类似地，观测电荷应由以库仑定律 e^2/r^2 描述的间隔距离为 r 的两个电子（静止）之间的力的要求来确定，其中 e 为电子的观测电荷。

　　尤利安·施温格尔（1918～1994）和理查德·P. 费曼（1918～1988）指出，在微扰理论的低等级遇到的发散可以通过以观测值 m 和 e 重新表述参数 m_0 和 e_0 的方式来消除，这就是以质量和电荷重正化而闻名的一种程序。1948 年，普林斯顿高级研究院（Institute for Advanced Study in Princeton）的弗里曼·J. 戴森（1923～　）证明，电荷和质量重正化足以解决从 QED 散射矩阵（S 矩阵）对于微扰理论的所有等级的发散。更广义地，戴森证明，唯有对某些类型的量子场论来说，以重新定义一定数量参数的形式来解决**所有**无穷大才是有可能的。他将这类理论称为可重正化理论。从那时之后，可重正化成为理论选择的一个标准。[16]

　　质量与电荷重正化的思想，通过对 QED 对称性（就是说，这个理论的洛仑兹不变性和规范不变性）的审慎利用来实现，这就使得提出算法规则并给予物理证明，以消除所有给理论带来灾难的紫外发散而获得特定的有限解成为可能。重正化 QED 在对兰姆位移、电子和 μ 介子的不规则磁距、对电子作用下光子散射的辐射修正、对电子对偶的辐射修正以及对轫致辐射的辐射修正解释方面取得的成功是引人注目的。

　　或许 1947 年至 1952 年期间最重要的理论成就是为一种信念提供了坚实的基础，这种信念就是坚信局域量子场论是最适宜量子论与狭义相对论统一的框架。最敏锐的理论家们，例如莫里·盖尔曼（1929～　），也注意到对称性（包括时空对称性和内部对称性）赖以合并到局域量子场论框架里的便利。因此局域 QFT 得到发展来描述"基本粒子"及其内部对称性。光子、π 介子、核子、电子、μ 介子和中微子（20 世纪 50 年代

[16]　Schweber，《QED 和制造它的人》。

初考虑的基本粒子)符合潜在的、"基础的"局域场的局域化的激发。

尽管在 20 世纪 40 年代和 50 年代,宇宙射线实验已经表明了"新"的奇异粒子的存在,但 50 年代大部分时间,高能物理学仍被 π 介子物理所支配。QED 的成功依赖耦合常数(e^2/hc)的幂的微扰展开式的有效性,耦合常数很小,$e^2/hc \approx 1/137$。然而,π 介子-核子相互作用的赝标量介子理论要求耦合常数要比较大(15 的数量级),以便理论上可以产生能够与氘核形成化学键的核势能。然而尚未发现有效方法来处理此种强耦合。日益清楚的是,很不幸,介子理论不足以解释已发现的所有新强子的性质。不能过分强调新实验结果的**发展速度**的重要性,这些结果由源源不断出现的粒子加速器得出。新实验发现的泛滥扼杀了从 QED 到强相互作用的动力学表述之间进行迅速、简洁和系统过渡的任何希望。

一位 20 世纪 50 年代到 80 年代粒子物理学发展的重要贡献者以及那段时期普林斯顿大学许多优秀的年轻理论家的老师和导师萨姆·特赖曼(1925~1999)说:"发现**恰当**的量子场论的前景,如果确实有一个恰当的量子场论,那么当它远远出现时就能辨认出来(从 1955 年到 1965 年)。"[17]

因此,到 20 世纪 50 年代末,由于无法描述强相互作用而且不可能解决已被提出来说明强子动力学的所有现实模型,QFT 面临着一场危机。沿着 QED 的模型发展强相互作用的努力被普遍放弃,尽管一种同位旋对称性的局域规范理论,由杨振宁和罗伯特·米尔斯(1927~)于 1954 年提出,并被证明后来是有影响的。

20 世纪 50 年代末,理论粒子物理学领域里出现了几种对这次危机的回应。对于一些理论家而言,量子场论的失败和实验结果的过剩实际上是解放。它导致对 QFT 一般属性的探索,当考虑相互作用的形式时,只有诸如因果性、概率守恒(幺正性)和相对论不变性等一般原则被应用,而且没有特定假设被提出来。

乔弗里·丘(1924~)的 S 矩阵计划更加激进,该计划抛弃了 QFT 并力图阐明一种只利用 S 矩阵中可观察量的理论。利用 S 矩阵的一般属性,例如幺正性和洛仑兹不变性,以及某些假设(分析性),它们的函数关系变量与描述所涉粒子的初始和终止能量与动量的变量联系在一起,将直接得出物理结果而无须任何动力场方程的办法。[18]

386

另一种对此危机的响应则以对称性概念为核心。对称性因素首次被应用于强子的电磁相互作用和弱相互作用,而后来将低能量的强相互作用包括在内了。从现象学角度看,强相互作用似乎被(有效的)哈密顿函数很好地模拟,其物理变量是强子**流算子**。关于这些强子流算子是如何从强子场算子建构出来的并没有动力学假设,但强加其上的对易关系(commutation relation),反映出强子流算子被设想为不依赖动态细节并

---

[17] S. Treiman,《粒子物理学传》(A Life in Particle Physics),《原子核与粒子科学的评论年刊》(Annual Reviews of Nuclear and Particle Science),46(1996),第 1 页~第 30 页,引文在第 6 页。

[18] Cushing,《现代物理学的理论建构与选择:S 矩阵》。

且普遍有效的潜在对称性。这些对称性及其群结构源于在实验数据中证明自己的准确规律性或近似规律性。这项研究计划,以流代数闻名,成型于 20 世纪 50 年代末和 60 年代初,并于 1967 年左右因为它的一些预言直接与实验冲突而达到了它的极限。

实际上,20 世纪 50 年代与 60 年代,分类和理解强子数量不断增加的现象的进步并不是靠基础理论的力量。通过避免动力学假设并且转而利用对称性原理(以及它们的联带群理论方法)和开发表现相对论量子力学描述必要特征的运动学原理,这一进步得以完成。

对称性因此成为现代粒子物理学的基础概念之一。它既被用作分类工具和组织工具,也被当作描述动力学的一条基础原理。20 世纪 50 年代后期的两个发展丰富了对称性思想:(1)由李政道和杨振宁完成的弱相互作用下的宇称不守恒;(2)1955 年由杨振宁和米尔斯将核子全局同位旋对称性推广到局域对称性,类似 QED 中的规范不变性。

这种局域对称性或者局域规范不变性,要求光子没有质量。对相对不变性、规范不变性的要求,和调整相互作用强度的耦合常数中维数的缺乏,决定了描述带电粒子场与电磁场之间相互作用的拉格朗日函数的形式。

在以下形式的某种全应转换中,拉格朗日函数是恒定的:

$$\psi(x) \longrightarrow e^{ie\Lambda}\psi(x)$$

其中 Λ 是常数,在这个变换下拉格朗日函数可以被处理为局域不变,即通过引进合适的规范场,有 $\Lambda = \Lambda(x)$。通过将全局同位旋转下核子场的不变性推广到局域对称性,杨振宁和米尔斯利用这项观察数据引入了一种强相互作用的规范理论:

$$\psi(x) \longrightarrow e^{ig\tau \cdot \varphi}\psi(x)$$

然而,局域规范不变性意味着规范玻色子没有质量。但 π 介子并不是这种情形,因此杨振宁和米尔斯的理论被认为是个有趣的模型但不适于理解强相互作用。

20 世纪 60 年代早期自发对称性破缺(SSB)思想被普遍接受,这就复兴了人们对场论特别是规范理论的兴趣。杰弗里·戈德斯通(1933～)和南部阳一郎(1921～)注意到,在量子场论中,对称性可以有差别地实现:在一些对称性之下有可能使拉格朗日函数不变,但真空(即理论的基态)可能不遵守这种对称性。这种对称性就是自发性破缺对称性(SBS)。结果,如果自发破缺的对称性是个全局对称性的话,那么,这个理论中将会有无质量的(戈德斯通)零旋转玻色子。如果(破缺的)对称性是局域规范对称性的话,那么戈德斯通玻色子将从这个理论中消失,但与破缺对称有关的每个规范玻色子就将获得一个质量。这就是希格斯机制(Higgs mechanism)[19]。

1967 年史蒂文·温伯格(1933～),及 1968 年晚些时候,阿卜杜斯·萨拉姆

---

[19]　至于对实现对称性破缺的机制的总看法,参看 L. M. Brown 的表述,后续的讨论参看 Hoddeson 等,《粒子物理学的诞生》,第 478 页～第 522 页。

（1926～1996）各自独立地提出一种弱相互作用的规范理论，该理论统一了电磁相互作用和弱相互作用并利用了希格斯机制。他们的模型合并了先前谢尔登·格拉肖于1961 年提出的见解，即如何构建一种弱相互作用的规范理论，在其中，弱作用力以规范玻色子进行传递。原始格拉肖理论已经被搁置，因为**有质量的**规范玻色子的规范理论的一致性受到了怀疑，且这种理论还是不可重正化的。

SBS 提供了一种把质量赋予规范玻色子的可能性，但这种自发破缺对称性理论通过希格斯机制是否可重正化尚属未知。这种理论的可重正化被赫拉德特·霍夫特（1946～　）于 1972 年在他的乌得勒支大学（Utrecht University）学位论文中得到证明，其论文指导教师为马丁努斯·韦尔特曼（1931～　）。此后格拉肖 - 温伯格 - 萨拉姆理论的状况得到了戏剧性的改变。如同西德尼·科尔曼所指出的："霍夫特的吻将温伯格的青蛙变成一个中了魔法的王子。"[20]

规范理论，为了产生将对称性纳入 QFT 的动力学的数学框架，已经在 QFT 的进一步发展中扮演了关键性角色。可以确切地说，对称性、规范理论和自发对称性破缺已成为现代粒子物理学的三根支柱。

夸　克

20 世纪 60 年代所有现象学的理论化导致这样的观点，在最小距离尺度或同等地在最高能量尺度，物质的基本构成成分是夸克和轻子。1961 年，盖尔曼和尤瓦尔·尼曼（1925～　）各自独立地提出，在对称性基础上将强子分类为族，也就是知名的"八重法（eightfold way）"。他们认识到，介子自然地聚合为八重态（octet），重子（baryon）聚合为八重态及十重态（decuplet）。"八重法"对称性的数学表达是（幺正）变换 $SU_{(3)}$ 群（即对称群 $SU_{(2)}$ 强子的一般化，$SU_{(2)}$ 被用于以数学方式表示中子和质子间核力的电荷的独立性）。$SU_{(3)}$ 的基础表达式是三维的，这导致盖尔曼和乔治·茨威格（1937～　）各自独立地提出，强子由三种基本成分组成，盖尔曼将其命名为夸克（引自詹姆斯·乔伊斯的《芬尼根守灵夜》[*Finnigan's Wake*] 中的一节："冲马克王呱叫三声！[Three quarks for Master Mark！]"），而茨威格称之为"爱斯（ace）"。

为解释强子的观测光谱，盖尔曼和茨威格假设有三种"特性"的夸克（一般标为 q），称为上夸克（u）、下夸克（d）和奇异夸克（s），u 和 d 有 1/2 自旋和 1/2 同位旋，s 有同位旋 0，u 和 d 的奇异性为 0 而 s 夸克的奇异性为 - 1。普通物质仅包括 u 夸克和 d 夸克，奇异强子包括奇异夸克或反夸克。三种夸克被认为携带重子电荷的 1/3，并且 u

---

[20]　见 Weinberg，《量子场论》。

是一个质子电荷的 2/3，d 和 s 是一个质子电荷的 −1/3。[21]

这是个令人震惊的假设，因为没有实验证据证明存在携带小于一个质子的正电荷或一个电子的负电荷的宏观物体。既然相对论量子力学的描述意味着对每个带电粒子都存在一个带相反电荷的"反粒子"，那么同样假设，存在反夸克（一般标为 $\bar{q}$），带相反电荷和相反奇异性符号。夸克被假定为彼此相互作用并形成束缚态，由此产生被观测到的强子。因此一个 π^+ 介子被假定成一个上夸克和一个反下夸克的束缚态。类似地，一个质子由两个上夸克（贡献 4/3 e 的电荷）和一个下夸克（带 −1/3 e 电荷）"组成"，产生一种带着 +1e 电荷的实体。事实上，所有重子都可由三种夸克构成，所有介子都由一个夸克和一个反夸克组成。

然而，为了在一个类似 Ω^- 的结构里满足泡利原理，这个结构大概由 3 个同样 1/2 自旋的奇异夸克组成，全部在 s 态，夸克必须被赋予一种新属性，一种新形式的电荷（charge），称为色（color），以区别于另外的相同夸克。色是电荷的一种"三维"模拟：它以 3 种类型出现（有时被看作红、黄、蓝）。因此，有正的和负的红、黄和蓝色。夸克带正色荷而反夸克带相应的负荷。被观测到的强子必须是单色态（color singlet），也就是净色荷为 0。[22]

如果 $SU_{(3)}$ 对称性是严格的，那么在一个给定的八重态或十重态里的所有夸克，所有重子将有同样的质量。既然它们质量不同，那么对称性必须打破；这转而依靠不同质量的夸克的 3 种"味"（flavor），并且假设奇异夸克比上夸克和下夸克质量更大。

一个完整的现象学从分类计划中成长起来了。20 世纪 60 年代早期，味 $SU_{(3)}$ 夸克模型（上夸克、下夸克和奇异夸克被看作构件块）可以将后来知道的强子归入 3 个族系：一个八重态的 0 自旋介子（包括 ρ 介子和 K 介子）；一个八重态的 1/2 自旋重子（包括中子和质子，Λ 和 Σ），一个十重态的 3/2 自旋的重子。[23]

20 世纪 60 年代晚期，斯坦福线性加速器（Stanford Linear Accelerator，SLAC）实现了高能电子无弹性地散射质子的实验。[24] 自从 20 世纪 50 年代早期以来，人们已经认识到，质子具有内部结构。到 1968 年，在 SLAC 上，电子被加速到 20Gev（千兆电子伏特），波长在这个能量上，电子足以分辨比质子尺寸稍小的实体。这样的电子因而是研究质子内部结构的理想探测器。如果电荷在质子里面均衡分布，那么，高能电子将倾向于穿过质子而没有一点偏斜。如果另一方面，（类比卢瑟福对盖革和马斯登以金原子的 α 粒子散射实验的解释）质子里面的电荷集中在内部成分上，那么，一个电子，如

[21] M. Gell-Mann 和 Y. Ne'eman，《八重法》；Gell-Mann，《夸克、色和 QCD》（Quarks, Color and QCD），载于 P. M. Zerwas 和 H. A. Kastrup，《QCD20 年后》（*QCD 20 Years Later*, Singapore：World Scientific, 1993），第 3 页～第 15 页。
[22] 参看 O. W. Greenberg，《色：从重子光谱学到 QCD》（Color：From Baryon Spectroscopy to QCD），载于 M. Gai 编，《1992 年的重子：关于重子及相关介子结构的国际会议》（*Baryon '92：International Conference on the Structure of Baryons and RelatedMesons*, Singapore：World Scientific, 1993），第 130 页～第 139 页。
[23] J. J. J. Kokkedee，《夸克模型》（*The Quark Model*, New York：Benjamin, 1969）；K. Gottfried 和 V. Weisskopf，《粒子物理学的概念》（*Concepts of Particle Physics*, New York：Oxford University Press, 1986）。
[24] 参看 Jerome Friedman 和 James Bjorken 的表述，载于 Hoddeson 等，《粒子物理学的诞生》，第 566 页～第 600 页。

果要从这些电荷集中点之一的附近经过,将强烈地偏斜。

在 SLAC 上观测到的就是这样的大角度散射。听说这些实验发现后,费曼提议,质子是由他称为"部分子"的点状粒子组成,而且他从散射电子的角度分布推断出"部分子"具有 1/2 自旋。"部分子"不久被鉴定为与盖尔曼和茨威格模型的夸克等价。然而,质子构成的这种鉴定方式具有荒谬的方面。首先,部分子/夸克显得非常轻,远小于质子质量的 1/3;其次,它们在质子内部几乎是自由地运动——这些是以后才被提出并解决的困难。

1974 年 11 月 J/Ψ(一种 1 自旋的介子)的发现为夸克图景的正确性提供了进一步证据而且为被称为粲(charm)的具有新味的第四种夸克的存在提供了可信性(粲夸克一般记为 c)。这种夸克的存在已经由詹姆斯·比约肯和格拉肖于 1964 年提出,且被格拉肖、约翰·伊利奥普洛斯(1940~　)和鲁西亚诺·马亚尼(1941~　)于 1970 进一步详细描述。人们立即推测,J/Ψ 是 c 和 $\bar{c}$ 的一种束缚态。随后对 ψ′(以其衰变与J/Ψ 的"粒子"相关)的探测,使得整体上的夸克的概念和特别的粲夸克的概念引人注目。1974 年 11 月的发现彻底变革了高能物理学。因为那场 11 月革命,强子的概念化作:

> 夸克合成物被置于争论之外,而规范理论获得了一次巨大推进——温伯格 - 萨拉姆加上格拉肖 - 伊利奥普洛斯 - 马亚尼模型变成一种新的强子光谱学的基础。处于这些发展的核心是粲……粲的胜利同时也是规范理论的一次胜利。[25]

随着粲夸克、随后第三族粒子(τ 轻子及其中微子)、1977 年"底(bottom)"(或"美[beauty]")夸克(b quark)、1994 年"顶(top)"夸克(t quark)的发现,解释观测到的强子光谱学就需要夸克的 6 种不同"味"。每个后来发现的夸克都比它的前者更重:上夸克和下夸克分别拥有(有效的)5Mev/c^2 的质量和 10Mev/c^2 的质量;奇异夸克拥有 180Mev/c^2 的质量;粲夸克有 1.6Gev/c^2 的质量;底夸克有 4.8Gev/c^2 的质量,而顶夸克则有 174Gev/c^2 的质量。它们都是 1/2 自旋粒子,这些粒子分担了强相互作用、电磁相互作用和弱相互作用,而且全部成对出现:上夸克和下夸克,粲夸克和奇异夸克,以及顶夸克和底夸克。每对的第一个成员带有 2/3 电荷,而第二个则带-1/3 电荷。每个味都以三种色出现。

自从它们作为"假说的"粒子被引进,一个与夸克有关的重要问题便凸现出来:如果所有强子确实都由微小的带电夸克组成,那么为什么某一个强子不能达到足够高的能量以在碰撞过程中释放夸克成分,进而使得一个带电小强子可以被观察到呢? 这就是所谓的禁闭问题。而且如果有人能提供一个解释夸克禁闭的机制,那么若夸克不能被经验地观察到,作为强子组成成分的夸克这一存在又将被赋予什么样的意义呢?

[25]　Pickering,《建构夸克:粒子物理学的社会学史》,第 254 页。

规范理论和标准模型

如当前描述,一个共同的机制成为强相互作用、弱相互作用和电磁相互作用的基础。每种相互作用都以交换一个 1 自旋的规范玻色子传递。在强相互作用的情形中,规范玻色子被称为胶子;在弱相互作用的情形中,被称为 $W^{\pm}$ 和 Z 玻色子;而在电磁相互作用的情形中为光子。一般彩色术语学已经变得通俗,人们通常把电荷称为"色"。因此,人们把 QED(例证的规范理论)说成单个规范玻色子的理论,也就是耦合了单一"色"(即电荷)的光子理论。强相互作用的规范玻色子携带 3 价的色;那些传递弱相互作用的玻色子携带着"两维"弱色荷。弱规范玻色子与夸克和轻子相互作用,并在其被发射或吸收的过程中,某些玻色子会将一种夸克或轻子转换成另一种。当这些规范玻色子在轻子和夸克之间交换时,它们负责轻子和夸克之间的作用力。当夸克或轻子被加速时,它们也能作为放射线被发射。

量子色动力学(quantum chromodynamics,QCD)描述 6 种夸克之间的强相互作用。夸克带电荷并另外携带一种("三维的")强色荷。6 种夸克的每一种都带着这种色荷且处于 3 个色态(color state)之一。QCD 是一种具有 3 色的规范理论,包括 8 种无质量的胶子,即带色的规范玻色子,6 种改变颜色,另外 2 种仅仅响应它们。QCD 拥有一个规范不变性:在附加一组梯度的胶子场势能和夸克场相位的同步变化条件下,理论是不变的。当夸克发射或吸收一个色变胶子时它的色被改变。然而,一种夸克的味并不因一个胶子的发射或吸收而改变——也不因一个光子的发射或吸收而改变。

3.92 弱相互作用的格拉肖 - 温伯格 - 萨拉姆规范理论是包括 2 色的规范理论。每个夸克因此携带一个附加的弱色(或弱荷)。传递夸克之间弱相互作用的有 4 种规范玻色子。当被发射或吸收时,其中 3 种(W^+,W^- 和 W^0)会改变夸克的味;第四种,B^0 玻色子,则响应但不改变弱色荷。

如刚才所述,标准模型尽管在审美上很漂亮,但它既不与弱相互作用的已知特征一致,也不与夸克的现象学描述中被设想的夸克属性一致。局域规范不变性要求规范玻色子是无质量的,因此,它们产生的作用力范围是长程的。但已知的是,弱作用力是非常短程的(小于 10^{-16} cm),并且 W 玻色子的质量是 80Gev 而 Z 玻色子的质量是 91Gev。它不能容纳夸克的质量。一种自发破缺对称性的希格斯机制——通过引进标量场的(复合的)对偶物实现——是被最为普遍地引用以克服这些困难的机制。确定如希格斯粒子的实体变成论证超导超级对撞机(SSC)建造的重要理由。[26]

---

[26] Daniel J. Kevles,《为 1995 作序:美国物理学发展过程中超导超级对撞机的消亡》(Preface 1995:The Death of the Superconducting Super Collider in the Life of American Physics),载于《物理学家:现代美国科学共同体的历史》(*The Physicists: The History of a Scientific Community in Modern America*, 2d ed., Cambridge, Mass.: Harvard University Press, 1995)。

过去 20 年已见证了运用 QCD 成功解释高能现象的实例。1973 年欧洲原子核研究中心(Centre Européen pour la Recherche Nucléaire, CERN)对 $\nu_\mu + e^{-1} \longrightarrow \nu_\mu + e^{-1}$ 过程的证实确认了格拉肖－温伯格－萨拉姆电弱理论表达的弱中性流的存在。1983 年卡洛·鲁比亚及其在 CERN 的同事探测和识别的 $W^\pm$ 和 Z_0,为此理论给出了重要的进一步确证。类似地,在轻子和光子的深度非弹性散射以及对高能对撞射流的研究中获得的经验数据能够被 QCD 定量解释。而且,计算机仿真已经呈现了令人信服的证据,说明 QCD 确实在强子中产生夸克和胶子的禁闭。[27] 弗兰克·维尔切克,场论的重要贡献者之一,在 1992 年关于 QCD 自提出以来的专门评价会议上的一次公开评论中断言:"QCD 现在是成熟理论,有可能以合适视角在概念世界里看到它的地位。"[28]

能够被定量解释的经验数据的确是令人印象深刻。[29] 如圭多·阿塔瑞丽在同一会议上所作的"QCD 和实验"述评中谈到:

> [自 80 年代后期以来]许多相关计算,通常具有空前的复杂性,已经被完成。作为三年真正显著进步的结果,我们对于 QCD 的信心已经被进一步巩固……来自许多不同程序的大量额外检验已经变成可能。[30]

QCD 是公认的用于描述 1Tev 以下的轻子、夸克和胶子相互作用的框架。

标准模型是人类智慧的伟大成就之一。它将与广义相对论、量子力学和遗传密码的破解一起作为 20 世纪突出的知识进步而被载入史册。但标准模型并非"终极理论",因为太多的须由经验确定的参数进入了描述,例如夸克的质量和各种各样的耦合常数。

在实现了以具有相似数学结构的规范理论描述强相互作用和电弱相互作用后不久,不同自然力的统一便进入了新阶段。胶子场和夸克场在(3)色规范转换下的转换属性与夸克场和轻子场在(2)弱色规范转换下的转换属性间的相似性立即表明一个(五维的)大规范群($SU_{(5)}$)存在的可能性,这个大规范群可能包括强相互作用、电弱相互作用。QCD 一被认为是强相互作用的可能理论,霍华德·格奥尔基(1947～　)和格拉肖就开始提出这样大统一(规范)理论(GUT)。[31]

GUT 最伟大的直接影响在于宇宙学和对早期宇宙物理性质的描述。渐进自由意味着物质在极端温度和密度条件下变得微弱地相互作用着,因此,它的状态方程可以简单地推断出来。GUT 使得推断宇宙学的各种各样的统一设想的结果成为可能。它

[27]　M. Creutz,《夸克、胶子和栅格》(Quarks, Gluons and Lattices, Cambridge: Cambridge University Press, 1983)。

[28]　Wilczek 的评论载于 P. M. Zerwas 和 H. A. Kastrup 编,《QCD20 年后》,第 16 页。

[29]　参看 Frank Wilczek,《作为自然科学的粒子物理学的未来》(The Future of Particle Physics as a Natural Science),载于 V. A. Fitch、D. R. Marlow 和 M. A. E. Dementi 编,《物理学中的关键问题》(Critical Problems in Physics, Princeton, N. J.: Princeton University Press, 1997),第 281 页～第 308 页。

[30]　Altarelli 的评论,载于 Zerwas 和 Kastrup,《QCD20 年后》。

[31]　H. Georgi 和 S. L. Glashow,《基本粒子力的统一理论》(Unified Theory of Elementary Particle Forces),《今日物理》(Physics Today),33,no. 9(1980),第 30 页～第 39 页;S. Dimopoulous、S. A. Raby 和 F. Wilczek,《耦合的统一》(Unification of Couplings),《今日物理》,44,no. 10(1991),第 25 页～第 33 页。

也为物质和反物质之间的观测不对称性如何从一个对称的起始条件发展而来提供了解释。实际上,或许过去 20 年里,最具影响力的统一是粒子物理学和天体物理学的"统一"。大爆炸的直接后果即早期宇宙已成为一个实验室——在现在陆地实验室无法达到的温度和能量条件下,探讨基础理论(如 GUT 和弦论)含义的实验室。

（苏俊斌　译　杨舰　校）

20

20 世纪的化学物理学和量子化学

安娜·西蒙斯

1967 年，佩尔－奥罗夫·勒夫丁在介绍新出版的《国际量子化学期刊》（*International Journal of Quantum Chemistry*）时，这样写道：

> 量子化学是一门关于原子、分子以及晶体等物质的电子结构的理论。它采用波动方程描述物质的电子结构，运用物理学和化学实验方法，通过深入的数学分析，运用高速电子计算机等手段取得研究成果。量子化学在概念的层次上为物理和化学的发展提供了一个全新的框架体系，它引导着自然科学走向统一。而在此之前，自然科学的统一是不可想象的。分子生物学的最新进展也同样表明，生命科学正在走向相同的基础。

> 量子化学是一个崭新的研究领域，根植于历史悠久、成果丰硕的数学、物理学、化学以及生物学领域。[1]

在这一章当中，我将着重介绍（量子化学）学科的出现和建立过程。在学科建立过程中，它有时被称为量子化学，有时又被称为化学物理学，有时还被称为理论化学。原子为什么会结合形成分子，以及如何形成分子的问题，尽管可以完全地理解为是化学问题，但是它也是可以用薛定谔积分方程求解的多学科问题。实质性的难点在于，即便对最简单的分子进行积分求解薛定谔方程，也难求得精确解。因此，至少在其初创阶段，发明半经验性的近似计算方法成为量子化学的根本特征。

第一部分根据传统的观点，简单地介绍了量子化学发展史概要。传统的观点通常来源于化学家群体，围绕如何解决化合价问题的争论形成的，关于化合价问题的解决方法有两种选择，即**价键法**（*valence bond method*，VB）与**分子轨道法**（*molecular orbital* *method*，MO）。随后的部分提出了历史分析的选择性计划，以国家为背景，历史分析集中在基础主义和简化论问题有关的方法论问题，之后继续阐述了在理论化学中国家背

[1] Per-Olov Löwdin，《纲要》（Program），《国际量子化学期刊》（*International Journal of Quantum Chemistry*），1（1967），第 1 页～第 6 页，引文在第 1 页。我真诚地感谢 Stephen G. Brush，Andreas Karachalios，Helge Kragh 以及 Mary Jo Nye 等人提供了部分他们自己所属文章的打印稿，同时感谢《泡令研讨会专集》（*The Pauling Symposium*）；感谢 A. Stadler 帮助翻译的 Karachalios 的文章；感谢 Kostas Gavroglu 对这篇文章的早期版本提出的始终有益的批评意见；以及感谢给出建议的匿名鉴定人。

景的重要性。最后一部分讨论了在理论化学和化学物理学领域内学科建立的问题。

量子化学史的时期与概念

在诸如量子化学的近代学科建立的案例中,学科的首批开创者往往通过撰写论文集、自传或者其他类型的文集,成为该学科的第一批科技史家。通过编撰学科发展史而确定学科地位是一种常规策略。在量子化学领域,最具有代表性的几位人物,例如罗伯特·S. 马利肯(1896~1986)、莱纳斯·泡令(1901~1994)、约翰·克拉克·斯莱特(1900~1976)、瓦尔特·海特勒(1904~1981)、埃里奇·许克尔(1896~1980)以及查尔斯·A. 库尔森(1910~1974),在撰写这类文献方面做出了贡献。

威廉·莎士比亚秉承中世纪和文艺复兴的丰富传统,曾经谈到人类历史上的七个时期。1971 年,在一次晚宴后的演讲中,库尔森对当时被称为理论化学,而今天被称为量子化学的学科做了一个分析,他效仿莎士比亚探询了这个学科的各个历史时期。[2] 他将量子化学史划分为五个历史时期:初创时期、泡令时期、马利肯时期、多电子时期以及计算机时期。当时他认为一个新时代已经开始,但他没有对未来做太多的预言。

1926 年至 1928 年是量子化学的初创时期,以量子力学的明确提出为标志。1926年,维尔纳·海森堡(1901~1976)在一篇关于氢原子的论文中认为,氢原子的两个电子是无法区分的,因此原子的波函数里两个电子应该是可以相互交换的,并称这种现象为共振效应。1927 年,海特勒和弗里茨·伦敦(1900~1954)扩展了前人对两电子的解释,先前认为每个电子各属于一个氢原子,两个氢原子构成氢分子。[3] 当电子具有相反的自旋时,两个电子之间发生配对现象,这样,共价键就可以完全解释为量子力学效应。对包含多个电子的情况,伦敦进一步明确表述了泡令原理,这为他随后在群论方面的工作提供了方便:因为波函数可以包含具有对称性的对偶项,而电子对对称地具有反向平行自旋,所以可以建立(电子对的)波函数。因此,自旋成为量子化学的根本特征,也是化合键作用最为重要的标志之一。

库尔森称随后的 5 年为泡令时期。采取将化学解释限制在量子力学框架内的方式,这个时期提供了概念工具。正如当时库尔森所说:"日益清晰的事实是,始于物理学边缘的量子力学,正逐步成为化学的一个核心部分。"[4] 此外,库尔森还指出在那一

〔2〕 Coulson Papers, Ms. Coulson 40, B. 20. 9, Bodleian Library, Department of Western Manuscripts, Oxford,《晚宴后的演讲》(After-dinner Speech), 16 August 1971, Faculty Club of the University of British Columbia, The Fourth Canadian Symposium on Theoretical Chemistry。

〔3〕 Cathryn Carson,《交换力的特殊观念(一):量子力学的起源(1926 ~ 1928)》(The Peculiar Notion of Exchange Force. I: Origins in Quantum Mechanics, 1926 – 1928),《现代物理学的历史和哲学研究》(Studies in the History and Philosophy of Modern Physics),27(1996),第 23 页~第 45 页。

〔4〕 Coulson,《晚宴后的演讲》,第 3 页。

时期内,量子化学的先驱们开始摆脱"物理学家的思维模式"。[5]

在《化学键的性质》(The Nature of the Chemical Bond)系列论文(1931~1933)中,泡令概要介绍了以共振概念为基础的化学理论。这个概念在键轨道的杂化、单价及三价键的发现,以及在异极分子里共价键的不完全电离特性的讨论中,都发挥了重要的作用。为了解释碳的 4 价及其键的方向性问题,泡令引入了所谓键轨道"变量子化"的观念。在《化学键的性质》(Nature of the Chemical Bond,1939)一书中,同一个概念被称为杂化,这个名称说明了玛丽·乔·奈所谓的"物理学与生物学思想模型"在泡令思想起源过程中的相互作用。[6] 例如,要解释碳的 4 价(假设碳原子有两个 s 电子和两个 p 电子,因此,根据量子理论得到的化合价应该是 2),泡令认为由于两个 s 电子中的一个升变为 p 电子,使得碳原子具有 4 个没有配对的电子用于形成化合键。通过计算两种情形的波函数,他能说明提升 s 电子所需能量大于使碳原子形成 4 键而不是 2 键所需的补偿能量。他随后指出,4 键具有 4 个方向(sp^3 方式的杂化)。

泡令进一步提出,对于某类芳香族化合物,例如苯,应该根据不同的价键结构将波函数写成相应的迭加形式,化学家正是以不同的价键结构来解释其物理性质和化学性质。因而,在几个假想的键结构之间共振的观点"以神奇的方式"解释了很多困扰有机化学的难题,而且在泡令的新化合价理论和经典的结构理论之间建立起了联系,在整个 19 世纪下半叶由于弗里德里希-奥古斯特·凯库勒、阿奇博尔德·斯科特·库珀、亚历山大·M. 布特列罗夫以及 J. H. 范特荷甫等化学家的努力早已使经典结构理论得到了发展。[7]

在物理化学家共同体的工作背景下,泡令的研究计划扩充了吉尔伯特·牛顿·刘易斯在解释共价键发展方面所做出的贡献。相比之下,可以把马利肯在谱带结构(band spectra structure)方面的工作视为美国分子物理学共同体执行的研究议程的一个具体实例。[8]

电子态与谱带结构之间关系的澄清,促使马利肯彻底放弃了经典的化合价理论。马利肯摈弃公认的化学结构观念,这种观念把原子视为分子构成的结合单位,而且被

〔5〕　Charles A. Coulson,《化合价理论的最新发展》(Rencent Developments in Valence Theory),《纯化学和应用化学》(Pure and Applied Chemistry),24(1970),第 257 页~第 287 页,引文在第 259 页。

〔6〕　Mary Jo Nye,《莱纳斯·泡令化学思想的物理学和生物学模式》(Physical and Biological Modes of Thought in the Chemistry of Linus Pauling),《现代物理学的历史和哲学研究》,31(2000),第 475 页~第 489 页。

〔7〕　Ava Helen and Linus Pauling Papers, Kerr [now, Valley] Library Special Collections, Oregon State University, Box 242, Popular Scientific Lectures 1925 - 1955,《共振与有机化学》(Resonance and Organic Chemistry),1941。[References to the Pauling Papers follow a cataloging system that has been under revision.]

〔8〕　Alexi Assmus,《早期量子理论的分子传统》(The Molecular Tradition in Early Quantum Theory),《物理科学和生物科学的历史研究》(Historical Studies in the Physical and Biological Sciences),23(1993),第 1 页~第 33 页;Ana Simões 和 Kostas Gavroglu,《不同的遗产和相同的目标》(Different Legacies and Common Aims),载于 J.-L. Calais 和 E. S. Kryachko 编,《量子化学中的概念设想》(Conceptual Perspectives in Quantum Chemistry, Dordrecht: Kluwer, 1997),第 383 页~第 413 页。

他认为是"化学意识形态"的一个具体实例。[9] 他进而提出以分子的电子结构来分析分子构成现象。通过类比尼尔斯·玻尔的原子内部结构原理,马利肯推断,原子是以向分子轨道输送电子的方式来构成分子的,就是把电子输送到绕两个或多个原子核旋转的轨道内。就电子靠近多个原子核的概率不为零的意义上说,电子偏离了本来位置。

通过探讨其与原子结合态与分离态描述之间的关系,分子内部电的量子数分配与分子轨道的分类得到了确定。许多新的辅助性概念得到引进,例如跃迁电子与非跃迁电子,键合电子与非键电子以及反键电子,电的不同键作用力等概念。1929 年,约翰·爱德华·伦纳德-琼斯(1894~1954)提出了表示分子轨道的简化物理模型,即原子轨道线性结合(linear combination of atomic orbitals,LCAO),为分子轨道理论向数学化方向发展迈出了具有重要意义的一步。

从 1933 年到第二次世界大战结束是库尔森所说的马利肯时期,其间上演了一场关于化学键分子轨道法与价键法的两种近似计算方法之间的争论。尽管两种近似计算方法起始的前提假设完全不同,但那时已经证明了两种方法的等价性。与此同时,一些新概念(分数键级)、新技术(UV 光谱)和新方法被引入。马利肯成功地运用群论对多原子分子的电子状态的对称性进行了分类,并努力地使化学家和物理学家相信群论这一数学理论具有的实用性。

库尔森把 1945 年到 1960 年期间称为"多个电子"时代。这是一个从化学角度理解分子的多电子特征的时期。然而,由于在哈密顿算子(电子自旋共振和核磁共振)中引进了高阶小量(small terms),这个时期同时也是分子薛定谔方程近似解法日益成熟的时期。

直到 20 世纪 50 年代,价键法在量子化学中占据了统治地位,但究其原因并不因为它具有优越性。马利肯不是一个有说服力的作家,也不是一个善于雄辩的教师。与马利肯形成鲜明的对比,泡令具有卓越的表达能力,能够表达出共振理论是对先前化学理论的拓展,能够展示共振理论在化学现象特别是小分子的解释上的威力,因而说明了价键法流行的原因。此外,泡令强调建立模型和可视化作为他的键化学理论的基本特征,是其理论被采纳的决定因素。而其他阵营,没有能够与泡令相媲美的可视模型。例如许克尔的工作,与泡令完全不同,其理论所针对的**问题群**是由新量子力学推导出来的非可视化模型。

关于共振含义的讨论和争议导致了价键法的衰败。共振的本体状态是泡令与乔治·惠兰(1907~1972)之间争论的论题,乔治·惠兰早年是泡令的学生,也是泡令的长期合作伙伴,曾致力于将共振理论推广到有机化学领域。泡令认为,共振就是保持

［9］ Robert Sanderson Mulliken,《多电子分子的电子结构与化合价(四):关于分子轨道的方法》(Electronic Structures of Polyatomic Molecules and Valence:Ⅵ. On the Method of Molecular Orbitals),《化学物理学期刊》(Journal of Chemical Physics),3(1935),第 375 页~第 378 页。

相同状态,即保持着相同的"人造"的特性,例如双键、键长、键角等化学概念,因此在泡令的观念里,共振理论"涉及与经典价键理论一样多的理想化和任意性"。与之相反,乔治·惠兰认为,共振在以下意义上更多具有人造的特性:

> 苯是两种凯库勒结构杂合而成的陈述未能描绘出苯分子的特性,甚至在作这个陈述的人的思维过程中⋯⋯共振并非某种杂合物质,也不可"见于"灵敏仪器,(共振)是物理学家或化学家随意选择的一种对事物真实状态的近似描述。[10]

库尔森也持有同样的观点,在一份半通俗性的期刊上,他说:"共振是一种'微积分'⋯⋯一种计算方法,不具备物理上的现实性。"[11]另一方面,20 世纪 50 年代期间共振理论在苏联受到攻击,其方法被认为是有缺陷的,如果人们从不符合实际的条件和结构出发,就不可能得到有意义的结果。[12]

价键理论的衰败伴随着分子轨道理论的崛起。终于,MO 阵营找到了它的鼓吹者——库尔森本人——库尔森文才出众,擅长教育,与泡令相比毫不逊色。在另一方面,分子轨道理论被证明更适合激发态分子的分类——属于分子光谱学的领域——首先是它更适合于计算机编程。1951 年谢尔特岛会议上被讨论并获得通过的计算程序,使数字计算机在量子化学领域里被成功地用于波函数和能级的计算。[13] 该程序旨在为薛定谔方程组"棘手的"积分提供公式,并采取标准化表格的形式使之适用于量子化学家们。

由于高速计算机的出现,20 世纪 60 年代事实上是计算时代的开端。从计算层次上讲,(量子化学的)研究重点从半经验性的近似计算向完全(彻底)理论计算转移。在半经验性的计算过程中,分子特性的计算是以建立理论框架来实现,而对难以进行积分计算的点,则采用实验值替代。使用计算机进行计算的分子轨道法,同时也开启了一条无法纯粹依靠实验进行的分子研究之路。在实验层次上讲,在有些情况下计算可以代替实验室的实验成为数据的一个新来源。但是,库尔森警告,在概念层次上,如果没有新的观念体系支撑,计算机将毫无用处。

对于理论化学史的未来阶段的特征,库尔森也只能作出某些预言而已。他认为,

[10]　Ava Helen and Linus Pauling Papers, Box 115, Pauling to Wheland, 26 January, 8 February 1956; Wheland to Pauling, 20 January 1956.

[11]　Charles A. Coulson,《量子化学中共振的含义》(The Meaning of Resonance in Quantum Chemistry),《努力》(Endeavour),6(1947),第 42 页～第 47 页,引文在第 47 页。

[12]　D. N. Kuranov 等,《化学结构理论的现状》(The Present State of the Chemical Structural Theory),《化学教育期刊》(Journal of Chemical Education),January 1952,第 2 页～第 13 页;V. M. Tatevskii 和 M. I. Shakhaparanov,《化学中的马赫主义理论与它的宣传者》(About a Machist Theory in Chemistry and its Propagandists),《化学教育期刊》,January 1952,第 13 页～第 14 页;I. Moyer Hunsberger,《俄国的理论化学》(Theoretical Chemistry in Russia),《化学教育期刊》,October 1954,第 504 页～第 514 页;Loren R. Graham,《苏联的科学、哲学和人的行为》(Science, Philosophy and Human Behavior in the Soviet Union), New York: Columbia University Press, 1987)。

[13]　这些会议是从 1947 年开始举办的,第一届会议常常与 1911 年索尔韦相比较,它对量子场论的意义相当于索尔韦会议对量子理论的意义。Silvan S. Schweber,《谢尔特岛、波科诺和奥德斯通:第二次世界大战后美国量子电动力学的出现》(Shelter Island, Pocono, and Oldstone: The Emergence of American Quantum Electrodynamics after World War Ⅱ),《奥西里斯》(Osiris),2(1986),第 265 页～第 302 页。

400 对分子结构(分子结构学)或化学静力学的关注可能在 20 世纪 70 年代被化学动力学和化学反应学替代,理论化学向生物学领域的延伸将愈加占据主导地位。因此,他与勒夫丁所见略同,正如本章开头引用的那段话一样,勒夫丁也同样预见到量子化学向生物学领域的扩展。

量子化学的出现与简化论的问题

  一门新学科只有通过界定需要解决的问题、其实践者之间共享的价值观、进入学院课程等,来设法建立起概念性的、方法论的以及体制的特征,才能够被接纳为新的科学学科。经常出现在化学文献中的观点认为 1927 年德国物理学家海特勒和伦敦发表的那篇著名的论文标志着量子化学的开端。[14] 科学家和科技史家都渴望在各自的研究领域里找到里程碑式的事件,由此表现出对亮点的渴求,认为亮点赋予一个事件独特性——近乎揭示事物的"本质"。选择 1927 年的那篇论文作为量子化学诞生的标志,旨在强调量子力学首次被运用于对分子构成的解释,尽管只是对分子中最简单的氢分子构成进行了解释。

  由于氢分子在化学领域中扮演着相对次要的角色,因此,有人认为这个关键日期应该推迟到 1931 年,在这年泡令和斯莱特分别独立地用量子力学的术语解释了决定化合键方向的原因,特别是碳原子一般形成四个方向的 4 键的原因。[15] 但是,两种起源说都过分强调了量子力学在量子化学起源过程中所起的作用。尽管量子力学为量子化学进入计算阶段提供了必需的数学工具,但是应该注意到,某些更为关键的量子化学概念的提出并不依赖量子力学。在我的脑海中,"电子跃迁"以及分子轨道的概念是在马利肯解释分子电子光谱的背景下提出的,而他的解释就发生在旧量子论的体系里。甚至是泡令也喜欢强调,共振理论——作为代表泡令研究工作的特色——在量子力学之前尚未完全形成,这是物理学和化学史上的一次偶然事件。另一方面,对美国

401 和德国量子化学起源进行的比较分析,着眼于马利肯、泡令、斯莱特、约翰·哈斯布鲁克·范扶累克(1890~1980)、海特勒、伦敦以及弗里德里希·洪德(1896~1996)等人的贡献,表明量子化学的起源牵涉到对一些论题的直接或间接的讨论,这些论题超越

---

[14] Walter Heitler 和 Fritz London, "Wechselwirkung neutraler Atome und homöpolare Bindung nach Quantenmechanik",《物理学杂志》(*Zeitschrift für Physik*), 44(1927), 第 455 页~第 472 页。
[15] Mary Jo Nye,《从化学哲学到理论化学》(*From Chemical Philosophy to Theoretical Chemistry*, Berkeley: University of California Press, 1993), 第 228 页。

了量子力学在化学中的应用问题。[16]

在《化学键的性质》第一篇论文的第一段中，泡令将自己的研究方法与海特勒和伦敦进行了对比。用泡令的方法得出了更多规则形式的成果，这些成果的有效性可以充当检验海特勒与伦敦理论的经验标准。[17] 在他去世前两年发表于《物理学基础》（*Foundations of Physics*）上的一篇文章中，泡令绕回原处再次重申他一生的信念，即"量子力学近似计算方法"的作用在于产生新的洞见，并建议核物理学家要研究量子化学的起源，以获得方法论的启示：

> 回顾近60年来科学发展的历史，我得出这样的结论，许多进展是执行量子力学近似计算的结果。在我的印象当中，近年来量子力学计算的努力是尽可能地提高计算精确性，不再是根据某些简单模型构造简单近似波函数，很多物理学家的工作是最大限度地构造计算机能够处理的复杂波函数……然而，即便是复杂波函数也根本不可能在系统模型方面作出解释。[18]

泡令的成功以及美国的成功，关键在于他们具备能力去开发、利用并向听众传输"对化学的感觉"，这是从事量子化学研究的先决条件。[19] 在《化合价》（*Valence*）一书的前言中，库尔森也同样地呼吁读者要关注化学思维的独特性："理论化学家不是以数学的方式思考的数学家，而是化学家，要以化学的方式思考。"[20]

20 世纪 30 年代，量子化学开发出一套相对独立于物理学的语言，在争论的问题当中，有很多是关于本体论的优先性以及方法论的约定。还有同样多的争论和分歧是关于如何着手解决相似类型的问题。因而有人认为，通常海特勒－伦敦－斯莱特－泡令价键法与洪德－马利肯分子轨道法的划分应该让路于马利肯－泡令与海特勒－伦敦－洪德之间的区分。[21] 这种新的两分法着重强调了美国人与德国人之间对立的方法论选择。

注重实效的美国人在认可了量子力学重要性的同时致力于开发半经验方法，在其中简便法则将扮演显要角色，这些法则基于现有数据的归纳（在很多情况下，他们自己

[16] Ana Simões，《并合轨道、分离传统：化学键、化合价、量子力学与化学（1927 ～ 1937）》（*Converging Trajectories, Diverging Traditions：Chemical Bond，Valence，Quantum Mechanics and Chemistry，1927 - 1937*，PhD thesis, University of Maryland, 1993, University Microfilms Inc.，Publication # 9327498）；Kostas Gavroglu 和 Ana Simões，《美国人、德国人与量子化学的开端：分离传统的融合》（The Americans，the Germans and the Beginnings of Quantum Chemistry：The Confluence of Diverging Traditions），《物理科学和生物科学的历史研究》，25（1994），第 47 页～第 110 页；Kostas Gavroglu，《弗里茨·伦敦：科学传记》（*Fritz London：A Scientific Biography*，Cambridge：Cambridge University Press，1995）。

[17] Linus Pauling，《化学键的性质：量子力学成果以及分子结构的顺磁磁化率理论成果的应用》（The Nature of the Chemical Bond：Application of Results Obtained from the Quantum Mechanics and from a Theory of Paramagnetic Susceptibility to the Structure of Molecules），《美国化学学会期刊》（*Journal of the American Chemical Society*），53（1931），第 1367 页～第 1400 页。

[18] Linus Pauling，《量子力学近似计算的价值》（The Value of Rough Quantum Mechanical Calculations），《物理学基础》（*Foundations of Physics*），22（1992），第 829 页～第 838 页，引文在第 834 页～第 835 页。

[19] Ava Helen and Linus Pauling Papers, Box 157, California Institute of Technology General Files 1922 - 64, letter Pauling to A. A. Noyes, 18 November 1930.

[20] Charles A. Coulson，《化合价》（*Valence*，Oxford：Clarendon Press，1952），第 v 页。

[21] Gavroglu and Simões，《美国人、德国人与量子化学的开端：分离传统的融合》。

收集数据），而仅仅部分依赖量子力学。而对德国人而言，化学键理论就如同任何物理学理论一样，必须从稳固地以量子力学基本原理为基础的最初原则推导出来。尽管美国人正在为化学结构的统一做出贡献，德国人却自认为其工作领域仍然属于应用物理学的一个分支学科。未曾对美国和德国的方法做过任何比较的范扶累克和阿尔伯特·谢尔曼，在 1935 年他们合作发表的一篇论文中认为，在"化合价的量子理论"发展的过程中曾经出现了两种有分歧的观点，好比"人们可以根据个人喜好采取乐观主义或是悲观主义的思想观点和处世方法"一样。[22]

　　在海特勒和伦敦的文章发表之后的几个月，有些物理学家认为化学正处于令人怜悯的状况，由于化学可简化为应用物理学的一个领域，因此正濒临丧失其独立自然科学学科地位的边缘。1929 年，保罗·A. M. 狄拉克在一篇文章中首次说出了简化论者的梦想，声称："构成大部分物理学以及全部化学的数学基础的基本定律已被掌握殆尽。"[23]然而早在狄拉克之前，泡令在帕萨迪纳（Pasadena）举行的美国化学学会地区会议以及在波莫纳（Pomona）举行的美国科学促进会的会议演讲中指出：

　　　　科学自己进步……朝着一个目标：简化其研究领域内的现象，使之具有尽可能简单的形式，这就要求能够用最为经济的而且能够令人最为满意的具有审美意义的术语来描述现象……理论化学［比物理学］更加复杂，涉及范围更加广泛，所以在其发展过程中，必须跟踪理论物理的发展……我们现在可以满怀信心地预言未来发展的总体特征。我们可以说，并且部分地为我们的断言辩护，那就是整个化学本质上依赖两个基本现象：一是在**泡利不相容原理**中描述的现象；二是**海森堡 - 狄拉克共振现象**。[24]

　　然而，泡令关于简化问题的表述不失时机地戏剧性地转向非简化论者的立场。1966 年，他在帕萨迪纳美国化学学会南加利福尼亚分会的会议上发表了另外一个讲话，8 年前他在这里也发表过讲话。现在他确信"化学不仅是理解一般原理，化学家也许更感兴趣于具体分子构成的具体物质的特性"。[25]

　　泡令当时正着手实施他毕生的研究规划，其目标是用量子化学的观点改造化学科学体系。在这个背景之下，他得以重新评估化学在科学层次体系中的地位。他相信科学"整合"的愿望，他认为这种"整合"能够通过各门科学之间工具和方法的移植而实

[22] J. H. Van Vleck 和 Albert Sherman，《化合价的量子理论》（A Quantum Theory of Valence），《现代物理学评论》（Reviews of Modern Physics），7（1935），第 167 页～第 227 页，引文在第 169 页。

[23] P. A. M. Dirac，《多电子系统的量子力学》（Quantum Mechanics of Many-Electron Systems），《皇家学会学报》（Proceedings of the Royal Society），A123（1929），第 714 页～第 733 页，引文在第 714 页。

[24] Ava Helen and Linus Pauling Papers, Box 242, Popular Scientific Lectures 1925 - 1955，《化学键的性质》，6 April, 14 June 1928。

[25] 同上书，《分子结构研究近况》（Recent Work on the Structure of Molecules），part II，《泡令对海特勒与伦敦论文的回应》（Pauling's Response to the Heilter and London Paper）。

现。[26] 然而,最为重要的移植就是他所谓的"思维技巧"的移植。正是从这方面考虑,他认为化学,特别是化学结构理论应该在物理学和生物学当中处于核心地位。泡令在20 世纪 30 年代所从事的量子化学方面的工作,以及四五十年代向生物学相关分子领域的扩展,证实了他关于化学中心地位的论断,而这个中心地位在此之前是由物理学占据的。

物理学的文化与传统,在向物理学家灌输简化论方法的方面发挥了至关重要的作用。几乎没有例外,所有简化论的声明都来自物理学家。在不同的情况和不同的程度下,斯莱特、海特勒、伦敦以及许克尔都发表过简化论的观点。海特勒在一次采访中公开承认,他和伦敦最初"理解全部化学"的目标或许有点过于雄心勃勃了,这个观点被尤金・维格纳看作笑料,他公开表示有点怀疑海特勒的过高目标。[27]

事实上,并不是所有的物理学家都持相同观点。拉尔夫・H. 福勒在 1931 年英国科学促进会的一百周年会议(Centenary Meeting of the British Association for the Advancement of Science)上发表如下评论:

> 有人认为,化合价的化学理论不再是与一般物理理论无关的分类中一个独立的理论分支,而正好是一个简单自洽理论的一部分,非相对论量子力学最辉煌、最完美的部分。我至少还有足够的化学鉴赏能力来说,量子力学以化合价的成功而荣耀,而不应该说"化学价也是有些道理的",我想,这也是我的一些朋友们的观点。[28]

在海森堡的讲话中,也同样地质疑:"量子理论是否能够发现或推导出关于化合价的化学成果,如果它以前尚未掌握化学成果的话。"[29] 在量子化学的发展过程中,物理学提供了一部分工具,但与此同时,对化学经验事实的解释,例如化合价规则和立体化学的解释,指导了量子化学理论的发展。

量子化学形成的国家背景

新兴学科的身份会显露出特别对应于不同时间、地点的特征。如果是这样的话,那么讲国家风格的充分性和实用性则是一个需要以历史的观点来讨论的问题。要是

[26] Linus Pauling,《化学在科学整合过程的地位》(The Place of Chemistry in the Integration of the Sciences),《当代思想的主要流派》(Main Currents in Modern Thought),7(1950)。节选自 Barbara Marinacci 编,《泡令自述》(Linus Pauling in His Own Words,New York:Simon and Schuster, 1995),第 107 页～第 111 页。

[27] Archives for the History of Quantum Physics, interview with Walter Heitler conducted by J. L. Heilbron, Zurich, March 1963; interview with E. P. Wigner conducted by T. S. Kuhn, Rockefeller Institute, November 1963.

[28] R. H. Fowler,《关于同极性化合价及其量子力学解释的报告》(A Report on Homopolar Valence and its Quantum Mechanical Interpretation),载于《英国科学促进联合会 1931 年一百周年会议化学报告》(Chemistry at the [1931] Centenary Meeting of the British Association for the Advancement of Science,Cambridge:W. Heffer & Sons, 1932),第 226 页～第 246 页,引文在第 226 页。

[29] Werner Heisenberg,《对关于简单分子的结构问题的讨论文稿》(Contribution to the Discussion on the Structure of Simple Molecules),载于《英国科学促进联合会 1931 年一百周年会议化学报告》,第 247 页～第 248 页,引文在第 247 页。

美国人、德国人以及英国人能够随意到国外研究机构学习、讲学或者开展研究的话,或许能够拓宽通向新学科的共同途径,然而令人惊讶的是,实际情况却并非如此。

有人断言,美国人在适宜的制度环境里游移于化学和物理、理论与实验之间的能力,使他们特别适合为新学科做出重大贡献,并由此塑造新学科。[30] 独特类型的制度环境能够说明这种新型科学家的出现,要把他们定义为物理学家或化学家,在很多情况下往往只是机会、个人喜好或机构隶属关系的问题。

在美国,化学和物理学之间的学术联系要比在欧洲更紧密。譬如在伯克利和加州理工学院等大学里,化学系学生所学的物理知识与其所学化学知识一样多,因此,他们与欧洲同类学生相比,更易于学习和接受量子力学。在哈佛、麻省理工学院、普林斯顿、芝加哥、密西根、明尼苏达以及威斯康星,也同样加强了化学系与物理系之间的合作。

在德国,到 20 世纪 30 年代初,化学和物理学已是成熟学科,彼此之间几乎没有学科的、方法论的或体制上的纽带。因此,很难见到喜欢用新兴的量子力学工具解决化学问题的科学家。好几个德国物理学家而非化学家,对量子力学在化学领域的应用感兴趣,他们开头对这个领域做出了贡献,但从长远看没有能够执行他们的研究计划。海特勒、伦敦、洪德以及马克斯·玻恩等人都是这种情况。

物理学家埃里奇·许克尔是德国背景下的一个例外。利用他的兄弟瓦尔特·许克尔在有机化学方面的专长,埃里奇·许克尔能够克服他在化学背景知识方面的缺陷,这或许有助于埃里奇·许克尔中肯地提出需要在量子力学框架下解答的有机化学问题。[31] 埃里奇·许克尔发展出一套简化论纲领,在这个纲领里有机化学事实要以重视量子力学独特理论特征的方式来解释。这种纲领的非可视性特点被认为是终止了泡令用多个虚拟价键结构之间共振的方法对苯结构的描述。

在他开拓性的论文中,许克尔在分子轨道理论框架内对苯的芳香性进行了解释,随后又将这套理论继续拓展到任何共轭体系(环或链)。基于大胆的、简化的假设提出理论而不是在当时就完整地证明,从这个意义上说,有人会把许克尔的科学风格刻画成“实用的”,正如化学家热罗姆·贝尔松最近所提议的那样。许克尔没能将他的最初结果提炼成“规则”。恰恰相反,这些结论出现在满是数学公式的高度技术性论文中,吓跑了它的潜在读者。到 1937 年,许克尔放弃了这个领域的研究工作,没能挑战一种

[30]　Ana Simões,PhD thesis;Simões and Gavroglu,《不同的遗产和相同的目标》。

[31]　Walter Hückel 的《有机化学的理论基础》(Theoretische Grundlagen der organischen Chemie,1931)包括量子解释,最终翻译成英文后产生了巨大的影响。Helge Kragh,《年轻时代的埃里奇·许克尔:在 1925 年之前的科学研究》(The Young Erich Hückel:His Scientific Work until 1925),invited paper given at the Erich Hückel Festkolloquium at the Philipps-Universität,Marburg,28 October 1996;Jerome A. Berson,《有机量子化学的先锋埃里奇·许克尔:对理论和实验的反思》(Erich Hückel,Pioneer of Organic Quantum Chemistry:Reflections on Theory and Experiment),Angew. Chem. Int. Ed. Engl.,35(1996),2750 - 64;Andreas Karachalios,“Die Entstehung and Entwicklung der Quantenchemie in Deutschlang”,Mitt. Ges. Deut. Chem. Fachgr. Gesch. Chem.,13(1997),163 - 179;Andreas Karachalios,《关于量子化学在德国的产生》(On the Making of Quantum Chemistry in Germany),《现代物理学的历史和哲学研究》,31(2000),第 493 页~第 510 页。

科学秩序,在这个秩序里德国物理学家不承认化学键的量子力学特性是物理学家研究的论题,如同德国化学家不承认量子化学属于化学研究,因为化学家将化学定义为他们所从事的研究,而他们并不研究量子化学。

在 20 世纪 30 年代里,许多科学家都离开了德国,其中包括海特勒、伦敦和汉斯·海尔曼等人。当时汉斯·海尔曼正准备写一本关于量子化学的书,他获得莫斯科卡尔波夫物理化学研究所(Karpov Institute of Physical Chemistry)提供的一份工作。第二次世界大战之后,随着两个研究中心的建立,这个新兴学科得以快速发展,其中一个以赫尔曼·哈特曼为首,设在法兰克福;另一个以海因茨－维尔纳·普罗伊斯为首,设在哥廷根。这个时期标志着一个转向,从关注概念问题和方法论问题转向体制建立和学科承认。

在 19 世纪的法国,反原子论思潮成为有机化学家忽视理论问题的主要原因,与此同时,物理化学家则倾向于用热力学方法研究化学平衡的问题。让·皮兰是法国原子论复兴的主要贡献者。让·皮兰是一位杰出的物理化学家,他在法国化学界保持支配地位一直持续到 20 世纪 40 年代。此外,无论是法国的物理化学家,例如让·皮兰,还是量子物理学家,如路易·德布罗意,[32] 都没有对化学键的量子理论作出积极响应。两次的世界大战以及旨在获得大学永久地位的法国公民服务体系的僵化,一度阻碍收容希特勒时期逃离德国的科学家,没能扭转量子化学的消极趋势:物理化学研究大为减缓,只维持着主要的实验研究。因而,在法国土壤上量子化学的开始时间被推迟到二战的最后几年。包括阿尔贝特·普尔曼在内的一批理论家聚集在雷蒙·都德周围,开始采用分子轨道近似计算方法,研究具有生物学意义的分子。

在马利肯、泡令及其研究队伍正稳步地构建量子化学基础的同时,量子化学在英国也有了良好开端。起初的研究认为,英国量子化学的状况似乎与美国截然不同。一方面,物理学与化学两个学科明显地处于分隔状态;另一方面,据道格拉斯·哈特里本人回忆,在 20 世纪 20 年代末 30 年代初,物理学的确切含义是指实验物理学,因此,理论物理学通常属于数学家的研究领域。[33]

但随后的研究发现,英国量子化学有两个特点必须予以强调。一方面,剑桥的物理学家拉尔夫·H. 福勒非常成功地使量子物理学引起了人们的关注,推动量子物理学,而且指导着或开始指导英国量子化学的先驱——伦纳德－琼斯、哈特里和库尔森等人。另一方面,N. V. 西奇威克为开创特别利于接受量子化学的环境发挥了决定性的作用。通过他的专著《化学中共价联系的物理性质》(*Some Physical Properties of the Covalent Link in Chemistry*,1933)、年度工作报告以及主席演说等,N. V. 西奇威克成为

[32] Jules Guéron 和 Michel Magat,《法国物理化学史》(A History of Physical Chemistry in France),*Ann. Rev. Phys. Chem.*,22(1971),1–25;Mary Jo Nye,《各省科学》(*Science in the Provinces*,Berkeley:University of California Press,1986)。
[33] Fritz London Archives, Duke University, Hartree to London, 16 September 1928.

宣传共振对化学具有巨大实用价值的最有成效的鼓吹者。伦纳德－琼斯、哈特里和库尔森等人也都对所谓量子化学的"英国进路"做出了贡献。英国量子化学家认为量子化学的首要问题是计算方法,通过发明新的计算方法,他们努力把量子化学带进了应用数学领域。在那样的特定背景下,更加苛刻的需要不是重新构思概念体系,而是开发出用于解决化学问题的正式的(数学的)技巧和方法,并使之合法化。[34]

作为学科的量子化学

在每门科学的学科地位形成过程中,除了概念特征和方法论特征之外,体制特征与社会学特征也在不同程度上发挥作用。以量子化学为例,在它形成的最初几年中,量子化学被定义为存在于物理学和化学之间边界领域的交叉学科,通过在化学以及与物理学有关领域内的自治空间的协商,建立量子化学的学科地位。

化学内部的划界反映在新学科名称的考虑,为其学科出版物导入新市场,学科语言的制定,相伴产生的符号的标准化,量子学或理论化学讲席与教授职位的创立,集会、研讨会、夏季研讨班的组织,以及教科书的编写等。

当时在哥伦比亚大学,年轻的物理化学家哈罗德·C. 尤里撰写社论,于1933年引介了首期《化学物理学期刊》(*Journal of Chemical Physics*),将新学科作为化学和物理学最新进展的自然产物介绍给学术界。从关注大物质特性并以热力学物理理论为基础的物理化学到关注个别原子和分子并以量子力学为理论基础的"化学物理学"的转变正在发生。在这个转变过程中,美国物理协会出版这份新期刊之前的决定步骤澄清了关于化学与物理学之间相互作用的两种不同观点的对立。[35] 某些化学家,例如怀尔德·D. 班克罗夫特,认为只有通过与物理学隔离并在方法论上强调化学的定性和非数学方面才能保证化学的地位。相比之下,美国物理化学家共同体日益增加的成员们赞同这份期刊的出现能够包容"对《物理化学期刊》(*Journal of Physical Chemistry*)而言过于数学化的文章,对《美国化学学会期刊》(*Journal of the American Chemical Society*)而言过于物理化的文章,或者是对《物理评论》(*Physical Review*)而言过于化学化的文章"。[36] 适当交流渠道的作用因而被认为是朝着新学科地位的巩固和最大限度吸引听众迈出了关键的一步。1967年,在《化学物理学期刊》出版30多年之后,为满足这一学科的日益国际化,《国际量子化学期刊》(*International Journal of Quantum Chemistry*)

[34] Ana Simões 和 Kostas Gavroglu,《作为应用数学的量子化学:查尔斯·A. 库尔森的论文集(1910～1974)》(Quantum Chemistry *qua* Applied Mathematics: The Contributions of Charles Alfred Coulson, 1910 – 1974),《物理科学和生物科学的历史研究》,29(1999), 第363页～第406页; Simões 和 Gavroglu,《英国量子化学:为量子化学开发数学框架》(Quantum Chemistry in Great Britain: Developing a Mathematical Framework for Quantum Chemistry),《现代物理学的历史和哲学研究》,31(2000), 第511页～第548页。

[35] John Servos,《从奥斯特瓦尔德到泡令的物理化学:一门科学在美国的产生》(*Physical Chemistry from Ostwald to Pauling: The Making of a Science in America*, Princeton, N. J.: Princeton University Press, 1990)。

[36] Lewis Correspondence, Bancroft Library, CU-30, Box 2, folder on K. T. Compton, Compton to Lewis, 6 August 1932.

创刊了。勒夫丁写道:"今天,量子化学正经历着飞速发展,许多科学家感到量子化学应该拥有自己的国际期刊。"[37]

从 20 世纪 20 年代开始,在英国、美国和德国,召开了各种各样的会议使我们意识到这是化学共同体对新生事物的反应。英国的有机化学家接受物理学思维方式的时间可以追溯到法拉第学会(Faraday Society)1923 年的年会上,那次会议是在剑桥举办的,由 T. 劳里和约瑟夫·约翰·汤姆森组织。会议的主题是讨论"化合价的电子理论",特别是讨论刘易斯的共价键电子模型。[38] 1929 年,法拉第学会以相似的论题举办了第二次会议,会议主题是"分子光谱与分子结构",伦纳德-琼斯、马利肯和雷蒙德·塞耶·伯奇出席了会议。洪德和鲁道夫·梅克也参加德国代表团出席了会议。会议讨论的问题包括首次对价键法和分子轨道法进行对比的尝试。在这次会议上,年轻的量子化学家伦纳德-琼斯递交了他关于 LCAO 方法的论文。两年之后,英国科学促进会的 1931 年一百周年会议也举办了一次关于化合价的量子理论研讨会。

1928 年,美国化学学会在圣路易斯举办一次主题为"原子的结构和化合价"的会议。会议论文刊登在《化学评论》(Chemical Reviews)期刊上,这些文章使美国化学界深刻地意识到了在他们的文化和传统中发生了根本变化。在德国,本生研究会(Bunsen Gesellschaft)分别在 1928 年和 1930 年举办了两次会议,会议的主题是"化学键合模型和原子结构"以及"光谱学和分子结构"。

从 20 世纪 30 年代到二战之后的最初几年,越来越多的国家派出科学家参加会议。他们的作用在于巩固量子化学作为国际学科和化学的独立子学科的地位。1948 年在巴黎召开的化学键研讨会(Colloque de la Liaison Chimique)作为战后举办的第一次重要会议促成了量子化学在法国的兴起。从 20 世纪 50 年代开始,量子化学会议的论题集中在评估计算机对重塑学科目标的影响。这个论题开始于 1951 年的谢尔特岛会议,并于 1959 年在科罗拉多州博尔德(Boulder)举办的分子量子力学会议(Conference on Molecular Quantum Mechanics)上再次得到强调。在例如萨尼伯尔岛会议(Sanibel Island Conferences)、戈登研究会(Gordon Research Conferences)的其他国际会议上,这个论题也得到了重视,其中戈登研究会成为全世界量子化学家的例会地点。

在理论化学或量子化学方面设立教授职位,整整经历了 50 年时间,即使在同一个国家的不同地区,情况也有所不同。在美国,泡令于 1927 年成为理论化学助理教授,随即开始给研究生授课,讲授化学键的性质。马利肯是物理学教授和化学教授,但直到 20 世纪 60 年代他才获得化学物理学教授头衔。伦纳德-琼斯是第一个在英国得到理论化学讲席的人,即设立于 1932 年的剑桥大学理论化学普卢默讲席。他开设的量子化学讲座,被他先前的学生库尔森认为是第一流的本科生课程,应该在世界范围

---

[37]　Löwdin,《纲要》, p. 1。
[38]　这些论文发表在《法拉第学会会刊》(Transactions of the Faraday Society), 19 (1932), 第 450 页~第 558 页。

内得到推广。库尔森于1973年成为牛津大学新成立的理论化学系的第一位首席理论化学教授。

学科划界,即从物理学中划出量子化学,一开始就包含着关于加强量子化学与物理学的联系是否有利于学科发展的争论。同时,还包括在新形势下重新评价量子力学所起的独特作用以及面对新学科自身要求独立性的挑战。化学家存在的困难是缺乏娴熟的数学知识或缺少量子力学的知识,连同量子力学作为一种物理理论天然具有的"玄妙性"在内都是必须克服的困难,其后采取的措施呈现多面性。

1928年,由泡令和范扶累克分别写的两篇文章,发表在《化学评论》上,文章目的明确,旨在"教育"从事新量子力学研究的化学家。[39] 7年之后,作为更加雄心勃勃的发展战略的一个组成部分,泡令和 E. B. 威尔逊出版了《量子力学及其化学应用导论》(*Introduction to Quantum Mechanics with Applications to Chemistry*, 1935)。利用这部书以及另外两部教科书,《化学键的性质》(1939年)和《普通化学》(*General Chemistry*, 1947),泡令努力以量子化学的立足点改造化学。

在《化学键的性质》一书中,泡令提出的主要问题都曾在他的论文中以更适合于广泛读者阅读的语言讨论过,并清楚地论述了他认为在处理量子化学问题的过程中应该采取的方法论。这本书不仅对化学研究领域,而且对化学教育领域都要产生重大影响。约瑟夫·迈耶发表了对这本书的评论,在评论中他认为这本书:

> 不幸的是,这部论著将几乎无疑地倾向于修正——其程度甚至超过作者的精彩论文所做的——大多数化学家对于这种(并且仅仅是这种)对化学键问题的解决方法。在化学家想象中,海特勒–伦敦–斯莱特–泡令方法似乎将完全超越单电子分子轨道图,最主要的优点不在于它更大的适应性和有效性,而完全是它表述上的卓越的才华。[40]

就在1952年,库尔森的《化合价》(*Valence*)成为改造这个新兴学科的专著,该书对量子化学的影响力至少相当于泡令的《化学键的性质》。

从20世纪40年代开始,出版了很多量子化学方面的教科书。主要服务于教学目的,这些教科书旨在采取不同策略向学习化学的学生介绍量子力学。有些书在介绍量子力学时充分考虑了数学方法并对化学论题予以不同程度的强调。另一些书,则对量子力学在化学中特别是对化学键的应用进行了定性讨论,尽可能避免这个理论的数学结构。此外还有一些书,力图融合上述两类书的优点。在一些情况下,不同策略反映出关于量子化学独立性的含蓄的或清楚的看法,也就是关于化学向物理学的假想的简

[39] Linus Pauling,《量子力学在氢分子结构和氢分子离子及相关问题的应用》(The Application of Quantum Mechanics to the Structure of the Hydrogen Molecule and Hydrogen-Molecule Ion and to Related Problems),《化学评论》(*Chemical Reviews*), 5(1928),第173页~第213页;J. H. Van Vleck,《新量子力学》(The New Quantum Mechanics),《化学评论》, 5(1928),第467页~第507页。

[40] Ava Helen and Linus Pauling Papers, Box 399, The Nature of the Chemical Bond 1932 – 59.

化问题。[41]

量子化学对科学史和科学哲学的价值

411

1985 年,为了强调化学史在美国得不到重视,相对于更富魅力的物理学和生物学科,约翰·泽福斯称化学为"沉闷的科学"。[42] 物理化学,甚至量子化学尚未成为许多历史学和哲学研究的课题。最近 10 年的事态发生了积极的变化,出现了第一批成果,这些成果或者是关注量子化学本身,或者把量子化学作为其他(学科)案例研究的顶峰。不同研究方法并存。从传记研究、学科谱系研究以及以不同国家为背景的比较案例研究等视角,研究者关注量子化学的学科形成以及学科特征。[43] 有些时候,科学哲学家关心的问题被从历史的角度提了出来。[44]

量子化学可能也有助于对诸如化学语言、化学表示法、化学向物理学的简化等论题进行分类。这些课题最近都处于科学哲学家研究的前沿,并证明人们对于化学哲学研究兴趣的日益浓厚。[45]

历史学家主要着眼于 20 世纪 30 年代,以及美国和德国的案例研究。为了能够形

[41] Kostas Gavroglu 和 Ana Simões,《单面或多面? 教科书在量子化学新学科建立过程中的作用》(One Face or Many? The Role of Textbooks in Building the New Discipline of Quantum Chemistry),载于 Anders Lundgren 和 Bernardette Bensaude-Vincent 编,《传递化学:教科书及其读者(1789 ~ 1939)》(Communicating Chemistry:Textbooks and Their Audiences 1789 - 1939,Canton, Mass.:Science History Publications, 2000),第 415 页~第 449 页;Buhm Soon Park,《化学解释者:泡令、惠兰以及他们在共振理论教学中的策略》(Chemical Translators:Pauling, Wheland and their Strategies for Teaching the Theory of Resonance),《英国科学史杂志》(British Journal for the History of Science),32(1999),第 21 页~第 46 页。

[42] J. W. Servos,《化学史》(History of Chemistry),载于《美国科学史著作》(Historical Writing in American Science),《奥西里斯》,1(1985),第 132 页~第 146 页。

[43] R. S. Krishnamurthy 编,《泡令研讨会:关于传记艺术的对话》(The Pauling Symposium:A Discourse on the Art of Biography,Corvallis;Special Collections, Oregon State University Libraries, 1996)及其中的参考书目;Kostas Gavroglu,《弗里茨·伦敦:科学传记》;S. S. Schweber,《青年约翰·克拉克·斯莱特与量子化学的发展》(The Young John Clarke Slater and the Development of Quantum Chemistry),《物理科学和生物科学的历史研究》,20(1990),第 339 页~第 406 页。关于学科谱系方面的内容,参看 Servos,《从奥斯特瓦尔德到泡令的物理化学:一门科学在美国的产生》;Nye,《从化学哲学到理论化学》;Assmus,《早期量子理论的分子传统》(The Molecular Tradition in Early Quantum Theory),以及《分子物理学的美国化》(The Americanization of Molecular Physics)。关于比较案例研究方面的内容,参看 Gavroglu 和 Simões,《美国人、德国人与量子化学的开端:分离传统的融合》。

[44] Mary Jo Nye,《物理学与化学:相当的或不相当的科学》(Physics and Chemistry:Commensurate or Incommensurate Sciences?),载于《物理科学的发明》(The Invention of Physical Science,Dordrecht:Kluwer, 1992);Nye,《从化学哲学到理论化学》;S. G. Brush,《化学理论演变的动力学(一):关于苯的问题(1865 ~ 1945)》(Dynamics of Theory Change in Chemistry:Part I. The Benzene Problem 1865 - 1945),以及《化学理论演变的动力学(二):关于苯的问题(1945 ~ 1980)》(Dynamics of Theory Change in Chemistry:Part II. The Benzene Problem 1945 - 1980),《科学的历史与哲学研究》(Studies in the History and Philosophy of Science),30(1999),第 21 页~第 79 页,第 263 页~第 302 页。

[45] 《综合》(Syntheses)第三卷(1997 年)的内容都是关于化学哲学的,此外还包括化学哲学方面的参考书目。Joachin Schmmer 主编的《原质》(Hyle)杂志,以及 Eric Scerri 主编的《化学基础》(Foundations of Chemistry),都有关于化学哲学的论文。关于这个主题的评论,参看 Jeff Ramsey,《化学的历史与哲学的最新研究》(Recent Work in the History and Philosophy of Chemistry),《科学展望》(Perspectives on Science),6(1998),第 409 页~第 427 页。Kostas Gavroglu 主编了一卷《现代物理学的历史和哲学研究》,31(2000),这一卷也是关于量子化学的历史和哲学问题的。还可参看 Ana Simões 和 Kostas Gavroglu,《理论化学与量子化学史的论题》(Issues in the History of Theoretical and Quantum Chemistry),载于《20 世纪的化学科学:跨越界限》(Chemical Sciences in the 20th Century:Bridging Boundaries,Weinheim:Wiley-VCH, 2001),第 57 页~第 74 页。

成对量子化学起源和发展过程的比较研究观点,我们需要更多的比较案例研究;另一方面,二战后的时期也尚未得到系统化研究。随着计算量子化学的出现,有关学科起源的问题群已经引人注目地从概念性的和方法论的问题考虑转变为专门技术问题,事情是这样的吗? 是半经验性与精确计算并存的局面带来了化合键的新定量模型吗? 要是量子化学家 R. G. 帕尔能够宣称"分子的电子结构精确描述正在接近我们",[46] 那么 1929 年狄拉克的预言终究已经被明显兑现了吗? 这些问题仍然有待阐明。

（苏俊斌　郭勇　译　杨舰　校）

---

[46]　R. G. Parr,《分子的电子结构的量子论》(*Quantum Theory of Molecular Electronic Structure*, New York: Benjamin, 1963),第 123 页。

21

等离子体与固体科学

迈克尔·埃克特

等离子体物理学家和固体物理学家在评价他们的专业领域时有一个共同的特点：那就是，都强调他们所关注物质的普遍存在。一位等离子体物理学先驱在一篇关于本学科的述评中这么写道："众所周知，地球只是一片等离子体海洋中的一小块非等离子体岛屿。尽管等离子体在外层空间中是十分稀薄的，但在恒星及其日冕中，却是致密的，无处不在的。实际上，这种'物质的第四种状态'（等离子体）已经被视为宇宙中的主要物质形式。"[1] 另一位德国固体物理学的重要人物，尽管有着同样的热情，但他们的关注点却有些微不同，他在无所不在的固体物质与人类文明之间架起了一个关联。他在一本固体电子学史书的开头写道："人类伟大的诸时代是以固体物质命名的，石头、青铜和铁都曾导致划时代的变化"，目前，铁器时代的后期，我们正在进入一个新时代，"可能，这个时代会以晶体命名……也许会被叫作硅时代"。[2]

"普遍存在"这一术语隐藏的信息是什么？除了对认同感、资金及推进等离子体和固体物理学进一步发展的其他方式之外，我们是否还应该考虑将对这些普遍存在物质的研究看作一种文化强制性呢？不同于基本粒子物理学这类被公众视为基础的学科，等离子体研究是应人类对受控热核聚变的需求应运而生的；同样的，固体物理学的重要性似乎来源于其技术应用，而不是智力好奇。尽管等离子体与固体物理学这两个专业的概念根源可以追溯到 19 世纪甚至更早，但直到 20 世纪下半叶，它们才获得其学科身份。

史前史：情境对概念

由现代等离子体和固体物理学组成的大量子学科使得任何企图对其历史发展进

---

[1] Richard F. Post,《20 世纪等离子体物理学》(Plasma Physics in the Twentieth Century)，载于 L. Brown 等编，《20 世纪物理学》(*Physics in the Twentieth Century*, vol. 3, Bristol: Institute of Physics Publishing, 1995)，第 1617 页～第 1690 页，引文在第 1618 页。

[2] Hans Queisser,《研发和市场竞争采用的微电子技术》(*Kristallene Krisen: Mikroelektronik – Wege der Forschung, Kampf um Märkte*, Munich: Piper, 1985)，第 7 页～第 8 页。除非另有说明，皆由作者翻译。

行概念性追溯的尝试都陷入了纠缠不清的困境。除了辉格主义的精选品《谁命名了诸多粒子》(Who name the -ON's)以外,其他任何用来解释最终赋予了其学科性质的因素的纯概念方法都是不合适的。[3] 因此,较之等离子体和固体物理学的一连串概念上的"开始"来说明问题,考虑早期等离子体和固体研究的情形则是更为有效的方式。

20 世纪 20 年代以前,许多固体的实际知识都在多种知识体系如矿物学、结晶学、冶金学等名目之下积累的。这种研究是在大学、国立研究机构(诸如柏林的帝国物理技术研究所),以及像西门子或者通用电气公司这类企业的新兴工业实验室中进行的。有时候研究得到很好的组织(如原料测试的长期的、有规律的努力),有时会受阻(如 X 射线衍射现象的发现),有时还是运气和长期研究策略的混合产物(如超导体的发现)。因此,若想从这一大堆不同的环境、背景和方法中,分离出我们关于固体物理知识的一个单独的、主导的特性,不是一件容易的事情。[4]

20 世纪 20 年代到 30 年代早期,新情境形成了这一模式。新的量子力学成为了固体理论的智力支柱和社会环境支柱。因此,与固体相关的主题也就自然而然地成为了那些有雄心的并且刚刚经历了当时的原子理论和量子力学巨大进步的年轻理论家的主要研究方向。约翰·克拉克·斯莱特(1900~1976)是"1923 年到 1932 年的经典 10 年"中,"或许是 50 到 100 个众所周知的名字"形成的精英队伍中的一员。他回忆道:"在整个那一时期中,几乎所有重大发现都集中在量子理论领域,其应用则是分子和固体问题。"[5]像斯莱特这样的人还有很多,都列出来的话,也许就是一部固体理论的名人录了。这里可以随便列举一些,如汉斯·贝特(1906~)、费利克斯·布洛赫(1905~1983)、利昂·布里卢安(1889~1969)、赫伯特·弗勒利希(1905~)、维尔纳·海森堡(1901~1976)、瓦尔特·海特勒(1904~1981)、拉尔夫·克勒尼希(1904~)、弗里茨·伦敦(1900~1954)、内维尔·莫脱(1905~1996)、沃尔夫冈·泡利(1900~1958)、莱纳斯·泡令(1904~1994)、鲁道夫·派尔斯(1907~1996)和爱德华·特勒(1908~),当然,这些名字还只是其中的一些佼佼者而已。

像布洛赫墙、布里卢安区或伦敦－海特勒法这类固体概念,就是那些先驱者在教科书上留下的印记。当他们在理论物理领域开始其大学教授或是物理系主任生涯时,就有人选择了固体理论作为其主要的研究领域。德国莱比锡大学的海森堡研究所,美

415

[3] Charles T. Walker 和 Glen A. Slack,《谁命名了诸多粒子》(Who name the -ON's),《美国物理学杂志》(American Journal of Physics),38(1970),第 1380 页~第 1389 页。

[4] Michael Eckert 等,《量子物理之前的固体物理源头》(The Roots of Solid-State Physics before Quantum Mechanics),载于 Lillian Hoddeson 等编,《走出晶体迷宫:固体物理学史节选》(Out of the Crystal Maze: Chapters from the History of Solid-State Physics,New York: Oxford University Press, 1992),第 3 页~第 87 页;Paul Forman,《晶体 X 射线衍射现象的发现:神话背后的批判》(The Discovery of the Diffraction of X-Rays by Crystals: A Critique of the Myths),《精密科学史档案》(Archive for History of Exact Sciences),6(1969),第 38 页~第 71 页;Peter Paul Ewald,《神话背后的神话:P. 福曼论文评论》(The Myth of the Myths: Comments on P. Forman's Paper),同上书,第 72 页~第 81 页。

[5] John Clarke Slater,《固体和分子理论:一部科学传记》(Solid-State and Molecular Theory: A Scientific Biography,New York: Wiley, 1975),第 3 页~第 7 页。大部分固体领域的先驱者都不认为他们自己是"固体理论家",他们之所以出名是由于他们在其他领域的基础性工作。

国麻省理工大学的斯莱特研究院及英国布里斯托尔大学的莫特研究院,在20世纪30年代由于其固体理论而名声显赫。这种状况一直持续到1933年。在这一年,另一个变故改变了固体理论领域的社会和智力环境:很多在德国用量子理论开始其研究生涯的研究者,随着纳粹势力的高涨,被迫迁出了德国。当时,尤金·维格纳(1902～1995),一位从匈牙利移居到普林斯顿大学的学者,和另一位学者弗雷德里克·塞茨(1911～),已经建立起了一种模型,用这种模型可以计算特定的金属钠的电子能带。有了这种方法,固体理论才开始运用到实际的固体上去,而不是像1926年至1933年间那样,还主要是应用在想象的晶体上。[6]

　　量子力学应用的焦点主要在于固体的电子特性,而另外一些现代固体物理学的起源则与量子力学无关——它们是在一种非常不同的环境下出现并发展起来的。例如,对固体的力学性质的研究,就是主要源自冶金学的工程环境。举例来说,一战期间,在法恩伯勒(Farnborough)的英国皇家飞机制造厂(British Royal Aircraft Factory)中,对飞机及其发动机构造的力学故障的经验观察,就引起了塑性形变模式之一的裂纹扩展理论的发展,接着,这些研究者又立刻成为了现代位错理论的先驱。[7]冶金学的工程环境最终与源于学术和工业环境的物理化学、结晶学和矿物学的兴趣点交融起来。1912年,晶体中X射线衍射现象的重大发现,很快被广泛应用到基础科学和工业材料研究中(而这一发现本身并不是出于对材料的兴趣),并为全世界范围内的大学研究院中各种各样的研究提供了一个共同的概念背景。同样得益于此的还有路德维希港的染料工业利益集团(I. G. Farben)实验室,新成立的德国威廉皇帝研究所,美国斯琴奈克塔迪(Schenectady)和纽约的通用电气公司研究实验室以及日本的东京物理化学研究所(Tokyo Institute of Physical and Chemical Research)。这些实验室中X射线(以及后来的电子)束作用下的材料,除了有机物以外,还有金属和合金。其在物理、化学和生物方面的研究课题也覆盖了相变、晶体生长、化学纤维及任意固体物质的光学、电学、磁学性质的研究,乃至对遗传密码探求的广大领域。[8]

416

　　在等离子体物理学的史前时代,同样可以看到这种多样性,只不过规模要小得多。等离子体物理与学术性的天文学研究和工业性的电子管研究都有着十分重要的渊源。等离子体这一说法首次出现在20世纪20年代晚期的工业研究实验室里。气体放电现象的研究,对于美国的通用电气公司和电话电报公司、德国的无线电信公司和西门子公司以及荷兰的飞利浦公司这类企业来说,都是至关重要的。欧文·朗缪尔(1881～

---

[6] Lillian Hoddeson 等,《金属的量子力学电子理论的发展(1926 ～ 1933)》(The Development of the Quantum Mechanical Electron Theory of Metals, 1926 - 1933),载于《走出晶体迷宫:固体物理学史节选》,第88页~第181页;Paul Hoch,《固体能带理论的发展(1933 ～ 1960)》(The Development of the Band Theory of Solids, 1933 - 1960),载于《走出晶体迷宫:固体物理学史节选》,第182页~第235页。

[7] Ernest Braun,《固体的力学性质》(Mechanical Properties of Solids),载于《走出晶体迷宫:固体物理学史节选》,第317页~第358页。

[8] Peter Paul Ewald 编,《X射线衍射的50年发展史》(Fifty Years of X-Ray Diffraction, Utrecht: International Union of Cystallography, N. V. A. Oosthoek's Uitgeversmaatschapij, 1962)。

1957)（曾服务于美国通用电气公司）和古斯塔夫·赫兹（1887~1975）（曾服务于西门子公司和飞利浦公司）都是诺贝尔奖得主，而他们的声望，则出色地说明了这种来自等离子体物理学的馈赠。当然，这里我们还可以算上瓦尔特·朔特基（1886~1976）、马克斯·施滕贝克（1904~1981）以及西门子公司的其他人在20世纪30年代所做的工作，他们在电子界层、磁等离子体性质、瞬时测量等广阔的领域同时取得过理论与实验进展。或者，我们也可以算上贝尔实验室对真空管中热离子电阻和热噪声的研究。[9]

早期等离子体物理学产生的另一个重要背景是电离层研究，这种研究是作为无线电波传播研究的一个副产品而兴起的。20世纪20年代，肯内利－亥维赛层（这一说法是在20年前提出来的）被证明可以像镜子一样反射无线电波，因而对发生在弯曲地表上的无线电波传播发挥了极其关键的作用。从此以后，对电离层等离子体的研究，开始成为日益成长的无线电技术的一部分。除了贝尔实验室或美国海军研究实验室这类工业或政府实验室以外，这种研究对英国无线电研究部（成立于一战后，主要是为一度流行的"无线电"技术制定规范）这类国家部门来说，也是极其重要的。获得1947年诺贝尔奖的爱德华·阿普尔顿的磁离子理论，也是在这种背景下产生的，不过是众多对于20世纪二三十年代中日益成长的等离子体物理学做出了贡献的概念中的一个。[10] "探测电离层"也是华盛顿的美国国家标准局的一个主要研究方向，在《无线电进展》（Achievement in Radio）的评论中，他们颇引以为豪地描述了一大堆各色各样的电离层研究项目。项目种类五花八门，从路易斯·W.奥斯汀（1867~1932）于一战前在海军军舰上展开的先驱性的长距信号传播一直到"为美国联邦调查局所作的电离层调查"，而后者使得国家标准局在1935年"一年中的短短一段时间内就进行了一系列的试验，以确定从华盛顿特区的一部发射机把声音传送到整个美国的可行性"。[11] 这里，我们可能会产生这么一个疑问：美国联邦调查局的这个要求是否真的能对等离子体理论的发展做出贡献？但是，它确实是强调了无线电环境的重要性，而这一环境对于测量技术发展也确实不无影响。

从另一个极端来说，早期的等离子体研究也在一个纯学术环境下发展起来了，并且有着完全不同的发展方向。与固体理论相结合，新的量子力学成为年轻的理论家在广泛的领域中取得成功的沃土。例如，阿尔布雷克特·翁泽尔德（1905~1995）对恒星大气的调查，已成为宇宙物理学和等离子体物理学史上的里程碑。其实，早在量子力

〔9〕 Lewi Tonks，《"等离子体"的诞生》（The Birth of "Plasma"），《美国物理学杂志》，35（1967），第857页~第858页；Ferdinand Trendelenburg，《从西门子的研究历史说起》（Aus der Geschichte der Forschung im Hause Siemens），*Technikgeschichte in Einzeldarstellungen*，31（1975），第1页~第279页。

〔10〕 C. Steward Gillmor，《"电离层"的历史》（The History of the Term "Ionosphere"），《自然》（Nature），262（1976），第347页~第348页；《威廉·阿尔特、爱德华·阿普尔顿和磁离子理论》（Wilhelm Altar, Edward Appleton, and the Magneto-Ionic Theory），《美国哲学协会学报》（Proceedings of the American Philosophical Society），126，no. 5（1982），第395页~第440页。

〔11〕 Wilbert F. Snyder 和 Charles L. Bragaw 编，《无线电进展：无线电科学、技术、标准的七十年以及国家标准局的度量法》（Achievement in Radio：Seventy Years of Radio Science, Technology, Standards, and Measurement at the National Bureau of Standards，Boulder, Colo.：National Bureau of Standards, 1986），第171页~第242页，引文在第232页。

学发现之前,恒星就已经为我们提供了一些在今天看来都是在等离子体物理学概念框架内的研究课题。1920 年,宇航员阿瑟·斯担利·埃丁顿(1882~1944)计算了核聚变把氢变成氦时恒星释放的总能量。基于弗朗西斯·威廉·阿斯顿(1877~1945)用一个全新设计的质谱测量仪对同位素的细微区别的测量,又得知欧内斯特·卢瑟福(1871~1937)在卡文迪许实验室新近的实验中实现了原子核的人为转化,埃丁顿推测:"在卡文迪许实验室可以实现的过程,大概也不难在太阳上发生。"[12]因此,恒星能量的产生根源,就成了天文学和核物理学相结合的主要难题。20 世纪 30 年代末,它们才最终被解释为一系列的核聚变过程,直到此时,这个难题才宣告破解。这类对等离子体的研究大多是由纯理论学家展开的(如贝特、卡尔·弗里德里希·冯·魏茨泽克[1912~]、查尔斯·L. 克里奇菲尔德[1910~]),且在当时被认为具有高度的学术性。而从现代等离子体物理学的角度来看,只有当其最终目标是受控热核聚变时,这一研究才与等离子体物理学相关。

二战:一个重要的转折

尽管在二战前等离子体和固体研究就已经进行了几十年,然而,这两个领域的研究者是在完全不同的环境下开展工作的,并且一般也不会把自己当作固体物理学家或等离子体物理学家来看待。回顾起来,还是少了一些可以为两个特殊专业共有的联合科学服务的东西。简要地说,也许可以把二战看作是"史前"固体和等离子体研究发展到现代固体和等离子体物理学的重要转折点。 *418*

从编史学角度来看,再次对概念视角和情境视角之间的差别作一些阐述是相当必要的:从概念视角来说,二战没有使固体和等离子体知识深入到一种相当的程度。回顾历史可以发现,固体物理的两个最重要的概念支柱早在 20 世纪 40 年代之前就已经牢固地竖立起来了。[13] 自 1912 年发现晶体中的 X 射线衍射现象以来,晶格研究就变成了世界范围的研究;到了 1940 年,固体电子的量子力学研究已经发展到基本原理被编入教科书的地步了。等离子体概念虽然还没有这样深入人心,但述评文章也已出现。[14] 还是就概念来说,战争的爆发使得固体和等离子体研究从先驱者的基础研究转向了更为实用的目的。因此,说到赫拉克利特的著名格言("战争是一切之父,是一切之法则"),但从其概念发展看,战争并**不是**现代固体和等离子体物理学之父。

[12] 引自 John Hendry,《受控聚变技术的科学源头》(The Scientific Origins of Controlled Fusion Technology),载于《科学年鉴》(Annals of Science),44(1987),第 143 页~第 168 页。

[13] 例如 Nevill F. Mott 和 R. W. Gurney,《离子晶体的电子过程》(Electronic Processes in Ionic Crystals,Oxford:Oxford University Press,1940);Frederick Seitz,《固体的现代理论》(The Modern Theory of Solids,New York:McGraw Hill,1940)。

[14] 例如 Lewi Tonks,《电弧等离子体的磁效应理论》(Theory of Magnetic Effect in the Plasma of an Arc),《物理学评论》(Physical Review),56(1939),第 360 页~第 373 页。

向军事目的的研究转向创造了战后两个领域的科学共同体获得其身份的新情境。等离子体研究开始与热核聚变研究密切相关，而固体物理则开始与半导体电子学关系密切。前一种新情境源自原子弹的发明这一目的，后一种新情境（固体物理研究）源自雷达探测器的发展。美国在这两个领域上的研究，都已经达到了空前的规模和程度，因此，在等离子体和固体研究领域处于领先地位。同时，国家的安全考虑也开始在先前只有科学或工业利益决定发展进程的地方发挥作用。

尽管曼哈顿工程在热核聚变研究中的作用并不像它在核裂变中的作用那样突出，但却比特勒早期的有关氢弹的主张内容更为丰富。官方历史对这项研究是这样评价的："氚弹或超级项目（氢弹）的工作是次要的，但却贯穿整个项目的始终。"并且这一点得到了肯定："尽管超级项目不是战争所需要的，但实验室还是有着长期的义务去持续这项研究。"[15]另外，等离子体也开始成为其他与原子弹相关研究的重要内容。例如，伯克利的欧内斯特·劳伦斯（1901～1958）放射实验室通过在强磁场中弯曲离子束发明了另一种同位素分离法（该装置为"同位素分离的电磁装置"）。[16] 当想要提高这类装置的产量时，劳伦斯小组的一位理论物理学家戴维·博姆（1917～1992）又发现了在离子及其伴随电子之间的不稳定行为，而这种"博姆扩散"也将成为关于等离子体磁约束的未来研究中的著名的谜。[17]

与曼哈顿计划在等离子体物理学中的作用相似，麻省理工大学的放射实验室（RadLab）也成为了固体物理学的领导者。它的主要任务是发展微波雷达，包括研究半导体的整流特性以进行厘米波的探测，而传统的电子阀是做不到这一点的。贝特是早期固体量子力学电子理论的先驱，在他成为洛斯阿拉莫斯原子弹项目理论部门的领导者之前，是放射实验室探测项目的顾问之一。1942年，贝特提出了金属线和硅晶体之间整流触点的理论，这对整个战争期间点接触探测仪开发起到了引领作用。放射实验室还把特定的研究扩展到了大学实验室。例如，普渡大学（Purdue University）的卡尔·拉克－霍罗维茨（1893～1958）和他的研究生组成的工作组，就与放射实验室签订了锗金属研究的合约。塞茨在宾夕法尼亚大学也对硅的性质进行了同样的研究。其他关于雷达探测仪的重要研究则主要是由贝尔实验室做出的，多年以后，这个实验室又发明了晶体管。后来，晶体管的一个发明者约翰·巴丁（1908～1991）否定"战争对此有任何直接影响"，并对自身作出总结："战争期间的工作，是从我早期基础性的半导体研究兴趣的转移。"然而，对雷达探测仪材料的探寻第一次提供了把各种半导体材料

[15] David Hawkins，《Y计划：洛斯阿拉莫斯国家实验室的故事（第一部分）：走向三人小组》（Project Y: The Los Alamos Story. Part I : Toward Trinity, Los Angeles: Tomash Publishers, 1983），第86页～第87页；最初作为《曼哈顿地区史》（Manhattan District History LAMS 2532, Los Alamos Scientific Laboratory, 1961）发表的。

[16] John L. Heilbron 和 Robert W. Seidel，《劳伦斯和他的实验室：劳伦斯·伯克利实验室的历史》（Lawrence and His Laboratory: A History of the Lawrence Berkeley Laboratory, vol. 1, Berkeley: University of California Press, 1989），第516页～第517页。

[17] Richard F. Post，《20世纪等离子体物理学》（Plasma Physics in the Twentieth Century），《20世纪物理学》，第1630页。

的研究协调起来的环境,而在战后,这些半导体材料成了半导体和固体物理学的流行语:锗和硅。[18]

二战对固体和等离子体研究的特殊技术和仪器的发展也产生了重大影响。例如,微波辐射成为了战后实验室兵工厂中探测固体和等离子体的重要手段。二战的另一技术产物——核反应堆也是如此;来自研究反应堆中的强中子束被用于中子衍射这个最万能的技术中,中子衍射被运用到对各种材料的结构研究当中,从化学中的聚合物研究到生物分子研究或固体的磁性分析。[19]

尽管战争的技术产物不应被低估,但它的社会效应的最大发挥可能还是在战后的科学中。在美国,由军方或政府通过诸如科学研究和发展局(Office of Scientific Research and Development,OSRD)之类的部门组织或投资的协作研究的事实,改变了我们通常对科学研发的理解。正像现代物理史家观察到的那样,"科学与军事的亲密接触"以及"战略联盟的确立",已经"以一种重要而不可避免的方式改变了科学的性质"。[20]

发展时期（1945～1960）

从这个角度来看,二战后等离子体和固体材料研究的增长是现代科学史主要发展趋势的说明。在比较二战前后美国用于研发的军费之后,保罗·福曼发现了增长的趋势,1938 年大约只有 2300 万美元,还不到用于研发的所有联邦费用的三分之一,1945年,总量已经超过了 16 亿美元,大概相当于用于研发的所有联邦费用的 90%。于是,福曼引用了放射实验室中一位科学家杰罗尔德·扎卡赖亚斯的话,把二战称作"美国科学和科学家的分水岭,它改变了从事科学的性质,并从根本上改变了科学与政府、军事和企业的关系"。这就标志着美国科学的"百万美金时代"的到来。在 1945 年到1960 年间,电子工业中用于研发的联邦资金增长了 10 倍。这段时期从事电子研发的物理学家和其他人员数量也出现了同样的增长比例。[21] 特别是雷达被证实为在战后

[18] Ernest Braun,《半导体物理学及其应用史中的主题选择》(Selected Topics in the History of Semiconductor Physics and Its Applications),《走出晶体迷宫:固体物理学史节选》,第 443 页~第 488 页,引文在第 454 页~第 463 页。

[19] Stephen T. Keith 和 Pierre Quédec,《磁学与磁性材料》(Magnetism and Magnetic Materials),载于《走出晶体迷宫:固体物理学史节选》,第 359 页~第 442 页;G. E. Bacon 编,《中子衍射的 50 年:中子散射的出现》(Fifty Years of Neutron Diffraction:The Advent of Neutron Scattering,Bristol,England:Adam Hilger,1986)。

[20] Silvan S. Schweber,《科学与军事的拥抱:海军研究局与二战以后美国物理学的发展》(The Mutual Embrace of Science and the Military:ONR and the Growth of Physics in the United States after World War Ⅱ),载于 Everett Mendelsohn 等编,《科学、技术与军事》(Science,Technology and the Military,Dordrecht:Kluwer,1988),第 3 页~第 46 页;Paul K. Hoch,《战略联盟的确立:美国的物理学精英与 20 世纪 40 年代的军事》(The Crystallization of a Strategic Alliance:The American Physics Elite and the Military in the 1940s),同上书,第 87 页~第 118 页。

[21] Paul Forman,《量子电子学背后:作为美国物理学研究基础的国家安全(1940～1960)》(Behind Quantum Electronics:National Security as Basis for Physical Research in the United States,1940 – 1960),《物理科学和生物科学的历史研究》(Historical Studies in the Physical and Biological Sciences),18,no. 1(1987),第 149 页~第 229 页,here n. 5 and figs. 1 and 3。

物理研究中找到了许多应用的一种技术。[22]

　　因此,二战后固体物理学、材料科学、等离子体研究以及其他许多学科的增长,决不仅是这些领域内在发展的结果。美国在这场战争中一跃而成为世界的领导力量,无论是从军事上还是科学上来看,都是如此。此外,冷战时期国际竞争的原动力,同时也为其他国家的这种增长提供了足够的推动力。美国与其他国家的理论项目的增长,为所有学科都提供了一系列的新机遇。各种学科之间的交叉现象是随处可见的。例如,博姆在等离子体方面的工作,就导致了有助于超导体理论建立的多体理论的产生。通过这种交叉,新的富有生命力的合作现象也开始出现。[23] 此外,一些特殊的事件还使固体物理学和等离子体物理学成为完全不同的子学科。1947年点接触晶体管的发明,开创了固体电子学的新时代。20世纪50年代初期,当把受控热核聚变作为一个无尽的能量来源的初步预想被提出来时,等离子体物理学也获得了突飞猛进的发展。由此可见,固体物理学和等离子体物理学成为独立学科的过程是相当不同的,需要进行独立的仔细的分析。

　　然而,无论贝尔实验室点接触晶体管的时机的选择还是发明都不是偶然的。20世纪30年代后期以后,与通信装置相关的固体现象微观理论的发展,成了贝尔实验室研究计划的一部分。二战期间,许多与雷达和通信装置的固体原件相关的军事项目,都刺激了半导体实用技术知识的快速增长。1945年,贝尔实验室物理研究所进行了重组,固体特性的开发成为新成立的固体研究所的主要任务,其目的是获取"发展通信系统的全新的或是改良的原件以及设备组件的新知识"。这一新成立的部门被分成了几个子机构,每一个机构又都是由各种不同学科背景的专家组成的均衡整体。正像负责的管理人员所看到的那样,这种机构的效率已经被洛斯阿拉莫斯和麻省理工大学的大型战时实验室验证过了。源于这个计划的多学科协作以及对固体特性的基础研究的强烈关注,一个半导体子机构形成了,并为今后的发现划定了大致的学科范围,其中包括理论固体知识(由威廉·肖克莱、约翰·巴丁负责)、实验物理学(由沃尔特·布喇顿、杰拉尔德·皮尔逊负责)、物理化学(由罗伯特·吉布尼负责)、电子工程(由希尔伯特·穆尔负责)和一般的技术服务(由托马斯·格里菲思、菲利普·富瓦负责)。到了1947年年底,这一机构已经获得了足够的理论和技术知识,来实现之前发明"场效应放大器"的目标,于是在1947年12月16日,他们第一次用一个内部装有金属导体(黄金)和半导体(锗)的放大器形成适当的接头产生了预期的效果。这一装置就是"点接触晶体管"。这一"实验室秘密"保持了7个月之后,新闻机构报道了这一新闻,

[22] Paul Forman,《从剑到犁:用雷达部件和技术开辟二战后物理学研究的新天地》(Swords into Ploughshares: Breaking New Ground with Radar Hardware and Technique in Physical Research after World War Ⅱ),《现代物理学评论》(Reviews of Modern Physics),67,no. 2(1995),第397页~第455页。

[23] Lillian Hoddeson 等,《集体现象》(Collective Phenomena),载于《走出晶体迷宫:固体物理学史节选》,第489页~第616页。

并把它称作"电子工业的革命"。[24]

点接触晶体管的发现,很快带来了工业实验室和大学研究所固体研究的快速增长。到了 1949 年 6 月,军方也已经开始资助贝尔实验室的晶体管研究。在此后的 10 年内,资助的数目达到了 850 万美元,占了贝尔实验室这一时期材料发展方面总支出的四分之一。在点接触晶体管发现后的若干年里,技术应用的主要范围也有所扩大。区域精炼(W. G. 普凡)和掺杂技术这类新方法,很快促使了平面晶体管的产生,与点接触晶体管这种笨拙装置相比,平面晶体管的产生为电子设备进一步的小型化提供了可能。1951 年 9 月,贝尔实验室开设了一门有关晶体管物理和技术的课程,121 位军方人士、41 位大学科学家和 139 位企业研究员参加了这门课程。1952 年 4 月,贝尔实验室又召开了一次面向企业的晶体管座谈会,26 个国内企业和 14 个国外企业都委派了代表参加。例如,德国的西门子公司和荷兰的飞利浦公司就是在这种情况下进入"新半导体时代"的。[25]

等离子体物理学这段时期也发生了关键性的事件,不过这些事件的性质大大不同。在战后的早些年代里,美国的洛斯阿拉莫斯国家实验室(在东部和西部可能还有许多其他秘密武器实验室)把受控热核聚变的可能性,作为氢弹发展的伴随结果来研究。许多高温等离子体的磁约束方案被讨论,例如,1945 年左右乔治·佩吉特·汤姆森(1892~1975)和彼得·索尼曼提出的"环形螺线管"建议,就导致了 1949 年在哈韦尔(Harwell)的英国核心原子能研究装备上进行的"箍缩效应"的实验研究。其研究成果还导致了英国第一个有始有终的受控聚变研究项目的产生。同时,特勒在洛斯阿拉莫斯国家实验室主持的"异想天开(Wild ideas)"讨论会上,似乎对相似的计划进行过激烈的讨论,俄国的安德烈·萨哈罗夫(1921~1989)和伊格·塔姆(1895~1971)也就同类计划进行过讨论。[26]

1951 年,一条来自阿根廷的消息使东方和西方的秘密聚变研究受到了强烈刺激,该消息说,德国物理学家已在一个秘密的岛屿实验室中为独裁者胡安·贝隆完成受控

123

[24] Lillian Hoddeson,《点接触晶体管的发现》(The Discovery of the Point-Contact Transistor),《物理科学和生物科学的历史研究》,12,no. 1(1981),第 41 页~第 76 页。

[25] Ernest Braun,《半导体物理学及其应用史中的主题选择》,载于《走出晶体迷宫:固体物理学史节选》,第 443 页~第 488 页,此处位于第 474 页~第 476 页;Ernest Braun 和 E. MacDonald,《缩图革命》(Revolution in Miniature, 2d. ed.,Cambridge:Cambridge University Press, 1982);Joop Schopman,《菲利普对新的锗硅半导体时代的回应(1947 ~ 1957)》(Philips' Antwort auf die neue Halbleiterära Germanium und Silicium, 1947 – 1957),《技术史》(Technikgeschichte),50(1983),第 146 页~第 161 页;Michael Eckert 和 Helmut Schubert,《晶体、电子、晶体管的技术史:从教棒到工业研究》(Kristalle, Elektronen, Transistoren: Von der Gelehrtenstube zur Industrieforschung, Reinbek:Rowohlt, 1986;Am. translation:New York:American Institute of Physics, 1990)。

[26] John Hendry,《受控聚变技术的科学源头》,《科学年鉴》,44(1987),第 143 页~第 168 页;Joan Lisa Bromberg,《聚变:科学、政治和新能源的发现》(Fusion:Science, Politics, and the Invention of a New Energy Source, Cambridge, Mass.:MIT Press, 1982);I. N. Golowin 和 W. D. Schafranow,《受控核聚变的开端》(Die Anfänge der kontrollierten Kernfusion),载于《安德烈·D. 萨哈罗夫:一位物理学家的生活和作品——他的同事和朋友对人类秘密原子领域的回顾》(Andrej D. Sacharov:Leben undWerk eines Physikers in der Retrospektiveseiner Kollegen und Freunde in der Akademie der Wissenschaften, Heidelberg:Spektrum Akad. Verlag, 1991;Russian original Moscow:Nauka/Priroda, 1990),第 45 页~第 59 页。

核聚变的研究。[27] 尽管这一消息是很可疑的(直到它最后被揭穿时,贝隆一直都是这个谣言的牺牲品),但正像历史学家琼·L.布朗伯格所说的那样,这成为了美国聚变项目的"直接原因"。至少它激发了天体物理学家小莱曼·斯皮策(1914~1997)在聚变研究上的兴趣;随后他构思了磁等离子体约束的仿星器方案。在美国原子能委员会(U.S. Atomic Energy Commission, AEC)的部分策划者看来,对于这一方案以及其他受控核实验项目的投资,非常符合他们志在把制造氢弹的热核聚变研究令人生畏的前景转化成为人类谋福利的无穷尽能量的计划。AEC 的聚变项目("舍伍德计划"["Project Sherwood"]),是以一个目的在于在普林斯顿大学进行斯皮策的仿星器(Spitzer's stellarator)研究的价值 5 万美元的合同开始的。这个计划在以后的一些日子里,逐渐扩大为一个大规模的研究。到了 1957 年,已经在洛斯阿拉莫斯、利弗莫尔(Livermore)、奥克里季(Oak Ridge)、普林斯顿和华盛顿的 6 个实验室中投资了 1000 多万美元,也正是在这些实验室中,许多磁约束技术也开始成型。

　　到了这时,聚变领域作为一个整体已经被重塑了。在武器实验室秘密孕育并服从于国家安全和冷战框架的聚变研究现在已经成了"和平原子"的醒目标志。1955 年,在日内瓦召开的第一届原子能和平利用国际会议(International Conference on Peaceful Uses of Atomic Energy)上,霍米·巴巴(1909~1966)在一个公开讲话中大胆预言,20 年内以受控方式释放聚变能量的途径将被找到。此时,即使是已有的舍伍德计划也是在秘密状态下进行的。1958 年 9 月 1 日到 13 日在日内瓦举行的第二届原子能和平利用国际会议发挥了宣传工具的作用,向公众公开了这一计划的成果。舍伍德计划的代表,与俄国、英国及其他国家同行一道,争先恐后地解释了他们处理等离子体的方案。在这次会议上,仿星器、箍缩器和磁镜装置像博物馆的展物一样被展出。(另外,像俄国的托卡马克装置,即箍缩器的一种变体,虽然已经存在,但却要在 10 年后才显得重要起来。)因此,可以说,1958 年是国际聚变研究的"分水岭"。[28]

　　正像若干年前晶体管的发展重新激发了固体物理研究的兴趣一样,受控聚变的发展也促进了等离子体研究。20 世纪 50 年代晚期,一个固体研究共同体出现了,它有自己的讨论会、杂志和奖项。例如,1952 年,贝尔实验室提供了以退休的实验室主任奥利弗·E.巴克利的名字来命名的固体物理学奖(此奖 1953 年授予威廉·肖克莱[1910~1989])。许多工业公司纷纷效法贝尔实验室,成立了相关的固体物理研究部门。德国的西门子–舒克特公司(Siemens-Schuckert company)在 1949 年重组它的研究实验室,此后不久,又在海因里希·韦尔克(1912~1981)的领导下建立了固体物理研究所,就是在这里,一种新型的半导体(Ⅲ-Ⅴ 族化合物)被开发出来。像其他许多美国

[27]　Mario Mariscotti,《南安德鹿体内的神秘原子》(*El Secreto Atomico de Huemul*, Buenos Aires: Sudamericana/Planeta, 1985)。

[28]　John Lisa Bromberg,《聚变:科学、政治和新能源的发现》,第 89 页~第 105 页。

同事一样,韦尔克二战期间也参与了雷达的研究。[29]

　　然而,出现的这个固体共同体不仅仅从事半导体研究。在美国,建立"金属物理学家"组织的努力最终与包括所有固体物质的更广泛的学术兴趣结合在一起了。把固体物理学纳入一个一致的框架中的有影响力的组织是海军研究局(Office of Naval Research,ONR)的固体物理研究小组,它甚至批准了对材料科学进行集中投资的计划。1960 年,苏联人造地球卫星发射后,受到对军事应用研究的投资猛增的支持,国防部新成立的发展研究项目组(Advanced Research Projects Agency,ARPA)与原子能委员会以及其他部门一起,接手了这些尝试。这最终导致了全国各地许多交叉学科材料研究实验室的成立,如麻省理工学院的材料科学工程研究中心。[30] 在等离子体物理学领域,继 1958 年的日内瓦会议以后,更多的国际会议和研讨会接踵而来,比如,丹麦里瑟(Risø)召开了"1960 年等离子体物理学国际夏日课程";1961 年国际原子能机构(International Atomic Energy Agency,IAEA)在萨尔茨堡组织了第一次有关聚变的研讨会(后来该机构又举行了一系列的相关研讨会)。在这些国际会议和研讨会上,日益扩大的等离子体物理学家共同体证实了"机密的年代"的结束。[31]

巩固和分歧 *425*

　　1958 年之后的一段时期,受控聚变研究像淘金热一样迅速狂热起来。这就使得小规模的实验装置向大机器迅速转化的成功希望显而易见。例如,"C 型"仿星器的使用使得 1961 年新成立的普林斯顿大学等离子体物理实验室(Plasma Physics Laboratory,PPL)迎来了它的第一个发展 10 年。在物理学家用代号为"马特豪恩峰"的 A、B 型台式模型探索仿星等离子体容器的基本原理后,最终,C 型则被设计成反应堆的比例模型。这一模型包括工业压缩机,每天能蒸发 20 万加仑(约 90.92 万升)水的冷却塔,能够运行 Fortran 程序的第一代计算机,处理诸如微波、反应堆工程此类东西的特殊"工作室"等,还包括许多具备 6 种学科专业知识的工作人员。简言之,C 型仿星器代表了项目导向研究的新模型,这一模型的使用,使得等离子体物理学迅速风靡全世界。[32]

　　其他国家也很想赶这趟潮流。如 1960 年,在马普学会的帮助下,德国慕尼黑附近成立了一个新的等离子体物理研究所(Institute für Plasmaphysik,IPP)。由于有其他失

[29]　Michael Eckert,《战时的理论物理学家:作为移民者的德国索末菲的学生》(Theoretical Physicists at War: Sommerfeld Students in Germany and as Emigrants),载于 Paul Forman 和 Jose M. Sanchez-Ron 编,《国家军事成果和科技进步:20 世纪历史研究》(National Military Establishments and the Advancement of Science and Technology: Studies in 20th Century History,Dordrecht: Kluwer,1996),第 69 页~第 86 页。

[30]　Spencer R. Weart,《固体共同体》(The Solid Community),载于《走出晶体迷宫:固体物理学史节选》,第 617 页~第 669 页。

[31]　Richard F. Post,《20 世纪等离子体物理学》,《20 世纪物理学》,第 1617 页~第 1690 页。

[32]　Earl C. Tanner,《C 模型 10 年:一段非官方史》(The Model C Decade: An Informal History, rev. ed., Princeton, N. J.: Princeton University Plasma Physics Laboratory, 1982)。

败例子作为前车之鉴,IPP 的仿星器研究没有立刻投入像 C 型 10 年这类研究,而是转向小型基础研究。20 世纪 60 年代早期,事情已经变得明朗起来了,博姆扩散,即磁约束环形容器中等离子体不可接受的大量流失("抽空"),不是能通过扩大诸如普林斯顿 C 模型的尺寸这类手段所能克服的。因此,IPP 的等离子体物理学家,决定更仔细地分析抽空和其他不稳定性,例如,在进入大规模项目阶段之前,用"冷"的碱性等离子体的实验,代替了适于热核聚变的热氢等离子体。理论上的进步(例如,在仿星器中的磁流体动力平衡条件下的"普菲舍 - 施吕特理论[Pfirsch-Schlüter theory]")以及小型装置里(在仿星器团体中十分有名的"慕尼黑秘密")可接受的(这就是经典的非博姆模式)等离子体的流失比率的实现,都是这种研究方法带来的成果。不过,这仅使得这些大项目的开始延误了数年,当 IPP 在 20 世纪 60 年代后期最终进入这一阶段时,它做起这些事来更是信心百倍。由于俄国人在实验中用托卡马克装置能够取得更好的结果,IPP 的普林斯顿对手已经放弃了仿星器研究,因此,慕尼黑的"螺旋岩(Wendelstein)"仿星器迎来了它的全盛时期。[33]

受控热核聚变研究的飞速发展,把与聚变无关的等离子体物理学推向了幕后。1970 年诺贝尔物理学奖授予汉内斯·阿耳文(1908~1995),是因为他在"磁流体力学的基础性工作及其在等离子体物理学不同方面的卓有成效的应用",这是与 1958 年以后的核聚变热无关的研究之一。阿耳文的工作是研究天体物理学、地球物理学的等离子体现象,如太阳的黑子、极光、磁暴等。1942 年,他已经预言在导电的液体中存在着一种新型的"电磁流体波",现在这种波被命名为"阿耳文波"。这种波在 1958 年的核弹试验之后的电离层等离子体中能被观察到,还能被太空中的"先锋"号和"探索"号人造卫星探测到。20 世纪 60 年代中期,阿耳文波已经成为等离子体物理学的诸多子学科中的另一个词条。从认识论的角度看,它们的存在显然是毫无疑问的——这些波只是麦克斯韦方程和流体动力的一个逻辑后果。因此,阿耳文的"发现"和他的其他有关宇宙等离子体现象的预言一样,已经被作为科学哲学命题的实验案例来分析。[34] 从等离子体物理学的学科发展来看,阿耳文的工作只是战后情境的另一个最好说明:即由于核弹试验、火箭和人造卫星的利用,地球离子层及行星间的等离子体相继成为实验研究的对象,并且产生了一些前所未有的重大成果。在这里,我们也不难发现,军事研究最初的国际化也发生在 20 世纪 50 年代晚期以后(1957 年至 1958 年的国际地球物理年可以作为一个转折点)。像二战后其他领域的大规模军事投资一样,地球物理

[33] Michael Eckert,《从"马特豪恩峰"仿星器到"螺旋岩"仿星器:国内大规模的核聚变研究的国际推动力》(Vom "Matterhorn" zum "Wendelstein":Internationale Anstösse zur nationalen Grossforschung in der Kernfusion),载于 Michael Eckert 和 Maria Osietzki,《权力与市场学:联邦德国的核研究与微电子技术》(Wissenschaft für Macht und Markt. Kernforschung und Mikroelektronik in der Bundesrepublik Deutschland, Munich:C. H. Beck, 1989),第 115 页～第 137 页。

[34] Stephen G. Brush,《预言与理论评价:阿耳文波在宇宙等离子体现象中的作用》(Prediction and Theory Evaluation:Alfvén on Space Plasma Phenomena),《厄俄斯》(Eos),71,no. 2(1990),第 19 页～第 33 页。

学和天体物理学的等离子体研究也经历了一个时代性的急剧增长和重组,并最终在"地球空间"和"和平科学"这类新的保护伞下统一起来了。[35]

固体物理学也同样是精英汇萃,正如 1970 年诺贝尔物理学奖另一位获得者路易·奈耳(1904～),他"是因为他在固体磁性方面的开创性研究"获奖。奈耳为在格勒诺布尔建造一个核研究中心(Centre d'Etudes Nucléaires de Grenoble,CENG)而进行的雄心勃勃的活动,表明了固体物理学家是不会满足于小规模的研究的。像他们在奥克里季或是阿尔贡国家实验室的美国同行一样,20 世纪 60 年代,法国、德国和其他地方的物理学家都已成为核繁荣的受益者,他们通过建造越来越强大的高流量中子源来满足其材料研究的需要。[36] 但是固体物理学家决不会满足于只在核科学这个大科学的盛宴上分得一点残羹。在后加入者热诚的帮助下,他们开始为固体研究中心创设自己的基地。例如在 1961 年的德国,一份递交到科研基金会的报告上曾经论证过这么一个问题:"为了一国的工业化发展,固体物理学至少要与新近取得地位的核物理学平起平坐。"这就是这方面主要努力的开始,而这一努力以 1969 年斯图加特的马普研究所的成立而告圆满成功。[37]

尽管固体物理学、材料研究和等离子体物理学在 20 世纪的后三分之一时间内,已经完全在建制上巩固,然而,其纵横交错的众多子学科使得它看起来像是拼凑的。这一结果反映了颇为多样化的环境下的历史根源,在这些环境下,各学科在一定意义上保持了自主性(比如,磁学没有完全成为固体物理学的附庸,而仍被看成是一个独立的学科)。另一方面,像非线性动力学("混沌理论")这类新学科的出现,倾向于改变原有的概念界线。非线性动力学的开创性成果,也源于固体物理学和等离子体的研究。从现代视角来看,有序—无序现象,相变及物质的其他集体现象,通常能用自组织理论、混沌理论、协同作用或者通称的非线性理论获得更好的确定,而不必根据传统的固体、液体或物质的等离子体状态来进行区分。

科学增长的模型

现在还没到对 20 世纪最后几十年内非线性物理学是如何重构固体和等离子体物

[35] C. Stewart Gillmor,《地球空间及其应用:二战后电离层物理的结构调整》(Geospace and its Uses:The Restructuring of Ionospheric Physics Following World War Ⅱ),载于 Michelangelo De Maria 等编,《欧美物理科学的结构调整(1945 ～ 1960)》(The Restructuring of Physical Sciences in Europe and the United States 1945 – 1960,Singapore:World Scientific,1989),第 75 页～第 84 页;Paul Hanle and V. D. Chamberlain 编,《空间科学时代的到来》(Space Science Comes of Age,Washington, D. C.:Smithsonian Institution Press,1981)。
[36] Dominique Pestre,《路易·奈耳,磁与榴弹炮》(Louis Néel, le Magnétisme et Grenoble,Paris:CNRS, 1990);Michael Eckert,《中子与政治:迈尔-莱布尼茨和联邦德国反应堆中子研究的出现》(Neutrons and Politics:Maier-Leibnitz and the Emergence of Pile Neutron Research in the FRG),《物理科学的历史研究》(Historical Studies in the Physical Sciences),19,no. 1(1988),第 81 页～第 113 页。
[37] Michael Eckert,《大人物对小东西——马普固体研究所的建立》(Grosses für Kleines – Die Gründung des Max-Planck-Instituts für Festkörperforschung),《权力与市场学:联邦德国的核研究与微电子技术》,第 181 页～第 199 页。

理学作历史鉴定的时候。然而,考虑到这些学科发展过程中的各种关键事件、分水岭、巩固和分歧,这种新的趋势一度把我们带到如何建立科学增长的历史编史学视角的早先难题上去。通常地,学科或子学科的增长被认为是一个专业化的进程。然而,等离子体和固体物理学,更多是通过整合而不是细分来获得其学科地位的。不仅如此,库恩的科学增长模型在这里也不适用。因为无论是在固体物理学还是等离子体物理学上,科学革命的概念都是没有意义的;这里没有不可通约的范式之间的转换——或者它们中的大多数都只是在不容易被察觉的小范围内进行的。而在波普尔的证实与证伪框架下,或是任何其他不考虑政治和社会环境的认识论框架中,评价甚至是更不恰当的。新世纪伊始,我们对于物质(固体或其他)知识的发展和整合的回顾,展现出一幅拼拼凑凑的图景,这一图景已经根据(后)现代社会的多种需求进行过重新构架,而这种重构,几乎是不可逆转的。

（屠聪艳　译　杨舰　校）

22

高分子：其结构和功能

古川安

高分子（macromolecule）概念是在 20 世纪出现的两门科学——聚合物化学（polymer chemistry，或 macromolecular chemistry）和分子生物学的框架中形成和发展起来的。在过去 30 年里，出版了很多与这两个领域的历史相关的著作。一方面，从事该领域研究的科学家出版了许多技术评论及回忆录；另一方面，历史学家则清楚地揭示了这两门科学的历史中的知识、建制和工业层面。[1]

[1] 关于聚合物化学的历史，参看 Hermann Staudinger，《从有机化学到高分子：以我的原始论文为基础的科学自传》（*From Organic Chemistry to Macromolecules: A Scientific Autobiography Based on My Original Papers*，New York：Wiley-Interscience，1970），Jerome Fock 和 Michael Fried 译；Frank M. McMillan，《链矫直机——硕果累累的创新：线性合成聚合物和立体等规合成聚合物的发现》（*The Chain Straighteners – The Fruitful Innovation: the Discovery of Linear and Stereoregular Synthetic Polymers*，London：Macmillan，1979）；Claus Priesner，《H. 施陶丁格、H. 马克和 K. H. 迈尔：关于高分子的大小与结构的论文》（*H. Staudinger, H. Mark, und K. H. Meyer: Thesen zur Grosse und Struktur der Makromoleküle*，Weinheim：Verlag Chemie，1980）；Allan G. Stahl 编，《聚合物科学概述：向赫尔曼·F. 马克致敬》（*Polymer Science Overview: A Tribute to Herman F. Mark*，Washington，D. C.：American Chemical Society，1981）；Raymond B. Seymour 编，《聚合物科学和技术史》（*History of Polymer Science and Technology*，New York：Marcel Dekker，1982）；Herbert Morawetz，《聚合物：一门科学的起源与发展》（*Polymers: Origins and Growth of a Science*，New York：Wiley，1985）；Peter J. T. Morris，《聚合物先驱：大分子科学和技术的通俗史》（*Polymer Pioneers: A Popular History of the Science and Technology of Large Molecules*，Philadelphia：Center for History of Chemistry，1986）；Raymond B. Seymour 编，《聚合物科学先驱》（*Pioneers in Polymer Science*，Dordrecht：Kluwer，1989）；Herman F. Mark，《从有机小分子到大分子：一个进步的世纪》（*From Small Organic Molecules to Large: A Century of Progress*，Washington，D. C.：American Chemical Society，1993）；Yasu Furukawa，《高分子科学的发明：施陶丁格、卡罗瑟斯与高分子化学的出现》（*Inventing Polymer Science: Staudinger, Carothers, and the Emergence of Macromolecular Chemistry*，Philadelphia：University of Pennsylvania Press，1998）。关于聚合物化学的工业和技术方面，参看 Raymond B. Seymour 和 Tai Cheng 编，《聚烯烃史：世上使用最广泛的高分子》（*History of Polyolefins: The World's Most Widely Used Polymers*，Dordrecht：Reidel，1986）；David A. Hounshell 和 John K. Smith，《科学与企业策略：美国杜邦公司的研发（1902～1980）》（*Science and Corporate Strategy: Du Pont R&D, 1902 – 1980*，Cambridge：Cambridge University Press，1988）；S. T. I. Mossman 和 Peter J. T. Morris 编，《塑料的发展》（*The Development of Plastics*，Cambridge：Royal Society of Chemistry，1994）；Jeffrey I. Meikle，《美国的塑料：一种文化史》（*American Plastic: A Cultural History*，New Brunswick，N. J.：Rutgers University Press，1995）。关于分子生物学史，参看 John Cairns、Gunther S. Stent 和 James D. Watson 编，《噬菌体及其分子生物学起源》（*Phage and the Origins of Molecular Biology*，Cold Spring Harbor，N. Y.：Cold Spring Harbor Laboratory of Quantitative Biology，1966）；James D. Watson，《双螺旋：DNA 结构发现的私人记述》（*The Double Helix: A Personal Account of the Discovery of the Structure of DNA*，London：Atheneum，1968）；François Jacob，《生命的逻辑：遗传史》（*The Logic of Life: A History of Heredity*，Princeton，N. J.：Princeton University Press，1973），Betty E. Spillmann 译；Robert Olby，《双螺旋之路》（*The Path to the Double Helix*，Seattle：University of Washington Press，1974）；Franklin H. Portugal 和 Jack S. Cohen，《DNA 世纪：遗传物质的结构与功能发现史》（*A Century of DNA: A History of the Discovery of the Structure and Function of the Genetic Substance*，Cambridge，Mass.：MIT Press，1977）；Horace F. Judson，《创世第八天：生物学革命的制造者》（*The Eighth Day of Creation: The Makers of the Revolution in Biology*，New York：Simon and Schuster，1979）；Salvador E. Luria，《老虎机与破试管：自传》（*A Slot Machine, A Broken Test Tube: An Autobiography*，New York：Basic Books，1984）；Lily E. Kay，《生命的分子视角：加州理工学院、洛克菲勒基金会与新生物学的兴起》（*The Molecular Vision of Life: Caltech, The Rockefeller Foundation, and the Rise of the New Biology*，Oxford：Oxford University Press，1993）；Max F. Perutz，《我真该早点惹怒你：关于科学、科学家和人性的随笔》（*I Wish I'd Made You Angry Earlier: Essays on Science, Scientists, and Humanity*，New York：Cold Spring Harbor Laboratory Press，1998）；Michael Morange，《分子生物学史》（*A History of Molecular Biology*，Cambridge，Mass.：Harvard University Press，1998），Matthew Cobb 译。除了这些书籍，还有许多有关这些领域的历史的论文。比如，对聚合物化学史的简要研究，参看 Yasu Furukawa，《高分子化学》（*Polymer Chemistry*），载于 John Krige 和 Dominique Pestre 编，《20 世纪的科学》（*Science in the Twentieth Century*，London：Harwood，1997），第 547 页～第 563 页；《聚合物科学：从有机化学到交叉科学》（*Polymer Science: From Organic Chemistry to an Interdisciplinary Science*），载于 Carsten Reinhardt 编，《20 世纪的化学科学：架桥于边界上》（*Chemical Sciences in the 20th Century: Bridging Boundaries*，Weinheim：Wiley-VCH，2001），第 228页～第 245 页。另外，对分子生物学的历史回顾，参看 Robert Olby，《生物学中的分子革命》（The Molecular Revolution in Biology），载于 R. Olby、G. N. Cantor、J. R. R. Christie 和 M. J. S. Hodge 编，《科学史指南》（*Companion to the History of Science*，London：Routledge，1990），第 503 页～第 520 页；Pnina G. Abir-Am，《分子生物学史上的"新"趋势》（"New" Trends in the History of Molecular Biology），《物理科学和生物科学的历史研究》（*Historical Studies of the Physical and Biological Sciences*），26（1995），第 167 页～第 196 页。

然而,现存的文献很少同时涵盖这两个领域。正如聚合物化学和分子生物学是具有不同研究共同体和研究目标的独立科学一样,它们的历史也同样被分别编写和探讨。虽然历史学家一直渴望探寻分子生物学的起源,但他们往往很少注意聚合物化学,甚至完全忽略了。[2] 因此,聚合物化学和分子生物学之间的历史联系,仍是一个有待研究的主题。而高分子则是支撑这两门科学的知识框架的共同的概念基础:这两个领域的科学家都一直致力于寻找从高分子结构到它们的特性和功能证据的因果链。因此,这两门科学的发展,既可以被视为高分子概念的详细阐述过程,也可以被视为物理科学和生命科学的"分子化"。为了与这个视角保持一致,本章将把重点放在20世纪20年代到50年代的"高分子科学"上。

从有机化学到高分子

"高分子(macromolecule)"(德语为 Makromolekül)这一术语,是德国有机化学家赫尔曼·施陶丁格(1881~1965)在1922年提出来的,当时他是苏黎世的联邦工学院的教授。他用这个术语指代长链分子,这种长链分子组成一类具有胶状性质的物质,如橡胶、纤维素、淀粉、蛋白质和塑料。它们被称作"聚合物(polymers)",得名于希腊语"许多部分",由瑞典化学家 J. J. 贝尔塞柳斯(1779~1848)于1832年引入,其主要部分有许多分子,这些分子由同样的原子团重复排列而成,不考虑分子的大小。施陶丁格创造高分子这一术语,就是为了与已有的聚合物概念进行区分,*因为后者被视为由相对较小的分子组成。这就是为什么施陶丁格更愿意把他的研究领域称作"高分子化学(macromolecular chemistry)"(德语为 makromolekulare Chemie)而不是"聚合物化学(polymer chemistry)"的原因,尽管后一种表达在今天的英语言国家中使用得更为广泛。[3]

当施陶丁格提出高分子概念时,还有两个相关的观点支持聚合物是小分子。一个是由胶体化学家提出的,包括莱比锡的沃尔夫冈·奥斯特瓦尔德(1883~1943),他是著名物理化学家威廉·奥斯特瓦尔德的儿子。沃尔夫冈把胶体定义为由小到看不见、大到不能被称作分子的微粒(一个被他称作"被忽视的尺度"的世界)构成的分散系统。他认为胶体是物质的一种物理状态,任何物质都能处于这种状态;在适当的条件

---

〔2〕 Robert Olby 可能是唯一的例外,参看《高分子概念与分子生物学的起源》(The Macromolecular Concept and the Origins of Molecular Biology),《化学教育杂志》(*Journal of Chemical Education*),47(1970),第168页~第171页;《分子生物编史学中高分子的意义》(The Significance of the Macromolecules in the Historiography of Molecular Biology),《生命科学的历史与哲学》(*History and Philosophy of the Life Sciences*),1(1979),第185页~第198页。

* 这里说的聚合物指的是多个"相对小"的分子的组合,而 macromolecule 指的是一个单个大分子。——译者注

〔3〕 Hermann Staudinger 和 Jakob Fritschi,《关于异戊二烯和橡胶:橡胶及其成分的氢化》(Über Isopren und Kautschuk: Über die Hydrierung des Kautschuks und über seine Konstitution),《瑞士化学学报》(*Helvetica Chimica Acta*),5(1922),第785页~第806页。关于高分子理论的起源,参看 Furukawa,《高分子科学的发明:施陶丁格、卡罗瑟斯与高分子化学的出现》,第2章。

下,任何物质都能形成胶体溶液。他声称,在分子结构和胶体状态之间不存在明确的联系,胶体的特性是由分子之外的物理状态决定的,如分散度(degree of dispersion)。当时,有一定影响力的胶体化学家,像德国的理查德 A. 席格蒙迪(1865～1929)、赫伯特·弗罗因德利希(1880～1941)和美国的怀尔德·D. 班克罗夫特(1867～1953),与奥斯特瓦尔德的观点基本一致,他们都认为胶体是一种物质状态。

与胶体学家的观点互补的是所谓的缔合理论,是由卡尔·D. 哈里斯(1866～1923)、汉斯·普林斯海姆(1876～1940)、鲁道夫·普梅雷尔(1882～1973)、马克斯·贝格曼(1886～1944)、库尔特·赫斯(1888～1935)和保罗·卡勒(1889～1971)这些著名的有机化学家提出来的。根据这一理论,像纤维素、橡胶、淀粉、蛋白质、树脂及合成聚合物这类胶体物质,是在某种分子间力的作用下结合而成的小的环状分子的物理缔合物。比如,他们确信橡胶是由一个 8 个原子的环状分子组成的,每个分子则是两个异戊二烯的结合。*胶体微粒被视为这些橡胶分子的缔合物,这些分子被弱“余价(partial valences)”**结合起来,这些“余价”源自环状分子的碳—碳双键。“分子量”指的就是一个胶体微粒的重量。聚合物的表观高分子量,可以用冰点降低法和渗透压法这些已有的手段来测量,其结果不能直接作为实际的化学分子量,而是物理缔合物的重量。[4]

施陶丁格对侵入其研究领域(有机化学)的胶体论观点的激增十分不安,他也不认同他的有机化学家同道们提出的缔合理论。他是经典有机结构化学的忠实支持者,这一领域是由弗里德里希–奥古斯特·凯库勒(1829～1896)以及其他一些化学家在 19 世纪中期共同发展起来的。施陶丁格认为,物质的性质不仅来自组成元素的种类,还来自分子内部原子的拓扑排列,即分子结构。聚合物也不例外。胶体微粒在许多情况下,本身就是由 10^3 至 10^9 个原子通过凯库勒价键连接在一起的高分子。而聚合物的胶体性质则是由这些分子的结构和巨大的数量所决定的。因此,胶体现象不能用胶体化学原理解释,而必须用有机化学原理来解释。他认为奥斯特瓦尔德的“被忽视的尺度”不是胶体化学家的领域,而是有机化学家需要探索的新领域。

不同于一般的有机化合物,胶体不受确定的纯化和离析的方法的影响,因为它们很难从溶液中结晶出来,也很难在蒸馏提取的过程中不发生分解。被轻蔑地称作“油脂化学”,对于这些黏胶性材料的研究并没引起许多有机化学家的注意。阿道夫·冯·贝耶尔(1835～1917)——德国经典有机化学的权威——曾在世纪之交悲叹,绝大

432

＊　　每个异戊二烯可以提供四个原子给环。——译者注
＊＊　　可以视为在分子彼此接近到一定距离时,使外层电子云有所重叠而出现的量子效应。——译者注
〔4〕　例如 Carl D. Harries,《关于树胶的知识:聚合橡胶的降解与构成》(Zur Kenntnis der Kautschukarten:Ueber Abbau und Constitution des Parakautschuks),《德国化学学会报告》(Berichte der deutschen chemischen Gesellschaft),38(1905),第 1195 页～第 1203 页。

多数有机化合物研究业已完成,"有机化学已穷途末路了……剩下的是油脂化学了"。[5] 对贝耶尔的有机化学正走下坡路的不成熟的判断表示异议,施陶丁格在 1926 年公开声明:"尽管我们今天已经认识了大量的有机物质,我们只是站在真正的有机化合物化学的开端,离结束还远呢。"[6]

1926 年夏天施陶丁格转到弗赖堡大学以后,他的理论遇到了相当多的反对意见。其中一个重击来自 X 射线晶体学。当时,物理化学家和物理学家已经开始把 X 射线方法运用在聚合物研究上。此类研究在 1920 年成立的位于柏林－达勒姆的威廉皇帝纤维化学研究所(Kaiser Wilhelm Institute for Fiber Chemistry)尤为发达。丝和部分纤维素被发现可以表现一种适用于 X 射线分析的晶体的形状。人们也发现,橡胶被延展开来,也能表现出晶体的形状,从而呈现出像丝绸和纤维素一样的纤维图。这就表明,橡胶、丝绸和纤维素拥有共同的结构,尽管还留有一个悬而未决的疑问——为什么延展能够引起橡胶的结晶化? 与此同时,X 射线专家还观察到,聚合物的晶胞(晶格中重复出现的原子团)与普通分子的大小很接近。由于晶体学家们普遍认为分子一定不能比晶胞大,因此,纤维化学研究所的所长雷吉纳尔德·O. 赫尔佐克(1878~1935)与他的追随者们得出了这一结论:聚合物分子一定是很小的。这一结论与施陶丁格的观点截然相反。

面对这一严峻的挑战,施陶丁格不得不搜集一系列证据来支持他的理论。保守的有机化学家轻视物理化学,也不信任诸如 X 射线晶体学之类的物理手段。所以,施陶丁格的验证方式是纯有机化学的方式,他调动了他在有机物分析和合成方面的所有技能。举例来说,橡胶的缔合理论表明,橡胶的氢化作用能够产生普通的小分子物质,因为环状橡胶分子中的双键饱和会出现,并破坏分子间的余价。施陶丁格做了这个实验,却得到了相反的结果。氢化橡胶的性质与原始的天然橡胶一样,氢化橡胶没有结晶,却产生了像橡胶一样的胶状溶液。因此,橡胶的胶状微粒不可能是由余价结合而成的小分子缔合物,其本身就是大分子。[7]

20 世纪 30 年代早期,理论界的势头又偏向了施陶丁格一边。这一转变的原因是多样的,其中最主要的原因是,20 世纪 20 年代中期,瑞典物理化学家特奥多尔·斯韦德贝里(1884~1971)在乌普萨拉开发出了超离心机,使得估算一些大至数百万规模的蛋白质的分子量成为可能。[8] 另一重要支持来自大西洋彼岸。服务于杜邦公司的美

[5] 引自 Joseph S. Fruton,《科学类型的对比:化学科学和生物化学科学的研究群体》(*Contrasts in Scientific Style: Research Groups in the Chemical and Biochemical Sciences*, Philadelphia: American Philosophical Society, 1990),第 162 页。
[6] Hermann Staudinger,《凯库勒结构理论内涵中的高分子量有机物化学》(Die Chemie der hochmolekularen organischen Stoffe im Sinne der Kekuléchen Strukturlehre),《德国化学学会报告》,59(1926),第 3019 页~第 3043 页,引文在第 3043 页。如无注明,均为作者翻译。
[7] Staudinger 和 Fritschi,《关于异戊二烯和橡胶:橡胶及其成分的氢化》。
[8] 关于斯韦德贝里的超离心研究,参看 Boelie Elzen,《成功人造物品的失效:斯韦德贝里超离心机》(The Failure of a Successful Artifact: The Svedberg Ultracentrifuge),载于《关注外围:20 世纪瑞典物理学的历史面貌》(*Center on the Periphery: Historical Aspects of 20th-Century Swedish Physics*, Canton, Mass.: Science History Publications, 1993),第 347 页~第 377 页。

国有机化学家华莱士·H. 卡罗瑟斯(1896~1937),通过对聚合反应机制的透彻研究,证实了合成聚合物的高分子性。他对高分子合成的研究(这一研究导致了人造纤维尼龙和人造橡胶氯丁橡胶的产生),为以科学为基础的聚合物产业的产生铺平了道路,聚合物产业开创了战后时期的"塑料时代"。[9]

奥地利化学家赫尔曼·F. 马克(1895~1992)也对高分子概念的成功发挥了重要作用。马克是最早抛弃聚合物分子一定比晶体的 X 射线单位晶格(晶胞)小的错误假说中的一员。尽管马克接受的是有机化学的训练,但当他在赫尔佐克的研究所学习了聚合物的 X 射线衍射时,他就变成了一位物理化学家。1927 年,当马克转到染料工业利益集团(I. G. Farben Industrie)后,他组装了一套改进的 X 光透视仪,并且继续他对纤维素和其他纤维结构的研究。[10]

1928 年至 1930 年,马克和他的同事库尔特·H. 迈尔(1883~1952)发展了新的微团理论(micelle theory),折中了施陶丁格的高分子概念与缔合理论。根据马克和迈尔的理论,溶液中的胶体微粒本身并不是高分子,而是"微团",是通过范德瓦耳斯型(Van der Waals – type)的微团力结合起来的长链分子的缔合物。尽管施陶丁格批评了这种折中主义(而且,事实上,他们所说的分子大小也确实是太小了些),但是马克 – 迈尔理论在传播长链分子概念上确实发挥了十分重要的作用,甚至还吸引了许多缔合理论支持者的积极关注。于是,1935 年,在剑桥举行的主题为"聚合作用和缩聚作用的现象"的法拉第学会综合研讨会(Faraday Society General Discussion meeting)上,施陶丁格、卡罗瑟斯、马克和迈尔都被邀请为嘉宾发言人,这次会议表明了化学家共同体对高分子概念的普遍接受。

1953 年,当施陶丁格获得诺贝尔奖时,一个他以前的争论者这么说:"施陶丁格之所以能在其他人失败的时候获得成功,是因为他了解并坚信有机化学。"[11]施陶丁格确实坚持传统的分子概念,那就是把分子作为物质所有性质由之而来的唯一实体。他主张物质的性质由分子结构决定。

然而,施陶丁格高分子理论的成功决不能简单地解释为他对传统有机化学的回归。因为有机化学家一直认为,一个纯净物应该由单一的、有明确分子成分的物质组成,施陶丁格却放弃了这一信念。高分子物质是由各种大小不一的分子组成,因此它们的分子量就只能用平均值来表示,而不能用某个精确的数字表示。从这个角度来

[9] 关于卡罗瑟斯以及他在美国杜邦公司的工作,参看 Hounshell 和 Smith,《科学与企业策略:美国杜邦公司的研发(1902 ~ 1980)》,第 12 章和第 13 章;Matthew E. Hermes,《圆满的一生:记尼龙的发明者华莱士·卡罗瑟斯》(*Enough for One Lifetime*: *Wallace Carothers*, *Inventor of Nylon*, Washington, D. C.: American Chemical Society and Chemical Heritage Foundation, 1996);Furukawa,《高分子科学的发明:施陶丁格、卡罗瑟斯与高分子化学的出现》,第 3 章和第 4 章。

[10] 参看 Stahl,《聚合物科学概述:向赫尔曼·F. 马克致敬》;Herman F. Mark,《欧美的聚合物化学——它们都是如何开始的》(Polymer Chemistry in Europe and America – How It All Began),《化学教育杂志》,58(1981),第 527 页~第 534 页,及《从有机小分子到大分子:一个进步的世纪》。

[11] 引自《颁发给德国人、荷兰人的诺贝尔奖》(Nobel Prize to German, Hollander),《化学新闻与工程新闻》(*Chemical and Engineering News*),31(1953),第 4760 页~第 4761 页,引文在第 4761 页。

看,高分子概念的提出意味着与化学化合物经典概念的决裂。

施陶丁格同样也认识到,高分子形状决定聚合物的性质,例如纤维量、弹性、抗张强度、黏性和膨胀现象。他认为,纤维素和其他许多高分子化合物都是线性的。由于这种形状,它们是纤维性的、有韧性的,能在膨胀到一定程度下分解,由此产生高黏度的凝胶溶液。他认为,较之普通的化合物,高分子的形状对物质的物理和化学性质的影响要大得多。这种解释物质特性时对分子大小和形状能影响物质性质的强调,使得施陶丁格不同于传统的结构化学家,因为后者只局限于对分子内部原子排列的研究。

施陶丁格认为,当高分子被视为一个整体时,它们展示自己独特的性质:

> 分子与高分子都可以比作主要使用几种建材(如碳、氢、氧、氮原子)建成的建筑物。当只有12个或100个建筑单元可以运用时,只能组成小分子或只能建造相对粗糙的建筑物。如果有10,000个或100,000个建筑单元,就可以造起各种各样的建筑物:公寓、工厂、摩天大厦、宫殿等。甚至一些超乎想象的建筑物都能实现。高分子也是如此。可以理解,这些新性质将被发现不可能出现在小分子(量)材料中。[12]

物质的性质来自整体而不是其孤立的部分。因此高分子化合物呈现的性质,即便是对小分子物质作全面研究也无法预知。正是出于这种信念,施陶丁格认为,高分子化学是一个全新的有机化学领域,而不是经典有机化学的一部分。

物理学意义上的高分子

施陶丁格只是从有机化学的角度探索高分子,他仍坚持这是有机化学的一个新分支。然而,到了20世纪30年代后期,很明显,只用有机化学无法解决所有的聚合物问题,并且结构分析法有着自身的局限性。比如,高分子运动。高分子动力学被证明是有机化学家的静态分子观无法考察的一个重要方面。20世纪30年代中期,当高分子概念得到广泛认同时,物理化学家和物理学家就开始研究这个课题,为将他们的方法和理论运用到聚合物上找到了丰富的空间。因此,聚合物的物理学和物理化学开始蒸蒸日上。

施陶丁格于1930年提出的黏度定律,促使了高分子物理和物理化学的发展。黏度测定法不只是测量分子量的技术手段,还提出了一个问题——高分子到底是什么?根据施陶丁格定律,黏度与分子大小成正比。对他来说,这里的含义很明显:线性高分子具有细的刚棒形状,就像在溶解状态下的玻璃纤维。如果高分子的长长的刚棒横穿流动的液体移动,它们会旋转,好像在一个盘状的平面内移动。固有黏度完全正比于

---

[12] Staudinger,《从有机化学到高分子:以我的原始论文为基础的科学自传》,第92页。

线性高分子扫过的盘状圆柱体的体积。

　　施陶丁格的刚体高分子观念很快激起了物理化学家和物理学家的强烈反对。马克宣称施陶丁格的棒状分子概念与物理化学的所有基本必要条件相矛盾。马克在1935年的法拉第学会综合研讨会上宣称,高分子的弯曲形状"相当好地符合所有的实验证据……同时与基本的统计学考虑和围绕单个碳键的自由旋转原理保持一致"。[13]

　　从物理学家转变到物理化学家的瑞士学者维尔纳·库恩(1899~1963),发展了与马克的观点相类似的观点。他认为高分子是部分刚硬的,但从整体来说,是柔韧易变形的;这就是说,分子链的每一个单独的刚性链环,都可以围着单个化学键相对于另一个链环自由旋转。他把高分子视为柔韧易变形的,是像珍珠项链一样的盘绕的链状分子。

　　当物理学家和物理化学家接受了高分子概念以后,他们被聚合物特有的复杂性吸引了。在这里,他们发现了展示其数学和物理才华的最佳场所。对分子量分类、分子大小分类和形状分类的研究,以及对高分子的行为的研究,似乎可按照概率学、统计学、动力学、热力学和流体力学来处理。正如美国物理化学家回忆的,"当聚合物科学显得简单时",20世纪30年代晚期和40年代标志着令人兴奋的发展阶段。[14]

　　能变形的分子链的观念和统计方法与动力学方法一起,给了聚合物物理性质的来源以全新解释。例如,20世纪40年代早期,迈尔、马克、库恩和其他一些科学家,从热力学和统计学角度对橡胶的弹性原因进行解释。他们认为,高分子的运动单位,是一个个独立片段而不是整个分子(如果运动单位是整个分子的话,因为太大了,它们只能缓慢移动)。高分子的各种不规则的扭曲构型,是由成千上万个别片段经常发生的自由移动("微观布朗运动")所导致的。另外,高分子随机运动的概率和形状的概率也由统计方法计算出来了。高分子延展状态的概率几近于零,而线团状态的概率就大得多了。

　　松弛下来的时候,橡胶趋向于恢复它的原始状态,这是因为延展的高分子趋向于回到它固有的线团形状。这与热力学第二定律是完全一致的:在自然状态下,从分子的有序状态(延展状态)到分子的无序状态(卷曲的状态),熵是增加的。温度增加时,橡胶的弹性随之增大,这是因为温度越高,微观布朗运动越强烈。延展并冷却后的橡胶,会呈现出纤维状的X射线晶体图案的事实,现在可以解释为:延展的高分子以一种有序的方式沿一个方向排列,又被像纤维一样的晶体形状中的高分子间作用力结合起来。受热时,橡胶立刻失去了它的晶体形状并发生收缩,这是因为热加速了微观布朗运动,从而打破高分子间作用力,于是,高分子就又收缩成为最初的线团状了。

[13]　Herman F. Mark 在法拉第学会上的讨论,《法拉第学会会刊》(*Transactions of the Faraday Society*),32(1936),第1部分,第312页。

[14]　Walter H. Stockmayer 和 Bruno H. Zimm,《当聚合物科学显得简单时》(When Polymer Science Looked Easy),《物理化学评论年刊》(*Annual Review of Physical Chemistry*),35(1984),第1页~第21页。

美国政府的战时合成橡胶研究项目,是在 1942 年日本占领太平洋地区的形势下展开的。这个项目给化学家和物理学家提供了独特的机会就聚合物研究进行密切合作。[15] 彼得·J. W. 德拜(1884~1966)的成功案例,就能很好地说明物理学家是如何投入到聚合物研究中的。当他在 1943 年开始致力于橡胶项目的研究时,当时的课题迫切要求成员们研发一种新的方式以确定精确的橡胶分子量。德拜迅速想到了阿尔伯特·爱因斯坦(1879~1955)1910 年发表的一篇文章中曾提出,溶液中溶质浓度的波动会引起光的散射。浓度与溶液的折射率之间的关系可以根据实验获得;那么,溶质的分子量就可以通过测量在不同浓度下溶液的混浊度来得到。通过与工业化学家的合作,德拜逐渐提出了一些有关光散射的数学方程,用来计算各种聚合物的分子量,这种方法能够迅速准确地得到聚合物的分子量。

到了 20 世纪 50 年代,物理学和物理化学已被证实不仅不是有机化学的坚决反对者,而且是在高分子科学的完善中最主要的互补伙伴。与此同时,聚合物共同体能够通过把那些目前具有聚合物科学家这个共同学科身份的物理化学家和物理学家吸引过来,以扩展其专业活动的范围和视角。

探索生物高分子

20 世纪中叶,由于生物学看起来像科学的新前沿,许多没有受过专业生物学训练的化学家和物理学家转移到了生命科学领域。1944 年,维也纳的科学家埃尔温·薛定谔(1887~1961)发表了一部影响重大的著作:《生命是什么?》(*What Is Life?*)。在这本书中,他认为量子力学这门新物理学,可以解释遗传学的新结果。他还认为:

> 事实上,有机化学通过研究越来越多的复杂分子,已经非常接近"非周期晶体"(染色体纤维),我认为,这就是生命的物质载体。因此,在这里我有一个小小的疑惑:有机化学家已经对生命问题做出了巨大的重要贡献,相反,物理学家却几乎是一无所获。[16]

生物学家和科学史家对于这本小书发挥的作用,或者更一般地说,对于物理学在分子生物学的出现上发挥的实际作用,是充满争议的。[17] 然而,无论结果如何,薛定谔试图把物理学家的注意力转移到生命问题上,按照他的说法,有机化学家已经对此做出了

[15] 关于此项目,参看 Peter J. T. Morris,《美国合成橡胶研究项目》(*The American Synthetic Rubber Research Program*, Philadelphia: University of Pennsylvania Press, 1989)。

[16] Erwin Schrödinger,《生命是什么? 活细胞的物理面貌》(*What Is Life? The Physical Aspect of the Living Cell*, Cambridge: Cambridge University Press, 1944),第 5 页。

[17] Robert Olby,《薛定谔的问题:生命是什么?》(Schrödinger's Problem: What Is Life?),《生物学史杂志》(*Journal of the History of Biology*),4(1971),第 119 页~第 148 页;E. J. Yoxen,《薛定谔的"生命是什么"应归入分子生物学史》(Where Does Schrödinger's "What Is Life?" Belong in the History of Molecular Biology),《科学史》(*History of Science*),17(1979),第 17 页~第 52 页;Evelyn F. Keller,《物理学与分子生物学的出现:认知与政治协同的历史》(Physics and the Emergence of Molecular Biology: A History of Cognitive and Political Synergy),《生物学史杂志》,23(1990),第 389 页~第 409 页;Morange,《分子生物学史》,第 67 页~第 78 页,第 99 页~第 101 页。

重要贡献。这本小书至少激励了弗朗西斯·H. C. 克里克(1916~2004)、莫里斯·威尔金斯(1916~2004)等一批年轻物理学家转向分子生物学的研究。

　　薛定谔的这本书出现 3 年以后,施陶丁格也写了一部雄心勃勃的著作:《高分子化学和生物学》(*Makromolekulare Chemie und Biologie*),在这本书中,这位有机化学家没有忘记引用《生命是什么?》。然而,将物理学应用于生物学的观点决不是施陶丁格所关注的,他主张高分子化学这门新科学才是理解生物现象的关键。他宣称,在高分子概念的基础上理解生命过程是必要的。他用同分异构体概念解释了高分子的生物含义,即分子量相等并且有着相同成分的化合物,由于各自结构的不同,会显现出不同特性。而且,由于高分子的巨大数量,分子在结构上的可能性是无穷无尽的。蛋白质分子尤其如此:即便是结构上的细微差别,也会产生不同的生物特性。施陶丁格还把脱氧核糖核酸(DNA)作为生物学意义上的重要高分子物质来讨论。[18] 然而,薛定谔和施陶丁格都不曾从事过分子生物学研究,而只是物理学家和化学家,他们各自独立地提出了生物学的一个新视角:自然科学能在生命科学中发挥基础性作用。

　　我们知道,蛋白质和 DNA 是所有活细胞的细胞核中染色体的主要组成部分。它们也是早期分子生物学的主要兴趣点。分子生物学最初以跨学科的形式出现,由化学家、物理学家和生物学家共同提出并发展。它是有机化学、聚合物化学、生物化学、物理化学、X 射线晶体学、遗传学和细菌学在方法、技术和概念上的大融合。20 世纪三四十年代,存在许多具有不同研究方法和关注点的研究学派,不过它们之间通常是彼此独立、互不相干的。这些学派中的佼佼者是结构主义学派,他们把那些主要从 X 射线分析数据中得到的精确的三维分子结构的知识,视为理解生物功能的关键,这是一种从有机结构化学和 X 射线晶体学继承来的方法。由这个领域的一位英国倡导者威廉·T. 阿斯特伯里(1898~1961)提出的定义代表了这一学派的立场:"分子生物学主要是三维的、结构的……它需要同时研究起源和功能。"[19] 这一传统的拥有者包括莱纳斯·泡令(1901~1994)、马克斯·F. 佩鲁茨(1914~2002)和约翰·C. 肯德鲁(1917~1997),他们在阐明蛋白质的三维结构上,取得了巨大的成功。

　　早在 20 世纪 10 年代,德国有机化学家埃米尔·费歇尔(1852~1919)就已经揭示了蛋白质是由许多不同的氨基酸连结在一起形成的多肽构成的。然而,虽然费歇尔把蛋白质视为"巨大的分子"(德语为 Riesenmoleküle),但是他从来不曾想象会有分子量大于5000 的有机化合物存在。[20] 20 世纪 20 年代期间,聚合物化学家——如施陶丁格、马克、

[18] Hermann Staudinger,《高分子化学和生物学》(*Makromolekulare Chemie und Biologie*, Basel: Wepf Verlag, 1947),第 1 页~第 11 页,第 48 页。

[19] William T. Astbury,《分子生物学还是超微结构生物学》(Molecular Biology or Ultrastructural Biology?),《自然》(*Nature*),190(1961),第 1124 页。

[20] Emil Fischer,《缩酚酸的合成、地衣物质的合成与丹宁酸的合成》(Synthesis of Depsides, Lichen-Substances, and Tannins),《美国化学学会杂志》(*Journal of the American Chemical Society*),36(1914),第 1170 页~第 1201 页,该观点在第 1201 页。

迈尔和卡罗瑟斯——很容易就把他们的思维从橡胶和纤维素这类天然状态的聚合物扩展到蛋白质。他们认为蛋白质是由高分子组成的,是一些比费歇尔想象的大得多的分子。

然而,20 世纪 20 年代期间,聚合物科学家和蛋白质研究者(主要由生物化学家和胶体化学家组成)之间仍然缺少信息交流。例如,当斯韦德贝里在 20 世纪 20 年代中期开始他的蛋白质研究时,就完全没有注意到施陶丁格的高分子研究。令人惊奇的是,1930 年前后有关生物化学的论文和课本,很少引用聚合物化学家的蛋白质分子观。尽管许多生物化学家已经从分子量测量的一些现有方式上,各自独立地形成了蛋白质是大分子的观点,但他们很少描述大分子结构的详细情况及其与性质和功能的关系。毕竟,他们中很少有人会知道,这些问题曾笼统地被聚合物有机化学家和物理化学家热烈地讨论过。直到 20 世纪 30 年代晚期,聚合物研究者的问题才——通过一些私人书信、发表物和跨学科的科学会议(如法拉第学会综合研讨会和皇家学会研讨会),这些会议把各国及不同学科的科学家聚集到一起——为许多蛋白质专家所知。[21]

蛋白质结构:马克的联系

大多数第一代分子生物学家,是在高分子概念在科学共同体中获得共识以后,才开始他们的研究工作的。因此,从一开始,他们就把蛋白质的高分子性认为是理所当然的,而对早期的胶体学家的观念不予理睬。然而,强调聚合物化学家和后来的分子生物学开拓者之间的早期联系是十分重要的,因为这导致了分子生物学史上许多重要成果的产生。

当年轻的美国物理化学家泡令于 1930 年访问马克在德国的实验室时,马克就鼓励泡令从事生物高分子的研究。当时,泡令已经以把量子力学应用到化学键上闻名了。泡令从马克那里不仅看到了高分子化学的最新发展成果,还学到了聚合物的 X 射线分析法(如结晶化的橡胶和纤维状的蛋白质)。主要为了开导泡令,马克向泡令解释了他自己对橡胶的弹性来源的观点,他认为这是由于它的高分子的螺旋形状引起的。泡令也对马克的纤维状蛋白质结构理论很着迷,这个理论以 X 射线纤维图为基础,也考虑到了化学键长度、键角和分子间力。马克和迈尔在 1932 年发表的论文认为,蛋白质是一种由互相吸引起来的多肽链组成的巨型分子,这种吸引力存在于附属链(adjunct chains)中的 C=O 基和 NH 基之间。马克的 X 射线分析技术及其相关论断,

[21] 比如,对于高分子概念在蛋白质研究中的历史意义的讨论,见 John T. Edsall,《作为高分子的蛋白质:关于高分子概念的发展及变化的论文》(Proteins as Macromolecules: An Essay on the Development of the Macromolecule Concept and Some of Its Vicissitudes),《生物化学和生物物理学档案》(Archives of Biochemistry and Biophysics),Supp. 1,(1962),第 12 页~第 20 页。有关生物化学的历史,参看 Josephen S. Fruton,《分子和生命:关于化学和生物学相互作用的历史论文集》(Molecules and Life: Historical Essays on the Interplay of Chemistry and Biology,New York: Wiley-Interscience,1972)。参看 Charles Transford 和 Jacqueline Reynolds,《绕过胶体和高分子之争的蛋白质化学家》(Protein Chemists Bypass the Colloid/Macromolecule Debate),《炼金术史和化学史学会期刊》(Ambix),46(1999),第 33 页~第 51 页。

对 20 世纪 30 年代中期泡令在加州理工学院(California Institute of Technology)开展的蛋白质结构的研究起了很大促进作用,这一研究是在洛克菲勒基金会(Rockefeller Foundation)的资助下开展的,洛克菲勒基金会是 20 世纪 30 年代至 50 年代之间分子生物学的主要赞助者。[22]

泡令及其同事通过用 X 射线的衍射来测定原子之间的键长和键角及建立分子模型得到了蛋白质分子三维结构的图像,这一成果集中体现在他们具有里程碑意义的 1951 年的论文中。他们展示了蛋白质的长多肽链折叠成螺旋状构型的二级结构,即他们所说的"α 螺旋",并进一步指出,这种折叠形式是由氨基酸基(amino-acid group)之间的弱相互作用(氢键)维持的。α 螺旋概念令人满意地解释了包括变性和复性(这些现象很早就吸引了泡令的注意力)在内的蛋白质行为。热和酸性会引起变性,因为它们会通过拆散氢键来打开多肽链,使之失去生物活性。复性则是一个相反的过程,肽链再次被折叠成最初的有功能的形式。泡令的建模方法连同 α 螺旋作为蛋白质高分子基本结构的观念,为蛋白质和 DNA 的结构主义方法提供了基础。

泡令为他的结构主义化学家和 X 射线晶体学家的双重身份而自豪。他讽刺其对手英国结构主义学派,将其视为一个对结构化学几乎一无所知的物理学家的群体。[23] 事实上,英国学派还是有一些训练有素的化学家的。受德国在威廉皇帝纤维化学研究所中开展的 X 射线研究工作的影响,英国的生物材料 X 射线晶体学派也于 20 世纪 30 年代,在阿斯特伯里、约翰·D. 贝尔纳(1901~1971)及其学生的努力下形成了。受洛克菲勒基金会的资助,阿斯特伯里这位英国利兹大学的纺织原料物理学家(textile physicist),开展了角蛋白(角蛋白是一种构成羊毛和毛发的主要成分的蛋白质)结构的 X 射线研究。他把羊毛和毛发的弹性及收缩能力归功于角蛋白分子的折叠构型。

剑桥大学的物理学家贝尔纳是最早用蛋白质晶体得到清晰的 X 射线衍射图像的科学家之一。他的胃蛋白酶的图像给马克留下了深刻的印象,当时马克已是维也纳大学的教授了,他是在 1935 年剑桥的法拉第学会综合研讨会上遇到贝尔纳的。因此,马克说服了他的学化学的学生佩鲁茨加入了贝尔纳的实验室。第二年,佩鲁茨到了剑桥,在战争期间和战后一段时期里一直在那里,最后,他在卡文迪许实验室与 X 射线物

[22] Linus Pauling,《赫尔曼·F. 马克与晶体结构》(Herman F. Mark and the Structure of Crystals),载于《聚合物科学概述:向赫尔曼·F. 马克致敬》,第 93 页~第 99 页。洛克菲勒基金会对于分子生物学发展的影响,已经成为史学界的一个讨论热点,如 Robert E. Kohler,《科学的管理:沃伦·韦弗与洛克菲勒基金会中的分子生物学项目》(The Management of Science: Warren Weaver and the Rockefeller Foundation Programme in Molecular Biology),《密涅瓦》(Minerva),14(1976),第 279 页~第 306 页;Pnina Abir-Am,《关于 20 世纪 30 年代物理学的影响力和生物学知识的讨论:重新评价洛克菲勒基金会的"政策"在分子生物学中的作用》(The Discourse of Physical Power and Biological Knowledge in the 1930s: A Reappraisal of the Rockefeller Foundation's "Policy" in Molecular Biology),《科学的社会研究》(Social Studies of Science),12(1982),第 341 页~第 382 页,以及《反应与回复》(Responses and Replies),《科学的社会研究》,14(1984),225 页~第 263 页;Kay,《生命的分子视角:加州理工学院、洛克菲勒基金会与新生物学的兴起》。
[23] Linus Pauling,《我在蛋白质上的兴趣是如何发展起来的》(How My Interest in Proteins Developed),《蛋白质科学》(Protein Science),2(1993),第 1060 页~第 1063 页,此处在第 1063 页。

理学家劳伦斯·布喇格(1890～1971)一起工作。[24]

442

肯德鲁也曾受过物理化学的训练,并于战后在卡文迪许实验室成为佩鲁茨的合作者。这两个化学家开始了两种相关蛋白质——血红蛋白(存在于红细胞中的氧的载体)和肌红蛋白(肌肉中的蛋白质,在细胞内储存氧)结构的艰辛研究。直到1960年,运用对X射线照片进行数学分析的计算机和分子模型,他们才最终阐明了无比复杂、精确的三维结构。[25] 只有血红蛋白分子四分之一大小的肌红蛋白分子包括一个与氧结合的铁原子。在这两种蛋白质中,铁原子都位于"血红素基"中,它是分子中能结合和释放氧的活性部位。特殊的物理形状和结构的改变促使氧和血红素基的结合。而肌红蛋白分子的圆柱部分,则被证明与泡令的α螺旋在结构上相对应。

许多科学家曾试图去发现蛋白质分子的一些简单的、规律性的排列方式。例如,斯韦德贝里从超离心数据中,发现了"绝不可能错的规律性",即所有蛋白质都是由分子量大约为34,500(后来又纠正为17,600)的若干"亚单位"构成的。斯韦德贝里的亚单位理论(后来被证明是一个错误的观念)激发多萝西·M.林奇(1894～1976)——一位被蛋白质结构问题吸引的剑桥数学家——提出蛋白质是由紧密的、小球状的、外形类似于蜂窝的分子组成的,而这些分子又是由以六边形为基础的循环的多肽构成。最终以"几何学直觉与推断"为基础的林奇模型因其不可思议的优雅和对称,吸引了像欧文·朗缪尔(1881～1957)这类大科学家的注意。[26]

然而,此时肯德鲁和佩鲁茨的研究已经证明了这并非事实。例如,尽管肌红蛋白整体的分子排列看起来是十分紧密且很像球状的,但肯德鲁声明,蛋白质分子的"显著特点"是"它的不规则性和完全缺乏对称性"。[27] 随着更多的蛋白质的结构被揭示,它们显示出同样是不规则的和不对称的,不过在模式细节上与肌红蛋白不同。它们远远不是优雅的,或者像约翰·T.埃兹尔和戴维·贝尔曼更文雅的表述,"这些奇怪的分子形状看起来可能更像一些现代艺术的抽象作品"。[28]

[24] Olby,《双螺旋之路》,第263页。

[25] 参看Max F. Perutz,《剑桥分子生物学》(Molecular Biology in Cambridge),载于Richard Mason编,《剑桥思想》(Cambridge Minds, Cambridge: Cambridge University Press, 1994),第193页～第203页,以及《我真该早点惹怒你:关于科学、科学家和人性的随笔》,第255页～第277页;Harmke Kamminga,《生物化学、分子和高分子》(Biochemistry, Molecules and Macromolecules),载于Krige和Pestre编,《20世纪的科学》,第525页～第546页。

[26] 引自多萝西·C.霍奇金为林奇写的讣告,《自然》,260(1976),第564页。关于林奇的情况,参看M. M. Julian,《多萝西·林奇及其对蛋白质结构的探究》(Dorothy Wrinch and the Search for the Structure of Proteins),《化学教育杂志》,61(1984),第890页～第892页;Pnina G. Abir-Am,《协同作用或冲突:数学家多萝西·林奇的职业生涯中的学术策略和婚姻策略》(Synergy or Clash: Disciplinary and Marital Strategies in the Career of Mathematical Biologist Dorothy Wrinch),载于Pnina G. Abir-Am和Dorinda Outram编,《波折的职业生涯及私人生活:科学中的女性(1789～1979)》(Uneasy Careers and Intimate Lives: Women in Science, 1789 - 1979, New Brunswick, N. J.: Rutgers University Press, 1987),第239页～第280页。

[27] John C. Kendrew,《肌红蛋白与蛋白质结构》(Myoglobin and the Structure of Proteins),《科学》(Science),139(1963),第1259页～第1266页,引文在第1261页。

[28] John T. Edsall和David Bearman,《科学活动的历史记录:对生物化学和分子生物学史料的研究》(Historical Records of Scientific Activity: The Survey of Sources for the History of Biochemistry and Molecular Biology),载于David Bearman和John T. Edsall,《生物化学和分子生物学历史档案资料》(Archival Sources for the History of Biochemistry and Molecular Biology, Philadelphia: American Philosophical Society, 1980),第3页～第16页,引文在第9页。

双螺旋之路：西格纳的联系

　　分子生物学家冈瑟·S. 斯滕特(1924~2008)回忆说,结构主义学派对生物学的影响不是"革命性的",因为这个学派关心的只是结构,而不是信息。作为所谓的马克斯·德尔布吕克(1906~1981)噬菌体小组的一员,斯滕特相信,使生物学革命化的是他们小组将生物信息作为中心主题进行研究取得的成果。[29] 基因位于染色体上已是众所周知。那么,基因是蛋白质还是 DNA 呢? 20 世纪 40 年代,基因是特殊类型蛋白质分子的观点被普遍接受。因为 DNA 分子只有 4 种核苷酸碱基,而蛋白质分子却是由 20 种氨基酸构成的。蛋白质高分子中氨基酸排列的无穷多样性似乎可以携带更多编码的遗传信息。然而,无论斯滕特的评价多么偏激,但确实是噬菌体小组而不是结构主义学派在通过实验反对上述观点时发挥了主要作用。1944 年,遗传学家奥斯瓦尔德·T. 埃弗里(1877~1955)和他在洛克菲勒研究院(Rockefeller Institute)中的同事在一篇他们合著的有关细菌转化的文章指出,DNA 而非蛋白质是遗传信息的主要载体。8 年后,噬菌体小组成员艾尔弗雷德·D. 赫尔希(1908~1997)和马莎·蔡斯(1927~2003)用放射性指示剂来研究噬菌体感染过程的实验证明了这个提议的正确性。

　　然而,斯滕特对分子生物学的历史评价忽略了高分子概念的作用。DNA 的高分子性在蛋白质的高分子性得到认可之后也获得承认。直到 20 世纪 30 年代后期,许多研究者还认为 DNA 是由分子量约为 1500 的相对较小的分子聚合体组成的。施陶丁格的忠实学生,伯尔尼的聚合物化学家鲁道夫·西格纳(1903~1990)是最初证明 DNA 高分子性的科学家之一。西格纳受瑞典生物化学家埃纳尔·哈马斯腾(1889~1968)和托尔比约恩·O. 卡斯佩松(1910~1997)之邀开始研究 DNA 时,很快就认识到 DNA 是"生物学上最重要的聚合物之一"。[30] 1938 年,通过流动双折射,他估算了 DNA 的分子量应该处于 500,000 和 1,000,000 之间。[31] DNA 分子的巨大规模使科学家确信,它能够储存遗传信息,而这一信念乃是噬菌体小组之成果的必要条件。

　　整个 20 世纪 40 年代,西格纳在 DNA 制备方式的改进上花了相当多的时间。1950

年 5 月,他在法拉第学会综合研讨会上发表了论文《物理化学特性与核酸的行为》(Physico-Chemical Properties and Behavior of the Nucleic Acids),并在会上拿出了一瓶精心制备的、来自小牛胸腺的 DNA 分发给大家。其中的一个与会者,伦敦国王学院的莫里斯·威尔金斯,很幸运地得到了一部分样品。接着,这一样品传到了国王学院的物

[29] Gunther S. Stent,《那就是分子生物学》(That Was the Molecular Biology That Was),《科学》,160(1968),第 390 页~第 395 页,此处在第 391 页。参看 John C. Kendrew,《分子生物学是如何开始的》(How Molecular Biology Started),《科学美国人》(Scientific American),216(1967),第 141 页~第 144 页。
[30] 托尼娅·克佩尔对鲁道夫·西格纳的访谈记录,1986 年 9 月 30 日,Chemical Heritage Foundation,第 17 页。
[31] R. Signer、T. Caspersson 和 E. Hammarsten,《胸腺核酸的分子形状和大小》(Molecular Shape and Size of Thymonucleic Acid),《自然》,141(1938),第 122 页。

理化学家罗莎琳德·富兰克林（1920～1958）和她的研究生雷蒙德·G. 戈斯林（1926～　）的手中。对分子生物学家来说，其中一个最具诱惑力的任务就是发现 DNA 高分子的精确的三维结构，并清楚地描述遗传信息的复制和传递机制。尽管还有其他的 DNA 制备品，比如来自小麦胚芽和猪胸腺的 DNA，但是西格纳的 DNA 被评为"最好的 DNA 制备品"。[32] 用这种 DNA，富兰克林和戈斯林发现，高湿度能使 DNA 从晶形（A-DNA）转换到类晶形（B-DNA）。威尔金斯当时正与富兰克林进行论战，他向年轻的美国生物学家詹姆斯·D. 沃森(1928～　)展示他们自己拍的精细的 B-DNA 的 X 射线照片的冲印图像。在这个图像的鼓舞下，沃森和克里克于 1953 年春天，在卡文迪许实验室建立了著名的 DNA 双螺旋模型。最终，这个基本的分子构型被证明极富简单性。

沃森-克里克的模型使科学家能够理解遗传的分子机制。因为 DNA 高分子的 4 种核苷酸碱基的序列包含了编码的遗传信息。以每条链作为模板构建新的伴侣链，DNA 自身就能复制；当这个双链解开并且分离时，每一条链都能指挥它的互补伴侣的合成。DNA 中编码的遗传信息中的一部分也可以被转录给核糖核酸（RNA）。接着，RNA 能够把这一信息传递到细胞中，在那里，信息被翻译成特定的氨基酸序列来合成蛋白质。这一分子水平的遗传机制——后来得到了详细阐述并被称为"中心法则"——为 20 世纪 60 年代分子生物学研究开创了一个空前增长的时代，紧随其后，遗传密码被破解，DNA 和 RNA 完成人工合成，转移 RNA 的结构得到解释，以及快速测定 DNA 高分子中碱基序列的技术得到发展。

正如上文所述，从概念上来看，聚合物化学和分子生物学由于共同对高分子的关注而联系在一起。从方法论上来看，这两个领域是由于对诸如 X 射线晶体学之类的技术手段的共同依赖联系在一起的，或更一般地说，是由于它们对三维结构和功能的共同兴趣联系在一起的。从历史上来看，它们是被施陶丁格特别是马克和西格纳这类人物联系在一起的。

从经典有机化学诞生，经由聚合物化学的兴起，一直到分子生物学的成熟，对分子结构和功能的理解有了相当大的发展。怀着这样的信念：所有物质都能根据分子作出解释以及分子结构的知识能够导致对功能的理解，科学家们把他们的研究兴趣从对分子内部原子排列的描述扩展到阐明高分子的外形、动力学行为以及精确的三维结构。尽管分子结构的分析方法源于化学，但物理学家、生物学家及化学家通过补充其概念和技术等方式对此进行了详细阐述。无论这种分子简化论的倾向是否有局限性（正如一些同时代人所担心的），物理科学和生物科学的分子化的确形成了 20 世纪的研究风格、研究主题的风格以及专业科学家共同体的风格。

　　　　　　　　　　　　　　　　　　　　（屠聪艳　译　杨舰　陈养正　校）

[32]　H. R. Wilson，《双螺旋和相关的一切》（The Double Helix and All That），《生物化学科学研究的发展趋势》（Trends in Biochemical Sciences），13（1988），第 275 页～第 278 页，此处在第 275 页。

第五部分

18 世纪以后的数学、天文学和宇宙学

23

几何学传统：
19 世纪的数学、空间及理性

琼·L. 理查兹

在 19 世纪末之前，几何学是研究空间的学问。就这点来说，几何学知识几乎可在各个文明中找到。古代苏美尔人、巴比伦人、中国人、印度人、阿兹特克人及埃及人在丈量他们的土地、建构金字塔时已经知道一个直角两边之关系。西方几何学传统始自欧几里德（活跃时间为公元前 295 年）的《几何原本》(*Elements*)，这本著作最显著的创意与其说是它的内容不如说是其内容的表达方式。

欧几里德几何学知识具有两个紧密相连的特征。首先是客观性特征，即几何学中的术语与其论及的物体之间有严格的对应关系。欧氏几何处理的是我们所谓的空间。[1] 例如，欧几里德定义"点即没有部分"，既没有解释点的概念，也没有指明如何使用它以及确定它的存在。然而，它的确说明了点是什么。此定义是有意义的，它提到了我们已经知道的空间的一个方面。

欧几里德的公理是些不证自明的真理，其公设都是些必须承认的陈述，必须在展开其他论述之前先接受它。像其定义一样，其公理与公设都是些有关空间性质的陈述，将我们已知的空间性质进一步阐明。然而，欧氏几何的公理与公设还不只这些，它还支持和构成了后续问题的论据，其余所有的问题都从它引申而出或建立在它的基础之上。欧几里德几何知识的另外一个特征是其合理性，即它的公理化结构恰当地支持了所有合理的几何学结论。

对于具有这种特点的知识的评价因时间和地点而不同。它在 19 世纪欧洲思想家心目中的地位已经由艾萨克·牛顿（1642~1727）1687 年出版的《原理》(*Principia*)所确立了，并由牛顿的 18 世纪追随者进一步提炼。几何学是牛顿理解物理宇宙的一个重要部分，即在牛顿力学出现后它处于认识论的中心地位。然而，在数学内部它的优

〔1〕 Hans Freudenthal，《19 世纪几何学基础中的主要倾向》(The Main Trends in the Foundations of Geometry in the 19th Century)，载于 Ernst Nagel、Pattrck Suppes 和 Alfred Tarski 编，《科学中的逻辑、方法论和哲学》(*Logic, Methodology and Philosophy of Science*, Stanford, Calif.：Stanford University Press, 1962)。其他评论，参看 Felix Klein, *Vorlessungen über die Entwicklung der Mathematik im 19. Jahrhundert* (1926 – 27, reprint；New York；Chelsea, 1967), and Morris Kline，《从古至今的数学思想》(*Mathematical Thought from Ancient to Modern Times*, New York：Oxford University Press, 1972)。

越地位就没有这么明确。大多数 18 世纪数学家沉迷于微积分的威力,很少注意到几何学上对于空间与合理性的严格要求。

如同其他许多事情一样,19 世纪的几何学发端于法国革命。在 1789 年大变动之后的多事之秋,在欧洲不同地方的人们对几何学的看法及探索方式都不尽相同。在法国,19 世纪的头几十年里,应用及意识形态上的兴趣促使理工学院(Ecole Polytechnique)里对几何学的兴趣一度浓厚起来。在德国,对直觉的浪漫兴趣支撑着研究型大学的几何学研究。在英国,几何学是作为新牛顿主义自然神学传统的一部分而被研究的,它在剑桥大学的课程里找到了表达的场所。在所有这些情形中,几何学的特殊价值在于它的强大的有效性,即它的空间对象及推理结构两个支柱。

在整个欧洲,由于其独特的有效性支撑着各种情况的几何学研究的同时,一小群分散在各地的研究者质疑欧几里德几何第五公设,或称平行公设的有效性。在 19 世纪 60 年代,这一独辟蹊径的数学思想使欧洲人突然意识到了非欧几何,一种与欧氏几何有本质不同的对空间的数学描述。这些另外的几何学的存在被认为是对长期以来其有效性被认为是不证自明的欧氏几何的一种根本挑战。在 19 世纪下半叶,全欧洲的数学家奋力应对非欧几何思想的挑战。这一努力是富有成效的,到 19 世纪末,几何学变成了令人振奋的研究领域。与此同时,所有这些新发展看来都是建立在长期以来限定了几何学范围的空间概念基础上,因此是一种保守行为。

一个重要的转折点来自达维德·希尔伯特(1862~1943)于 1899 年出版的《几何学基础》(*Grundlagen der Geometrie*),其中这位德国数学家完全割断了欧几里德时代以来几何学与空间联系的特点。在他的引领下,20 世纪的几何学成为与长期以来所描述的空间只有非常微弱联系的正式学科。

18 世纪背景

在 19 世纪,欧氏几何知识的核心地位再次被牛顿 1687 年的《自然哲学之数学原理》(*Philosophiae Naturalis Principia Mathematica*)中的天体力学所强化。正如书名所表明的,牛顿在此书中的目标是展示自然哲学的数学原理。他的数学楷模是欧几里德,他小心翼翼地按照希腊公理化模式构造他的书,以定义和公理为开始,随后以它们作为更复杂的联系的依据。

然而,在发展一种数学的同时,牛顿是在书写一种自然哲学。他的公理是从自然界推出的运动定律。他的挑战在于他把数学与自然两种解释方式拉到了一起。在附加于定义之后的第一篇解释性的"附注"中,他小心地阐述了他之所以要这样做的缘由。

像欧几里德几何学一样,牛顿的数学根植于人们所熟知的事物之上:"我没有定义时间、空间、位置及运动,因为它们已经为人们所共知。"然而,他继续写道,人们通常并不清楚他们关于这些概念的常识与他在《原理》中所发展的思想间的联系。因此，牛顿明确地指出了他的《原理》中的数学空间与日常生活中的相对空间之间的联系：

> 绝对空间，其本性与外在事物无关，保持永恒，永不移动。相对空间是些可移动的结构或是对绝对空间的量度；我们通过判断它与物体的相对位置来感知它；它通常被当成是不可移动的空间……绝对空间与相对空间在形状及大小上是一样的，但在数值上并非永远保持同一。比如，地球是运动的，大气所处的相对空间相对于地球的位置总是保持不变，但在某一时刻大气通过绝对空间的某一部分，而在另一时刻它又通过绝对空间的另一部分，因此，从绝对的意义上来理解，相对空间是不断变化的。[2]

因此，牛顿的宇宙被嵌入绝对的、无限的数学上的空间，这与传统的亚里士多德（公元前 384～前 322）或托勒玫（100～170）的宇宙有明显区别。对传统的天文学家来说，空间是真实存在并富有意义的，并以地球处于宇宙的中心位置来解释天体围绕地球的运动。另一方面，几何学上的空间与其类似，比如，几何图形的绝对位置——无论处于宇宙中心与否——与几何证明无关。这是物理解释与数学解释之间有显著区别的标志。然而，在牛顿的宇宙体系中，数学空间与物理空间都是无限的。这意味着对它们两者来说，位置仅仅是相对的，"位置完全没有定量"。[3] 对物理空间与几何空间的这种定义使得牛顿可用数学上的方法处理物理问题。[4]

牛顿在《原理》中追随欧几里德模式表明他决定要与他的数学先驱勒内·笛卡儿（1596～1650）的分析方法相脱离。这位法国人在 1637 年出版的《几何学》（*Géometrie*）中发展出一种解决几何学问题的方法，它不依赖从几何图形进行的推理。笛卡儿认为二维几何曲线与二元函数方程是等价的，比如说，一个圆同样可以由一个方程来表示。这种认识使得他能用相对简明易懂的代数运算方法来解决抽象复杂的几何问题。[5]

牛顿很清楚笛卡儿方法的威力，他首先运用笛卡儿的符号运算来发展他的运动微积分。然而，在他的杰作《原理》中他用的是几何学方法。这是因为牛顿认为欧几里德的推理方法在哲学上是无懈可击的，而解析方法则没有。代数符号运算在解决问题方面可以是非常有效的方法，但欧氏几何不证自明的可靠性在代数运算过程中丢失了。像欧几里德所做的那样，直接从几何图形进行推理保持了与空间客体自身直接而清晰的联系。

这是非常重要的，因为对牛顿来说，空间是上帝的重要属性。牛顿在《原理》的"总

〔2〕　Isaac Newton，《自然哲学之数学原理》（*Mathematical Principles of Natural Philosophy*, rev., Florian Cajori, Berkeley：University of California Press, 1962），Andrew Motte 译，第 6 页。

〔3〕　同上书，第 7 页。

〔4〕　Alexandre Koyré，《从封闭的世界到无穷的宇宙》（*From the Closed World to the Infinite Universe*，Baltimore：Johns Hopkins University Press, 1957）；I. Bernard Cohen，《牛顿的革命》（*The Newtonian Revolution*，Cambridge：Cambridge University Press, 1980），特别是第 61 页～第 68 页。

〔5〕　H. J. M. Bos, "The Structure of Descartes' *Géometrie*" Il Metodo e I Saggi：*Atti del Convegno per il 350 Anniversario della Publicazione del Discours de la Methode e degli Essais*（Rome：Istituto della Enciclopedia Italiana, 1990）。

释"中写道:"上帝是永恒而无限的,全能而无所不知;即是说,他的存在时间无始无终,他出现的空间范围是无限的……他不是永恒者和无限者,但他却是永恒的和无限的;他不是持续或空间本身,但他持续存在着。他持续永恒,无所不在;由于永存和无所不在,他构成了持续与空间。"在《光学》(Opticks)诸多疑问中,牛顿描绘了上帝"处于无限空间中,由于空间临近他自身……以他的感知洞察世间万物"。[6]

在牛顿的上帝图像中,上帝确实随时关注他的宇宙,这一点并不被人们普遍接受,但他的许多同胞在他的物理学中发现了这一神圣思想指导下的真知灼见。对他们来说,新科学提供了理解世界的清晰思路,它将代替宗教的神秘性。它对传统的神学权威的威胁力在1734年乔治·贝克莱(1685~1753)出版的《对一位异教徒数学家的分析和讨论》(The Analyst or a discourse addressed to an infidel mathematician)中对牛顿微积分的攻击清楚地反映出来。

贝克莱写道:"流数方法是现代数学家们揭示几何学以及随之而来的自然秘密的关键。"随后他继续探讨这一工作的有效性,"无论这一方法是清晰的或是模糊的"。他以之作为判断的基础是概念性的,他提出的问题是:我们能否清晰地"设想"牛顿的数学思想。对贝克莱来说,"设想"需要感知、洞察甚至想象它们。就拿牛顿的数学思想来说,贝克莱发现:

> 如今,当我们的意识由于对客体长时间的洞察而变得紧张和迷惑,即使是来自意识的想象,在构成明晰思路的最后一瞬也是非常紧张和迷惑……我们的头脑越是分析和追踪这些稍纵即逝的思想,它越是迷失和困惑……无论你怎么做,要是我没有弄错的话,要悟出清晰的概念是不可能的。[7]

因此,他的结论是牛顿的微积分没有合理的基础。

科林·麦克劳林(1698~1746)在1742年出版的《流数论》(Treatise of Fluxions)中为牛顿数学概念的模糊性受到的挑战作了辩护。他只应用了被普遍推崇的"古代几何学"来证明牛顿结论的正确性。[8]这个结果是详尽彻底的也是令人疲惫不堪的,但它却使得麦克劳林的同胞接受用来作为对贝克莱反驳的回应。

然而,麦克劳林的工作在欧洲大陆并没有被接受。关于牛顿与戈特弗里德·威廉·莱布尼茨(1646~1716)谁该拥有微积分发明权的争论与指责使得英国与欧洲大陆的数学家在整个18世纪互相隔阂。两派之间的界限可从微积分符号的区别上明显看出来。在英国,用的是牛顿的微分符号,即在变量上加点来表示($y = t^3$; $\dot{y} = 3t^2$; $\ddot{y} = 6t$)。这一符号系统来源于牛顿的动力学,其中应变量 y 是流数,一个与自变量 t 相对

[6] Newton,《自然哲学之数学原理》,2:第389页~第390页;《光学》(Opticks, New York:Dover, 1952),第370页,based on the fourth edition, London, 1730。

[7] D. J. Struik,《数学原始资料(1200~1800)》(A Source Book in Mathematics, 1200 – 1800, Cambridge, Mass:Harvard University Press, 1969),第334页~第335页。

[8] 引自 Niccolò Guicciardini,《牛顿微积分在英国的发展(1700~1800)》(The Development of Newtonian Calculus in Britain 1700 – 1800, Cambridge:Cambridge University Press, 1989),第47页。

应的变量。而在欧洲大陆,用的是莱布尼茨的符号,微分符号表示的是无限小分量($y = x^3$;$dy/dx = 3x^2$;$dy^2/dx^2 = 6x$)。莱布尼茨的符号比牛顿的符号要灵活些,自变量不一定总是时间,也可以是其他。当函数中碰到需要对多个自变量求微分时,莱布尼茨的符号就很明显比牛顿的优越。[9]

到 18 世纪中期,欧洲大陆几乎没有人对牛顿的物理学产生过怀疑,但对牛顿的数学方法提出挑战的却很多。《原理》所立论的依据通常过于繁复,使某些用解析方法很容易解决的问题显得繁难。贝克莱在神学方面的关注在英国之外几乎没有产生什么影响,虽然人们普遍承认麦克劳林已经回答了那些质疑,但关于他对这一问题努力探索的价值却是相当值得怀疑的。"几何学公理是严格的",一位无名氏在《百科全书》(*Encyclopédie*)的"Rigueur"条目下这样写道,但他又写下"天才不能容忍严格"。[10]

正如这句话所揭示的,实际上在启蒙运动中期有一种脱离几何学严格性的趋势,这种趋势可以从公理化结构与不证自明两方面的意义看出。有相当一部分基础教材拒绝了欧氏几何的严格,试图使几何学显得更"自然"。亚历克西斯－克劳德·克莱罗(1713～1765)在他的《几何学基础》(*Elémens de géométrie*)中这样写道:"所有用于健全的意识中早先已知道的问题的推理,纯粹是一种损失,它只会使真理变得模糊,使读者厌恶。"[11]

当基础教材挑战欧氏几何公理化的合理性的价值时,更多的高级著作挑战其空间意义的重要性。许多在 18 世纪发明的分析方法,包括负数、虚数、发散数列等没有明晰可理解的空间或其他解释。18 世纪的数学家们已意识到了这些问题,但他们通常义无反顾,并以让·勒龙·达朗贝尔(1717～1783)那句常常被引用的格言"继续向前,信心将跟着你来!"作为他们的精神支持。

几何学与法国革命

紧随1789 年法国革命之后的一段时期,数学发生了明显的变化。受到革命后科学能改变世界的信念的强烈推动,法国创立了一批新式中学及中级以上学校以教育新时代法国国民。这些学校从法国科学界的最高层引来师资,他们挑战性地要从基础开始教育法国人民,他们的教育方式是让人们能够接触到各种各样的知识。几何学作为众所周知的空间的完美推理的典范,在培养理性的民众中起到核心的作用。[12]

〔9〕 H. J. M. Bos,《莱布尼茨微积分的微分和导数》(Differentials and Derivatives in Leibniz's Calculus),《精密科学史档案》(*Archive for History of Exact Sciences*),14(1974),第 1 页～第 90 页。

〔10〕 *L'Encyclopédie ou Dictionnaire raisonné des sciences des arts et des métiers* (Paris, 1851; New York: Readex Microprint Corporation, 1969), s. v. "Rigueur."

〔11〕 [Alexis Claude] Clairaut, *Elémens de géométrie* (Paris: Lambert & Durand,1741), pp. x‐xi.

〔12〕 Judith V. Grabiner,《柯西严格微分的起源》(*The Origins of Cauchy's Rigorous Calculus*, Cambridge, Mass.: MIT Press, 1981)。

在基础层次上，阿德里安－马里·勒让德(1752～1833)的《基础几何学》(*Eléments de géométrie*)向 18 世纪传统的自然主义几何学作出挑战，呼吁回到理性基础上的严格标准。"别怕冗长与详尽，"勒让德写道，"为了……严格，长度……只是一个小小的牺牲。"[13]

455　　在基础层次上，几何学在理工学院的发展十分惊人。这一学校创建于 1794 年，汇聚了法国最好的数学家以培养法国新一代工程师，教授的课程尤其注重基础部分。

在理工学院的数学家中，最著名的要算加斯帕尔·蒙日(1746～1818)，他从基础开始讲授画法几何。画法几何实质上是机械制图的数学理论，从狭义上来理解，这门课程主要集中于将实质上是三维的物体垂直投影到平面上的技术。但蒙日并非停留在这一狭义的方法上。

蒙日以流动性的观点来看待几何学，其中将研究的对象从其动力过程中分离出来的边界实质上是模糊的；他制作多张图像使其可以在连续过程中相互产生。线条在绕固定点旋转时形成了线簇。椭圆在其焦点相互靠近后变成了圆；椭圆的一个焦点向无穷远处移动变成了抛物线。正如蒙日的学生夏尔·迪潘(1784～1873)所说："（在学习画法几何时）头脑学会从内部看问题，得出完美清晰的图像，一条条单一的线段与一个个单独的平面，以及一组组线段或平面；它需要有这些单个的和簇的特点意识……对它们进行比较、组合，预测它们相交叉会出现什么结果，以及它们或多或少的密切联系。"[14]

对于蒙日及其追随者来讲，画法几何方法在数学上的回报远超出工程制图，尤其是，他们为那些质疑分析方法基础的数学家提供了一个答案。为回应法国新洛克主义传统——"所有我们的知识与才能均来自意识"，有一批"物理主义的"数学家将数学符号当成意识对象的简单标志。[15] 对他们来讲，数学论据的有效性依赖于标志与它们所代表的事物之间的紧密程度，这种紧密程度可由如下方式来证实：人们是否易于将某事物之信号移到其他事物之上，或者人们是否能清楚地想象数学对象。对于物理主义的几何学家来说，解析方法仅仅是谈论真正"动人的几何奇观"的一种方式。[16]

456　　19 世纪头几十年里，蒙日的学生们致力于发展一种"现代"几何学，尽管它保留了在空间知觉上的可靠性，又像解析几何方法一样高度灵活。在 19 世纪 20 年代，这一学派中最能言善辩的发言人要算让·维克多·彭赛利(1788～1867)了，他于 1822 年

[13] Adrien-Marie Legendre, *Eléments de géométrie* (Paris: F. Didot, 1794), pp. v – vi.

[14] Charles Dupin, *Essai historique sur les services et les travaux scientifiques de Gaspard Monge* (Paris, 1819), p. 177. Translated by the author unless otherwise noted.

[15] 这句话来自 Condillac，引自 L. Pearce Williams，《科学、教育与法国革命》(Science, Education and the French Revolution)，《爱西斯》(*Isis*)，44 (1953)，第 311 页～第 329 页，引文在第 313 页。术语"物理主义者"来自 Lorraine J. Daston，《19 世纪早期法国几何学中的物理主义传统》(The Physicalist Tradition in Early Nineteenth Century French Geometry)，《科学的历史与哲学研究》(*Studies in History and Philosophy of Science*)，17(1986)，第 269 页～第 295 页。

[16] 这句话来自 Monge，引自 Eduard Glas，《在蒙日和法国革命事例中数学变化的动力学研究》(On the Dynamics of Mathematical Change in the Case of Monge and the French Revolution)，《科学的历史与哲学研究》，17(1986)，第 249 页～第 268 页，引文在第 257 页。

出版了《论射影图形的特征》（*Traité des propriétés projectives des figures*）。正如书名所提示的，彭赛利在其中主要讨论了通过中心投影产生的图像转换问题，他的工作也标志着 19 世纪射影几何学研究的开端。

在彭赛利的书中，一个关键性的结论是对偶性原理，这一原理明确指出了许多现代几何学家已经注意到的一个奇怪事实：当几何学陈述中的"点"和"线"相互交换后，一个真几何学陈述仍然为真。因此，比如说"两点决定一条直线"的对偶陈述便是"两条直线决定一个点"（它们的交点）。彭赛利在他的《论射影图形的特征》中把这一观察陈述提升为原理，但只是针对一些特殊情况而言。约瑟夫·迪耶·热尔戈纳（1771～1859）则把它看成更普遍实用的原理，并开始实践将定理与其对偶性表述并列出来。

彭赛利将他的几何学建立在一种连续性原理之上："如果一幅图像是从另一幅图像连续变化而来，则后者从总体上跟前者是一样的，第一幅图像的任一特征都可立即赋予第二幅图像。"[17]彭赛利的几何学核心包含了运动的思想以及对总体特征的准归纳式的强调，这反映了彭赛利从蒙日那里学会了用流动性的方法解决几何问题。

然而，到了 19 世纪 20 年代，蒙日已去世，波旁王朝又重新执政，在法国数学界吹起了一股新风。这股新风中最强有力的声音来自奥古斯丁－路易·柯西（1789～1857）。1822 年，柯西出版了他的《分析教程》（*Cours d'analyse*），声称他的意图是继续推行"几何学中所需要的各种严格"，但柯西的严格并非物理主义的几何学家的严格，他们的概括的方法包括"有时也许会得出真理的归纳法，但它很少与数学科学上自夸的严密性一致"。[18] 它使得合理性与非合理性的对象、收敛数列与发散数列、实数与虚数之间的界限模糊了，而为了数学上的准确，这些界限必须精确明晰地描述。

然而，柯西对严密性的坚持意味着数学必须脱离易于达到却不易描述的日常世界。这不是因为它恰当地抓住了像"极限"之类在柯西的定义中很有价值的术语的意义，而是因为它把这些术语的意义固定下来使人们能精确地运用。它不求助于人们平常熟悉的经验，但却使得人们能够准确地判断数学计算的结果。

柯西的《分析教程》中抽象的严密性存在很大的争议，他那严格地与日常经验相脱离的方法使他与他的学生们相疏离，以至于他们反对他的课。这不仅仅是课程教学问题，数学是否应当保持空间经验的真实性问题在 19 世纪 20 年代的法国数学界综合派 *457* 与分析派之间存在一场激烈的争论。然而，到 20 年代末，柯西的方法获得实质性的胜利，他对严格性的解释向 19 世纪大多数欧洲数学家指明了方向。[19]

在法国数学界分析学派战胜综合学派既受更大的文化框架和制度框架的支持，也

[17]　引自 Kline，《从古至今的数学思想》，第 842 页。

[18]　Augustin Cauchy，*Cours d'analyse de l'école royale polytechnique*（Paris，1821），pp. ii，iii.

[19]　其间的法国数学，参看 Bruno Belhoste，*Cauchy：Un Mathématicien Légitimiste au XIX Siécle*，preface by Jean Dhombres（Paris：Belin，1985）；Jesper Lützen，《约瑟夫·利乌维尔（1809 ～ 1882）：纯粹数学和应用数学大师》（*Joseph Liouville 1809 – 1882：Master of Pure and Applied Mathematics*，New York：Springer-Verlag，1990）。

反映了这种更大的文化框架和制度框架,数学研究正是在这种框架中进行。正如此时期的数学教育试图集中于基础性的问题一样,这种教育目标也从整体上反映了被赋予数学研究的各种解释。这些目标在19世纪头30年发生了很大的变化,分析学派战胜综合学派是这种变化的反映。

　　在后革命时期及拿破仑时代早期,蒙日的射影几何不仅被看作是实用学科,而且是力图达到和融合多种兴趣于一体的教学计划的核心部分。以射影几何作为思维训练既富有成果也非常实用,作为与其他学科易于沟通的桥梁,它在理工学院的各门竞争激烈的学科专业中被当成连接各专业的共同纽带。熟悉射影几何的军事工程师可用它来判断远处的地形,设计恰当的战略战术;隧道及桥梁建筑专家可用它来确定适当的位置;航海建筑师可以构想最实用和有效的船只。学习射影几何可将在学校的各种兴趣结合在一起。[20]

　　然而,随着拿破仑的统治时代继续,几何学的普遍易通就变得不怎么有价值了。被越来越明显地保护在高等专业学校的制度范围内,法国数学家不再感觉到要保持几何学的普遍性以及与其他学科相联系的必要。随着他们的职业身份越来越与他们特有的数学知识联系在一起,知识的价值更多地与其分离的和不易获取的领域联系在一起,而不是普遍性的需求。早在1803年,西尔韦斯特·弗朗索瓦·拉克鲁瓦(1765~1843)就提议,普遍易通的几何学方法对于小孩及基础训练课程来说总是合适的,但对更高一级的研究来说,老是提及空间范例反而是麻烦的和拘束的,高级的数学思维必须是能够自由地推演,不被空间意义所约束。正如拉克鲁瓦指出的,人们不应"以表象及知觉来把握那些只能以判断来把握的事物"。[21]

458　　拉克鲁瓦承认抽象数学很难懂,许多人理解不了它,这意味着它不是民主大众化思维的典范。另一方面,它却有另一种也许是更重要的社会应用,人数过多的理工学院需要一种衡量学生成绩的方法,包括进入该校的入学成绩以及对校内学生等级的评定。拉克鲁瓦认为在后贵族社会时代,基于抽象的数学技能考试基础上的判定是一种公平的成绩评定方式。

几何学与德国大学

　　法国革命不仅是法国国内而且是国际性的大变动。在德国,最直接的影响是1806年普鲁士军队被拿破仑击败。这一事件在政治上是令人泄气的,但在其他方面却很有建设性,它导致了一场真正的革命(Geistesrevolution),一场激剧地改变德国知识分子形

[20] Dupin, *Essai*, p. 177.
[21] Sylvestre François Lacroix, *Essais sur l'enseignement en général et sur celui des mathématiques en particulier* (Paris, 1816), p. 174.

象的智力革命。在 19 世纪初头几十年里,普鲁士大学体系作了根本的调整,以图通过教育来改革和复苏德国的社会秩序。

在 18 世纪,德国大学一直主要作为教学机构,任何研究均在独立的研究机构里进行。19 世纪初的主要革新就是在新改革的大学里将这两项功能结合起来。研究型大学在德国的兴起对德国的数学研究产生了深远的影响。

在 18 世纪的德国大学,数学教学是在哲学系里进行的,它为那些有兴趣继续在如法律、神学或医学等更体面的专业深造的学生打下基础。专业的重要性反映了价值的等级。在 1800 年,德国仅有的重要数学家是哥廷根大学的卡尔·弗里德里希·高斯(1777~1855)。高斯是位智力超群的数学天才,他的工作成为 19 世纪数学研究的核心,但他是位孤立的研究者。19 世纪初德国数学家共同体的成长要归功于其他人。

在后拿破仑改革时期,数学专业所在的哲学系被授予培养普鲁士中学教师的任务,在此基础上,它扩展成为 19 世纪普鲁士研究型大学的中心。学习数学成了中等学校通识教育的一门主要课程,当然也从中获益不少。1826 年,奥古斯特·利奥波德·克列尔(1780~1855)的《纯粹与应用数学杂志》(*Journal für die reine und angewandte Mathematick*)在普鲁士教育部的支持下创立。1834 年,数学家卡尔·G. J. 雅可比(1804~1851)和理论物理学家弗朗茨·纽曼(1798~1895)在哥尼斯堡创立了数学 - 物理联合研究会。从这些基础出发渐渐成长起来的数学研究传统,到了 19 世纪中叶使得普鲁士已无可争议地成为欧洲数学的中心。

数学得到这些发展支持的一个明显特点是它从实际运用中解脱出来。在 1832 年哥尼斯堡的就职演说中,雅可比将他打算从事的纯理论研究跟以实用兴趣为特色的理工学院的数学研究作了比较:"当他们寻求从物理问题中获得唯一的数学解决办法时,他们抛弃了这一学科真正的和自然的研究路径……而这条路径使得分析技巧享有了今天的重要地位。"[22]

两种错综复杂的关注点支持将纯数学作为决定性的中心,一是哲学上的,另外则是研究机构。一方面,从哲学的观点看,德国人的数学研究思路跟法国人很不相同,法国传统是新洛克式的,认为婴儿的头脑是一块空白的白板:我们得从经验出发建立我们的空间观念。另一方面,对德国哲学家伊曼纽尔·康德(1724~1804)来说,这块白板具有很有意义的构型,由此出发,空间是感觉与知觉工具不可缺少的一部分,通过它我们拥有自己的经验。这两者有明显不同。在法国传统内,总是或多或少人为地将客体与关于这些客体的数学相分离。而从康德的观点看,这两者本质上是不同的,因而

---

[22] 引自 Gerd Schudring,《德国数学共同体》(The German Mathematical Community),John Flauvel、Raymond Flood 和 Robin Wilson 编,《麦比乌斯和他的环》(*Möbius and his Band*,Oxford:Oxford University Press,1993),第 29 页。也可参看 R. S. Turner,《职业研究在普鲁士的发展》(The Growth of Professorial Research in Prussia),《物理科学的历史研究》(*Historical Studies in the Physical Science*),3(1971),第 137 页~第 182 页;D. Rowe,《克莱因、希尔伯特与哥廷根传统》(Klein,Hilbert and the Göttingen Tradition),载于 Kathryn M. Olesko 编,《德国的科学》(Science in Germany),2d ser.,《奥西里斯》(*Osiris*),5(1989),第 186 页~第 213 页。

研究的顺序总是自然而然地从纯理论到其运用。

基础研究机构的因素同样支持德国人在纯数学方面的兴趣。在研究型大学的情况下,纯数学研究的动力是为发展出具有独立根基、在哲学系里与其他专门学科有平等地位的独立学科。在德国正如在法国一样,逐渐增长的以职业为支撑的群体能够主要地(如果不是唯一的话)关注数学,使研究的动力转移到保持数学知识易于掌握,或者使这一学科与其他领域的思维相联系。因此,在德国正如在法国一样,随着时间的推移,数学变得越来越抽象深奥。

德国人对纯数学的兴趣并非特别鼓励人们探索物理主义的几何学。然而,柏林大学非凡的数学教授雅各布·施泰纳(1796~1863)却满怀热情地研究射影几何。作为约翰·海因里希·裴斯泰洛奇(1746~1827)的热情追随者,施泰纳有这样一种观点:他的作品读起来要像迪潘关于蒙日作品的德语浪漫译本。他的目的是发现:

> 空间中各个不同外在表象间相互联系在一起的组织……这个问题的核心……在于图形间的相互依赖,并且它将会在这些图形的特征由简单向更加复杂的发展过程的形式和方式中被发现。这种联系和变化是所有其他个别几何学待证的定理的本质根源。[23]

像蒙日一样,施泰纳是一位很有启发性的教师。但法国物理主义的几何学跟德国直觉主义的几何学有不同之处,蒙日以逼真形象的说明著称,而施泰纳则喜欢在黑暗中进行教学以便保持对直觉意会的关注。

在19世纪30年代,施泰纳的直觉几何学研究方法使他卷入了一场纠纷,这场纠纷反映了曾使法国分析派-综合派之间争论激化的问题。施泰纳的同胞奥古斯特·麦比乌斯(1790~1868)曾于19世纪20年代用代数方法来阐释某些主要的法国几何学家的思想。麦比乌斯发展出新的质心坐标系统及投影坐标系统,使投影平面的基本相等关系及两重性在代数上更为明显。随后的10年中,尤利乌斯·普吕克(1801~1868)运用一种代数方法处理某些由两重性原理而产生的麻烦问题。麦比乌斯与普吕克的代数方法引出了重要的几何学思想,但却背离了直接的空间推理,这激怒了施泰纳,以至于他威胁说如果他们的作品仍然包含这些内容他就不允许其在克列尔的刊物上发表。

因此,德国数学在19世纪初走向了繁荣。其发展的支柱力量在于大学里职业所限的群体内,然而,这并不意味着易于入门的空间问题研究不是主要的兴趣所在。尽管如此,研究传统是如此强大,德国数学家像在其他数学领域一样在几何学上做出了重要贡献。

---

[23] Jacob Steiner, *Gesammelte Werke*, 2 vols. (New York: Chelsea Publishing Company, 1971), p. 233 - 4.

几何学与英国通识教育

法国没有征服英格兰,但法国革命及其后果深刻地影响了海峡对岸的岛国。在政治上,英国存在一股强大的保守势力反抗法国的影响,但到了 19 世纪 10 年代,很明显法国数学有许多值得羡慕之处。19 世纪 10 年代,一帮规模虽小却很有影响力的年轻人在剑桥大学创立了分析学会(Analytical Society),声称其目标是将剑桥的数学推进到法国的水平。在他们的观点看来,牛顿的几何微积分已经过时了,而牛顿在剑桥的影响使得他们很难像大陆的对手那样有效地工作。因此,他们想以易于运算的莱布尼茨的微分符号代替牛顿的流数符号。用他们的领袖查尔斯·巴比奇(1791~1871)那常被引用的话来说,他们想用大陆的"d"体系代替大学里的"·"时代。

表面看来,年轻的分析派取得了成功:到 19 世纪 10 年代末,巴比奇、乔治·皮科克(1791~1858) 以及约翰·赫舍尔(1792~1871) 已将拉克鲁瓦的《基础算术论》(*Traité élémentaire du calcul*) 翻译成英文并在剑桥大学的考试中取消了牛顿的流数符号。但深入的考察发现,分析派并没有放弃已如此长时间支持流数法的数学概念思想。在那些拉克鲁瓦的教材进入到更抽象的微积分领域,他们用强调它的概念基础的关键注释缓解了他的要点的抽象性。即使他们声称将法国数学引入英国,牛顿的后继者们仍牢固地坚守他们的概念基础。

从 19 世纪 20 年代到 30 年代,分析方法从剑桥扩散到跟英国科学有联系的各个方面。然而,跟这一新派别有紧密联系的威廉·惠威尔(1794~1866),其整个成年在剑桥度过,并在此地致力于界定和维护传统数学教育。正如惠威尔所认为的,数学在剑桥是通识教育的核心,用以教会年轻人有效地思维。学习数学并非只当作狭义的训练,或者是发展某些专业或职业技艺的方式,取而代之,它应该被提倡作为广泛教育的方式,作为充分开发学生潜能的方式。

19 世纪剑桥的几何学教育背后隐藏着新牛顿主义自然神学思想。经典几何学是有价值的,因为它通晓上帝所知的确定性,科学的证据可引向或然真理,但数学则是必然的,剑桥的学生们学习数学是为了直接经验这种必然的真理。正如惠威尔指出的:"我们从数学学习中学到一门十分重要的课程就是这样一种知识,即存在这样的真理,并且通晓它们的形式和功能。"[24]

虽然惠威尔坚持维护经典几何学在剑桥大学课程中的核心地位,那里的数学研究远超出欧几里德几何学范围。整个 19 世纪 30 年代,剑桥的毕业考试或文学学士学位考试中对最高荣誉的竞争变得十分激烈。每当碰到学生的等级划分,几何学的常识性基础知识及杰出的推理能力是不起作用的,文学学士学位考试课程的高级部分更是逐

---

[24] William Whewell,《通识教育总论》(*Of a Liberal Education in General*, London: J. W. Parker, 1845),第 163 页。

渐深入到更艰深的抽象问题。因此,在表明了他们的几何学能力之后,剑桥大学的一等生便面临继续探求与大陆水平相当的深奥数学知识。[25]

然而,剑桥毕竟不是理工学院,也不是德国的研究型大学,它对自然神学的关注意味着所有的数学知识都必有终极的概念基础。虽然到了 19 世纪 40 年代,英格兰数学家们在柯西的影响下将微积分建立在极限的基础上,但他们从不接受他的严格的抽象定义,也没有将他的《分析教程》译成英文。虽然尤其擅长于符号运算,剑桥的学生们总是警惕那潜在的"产生模糊概念的恶果",他们的老师坚持"将数学符号连续地阐释与翻译为主题语言"。[26]

进入 19 世纪,除了剑桥之外英国没有任何机构从事数学研究,业余性质的皇家学会根本不能跟法国的科学院相比。同样,在英国科学促进会里,整个 19 世纪数学只是物理学可怜的异父(母)姐妹。用一位国会议员在 1852 年评价剑桥大学教学的话来说,"如果不是作为通识教育的一个专门部分,数学有从地球上消失的危险"。[27]

尽管有这些种种限制,在英格兰也有某些策略支持数学研究。由邓肯·格雷戈里(1813~1844)于 1837 年创办的《剑桥数学期刊》(*Cambridge Mathematics Journal*)就试图超越剑桥大学课程的固定界限并发表原创性的研究论文。从 19 世纪 40 年代到 50 年代,一群人数虽少却富有创造力的英国数学家,包括格雷戈里、罗伯特·莱斯利·埃利斯(1817~1859)、阿瑟·凯莱(1821~1895)、詹姆斯·约瑟夫·西尔维斯特(1814~1897)以及乔治·萨蒙(1819~1904)等在此刊物上发表了他们的数学研究论文。他们的作品常常表面看来极其抽象,但深入研究则发现他们一直看重代数运算结果的几何学解释的重要性。因此,从 19 世纪中期起,英国人对"现代"数学或射影几何有了相当的兴趣,它们得到一定的发展。[28]

欧氏几何与非欧几何

即使是在 19 世纪以前,欧洲思想家们已在努力将建立在概念基础上的古典几何学融入他们的迅速变化的体系中,学科内部某些很少注意到的发展引发出其绝对有效性问题。在 18 世纪,分散在各地的对欧氏几何体系的确定性问题感兴趣的个体研究

[25] 关于 Willian Whewell 及剑桥大学学士学位考试,参看 Harvey Becher,《威廉·惠威尔与剑桥数学》(William Whewell and Cambridge Mathematics),《物理科学的历史研究》,11(1980),第 1 页~第 48 页;Menachem Fisch 和 Simon Schaffer 编,《威廉·惠威尔:组合画像》(*William Whewell: A Composite Portrait*, Oxford: Clarendon Press, 1991);Andrew Warwick,《理论大师:维多利亚时代剑桥对数学物理学的探讨》(*Masters of Theory: The Pursuit of Mathematical Physics in Victorian Cambridge*, Cambridge: Cambridge University Press, forthcoming)。
[26] Great Britain, Parliament, 1852,《议会报告》(*Parliamentary Papers*), 1852‑3, vol. 44,《皇后陛下委任的调查剑桥大学和学院的情况、学科、研究及收入的专员报告》(Report of Her Majesty's Commissioners Appointed to Inquire into the State, Discipline, Studies, and Revenues of the University and College of Cambridge),第 113 页。
[27] 同上文,第 105 页。
[28] Joan L. Richards,《维多利亚时代中期英国射影几何学与数学进步》(Projective Geometry and Mathematical Progress in Mid-Victorian Britain),《科学的历史与哲学研究》,17(1986),第 297 页~第 325 页。

者详细考查了它的基础，到 19 世纪初，已有人指出虽然欧氏几何是自洽的，但它不是关于空间的唯一可能的数学描述，存在同样有效的非欧几何学。[29]

起初，导致非欧几何学的是欧氏几何的第五公设，或称平行公设，它声称："如果一条直线与两条直线相交，使同内角之和小于两个直角之和，则将此两直线无限延长，它们必在同内角之和小于两直角之和的一边相交。"[30]这一陈述符合亚里士多德的公设标准：它是一种可被证明为定理但又没有这样假定的陈述，同时它又不必是不证自明的。然而，自古以来的欧氏几何阐释者们既没有尝试去证明它，也没有尝试抛开这一公设来建立几何学。

在现代对第五公设重新感兴趣的人中，意大利的耶稣会士吉罗拉莫·萨凯里（1667～1733）以最早而著称。当他于 18 世纪初着手这一问题时，他发现历史上充满了试图彻底证明这一公设的失败记录。因此，萨凯里发展了另外一条路径，他着手直接通过假设它是错误的并将引起内在矛盾来证明第五公设。

萨凯里的方法要求他的思路比第五公设更精确。为了达到这一点，他作了一个四边形，其中他假设两个底角是直角，在欧几里德的空间里，平行的属性自然保证了剩下的两个角也必定是直角。萨凯里的目的是不用平行公设也能证明它们相等。

萨凯里能轻易地证明余下的两个角是相等的。从此出发，他进一步指出，如果它们都是直角则欧几里德的平行公设是对的。然而，为证明欧氏几何的必要性，萨凯里必须说明锐角与钝角假设是不可能的。他很快就排除了锐角假设，但在他得出结论说他已经导致了"明显的错误"之前，却证明了在钝角假设的基础上许多定理也是成立的。[31]

萨凯里显然认为他已经成功地证明了第五公设，但其他学者，如约翰·海因里希·兰贝特（1728～1777）等则不那么肯定。到 19 世纪头几十年，有一批独立的研究者开始议论那些从假设第五公设不成立基础上推出的定理不仅是合理的，而且也是自洽的。高斯与费迪南德·施魏卡特（1780～1859）在私人通信中，以及尼古拉·伊万诺维奇·罗巴切夫斯基（1793～1856）与亚诺什·鲍耶（1802～1860）在出版物中均发展了萨凯里的钝角假设中隐含的思想。他们将自己创立的定理当成是另一种几何学，是描述非欧里德空间的几何。他们还看出了非欧几何体系的成功建立引出了具有重大意义的问题，即牛顿及其后继者们赋予空间的绝对真理性问题。对于这些思想家们来说，空间不再必须是欧氏空间了，存在可替代的其他可能性。这意味着建立在欧氏空间基础上的绝对知识这一认识不再站得住脚。

464

[29] 关于非欧几何学的历史，参看 Roberto Bonola，《非欧几何学：对其发展的批判性研究和历史性研究》（*Non-Euclidean Geometry：A Critical and Historical Study of its Developments*，New York：Dover，1955），由 H. S. Carslaw 翻译并作附录；Jeremy Gray，《空间思想》（*Ideas of Space*，Oxford：Clarendon Press，1979）；Joan L. Richards，《数学美景：维多利亚时代英国对非欧几何学的接受》（*Mathematical Visions：The Reception of Non-Euclidean Geometry in Victorian England*，Boston：Academic Press，1988）。

[30] 《关于欧几里德原理的 13 本书》（*The Thirteen Books of Euclid's Elements*，3 vols.，New York：Dover，1956），Sir Thomas Heath 翻译并编辑，第 155 页。

[31] Giorlamo Saccheri，*Euclides vindicatus*，trans. by G. B. Halsted（Chicago：Open Court Publishing，1920），p. 14.

在 19 世纪上半叶,几何学的绝对真理性观念是如此深地根植于欧洲人的意识里,以至于对非欧几何的主张充耳不闻。高斯因为怕"皮奥夏人(指愚钝人)的胡言乱语"到处流传而决定不发表他的观点,但罗巴切夫斯基与鲍耶发表了却没有引起什么议论。当凯莱于 1865 年读到罗巴切夫斯基的文章时,他被其中的公式所包含的非欧几里德三角学的声明所迷惑。"我不理解这一点,"这位英国人写道,"但如果能找到所提及的最后一组方程的**真正的**(即欧几里德的)几何学解释,那将是十分有趣的。"[32]

几何学的变迁(1850~1900)

在 19 世纪 60 年代,当法国、英格兰及意大利的一群富有活力的数学家开始着手宣传非欧几何学思想时,情况发生了戏剧性的变化。到 1866 年,高斯在非欧几何问题上的通信,罗巴切夫斯基著作的法文译本,以及伯恩哈德·格奥尔格·黎曼(1826~1866)的《就职演讲》(*Habilitationsvortrag*)已经出版,非欧几何学时代已经到来。

当非欧几何突然闯入欧洲人的意识中时,存在两条主要的研究路线。除了"综合派"几何学家所关注的第五公设这一进路之外,还有一种新的"度量"方法,它由黎曼所开创。1854 年,这位年轻的德国数学家曾向哥廷根大学的学院里提交了《关于构成几何基础的假设》(*Über die Hypothesen welche der Geometrie zu Grunde liegen*),其中他试图越过空间概念而直接进入支持这些概念的基础假设。

465 黎曼的出发点是解析方法,他将空间概念建立在多值支(multiply extended magnitude)的高度抽象的观念之上。他说明了三元数(number triplets)可以从大量可能的方式构成,识别空间的标志是其测量关系或度量。根据黎曼的思想,度量关系是欧氏几何与非欧几何的显著差别。欧氏空间的一个特征是其特殊的距离函数:$ds = \sqrt{dx^2 + dy^2}$;其他距离函数产生另类空间。更有甚者,黎曼推测,空间也许不只单一一种固定的距离函数,其测度也许有无限大或无限小的差异。

像此前的综合派的非欧几何学那样,所有这些可能性使黎曼得出这样的结论:在各种几何学中的最终选择不能由数学上的标准来决定。"因此,"黎曼写道,"随之而来的必然结果是欧氏几何的待证定理不能由普通的数值观念中推出,而是欧几里德空间与其他可想象的三维空间数值(triply extended magnitudes)的特性的区别只能从经验中得出。"他并没有试图进一步说明这些经验可能是什么,因为他认为这是"一个不能从其本性完全决定的问题"。[33] 由此,黎曼将"为什么我们认为我们生活在欧几里德空间中"这一问题留给了后人。

[32] Arthur Cayley,《关于罗巴切夫斯基想象的几何学》(Note on Lobachevsky's Imaginary Geometry),《哲学杂志》(*Philosophical Magazine*),29(1865),第 231 页~第 233 页,引文在第 233 页。
[33] Bernhard Riemann,《论建立在几何学基础上的假设》(On the Hypotheses which Lie at the Bases of Geometry),W. K. Clifford 译,《自然》(*Nature*),8(1873),第 14 页~第 15 页。

当黎曼的演讲于 1866 年出版时,他的思想立即得到赫尔曼·冯·亥姆霍兹(1821～1894)的认可。作为一位实验生理学家,亥姆霍兹相信人们的所有知识来自经验。在读到黎曼的文章的时期,亥姆霍兹正卷入一场重要的争论,对方是一群认为人类的某些观念是天生的先验论生理学家,争论中的一个至关重要的概念即是空间。亥姆霍兹认为人们从婴儿时期的经验中认识空间,而先验论者们则认为它从人脑内部发展而来。

由于新生婴儿不能告诉我们他们的经验,亥姆霍兹也就不能直接确定他们懂得多少空间知识。然而,通过表明所有婴儿具有的经验足以使他们产生欧几里德空间的概念,亥姆霍兹即可为他的假说建构看似合理的基础。他首先论证说,所有婴儿,即使是盲婴,当他们操纵给予他们的任何物件时,都能直接经验刚体的运动,随后他说明了所有欧氏空间的基础结构如何能够从刚体运动中产生。

读到黎曼的文章时,亥姆霍兹认识到黎曼的数学思路与他的经验论之间的一个重要联系。婴儿的经验以黎曼所描述的无定形多样性作开始,通过到处移动刚体他们学会了空间距离的本质特征。亥姆霍兹以德文及英文写了一系列文章,详细阐述了生活在非欧几里德空间的经验将会是什么样子——如果生活在这样的空间里我们将会看到什么、感受到什么。以这种方式,他将通常繁难的非欧几何数学知识转变成一套可广泛接受、易于理解的思想。到了 19 世纪的后几十年,他那可想象的非欧几何学引起了迅速增长的读者公众的注意,他们将空间作了各种散漫而丰富推测。

公众尤其感兴趣的是空间维度超过三维的几何学,这是对传统的背离。非欧几何学家对弯曲问题感兴趣;即使曾经富于想象力的亥姆霍兹也拒绝超过三维的空间推测。但是到了 1882 年,英国一位校长埃德温·A. 阿博特(1838～1926)出版了《平地》(*Flatland*)一书,其中一位二维空间的男主角探索了任何维数的空间。这本书立即获得成功并广泛流传,到 19 世纪末,查尔斯·H. 欣顿(1853～1907)、H. G. 韦尔斯(1866～1946)以及阿博特的其他追随者在科幻小说中对四维世界进行了探索。这些探索不仅仅是文学上的,在一个招魂术被严肃对待的时代,对许多人来说第四维空间被方便地理解为精神世界的所在地。阿博特已清晰地描绘了三维空间中的物体如何在二维空间中淡入和淡出,许多人便以为第四维的精神也能以同样的方式在三维空间中淡入和淡出。数学界不赞同此等毫无约束的推测,但既然几何学建立在空间基础之上,合理的与不合理的几何学思想间的边界就很难强行限定了。

更麻烦的问题在于附加在非欧几何学上的哲学意义。即使并没有经验证据表明它的真实性,仅仅是作为一种可供替代的、明显是构想出来的非欧几何学也威胁了欧氏几何的必然真理性。牛顿曾把绝对空间理所当然地当成欧氏空间,但并不知道还有可供替代的其他空间,非欧空间的存在引出了牛顿是对还是错的问题。

到了 19 世纪 70 年代,许多数学家相信他们已在射影几何学中找到了解决这一挑战的办法。这一解释强调了度量关系在投影中不再保持,靠近观察者的一个人看起来也许比远处的建筑物还要大。这意味着黎曼所说明的作为区分欧氏几何与非欧几何

466

的距离概念在射影几何所描绘的空间中不再是一个本质的部分。

因此,对许多 19 世纪的数学家来说,射影几何是处理非欧几何挑战的完美工具。它深入到了比距离或平行线观念更深层的空间基石。以这种方式,虽然人们根植于投影而不是欧几里德空间观念,射影几何却能保住几何知识的必然性。在度量几何学中所作的选择也许是偶然的,但其中它们所赋予的投影空间知识却不是偶然的。

凯莱在 1859 年出版的《多元齐次多项式第六份研究报告》(Sixth Memoir upon Quantics)中前无古人地开创了这种方法。他从射影几何的特殊性出发发展了一种函数,将欧几里德的距离函数的显著特征展现出来。在说明了度量几何学如何能从更为无定形结构的投影空间中产生之后,凯莱得出结论:"因此,度量几何学是(投影)几何学的一部分,(投影)几何学即是**全部**几何学。"[34]

凯莱所提及的度量几何学指的是欧氏几何,他在知道非欧几何学之前已完成了他的工作,因此他是否曾接受非欧几何学思想的合理性是值得怀疑的。然而,19 世纪末期,德国数学家费利克斯·克莱因(1849~1925)指出凯莱关于投影空间中度量的深刻见解不必限定在欧氏几何的度量范围内,非欧几何度量同样能在投影空间中产生。1872 年,克莱因将这一见解发展为"埃尔兰根纲领(Erlanger Program)"。此处克莱因将投影方法进一步发展,使非欧几何成为一套强有力的研究纲领,其中无论是欧氏几何或非欧几何均受到一组变换的不同代数群的不变量所限定。

通常很难看出高度抽象的克莱因学派的代数背后的空间基础,但最终事实却是这样。伯特兰·罗素(1872~1970)是克莱因的忠实学生及坚定的追随者,1897 年他写道:"只有疯子……才会怀疑几何学理性的有效性,只有傻子才会拒绝它的客观的空间关联。"[35]因此,直到 19 世纪末几何学仍然是研究空间的学问。

然而,在不到 5 年的时间内,进入 20 世纪的罗素却追寻一条他自己过去曾称之为只有疯子和傻子才会从事的研究思路,欣然地接受了希尔伯特在 1899 年出版的《几何学基础》中提出的几何学观点。在此之前,许多人只在欧几里德的论证的细节上争论,但在这本影响十分深远的书中,希尔伯特从根本上对问题作重新定义。他的目标是创立一种几何学,其威力在于其整体的内在结构而不是对空间的描绘。希尔伯特从三个未加定义的对象——点、线、面——出发,但他后来指出,他也可同样容易地用另外的词如"桌子、椅子、啤酒杯"。[36] 由此,几何学不再是研究空间的学问。

(王延锋 译 江晓原 校)

[34] Arthur Cayley,《多元齐次多项式第六份研究报告》(A Sixth Memoir upon Quantics),载于《阿瑟·凯莱全集》(The Collected Works of Arthur Cayley, 11 vols., Cambridge: Cambridge University Press, 1889－97),2:92。
[35] Bertrand A. W. Russell,《关于几何学基础的论文》(An Essay on the Foundations of Geometry, New York: Dover, 1956),第 1 页。
[36] Jeremy Gray,《数学本体论的革命》(The Revolution in Mathematical Ontology),载于 Donald Gillies 编,《数学中的革命》(Revolutions in Mathematics, Oxford: Clarendon Press, 1992),第 226 页～第 248 页,引文在第 240 页。

24

在严密与应用之间：
数学分析中函数概念的发展

杰斯珀·吕岑

在这一章中我将通过考虑数学分析中最基本的元素——函数的概念——来阐述在数学分析发展中的某些一般倾向。我将证明，它的发展是由两方面的因素塑造的：一方面是在不同领域中的应用，如力学、电气工程和量子力学；另一方面是纯粹数学中的基本问题，如一些数学家对 19 世纪数学分析的严密的努力争取和对 20 世纪构造运动的努力参与。特别地，我将集中讲述函数概念的两个巨大转变：首先是从解析代数式到狄利克雷的概念的转变，狄利克雷的概念是一个变量以任意方式依赖于另一个变量；其次是分布理论的创立。[1] 下面我们将谈到这两个新概念具有同一个特点：它们都是以一种不严密的方式起始于相关的各种应用，而只有在数学基础上的一个新的基本的趋势使它们变得自然和严密之后才得到普遍的接受和广泛的应用。但是，这两种概念的转变在一个重要方面是不同的：第一个转变有一个革命性的特征，即狄利克雷的函数概念完全替代了以前的那个。有一些解析式，例如被 18 世纪的数学家们视为函数的发散幂级数，却被他们的 19 世纪的后继者们视为毫无意义的。而另一方面，分布概念——从大部分函数（局部可积函数）可以视为分布这种意义上来说——则是函数概念的一种推广。还有就是分布理论是建立在函数的一般理论之上的，因此函数理论既不是多余的，也不是无意义的。

欧拉的函数概念

莱昂哈德·欧拉（1707～1783）把微积分和——更一般地说——数学分析变成一门函数的学科。然而对于欧拉以及他的同代人来说，一个函数不是一个映射，而是"一个

---

[1] 关于函数及广义函数概念史更详细的说明，参看 A. P. Youschkevich，《直到 19 世纪中期的函数概念》(The Concept of Function up to the Middle of the 19th Century)，《精密科学史档案》(*Archive for History of Exact Sciences*)，16(1976)，第 37 页～第 85 页；Jesper Lützen，《分布理论的史前史》(*The Prehistory of the Theory of Distributions* [Studies in the History of Mathematics and Physical Sciences 7]，New York：Springer Verlag，1982)。

由变量以及数或常量以任何方式形成的解析式"。[2] 换句话说，一个函数被定义成一个由数学符号表示的公式。欧拉的函数概念是 18 世纪数学分析类型的代表，在这一类型中概念分析只起很小的作用，而代数运算(algebraical manipulations)却占主要地位。

这个所谓的代数分析的特点也是由它的综合性质决定的。按照欧拉的说法，"一个变量是一个把所有定值毫无例外地全部包含在内的不定泛量"。[3] 这意味着一个函数被认为对它的变量的所有值都有定义，且所有函数之间的等式被认为是整体有效的。例如，根据两个多项式除法的一般规则，欧拉发现了这个等式：

$$\frac{1}{1-x} = 1 + x + x^2 + x^3 + \cdots \tag{1}$$

他明明知道等式右边只有当$|x|<1$时才收敛，但他仍坚持这个等式的整体有效性，并定义一个(发散)级数的和为此表达式的值，这个表达式的级数展开式是该级数的起源。[4]

欧拉关于负数和复数的对数值的研究也具有这种整体性哲学思想的特点。他没有把这个问题视为在函数以前没有定义的地方如何**定义**函数，而是对"真实"值进行柏拉图式的研究。更一般地说，欧拉相信所有的解析运算和公式都是整体有效的："微分学要使用变量，即从整体上考虑的量。因此，如果无论我们给定x什么值，$d\ln x = dx/x$不是普遍成立的，那我们就无法使用这个规则，因为微分学的真实性建立在它包含的所有规则的普遍性上。"[5]

470　　　　　因此，根据欧拉的观点，普遍性是数学分析的基本性质。[6]

被物理学支配的新函数概念

在欧拉发表他的函数的解析定义这年，他就已经开始提倡函数的普遍化了。这与

〔2〕 Leonhard Euler，《无穷分析引论》(*Introductio in analysin infinitorum*，vol. 1，Lausanne，1748)，《莱昂哈德·欧拉全集》(*Leonardi Euleri Opera Omnia*，Leipzig：Teubner，1911 -　)，ser. 1，vol. 8，第 18 页。译文在 Diether Rüthing，《从约翰·伯努利到 N. 布尔巴基的某些函数概念的定义》(Some Definitions of the Concept of Function from Joh. Bernoulli to N. Bourbaki)，《数学信使》(*The Mathematical Intelligencer*)，6(1984)，第 72 页～第 77 页。
〔3〕 Euler，《无穷分析引论》，第 17 页。
〔4〕 Leonhard Euler，《微分学原理》(*Institutiones calculi differentialis*，St. Petersburg，1755)，《莱昂哈德·欧拉全集》，ser. 1，vol. 10，§ 111。除非另有说明，皆由作者翻译。
〔5〕 Leonhard Euler，《莱布尼茨与伯努利关于负数与虚数的对数的争论》(De la controverse entre Mrs. Leibniz et Bernoulli sur les logarithmes des nombres négatifs et imaginaires)，《柏林科学院论文集》(*Mém. Acad. Sci. Berlin*)，5(1749)，第 139 页～第 179 页。(《莱昂哈德·欧拉全集》，ser. 1，vol. 17，第 195 页～第 232 页。)
〔6〕 关于 18 世纪代数分析更深入的研究，参看 Hans Niels Jahnke，《18 世纪的代数分析》(Die algebraische Analysis des 18. Jahrhunderts)，载于 H. N. Jahnke 编，《数学分析史》(*Geschichte der Analysis*，Heidelberg：Spektrum，1999)，第 131 页～第170 页。英文版：《18 世纪的代数分析》(The Algebraic Analysis of the 18th Century)，载于《数学分析史》(*A History of Analysis*，Providence，R. I.：American Mathematical Society，2002)。

一场关于振动弦的数学描述的辩论有关。[7] 1747 年，让·勒隆·达朗贝尔（1717～1783）建立了波动方程：

$$\frac{\partial^2 y}{\partial t^2} = \frac{\partial^2 y}{\partial x^2} \tag{2}$$

其中 y 是时间 t 和沿弦方向的距离 x 的函数，表示弦的振动，并且他认为一般解具有下式：

$$y = \varphi(x+t) + \psi(x-t) \tag{3}$$

其中 φ 和 ψ 是"任意的"函数。[8] 第二年，欧拉发表了他自己的关于达朗贝尔的解的明晰的报告，指出 φ 和 ψ 不必由一个解析式给出。[9] 例如，为了描述拨动的小提琴的弦的运动，我们有可能需要函数是分段线性的。更加通常的情况是，欧拉允许函数由不同的区间段中不同的解析式给出，甚至由任意的手画曲线给出，按照欧拉的说法，这些曲线的解析式逐点改变。欧拉称这些函数为不连续的。

达朗贝尔完全不同意欧拉的这个观点。他坚持式（3）中的 φ 和 ψ 必须由一个解析式给出："对于所有的其他情况这个问题都无法求解，至少……用已知的数学分析的力量是无法求解的。"[10] 欧拉用下式以几何学的方法表示二阶导数：

$$\frac{\mathrm{d}^2 f(z)}{\mathrm{d}z^2} = \frac{f(z) + f(z+2\varepsilon) - 2f(z+\varepsilon)}{\varepsilon^2} (\varepsilon \text{ 无穷小}) \tag{4}$$

他论证道，如果 ψ 的曲率半径在 $x-t$ 的个别值上跳动，则 $\psi(x-t)$ 将不满足波动方程。事实上根据式（4），关于 x 的二阶偏导数将对应于 $x-t$ 右边的曲率半径，而关于 t 的导数将对应于 $x-t$ 左边的曲率半径。在他后来的文章中，达朗贝尔意识到 ψ 为一个解析式不是必须的，并且他很接近于公式化了 ψ 这个解的标准要求，即它是二阶可微的。

欧拉同意达朗贝尔的意见，即已有的数学分析不能处理不是由一个解析式给定的函数。但是他坚持认为，把数学分析推广到这些函数上正是数学界的工作，并且他还给出许多论据来说明无论 ψ 是不是一个单独的解析式，$\psi(x-t)$ 都是波动方程的解。[11]

欧拉与达朗贝尔关于振动弦的争论就是一次讨论，它以两种关于数学的完全不同的看法为基础。达朗贝尔（至少在此处）过于重视严密以至于甘愿从根本上限制自己

471

〔7〕 振动弦的争论已在许多著作中被讨论。例如，参看 C. Truesdell，《柔韧物体或弹性物体的理性力学（1638～1788）》（*The Rational Mechanics of Flexible or Elastic Bodies, 1638－1788*），《莱昂哈德·欧拉全集》，ser. 2, vol. 11, part 2；J. R. Ravetz，《振动弦与任意函数》（Vibrating Strings and Arbitrary Functions），《个人知识的逻辑：献给 M. 波兰尼 70 岁生日文集》（*Logic of Personal Knowledge: Essays Presented to M. Polanyi on His 70th Birthday*，London：Routledge and Kegan Paul，1961），第 71 页～第 88 页。

〔8〕 Jean le Rond d'Alembert，《关于紧绷弦的振动曲线形状的研究》（Recherches sur la courbe que forme une corde tendue mise en vibration），《柏林科学院论文集》，3（1747），第 214 页～第 219 页。

〔9〕 Leonhard Euler，《关于弦的振动》（Sur la vibration des cordes），《柏林科学院论文集》，4（1748；pub. 1750），第 69 页～第 85 页。（《莱昂哈德·欧拉全集》，ser. 2, vol. 10，第 63 页～第 77 页。）

〔10〕 Jean le Rond d'Alembert，《关于紧绷弦的振动曲线形状的论文的补充》（Addition au mémoire sur la courbe que forme une corde tendue mise en vibration），《柏林科学院论文集》，6（1750），第 355 页～第 366 页。

〔11〕 Jesper Lützen，《欧拉对一种广义函数的普通偏微分的看法》（Euler's Vision of a General Partial Differential Calculus for a Generalized Kind of Function），《数学杂志》（*Mathematics Magazine*），56，第 299 页～第 306 页。

的数学发现的范围。另一方面,欧拉却坚持认为数学应该得到足够的推广从而可以处理物理中的所有情况,并且他愿意扩充自己的函数概念以及使用一些还存在争议的论据来达到此目标。

这场讨论还把丹尼尔·伯努利(1700~1782)卷了进来。他的音乐理论方法使得他认为,任意的函数或者至少是那些能描述振动弦的函数,都能够写成下式:

$$y = a\sin x + b\sin 2x + c\sin 3x + \cdots \qquad (5)$$

但是在这个问题上,欧拉和达朗贝尔倒是有一个志同道合的战友:J. L. 拉格朗日(1736~1813)。他们都认为只有一些非常特别的函数才能表示成这样的三角级数。

关于振动弦的讨论聚焦于两个相关的问题:函数的正确概念和(偏)微分方程的解的概念。我将接着讨论第一个问题,以后再讨论第二个。

狄利克雷的函数概念

在1755年出版的《微分学原理》(*Institutiones Calculi Differentialis*)中,欧拉提出了函数的一个新定义:"因此,如果 x 表示一个变量,则所有无论以任何方式依赖于 x 的或由 x 所决定的量,都称为 x 的函数。"[12]

因此,任何两个变量间的对应关系都被称为函数。有可能这种定义方式受到振动弦讨论的启发。然而值得注意的是,即使在1755年之后欧拉也从未在他针对争论不断发表的论文中使用这个定义,而是涉及变化的解析式所给出的不连续函数。欧拉新定义的各种变体不断地在拉格朗日(1801年)、西尔韦斯特·弗朗索瓦·拉克鲁瓦(1810~1819)以及奥古斯丁-路易·柯西(1821年)的教科书中重复出现。[13] 例如,拉克鲁瓦写道:"每一个其值依赖于一个或几个其他量的量被称为这些量的函数,无论人们懂或不懂这些运算,必须运用它们由后面这些量得到前者。"[14]

紧随赫尔曼·汉克尔(1870年)之后,作为两个变量间的任意一个依赖关系的函数概念通常以约翰·彼得·古斯塔夫·勒热纳·狄利克雷(1805~1859)的姓氏来命名。狄利克雷在他1837年的一篇讨论傅立叶级数的收敛性问题的重要论文中对(连续)函数作了如下定义:

> 如果任何 x 值以这种方式给出唯一的 y 值,即当 x 在区间内从 a 到 b 连续地变化, $y = f(x)$ 也随之逐渐变化,则 y 被称为此区间内 x 的一个连续函数。不要求在整个区间内 y 以同一规律依赖于 x 。人们甚至不必考虑这种依赖关系能用数学

---

[12] Euler,《微分学原理》,第4页。

[13] 许多函数定义的译文可见于 Diether Rüthing,《从约翰·伯努利到 N. 布尔巴基的某些函数概念的定义》(Some Definitions of the Concept of Function from Joh. Bernoulli to N. Bourbaki),第72页~第77页。

[14] Sylvestre François Lacroix,《论微分与积分(第二版):修订与扩充》(*Traité du calcul différentiel et du calcul intégral. Seconde édition*, *revue et augmentée*, 3 vols., Paris, 1810 - 19),第1页。

运算来表示。[15]

在他 1829 年用法文写的一篇同样主题的文章中,狄利克雷甚至给出这样一个函数:

$$\varphi(x) = \begin{cases} c & x \in \mathbb{Q} \\ d & x \notin \mathbb{Q} \end{cases} \tag{6}$$

作为一个不可积函数的例子。[16] 这是第一个明确地用符号表示的函数,而没有由一个或几个解析式给出。

把这种函数的新概念以狄利克雷命名而不是以欧拉命名也许是不公平的,因为欧拉早在四分之三个世纪之前就已提出过这个概念。然而,如果人们考虑到新概念是如何被使用的,那就公平了。狄利克雷始终一贯地在他的证明中使用它,而欧拉似乎没有意识到他的新概念跟从前的有什么不同。实际上,欧拉将他在 1748 年的《无穷分析引论》中建立的整个体系无条件地用到他 1755 年的书中。欧拉的后继者如拉克鲁瓦及拉格朗日持相似的论点,他们明确地提到任何函数都是一个解析式。[17] 因此,在 19世纪 20 年代以前,函数的普遍定义及其应用之间存在鸿沟。

在狄利克雷之前,有一位数学家始终坚持函数是两个变量之间的依赖关系,他就是狄利克雷的老师约瑟夫·B. J. 傅立叶(1768~1830)。在他的《热的分析理论》(*Theorie analytique de la chaleur*,1822)中,傅立叶对函数作如下定义:

> 通常,函数 $f(x)$ 代表一系列值或纵坐标,每一个值或纵坐标都是任意的。给予横坐标 x 无穷多个值,纵坐标 $f(x)$ 就存在相同数量的值。所有纵坐标都有真实的数值,无论它是正、负还是零。我们并不认为这些纵坐标服从相同的规律;它们以任何一种方式彼此衔接,每一个都被当成一个单独的量。[18]

像欧拉一样,傅立叶需要这样一种函数定义以便能广泛地处理物理学上的问题。傅立叶处理的是固体中的热传导问题,他建立偏微分方程来描述这一情况并成功地用分离变量法这种特殊的方式来解决它。这使他得出结论,任意函数都可以用一个三角级数来表示:

[15] Hermann Hankel,《关于无限振动和不连续函数的研究》(*Untersuchungen über die unendlich oft oscillirenden und unstetigen Funktionen*, Tübingen, 1870),《数学年鉴》(*Mathematische Annalen*),20(1882),第 63 页~第 112 页。(《奥斯特瓦尔德关于精密科学的经典著作》[*Ostwalds Klassiker der exakten Wissenschaften*, Leipzig: Akademische Verlagsgesellschaft Geest and Portig, 1889 -], vol. 153,第 44 页~第 112 页。)Johann Peter Gustav Lejeune Dirichlet,《关于以正弦和余弦级数完整表示任意函数的研究》(Über die Darstellung ganz willkürlicher Funktionen durch sinus-und cosinus-Reihen),《物理学目录》(*Repertorium der Physik*),1(1837),第 157 页~第 174 页。(《著作集》[*Werke*], vol. 1,第 133 页~第 160 页。)(《奥斯特瓦尔德关于精密科学的经典著作》,vol. 116,第 3 页~第 34 页。)

[16] Dirichlet,《关于用于表示在给定区间的任意函数的三角级数的收敛》(Sur la convergence des séries trigonométriques qui servent à représenter une fonction arbitraire entre les limites données)(*Journal für die reine und angewandte Mathematik*),4(1829),第 157 页~第 169 页。(《著作集》,vol. 1,第 117 页~第 132 页。)

[17] Joseph Louis Lagrange,《函数演算讲义》(*Leçons sur le calcul des fonctions*, Paris, 1801),《著作集》(*Oeuvres*), vol. 10, Leçons 1, def. 2。

[18] Joseph Fourier,《热的分析理论》(*Théorie analytique de la chaleur*, Paris, 1822),《著作集》, vol. 1,特别是第 430 页。译文参看 Rüthing,《从约翰·伯努利到 N. 布尔巴基的某些函数概念的定义》,第 72 页~第 77 页。

$$\pi f(x) = a_0 + \sum_{n=1}^{\infty} (a_n \cos nx + b_n \sin nx) \tag{7}$$

其中 $\quad a_0 = \dfrac{1}{2}\displaystyle\int_{-\pi}^{\pi} f(x)\,\mathrm{d}x, \qquad a_i = \displaystyle\int_{-\pi}^{\pi} f(\alpha)\cos\alpha\mathrm{d}\alpha,$ (8)

$$b_i = \int_{-\pi}^{\pi} f(\alpha)\sin\alpha\mathrm{d}\alpha \qquad i = 1, 2, \cdots$$

我将会回到他试图证明所谓的傅立叶级数(7)的收敛性问题上。这里只需注意，他认识到无穷级数(7)只代表区间($-\pi,\pi$)中的 $\pi f(x)$。这与 18 世纪认为的数学分析方法具有普遍性的理念相反，同时也解释了欧拉反对丹尼尔·伯努利的许多主张的论据。

摆脱代数的普遍性——进入严密

函数的广义概念历经这么长时间才进入数学分析推理的核心，其原因可能是它从根本上不能很好地适应盛行的代数形式观念。的确，当拉格朗日断言任何函数均可展开为：

$$f(x+i) = f(x) + p(x)i + q(x)i^2 + r(x)i^3 + \cdots \tag{9}$$

随后又将导函数 $f'(x)$ **定义为**等于 $p(x)$，[19]欧拉的代数形式主义风格及整体形式主义风格在 18 世纪末得到了巩固。以这种形式，拉格朗日相信已将数学分析建立在代数基础上(毕竟，幂级数只是无穷次数多项式)，回避了早期那些仍存在问题的无穷小、流数、极限等概念。这种数学分析的代数观念一直流行到 1821 年，它同时也是欧拉最初的函数概念。

正是对数学分析基础的彻底再定位使得函数的新的广义概念成为数学的自然的且密不可分的一部分。这一再定位至少由 3 位数学家独立地提出，分别是贝尔纳德·博尔扎诺(1781～1848)、卡尔·弗里德里希·高斯(1777～1855)及柯西(1789～1857)。[20] 柯西的工作产生了最广泛的影响，他发展了他的思想，这些思想与他在巴黎综合工科学校向学生讲授的数学分析有关。在他的教科书《分析教程》(*Cours d'analyse*,1821)的导言中，他写道：

　　至于方法，我一直寻求赋予它们完全的严密，这是人们在几何学中要求的，这决不是要回到从代数的通用性获得的推理。虽然这种推理尤其在从收敛级数到发散级数，从实数到虚数表达式的转变中被普遍认可，但在我看来，它只能偶尔地

[19] Joseph Louis Lagrange,《解析函数论》(*Théorie des Fonctions Analytiques*, Paris, 1797),2d ed.,1813。(《著作集》,vol. 9。)

[20] 对 19 世纪数学分析基础的历史描述，参看 Umberto Bottazzini,《高等微积分》(*The Higher Calculus*, New York: Springer Verlag, 1986);Jesper Lützen,《19 世纪的数学分析基础》(Grundlagen der Analysis im 19. Jahrhundert),《数学分析的历史》(*Geschichte der Analysis*),第 191 页～第 244 页。在本书中以英文译文《19 世纪的数学分析基础》(The Foundation of Analysis in the 19th Century)出现。

被认为是可呈现真理的归纳法,因为这些归纳法与数学科学中极受尊重的精确性非常不一致。同时,我们必须注意到它们倾向于对代数公式作无限延伸,而实际上这些公式的大部分只在某些条件以及对它们所包含的量的某些值才存在。[21]

他承认,"为了保持这些原则永远正确,我不得不承认某些乍一看有些严格的命 *475*
题。比如在第六章我宣布发散级数没有和"。[22]

因此,柯西坚持解析式(或定理)不一定普遍为真。例如下面这个公式:

$$\frac{1}{1-x} = 1 + x + x^2 + x^3 + \cdots \tag{10}$$

欧拉曾认为普遍有效,但对柯西来说仅当 $x \in (-1, 1)$ 时才成立。在此区间之外,级数发散,因此没有和。此外,他主张像 $\sin x$ 这样的函数只能在已定义的范围内下定义,如果我们想进行延伸,比如从实轴扩展到复数,我们必须明确地给出一个对非实复数有效的单独的定义。人们不能像欧拉所做的那样求助于代数的普遍性。柯西还指出欧拉的连续性的概念没有很好地被定义。的确,函数 $|x|$ 可以写成各种形式:

$$|x| = \begin{cases} x & x \geq 0 \\ -x & x < 0 \end{cases} = \sqrt{x^2} = \frac{2}{\pi} \int_0^\infty \frac{x^2}{t^2 - x^2} \mathrm{d}t \tag{11}$$

在欧拉的意识中第一式显然是不连续的,因为它包含**两个**解析式,而后两式则是连续的,因为它们由一个解析式给出。[23]柯西将欧拉的模糊的定义代之以更精确的定义:如果一个函数是单值、有限,并且其差

$$f(x+\alpha) - f(x) \tag{12}$$

"随 α 的无限减小而无限减小",[24]则此函数在一个区间内是连续的。

正是这一新定义的特点,加上柯西的其他定义及定理,使它与欧拉的概念相比具有局部性的特色:柯西在一个区间内定义连续,而欧拉的概念关注函数的整体行为。自柯西以来,定义进一步局部化,甚至定义在某一点连续。当然,这是高度抽象的概念——一个函数只在一个点连续它怎么连续呢?难怪柯西也并不这么极端。

柯西的定义也因为它们是有效的而显得突出,它们被明确地用于定理的证明。例 *476*
如,连续概念以一种决定性的作用用于柯西的函数方程的解,用于他的二项式定理的证明,以及用于他的连续函数的积分存在的证明。这对现代数学家来说是很自然的事,可在从前的关于数学分析的著作中,定义从未以明确的方式成为证明的一部分。

[21] Augustin Louis Cauchy,《巴黎综合工科学校分析教程(第一部分):代数分析》(*Cours d'analyse de l'Ecole Royale Polytechnique*, 1ʳᵉ *Partie. Analyse Algebrique*, Paris, 1821),在新版本中增加了 Umberto Bottazzini 所写的精彩导言(Bologan: Editrice CLUEB, 1990);译文来自 Bottazzini 的《高等微积分》。另一个对柯西的新微积分及其在早期著作中起源的分析,尤其是在拉格朗日的著作中的起源,参看 Judith V. Grabiner,《柯西严密微积分的起源》(*The Origins of Cauchy's Rigorous Calculus*, Cambridge, Mass: MIT Press, 1981)。

[22] Cauchy,《巴黎综合工科学校分析教程》,第 iv 页。

[23] Augustin Louis Cauchy,《连续函数与非连续函数研究报告》(Mémoire sur les fonctions continuées ou discontinuées),《科学院学报》(*Comptes Rendus de l'Académie des Sciences*, Paris),18(1844),第 116 页~第 130 页。(载于《著作集》,ser. 1, vol. 8,第 145 页~第 160 页,特别是第 145 页。)

[24] Cauchy,《巴黎综合工科学校分析教程》,第 43 页。

比如,欧拉从未在一个定理的证明中使用他的连续性的概念。人们甚至会争辩说,柯西的定义是由证明产生的。

虽然柯西的新的数学分析倾向由于其严密而获得普遍赞扬,随着时间的推移也被人们发现了一些问题。例如,到了 1870 年左右,很明显人们必须区别一个区间内的点连续及一致连续。[25] 柯西没有作这种区分。争论还包括人们必须对函数项级数的点收敛及一致收敛进行区分。柯西曾非常谨慎地定义了数列的收敛,但他没有就函数项级数的收敛作专门的定义。另一方面,他已"证明了"一个收敛的连续函数项级数存在连续的和函数。[26] 在解释柯西所表示的点收敛概念时,尼尔斯·亨里克·阿贝尔指出不连续函数的傅立叶级数为这个定理提供了反例。[27] 乔治·加布里埃尔·斯托克斯和菲利普·冯·塞德尔证明了在和函数的不连续点处,其收敛变得"无限地"或"任意地"缓慢。最后,卡尔·魏尔施特拉斯(1815~1897)及爱德华·海涅(1821~1881)证明了如果在给定的区间内收敛是一致的,则柯西的定理成立。[28]

柯西微积分中出现的问题主要归咎于定义不够严密。通过补充必要的量词如 ε、δ 等,它们就变得严密了。柯西在他的许多证明中使用了这种技巧,但主要是由魏尔施特拉斯指出如何以这种方式来补充柯西**定义**的严密。魏尔施特拉斯于 1857 年至 1887 年在柏林大学讲课中就提到这个问题了。虽然他没有将讲稿的导论部分出版,但他的思想很快通过他的德国学生及外国学生而广为人知。

在柯西的积分中逐渐出现的另外一个重要问题是他的不令人满意的关于实数的基本原理。对柯西来讲,数是通过选择单位而从线中产生的。然而,按照这种定义,实际上不可能为柯西的《分析教程》中的三个关键定理提供严密的证明:一、柯西级数(或基础数列)的收敛;二、连续函数有限积分的存在;三、介值定理,它阐明如果一个连续函数存在正值与负值,则必定有零值。这些问题分别由里夏德·狄德金(1831~1916)及魏尔施特拉斯独立地发现,他们同时发现解决问题的出路是从有理数(因此也是自然数)中**构造**实数,而不是依赖几何学。[29] 另一种构造则以魏尔施特拉斯的思想为基础,由格奥尔格·康托尔(1872 年)及海涅(1872 年)发表。由此,数学分析得到了自

[25] Eduard Heine,《函数论基础》(Die Elemente der Funktionenlehre),《纯粹数学与应用数学杂志》,74(1872),第 172 页~第 188 页。

[26] Cauchy,《分析教程》,chap. VI,Theorem 1。

[27] Niels Henrik Abel,《关于级数 $1+\dfrac{m}{1}x+\dfrac{m(m-1)}{1\cdot2}x^2+\dfrac{m(m-1)(m-2)}{1\cdot2\cdot3}x^3+\cdots$ 的研究》(Untersuchung über die Reihe $1+\dfrac{m}{1}x$ $+\dfrac{m(m-1)}{1\cdot2}x^2+\dfrac{m(m-1)(m-2)}{1\cdot2\cdot3}x^3+\cdots$),《纯粹数学与应用数学杂志》,1(1826),第 311 页~第 339 页,载于《全集》(Oeuvres complètes),vol. 1,第 219 页~第 250 页。(《奥斯特瓦尔德关于精密科学的经典著作》,vol. 71,Leipzig,1921。)

[28] 参看 Bottazzini,《高等微积分》,以及 Lützen,《19 世纪的数学分析基础》。拉卡托斯(Lakatos)将这些事件的起因强调为通过"证据与反证"发展的典型范例;参看 Imre Lakatos,《证据与反证:数学发现的逻辑》(Proofs and Refutations: The Logic of Mathematical Discovery,Cambridge: Cambridge University Press,1976),J. Worrall 和 E. Zahar 编。

[29] Richard Dedekind,《连续性与无理数》(Stetigkeit und irrationale Zahlen,Braunschweig,1872)(《著作集》,vol. 3,第 315 页~第 334 页。)英译本:《数论文集》(Essays on the Theory of Numbers,New York: Dover,1963)。

由：几何直觉被驱逐，数学分析工作在其中的基础"空间"通过纯算术概念来定义。"数学分析算术化"变成了一个流行语。

令人不快的函数普遍性

柯西断然拒绝了代数的普遍性以及随之而来的走向严密，使得欧拉的函数概念显得陈旧甚至毫无意义。然而，历经了半个多世纪，狄利克雷的函数概念才被普遍接受。就在 1870 年时，汉克尔写道："一位数学家本质上以欧拉的意识来定义函数；另一位数学家要求 y 必须按照一个规律随 x 变化，但未能解释这个模糊的概念；第三位以狄利克雷的方式来定义；第四位则根本没给它下定义。但所有这些数学家都从他们的概念推论出不包括在概念内的结论。"[30]

的确，事实上即使那些公开接受狄利克雷的函数概念的数学家通常也认为函数是普遍严密的。例如，柯西在他的教科书中定义 f 的导数为 $[f(x+\alpha)-f(x)]/\alpha$ 当 α 趋近于零时的极限，并且谨慎地规定**如果极限存在**则以 $f'(x)$ 表示。[31] 然而，后来在这本书中，只要他对函数求微分时，他只假设函数是连续的。以这种方式，他给人们清晰的印象是连续函数是可微分的（至少几乎处处都是如此）。他在综合工科学校的同事安德烈·马里·安培（1775～1836）甚至提供了这一定理的一个"证明"。

总体上看，人们可以说柯西的教科书给人的印象是：在连续函数范围内的数学分析是普遍有效的。虽然许多数学家继续梦想这种适合所有数学分析的一般域，但由于一系列反常函数的发现（或构造），人们不得不逐渐放弃这种梦想。狄利克雷的函数（6）也许可被认为是一个早期的反常函数，但最著名的反常函数是魏尔施特拉斯 1872 年提出的一个连续却处处不可导的函数，这证明安培的观点是完全错误的。[32] 从这些反常函数中可推导出两个相关联的结论：（1）广义函数并不严密；（2）在函数的一个固定范围内数学分析并非普遍可用。数学分析中的每个定理都对所涉及的函数有着自己的规则要求。在 18 世纪，典型的数学分析定理类似于如下形式：

$y(x)$ 具有最大/最小值，当 $\dfrac{\mathrm{d}y}{\mathrm{d}x}=0$ 或 ∞ 。

1870 年以后，典型的数学分析定理类似于如下形式：

令 $f(x)$ 是定义在 $\mathbb{R}$ 的一个（闭/开/…，有界…）子集内的（C^1/L^1，…）函数。

此外假设 f（或者…）是…在…并假设…以及…则（一些公式）。

478

[30] Hankel，《关于无限振动和不连续函数的研究》，《导论》（Einleitung）。

[31] Augustin Louis Cauchy，《巴黎综合工科学校无穷小分析讲义摘要》（*Résumé des leçons données a l'école royale polytechnique sur le calcul infinitesimal. Tome premier*, Paris, 1823）。《著作集》，ser. 2，vol. 4，第 5 页～第 261 页，特别是第 22 页。

[32] Karl Weierstrass，《关于真实自变量的连续函数的某些微商无意义》（Über continuirliche Funktionen eines reellen Arguments, die für keinen Werth des letzteren einen bestimmten Differentialquotienten besitzen），载于《著作集》，vol. 2，第 71 页～第 74 页。

并非所有数学家都喜欢数学分析中的这种新风格,例如,19 世纪末最重要的数学家亨利·庞加莱(1854～1912)写道:

半个世纪以来我们已看到了大量奇异的函数,它们像是尽力偏离那些有某种用途的真实函数……

以前人们发明一个新函数时,它总是为了某种实用的目的;如今人们发明它们却是为了表明我们的先辈在推理上的缺陷,人们从中推论出的结论只有这一点。[33]

然而,一旦反常函数之蛇在"数学分析的伊甸园"中被释放,数学分析想再返回非常单纯的风格已经不可能了。事实上,无论是庞加莱还是同意庞加莱观点的夏尔·埃尔米特(1822～1901),都提不出任何避免反常函数的邪恶的建议。然而,其他数学家试图限制函数的广义概念。例如,魏尔施特拉斯声明狄利克雷关于函数的广义概念"完全站不住脚并且毫无成效,实际上不可能从中推论出函数的任何一般性质"。[34] 取而代之,在他的复变函数理论中,魏尔施特拉斯将解析函数定义为幂级数的一个集:

$$\sum_{n=0}^{\infty} a_n (z - z_0)^n \qquad (13)$$

这些幂级数都是相互解析连续的。以这种方式,他试图回到与欧拉和拉格朗日相似的函数的代数概念。

另外一个限制函数的广义概念的尝试来自法国数学分析学家勒内·贝尔、埃米尔·博雷尔以及亨利·勒贝格。根据逻辑的观点,他们主张只有当存在某种方法使得对定义范围内所有 x 都能构造出 $f(x)$ 时,函数才有定义。他们并不十分赞同"构造"一词所指的含义,但他们的思想却被 20 世纪 L. E. J. 布劳威尔的所谓的直觉主义数学学派所继承和发展,它呼吁沿着构造主义路线对数学的基础作全面的改革。

尽管存在这些限制狄利克雷关于函数的广义概念的尝试,但大多数 1900 年左右的数学分析家选择接受它。在应用领域里甚至有些人呼吁要求更多的广义性。

δ "函数"

也许最为人们所熟知的广义函数是狄拉克的 δ 函数。在他那经典的量子力学书中,保罗·A. M. 狄拉克(1902～1984)将其定义为这样一个函数:除 $x = 0$ 外处处为零,

---

[33]　Henri Poincaré,《数学与教学中的逻辑与直觉》(La logique et l'intuition dans la science mathématique et dans l'enseignement),《数学教育》(L'enseignement mathématique),1(1899),第 157 页～第 162 页。(《著作集》,vol. 11,第 129 页～第 133 页。)译文来自 Morris Kline,《古今数学思想》(Mathematical Thought from Ancient to Modern Times, New York: Oxford University Press, 1972),第 973 页。

[34]　根据 Hurwitz 的转引,参看 Pierre Dugac,《卡尔·魏尔施特拉斯的分析基础知识》(Eléments d'analyse de Karl Weierstrass),《精密科学史档案》,10(1973),第 41 页～第 176 页,特别是第 116 页。

在 $x=0$ 处它是无穷大的，从而得出 $\int_{-\infty}^{\infty} \delta(x)\,\mathrm{d}x = 1$。[35]

他强调 δ 函数对"所有"函数 f 具有如下基本性质：

$$f(x) = \int_{-\infty}^{\infty} \delta(x-\alpha)f(\alpha)\,\mathrm{d}\alpha \tag{14}$$

δ 函数很自然地令人想到它本身是对某一单位点质量的密度的描述。的确，如果 $f(x)$ 描述的是质量分布的密度，则 $\int_{a}^{b} f(x)\,\mathrm{d}x$ 是包含在 a 与 b 界限内的质量。因此在零点的一个单位点质量必然用除了 $x=0$ 外处处为零这样的密度函数来表示。但如果一个普通的函数只在零点有一个有限值，则它的积分 $\int_{-\infty}^{\infty} f(x)\,\mathrm{d}x$ 等于零；因此，为表示一个单位的质量，它就必须像狄拉克所描述的那样是无穷大。

δ 函数对狄拉克来说并不陌生。傅立叶早在广义傅立叶级数（7）收敛性的"证明"中已经把它提出。傅立叶首次碰到 δ 函数是当他将表达式（8）代入（7）式并交换求和与积分（这一步骤在大约 1870 年以前被认为是没有问题的）。由此他得到：

$$F(x) = \frac{1}{\pi}\int_{-\pi}^{\pi} F(\alpha)\,\mathrm{d}(\alpha)\begin{cases} \dfrac{1}{2} + \cos x\cos\alpha + \cos 2x\cos 2\alpha + \cdots \\ + \sin x\sin\alpha + \sin 2x\sin 2\alpha + \cdots \end{cases} \tag{15}$$

利用简单的三角公式得到：

$$F(x) = \frac{1}{\pi}\int_{-\pi}^{\pi} F(\alpha)\left[\frac{1}{2} + \sum_{n=1}^{\infty}\cos n(x-\alpha)\right]\mathrm{d}\alpha \tag{16}$$

他得出结论："表达式 $\dfrac{1}{2}+ \sum \cos i(x-\alpha)$ 表示了 x 和 α 的函数，因此，如果将它乘以任意函数 $F(\alpha)$，再写上 $\mathrm{d}\alpha$，在 $\alpha=-\pi$ 到 $+\pi$ 范围内积分，就把给定函数 $F(\alpha)$ 变成了关于 x 的类似函数乘以半圆周。"[36]

如果将其与狄拉克的定义相比较，至少在区间 $[-\pi,\pi]$ 内我们可以看到：

$$\frac{1}{2}+ \sum \cos n(x-\alpha) = \pi\delta(x-\alpha) \tag{17}$$

在傅立叶 1888 年以来的文集中的一条脚注中，编辑加斯东·达布评论道："既然级数 $\dfrac{1}{2}+\cos(x-\alpha)+\cos 2(x-\alpha)+\cdots$ 不是一个确定的和，所以人们也就不能赋予表达式 $\dfrac{1}{2}+\sum_{i=1}^{\infty}\cos i(x-\alpha)$ 任何意义。"

这是 19 世纪末一位严谨的经典数学分析家的典型反应。尽管 δ 函数被严谨的数

---

[35]　Paul A. M. Dirac，《量子力学原理》（*The Principles of Quantum Mechanics*，Oxford：Clarendon Press，1930）。其基本思想已先发表于《量子动力学的物理解释》（The Physical Interpretation of the Quantum Dynamics），《皇家学会学报》（*Proceedings of the Royal Society*），A，no. 113（1926），第 621 页～第 641 页。

[36]　Fourier，《热的分析理论》，§235。

学家们排除,它仍继续在与应用数学相关的领域不断地突然冒出来。古斯塔夫·基希霍夫(1824~1887)于 1882 年讨论有关波动方程的基础解时用到了它,而更为普遍的是,在涉及所谓的格林函数时它或明或暗地又冒出来。[37] 在电气工程师当中,经过奥利弗·亥维赛(1850~1925)的引入,δ 函数变得十分普及。他提出了运算微积分的一种特殊的形式,从而自如地应用微分算子进行计算。尤其是,他对电路在开关(电报机按键)突然连通时的反应感兴趣。在这种情形下,他用 QH 表示产生的电压,其中 H 是亥维赛函数:

$$H(t) = \begin{cases} 0 & t<0 \\ 1 & t\geq 0 \end{cases}$$

481

在特定情况下电流可表示为 $\dfrac{\mathrm{d}}{\mathrm{d}t}Q$,或以他的方式写成 pQ。他以其具有特色的辩论方式讨论了这一结果,当然,它是 δ 函数:

> 由于 Q 对时间的任何有限值都是个常数,因此这个结果是零……这是废话吗?这是个荒谬的结果吗,表明运算数学的不可靠特性,或至少表明了对令人满意的处理方法的某些修正呢?根本不是……我们必须注意到如果 Q 是时间的任何一个函数,则 pQ 是其增长率。然而,如同目前的情况,Q 在 $t=0$ 之前是零而之后是常数,pQ 除了 $t=0$ 之外是零。因此它是无穷的,但其总量是 Q。也就是说 $p1$ $[pH(t)]$ 是 t 的函数,它全部集中于 $t=0$ 这一时刻,其总量是 1。可以说,它是冲动的。[38]

使 δ 函数在主流的物理学家及数学家中流行开来的是狄拉克,这可能并非偶然,他曾经作为电气工程师受过培训。δ 函数以一种基础性的方式进入他那很有影响的量子力学版本中(1926 年、1932 年)。大约在这个时候,有些应用数学家或电气工程师试图利用拉普拉斯变换将严密引入亥维赛的运算微积分,包括 δ 函数。[39] 然而,大多数数学家拒绝使用它。例如,约翰·冯·诺伊曼(1903~1957)明确宣称它"位于通常的数学方法之外",因而取而代之,他提出一种量子力学基础,它以对希尔伯特空间和在此空间上的算子的公理式的引入为基础。[40]

对 δ 函数及其他广义函数的严密引入的主要动机来自其他困境,即来自两个广义化的尝试:(1)微分方程解的概念;(2)傅立叶变换。

[37] 一个较近的例子,参看 Richard Courant 和 David Hilbert,《数学物理方法》(*Methoden der Mathematischen Physik*, vol. 1, Berlin: Springer Verlag, 1924),第 274 页。载于英译本:《数学物理方法》(*Methods of Mathematical Physics*, New York: Springer Verlag, 1962)。

[38] Oliver Heaviside,《电磁学理论》(*Electromagnetic Theory*, vol. 2, London: Office of "The Electrician," 1899),§238 ~ 242。

[39] Jesper Lützen,《亥维赛的运算微积分及其严密化尝试》(Heaviside's Operational Calculus and the Attempts to Rigorize It),《精密科学史档案》,21(1979),第 161 页~第 200 页。

[40] John von Neumann 的思想最初出现在 1927 年的一篇论文中,《量子力学的数学基础》(Mathematische Begründung der Quantenmechanik),《哥廷根新闻》(*Göttinger Nachrichten*, 1927),第 1 页~第 57 页;随后作为一本书出版,《量子力学的数学基础》(*Mathematische Grundlagen der Quantenmechanik*, Berlin: Springer Verlag, 1932)。引文来自书中 §3。

微分方程的广义解

自欧拉时代以来,数学家们做了许多尝试欲将 n 阶微分方程解的概念推广到非 n 次可微函数上。总的策略是将微分方程代之以另外的有更多系列解的问题,而后一问题的解可被认为是微分方程的广义解。这种替换具有**物理学的特点**。如果微分方程是某个物理状态的模型,人们可以选择另一个有更多解的模型。例如,在振动弦的讨论中,拉格朗日将弦视为有限个质点沿着一条无质量的弦作等距离的分布的极限情况。让质点的数量趋于无限,同时保持其总质量不变,他得出结论说,当欧拉声称即使非解析函数 φ 和 ψ 也可出现在关于弦运动的一般表达式(3)中时,欧拉是对的。在 19 世纪,类似的概念在伯恩哈德·格奥尔格·黎曼(1826~1866)及 E. B. 克里斯托弗尔(1829~1900)处理冲击波问题时也使用过。[41]

更有趣的是还有不同的广义化的数学方法。其中之一是用**一个过程来代替几个有限的过程**,这也是拉格朗日所使用的。回忆一下,达朗贝尔曾论证了 $\psi(x-t)$ 不是波动方程在二阶导数发生跳跃处的一个解,他的论据以不对称表达式(4)为基础。另一方面,拉格朗日指出如果换用对称的表达式:

$$\frac{\mathrm{d}^2 f(z)}{\mathrm{d}z^2} = \frac{f(z-\varepsilon)+f(z+\varepsilon)-2f(z)}{\varepsilon^2} \qquad (\varepsilon \text{ 为无穷小})$$

$$(18)$$

那么在二阶导数跳跃的点处 $\psi(x-t)$ 也将满足波动方程。[42] 相似的技巧在黎曼研究三角级数时也使用过。[43] 正统的二阶微分包含两个极限过程,而(18)式等式右边只包含一个。在拉格朗日的情况下,还谈不上解的经典概念的推广,因为这种经典概念还没有被公式化,甚至黎曼也没有把他的想法提升为一种推广。然而,当 1908 年 H. 彼得里尼推广拉普拉斯算子时,他明显是把这种方法当成推广的方法。[44]

另一种推广方法可称为检验曲线法(test curve method)或检验表面法(test surface method)。它起源于势能理论并以格林定理为基础:

$$\int_\Omega (u\Delta v - v\Delta u)\,\mathrm{d}\bar{x} = \int_{\partial\Omega} \left(v\,\frac{\partial u}{\partial n} - u\,\frac{\partial v}{\partial n}\right)\mathrm{d}s \qquad (19)$$

若令 $u \equiv 0$,则得到

[41] Lützen,《分布理论的史前史》,§ 14。
[42] Joseph Louis Lagrange,《关于声波传播特性的新研究》(Nouvelles recherches sur la nature et la propagation du son),《托伦恩西亚杂集》(*Miscellanea Taurenencia*),2(1760 ~ 1761)。(《著作集》,vol. 1,第 151 页～第 332 页。)
[43] Bernhard Georg Riemann,《关于以三角级数表示一个函数》(Über die Darstellbarkeit einer Funktion durch eine trigonometrische Reihe),《科学协会哥廷根数学分会学报》(*Abhandlungen der Gesellschaft der Wissenschaft zu Göttingen Mathematische Klasse*),13(1867;pub. 1868),第 133 页～第 152 页。
[44] H. Petrini,《势能的一阶及二阶导数》(Les dérivées premiers et secondes du potentiel),《数学学报》(*Acta Mathematica*),31(1908),第 127 页～第 332 页。

$$\int_\Omega \Delta v \mathrm{d}\bar{x} = \int_{\partial\Omega} \frac{\partial v}{\partial n}\mathrm{d}s \tag{20}$$

183　　　这就导出**定义**：

如果对于所有的（适当的）曲线 S 有

$$\int_S \frac{\partial v}{\partial n}\mathrm{d}s = 0 \tag{21}$$

则 v 是 $\Delta v = 0$ 的广义解。这样，我们就不需要假定 v 是二次可微而只需一次可微即可。

这一方法是由马克西姆·博谢（1867～1918）提出的，他把曲线当成圆来处理。[45] 他甚至证明任何 $\Delta v = 0$ 的广义解就是一个通解。这就证实了所有的拉普拉斯方程的合理推广方法都是正确的。它还导致产生其他方程的广义解。1913 年，赫尔曼·外尔（1885～1955）定义 Δv（广义的）为所有适当范围 Ω 内满足（在 $\mathbb{R}^3$ 内）

$$\int_\Omega \Delta v \mathrm{d}\bar{x} = -\int_{\partial\Omega} \frac{\partial v}{\partial n}\mathrm{d}s \tag{22}$$

的函数。[46] 他证明以 Δv 的这种广义上的意义，牛顿的位势

$$v(p) = \int \frac{1}{r(p,p')}f(p')\,\mathrm{d}p' \tag{23}$$

（其中 f 是任意连续函数）是泊松方程

$$\Delta v = -4\pi f \tag{24}$$

的一个广义解，但不必是一个通常解。

第三个推广微分方程解的概念的方法是**检验函数法**（test functions method）（"检验函数"的名称来自萨洛蒙·博赫纳[1945 年]）。如果在格林定理（19）式中固定 Ω 但自由选择函数 u 使得在边界处 $u = \frac{\partial u}{\partial n} = 0$，则有

$$\int_\Omega u\Delta v \mathrm{d}\bar{x} = \int_\Omega v\Delta u \mathrm{d}\bar{x} \tag{25}$$

这就导出**定义**：

如果对于所有的"检验函数" $u \in C_c^2$，也即在 Ω 内有紧支集（compact support）二次连续可微函数有

$$\int_\Omega v\Delta u \mathrm{d}\bar{x} = \int_\Omega uf \mathrm{d}\bar{x} \tag{26}$$

则 v 是 Ω 内 $\Delta v = f$ 的一个广义解。

184　　　这一方法首先由诺贝特·维纳（1894～1964）在 1926 年的一篇关于运算微积分的

[45]　Maxime Bôcher，《论二次一致函数》（On Harmonic Functions in Two Dimensions），《美国科学院学报》（*Proceedings of the American Academy of Science*），41（1905 ～ 1906），第 577 页～第 583 页。

[46]　Hermann Weyl，《关于辐射理论的边界值问题与光谱渐近线法则》（Über die Randwertaufgabe der Strahlungstheorie und asymptotische Spectralgesetze），《纯粹数学与应用数学杂志》，143（1913），第 177 页～第 202 页。

论文中明确提出的。[47] 更通常的情况是，他谈到当 L 是一个二阶线性微分算子时，存在一个共轭算子 L' 使得

$$\int_{\mathbb{R}^n} L(v) u \mathrm{d}\bar{x} = \int_{\mathbb{R}^n} vL'(u)\,\mathrm{d}x \qquad (27)$$

只要 u 和 v 是充分正则的，且 u 具有紧支集。从而他可以定义：如果，

$$\int_{\mathbb{R}^n} vL'(u)\,\mathrm{d}\bar{x} = 0 \qquad (28)$$

对于所有充分正则的检验函数 u 具有紧支集，则 v 是 $L(v) = 0$ 的一个广义解。我们在方程（28）中再一次看到 v 根本就不可微，因此不可微的广义解是允许的。检验函数法是由拉格朗日（1761）及阿克塞尔·哈纳克（1887）首先想到的，并被让·勒雷（1934）、谢尔盖·索博列夫（1937）、里夏德·库朗和达维德·希尔伯特（1937）、库尔特·奥托·弗里德里希斯（1939）以及外尔（1940）所使用。它主要是被用在双曲偏微分方程。例如，按这一定义，对任意函数 φ 和 ψ，$\varphi(x+t) - \psi(x-t)$ 都是波动方程的一个广义解。因此，欧拉最终被证明是正确的。

　　对这些不同的推广方法的概述并没有反映这些发展背后的历史推动力。总体上讲，我并不是希望进一步澄清到底是哪一种特别的方法导致数学家们对这些想法进行研究。确切地说，是问题——通常是关于物理性质的问题——推动发展。例如，勒雷对流体力学感兴趣，因此，他致力于推广纳维耶－斯托克斯方程（Navier-Stokes equation）解的概念；虽然他用到了检验函数法，但他并没有依赖维纳的想法，而是受到 C. W. 奥森的完全不同的纳维耶－斯托克斯方程推广方法的启发。

分布：泛函分析介入

　　1945 年，法国数学家洛朗·施瓦茨（1915～2002）产生了一种想法：为了定义微分方程的广义解，最好先推广函数的概念，使得任何（广义的）函数都具有任意阶的广义导数。[48] 他将他的广义函数称为"分布"，因为它们推广了质量或电分布的概念。他的定义以这样的观察为基础，即任何（局部可积）函数产生出一个泛函 T（即将函数 φ 转变为实数的映射），其定义为：对 C_c^∞ 内的任意检验函数 φ，

$$T(\varphi) = \int_i f(x)\varphi(x)\,\mathrm{d}x \qquad (29)$$

他因此将一种分布定义为 C_c^∞ 上以某种方式连续的任意泛函。此外，他用如下

485

[47] Norbert Wiener，《运算微积分》（The Operational Calculus），《数学年鉴》，95（1926），第 557 页～第 584 页，特别是 § 43。

[48] Laurent Schwartz，《函数概念、求导和傅立叶变换的推广及其在数学与物理学上的应用》（Généralisation de la notion de fonction, de dérivation, de transformation de Fourier, et applications mathématiques et physiques），《格勒诺布尔大学年刊：数学和物理学部分》（Annales de l'Université de Grenoble. Sect. Sci. Math. Phys.），21（1945；pub. 1946），第 57 页～第 74 页。

公式来定义这种分布 T 的导数：

$$\frac{\mathrm{d}}{\mathrm{d}x}T(\varphi) = -T\left(\frac{\mathrm{d}}{\mathrm{d}x}\varphi\right) \qquad (30)$$

根据偏积分公式,这推广了一般函数的微分法概念。以这种方式,任何(局部可积)函数(甚至是任何分布)通常是无限可微的,但其导数是分布,不必是函数。

分布的定义及理论深深地依赖在它之前发展的泛函数理论,更普遍地讲,依赖于泛函分析。这一高度抽象的分析分支是在 1907 年到 1932 年间出现的,由许多不同的技术上及概念上的发展会合而成:在某种程度上是由非欧几何的被接受、1870 年左右从物理空间分离出去的空间观念以及各种类型的空间(高维空间、黎曼流形、力学位形空间等)被引入导致的结果。还有,函数的空间于 1900 年左右开始出现。尤其是,意大利学派发展了关于这类空间算子的抽象理论,而莫里斯·弗雷歇(1878～1973)引入了拓扑概念。此外,维托·沃尔泰拉和雅克·阿达马认为泛函数与变分法有联系。然而,在这些抽象概念与希尔伯特的积分方程的技术性工作以及勒贝格于 1902 年发展起来的新的积分概念相结合以前,其影响是很小的。[49] 在埃哈德·施密特、弗里杰什·黎兹、恩斯特·费歇以及其他人的研究工作中,这些想法被融入函数空间理论及关于这类空间的算子理论和泛函数理论中(1907～1920)。在随后的岁月里,泛函分析想法得到进一步发展并从函数空间推广到公理化定义的空间,比如巴纳赫空间或希尔伯特空间,而这些空间被定义成具有某些运算(如加法)以及满足某些公理的范数的任意对象的集合。[50]

486　　这最新的发展跟随着 20 世纪数学史的总体趋向,当时这些公理化定义的结构被引入数学的各个分支。这种发展还跟随着希尔伯特对几何学的公理化以及他对其他数学分支和物理学分支进行公理化的更加广泛的呼吁。比如,在代数学中,群、环(rings)、场等已在 19 世纪末作了抽象的定义,而在 1930 年,B. L. 范德韦登已在这种构造观念基础上写成了第一本代数学教科书。两年以后,第一批关于公理化泛函分析的教科书出版了,它们是斯特凡·巴纳赫的《线性运算理论》(*Théorie des Operations Linéaires*),马歇尔·斯通的《希尔伯特空间中的线性变换》(*Linear Transformations in Hilbert Spaces*),以及冯·诺伊曼的《量子力学的数学基础》(*Mathematische Grundlagen der Quantenmechanik*)。

[49] David Hilbert,《线性积分方程的一般理论概述》(*Grundzüge einer allgemeinen Theorie der linearen Integralgleichungen*, Leipzig: Teubner, 1912)。又见 Michael Bernkopf,《函数空间的发展,特别是关于它们起源于积分方程理论》(The Development of Function Spaces with Particular Reference to their Origins in Integral Equation Theory),《精密科学史档案》,3(1966),第 1 页～第 96 页。

[50] 对泛函分析发展的描述及分析,参看 Jean Dieudonné,《泛函分析史》(*History of Functional Analysis*, Amsterdam: North Holland, 1981);Reinhard Siegmund-Schultze,《泛函分析的早期阶段及其在 1900 年数学剧变过程中的地位》(Die Anfänge der Funktionalanalysis und ihr Platz im Umwälzungsprozess der Mathematik um 1900),《精密科学史档案》,26(1982),第 13 页～第 71 页;G. Birkhoff 和 E. Kreyszig,《泛函分析的创立》(The Establishment of Functional Analysis),《数学史》(*Historia Mathematica*),11(1984),第 258 页～第 321 页。

洛朗·施瓦茨对这些发展十分熟悉。[51] 1944 年他受到古斯塔夫·肖凯和雅克·德尼的一篇文章的启发,试图对多项式方程 $\Delta^n V=0$ 的解进行推广。他得出了一种"序列"推广:如果存在在某种意义上收敛于 f 的通常解 f_i,则定义 f 为一个广义解。这种推广方法还被 D. C. 刘易斯(1933 年)以及弗里德里希斯(1939 年)提出过。施瓦茨观察到如果 f 是一个广义解,则卷积 $f * \varphi$ 是 $\varphi \in C_c^\infty$ 的一个通常解。

在"我的一生中最美妙的夜晚",即 1944 年 10 月或 11 月的某个时间,施瓦茨意识到这个观察结果是怎样将函数概念的推广表示为"卷积算子",即把 C_c^∞ 映射到 C^∞ 的算子,满足某些规则。在发展这一想法的几个月后他终于意识到,如果将广义函数定义为泛函数(分布)而不是算子,则问题会简单很多。这里需要提到的是,他自己已经学习了 C^∞ 上的对偶,即 C^∞ 上的连续泛函空间的抽象理论,这对他是很有帮助的。

事实上,施瓦茨并非把泛函数作为函数概念推广的第一人。苏联数学家谢尔盖·索博列夫于 1936 年研究空气动力学及偏微分方程时已提出同样的想法。[52] 但是,我认为施瓦茨是分布**理论**之父有以下几个理由:

● 事实上,在索博列夫与施瓦茨的泛函数之间存在技术性的区别,而后者是最方便的。

● 索博列夫只在一篇论文中用到他的这一想法,而施瓦茨从 1945 年到 1950 年写了一系列论文,介绍他的分布理论的主要想法,并在 1950/1951 年出版了有关这一主题的一套两卷本的教科书。[53]

● 在索博列夫的头脑中只有一种应用,即偏微分方程的解的推广。而施瓦茨除了这一应用外,还列举出许多其他重要的应用。例如,他证明狄拉克的 δ 函数如何被指定严密存在而成为分布

$$\delta(\varphi) = \varphi(0) \, .$$

他还证明人们如何可以推广傅立叶变换的概念。在这方面,他与汉斯·哈恩、维纳(1924~1926)以及博赫纳(1927~1932)长期从事的工作联系起来,他们已将傅立叶变换推广到在经典意义上傅立叶积分根本不存在的函数领域。然而,施瓦茨的推广比其前辈更加广泛也更加精致得多。[54] 最后,施瓦茨证明了分布理论如何为亥维赛的运算微积分提供了一个严密的框架。

施瓦茨对函数概念的推广使得他获得了 1950 年的菲尔兹奖。此后,还有一些其他的函数概念推广被提出,比如扬·米库辛斯基的算子(1950~1959),佐藤干夫的超

[51] Laurent Schwartz 在他的自传中已描述了他自己走向分布理论的路径:《奋斗了一个世纪的数学家》(*Un mathématicien aux prises avec le siècle*, Paris: Edition Odile Jacob, 1997)。

[52] Sergei Sobolev,《对于正交双曲线方程的柯西问题的一种新解法》(Méthode nouvelle à résoudre le problème de Cauchy pour les équations linéaires hyperboliques normales),《数学通报》(*Matematiceskii Sbornik*, 1), no. 43(1936),第 39 页~第 71 页。

[53] Laurent Schwartz,《分布理论》(*Théorie des distributions*, vols. 1 and 2, Paris: Hermann, 1950 – 1)。

[54] 参看 Lützen,《分布理论的史前史》,第 3 章。

函数(1959~1960),以及德特勒夫·劳格维茨和库尔特·施米登(1958 年)、亚伯拉罕·鲁滨逊(1961 年)发展出来的非标准函数等。但所有这些都不如施瓦茨的分布理论有影响。[55]

函数概念的发展反映了数学分析历史中的许多总体趋势。从欧拉的解析式概念到狄利克雷的现代概念的转变,以及推广了的广义函数的延伸(分布),这些都是首先由物理分析应用提出的。这说明了在数学分析及其应用之间有连续而紧密的联系。另一方面,我们看到了由于数学分析基础的发展使欧拉的函数概念显得过时,并使得替换显得非常自然。类似地,分布理论也只有通过将公理化结构思想引入数学分析中才变为可能,这就导致了泛函分析的产生。因此,函数和广义函数以及作为一个整体的现代分析的现代概念,是被应用与基础性质的自动发展之间的连续不断的相互作用塑造的。

(王延锋　译　江晓原　陈养正　校)

---

[55] 同上书,第 166 页~第 170 页。

25

统计学与物理学理论

西奥多·M. 波特

直到 1840 年,概率理论几乎只用于描述和处理人类观察和推理的不完整性。将统计方法引入物理学始于 19 世纪 50 年代后期,这种引入是一种处理方法的组成部分,关于偶然性和变异的数学就是通过这种方法被用于表现世间的客体和过程的。如果说这是一场"概率的革命"的话,它具有多样性和渐进式的特点,其宏伟的场景很大一部分未被注意到。它甚至对诸如解释说、形而上学甚至道德规范的某些基本的科学假设提出了挑战。由于这个原因,它有时激起深刻的反思并在包括物理学在内的某些特别的领域引起争论,回顾起来,它并不是作为一个重要的科学发展新方向出现的。

在最基础的层面上,统计方法意味着要以差异性群体的广泛特征去代替那些起普遍性和决定性作用的基本定律。无论是关于人类社会或分子系统,统计学包含了从个体到集体,从直接的因果律到集体的规律性的转变。在与社会相关的著作中,它与对科学自然主义的大胆要求相关联。统计学家们声称已发现了类似于定律的社会秩序,它支配着人类的行动与决定,而这在基督教的道德哲学中迄今一直是按照神的意向性(divine intentionality)和人类意志来理解的。他们的科学似乎贬低了道德的力量,甚至可能否定了人类的自由。在其他语境中,尤其在物理学中,统计学原理似乎限制了科学确定性的范围。它们仅将注意力指向概率的规律性,其精确度是不确定的和近似的。统计物理学,即分子的数学,包含了有几分向力学的转化,其规则将偶然性指定为自然界中始终基本的作用。随着 20 世纪 20 年代量子力学的发展,如爱因斯坦所说的,物理学家不得不考虑,上帝到底掷不掷骰子。[1]

统计思想

"统计物理学"中的"统计学"最初是与社会科学有关,而非应用数学的一个分支。

〔1〕 Gerd Gigerenzer 等,《偶然性的帝国》(*The Empire of Chance*, Cambridge: Cambridge University Press, 1989); Lorenz Krüger 等编,《概率的革命》(*The Probabilistic Revolution*, 2 vols., Cambridge, Mass.: MIT Press, 1987)。

例如,在通常被认为是统计物理学的奠基者的詹姆斯·克拉克·麦克斯韦(1831~1879)在使用这个术语时,这一点是很明显的。他在 1873 年的一次演讲中评论说,跟踪无数分子的杂乱运动是不可能的。他解释道:"因而现代的原子论者采用了一种我认为在数学物理领域里是全新的方法,而实际上它在统计部门里已被长期使用。"这种方法看起来远离了个体的动力学规律或历史规律,它是通过计数与分类来进行的,"依据年龄、个人所得税、宗教信仰或刑事判决将全体进行分组"。类似地,物理学家的原始数据包含"总数巨大的分子数"。出于这种原因,他们的结论不能要求"那种属于抽象的动力学定律的绝对精确的特点"。因此,他们不得不满足于"一种新的规律性,即平均规律性"。[2]

　　统计学从词源上来讲是一门人类科学,是关于状态的分类科学。早在 19 世纪初,这一术语就与人口普查结果及其他与数量有关的社会调查相联系。虽然人口统计学的数量长期为数学概率提供材料,但新的统计科学渐渐地才变得与概率理论类似。如麦克斯韦的评论所暗示的,统计学思想的定义性特征,在其最基础的层面上就是平均规律性,它最先在社会调查中被观察到。在 18 世纪,哲学家们及公务员们注意到年度结婚数及死亡数呈现某种稳定性,最著名的是男性与女性出生比率的稳定性。这一般被归于神的意旨(Divine Providence),他负责对男孩较高的死亡率补上较高的出生率,以便两性在达到结婚年龄时趋于平衡。始于大约 1829 年的几十年间,大众规律性的最著名的实例都来新的官方的犯罪统计。读者大众获悉自杀、谋杀及盗窃等案件发生的数量几乎年复一年地保持不变而感到惊讶甚至沮丧。

　　在这里,按照神的设计而产生的天意结果就不明显了。像比利时天文学家和统计学家阿道夫·凯特莱(1796~1874)这样的调查者,很快开始将这些一致性归于社会秩序,或"社会",这是科学调查的一个新客体。统计学规律是经验社会学规律的原型。自杀行为从数字来看,它不是个体选择和个人道德的问题,而是整个社会的特征,是其自身的法律、教育系统、宗教信仰、气候及习俗的结果。从社会科学的观点看,个人意志至多也只是一个偶然的因素。正确的统计学方法是把个体放在一边而只依据大量的数字进行推理。统计学家利用平均值以代表总体并编制表格来发现犯罪如何作为年龄、性别、季节、宗教、城市规模及法律的函数而变化。凯特莱怀疑我们究竟能否探测到人类灵魂的最深处,从而理解生理上的痛苦、财产损失、羞耻、身败名裂或失恋等如何驱使特定的个人选择了轻生。而直观的图表及案例的汇总可被用来确定更高层次的原因,即有其自身规律的"社会物理学"的基础。

　　"道德统计学"主要与不道德行为有关,即关于情欲行为和违规行为。它们所显示的大范围的秩序几乎完全没有被预料到。但是在 1830 年令人震惊的事情到 1850 年

〔2〕　James Clerk Maxwell,《分子》(Molecules, 1873),载于 Maxwell,《詹姆斯·克拉克·麦克斯韦科学论文》(*Scientific Papers of James Clerk Maxwell*, 2 vols., Cambridge: Cambridge University Press, 1890),第 2 卷:第 373 页~第 374 页。

已成为平常事了。数学经济学家及统计学家弗朗西斯·埃奇沃思(1845~1926)于1884年以充分概括及精练睿智的语言表达了这一观点。概率悖论,他写道,"就是我们的无知越是彻底,则我们的推理显得越精确;就是当我们登上了无序的航船,我们就像是坠入了和谐的深渊"。这同样是统计物理学的基本命题。奥古斯特·克勒尼希(1822~1879)也是用这些术语表达他自己的意思的,他的1856年的一篇论文开启了气体动力学说的近代发展。在原子的尺度上,容器的器壁是非常不平坦的,因此"每个气体原子的路径是如此的不规则以致无法计算。然而,依据概率的规则,人们可以推测完全的规律性,它取代了绝对的无规律性"。[3]

　　气体动力学说的策略是将气体的宏观行为跟大量分子的运动联系起来。麦克斯韦将分子运动论的始祖追溯到卢克莱修。而更确切的科学史表明其起源于1738年,其时丹尼尔·伯努利指出气体压力定律可以由气体分子的碰撞来理解。然而,直到19世纪中叶,这仍是一个无效先驱的故事,是对当代影响很小或没有影响的科学原型的故事。[4]而且,这些科学理论家没有将分子运动论当作统计理论来发展。他们从未系统地阐述杂乱的分子运动如何产生出稳定的压力平均值和热流问题。实际上,没有人明确地把分子的运动视为无规则运动。有些人则想象分子一直来回跳动,与规则排列的相邻分子对撞。相反,克勒尼希将容器壁视为产生随机性的原因。鲁道夫·克劳修斯(1822~1888)受到克勒尼希的论文启发而发表了关于这个问题的自己的看法,他强调了分子间碰撞的重要性,通过分子间的碰撞几乎任何最初的排列将很快变得无序。1857年以后,分子运动论的成功解释总是预先假定分子平均值的稳定性。

误差定律与变异定律

　　麦克斯韦的首篇关于分子运动论的论文于1860年发表,提出另外一种统计规则形式和一种更精致的概率推理形式。克劳修斯已计算过一个分子在两次碰撞间通过的平均距离,或平均自由行程,假设一个平均值可被用于替代不同的分子运动速率而不影响结果。麦克斯韦认识到这一方法的错误。他的1860年关于气体动力说的首篇论文,以分子速率依据一个特定的定律而变化这一命题为出发点,如今这一定律在物理学中被称为麦克斯韦-波尔茨曼分布,而在统计学中被称为高斯分布、正态分布,或直观地被称为钟形曲线。麦克斯韦是以它通常的名称——天文学家的误差定律提及它的。从他的1859年的通信来看,误差曲线是他引入气体动力学说的,的确,1860年的论文中整个前半部分是由假定它的有效性的数学推理组成。应该补充一句的是,他

〔3〕 引自 Theodore M. Porter,《统计思想的兴起(1820~1900)》(*The Rise of Statistical Thinking*, *1820 - 1900*, Princeton, N. J.：Princeton University Press, 1986),第260页,第115页。
〔4〕 Stephen Brush,《我们称之为热的那种运动》(*The Kind of Motion We Call Heat*, 2 vols., Amsterdam：North Holland, 1976)。

的推导极为抽象,看似是支持一种直觉,而不是首先为他的信念提供基础。正如最近的麦克斯韦档案全集的编者们所评论的,麦克斯韦的数学"给人一种奇怪的感觉,好像与分子或分子的碰撞无关"。[5]

事实上,麦克斯韦所用的推导最初是为了一个完全不同的目的。他是在约翰·赫舍尔(1792～1877)对凯特莱于 1846 年出版的《关于概率论的书信》(Letters on the Theory of Probabilities)的书评中碰到这个问题的,这篇书评是赫舍尔用匿名发表于《爱丁堡评论》(Edinburgh Review)1850 年 7 月的那期上,7 年后在一个文集中重印。这两次麦克斯韦都读了这篇书评并在信件中评论了它。由此开始,它被视为一篇经典论文,以它自己的方式连接了社会科学与数学物理学。1963 年,夏尔·吉利斯皮评论说,特征的相似性、共有的经验主义和认识论的谨慎,将赫舍尔的书评与麦克斯韦的分子运动论联系起来。在关于吉利斯皮的论文的正式评论中,哲学家玛丽·赫西认为他的论点毫无理由。她指出,概率推理已经成为物理学的一部分——人们只须看看克劳修斯关于平均自由行程的推导就会知道。但是,当斯蒂芬·布拉什以及其他人更仔细地审查赫舍尔的文章时,他们发现麦克斯韦对误差曲线的推导几乎是以之为模板的。我们现在可以更充分地和更正确地理解约翰·西奥多·默茨早在 1904 年所作的论述,气体动力说从文化上和智慧上与社会调查和弗朗西斯·高尔顿的寿命测定结合起来,形成了默茨所称的"自然的统计观"。自然科学家不是模仿,而是有选择地从产生于社会科学、社会改革及社会管理的统计传统中抽取他们需要的东西。[6]

赫舍尔的推导是依照将许多小球投向一个靶子产生的误差分布而建构的。他作了两个假定:误差密度与方向无关而且在 x 轴方向的误差不受 y 方向误差的影响。指数误差定律很容易从这些简单的、看似自然的并且高度抽象的具有对称性和独立性的假设中得出。这一推导可以很方便地被用于大堆的问题和题目。赫舍尔在书评中极力主张这种推导是有价值的,因为误差定律已经有了广泛的应用。这些应用远远不止运气游戏,还包括人口预测误差、天文观测误差以及大多数其他数值测量值的误差。他还再次证实了凯特莱对误差定律适用范围的大胆扩充。凯特莱曾极力主张,在人类测量值的某些分布的基础上,与人类平均身高、平均胸围以及生理的各个方面甚至平均的道德水准的偏差都服从这同一个公式。他以误差混淆变异的意向促进了误差定律的推广,但也限制了它的推广,好像人类的多样性被简化为大自然不能获得普通人

[5] Porter,《统计思想的兴起(1820～1900)》,第 117 页～第 118 页;Elizabeth Garber、Stephen G. Brush 和 C. W. F. Everitt 编,《麦克斯韦论分子和气体》(Maxwell on Molecules and Gases, Cambridge, Mass.: MIT Press, 1986),《导论》(Introduction),第 8 页。

[6] C. C. Gillispie,《在应用概率分析背景中的智力因素》(Intellectual Factors in the Background to Analysis by Probabilities),载于 A. C. Crombie 编,《科学的变迁》(Scientific Change, New York: Basic Books, 1963),第 431 页～第 453 页,以及 Mary Hesse 的注释,第 471 页～第 476 页;Brush,《我们称之为热的那种运动》,第 184 页～第 187 页;J. T. Merz,《19 世纪欧洲思想史》(A History of European Thought in the Nineteenth Century, 4 vols., New York: Dover, 1965),第 548 页～第 626 页;Theodore M. Porter,《对气体的统计考查:麦克斯韦的社会物理学》(A Statistical Survey of Gases: Maxwell's Social Physics),《物理科学的历史研究》(Historical Studies in the Physical Sciences),12(1981),第 77 页～第 116 页;Porter,《统计思想的兴起(1820～1900)》。

(*l'homme moyen*)的理想类型。他还在无意之中协助将误差曲线转变成关于自然的变异原理,而不仅仅是一个误差定律。这的确对麦克斯韦很有用,麦克斯韦在 1860 年已指出克劳修斯由于没有考虑到分子运动速率的不均等而导致错误的结果。

麦克斯韦分布在随后几十年一直是气体动力说的最重要的研究课题之一。在他 1867 年发表的关于这一主题的第二篇重要论文里,麦克斯韦给出新的推导。他根据这样一个假设:在平衡态下,给定初始速率且呈现特定的末速率的分子碰撞率与相反过程的分子碰撞率是相同的。他再一次从数学上推理出指数分布定律。这一次他的推导被更紧密地与碰撞微粒系统的物理问题联系起来。同样,到这一时期,整个方法在经验方面已变得更为可靠。1860 年麦克斯韦曾论证,如果他的理论成立,则气体摩擦力将与密度无关。这违反了常识,他当时所能依据的测量结果似乎不支持他的观点。他十分谦虚地期望实验结果将终结他的数学游戏。可他和妻子凯瑟琳一起于 1865 年做的一些实验却支持这一理论,这非常有助于物理学家们对它的信任。[7]

路德维希·波尔茨曼(1844~1906)于 1866 年写成他的第一篇分子运动论论文,那时他还不懂英语。不久他的一位在维也纳的老师约瑟夫·斯忒藩给了他一本英语词典及一篇麦克斯韦的电磁学方面的论文。波尔茨曼阅读了麦克斯韦的分子运动论后成了麦克斯韦的最热诚的倾慕者之一。他马上将麦克斯韦分布作为他工作的重心。1868 年他重新推导了在均匀力场中更复杂的多原子分子的麦克斯韦分布。1872 年,他写下了也许是他最有影响的论文,在论文中他的目的不仅是证明分子速率的平衡态分布是什么,还要证明其他初始条件下的分布一定和它一致。在这一努力中他如麦克斯韦在 1867 年所做的那样,从判断每一个能级的分子碰撞频率开始。从这一点出发,他定义一个量 E,现在称为 H,它以麦克斯韦分布为最小值,其余情况下其对时间的导数都是负数。从任何非平衡态出发,一个分子系统的 H 值将稳定地减小直到到达其最小值。

1877 年波尔茨曼还对此问题作出另一个系统的说明。这一次他证明如何明确表示一个系统内的分子能量分配具有同样可能的情况。再一次运用他惊人的数学技巧,他由此推出了任意给定能量分布的概率公式。运用适当的运算,这一概率公式被发现是熟知的 H 函数的另一种表示。他得出结论:任何一个开始于不可能状态的系统必定逐渐地通过更可能的状态直到稳定在熟知的麦克斯韦分布。[8] 此时他已深刻地认识到他最著名的方程式的含义,此方程式由他 1871 年首次推出并被刻在他的墓碑上:

[7] Garber 等编,《麦克斯韦论分子和气体》,第 12 页;以及更主要的,Elizabeth Garber,Stephen Brush 和 C. W. F. Everitt,《麦克斯韦论热和统计力学》(*Maxwell on Heat and Statistical Mechanics*,Bethlehem,Pa.：Lehigh University Press,1995),第 274 页~第 292 页。

[8] Martin Klein,《波尔茨曼统计思想的发展》(The Development of Boltzmann's Statistical Ideas),《奥地利物理学杂志》(*Acta Physica Austriaca*),supp. Ⅹ(1953),第 53 页~第 106 页;Thomas S. Kuhn,《黑体理论和量子的不连续性(1894～1912)》(*Black-Body Theory and the Quantum Discontinuity,1894 – 1912*,New York：Oxford University Press,1978),第 2 章。

$$S = k \log W$$

该方程式将熵 S 与概率 W 联系起来。

波尔茨曼最初的抱负是将热力学第二定律转化为力学表示法。从起源上说，由克劳修斯杜撰的词语"熵"是热机理论的一部分。当热流从高温物体到低温物体时被热机用来产生有用功，随着热和冷的混合而熵增加使之达到平衡（或失去平衡）。根据德国的克劳修斯和英国的威廉·汤姆森推出的热力学第二定律，整个世界的熵总是在增加，因此，能用来做功的能量在减少。波尔茨曼起初的目的是依据分子及运动来理解这些热力学过程。然而，他在上述方程中对热力学第二定律的重新推导并非完全等于力学的转化结果。向力学的转变需要另一个关键的概念：概率。

力学定律与人类自由

统计物理学像统计社会学一样，起初是关于秩序问题而与不确定性问题无关。麦克斯韦和波尔茨曼从数学上推理，推导出控制着人类感官无法感知的无数极其微小的微粒的行为的定律。的确，分子的真实存在直到 20 世纪头 10 年为止都被视为一种假设，并常常受到怀疑。麦克斯韦后来坚持的统计定律的不确定性在他的 1860 年和 1867 年的论文中完全没有体现出来，两篇论文所用的标题表明它们的主题为"气体动力学理论"。在这些论文中，他把变化范围加入到他的理论中，而不是不确定性或偶然性。在他 1867 年对误差定律的推导中，他没有证明而是假定一种平衡态的存在，对于这个平衡态而言，任何活跃在特定速率范围内的分子数量最终是一致的。波尔茨曼更少地在他的气体理论中用到偶然性。在 1866 年的论文中，他通过计算每个分子在无限时间内速率的平均值从而消除了变化范围。他声称以这种方法可以将热力学第二定律转化为分析力学的严格结果。

这种推理与社会统计学的传统是一致的，与此相关的声明或主张在克勒尼希和克劳修斯发表他们的首篇分子运动论论文之后达到了高峰。最受赞美同时也是最受批评的对统计学规律的赞颂者是英国历史学家亨利·托马斯·巴克尔（1821～1862）。在他已经计划好但未完成的《英国文明史》（History of Civilization in England）1857 年出版的总导言第 1 卷中，他在靠近开头的部分历数了某些凯特莱最喜欢的道德统计规律的例子：使用枪支、刀、绳子、水以及毒药的谋杀和自杀。如同凯特莱一样，他得出如下经验：存在社会定律，如同存在自然规律一样。他得出结论：历史为科学提供合适的素材，而不仅仅是对逸闻趣事的描述。他的历史是彻底的反教权主义的和自由意志论的，在政治上它远比像凯特莱这样的官僚机构改革家的作品更激进。同时，它也是更极端的科学主义。巴克尔无条件地声称社会定律的普及没有在历史中给人类的自由意志或给神的意旨的干预留下任何余地。而且，如同在英国一样，这部作品在德国、俄国都取得了巨大的文学上的成功。许多赞赏这部书的人都是政治上的激进者。英国国教知识分子以及德国大学教授们大多批评它。1857 年以后的好几年时间里，驳斥的呼声从有名望的出版物中纷至沓来。

当此书一出版，麦克斯韦就读到了它并在给他的朋友又是后来他的传记作者刘易斯·坎贝尔的信中作了有保留的赞扬。[9] 波尔茨曼好像毫无麦克斯韦的保守本能，他的评价更加直率："众所周知，巴克尔从统计上证实了只要考虑到足够大的人群，那么不仅自然事件的数量如死亡、疾病等是完全不变的，而且所谓的自愿行动——在一定年龄结婚、犯罪、自杀——的数目也是不变的。这与分子的情况没有什么不同。"[10] 像麦克斯韦一样，他认为气体的定律与社会中大量事件的规律相似，虽然当他提到统计定律时他总是强调它们的可靠性而不是它们的不确定性。在 1872 年的那篇经典的同时也是高度技术性的首次推导出 H 定理的论文中，他解释热的"完全确定的定律"实际上是稳定的平均值：

> 由于体系的分子数量的确是如此巨大，其运动是如此迅速，因此，除了平均值我们对其他无法感知。这些平均值的规律性可被比作统计学提供的平均数的惊人的恒定性，统计学的平均数也由这样的过程推导出，其中个体事件受最多种多样的外在条件的完全不可计算的联合作用制约。分子就像这些大量的个体。[11]

麦克斯韦在 19 世纪 60 年代后期开始将气体分子物理学的统计特点解释为其局限性的证据。不过，只有波尔茨曼真正怀疑在气体分子物理学中，统计知识是否足以达到各种应用的目的。他在 1870 年曾告诉雷利勋爵，热力学第二定律就像我们声称人们无法将倒入海里的一杯水收回来一样真实。然而，作为决定论主张的一个基础，他发现原子论及其所用的统计学方法是不充分的。

在读到巴克尔的书仅几个月以后，麦克斯韦在一封信中讨论了定律似的规律对于人类自由的隐含意义。他还参与了由巴克尔引发的关于统计学与自由意志的争论，虽然不是一开始就以发表论文的形式参与。1858 年，《爱丁堡评论》发表了詹姆斯·菲茨詹姆斯·斯蒂芬（1829～1894）撰写的关于巴克尔的《英国文明史》的长达 48 页的论文，他极力主张巴克尔假定自由意志必定无规律地运作是错误的。斯蒂芬的观点可能在几乎同一时间麦克斯韦写的一封信中被重复，他指出，"依我的意见"，"某些写书的人"，错误地假定意识行动与"有序的、确定的、可精确预测的"任何事情都不相符。斯蒂芬进一步论述，道德统计规律并不比那些与骰子大量滚动相关的规律更好。他们不可能证明诸如人类意志这样的"未知的原因不存在"的推论是正确的。1859 年，即麦

［9］ Maxwell 致 Campbell 的信，1857 年 12 月，载于 Lewis Campbell 和 William Garnett，《詹姆斯·克拉克·麦克斯韦传》（The Life of James Clerk Maxwell，London：Macmillan，1882），第 294 页。

［10］ Ludwig Boltzmann，《热力学第二定律（1886）》（Der zweite Hauptsatz der mechanischen Wärmetheorie，1886），《普及作品》（Populäre Schriften，Leipzig：J. A. Barth，1905），第 34 页。除非另有说明，皆由作者翻译。

［11］ Ludwig Boltzmann，《关于气体分子热平衡的深入研究》（Weitere Studien über das Wärmegleichgewicht under Gasmolekülen），载于 Boltzmann，《科学论文集》（Wissenschaftliche Abhandlungen，3 vols.，1909；reprint，New York：Chelsea，1968），第 1 卷：第 316 页～第 317 页。

克斯韦向英国科学促进会(British Association for the Advancement of Science)提交他的首篇分子运动论论文的那一年,他的童年时代的朋友罗伯特·坎贝尔(1832~1912)也向该机构提交了一篇关于统计规律的文章。坎贝尔的文章是作为对巴克尔的批评而写的。他列举了一些基本的概率数学来说明,如果对照我们关于"纯偶然"事件的预期来判定,统计规律根本不"值得注意"。这些规律并不能为反对自由意志的论点提供支持。[12]

斯蒂芬及坎贝尔的论点几乎确定无疑地引起了麦克斯韦的注意。其他的批评家,不论在英国还是在德国,都以相似的风格写作。他们在集体的一致性与个体层次上的因果关系之间划出明确的界线。他们强调统计知识的局限性,在此之前这几乎是没有过的。麦克斯韦本人直到 10 年以后才将这些论点运用到物理学中。尽管如此,在社会上的争论与后来在物理学上的讨论之间依然存在给人深刻印象的连续性。论证的形式是相似的。关键的问题仍然是:在 19 世纪 70 年代,麦克斯韦深深地被来自力学及热力学反对人类自由意志的可能性论点所困扰。捍卫人类自由是他的 1873 年关于分子的演讲的一个目的,由于其中论及统计方法,在此提前引用。1871 年,在他最早正式发表的讨论物理学中统计知识的局限性的文章中,他得出相似的结论:"假如实际的科学史曾经不一样,并且假如我们最熟悉的科学学说是那些必须以这种方式表达出来的学说,那很可能我们会把某种偶然性的存在当成不证自明的真理,而把哲学上的必然性学说当作纯粹的诡辩。"[13]

497　　麦克斯韦于 1867 年写给他的一位苏格兰的朋友、物理学家彼得·格思里·泰特(1831~1901)的戏谑性的信中首次暗示了热力学第二定律应该允许例外的存在。信中他提到,如果在分隔不同温度的两个气体容器的隔板的小孔中放上一个手脚灵巧的小生灵来看守这个小孔,则熵增可以逆转。这个小生灵被威廉·汤姆森(1824~1907)(后来的开尔文勋爵)称为"麦克斯韦妖",它只对极大范围内的分子速率起作用,它允许速率最慢的分子从高温容器跑到低温容器,速率最快的分子从低温容器跑到高温容器。这样,热的气体依然比较热而冷的气体会依然比较冷,而不需要做任何功。这种操纵仅靠人类是不可能的,他并不认为这种戏剧性的情况在技术上可行。尽管如此,这种想象的过程仍然具有启发性。它说明了热力学第二定律是高概率事件,而不是力学上的必然性。它还意味着这只是从我们人类这样的生物的视角出发的一个定律,这样的生物能利用某些自然力量但在原子和分子层次上无能为力。

麦克斯韦对统计学和自由意志的深入思考不只是或主要针对巴克尔,还针对同时代的科学自然主义者。约翰·廷德耳(1820~1893)就可以被选为其典型。廷德耳想

---

[12] Porter,《统计思想的兴起(1820 ~ 1900)》,第 201 页,第 166 页~第 167 页,第 195 页,第 241 页~第 242 页。
[13] James Clerk Maxwell,《实验物理学入门讲座》(Introductory Lecture on Experimental Physics),《詹姆斯·克拉克·麦克斯韦科学论文》,第 2 卷:第 253 页。

从牧师和神学家那里拯救自然科学,就像巴克尔追求独立的历史科学。他坚持自然决定论的热情源于他反对科学中的宗教干涉。他强烈地反对自然神学、圣迹以及人类自由意志。他极力主张,我们应该从古代的原子论者那里、从德谟克里特那里获取我们的科学信念,他宣扬物质因果关系的充分性,宣扬在自然界中没有精神的位置;我们应该坚信能量守恒这一铁律,它没有给上帝或一个永恒不朽的人类精神来改变世界进程留下余地。像其他科学自然主义者一样,廷德耳一直被查尔斯·达尔文的进化论所引起的反应激励着,进化论同样倾向于限制上帝在宇宙中的作用。[14]

麦克斯韦没有从事反对达尔文的活动,但他私下里似乎一直抵制进化论。至少他深信宗教,并坦率地反对机械决定论。的确,在这一领域里他不能置身事外,也许是由于好几个最有影响的有利于决定论的论点来自他的某些科学专业范围:热力学、原子论以及统计学。麦克斯韦从它们最关键之处转变了这些论点。正是因为物质世界是由分子组成的,我们对它的感官信息仅仅是统计性的,因此必然是不完全的。不是热力学第一定律(能量守恒定律)而是第二定律(熵增定律)应被选为我们物理知识的典型。对于廷德耳的决定论的德谟克里特,麦克斯韦用卢克莱修取而代之,并支持他的自发的原子偏离产生出宇宙的解释。

麦克斯韦在一篇于剑桥埃瑞纳斯俱乐部(Eranus Club)宣读,随后收入由刘易斯·坎贝尔撰写的传记中的文章里证明了他如何结合关于不确定性和不稳定性的论点来拯救人类自由的可能性。因为我们的物理知识是统计性的,我们不可能排除在分子层次上微小偏差或偏离的可能性。在不稳定的系统中,比如枪支,也许还有大脑,微小的起因能产生宏观的效果。[15] 但麦克斯韦是一位十足的物理学家,甚至完全观察不到的对物理定律的微小破坏也使他感到不安。到了晚年,他对于有些法国学者在微分方程的奇解方面的研究工作也许会提供非物质性的起因满怀希望。约瑟夫·布西内(1842~1929)于1878年指出力学系统如何存在真实的奇点,在奇点处不是只存在一条路径而是存在一个路径"包",这样才与力学定律相一致,也与能量守恒的约束相一致。[16] 在1879年2月写给弗朗西斯·高尔顿的一封信中,麦克斯韦宣称这是解决物理定律与人类意志问题的充满希望的思路,"比那种认为自然规律存在某个不严谨之

498

[14] John Tyndall,《贝尔法斯特演讲》(The Belfast Address,[1874]),载于 George Basalla 等编,《维多利亚时代的科学》(*Victorian Science*,New York:Anchor,1970),第435页~第478页;Frank M. Turner,《维多利亚时代科学与宗教的冲突:从专业方面看》(The Victorian Conflict between Science and Religion:A Professional Dimension),《爱西斯》(*Isis*),69(1978),第356页~第376页。

[15] Maxwell,《物理科学的进步给予必然性(或决定论)观念的益处会超过给予偶然性和意志自由观念的益处吗?》(Does the Progress of Physical Science Tend to Give any Advantage to the Opinion of Necessity(or Determinism)over that of the Contingency of Events and the Freedom of the Will?),载于 Campbell 和 Garnett,《詹姆斯·克拉克·麦克斯韦传》,第434页~第444页。

[16] Mary Jo Nye,《人类的道德自由和自然决定论:在〈科学问题评论〉中科学与历史的广泛的综合推理》(The Moral Freedom of Man and the Determinism of Nature:The Catholic Synthesis of Science and History in the *Revue des questions scientifiques*),《英国科学史杂志》(*British Journal for the History of Science*),9(1976),第274页~第292页。

处的暗讽好得多"。[17] 他的自由意志论,如果它可以这样被标示的话,只在特别的系统内或十分罕见的条件下起作用。它不包含非因果性,而是以精神原因来代替物理原因。他对统计学的评价是它提供了一个无知的空间,其中力学定律的控制是不严密的。

规律性、平均值与系综

波尔茨曼的物理学生涯通常被解释为对由概率和热力学第二定律引起的特别问题的勉强适应的故事,相比之下,麦克斯韦则是积极地充分利用它们。然而,我们应该注意到,麦克斯韦并不比波尔茨曼更期望看到从热力学第二定律产生的偏差是统计涨落的结果。他也在通信中、在大众作品或哲学作品以及在一本教科书中逐步阐明他关于知识的界限的思想,但在他的专业性论文里我们几乎找不到这些思想的任何痕迹。波尔茨曼也作了出色的公众演讲,这些演讲一贯地强调力学解释的能力而不是其局限性。他的专业学术论文与大众作品就不像麦克斯韦那样界线分明,而是反映了同样的抱负和风格。他对自由主义、科学及进步的世界主义的信仰是坚定不移的,这同样反映在他对物理学的理解中。

然而,波尔茨曼不能被视为概率论的反对者。他很早就认识到他对概率论的依赖暗示了人类知识的一个不确定因素。的确,他求助于概率概念来限制不确定性,而不是抬高它的地位。然而,他在科学上的反对派不提倡自然中的偶然性,他们是些实证主义者及唯能论者,他们怀疑原子论的机械主义,也同样怀疑与之相联系的概率的概念。为抵制纯粹的偶然性在物理学中的任何作用,波尔茨曼一直努力清除在他的统计物理学中由于依赖概率而被其批评者们视为荒谬和矛盾之处。

波尔茨曼和麦克斯韦两人都利用平均值从微观层次的无知及不可预测性转向了可感知层次的完美规律性。两者都倾向于认为规律是如此完美从而例外永远不会出现。只是到了麦克斯韦去世许久的 1896 年,波尔茨曼才意识到分子运动论可能与被称为布朗运动的微粒不规则振动有联系,而后者在 10 年之后被认为是分子实际存在的确定证据。[18] 两者都强调统计学的统一性。然而,两人在方法上有很微妙的区别:波尔茨曼在总体上依赖于单个分子在整个时间过程的平均值,而麦克斯韦则利用许多分子在特定时刻的平均值。

1881 年麦克斯韦在他晚年发表的一篇文章里发展了系综概念。美国人乔赛亚·W. 吉布斯(1839~1903)将把这个方法发展为统计力学的基础。[19] 在此,人们不仅考

---

[17] 这封信载于 Porter 的《统计思想的兴起(1820～1900)》,第 205 页~第 206 页。

[18] Mary Jo Nye,《分子实体》(*Molecular Reality*, New York: American Elsevier, 1972)。

[19] Josiah Willard Gibbs,《统计力学基本原理》(*Elementary Principles in Statistical Mechanics*, New Haven, Conn.: Yale University Press, 1902)。

虑特定气体中分子的统计特征，还要考虑具有特定能量的分子系统的可能的状态近似无限的统计特征。在此之前，波尔茨曼曾经提到这种方法，紧随着麦克斯韦的论文他又将之进一步发展。他尤其对遍历性概念感兴趣，此概念来自亨利·庞加莱（1854～1912）的一个定理。遍历论大概的意思如下：一个力学系统，比如气体，随着时间的推移，将任意接近地经历每一种可能的状态，此处"状态"是由每一个分子的特有位置和速率来定义的。遍历性与一个完美的决定论的秩序相联系，一个纯力学的状态演替，即使它使在细节上进行预测的科学努力落空。在一个遍历系统中的概率涉及气体处于任一特定状态的时间比率。同样，系综允许用比率来定义概率，即分子系统处于任一特定状态的比率，而不牵涉非因果性问题。这条统计物理学进路在遭遇 20 世纪 20 年代的量子非决定论后很容易地继续存在着。然而，两者在对数学中的现代概率理论以及尤其对哲学的现代概率理论的形成具有十分不同的含义，哲学中的客体概率常常是唯一地与量子力学相联系。[20]

500

可逆性、循环及时间的方向

几乎在麦克斯韦首次构思其会挑拣的小妖的同时，分子运动论的一个最恼人的问题——"可逆性悖论"——被提出。它似乎是主要由英国人威廉·汤姆森和奥地利人约瑟夫·洛施密特（1821～1895）独立地提出的。悖论以这样一个观察后得到的经验为基础，即牛顿力学的定律无论往前还是往后都是同样有效的，而热的流动却总是一个方向，趋向温度相同而不是增加温差。但如果热仅仅是分子的运动，且热的流动是粒子与粒子间的能量传递，那么热应该能同样地从冷到热流动，如同从热到冷一样流动。很容易想象一个熵逆转过程。设想在某个固定时间，一个气体系统或整个宇宙的每个分子的运动方向正好反向，气体将最终沿其路径返回，变得比以前更有秩序。那么热力学第二定律将不再有效，而是完全失败。

约瑟夫·B. J. 傅立叶的热流理论以图书的形式于 1822 年出版，是 19 世纪数学物理学最有影响的理论资料之一。它为格奥尔格·西蒙·欧姆的电路理论以及汤姆森开拓中的电场理论提供了一个模型。热理论还与关于效率、道德以及末日论的最重要的问题有联系。汤姆森和克劳修斯在世纪中期恢复并重新阐述了萨迪·卡诺于 1824 年提出的热机理论。尤其是汤姆森，他使用关于功与消耗的道德词汇来讨论发动机。他的分析同样适用于物理学与经济学。从经济学方面说，发动机的功可以至少暂时地阻止由 T. R. 马尔萨斯和大卫·李嘉图所设想的不幸命运，即不断增加的人口将导致食物的短缺并使谷物的价格上涨，从而使大量的财富聚敛于贵族地主的手中。发动机能做许多人的工作，因此它应该能改善人类的境况。然而，结局是消耗必将战胜

[20] Jan Von Plato，《创造现代概率》（*Creating Modern Probability*，Cambridge：Cambridge University Press，1994）。

有用功。将热力学第二定律向无限期的将来外推,宇宙最终的命运必然是热寂,那时,宇宙温度的统一排除了生命存在的可能性。[21]

501 洛施密特将他的可逆性悖论视为逃脱熵增的强大控制的一种可能,而其他人则把这个悖论视为热的分子理论的一个致命缺陷。他们的怀疑论具有强烈的实证主义的共鸣。分子是完全无法实证的实体,因为人们无法看到它们,也难以想象人们曾经体验它们产生的效应。分子运动论赋予这些疑问影响力和聚焦点。热的力学理论没有给热力学第二定律提供一个宽松的基础。因为每一个熵增过程对应于一个熵减过程,即具有所有反向速率的过程,大自然厚此薄彼似乎是没有理由的。这些可逆性问题在19世纪90年代由另一个所谓的悖论再一次强化,它由恩斯特·策梅洛(1871~1953)提出并涉及遍历性。就像庞加莱所说的,如果力学系统必须最终返回到完全接近于它们的初始状态,那么同样也就没有热的扩散定律或任何在时间上方向变化定律的力学基础。这两个悖论,可逆性与循环,都同样暗示了力学系统应当偶尔地出现熵减,而不应总是熵增。但在实际上,我们从来没有看到过热从冷的物体向热的物体流动。以热、温度、熵等来表述的热力学定律看来对相关现象的描述要比热向分子力学的猜测性的转化更精确。如果放弃热和冷这些经验性语言,那将对这种不可数的、纯粹假设的、杂乱无规的运动而且是我们的意识不可及的分子的假说可能会有些什么好处呢?

波尔茨曼在他的职业生涯中的大部分时间都在迎战以各种形式表现的这种怀疑论。恩斯特·马赫(1838~1916)是分子运动论最有说服力的批评者之一,他首先反对的是其原子论。然而,波尔茨曼最尖锐的反对者来自19世纪90年代的"唯能论"者,例如物理化学家威廉·奥斯特瓦尔德(1853~1932)以实证主义者惯用的口气公然宣称我们的神经系统只经验过能量,分子(甚至是物质)纯粹是假设。大约从1870年到19世纪90年代,这些挑战为波尔茨曼在技术方法上大部分的进步提供了机会。值得注意的是,他不是捍卫力学简化论而反对盖然论或非决定论,而是捍卫一种力学与统计学的结合,反对那些部分地以有基本常识的经验主义为基础的异议。如果热力学第二定律仅仅是一种概率表述,那么例外在何处? 如果它植根于时间可逆性的力学,那么物理学家如何解释时间的方向性?

502 波尔茨曼于1872年提出的H定理从某一点上看就是对这种挑战的回应,因为它被设计成这样一种论证:所有系统必收敛于熵最大值。在那时他的结论以非概率的语言来表述。他的1877年的论文,在这篇论文中他用组合数学得到相似的结果,包含了对概率概念的更基本的依赖。此时他清楚地阐述了热力学第二定律不能与力学必然

[21] Crosbie Smith 和 M. Norton Wise,《能量与帝国:开尔文勋爵的传记研究》(*Energy and Empire: A Biographical Study of Lord Kelvin*, Cambridge: Cambridge University Press, 1989);Stephen Brush,《从玻意耳和牛顿到朗道和翁萨格的统计物理学和物质的原子理论》(*Statistical Physics and the Atomic Theory of Matter from Boyle and Newton to Landau and Onsager*, Princeton, N.J.: Princeton University Press, 1981),第2章,《不可逆性与非决定论》(*Irreversibility and Indeterminism*)。

性同时有效。他写道,任何一种速率分布都是可能的,正如概率论自身提倡的那样。而且,此时他所发展的数学使他显然可以解决力学与时间问题。他现在认为,热力学第二定律实际上是概率表述。从初始的最不可能的状态,系统依次通过不断更可能的状态直达最大概率的平衡态,即熵最大的状态。20 年后,他称这种向不断更可能状态的连续运动为几乎同义反复的。但实际并非如此,概率数学不包含历史的或者甚至时间的术语。只有在假定初始条件高度有序——即熵非常低的情况下这个理论才给出时间的方向性。

这最后一个假定招致宇宙学上的各种推测,波尔茨曼偶尔也沉迷其中。也许,宇宙只开始于一个极端不可能的状态。然而,它可能是如此巨大,以致它的大量区域时常偶然地波动而进入高度不可能的状态。这些状态限定了生命在其中成为可能的情况,它可以解释为什么人类只能见证熵增的情况。或者也许,我们所经历的时间方向被熵增限定,因此,在熵减的时代,我们拥有的记忆,可以说都是关于将来的,决不会是关于过去的。

然而,所有这些都被划分为推测性的。在其更为审慎的物理学中,波尔茨曼试图排除对热力学第二定律的违背。熵增只在某些极端特殊的条件下才失效。他认为,洛施密特所讨论的时间反向运动只不过是人为计算的结果,是专门作精心的选择以违背概率的数学定律。它应该完全不被采纳。不可能性的量值可以从波尔茨曼对循环悖论的回答中推出。即使少许的气体也要经历$(10^{10})^{10}$年才有一次机会分开为氧气和氢气。统计学证明我们忽略这些不可能状态是合理的:

> 人们会认识到这实际上等于**永不**会出现,如果人们回想一下,在这么长的时间,根据概率的定律,在一个大国里要每一个居民都纯粹偶然地在同一天自杀,或者每一幢房子都同时烧毁,那将要经历多少年才发生——保险公司忽略掉这种事件完全没有问题。[22]

503

19 世纪末的偶然性

在波尔茨曼的晚年,就在他自杀前不久(似乎有理由认为跟他的工作没有关系),他从他强烈捍卫分子的实在性退回到只维护它们作为有用的推理工具。他是最早提倡使用模型这种现代科学语言的人之一,这种语言隐含了结构上的相似性和实用性,

[22] Ludwig Boltzmann,《气体理论讲义(1896 ~ 1898)》(*Lectures on Gas Theory, 1896 - 1898*, Berkeley: University of California Press, 1964),Stephen Brush 译,第 444 页。

并更注重真实性。[23] 他的模型不属于偶然性的范畴,但他的统计物理学为以科学的方法认识偶然性提供了重要的背景。这首先是知识的胜利而不是失败。到了19世纪晚期,偶然性已经被驯服了。承认随机性在事件的发生中所起的作用是与世界是有序的那种期望完全一致的。

波尔茨曼的组合数学是马克斯·普朗克于1900年解决黑体辐射问题的关键工具,是新量子理论的关键资料来源。以这种方式以及其他方式,统计物理学帮助形成了量子物理学,而量子物理学在20世纪20年代赋予了偶然性在基本粒子物理学中一个基础性的角色。[24] 但是,将麦克斯韦与波尔茨曼的气体理论与他们所处时代的统计学思想联系起来是更合适的做法。卡尔·皮尔逊(1857～1936)是统计学现代数学形式的创立者,在剑桥接受物理学与数学训练,其中有一部分就受惠于麦克斯韦。他以实证主义哲学捍卫一种跟马赫的观点十分不同的自然观,他将一种不清楚的变化——虽然没有恰好使用偶然性——当作整个自然概念的核心。皮尔逊将社会科学与达尔文的生物学以及统计物理学联系起来,坚持认为它们都适合于进行定量研究,并且没有哪一门学科是可以达到完美精确或完全确定的。他坚信概率思想和方法适合于对各门科学的调研和理解。

美国实用主义者查尔斯·桑德斯·皮尔斯(1839～1914)对于一套相互关联的观点给予了也许更加条理分明的哲学表述。他认为机遇性变化是达尔文的进化发展的关键。他不把时间的方向和历史的方向当成统计物理学的对立,而是巩固它的一种方式。从他的观点出发,生命和历史的成长和衰老显示出来的重要性证明了力学定律的不充分性和机遇性的核心地位。到19世纪末,统计学依然象征着秩序的产物,而其中个体的原因依然是难以理解的,但此时已不必假定这些隐藏的原因足以毫无疑问地决定将来。[25]

（王延锋　译　江晓原　陈养正　校）

[23]　Theodore M. Porter,《客体的消亡:19世纪末的物理学哲学》(The Death of the Object: Fin-de-siècle Philosophy of Physics),载于Dorothy Ross编,《人文科学的现代主义推动力》(Modernist Impulses in the Human Sciences, Baltimore: Johns Hopkins University Press, 1994),第128页,第151页;John Blackmore,《路德维希·波尔茨曼:他的晚年生活与哲学(1900～1906)》,(Ludwig Boltzmann: His Later Life and Philosophy, 1900–1906, 2 vols. Dordrecht: Kluwer, 1995, vol. 2, Boston Studies in the Philosophy of Science, vol. 174)。

[24]　Gigerenzer等,《偶然性的帝国》,第5章。

[25]　Ian Hacking,《驯服偶然性》(The Taming of Chance, Cambridge: Cambridge University Press, 1990)。

26

太阳科学与天体物理学

约安·艾斯伯格

在 19 世纪及 20 世纪,天文学已经从相对同一的学科发展到了有巨大差异的学科。在此之前,天文学的主要任务是测量和预测行星的运行和恒星的位置。早期的天文学家依靠观测范围有限的观察设备——用于测量以天空为背景的角度和位置的光学望远镜及各种仪器——以描绘恒星在固定背景中的位置及行星在这个固定背景中的运行轨道。到 19 世纪初,天文学家不仅具备了牛顿的万有引力这样的理论工具,还拥有了历经一个世纪深化提炼的天体力学知识。天文学家不仅能计算单个行星绕太阳运行的轨道,他们还可以研究各个天体的相互扰动及整个太阳系的稳定性,并将计算推测到遥远的将来。在他们的界限分明的领域内,19 世纪初的天文学家们庆幸他们自己具备了超过其他所有自然科学领域的预测能力。

然而,天文学家最终将研究从他们所确信把握的传统领域转向不那么有把握的广阔的新领域:不仅研究位置和运行,还要研究各种天体,从太阳、恒星及行星到星云和星系的物理特征。这种研究对象的扩展在很大程度上是被技术驱动的,许多新的观测技术使其成为可能,包括建造聚光能力大大增加和分辨率更高的望远镜,以及引进照相技术作为天文学研究的工具。然而,唯一最具革命性的技术发展是天体光谱学的引入,它被认为是新方法的标志。为了与传统的天文学活动相区分,在 19 世纪后 30 多年中,这个新的天文学研究被冠以各种各样名称:物理天文学、天文物理学、天体物理学(最初通常用连字符连接以强调其混合特性)、天体化学、天空物理学或太阳物理学,或常常被称为"新天文学"。

新研究所依据的理论范围甚至比其具有多重含义的名称所指的还要广。在这些技术进步产生之前,许多详细的信息可以用来探究恒星、行星及其他天体的构成,自然哲学家们可以自由地猜测或者有时也有预见性地猜测它们的起源和演化。那么,他们是如何对其特性几乎一无所知的那些天体的历史建构出有意义的理论的呢? 至少从 18 世纪末以来,天文学家们相信一定能洞悉天空中可观测到的大量各不相同的天体的演化过程。例如,不同类型的恒星也许代表了一个演化过程的较早期和晚期阶段,而星云也许是恒星和行星的始祖,或者是它们行将就没的最后挣扎。天文学家所确信的演化过程是一个内容丰富的研究课题,并得到两类论据的支持:物理学的论据是万有引力及热力学必然使大质量物体内部发生变化,以及更具有生物学特点的论据。正如弗雷德里克·威廉·赫舍尔(1738～1822)在一篇文章中所写下的被几代人赞许地引用的一段话:

> 天空……如同一座繁茂的花园,其中有种类极其繁多的植物品种,植入各不相同的华丽的花坛里;可以说,也许我们至少能从中受益的是将我们的经验范围扩展到了一个无尽的时间期限……难道这不就是我们生活中相继见证的植物的萌芽、花开、枝叶繁茂、丰硕的果实、衰败、枯萎和腐烂的过程? 抑或是极其大量的植物品种,从其经历的生存的不同阶段中被选择出来,同时呈现于我们的视界内?[1]

赫舍尔的富有诗意的认识同样是强有力的和实际的:既然有如此之多的天文学过程(尤其那些在 20 世纪前可见到的)发生在人类的时间历程遥不可及的大时间尺度内,好像在一张快照中观测到的多样性就是天文学家长期对天体演变过程的经验主义的见识。物理学和生物学都鼓励天文学家将兴趣放在恒星的演化理论上,精确地说明了一个值得强调的观点:对此处所讨论的一段时期的大部分而言,天体物理学及太阳物理学包含了某些明显属于精密科学的要素以及其他更贴近博物学的要素。当他们努力领悟他们在天空中所观察到的极其大尺度的现象的含义时,19 世纪和 20 世纪早期的天体物理学家们开始公认编目、分级以及分类学为中心活动,是将原始数据转变为理论要素的关键步骤。

507　　　本章我们将简短回顾太阳物理学早期的现象学的初期阶段;光谱学的发展为它在太阳、恒星及其他天体的应用提供了可能;探索天体物理学和太阳物理学的工作者共同体的发展;以及 20 世纪恒星天体物理学的蓬勃发展,产生了结合量子物理学和核物理学的恒星模型。到 20 世纪中期,天文学已经远远超出其 150 年前的狭窄边界范围。天文学不再是牛顿力学的专用的证明基础,它已发展为关于物理构成与物理过程的研究,它研究最大范围内的天体,它们更加多种多样并具有更奇异的物质形式,这些都是18 世纪末的天文学实践者未曾想象到的。天文学也与物理科学的其他分支形成了紧密的联系,它更加依赖技术的发展,也对技术发展给予更多的回报。

在我们追溯这一故事之前,强调一下 18 世纪末和 19 世纪初的天文学家们对他们长期观测其位置和运行的天体的特征所知甚少是很重要的。在光谱学出现之前,天文学家所能辨别遥远天体可能实际像什么的唯一方式是通过望远镜观察它们,即使在 18世纪末,对于惊人的大量观测工作而言,可利用的最高质量的仪器也仅仅能够提供极

---

[1] William Herschel,《哲学会刊》(*Philosophical Transactions*),79,第 226 页,引自 Agnes Clerke,《19 世纪期间天文学普及史》(*A Popular History of Astronomy During the Nineteenth Century*, 4th ed., London: Adam and Charles Black, 1908),第 23 页～第 24 页。

少的信息。在呈现大量易于观察到的细节方面,月球是唯一的。[2] 太阳黑子也是可以观察到的,它们的运动可用来测量太阳的自转。然而,行星的表面特征是如此模糊难辨,因此,难以测量行星的自转。在所有的天体观测结果中,遥远星体的图像也许是透露信息最少的,即使在最高的放大率下它们仍然像一个点。

在天体的图像中可利用的信息是如此之少,因此描述性天文学早期的研究领域完全就是方位天文学的可怜的"异父(母)姐妹"。正如即将成为最早一批测量恒星距离的观测者之一的弗里德里希·威廉·贝塞尔(1784~1864)于 1832 年所宣称的:

> 天文学必须做的事情一直都是很清楚的——它必须制定规则以便确定天体相
> 对于我们地球观测者的运行。其他一切可知的天体信息,例如其外观和其表面的
> 构成,当然并非不值得关注,但它完全不具备天文学上的意义。[3]

贝塞尔并非极端主义者;几年之后,哲学家奥古斯特·孔德因声称恒星的物理的和化学的特征及其温度的实证知识永远不可得到而声名狼藉。[4] 即使在贝塞尔和孔德发布这些言论的时候,约瑟夫·夫琅和费(1787~1826)对太阳光的光谱学研究已取得了开创性突破,这一点虽然具有讽刺意味,但是他们试图将方位天文学和天体力学的严密与早期太阳物理学的随意猜测分离开来是可以理解的。然而,如我们将在下一节看到的,即使在引入光谱学以前,研究太阳得到的观测数据很快变得丰富起来。这些观测知识的增长为人们对太阳的结构、温度、气候甚至可居住性的新推测作了铺垫。

太阳物理学:早期的现象学

关于太阳黑子的性质的持续讨论始于 1612 年伽利略与克里斯托夫·沙伊纳之间的意见交换。[5] 但到了 19 世纪初,弗雷德里克·威廉·赫舍尔对太阳的性质进行了最广泛的讨论。虽然赫舍尔是一位职业音乐家和业余天文学家,但他建造了他所处时代的最大望远镜并发现了自古以来的首颗新行星天王星而成为国际知名人物。在1780 年,赫舍尔指出太阳并不是整体都炽热发光,而主要是一个被多层大气包围的固态黑暗物体,其中只有最外层大气发光。太阳黑子即外层的空洞,它暴露出其下的区域。赫舍尔进一步猜测太阳较低层的大气云层保护着太阳的内部不受炽热外层的影响。这就支持了那个吸引人的想法:太阳凉爽的主体可能是生物的合适的住所,赫舍

508

---

〔2〕 第一张真实的月球图由 Michael Van Langren 绘制,见 Michael Hoskin,《剑桥插图天文学史》(*The Cambridge Illustrated History of Astronomy*, Cambridge: Cambridge University Press, 1977),第 143 页。

〔3〕 Friedrich Wilhelm Bessel,《关于科学主题的公众演讲》(*Populäre Vorlesungen über wissenschaftliche Gegenstände*, Hamburg: Perthes-Besser und Maucke, 1848),第 5 页~第 6 页,译文载于 Karl Hufbauer,《探索太阳:伽利略以来的太阳科学》(*Exploring the Sun: Solar Science Since Galileo*, Baltimore: Johns Hopkins University Press, 1991),第 43 页。

〔4〕 Auguste Comte,《实证哲学教程》(*Cours de philosophie positive*, 11, nineteenth lesson, 1853),引自 J. B. Hearnshaw,《星光分析:天体光谱学 150 年》(*The Analysis of Starlight: One Hundred and Fifty Years of Astronomical Spectroscopy*, Cambridge: Cambridge University Press, 1986),第 1 页。

〔5〕 本节的大部分内容依赖 Hufbauer 的分析,见《探索太阳:伽利略以来的太阳科学》。

尔判断其中大部分可能是有居民的。赫舍尔还对这样一种可能性感兴趣：太阳如同其他许多恒星一样会改变亮度，这些变化源于太阳黑子数量的增减。太阳亮度的波动将会直接影响地球的气候及农作物的收成，因此，赫舍尔试图将过去的太阳黑子发生的频度与亚当·斯密在1776年出版的《国富论》（*Wealth of Nations*）中给出的历史上的一系列谷物价格联系起来。

赫舍尔对太阳的推测的重要之处不在于对于他的同时代的人来说，是否显得像现今人们认为的那样牵强。实际上，太阳上有居民的观念是十分普遍的。最具重要历史意义的是他的方法与典型的职业天文学家的区别。正如卡尔·胡夫鲍尔已经指出的，1840年以前观测日食的标准程序表明天文学家们专注于位置：最重要的测量结果是记录月亮圆盘初次及最后与太阳圆盘的交会时间，以及记录全食起始和结束的时间。这些数据就使得对地球、月球及太阳的相对位置的估计更精确，并能够被用于天体力学的计算。由于专注于记录交会及全食的时间，天文学家们很少注意到性质方面的现象，比如日冕和日珥，它们都是当太阳圆盘中的光被月球挡住时围绕着太阳边缘的明亮的延伸部分并且是短时可见的。

这种状况的改变主要归功于业余天文学家弗朗西斯·贝利（1774～1844）。在1836年的日食观察中，贝利惊奇地发现一串闪耀的、不规则的、圆珠式的亮光在月球挡住太阳的边缘时突然出现在月球的周围，他呼吁在将来的日食中对其进行观察。贝利戏剧性的描述激起人们在日食中揭示太阳和月球物理特性方面的广泛兴趣，而在此前它仅被认为是完全次要的。[6] 1842年的日食期间，世界各地的观察者们对这灿烂的、光环式的日冕惊讶不已，它呈现明显的辐射状结构，然而，在不同地点观察的天文学家对日冕的描述有很大差异。同样使人们印象深刻的是各种日珥，它们像巨大的红色火焰或山峰伸出来。由于需要观察的现象太多了，贝利向伦敦的皇家天文学会会员建议将天文学家的劳动作正式的划分，使每位观察者可对单独挑选出来的特性给予充分的关注。这种做法变成了普通的准则。

观察人数及观察种类的增多确定了许多理论解释，同时也引发了许多争论。例如，关于日冕和日珥究竟是属于太阳的还是光线在地球或月球的大气中衍射的典型产物这个问题的争论一直持续到19世纪60年代。到那时候，摄影术及光谱学已被加入到典型的日食观察小组所要承担的任务清单中。还有，到那时候，与弗雷德里克·威廉·赫舍尔所处的时代相比，太阳物理学已变成更加广泛的研究对象，结合天体光谱学的对太阳黑子的更详细研究对观测者和理论家同样有利。

对太阳黑子的研究是除日食外太阳观测的主要焦点，在1850年之后它引起越来越多的关注。1851年，德国一位退休药剂师海因里希·施瓦贝（1789～1875）25年来对太阳黑子的日常观测记录成果出版了。通过将每天观测到的黑斑数目编制成表格，

[6]　Clerke，《19世纪期间天文学普及史》，第61页～第62页。

施瓦贝发现了一个最大值和最小值的 10 年周期。施瓦贝的发现很快被伯尔尼大学天文学者 J. 鲁道夫·沃尔夫改进为 11 年周期,他将历史上太阳黑子的计数回溯到伽利略。太阳黑子周期被发现与磁暴发生的周期一致,在磁暴发生期间地球上的罗盘针能被观察到突然和狂乱地摆动。部分是由于磁性与航海之间有实用性的联系,地球磁性的变化在此前的几十年里已经引起更多人的兴趣,而这种与地球的联系又增加了对太阳研究的兴趣。一位富裕的英国业余天文爱好者理查德·卡林顿(1826~1875)首先绘制了每天太阳黑子的位置,并于 1858 年宣布在周期变化中它们在纬度上系统地移动:在一个周期中第一批黑斑出现在太阳赤道两侧南北纬 35°左右的地区,而后来黑斑出现在越来越靠近赤道的地区。一年以后,卡林顿宣布太阳黑子的图案不像是附着在同一个固体上旋转,而是转动快慢各不相同:靠近赤道地区的转动比靠近两极的快。

　　由于日食观测及太阳黑子观测的共同作用,太阳的现象学到 1860 年已大大地扩展。然而,太阳的理论知识自弗雷德里克·威廉·赫舍尔以来却改变很少。一些观察结果与赫舍尔的模型符合得相当好。例如,卡林顿相信太阳是被流动的大气层包围的一个固体,他在这方面是个典型人物,他将太阳黑子的不同旋转解释为太阳周围持久的赤道季风的作用结果。然而,太阳黑子周期及与之相联系的磁效应都不容易以地球气候的类比来解释。19 世纪 60 年代,一种新的太阳模型被提出来。其核心要素是光谱学及热力学,光谱学曾经是天文学的组成部分,也是分析化学的组成部分,而热力学主要是从天文学之外引入的。我们将在简短地回顾天体光谱学之后再回来考虑热力学及 19 世纪最后几十年出现的太阳模型。

天体光谱学

　　天体光谱学的历史,像其他许多学科一样,至少可以回溯到牛顿。[7] 牛顿及其同时代的人已熟知太阳光通过棱镜时分叉为彩虹式的彩色光谱。正如牛顿 1672 年指出的,这不是因为棱镜产生了颜色,而是因为太阳光虽然看起来是白色的,而实际上是由许多颜色的光组成,在通过棱镜时各种颜色的光发生程度不同的弯曲或折射。然而,一个多世纪以来,人们对光谱学的关注主要集中在光的自然特性本身,而用光谱学来解答天文学问题还很罕见。

　　18 世纪末 19 世纪初开始出现对光的颜色的研究,这些研究将光谱学改进为太阳物理学的首要研究工具。1802 年,威廉·海德·沃拉斯顿(1766~1828)注意到太阳光谱被许多暗线分开,他认为这是光谱中每一种颜色的边界标志。光学仪器制造者约瑟夫·夫琅和费产生了这样一个念头,太阳光谱中的暗线可以作为同一种颜色的可能标准,可用来测定消色差透镜中使用的不同种玻璃的折射特性。对太阳光的光谱作了高

510

511

[7]　关于天体光谱学更广泛的讨论见 Hearnshaw,《星光分析:天体光谱学 150 年》。

度色散研究之后,夫琅和费于 1814 年到 1823 年间发现并绘制了超过 500 条的暗线。这些线条明显不是不同颜色间的边界;的确,在夫琅和费的细致审查之下,光谱的颜色没有分界,而是平稳地从一种颜色过渡到另一种颜色,与暗线的位置无关。夫琅和费还发现从金星发出的光的光谱中有某些太阳光的最暗线,他还在恒星的光谱中发现了完全不同的暗线。

是什么导致光谱线的产生?化学光谱学此时仍处在萌芽阶段,但人们已认识到特征明线可在火焰光谱中被看到,并且当不同的物质被放入火焰时,谱线的图案会变化。约翰·赫舍尔(1792～1871,威廉的儿子)早在 1823 年就指出光谱可用于化学分析,太阳光谱中的暗线将显示出太阳大气的组成。无数的研究者贯彻赫舍尔的建议,通过测定光谱中整个可见部分的数千条谱线,试图找出产生这些谱线的化学原因,甚至,以天才般的方法,辨别出紫外线及红外线中的谱线。在 1842 年及 1843 年,埃德蒙·贝克雷尔和 J. W. 德雷珀各自成功地拍摄了从紫外线到近红外线的太阳的线光谱,开创了后来主导天体光谱学的技术。

尽管有这么丰富的活动,光谱学却要再过几十年之后才被无限制地接受为天体化学分析的一种工具。由于光谱分析家的样品中普遍存在的杂质(尤其是钠),要找出哪一条谱线属于哪一种元素进展缓慢。此外,很难证明太阳光谱中的谱线实际上源于太阳,而不是因为太阳光穿过地球大气而形成的。解决这个问题的尝试从 19 世纪 30 年代就已开始,产生了混合的结果,对这些结果的争论一直持续到 19 世纪 60 年代。例如,戴维·布儒斯特发现某些谱线的亮度依赖于它们在被观测到时所通过的地球大气层的厚度,而其他谱线的亮度则与此无关。布儒斯特的结论是,前者是地球的谱线,而后者才真正是太阳的谱线。与之相对照,詹姆斯·福布斯比较了太阳边缘与太阳圆盘中心的光谱。发自边缘的光线通过更多的太阳大气层,福布斯推测,其谱线应该更宽。而福布斯并没有发现这种差异,于是他断定所有在太阳光中观测到的光谱线都是由地球的因素形成的。

512

1859 年,海德堡物理学家古斯塔夫·基希霍夫(1824～1887)做了开创性的工作,使光谱学在随后的半个世纪成为卓越的天文学工具。在太阳光谱中那对显眼的暗线,即夫琅和费所称的 D 线,具有与含钠燃烧物的火焰光谱中明亮的黄色谱线相同的波长,这长期以来已为人所知。基希霍夫试图证明这些谱线完全一致,他将太阳光通过钠的火焰,希望这两条明线刚好填补暗线的位置。然而,结果不但没有得到连续的光谱,光谱中反而显示出更暗的线。基希霍夫的解释中两个重要的观点引起人们的注意:光线通过钠火焰被吸收的过程一定与太阳光通过太阳大气时被钠蒸气吸收的过程相同;而且,正如基希霍夫随后在实验室通过实验所证明的,这一吸收过程发生在光从热源发出而通过较冷的吸收介质时。这一巧妙的证明——一个介质可能产生发射光谱或吸收光谱依赖于它相对于光源的温度——足以解释太阳光谱中的暗线的确反映了太阳大气的化学成分这一悬而未决的问题。在基希霍夫的解释中的隐含意思是支持一个与赫舍尔的太阳模型完全不同的太阳模型——炽热、发光的内部,被较冷的、吸热的大气层包围着。

基希霍夫和他的化学家同事罗伯特·本生(1811~1899)还对太阳的化学成分做了广泛的分析,辨别出大量作为太阳大气成分的元素。几乎没有人对他们的结果的有效性表示怀疑,而质疑其工作的优先权的数量则是对基希霍夫和本生的工作被广泛和迅速地接受的很好的衡量标准,同时也是他们的一些观测结果和谱线辨识曾经被别人提出过这一事实的衡量标准。他们的工作超越别人之处在于基希霍夫对吸收谱线与可能被介质发射的发射谱线之间的关系极具洞察力的证明,在于本生对特别纯净的化学分析样品的贡献,以及他们在太阳分析方面的通力合作。

太阳建模的理论探讨:热力学及星云假说

热力学是 1860 年之前几十年间进入太阳理论的第二个新的成分。对太阳辐射的总能量的估算从 19 世纪初以来越来越精确,到 1833 年,约翰·赫舍尔出版了他的畅销书《天文学专论》(*A Treatise on Astronomy*),公开宣布没有哪一种已知的化学能可为太阳提供长久的能源。[8] 例如,如果太阳完全由煤组成,它具有的能量仅能燃烧几千年的时间,甚至短于《圣经》研究中的传统时间尺度,更不用说已经在地质学中有所讨论的极其宏大的时间尺度。其他充足的能源是什么仍然是一个谜。在 19 世纪 40 年代和 50 年代,两个研究者各自独立地提出一个假说的两种变体,这个假说是太阳辐射的光以某种方式来自机械能。[9] 德国医生尤利乌斯·罗伯特·迈尔(1814~1878)再三试图发表他的理论,他认为太阳的热是由于一次太阳系内的流星雨撞击太阳表面产生的,但却不成功。苏格兰工程师约翰·詹姆斯·沃特斯顿(1811~1883)则稍微顺利地将这种想法的一个变体公之于众,他还提出了一种替代建议,即热可能是由太阳自身收缩而机械性产生,甚至地球也在收缩,只是产生的辐射能量还不足以达到可观察到的地步。

沃特斯顿的想法被热力学家赫尔曼·冯·亥姆霍兹(1821~1894)和威廉·汤姆森(1824~1907,后来的开尔文勋爵)采纳并扩展。这两人都已熟谙热理论,并于 1853 年左右了解到沃特斯顿的工作。两者都不太在意陨星假说而选定收缩假说作为唯一重要的太阳能的当前来源。正如佩吉·基德韦尔已指出的,两者都力图使自己的太阳能量理论不仅与星云假说相协调(我们马上转到这一假说),还与天文观测数据相一致。因此,比如他们拒绝陨星假说是由于持续的陨石降落会使太阳的质量增加到足以

[8] John Herschel,《天文学专论》(*A Treatise on Astronomy*, London: Longman, Reese, et al., 1833),重印并扩充为《天文学纲要》(*Outlines of Astronomy*, Philadelphia: Blanchard and Lea, 1861),第 212 页。

[9] Peggy Aldrich Kidwell,《从开普勒到亥姆霍兹的太阳辐射与热(1600~1860)》(Solar Radiation and Heat from Kepler to Helmholtz, 1600 - 1860, PhD diss., Yale University, 1979),第 8 章。

使地球年缩短,这虽观察不到但却可以测量。汤姆森尤其对收缩假说所蕴含的太阳能量有限感兴趣。[10] 尽管这种含义在随后几十年里仍然是个重要的天文学问题,一个不断收缩的太阳的热力学模型直到 20 世纪初仍然是主要的太阳(甚至其他恒星)能量模型。[11]

514

太阳过去的历史或演化与对其当前的结构和过程建模被视为完全不同的问题。整个 19 世纪,关于太阳以及所有恒星起源的主导理论是星云假说:太阳及其行星由巨大的、分散的并且缓慢旋转的星云演化而成,星云由炽热发光的气体组成。[12] 当星云在引力作用下收缩时,它坍缩成为扁平状的圆盘。在中心的大量高密度物质形成太阳,行星排列在围绕着它的轨道中。同样的演化程序在缩小了的规模上重复,产生出绕着某些行星旋转的卫星以及土星环。

星云假说从 18 世纪 90 年代由皮埃尔－西蒙·拉普拉斯(1749～1827)提出到 20世纪初,它的各种版本仍然是恒星及行星理论的组成部分,甚至今天的恒星及行星构成理论都与它有家族相似性。不过拉普拉斯的假说比热力学的发展要早,也**不是**由引力坍缩而产生恒星能量的热力学理论。拉普拉斯的星云流体起始于炽热而发光的物质,因而形成于其中心的恒星也是炽热而发光的。行星及其卫星不发光是因为它们足够小因此已冷却了。发光流体存在并被认定收缩为恒星似乎得到弗雷德里克·威廉·赫舍尔的观测结果的很好支持。赫舍尔不知疲倦地搜索天空,发现恒星嵌在发光的星云里。甚至在拉普拉斯从整体上提出太阳系的起源理论之前,赫舍尔已经抓住了可被称为星云假说的另一种表述的实质,他写道,一个发光的星云看起来"更适合通过收缩产生出恒星,而不是依赖恒星而存在"。[13]

星云假说可与物理学上的其他广泛考虑相一致。赫舍尔相信它与他的理论相协调,如同热力学家一样。20 世纪初的恒星模型创立者们也认为他们在这同一传统中工作,虽然他们对建立双星及变星的模型的兴趣与对行星系统的兴趣一样。共同的思路是牛顿力学在其中起到显著的作用。

恒星光谱学

如我们已经看到的,太阳物理学家们采取许多进路研究太阳的性质:太阳黑子、日食现象、地磁观测、光谱学以及热力学理论。由于恒星距离我们极其遥远且看起来就像是一个点,那些想研究它们的性质的人们不得不主要依赖唯一的工具:光谱学。恒

---

[10] Joe D. Burchfield,《开尔文勋爵与地球的年龄》(*Lord Kelvin and the Age of the Earth*, Canton, Mass.: Science History Publications, 1975)。

[11] Agnes Clerke,《现代宇宙学》(*Modern Cosmogonies*, London: Adam and Charles Black, 1905)。

[12] Ronald L. Numbers,《依自然法则创造:美国思想中的拉普拉斯星云假说》(*Creation by Natural Law: Laplace's Nebular Hypothesis in American Thought*, Seattle: University of Washington Press, 1977)。

[13] William Herschel,《哲学会刊》,81,第 72 页,引自 Clerke,《19 世纪期间天文学普及史》,第 24 页。

星光谱学构成了一门学科的核心,到了 19 世纪末 20 世纪初,这门学科成为天体物理学。像太阳物理学一样,天体物理学发端于 17 世纪,但由于来自恒星的光远比太阳光弱,恒星光谱学起步比太阳光谱学要晚。此外,最初对恒星光谱做的最多的研究不是试图精确地测定和辨别各单条谱线,如同基希霍夫和本生得出的太阳的高分辨率的光谱,而是在较低的分辨率下观察许多恒星光谱的大体特征,然后把这些光谱分类。19 世纪 60 年代,罗马学院(Collegio Romano)的安杰洛·塞基(1818~1878)观察了超过 4000 个恒星的光谱并推断它们可分为 4 类,形成一个系列,从蓝色或白色、其光谱显示出只有几条吸收谱线的恒星到有大量吸收谱线的红色恒星。不少工作者后来也设计了类似的方案,其中有波茨坦的赫尔曼·卡尔·福格尔(1841~1907)和美国业余爱好者刘易斯·M.拉瑟弗德。受到颜色变化的指引,天体物理学家常常提出光谱型的序列是演化的序列:从蓝色到红色是恒星在它们的生命历程中不断冷却的过程。

恒星光谱学由于摄影术的进步而发生革命性变化。19 世纪 70 年代干火棉胶感光片的引入使得长时间曝光成为可能。这种感光片可收集到比肉眼多得多的光线,因此,人们可对恒星光谱中的谱线进行测量和分辨,如对太阳光谱所做的那样。在开辟这个工作领域的人中最著名的可能是威廉·哈金斯(1824~1910),而最臭名昭著的几乎一定是 J.诺曼·洛克耶(1836~1920),英国战争部(War Office)公务员,后来成为太阳物理学家。[14] 洛克耶在担任南肯辛顿(South Kensington)太阳物理天文台主任达 10 年后,对恒星光谱学很感兴趣,在 1890 年至 1900 年期间,他逐步提出了一套命运多舛的方案,试图将详细的恒星的化学性质与他自己非正统的陨星假说结合起来,而陨星假说的内容包括恒星演化以及物质的分离物理学。洛克耶相信恒星起源于星云,其中大量密集的陨星激烈地碰撞,使其中的物质变热而蒸发。组成这些物质的化合物分解为元素,这些元素进一步离解为原元素(protoelements),它们可在最炽热的恒星光谱中观察到。洛克耶的理论需要恒星演化的变热阶段和冷却阶段,这一点在光谱型的不同序列中是非常明显的。洛克耶的理论没有哪一部分被接受,但他应该得到赞扬,因为他充分意识到恒星演化也许比以前提出的那种简单的、单向的光谱序列复杂,还有恒星的物理性质可能涉及某些具有更加奇异形式的物质,超出地球上的化学家所能理解的范围。

恒星的构造、恒星的演化和物质的物理性质的成功集成并非独自一人努力就可以完成的,像洛克耶所做的那样。取而代之,它走向了另外一个极端。它不仅是由好几个领域的专家联手完成的综合,而且关键性的工作还来自一种新出现的天文机构的活动,即工厂式天文台,其职员分为人数众多的各个组,通常以明显地按性别划分的劳动分工为标志。在最后一节我们将进一步追溯恒星模型的故事,但首先我们将停下来看

[14] A. J. Meadows,《科学与争论:诺曼·洛克耶爵士传》(Science and Controversy: A Biography of Sir Norman Lockyer, Cambridge, Mass.: MIT Press, 1972)。

一看已从 19 世纪末发展起来的太阳物理学和天体物理学共同体。

从旧天文学到新天文学

当天体物理学开始从天文学中分出来时,两者间呈现交替的合作与竞争的关系。[15] 尤其在美国,由于极少得到联邦政府的支持,天体物理学成为企业家的科学。成功的关键是建立新的天文台,不需要装备测量位置的子午仪,而是要装备能够支持照相机和分光镜的巨型望远镜(通常是反射望远镜)。它寻求那些渴望看到他们的名字刻在最大的望远镜上——每一台新望远镜都可能暂时成为全世界最大的——的富有的资助者的支持。天体物理学的主要倡导者、梦想家及领导者是乔治·埃勒里·海耳(1868~1938),耶基斯天文台(Yerkes Observatory)、威尔逊山天文台(Mount Wilson Observatory)以及帕洛马山天文台(Palomar Observatory)的建立都要归功于他。天体物理学中令人振奋及新奇的现象与旧天文学的枯燥乏味的日常活动形成对照,而旧天文学的实践者似乎——有些人几乎是顽固地——为之自豪。传统天文学家相信天文学的正确目标是测量和预测天体的位置及运行,重视精确性、重复性和常规,重视追求长期的研究计划以及极精细的误差分析。有些传统天文学家似乎惧怕光谱学的诱惑,谴责它执迷于越来越大、越来越新的仪器,谴责它甚至从这个新方向的第一批成果一出现就许诺重要的科学到来了,谴责它的更多假设性的理论,最重要的是谴责它公然不择手段地寻求资助者、金钱和远扬的丑名。

天文学家和天体物理学家都认识到他们对统计工作有共同的兴趣。区分一颗恒星的固有亮度——物理学上引人注意的参数——与由于恒星的距离造成的偶然情况引起的表观亮度是困难的。测定恒星与地球距离的最显而易见的方法是测量由于地球公转而引起的恒星视差,但这种测量方法操作起来如此困难,以致到 19 世纪末,只得到了数百颗恒星视差的精确的测量结果。[16] 为得出距离的信息,天文学家便转向恒星自行,即由于太阳在太空中的运动,较近恒星与较远恒星相比表现出来的视运动(apparent motion)。要从自行获得信息,必须对它进行统计学研究。荷兰天文学家雅各布斯·科尔内留斯·卡普坦(1851~1922)带头进行了一项大规模协作的国际性编目工作,试图收集足够的数据用来对恒星在太空中的分布作一个统计性的确定。在卡普坦的这项工作中,除了传统的天文学参数位置和发光度以外,光谱型及自行各有其

[15] 在美国的具体环境中,这两者间的紧张关系已被深入地研究,根据研究结果,John Lankford 最近完成了一部大规模的定量史。在 Ricky L. Slavings 的协助下,John Lankford 出版了他的著作《美国天文学:学界、职业生涯与权力(1859~1940)》(*American Astronomy: Community, Careers, and Power, 1859 - 1940*, Chicago: University of Chicago Press, 1997)。另外一种观点是强调光谱学的常规面貌,见 David H. DeVorkin,《亨利·诺里斯·罗素:美国天文学家的领袖》(*Henry Norris Russell: Dean of American Astronomers*, Princeton, N. J.: Princeton University Press, 2000)。
[16] Erich Robert Paul,《银河系与统计宇宙学(1890～1924)》(*The Milky Way Galaxy and Statistical Cosmology, 1890 - 1924*, Cambridge: Cambridge University Press, 1993),第 47 页。

位。在 20 世纪头几十年里,天体物理学家建构第一批能够被认可的恒星结构的现代模型时,这些参数被证明对他们是十分重要的。相对地,卡普坦和他的同事们由于自身的原因对恒星不太感兴趣,主要把它们视为宇宙中的亚单位,而天体物理学家自己后来将从这同一个数据集中挖掘研究恒星性质的线索。

19 世纪末 20 世纪初最重要的恒星分类计划是"亨利·德雷伯纪念星表"(Henry Draper Memorial),一个由哈佛学院天文台的爱德华·皮克林(1846～1919)领导的巨大工程。在 1885 年至 1924 年期间,利用业余天文学家、首次拍摄恒星光谱的亨利·德雷伯的遗孀赠送的基金,皮克林和他的全体工作人员对近 25 万颗恒星的光谱进行分类。这项工程在天文学史家中十分有名,不仅因为它的数据对恒星物理学的发展很重要,而且它如今被广泛引用作为工厂式天文台的先例。在此项工程中使用的恒星光谱以高效率的形式出现:许多巨大的摄影感光片,其视域中的每颗恒星都以一个小光谱的形式记录下来,而不是一个点状图像。摄影术的应用使得观测者和读片者的劳动分工成为可能,而这种分工非常显著地是按性别来划分的。夜间的拍摄工作由男性承担,而读片则分派给由女性组成的小组,皮克林发现,她们勤勉且可靠地工作,并不期望得到高薪水、职业地位或职务提升。[17]

此外,她们中有些人还做出了重要的个人贡献。安妮·江普·坎农(1863～1941)设计出了一种新的 10 种类型的光谱序列(the OBAFGKMRNS sequence)以及众多的亚型。坎农的序列是经验性的、简单的和无所不包的。它很快成为恒星分类的标准方案,其总体形式仍保持不变。坎农的序列并非哈佛女性设计的唯一的分类方案。安东尼娅·莫里(1866～1952)看出被分在同一类的恒星光谱中存在着微妙的但却是系统性的差别,她提出存在两种光谱序列,也许代表着两种不同的恒星演化过程。莫里的成果虽然公布了,但未被收入德雷伯工程的余下部分。部分的原因是皮克林怀疑数据资料是否好到足以作如此精细的区分,但也许是他害怕引入更多的复杂性到哈佛分类中将会危及它被广泛地接受。[18]

518

20 世纪的恒星模型

到 19 世纪末 20 世纪初,故事的各种线索开始汇聚到一起。统计天文学已经发展到恒星的平均距离和亮度可以一个光谱类型接一个光谱类型地来测量。当这项工作完成时,丹麦的埃纳尔·赫茨普龙(1873～1967)和美国的亨利·诺里斯·罗素(1877～

[17] Pamela E. Mack,《偏离她们的轨道:美国天文学界的女性》(Straying from Their Orbits:Women in Astronomy in America),载于 G. Kass-Simon 和 Patricia Farnes 编,《科学中的女性:纠正历史记录》(Women of Science:Righting the Record,Bloomington:Indiana University Press,1990)。
[18] David DeVorkin,《天体物理学中的共同体与光谱分类:1910 年对 E. C. 皮克林体系的接受》(Community and Spectral Classification in Astrophysics:The Acceptance of E. C. Pickering's System in 1910),《爱西斯》(Isis),72(1981),第 29 页～第 49 页。

1957）独立地发现恒星可分为两大类：数量巨大的小型、暗淡的"矮子"星和数量稀少的巨型、明亮耀眼的"巨人"星。这种不同被证明是莫里的两种光谱序列的根源。这一发现表现为光谱型－光度图增加了它的影响力，如今人们称之为赫茨普龙－罗素图（赫罗图）。随着越来越多的恒星被纳入这个图中，全体恒星似乎日益以连续的、"主星"序列与"巨星"序列相交的方式分布，这增加了被广泛持有的恒星序列反映恒星演化这一信念的分量。[19]

罗素图是他于 1913 年访问伦敦时在皇家天文学会的会议上提出的，它立即被英国天文学家阿瑟·斯坦利·埃丁顿（1882~1944）采纳。埃丁顿在担任皇家格林尼治天文台（Royal Greenwich Observatory）台长助理时已开始着手对恒星的位置与运行做统计学调查。对埃丁顿来说，罗素的工作最有趣的特点在于它沟通传统天文学与恒星物理学的方式。埃丁顿自己则转向恒星物理学并于 1926 年出版了《恒星内部结构》（The Internal Constitution of the Stars），这部里程碑式的著作提出了恒星的物理模型以解释为何恒星适合赫罗图的参数。[20] 埃丁顿的方法标志着恒星建模方案的重要转变。的确，包括星云假说和洛克耶的流星雨假说在内的旧模型，关注的是尺寸、收缩、温度，在洛克耶的假说中，还包括颜色。然而，最近几十年来最重要的恒星建模方面的成果是乔治·达尔文和詹姆斯·金斯取得的。通过研究运行轨道及受引力作用系统的力学机制，他们专注于解释其他可观察到的恒星现象：太阳系及行星系统的形成，以及双星和变星的形成。

在建构他的模型过程中，埃丁顿利用了自我引力作用气态天体的平衡结构的早期数学公式，但有所不同的是，埃丁顿的恒星不仅依靠气体的压力，还依靠集中于恒星中心的辐射源喷发出来的辐射压来抵抗引力坍缩。凭借对辐射传输方式的深入考察，埃丁顿能绕过也许是恒星理论迫在眉睫的最严重问题，即恒星的能量来源问题。对于恒星能量问题的大多数的记述都强调问题的解决归功于理论物理学家汉斯·贝特（1906~2005）1939 年的工作，此时核合成的过程已被更好地理解。然而，人们也许应该换另外一个角度来看：在 20 世纪初天体物理最需要的是在暂时回避这个当时难以解开的谜题的情况下取得进展的方法。比起它的最初的表述，恒星能量问题并没有进步多少。很明显太阳输出的巨大能量不可能完全来自引力坍缩，这是最有效的已知能量来源，因为它还得产生保持太阳长期一直发光所需要的能量，这种长期阳光照射是地球生物学及地质学所需要的。通过将他的模型几乎完全建立在辐射传输的数学之上，埃丁顿能重新推导出纯粹经验性的赫罗图的许多特征。他的巅峰之作是推导出一个方

[19] David DeVorkin，《恒星演化与赫茨普龙－罗素图的起源》（Stellar Evolution and the Origin of the Hertzsprung-Russell Diagram），载于 Owen Gingerich 编，《天体物理学与至 1950 年的 20 世纪天文学》之第四卷 A：《天文学通史》（Astrophysics and Twentieth-Century Astronomy to 1950，Cambridge：Cambridge University Press，1984，vol. 4，A：The General History of Astronomy），第 90 页~第 108 页。
[20] Arthur Stanley Eddington，《恒星内部结构》（The Internal Constitution of the Stars，Cambridge：Cambridge University Press，1926）。

程用以描述恒星的质量和发光度之间的关系,它对所有这两个量的测量结果都可获得
的恒星均适用。[21]

在埃丁顿的模型中恒星的化学组分几乎不起作用。然而,20 世纪初原子光谱理论
的发展已经使得恒星光谱的定量化学分析成为可能。1920 年印度物理学家梅格纳
德·萨哈(1893~1956)证明了光谱线不仅反映元素的存在,还反映了它的电离态。[22]
因此,恒星光谱序列实际是一个温度序列而不是不同的化学性质序列。1925 年塞西莉
亚·佩恩(1900~1979)推导出恒星大气的元素相对丰度并证明了它们的分布在各个
恒星均几乎相同。[23]佩恩的推算结果之一是氢元素在恒星组分中占绝对多数。虽然
地球上氢元素的稀少导致佩恩拒绝这个反常的结果,但一系列确定的证据线索使亨
利·诺里斯·罗素于 1929 年得出结论:氢元素是恒星大气的主要成分。[24]本特·斯
特伦格伦很快证实在恒星内部氢也是主要成分。[25]

尽管部分地是由于回避了恒星能量问题而使他的模型取得成功,埃丁顿还是向人
们游说可能是亚原子相互作用为恒星提供能量。直到核物理学自身进一步发展之前,
这只是一种猜测。1929 年开始,罗伯特·阿特金森、弗里茨·豪特曼斯以及卡尔·弗
里德里希·冯·魏茨泽克研究了质子—质子反应(proton‐proton reaction)和碳氮氧循
环(CNO cycle),经由这些过程氢核可能在炽热的恒星内部结合成氦并释放出能量。[26]
1939 年,贝特宣布碳、氮、氧循环产生的能量随温度而定,这与大质量主序星的发光度
相一致。[27]贝特还与 C. L. 克里奇菲尔德一起研究了质子—质子反应并提出它解释
了质量较轻的主序星的发光度。[28]

能量生产只是核合成的一个方面,另一方面是新的化学元素的产生。虽然贝特借
助某些较轻元素的嬗变来解决恒星的能量问题,但仍有一个十分重要的问题未能回
答:恒星中各种各样的元素从何而来? 一种看法是重元素在原始大爆炸的高温、高密

[21] Joann Eisberg,《埃丁顿的恒星模型与 20 世纪的天体物理学》(Eddington's Stellar Models and Twentieth-Century Astrophysics, PhD diss., Harvard University, 1991)。

[22] Meghnad Saha,《太阳色球层的电离》(Ionization in the Solar Chromosphere),《哲学杂志》(Philosophical Magazine),40 (1920),第 479 页~第 488 页。

[23] Cecilia H. Payne,《元素的相对丰度》(The Relative Abundances of the Elements),载于《恒星大气》(Stellar Atmospheres),《哈佛天文台专著第一期》(Harvard Observatory Monograph no. 1, Cambridge, Mass.: Harvard University Press, 1925),第 13 章。

[24] Henry Norris Russell,《论太阳大气的组成》(On the Composition of the Sun's Atmosphere),《天体物理学杂志》(Astrophysical Journal),70(1929),第 11 页~第 82 页。

[25] Bengt Strömgren,《恒星物质的不透明度和恒星中的氢含量》(The Opacity of Stellar Matter and the Hydrogen Content of the Stars),《物理学杂志》(Zeitschrift für Physik),4(1932),第 118 页~第 153 页。

[26] Robert d'Escourt Atkinson 和 F. G. Houtermans,《论恒星中元素构成可能性的问题》(Zur Frage der Aufbaumöglichkeit der Elemente in Sterne),《物理学杂志》,54(1929),第 656 页~第 665 页;Robert d'Escourt Atkinson,《原子的合成与恒星能量》(Atomic Synthesis and Stellar Energy, i, ii),《天体物理学杂志》,73(1931),第 250 页~第 295 页,第 308 页~第 347 页;Robert d'Escourt Atkinson,《天体物理学杂志》,84(1936),第 73 页;Carl Friedrich von Weizsäcker《恒星内部的元素转变》(Element Transformation Inside Stars, ii)《物理学期刊》(Physikalische Zeitschrift),39(1938),第 633 页~第 646 页。

[27] Hans Albrecht Bethe,《恒星中的能量产生》(Energy Production in Stars),《物理学评论》(Physical Review),55(1939),第 434 页~第 456 页。

[28] Hans Albrecht Bethe 和 C. L. Critchfield,《物理学评论》,54(1938),第 248 页。

度条件下从轻元素产生,并且恒星的组分所反映的分布是由于宇宙冷却的结果。当这种想法被证明行不通时,弗雷德·霍伊尔(反对大爆炸而支持一种稳态宇宙)认为有可能重元素是在恒星的内核产生。1957 年,他同 E. 玛格丽特·伯比奇、杰弗里·伯比奇以及威廉·福勒一起发表了一份旨在说明恒星元素构成的核过程的广泛研究。这篇论文(按作者的开头字母,通俗地称为 B^2FH)被普遍认为是今后恒星核合成的奠基之作,虽然其中的一些内容被阿拉斯泰尔·卡梅伦独立地研究了,但他同样强调了超新星在形成新元素中的作用。[29]

让我们停下来看看自从本章提到的第一个恒星模型以来发生了怎样的变化。弗雷德里克·威廉·赫舍尔的太阳理论简单地、定性地说明了太阳黑子这一前光谱学时期最常见的太阳表面特征是如何产生的。他假想在太阳明亮的最外层之下有可能存在一个像地球似的可居住的行星。拉普拉斯和洛克耶虽然采取十分不同的进路,但两者都对起源和演化问题最感兴趣。对洛克耶及大多数 19 世纪和 20 世纪初的其他恒星物理学家来说,光谱分类序列被假定可以追踪恒星演化的路线。埃丁顿的进路是构建恒星内部物理特征的模型:在不同深度的温度、压力以及密度。其模型的结果是推翻了大多数现存的恒星演化理论。虽然埃丁顿的推算留下了恒星能量问题未能解决,但他通过研究恒星核心的物理状况,为后来探索恒星的核合成及应用现代物理学研究恒星的结构和演化打下厚实的基础。[30]

这一领域的社会学发展与其智力发展状况是相似的。除了像变星的观测等几个领域外,很快地,没有正规的物理学训练要进入恒星研究几乎不可能。同时(正如罗伯特·W. 史密斯在第 8 章中所描述的),仪器设备变得更加精密和更加昂贵。现代的天文台典型地只向那些正式的专业人员或行使特权的专业人员开放,这些专业人员都与主要研究机构有联系。这与上个世纪形成鲜明对比,那时有大量的证据表明数量巨大、种类繁多的重要的贡献来自业余人员。

我们可以这样概括这段简短的历史:被说成是点状物的恒星,其方位也许可以测量但其性质似乎不可知,成为了物理科学的首要对象。19 世纪地球物理学被用于恒星,而 20 世纪恒星研究成为检验我们理解物质行为的实验室。

(王延锋 译 江晓原 陈养正 校)

[29] E. Margaret Burbidge, Geoffrey R. Burbidge, William A. Fowler 和 Fred Hoyle,《恒星中元素的合成》(Synthesis of the Elements in Stars),《现代物理学评论》(*Reviews of Modern Physics*),29(1957),第 547 页~第 650 页。又见 A. G. W. Cameron,《恒星中的核反应与核起源》(Nuclear Reactions in Stars and Nucleogenesis),载于《太平洋天文学会出版物》(*Publications of the Astronomical Society of the Pacific*),69(1957),第 201 页~第 222 页,和《核天体物理学》(Nuclear Astrophysics),《核科学评论年刊》(*Annual Review of Nuclear Science*),8(1958),第 299 页~第 326 页;以及 Geoffrey R. Burbidge,《核天体物理学》,《核科学评论年刊》,12(1962),第 507 页~第 576 页。

[30] 参看 David DeVorkin 和 Ralph Kenat,《量子物理学与恒星》(Quantum Physics and the Stars Ⅰ, Ⅱ),《天文学史杂志》(*Journal for the History of Astronomy*),15(1983),第 102 页~第 132 页,第 180 页~第 222 页。

27

关于空间和时间的宇宙学与天体演化学

黑尔格·克拉格

在长达 3000 多年的时间里,宇宙学与神话、宗教和哲学之间的联系比同科学的联系更加紧密。只是到了 20 世纪,宇宙学才从根本上被创建为科学的一个分支。因为现代宇宙学是一个非常复杂的领域,已经紧紧地与很多相邻的科学学科和团体(如数学、物理、化学、天文学)联系在一起,所以不可能用仅仅一章文字来叙述它的历史。尽管没有关于现代宇宙学的完整的历史,但仍然存在着一些片段的历史记载,描述和分析了它的主要发展过程。下面的叙述利用了这些历史记载并展示了出现于 20 世纪的宇宙知识的主要组成部分。本章着重于宇宙学的科学方面,而不是着重于与哲学和神学有关的方面。

19 世纪的遗产

宇宙学,作为对整个世界的结构和演变的研究,在 19 世纪并没有被公认为是科学的一个分支;而天体演化学,作为对世界起源的研究,做得就更少了。但是,在整个 19 世纪中,人们仍然对这些"大"问题保持着兴趣——而这种兴趣常常具有推测的意味和哲学的意味。皮埃尔－西蒙·拉普拉斯和弗雷德里克·威廉·赫舍尔的星云假说认为,一些可以观察到的星云是原恒星云(protostellar clouds),它们将会以一种类似于我们认为的太阳系的形成方式聚集、收缩,最终形成恒星和行星。这个观点被广泛接受,暗示着宇宙并非一个一成不变的实体,而是处在一个不断演变的状态中。

这个演变过程为出现于 19 世纪 40 年代到 50 年代的热力学定律所描绘,这些定律很早就被用于宇宙学。德国物理学家鲁道夫·克劳修斯著名的 1865 年的系统表述是从宇宙学的角度构建的,即宇宙的能量是守恒的以及宇宙的熵趋向最大化。热力学第二定律会导致宇宙的熵最大化状态这种想法在 19 世纪晚期非常流行。按照这个定律,宇宙的最后状态通常是"热寂"的——没有生命也不能再继续演变。然而,许多科学家和哲学家发现热寂设想无法接受,而且它并非热力学第二定律必然的结果。早在 1852 年,英国物理学家威廉·J. 麦夸恩·兰金就提出,反熵的过程的存在将导致一个持久而有创造力的宇宙。类似的种种推测在 19 世纪末 20 世纪初不断涌现。例如,在 1895 年,路德维希·波尔茨曼就运用他的熵统计理论提出,尽管我们这个世界正趋向热平衡,但总会有宇宙其他的正在进化的部分处在低熵状态。在 1913 年,为了解释为何宇宙还未达到熵最大的状态,英国的地球物理学家阿瑟·霍姆斯重新提出了兰金关于在宇宙尺度上热力学可逆性的老观点。另一个可供选择的解释是"相信宇宙有一个确定的开端",但这是霍姆斯所反对的。[1]

尽管在第一次世界大战之前,地球和太阳系的最终寿命已被完全认可,但宇宙具有有限寿命的天体演化观念在物理学和天文学中仍无一席之地。这并非意味着在 19 世纪不存在这样的观念,只是这样的观念处在人们的视界的边缘,而且难得一见。 1861 年,德国天文学家约翰·梅德勒提出:"从创世到今天,流逝的时间是有限的。"[2] 但梅德勒和其他天文学家都没有循此思路继续探究。一种更普遍的观念认为宇宙是循环的和重复出现的,即宇宙循环地且永恒地以这种方式发展:在一个极长的时标上不存在单向的演化。这样的观念可追溯到古代,并且在 19 世纪末期很流行,当时的科学家(诸如波尔茨曼、亨利·庞加莱)和非科学工作者(例如哲学家弗里德里希·尼采)都在讨论这个问题。然而,这样的观念对于科学天文学不具有任何重要性。

1925 年以前的星系和星云

在 20 世纪 20 年代之前,天文学家们很少使用诸如"宇宙学"和"宇宙"这样的术语,即便使用,通常也是指构成银河系的那些恒星和星云。在 1900 年左右,大多数天文学家相信星云位于银河系内而非独立其外。与此相反,另一种"岛宇宙"理论则认为,星云是一些位于银河系外的巨大的恒星群——也就是人们开始有所了解的星系。但当时的观测结果支持前者。例如,如果星云是一些独立的星系,那么从地球上看来,它们可能等距地分布在天空中,但观测结果则显示,它们避开了银河的平面。一些天文学家推测,在浩渺无垠的空间中也许隐藏着其他的星系或"宇宙",只是人们无法看到而已。但大多数天文学家对此类推测毫无耐心而拒绝接受岛宇宙理论。对恒星的观测结果和统计研究似乎都表明,我们所居住的宇宙大体上和银河系同大。大约在 1912 年,有影响力的荷兰天文学家雅克布斯·科尔内留斯·卡普坦(1851～1922)就主张,椭圆形银河系的较大半径约为 5 万光年。在此范围之外,存在着空间,但没有恒星。[3]

〔1〕 Arthur Holmes,《地球的年龄》(*The Age of the Earth*,New York:Harper,1913),第 121 页。
〔2〕 Frank J. Tipler,《奥尔伯的悖论、创世之始和约翰·梅德勒》(Olber's Paradox, the Beginning of Creation, and Johann Mädler),《天文学史杂志》(*Journal for the History of Astronomy*),19(1988),第 45 页～第 48 页。
〔3〕 Erich R. Paul,《银河与统计宇宙学(1890 ～ 1924)》(*The Milky Way and Statistical Cosmology 1890 – 1924*, Cambridge:Cambridge University Press, 1993)。

产生关于可能的岛宇宙和银河系大小的不确定性的主要原因是缺少有效的办法来测定地球到星云的距离。1912 年的两项发现为建立起新的更大的世界图景做出了重要的贡献。来自哈佛大学的天文学家亨丽埃塔·勒维特(1868~1921)发现了一个新方法用于测定涉及麦哲伦云的一些造父变星的距离。造父变星法很快就被其他天文学家发展起来,到 1918 年,只要存在一颗与给定星云相关的造父变星,就足以测出这个星云到地球的距离。还是在 1912 年,洛厄尔天文台的维斯托·斯里弗(1875~1969)第一次发现了仙女座星系——一个旋涡星云——的多普勒频移现象,而后来借助分光镜的测量结果则显示,几乎所有的星云都在远离地球。1917 年,斯里弗报告了对 25 个星云视向速度的测量结果,其中有 4 个的后退速度超过每秒 1000 千米。斯里弗并没有从宇宙学的角度解释这种红移现象,在一段时期内,一直后退的星云对天文学家们还是个谜。直到 1924 年,一位出生于波兰的物理学家卢德维克·西尔伯斯坦(1872~1948)对红移现象提出了宇宙学的解释,他认为红移与星云的距离成比例。然而,西尔伯斯坦的证据存在缺陷,因此他的工作未能说服其他天文学家们接受这种红移与距离间的线性关系。[4]

斯里弗的观测结果使岛宇宙理论复活了。如果那些旋涡星云真的正以巨大的速度远离银河中心,那么看起来它们不可能受到引力的束缚。哈洛·沙普利(1885~1972)使这个问题变得更加复杂。他于 1917 年宣称,银河系的直径大约有 30 万光年,远比之前人们估计的要大。这种尺度的星系被认为是反对岛宇宙理论的一个有力论据。1920 年,在沙普利和希伯·柯蒂斯之间就这个问题展开了一场"大辩论",在辩论中希伯·柯蒂斯支持岛宇宙理论而反对沙普利的大星系。双方并未取得共识,在以后的几年内这个问题仍然被争论不休。1923 年,供职于加利福尼亚州威尔逊山天文台(Mount Wilson Observatory)的埃德温·哈勃(1889~1953)在仙女座星云中发现了一颗造父变星,根据观测结果哈勃计算出该星到地球的距离是 100 万光年。这个巨大的距离有力地说明了仙女星座位于银河系之外。这个发现于 1925 年元旦正式公布,但事实上在此之前即已流传有日了。它使得岛宇宙理论在"大辩论"中取得了优势。现在,宇宙在人们的眼中变成了一个星系的巨大集合体,俨然颗颗分子构成的弥漫气体。这个世界图景的重大转变与同一时代发生的理论宇宙学的变化毫无关系。

宇宙学的转变:广义相对论

1917 年 2 月,阿尔伯特·爱因斯坦(1879~1955)完成了一项工作,他对他的友人

[4] Robert Smith,《膨胀的宇宙:天文学的"大辩论"(1900~1931)》(*The Expanding Universe: Astronomy's "Great Debate" 1900 – 1931*, Cambridge: Cambridge University Press, 1982)。

保罗·埃伦费斯特说,这项工作使他面临"被关入精神病院的危险"。[5] 这项工作是他新建立的广义相对论在整个宇宙范围内的一种应用。这种应用宣告了理论宇宙学上的一场革命,在85年后仍被视为宇宙科学的基础。爱因斯坦在这项工作中解决了由牛顿首先考虑的如何清晰地描述一个无限空间的边界条件的问题——如广义相对论所展示的那般,将宇宙想象成一个闭合空间的连续统。在爱因斯坦的模型里,在四个维度上时间为线性而空间呈"球状"。他的宇宙静止、有限而无界。1915年的引力场方程式是爱因斯坦理论的形式核心,现在这个方程式通过增加与度量张量成比例的一项而被修正。

爱因斯坦的模型宇宙由于均匀地充满了稀疏的物质,因而可以被认为具有确定的半径、体积和质量。在时间上,这个宇宙是无限的,曲率半径在任何时候都具有相同的数值。起先爱因斯坦相信这是唯一符合相对论的解决方案,但在其后的1917年,荷兰天文学家威廉·德西特(1872~1934)找到了另一个大相径庭的方法。德西特的模型是一个封闭的空间,里面却空无一物。此外,如果将粒子(或星系)置入德西特的宇宙里,它们发出的光能够在接受器中产生红移。这个现象在后来被视为德西特的宇宙呈指数膨胀的一个结果,但是在1930年以前,这个模型被认为是静止的,红移仅仅是一种"虚假的视向速度"。

爱因斯坦并不认同德西特的宇宙模型,不仅因为超出它包含的世界范围后观测者接收不到任何信号,而且缺少了物质的弯曲时空也与广义相对论的精神不合。[6] 的确,缺少物质是德西特模型本身的一个问题。同样,德西特的解决方案很快在少数理论宇宙学家和研究相对论的学者中流行开来,部分原因是由于它与当时所报道的星系红移现象之间有联系。在整个20世纪20年代,一群不超过12人的数学物理学家和天文学家在研究在两个相对论的选项中何者更令人满意。除了爱因斯坦和德西特外,这个开拓性研究的主要参与者还有阿瑟·斯担利·埃丁顿(1882~1944)、赫尔曼·外尔、科尼利厄斯·兰措什、乔治·勒迈特(1894~1966)、霍华德·罗伯逊和理查德·托尔曼。在这个探究的过程中,他们逐渐认识到,选择爱因斯坦的模型还是选择德西特的模型其实并非问题。这两个经典的解决方案看来都不足以代表真实的宇宙,因此,他们发展出一些混合理论。在这些理论中,空间-时间度量(space-time metric)依赖于充满物质的宇宙中的时间坐标。兰措什、勒迈特和罗伯逊分别于1922年、1925年和1928年提出过这样的非静态理论。尽管这些理论带有非静态特征,但从物质的意义上说,它们并没有被视为是进化的。在20世纪20年代,尽管存在着下文即将提及的两个例外,宇宙学思想的框架仍然被束缚在静态宇宙的范例之中。

[5] Abraham Pais,《"上帝难以捉摸……":阿尔伯特·爱因斯坦的学术和生平》("Subtle is the Lord…": The Science and Life of Albert Einstein, Oxford: Oxford University Press, 1982),第285页。

[6] Pierre Kerzberg,《虚拟的宇宙:爱因斯坦-德西特的论战(1916～1917)和相对论宇宙学的兴起》(The Invented Universe: The Einstein-de Sitter Controversy [1916 - 17] and the Rise of Relativistic Cosmology, Oxford: Clarendon Press, 1992)。

一个膨胀的宇宙

静态宇宙范例的解体是通过两个独立进路的相互作用发生的,一个是观测进路,另一个是理论进路。哈勃在 1929 年发表了一组关于星系红移的数据,并将它们与星系的距离联系起来。结果就是在距离(r)和从红移现象所推出的"表观速度"(v)之间有一种近似线性的关系。哈勃得出关系式 $v=Hr$,其中 H 后来被称为哈勃常数,哈勃将其估算为 500 千米/秒/百万秒差距(一个百万秒差距约合 326 万光年)。在 1931 年,哈勃及其助手米尔顿·赫马森公布了更多广泛的数据,进一步证实了这种线性关系。[7] 哈勃在 1929 年的论文通常被视为对膨胀宇宙的发现,但他并没有断定星系事实上正远离我们。哈勃十分谨慎,即使在大多数天文学家接受了膨胀宇宙之后,他仍然强调红移 - 距离关系中的经验特征以及和一个膨胀宇宙假设相关的种种疑问。就在哈勃的文章发表不久,瑞士的天文学家弗里茨·兹威基(1898~1974)提出星系退行的假设是没有必要的,哈勃的关系式可以用一种"疲劳光(tired light)"的机制来解释。这种说法以及其他解释在 20 世纪 30 年代受到了一些人的关注,但大多数的天文学家仍然接受用多普勒效应来解释红移,进而接受星系的普遍退行。

但哈勃所不知道的是,理论家们——最初是亚历山大·A. 弗里德曼(1888~1925)——早在 1922 年就从理论上得出存在一个膨胀宇宙的可能性。弗里德曼是一个苏联的理论物理学家,给出了一个爱因斯坦宇宙学场方程的解的完整分析,其结果显示,爱因斯坦和德西特的静态解仅仅是一个更加普遍的解的两个特殊情况。这个完整分析包含了周期循环和永久膨胀两种模式,"这个世界中的空间曲率独立于三个空间坐标而确实依赖时间"。[8] 弗里德曼列出了支配宇宙曲率的时间变化的基本方程,人们后来称之为弗里德曼方程。5 年以后,在 1927 年,比利时物理学家勒迈特独立发现了相同的方程,并使其服从系统分析。弗里德曼的方法的基础是数学,他很少关心真实的宇宙,勒迈特则明确地宣称宇宙正在膨胀。他将自己的理论和当时的红移测量结果联系起来,把星系的退行描述为宇宙膨胀的宇宙效应。他甚至导出了后来的哈勃定律($v=Hr$),并且认为其中参数 H 的值约为 625 千米/秒/百万秒差距。按照勒迈特的观点,宇宙已经从爱因斯坦的那种静止状态逐渐演化,现在正在迅速膨胀。[9]

最值得注意的是,无论弗里德曼的工作还是勒迈特的工作根本没有造成任何影

[7] Norriss S. Hetherington,《埃德温·哈勃宇宙模型选择中的哲学价值标准及观察》(Philosophical Values and Observation in Edwin Hubble's Choice of a Model of the Universe),《物理科学的历史研究》(Historical Studies in the Physical Sciences),13(1982),第 41 页~第 68 页。

[8] Alexander Friedmann,《论空间曲率》(Über die Krümmung des Raumes),《物理学杂志》(Zeitschrift für Physik),10(1922),第 377 页~第 386 页。除非另有说明,皆由作者翻译。

[9] Odon Godart 和 Marian Heller,《勒迈特的宇宙学》(Cosmology of Lemaître, Tucson, Ariz.: Pachart Publishing House, 1985)。

响。它们被忽视的原因还不完全清楚,但可以肯定的是,对于宇宙静态性质的根深蒂固的信仰是一个重要的社会心理的因素。然而这种对于膨胀宇宙的态度却在 1930 年上半年戏剧性地改变了。由于哈勃的实测结果以及罗伯逊、托尔曼的理论工作,宇宙演化的观点开始为人们所接受。埃丁顿研究了勒迈特的昔日的论文,认为其中提供了使宇宙学家摆脱困境的方法。在他和德西特的热情支持下,膨胀宇宙很快被大多数专家接受,宇宙学也因此经历了一个突然的范例转换。而直到此时,哈勃的发现才被解释成对膨胀宇宙的发现。

　　谁"发现"了膨胀宇宙? 在三个主要候选人中,只有勒迈特同时利用了理论论据和观测论据,明确主张宇宙正在膨胀。弗里德曼说明宇宙也许在膨胀,但只是很多种可能中的一个。至于哈勃,尽管他提供了有力的观测证据,却回避从中得出宇宙正在膨胀的结论。因此,对于这个可能是宇宙学历史上最重要的发现,我们完全有理由将其归于勒迈特。

　　勒迈特于 1927 年创建的模型宇宙处于膨胀的状态,但在时间上却没有一个起点。在 1922 年的论文中,弗里德曼写到了"创世",探讨了始自一个时空奇点的"年龄"有限的宇宙模型。但是,他似乎只是把这个念头视为一种数学上的好奇心,而不是可能的物质现实。直到 1931 年 3 月,勒迈特才在现实主义的意义上将世界的起点的概念引入科学宇宙学。他提出,宇宙——包括时间和空间——是从一个"原始原子"的某种爆炸引起的放射衰变中产生的,而在这个所谓的"原始原子"中聚集了宇宙的所有质量。在勒迈特的模型中,这个最初的超级原子的大小和密度都有限,而大爆炸理论中的那个初始的奇点却有着无限的密度,因此在严格意义上还不能将勒迈特模型和大爆炸理论等同起来。在 1931 年至 1934 年间的著作里,勒迈特发展了他的想法,并且终其余生坚信不移。在一个时期内,除他之外,几乎所有的宇宙学家们都迟疑地看待这些有着突兀起源的宇宙模型,他不得不为捍卫大爆炸的想法而孤军奋战。当然,在 20 世纪 30 年代也有一些服膺相对论的宇宙学家在考虑那些大爆炸模型,然而他们仅将其思考限制在数学层面,而不愿把它们视为对物质现实的解释。

　　我们可以为大爆炸假说在 20 世纪 30 年代受到冷遇找到很好的理由。首先,创世的想法在当时被广泛视为概念性问题。毕竟一个创造物需要创造者来创造它,但是,是什么(或是谁)有可能创造宇宙呢? 其次,这个假说缺乏有说服力的观测结果的支持。最后,就大爆炸宇宙的年龄而言,由哈勃参数推断出的值似乎太小了,不仅低于恒星的年龄,甚至还比不上地球。这个问题被称为时间尺度上的困难,在 20 世纪 30 年代至 40 年代间被人们颇多讨论。尽管勒迈特的理论在最初缺少积极的回应,但大爆炸想法还是在 20 世纪 30 年代变得有名。在 1938 年,德国物理学家卡尔·弗里德里希·冯·魏茨泽克(1912~2007)寻求用核反应来解释恒星内的能量产生过程,并通过这个工作,他得出了自己的大爆炸理论。冯·魏茨泽克推测早期宇宙非常炽热,具有原子核一样的密度,而最初的核反应产生了宇宙膨胀所需的能量。冯·魏茨泽克的宇宙学假说是对勒迈特理论的补充,但是对宇宙学未来的发展影响甚微。

非相对论的宇宙学

理论宇宙学与那些以广义相对论为基础的模型有很大的不同。与此相反,20 世纪 30 年代反对标准相对论的宇宙学思想和模型大幅度增加。总的来说,那时的宇宙学很少有学科的和理论上的一致性。没有哪个宇宙理论明显地更受支持。那些相对论演化宇宙学的更加非正统的替代理论从各方面尝试将宇宙描绘成处于一种稳定状态——旧物质的泯灭为新物质的形成所平衡。美国天文学家威廉·麦克米伦在 20 世纪 20 年代就提出了这样的一幅世界图景,其想法为罗伯特·密立根所认同。同样,在 20 世纪 20 年代和 30 年代,德国化学家瓦尔特·能斯脱也发展了自己的关于永恒而轮回的宇宙的想法。麦克米伦和能斯脱都否认宇宙的膨胀,相信无须这样的假设也能解释哈勃定律。[10] 但他们的想法并未被数学宇宙学家们正视。

更为重要的是爱德华·米耳恩(1896~1950)在英格兰从 1932 年开始逐步提出的替代理论。他根据狭义相对论而非广义相对论建立这个理论,它以简单的运动学因素为基础,而非场方程式。就其星系循时间按比例地退行,他的模型属于大爆炸理论的范畴。这个理论被米耳恩本人称为"运动学相对论",在 20 世纪 30 年代颇有影响,它为大部分宇宙学工作设定了议事日程。它既是科学理论又是哲学理论,它的演绎本质和雄心勃勃的理性主义引发了许多争论。[11] 保罗·A. M. 狄拉克的产生于 1937 年到 1938 年间的宇宙学理论就受到了米耳恩和埃丁顿的著作的启发。他由此得出了大爆炸模型,在这个模型中的宇宙正以宇宙时(cosmic time)的立方根的速度膨胀着。更富争议的是,这个模型是以假设万有引力常数随时间变化为基础的,有悖于广义相对论。但狄拉克的宇宙学理论启发了德国物理学家帕斯夸尔·约尔丹,他进一步发展了这个理论,并在场理论的框架中将其用公式明确地表述了出来。尽管狄拉克-约尔丹宇宙学在 1945 年之后得到了很大的发展,但是大多数天文学家和物理学家仍将其视为得不到经验验证的理论思辨。

伽莫夫的宇宙大爆炸

新的核物理学大约起源于 1930 年,给大爆炸宇宙学提供了一个非常需要的物理

〔10〕 Helge Kragh,《两次世界大战之间的宇宙学:能斯脱-麦克米伦选项》(Cosmology Between the Wars: The Nernst-MacMillan Alternative),《天文学史期刊》(Journal for the History of Astronomy),26(1995),第 93 页~第 115 页。

〔11〕 John Urani 和 George Gale,《E. A. 米耳恩和现代宇宙学的起源:一个必要的存在》(E. A. Milne and the Origins of Modern Cosmology: An Essential Presence),载于 John Earman、Michel Janssen 和 John D. Norton 编,《重力的吸引:广义相对论历史的新研究》(The Attraction of Gravitation: New Studies in the History of General Relativity, Boston: Birkhäuser, 1993),第 390 页~第 419 页。

观点。恒星为何能够发光？当前化学元素的分类是如何形成的？在 20 世纪 30 年代的后期，俄裔美国人乔治·伽莫夫（1904～1968）以及那些相信答案可以在宇宙学中找到的物理学家们从事着这些问题的研究。1942 年，一个讨论主题为"宇宙学和恒星演化中的问题"的会议在华盛顿特区召开，与会者一致同意"元素起源于具有爆炸性质的过程，这种爆炸发生在'时间之始'并造成当今宇宙的膨胀"。[12] 伽莫夫改进了这个结论，于 1946 年提出了修订版大爆炸理论，它将早期宇宙的核物理学与弗里德曼方程结合起来。他设想早期高密度的宇宙是一种由能量相对较低的中子组成的巨大的中子复合体。他简要说明了化学元素是如何在宇宙膨胀的最初阶段从这个起始点形成的。

由于拉尔夫·阿尔弗（1921～2007）的加入，伽莫夫的理论在两年内进行了大量的修正和改进。在一篇作于 1948 年的简短论文里，他们描述了由中子组成的原始高热气体开始衰变为质子和电子。伽莫夫和阿尔弗认为，随之进行的核反应将导致元素的相对丰度，这与从观测结果中估计的那些丰度值相符。他们进而认识到，充斥早期宇宙的不是物质而是电磁辐射。这些辐射又发生了什么事情？按照阿尔弗及其合作者罗伯特·赫尔曼（1914～1997）的说法，这种辐射会随着宇宙的膨胀而逐渐冷却，时至今日其温度已降至 5K（开尔文）左右。尽管阿尔弗和赫尔曼的这个关于宇宙微波浴（cosmic microwave bath）的预言在 1948 年至 1956 年间已多次出现在出版物中，但并未引起关注，也没有人试图去探测这个微弱的辐射。[13]

研究者很快发现，最初的宇宙不能仅由中子组成。1950 年，日本物理学家林忠四郎提出，最初的宇宙是由同等的质子和中子构成。3 年之后，阿尔弗、赫尔曼和詹姆斯·福林又将电子、中微子以及其他基本粒子引入了这个模型。伽莫夫理论的阿尔弗－赫尔曼－福林版本是一个精密的定量理论，它关注的是从最初爆炸后的 10^{-4} 秒到 600 秒之间这段极精确的时间内宇宙的演化。除了其他的结果外，这些作者还计算出氦的百分比大约为 32%。不幸的是，在 20 世纪 50 年代早期，还没有可靠的经验数据同他们的预言相比较。阿尔弗－赫尔曼－福林理论使得大爆炸宇宙学的发展几乎陷于停顿。1948 年后还大约有 12 位物理学家致力于发展伽莫夫的理论，但到了 1953 年以后，人们的兴趣就开始急剧降低。在 1956 年至 1964 年间，这个数年前还繁荣兴旺的领域内仅有一篇研究论文。这种兴趣的缺乏究其原因比较复杂，需要兼及社会和科学自身两方面因素。伽莫夫的理论在解释那些最轻元素的丰度时是成功的，但是却不能解释那些更重一些的元素，这已被广泛视为该理论的一个严重缺陷。并且，它同其他大多数的宇宙演化模型一样存在时间尺度上的难题。此外，它还面临着另一个新宇

[12] Helge Kragh，《宇宙学与论战：两种宇宙理论的历史发展》（*Cosmology and Controversy：The Historical Development of Two Theories of the Universe*，Princeton，N. J.：Princeton University Press，1996），第 105 页。

[13] Ralph A. Alpher 和 Robert C. Herman，《"大爆炸"宇宙学与宇宙黑体辐射的早期研究》（Early Work on "Big-Bang" Cosmology and the Cosmic Blackbody Radiation），载于 B. Bertotti 等编，《现代宇宙学回顾》（*Modern Cosmology in Retrospect*，Cambridge：Cambridge University Press，1990），第 129 页～第 158 页。

宙学理论的严峻挑战,那就是稳恒态宇宙理论。

稳恒态的挑战

就在伽莫夫和阿尔弗提出其大爆炸理论的当年,剑桥的物理学家赫尔曼·邦迪(1919~2005)、托马斯·戈尔德(1920~2004)和弗雷德·霍伊尔(1915~2001)提出了一个与之完全不同的宇宙理论。稳恒态宇宙也在膨胀,但是由于空间中不断有物质产生而状态保持稳定。[14] 由于具有科学上的异端特征,并且被霍伊尔用来反对宗教信仰,稳恒态理论从一开始就富有争议。这种假设的物质创生在物理学家和哲学家之间引起了诸多争论。物质的无中生有违反了能量守恒定律,也正是由于这个原因,这个理论有时被一些反对者指责为"非科学的浪漫化"或"科幻宇宙学"。

有希望解释星系的形成是稳恒态理论较为成功的地方之一,而大爆炸理论就似乎无法解决这个问题。更重要的是霍伊尔在 20 世纪 50 年代中期的工作,他在不考虑大爆炸的情形下解释宇宙中的核合成。1957 年,霍伊尔及其合作者威廉·福勒、E. 玛格丽特·伯比奇以及杰弗里·伯比奇提出了一个关于恒星元素形成的全面而成功的理论,通过这个理论计算出的几乎所有的元素丰度值都能很好地符合观测结果。[15] 由于这个理论无须假设宇宙存在一个早期状态,因此被普遍视为反对大爆炸理论的一个强有力的论据。另一方面,大爆炸理论也得到了相应的支持:德裔美国天文学家瓦尔特·巴德在 1952 年发现哈勃常数远比人们预想的要小。随着新的哈勃时间(哈勃常数的倒数)从 36 亿年很快增加到约 100 亿年,与地球的年龄相比,宇宙的年龄不再存在任何严重的困难。

稳恒态理论最早是由英国科学家发展起来的,却受到了美国天文学家的忽视和拒绝,并且在苏联也遭到了同样的命运。在那里,物质不断创生被认为是非科学的,同时在意识形态上也存在错误。而它的竞争对手大爆炸理论,也由于它的宇宙创生的假设和它在宗教方面的联想而在整个 20 世纪 50 年代遭到苏联官方几乎同样的抵制。作为这些做法的后果,苏联在宇宙学领域成果寥寥,这种状况一直持续到 20 世纪 60 年代前期意识形态的束缚松动。[16] 在长达 10 多年的时间里,稳恒态理论都是那些相对论的演化理论的强有力的竞争者,并且直到 20 世纪 50 年代后期两者之间谁是胜利者一点也不明显。事实上,那时大多数的天文学家更倾向于宇宙拥有无限的年龄,但这样的信念并非建立于可靠的观测事实。

[14] Hermann Bondi,《宇宙学》(*Cosmology*, Cambridge:Cambridge University Press, 1952);Kragh,《宇宙学与论战:两种宇宙理论的历史发展》。

[15] Stephen F. Mason,《化学的演化:元素、分子和生物系统的起源》(*Chemical Evolution*:*Origins of the Elements*,*Molecules*,*and Living Systems*, Oxford:Clarendon Press, 1992)。

[16] Loren R. Graham,《苏联的科学与哲学》(*Science and Philosophy in the Soviet Union*, New York:Knopf, 1972),第 139页~第 194 页。

射电天文学及其他观测结果

　　稳恒态和大爆炸作为两个相互抗衡的理论,测量空间的膨胀率是区分两者的方法之一。在 20 世纪 30 年代,试图将星系的红移与亮度联系起来以测出空间几何形状的办法卷土重来。1956 年,艾伦·桑德奇(1926~2010)及其合作者在帕洛玛山天文台得出的结果明显不符合稳恒态的预言值。但是其他天文学家对他们的观测结果还有争议,因此对其结果还无法下定论。观测项目在整个 20 世纪 60 年代都在继续,但都无法得到一个确凿的结果驳倒稳恒态理论。

　　1955 年,射电天文学加入到宇宙学的论战中,当时剑桥大学的马丁·赖尔(1918~1984)得出结论:"根据稳恒态理论似乎无法解释观测结果"。[17] 赖尔不喜欢稳恒态理论,这个态度也许影响了他对射电源分布数据的结论及解释。他的结果至少也在悉尼的测量结果相矛盾。因此,射电天文学暂时还和光学天文学一样,无力撼动稳恒态理论。但是到了 1960 年至 1961 年,剑桥大学方面得出了更加可靠的新数据,与稳恒态的预言值明显不符。赖尔写道:"这些观测结果确实……看起来提供了反对稳恒态理论的决定性的证据。"[18] 这回他得到了来自悉尼的天文学家的支持。尽管没有任何稳恒态宇宙学家认为赖尔的结论具有说服力,但大多数天文学家都同意他的结论。到了 1964 年,各种射电天文测量的结果已经严重打击了稳恒态理论的声誉,相反,却加强了相对论的演化宇宙学的论据。

　　决定性的时刻在 1965 年至 1966 年到来了。那时类星体的总数量清楚地显示出与稳恒态理论的预言值相抵触。这个来自类星体的证据使得丹尼斯·夏玛——英国最主要的稳恒态物理学家——抛弃了这个理论转而接受大爆炸模型。与此同时,由霍伊尔、罗杰·泰勒、詹姆斯·皮布尔斯(1935~　)和其他人做出的核物理计算表明,宇宙中氦的丰度——大约为 27%——可以用大爆炸假说很好地重现。但稳恒态理论就无法用令人满意的方式得出这个百分数。

一个新的宇宙学范例

　　在 1953 年至 1963 年间,大爆炸理论毫无进展,而阿尔弗和赫尔曼关于宇宙微波背景辐射的预言也已经被遗忘。1964 年,普林斯顿大学的物理学家罗伯特·迪克(1916~1997)独立地得到了相同的结论,并且在 1965 年年初,由他的合作伙伴詹姆斯·皮布

[17]　Woodruff T. Sullivan, Ⅲ,《射电天文学进入宇宙学:射电星和马丁·赖尔的 2C 测量》(The Entry of Radio Astronomy into Cosmology: Radio Stars and Martin Ryle's 2C Survey),载于 Bertotti 等编,《现代宇宙学回顾》,第 309 页~第 330 页。(2C 指的是天鹅座射电源[CygA]和仙后座射电源[CasA]——译者注)
[18]　Kragh,《宇宙学与论战:两种宇宙理论的历史发展》,第 324 页。

尔斯估算出当下的辐射温度约为10K。正在这时,在贝尔实验室工作的阿尔诺·彭齐亚斯(1933~)和罗伯特·威尔逊(1936~)通过他们的辐射仪发现了一个额外的大约3.5K的天线温度。他们的实验预示着这个无法解释的额外温度可能来自宇宙,但彭齐亚斯和威尔逊对此却百思不解,并未将其与宇宙学理论联系起来。迪克的研究小组认识到彭齐亚斯和威尔逊无意中做了个重要的宇宙学发现,即大爆炸遗留下来的宇宙微波背景辐射。这个发现在1965年的夏天被公之于众,其意义也被充分认识:大爆炸理论预言了3K温度的黑体分布式辐射(blackbody-distributed radiation)的存在,而稳恒态假说却无法解释这种辐射。其他的试验很快也验证了彭齐亚斯和威尔逊的发现,并证实这种辐射的光谱型符合理论预言。

宇宙微波背景辐射的发现对于大爆炸理论来说是一个巨大的胜利,并且常被视为对稳恒态理论的最后一击。自此稳恒态理论变得无足轻重,而得胜的大爆炸理论则成为新的宇宙学范例。背景辐射的发现、类星体的计数、射电天文学以及对氦丰度的测算使得人们取得了一个新的共识——夏玛称之为"观测宇宙学的复兴"。

大爆炸宇宙学的复兴除了各种新观测结果的贡献外,广义相对论在理论上的进步也有功劳。广义相对论在20世纪60年代的早期经历了自身的复兴,它被巧妙地验证,最终被视为基础的、普遍正确的理论。在1965年至1966年,罗杰·彭罗斯(1931~)和史蒂芬·霍金(1942~)等人重新研究了在 $t=0$ 时宇宙奇点的老问题。他们证明了宇宙在普遍情况下必然从一个时空奇点开始。换句话说,大爆炸的设想不单是符合广义相对论,更像是出自广义相对论。

伴随着20世纪60年代中期的发现,宇宙学经历了一次起飞,这从社会方面和认知上显现出来。学习者的数量在增加,同物理学与天文学之间的联系在增强,明确定义了新宇宙学的知识和背景的新教科书也出现了,其中重要的有皮布尔斯的《物理宇宙学》(*Physical Cosmology*,1971)、史蒂文·温伯格的《引力和宇宙学》(*Gravitation and Cosmology*,1972)以及雅可夫·泽尔多维奇与伊戈尔·诺维科夫合著的《相对论的天体物理学》(*Relativistic Astrophysics*,1983,俄文初版时间为1975年)。每年有关宇宙学研究的出版物的数量也在快速增长,从1962年的大约50种到了1972年的250种。

1970 年以后的发展

宇宙学与核物理学之间的合作,始于20世纪40年代的伽莫夫,在20世纪70年代得到了加速发展,而基本粒子物理学也在那时成为新宇宙学的一个重要组成部分。[19]比如,美国人加里·斯泰格曼、戴维·施拉姆和詹姆斯·冈恩于1977年所做的详细计

---

[19] Norriss S. Hetherington 编,《宇宙学百科全书:现代宇宙学的历史基础、哲学基础和科学基础》(*Encyclopedia of Cosmology: Historical, Philosophical, and Scientific Foundations of Modern Cosmology*, New York: Garland, 1993)。

算表明,如果红极一时的大爆炸理论是正确的话,中微子的种类数量不会超过 3 个。预测随后就被在欧洲和美国的高能加速器上所做的实验证实,这有助于增加人们对大爆炸模型的基本正确性的信心。粒子物理学家们也运用大统一理论(GUTs)来解释在大爆炸一秒之后的短暂时间内宇宙中的变化过程。通过这种方式,他们能够解释通过观测得到的光子与质子和中子的比率,而不是仅仅把这个比率当作自然界的偶然的事实。这些计算结果出现于 20 世纪 70 年代的后期并为粒子物理学家们提供了另外的灵感去解决宇宙学的问题。从宇宙学方面运用粒子物理学和量子物理学的雄心勃勃的计划导致称为量子宇宙学的理论的产生,它的目标是在不依赖初始条件的情况下解释世界的起源。霍金和詹姆斯·哈特尔在 1983 年提出了这样一个宇宙创生的理论,其他的物理学家们也发展出各种不同的量子宇宙学。但是,在当时还没有一个让人满意的量子引力理论,因为这个原因或其他原因,这些量子宇宙学理论并没有被普遍认为正确地解释了诸如宇宙因何存在以及如何产生的问题。

1981 年,美国物理学家艾伦·古思(1947~　)提出了暴胀理论,它无疑是粒子物理学对近代宇宙学做出的最为重要的贡献。根据这个理论,宇宙在非常早的时期经历过一个极端的过冷状态,以一个巨大的系数迅速膨胀。经过了这个早期的爆发后,膨胀的速度才放慢下来,直到符合标准的大爆炸理论。到了 1982 年,苏联的安德烈·林德、美国的安德烈亚斯·阿尔布雷克特和保罗·斯坦哈特分别独立地改进了古思的理论。暴胀宇宙模型解释了大尺度空间的均匀性和空间的平直性问题及其他问题,而前两个问题是大爆炸理论所解决不了的。尽管也存在问题,尽管被人诟病为"形而上学的",但是暴胀模型仍然取得了很大的成功,宇宙学思想也因之发生了重要的变化。[20]

暴胀模型要求空间完全平直,此时普通的欧氏几何是有效的。但是,在这种情况下,宇宙中存在的物质一定要比现在能够观测到的物质多得多。早在 1933 年,兹威基就注意到了不可见物质或暗物质的问题,但是直到 20 世纪 70 年代中期皮布尔斯、杰里迈亚·奥斯特里克以及阿莫斯·亚希勒及其他人对此进行理论上的分析之后,天文学共同体才开始认真地对待这个问题。现在人们普遍认为宇宙中的大部分物质一定是"暗"的,它们具有引力却不发光。但暗物质的精确数量还不得而知,这种神秘物质的性质也不得而知。暗物质问题被认为是 20 世纪后期宇宙学最激动人心的未解之谜。在 21 世纪中,它对于宇宙学家们来说仍然是一个挑战。

在各种专为进行宇宙学意义上的测量而设计的人造卫星发射上天后,观测宇宙学经历了一次小的革命。宇宙背景探测器(COBE)人造卫星发射于 1989 年,被用来测量宇宙背景辐射,其结果比此前在地球上实验所得更为精确。在分析了 1990 年到 1992 年间它的观测数据后,乔治·斯穆特等人发现背景辐射完美地符合一个温度为

---

[20]　Alan Lightman 和 Roberta Brawer,《起源:现代宇宙学家的生平和领域》(*Origins: The Lives and Worlds of Modern Cosmologists*, Cambridge, Mass.: Harvard University Press, 1990)。

2.736K 的黑体的光谱。更为有趣的是,结果还显示这种背景辐射并非完全是各向同性的,于是这又被解释成"时空的褶皱",或是归因于早期宇宙的不均一性。这些都符合暴胀宇宙学,也为星系结构的演化播下了必需的种子。COBE 的观测结果对于大爆炸理论是个巨大的胜利,几乎使人对这个理论坚信不疑。但是并非所有的观测都能这样好地符合大爆炸理论。1994 年,哈勃空间望远镜提高了星系距离的测量精度,也提高了哈勃时间数值的准确性。让天文学家们大吃一惊的是,20 世纪 30 年代和 40 年代的时间尺度难题再次出现,宇宙的年龄似乎小于某些星系团的年龄。不过尽管如此,这个问题和其他的一些问题并未能阻止大爆炸理论在现代宇宙学中取得范例的地位,几乎所有的物理学家和天文学家都接受它,认为它是正确的宇宙理论中最好的。

宇宙学从爱因斯坦 1917 年的开创性工作之后取得了明显的进步。宇宙学与相对论和量子力学一起,导致了物质世界观的深刻变化。诚然,将发生在 1917 年、1930 年和 1965 年的概念变化视为一系列革命是有吸引力的,但它们并不是托马斯·库恩所说的那种意义上的革命——这种革命包括了一种理论的兴替:新理论与旧理论本质不同且绝不相容。而爱因斯坦在 1917 年创立的相对论就没有替代什么旧理论,他几乎是从零开始建立一门新的科学。这种新科学的一个重要的特点是对静态宇宙传统信仰的延续,而这种信仰几乎是早期宇宙学中唯一真正具有范例意味的部分。因此在介绍膨胀宇宙时,我们可以把它说成是一种革命,但仍然不具有库恩所说的那种意义。新理论无疑以爱因斯坦的宇宙学场方程为基础,而(与"普朗克 – 库恩原理"*相反)大多数旧范例的拥护者都欢迎新的动态的世界图景的出现。最后,所谓的 1965 年的革命也只是延续了伽莫夫及其合作者所建立的传统。总之,库恩的模型并不能简单地适用于现代宇宙学的发展。仅仅在最近数十年中,在大爆炸理论在宇宙学中取得主导地位以后,宇宙学才像其他的学科一样进入一个正规学科的由范例主导的阶段。[21]

现代宇宙学在 85 年的发展历程中取得了令人肃然起敬的巨大成就,但其发展的历史却非广为人知,比较而言,其受关注的程度也比不上诸如微观物理学这样的学科。自 20 世纪 70 年代以来,广义相对论的历史得到了极为详尽的调查,以至于我们现在能够对它的产生和发展有个很好的了解。但这种在广义相对论中的历史兴趣并没有扩展到它的一个最初的应用——宇宙学上去。原因之一无疑是因为宇宙学缺乏学科上的统一。宇宙学家们起初通常是物理学家、数学家或天文学家,这些学科每一个都有自己独有的编史传统。宇宙学不仅是一门高度技术化的学科,还明显地涉及深奥的

*　普朗克有一条在科学界传诵的"普朗克原理":新的科学真理不是通过说服对手并使他们理解而取得胜利的,只是因为对手最终去世,而熟悉它的新一代成长起来了。(A new scientific truth does not triumph by convincing its opponents and making them see the light, but rather because its opponents eventually die, and a new generation grows up that is familiar with it.)

〔21〕　C. M. Copp,《职业的专业化、被认知的异常和竞争的宇宙学》(Professional Specialization, Perceived Anomalies, and Rival Cosmologies),《知识:创造、传播和利用》(*Knowledge*: *Creation*, *Diffusion*, *Utilization*),7(1985),第 63 页～第 95 页。

哲学与神学问题。尽管有关量子力学哲学的文字远比宇宙学哲学的多,还是有大量的论及宇宙学的哲学方面的著作。这些著作有些是和历史相关的,并且利用了原始的历史文献。但总的看来,宇宙学的编史学还比较落后,在某种程度上,宇宙学的编史学变成了并不总是让人满意的表述,它们是由物理学家、天文学家以及科学新闻记者们撰写的。那些已经写就的关于宇宙学的历史总是过多地侧重于学术和相关的知识。

对于处理社会、制度和技术上的问题以及将它们与科学方面的问题联系起来的内容更加广泛的研究存在巨大的需求。目前,在宇宙学中还几乎没有相应的历史著作涉及资金的筹集、号召力及反应、学科间的互动和张力、教育和培训、宇宙学研究的布局,以及网络和学校的建立。这些意味着仍然有足够多的处女地让宇宙学史家们在进入21 世纪后忙上许多年。

（孔庆典　译　江晓原　陈养正　校）

28

关于地球的物理学和化学

内奥米·奥雷斯克斯　罗纳德·E. 德尔

在 18 世纪后期以及整个 19 世纪里,对于地球有两种截然不同的看法——两种不同的论证和认识传统。诸如法国的布丰伯爵和莱昂斯·埃利·德博蒙、英国的威廉·霍普金斯和威廉·汤姆森(开尔文勋爵)以及美国的詹姆斯·德怀特·达纳等人,都试图首先根据物理学规律和化学规律来理解地球的历史。他们的科学是数学化和演绎的,并且与物理学、天文学、数学后来还有化学密切合作。除一些例外的情况外,他们很少待在野外,他们所作的大都是经验性的观察,而这些观察很可能是在室内而不是室外进行的。这种研究即后来通常所说的**地球物理学**传统。与之相对的是,德国的亚伯拉罕·戈特洛布·维尔纳、法国的乔治·居维叶和英国的查尔斯·赖尔等人则力主通过岩石记录中的物证来阐明地球的历史。他们的科学是观察的和归纳的,与他们的对手相比,这种科学在知识上和制度上对物理学和化学的依赖性远没有那么强。除一些例外的情况外,他们很少待在实验室里或是黑板前——岩石记录是需要到户外去寻找的。在 19 世纪早期,那些研究岩石记录的人称自己为**地质学家**。这两种传统——地球物理学传统和地质学传统,共同为将成为现代地球科学的学科确定了研究课题。地球物理学家和地质学家们致力于相同的问题,诸如地球的年龄及其内部构造、大陆与海洋的分异、山脉的形成以及地球的气候史。

当然,不应把对这两种传统的鉴别理解为,这意味着它们必然是相互排斥或是彼此隔绝的,或者意味着总可以在它们之间画出一条明显的分界线。在某些机构中,地质学和地球物理学是共存的,有些人也试图弥合两者之间的罅隙,赞成通过联合而发展。但是,地质学家和地球物理学家们常常从不同的视角探讨相同的问题,所得出的结论也是不同的。因此,有关地球的物理学和化学的历史就是一部充满持续张力并且偶尔发生公开冲突的历史。在有关地球的一些基本问题上——诸如它的结构、它的构

本文部分改编自《拒绝大陆漂移说:美国地球科学的理论和方法》(*The Rejection of Continental Drift*: *Theory and Method in American Earth Science*),Naomi Oreskes 拥有 1999 年的版权,承蒙牛津大学出版股份有限公司(Oxford University Press, Inc.)应允使用;部分改编自 Ronald E. Doel 的《地球科学与地球物理学》(Earth Sciences and Geophysics),载于 John Krige 和 Dominque Pestre 编,《20 世纪的科学》(*Science in the Twentieth Century*, Paris: Harwood, 1997),第 361 页~第 368 页。

成以及它的历史等,地质学家和地球物理学家的解释常常相左,他们有时甚至会得出互相矛盾的结论。

在一些最为著名和激烈的冲突中,恰恰是地质学的倡导者而非地球物理学的倡导者后来被证明是正确的。不过,到了 20 世纪中期时,地球物理学的领域已经扩展到了海洋、大气以及固体地表,这一传统即使没有完全获得支配地位,也已经取得了明显的优势。很大程度上以地球物理学的证据为基础,统一的板块构造理论得到了证实,地质学们也接受了许多地球物理学(或是地球化学)的技术、设备和假设。为什么地球科学家们如此坚定地转向地球物理学呢?尽管地球物理学知识的发展导致了该学科地位的提高,并且地球物理学在 20 世纪下半叶的研究被证明是非常富有成果的,但地球物理学的优势地位并非主要是知识成功的结果。毋宁说,它是以下这些因素的结果:一种认为物理学和化学具有重要地位的抽象的认识论信念,以及由于地球物理学能够具体适用于已知的国家安全需要,该学科得到了体制上强有力的支持。

地球研究中的传统和冲突

从历史上看,由于地质学家的方法把他们限制在地表物质的研究上,他们直接关注的并不是地球的内部。然而在任何一部地质学著作中,地球的内部构造和内部过程无疑是至关重要的,因为要解释倾斜的地层序列和变形的山脉岩石,地质学家就必须从地球的内部过程寻求证明。随着欧洲和北美工业化的兴起,地质学家们愈来愈致力于从地层深处寻找有价值的物质,于是了解地下结构便成了一种显性需求。对火山岩的研究同样也导致了地质学家对地球内部的推测:熔岩是来自熔融的地心吗?或者,地球的内部作用,譬如压力的释放,是否会导致其他原岩体的局部熔融?

火山和温泉使得许多 18 世纪和 19 世纪初的观察者相信,地球内部必定部分甚至全部都是液态的,这是各种收缩说暗示的一种观点,收缩说用收缩的地壳塌陷到熔化的地壳底层中来说明表面形貌。然而在 19 世纪 40 年代,威廉·霍普金斯(1793～1866)提出,从地轴的进动和章动来看,地球不可能是液态的,固体地壳的厚度必须要接近 1000 英里(约 1609 千米)才能解释地球的刚性运动。而他的学生开尔文勋爵(1824～1907)随后拓展了他的这个推理,认为海洋潮汐已经不容辩驳地证明地球完全是固态的,因为若非如此,地球就会随地表的水一起变形,也就不再会有潮汐了。沿着这样的思路,开尔文得出了他著名的断言:作为一个整体,地球比一个实心玻璃球要硬得多,甚至可能比一个钢球还硬很多。[1]

这些传统很快就在 19 世纪末那场关于地球年龄的争论中发生了冲突。这是历史上在地质学和地球物理学之间关于认识标准和论证标准最著名的冲突,当然这既非首次也非最后一次。在 19 世纪 50 年代,约翰·福布斯与威廉·霍普金斯(后期与约翰·廷德耳)就冰川运动的作用过程展开了辩论。福布斯根据野外观察论证说,冰川像河那样流动,在此过程中,冰川内某些部分的运动速度大于其他部分,于是冰川表面完整内部却变形了。虽然冰川表面看上去是固态,但实际上它们是流动的。相反,霍普金斯则从理论上论证说,冰川是作为固体从山上滑落的,其底部融化的冰层在此过程中起到了润滑的作用。虽然霍普金斯的论点在理论上看似合理,但地质学家们却反驳说,这并非是自然界中实际发生的情况。而后来的实地考察也证明了地质学家们的看法。[2]

地质学家和地球物理学家关于山脉结构以及山脉地下地质构造的另一场争论,也同样富有启发性。对瑞士阿尔卑斯山以及其他地区进行的详细的地质测绘表明,巨大的岩石板层在山脉中横向移动了很远的距离。[3] 瑞士地质学家阿尔贝特·海姆(1849~1937)考虑了允许这种移动或**推覆体**出现的可能条件,认为在地球固态外壳下有一个可塑的"流动带"。这种观念给那些坚信地球为固体的地球物理学家们出了道难题。从奥斯蒙德·费希尔(1817~1914)的研究中可以找到一个例子,他在 19 世纪中叶试图把大陆的收缩的观念数学化,据此证明这种观念能够有效地解释地球的表面特征。但是事与愿违,他却证明了相反的情况:数学分析表明,热收缩无法引起已观察到的地球在海拔高度上的变化。

在得到了这个意想不到的结果后,费希尔重新审视了他的假设,并且得出结论:还没有充分的证据证明地球物理学理论,因为"已知的"约束条件可能常常"以多种而非一种方式得到满足"。[4] 刚性制约就是一个例子。潮汐对于开尔文来说证明了地球是一个固体,而对于费希尔来说则只证明地球**大部分**是固体。如果说地壳因低温而成固

[1] Joe D. Burchfield,《开尔文勋爵与地球的年龄》(*Lord Kelvin and the Age of the Earth*, Chicago: University of Chicago Press, 1974); Crosbie Smith 和 M. Norton Wise,《能量与帝国:开尔文勋爵的传记研究》(*Energy and Empire: A Biographical Study of Lord Kelvin*, Cambridge: Cambridge University Press, 1989),第 552 页~第 578 页和第 600 页~第 602 页; Stephen G. Brush,《改变历史:从赖尔到帕特森的地球年龄和元素演化》(*Transmuted Past: The Age of the Earth and the Evolution of the Elements from Lyell to Patterson*, Cambridge: Cambridge University Press, 1996); Naomi Oreskes,《拒绝大陆漂移说:美国地球科学的理论和方法》(New York: Oxford University Press, 1999)。

[2] Bruce Hevly,《宏大的冰川移动科学》(The Heroic Science of Glacier Motion),《奥西里斯》(*Osiris*),11(1996),第 66 页~第 68 页。

[3] Mott T. Greene,《19 世纪的地质学》(*Geology in the Nineteenth Century*, Ithaca, N.Y.: Cornell University Press, 1982),第 192 页~第 220 页; Rudolf Trümpy,《格拉鲁斯推覆体:一场百年前的论战》(The Glarus Nappes: A Controversy of a Century Ago),载于 D. W. Muller、J. A. McKenzie 和 H. Weissert 编,《现代地学中的论战》(*Controversies in Modern Geology*, London: Academic Press, 1991),第 397 页~第 398 页。

[4] Osmond Fisher,《地壳物理学》(*Physics of the Earth's Crust*, London: Macmillan, 1881),第 270 页; David S. Kushner,《19 世纪地球物理学在英国的萌芽》(The Emergence of Geophysics in Nineteenth Century Britain, PhD diss., Princeton University, 1990); Smith 和 Wise,《能量与帝国:开尔文勋爵的传记研究》,第 573 页~第 578 页; Oreskes,《拒绝大陆漂移说:美国地球科学的理论和方法》,第 25 页~第 29 页。

体,而地核因高压而成固体,那么可能会存在一个交叉地带,在那里有足够高的温度使物质融化但又有着足够低的压力保持一种(虽然有可能是高度黏稠的)液体状态。开尔文对此有异议,但费希尔还是认为,在地球内部,在地壳与地核之间的某个地方也许存在着一个流动层——这也为表面位错提供了一个地质学的证据。

费希尔的研究触及了问题的核心,那就是在现象证据和理论解释之间、在对尚未充分理解的现象的备选理论说明之间存在着持续的张力。这种张力在有关地壳均衡的辩论中表现得最为明显,地壳均衡是一种从 19 世纪的大地测量中产生的观点。由于以三角测量法为基础所测得的距离与以天文观测为基础所计算出的距离之间存在着差异,从而导致一个在剑桥受过训练的数学家约翰·普拉特(1809~1871)根据喜马拉雅山可观察的主体来计算铅锤的预期偏差。他发现测量出的偏差要小于应有的值——仿佛山脉的一部分消失了。英国皇家天文学家乔治·比德尔·艾里(1801~1892)对此提出了一个解释:类似于漂浮在海上的冰山,喜马拉雅山的地表主体在重力方面得到地下密度较低的根部的"补偿"。因而在某个未知的深度上,上覆岩石的重量可能处处相等——这也就是美国地质学家克拉伦斯·达顿命名为**地壳均衡**的情形。然而普拉特提出了另一种解释:地壳均衡是通过补偿表面形貌的地下密度的变化而达到的。在艾里的模型中,地壳具有不变的密度和可变的厚度;而在普拉特的模型中,地壳则具有不变的厚度和可变的密度。[5]

费希尔的流动带调和了艾里的漂浮大陆和海姆的地表移动,得到了许多地质学家和大地测量学家的拥护,尤其是欧洲的地质学家和大地测量学家的拥护。但普拉特的模型给那些笃信地球完全是固态的人提供了一个可替代的说明。直到 20 世纪早期,许多科学家感到了这两个理论阵营之间学术冲突的重要性和局限性。就在达顿发明"地壳均衡说"这个词的当年,美国天文学家兼大地测量学家、后来成为华盛顿卡内基研究所(Carnegie Institution of Washington, 缩写为 CIW)主任的罗伯特·伍德沃德(1849~1924),对有关地球内部的科学知识的状态进行了概括。在一篇对美国科学促进会(American Association for the Advancement of Science)的《关于地球的数学理论》(The Mathematical Theories of the Earth)的演讲中,伍德沃德总结道,关于地球内部的情况是一个"令人烦恼的问题……依旧在各种科学主张的战场上徘徊"。他引用了开尔文用来指那个德莱顿的"历经三次涅槃的"虚幻之王的隐喻(Dryden's vain king "who thrice slew the slain")得出结论说,关于地球内部构造的争论在未来将会"再次出

[5] George Biddell Airy 爵士,《论大地测量中山体的引力对测点的表观天文纬度之影响的计算》(On the Computation of the Effect of Attraction of Mountain Masses as Disturbing the Apparent Astronomical Latitude of Stations in Geodetic Surveys),《伦敦皇家学会哲学会刊》(*Philosophical Transactions of the Royal Society of London*),145(1855),第 101 页~第 104 页;J. H. Pratt,《论固态地壳的结构》(On the Constitution of the Solid Crust of the Earth),《伦敦皇家学会哲学会刊》,161(1871),第 335 页~第 357 页;Oreskes,《拒绝大陆漂移说:美国地球科学的理论和方法》,第 23 页~第 25 页。

现".[6] 伍德沃德的评论与其说是他的想象,毋宁说是一种预见:这场争论持续了不只几年而是几十年。

地质学、地球物理学和大陆漂移

关于地球内部的争论在 20 世纪早期在大陆漂移说的背景下重新出现。大陆的移动首先从现象上可以得到证明:化石的收集、地层学和结构上的联系都表明,地球上的陆地曾经浑然一体,岩石中的那些古气候指标也揭示出一些变化,它们是不能用长期的气候变化来说明的。所有这些证据都显示大陆曾经移动过,且在移动的过程中陆地之间有聚有离。

如同那些研究阿尔卑斯山的前辈一般,大陆漂移的倡导者同样面临巨大的岩石层如何移动的问题——只是在这里,移动的是整个大陆。在阿尔弗雷德·魏格纳(1880～1930)提出大陆漂移说的数年之前,爱尔兰地质学家约翰·乔利(1857～1933)就首先开始论证大陆层次的位错,那时他毫不含糊地把海姆的研究当作一种富有警戒意味的比喻而予以抵制。乔利注意到,首先,地质学家们不相信推覆体的存在,因为他们看不到有关它们的解释。但是,经验证据的力量最终使他们信服了。[7] 对大陆漂移说而言也将是如此:魏格纳和乔利论证说,大陆之所以能够移动,是因为它们的底层是可以流动的。在《海陆的起源》(*The Origin of Continents and Oceans*)一书中,魏格纳援引了地壳均衡说,这个理论自 19 世纪 70 年代以后得到了越来越多的证据支持。很显然,当且仅当大陆嵌入其中的底层表现出流体的性质时,陆地才能达到流体静力学平衡。如果陆地的底层是流体,那么陆地就能够至少在理论上在其中移动了。

然而到了这时,地球物理学家们已经超越了他们的早期支持地球为固体的理论论据。而仪器地震学的发展也为他们提供了认识地球内部的手段,尽管不是直接的,但通过测量地震波传播的速率,诸如英国的哈罗德·杰弗里斯以及美国的詹姆斯·麦凯尔温这样的地震学家已经计算出了地球内部的黏滞度。他们得到的结果支持了开尔文刚性地球的观点。流体带的概念似乎再一次被地球物理学的证据否定了。但魏格纳对此进行了反击,他认为,很多物质对短暂而强烈的打击的反应像一个刚体,但是当所施加的压力变得比较小、稳定和缓慢时,它的反应却像可塑体,例如玻璃或者蜡。地震持续的时间很短,地球对于它的反应不能代表它在漫长的地质时间中的活动。魏格纳像他的前辈达尔文和赖尔一样得出结论:时间要素是了解地球历史的关键,"这一因

[6] Robert S. Woodward,《地球的数学理论》(The Mathematical Theories of the Earth),《美国科学杂志》(*American Journal of Science*),38(1889,3rd ser.),第 343 页～第 344 页,第 352 页。
[7] John Joly,《放射学和地质学:论地球历史上的放射能》(*Radioactivity and Geology: An Account of Radioactive Energy on Terrestrial History*,London:Archibald Constable,1909),第 143 页～第 144 页。

素在以前的文献中没有得到充分的评价,但……在地球物理学中却是最重要的"。[8]

　　魏格纳的论点没有被接受。在 20 世纪 60 年代板块构造理论得到发展以前,大多数地球科学家,特别是地球物理学家,都大张旗鼓地反对移动的大陆的观点。现有的历史记录倾向于把对移动的大陆姗姗来迟的承认或者归因于缺乏"证据",或者归因于缺乏因果解释。历史学家和哲学家们强调了地球物理学的资料——特别是古地磁地层学和精确地震学资料在确定板块构造理论中的作用,而魏格纳无法利用这些资料。科学家们则强调了运动学报告和动力学报告中的问题,在这两种情况下,可利用的资料和理论证明都不足以构成支持移动的大陆的证据。[9]

541　　　　这些解释性看法往往是现世主义的态度(presentist)和辩护性的态度,这两种态度都会使重要的编史问题变得模糊,而当对地球科学更广阔的范围和历史进行考察时,这些问题会变得明朗。近来的研究提出了两个重要的问题。第一,大陆漂移说的支持者在 20 世纪 20 年代和 30 年代就提出并广泛讨论了解释板块构造的因果机制,地球物理学家在 20 世纪 60 年代接受了这一机制,以解释板块构造论——在刚性地壳下的可塑底层中存在着对流。这种被认为是接受板块构造理论之关键的机制,在关于大陆漂移的辩论中也可利用。第二,对于这里所提出的编史问题至关重要的是,大陆漂移的现象证据(phenomenological evidence)也像这种观念所依赖的可塑底层的现象证据一样,被人们回过头来当作板块构造理论接受了。尽管板块构造论建立在地球物理学的数据之上,但这些数据所得出的结论最终还是和此前被人们拒绝的地质学观点殊途同归。从社会学的观点来看,已经证明,那些地球物理学的数据在使人信服方面非常有效,不过从认识上讲,它们也被证明对说明移动的大陆是同样有效的。[10]

　　在这些反复出现的辩论中一个为人所熟悉的模式凸现了出来。那些地质学家依据定性证据和现象证据进行论证,地球物理学家则依定量证据和理论证据进行论证。

〔8〕 Alfred L. Wegener,《海陆的起源》(*The Origin of Continents and Oceans*, 3rd ed., London: Methuen, 1924),G. A. Skerl 翻译,第 130 页～第 131 页;《海陆的起源》(4th ed., 1929; New York: Dover, 1966),John Biram 翻译,第 54 页～第 59 页。

〔9〕 Allan Cox 编,《板块构造与地磁倒转》(*Plate Tectonics and Geomagnetic Reversals*, San Francisco: W. H. Freeman, 1973);Ursua B. Marvin,《大陆漂移:一个概念的演进》(*Continental Drift: The Evolution of a Concept*, Washington, D. C.: Smithsonian Institution Press, 1973);Seiya Uyeda,《有关地球的新观点:移动的大陆和移动的海洋》(*The New View of the Earth: Moving Continents and Moving Oceans*, San Francisco: W. H. Freeman, 1978),Masako Ohnuki 翻译;Henry Frankel,《阿尔弗雷德·魏格纳与专家》(*Alfred Wegener and the Specialists*),《人马座》(*Centaurus*),20 (1976),第 305 页～第 324 页;Frankel,《为什么在哈里·赫斯的海底扩张说被证实后地质界接受了大陆漂移说》(*Why Continental Drift Was Accepted by the Geological Community with the Confirmation of Harry Hess' Concept of Sea-floor Spreading?*),载于 C. J. Schneer 编,《美国地学 200 年》(*Two Hundred Years of Geology in America*, Hanover, N. H.: University of New England Press, 1979),第 337 页～第 353 页;Frankel,《激辩大陆漂移说》(The Continental Drift Debate),载于 A. Caplan 和 H. T. Engelhardt, Jr. 编,《科学论战的解决:对终止辩论的理论思考》(*Resolution of Scientific Controversies: Theoretical Perspectives on Closure*, Cambridge: Cambridge University Press, 1985),第 312 页～第 373 页;Robert Muir Wood,《地球的黑暗面》(*The Dark Side of the Earth*, London: Allen and Unwin, 1985);Homer E. LeGrand,《漂移的大陆与转换的理论》(*Drifting Continents and Shifting Theories*, Cambridge: Cambridge University Press, 1988);Rachel Laudan 和 Larry Laudan,《方法的优势与纷争:创新与共识问题的解决》(Dominance and the Disunity of Method: Solving the Problems of Innovation and Consensus),《科学哲学》(*Philosophy of Science*),56(1989),第 221 页～第 237 页。

〔10〕 Oreskes,《拒绝大陆漂移说:美国地球科学的理论和方法》,第 307 页。

双方都断言自己的方法优越而否定对方：地球物理学家力主数学分析更为严密而排斥相反的经验论据；地质学家则为其观察的精确性而辩护，常常拒绝那些挑战他们结论的理论主张。

今天，大多数地球科学家都承认地球物理学方法更"好"——更定量化，更有理论基础，并且从某种意义上说，更加"科学"——很多历史学家或明确或含蓄地接受了这个结论。但是，这个评价值得重新审视。因为在以上这些有关诸如地球的年龄、地壳衬底的性质以及大陆的移动性的重大争论之中，地质学的论点最终都被证明是正确的，地球物理学的论点却被证明是错误的。那些地质学家们坚持地球的年龄超出了开尔文勋爵计算结果所允许的范围，他们确信地壳的底层有着流动的特性，他们不顾地球物理学家的反对而坚信大陆移动的真实性，他们所做的这些以当代知识的标准来衡量都是正确的。

然而，正如罗伯特·伍德沃德所预言的那样，历经三次涅槃的战士一旦重新站起来，不但会再次投入战斗，还将最终赢得整个国家（the thrice-slain did rise up again, not merely to fight but to rule the kingdom）。如果地球物理学的兴起所依靠的不是以前知识的胜利，又会是什么呢？要理解地球科学的地球物理学和地球化学研究的兴起，既需要对 20 世纪的地球科学家在认识上的承诺，也需要对他们隶属的机构加入进行更广泛的研究。

地质学的非个性化

在阿尔弗雷德·魏格纳利用野外地质学数据论证他的大陆漂移理论之前，一群重要的地质学家——主要是美国的地质学家——从相信实地考察方法转向相信物理学和化学的方法。他们这样做是希望使他们的科学更加**有效**。他们通过以下方式表示了他们的关心和愿望：对地质学中凭借直觉的实践表示了强烈的明确担忧，努力把地质学重建为一门实验室科学，并在一个更广的模式中使地质学野外实践变得更像实验室实践。到了 20 世纪中叶，这样的模式也在地球科学的其他领域渐趋明显，确实跨越了许多科学学科。

到了 19 世纪 70 年代，许多北美最重要的地质学家都在其工作中明显地运用了从物理学和化学进行论证的方法。克拉伦斯·达顿、克拉伦斯·金、T. C. 钱伯林以及 G. K. 吉尔伯特都强调把物理学和化学应用于对地球的进程和结构的理解。钱伯林（1843～1928）是最早将大气化学引入气候变化研究的科学家之一，而且可以证明，他的宇宙学理论在天文学家中比在地质学家中更有影响。[11]

后来成为威斯康星大学校长的查尔斯·范海斯（1857～1918）是对岩石进行物理学和化学分析的先驱。他认为，地质学恰恰应当是"关于地球的物理学和化学"。[12]范海斯赞同 G. K. 吉尔伯特的观点，认为从多方面看问题有助于理解。尽管吉尔伯特这么说主要是根据个人的理解——运用了野外地质学家利用三角测量法自我定位的类比——但范海斯则将这个比喻扩展到了学科共同体。由于历史学的观点已经在地质学得到了认可，因而有必要使物理学和化学的观点也得到同样的认可。科学家们有必要从地质学、物理学和化学这三个角度进行考察，以便得出一幅清晰的地球图景。地球进程的复杂性有时被用来作为反对量化的一个论据，但在范海斯看来这却是对量化最有力的支持，他认为，只有对其进行量化处理才能对各种作用力的相对重要性作出评价。

CIW 的地球物理学实验室的建立部分地实现了范海斯的构想。自 1907 年建立以来，实验室已经成为关于矿物的熔化、结晶以及光学特性、岩石的磁性、重力变化、月球陨石坑的起源以及其他有关地球（和月球）的物理学和化学问题的主要研究中心。[13]但是对很多科学家来说，物理学和化学的作用不仅是提供实际的或概念上的约束条件，而且也提供了"更完美的方法"。在渴望应用那些物理学和化学原理的同时，一些地质学家还表达了一种附带的愿望:让地质学更理论化——少依赖描述，多依赖规律。范海斯苦恼于地质学理论化的不明确，试图定义"游戏规则"。均变论就是这样一个规则。它为地质学家们提供了基础，据此人们可以根据当时可观测到的过程来解释各种地质记录。但是它对于阐明这些过程背后的作用却无能为力。为此，范海斯以及其他地质学家们希望"在物理学和化学的原理下（使地质学）变得井然有序"。[14]

在瓦尔特·布赫尔（1888～1965）的著作中，使地质学理论化的愿望以及由此带来的混乱和矛盾暴露无遗。他那本 1933 年出版（1957 年再版）的著名的《地壳之变形》

[11] Stephen G. Brush,《天文学家中的一个地质学者:钱伯林－莫尔顿天体演化学的兴衰》(A Geologist among Astronomers: The Rise and Fall of the Chamberlin-Moulton Cosmogony),《天文学史期刊》(Journal for the History of Astronomy),9(1978),第 1 页~第 41 页和第 77 页~第 104 页;Stephen J. Pyne,《格罗夫·卡尔·吉尔伯特:一个伟大的学术引擎》(Grove Karl Gilbert: A Great Engine of Research, Austin: University of Texas Press, 1980)。

[12] Charles R. Van Hise,《地质学问题》(The Problems of Geology),《地质学期刊》(Journal of Geology),12(1904),第 590 页~第 593 页;John W. Servos,《从奥斯特瓦尔德到泡令的物理化学:一门科学在美国的建立》(Physical Chemistry from Ostwald to Pauling: The Making of a Science in America, Princeton, N. J.: Princeton University Press, 1990),第 227 页~第 229 页。

[13] John W. Servos,《探索边缘:华盛顿卡内基研究所地球物理实验室的建立》(To Explore the Borderland: The Foundation of the Geophysical Laboratory of the Carnegie Institution of Washington),《物理科学和生物科学的历史研究》(Historical Studies in the Physical and Biological Sciences),14(1984),第 147 页~第 186 页,以及《物理化学》(Physical Chemistry);Nathan Reingold,《一个私人基金会的国家科学政策》(National Science Policy in a Private Foundation),载于《美式科学》(Science, American Style, New Brunswick, N. J.: Rutgers University Press, 1991),第 190 页~第 223 页;Hatton S. Yoder,《地球物理实验室的科学要点(1905～1989)》(Scientific Highlights of the Geophysical Laboratory, 1905 - 1989),《华盛顿卡内基研究所地球物理实验室主任年报》(The Carnegie Institution of Washington Annual Report of the Director of the Geophysical Lab, 1989),第 143 页~第 203 页;以及 Gregory A. Good 编,《地球、天空和华盛顿卡内基研究所》(The Earth, the Heavens and the Carnegie Institution of Washington, Washington, D. C.: The American Geophysical Union, 1994),另印为《地球物理学史》(History of Geophysics),5(1994),第 1 页~第 252 页。

[14] Van Hise,《地质学问题》,第 615 页。

（*The Deformation of the Earth's Crust*），由对 46 条关于地壳变形的定律构成。但这些定律从任何意义上都并非物理学家或哲学家所理解的那种定律。相反，正如布赫尔所承认的那样，这些定律只是把"最基本的事实"组合到"字斟句酌的概括"之中。[15] 那么，为何称其为定律呢？布赫尔给出了两个理由：其一，使它们显得较为客观——也就是说，**类似**定律；其二，有助于思考。可以说，布赫尔使用这个词是有一种有计划的刺激——激励同行们有意识地接受和检验一些特殊的得到了充分阐述的思想，并培养这样一种氛围，在其中，地质学要有规律的观点像在物理学里一样自然。布赫尔的专论并不成功，人们遗忘了而不是去争论他的那些定律和看法——但是，他的推动是富有启示的，因为他的著作触及了很多地质学家所感到的那种张力：一方面致力于以经验和观察为基础的实地工作，另一方面却感到科学应当建立在更加坚实的基础之上。

瓦尔特·布赫尔努力从他的实地工作中引申出一些普遍规律，其他人却努力将地质学的研究从实地搬到实验室。到了 20 世纪 30 年代中叶，CIW 的地球物理学实验室已经成为世界一流的对地质过程进行实验室研究的地方之一，而且那里所做的工作激励着美国其他机构的科学家们。譬如在哈佛，雷金纳德·戴利与帕西·布里奇曼通力合作，他们为建立一个高压实验室筹集资金，以便确定在地球深处普遍存在的条件下岩石的物理性质。在普林斯顿，理查德·菲尔德与美国海军合作，以测量海中的引力。CIW 的地磁系也推进了物理学和化学在地球研究中的应用，在那里，科学家们从事地磁、同位素测年以及爆破地震学的研究。到了 20 世纪的中期，主要通过各种仪器分析法和实验方法，火成岩和变质岩的起源已经得到了解释，地球的年龄得到了精确的测定，岩石在压力下的活动也得到了说明。[16]

范海斯及其同事们提倡把实验室方法作为野外地质学的补充而不是替代品，但是他们的继承者却日益从两种相互竞争的选择的角度考虑问题，即从新老方法交替的角度考虑问题。当沉积学家弗朗西斯·J. 佩蒂约翰（1904～1999）于 1929 年加入芝加哥大学地质学系时，他惊讶地发现系里的同事们都穿着实验室的白大褂。在那里，同事们向他传达的信息是：野外工作已经成为"我们试图摆脱的事物"。[17] 作为回应，他有意识地将他的注意力从对古沉积岩的野外研究，转移到了现代沉积物的实验室分析。当他回顾这段历史时，他将这段经历比作与量化意识形态的碰撞，而更大的历史背景表明，在芝加哥发生的那些事情都是一个更广的、使得地球科学从实地走向实验室的运动的一部分，是一种对实验室工作所具有的那种可控性和精确性在认识价值上的理

[15] Walter H. Bucher，《地壳的变形》（*The Deformation of The Earth's Crust*，Princeton，N. J.：Princeton University Press，1933），第 v 页～第 vii 页。
[16] Good，《地球、天空和华盛顿卡内基研究所》。
[17] F. J. Pettijohn，《一个坚定的野外地质学家的论文集》（*Memoirs of an Unrepentant Field Geologist*，Chicago：University of Chicago Press，1984），第 207 页。

想化的反映。[18] 实地工作**有**一些方面是可以量化的,但是大多数芝加哥大学的地质学家们所致力的不是使他们的实地工作具有更高的量化程度,而是努力使研究完全地脱离实地。

那些抱有极端想法,试图将地质学完全脱离实地的人没有获得成功——在整个 20 世纪,实地考察在地球科学研究中仍然占有一席之地,并且直到今天也是如此。但是,同布赫尔在确立法则方面的尝试一样,他们的努力也证明了这样做的必要性。地质学在很长时期内都是一种依靠个人体验的科学:个人用他们自己的眼、手和脚来体验自然界;人们亲临现场,收集样本,对之进行考察和观察;人们不自觉地进行经验分析,得到以直觉为基础的知识。地质学证据几乎从来就不是精确的,它总是间接的。阿瑟·霍姆斯是在实验室和野外都非常突出的地质学家,他在 1929 年论证说:"只要我们解读正确,间接的地质学证据就不会使我们偏离正确的道路太远。"[19]但其他人却没有这么乐观,因为一个人怎样知道他对证据的解读准确无误呢? 传统的答案是亲自去"读",因此有些教授建议他们的学生要永不满足地积累经验,H. H. 里德的名言是:最好的地质学家是那些看过最多岩石的人。查尔斯·赖尔的倡导也常常被引用:"旅行,旅行,旅行。"

眼见为实的逻辑足够清晰,但是其实用性却是另一个问题。如何建立这样一门学科,在其中每个人都必须看到一切? 马丁·鲁德威克描述了在 19 世纪的不列颠,当亨利·德拉贝施和罗德里克·麦奇生对实地证据的解释产生分歧时,伦敦地质学会(Geological Society of London)的会员去德文郡(Devon)考察那些有争议的地层。这样的实地考察旅行在当时很普遍,并且在整个 20 世纪仍然非常重要。但是,随着地质学成长为一门科学,特别是通过在北美的发展(科学家和考察地分布得很广),这种直接的方法便显得不切实际。即使一个人亲自去野外考察,单独暴露在外的岩层也很少有启示作用。地质解释是以对各种观察的综合为基础的(这些观察分布广泛,而且是在许多野外地区的不同季节进行的),而一旦可以获得新的证据,这些解释便往往会被推翻。[20]

1937 年,美国的测地学家威廉·鲍伊(1872～1940)提出,要在认识论上把自然界和实验室的作用颠倒过来,这种转向今天在地球科学当中已经如此平常,以至于他们几乎不会对地球被视为一个"自然实验室"提出质疑。他指出,在观察地球时,"人们

〔18〕　关于作为认识价值和道德价值的精确性与可控性,参看 Kathryn Olesko,《作为一种职业的物理学:哥尼斯堡物理研讨会上的学科与实践》(*Physics as a Calling*: *Discipline and Practice in the Konigsberg Seminar for Physics*, Ithaca, N. Y. : Cornell University Press, 1991),以及 M. Norton Wise 编,《精确的价值观》(*The Values of Precision*, Princeton, N. J. : Princeton University Press, 1995)。

〔19〕　Arthur Holmes,《评大陆漂移说》(A Review of the Continental Drift Hypothesis),《矿业杂志》(*Mining Magazine*),40 (1929),第 205 页～第 209 页,第 286 页～第 288 页,以及第 340 页～第 347 页,引文在第 347 页。

〔20〕　Martin J. S. Rudwick,《泥盆纪大辩论》(*The Great Devonian Controversy*, Chicago: University of Chicago Press, 1985); Julie Newell,《美国地质学家和地质学(1780～1865)》(American Geologists and their Geology, 1780 - 1865, PhD diss., University of Wisconsin, 1993)。

就是在观察地球上最大的实验室的工作,而自然就是操作者"。[21] 实验室曾经被视为人们试图概括自然作用的地方;而现在,自然的作用却被当作对人类工作的总结。

现代地球科学的出现

从事野外研究的科学家们推进了强调真实、准确和完整性的价值观;实验科学家们则推进了强调严密、精确和可控性的价值观。每个群体都肯定自己在方法论上的实力,而明确或含蓄地否定其他可替代者的实力。但是,与19世纪不同的是,这种平衡在20世纪里发生了倾斜。实地工作不再是研究地球科学的主要方法。这些模式并不限于对固体地球的研究。直到20世纪早期,从物理学和化学借用来的新工具和新技术开始改变其他密切相关的领域,尤其是气象学和海洋学。人们在20世纪60年代和70年代开始认识到,"地球科学"这个集合名称所反映的不仅是研究对象的知识性统一,还反映了在方法论上的渐趋整合。

气象学在19世纪中期有一个充分发展的经验传统:预报者利用大量历史上的气象模式来研究暴风雨的形成,以此作为气象预报的基础。气象资料的高速电信传输的发展使得气象学成为了一个更加综合性的学科,这是一个重大的进步,但对增加其理论内容却影响甚微。那些预报者对于理论家的态度即便不是不屑也通常是怀疑的。但是在19世纪后期,一些研究者希望将气象学规律归纳为物理学和流体力学问题,这种经验主义传统因此受到了冲击。挪威物理学家威廉·比耶克内斯(1862～1951)堪称其中的重要人物,他的极锋概念对风暴体系的活动以及气团间的相互作用作出了物理学解释。比耶克内斯的明确目的是,通过应用物理学定律和标准化的度量单位来改造气象学,他把自己在数学物理学方面的训练作为实现这一目标的有力保障。比耶克内斯的努力可谓取得了成功:随着卡尔 - 古斯塔夫·罗斯比、热罗姆·纳米亚以及其他研究者日益关注诸如全球大气循环等物理学问题,数学和物理学的方法开始成为气象学研究中的主导方法。[22]

比耶克内斯认为,未来天气系统的活动能够被确切地计算出来,正如只要知道了一颗行星的运行轨道和初始条件就能计算出它任何时刻所处的位置。英国数学家刘易斯·弗里·理查森(1881～1953)在20世纪20年代继续了这个问题的研究,他试图用偏微分方程并且在二战以后用数字计算机进行数值预报。尽管理查森在经验预报方面取得了很大的进步,24小时气象预报最终也因此变得日益准确,但是,爱德华·洛伦茨(1917～2008)的工作却使这种获得确定性的希望破灭了。洛伦茨是一位数学家

[21] William Bowie,《称重漂浮地壳的科学家》(Scientist to Weigh the Floating Earth Crust),《纽约时报》(New York Times),1925年9月20日,第xx页。

[22] Robert Marc Friedman,《利用天气:威廉·比耶克内斯与现代气象学的创立》(Appropriating the Weather: Vilhelm Bjerknes and the Construction of a Modern Meteorology, Ithaca, N.Y.: Cornell University Press, 1989);也可参看 James R. Fleming,《美国气象学》(Meteorology in America, Baltimore: Johns Hopkins University Press, 1990)。

兼气象学家,他发现诸如局部雷暴和较小的温度波动这类小效应都会引起气象模型的大混乱。这种现象亦即今天所谓的"蝴蝶效应",也是混沌理论得以发展的一个重要因素。[23]

在比耶克内斯主要依靠其在物理学方面的训练发展动力气象学时,物理学和化学也在对外层大气和太阳系的研究中扮演了十分重要的角色。20 世纪初期,在一个逐渐被天体物理学和地球化学主宰的领域中,T. C. 钱伯林的天体演化学成为地质学对这个领域最后的重要贡献。对于在 20 世纪 50 年代由天体物理学家杰勒德·P. 柯伊伯和地球化学家哈罗德·C. 尤里提出的富有影响的天体演化学理论而言,从这些学科所获得的数据,如原子丰度的分布、星云的本质、类太阳星体的旋转速度等,具有基础性的重要意义。而在接下来的 10 年间,磁场和小粒子吸积物理学(physics of small particle accretions)又类似地为汉内斯·阿耳文(1908~1995)和维克托·萨夫罗诺夫(1917~1999)的天体演化学增加了活力。

物理学和行星科学中的进步也有助于人们将陨击作用视为一种基本的地质力,而在整个 19 世纪和 20 世纪初期,这显然是在地质学的主流推理之外的。尽管受过正统训练的地质学家,尤其是尤金·M. 休梅克(1928~1997)和罗伯特·迪茨(1914~1995),在证实这个概念方面做出了重要的贡献,大多数地质学家仍把这种思想视为对均变论的某种违背而予以拒绝。在 19 世纪的地质学家眼中,"不借助彗星"的解释曾经是对这样一些地质学家的赞扬,他们力图避免那些使人联想到超自然的或神的干预的说明。随着赖尔的均变论取得成功,以及达尔文将其引入对进化问题的解释中,一度受到重视的灾变说在人们心中尤其是在英美地质学家心目中变得毫不足信。在 20 世纪,对地外现象依然只有模糊的猜想。尽管休梅克和迪茨在其解释中运用了野外地质关系和描述矿物学,但业已证明,来源于天文学、地球化学和高压实验室物理学的方法,在促使人们广泛接受陨击作用方面是最有效的。[24]

海洋学(如同地磁学一样)的发展所反映的,更恰当地说不是不同传统之间冲突的历史,而是物理学方法和工具向一些领域的扩展,若没有这样的扩展,这些领域是难以理解的。虽然在 19 世纪里有一些国家发起了科学考察,著名的"挑战者"号的探险就是其中之一,但这些考察都是短暂的而且并不常见。早期的物理海洋学在很大程度上局限于海岸研究。不过,在 20 世纪上半叶,人们见证了全球海洋环流的系统研究。这项工作得到了同时期在气象学中的一些研究的激励:如弗里乔夫·南森借用地球自转引发的现象来近似地评价自然循环,以及哈拉尔·斯韦德鲁普(1888~1957)等比耶克

[23] Frederick Nebeker,《预测天气:20 世纪的气象学》(*Calculating the Weather: Meteorology in the Twentieth Century*, San Diego, Calif.: Academic Press, 1995),第 36 页;引自 Friedman,《利用天气:威廉·比耶克内斯与现代气象学的创立》,第 46 页。

[24] Ronald E. Doel,《美国太阳系天文学:共同体、赞助以及跨学科研究(1920 ~ 1960)》(*Solar System Astronomy in America: Communities, Patronage, and Interdisciplinary Research, 1920 - 1960*, Cambridge: Cambridge University Press, 1996),第 151 页~第 187 页。

内斯的一些学生转向海洋学。二战以后,海洋学的研究适应了许多气象学中发展起来的仪器分析,特别是采用数字计算机来处理流体动力学问题。此外,物理海洋学家关心的许多问题,诸如海面波、潮水位波动、内波的能量谱以及中尺度环流的波动等,也反映了经典物理学的研究传统。类似地,使用专门设备与电磁理论有紧密联系的地磁学,也是经过合并而不是转型进入了现代地球科学共同体之中。尽管对磁场强度的测量在 20 世纪得到了拓展,如"卡内基"(Carnegie)号在 20 世纪 30 年代与航空磁力仪测量相结合的环球航行考察,以及在 20 年之后与行星磁层研究相结合的环球航行考察,而以实验室为基础的对古磁学和数学演绎方法的研究却成了这个领域的核心研究传统。[25]

地震学的情形与海洋学类似。作为一个既是理论性的领域又是工具性的领域,地震学不可避免地在 20 世纪之初获得了引人注目的发展。当那些耶稣会的科学家们把地震记录和解释地震当作一种专门的实践,并且在中国、马达加斯加、黎巴嫩、澳大利亚以及美国等地设立观测站时,R. C. 奥尔德姆、哈罗德·杰弗里斯、詹姆斯·麦凯尔温、贝诺·古腾贝格以及英厄·莱曼等理论学家们推进了对地震波传播的分析研究。[26] 地震学同海洋学一样是一门野外学科,但是它的实地工作是依靠仪器而不是依靠直接观察,它的描述是定量的而不是定性的,它所测量出的性质就是地球的物理性质。

事实上,正如野外地质学的实践从未在研究机构中消失一样,直至 20 世纪中期,地质学传统仍然在上述领域发挥着作用。在 20 世纪 50 年代和 60 年代,海洋学中的海底水深测绘主要是由那些受过地质学训练的个人完成的,他们依靠自己的地质学知识和直觉去解释探深结果并且在它们之间进行内推。到了 70 年代,能潜行海中的"阿尔文"(Alvin)号使得研究者能够像研究陆地一样研究海洋。在地震学中,关于岩石的知识与地震地层学的解释联系在一起。在"阿波罗"登月计划中,地质学也扮演着重要的角色:宇航员们接受了地质学训练以便帮助他们在月球上进行样本采集,甚至还有一名专业的地质学家哈里森·"杰克"·施米特成为最后一次"阿波罗"登月任务中的一员。在对太阳系其他行星和卫星进行摄影绘图时,传统的野外实践同样发挥了一定作用:在那里地质学家们通过研究陨击模式和其他的形态特征来重构行星的历史。以上事实也许仍是证明这种惯例的例外。到了 20 世纪 50 年代后期,在对地球(以及其他行星)的研究中使用仪器和物理–化学的方法已经明确了下来。地质学(该惯例已对之

552

[25] Myrl C. Hendershot,《仪器在物理海洋学发展中的作用》(The Role of Instruments in the Development of Physical Oceanography),载于 Mary Sears 和 Daniel Merriman 编,《往日的海洋学》(Oceanography: The Past, New York: Springer-Verlag, 1980),第 195 页～第 203 页,以及 Robert P. Multhauf 和 Gregory Good,《地磁学简史和美国国立历史博物馆藏品目录》(A Brief History of Geomagnetism and a Catalog of the Collections of the National Museum of American History, Washington, D. C.: Smithsonian Institution Press, 1987)(《史密森历史与技术研究丛书》[Smithsonian Studies in History and Technology, 48])。

[26] Carl-Henry Geschwind,《拥抱科学研究:20 世纪早期的耶稣会士和美国地震学》(Embracing Science and Research: Early Twentieth-Century Jesuits and Seismology in the United States),《爱西斯》(Isis),89(1998),第 27 页～第 49 页。

有所贡献的领域)一般来说依然是这样,它在发挥着支援作用。[27]

　　这样一个简短的回顾无法说尽自 19 世纪以来物理学和化学方法在地球研究中的应用范围。但是它确实说明,到了 20 世纪末,这些传统在地球科学研究的实践中所起的主导作用的程度。当年范海斯的目标可以说基本达到了。

认识和制度上的强化

　　这里所描述的变化体现了那些19 世纪末 20 世纪初研究地球的科学家们在认识上的一种执着。然而,没有具体的支持,科学家们就无法实现他们抽象的目标;现代地球科学的出现也倚赖赞助。地球物理学的优势地位反映了第二次工业革命的需求,特别是二战和冷战期间军队赞助者的需求,也正是这些需求导致了其优势地位。对地球的地球物理学和地球化学研究方面投入的资金迅猛增长,既影响了研究机构和大学的研究生的课程设置,又支持了新工具的实践,也使得那些受过此类技术训练的人们获得了更多的就业机会。

　　19 世纪末 20 世纪初,对于地质学科的赞助方式出现了改变。在 19 世纪中期,对地质学的主要支持来自为帮助矿藏勘探和陆地测量所进行的地质测量。但这种情况到了 19 世纪 90 年代开始减弱,特别是在美国,用于科学研究的联邦支出因边境关闭和 1893 年的经济大萧条而遭到缩减[这也同样影响了美国海岸大地测量局(U.S. Coast and Geodetic Survey)、美国海军气象台(U.S. Naval Observatory)的地球物理学研究]。自此对描述性地质勘测的慷慨资助从未完全恢复,而到了 20 世纪初期,私人基金则开始流向新的方向。

　　由于认识到重力以及地震折射的研究在探测石油和天然气的储备中的价值,石油公司对地球物理学进行了大量投资。为探矿而发展的探测装置也被用来推进对地球的理论理解,地球物理学也因此成为高等院校中地球科学系的主要学科。在 20 世纪 50 年代,莫里斯·尤因(1906~1974)几乎是完全依靠海军的合同在哥伦比亚大学建立了拉蒙特－多尔蒂地质观测台(Lamont-Doherty Geological Observatory),他的研究生涯从 20 世纪 20 年代在得克萨斯油田工作时开始,并在那里被引入了地震折射的研究领域。他将地震波的折射作为博士论文的题目,他在这个高应用性的领域促进了认识的发展之后,便将技术应用于基础的地质学问题,如海盆的结构。

　　比直接的工业需求更有影响的是洛克菲勒基金和卡内基基金的管理者,他们本身就是这个工业时代的产物,像华盛顿卡内基研究所的领导者们一样,洛克菲勒基金的项目经理强调可控实验室的研究要具有先进的知识。在 20 世纪 20 年代晚期,沃伦·

[27]　Don E. Wilhelms,《飞向多岩石的月球:一个地质学家的月球探索经历》(To A Rocky Moon: A Geologist's History of Lunar Exploration, Tucson: University of Arizona Press, 1993);Naomi Oreskes,《缓缓潜向海底深处》(La lente plongée vers le fond des océans),载于《科学与生活》(Science et Vie),1998 年 3 月号,第 84 页~第 90 页。

韦弗与麦克斯·梅森这两名接受过自然科学训练的经理人,宣称地质学不够"基本",在为美国各大学提供重大科学研究捐赠时,他们有意把它排除在外。而与此同时,他们却在美国和欧洲资助地球物理学的研究。[28]

来自工业的资助对于地球物理学举足轻重,但这并不能视为地球科学的研究的天平向地球物理学发生了决定性的倾斜,因为工业同时也支持传统的地质学。石油公司赞助了地层学、沉积学以及古生物学的研究;矿业公司则投资于岩石学、矿物学和结晶学的探索。在进入 20 世纪中叶之时,工业赞助地质学和地球物理学研究的态势依然强劲,使这个天平偏向地球物理学的是国家安全的需要;到了 20 世纪中叶,来自军事的资助超过了工业,诸如古磁学等地球物理学研究的新领域则首先因其与国家安全事业的关系而得以发展。

第二次世界大战标志着地球科学家与军方资助者之间关系的转折点。虽然在 20 世纪 20 年代和 30 年代早期,地球物理学家和海洋学家为了登上军舰和潜艇去研究海盆已经与美国军方进行了接洽,但军方充其量也只是表现出一种适度的互惠态度。但是,这种情况在 30 年代中期有了改变,一系列重要的发现证明了地球物理学和海洋学的战略价值。深海温度测量器的发明和声波沟道的发现就是一个例子。应美国海军的要求,地球物理学家奥尔泽尔斯坦·斯皮尔豪斯(1911~1998)发展和改进了深海温度测量器——一种由他的论文指导老师、气象学家卡尔-古斯塔夫·罗斯比发明的装置,以此来研究水温对声音传播的影响。斯皮尔豪斯发现,声波通过一个温跃层(一个在水下几百米处温度迅速下降的区域)发生了折射,能够产生一个可有效隐藏潜艇的声影区。莫里斯·尤因据此发现了声波沟道,由于这种现象,声波的传播接近温跃层底部时实质上没有减弱,这使远距离的信号传输成为可能。声波定位与测距(SOFAR, Sound Fixing and Ranging)系统的建立就是以这个发现为基础的。它在二战时被用来搜索飞行员,而后又成为潜艇导航系统的基础——这些促使了海军对尤因的特别支持,以及在战后对地球物理学的广泛支持。[29]

深海温度测量器是一个例子,还有许多其他例子。物理海洋学家开发了用于预测海洋涌的新技术。气象学家使改进的方法有了进一步发展,以便为诸如诺曼底登陆这样的重大军事行动预报天气。随着 20 世纪 40 年代后期冷战加剧以及美国在 50 年代

[28] Robert E. Kohler,《科学中的股东:基金会和自然科学家(1900 ~ 1945)》(*Partners in Science: Foundations and Natural Scientists, 1900 - 1945*, Chicago: University of Chicago Press, 1990),第 157 页~第 158 页,第 202 页,第 256 页~第 257 页,以及 C. H. Smyth 于 1925 年 12 月 22 日致 H. Alexander Smith 的信,载于《史密斯文集》(Smith papers, Mudd Library, Princeton University)。

[29] Gary E. Weir,《在战争中成形:海军工业联合体和美国潜艇的建造(1940 ~ 1961)》(*Forged in War: The Naval Industrial Complex and American Submarine Construction, 1940 - 1961*, Washington, D. C.: U. S. Government Printing Office, 1993);Naomi Oreskes,《用潜艇称地球:美国 S-2 型潜艇的重力测量之旅》(Weighing the Earth from a Submarine: The Gravity-Measuring Cruise of the U. S. S. S-2),载于《地球、天空和华盛顿卡内基研究所》,第 53 页~第 68 页;Oreskes,《顺其自然:军事赞助与 20 世纪中期女性在海洋地理学中的工作》(Laissez-tomber: Military Patronage and Women's Work in Mid 20th-Century Oceanography),《物理科学和生物科学的历史研究》,30(2000),第 373 页~第 392 页。

开发出核武三合一体系,地球科学与军事之间的联系开始变得更加紧密。地球物理学和海洋学被视为保护潜艇的必要学科;固体地球物理学被应用于陆基导弹的制导;气象学与机载武器的效率密切相关。绘制海底地形图则成为反潜作战行动的当务之急。主要的新武器系统特别是导弹,推动了重力和地磁的研究以帮助导弹导航和命中目标,推动了流星天文学去探究高层大气的特性,推动了电离层物理学去帮助飞行通信与跟踪。地球物理学家约瑟夫·卡普兰(1902~1991)在总结这种联系时断言:"飞机、潜艇和雷达这些近年来变得完善的武器和重要的军事工具,只有在其必须运用的条件得到充分认识时,才能用来发挥其优势。"[30]运用它们的条件已被科学家以及军官广泛理解了,它们是一些与地球物理学、气象学和海洋学相关的条件。

在地球科学领域,也许没有哪门学科比地震学受战略考虑的影响更深,作为对20世纪50年代后期地下核武器试验的反应,地震学经历了一次突然的大规模发展。1963年在美苏之间进行的有关《部分禁止核试验条约》(The Limited Nuclear Test Ban Treaty)的谈判,导致了地震观测站和这个领域研究者的培训数量的引人注目的增加,因为地震学可被来分辨自然地震和地下核试验。[31]地球化学家在冷战期间也看到了实质性的发展:有关核武器中铀的来源、大气和海洋中放射性核素的扩散、核废料处理以及核燃料后处理等研究,都得到了美国原子能委员会(U. S. Atomic Energy Commission)的支持。

要理解20世纪军事与地球物理学在所有领域中的合作以及这种合作对于军事、科学和政治的影响,要研究美国以外的这些联系,我们尚有很多历史研究工作要做。对于到目前为止所做的工作来说,有一点是清楚的,即这种联系的意义并不仅限于实际应用的拓展,也意味着为地球物理学和地球化学所提供的资金的大幅度增加,这种增长孕育了得到大规模扩展的制度基础,并在很大程度上确立了学科的优势。到20世纪40年代后期,随着与军事合作的大大升级,已有的地球物理学系有条件扩大其规模,美国海军研究局(Office of Naval Research)为新的物理海洋学课程提供了资金。与此同时,包括尤因和卡普兰在内的一些有魄力的地球物理学家利用来自海军的合同建立了一些附属于大学的地球物理学研究机构,拓展了那些拥有地球物理学技术的科学家市场。劳埃德·伯克纳(1905~1967)和其他地球物理学家组织了国际地球物理年(International Geophysical Year, 1957~1958)的活动,他们非常重视地球物理学与国家安全事业之间的联系。这项活动涉及来自66个国家的数万名科学家,花费超过10亿美元,充分说明了在20世纪中期至晚期外部因素支持、巩固和引导地球物理学研究的

[30] J. Kaplan 于 1944 年 7 月 3 日致 C. G. Rossby 的信(Office of the Director Files, Scripps Institution of Oceanography Archives);也可参看 Ronald E. Doel,《地球科学与地球物理学》,载于 John Krige 和 Dominique Pestre 编,《20 世纪的科学》(Paris:Harwood, 1997),第 361 页~第 388 页。

[31] Kai-Henrik Barth,《早期禁止核试验谈判中的科学与政治》(Science and Politics in Early Nuclear Test Ban Negotiations),《今日物理》(Physics Today),51(Match 1998),第 34 页~第 39 页。

程度。可以说,在 20 世纪下半叶,地球物理学和地球化学所取得的优势是牢牢地与在学科以外,甚至科学共同体以外操作的力量联系在一起的。[32]

自莫特·格林称地质学史为"未发现的领域(terra incognita)"以来,地质学史的研究已经有了很大改善,但对地球科学复杂的历史的理解仍有很多工作要做。[33] 近年来研究主要集中在美国和 20 世纪,但关于其他年代和其他国家有许多事情尚待了解,而且有大量的问题需要解答。譬如,为何地球物理学和地球化学首先是作为地球科学的一支而不是作为物理学和化学的一支发展起来的? 机构的加入和赞助是如何使地球物理学知识初具轮廓的? 为什么地质学与海洋学、大气学等学科之间的制度和知识的藩篱在 19 世纪末才开始被打破? 还有,为何地球物理学的研究尤其缺少妇女和其他少数群体的参与?

从现有的著作中看,显而易见,地球物理学在 20 世纪里的优势地位并非仅仅是甚至并非主要是知识上的胜利的结果。相反,这种地位的形成是以下两方面因素结合的结果:一方面是一种抽象的对"严密"的认识论承诺,它可回溯到 19 世纪;另一方面是地球物理学对于在 20 世纪中叶变得极为重要的国家安全事业的可适用性。当然,如果科学家们没有预计地球物理学和地球化学将富有成效,他们是不会沿着这条路走下去的。但是,其他有可能被证明是富有成效的道路却从未有人走,或者由于财政资源、后勤资源和人力资源集中在以物理学为基础的对地球的研究上而被严重损坏了。[34]

政府支持在地球物理学发展中所扮演的角色凸显了对一般地球科学发展的赞助

[32] Allan A. Needell,《从军事研究到大科学:劳埃德·伯克纳与战后的科学‐政治家的才能》(From Military Research to Big Science: Lloyd Berkner and Science-Statesmanship in the Postwar Era),载于 Peter Galison 和 Bruce Hevly 编,《大科学:大规模研究的发展》(Big Science: The Growth of Large-Scale Research, Stanford, Calif.: Stanford University Press, 1989),第 290 页~第 311 页;Doel,《地球科学与地球物理学》;Barton Hacker,《军事赞助与美国的地球物理学科:导言》(Military Patronage and the Geophysical Sciences in the United States: An Introduction),载于《物理科学和生物科学的历史研究》,30(2000),第 309 页~第 314 页;James Rodger Fleming,《动荡、打击与监视:美国陆军通信局(1861~1891)》(Storms, Strikes, and Surveillance: The U. S. Army Signal Office, 1861‐1891),《物理科学和生物科学的历史研究》,30(2000),第 315 页~第 332 页;Martin Leavitt,《美国氦工业的发展与政治化(1917~1941)》(The Development and Politicization of the American Helium Industry, 1917‐1941),《物理科学和生物科学的历史研究》,30(2000),第 333 页~第 348 页;Ronald Rainger,《处在十字路口的科学:20 世纪 40 年代的美国海军、比基尼环礁与美国海洋学》(Science at the Crossroads: The Navy, Bikini Atoll, and American Oceanography in the 1940s),《物理科学和生物科学的历史研究》,30(2000),第 349 页~第 372 页;Deborah Warner,《从塔拉哈西到廷巴克图:冷战对大陆间距离测量的影响》(From Tallahassee to Timbuktu: Cold War Efforts to Measure Intercontinental Distances),《物理科学和生物科学的历史研究》,30(2000),第 393 页~第 416 页;Naomi Oreskes 和 James R. Fleming,《为什么是地球物理学?》(Why Geophysics?),《物理科学和生物科学的历史研究》,31(2000),第 253 页~第 257 页;Naomi Oreskes 和 Ronald Rainger,《前原子弹时代的科学与安全:哈拉尔·U. 斯韦德鲁普忠诚案》(Science and Security before the Atomic Bomb: The loyalty Case of Harald U. Sverdrup),《物理科学和生物科学的历史研究》,31(2000),第 309 页~第 370 页;John Cloud,《跨越奥兰坦基河:大地水准面与军工‐学院联合体(1947~1972)》(Crossing the Olentangy River: The Figure of the Earth and the Military-Industrial Academic Complex, 1947‐1972),《物理科学和生物科学的历史研究》,31(2000),第 371 页~第 404 页。

[33] Mott T. Greene,《地质学的历史》(History of Geology),载于 Sally Gregory Kohlstedt 和 Margaret W. Rossiter 编,《关于美国科学的历史著作》(Historical Writing on American Science),《奥西里斯》(Osiris),2nd ser.,1(1985),第 97 页~第 116 页,引文在第 97 页。

[34] Ray Siever,《冷战中的地球科学研究》(Doing Earth Science Research during the Cold War),载于 Noam Chomsky 等编,《冷战与大学》(The Cold War and the University, New York: New Press, 1997),第 147 页~第 170 页。关于冷战的优先地位对知识传统的削弱,参看 Michael A. Bernstein,《美国经济学与国家安全状况(1941~1953)》(American Economics and the National State, 1941‐1953),《激进史学评论》(Radical History Review),63(1995),第 8 页~第26 页。

问题。现有的关于 19 世纪地质学特别是关于英国地质学的著作,往往都强调野外传
统"绅士"的一面。[35] 但是,一旦那些从事地质学实践的精英们可能拥有独立的方法,
作为一个整体的地质学就会因其商业和军事方面的价值而得到广泛推动。[36] 政府开
展了环球地质调查和大地测量,以便绘制出更完美的地图为探索和征服提供帮助,并
勾勒出地球上那些具有商业价值的物质,如石灰、煤以及后来的石油和天然气等的分
布。对绅士派头的起源的过分强调,也许会模糊更重要的一点,那就是政府出于商业
和战略的动机而对地球科学的支持由来已久。动机改变了,支持的重点也就变了。19
世纪的地质学对于工业化的重要作用,并不亚于 20 世纪地球物理学在侦察潜艇和检
验部分禁止核武器试验中所起到的作用。在 21 世纪初,随着后工业化时代对环境关
注的复苏,大气科学和海洋科学变得引人注目,地球科学再一次扮演了一定的角色。
随着这些主题的变化,一系列已改变的方法和认知上的预期也就成了问题。若想了解
更广泛的社会需求不仅对主题而且对各种科学方法和科学价值的影响方式,那么地球
科学就是一个非常适当的领域。

（孔庆典　译　江晓原　鲁旭东　校）

[35]　Rudwick,《泥盆纪大辩论》;James A. Secord,《维多利亚时代的地质学论战:寒武纪－志留纪之争》(*Controversy in Victorian Geology*:*The Cambrian-Silurian Dispute*, Princeton, N. J. :Princeton University Press, 1986);David Oldroyd,《高地之争:通过 19 世纪英国的实地考察对地质学知识的构建》(*The Highlands Controversy*:*Constructing Geological Knowledge through Fieldwork in Nineteenth-Century Britain*, Chicago:University of Chicago Press, 1990)。

[36]　Rachel Laudan,《威廉·史密斯:没有古生物学的地层学》(William Smith:Stratigraphy without Paleontology),《人马座》,20(1976),第 210 页～第 226 页;Paul Lucier,《商业利益与科学的无私:美国内战前充当顾问的地质学家们》(Commercial Interests and Scientific Disinterestedness:Consulting Geologists in Antebellum American),《爱西斯》,86 (1995),第 245 页～第 267 页。

第六部分

20 世纪末的问题和希望

29

科学、技术和战争

亚历克斯·罗兰

为神打造兵器的赫菲斯托斯,是唯一患有残疾的神。他又跛又丑,恰恰讽喻了他所制作的东西能对人的身体产生什么样的伤害。然而直到 20 世纪晚期,他的继承者才获得了对全人类造成这样伤害的能力。核武器标志着漫长的军事技术发展史的卓越成果。虽然美国和苏联间的冷战竞赛吸引了最多的关注和关心,但在 20 世纪后半叶,科学和技术也使常规战争发生了改变。甚至连军备有限的小国家也发觉到了科学与战争之间日趋紧密的联系及其所带来的压力。

科技和战争之间的关系可以用一系列明确的特征来描述:(1)对军火制造商的**政府投资**或赞助;(2)在从国有兵工厂到私人承包商的各种**机构**间流动;赞助者花钱以促进(3)部队武器装备的**质量改进**和(4)**大规模可靠的标准化生产**;为保证有充足的科学家和工程师,政府也承担了(5)**教育和培训**的费用;由于在生产更高级的武器和装备方面,知识取代了技能,于是军事技术披上了一件(6)**保密**的外衣;军事科技活动的规模,尤其在和平时期,能够导致(7)**政治联盟**的出现;在美国这些导致了军工联合体的形成;这种规模也会迫使政府大力增加(8)科学研究和工程技术方面的**机会成本**,它们常常被用来研发(9)**军民两用技术**;对于一些科学家和工程师来说,参与这些工作给他们提出了(10)严重的**道德问题**。

这些不同特征形成于三个历史时期。政府投资、军事机构和质量改进出现在公元 1500 年之前的历史战争时期。大规模生产、正规教育、保密和政治联盟产生于从 15 世纪攻城炮的引入到 1945 年核武器发明之间的时期。机会成本、军民两用技术和道德问题在冷战期间(1947~1991)占据了显著地位。

这样的一种历史概述必然会导致编年史的视野以失去历史特性为代价。在这里,科学被理解为对于物理世界的系统研究。当科学被应用于或被引向对物质世界的系统操控时,它就近乎于技术。但是技术不一定需要以科学为基础;实际上在大部分历史时期都是如此。工程技术的现代意义产生于 18 世纪,但是在古代,技师(engineer)指的是那些操作诸如弹弩和投石器之类武器的人。接下来的说明广泛涉及了各个有记录的历史时期,但在 20 世纪主要集中于美国,因为这个背景下的历史研究比任何其他背景下的历史研究都要多。

政府资助

战争是政府选择资助科学和技术的首要原因之一。最早专门制作武器或构筑防御工事的工匠毫无疑问是最早获得这类资助的人。政府对军事研究和发展的资助出现在古希腊时期的地中海世界,但这种情况在罗马帝国时代和中世纪的大部分时期却衰退了,[1]到了文艺复兴时期又再度出现。文艺复兴时期,意大利北部的富裕城邦资助了像莱奥纳尔多·达·芬奇(1452~1519)这样的人,他公开宣称是一个精于从造船学到军火的各种军事技术的专家。

到了 15 世纪,在西方世界,火药一直改变着技术、政府和战争之间的关系。历史学家威廉·麦克尼尔指出:在近代早期,欧洲创造了一种独特的自由企业制度,它使市场在新式武器的生产中发挥了作用。[2]统治者为新的火药技术尤其是攻城火炮付出了高价。他们用这些武器来摧毁邻邦的城堡,并且把封建制度的服务义务改为纳税的义务。君主用所得的税收购买更好的武器并征服更多的对手,直到在他们的领土内垄断了所有军事力量为止。这样,武器产生政权,政权强制进行税收,而税收又带来更多更好的武器。

新出现的欧洲君主们不仅用这个方案在国内建立民族国家,也将这个方案输出到全世界。从 15 世纪末开始,舷炮帆船使得欧洲人控制了全世界的海洋和沿海地区。[3]从这种控制地位中产生的有利的贸易关系,为连续数代的军事技术提供了资金。在 19 世纪末,新技术(例如汽船、铁路和电报)将欧洲人的控制权扩展到了非洲和亚洲的腹地。[4]

由于这种方案的力量给西方政府留下了深刻印象,所以他们加大了对于科学和技术的资助,这又加大了已在市民社会生效的资助作用。政府采用专利政策来保护和鼓

[1] Werner Soedel 与 Vernard Foley,《古代投弹器》(Ancient Catapults),载于《科学美国人》(Scientific American),240 (March 1979),第 150 页~第 160 页;J. G. Landels,《古代世界的工程技术》(Engineering in the Ancient World,Berkeley:University of California Press,1978),第 99 页~第 132 页;Brian Craven,《狄奥尼修一世:西西里军阀》(Dionysius I:Warlord of Sicily,New Haven,Conn.:Yale University Press,1990),第 90 页~第 97 页;Lionel Casson,《古代世界的船舶和驾驶技术》(Ships and Seamanship in the Ancient World,1971;repr.,Princeton,N. J.:Princeton University Press,1986),第 97 页~第 135 页。

[2] William H. McNeill,《实力的追逐:公元 1000 年以来的技术、军队与社会》(The Pursuit of Power:Technology,Armed Force and Society since 1000 A. D.,Chicago:University of Chicago Press,1982)。Charles Tilly 在《公元 990 年至 1992 年的高压政治、资本以及欧洲国家》(Coercion,Capital,and European States,AD 990 - 1992,Cambridge,Mass.:Blackwell,1992) 中作出了类似的论证,不过此书更关注资本的作用而较少讨论技术。

[3] Carlo M. Cipolla,《枪炮、航海与帝国:技术革新与欧洲早期扩张(1400 ~ 1700)》(Guns,Sails and Empire:Technological Innovation and the Early Phases of European Expansion,1400 - 1700,New York:Pantheon,1965);Geoffrey Parker,《军事革命:军事革新和西方的崛起(1500 ~ 1800)》(The Military Revolution:Military Innovation and the Rise of the West,1500 - 1800,Cambridge:Cambridge University Press,1988)。

[4] Daniel R. Headrick,《帝国的工具:19 世纪的技术与欧洲帝国主义》(The Tools of Empire:Technology and European Imperialism in the Nineteenth Century,New York:Oxford University Press,1981)。

励发明。科学院之类的新机构促进了更多的研究。科学革命为科学的进步注入了新的力量,带来了新的威望。工业革命使技术型生产力倍增,及时武装和装备了18世纪末、19世纪初的民主革命中涌现出来的大规模军队。

法国大革命实际上是政府资助的军用科技发展的温室。[5] 安托万-洛朗·拉瓦锡(1743~1794)在死于革命之前改进了火药制造技术。加斯帕尔·蒙日(1746~1818)在一些军事学校教授一门以科学为基础的课程,他写作了军工制造的论文,并担任了拿破仑(1769~1821)的海军大臣。工程师和热力学家萨迪·卡诺(1796~1832)的父亲拉扎尔·卡诺(1753~1823),指导了法国科学和工业界的战争动员,包括对大规模生产和通用部件的革新。拿破仑自己也接受过这些技术的一个分支——炮兵的训练,并由此走向皇帝之位。从路易十四(1639~1715)时代的塞巴斯蒂安·勒普雷斯特·德·沃邦元帅(1633~1707)以来,技术专家从未达到如此高的地位。

在英国统治下的和平时期(1815~1914),军队继续对科学和技术进行资助,但从来没有重新达到法国大革命和拿破仑战争时期的那个水平。实际上,第一次世界大战表现了某种退步,至少在美国是如此。美国工业动员缓慢,在战争期间军事部门很少注意投入军队的科学家和工程师的工作。虽然政府为研发投入了大量金钱,并且在无线电、声呐和军需品等领域取得了重大进展,但是政府和军事部门与科学界和工业界两方之间的不协调使得这些事业处于非常缺乏潜力的状态。[6]

欧洲的参战国在一战期间与科学和技术的关系同美国的体验一样。与政府军火部门形成对照的是,私营公司日益改进武器,但是那些公司对政府的政策仅有非常有限的影响。[7] 德国经常被描绘成最充分了解科学和技术的军事潜力,但是它最大的进展却是在化学工业方面——军需品和毒气战,而在其他领域,技术革新的影响微乎其微。一个战前由私营制造商研制的机关枪与火炮一起统治着坦克和飞机都没能征服的欧洲战场。在海里,另一个战前研制的私营产品潜水艇,对水面舰艇的霸权发出了挑战,但最终败给了古老的护航体系和匆忙研发的水下声呐和深水炸弹。

第二次世界大战显示出了一个(与一战)非常不同的经历。[8] 在美国,麻省理工学院的工程师万尼瓦尔·布什(1890~1974)说服了富兰克林·罗斯福(1882~1945)总统创建了一个战时科学动员机制,让科学家留在实验室并由政府通过合约来资助他们。战争期间,科学研究和发展局(The Office of Scientific Research and Development, OSRD)在科研上只花费了2.7亿美元。而军事部门在同一时期投入科研的就有17.1

〔5〕 Ken Alder,《发动革命:军队与法国启蒙运动(1763~1815)》(*Engineering the Revolution*:*Arms and Enlightenment in France, 1763 - 1815*, Princeton, N. J.:Princeton University Press, 1997)。

〔6〕 Carol S. Gruber,《战神与智慧技术工艺女神:第一次世界大战与美国对高等教育的利用》(*Mars and Minerva*:*World War I and the Uses of Higher Learning in America*, Baton Rouge:Louisiana State University Press, 1975)。

〔7〕 David Stevenson,《军备与战争降临:1904~1914年的欧洲》(*Armaments and the Coming of War*:*Europe, 1904 - 1914*, Oxford:Oxford University Press, 2000)。

〔8〕 Daniel Kevles,《物理学家:科学共同体的历史》(*The Physicists*:*The History of a Scientific Community*, New York:Vintage, 1979)。

亿美元,这还不包括给军队的津贴和从生产和采购基金中拨给科研的费用,也不包括曼哈顿工程耗费的 20 亿美元。[9]

这种投入产生了革命性的成果。化学家研制了新的燃料、涂料、液压液和炸药。物理学家在声学、弹道学、火箭技术、射击控制、通信和传感装置等领域取得了进展。心理学家研究了人体工程学、宣传策略、人员筛选、训练方法和战斗疲劳症。内科医生和生物科学家研究了从控制疟疾到大规模生产盘尼西林(青霉素)的每一个课题。[10]在亨利·蒂泽德(1885~1959)领导下由英国研发的多腔磁控管使得微波雷达成为可能;美国人在战争期间利用这个突破性技术制造了 120 种不同的雷达,其中包括近炸引信。美国唯一在范围和影响上超过其在雷达方面工作的只有庞大的曼哈顿工程,它在 6 年间就把受控核裂变的科学理论转化成为投在广岛和长崎上空的核武器。

第二次世界大战的武器生产超越了量的层面,它系统地提高了武器的质量。确实,它引进了全新的武器种类。喷气发动机、液态燃料火箭、近炸引信和原子弹在战争过程中从概念走向应用。二战在历史上第一次对战斗部队进行了实质上的军备重整,胜利者在战争结束时所拥有的武器装备与战争开始时所使用的武器装备大为不同。

其他国家也为战争进行了科技动员。因为自己易受空袭,英国将自己的伟大贡献多腔磁控管和铀浓缩的气体扩散法移交给美国。德国对一战的做法作了改进,它在二战中直接资助研发计划,例如沃纳·冯·韦恩赫尔的弹道导弹项目,尽管德国最终没能支撑到研制原子弹的应急计划获得成功。日本确实有一个原子弹计划,但它缺乏足够的人力和原料资源来实现计划。苏联着重数量优势而非质量优势,但是为了鼓励技术创新,它也资助一些有竞争力的设计局。

二战经验改变了科学、政府和战争之间的关系。它使主要的工业国确信下一场战争的胜利将不再取决于工厂里的工业生产,而取决于实验室里的科学和技术研究。世界战争曾经是工业生产的战争,而将来则要通过武器和装备的质量改进来获得战争的胜利。而且,核武器用飞机或者导弹在几小时甚至数十分钟内就可以投下,这一威胁意味着国家不再拥有在宣战后才进行动员的奢侈时间,而对战争必须保持一个永久的就绪状态。用于下一场战争的武器和装备必须现在就发明、改进和配备给军队。因此,科学和技术本身永远都处于战争动员状态。

在美国,军事思想的这一转变是由多种因素决定的。二战已经表明了美国科学家和工程师能够进行的工作以及德国人可能做过的工作都拖延了战争。二战后的复员工作使军事部门确信美国人民无法忍受一个大规模的常备军队,因此军事部门将不得不用技术来与华沙条约组织数量庞大的军队进行军事竞赛。出于同样的考虑,自动化

[9]　U. S. Bureau of the Census,《美国殖民时代至 1957 年的历史统计数据》(*Historical Statistics of the United States, Colonial Times to 1957*, Washington, D. C. : GPO, 1961),第 613 页。
[10]　James Phinney Baxter Ⅲ,《科学家与时间赛跑》(*Scientists against Time*, Boston : Little Brown, 1946)。

精密武器提高了美国战士在战斗中的生存率,将民主社会看起来如此难以忍受的人员伤亡降到了最低程度。最后,军事部门从万尼瓦尔·布什发起创立战后美国国家研究院的首创精神总结说,如果军事部门不提出军事科技的议程,科学家和工程师们也会提出。[11]

美国在科技研发上的花费在二战期间增长了一个数量级,从 1940 年的99,100,000 美元提高到 1945 年的 1,564,500,000 美元(都以 1940 年美元价值计算);用于军事的部分从 35,300,000 美元提高到 504,500,000 美元。[12] 经历了战后短暂的减慢增长之后,军事研发的投资从 1949 年开始再次增长。自从那时候起就几乎没有低过用于研发的所有联邦资金的 50%。[13] 按(1987 年的)定值美元计算,从 1949 年的 38 亿美元到 1995 年的 293 亿美元,这部分的花费增长了 7 倍多。从 1953 年到 1984 年期间,美国研发资金总量的一半以上由联邦政府提供,其中几乎三分之二用于基础研究。美国在冷战期间平均超过四分之一的研发由军事部门提供资助。如果把太空项目和核物理研究算在内,那么这个比例还会更高。

当然,并非所有的国家在冷战中的经历都相似。虽然苏联的国内生产总值小于美国因而要将其中更大的比例投入生产,但是苏联对军事研发也进行了相当的投资。尽管如此,它的军事技术更倾向于利用西方的科技发展成果而不是依赖自己的基础研究和科学进步。而其他任何国家都无法尝试与超级大国并驾齐驱。1984 年到 1993 年间,美国将政府科研投资的 72% 都用于军事目的,而欧盟成员国用于同样目的的比例仅仅是 28%。[14]

机　　构

机构是军方对科学和技术提供支持的媒介。最早的武器制造者和防御工事建造者可能是自由手工业者,他们提供商品和服务以获得报酬。在大革命时期,法国在科学和技术方面为大学和政府机构提供了比对其他机构更多的支持。早期的炮兵学校和军事工程师学校发展到 1794 年又导致了法国综合理工学校的创立。其他的军事院校,比如美国的西点军校,模仿了法国模式。用于战争的数学和物理学——从弹道学到材料力学,成了受过良好教育的军官们都具有的知识。

军械部门继续为科学和工程技术提供支持:在欧洲是通过推动火药的改进;在美

[11] Michael Sherry 考察了某些此类动机,参见他的《准备下一次战争:美国战后防御计划(1941～1945)》(*Preparing for the Next War: American Plans for Postwar Defense, 1941 - 1945*, New Haven, Conn.: Yale University Press, 1977)。

[12] David C. Mowery 和 Nathan Rosenberg,《技术与追求经济增长》(*Technology and the Pursuit of Economic Growth*, Cambridge: Cambridge University Press, 1991),第 124 页。

[13] 《美国殖民时代至 1957 年的历史统计数据》,第 613 页;《美国政府 1997 财政年度预算:历史报表》(*Budget of the United States Government, Fiscal Year 1997: Historical Tables*, Washington, D. C.: GPO, 1996),第 149 页。

[14] Ruth Leger Sivard,《世界军与社会支出(1996)》(*World Military and Social Expenditures 1996*, 16th ed., Washington, D. C.: World Priorities, 1996),第 8 页。

国则是通过"优化美国制造业体系"。这个体系,作为现代大规模生产的先驱,把劳动分工、产品装配线、对夹具和模具的依赖、机械设备和通用部件这些要素在小型武器的制造中结合起来,而当时这些技术并不具备经济竞争力。因为通用部件使得部队可以在战场上迅速修理武器装备,所以军方对它们很重视,从而愿意去支持这样一个市场并不支持的技术。但是后来,这项技术也流入了商业领域,20世纪初的福特制使其达到了顶峰。[15]

在19世纪末,军方仍然指望它自己的军火部门和私营工业能够完成技术发展的任务,而且在战争时期还要加速这一发展。一战期间,主要参战国的政府愈加寻求大学的帮助。在许多个案中,就像弗里茨·哈贝尔(1868~1934)一战中在威廉皇帝研究所进行化学研究那样,科学家们由国家支持在他们自己的实验室里工作,甚至在应征入伍后也是如此。而在美国,科学家则是被招募到政府的实验室和办公室中工作,其效果之差导致美国后来在二战中创立了科学研究和发展局以改变这一状况。

战后,军方创建了自己的激发科学和技术潜力的机构:他们成立了咨询委员会。他们扩建了二战中的研究实验室,例如约翰斯·霍普金斯大学的应用物理实验室。他们为全国各地大学里的一些专门实验室提供支持,例如麻省理工学院的林肯实验室。他们继续通过给大学和企业里的个别研究者或单位投资来引导和管理基础研究和应用研究。他们发起组织了一些像兰德公司(RAND Corporation)和国防分析研究所(the Institute for Defense Analyses)那样的思想库,以引导专门的军事研究。而且为了创造监督研究进展的管理职位,他们甚至重组了自己的基础组织。

军事研发的机构化反映了另一种现代科学和技术普遍成长的趋势。伽利略成就于孤独研究者的时代,经常靠个人财产和私人赞助生活,拥有小型实验室和简单的实验工具。比照之下,美国科学家及国防部长哈罗德·布朗(1927~　)在劳伦斯·利弗莫尔国家实验室则上升到了一个显赫的地位。科学技术尤其是大科学和高技术日益增长的复杂性,迫使研究须在大型机构内进行。在大型科研机构里,研究团队结合了各个学科的人才,共同从事以巨额资金和高尖研究目标为基础的项目。

武器装备的质量改进

在大部分的人类历史中,国与国之间都是在武器对称的条件下作战。双方配置了类似的武器和装备,职业军人在极大程度上抵制技术的改变。政治和军事领导人只是缓慢地才开始认识到质量占优的军事技术的价值。火药引入西方激发了对新技术日

[15] Otto Mayr 和 Robert C. Post 编,《美国的企业:美国制造业的崛起》(*Yankee Enterprise: The Rise of the American System of Manufacture*, Washington, D. C.: Smithsonian Institution Press, 1981); David A. Hounshell,《从美国体系到大规模生产(1800~1932):美国大规模制造技术的发展》(*From the American System to Mass Production, 1800 - 1932: The Development of Mass Manufacturing Technology in the United States*, Baltimore: Johns Hopkins University Press, 1984)。

益增长的热情,但是英国人直到 1689 年才用火器取代长弓。军事保守主义对采用新技术的反对一直持续到二战之前。计划进行军事技术革新的科学家、工程师、发明家和工匠在绝大多数情况下都是向文职政府提交其计划。亚伯拉罕·林肯(1809～1865)是美国国内战争中最热切的武器革新支持者,而万尼瓦尔·布什的科学研究和发展局则是由罗斯福总统直接授权。

第二次世界大战说服了最后的那批怀疑者。二战的确导致了完全相反的行为:传统的军事保守主义不得不让路给对技术革新似乎不计后果的、崇尚竞争的热情。军方仍然就发展哪种技术进行争论——发展导弹还是飞机、核燃料还是化石燃料、螺旋桨动力还是喷气动力、固体燃料还是液体燃料、惯性制导还是天体导航,但实际上所有人都同意武器和装备质量的改进是新的迫切需要。军事研发资金和军事研发机构数量的增长反映了美国军事思想的这一彻底转变,这一转变在世界范围内都有所反映。不同单位之间实际上也在彼此争夺发展和应用新技术(如弹道导弹和卫星)的专有权利。在这个过程中,他们的行为促成了美国的军工联合体以及世界上其他地方类似的政治联盟。

因此,军事技术的改进速度在不同的历史时期是不同的。在整个中世纪期间,进展都十分缓慢和短暂。从 1500 年到 1945 年,在许多西方国家里,虽然受限于军方的抵制和强制的保密,变革的步伐还是加快了。自二战以来,变革的步伐比以前更快了,产生了"电子战场",其间充斥着计算机、传感器、智能武器、即时通信、全球卫星导航和定位系统,以及其他大量速度、空间和破坏性方面的战斗增效器。依然悬挂在全世界人民头上的达摩克利斯之剑——战略核武器是标志着现代战争中军事技术改进的最强有力的符号。以上这一切都是科学和技术带来的礼物。

这些质量的改进迫使人们付出极高的代价。1997 年,一架美国的 B-2 隐形轰炸机的价格超过 20 亿美元,比世界上大部分国家全国的军事总预算还要多。在合适的条件下,一枚"毒刺"防空导弹就可以将 B-2 隐形轰炸机摧毁,而"毒刺"防空导弹也是美国研发的产品。"毒刺"防空导弹的单价在 1997 年是 10 万美元,在黑市上则还要高些。通过控制这些武器的销售和分配,美国和其他支持大规模军事工业的发达国家能够控制战争的形态。科学和技术的产品已经勾勒出了国家间大规模有组织的暴力冲突的画面。

大规模的、可靠的标准化产品

最早的武器比较简单耐用,并且可与友军或敌军的武器互换。复杂武器系统,比如战车和战船,在古代就已经出现,但是它们是当时的简单武器体系中的例外。手工艺技术基本上就能够满足制作大部分前现代武器的要求,而所需的数量则由军队规模有限和武器可以循环使用这一事实来确定。战争在古代是人力密集型的,但不是资源密集型的。

17、18 世纪的庞大航海舰队给英国及其竞争者带来了木材资源上的负担。但真正把一些需求强加在国家的生产能力之上的是火药的引入。军队不能够再靠土地生活。他们不得不自己生产和运输兵器和军需品。1453 年对君士坦丁堡的一共 48 天的最后围攻中,炮兵只发射了寥寥几千发炮弹。到了 1916 年,德军在开始突袭凡尔登之前的两天里,就发射了 200 万发炮弹。同时,民主革命也扩大了军队的规模,从 1704 年决定性的布伦海姆之战中参战的几万人扩大到了 1808 年拿破仑拥有的 70 万军队。士兵对武器和军需品的需求加速了工业革命,激励了美国制造业系统,对大规模生产做出了贡献。沿着这条发展道路,以弗雷德里克·泰勒(1865~1915)为先驱的"人类活动的科学管理"先是在华特城兵工厂发展起来,然后传播至全美国和世界工业界。

世界战争曾经是工业生产的战争。这些战争发动了托马斯·P. 休斯所称的"大规模技术系统"来生产坦克、军舰、枪支和飞机这些工业化战争的骨干。[16] 1940 年,罗斯福总统制定了年生产 5 万架飞机的"不可能完成的目标"(这比一战期间全世界生产的飞机还多),并且监督美国工业超越了这个目标。大西洋战争中曾一度反复讨论过一个问题:美国制造轮船的速度能不能快过德国潜艇将其击沉的速度。盟军在二战中总共损失了总量 2300 万吨的商船,其中 1400 万吨被潜艇击沉。但是在战争期间,仅美国就生产了总量 5700 万吨的轮船,超过战争开始时所有轮船总吨位的三分之一。反潜战科技的进步为盟军大西洋战争的胜利做出了贡献,但是美国工业的绝对生产力和其他因素是一样重要的。

自二战以来,军事武器和设备的生产一直受制于数量、质量和成本之间的紧张关系。高技术产品,比如航空器,需要昂贵的研发费用,又不大可能通过大规模生产来分摊成本。军事对战时压力环境下自动防故障性能的特殊要求提高了生产成本,而战争却是一个弹药和装备的肆意挥霍者。

成本对人与机器的平衡也发挥着作用。美国和其他民主国家倾向于机械化战争,部分原因是厌恶自己的人员伤亡。为了用装备换生命,这些国家用上了远程遥控战车、防区外武器、防护装甲和密集火力网来使其军队在安全地带作战。这种战争是对创新和资源的挥霍,这种战法在 1991 年对伊拉克的海湾战争中被证明是有效的,但是无法征服越南游击队隐秘迂回的战术。

教育和培训

在大部分历史时期,士兵和水手以学徒的方式来习得手艺,他们通过作战学习战

---

[16] Thomas P. Hughes,《电力网:西方社会的电气化(1880 ~ 1930)》(*Networks of Power: Electrification in Western Society, 1880 - 1930*, Baltimore: Johns Hopkins University Press, 1983)。

斗。虽然一些有特权的武士阶层的成员在军事环境下长大,受私人的军事教师指导,但是大部分人还是要在军营或战场上学习战斗。现代之前,军事工程师可能是唯一的重要例外,虽然关于他们的职业发展过程我们知道得不多。

还是火药促成了变革。为日后的火炮和工程生涯作准备的军官们需要比一般军人有更多的科学和技术知识,这导致了军事学校的建立。从 18 世纪 20 年代法国的炮兵学校到大革命时期的法国综合理工学校,以科学为基础的工程学方面的正规培训不仅被视为军官所需接受的基础教育,也被认为对文职发展是绝对必要的。

不过政府并不指望由这些学校的学生来进行科学和技术革新。除了一些著名的例外,如威廉·康格里夫(1670～1729,火箭)、托马斯·罗德曼(1815～1871,加农炮)和弗兰克·惠特尔(1907～1996,喷气动力),现役军官无论被培训得多么好,都没有开拓出新的军用技术。这些军用技术的革新一直都来自文职部门。直到 20 世纪中叶,主要都来自私人发明家或私营企业。二战以来,大学和政府资助的实验室在这方面的贡献增加了。因此,对这些机构里的科学家和工程师的教育和培训已经成为国家军事政策的一部分。

有两个问题极为重要。第一,为了确保有足够的科学家和工程师参与军事工作,政府承担了他们的教育和培训。比如 19 世纪 80 年代在法国,综合理工学校的毕业生们,特别是保罗·维埃耶,在第一种无烟高爆炸药的发明中扮演了关键角色。[17] 在美国,苏联 1957 年发射人造地球卫星所带来的国家安全危机促使了《国防教育法案》(National Defense Education Act)次年就获得通过。这个法案为科学和工程培训提供了联邦基金。政府给大学的科研拨款也保证了学生将得到资助。而且军事研发的合同和资金也确保了可以吸引足够数量的研究生参与国防工作,为国效力。

最后一种资金来源提出了第二个重要问题:学术界的军事化。在 1995 年财政年度,国防部根据主要合同的价值量,将两所大学(麻省理工学院和约翰斯·霍普金斯大学)和麻省理工学院的两个下属机构(米特尔公司和德雷普实验室)列入前 50 名国防合约商名单。[18] 如此巨额的军事投资会扭曲高等教育机构的课程和研究议程。[19]

[17]　感谢 Seymor Mauskoft 提供了这个例子。
[18]　《1997 年世界年鉴》(*The World Almanac*, *1997*, Mahwah, N.J.: World Almanac Books, 1996),第 180 页。
[19]　Stuart W. Leslie,《冷战和美国科学:麻省理工学院与斯坦福大学的军事－工业－学术联合体》(*The Cold War and American Science*: *The Military-Industrial-Academic Complex at MIT and Stanford*, New York: Columbia University Press, 1993); David F. Noble,《生产的力量:工业自动化社会史》(*Forces of Production*: *A Social History of Industrial Automation*, New York: Knopf, 1984); Paul Forman 和 Jose M. Sanchez-Ron 编,《国家军事建设与科技进步》(*National Military Establishments and the Advancement of Science and Technology*, Dordrecht: Kluwer, 1996),尤见第 9 页～第 14 页和第 261 页～第 326 页。

保　密

　　在欧洲的早期近代历史以前,与武器相关的任何思想观念都可以自由传播。[20] 唯一已知的例外是希腊火,*据说是在 7 世纪末期由一个叙利亚工程师传入拜占庭,而拜占庭人将此作为国家机密达几个世纪之久。[21] 而到了文艺复兴时期,作者们有规则地出版一些著作,声称他们知道一些秘密发明,其中许多是军事发明,但他们没有透露这些发明的自由。这一普遍现象有其复杂的历史根源,包括用本国语言写作的印刷书籍所进行的知识传播,现代西方资本主义的诞生以及民族国家的兴起。在这样的环境下,军事知识自有其市场价值。

　　有两个原因常常被作为军事技术保密的理由。第一个原因是,如果将这些秘密公布于世,会加大不当使用对人类造成恐惧和破坏的风险。例如这种考虑就使得莱奥纳尔多·达·芬奇将他的潜水艇设计方案始终保留在自己手中。随着时代的发展以及火药使战争更加具有破坏性,有人也许曾期望更多人能这样审慎地考虑事情。但事实与这种期望并不相符。经济上获益的诱惑战胜了许多发明者的疑虑。一些人甚至声称确信自己的发明将彻底消除战争。只有在冷战时期,道德方面的考虑才重新成为对军事研究人员的一个主要约束。

　　第二个军事保密的理由在现代变得十分重要。与历史上以武器对称为特征的大部分战争不同,研究和发展如今能够保证拥有更先进科技的一方拥有军事上的优势。因此当个人发明家与政府分享其成果时都寻求专利保护或某种特权保证。而政府愈加对其军械库和实验室实行保密。到了 20 世纪末,国际间谍对于敌国技术的关注程度已经不亚于其对于敌国军队组织和战略的关注程度。

　　对军事武器的保密在二战期间到达了一个顶点:美国的莱斯利·戈罗夫斯(1896～1970)将军对曼哈顿工程所进行的保密工作甚至达到了拒绝向工程参与者透露信息的程度。参与计划的科学家,比如洛斯阿拉莫斯国家实验室的主管 J. 罗伯特·奥本海默(1904～1967)提出抗议,这种信息“分割”与正常的科学实践有冲突并延缓了工作进度。[22] 又如理查德·P. 费曼(1918～1988)曾经为绕开了戈罗夫斯的政策的严厉约束而欣喜。[23] 但是戈罗夫斯的政策获得了胜利,它是对冷战期间武器研发的保密制度的

[20]　Pamela Long 和 Alex Roland,《古代与中世纪欧洲的军事保密:批评性重估》(Military Secrecy in Antiquity and Early Medieval Europe: A Critical Reassessment), 载于《技术史》(History of Technology),11 (1994), 第 259 页～第 290 页。
*　　一种旧时海战中用的燃烧剂。——译者注
[21]　Alex Roland,《保密、技术与战争:希腊火与保卫拜占庭》(Secrecy, Technology, and War: Greek Fire and the Defense of Byzantium), 载于《技术与文化》(Technology and Culture),33 (October 1992), 第 655 页～第 679 页。
[22]　Richard Rhodes,《制造原子弹》(The Making of the Atomic Bomb, New York: Simon and Schuster, 1986), 第 449 页,第 454 页,第 539 页～第 540 页,第 552 页,以及其他各处。
[23]　Richard Feynman,《费曼先生,您的确是在开玩笑——一个古怪人的冒险》(Surely You're Joking, Mr. Feynman: Adventures of a Curious Character, New York: W. W. Norton, 1985),第 115 页～第 120 页,第 137 页～第 155 页。

一种明确的预示。

冷战时期的军事研发使科学界与政府的关系变得更加紧张。随着军事研发资金的增长,科学家们发表成果的自由受到了更大的法律约束。而且,国家安全的定义在冷战时期被扩大了,包括了这些领域:光学、计算机、微电子学、复合材料、超导和生物技术。[24] 科学家在这些领域接受政府研究资助就可能限制自己发表成果的自由。但是在一些领域,军方是唯一重要的资金来源。比如在微电子学和核物理学领域,人们几乎找不出任何没有军事意味的项目。

573

政治联盟

冷战期间,在超级大国维持着的强大核武库和常规武器储备下面,铺设着从大学和政府实验室延伸到诸如麦道飞机制造公司(McDonnell Douglas Aircraft)和电船公司(Electric Boat Corporation)这样的工业巨擘、从苏联的研究所和设计局延伸到科技产品协会和军事工业委员会的基础组织。它们的运作不能直到战时才迅速动员起来,而必须持续存在。而且,两个国家都鼓励其基础组织中的不同单位进行公司与公司之间、局与局之间的竞争。国家安全不能够依赖单一的重要技术来源。

因此,国家在和平时期仍然支持研发和生产机构。这种基础组织的规模取决于其感受到的危险程度。需要多少国防投入这一国家政策中深为重要的问题也许仅限于政治舞台,人们基于实践的和哲学的理由对之进行了争论。不过答案对于许多工业部门和研究团体都有重大影响。因此不可避免地,这些机构发现自己被拖入国防支出和国防战略的政治领域中去了。

德怀特·艾森豪威尔(1890~1969)总统在他1961年的离职演说中将这种政治活动的结果贴上了"军工联合体"的标签,私下里他称之为"三角力量"。这两个词都刻画了国防工业界、军事部门和国会里的"冷战斗士"之间的联盟。艾森豪威尔补充说:"国家政策本身可能成为科技精英的俘虏。"[25] 虽然他的科学顾问坚持说艾森豪威尔后来否定了这一警告,这与他对为他提供咨询的科学家表示的赞赏显然不一致。[26] 不

571

[24] 军事科学技术理事会、工程技术系统委员会和国家研究中心(Board on Army Science and Technology, Commission on Engineering and Technical Systems, National Research Council),《21 星:21 世纪军队的战略技术》(Star 21: Strategic Technologies for the Army of the Twenty-First Century, Washington, D. C.: National Academy Press, 1992),第 277 页~280 页; Herbert N. Foerstel,《秘密科学:联邦政府对美国科技的控制》(Secret Science: Federal Control of American Science and Technology, Westport, Conn.: Praeger, 1993);《以大学为基础的研究的保密:谁来控制? 谁知道呢?》(Secrecy in University-Based Research: Who Controls? Who Tells?),载于《科学、技术与人类价值》(Science, Technology, and Human Values)特刊,10 (Spring 1982)。

[25] Dwight Eisenhower,《离职演说》(Farewell Address),《美国总统的公众报告:德怀特·D. 艾森豪威尔(1960~1961)》(Public Papers of the Presidents of the United States: Dwight D. Eisenhower, 1960 - 1961, Washington, D. C.: GPO, 1960),第 1038 页~第 1039 页。

[26] James R. Killian, Jr.,《人造卫星、科学家与艾森豪威尔》(Sputnik, Scientists, and Eisenhower, Cambridge, Mass.: MIT Press, 1977),第 237 页~第 239 页。

过,艾森豪威尔的公共关切引起了人们对科学政治化的注意,这种政治化是国家安全领域中业已提高的科学作用的直接结果。科学家和他们的机构对军方资金日益增长的依赖,侵蚀了他们冷静地和公正地看待国防政策的能力。许多科学家,特别是那些擅长军事技术的科学家,在政府或政府的咨询委员会中担任要职。虽然独立的声音仍然存在,比如美国国家科学基金会(the National Science Foundation)和美国科学促进协会(the American Association for the Advancement of Science),但是实际情况通常还是与政府结成了最紧密的联盟的科学家提供的意见最有影响力。

在美国,这种情况的一个后果是各种政策常常互相矛盾甚至产生了误导。许多观察家已经指出国防相关领域和其他领域之间的资金分配是不合理的。还有少数观察家认为,主要从物理学家在曼哈顿工程和其他军事发展项目中的作用来看,他们受到了不当的影响,在实际需要技术政策时,这种不当影响在美国却导致了一种科学政策。[27]

机会成本

将国家资源集中于军事研发,强行增加了工业社会无法精确计算的机会成本。社会将科学和工程人才投入到军事领域而不是更加和平的和更具有生产性的活动,它需要付出什么样的代价呢?研究核放射和辐射微尘的科学家本可以去研究环境恶化的原因。对于战略轰炸的研究本来可以更好地投入到城市的重建。改良的海水淡化技术也许应更多地给生活在和平中的人们提供帮助,而不是为一整队弹道导弹潜艇舰队服务。

同样地,更大比例的国家财富本可以被用于基础研究而不是军方所需的应用研究或定向研究。许多科学家相信"基础研究播种,技术从而发芽",但是批评者争辩说技术对科学的贡献与它得到的回报一样多。20世纪60年代,美国国防部研究了20种武器系统的概念起源,其结论是基础研究的贡献微乎其微。美国国家科学基金会用自己的研究《技术回顾与重大科学事件》(TRACES)作出了回应,它论证说,国家许多最重要的技术都以基础研究的成果为基础。[28] 一些军事部门,比如美国海军研究中心,就支持一些基础研究。然而在整个冷战的大部分时候,诸如国防部之类的"任务部门"都被命令将基础研究留给美国国家科学基金会。1970年的《曼斯菲尔德修正案》明确表达了这一命令。虽然这一法案第二年就撤销了,但是军方从那时以后仍然尽力设法给

[27] Deborah Shapley 和 Rustum Roy,《迷失在前沿:漂泊不定的美国科技政策》(Lost at the Frontier: U. S. Science and Technology Policy Adrift, Philadelphia: ISI Press, 1985)。

[28] Raymond S. Isenson,《回顾研究计划的最终报告》(Project Hindsight Final Report, Washington, D. C. : Office of the Director of Defense Research and Engineering, 1969);伊利诺伊理工学院(Illinois Institute of Technology Research Institute),《技术回顾与重大科学事件》(Technology in Retrospect and Critical Events in Science [TRACES], 2 vols, Washington, D. C. : National Science Foundation, 1968)。

他们的基础研究穿上应用型研发的披风。因此,基础研究只好挣扎于大部分来源于大学和私人基金会的有限资金之中。

万尼瓦尔·布什在二战末期提出了自治问题,围绕这一问题人们展开了争论。万尼瓦尔·布什坚持认为科学研究和发展局在战时的成功是由于它授权科学家设定自己的研究议程。他希望战后的政府资助仍然遵循这一规则。但是哈里·杜鲁门(1884~1972)总统强调受资助者的责任和义务。政府对研发的大部分资助将取决于对公共利益的已证明的贡献。整个冷战期间,国家安全是吸引大多数资金的公益事业。如果不是为了国家安全来对研发进行投资,那就不清楚政府对于科学家自定的研发议程是否会选择进行同样数量的资金投入。虽然集中于军事研发可能会涉及机会成本,但是要搞清楚哪些机会不可避免是不可能的。

军民两用技术

随着冷战的进行,有三个因素推动了军事研发朝着双用途技术亦即军民两用技术的方向发展。第一个因素是非武器技术,比如计算机,对战备越来越重要。第二个因素是研发成本的提高鼓励了这样的技术:它们的发展能够部分由市场力量资助,或者它们的购买价格能够为商品市场进行大规模生产的规模经济所决定。第三个因素是超级大国庞大的核武库造成的僵局使大部分政治领导人确信,工业化国家间的国际冲突将来有可能用非战争手段来解决。由于大国间发生军事冲突的危险降低了,经济竞争日益变得重要。

军民两用技术的历史可以追溯到古罗马的道路网工程,古罗马人建设道路网络既是为了方便军团移动到边境也是为了促进商业;如今美国的州际高速路体系也起着同样的作用。在现代世界,军方常常首先推动了尚不具备商业可行性的技术的发展,通用部件就是一个例子,计算机是另一个例子。在这两个例子中,政府都从中发现了一种值得付出额外费用的军用价值,而消费者尚不愿意为之付出。随着技术的进步,它的成本常常降到商业应用成为切实可行的程度。从雷达到喷气式飞机再到全球定位卫星,到处都是军事研发"副产品"的例子。

当然,相反的情况也确实存在。为商业目的进行的研发成果常常被证明为可用于军事。比如说由贝尔实验室研发的晶体管正好满足了二战后对电话交换技术的迫切需求,很难想出在20世纪后半叶有哪项技术比晶体管对战争有更大的影响。同样地,无线电和飞机也是为了商业目的发明的,但是由于很早就被军方采用而得到了更快的发展。大部分军事技术的革新来自军事领域之外,来自工业界、大学和个人发明家,而且许多革新的主要目的是商业消费,其次才是军事应用。只有少数特殊工业比如造船业只要依赖军方客户就能够保持繁荣,在20世纪的最后几年,飞机制造业的大合并就是一个能说明这一点的合适个案。

　　有些科学和技术,虽然不是有意识地发展双用途,但是仍然进入了介于民军两用之间的灰色地带。比如民间的航天活动,就源于美国和苏联之间的冷战竞赛。最早的航天器是由军用火箭发射的,而将美国人在 20 世纪 60 年代送往月球的太空竞赛是以另一种方式进行的冷战。[29] 商业核能同样从根源开始就是军事研发的副产品。在美国,同一个机构——开始叫原子能委员会(the Atomic Energy Commission)即后来的能源部(the Department of Energy),既掌管军用的也掌管民用的核能研发。而且,全世界商用核电站的副产品仍然是军用材料的来源,因为它们具有转化为核武器的潜力。

　　军事研发也产生了对民用科技有贡献的副产品。19 世纪的勘探活动,比如陆军上尉梅里韦瑟·刘易斯(1774~1809)和威廉·克拉克(1770~1838)在路易斯安那购地时的远征考察,以及海军上尉查尔斯·威尔克斯(1798~1877)在南极洲和太平洋进行的探险,为其他美国人在这些地区的活动打开了大门。美国国家气象服务也起源于军队。最近,在弹道导弹瞄准、潜艇导航和跟踪、地下核爆侦测和指挥控制系统方面的研究成果,已经应用于地球物理学、地震学、海洋学,并用于商业船只、飞机和陆地交通工具的导航。军事研究的副产品或许不能完全契合严格的民用议程规定的研究领域,虽然如此,它还是对民用领域做出了重大贡献。

　　军民两用技术说明了科学与军事共生的复杂方式。科学和技术对军用目的所做的贡献,有如军方为一般的科技发展提供资金、机构和基础。当民用科技转向军用时,人们也发现了军用科技的商业应用价值。

道德问题

　　在近代以前,关于军事工作给科学家和工程师带来困扰的历史证据非常少。然而到了中世纪末期,火药的引入至少改变了一些研究者在这一问题上的状况。莱奥纳尔多就是许多为了人类利益选择对自己的成果保密的科学家和工程师之一。罗伯特·玻意耳(1627~1691)曾尝试劝阻科尼利厄斯·德雷贝尔(1572~1634)的后裔兜售这个发明家的潜水艇设计图的行为。[30]

　　其他人则公开声称:是道德命令他们发明新武器,因为当战争在它最终变得极为恐怖时便会消失。以此为幌子,罗伯特·富尔顿(1765~1815)在法国、英国和美国推销了他的潜水艇、鱼雷和蒸汽战船。然而在现代,战争不仅远远没有消失,而且变得更加致命和更有破坏性,这种致命性和破坏性在第二次世界大战中达到了顶峰。具有讽刺意味的是,这场战争末期发明的武器似乎造成了冷战这一僵局。最终,如此恐怖的

[29]　Walter A. McDougall,《天与地:太空时代政治史》(*The Heavens and the Earth: A Political History of the Space Age*, New York: Basic Books, 1985)。

[30]　Alex Roland,《大航海时代的水下战斗》(*Underwater Warfare in the Age of Sail*, Bloomington: Indiana University Press, 1978),第 41 页,第 50 页。

武器产生了以至于各个国家都回避使用它,于是一些人将之后的"核和平"归因于核武器的存在。

　　然而令人啼笑皆非的是,那些武器导致了由科学界领导的对战争的最严厉的道德讨伐。1946 年,二战中参与曼哈顿工程的退役者出版了以预兆世界末日的时钟为封面的《原子科学家公报》,警告日益逼近的核灾难。曼哈顿工程退役者在 1945 年建立了原子科学家联盟(Federation of Atomic Scientists),即现在的美国科学家联盟(Federation of American Scientists),这个团体负责监督科学、技术和公共政策。1957 年,来自 10 个国家的 22 位科学家在加拿大新斯科舍省的帕格沃什聚会,讨论核武器给人类带来的威胁。从那时起,数百次的帕格沃什大会、座谈会和小组讨论会将学者和社会名人聚集到一起来讨论世界性的问题,这些问题大部分都和军事科技相关。1995 年帕格沃什会议这个活动和会议主席约瑟夫·罗特布拉特分享了当年的诺贝尔和平奖。释放了核武器魔鬼的科学团体后来却又领导了遏制核武器的讨伐运动。

(郑方磊　译　江晓原　鲁旭东　校)

30

科学、意识形态与国家：20 世纪的物理学

保罗·约瑟夫森

20 世纪,国家在促进科学发展中扮演了主要角色。现代单一民族国家通过诸如薪俸和津贴等直接方式以及税收鼓励等间接方式,支持大学、国家实验室、研究所和产业公司的研究。政治领导人认识到科学可以服务于多种需要:公共健康和国防是最为显而易见的,其中研究得最广泛的项目包括雷达、喷气动力和核武器。科学家也明白,由于研究已变得越来越复杂和昂贵,涉及大型的专家团队和昂贵的仪器,因此政府支持对他们的事业是至关重要的。在一些国家中,慈善机构承诺支付研究费用。在共产主义国家,国家以工人的名义控制了私有财产,政府事实上是投资的唯一来源。

政府支持研究的理由似乎是普适的,甚至跨越了与经济、政治上的迫切需要相适合的意识形态上层建筑间的巨大差异。有些理由比如国家安全是明确的,但有些理由则是不明确的,其中包括意欲通过像水电站、粒子加速器、核反应堆这样可见的人造产物来证明一个特定的系统和它的科学家的优势。无论我们考虑的问题明确与否,无论是资本主义经济还是社会主义经济,也无论是独裁政治还是多元政治,政府及其意识形态所扮演的角色在理解现代科学的起源、它的投资、制度基础以及认识论原则中都是极其重要的。

尽管对于意识形态的因素,通常都是通过在独裁体制下对常规科学干预的众所周知的个案来加以分析,但是在民主社会中,意识形态因素对于推动科学研究也同样重要。在现代的美国,辩护士们明确描绘了在防洪、太空以及核能项目中民主与科学的联系。20 世纪 30 年代早期田纳西流域管理局(the tennessee valley authority)的领导者戴维·利连索尔,相信田纳西流域管理局的水坝、水电站和水库是民主政治活力的象征。对于约翰·F. 肯尼迪总统(在他看来,将人送上月球的竞赛会证明美国生活方式的优越)和罗纳德·里根总统(在他看来,星球大战的"和平保护伞"会保护美国生活方式免遭"邪恶的"共产主义的侵袭)以及其他人来说,在科学和技术上的成功是与个人的权利、自由与和平等民主目标比肩并行的。[1]

---

[1] Thomas Hughes,《美国创世纪》(*American Genesis*, New York: Viking, 1989),第 360 页~第 376 页。

一些理论家逐渐形成了这样一种观点，认为就认识论、研究目的以及研究的组织方面而言，科学在各自的国家中必然与在其他国家有相当大的差异。在苏联和纳粹德国这两个最极端的个案中，对国家科学唯一性的信仰以及对因各种外界影响（比如堕落的意识形态或人）而造成的意识形态污染的恐惧证明，严格限制与外来的人和思想在科学上的接触是合理的。这些力量导致的科学的意识形态化促使人们去确定什么是"好"科学和什么是"坏"科学，从而在物理学中导致了反对接受相对论和量子力学的禁令，这种禁止是短期的，但具有高度破坏性，其结果是导致了科学家丧失了自主权和对学术自由的冲击，而且在裁决科学上的争议时几乎完全排斥正当的公众意见。

苏联的马克思主义与新物理学

莫斯科、彼得格勒、基辅、哈尔科夫等地的科学家们怀着希望迎接 1917 年苏联革命，他们希望新政权会以沙皇政府从未有过的方式支持他们的研究项目。在整个 20 世纪 20 年代，在苏联共产党努力控制学术生活的方向期间，它向科学家们提供了充足的资金用于建立一系列新的机构并着手新的研究项目。像列宁格勒理工学院（Leningrad Physical Technical Institute）这样的机构在苏维埃物理学院士阿布拉姆·约费的指导下很快便赢得了国际承认。

对于苏维埃的领导者来说，科学与技术要保证国家的现代化。弗拉基米尔·列宁（1870～1924）认为科学与技术，尤其是电气化与现代工厂，是解决苏联经济落后的良方。1929 年即获得不容置疑的权力的约瑟夫·斯大林（1879～1953）则走得更远，他声称，存在着社会主义的科学技术，它们对于"在一国建立社会主义"是绝对必要的。由于"敌对的资本主义的包围"，国家需要发展本土的科学与技术，以便在资产阶级社会的影响中保持独立自主。党的领导者首先从物质的角度来看科学，也就是说，看到了它对经济的潜在的贡献。这种科学强调计划以避免研究计划的重复；牺牲基础科学而强调应用科学，以确保对无产阶级社会有价值的成果；还强调对科学活动严格的意识形态控制，以保证科学的发展与工人阶级的价值体系相称。除少数几个西方科学家的访问外，从 20 世纪 30 年代中期开始，科学对意识形态的顺从使得苏联科学在国际科学界陷入了孤立。

对于物理学家来说，斯大林主义科学政策中最令人震惊的方面便是它要对新物理学中意识形态的因而也是认识论的内容极力加以控制。新物理学——亦即相对论和量子力学——造成了科学家们随时都会遭遇到的认识论上的矛盾：有许多现象不能完全与牛顿体系相吻合。它们包括非常小（亚原子粒子，比如放射性原子释放的电子以及 α、β 和 γ 粒子）和非常高速（比如可见光、紫外光和 X 射线）的物理现象。马克斯·普朗克（1858～1947）和阿尔伯特·爱因斯坦（1879～1955）对一场会导致量子力学、相对论、核物理学和天体物理学的物理学革命做出了贡献。实验证明了连续与不连续现象之间的关系,比如光表现出波和粒子的性质,也证明了物质能量的存在。量子力学要求综合统计学和力学规律以描述亚原子现象的活动,它还显示出在解释亚原子的过程中主体与客体相互作用中包括测量本身固有的困难。这就是测不准原理:当我们观测一个宏观的物体时,我们的观测对被观测物体的干扰是轻微的、可以忽略的。在微观世界中,测量就会影响被测量物体的运动。我们可以精确得知位置或动量,但不能同时得知这两者。最后,新物理学包含着对原子结构的新的理解,从而引向了核物理学。1932 年,詹姆斯·查德威克报告在原子核中发现了一种不带电的粒子——中子。与其他粒子的发现结合在一起,这个结果就使物理学家能够理解为什么在大多数环境下原子核是稳定的,但是在其他环境下却要衰变或经历裂变,而且中子解释了同位素的存在。

新物理学,尤其是测不准原理,因其暗示着人类知识的限度或固有的主观性而困扰着许许多多的哲学家。那些拒绝接受新物理学的人大声质疑,数学形式主义是否足以描绘真实的物理世界。理论物理学仅仅是一种与现实没什么关系的智力游戏吗?许多年长的物理学家根本不能抛弃牛顿力学解释。令苏联的马克思主义者烦恼的是,相对论要抛弃如此之多的经典概念,甚至不可消灭、不可改变的原子以及质量本身。他们认为,苏维埃的科学哲学——辩证唯物主义,提供了判断所有认识论问题的基准。辩证唯物主义基于三条原理:"所有存在都是真实的;这个真实的世界由物质﹣能量组成;这种物质﹣能量依照宇宙的规则或法则运行。"对于唯物主义的自然哲学与现代科学之间的关系,马克思和恩格斯仅仅提出了他们的观点的概要,并且常常是在笔记本或未发表的论文中,这样,阐明细节的工作便留给了苏联的作者。[2] 其中一个细节是恩格斯的三条自然辩证法规律(对立统一、否定之否定、质量互变)如何应用于对新物理学的理解。第一条规律的一个例子可能是具有南北两磁极或是光的波粒二象性。然而,并非所有 20 世纪 30 年代的哲学争论都能完全转变为对这些规律是否适用于现代科学的思考,尽管许多辩论的参与者相信它们可以。

马克思主义哲学的两种主要倾向的代表,德波林学派和机械论者,在 20 世纪 20 年代组建了大量研究机构,旨在熟悉科学上的最新进展,以现代科学的方法训练青年共产主义工作者;把自然科学家吸引到他们的圈子里来。德波林学派认为,作为对物理学在 20 世纪前三分之一世纪的主要进展的反应而提出的认识论问题表明,现代物理学与辩证唯物主义是和谐相容的。[3] 机械论者对德波林学派的许多立场提出了反驳。他们认为外部世界的所有过程可以用经典力学定律来解释。他们参考了最主要的马克思主义学者特别是恩格斯和列宁论述数学、物理学、化学和生物学的著作,以证明在

〔2〕 Loren Graham,《苏联的科学、哲学与人的活动》(*Science, Philosophy, and Human Behavior in the Soviet Union*, New York: Columbia University Press, 1987),第 24 页～第 67 页。
〔3〕 David Joravsky,《苏联的马克思主义与自然科学(1917～1931)》(*Soviet Marxism and Natural Science, 1917 - 1931*, New York: Columbia University Press, 1961),第 279 页～第 297 页。

有机和无机的世界中的机械过程可以归纳为运动中的物质,都遵循所有质的不同都是量的差异这一概念。他们还将物理学的相对论混淆于哲学的相对主义。

如果不是为了苏联的"大突破(Great Break)",与物理学家和哲学家相关的认识论争论可能也不会交叉。20 世纪 20 年代末和 30 年代初的大突破自诩为是对所有资产阶级社会残余的革命性抛弃,这是一个强制推行农业集体化和快速工业化的时期,是文化革命的时期,也是大清洗的隆隆声开始响起的时期。文化革命意欲以具有无产阶级社会出身和世界观的科学家取代所谓的资产阶级专家。文化革命包括,试图在共产主义干部渗入到科研机构、经济企业以及教育机构的各级组织中时,由他们接管这些机构的管理权。[4]

大突破对物理学有着重大的影响。为了确保科学与文学艺术一样具有无产阶级背景,共产党建立了以唯物主义观点和工人阶级成员组成的正式的研究小组。这种研究小组有助于物理学家和哲学家寻找共同基础的共同努力。但它们主要是党用来使科学无产阶级化的媒介。物理学的无产阶级化与这一主张联系在一起:工人阶级需要创建无产阶级的机构以取代资产阶级的机构,包括科学及其方法论与认识论。随着哲学上的争论的展开,这意味着,必须在一定程度上通过把辩证唯物主义传播到工作人员的头脑和团体的研究环境中,来清除作为唯心论的滋生地的新物理学,党已先把这些工作人员派去使研究所变得激进。[5] 机械论者与辩证论者之间看起来深奥的认识论争论如今已对科学家产生了巨大的意义,其结果是斯大林主义的思想家获得了这样的权力:告诉科学家哪种探讨在意识形态上是可接受的。

这一意识形态斗争的一个重要人物是阿尔卡季·季米里亚泽夫(1880~1955),莫斯科大学物理学教授、党员和反犹分子。季米里亚泽夫因始终不懈地投身于牛顿经典力学而闻名。像德国人菲利普·勒纳一样,季米里亚泽夫以宇宙中充满以太的假设来解释电磁能量在空间的机械传播。季米里亚泽夫为统计规律日益重要的作用、物质的"数学化"以及对因果关系的明显的抵制而颇为苦恼。准备好了对像莱昂尼德·曼德尔施塔姆(1879~1944)、亚科夫·弗伦克尔(1894~1952)以及未来的诺贝尔奖得主列夫·郎道(1908~1968)这样的犹太理论物理学家充满最大敌意的评论,季米里亚泽夫借助政治阴谋、闲言碎语以及影射以达到其对相对论的官方非难的目的。[6]

在莫斯科大学物理系的意识形态争论中,另一方有鲍里斯·格森,一位二流的物

〔4〕《科学院档案》(Archive of the Academy of Sciences),f. 364,op. 4,ed. khr. 28,l. 127;以及《莫斯科大学档案》(Archive of Moscow State University),f. 46,op. 1.,ed. khr. 29,k. 1,ll. 109,and ed. khr. 42,k. 26。有关文化革命可见 Sheila Fitzpatrick 编,《苏联文化革命(1928~1931)》(*Cultural Revolution in Russia, 1928 - 1931*, Bloomington:Indiana University Press, 1978)。

〔5〕《科学院档案》,f. 351,op. 1,ed. khr. 82,ll. 1 - 6,23 - 6 和 ed. khr. 161,ll. 1 - 2。有关马克思主义研究小组,参见 Paul Josephson,《苏联革命中的物理学与政治》(*Physics and Politics in Revolutionary Russia*, Berkeley:University of California Press, 1991),第 203 页~第 208 页。

〔6〕《莫斯科大学档案》,f. 201,op. 1,ed. khr.,366,k. 19 和 f. 225,op. 1,ed. khr. 23,以及《科学院档案》,f. 351,op. 2,ed. khr. 39,l. 6。有关机械论的主要思想轨迹可见 *Mekhanisticheskoe estestvoznania i dialekticheskii materializm*(Vologda, 1925)。

理学家——不过他是一位虔诚的马克思主义者,以及像伊格·塔姆(1895~1971)和莱昂尼德·曼德尔施塔姆这样的一流科学家。在 1936 年秋天被捕前,格森一直主持共产主义科学院的物理学部并且是大学物理系主任。在格森因唯心主义的错误而在一个公共论坛上受到公开指责之后不久,他便在 1937 年的大清洗中失踪了。[7] 格森辩护说新物理学与马克思主义的辩证原理是相容的。例如,格森断言,对立统一的辩证规律在光的波粒二象性中、在统计学规律与动力学规律的互补性中以及主客体关系的辩证属性的新的重要理解中都可以得到反映。格森指出新物理学修改了绝对时空观念,后者曾在经典物理学中占据形而上学的显要地位。[8]

　　尽管格森努力想要证明新物理学与苏维埃的意识形态完全协调,但大突破的意识形态的迫切需要却注定了他的失败。因为大突破所关心的决不仅仅是辩证唯物主义的深奥观点。党对科学机构的控制处于危险之中。富有战斗精神的斯大林主义的共产主义者害怕物理学家的权力、知识和权威,尤其是那些从沙皇时代就开始其生涯的物理共同体的领导人。斯大林主义思想家利用季米里亚泽夫对新物理学的怀疑声称,格森及其他物理学家是苏维埃政权的敌人。[9] 除此之外,在 20 世纪 30 年代中期,大恐怖席卷了整个苏联社会。最多可能有 1000 万人死亡;1000 万~1500 万人被拘留于各处的斯大林劳改营。大恐怖对科学家造成了严重的伤害。许多一流的学者被逮捕,数百名中等水平的物理学家失业或丧命。在莫斯科、哈尔科夫、第聂伯罗彼得罗夫斯克,大恐怖使整个这一学科遭到打击,而首当其冲的是列宁格勒及其最主要的理论家。中央规划的理性的科学(the rational science of central planning)让位于仇外的、非理性的无产阶级科学。

　　虽然有时也参加无产阶级科学的讨论,约费本人正在勇敢地前行。[10] 1937 年,在党最主要的理论刊物上,他对个人与整个政策都表示反对。他质疑布尔什维克传统的讨论规则“不支持便是反对”。他证明了一味坚持牛顿的电磁现象观点的谬误。他将

〔7〕 "Lichnoe delo B. M. Gessen",载于《科学院档案》,f. 364, op. 3a, ed. khr. 17, ll. 1, 3, 4 - 6, 8 - 10; f. 154, op. 4, ed. khr. 30; f. 351, op. 1, ed. khr, 63, ll. 34 - 5, ed. khr. 74 和 op. 2, ed. khr. 26, l. 69 - 70; f. 355, op. 2, ed. khr. 71; f. 364, op. 4, ed. khr. 24, ll. 130 - 2; op. 4, ed. khr. 24, l. 130 - 4; f. 354, op. 4, no. 1, l. 19;《莫斯科大学档案》,f. 225, op. 1, ed. khr. 40, ll. 1 - 3。Boris Hessen 出名是因为在 1931 年伦敦举行的第二届国际科学史会议上,他提交了论文《论牛顿的〈原理〉的社会与经济根源》(On the Social and Economic Roots of Newton's *Principia*),这次会议促进了科学史研究中的“外因论”的发展。参看 Loren Graham,《鲍里斯·格森的社会政治根源:苏维埃马克思主义与科学史》(The Socio-Political Roots of Boris Hessen: Soviet Marxism and the History of Science),载于《科学的社会研究》(Social Studies of Science), 15(1985),第 705 页~第 722 页。

〔8〕 Gessen, *Osnovnye idei teorii otnositel'nosti*, Moscow: n. p., 1928,第 64 页~第 65 页。Gessen 曾在他早期写过的两篇文章中质疑季米里亚泽夫对相对论空洞的抨击,"Ob otnoshenii A. Timiriazeva k sovremennoi nauke",载于《在马克思主义旗帜下》(Pod znamenem marksizma), no. 2 - 3(1927),第 188 页~第 199 页;以及 "Mekhanicheskii materializm i sovremennaia fizika",《在马克思主义旗帜下》, no. 7 - 8(1928),第 5 页~第 47 页。

〔9〕 Josephson,《苏联革命中的物理学与政治》,第 228 页~第 232 页,第 252 页~第 261 页。

〔10〕 *Zhurnal tekhnicheskoi fiziki*, 8(1937), 884。有关大清洗,参看 Robert Conquest,《大恐怖》(The Great Terror, New York: Collier Books, 1968)。关于对苏联物理学家的影响,参看 Gennady Gorelik 和 Viktor Frenkel,《马特维·彼得罗维奇·布龙斯坦与 30 年代苏联理论物理学》(Matvei Petrovich Bronstein and Soviet Theoretical Physics in the Thirties, Basel: Birkhäuse Verlag, 1994), Valentina Levina 译; V. V. Kosarev, "Fiztekh, gulag i obratno",载于 V. M. Tuchkevich 编,《纪念 A. F. 约费讲演集》(Chteniia pamiati A. F. Ioffe, St. Petersburg: Nauka, 1990),以及 Josephson,《苏联革命中的物理学与政治》,第 308 页~第 317 页。

苏联的反相对论者与他们的纳粹"盟友"施塔克和勒纳归为一类,从而得出结论称他们为反动分子和反犹分子。[11] 约费和其他主流物理学家以苏联在电气化、通信和冶金术上的重大成就为证,来说明机械论者的假设前提不合时代,而且是以劣质的研究为基础的。

第二次世界大战仅仅使这种意识形态的打击获得短暂的停顿。冷战期间,党的官员对于他们看来偏离了意识形态规范的事物更为警惕。这一警惕时期即众所周知的日丹诺夫时代(Zhdanovshchina),这一名称来自安德烈·日丹诺夫,负责文化事务的政治局委员。试图证明俄国在所有领域优先的强硬外交努力奏效了。作家、艺术家、音乐家和科学家必须避免受到向西方"顶礼膜拜"的指责,就是说,避免在他们的工作中显露出任何被称为资产阶级文化的迹象。一些人被控为"世界主义",这是一个暗示着与国际犹太阴谋有关的代名词。在物理学中,这些人从未受到信任,更不用说被理解了,新物理学用日丹诺夫规则继续抨击相对论、量子力学以及它们在国内外的支持者。[12]

季米里亚泽夫在莫斯科大学物理学家中的同盟者重申了他们的主张:唯心论渗透于物理学之中。听到他们的呼声后,党中央委员会的机构指示大批研究所召开公开会议,揭露物理学家中背叛苏联思维方式的人。[13] 与这些会议并行的是,1948 年 11 月至 1949 年 5 月期间为一个声讨新物理学的国家级会议确立议程的努力。这一会议将与 1948 年夏天举行的生物学会议相似,那次会议赋予了特罗菲姆·李森科迫使遗传学转入地下的权威。大学物理学家的大部分矛头直指列宁格勒的物理学家——大部分是学院派的物理学家,令那些对纳粹主义全盘皆知者困惑的是,矛头还指向了犹太理论家。(据一个杜撰的故事说,从事原子弹项目研究的科学家听到了风声,电告秘密警察头子拉夫连季·贝利亚,并告知他如果不注意相对论和质能等效性,原子弹就造不出来。)幸运的是,会议未能召开。[14] 但是主流科学家明白了权力所在以及意识形态因素在他们工作中的重要性。

事实是,由于其在基础和应用科学上的成就,物理学家们能够维持一定程度的自主权。他们参与了量子力学的创始。工业化的成就确保了他们研究机构的财政拨款的大幅增长。物理学对于通信、电气化、冶金术以及其他工业计划的重要性为物理学家提供了一个保护伞。只要理论研究的同时伴随着应用上的研究,给予理论部门的财

[11] Abram Ioffe, "O Polozhenii na filosofskom fronte sovetskoi fiziki",载于《在马克思主义旗帜下》,11 - 12(1937),第 133 页~第 143 页。

[12] 更多关于李森科以及李森科主义的介绍,请参看 David Joravsky,《李森科事件》(The Lysenko Affair, Cambridge, Mass.:Harvard University Press, 1970);Zhores Medvedev,《李森科浮沉记》(The Rise and Fall of T. D. Lysenko, New York:Columbia University Press, 1969);以及 Valery N. Soyfer,《李森科与苏联科学悲剧》(Lysenko and the Tragedy of Soviet Science, New Brunswick, N. J.:Rutgers University Press, 1994),Leo Gruliow 和 Rebecca Gruliow 译。

[13] 关于约费研究所会议速记,参看《列宁格勒理工大学档案》(Archive of the Leningrad Physical Technical Institute,),f. 3, op. 1, ed. khr. 195。

[14] 《科学院档案》,f. 596。

政支持便是当局对这种理论研究合法性的默许。随着斯大林在 1953 年去世,物理学家重申了他们在依照国际规范解决科学冲突时的首要地位。

雅利安物理学与纳粹意识形态

在国家社会主义统治下,德国物理学家也陷入了意识形态压迫的困境,这种压迫影响着他们的工作内容与方向,并且常常影响着他们的职业道路。如果说在苏联,非难是马克思主义的和以阶级性为基础的,在纳粹德国它的基础则是人种。尽管物理学家中有大量犹太人,但物理学家倾向于成为迎合强烈的反犹主义、反民主、帝国主义和民族主义潮流的保守主义者,德国科学中的这种潮流可以追溯到威廉帝国(Welhelmian empire)时代。大多数科学家从不信任魏玛领导人,而欢迎国家社会主义者掌权。

纳粹政府对科学和技术特别有兴趣,虽然他们的兴趣是时断时续的。纳粹党人认识到,德国在化学工业和新的高速公路体系等方面的工程技术业绩具有重大的历史意义。他们以生物学来提高第三帝国的人种纯度。纳粹党以及他们在科学机构中的代言人认为有一个特殊的雅利安科学。所有的科学(以及所有的道德规范和真理)要以其是否符合民族的利益、是否有助于民族的维护为评价标准,这包括这样一种形而上信念,即完美的德国人是人种纯净的,而且他们具有控制世界文明的历史使命。与民族的(Völkisch)信念相关的是对民主政府的抵制,因为国家可独自声称能反映人民的意志。雅利安科学的支持者声称,雅利安科学是应用科学和技术科学,而不是过度数学化、理论性和形式主义的科学。

对物理专业的攻击是随着纳粹人种法案的颁布开始的。即使雅利安物理学只是一个持续很短的插曲,但它是科学受到意识形态影响的、伴有解雇和逮捕的极端个案。虽然雅利安物理学在科学上是空洞的,但在政治上,它却是对科学机构和事业的威胁。由此而引起的知识分子的移民使德国科学遭到破坏,主要依据一项起始于 1933 年的将犹太人排除于公务部门(以及政府机构与大学)之外的法案,大概有四分之一的德国物理学家被迫离开他们的研究工作,而他们的同事却没有对此表达抗议或愤怒。[15] 专业上的妒忌反而使物理学家能够利用这一局面提升他们自己的事业。理论物理学失去了它的特权地位。不合时代的机械论的物理学观点暂时占据了主导地位;它要求对新物理学加以抵制并对诸如爱因斯坦这样的犹太人的代表予以否定。在这一环境下,甚至显然是德国爱国者的维尔纳·海森堡(1901~1976),也因为对现代物理学的支持而受到攻击,而"雅利安"物理学被它的支持者吹捧为唯一正确的德国物理学。

587

[15] Alan Beyerchen,《希特勒统治下的科学家:第三帝国的政治与物理学》(*Scientists Under Hitler: Politics and the Physics Community in the Third Reich*, New Haven, Conn.: Yale University Press, 1977),第 43 页~第 47 页。参看 Ruth Sime,《利塞·迈特纳:物理学中的一生》(*Lise Meitner: A Life in Physics*, Berkeley: University of California Press, 1996),第 134 页~第 209 页。

创立一门不受犹太人影响的"雅利安科学"的努力,在 1933 年至 1939 年期间尤为突显。那些留下来服务于国家的第一流科学家,包括诺贝尔奖得主马克斯·普朗克(1918 年)、维尔纳·海森堡(1932 年)、菲利普·勒纳(1905 年)和约翰内斯·施塔克(1919 年),接受了这样的任务:梳理一下部分由像爱因斯坦这样的犹太人所创立的现代理论在基于人种纯化原则的集权主义政体下所应扮演的角色。勒纳(1862~1947)和施塔克(1874~1957)不接受这些现代理论,并且发表了大量反犹主义言论,吹嘘雅利安物理学。他们是实验主义者,于 20 世纪早期以阐释牛顿世界观而开始其职业生涯。此前遍布世界的学院物理学的职位受实验支配;随着理论变得实用,它为聪明的局外人开放了学术界的合适职位。因此,当大学开放理论物理学职位时,只是从 19 世纪 60 年代开始被允许担任德国公职的犹太人才倾向于踏入这些职业领域。施塔克和勒纳愤愤然于这些人相信实验重要性的削弱,他们拒绝接受光量子、相对论和量子力学这些新近的概念。作为对这些感受和一系列专业上的失望的回应,施塔克写了《德国物理学当前的危机》(*Die gegenwärtige krisis in der deutschen physik*),攻击相对论和量子理论。[16]

勒纳也是很好的信奉纳粹主义的候选人。他单调而保守的成果更有益于实验物理学的研究,而非快速拓展的理论领域。勒纳对犹太人持有根深蒂固的敌意。他将德国在第一次世界大战中的失败部分地归咎于犹太人,而且他痛恨魏玛共和国。他怨恨爱因斯坦和人们对相对论的赞许。像季米里亚泽夫一样,他最憎恶相对论所要求的"取消以太"。像许多国家中较老的物理学家一样,他认为仅以一套方程式而非什么实质性内容取代力学上令人愉快的流体承载光波的概念是让人无法容忍的。勒纳给他在挽救以太的斗争中他不能同意的概念贴上了"犹太的"标签。他还转而对人种在科学中的角色加以思考。他得出结论说,真正的科学是实验的、国家的和人种纯粹的。他的思考的顶峰,是 4 卷本的《德国物理学》(*Duetsche Physik*,1936~1937),在该书中民族的概念处于首要地位。所有这些作品都意在使物理学摆脱"犹太马克思主义统治"并且对抗"德国科学的犹太化"。[17]

由于是政治运动而非科学活动,"雅利安物理学"并未描绘出一种探讨自然的物理学规律的标准方法。尽管如此,雅利安物理学还是有一些重要的特征。它的追随者们毫不妥协地声称,它以人类学/人种为基础,其全部最主要的概念源于雅利安–德国人的贡献。实验与观察被认为是知识唯一正确的基础。由于属于实验科学,雅利安物理

[16] David Cassidy,《测不准:维尔纳·海森堡的人生与科学》(*Uncertainty*:*The Life and Science of Werner Heisenberg*,New York:W. H. Freeman, 1992),第 342 页~第 343 页,以及 Beyerchen,《希特勒统治下的科学家:第三帝国的政治与物理学》,第 103 页~第 115 页。

[17] Philipp Lenard,《论相对论、以太与万有引力》(*Über Relativitätsprinzip*,*Äther*,*Gravitation*,Leipzig:Verlag S. Hirzel,1920)。另一本具有种族主义物理学特征的著作是 L. W. Helwig 的 4 卷本的《德国物理学》(1935)。参看 Cassidy,《测不准:维尔纳·海森堡的人生与科学》,第 342 页~第 344 页;Beyerchen,《希特勒统治下的科学家:第三帝国的政治与物理学》,第 79 页~第 95 页;Albert Speer,《第三帝国内幕》(*Inside the Third Reich*,New York:Collier Books,1970),Richard Winston 和 Clara Winston 译,第 288 页。

学对技术与工业高度实用,是提升经济自足的更好的方法。这一物理学的民族性源于这一信念:日耳曼民族所创立的不仅是力学而是全部实验科学。日耳曼研究者强烈地倾向于实验、重复、谨慎,"在与目标搏击中获得愉悦——在追寻中获得愉悦"。相比之下,犹太人则偏爱理论与抽象概念,他们率先尝试取消以太概念,并对雅利安科学构成了威胁。[18]

由于抵制相对论和量子力学,雅利安物理学对大多数科学家没什么吸引力,但却吸引了纳粹党人的注意。在1923年11月慕尼黑的啤酒馆政变之后,阿道夫·希特勒(1889～1945)于1924年被短暂囚禁。在此期间,施塔克和勒纳是少数几位支持他的一流科学家。在希特勒攫取权力之前,施塔克就发表文章,以希特勒的反犹观点和自传性小册子《我的奋斗》(Mein Kampf)为依据,赞许他不是一个蛊惑民心的政客而是一位"伟大的思想者"。1933年3月,勒纳直接写信给希特勒,为影响物理学的人事决定献计献策。他敦促他那些获得诺贝尔奖的德国同事们一起发表公开声明,以支持为1934年8月公民投票作准备的希特勒;他们拒绝了他的提议。希特勒难以忘记在他于1933年取得政府最高控制权之后,两位诺贝尔奖得主给予他的支持。[19]

在第三帝国的早期,勒纳、施塔克和他们的同事阻止了委任海森堡成为其在慕尼黑大学的老师阿诺尔德·索末菲之继任者的尝试,而他理应获得的这一任命已经得到该校和巴伐利亚文化部的批准。雅利安物理学运动的顶点是1936年,这一年,施塔克、勒纳和他们的支持者在党的半官方报纸《人民观察家报》(Völkische Beobachter)和演讲中,对包括海森堡在内的主流德国物理学家进行了攻击。党卫军(SS,Schutzstaffel)的报纸《黑色军团》(Das Schwarze Korps)称海森堡和其他德国物理学家为"白种犹太人",就是说,受犹太主义(在这里指的是爱因斯坦的物理学)影响的具有雅利安血统的人。这些攻击致使大量学生拒绝师从海森堡和其他理论家。对海森堡的攻击激起了德国物理学界的报复,促使政府重新评估现代理论物理学。海森堡花费了数年时间,凭借小心谨慎以及幸运的个人交往去战胜这些攻击。尽管如此,他仍有大量令人不安的经历。[20]

毫无疑问,对于爱国的科学家而言,决定一条正确的路线以回应纳粹主义是困难的。许多正直的德国人相信,他们可以利用静默外交而非显眼的公开抗议来缓和希特

[18] Beyerchen,《希特勒统治下的科学家:第三帝国的政治与物理学》,第123页～第140页。

[19] Johannes Stark,《阿道夫·希特勒的目标与个性》(Adolf Hitlers Ziele und Persönlichkeit, Munich:Deutscher Volksverlag, 1932);Mark Walker,《国家社会主义与德国物理学》(National Socialism and German Physics),载于《当代史学杂志》(Journal of Contemporary History),24(1989),64,以及《国家社会主义与对核力量的追求》(National Socialism and the Quest for Nuclear Power,Cambridge:Cambridge University Press, 1989),第61页～第62页。

[20] Walker,《国家社会主义与对核力量的追求》,第61页～第62页,以及《国家社会主义与德国物理学》,第63页～第64页,第66页;Cassidy,《测不准:维尔纳·海森堡的人生与科学》,第384页～第393页;Herbert Mehrtens,《不可靠的纯化:国家社会主义国家中精确科学的政治与道德结构》(Irresponsible Purity:The Political and Moral Structure of the Mathematical Sciences in the National Socialist State),载于Monika Renneberg和Mark Walker编,《科学、技术与国家社会主义》(Science,Technology,and National Socialism,Cambridge:Cambridge University Press, 1994),第324页～第338页。

勒的行为。另一些人则欢迎国家社会主义"对国家文化的复兴、统一和荣誉的号召"。还有一些人则认为纳粹是一个短命的政权，而不是真正德国精神的代表，并且力图保持不问政治。[21]　在苏联，党的意识形态审查要求小心地描述物理学概念或谨慎提及被认为是咒骂政府的个人，与此类似，纳粹德国政府同样总是有能力运用其权力以独裁和出尔反尔的方式对付科学家。幸运的是，纳粹党开始相信新物理学与雅利安物理学的代言人之间的争论是专业上的内部争论，而非政治争论，双方都忠于政权，事实证明，正是因为这一点，新物理学在纳粹德国才得以存续。[22]

科学与多元论意识形态：美国个案

美国物理学界也存在反犹主义，但是并没有官方的政策。相反，把科学视为必然的进展以及相信科学应像经济一样根据市场经济原理运作等看法，主宰了科学意识形态。直至大萧条时期，科学家从商业的角度出发应用知识，从而使特定的公司可以赚取更高的利润。对联邦政府而言，直到第二次世界大战，针对研究拨款的明确的法律禁令限制科学事业从事低水平的军用、健康与监管职责。政府期望物理学家阐明"真相"，而不是阐述政治观点，更不用说直接参与政治活动。对科学家而言，不再被对社会、政治或财政方面的担心所困扰，追求真相的自由将预示着可以在有保障的实验室中实现目标。只要产业、政府和基金会保证承担他们日益昂贵的研究费用，他们就会为进展做出贡献（例如，他们声称回旋加速器可望用于医疗）。[23]

许多美国科学家在20世纪30年代不再抱有乐观主义。工业将他们的发现应用并投入市场，但公众却认为科学家应当为他们失去工作并被现代机器取代负责。即使科学的批评者是少数，许多科学家仍会对批评耿耿于怀。技术统治论的追随者想要知道是否科学决定着民主的未来。一些科学家，特别是当众所周知社会责任被纳粹科学家滥用时，发起了重树社会责任运动。尽管他们从德国流亡的科学家那里清楚地了解到独裁统治的危险，这也不能阻止一些美国科学家把苏联——一个自认致力于科学与技术的国家视为万能药和遵循的样本。[24]

因为建造原子弹从而结束了战争，科学家在战后赢得了对政策制定者的影响力和公众的赞誉。曼哈顿（原子弹）计划的军方负责人莱斯利·戈罗夫斯将军把专家划分为一些专门的小组安置在不同地区，试图以此政策来阻止物理学家们讨论他们的原子弹研究的道德问题。由质疑在日本使用原子弹之必要的《弗兰克报告》（Franck

[21] 关于 Max Planck 面临的挑战，参看 John Heilbron，《正直者的困境》（*The Dilemmas of an Upright Man*，Berkeley：University of California Press，1986），第 149 页～第 203 页。

[22] Walker，《国家社会主义与德国物理学》，第 69 页～第 75 页，第 79 页～第 85 页。

[23] Daniel Kevles，《物理学家》（*The Physicists*，New York：Knopf，1978）。

[24] Peter Kuznick，《实验室之外：20 世纪 30 年代作为政治活动家的美国科学家》（*Beyond the Laboratory：Scientists as Political Activists in 1930s America*，Chicago：University of Chicago Press，1987））。

Report,1944）而始,继而由像美国科学家联盟（Federation of American Scientists）这样的组织接续下去,最热情的科学家拒绝政府对研究的控制,质疑它以国家安全的名义对学术自由的侵害,并且抗议不断增长的军费以及未能控制军备竞赛。在麦卡锡时代（20 世纪 50 年代早期）,政府基于似是而非的、反共的意识形态立场,怀疑大批科学家的忠诚,在对 J. 罗伯特·奥本海默（1902～1967）这位曼哈顿计划的科学领导人的忠诚的调查撤销时,这一现象也抵达了它的道德低谷。[25]

591

德国（第二次世界大战期间）和苏联（1943 年以前）的原子弹计划也在物理学家与政权之间的关系方式上产生了深远的影响。但是法律的或专业的报复所构成的威胁阻止他们公开发表道德上的反对之声。维尔纳·海森堡争辩说,德国物理学家全神贯注于建造一个反应堆,而不是原子弹。但似乎很清楚的是,他在服务于纳粹政权时曾回避道德问题;事实上,是管理方面的因素而非道德因素妨碍了纳粹原子弹的制造。安德烈·萨哈罗夫（1921～1989）及其他几位科学家反对苏联努力想要部署一个巨大的核武库的计划。但是,苏联和德国科学家都否认在其他国家中有可利用的渠道以使科学家反对核武器,他们分别决定享受对他们的研究的慷慨拨款,都闭口不谈在苏联和纳粹德国制造原子弹的道德问题。[26]

在美国,曼哈顿计划（和国家安全）显示出了政府资金的重要性,大多数科学家发现很难放弃这一似乎无穷无尽的资金源泉。战后繁荣与冷战慷慨拨款意味着对政府优先的军事研究的依赖。物理学家作为政策制定者,在原子能委员会总顾问委员会（General Advisory Committee of the Atomic Energy Commission）、国家安全委员会（National Security Council）、总统科学顾问委员会、国会科技评估局（Congressional Office of Technology Assessment）以及其他专门委员会担任了日益重要的角色。对大多数物理学家来说,这一关系表明,像美国政治体系本身一样,科学可以根据民主原则发挥作用,并且科学家可以毫无困难地提供事实基础,令决策者可据此决定合乎理性的政策。政治学家唐纳德·K. 普赖斯认为,科学家构成了一个第四等级,它的活动确保了在作为一个整体的社会中促进民主制度。政治哲学家迈克尔·波拉尼则以相同的口气提

[25] Martin Sherwin,《被毁灭的世界》（A World Destroyed, New York：Knopf, 1975）。关于科学家在有关核武器的道德问题上的活动与觉醒,参看 Alice Kimball Smith,《危险与希望》（A Peril and a Hope, Chicago：University of Chicago Press, 1965）。1953 年,美国化学学会因为 Irène Joliot-Curie（1897 ～ 1956）与法国共产党的关系而拒绝了她的会员申请,参看 Margaret Rossiter,《"但是她公开宣布是共产党员!"美国化学学会的居里事件（1953 ～ 1955）》（"But She's an Avowed Communist!" L'Affaire Curie at the American Chemical Society, 1953 - 1955）,载于《化学史公报》（Bulletin for the History of Chemistry）, 20（1997）,第 33 页～第 41 页。感谢 Mary Jo Nye 使我注意到这篇文章。
[26] Samuel Goudsmit,《阿尔索斯计划》（ALSOS, New York：Henry Shuman, 1947）；Thomas Powers,《海森堡的战争：德国原子弹秘史》（Heisenberg's War：The Secret History of the German Bomb, New York：Knopf, 1993）,第 430 页～第 452 页；Walker,《国家社会主义与对称力量的追求》,第 229 页～第 233 页；Andrei Sakharov,《回忆录》（Memoirs, New York：Knopf, 1990）, Richard Lourie 译,第 97 页, 第 197 页～第 209 页, 第 215 页～第 218 页；David Holloway,《斯大林与原子弹》（Stalin and the Bomb, New Haven, Conn.：Yale University Press, 1994）。

到了科学共和国。[27] 对大多数美国人而言,物理学家是救世主,而不是厄运的传播者,核武器则将保护国家对抗社会主义的威胁。[28]

20 世纪 60 年代,物理学家的威信因一系列原因而开始削弱。其一是人们日益意识到大气核武器试验所造成的核辐射尘的危险。此外,雷切尔·卡森的《寂静的春天》(*Silent Spring*, 1962)的出版证明了这一事实:救星杀虫剂和除草剂在许多情况下是 "死亡之药"。其二,越战报告表明,物理学家应对发明杀伤性武器和电子战负责。其三,尽管美国能找到工程学方法将人送上月球,但却无法解决一系列范围广泛的更重要的问题,比如贫困。美国在 20 世纪 60 年代末想要将人送上月球不仅是出于科学的目的,而且也出于意识形态的目的:证明美国的制度比苏联优越。还有证据表明,类似的技术统治论已经使美国和苏联的太空计划远远超出了政治领导人最初所认为的可行范围。[29]

这些因素促使合乎公众利益的科学的产生——一些市民和科学家辩护者群体,倡导为了人类的利益促进科学,而不是为了政府的利益亦即主要是为了军事利益促进科学。尽管如此,物理学家仍支配着重要资源以进行太空、高能物理以及核动力等大科学的研究,他们只是在 20 世纪 90 年代在超导超级对撞机和热核反应堆项目的基金申请上没有成功,但仍然为太空计划保留了数十亿美元。失败很大程度上归于冷战的结束,而非把科学等同于进步的意识形态的转变。

大科学与技术的意识形态意义

意识形态是一项重要的因素,不仅在理论物理学中,而且在物理研究的技术与源于物理知识的应用工程中都是如此。一些大工程项目限制了物理学的投入。但在许多电气化、冶金学、建筑以及水文项目中,固态物理学、材料科学或地球物理学研究都找到了它们迅速转化为实用的途径。国家和政府不仅支持从事基础研究的大学和研究机构,而且在大型建设项目中直接对科学与工程提供支持。最终,这些项目成为财政与人力资源非常集中的地方,并且由于所有这些原因而值得关注。

一些分析者认为,技术是价值中立的,是为以"最佳方式"实现预期成果这一理性的目标服务的。最佳方式这一特性是至关重要的,因为它意味着解决任意给定的工程问题,其方法都将以运用科学方法的万能工程计算为基础:全世界的火箭与喷气机都彼此相似,因为采用其他的设计就无法实现飞行。所有的水电站、地铁、桥梁和摩天楼

[27] Don K. Price,《科学等级》(*The Scientific Estate*, Cambridge, Mass.:Harvard University Press, 1965)。Michael Polanyi,《科学共和国》(*The Republic of Science*),载于《密涅瓦》(*Minerva*), 1(1962),第 54 页~第 73 页,以及 Harvey Brooks,《科学的管理》(*The Government of Science*, Cambridge, Mass.:MIT Press, 1968)。
[28] Paul Boyer,《在原子弹早期的光照下》(*By the Bomb's Early Light*, New York:Pantheon, 1985)。
[29] Walter A. McDougall,《天与地:太空时代政治史》(*The Heavens and the Earth:A Political History of the Space Age*, New York:Basic Books, 1985)。

使用的基本材料是相同的,建筑结构要素以及零件也是相同的,否则它们将建不起来。这部分地说明了为何工程像科学一样能在独裁政权中繁盛,甚至在没有可使其对社会更为负责的相关市民群体的情况下亦如此。[30]

科学技术也是国家成就的象征,它们证明着一个国家的科学家和工程师的实力。它们对国家安全策略是至关重要的。它们通过技术转让而服务于对外政策的目的。尤其是在 20 世纪,国家掌握了大型技术以作为特定国家的政策和经济之合法性的象征。因此,技术已被称作"展示价值",它们具有社会、文化和意识形态的意义,而不仅仅是影响物质存在。

那么,在独裁体制下大型技术体系有何不同呢? 第一,独裁国家是技术发展的首要原动力。国家控制着工程师与科学家的成果,用它们来实现其经济自足与军事力量的计划,开辟有利于研究的领域。为了换取拨款,专家被认为要对所产生的结果负责,这通常会在国家规划的文件中明确说明。未能达到目标则会引发针对个人的报复。第二,一个在拨款和监控方面高度集权和官僚化的体制确保科学家和工程师对国家目标负有责任。第三,集权主义政权中的技术特征便是好大喜功(gigantomania)。例如,纳粹军备部部长阿尔伯特·施佩尔所计划的供两层车厢使用的宽轨(4 米)铁路,或斯大林如哥特式结婚蛋糕一般的 7 座莫斯科摩天大楼,或 20 世纪 30 年代由苏联飞行员冒着巨大风险所创下的航空速度与距离纪录。[31] 好大喜功通常会导致人力与资金的浪费。在集权主义体制下,那些项目似乎达到了难以控制的地步,它们对文化与政治目标如此重要,而与工程合理性目标则背道而驰。当然,在成为追逐使命的机构后,可以说任何地方的项目与官僚机构似乎都是难以控制的。但是在集权体制中,官僚机构权力的集中,能使一个或几个机构获得不容置疑的权力来解释科学和工程的正统性。由于这一因素,在这里中止经济上行不通而对环境又有风险的项目比在多元体制下更难。

举例来说,苏联利用大型技术这种方式,把一个农民社会转变为由一些为建设共产主义而献身的工人构成的高效机器。他们相信大型技术将有效配置稀有资源并为急速增长的工人阶级的政治与文化教育提供适当的讲坛。苏联领导人对技术改造自然和把自由带给苏联人民的能力最有信心。在列宁的电气化、斯大林的运河与水电站、赫鲁晓夫的原子能计划和勃列日涅夫的西伯利亚河流改道计划中,都可以找到有关共产主义未来的建构主义梦幻的表现。在苏联大型技术的历史上有一些辉煌的篇

[30] Loren Graham,《关于科学与技术我们从俄国经历中学到了什么?》(What Have We Learned about Science and Technology from the Russian Experience?, Stanford, Calif. : Stanford University Press, 1998)。

[31] Kendall Bailes,《列宁与斯大林时期的技术与社会:苏联技术知识圈的起源(1917 ~ 1941)》(Technology and Society under Lenin and Stalin : Origins of the Soviet Technical Intelligentsia, 1917 - 1941, Princeton, N. J. : Princeton University Press, 1978),第 14 章。

章,包括率先征服原子与宇宙。[32]

　　与此相似,在纳粹德国,希特勒想为他的统治与第三帝国的荣誉建立一座巨大的纪念碑。他指名阿尔伯特·施佩尔(1905～1981)为下一个千年计划背后的首席设计师。施佩尔设计了作为纳粹权力象征的纽伦堡作战训练区和大型露天运动场,用于军事演习。如果完成,作战训练区将达 6 平方英里(约 15.54 平方千米)有余。全部建筑将比雅典的古代运动场大得多。希特勒还命令施佩尔重建一个雅利安的柏林,这个项目如果完成,将会证明站在纳粹街道和建筑旁的个人是多么微不足道。施佩尔设计了可容纳约 200,000 人的未来德意志帝国总部。

作为意识形态与知识核心的国家实验室

　　20 世纪自然科学上最主要的机构革新便是国家实验室,在这个观察国家、意识形态与科学间相互作用的重要场所中,展示价值与军事设计汇集一处。国家实验室的推动力来自政府对安全问题的兴趣,或者来自在国际市场上寻求竞争优势的企业,同时它们还有政府对昂贵研究的补贴。但科学家清楚地认识到,相对容易获得拨款、昂贵的设备和有才华的研究者的实验室,是一种追求多样研究成果的方式。国家实验室让他们能够同时承担基础与应用研究的任务并且可以让他们摆脱教学的义务,从而有时间做实验。乌托邦建构主义者的梦幻与财政资金、机构支持以及一个领域的合理发展结合在一起,它们会导致极难缩减的研究和工程项目。总的来说,制度要素像大科学和技术一样表现出国家实验室的特色。

　　最著名的国家实验室已经与大规模杀伤性武器的发展联系在一起了。在美国,这些著名的国家实验室包括洛斯阿拉莫斯国家实验室(Los Alamos National Laboratory),第一颗原子弹就是在这里设计的;橡树岭国家实验室(Oak Ridge National Laboratory), 595 它现在是多个科学领域的主要实验室,但最初建立它是为了分离铀同位素;以及劳伦斯·利弗莫尔国家实验室(Lawrence Livermore National Laboratory),它与氢弹以及战略防御计划相关。[33] 在苏联,那些著名的国家实验室有阿尔扎马斯 - 16(Arzamas-16), 苏联科学家在这里设计了核武器;琴诺格洛夫加(Chernogolovka),一个物理学研究中心;以及车里雅宾斯克(Cheliabinsk),一个核燃料实验室。现代国家实验室有多种分实验室,数万雇员,有时还有数百名基于单一实验撰写论文的博士研究生以及广阔的研

[32] Paul Josephson,《苏联历史上的"世纪计划":从列宁到戈尔巴乔夫的大型技术》("Projects of the Century" in Soviet History: Large Scale Technologies from Lenin to Gorbachev),载于《技术与文化》(Technology and Culture), 36, no. 3 (July 1995),第 519 页～第 559 页,以及《火箭、反应堆与苏联文化》(Rockets, Reactors and Soviet Culture),载于 Loren Graham 编,《科学与苏联的社会秩序》(Science and the Soviet Social Order, Cambridge, Mass.: Harvard University Press, 1990),第 168 页～第 191 页。
[33] 有关利弗莫尔实验室人种图解研究以及文化与武器设计者与反核武器活动家的文化和真理的相互影响,参看 Hugh Gusterson,《核典礼》(Nuclear Rites, Berkeley: University of California Press, 1996)。

究前景。国家实验室不仅在规模、跨国分布和预算上巨大,而且它们与人类活动的其他领域(政治、产业、大学)有广泛的关联,这要求它们参与持续的为政治与社会的辩解,这是一种带有强烈意识形态寓意的活动。[34]

威廉皇帝化学和物理化学研究所(Kaiser Wilhelm Institutes for Chemistry and for Physical Chemistry),亦即后来的马克斯·普朗克研究所(Max Planck Institutes),是最早的国家实验室之一,它意欲维持德国在科学上的杰出地位。它于 1912 年 10 月正式开办。在魏玛共和国早年的经济危机以及纳粹年代的政治干涉中,研究所包括全体被解雇的犹太雇员均幸免于难。[35] 第二次世界大战中,它们卷入了军事事物,但是纳粹原子弹与火箭计划是在多种管辖与领导者摇摆不定的关注之下,由特设的机构和科学家来完成的。尽管 V-2 火箭是一件拙劣的武器,但无论如何,这第一种大型制导火箭却预示着,曼哈顿计划和其他战后的大科学将成为在推动新军事技术发明与军工联合体的崛起方面国家动员的范例。[36]

在美国和苏联,科学家团队能大规模地工作,而不会有官僚的争吵以及政治领导人对他们在新创建的国家实验室所要实现的目标摇摆不定的支持。[37] 这两个国家的军事研发经费在冷战中都大幅增长,通过合同、基金或无条件的财政拨款,使大学和工业实验室中的研究者与军事项目捆在了一起。正如保罗·福曼所证明的那样,1945~1960 年期间美国在基础研究上大幅增加的资源首先旨在提高美国安全,而不是提高物理学家的知识。[38] 类似地,20 世纪 80 年代在战略防御(通常称作星球大战)计划的幌子下,美国政府拿出数十亿美元用于固态物理学、激光物理学、计算物理学和其他物理学研究,这将数万研究者与对外政策拴在一起,推动他们远离基础科学而转向技术研究。

一些分析家声称,这些国家实验室毫无必要地将资金从诸如医学、环境和教育等基础研究的重要领域以及人类活动的重要领域移走了。国家实验室的官员与科学家

[34] Peter Galison 和 Bruce Hevly 编,《大科学》(Big Science, Stanford, Calif.: Stanford University Press, 1992)。

[35] Kristie Macrakis,《经历纳粹幸免生还》(Surviving the Swastika, New York: Oxford University Press, 1994)。

[36] Speer,《第三帝国内幕》,第 363 页~第 370 页,第 409 页~第 410 页;Michael J. Neufeld,《导弹与第三帝国:佩内明德和技术革命的锻造》(The Guided Missile and the Third Reich: Peenemünde and the Forging of a Technological Revolution),载于 Monika Renneberg 和 Mark Walker 编,《科学、技术与国家社会主义》,第 51 页~第 66 页;以及 Neufeld,《魏玛文化与未来技术:德国的火箭与太空飞行时尚(1923 ～ 1933)》(Weimar Culture and Futuristic Technology: The Rocketry and Spaceflight Fad in Germany, 1923 – 33),载于《技术与文化》,31(1990),第 725 页~第 752 页。

[37] 关于原子弹方面的杰出工作之一,参看 David Holloway,《斯大林与原子弹》;Robert Jungk,《比一千个太阳更明亮》(Brighter Than a Thousand Suns, New York: Harcourt Brace, 1958),James Cleugh 译;Richard Rhodes,《原子弹的制造》(The Making of the Atomic Bomb, New York: Simon and Schuster, 1986);Walker,《国家社会主义与德国物理学》;Sherwin,《被毁灭的世界》。

[38] Paul Forman,《量子电子学背后:作为物理学研究基础的美国国家安全(1940 ～ 1960)》(Behind Quantum Electronics: National Security as Basis for Physical Research in the United States, 1940 – 1960),《物理科学和生物科学的历史研究》(Historical Studies in the physical and Biological Sciences),18(1987),第 149 页~第 229 页;《量子电子学内幕:作为冷战时期的美国"诡计"的微波激射器》(Into Quantum Electronics: The Maser as "Gadget" of Cold-War America),载于 Paul Forman 和 J. M. Sanchez-Ron 编,《国立军事研究院与科学技术发展》(National Military Establishments and the Advancement of Science and Technology, Dordrecht: Kluwer, 1996),第 261 页~第 326 页。

离开最初目的而开拓新的研究领域的能力，为这些实验室的成长与长久维持做出了贡献。例如，橡树岭国家实验室开始建立是用于同位素分离，后来调整到反应堆研究，最近又发现它可用于从事核医学和染色体组的研究。对这些实验室和代理机构高水平的持续拨款显示出它们对于国家军事与意识形态目标的重要性。

大多数学者赞同某种普遍伦理注入科学。但是正如20世纪苏联、德国和美国物理学个案所显示的那样，有关科学、意识形态与国家之关系的调查表明，国家科学或科学民族主义也存在。对苏联和德国公民而言，国家强调特定的科学观及其在上层建筑中的地位。苏联的无产阶级科学与纳粹德国的雅利安科学共有一个重要的信念：依赖国家确定目标的国家科学是唯一正确的科学，当以方法论、哲学意义与研究重点来衡量时，国家科学优先于国际科学共同体成员所实践的科学。像物理学家安德烈·萨哈罗夫和尤里·奥尔洛夫这样的持不同政见者的待遇显示了科学家的权利被限制的程度。[39] 不过，由于国家的支持、科学组织的品质和科学家想要避开政治对研究的影响的愿望，那些集权主义体制中的科学也常常能得以发展，尽管根据传统的科学业绩的衡量标准，如在委托审稿刊物上发表的文章、同行评价、基金申请、科学引证量或在国家和国际性科学组织中的成员资格等，它落在其他国家后面。

在多元体制中，比如在美国，意识形态对自然科学的影响也同样是重要的，通常的惯例是把科学争论公开，尽管个人可能在这一过程中受到伤害。从事研究的院校之间的竞争使各地科学家产生了这样的信心：他们正在确立不受政治或个人问题影响的"事实"。[40] 在多元体制中，科学家一经授权便可走出他们通常的专业渠道去政治舞台进行公开争论。有关原子弹、湿地的解释、胎儿的组织研究和星球大战反导弹技术的发展等的道德问题证明，政治、道德、意识形态和经济的力量影响着科学的争论。但在集权主义体制中，有一些禁忌的课题首先（即使并非完全）是出于意识形态的考虑而非道德的考虑。闯入那些领域的研究者要冒工作保障与个人自由的风险。个别的科学家、理论家和管理者获得了解释何为"好科学"的权力，这在某种意义上限制了学术自由。

意识形态也有助于决定专家在公众与政府之间所要维持的立场。在所有的体制中，公众因科学家对于理解自然和提高生活质量所做的贡献而尊敬他们。偶尔，这一尊敬会因为下述情形而有所减弱：技术进步导致工人失去工作；不道德或缺乏职业道德的行为，如对人或动物进行未告知的和有害的研究；以及非有意的、意料之外的或被错误地忽略的科学后果，比如放射性辐射尘和诸如镇静剂或食品添加剂这样的药物的诱变后果。科学家本人通常会发现一种在科学中发挥作用的普遍性，亦即对"真理"的

〔39〕 Sakharov，《回忆录》，以及 Yuri Orlov，《危险的思想》(*Dangerous Thoughts*，New York：William Morrow，1991)，Thomas P. Whitney 译。

〔40〕 Polanyi，《科学共和国》。

追求,这使他们在政府干涉时能相互沟通向着和平与理性主义的目标迈进。尽管如此,意识形态与国家政治仍然给国际主义和理性主义设置了障碍。

（吴燕　译　江晓原　鲁旭东　校）

31

计算机科学和计算机革命

威廉·艾斯普瑞

在 20 世纪 50 年代中期以前,"computer"这个词一般说的是在企业办公室或科学计算实验室里操作计算机的女性雇员。随着 1945 年二战结束几个月后存储程序计算机(stored- program computer)的发明,以及 1952 年围绕着第一台商用计算机"通用自动计算机"(the Universal Automatic Computer, or UNIVAC)的推广宣传,"computer"这个词开始变得更多地是说机器,而不是操作机器的人了。

这种计算机具备三个品质,致使此前的计算技术在不到 20 年间便陈旧过时。元件间的电子转换最终使得计算机比它的机械始祖快上几十亿倍。信息的数字化存储几乎将精度提高到了无限的水准。存储程序的性能,即把指令和数据储存在机器内部,并且使机器在计算过程中能自动执行指令而无须人为干预的性能,有两个优点:第一,它使得几乎所有计算器都能够被作为通用机器来使用,换言之,使得几乎任何计算机实质上都能完成任何可由机器进行的计算。第二,程序内储对计算过程的自动化十分关键,因为这样总的计算速度就可以被元件的电子速度所反映。

1945 年以前的计算机器和技术

最早的计算器是在 17 世纪由自然哲学家们制造的。其中最著名的三例是:分别由戈特弗里德·威廉·莱布尼茨(1646~1716)和威廉·希卡德(1592~1635)设计,用于科学用途的计算器,以及由布莱兹·帕斯卡(1623~1662)设计,用于会计目的的计算器。这些台式计算器(desk calculators)是一套能够放在桌面上的机械装置,用来进行加法和减法运算,有的也能够进行乘法和除法运算。[1] 19 世纪下半叶之前,这样的计算装置还只是小巧的珍奇之物。它们被小量地定做,运转不顺,且不能有效地应用于科学工作和商务。在 19 世纪最后 25 年中,出现了许多技术上的改进:处理加法进

---

[1] Peggy A. Kidwell 和 Paul E. Ceruzzi,《数字计算的里程碑》(*Landmarks in Digital Computing*, Washington, D. C. : Smithsonian Institution Press, 1994)。

位的可靠机制得到了改进,数字输入更加容易,结果可以打印输出。由此计算器开始批量生产并被引入商务。[2] 到了 20 世纪 20 年代,有数千台台式计算器被全世界许多企业和一些科学机构所使用。在 20 世纪 20 年代和 30 年代,原是为电话工业研发的电机继电器也被当时的高端台式计算器所采用,以提高运算速度。

台式计算器决不是唯一的早期计算设备。另一个发展方向是穿孔卡片制表系统(punched-card tabulating systems),它是由美国发明家赫尔曼·霍勒里斯(1860~1929)为了处理美国 1890 年人口普查以来的统计表而研发的。在此后 50 年间这些制表系统不断地得到改进,并被政府机构和高级商业公司所采用。在 20 世纪 30 年代,它们也偶尔被用于统计学和天文学研究,最著名的是在哥伦比亚大学用其进行月球运行数据表的计算。

第三个发展计算设备的方向是模拟计算装置(analog device),它是通过测量而不是计数来得出结果。[3] (计算尺是模拟计算装置的一个范例,它通过游标和固定部分之间的比照来得到乘法计算的结果)潮汐预报器是一类重要的模拟计算装置,19 世纪晚期在整个大英帝国被普遍应用于计算某时某地的潮水高度。开尔文勋爵(1824~1907)发明的潮汐预报器是最成功的例子之一。说到模拟计算装置,通常会使人联想到的另一个人是万尼瓦尔·布什(1890~1974)。他于 20 世纪 20 年代和 30 年代在麻省理工学院制造了许多模拟计算装置,主要用于设计电力工业网络和设备。[4] 模拟计算装置是工程学的首选计算设备。随着交流电系统的发展,工程学在 19 世纪 90 年代成为一类更加数学化的学科。工程师选择模拟计算装置有两个原因:首先,模拟计算装置比台式计算器和穿孔卡片制表系统更加适用于工程师经常要解决的连续变量问题;其次,比起学习怎样在台式计算器上用数学方程式和运算法则来解决问题,工程师们觉得制造和使用模拟设备来测量结果更为顺手。

现代计算机出现之前,计算设备的最后一种主要类型是科学计算器(scientific calculator)。[5] 20 世纪 30 年代以及 40 年代初,曾少量制造过此类型的一种计算设备。其中最重要的几个是:由康拉德·楚泽(1910~1995)在德国为航空工程制造的计算器(毁于战争);由霍华德·艾肯(1900~1973)在哈佛制造的被盟军用于军事的计算器,它的制造得到了 IBM 公司在工程和资金上的慷慨援助;以及由乔治·施蒂比兹(1904~1995)在贝尔电话实验室制造的限于实验室内部使用的计算器。它们被确定为这样的高性能机器:利用电机转换原理或者快得多的电子转换原理来自动完成大量的算术运

〔2〕 James W. Cortada,《计算机发明之前》(Before the Computer, Princeton, N. J.: Princeton University Press, 1993)。
〔3〕 Allan G. Bromley,《模拟计算设备》(Analog Computing Devices),载于 William Aspray 编,《计算机发明之前的计算》(Computing Before Computers, Ames: Iowa State University Press, 1990),第 156 页~第 199 页。
〔4〕 Karl L. Wildes 和 Nilo A. Lindgren,《麻省理工的电气工程与计算机科学世纪(1882～1982)》(A Century of Electrical Engineering and Computer Science at MIT, 1882 - 1982, Cambridge, Mass.: MIT Press, 1985)。
〔5〕 Paul E. Ceruzzi,《计算表:数字计算前史,从中继式到内储程序概念(1935～1945)》(Reckoners: The Prehistory of the Digital Computer, from Relays to the Stored Program Concept, 1935 - 1945, Westport, Conn.: Greenwood Press, 1983)。

算。与现代计算机相比,它们只是计算器,因为它们不能够存储指令,也不能够在没有人为干预的情况下,根据中间结果来修改计算进程。

虽然在 1945 年以前人们对计算和用于计算的机器的历史就有过少数的研究,但是当计算机变得更加有用并且计算机对科学和商业的价值变得明显时,这个课题就具备了新的内涵。[6] 对这个课题的研究基本上有两条途径。第一条途径是:计算从业者,后来也有职业历史学家,将早期的计算机器当作现代计算机的先驱来进行研究。这些早期的历史研究确定了(有时候是强加上了)从早期计算器到现代计算机的系谱线路——而且不幸的是,有时候忽视了那些没有直接导致现代计算机出现的发展。在这些研究中,被显著地提及的是查尔斯·巴比奇(1792~1871),因为他是(并没有最终完成的)分析机(Analytical Engine)的发明者,而分析机这个机械装置在功能上与存储程序计算机相似。在这条历史分析路线中,技术特征无论是否完全形成,都比技术本身的传播和应用更加得到重视。虽然现在这种学术方法和观点在史学家中并不流行,但是从它最好的一面,即关于早期计算技术设计的内容中,我们还是可以学到很多。[7]

对 1945 年以前的计算史的重新研究从 20 世纪 80 年代开始,并持续到现在。这第二条研究途径源于艾尔弗雷德·钱德勒对商业史所进行的重要的重新阐释。通过对 19 世纪末、20 世纪初大规模商业兴起的记录和分析,钱德勒描述了所有权和管理如何分离以及办公器具如何成为管理人员的一部分专业工具。在《控制的革命》(*Control Revolution*)一书中,詹姆斯·贝尼格首次考察了计算设备如何涉入钱德勒式的商业革命。自那时起,乔安·耶茨和马丁·坎贝尔 – 凯利对一些重要的个案研究进行了仔细的史学分析。在这些研究中,非机器程序和机器一起被用于满足诸如保险公司、银行票据交换所和电报局这些大规模企业的信息需求;同时,詹姆斯·科尔塔达以其他商用设备和商用设备制造商为背景研究了计算设备的历史。[8] 根据这项研究,我们很容易明白为何台式计算器与打字机、现金出纳机以及录音机同时被大量生产。这项研究也说明了:这些商业设备制造商在 20 世纪 50 年代为何能成为计算机制造业的成功进入者,如国际商业机器公司(International Business Machines, IBM)、雷明顿 – 兰德公司(Remington Rand)、巴罗斯公司(Burroughs)和国民现金出纳机公司(National Cash Register, NCR)。

601

〔6〕 E. M. Horsburg 编,《纳皮尔三百周年庆手册或现代计算工具和方法》(*Handbook of the Napier Tercentenary Celebration or Modern Instruments and Methods of Calculation*, original ed., Edingburgh: G. Bell and Sons and the Royal Society of Edingburgh, 1914; reprint, Los Angeles: Tomash Publishers, 1982; now distributed by MIT Press)。

〔7〕 Michael R. Williams,《计算技术史》(*A History of Computing Technology*, 2nd ed., Los Alamitors, Calif.: IEEE Computer Society Press, 1997)。

〔8〕 James R. Beniger,《控制的革命》(*The Control Revolution*, Cambridge, Mass.: Harvard University Press, 1986); JoAnn Yates,《通信控制》(*Control Through Communication*, Baltimore: Johns Hopkins University Press, 1989); Martin Campbell-Kelly,《大规模数据的细致准确处理(1850~1930)》(*Large-Scale Data Processing in the Prudential, 1850 – 1930*),《会计、商业、金融史》(*Accounting, Business and Financial History*), 2 (1992),第 117 页~第 139 页。

为冷战设计计算系统

发明计算机的故事已经被叙述过数次。[9] 二战期间,在宾夕法尼亚大学开始了一项计划:制造一个电子计算装置埃尼亚克(ENIAC),即电子数字积分器和计算机(Electronic Numerical Integrator and Computer),以便计算指引新型枪炮操作所需的射表。ENIAC 直到战争结束几个月后才制成,而且一开始缺乏充分的存储程序能力。不过,它对这个领域的未来极其重要。1945 年埃尼亚克的成功出世使得政府和科学界确信了计算机的可行性和价值。紧接着,同样在 1945 年,为了修补埃尼亚克的一些缺陷而设计的电子离散变量自动计算机(EDVAC, Electronic Discrete Variable Automatic Computer)方案描述了存储程序概念,此后的所有计算机都包含了这个概念。

在战后的 10 年间,出现了许多建造计算机的计划。最早完成的有:在曼彻斯特大学和英国国家物理实验室,由曾在二战中用电子机器破译密码的 M. H. A. 纽曼(1897~1984)和艾伦·图灵(1912~1954)进行理论指导完成的项目;以及在剑桥大学由莫里斯·威尔克斯(1913~2010)主持的项目,他于 1946 年在费城参加了暑期学校课程,从关于 EDVAC 的讲座中得到了启示,实际上很多早期现代计算机的设计者都参加了这次课程。在美国,主要是在冷战期间,许多这样的早期现代计算机都由政府出资建造并应用于军事目的。其中最重要的是在麻省理工学院建造的旋风式计算机(Whirlwind Computer),因为它是电脑驱动半自动地面防空警备系统(SAGE)的起点。[10] 旋风式计算机带来了许多的技术创新,而且它证明了有可能建造出达到实时计算所需的可靠性和速度的计算机。这是首台一从外部"真实"世界接收到数据就能对其进行处理和作出反应的电脑。在 SAGE 工作的情况下,雷达和观测站测得航空器的位置、航向和航速的数据,这样当敌机飞入美国领空时,警备系统就能够对其进行追踪和拦截。(实时计算后来对于控制生产程序和航空订票系统等应用领域也十分关键。)到了 20 世纪 50 年代中期,制造标准化计算机和用户定制计算机的行业开始兴起,于是这个由使用者自己建造特种计算机的时期便结束了。

对于整个计算系统及其众多元件进行设计的广泛试验发生在战后头一个 10 年间。最急迫的问题是需要这样一个存储器:它必须能够长时间可靠地保存海量信息,在制造和维护上必须经济适用,还必须能够迅速存取数据而不减慢计算机的总运行速度。这个问题最终由为旋风计算机研发的磁芯存储器所解决。

[9] Nancy Stern,《从离散变量电子自动计算机到通用自动计算机:对埃克特-莫奇利计算机的评价》(From ENIAC to UNIVAC: An Appraisal of the Eckert-Mauchly Computers, Bedford, Mass.: Digital Press, 1981); William Aspray,《约翰·冯·诺伊曼与现代计算的起源》(John von Neumann and the Origins of Modern Computing, Cambridge, Mass.: MIT Press, 1990); Martin Campbell-Kelly 和 William Aspray,《计算机:信息机器的历史》(Computer: A History of the Information Machine, New York: Basic Books, 1996)。

[10] Kent C. Redmond 和 Thomas M. Smith,《旋风计划》(Project Whirlwind, Boston: Digital Press, 1980)。

尽管计算机的基本设计在商用计算机时代初期就已经得以确立,但是两种类型的极为快速的革新直到今天还在进行中。第一种是由计算机和半导体工业在这 40 多年来对计算机组件进行的革新,使计算机在速度、可靠性和信息存储容量方面提高了 100 多万倍,并使能耗、尺寸和制造成本降低到原来的 100 多万分之一。第二种是计算机操作方式的革新,主要源于由政府资助的学术实验室研究,但使这一研究得到改进和传播主要是通过工业部门的商用产品。高级程序设计语言、实时计算、分时技术、计算机网络和图形用户界面等技术革新是源于学术界而由工业界传播的重要实例。

在计算机发展的过程中,一开始的重点是在制造计算机硬件方面,然而随着时间的推移,软件变得日益重要。在计算机行业,生产硬件的 IBM 公司在 20 世纪 60 年代和 70 年代占统治地位,而到了 90 年代占统治地位的却是生产软件的微软公司,从软件的重要性的稳固增长来看,这并非偶然。作为对用户和应用软件进行研究的一部分内容,由使用者自己编写特定用途的软件的现象可能最适于由历史学家来研究。但是另一方面的软件史,发展使电脑便于使用的软件史,值得在这里说一说。虽然人们一般不这样看,但是对供应方而言,软件发展史可以被认为是使电脑运行自动化的过程:编辑器让电脑而不是人来决定如何运行程序;调试工具使电脑自动寻找程序中的语法错误;操作系统来管理机器内部的信息存储;程序设计语言使机器能以类似人的语言输出。

软件发展史的另一个主题是寻找方法以应付现实中的大型软件研发的复杂性。在 20 世纪 60 年代的头 5 年,计算机硬件的存储容量和运行速度提高了 10 倍,这使得强大和复杂得多的程序设计成为可能。但问题是软件编写技术的进展速度跟不上硬件发展的速度,这个问题在北大西洋公约组织(North Atlantic Treaty Organization,NATO)1967 年的一次会议上被称作“软件危机”。因此,在软件研发,尤其是一些大型应用软件的研发中,进程一再落后于原定的时间表,成本飞速上升,误差难以找出和纠正,软件的修正难以实施。为了编写 360 系列计算机的操作系统软件,面对含有超过100 万行程序码的庞大项目,IBM 仅是决定投入更多的程序员参与此项任务。然而根据这个项目的主管弗雷德里克·布鲁克斯(1931~   )在《人月神话》(The Mythical Man-Month)一书中的叙述,在项目进行期间另加的人手增加了交流和管理问题,这实际上延缓了软件编写的进程。[11] 从 20 世纪 70 年代开始,人们努力去开创一个管理这种复杂项目的软件工程领域。[12] 人们提出了许多不同的手段和工作程序,比如结构化设计方法、形式化方法、开发模型等,但没有一种是万能药。

计算机史与电子学史尤其是半导体发展史密切相关。计算机工业和电子工业从

〔11〕 Frederick P. Brooks, Jr.,《人月神话》(Reading, Mass.:Addison Wesley, 1975)。

〔12〕 William Aspray、Reinhard Keil-Slawik 和 David L. Parnas,《软件工程史》(The History of Software Engineering, Dagstuhl Seminar Report 153, Schloss Dagstuhl, Germany:Internationales Begegnungs-und Forschungszentrum für Informatik, 1996)。

604

20 世纪 60 年代以来就相互促进。计算机工业是最大的半导体消费部门,并且对芯片制造业的研发议程具有最大的影响。半导体技术的革新导致了计算机性价比的非凡提升。晶体管降低了计算机的价格,减小了计算机的体积并提高了计算机的可靠性,其变化程度之大,不仅使政府和大型企业组织,而且终于使小型企业也能用得起计算机。集成电路使小型计算机和超级计算机成为可能,从而扩展了计算机的应用领域。集成电路芯片尺寸的持续缩小在 20 世纪 70 年代初导致了微处理器、芯片计算机的出现,随后是个人电脑的诞生以及电脑嵌入的各种各样的工业品和家用产品。

　　人们普遍承认:联邦政府,特别是军事和能源实验室,对计算机的发展起到了关键作用。政府在许多领域投入了庞大资金:计算机化的防空程序、联系军事研究人员和军事组织的计算机网络、核武器设计中的计算机模拟实验、军用飞行器研发中的计算机辅助设计、在作战部队和军需部门间进行协调的计算机化后勤管理体系等。各个军事部门和其他政府部门扶持了计算机领域的研发工作,既有给大学研究人员拨款或签订研究合同这样的直接支持,也有为计算机制造业提供安全的产品市场的间接支持。然而,对于军事部门在计算机技术发展中扮演的角色,人们如今还在继续争论。有些学者,比如保罗·爱德华兹,认为军事部门对计算机技术的发展有着深远的影响。[13]其他学者则认为政府的支持仅仅是给予了研究人员从事原本就感兴趣的项目的自由。

　　计算机科学的最新发展给历史学家们提供了一系列全新的课题。个人电脑和互联网起源于 20 世纪 60 年代末的技术进展,但是直到 20 世纪 80 年代才盛行起来。计算机领域在 20 世纪 80 年代和 90 年代的现象与之前几十年有显著的不同。虽然还是有大型机、小型机、超级计算机,以及操作系统、程序设计语言和应用软件这些东西,但是最近这个时期引起历史学家兴趣的已经不是这种计算技术的传统潮流的延续,而是与个人电脑和互联网相联系的新潮流:飞速的创新步伐、喧嚣的但又非凡的经济机会和挑战,以及信息处理的个性化。

605

经营策略和计算机市场

　　如果说计算机史中得到最多研究的是它的技术本身,那么其次便是计算机制造业、软件制造业和辅助计算机产业(如服务提供商及外部设备制造商)的经营史,[14]其中技术和商业方面的计算技术供应方所得到的研究又比需求方所得到的研究广泛得多。

　　在 20 世纪 50 年代的最后 5 年中,计算机产业通过销售大型的独立的计算机(大

[13]　Paul N. Edwards,《封闭的世界》(*The Closed World*, Cambridge, Mass. : MIT Press, 1996)。
[14]　Franklin M. Fisher, James W. McKie 和 Richard B. Mancke,《IBM 公司与美国数据处理工业》(*IBM and the U. S. Data Processing Industry*, New York: Praeger, 1983); Emerson W. Pugh,《IBM:塑造一个行业及其技术》(*IBM: Shaping an Industry and Its Technology*, Cambridge, Mass. : MIT Press, 1995)。

型机)得以成型。进入这个行业的公司通常具备下列4种背景之一:1. 它或者是由具有工程背景的人新创办的公司(信息控制公司[Control Data]、数码设备公司[Digital Equipment]);2. 或者是以下3个行业中已经存在的公司:商用机器制造商(IBM公司、雷明顿－兰德公司、国民现金出纳机公司、巴罗斯公司);3. 电子设备制造商(通用电气[General Electric, GE]、霍尼韦尔公司[Honeywell]、美国无线电公司[Radio Corporation of America, RCA]、飞哥公司[Philco]、西尔维尼亚公司[Sylvania]);4. 或国防合约商(拉莫－伍尔德里奇公司[Ramo Wooldridge]、德州仪器[Texas Instruments])。到目前为止最成功的是商用机器公司,这主要由于它们业已具有的市场和业已建立的客户关系网,这些客户成为了它们制造的计算机的购买者。

在20世纪80年代中期之前,有时占有80%左右市场份额的IBM公司采取的行动以及其他公司对它们的回应构成了这一时期计算机经营史的大部分内容。一直到60年代,IBM公司的主要收入来源都是利润不菲的制表设备经营,因此它比其他一些公司(特别是比雷明顿－兰德,即后来的思佩里－兰德[Sperry Rand]、现在的优利系统公司[Unisys])稍慢转入大型机经营。虽然如此,到50年代末的时候,IBM公司已经成为计算机行业的领军企业。

计算机行业在个人电脑出现之前最重要的事件是IBM公司于20世纪60年代初开发360系列计算机。在这之前,每台电脑都有其特有的软件和外部设备,一般不能与别的电脑的软件和外部设备兼容,即使在同一个公司生产的电脑之间也是如此。对于制造商来说,这意味着机器、程序、打印机和其他外部设备的过剩将带来非常昂贵的研发、技术支持、修理和维护成本;对于用户来说,这意味着当计算机变得老旧或其功能不能满足他们的需求时,继续运行软件和维护数据时就会有大量的麻烦和开销。S/360计算机系统预示了完全兼容的具有标准化软件和外部设备的计算机系列产品,给计算机行业带来了全面的变革,而且IBM公司基本上实现了预期的方案,虽然整个研发过程花费掉了史无前例的5亿美元。

紧随着IBM公司宣告开发S/360系统,计算机行业开始发生大规模的重组。除非瞄准市场机会,*如果一个公司不销售自己的成套兼容的计算机、外部设备和软件,那么它就不能生存;但是如果它的系列与IBM公司的产品没有差异,那么它也不能生存。一种差异化方法就是发展一种对某些特殊领域有吸引力的计算机系列产品,系列内部相互兼容但不与IBM产品兼容。通用电气针对IBM公司在分时技术上的弱点尝试了这一方法。美国无线电公司采用了价格差异化策略。它用反向工程**的办法来制造与360系列兼容的计算机产品,但是对同样性能的产品提出比IBM公司更低的报价。这

606

---

* 即market Niche,或译市场利基,指市场上未被实力雄厚的大企业抢占或大企业不愿去做的领域。——译者注

** 即reverse engineering,或译逆向工程,指将产品解体为零件,并研究其内部运作,以提供改进现有产品或是建造新品的潜在可能。对软件工程而言,则指将软件的机器代码译回可供程序设计师阅读的程序码。——译者注

两个策略都充满危险,而且事实上很多公司,包括美国无线电公司、通用电气和其他强大的竞争者最终都失败了。为 IBM 公司供应软件和外部设备的高利润的辅助计算机产业快速成长了起来。在接下来的 20 世纪 70 年代里,一个引人注目的缝隙行业,即生产个人和小企业能够支付得起的小型计算机的行业开始成熟起来。

计算机行业另一个大规模的转型随着个人电脑(PC 机)的发展而到来。最早的个人电脑出现在 20 世纪 70 年代。微处理器的发明使个人电脑成为可能,英特尔公司(Intel)在 1970 年开始研发微处理器(制作在一个小硅片上的中央处理器),其他机构稍晚些也独立进行了研发。IBM 公司不是最早参与制造个人电脑的公司,最早的主要制造商是那些资本不足的新创小企业,但是 IBM 公司仍然对微型计算机行业做出了很大的贡献,因为 IBM 在 1980 年推出了自己的 PC 机,这使个人电脑被确信为工商业界可以信任和使用的产品。

虽然个人电脑硬件持续迅速更新换代,每年都有更大容量的存储器和更加强大的微处理器投入生产,但是到 20 世纪 80 年代末,硬件产业已经稳定成为一个非常类似电视机产业的成熟的电器产业。主要的竞争活动和利润转向了个人电脑软件产业。这个产业最初几乎全部由新创企业组成,它以应用程序中的大量代码和粗放的市场经营为基础,确立了准入屏障。结果经过淘汰只剩下几个主要竞争者(微软公司[Microsoft]、Novell 公司、莲花公司[Lotus]等)占有了这个产业 80% 的份额。这个产业增长得如此迅猛以至于微软的盈利超过了 IBM,后者之所以时运不佳,是因为它传统的大型机业务被个人电脑侵蚀了。个人电脑成功的标志性人物是微软公司的主要创始人比尔·盖茨,他已成了世界上最富有的人之一,微软像 IBM 在全盛时期一样强有力地巧妙利用其垄断优势统治了整个市场。

在国际背景下看,计算机发展的历史大体上也还是对 IBM 所采取的行动的反应,即发展和保护本土民族计算机产业的历史。20 世纪 60 年代和 70 年代,法国政府将IBM 公司视为国家的敌人。英国政府强力支持了一系列国内计算机制造业的整合,希望建立一个足够大规模的公司来击退 IBM。[15] 巴西政府建立了一个国有企业组成的国内计算机行业,制定了严格的进口规则,但它还是没能跟上革新的步伐。日本在所有抵抗美国公司的国家中或许是最成功的,它主要是通过法律和文化手段来保护发达的国内市场。[16]

IBM 喜欢声称:与其说它是在销售计算机,不如说它是在销售解决方案。IBM 在20 世纪 20 年代和 30 年代将穿孔卡片制表系统推向企业的时候就学会了这种经营方式。使用穿孔卡片制表系统要求用户重整他们的经营方式,于是 IBM 变得善于了解客

[15]　Martin Campbell-Kelly,《ICL:商业与技术史》(*ICL: A Business and Technical History*, Oxford: Oxford University Press, 1989)。

[16]　Marie Anchordoguy,《电脑有限公司》(*Computers Inc.*, Cambridge, Mass.: Harvard University Press, 1989)。

户的经营方式,并精于在运营核心使用 IBM 的产品来使客户的经营"合于经济原则"。对于客户经营方式的了解使得 IBM 公司有别于它的许多竞争对手,那些公司仅仅是专注于制造机器。

人们已经清楚这两点:计算机的应用必须与作业环境相结合才能更有效;使计算机生产商制造的计算机定型的是用户的需求。沿着这个思路进行的最出色的史学研究或许是唐纳德·麦肯齐的研究成果,他说明了美国洛斯阿拉莫斯和利弗莫尔国家实验室的科学家们如何影响了由商界制造的超级计算机的设计工作,这导致了它们被用来使核武器模拟实验最大化。[17] 在另一项有趣的研究中,让·范登恩德从历史上考察了在 1900 年到 1965 年期间计算机技术如何结合进典型的荷兰工作环境,揭示了在计算机从用于科学计算到用于数据处理再到用于生产控制的过程中,计算机应用技术、自动化功能、对企业文化的适应和劳工组织方式等方面的大量变化。[18] 在更多的史学家关注信息处理技术需求方及其与供应方的互动关系之前,我们目前只能对社会计算机化的历史拥有不完整的、单方面的知识。

计算技术:作为一门科学和一门专业

1967 年,当美国国家科学基金会(National Science Foundation, NSF)为计算机科学成立了一个办公室时,一个基金会官员嘲讽说:"接下来呢? 汽车科学?"的确,在计算机专业内外,对于作为一门知识学科的计算技术专业的本质向来都有诸多疑问。它是否仅是一个学习制造计算机的学科? 19 世纪,面对同样的问题,机械工程师们回答说机械工程不仅仅是研究机械装置的学科,而且是源于物理学的热力学定律的一门学科。如今一些计算机科学家们也给出了一个类似的回答,他们主张计算机科学源于物理学的信息理论(根据克劳德·香农[1916~2001]、诺贝特·维纳[1894~1964]和其他人的研究,这个理论与热力学定律有紧密的联系)。

计算机科学可以被认为是三种或四种知识传统相结合的产物,代表每种知识传统的课程经常是在大学某个专门的系中讲授的。第一种传统是纯数学研究,源于数理逻辑,涉及诸如可计算性及复杂性的本质的理论课题。[19] 第二种是独特的制造计算机硬件的工程学传统。还有一种是实验科学的传统,与赫伯特·西蒙(1916~2001)所称的"人造物科学"紧密联系。例如,人工智能研究者在实验室里制造人造物品来验证学习

〔17〕 Donald MacKenzie,《洛斯阿拉莫斯和利弗莫尔国家实验室对超级计算发展的影响》(The Influence of the Los Alamos and Livermore National Laboratories on the Development of Supercomputing),《计算技术史年鉴》(Annals of the History of Computing), 13(1991), 第 179 页~第 201 页。

〔18〕 Jan van den Ende,《潮流转变》(The Turn of the Tide, Delft, Netherlands: Delft University Press, 1994)。

〔19〕 Michael S. Mahoney,《计算机科学:探究数理理论》(Computer Science: The Search for a Mathematical Theory),载于 John Krige 和 Dominique Pestre 编,《20 世纪科学》(Science in the Twentieth Century, Amsterdam: Harwood, 1997),第 31 章。

理论、语音识别理论、视觉理论等。[20]

　　计算机科学研究的第四个可能类型是软件工程,它更加难以归类于某个传统:在某些方面,它类似于某些商学或管理学学科,寻求某种方法来组织大规模的团队进行有效合作,以应对某些涉及可靠性、可维护性和成本的具体要求。在另一方面,软件工程是一种工程学科。为了强调这一观点,一些软件工程从业者有意识地采用了工厂生产组织方面的术语:生产线、软件制造厂、无尘室等。但是根据迈克尔·马奥尼的观察,所援引的这些历史上的生产程序的例子(比如福特制)充满了史学错误。[21] 软件工程界自己还在继续争论软件工程学科领域的归属问题。

　　将计算技术定义为一门科学抑或仅仅作为服务于科学、工程学(和商学)团体的一个学科的论战,在专业社团、投资机构尤其是大学都已经争出了结果。计算机的潜力早已被公认,大部分美国主要的专业计算技术协会都可以溯源到 20 世纪 50 年代,而当时全美国只有几台运行的电脑。这些协会包括:美国计算机学会(Association for Computing Machinery, ACM),它的名字选得不好,因为这个学会的大多数学者都是研究数学的;工业与应用数学学会(Society of Industrial and Applied Mathematics, SIAM),其兴趣主要在数值分析、科学计算和计算机的工业应用等方面;美国电气工程师协会(American Institute of Electrical Engineers, AIEE)计算技术委员会,主要由对应用于电力系统的模拟计算机感兴趣的电气工程师组成;无线电工程师协会(Institute of Radio Engineers, IRE)计算技术小组,主要是一个对计算机设计的工程学方面感兴趣的电子工程师组成的团体。AIEE 与 IRE 在 1963 年合并成为美国电气电子工程师协会(Institute of Electrical and Electronics Engineers, IEEE),其建立的计算机学会是目前世界上最大的计算技术专业组织,有大约 10 万个会员。在 20 世纪 50 年代,每个团体都组织了各种大小会议,这是当时关于计算机的技术信息的主要传播渠道。随着时间的消逝,由于会员人数的增加和研究领域的拓宽,出现了一些对某个方面有特殊兴趣的团体和一些专门的学术期刊。ACM 和 IEEE 的计算机学会如今拥有数十份专业期刊,这些期刊绝大多数都有国际性的作者群和读者群。

　　美国国家标准局(National Bureau of Standards, NBS)和美国海军研究中心(Office of Naval Research, ONR)是美国计算技术研究的早期赞助机构。近年来,美国国家航空航天局(National Air and Space Administration, NASA)、美国国家健康研究所(National Institutes of Health, NIH)和其他组织都对计算机科学研究投入了巨资。然而,最主要的两个赞助机构是 NSF 和美国国防部高级研究规划局(Defense Advanced Research Projects Agency, DARPA)。DARPA 为少数特选的大学里的研究团队提供大规模、定向

[20]　Pamela McCorduck,《会思考的机器》(*Machines Who Think*, San Francisco: W. H. Freeman, 1979)。

[21]　Michael S. Mahoney,《软件工程的根本》(The Roots of Software Engineering),《CWI 季刊》(*CWI Quarterly*), 3, no. 4 (1990),第 325 页~第 334 页。

的多年期资金以研究可能对国防部有价值的突破性技术。[22] 其预算额度之大足以保证成功实现目标。由 DARPA 赞助的项目主要研究分时技术、计算机网络、人工智能和电脑图形图像技术。NSF 对整个科学界健康发展的关切导致了与 DARPA 不同的混合计划。[23] 它从 20 世纪 50 年代到 70 年代开展的设备计划使数百所高等院校拥有了第一台计算机。NSF 的研究基金计划是把小额资金拨给不同部类的研究人员；它并不集中于某几个领域，而是跨越一系列由申请人提出的课题，这些课题须经过同行评议判断为有价值的科学研究。在 80 年代，NSF 启动了一个计划，资助许多计算机科学系进行了一些它们负担不起的实验研究。这个计划主要值得赞赏的是：面对工业界为个人提供的大量致富机会和更好的研究条件，许多教员和学生因为有了这个计划而留在了大学里。

610

　　美国许多最早的计算机都是在大学里建造的。直到 20 世纪 50 年代中期，也就是计算机工业成形以后，美国大学开始购买而不是自己建造计算机。在 40 年代末和 50 年代，几所大学（如哈佛大学、卡内基·梅隆大学和密歇根大学）开始为计算技术设立跨学科的研究生课程。* 第一个正式的计算机科学的博士课程由普渡大学（Purdue）在 1962 年设立。其他大学马上效仿，到 70 年代中期，有 100 所大学设立了计算机博士课程。在大多数情况下，计算机科学从现有的数学或电气工程课程发展而来。从数学脱胎而出的计算机系，比如斯坦福大学的计算机系，在数值分析或者逻辑导向的计算机理论（如复杂性理论）课程方面较强。然而，许多数学家都怀疑计算技术的价值并且优先把资金用于其他专业而不是费钱的计算机专业。电气工程系一般比数学系更支持计算机专业，因为它们对计算机感兴趣——它们既是设计者又是使用者，也因为它们对需要昂贵设备的实验室的高成本和大型组织已经习惯了。电气工程群体一般都对计算机的设计（如电路设计、计算结构等）感兴趣，但是它们也对许多理论课题（如系统论、控制论、信息论、模糊逻辑）感兴趣。在一些大学，计算技术同时从几个系发展起来。密歇根大学曾经同时有五个计算技术课程；而在伯克利大学，发生了对研究资源的激烈争夺，行政部门将数学系的计算机组并入电气工程系的计算机组才解决了这一争端。

[22]　Arthur L. Norberg 和 Judy E. O'Neill，《改变计算机技术》（*Transforming Computer Technology*，Baltimore：Johns Hopkins University Press，1996）。

[23]　William Aspray、Bernard O. Williams 和 Andrew Goldstein，《一个新的数学学科的社会与智识塑造：国家科学基金在理论计算机科学与工程发展中所起的作用》（The Social and Intellectual Shaping of a New Mathematical Discipline：The Role of the National Science Foundation in the Rise of Theoretical Computer Science and Engineering），载于 Ronald Calinger 编，《数学简史：历史研究与教学综合》（*Vita Mathematica*：*Historical Research and Integration with Teaching*，M. A. A. Notes Series，Washington，D. C.：Mathematical Association of America，1996）；William Aspray 和 Bernard Williams，《武装美国科学家：国家科学基金在提供科学计算设备中所扮演的角色》（Arming American Scientists：The Role of the National Science Foundation in the Provision of Scientific Computing Facilities），《计算技术史年鉴》，16，no. 4（Winter 1994）；William Aspray 和 Bernard Williams，《科学与工程教育中的计算：国家科学基金计划》（Computing in Science and Engineering Education：The Programs of the National Science Foundation），*IEEE Electro / 93 Proceedings*（1993），第 234 页～第 240 页。

*　　那时候计算机科学还未成为独立学科。——译者注随着时间的流逝,计算机科学研究的四个方向——数学研究、硬件工程、人工智能和软件工程发展得如何呢? 在 20 世纪 80 年代以前,在计算机科学系中有数学取向的理论家的数目与其声望密切相关。这大概是当计算机科学在大学、投资机构和国家科学院(National Academy of Science)为了得到科学认同而斗争时,人们有意识地对其科学核心方面的强调。然而,在那以后,计算技术的工程方面逐渐变得重要起来。自己命名为"计算机工程"或"计算机科学与工程"的系的数目显示了这个变化。人们对于计算机科学研究"人造物科学"这部分的接受程度是随着时间而变化的。在 20 世纪 50 年代和 60 年代,研究者已经能够得到慷慨的投资用于研究语言的机器翻译和语音识别;但是到了 70 年代,这项研究以及人工智能研究一般被指责为无法实现早期的承诺,而且许多联邦政府的拨款也突然中止了。到了 80 年代和 90 年代,专家系统和神经网被证明具有实用价值,于是人们重新恢复了对这一领域的兴趣。实际应用软件吸引了对这一领域的大多数投资——这使对研究智能的基本性质更有兴趣的研究者感到沮丧。软件工程或许是最有争议的领域,因为已发展起来的诸多方法论一般并非是严格的科学意义上的方法论,而且针对它们解决"软件危机"的功效还有众多疑问。在美国,只有一个具有顶尖水平的计算机系亦即卡内基·梅隆大学的计算机系,对软件工程专业投入了大量的资金,然而其他大学的一流计算机系由于对软件工程专业的价值存有怀疑而不设置这个专业。

计算机革命的其他方面

计算技术和电子技术、生物技术一样,是与硅谷(旧金山附近)和 128 号公路(波士顿附近)联系紧密的高技术之一。由于与主要的研究型大学以及专门的供货商和服务商邻近、高级熟练劳动力的存在、理解高科技企业如何运作的新型投资(风险资金)的发展,以及技术劳动者无须搬家即可通过换工作保持流动的便利条件,这两个地区作为发展高科技的地方而繁荣起来。某些技术优势集中于特殊的地区,例如沿 128 号公路的微机技术带。甚至有人认为,不同地区的计算技术有其特有的风格。[24] 地理学家和历史学家,比如安娜·李·萨克森尼安和比尔·莱斯利,已经对高科技发展的地域性作了重要研究。[25]

[24] 参看 Richard Sprague,《西方观点》(A Western View),《ACM 通讯》(Communications of the ACM), 15 (July 1972),第 686 页~第 692 页。

[25] Anna Saxenian,《地域优势:硅谷与 128 号公路的文化与竞争》(Regional Advantage: Culture and Competition in Silicon Valley and Route 128, Cambridge, Mass.: Harvard University Press, 1994); Stuart W. Leslie,《冷战与美国科学》(The Cold War and American Science, New York: Columbia University Press, 1993)。

计算机对数学产生了重大影响。[26] 例如,当数值分析的问题和方法都被重新考虑时,数值分析在停滞了数十年后重新恢复了生机。数学家们失去了传统的对截断误差的兴趣,重新评估如何使线性系和逆矩阵能有效地应用于计算机,他们发现了舍入误差新的重要性,并对非线性现象和偏微分方程进行了新的研究。数学家们开始应用计算机检验一般问题的重要特例以获得直觉来帮助他们找出通解。计算机还被用来解决许多需要大量计算的证明,例如 1976 年著名的四色定理的证明,该定理断言只用四种颜色给地图着色便可使任何相邻的国家颜色不同。

612

计算机给其他科学学科带来的影响同样深远。[27] 它们被用来控制实验设备,收集和分析大量的测试数据,然后给出直观的结果。化学家利用计算机来合成和密切关注诸多化学分子和化合物。当进行实际实验的费用太高、太危险或者以其他方式不可能进行时,核物理学家、航空和航天工程师可以用计算机进行模拟实验。计算机使物理学家能够提出一系列新的非确定性方法,比如用于研究亚原子粒子的蒙特卡罗方法。

当我们想到黑客、电脑迷、在车库里工作的年轻创业者和普通人对互联网的迷恋时,这些引人注目的形象暗示着计算机的强大文化力量。新闻记者们已经写了许多非常流行的有启迪作用的研究作品,比如史蒂芬·莱维关于黑客团体的作品和特雷西·基德尔关于小型计算机发展环境的作品。[28] 社会学家罗布·克林、人类学家雪莉·特克、商业史学家肖沙娜·朱伯夫、古典学者杰伊·博尔特和其他许多社会科学及人文科学的专家都探讨了计算机对儿童、公共机构和美国社会的意义。[29] 堂娜·哈拉维的学生们正在他们对电子人和虚拟空间的研究中把后现代文化研究方法引入计算技术史。这些研究还没有与传统上研究计算技术的技术史、经济史家和商业史家的研究紧密联系起来,但是看起来这样的联系最终必然会发生。

在台式计算器时代,当科学家(通常是男性)要做大量科学计算的时候,他会选定将要采用的数值计算法,写出所要遵循的计算法则和步骤,但是实际计算却是由一个或一队女性在台式计算器上完成的。当战后首批计算机发明出来时,劳动分工方式依然如故,只有微小的调整:科学家本质上还是扮演原来的角色,而执行计算的女性(就是章首提到的"computer"),不再干操作台式计算器的体力活,而是针对要解决的问题

613

[26] William Aspray,《计算机对数值分析的改变》(The Transformation of Numerical Analysis by the Computer),载于 John McCleary 和 David Rowe 编,《现代数学史》(History of Modern Mathematics, vol. 2, Boston:Academic Press, 1990);《数学对计算机的接受》(The Mathematical Reception of the Computer),载于 E. R. Philips 编,《数学史研究》(Studies in the History of Mathematics, Washington, D. C.:Mathematical Association of America, 1987),第 166 页~第 194 页。

[27] Peter Galison,《实验是如何终结的》(How Experiments End, Chicago:University of Chicago Press, 1987)。

[28] Steven Levy,《黑客》(Hackers, New York:Dell, 1984);Tracy Kidder,《新机器之魂》(Soul of a New Machine, Boston:Little, Brown, 1981)。

[29] Suzanne Lacano 和 Rob Kling,《从历史的角度看办公技术与文职工作的改变》(Changing Office Technologies and Transformations of Clerical Jobs:A Historical Perspective),载于 E. Kraut 编,《技术与白领工作的转变》(Technology and the Transformation of White-Collar Work, Hillsdale, N. J.:Lawrence Erlbaum Associates, 1987),第 53 页~第 75 页;Sherry Turkle,《第二自我》(The Second Self, New York:Simon and Schuster, 1984);Shoshana Zuboff,《在全自动化机器的时代》(In the Age of the Smart Machine, New York:Basic Books, 1984);David Jay Bolter,《图灵人》(Turing's Man, Chapel Hill:University of North Carolina Press, 1984)。

为计算机进行"编码",也就是说,逐行详细写出指令,为计算设定变量的初始值以及进行其他准备工作。这个工作比操作台式计算器需要更高级的技能,但奖励系统仍然非常偏向男性工程师和科学家。随着存储程序、程序设计工具和高级程序设计语言的出现,程序设计过程的自动化程度有了一定的提高;编码器操作员的职位设置大体上被取消了,程序设计开始成为比以前更加男性化的职业——由科学家自己或者程序员(通常是男性)来编程。在 20 世纪 80 年代,女性计算机科学研究者的数量曾有缓慢但稳定的增长,但是 90 年代中期,(由于未知的原因)这个趋势却倒转了。如今在教育系统培养的计算机研究者中,女性比例少于 20%。计算机史中对女性的研究多数都是个别女性计算技术先锋的传记,没有多少对性别和劳动力分工问题的全面研究。[30]

随着 20 世纪 80 年代个人电脑的成熟和 90 年代互联网的普及,计算机不再只是政府和大企业的工具。迅速降低的价格意味着计算技术已经在西方大范围地传播并且正在进入非洲、中国和印度。在一个特定价格水平上,性能的迅速提升意味着个人和小企业现在也能在办公桌上配备计算机了。如今,在学术界和工业界都有活跃的计算机研究团体,而且在可预见的将来,看起来仍然不断会有发明和革新出现。计算技术和计算科学的这些进步正在迅速地被科学界用来提高自己的研究能力——这在今天使科学现象直观化的这个领域中尤为显著。

然而,计算机化的新世界也面临着一些挑战。大量证据表明,垄断造成了用户消费的提高和低质量的产品;权力集中于少数几个大公司手中引起了严重的关切。司法系统在使其判例法适应互联网上的隐私权问题和与软件相关的知识产权问题时,困难重重。涉及以下情况的伦理学问题已经提出 20 年了,如隐私权,对计算机应用应有的限制,例如在人工智能领域中的限制。今天,人们常常提到关于"普遍服务"的伦理和政治问题:如果计算机对人类来说是这么一个实用的工具,那么要使所有人都用得起并且可以使用它,应该做什么并且能够做什么呢?

也有经济方面的因素:对于投资计算机技术的益处而言,这些因素具有策略暗示的意味。一个问题是所谓的"生产率悖论"。[31] 大部分人认为计算机极大地提高了生产率,但是通过反复的衡量,经济学家只在蓝领工作上发现了少量的生产率提高,在白领工作上没有发现任何提高。如果情况真是这样,为什么企业会在计算机技术上花钱呢? 社会收益是另一个问题。当一个国家投资于计算技术研究时,在财富增长和工作

[30] 参看 Charlene Billings,《格雷斯·霍普:海军上将与计算机先驱》(Grace Hopper: Navy Admiral and Computer Pioneer, Hillsdale, N. J.: Enslow Publishers, 1989); David Alan Grier,《数学表计划中的格特鲁德·布朗什》(Gertrude Blanch of the Mathematical Tables Project),《计算技术史年鉴》,19, no. 4 (October - December 1997),第 18 页～第 27 页; Paul E. Ceruzzi,《当计算机成为人》(When Computers Were Human),《计算技术史年鉴》,13, no. 3 (1991),第 237 页～第 244 页。

[31] Daniel E. Sichel,《从经济学视角看计算机革命》(The Computer Revolution: An Economic Perspective, Washington, D. C.: Brookings Institution Press, 1997); Thomas K. Landauer,《计算机带来的麻烦》(The Trouble with Computers, Cambridge, Mass.: MIT Press, 1995); Paul A. David,《发电机与计算机:从历史角度看现代生产悖论》(The Dynamo and the Computer: An Historical Perspective on the Modern Productivity Paradox),《美国经济评论》(American Economic Review),80 (May 1990),第 355 页～第 361 页。

岗位创造方面对国家总的回报又是如何呢？经济学家难以证明投资于计算技术研究所带来的社会收益会高于别的投资方式带来的社会收益。如果是这样，为什么一个国家应该将有限的资源投入大学和工业界的计算技术研究计划呢？

由于联邦政府正在改变其支持计算技术研究的理由，这些经济学的问题今天在美国引起了特别的兴趣。从1945年到20世纪80年代，联邦政府对计算技术的投资，以冷战为理由通常是合理的。随着铁幕的瓦解，这个理由已经失去了说服力，并且被诉诸国家经济竞争力的理由所取代。在里根担任总统期间，日本被视为首要的竞争对手，其半导体工业迅速地侵占美国的市场份额，而且它的"第五代"计算机计划的目标是要在计算机市场取得类似的收益。在90年代，美国的工业界赢回了许多半导体业务，而日本计算机业的"第五代"计划也基本上失败了。虽然在这些行业警惕外国竞争的紧张神经已经放松了，但是联邦政府以经济发展需要而非国防需要为理由对计算技术的投入仍然被认为是合理的。或许计算机是真的提高了生产率和社会收益，只是经济学还没有发展到可对这些生产率的提高和社会收益进行测量的水平。

（郑方磊　译　江晓原　鲁旭东　校）

32

物理科学与医生的视野：
正在消失的学科界线

贝蒂安·霍尔茨曼·凯维勒斯

　　20世纪的最后三分之一期间，当医疗技术与计算机联系在一起时，这种结合所引发的变化几乎像随着1895年X射线的发现而来的变化一样剧烈。正如在那次较早的变革中那样，最大的变化发生于视觉的领域。X射线和荧光透视法使内科医生可以看到活体内部，以观察异物或肿瘤以及肺结核造成的肺部损伤，而新的数字化影像则可以在X射线不能穿透的那些器官例如大脑的深处，发现功能失调。像以前的X射线一样，这些新的装置在医疗上最初影响的是诊断。

　　威廉·康拉德·伦琴（1845～1923）于1896年发表的关于（发现）X射线的声明也许是最早的科学媒体事件。数月之内，X射线仪便被拖进百货公司，国王与沙皇的皇宫则安装了投币机式的X光机，它们也被装在了火车站以娱乐大众。尽管此现象是由一位对个人利益或是任何实际应用均无兴趣的物理学家发现的，但是很显然，对于外科医生和内科医生以及那些经销这些设备的人来说，这一发现将有助于进行诊断。

　　益处似乎如此之大，以致通常X射线仪的供应商或者对辐射的危险漫不经心，或者能找出另一种解释去说明烧伤与持续出现的溃疡。虽然如此，除了军事医学（例如美国在美西战争[Spanish-American war]中使用了X射线仪），这些仪器在其发现之后至少10年内并未在日常中被美国的医院使用。[1] 这种情况部分要归因于医学界的保守性，部分则要归结于早期X射线管的易碎和不可靠。这些充气管在威廉·戴维·库利吉（1873～1975）于1913年在通用电气公司（General Electric，GE）研制出X射线真

空管以前一直在使用，它们不够稳定可靠，而且它们产生的辐射强度也无法预知。[2] 对真空管的广泛接受，与因滤波和栅格而提高的图像分辨率，使得X射线仪成为第一次世界大战之后以医院为中心的医疗体系的必需品。[3] 到了20世纪20年代，健康人第一次有了例行检查肺结核（TB）的X射线胸透，他们在车祸或滑雪事故之后受伤的

---

〔1〕　Joe Howell，《医院中的技术》(*Technology in the Hospital*, Baltimore: Johns Hopkins University Press, 1995)。

〔2〕　Ruth Brecher 和 Edward Brecher，《射线：美国与加拿大放射医学史》(*The Rays: A History of Radiology in the United States and Canada*, Baltimore: Williams and Wilkins, 1969)。

〔3〕　Paul Starr，《美国医学的社会变革》(*The Social Transformation of American Medicine*, New York: Basic Books, 1982)。

肢体可以接受 X 射线检查,而且牙齿也可以接受定期的牙科 X 射线检查。X 射线仪成为了并且一直是使用频率最高的诊断仪器。

第一次世界大战之后,随着医学专业分科的确定,放射科医生成为了唯一分享这一技术的医生,而不是(像心脏病专家那样)只对机体的某一部分或(像风湿病专家那样)只对一种疾病感兴趣。对机器的依赖,使得放射学专家倾向于与像纽约的通用电器公司或俄亥俄州的皮克尔公司(Picker)的工程师密切合作。他们感兴趣的是减小机器的规模和缩短拍片和显影所需的时间。他们还对于减少病人与医生受电离辐射的影响感兴趣,因为这时,诸多研究表明,应该把辐射的影响降低到最低程度,对这些研究不可能再视而不见了。[4]

第二次世界大战后最初的数十年中,X 射线技术逐渐发展出了一些专用仪器,其中包括透视胸部组织而不会使病人受到威胁生命的辐射量之影响的仪器,以及可以使放射科医生无须使用红玻璃的增强器。从那时起,就在病人与技师所受到的辐射量减少的同时,X 射线图像的质量也在不断提高。不过,现代的 X 光片仍旧是由穿过病人的 X 射线在屏幕或胶片上形成的,与伦琴的第一张图像非常相像。[5]

X 射线与计算机联姻而产生的子技术,包括使用 X 射线的计算机断层扫描(Computerized tomography,CT),与传统 X 射线性质不同。它们受到了医学界的欢迎,因为这个群体已逐渐习惯了观察活体内部。但是从实验室到临床,新技术所走的路线彼此不同,且与最初的 X 射线所走的路线也不同。与 X 射线这样一个偶然的发现不同,新技术是一些坚定的个人数年努力的产物,他们使世界确信这些机器是可能的,而且是值得投资的。在美国和英国,由于得到了政府资金的部分支持,新仪器通常是从少数医学中心的小规模项目中产生的。在战后数十年间参与研制这些装置的科学家中,没有几个人预期到它们正在引起的变革的规模。

第二次世界大战之前,唯一用于医疗的电磁频谱是电离辐射——来自镭的 X 射线和核辐射。战时研究把物理学家、化学家以及工程师带入了各种各样的武器计划。由此而引发的核物理和材料科学研究以及雷达(无线电定位器)和声呐(声波导航和测距装置),都给年轻科学家提供了知识与技能,它们有着即刻和长期的医学意义。在战后的最初数十年中,这些项目的老资格人士把他们的注意力转向了医疗装置上。1945~1985 年间,他们创制了以一种新的方式控制 X 射线的机器,发现了产生于核反应的短寿命放射性同位元素在医疗上的用途,并把核磁共振与超声波扫描术中的无放射性实验转化成了图像技术。

617

〔4〕 Bettyann Holtzmann Kevles,《裸至骨骼:20 世纪的医学图像》(*Naked to the Bone*:*Medical Imaging in the Twentieth Century*,New Brunswick,N. J.:Rutgers University Press,1997);Gilbert F. Whitemore,《1928～1960 年的国家辐射防护委员会:从职业指导到政府法规》(The National Committee on Radiation Protection,1928 – 1960:From Professional Guidelines to Government Regulation,PhD diss.,Harvard University,1986)。

〔5〕 Brecher,《射线:美国与加拿大放射医学史》。

在医学领域,新的影像诊断仪于 1972 年之后的迅速出现给人一种印象:技术的机车不可避免地向着一个共同的目标奔去。不过,事实有点不同。新技术确实在战后的最初数十年间出现,但是由于不同领域的科学家之间缺乏沟通,大概使得临床用仪器的最终发展变慢。就大量的发明而言,没有什么是必然的。如果没有 20 世纪 50 年代和 60 年代在英格兰出现的一连串事件,很难想象出如此戏剧性的成像变革会如何发生。[6]

随后的基于 X 射线的 CT 和基于磁场的磁共振成像(MRI)的历史,说明了有关一些发明的想法是如何在某一时间"悬而未决",它们的发展如何依赖于发明者的坚韧,它们是如何在市场的运气和变化无常中获得成功的。医生与物理学家、工程师甚至天文学家的互动例证了标志着当代研究特点的学科界线的突破。[7]

CT 在理论与医学学科中的起源

在 1972 年变成现实之前,计算机断层扫描只存在于少数梦想者的想象中。早在 1921 年,医生们由于无法看到胸腔之下的心肺而日益感到灰心。这一问题激发了包括法国的安德烈·E. M. 博卡热和荷兰的贝尔纳德·齐德·德·普兰特在内的四国发明家们在 10 年的时间里取得了机器的专利权,这些机器的发明是以这样一个事实为基础:如果胎儿在动,则扫向孕妇的 X 射线就无法显示胎儿。所有这些专利都预设如果 X 射线源、病人在动,或者二者都在动,就会使医生想要观察的紧邻器官的骨骼变得模糊不清。他们称这些图像为层析 X 射线图(tomograph)——这个词是从希腊语中表示截面或分层的词"tomo"构造出来的。[8] 这些层析 X 射线图在诊断上颇为有用,激励着发明家们在战后年代运用计算机的新功能,通过重建来自一维数据的内部分层图像以获取更好的层析 X 射线图。20 世纪 50 年代中期,四位来自不同科学与医学领域的人开始研究一种方法,利用 X 射线和计算机数据重组来重构物体的分层或横截面的图像。

第一位研究者罗纳德·布雷斯韦尔(1921～　)是加利福尼亚斯坦福大学的太阳天文学家。他于 1955 年利用射电望远镜绘制太阳黑子(强烈微波发射区域)的天体图。由于他无法使射电天线聚焦于太阳的某一确定点上,他用从一条一维直线得到的一组数据来处理这一问题,由此他利用傅立叶变换的数学算法重构了一个二维的天体图。他于 1956 年在一家澳大利亚的物理学杂志上发表了这些结果。之后在 1967 年,在利

618

[6] Stuart S. Blume,《洞察力与工业:论医学中技术变革的动力》(*Insight and Industry*:*On the Dynamics of Technological Change in Medicine*, Cambridge, Mass.:MIT Press, 1992)。

[7] 关于 CT 的物理学,参看 Steve Webb,《起于阴影监视:放射影像的起源》(*From the Watching of Shadows*:*The Origins of Radiological Tomography*, Bristol, England:Adam Hilger, 1990)。关于包括 CT 和核磁共振成像在内的更多影像技术的更广泛的考察,参看 Stuart S. Blume,《洞察力与工业:论医学中技术变革的动力》。

[8] Kevles,《裸至骨骼:20 世纪的医学图像》,第 108 页～第 110 页。

用无线电波绘制月球的亮度图时，限于那时计算机的能力，他用一种比傅立叶变换在计算上更为经济的公式重构了一个相似的图像。这些公式后来被使用计算机的科学家们接受以完成各种其他的任务。[9]

几乎与此同时，气脑造影术中的不完善使洛杉矶加利福尼亚大学的神经学家威廉·奥尔登多夫（1925～1993）受到了打击，气脑造影术是当时唯一一种可以得到颅内图像的方法。它的程序是通过脊柱注射将空气送进大脑；得到的结果是一份粗糙的图像，与之相伴的是巨大的痛苦。为了寻找一种更好的观察大脑内部的方法，同时也是工程师的奥尔登多夫从他定期会面的同事所提出的问题中获得了启示。当地的柑橘种植者合作团体需要一种能将受霜害的柑橘从好的柑橘中拣出来的仪器。坏柑橘从表面上看是好的，而它脱水的部分则隐藏在健康的表皮之下。这些脱水部分使奥尔登多夫想到了隐藏在他的病人颅内有病的部分，例如肿瘤。

奥尔登多夫的同事曾仔细地考虑过使用某种 X 射线来挑拣这些柑橘，但后来放弃了。奥尔登多夫意识到用于解决柑橘问题的方法可以用于描绘人脑图像。经过深思，他认为，如果将一束 X 射线或 γ 射线射向一个非均质物体，射线会穿透它而射到放在物体另一侧的检波器，这样他就可以测量出该物体内某一点的射频强度。如果他接下来使波束与检波器围绕同一平面的相同的轴旋转，那么波束就可从多个角度穿透物体，从而精确地确定某一点的位置。通过沿直线路径移动物体，他最终就可以测量沿线的强度并且重构物体内部各点的强度关系。

奥尔登多夫回到他的家庭实验室检验这一理论。1959 年，他在那里建立了一个模型。他使用41 个完全相同的铁钉、1 个铝钉和 1 块塑料叠层板（上面给钉子留有小洞），将这个模型的"头"放在一个玩具电动货车和轨道上（这是向他的小儿子们借来的）。他使用了铅屏中的 γ 射线而不是 X 射线（因为 γ 射线更容易控制），并且利用旋转（分离出一个点）和平移（沿直线移动该点）扫描了平面上所有的点。（平移/旋转成为 CT 扫描的流行用语。）安装在一个 16 转/分的留声机转盘上，"机器"推动轴与波束的交叉点以每小时 80 毫米的速度穿过模型。它将一束准直高能粒子束穿过模型头的一个平面。波束同时确定了嵌入塑料叠层板中央的铁钉和铝钉的位置。产生的粒子射到光子检测器上，并且被计数，显示为一个可以辨识的二维图像模式。

他解释了他的机器以及所有 CT 扫描是如何工作的："站在森林中某一固定地点的观察者看远处的人会很困难，因为那个人可能被他们之间的树挡住了。但是假如观察者开始在森林中移动，而同时看着远处的人的方向，那么前景中的树就会看起来似乎在移向后面，而远处的人看起来好像是站着不动的。"运用这样的类推，奥尔登多夫说远处的人代表模型中心的钉子，而树则代表遮蔽住它的那排钉子。观察者的视线就像 γ 射线束，它穿过团团围绕在外面的钉子而持续盯着内部的钉子。当 γ 射线源环绕时，

[9]　同上书,第 147 页～第 148 页。

中央钉前后的钉子立刻就会吸收 γ 射线,从波束中将其删除,从而产生相当于森林中的树的模糊不清的运动。位于 γ 射线源运动中心的内部的钉子本身持续吸收 γ 射线。[10]

尽管它看似简单,但奥尔登多夫的模型体现了除现代数字计算机以外的所有后来计算机 X 射线断层扫描器的重要概念。奥尔登多夫就一个问题与芝加哥大学的成像科学家罗伯特·贝克交换了意见,后者回忆,在那些前计算机时代,他估计奥尔登多夫可能需要 28,000 个方程组以获得信息重构一个图像。因此他对奥尔登多夫说:"忘掉它吧!"[11]

奥尔登多夫没有计算工具去解释他可能获得的数据量。但是他已经证明为了测量某一点的射频强度——吸收辐射的能力,他不得不将一点上的辐射效应从同一平面上的其他点中分离出来。他解决了反向投影以重构一个二维的图像显示,并且成功地在他粗糙的模型上得到了检验。他认为,只要把这个粗糙的机器的尺寸与灵敏度按比例增加,他就能对头部进行同样的扫描,并且意识到用于病人时他需要以 X 射线代替 γ 射线,他于 1960 年为这样一台机器申请了专利。[12] 次年,他在其任会员的电气电子工程师协会的会刊《生物医学电子学》(Bio-Medical Electronics)上发表了他的实验结果。当他于 1963 年收到专利的时候,他与大量 X 射线制造厂商接触,但是全被拒绝了。一家企业回复说:"即使它能像你所说的那样工作,但是我们无法想象这样一个除拍头部断层 X 光片外全无用处的昂贵仪器会有一个重要的市场。"[13]

同样在 50 年代后期,那时仍旧住在其祖国南非的艾伦·科马克(1924~1998),接到了一个来自开普顿的格鲁特·舒尔(Groote Schuur)公立医院的电话,他们需要一位监控放射疗法的物理学家。那时还是一名大学讲师的科马克接受了这个特殊的任务。坐在放射科的办公桌旁,他对放射疗法竟然设计得如此随意感到惊讶。该疗法以这样的想法为基础,即用与人体组织近似的同质物质吸收辐射,仿佛骨头、肌肉或肺部组织在吸收上并无不同。这使他想到,他所需要的是一套人体不同部位的不同组织的吸收系数图。[14]

当然,他思考的是治疗而不是成像,他还关心接受不必要的过分辐射的情况。这促使他思考人体图的概念。从这种想法出发,他开始寻找一种用 X 射线绘制人体图的方法。他尚未有意识地思考提取图像,而且他也没听说过"断层扫描"这个词。他的研究的合理的副产品——图像,此时并未引起他多少兴趣,他那时更感兴趣的是解决与测量穿过人体不同质组织的 X 射线的吸收有关的数学问题。

〔10〕 同上书,引自未出版的回忆录(Mrs. Stella Oldendorf, 1995),第 331 页。
〔11〕 同上书,引自与作者的谈话(Spring 1993),第 151 页。
〔12〕 William H. Oldendorf,《探索脑部成像》(The Quest for an Image of the Brain, New York: Raven Press, 1980),第 85 页。
〔13〕 Kevles,《裸至骨骼:20 世纪的医学图像》,第 148 页~第 153 页。
〔14〕 Alan Cormack,与作者的面谈,Medford, Mass.,1993 年 3 月 16 日。

这一"线积分"问题时时萦绕于科马克的心头,在接下来的 1957 年,他尝试做一个试验,用一个圆周模型(或人体模型)上的 γ 射线源来检验他所提出的理论。随后出现的技师的一个失误使他很快从中受益。他请大学的几位机械师制作一个对称的人体模型,它由均质的铝盘制成,外面绕着木质的环。当他得到一个图像时,他发现了中心附近数据的反常。他询问了几位机械师,并且发现人体模型不是均质的;机械师在盘中央置入了一个密度稍有不同的钉子。这一机械师的"失误"揭示了科马克的路子是对的。他的扫描器实际上已经探测到了这一小小的密度差异。这一意外的小发现促使他继续从事线积分问题的研究,并且形成了他于 1963 年发表的论文的精髓。此时,他移居到了美国,来到波士顿和达夫斯大学(Tufts University),他把线积分问题当作一种精神消遣,只是在闲暇时才思考它。他曾经认为这个问题在知识产权上是属于**他的**问题。但是意识到有人必定已经解决了这一问题,他写信给三个大陆的数学家以找出是谁。几年后,他得知他问错了数学家。"他的"问题确实已经被解决了,而且不止一次,第一次是在 1905 年由一位荷兰物理学家解决了,后来在 1917 年由澳大利亚数学家约翰·拉东解决了。

在波士顿,科马克继续研究这一问题,1963 年,他用一个含有不规则对称设计的人体模型在内的模型进行了一项试验,运用一台计算机,他重构了一个不对称的人体模型的图像。他发表了试验结果,并且像于 1963 年从美国专利局获得了专利的加州的奥尔登多夫一样,试图争取外部的支持。他在结果发表之后所收到的唯一咨询来自纽沙泰尔大学(University of Neuchatel),该校瑞士雪崩研究中心(Swiss Avalanche Research Center)的一个代理人想要知道科马克的成果是否可以预报降雪量。[15]

CT 在私人产业中的起源

与此同时,在英国,百代唱片公司(Electrical and Musical Industries Limited)的一位工程师正在以不同的方法从事研究。精确的细节很难勾画,因为它们发生在一家私人公司的实验室,他们立即寻求专利保护,而保密则是关键。不过,毫无疑问的是,寻求专利的人是戈弗雷·纽博尔德·豪恩斯菲尔德(1919~),这位工程师在 20 世纪 50 年代早期即为百代公司研制了一台计算机,并且对模式识别颇感兴趣。

作为创立于 1898 年的留声机公司(The Gramophone Company,创始人故意把爱迪生表示唱片的 phonogram 倒置来作为公司的名称),百代公司是 1931 年由留声机公司并入其他两家唱片公司后而形成的。[16] 新公司的研究与发展项目参与了电视在 20 世

---

[15] 与 Alan Cormack 的私人通信,来自 Claude Jaccard 的信件。

[16] Charles Suskind,《CT 的发明》(The Invention of Computed Tomography),载于 A. Rupert Hall 和 Norman Smith 编,《技术史》(History of Technology, vol. 6, London:Mansell Publishing, 1981);Godfrey Hounsfield 爵士与作者的电话交谈,伦敦,1994 年 5 月 20 日。

纪30年代的发展。50年代,百代公司支持了晶体管和早期计算机的研究,但是并未忽略它的标志性产品——音乐唱片。百代公司出售各种公众所需要的经典与流行音乐:高保真(Hi-fi)和立体声唱片以及录音带。60年代晚期,甲壳虫乐队(Beatles)唱片的成功创收占到了这家公司可观资产的一半以上,而电子产品则只占销售量的不到四分之一。医疗器械则事实上并不存在。

豪恩斯菲尔德于50年代被指派来改进公司的英国商务计算机效率,他成功地对它进行了重新设计,使之用晶体管运行。但是百代公司需要现金用于唱片的多样化投资并且出售了计算机设备。此时,豪恩斯菲尔德被告知找到了一个新的计划,而且他被选中从事模式识别计划,这是一个与百代公司的电视、唱片以及回放数据等主要业务相关的问题。他被这些难题所吸引,并且对其复杂性的威胁并不担忧。他认为"这些问题的大部分仅仅……运用了常识,并于随后得到数学证明"。[17]

豪恩斯菲尔德的战时工作包括两项非常不同的智力活动:一个是由存储线性电视扫描的图像信息组成;另一个使雷达有了适当的位置,在雷达上可以把地貌的地形特征显示在阴极射线管荧光屏上。豪恩斯菲尔德后来回忆说,当CT扫描仪的种子在他的头脑中萌芽之时,他又重新开始思考这些"漫长的乡村漫游"问题。[18] 他意识到,如果从不同角度对一个物体进行大量测量,所提供的信息可被用于重构一个图像。尽管可能要运用数以千计的数学方程,但他确信最近所用的计算机能解决这些问题。豪恩斯菲尔德为企业工作,并且知道他所提出的任何建议都必须有实际用途。似乎很明显,这一实际的用途便是放射医学,而被扫描的对象则是病人。他所使用的计算机除了解方程还可以做更多事;它们可以存储图像,亦即诸多可用来表示多组像素的字节。和科马克一样,他意识到普通X射线效率低,因为它们的随机散射并不能给胶片提供任何信息,并且由于其他图像(例如骨头以及软组织)的叠印使得一些图像很难读解。按照豪恩斯菲尔德的设想,CT扫描应该提供比普通X射线图像更多的信息。每一次扫描看上去都像是截面的片段,而当一系列扫描紧密地结合在一起时即可构成一个三维的图像。重要的问题是:他是否可以得到一个足够完美的图像(不会受到无用的数据的影响)而不会令病人因为辐射过量而受伤害?[19]

他想尝试一下,而他的想法成了百代公司1968年英国专利的基础,该专利即"一种用X射线或γ射线进行人体检查的方法和仪器"。[20] 在这里,豪恩斯菲尔德在解决问题的过程中运用了与澳大利亚、南非以及美国发明者大致相同的论证方法。他请百代公司允许他建立一个模型。使科马克困惑的数学并没有令豪恩斯菲尔德烦恼;他知道有一些算法,包括傅立叶变换和布雷斯韦尔已发表的著作,可用于重组来自投影的

623

[17]　Charles Suskind,《CT的发明》,载于《技术史》,vol. 6,第47页。与作者的私人谈话,1997年8月。
[18]　Godfrey Hounsfield 爵士与作者的电话交谈,1994年5月20日。
[19]　Godfrey Hounsfield 爵士,电话谈话,1997年10月24日。
[20]　同上。

数据。事实证明,他抛弃了所有算法而采用了一个简单的"迭代"代数法,因为他发现,就他个人来说,这种方法是令人满意的。这对制作最初图像来说是出色的,但却过慢而且没有利用计算机潜在的优势。不过,在这一阶段,即 1971 年,豪恩斯菲尔德所感兴趣的仅仅是证明他完全可以完成它。后来他打算使这一过程完善,但在 1971 年他却喜欢上了实践控制,并且乐此不疲。[21]

不过,百代公司犹豫不决且拒绝在没有市场依据的情况下提供更多资金。豪恩斯菲尔德的下一步计划便是造访英国健康与社会保障部(Britain's Department of Health and Social Security, DHSS),在这里,他解释了他所推荐的设备可用于检测微小肿瘤。可以大量检测微小肿瘤的建议似乎并没有激发健康部官员的想象力,这时,豪恩斯菲尔德推荐说这种机器可以看到大脑内部! 这一提议正中他们下怀。"看到"大脑内部的观念提供了一种经济实惠的承诺,因为大部分的脑部问题使昂贵的检测外科成为不可避免的事情。但是它所涉及的并不仅仅是经济利益。自从 X 射线发明,能看到有生命的活动的大脑的期望已经激起了公众的想象力。

不久,豪恩斯菲尔德便被安排与一位著名的神经放射学家合作,后者认识到发明的潜力,并促使豪恩斯菲尔德与一位一直寻找其他大脑成像成果的神经外科医生联系。在 1968 年和 1969 年全年,豪恩斯菲尔德研究了一个像奥尔登多夫那样的使用 γ 射线而非 X 射线的模型。γ 射线扫描仪用了 9 天时间扫描物体,并且用了两个半小时在计算机上处理数据。他用 X 射线取代了 γ 射线,从而将扫描时间减少到 9 个小时。在他继续改进他的系统时,他将研究对象从人工模型转移到猪头(他有一次曾将一个整洁的包裹好的猪头不小心留在伦敦地铁上),并且最终用到了人体器官上。

有了政府提供的资金以及来自百代公司甲壳虫乐队的利润,方案正在成为现实。因为保密是第一位的,现在很难弄清人们对此了解多少,谁了解,以及什么时候了解的。不过,有一点很清楚,即在 1971 年 10 月 1 日,豪恩斯菲尔德扫描了第一位病人,一位 51 岁的妇女,她的脑叶的某处有脑瘤的症状。

这位妇女头戴一顶橡皮帽,躺在一个装满水的塑料箱子旁。所有最早的机器都将病人的头部放入水中,这样做是必要的,因为水的密度比空气的密度更接近骨头的密度。通过排掉空气,豪恩斯菲尔德减少了必须处理的信息的范围以及计算机(与后来的模型相比,它的能力非常有限)的计算量。一束 X 射线准直束射出并穿过她的大脑,然后在另一侧由一台闪烁探测器接收。当射线源和探测器都沿直线移动时,来自 160 个点或"扫描通道"的信息被收集在一起,并且被存储在计算机中。绕着病人的头部旋转设备 1 度,豪恩斯菲尔德收集到了另一组 160 个数据。总而言之,第一台机器总共从磁带上的 180 个数据点收集了信息,共计 28,000 个读数。在整个过程中,病人必须

624

[21]　与 Hounsfield 的私人谈话,伦敦,1994 年 5 月 20 日。

在 15 个小时中保持头部不动,靠着装满水的箱子。[22] 但是单束的辐射量很小,即使在 15 个小时以后,全部的辐射量大约相当于一个病人在拍例行的胃肠 X 光照片时所接受的辐射量。

数据磁带送到伦敦那边的一台计算机上进行处理,结果再经过产生横截面图像的计算机进行处理,这一图像由显示器屏幕摄取。照片最终被送回给外科医生,他们可以很容易地看到病人的左额叶有一个肿瘤,并将它切除。

第一台 CT 扫描仪的成就所引起的改进是如此迅速,以至于在 3 年中,这种机器已历经三代产品。更新的设备展现了整个人体的图像,它使用多个探测器,从而将获得一张单个图像所需的时间从 20 分钟减少到 20 秒,这也就是病人可以屏住呼吸的时间,后来又减少到 1 秒。随着计算机更快更多地处理数据的性能的增长,CT 不断变得便捷、适应性更强。从一开始,CT 使内科医生能够展现越来越窄的骨骼、软骨和肌肉部分或横截面的图像。无论是大脑、肝脏还是膝盖,CT 使内科医生能够看到人体内部,就仿佛外科医生切开一个口子似的。CT 改变了外伤治疗的性质。

科马克和豪恩斯菲尔德因为研制 CT 而于 1979 年获得了诺贝尔生理学与医学奖。这次获奖是有争议的。豪恩斯菲尔德似乎是一个容易理解的选择,虽然从科学家的眼光来看,他所创造的是一种有益的技术而不是科学。他没有推导出任何原创的算法,也没有发明提供原始数据的准直束或接收器。不过,他设计了一台机器,即使理论与经验都认为它不会成功,它依然可以工作。科马克已经阐明了有关的数学理论,这会令伦琴感到满足,后者曾有一次说过:"为其工作作准备的物理学家需要做三件事:数学、数学还是数学。"[23]

奥尔登多夫颇为失望,他说他曾在此之前付出了 20 年的代价,并且转向了其他研究。布雷斯韦尔从未认为自己是一个竞争者,他继续他的天文学工作,但在 1977 年加入了新的《轴向计算层析成像技术杂志》(*Journal of Computed Axial Tomography*)的编委会。无论评奖的政策如何,1979 年诺贝尔生理学与医学奖颁给了一位工程师和一位核物理学家这一事实说明了诊断医学如何彻底地与纯物理学和应用物理学结合在一起。

不过,CT 并不是最终的成像模式:它没有使骨内的软组织或结构例如肿瘤成像。它还会使病人遭受电离辐射,辐射量与他们进行一次完整的使用钡检查胃肠所接收的辐射量相同。在它的早期岁月,唯一的挑战来自核医学,这是一项复杂的技术:微量放射性物质被注射进血管,然后当它们传遍全身的时候,就可以用一个外置的检测仪绘制这些放射性物质的位置图。此时,暴露于某种电离辐射之下似乎是不进入活体内部而提取图像不可避免的代价。

[22] 与 Hounsfield 的电话谈话,1997 年 10 月 25 日。
[23] George Sarton,《X 射线的发现》(*The Discovery of X Rays*),《爱西斯》(*Isis*),26(1936),第 362 页。

从核磁共振到核磁共振成像

随着核磁共振成像进入临床,辐射代价于 20 世纪 80 年代消失了。核磁共振成像(MRI)消除了射束方程中的辐射,并且形成了对 X 射线来说是不可见的软组织的图像。核磁共振成像受益于科马克对寻找可输入其计算机的数学的执着。尽管 MRI 信号的性质完全不同于 CT 获得数据的方法,但它们都以人体为目标,这点是相同的。依据大量来自人体内部的数据重组图像的问题也是近似的。在这两种技术各自独立发展的 10 年,计算机的功能有了巨大增长,而数学家也研究出了更丰富的新算法,以处理数据。这些是 CT 送给 MRI 的重要礼物中的第一份。第二份是使相互竞争建造用于临床机器的群体确信:已经为 CT 扫描仪花费了 700,000 美元或更多的钱的医院,至少要再花费那样一大笔资金以购进一台有巨大磁体的机器,而它很可能还需要一笔昂贵的特殊训练费。

尽管 MRI 像 CT 一样,可以用计算机重构活体内部的图像,但它们的科学依据完全不同。MRI 源于这样的认识,即原子核内部是可控制的,这一思想最初是由物理学家沃尔夫冈·泡利首次提出的。1924 年,他提出某些原子核具有角动量或"自旋",在一定条件下,它们会表现出磁的性质。这一核磁的证据于 1937 年被两位苏联科学家在冷冻氢中发现了,同年,美国物理学家伊西多·拉比(1898~1988)实际测到了核子的磁矩(或自旋),他为此而造出了"磁核共振(nuclear magnetic resonance, NMR)"这个短语。两年后,拉比测到了质子和氘核的磁矩。次年,即 1940 年,费利克斯·布洛赫(1905~1983)将这一方法加以改变以测量中子的磁矩,1945 年,他开始研究,在利用射频场的情况下,是否可以用一种他称之为"核感应"的电磁方法探测到核跃迁。在此期间,布洛赫似乎对他的研究在商业方面的可能性并无兴趣,当他看到与维利安公司(Varian Associates,一家与斯坦福大学关系密切的组织)合作的好处时,情况将有所改变。[24]

起初,在 1980 年之前只有核磁共振(NMR)。它是像拉比这样的科学家所感兴趣的。拉比因为其在核磁共振方面的实验测量而获得 1944 年的诺贝尔物理学奖。8 年后,诺贝尔物理学奖由费利克斯·布洛赫和爱德华·珀塞耳(1912~)获得,他们各自独立但几乎同时在 1946 年的《物理学评论》(The Physical Review)上发表文章,描述了他们测量大块物质核磁共振的方法。布洛赫和珀塞耳都基于这样的认识开始他们的工作:奇数质子、奇数中子或这二者将会像小指南针暴露于强磁场下时那样排成一条

[24] Timothy Lenoir 和 Christopher Lecuyer,《器械制造商与秩序制定者:核磁共振个案》(Instrument Makers and Discipline Builders: The Case of Nuclear Magnetic Resonance),《科学展望》(Perspectives On Science), 3, no.2(Fall 1995),第 284 页~第 289 页。

直线。然后,当交变磁感应在特定原子射频率即它的共振频率上显示出来时,核子中的质子便发生共振。

在大多数实验室核磁共振以及后来的医学成像中,成像的核子是氢核,因为作为水的主要组成部分,氢是人体中最普遍的元素。[25] 最终,当核磁共振得到改进以适应复杂的成像系统时,通过对无线电信号的复杂控制而获得另外的图像成为了可能。这是通过使它们脉动(不时地改变频率)并且利用了自旋核的其他性质而实现的。

核磁共振几乎立刻就被化学家采纳,他们将它视作对任何物质进行化学分析的一种出色的工具。在第二次世界大战后最初的数十年中,核磁共振是物理与化学的跨学科产物,并且被用于研究试管大小的同质无机物的样本。它与医学毫无关系,在人们意识到它在医学上的应用之前,25 年流逝而过。不过,在这些年中,核磁共振领域的仪器制造者制造出了越来越大的磁体,因而当核磁共振成像成为可能时,医疗设备所需要的巨大的磁体可以并且将由这些公司来制造。

核磁共振成像在核磁共振的基础上发展起来是因为雷蒙德·达马蒂安(1936~　)的顿悟及保罗·劳特布尔(1929~　)的热情和决心。与其他科学发现一样,从核磁共振波谱到医学成像的跨越并无必然。但是一旦证明核磁共振能够使从前隐藏在体内的区域成像,优先权的竞争开始了。

1947 年,没有证据表明人暴露在强大的磁场下是安全的。1948 年,珀塞耳将他的头部伸入到一个核磁共振场的磁铁中(强度为 2 特斯拉)并且报告说他感到牙齿中的金属填充物发出的嗡嗡振响,并且尝到了金属的味道。但是与病人长达一小时地暴露于这一磁场之下相比,这次有限的暴露只是小事一桩。磁场会如何作用于器官组织——如果有的话,这还是一个难题。医学研究者们假定磁场是无害的,因为正是在一个磁场中(此处指地磁场),生命得以进化和兴旺。核磁共振场必须尽可能是均质的,因此化学家们常常要旋转他们的样本以将它们暴露于一个均匀场中。

在 20 世纪 50 年代和 60 年代,化学家们将核磁共振的用途扩展到了有机物质,直到检查更大的组织样本成为可能。基于这些结果,位于纽约的布鲁克林南部医学中心(Downstate Medical Center)的医生达马蒂安猜想,肿瘤组织与健康组织有所不同,而这种不同可以用核磁共振辨别出来。他将小鼠带进他在匹兹堡核磁共振研究所外的实验室(NMR Speciality),以检验他的理论。他的目标是找到一种在早期阶段检测癌症的方法,而核磁共振似乎能实现这种期望。[26]

同时,一位来自纽约州立大学石溪分校(State University of New York at Stony Brook)的化学家劳特布尔得到了一个在核磁共振研究所外的实验室的夏季工作,这个实验室

[25] Felix W. Wehrli,《核磁共振的起源与未来》(The Origins and Future of Magnetic Resonance Imaging),载于《今日物理》(Physics Today),June 1992,第 34 页~第 42 页。

[26] Raymond Damadian,与作者的面谈,1993 年 4 月;Sonny Kleinfield,《一个称作不屈服的机器》(A Machine Called Indomitable,New York:Times Books,1985)。

在财政上并不稳定。给他留下印象的并不是在他关于外科手术过程的假设中检查样本以确认是否有癌症症状的想法。他感兴趣的是来自非常小的组织样本的核磁共振数据,他回忆说,当核磁共振机器没有调整得很精准时,各种怪异的模糊形影、肿块和谱线分裂就会出现,这是一些必须消除的假象。他想到这些肿块所传递的不仅有关于磁场的信息,还有关于样本本身的信息。

　　正是这种领悟引起了他的疑问:"是否有一种可以精确地断定核磁共振信号从何而来的方法?"他的答案是:"使用磁场梯度。"他推论说,如果物体上的磁场从一点到另一点有所变化,与磁场强度成正比的共振频率将以同样的方式变化。因此,举例来说,如果他使磁场从他的左耳到右耳稍有增加,那么左耳将有一个共振频率,而右耳则有一个不同的共振频率。心里这样想,他对共振频率进行了划分,并且推论,他会在一边看到一只耳朵频率的小波动,而在另一边看到另一只耳朵频率的波动。通过把他所想到的两耳之间所有复杂的事物简化为单一的描记线,就将给出信息的一个维度。但是一条单一的描记线不同于一个完整的图像。通过将磁场梯度应用在不同方向上,他可以得到一个完整的图像。他如何从三维还原到单点扫描?答案随之而来。"那晚,我奔出去来到一个杂货店,买了一个我能找到的最好的东西——笔记本,并且记下这些那时我所见证的情况,1971年9月2日。"[27]

　　这就是我们现在所知道的一维图像的开始。劳特布尔能够将这些具有磁梯度不同位置之数据的单独的点转化为空间信息,这是对达马蒂安的质的超越,后者在此时得出了线性图像,但它没有空间维度。几天后,劳特布尔找出了一种更好的方法,实际上这正是豪恩斯菲尔德后来所发表的有关CT的方法。劳特布尔把一种代数重建法用于投影重建,并且认为他已经开辟了一种全新的应用数学领域。当然,他并未做到。但是他发现了一种从核磁共振构建图像的方法。他在《自然》(*Nature*)上发表了这一发现,立即引起了医学和生物化学专业领域的极大关注。[28]

　　但是正如劳特布尔不知道布雷斯韦尔和科马克的数学一样,诺丁汉大学的物理学家彼得·曼斯菲尔德(1933～　)也并不知道劳特布尔所从事的工作。也许这便是科学日益专业化的一种功能,各个学科都有了自己的杂志,都召集自己的会议,都越来越多地使用各自的专有词汇。因此,不能指望作为物理学家的曼斯菲尔德去阅读化学方面的文章,即使是在像《自然》这样的跨专业杂志上。

　　曼斯菲尔德的目标与达马蒂安医生想要用核磁共振绘出肿瘤组织的区域的目标相去甚远,也与化学家劳特布尔关注于使液体成像的目标不同。1973年,曼斯菲尔德发表了《固体的核磁共振衍射》(NMR Diffraction in Solids),此文原则上为在原子结构

---

[27]　Paul lautebur,与作者的面谈,Urbana, Ill. , 1992年12月2日。

[28]　Paul lautebur,《局部相互作用诱发的图像构成:使用核磁共振实例》(Image Formation by Induced Local Interactions: Examples Employing Nuclear Magnetic Resonance),《自然》,242(1973),第190页～第191页。

水平上使固体成像提供了可能性。曼斯菲尔德运用与劳特布尔不同的词汇,他后来回忆说:"我们提出了一个详细阐述的数学的解释。我们所做的工作便是制作了一个点阵。一个梯度较粗的物质的模拟点阵。当然,所基于的原则恰恰就是,这将可以在生物学上应用。"[29]

当他于 1974 年在波兰举行的一次物理学会议上提交他的结果时,曼斯菲尔德认为他第一次告知世界关于成像的信息。听众中有人问他是否注意到保罗·劳特布尔的工作。"什么工作?对此我一无所知。对我来说这有如晴天霹雳。"曼斯菲尔德已提出了梯度的想法,他根据固体物理学而不是大量液体物质的生物学框架对此加以描述:"随着时间流逝与工作进展,我们在数学框架下引入了所谓 K 空间成像的观念。如今当你向人们谈论如何成像时,他们总是会谈论 K 空间轨道。"在物理学家们谈论曼斯菲尔德称之为"倒易空间"而非真实空间中的成像时,K 空间轨道就是这样一种方法。

1974 年,曼斯菲尔德离开了他关于固体的研究,转而开始对液体的成像更确切地说是人体成像的研究。他不是英国唯一一位研究核磁共振的科学家。在阿伯丁北部,医学物理学家约翰·马拉德不久得到了一只刚刚被打晕的小鼠的出色图像。在伦敦,百代公司也在向核磁共振成像前进。这时,英美的实验室正在为取得更清晰和更高分辨率的核磁共振成像而相互竞争。这一研究的大部分资金都来自私人。国家健康研究所(National Institutes of Health)对基础科学而非设备提供的资金很少,尽管此时已不那么容易将二者分开了。

核磁共振与市场

到了 20 世纪 80 年代早期,仪器进入了美国和英国的临床,而这项曾被称作核磁共振(NMR)的技术已改名磁共振成像(MRI)。有人认为这一变化归因于避免使用"核(nuclear)"这个会让人将其与原子弹联系起来的名词,另一些人则认为它体现了放射学者试图将他们的专业与核医学领域区分开来的努力。磁共振技术继续发展;它的图像越来越精确,1991 年,快速磁共振成像(fMRI)运用曼斯菲尔德的想法与贝尔实验室所研究的公式,不仅使结构组织,也开始使代谢功能成像。fMRI 可以追踪大脑内的活动,而磁共振摄谱术(MRS)可以使人体特殊区域中除了氢以外的元素成像。

对劳特布尔而言,一旦磁共振进入市场,CT 也就过时了。他指出,它能做与 X 射线一样的事情,但不会使病人遭受电离辐射。它可以使因被骨骼挡住而变得模糊不清的区域成像。研制核磁共振成像所涉及的大多数人从一开始即确信,它比 CT 更好,并且他们羡慕 CT 最先进入市场。

保罗·劳特布尔坦陈了他所喜爱的一个思想实验:

[29]　此处与后面的引语引自 Peter Mansfield 爵士与作者的谈话,诺丁汉,英格兰,1994 年 5 月 18 日。

　　想象一下,无论是出于什么原因,有人解决了怎样形成磁共振图像的问题,并且在有人断定它可以做与 X 射线相近似的事情之前,它突然进入全盛时期,然后其他人来到国家健康研究所和通用电器公司说:"你知道,我们可以做与 X 射线同样的事情。它将会给人们巨大剂量的放射线辐射,而骨骼将会使大部分的软组织看不清细节,你实际上无法清晰地看到软组织的差异,并且你只能推测如何得到头部横面图而不是在磁共振中得到的非常完美的三维图像和所有不同的分层,但是唉呀,我们无论如何都愿意研制它。"联邦政府会对此展颜微笑吗? 会有专用拨款吗? 会有公司投钱于此吗? 不太可能。它会胎死腹中。[30]

　　也许。但如果 CT 尚未使医疗管理者在心理与财力方面做好准备的话,MRI 是否就能进入市场? 在 1973 年每个医院花费 400,000 美元而购进几台 CT 扫描仪,三年内将其置换为 500,000 美元的仪器之后,医院花 100,000 美元只购买一个磁体的想法似乎也并不过分。MRI 证实,由于新的几代计算机大大扩展了的能力,CT 的算法是可转换的并且具有无限扩展性。这些相同的算法经过调整适应了核成像仪器——单光子发射型计算机断层显像仪(single positron emission computed tomography,SPECT) 和正电子发射型断层显像仪(positron emission tomography,PET),这些机器可以从注射到血液中的放射性同位素中提取图像,到了 20 世纪 80 年代晚期,它们经过调整又适应了各种超声波仪器,它们已经成为心脏病学、泌尿学以及产科学诊断中的重要部分。没有 CT 戏剧性地进入医疗市场,它的那些换代仪器很有可能将及时出现,但是很难想象它们在管理式医疗和成本削减的环境下境遇如何。

　　从 1921 年在法国断层扫描技术的专利,到它于 1938 年在美国制造,其间花了几乎 20 年时间。计算机 X 射线断层扫描于 1960 年出现在奥尔登多夫和科马克的视野中,但是 CT 的临床用途直到 1971 年才被认识到。每个个案中,灵感与生产之间的迟滞都与经济因素有关,包括预期的需求量、医疗团体的投资能力、美国医疗保险系统的结构以及医院为实验提供经费的预算能力。在美国之外的任何地方都没有很大的投资用于这些昂贵机器的生产。在 CT 的个案中,它还依赖与计算机的同步发展。

　　但是,即使所有这些因素都起作用,若没有甲壳虫乐队所挣的一笔横财以及在医疗市场中毫无经验(naïveté),对豪恩斯菲尔德的放行许可也决不会出现。当然,时机把握就是一切,而 10 年的延迟可能使 1976 年之后在已经受到严密监视、以节约度日的美国医疗市场进行这样一笔投资变得不可思议。在影像诊断中很可能发生巨大的跃进,但它们更应该是渐进式的跳跃而不是所出现的那种革命方式。当脑磁描记法(Magneto encephalography,MEG)——一种使脑磁波成像并且揭示了听力系统精巧作用的昂贵机器于 20 世纪 90 年代初开始被研发时,它进展缓慢;现在它刚刚开始出现于那些从事人脑成像的实验室。对技术革新大规模投入的年代也许已经过去了;在 20

[30]　Paul Lautebur 与作者的面谈。

世纪 90 年代晚期依然存在的投资,似乎投入使现有的成像技术更便宜的发展中了。

医学成像的未来

计算机使医学成像仪能够迅速处理大量数据,并显示几乎无穷无尽的一系列变换与可能性而不会产生任何假象。计算机存储器在 20 世纪最后四分之一世纪中的扩展已改变了医学成像仪在外科、治疗与诊断中的可能应用。

在这一领域,甚至仍旧占据全部诊断成像的 80% 的 X 光片——我们常见的牙齿与骨骼的黑白图像,也正在迅速消失,至少传统胶片的 X 光片是如此。20 世纪 90 年代末,它们也被高能计算机改变了。将 X 射线数字化的新方法最初是为了解决存储巨量 X 射线胶片问题而研究的,这些新方法具有减少病人所受到的辐射量的优点。同样重要的是,技师现在有能力在这些重构的图像上将病变处放大。

物理科学在 20 世纪末对医学的影响的最后一个例子,即表明学科界线之间的渗透性的例子,是乳房检查 X 射线照片——X 射线胶片的新方法。1994 年,空间望远镜科学研究所(Space Telescope Science Institute)的天文学家检查从遥远星系返回的图像。这些照片是在 1993 年改进硬件之前,通过哈勃空间望远镜糟糕的反射镜拍到的。天文学家使用软件使那些更早的图像变清晰,而且他们发现邻近的乔治敦大学医学院(Georgetown University Medical School)的一位放射学家正在处理一个相近的问题。两项任务都关注于数字图像中的白斑。在研究遥远星系的个案中,哈勃望远镜的研究者们不得不把来自暗星的宇宙射线碰撞的白色斑点辨别出来。乳房 X 光摄影人员则要消除软组织图像上除那些白点以外的任何东西——医生们能够识别这些白点即微钙化点,亦即癌症的先兆。同样的技术能使天文学家消除斑点而使放射学家保留它们。哈勃望远镜最初的反射镜上的瑕疵证明,它们对早期计算机癌症检查来说是一扇机遇之窗。[31]

不过,虽然影像诊断是一项重要的事业,但只是这段历史的一部分。视觉上的突破也主导了外科革命。脑部手术现在利用立体定向外科系统,这一系统把 CT 图像和 MR 图像结合在一起构建一个详细的三维图像,从而使外科医生能够精确定位他们将要切除的组织。微型电视摄像机的发展也已经使外科医生能够准确地看到他们正在手术的部位,而在身体的其他部位几乎不会有任何切痕。外科医生可以将这些微型摄像机和一束光置入体内,从而能够在电视显示器上看到放大了的被怀疑的区域,然后医生可以看着显示器插入并使用微型外科器械,有时是远程遥控。新的外科技术包括:内窥镜检查法,借此外科医生常常以光纤为工具,经由喉咙进入食道和胃部,对要

[31] 私人通信,Robert Hanisch,空间望远镜研究所,巴尔的摩,1997 年 8 月。

治疗的区域进行定向和手术;腹腔镜检查法,用这种方法,可以通过肚脐*附近的切口经腹腔而进入人体检查。外科医生现在不仅可以看到他们要实施手术的器官内部,而且还能看到它们被放大的图像,从而可以监视在病人身体的最深处进行手术的过程,从开始到最后缝合。

先是诊断成像随后是应用成像,成像技术已在外科实践中引起了根本改变。对这最后一类技术,物理科学还提供了激光与纤维光学方面的帮助。医学已成为一种专门的应用科学。医生的技术与技巧依然重要,但工具是新的,而且需要大多数医生过去所不了解的一定程度的技巧。

标志着 20 世纪中期数十年间物理学研究特点的学科分化,到了最后的 10 年变得过时了。新的跨学科项目产生了,而医学是其受益者。尽管在 1970 年之前的数年中,数学家、物理学家、天文学家以及医生分别在各自的刊物上发表成果,但随后跨学科刊物则反映了新的成像科学领域的发展。逐渐在 20 世纪的大部分医学中占据主导地位的视觉文化是以技术而实现的可见光谱拓展的一部分,当成像技术将活体更小更细微的部分展示在我们面前时,这种拓展有望使医学发生持续的改变。

688

(吴燕 译 江晓原 鲁旭东 校)

✻ 原文为 naval,似为 navel(肚脐)之误。——译者注

33

全球环境变化与科学史

詹姆斯·罗杰·弗莱明

"全球环境变化"这个词在科学界和政界耳闻日盛,它是地圈－生物圈变化之必然性的简略表达。它还表达了这样一种认识:人类活动已经具有了全球影响力。从1945年以来,我们对于大量全球环境问题的担忧与日俱增,这些问题包括人口、能源消耗、污染以及生物圈健康。在新千年伊始,我们不是坚定地站在我们"文明的"前辈们的技术科学基础之上,而是担忧全球环境的改变,逡巡于新世纪的不确定性,对未来的全球环境质量问题毫无把握,甚至不知道是否还适合人类居住。[1]

大多数忧虑都集中在由人类活动引起的大气变化。在平流层的发现仅仅一个世纪之后,含氯氟烃(CFCs)的发明只过了50年之后,大气化学家对于氯以及其他化合物的有害性质的警告则只提出了20年之后,我们便担心平流层中的臭氧正在受到人类活动的破坏。在第一个碳循环模型建立仅仅一个世纪之后,莫纳罗亚山气象台(Mauna Loa Observatory)开展定期二氧化碳测量只不过30年之后,而气候模型建立者首次在计算机化的大气圈中使二氧化碳量增加一倍也不过20年之后,我们便担心地球可能经历一次由工业污染带来的突然且极有可能是灾难性的变暖。

科学家和工程师的工作引起了我们对这些以及其他环境问题的关注,但是问题(以及找到解决对策的责任)则是属于我们所有人的。最近,人文学者、由政策导向的社会科学家、政府官员以及外交官已将他们的注意力转向了全球变化的复杂的人类因素。学术著作、新的期刊、教科书、政府公文、专题论文、通俗报道等文献如潮水一般增长,其中一些相当有创见,其他的则是毫无创意和重复性的。由此而带来的结果是日渐增长的公众对环境问题的意识、对全球变化科学和政策的新的理解、对环境危机的普遍关心以及最近制订的计划,这一计划旨在通过各种社会和行为工程学可能还有地质工程学来干预全球环境。全球变化如今在理解、预言、保护以及可能控制全球环境的国际议程中处于中心地位。

---

[1] 有关这一问题的完整说明,参看 James Rodger Fleming,《从历史看气候变化》(*Historical Perspectives on Climate Change*, New York: Oxford University Press, 1998)。

全球环境变化的一个重要方面——历史维度尚未得到充分的讨论。在迅速发展的环境史领域中,文献都倾向于有一个**地区性的**关注中心。在特定地点或地区的问题上,有大量出色的研究。这一领域还就从亨利·戴维·梭罗到 1992 年的地球巅峰(Earth Summit)的环境运动的崛起,提出了一种半规范叙述。[2] 另一方面,大部分关于**全球**环境变化的文献是与历史无关的,而且相当狭窄地集中于对当前问题的科学的和政策的回应。当然,也有值得注意的例外。[3] 例如在气候研究领域,一些科学家与史学家、考古学家、人类学家合作再现了过去的气温与降水记录。其他人则运用可利用的科学数据探索了气候变化对于过去社会的影响。一些科学家已经对其领域的历史做出了严肃的思考。[4]

鉴于现存文献之欠缺,科学史家可以对我们理解全球环境变化做出与众不同的贡献。考虑到从几十年到几个世纪的时间跨度上,**有关全球环境的观点是随全球环境本身而改变的**,他们的贡献就更是如此。本章考察从启蒙时代到 20 世纪晚期的环境变化理论。由于问题的复杂性和有意选择了较大的时间跨度,这里将只能勾勒出主要趋势与发展的轮廓。为了更为简洁,我将把焦点主要集中于气候与气候因素之一——温度。[5] 本章首先考查从启蒙运动的人文传统向 19 世纪晚期科学论述的转变。我将对大约在 1900 年间关于气候变化的大量相互竞争的理论加以简要的概述,为更详细地

636

〔2〕 参看,例如 Richard White,《美国环境史:一个新的史学领域的发展》(American Environmental History:The Development of a New Historical Field),《太平洋史学评论》(Pacific Historical Review),August 1985,第297页~第335页;和[John Opie],《历史与环境》(History and the Environment),载于 Nancy Coppola 等编,《环境保护:从社会科学和人文科学视角解决环境问题》(Environmental Protection: Solving Environmental Problems from Social Science and Humanities Perspectives,Dubuque,Iowa:Kendall/Hunt,1997),第1页~第70页。

〔3〕 更为有趣的例外包括,John A. Dutton,《全球变化的挑战》(The Challenges of Global Change),载于 James Rodger Fleming 和 Henry A. Gemery 编,《科学、技术与环境:多学科视野》(Science, Technology, and the Environment: Multidisciplinary Perspectives,Akron,Ohio:University of Akron Press,1994),第53页~第111页,此文的重点放在科学方面;Harold K. Jacobson 和 Martin F. Price,《全球环境变化之人类因素研究框架》(A Framework for Research on the Human Dimensions of Global Environmental Change,Geneva:Unesco,1991),此书讨论了社会科学家的贡献,但将史学和人文科学研究排除在外;Mats Rolén 和 Bo Heurling 编,《环境变化:对社会与人类的挑战》(Environmental Change: A Challenge for Social Science and the Humanities,Stockholm:Norstedts,1994),此书的视野更为宽广,但仅限于对瑞典样本的研究;Leo Marx,《人文科学与环境的辩护》(The Humanities and the Defense of the Environment,Working Paper No. 15,Cambridge,Mass.:MIT Program in Science,Technology,and Society,n. d.,ca. 1990),第32页,此文为人文学者提供了一种富有成效的方法。

〔4〕 有关历史气候记录的科学重建,参看 Raymond S. Bradley 和 Philip D. Jones 编,《公元1500年以来的气候》(Climate Since A. D. 1500,London:Routledge,1992);Philip D. Jones、Raymond S. Bradley 和 Jean Jouzel 编,《过去2000年的气候变化与推动机制》(Climatic Variations and Forcing Mechanisms of the Last 2000 Years,Berlin:Springer,1996)。历史学家对气候变化的解释可看 Emmanuel Le Roy Ladurie,《盛宴时代,饥饿时代:自1000年以来的气候历史》(Times of Feast, Times of Famine: A History of Climate since the Year 1000,Garden City,N. Y.:Doubleday,1971),Barbara Bray 译;Robert I. Rotberg 和 Theodore K. Rabb 编,《气候与历史:跨学科历史研究》(Climate and History: Studies in Interdisciplinary History,Princeton,N. J.:Princeton University Press,1981);T. M. L. Wigley、M. J. Ingram 和 G. Farmer 编,《气候与历史:对过去的气候及其对人类影响的研究》(Climate and History: Studies in Past Climates and Their Impact on Man,Cambridge:Cambridge University Press,1981);H. H. Lamb,《气候、历史与现代世界》(Climate, History and the Modern World,2d ed.,London:Routledge,1995)。科学家对历史的研究可看 John Imbrie 和 Katherine Palmer Imbrie,《冰期:破解谜团》(Ice Ages: Solving the Mystery,Short Hills,N. J.:Enslow Publishers,1979);以及整期《人类环境杂志》(Ambio),26,no. 1(Feb. 1997)。

〔5〕 集中关注气候变化的理由可参看 Robert G. Fleagle,《全球环境变化:美国科学、政策与政治的互动》(Global Environmental Change: Interactions of Science, Policy, and Politics in the United States,Westport,Conn.:Praeger,1994)。Fleagle 引述了气象部门的领导层以及该领域发展中与天气和气候相关的突出问题。

分析对人为气候之忧虑,尤其是那些对二氧化碳作用之忧虑的突显作准备。这一"大历史"为更细致的气候学和气候改变的研究提供了一个非常必要的背景。莫特·格林会说,这不是关于进化论的"第 n 个"论题或关于牛顿的 $n+1$ 个论题。[6] 确切地说,这是一个更大的项目——详细考察全球变化研究的历史的第一步。

启蒙运动

对无论是由自然原因抑或人类活动引起的环境变化的忧虑,都不是什么新事物。虽然关于"全球变暖"的争论于近几年引人注目,但许多其他的对环境的忧虑早已存在于整个历史进程中。例如法国科学院院士、后来成为常任秘书的修道院长让－巴蒂斯·迪博(1670～1742),在他 1719 年的《关于诗歌和绘画的批判性思考》(*Réflexions critiques sur la poësie et sur la peinture*)中讨论了气候变化,并将它与文化上的变化相联系。[7] 在这部表面上看来是美学作品的著作中,迪博认为艺术天才只活跃于有着合适气候的国家(总是在北纬 25°～52°之间),在特定的国家中,创造精神的崛起与衰落可以由气候的变化而得到解释,欧洲和地中海地区的气候已经变得比古代更温暖了。尤其在解释意大利半岛的变化时,迪博认为:"自恺撒时代以来,罗马及相邻地区的大气已发生了如此巨大的变化,以至于在目前与古代居民之间存在着差异也根本不令人惊异。"[8]迪博将不同国家的文化差异与同一国家在不同时代的文化差异归因于环境的变化:

> 我的结论……是,民族性的差异可归因于他们各自国家大气质量的不同;同样,某一特定国家的居住者的风俗和天才的变化必定归因于该国大气质量的改变。因此,如同法国人与意大利人之间可观察到的差异是法、意两国大气的差异造成的;同样,法国在两个不同时代的风俗和天才的明显差异必定要归因于法国大气质量的变化。[9]

迪博的基本论点可以概述如下:如同某一特定区域或年份的葡萄可以制造出特有的佳酿一般,某一特定国家、特定时代的居民也从大气与土壤的总质量中萃取精华而创造出文化佳酿。只有最得天独厚的民族与时代能制造出众的文化精华,而大多数则

[6] Mott T. Greene,《意识形态的历史》(History of Geology),载于 Sally Gregory Kohlstedt 和 Margaret Rossiter 编,《美国科学的历史著作》(*Historical Writing on American Science*),《奥西里斯》(*Osiris*), 2d ser. 1(1985), 第 97 页～第 116 页,此文同时考查了新的历史领域研究的挑战与困难。

[7] Abbé Jean-Baptiste Du Bos,《关于诗歌和绘画的批判性思考》(2 vols, Paris, 1719)。英译本为 Thomas Nugent 所译,《关于诗歌、绘画和音乐的批判性思考》(*Critical Reflections on Poetry, Painting and Music*, 3 vols., London, 1748)。按照 Nugent 的观点,"过去几年出版的图书中很少有比下述《批判性思考》得到更多的认可或是在这个学术界中得到更大的荣誉"。

[8] Armin Hajman Koller,《修道院长迪博对气候理论的倡导:约翰·戈特弗里德·赫尔德的先驱》(*The Abbé Du Bos - His Advocacy of the Theory of Climate: A Precursor of Johann Gottfried Herder*, Champaign, Ill.: Garrard Press, 1937),第 26 页和第 98 页。

[9] Du Bos,《关于诗歌和绘画的批判性思考》(vol. 2, 1748),第 224 页。

只能制造出进餐时喝的淡酒或是醋。[10] 他列举了 4 个导致了非常有创造性的文化的杰出年代：马其顿王国腓力（Philip of Macedon）统治下的希腊、尤利乌斯·恺撒与奥古斯都·恺撒统治下的罗马、教皇尤里乌斯二世（Julius Ⅱ）与教皇利奥十世（Leo X）统治下的 16 世纪的意大利以及他本人身处其中的路易十四（Louis XIV）统治下的 17 世纪的法国。迪博的气候影响文化的观点部分来自古代哲学家、地理学家和历史学家的著述，但也有其更晚近的源流，如让·博丹、约翰·巴克利、丰特内勒和约翰·夏尔丹爵士等人的著作。迪博反过来也影响了其他著名作者，包括爱德华·吉本、约翰·戈特弗里德·赫尔德和孟德斯鸠（此人由迪博担保而到法国科学院任职）。[11]

　　大卫·休谟（1711～1776）在气候改变问题上明确地追随迪博。在他的文章《古城邦人口论》（Of the Populousness of Ancient Nations，大约 1750 年）中，休谟指出，欧洲国家耕作的发展已经引起了过去 2000 年中气候的逐渐变化。而且他认为，与之相类似但更为迅速的变化正在美洲诸国出现：

　　　　因而，承认［迪博的］关于欧洲比从前更温暖的论述有着充分的根据；我们如何能说明它呢？坦白地说，只有推想目前的土壤更好耕种，昔日遮天蔽日、在地球上投下重重阴影的森林被砍伐了，除此之外别无他法。随着森林被砍伐，我们在美洲的北方殖民地气候变得更为温和。[12]

　　迪博及其追随者的观点在 18 世纪下半叶主导了有关气候的论述，它造成一种颇有影响的见解，即认为欧美气候影响了帝国与艺术的进程，而无数个人的共同努力反过来也影响了气候本身。到了 18 世纪末，关于气候改变、文化与耕作，启蒙运动思想家已经得出如下结论：

　　1. 文化是由气候决定或者至少是受它强烈影响的。

　　2. 欧洲气候自古代以来已变得温和了。

　　3. 变化是由逐步砍伐森林和耕作而引起的。

　　4. 由于殖民，美洲气候正在经历迅速而惊人的变化。

　　5. 美洲气候的改善会使它更适合于欧洲型文明，而对"原始的"本土文化则越发不适合。

作为对上述告诫之回应，托马斯·杰斐逊（1743～1826）倡议一种实用的策略："对美国气候的观测应在气候变化得过于剧烈之前立即开始。这些观测在一个世纪中应重复

［10］ 这些思想被 John Arbuthnot 在《大气对人体的影响问题》（An Essay Concerning the Effects of Air on Human Bodies, London, 1733）进一步发展了。

［11］ Koller，《修道院长迪博对气候理论的倡导：约翰·戈特弗里德·赫尔德的先驱》，第 67 页～第 68 页，第 109 页～第 110 页。关于 18 世纪气候的更多资料，请参看 Clarence J. Glacken，《罗得岛海岸遗迹：从远古时代到 18 世纪末西方思想中的自然与文化》（Traces on the Rhodian Shore: Nature and Culture in Western Thought from Ancient Times to the End of the Eighteenth Century, Berkeley: University of California Press, 1967），第 434 页。亦可参看 Marian J. Tooley，《博丹与中世纪气候理论》（Bodin and the Mediaeval Theory of Climate），《反射镜》（Speculum），28（1953），第 64 页～第 83 页；E. Fournol，《孟德斯鸠的先驱博丹》（Bodin prédécesseur de Montesquieu, Paris, 1896）。

［12］ David Hume，《古城邦人口论》，载于 David Hume，《道德、政治与文学随笔集》（Essays: Moral, Political, and Literary, 2 vols., London, 1875），T. H. Green 和 T. H. Grose 编，第 1 卷，第 432 页～第 439 页。

……一次或两次，以说明森林砍伐和文化对气候变化的影响。"[13]

人文学与科学的变化：美国个案

北美早期的定居者发现，相对于旧大陆而言，这里的大气更为变化无常，气候更为恶劣，暴风雨也更为强烈。[14] 为何在一个比大多数欧洲国家更靠南的地区情况会如此？对此的解释是自然哲学中的重要问题。殖民地的居民认为降水与温度模式随着森林被砍伐也在改变。不过，在变化的趋向或程度上并没有一致的意见。[15] 虽然许多人相信美洲气候变得更温暖是由于殖民者的努力，但更有哲学头脑的人则认为，需要经过多年观察才能解决这一问题。杰斐逊的《弗吉尼亚笔记》（*Notes on the State of Virginia*）含有出于爱国而对新大陆自然现象的辩解，他在其中对恶劣的气候进行了说明，并认为它可以通过殖民而改善：

> 我们的气候之改变……很明显正在出现。无论寒暑都变得比记忆甚至中世纪的记忆中更为温和。雪不那么频繁也不那么大……上了年纪的人告诉我，地球过去常常每年要有大约三个月被雪覆盖。河流在冬季很少结不上冰，而现在这种情况则很是稀有。[16]

本杰明·富兰克林建议，广泛的气候观测对于解决问题是必要的，杰斐逊在一定程度上受到了这一建议的激励，他劝他的通讯记者记录天气日记，并将它们送到美国哲学协会（American Philosophical Society）。[17] 这是更系统的数据收集的起点。在 20 年间，包括新英格兰的大学教授、国土管理局（General Land Office）和美国陆军医学部（U.S. Army Medical Department）在内的其他团体开始在遍及全国的不同地点从事气候监测。[18]

启蒙时期关于气候改变的观点受到了人文学和科学的两种截然不同的反驳：人文学的回应由诺亚·韦伯斯特（1758～1843）担当先锋；科学的回应则来自气候学家，他们将收集到的越来越多的温度数据进行统计分析。在 1799 年的短论《论冬季气温假设的改变》（On the Supposed Change in the Temperature of Winter）中，韦伯斯特批评正在

---

[13] Thomas Jefferson 写给 Lewis E. Beck 的信（1824 年 7 月 16 日），载于 Albert Ellery Bergh 编，《托马斯·杰斐逊著作集》（*The Writings of Thomas Jefferson*, vol. 15, Washington, D. C.: Thomas Jefferson Memorial Association of the United States, 1907），第 71 页～第 72 页。

[14] 详细情况请参看 James Rodger Fleming，《美国气象学（1800 ～ 1870）》（*Meteorology in America, 1800 – 1870*, Baltimore: Johns Hopkins University Press, 1990），第 2 页～第 3 页；Karen Ordahl Kupperman，《美国殖民早期的气候之谜》（The Puzzle of the American Climate in the Early Colonial Period），《美国史学评论》（*American Historical Review*），87（1982），第 1270 页。

[15] William Cronon，《陆地变化：印第安人、殖民者和新英格兰生态学》（*Changes in the Land: Indians, Colonists, and the Ecology of New England*, New York: Hill and Wang, 1983），第 122 页～第 126 页，讨论的是这些变化中的生态学。

[16] Thomas Jefferson，《弗吉尼亚笔记》（Paris, 1785; reprint, Gloucester, Mass.: Peter Smith, 1976），第 79 页。

[17] 大量日记已被保存下来。参看 Stephen J. Catlett 编，《美国哲学协会图书馆收藏新指南》（*A New Guide to the Collections in the Library of the American Philosophical Society*, Piladelphia: American Philosophical Society, 1987），第 718 款。

[18] Fleming，《美国气象学（1800 ～ 1870）》，第 9 页～第 19 页，并散见于各处。

撰写气候变化的欧美人对古代和当代原始资料的不精确的引用以及他们从这些引用中得出的不恰当的推论。不过,韦伯斯特批评的力量因其本人在气候改变与耕作问题上的犹豫不决而减弱了。在仔细地重读过原始资料之后,韦伯斯特确信,即使气候没有完全改变,它也确实更易改变,而且事实上,它会自行重新调整以回应耕作。[19]

640

韦伯斯特关于气候改变的短论在 1843 年重印,这促使塞缪尔·福里医生(1811~1844)对由美国陆军医学部自 1814 年以来在 60 余个地点收集的天气数据加以分析。福里的结论如下:(a)气候是稳定的,并且没有确切的温度观察结果表明气候改变的结论是合理的;(b)气候易受到人类劳作造成的变化而引起的土壤改良之影响;但是(c)这些效应较之自然地理,诸如海洋、湖泊、山脉、跨纬度的大陆的面积等的影响要小得多。[20]《美国气候学》(*Climatology of the United States*,1857)的作者洛林·布劳基特(1823~1901)提出了相似的论点,他运用陆军医学部和史密森学会(Smithsonian Institution)的气温数据论证说,在气候易变得到证明之前,都必须假定它们是不变的。对布劳基特来说,植被是气候之结果而非原因。除非经常维护,否则,开垦地和耕作过的土壤将不可避免地转变成一种由气候支配的自然状态,而非改变气候。温度的记录中有判断气候变化的唯一可信赖的方法,而按照布劳基特的说法:"回溯 78 年以上的美国气候,并没有一套温度观测资料是值得信赖的。从 1771 年到 1814 年费城的观测资料中,我们发现,年度平均热度升高几乎不到 2.7 度,这一增长可以大部分归因于城市的延伸。它也可以归于巧合等。"[21]

10 年后,十分精通统计数据分析这一新兴领域的美国海岸调查局(U. S. Coast Survey)助理查尔斯·A. 肖特(1826~1901),利用由史密森学会、美国陆军医学部、湖泊调查局(Lake Survey)、海岸调查局、纽约与宾夕法尼亚州以及可回溯到 18 世纪的私人日记等所收集的记录,编写了两部美国降水与气温方面的创新性专著。[22] 肖特对温度的数据进行了调和分析以考察长期气候变化,他得出结论说:

这些曲线中并没有什么可以支持这一观点:持续的气候变化已经发生或将要

641

发生;按照过去 90 年的温度记录,平均温度并未显示出任何持续上升或下降的迹

[19] Noah Webster,《论冬季气温假设的改变》,《康涅狄格州艺术与科学院研究报告》(*Memoirs of the Connecticut Academy of Arts and Sciences*, 1, pt. 1, 1810),第 216 页~第 260 页;在科学院之前,两篇截然不同的文章在 1799 年和 1806 年被阅读,重印于 Webster,《政治、文学与道德论文集》(*A Collection of Papers on Political, Literary, and Moral Subjects*, New York, 1843),第 119 页~第 162 页。

[20] Samuel Forry,《全球热量分布研究》(Research in Elucidation of the Distribution of Heat over the Globe, and especially of the Climatic Features peculiar to the Region of the United States),《美国科学与艺术通讯》(*American Journal of Science and Arts*),47(1844),第 18 页~第 50 页,第 221 页~第 241 页,特别是第 239 页。

[21] Lorin Blodget,《美国气候学》(Philadelphia:J. B. Lippincott, 1857),第 17 章,第 481 页~第 492 页,引自第 481 页和第 484 页。

[22] Charles A. Schott,《美国以及北美邻近地区和中美、南美若干站点的雨雪量表与计算结果》(Tables and Results of the Precipitations, in Rain and Snow, in the United States and at Some Stations in Adjacent Parts of North America and in Central and South America),《史密森系列研究报告》(*Smithsonian Contributions to Knowledge*), 18, Article II(1872);Schott,《美国及北美一些相邻地区大气温度表、温度分布与变化》(Tables, Distribution, and Variations of the Atmospheric Temperature in the United States and Some Adjacent Parts of North America),《史密森系列研究报告》, 21, Article V(1876);Schott 的手稿藏于国家档案馆 RG27。

象。关于长期降水变化的论述也得出了相同的结论:降水在总量和年度分布方面似乎也没有变化。[23]

美国陆军信号局(U.S. Army Signal Office)是当时从事全国天气服务的部门,其首席科学家克利夫兰·阿贝(1838~1916)同意肖特和卢米斯(Loomis)的这一观点:关于天气变化的老争论已最终解决了。在《我们的气候正在改变?》(Is Our Climate Changing?)这篇文章中,阿贝将气候定义为"持续变动的瞬时条件的平均值,它假定并且意味着持久性"。[24] 在间接地提到最近关于冰期的发现时,阿贝不情愿地承认:"在大约长达50,000年的地质年代曾发生过巨大的变化;但是自人类历史开始以来,并未证明有重大的气候变化。"他接下来写道:

> 关于森林的生长和破坏、铁路与电报的兴建以及在辽阔的草原上种植谷物对一个国家气候的影响,已谈论得很多了,但理性的气候学并未对此提供依据。关于人类活动对气象影响的任何看法必定要么基于观察记录,要么基于先验的理论推理……本世纪中气候学家要解决的真正问题不是气候最近是否改变了,而是我们目前的气候是什么样、它的明确特征是什么以及它们如何才能最清楚地以数字来表达。[25]

因此,大约在1890年,对气候的研究完成了从人文到经验的转变。然而,重要的是要记住,这一转变并非像例如埃尔斯沃思·亨廷顿的著作所证明的那样,是气候决定论的终结。[26]

气候改变的科学理论

科学家发现,地球曾经历了冰期与间冰期——冰河在地质时期的大规模推进和后退,几乎就在这些发现的同时,关于人类活动引起的气候改变之争论也终结了。这些发现,尤其是解释多重冰河作用的需要,导致了复杂但具有高度推测性的涉及天文学、物理学和地质学因素的气候变化理论的过剩。约瑟夫·阿代马尔、詹姆斯·克罗尔、斯万特·阿列纽斯、T. C. 钱伯林以及其他许多人尝试基于海洋活动、地球轨道根数以

[23]　Schott,《美国及北美一些相邻地区大气温度表、温度分布与变化》,第311页。近似观点参看 Elias Loomis 和 H. A. Newton,《关于康涅狄格州纽黑文市格林威治镇北纬41°18′、西经72°55′的平均气温与气温的波动》(On the Mean Temperature, and On the Fluctuations of Temperature, at New Haven, Conn. , Lat. 41°18′ N. , Long. 72°55′ W. of Greenwich),《康涅狄格州艺术与科学院学报》(Transactions of the Connecticut Academy of Arts and Sciences),1, pt. 1 (1866),第194页~第246页。

[24]　Cleveland Abbe,《我们的气候正在改变?》,《论坛》(Forum),6(1889),第678页~第688页,引自第679页。

[25]　同上刊,第687页~第688页。

[26]　关于 Huntington,参看 Fleming,《从历史看气候变化》,第95页~第106页。

及全球碳总量对之作出解释。[27] 从 19 世纪中期到晚期,红外线辐射在越来越长的波长上被测量到,最早由马切多尼奥·梅洛尼用他的"热望远镜"在近红外线上测量到,之后是塞缪尔·P. 兰利用他的测辐射热仪在大约 5 微米的波长上测量到。[28] 约翰·廷德耳(1820~1893)正致力于大气要素尤其是水汽和碳酸(水和二氧化碳)吸收与散发性质的前沿性研究。廷德耳认为,大气中放热活性气体量的变化可能会招致"地质学家研究所揭示的全部气候突变"。[29]

1896 年,著名瑞典化学家斯万特·阿列纽斯(1859~1927)发表了一篇很长的研究报告《论空气中的碳酸对地面温度的影响》(On the Influence of Carbonic Acid in the Air Upon the Temperature of the Ground)。他的理论以二氧化碳吸收来自地球表面的红外辐射的能力解释了冰河时期以及其他重大的气候变化。他论证说,大气中微量成分的变化可能会对热量平衡总量产生重大影响。他的计算基于一种对红外辐射非常有限的理解,这一计算表明,空气中二氧化碳百分比减半,则会使地球表面的温度降低 4 度;另一方面,空气中的二氧化碳增加一倍,则会使地球表面温度升高 4 度。阿列纽斯证明,大气二氧化碳水平减少 55%~62%,足以在北纬 40°~50°引起冰河作用。

正如伊丽莎白·克劳福德所揭示的,阿列纽斯的论文并非源自他对于因化石燃料的燃烧而引起的大气中二氧化碳水平逐渐升高的关注。[30] 他将"火山喷发物"视作大气中碳酸的主要来源。工业则扮演了次要的角色。据他的估计,如果将世界当前的煤炭总量全部转化为碳酸,将仅造成大气中二氧化碳的千分之一。不过,这种情况实际上不会出现,因为人为的碳排放正好被石灰石和其他矿物的地岩层抵消了。尽管阿列纽斯作为温室效应之"父"的声望最近日益提高,但我们应当理解,他的工作受到了解释冰期的愿望的激励。他的结果并非是唯一或特别的对二氧化碳倍增效应的预言,那些结果与当今气候模型不过是表面上近似。有人也许会认为他出于错误的原因而得

[27] Joseph Alphonse Adhémar,《海洋的巨变,周期性洪水》(Révolutions de la mer, déluges périodiques, Paris, 1842);James Campbell Irons,《詹姆斯·克罗尔自述传略及其生平与工作》(Autobiographical Sketch of James Croll, with Memoir of His Life and Work, London, 1896)。关于 Arrhenuius 和 Chamberlin,参看 Fleming,《从历史看气候变化》,第 74 页~第 93 页;以及 H. Rodhe 和 Robert J. Charlson 编,《斯万特·阿列纽斯的遗产:理解温室效应》(The Legacy of Svante Arrhenius: Understanding the Greenhouse Effect, Stockholm: Royal Swedish Academy of Sciences, 1988),尤其是第 9 页~第 32 页。

[28] 关于 Melloni(1798~1854),参看 E. S. Barr,《红外线的先驱(二):马切多尼奥·梅洛尼》(The Infrared Pioneers Ⅱ: Macedonio Melloni),《红外物理学》(Infrared Physics), 2(1962),第 67 页~第 73 页。关于 Langley(1834~1906),参看 Samuel P. Langley,《阿勒根尼天文台对不可见热光谱的观察以及对迄今不可测量的波长的认识》(Observations on Invisible Heat Spectra and the Recognition of Hitherto Unmeasured Wavelengths, Made at the Allegheny Observatory),《哲学杂志》(Philosophical Magazine), 21(1886),第 394 页~第 409 页。亦可看看 J. T. Kiehl,《大气辐射发展史(1800~1930)》(A History of the Development of Atmospheric Radiation, 1800–1930, typescript, National Center for Atmospheric Research, Boulder, Colo., 1986)。

[29] John Tyndall,《论由气体和水蒸气导致的热辐射和吸收,以及论辐射、吸收与传导的物理关系》(On the Absorption and Radiation of Heat by Gases and Vapours, and on the Physical Connexion of Heat, Absorption, and Conduction),《哲学杂志》, 4th ser., 22(1861),第 169 页~第 194 页,第 273 页~第 285 页;Fleming,《从历史看气候变化》,第 112 页~第 129 页。

[30] Elisabeth Crawford,《阿列纽斯:从离子理论到温室效应》(Arrhenius: From Ionic Theory to the Greenhouse Effect, Canton, Mass.: Science History Publications, 1996)。亦可看看 Spencer Weart,《发现全球变暖的危险》(The Discovery of the Risk of Global Warming),载于《今日物理》(Physics Today), Jan. 1997,第 34 页~第 40 页。

到了正确的答案。[31] 正如他的一位传记作者所言:"当面对越积越多的证据时,对所知甚少的自然体系的理论解释,就会呈现高失败率。"[32]这便是阿列纽斯的地球物理学研究的命运,它的主要作用就是其他更多以经验为基础的研究的催化剂。

大约10年后,即1903年,来自寒冷气候的阿列纽斯注意到,化石燃料的燃烧也许有助于阻止迅速回复到冰期的环境,或有助于开始一个新的植物大量生长的石炭纪时期:

> 我们常常会听到人们悲叹,地球上所储藏的煤炭被现在这代人浪费而丝毫不考虑未来……[不过]由于受到大气中碳酸百分比增加的影响,我们可能有望享有更为稳定和优良的气候的时期,尤其是对于地球上更为寒冷的地区;在这样的时期,为了迅速繁殖的人类,大地将出产比现在更丰富的作物。[33]

因此,二氧化碳含量的增长和人口的增长被认为是好事,扩大的化石燃料的消费而非砍伐森林与耕作被认为是气候的良性改变的动因。简而言之,在最近的数十年之前,大部分科学家并未认识到二氧化碳水平的增长会导致全球变暖,因为人们认为,少量的气体将会吸收所有现有的长波辐射;按照这种观点,任何二氧化碳的额外增加会促进植物生长,但不会改变行星的辐射热平衡。无论是认为砍伐森林与耕作会导致气候良性改变的启蒙运动田园诗般的观点,还是当下关于工业排放与大量砍伐森林导致的有害污染引起的"超级温室效应"的观点,上述观点都与之截然不同。事实上,在最近的数十年以前,增长的二氧化碳并未被认为是气候改变的重要动因。[34]

到了1900年,大部分气候改变的重要理论即使尚未得到充分的探讨,但也已经提出来了,例如太阳辐射输出的变化、地球轨道几何学的变化、陆地地理学(包括大陆的形态与海拔高度以及海洋循环)的变化、大气的透明度与成分,都在一定程度上归因于人类活动。[35] 当然,还有大量其他理论。威廉·杰克逊·汉弗莱斯是《大气物理学》(*Physics of the Air*)的作者和火山尘是引发冰期的主要原因这一理论的有力支持者,他认为目前的理论没有一个是充分的:"气候变化之后一系列几乎无尽的变化,甚至包括冰期,大概仍会出现,尽管……关于它们将何时出现、可能有多么强烈或将持续多久,

[31] 参看例如《人类环境杂志》特刊,26, no. 1(Feb. 1997);亦可参看 J. E. Kutzbach,《气候学发展进程:从描述到分析》(Steps in the Evolution of Climatology: From Descriptive to Analytic),载于 James Rodger Fleming 编,《气象历史论文集(1919～1995)》(*Historical Essays on Meteorology, 1919 - 1995*, Boston: American Meteorological Society, 1996),第357页。

[32] Gustaf O. S. Arrhenius,《斯万特·阿列纽斯对地球科学和宇宙学的贡献》(Svante Arrhenius' Contribution to Earth Science and Cosmology, in *Svante Arrhenius: till 100-årsminnet av hans Födelse*, Uppsala: Almqvist and Wiksells, 1959,第76页～第77页。

[33] Svante Arrhenius,《制造中的世界:宇宙的演化》(*Worlds in the Making: The Evolution of the Universe*, New York: Harper and Brothers, 1908),H. Borns 译,第63页。

[34] W. J. Humphreys,《大气物理学》(*Physics of the Air*, 2d ed., Philadelphia: J. B. Lippincott, 1920),以及 Richard Joel Russell,《长久以来的气候改变》(Climatic Change through the Ages),载于 U. S. Dept. of Agriculture,《气候与人:1941年农业年鉴》(*Climate and Man: Yearbook of Agriculture* 1941, Washington, D. C.: U. S. House of Representatives, 1941),第67页～第97页。

[35] 有关这些理论的考察,参看 C. E. P. Brooks,《历史上的气候:气候因素与变化研究》(*Climate Through the Ages: A Study of the Climatic Factors and Their Variations*, 2d ed., rev., New York: McGraw Hill, 1949)。

没有人哪怕能略知一点。"[36]当时的大部分科学家仅仅支持某一种气候变化的重要机制,有些人则勉强承认其他机制可能只起次要作用。

20 世纪 30 年代,塞尔维亚天文学家米卢廷·米兰科维奇(1879～1958)概述了一种综合性的"冰期天文学理论",认为冰期是由地球轨道根数的周期性变化而引起的,这一论题直到 80 年代仍颇受争议。[37] 弗拉迪米尔·科本和阿尔弗雷德·魏格纳把低纬度冰河作用的证据解释为大陆向北漂移至主要受纬度支配的气候带的结果。[38] 尽管这一理论并未被地质学家们所接受,但是它如今被视作再现古气候的第一步。尤其是在 20 世纪初期,威廉·亨利·丹斯和乔治·克拉克·辛普森首先解释了大气的热量收支。[39] 在更长波长(包括 8～12 微米的大气"窗口")和更细微的分辨率波段上对红外辐射的测量,于 20 世纪 30 年代完成。[40] 1938 年,G. S. 卡伦德宣读了一篇提交给皇家气象协会(Royal Meteorological Society)的论文,该文认为来自化石燃料消耗的二氧化碳已经导致了地球气温比此前的 50 年有了一个不大但可测量的增长,它大约为四分之一度。[41] 所有这些问题,尤其是地球是否会经历一次新的冰期或是否因温室气体排放而变暖,在 1940 年之后仍在争论。

645

全球变暖:早期科学著作与公共事务

英国蒸汽工程师、业余气象学家 G. S. 卡伦德(1897～1964)对人为造成的二氧化碳在气候变化中的作用进行了重新评估。1949 年,卡伦德承认了二氧化碳的"变幻无常的历史":"当水蒸气在低层大气中起主导作用的影响被首次发现时,它已被抛弃多

[36] W. J. Humphreys,《气候改变中的火山灰与其他因素以及它们与冰期的可能的关系》(Volcanic Dust and Other Factors in the Production of Climatic Changes and Their Possible Relation to Ice Ages),《富兰克林研究院通讯》(Journal of the Franklin Institute), 176(1913), 132。

[37] 关于 Milankovié,参看 John Imbrie 和 Katherine Palmer Imbrie,《冰期》(Ice Ages, Short Hills, N. J.: Enslow Publishers, 1979),以及 A. Berger,《米兰科维奇理论与气候》(Milankovitch Theory and Climate),《地球物理学评论》(Reviews of Geophysics), 26(1988),第 624 页～第 657 页。摘录自由他的儿子评论的他的自传,《米卢廷·米兰科维奇(1879～1958)》(Milutin Milankovié, 1879 - 1958, Katlenburg-Lindau, F. R. G.: European Geophysical Society, 1995)。

[38] Wladimir Köppen 和 Alfred Wegener,《史前地质气候》(Die Klimate der geologischen Vorzeit, Berlin: Gebruder Borntraeger, 1924)。亦可参看 Martin Schwarzbach,《阿尔弗雷德·魏格纳:大陆迁移之父》(Alfred Wegener: The Father of Continental Drift, Madison, Wis.: Science Tech, 1986), Carla Love 译,第 86 页～第 101 页。

[39] 参看例如 W. H. Dines,《大气热平衡》(The Heat Balance of the Atmosphere),《皇家气象学会季刊》(Quarterly Journal of the Royal Meteorological Society), 43(1917),第 151 页～第 158 页;以及 G. C. Simpson,《地面辐射的若干研究》(Some Studies in Terrestrial Radiation),《皇家气象学会论文集》(Memoirs of the Royal Meteorological Society), 2 (1928),第 69 页～第 95 页。有关的评论文章,请参看 Garry E. Hunt、Robert Kandel 和 Ann T. Mecherikunnel,《地球辐射平衡的前卫星调查史》(A History of Presatellite Investigations of the Earth's Radiation Budget),《地球物理学评论》, 24 (1986),第 351 页～第 356 页。

[40] 例如 Louis Russell Weber,《10μ 之外的水蒸气红外吸收谱》(The Infrared Absorption Spectrum of Water Vapor Beyond 10μ, PhD diss., University of Michigan, 1932);以及 Paul Edmund Martin,《二氧化碳的红外吸收谱》(Infrared Absorption Spectrum of Carbon Dioxide),《物理学评论》(Physical Review), 41(1932),第 291 页～第 303 页。关于大约 1950 年的大气中红外辐射,参看 L. Goldberg,《大气吸收谱》(The Absorption Spectrum of the Atmosphere),载于 G. P. Kuiper 编,《作为行星的地球》(The Earth as a Planet, Chicago: University of Chicago Press, 1954),第 434 页及以下。

[41] G. S. Callendar,《人为造成的二氧化碳及它对气温的影响》(The Artificial Production of Carbon Dioxide and Its Influence on Temperature),《皇家气象学会季刊》, 64(1938),第 223 页～第 240 页。

年,但是几年前在获得更多有关水蒸气频谱的测量数据时,它又被重新提起。"[42]注意到人类长久以来能够介入和加速自然过程,卡伦德指出人类目前正"以每分钟约9,000吨的速度将二氧化碳抛进空气中",[43]严重地干预了缓慢的碳循环。

在一系列发表于1938~1961年间的引人注目的论文中,卡伦德重新考察了人为造成的二氧化碳在那时所经历的"全球变暖"中的作用。他指出,在此前的半个世纪中,燃料消耗已产生了大约1,500亿吨二氧化碳,其中有四分之三残留在大气中。他在1939年发表的论文中谈到了一种现在人们颇为熟悉的观点:人类正在进行一项"重大的实验",并且已成为"全球变化的动因"。卡伦德认为,人类加速自然过程并且干预了碳循环的说法是"陈词滥调":

> 由于人们正以一种在地质年代表上极为异常的速度改变大气的构成,寻找这种改变的可能效应也就是很自然的了。据最好的实验室观察,大气中二氧化碳增加的最重要的后果……可能是地球上较寒冷地区平均气温的逐渐提高。[44]

依卡伦德的看法:"1934~1938年毫无疑问是180年以前就有气象记录的多个观测站气温最高的5年。"

在1958年的一篇关于大气中二氧化碳总量的论文中,卡伦德注意到化石燃料消耗总量与测量到的周围二氧化碳浓度的增长值之间的"严格一致"。他认为这种一致也许是巧合,但在有进一步的研究结果之前,它可能是很重要的。他的数字显示出每个世纪的二氧化碳的增长率约为25%,这与现代的估计相去不远。卡伦德还指出二氧化碳的增长近来一直在加速,这也许要归因于工业的扩张。[45]他对大气中二氧化碳含量的估算值约为$325×10^{-6}$,这与开始于1957年的$315×10^{-6}$的现代"基林曲线"模型基本一致。

到了1961年,卡伦德得出结论称,气温升高的趋势非常明显,尤其是在北纬45°;化石燃料使用量的增加已经导致了大气中二氧化碳浓度的升高;因过量的二氧化碳而增加的天空辐射量与气温增长的趋势有关。[46]与其他人的主张相反,卡伦德的著作并

[42]　G. S. Callendar,《二氧化碳能影响气候吗?》(Can Carbon Dioxide Influence Climate?),《气候》(Weather),4(1949),第310页~第314页,引文在第310页。
[43]　Callendar,《不同年代的大气成分》(The Composition of the Atmosphere through the Ages),《气象学杂志》(Meteorological Magazine),74(1939),第38页。
[44]　同上文。
[45]　Callendar,《论大气中的二氧化碳含量》(On the Amount of Carbon Dioxide in the Atmosphere),《特勒斯》(Tellus),10(1958),第243页~第248页。
[46]　Callendar,《地球上的温度波动与趋势》(Temperature Fluctuations and Trends over the Earth),载于《皇家气象学会季刊》,87(1961),第1页~第11页。

未"在很大程度上因二战而被忽视",他也并非像其他人所说的那样是一个令人费解的人。[47] 1944 年,戈登·曼利注意到卡伦德对于气候变化研究颇有价值的贡献,并且对后来被罗杰·雷维尔称为"卡伦德效应"的理论给予了支持,这一理论认为 20 世纪上半叶的"全球变暖"与二氧化碳的工业排放相关。

647

20 世纪 50 年代,有几项进展合在一起提高了公众对地球物理学问题的关注。许多人确信大气核试验正在改变地球的气候。气象署官员并不承认这一推测,他们争辩说,这些试验对于大气的影响主要是区域性和暂时的。放射性尘降物对人类健康与环境质量造成了更为隐秘的危险。不过,环境中的放射性物质也为生态学家和地球物理学家提供了新的工具,使他们能够监测这些物质在生物圈、大气和海洋中的流动。国际地球物理年(International Geophysical Year, IGY, 1957～1958)为学院的地球物理学包括气象学提供了组织和经费的支持。不过,苏联 IGY 人造地球卫星的成功发射,加上美国"先锋"号计划的失败,导致了一场公众信任危机、弥合已意识到的导弹鸿沟的"竞赛"以及冷战的升级。一些人甚至想要用气候控制作为战争武器。

在 20 世纪 40 年代末与 50 年代初,随着北半球的气温达到 20 世纪初的顶点,"全球变暖"开始稳步地走入公众议程。对于变化中的气候、正在升高的海平面、栖息地的消失以及农业区域的迁移等问题的忧虑同时出现在科学与通俗的出版物上。1950 年,《星期六晚邮报》(Saturday Evening Post)问道:"世界正在变暖吗?"文章中引述了一些气候推测的话题,包括一个更暖的星球,正在升高的海平面,农业的迁移,格陵兰冰盖以及其他冰河的退却,也许是墨西哥湾流变化结果的海洋渔业的改变,以及气候变化造成的可能数以百万计人的移民。文章引用斯德哥尔摩大学气候学家汉斯·阿尔曼的观点,他认为:"如果较年长的人们说他们年轻时曾经历过更为严酷的冬季,他们是在陈述一个真相。"托马斯·杰斐逊也许会同意这一观点。事实上,在公众关于气候的讨论中,似乎很少有什么实际上是新的或独特的见解。阿尔曼也谈及了变化空前的速度。他指出,气候现在正以如此之快的速度变化着,以至于"每一个有关这一主题的投稿几乎一发表就过时了"。或许他的意思是说,气候学也在经历着一场前所未有的快速变化。《今日天气变革》(Today's Revolution in Weather)是一部 1953 年的关于极端天气与全球变暖的新闻汇编,它重申了对于全球变暖的社会后果的普遍忧虑。汇编者是经济预言家威廉·J. 巴克斯特,他预言了气候导致的北方房地产繁荣,并且建议"年轻人到西北去"。

---

[47]　M. D. Handel 和 J. S. Risbey,《关于温室效应与气候变化的资料目录》(An Annotated Bibliography on the Greenhouse Effect and Climate Change),《气候变化》(Climatic Change), 21, no. 2 (1 June 1992),第 97 页～第 255 页,他们称 Callendar 的研究"由于第二次世界大战的干扰以及北半球表面温度于 20 世纪 40 年代开始下降而被迅速忽视"。Spencer Weart,《从核煎锅进入全球大火》(From the Nuclear Frying Pan into the Global Fire),《原子能科学家公报》(Bulletin of the Atomic Scientists, June 1992),第 19 页～第 27 页,该文提到了 Callendar 于 1938 年提交给皇家气象协会的文章,但指出他的研究成果很晦涩,没有人能真正关心。Spencer Weart,《全球变暖、冷战与研究计划的演变》(Global Warming, Cold War, and the Evolution of Research Plans),《物理科学的历史研究》(Historical Studies in the Physical Sciences), 27 (1997),第 319 页～第 356 页,该文再次强调 Callendar 研究成果的晦涩及业余身份。

　　1956 年，在一篇更为严肃的评论中，红外物理学家吉尔伯特·普拉斯（1920～　）指出，通过向大气中释放二氧化碳，人类正在进行一项无法控制的实验："如果到本世纪末，测量表明大气中的二氧化碳含量略有上升，同时全世界的气温持续升高，那么将有力地证明，二氧化碳是导致气候变化的重要因素。"一年后，这一观点被罗杰·雷维尔（1909～1991）所推广。[48] 不过，全球变暖尚未成为一个持久的政策问题。

全球变冷，全球变暖

　　在 20 世纪 70 年代，对骤然"全球变冷"以及回到冰期气候的可能性的恐惧使大气科学家与美国中央情报局（Central Intelligence Agency）走到一起，试图确定苏联谷物绝收所带来的地理政治学的后果。[49] 气候变冷的罪魁祸首被认为是来自工业源的微粒、喷气式飞机的凝结尾流而增加的卷云以及按照冰期的天文学理论地球轨道根数的组合。大众出版物上充斥着有关冰河进展的文章。[50]

　　由于担心美国可能会遭到气候变化有意无意的伤害，兰德公司在 1970 年已经开展了一种"环境安全的气候动力学"的研究项目。的确，在二战之后的数十年中，许多气象学家和他们的军事资助人确信，通过云的催化而实施天气与气候控制是完全可行的，而且他们在环境控制方面正处于与苏联的竞赛中。麻省理工学院气候系主任亨利·G. 霍顿教授在他的综述中注意到了当时的这种观点："想到苏联会早于我们发现天气控制的可行方法，其后果会令我毛骨悚然……在以和平的方式改善苏联气候的幌子下对我们的气候进行不利的改造，将严重削弱我们的经济和抵御能力。"[51]

　　在 20 世纪下半叶，电子计算机和地球卫星提供了考察气候问题的更有优势的新视角。在数字天气预报开发后不久，一种计算机模型，即我们所知的尼罗蓝（Nile Blue）由美国国防部高级研究计划署（Advanced Research Projects Administration in the U. S. Department of Defense, DARPA）研制。这一模型可望被用于测试气候对于主要微

[48] Gilbert N. Plass，《二氧化碳的变化对温度的影响》（Effect of Carbon Dioxide Variations on Climate），《美国物理学杂志》（American Journal of Physics），24（1956），第 387 页；Roger Revelle 和 Hans E. Suess，《大气与海洋之间的二氧化碳交换以及过去数十年中大气层碳升高的问题》（Carbon Dioxide Exchange between Atmosphere and Ocean and the Question of an Increase in Atmospheric CO_2 during the Past Decades），载于《特勒斯》，9（1957），第 19 页。Revelle 的短语"地球物理学实验（geophysical experiment）"，载于美国众议院拨款委员会，《国家科学基金——国际地球物理年》（National Science Foundation - International Geophysical Year，Washington，D. C.，1956），第 473 页。

[49] Lowell Ponte，《冷却》（The Cooling，Englewood Cliffs，N. J.：Prentice Hall，1976）；以及美国中央情报局，《属于智力问题的气候研究之研究》（A Study of Climatological Research as It Pertains to Intelligence Problems）和《世界人口、食粮生产与气候趋势的潜在含义》（Potential Implications of Trends in World Population，Food Production，and Climate），重印于 Impact Team，《气候的协同作用：即将到来的新冰期》（The Weather Conspiracy：The Coming of the New Ice Age，New York：Ballentine，1974）。

[50] 例如 Francis Bello，《气候：热量可能减少》（Climate：The Heat May Be Off），《幸福》（Fortune，Aug. 1954），第 108 页～第 111 页、第 160 页、第 162 页和第 164 页；以及 Betty Friedan，《即将到来的冰期》（The Coming Ice Age），载于《哈泼斯杂志》（Harper's Magazine），217（Sept. 1958），第 39 页～第 45 页。

[51] Henry G. Houghton，《目前状况与未来控制天气之可能》（Present Position and Future Possibilities of Weather Control），载于《美国天气控制咨询委员会年终报告》（Final Report of the United States Advisory Committee on Weather Control，ol. 2），第 288 页，引自《新闻周刊》（Newsweek，13 January 1958），第 54 页。

扰的敏感性,包括苏联的拙劣修补以及环境大战可能产生的影响。1967 年,真锅淑郎和理查德·T. 韦瑟罗尔德公布了他们的一项成果,它相当于把阿列纽斯早期的宇宙物理学的工作计算机化。[52] 一项关于人造地球卫星的最早公共报告披露说,陆军通信兵部队设计的"天眼"(eye-in-the-sky)卫星将被用于从太空监视地球的天气,证明气候模型的成果,监视全球天气模式的变化和(可能是自然发生的,也可能是苏联所造成的)热量积累,以及追踪核试验对于大气的影响。

　　尽管变冷机制——工业微粒、凝结尾流、火山灰以及天文学理论依然是正在争论中的要点,但是自 20 世纪 80 年代晚期以来处于主导地位的问题已经成为"全球变暖"。1988 年,美国宇航局(NASA)科学家詹姆斯·汉森向国会和世界宣布说:"全球变暖已经开始。"[53] 汉森继续报告说,至少令他满意的是,他已经看到了气候干扰的"信号",而且我们正处在极度可怕的变暖过程中,也许会失去对温室效应的控制。与这一发现相伴的是我们与地球大气关系的变化。"掩蔽的天空"已经失去了其意义,即使当风变得平静时,它也会成为一种威胁。假如我们知道由于平流层臭氧的损耗,日晒可能导致皮肤癌的话,我们是否还会享受海滨白天的乐趣? 杀手飓风吉尔伯特(Gilbert)、雨果(Hugo)和安德鲁(Andrew)是否是人类干预气候的结果呢? 或许不是。而对于现实主义者和怀疑论者而言,这一问题并无解决之法:人类如今是地球物理学的动因,比火山、飓风或海啸这些古老的灾难更具有威胁性。大多数地球物理学动因仅限于局部或至少是短期的,而人类的工业排放则是长期存在的、持续的并且有着上升的趋势,而且它们(最大程度)威胁的正是这个星球的可居住性。

　　全球环境变化是自然、政治与论战的混合物。对气候的忧虑并非始于 1988 年甚或 1896 年。人类与自然和环境的关系既是受文化约束的又具有历史的偶然性;这包括我们自己当前的忧虑与恐惧。[54]

　　修道院院长迪博关于诗歌与绘画的著作讨论了气候变化与创造性天才上升与衰落之间的关联。他的气候影响理论尽管基于哲学与文学的不可靠的基础之上,但在孟德斯鸠、吉本等人的作品中依然存在,并在美洲殖民者中以及那些希望新世界的气候正因殖民和耕作而被改善的爱国者那里,找到了愿意接受它的听众。在 19 世纪和 20 世纪,这种受到文化制约的关于气候变化的讨论被更为客观(但仍然受到文化制约)的考察大气及其变化的尝试所取代。现代关于天气与气候的科学描述大约从 19 世纪中期逐渐建立起来。像大多数自然科学一样,它所关注的是理解、预测与控制——试图

650

[52]　Syukuro Manabe 和 Richard T. Wetherald,《特定相对湿度分布的大气热平衡》(Thermal Equilibrium of the Atmosphere with a Given Distribution of Relative Humidity),《大气科学期刊》(Journal of the Atmospheric Science), 24(1967), 第 241 页～第 259 页;亦可参看 Manabe,《温室变暖研究的早期进展:气候模式的出现》(Early Development in the Study of Greenhouse Warming: The Emergence of Climate Models),《人类环境杂志》, 26, no. 1 (1997),第 47 页～第 51 页。

[53]　《纽约时报》(New York Times), 24 June 1998, 第 1 页。

[54]　例如可参看 Bruno Latour,《我们从未进入现代化》(We Have Never Been Modern, Cambridge, Mass. : Harvard University Press, 1993)。

将气候现象还原为运动公式、化学要素或其他易处理的量。不过,大气并不那么容易表征。

近年来,对于与环境变化相关的经济及其他混乱的悲观观测已促使社会科学家和政策制定者重新回过头来考虑大气的人类因素。人们对气候的忧虑日益增长促使了一些重要的环境条约的签订,其中包括《蒙特利尔议定书》(Montreal Protocol)和《气候变化框架公约》(Framework Convention on Climate Change)。到 2001 年为止,美国和英国均未批准《1997 年京都议定书》(Kyoto Protocol of 1997),而且气候谈判也陷于停顿。大量意在管理地球的新文献如潮水般出现。[55] 现在不正是对环境变化进行历史的、文学的和其他人文主义的探索与重新评估的时机吗?

当我们的技术力量和对污染的承受力都有所增长时,理解文明如何(并且曾经如何)认识自然环境,如何(并且曾经如何)与自然环境相处是至关重要的。科学史通过阐明环境问题的文化根源而做出了具有独特价值的贡献。这段历史便是理解(与误解)、预言以及干预的历史。我们需要学习过去的人们是如何理解全球变化的。其结果将是对于全球变化的科学与政策的更好的理解,是对在当今世界中开展全球变化教育之作用的理解,通过对过去的研究,我们对于全球变化的人类因素的观点也将更为完善。

(吴燕　译　江晓原　鲁旭东　校)

---

[55]　例如《管理地球》(Managing Planet Earth),《科学美国人》(Scientific American)特稿,September 1989,以及 National Academy of Sciences,《温室变暖的政策含义》(Policy Implications of Greenhouse Warming,Washington,D. C.:National Academy Press,1991)。

专 名 索 引 *

---

* 条目后的页码为原书页码,即本书旁码。

人名索引[*]

* 人名后的页码为原书页码,即本书旁码。

译　后　记

　　记得应该是 10 多年前，我在上海参加某个会议时，见到了大象出版社的几位编辑。他们约我和几位同行聊天，谈到想组一套科学史方面的丛书的稿子。当时，我们提出，最好不要再搞那种低水平的科学史，而翻译一些国外高水平的著作出版，会是更有意义的事，对于国内科学史的研究和普及都会有更重要的意义，并且推荐了这套当时刚刚开始出版的 8 卷本《剑桥科学史》。在当时出版界已经开始极度注重经济效益的背景下，大象出版社居然颇有魄力地开始了这项巨大的工程，实在是让人对其承担文化传播的社会责任感由衷地钦佩。

　　随后便是一系列的筹备和组织工作的开展，如在河南召集相关人员开座谈会，讨论翻译工作等。我、杨舰和江晓原接受了共同组织翻译关于近代物理科学和数学科学的第五卷的任务，并组织各自的学生团队开始了翻译工作。显然，由多人翻译一本书并不是很理想的翻译方式，但原书本来亦是一人一章的写法，风格上也有差异，而且，由于其他教学和研究任务繁忙，这也是不得已的工作方式。现在的译文中，由于涉及的专业内容和语言的复杂，存在的错误肯定不少，但在这样巨大篇幅的著作的翻译中，这样的问题也是难以完全避免的，希望读者能够理解并提出批评建议，以便在以后再版时能有所改正。由于国内可见的能够反映物理科学史方面新研究成果的通史性著作的缺少，能先出一个译本也是很有意义的。

　　在翻译的过程中，大象出版社的王卫副总编和刘东蓬编辑曾多次来北京关心和督促翻译工作，其负责任的态度和工作热情极为令人感动，而且，在后期的编辑校订过程中，刘东蓬也付出了极大的努力，其工作认真的程度远远超过一般出版社的编辑。在此，对他们要表示特别的感谢，没有他们的努力，这部译著绝不可能以现在的面貌问世。

　　由于翻译、审校和编辑等过程中遇到了一系列的困难，此书的出版过程拖得比较长。在此过程中，2006 年 6 月，大象出版社曾聘请郑州大学物理系的胡行、郝好山先生初审了物理部分的译稿；郑州大学数学系常祖岭先生初审了数学部分的译稿；郑州大学化学系刘玉霞女士初审了化学部分的译稿。2008 年 3 月，大象出版社又聘请鲁旭东先生审校了第 28～33 章的译稿。最后,2009 年 10 月,大象出版社再次聘请科学出版社退休编审陈养正先生审校了第 6～17 章、第 22 章、第 24～27 章的译稿,陈养正先生还与陈钢先生翻译整理了人名索引。在此,对这些审校者的工作,我也要表达深深的谢意!

刘兵
2014 年 10 月 10 日于清华园荷清苑